建筑防水材料试验室手册

刘尚乐 编著

中国建材工业出版社

图书在版编目（CIP）数据

建筑防水材料试验室手册 / 刘尚乐编著. —北京：中国建材工业出版社，2006.6
 ISBN 7 – 80227 – 049 – 9

Ⅰ. 建… Ⅱ. 刘… Ⅲ. 建筑材料：防水材料—性能试验—技术手册 Ⅳ. TU57 – 62

中国版本图书馆 CIP 数据核字（2006）第 016141 号

内 容 提 要

本书较全面地介绍了建筑防水材料试验室的建设、设置和设备、仪器和仪表、建筑防水材料常用的原材料（包括沥青材料、高分子材料、辅助材料）的技术标准与试验方法；沥青防水卷材、聚合物沥青防水卷材、高分子防水卷材、建筑防水涂料、建筑防水密封材料与胶粘剂、建筑刚性防水材料、建筑沥青混凝土和沥青砂浆等技术标准和检验方法。同时对试验人员所必备的基本知识，如抽样方法、试验数据的读取和记录、数据的处理和计算等做了叙述。

本书可供从事建筑防水材料的科研、教学、检验、生产和施工有关工程技术人员学习，亦可作为大专院校有关专业师生参考。

建筑防水材料试验室手册
刘尚乐　编著

出版发行：**中国建材工业出版社**
地　　址：北京市西城区车公庄大街 6 号
邮　　编：100044
经　　销：全国各地新华书店
印　　刷：北京鑫正大印刷有限公司
开　　本：787mm×1092mm　1/16
印　　张：62.75
字　　数：1556 千字
版　　次：2006 年 6 月第 1 版
印　　次：2006 年 6 月第 1 次
定　　价：**120.00 元**

网上书店：www.ecool100.com
本书如出现印装质量问题，由我社发行部负责调换。联系电话：(010) 88386906

前　言

随着国民经济的高速发展，建筑科技水平的不断提高，对建筑防水材料的技术要求和产品质量要求也越来越高。为了提高建筑防水材料检验人员的技术水平，方便检验人员工作，特编写了《建筑防水材料试验室手册》一书，以适应建筑防水材料发展的需要。这是继《环氧胶粘剂》、《石油沥青及其在建筑中应用》、《沥青防水材料性能与检验》、《聚合物沥青及其建筑防水材料》之后出版的又一部技术专著。尤其是《石油沥青及其在建筑中应用》一书，在1983年出版以后，在建筑防水材料行业曾引起很大的反响，并于1987年再版发行。《聚合物沥青及其建筑防水材料》一书又受到同行专家们的较高评价。这些图书的出版为我国建筑防水材料的科学技术知识普及和科学技术的发展起到积极推动作用，为我国建筑防水材料事业的发展作出了贡献。

本书主要介绍了建筑防水材料试验室的建设、所需的设置与设备、检测仪器与仪表、建筑防水材料所用的原材料。包括沥青材料、高分子材料、辅助材料的技术标准与试验方法；沥青防水卷材、聚合物沥青防水卷材、建筑防水涂料、建筑防水密封材料与胶粘剂、建筑刚性防水材料、建筑沥青混凝土和沥青砂浆、瓦类防水材料等技术标准与试验方法。尽量做到在本手册中可以查阅到建筑防水材料相关的试验方法。对检测人员所必须掌握的基本知识，如产品抽样方法、检测数据的读取与记录、数据的计算与处理、国家标准计量单位、常用计量单位都作了详细的介绍。

建筑防水材料是门综合性学科，现已不单纯是沥青和沥青防水材料学，还涉及合成树脂与塑料工艺学、合成橡胶与橡胶工艺学、合成树脂与涂料工艺学、水泥与水泥混凝土性能学、材料力学等，可以说是不少学科都已逐渐渗透到建筑防水材料方面，出现了许多边缘性学科。因此，需要多学科的专家共促建筑防水材料的发展。为此，要想把《建筑防水材料试验室手册》编写得既系统又完善并非易事。随着建筑防水材料日新月异的发展，建筑防水材料技术标准和试验方法亦随着不断更新，建筑防水材料试验仪器智能化水平不断提高，《建筑防水材料试验室手册》也需要不断进行增补和更新。希望同行的后起之秀们，能在本手册的基础上，不断提出增补和修改意见，使本手册真正成为建筑防水材料科技工作者一本必备的较好的参考用书。

在编写过程中，曾得到山西省建筑科学研究院、山西唐太沥青技术公司的支持，特表示感谢。

由于作者水平有限，错误之处在所难免，敬请读者批评指正。

作者

目　　录

第一章　绪　言 .... (1)
　第一节　建筑防水材料的发展 .... (1)
　　一、从茅草屋到陶瓦的出现 .... (1)
　　二、金属防水材料 .... (1)
　　三、沥青防水材料 .... (2)
　　四、高分子防水材料 .... (2)
　　五、刚性防水材料 .... (3)
　第二节　质量检验的意义 .... (3)
　　一、产品质量问题 .... (3)
　　二、质量管理 .... (3)
　　三、质量检验工作 .... (4)
　第三节　抽样方法 .... (5)
　　一、纯随机抽样法 .... (5)
　　二、分层随机抽样法 .... (5)
　　三、整群抽样法 .... (6)
　　四、机械抽样法 .... (6)
　　五、分步抽样法 .... (6)
　　六、样品抽检制度 .... (7)
　第四节　数据的记录与计算 .... (8)
　　一、数据的读取与记录 .... (8)
　　二、有效位数 .... (10)
　　三、修约原则 .... (11)
　　四、避免连续修约的规定 .... (13)
　　五、有效数字计算规则 .... (13)
　第五节　试验数据分析 .... (14)
　　一、误差与偏差 .... (15)
　　二、可疑数据的取舍 .... (16)
　　三、位置特征值 .... (17)
　　四、离散特征值 .... (19)
　　五、相关特征值 .... (22)
　　六、准确度与精确度 .... (24)
　第六节　常用计量单位的换算 .... (27)
　　一、常用法定计量单位的换算 .... (27)

· 1 ·

二、常用建筑防水材料单位换算 ………………………………………… (33)
　　三、千克力与牛顿换算 …………………………………………………… (34)
　　四、千克力每平方厘米与兆帕换算 ……………………………………… (37)
第七节　试验室管理 ………………………………………………………… (39)
　　一、设备和仪器管理 ……………………………………………………… (39)
　　二、试验工作管理 ………………………………………………………… (40)
　　三、文件资料管理 ………………………………………………………… (40)
　　四、安全工作管理 ………………………………………………………… (41)

第二章　试验室的建设 …………………………………………………… (42)

第一节　基本要求 …………………………………………………………… (42)
　　一、位置的选择 …………………………………………………………… (42)
　　二、高度、进深和开间 …………………………………………………… (42)
　　三、采光与照明 …………………………………………………………… (44)
　　四、电源与电线 …………………………………………………………… (45)
　　五、采暖与给排水 ………………………………………………………… (47)
第二节　组成与平面布置 …………………………………………………… (48)
　　一、沥青与沥青防水材料试验室 ………………………………………… (48)
　　二、高分子防水材料试验室 ……………………………………………… (49)
　　三、刚性防水材料 ………………………………………………………… (50)
　　四、辅助试验室 …………………………………………………………… (52)
　　五、研究室 ………………………………………………………………… (53)
第三节　试验室的设置 ……………………………………………………… (54)
　　一、消防设施 ……………………………………………………………… (54)
　　二、通风与排风 …………………………………………………………… (57)
　　三、恒温恒湿设置 ………………………………………………………… (63)
　　四、试验台与家具 ………………………………………………………… (65)
　　五、电子计算机 …………………………………………………………… (66)
第四节　搅拌与研磨设备 …………………………………………………… (70)
　　一、电动搅拌机 …………………………………………………………… (70)
　　二、电磁搅拌器 …………………………………………………………… (70)
　　三、振动粉碎机 …………………………………………………………… (71)
　　四、球磨机 ………………………………………………………………… (71)
　　五、胶体磨 ………………………………………………………………… (72)
　　六、摇筛机 ………………………………………………………………… (73)
　　七、水泥与混凝土搅拌设备 ……………………………………………… (75)
第五节　拉力与压力试验机 ………………………………………………… (78)
　　一、杠杆式拉力试验机 …………………………………………………… (78)
　　二、电子数显拉力试验机 ………………………………………………… (78)

· 2 ·

三、电动抗折试验机 ··· (79)
　　四、压力试验机 ··· (79)
　　五、恒温拉力试验机 ·· (81)
　　六、冲片机与裁刀 ··· (81)
第六节　加热与制冷设备 ·· (83)
　　一、电炉 ·· (83)
　　二、高温电炉 ··· (85)
　　三、干燥设备 ··· (87)
　　四、酒精灯与喷灯 ··· (91)
　　五、低温试验装置 ··· (91)
第七节　老化试验装置 ··· (95)
　　一、大气老化试验装置 ·· (95)
　　二、氙弧灯老化试验箱 ·· (97)
　　三、碳弧灯老化试验箱 ·· (98)
　　四、热空气老化试验箱 ··· (100)
　　五、光老化试验箱 ·· (101)
　　六、臭氧老化试验箱 ·· (101)
第八节　塑炼与混炼设备 ·· (102)
　　一、捏炼机 ·· (102)
　　二、炼胶机 ·· (102)
　　三、密炼机 ·· (103)
　　四、螺杆挤出机 ··· (104)
　　五、平板硫化机 ··· (104)
第九节　其他设备 ··· (106)
　　一、真空泵 ·· (106)
　　二、水流式真空泵 ·· (107)
　　三、空气压缩机 ··· (107)
　　四、电动离心机 ··· (109)

第三章　仪器与仪表 ·· (111)

第一节　测温仪表 ··· (111)
　　一、膨胀式温度计 ·· (111)
　　二、压力式温度计 ·· (117)
　　三、电阻式温度计 ·· (118)
　　四、热电偶温度计 ·· (119)
　　五、辐射高温计 ··· (119)
　　六、玻璃液体温度计的校正 ··· (121)
第二节　控温仪器 ··· (126)
　　一、接电水银温度计 ·· (126)

二、温湿度指示控制仪 …………………………………………………… (127)
三、指针式控温仪 ………………………………………………………… (128)
四、数显式控温仪 ………………………………………………………… (129)
五、智能型数字控温仪 …………………………………………………… (130)
第三节　质量计量仪器 ……………………………………………………… (130)
一、分析天平 ……………………………………………………………… (130)
二、单盘天平 ……………………………………………………………… (133)
三、电子分析天平 ………………………………………………………… (134)
四、架盘天平 ……………………………………………………………… (135)
五、磅秤 …………………………………………………………………… (135)
六、电子天平与电子秤 …………………………………………………… (137)
七、扭力天平 ……………………………………………………………… (138)
第四节　长度与厚度测量仪器 ……………………………………………… (139)
一、量尺 …………………………………………………………………… (139)
二、卡尺 …………………………………………………………………… (139)
三、百分尺与千分尺 ……………………………………………………… (140)
四、测厚计 ………………………………………………………………… (140)
五、读数显微镜 …………………………………………………………… (142)
第五节　容量计量仪器 ……………………………………………………… (143)
一、量筒和量杯 …………………………………………………………… (144)
二、容量瓶 ………………………………………………………………… (144)
三、单标线吸量管 ………………………………………………………… (145)
四、分度吸量管 …………………………………………………………… (146)
五、滴定管 ………………………………………………………………… (147)
第六节　密度计量仪器 ……………………………………………………… (147)
一、测量液体的密度瓶 …………………………………………………… (148)
二、测量固体的比重瓶 …………………………………………………… (149)
三、密度计 ………………………………………………………………… (149)
四、韦氏天平 ……………………………………………………………… (151)
第七节　压力测量仪表 ……………………………………………………… (153)
一、气压表 ………………………………………………………………… (153)
二、压力计 ………………………………………………………………… (154)
三、真空表 ………………………………………………………………… (157)
四、压力—真空两用表 …………………………………………………… (158)
五、减压表 ………………………………………………………………… (159)
第八节　粘度测量仪器 ……………………………………………………… (161)
一、标准粘度计 …………………………………………………………… (161)
二、恩氏粘度计 …………………………………………………………… (163)
三、旋转粘度计 …………………………………………………………… (163)

四、赛氏粘度计 ……………………………………………………………… (164)
　　五、滑板式粘度计 ……………………………………………………………… (165)
　　六、涂-1和涂-4粘度计 ………………………………………………………… (166)
　　七、其他粘度计 ………………………………………………………………… (167)
第九节　常用玻璃容量仪器 …………………………………………………………… (171)
　　一、烧杯与试管 ………………………………………………………………… (171)
　　二、烧瓶 ………………………………………………………………………… (172)
　　三、瓶类 ………………………………………………………………………… (174)
　　四、管类 ………………………………………………………………………… (176)
　　五、加液器 ……………………………………………………………………… (178)
　　六、干燥器与玻璃皿类 ………………………………………………………… (180)
第十节　橡胶与塑料常用检测仪器 …………………………………………………… (181)
　　一、门尼粘度计 ………………………………………………………………… (181)
　　二、快速塑性计 ………………………………………………………………… (182)
　　三、橡胶硫化仪 ………………………………………………………………… (183)
　　四、邵氏硬度计 ………………………………………………………………… (183)
　　五、维卡软化点仪 ……………………………………………………………… (185)
　　六、熔体流动速率仪 …………………………………………………………… (186)
第十一节　沥青材料检测仪器 ………………………………………………………… (187)
　　一、沥青针入度仪 ……………………………………………………………… (188)
　　二、沥青软化点仪 ……………………………………………………………… (189)
　　三、沥青延度仪 ………………………………………………………………… (190)
　　四、沥青闪点与燃点仪 ………………………………………………………… (192)
第十二节　其他常用仪器与仪表 ……………………………………………………… (193)
　　一、时间计量仪 ………………………………………………………………… (193)
　　二、酸度计及pH试纸 ………………………………………………………… (194)
　　三、表面张力仪 ………………………………………………………………… (198)
　　四、电气仪表 …………………………………………………………………… (199)
　　五、水平测量仪器 ……………………………………………………………… (203)
　　六、洗涤剂与干燥剂 …………………………………………………………… (204)
　　七、流量测量仪表 ……………………………………………………………… (207)
　　八、其他器材 …………………………………………………………………… (208)

第四章　沥青与聚合物沥青 …………………………………………………………… (212)

第一节　沥青材料 ……………………………………………………………………… (212)
　　一、石油沥青 …………………………………………………………………… (212)
　　二、煤焦油沥青 ………………………………………………………………… (216)
　　三、页岩沥青 …………………………………………………………………… (219)
　　四、聚合物沥青 ………………………………………………………………… (220)

第二节 沥青材料取样与试样制备 ·· (226)
　　一、沥青采样器具 ·· (226)
　　二、液体沥青取样 ·· (226)
　　三、固体沥青取样 ·· (228)
　　四、试样的数量和保管方法 ·· (228)
　　五、沥青试样制备方法 ·· (228)
第三节 力学性能 ··· (229)
　　一、针入度 ··· (229)
　　二、软化点 ··· (231)
　　三、针入度与软化点关系 ··· (232)
　　四、延度 ·· (234)
　　五、脆化点 ··· (237)
第四节 物理性能 ··· (238)
　　一、密度 ·· (238)
　　二、闪点与燃点 ··· (241)
　　三、粘度 ·· (243)
　　四、耐老化性 ·· (244)
　　五、含水量 ··· (248)
　　六、热学性能 ·· (250)
　　七、表面张力与总表面能 ··· (250)
第五节 物理化学性质 ·· (251)
　　一、溶解度 ··· (254)
　　二、酸值 ·· (254)
　　三、水溶化合物和水溶酸碱 ·· (255)
　　四、含蜡量 ··· (256)
　　五、分馏试验 ·· (257)
　　六、沥青化学组分 ·· (260)
　　七、沥青灰分 ·· (264)
第六节 煤焦油沥青性能 ··· (264)
　　一、试样制备 ·· (265)
　　二、浮标度 ··· (265)
　　三、蒸馏试验 ·· (266)
　　四、酚含量 ··· (268)
　　五、萘含量 ··· (269)
　　六、甲苯不溶物含量 ··· (270)
　　七、煤沥青焦油酸含量 ·· (271)
第七节 聚合物沥青性能 ··· (272)
　　一、针入度与当量软化点 ··· (272)
　　二、针入度与当量脆化点 ··· (272)

三、诺模图法 ··· (273)
　　四、粘韧性 ··· (275)
　　五、离析试验 ··· (277)
　　六、弹性恢复试验 ·· (279)
　　七、表观粘度 ··· (280)

第五章　高分子材料与辅助材料 ··· (285)
　第一节　橡胶材料 ·· (285)
　　一、常用硫化型橡胶材料 ·· (285)
　　二、常用橡胶生胶性质 ··· (287)
　　三、热塑性弹性体 ·· (288)
　　四、常用聚合物胶乳 ··· (289)
　　五、检验方法 ··· (289)
　第二节　树脂材料 ·· (293)
　　一、常用树脂材料 ·· (294)
　　二、塑料树脂取样方法 ··· (296)
　　三、熔体流动速率 ·· (296)
　　四、塑料灰分 ··· (298)
　　五、维卡软化点 ··· (300)
　第三节　聚合物鉴别法 ·· (300)
　　一、燃烧法 ·· (301)
　　二、溶解法 ·· (302)
　　三、显色反应鉴别 ·· (305)
　　四、红外光谱法 ··· (306)
　第四节　填　料 ·· (307)
　　一、常用填料 ··· (308)
　　二、对填料的技术要求 ··· (309)
　　三、粉状填料试验 ·· (311)
　　四、纤维状填料试验 ··· (317)
　第五节　隔离与防护材料 ··· (326)
　　一、种类 ··· (326)
　　二、技术要求 ··· (327)
　　三、隔离与保护材料代号 ·· (329)
　　四、取样与制样 ··· (329)
　　五、硬度 ··· (330)
　　六、筛析方法 ··· (330)
　第六节　油毡用胎体材料 ··· (331)
　　一、原纸胎体 ··· (332)
　　二、玻璃布 ·· (336)

三、无纺麻布胎 (340)
四、玻璃纤维毛纱布和石棉布 (341)
第七节 卷材用胎体材料 (341)
一、分类与标志 (342)
二、技术要求 (342)
三、涂料用胎体增强材料 (346)
四、检验规则 (347)
五、制样 (347)
六、检验方法 (349)
七、判定规则 (353)
第八节 助剂材料 (354)
一、溶剂 (354)
二、增塑剂 (357)
三、水乳性涂料用助剂材料 (359)
四、硫化剂和促进剂 (364)
五、活性剂和防老剂 (365)
六、橡胶补强剂 (367)
七、防霉剂 (368)

第六章 沥青防水卷材 (370)

第一节 抽样规则 (370)
一、抽样方法 (371)
二、抽样程序 (371)
三、检验分类 (371)

第二节 物理性能检验方法 (372)
一、外观 (372)
二、厚度 (372)
三、长度、宽度和平直度 (373)
四、单位面积质量 (373)
五、浸涂材料含量（可溶物含量） (374)
六、吸水性 (376)
七、耐热度 (378)

第三节 力学性能的检验方法 (381)
一、拉力和最大拉力时延伸率 (381)
二、低温柔度 (382)
三、不透水性 (384)
四、撕裂强度 (386)
五、接缝剪切性强度 (388)
六、矿物料粘附性 (388)

第四节 特性检验 (390)
一、抽样与取样 (390)
二、热空气老化试验 (391)
三、臭氧老化试验 (392)
四、人工气候加速老化 (393)
五、耐霉菌试验 (394)
六、耐化学介质侵蚀性 (396)

第五节 沥青纸胎油毡 (397)
一、石油沥青纸胎油毡 (397)
二、石油沥青油纸 (401)
三、煤沥青纸胎油毡 (402)
四、石棉纸油毡及油纸（JC—74） (404)
五、矿棉纸油毡 (404)

第六节 沥青布胎油毡 (406)
一、沥青玻璃布油毡 (406)
二、石油沥青麻布油毡 (409)
三、石油沥青石棉布油毡 (410)
四、沥青玻璃纤维毛纱布油毡 (410)

第七节 石油沥青玻纤毡胎油毡 (411)
一、产品分类 (411)
二、技术要求 (412)
三、用途 (413)
四、检验方法 (413)
五、检验规则 (415)

第八节 特种油毡 (416)
一、铝箔面油毡 (416)
二、金属箔油毡 (420)
三、带孔油毡 (420)
四、油毡瓦 (422)

第七章 聚合物沥青防水卷材与片材 (425)

第一节 聚合物沥青防水卷材检验方法 (425)
一、包装与标志 (425)
二、抽样 (426)
三、制样 (426)
四、试验方法 (427)
五、制定规则 (435)

第二节 有胎聚合物沥青防水卷材 (435)
一、SBS沥青防水卷材 (435)

二、APP 沥青防水卷材 ………………………………………………… (438)
　　三、沥青复合胎柔性防水卷材 …………………………………………… (440)
　　四、改性沥青聚乙烯胎防水卷材 ………………………………………… (443)
第三节　无胎卷材与自粘卷材 ………………………………………………… (448)
　　一、再生橡胶沥青无胎卷材 ……………………………………………… (448)
　　二、PVC 煤焦油沥青无胎防水卷材 ……………………………………… (451)
　　三、EBA 沥青无胎油毡 …………………………………………………… (453)
　　四、自粘橡胶沥青防水卷材 ……………………………………………… (453)
　　五、自粘聚合物改性沥青聚酯胎防水卷材 ……………………………… (458)
第四节　片材的分类与技术要求 ……………………………………………… (462)
　　一、分类与标记 …………………………………………………………… (463)
　　二、技术要求 ……………………………………………………………… (463)
　　三、检验规则 ……………………………………………………………… (467)
　　四、包装与标志 …………………………………………………………… (467)
第五节　片材检验方法 ………………………………………………………… (467)
　　一、抽样与制样 …………………………………………………………… (467)
　　二、外观 …………………………………………………………………… (469)
　　三、厚度 …………………………………………………………………… (470)
　　四、单位面积质量 ………………………………………………………… (471)
　　五、长度、宽度、平直度和平整度 ……………………………………… (472)
　　六、拉伸性能 ……………………………………………………………… (473)
　　七、尺寸稳定性 …………………………………………………………… (474)
　　八、低温弯折性 …………………………………………………………… (475)
　　九、撕裂性能 ……………………………………………………………… (476)
　　十、接缝剥离性能 ………………………………………………………… (477)
　　十一、接缝剪切性能 ……………………………………………………… (478)
　　十二、不透水性 …………………………………………………………… (479)
第六节　特殊性能 ……………………………………………………………… (479)
　　一、耐化学液体性能 ……………………………………………………… (479)
　　二、抗冲击性能 …………………………………………………………… (483)
　　三、抗静态荷载 …………………………………………………………… (485)
　　四、老化试验 ……………………………………………………………… (486)
第七节　常用高分子防水卷材 ………………………………………………… (488)
　　一、氯化聚乙烯防水卷材 ………………………………………………… (488)
　　二、聚氯乙烯防水卷材 …………………………………………………… (494)
　　三、氯化聚乙烯-橡胶共混防水卷材 …………………………………… (496)
　　四、三元丁橡胶防水卷材 ………………………………………………… (499)
第八节　非织造复合土工膜 …………………………………………………… (501)
　　一、非织造复合土工膜 …………………………………………………… (501)

二、聚乙烯土工膜 .... (515)

三、聚氯乙烯土工膜 .... (526)

第八章　建筑防水涂料 .... (537)

第一节　抽样方法 .... (538)

一、盛样容器与取样器械 .... (538)

二、取样数 .... (539)

三、初检程序 .... (539)

四、样品抽取 .... (540)

五、样品的标志和密封 .... (541)

六、样品的贮存和使用 .... (541)

七、检验规则 .... (541)

八、判定规则 .... (541)

第二节　检验方法 .... (542)

一、固体含量 .... (542)

二、耐热度 .... (543)

三、粘结性 .... (544)

四、延伸性 .... (545)

五、拉伸性能 .... (546)

六、加热伸缩率 .... (548)

七、低温柔性 .... (549)

八、不透水性 .... (549)

九、干燥时间 .... (550)

第三节　溶剂型橡胶沥青防水涂料 .... (551)

一、分类与标记 .... (551)

二、技术要求 .... (552)

三、检验方法 .... (552)

四、检验规则 .... (553)

五、常用溶剂型橡胶沥青防水涂料 .... (553)

第四节　溶剂型树脂与塑料沥青防水涂料 .... (554)

一、聚氨酯防水涂料 .... (554)

二、聚氨酯煤焦油沥青防水涂料 .... (559)

三、聚氨酯石油沥青防水涂料 .... (559)

四、APP 沥青防水涂料 .... (560)

五、环氧防水涂料 .... (560)

第五节　水性沥青基防水涂料 .... (560)

一、水性沥青基防水涂料 .... (561)

二、皂液乳化沥青 .... (563)

三、非离子乳化沥青 .... (565)

四、阳离子乳化沥青 (566)
　　五、水乳型厚质沥青防水涂料 (568)
第六节　水乳性高分子防水涂料 (568)
　　一、聚合物乳液建筑防水涂料 (568)
　　二、聚合物水泥防水涂料 (570)
第七节　无溶剂型建筑防水涂料 (574)
　　一、聚氯乙烯弹性防水涂料 (574)
　　二、无溶剂型聚合物沥青防水涂料 (577)
第八节　专用沥青防水涂料 (577)
　　一、沥青冷底子油 (577)
　　二、桥面用聚合物沥青冷底子油 (579)
　　三、桥面专用防水涂料 (579)

第九章　密封材料和胶粘剂 (580)

第一节　密封材料的种类 (580)
第二节　建筑密封材料试验方法 (580)
　　一、试验基材的规定及试验条件 (580)
　　二、密度 (582)
　　三、挤出性和适用期 (583)
　　四、表干时间 (587)
　　五、流动性 (588)
　　六、低温柔性 (589)
　　七、质量与体积变化 (590)
　　八、污染性 (591)
第三节　密封材料粘结性能试验方法 (593)
　　一、拉伸粘结性 (593)
　　二、定伸粘结性 (595)
　　三、浸水后拉伸粘结性 (595)
　　四、浸水后定伸粘结性 (596)
　　五、同一温度下拉伸—压缩循环后粘结性 (596)
　　六、冷拉—热压后粘结性 (596)
　　七、浸水及拉伸—压缩循环后粘结性 (597)
　　八、弹性恢复率 (598)
　　九、压缩特性 (599)
　　十、剥离粘结性 (599)
　　十一、经过热透过玻璃的人工光源和水暴露后粘结性 (601)
第四节　聚合物沥青密封材料 (602)
　　一、建筑防水沥青嵌缝油膏 (602)
　　二、聚氯乙烯建筑防水接缝材料 (605)

第五节　高分子密封材料 (607)
　　一、聚氨酯建筑密封膏 (607)
　　二、聚硫建筑密封膏 (611)
　　三、丙烯酸建筑密封膏 (615)
　　四、硅酮建筑密封膏 (618)

第六节　定型建筑防水密封材料 (621)
　　一、橡胶止水带 (622)
　　二、遇水膨胀橡胶 (628)
　　三、膨润土遇水膨胀止水条 (633)
　　四、塑料止水带 (637)
　　五、金属止水带 (638)
　　六、复合止水带 (638)

第七节　建筑防水胶粘材料 (641)
　　一、沥青玛琋脂 (641)
　　二、冷沥青玛琋脂 (645)
　　三、聚合物沥青胶粘剂 (646)
　　四、高分子防水卷材胶粘剂 (646)

第十章　防水混凝土 (652)

第一节　防水混凝土的特性 (652)
　　一、抗渗等级 (652)
　　二、水力梯度 (653)
　　三、不同等级防水混凝土适用范围 (653)
　　四、防水混凝土标号与强度等级换算 (654)
　　五、防水混凝土技术要求 (654)

第二节　集料与水泥 (655)
　　一、粗集料 (655)
　　二、细集料 (656)
　　三、水泥 (658)
　　四、粗集料试验方法 (660)
　　五、细集料试验方法 (666)

第三节　防水混凝土分类 (670)
　　一、集料级配防水混凝土 (670)
　　二、普通防水混凝土 (671)
　　三、掺外加剂的防水混凝土 (672)

第四节　防水混凝土拌和物 (674)
　　一、试验室拌和方法 (675)
　　二、坍落度 (675)
　　三、表观密度 (676)

四、凝结时间 ………………………………………………………………… (677)
　　五、含气量 …………………………………………………………………… (679)
　　六、泌水性 …………………………………………………………………… (681)
第五节　防水混凝土物理力学性能 …………………………………………… (684)
　　一、试件制作 ………………………………………………………………… (684)
　　二、抗压强度 ………………………………………………………………… (686)
　　三、抗渗性能 ………………………………………………………………… (687)
　　四、收缩性 …………………………………………………………………… (688)
　　五、抗冻性 …………………………………………………………………… (689)
第六节　防水砂浆分类 ………………………………………………………… (692)
　　一、普通防水砂浆 …………………………………………………………… (692)
　　二、聚合物防水砂浆 ………………………………………………………… (693)
　　三、掺外加剂的防水砂浆 …………………………………………………… (695)
第七节　普通防水砂浆拌和物 ………………………………………………… (696)
　　一、一般规定 ………………………………………………………………… (696)
　　二、密度 ……………………………………………………………………… (696)
　　三、凝结时间 ………………………………………………………………… (697)
　　四、泌水性 …………………………………………………………………… (698)
第八节　防水砂浆物理力学性能 ……………………………………………… (699)
　　一、抗压强度 ………………………………………………………………… (700)
　　二、抗渗性 …………………………………………………………………… (701)
　　三、收缩性 …………………………………………………………………… (701)
第九节　聚合物防水砂浆 ……………………………………………………… (702)
　　一、原材料 …………………………………………………………………… (702)
　　二、技术性能 ………………………………………………………………… (703)
　　三、配合比 …………………………………………………………………… (703)
　　四、试验方法 ………………………………………………………………… (704)
第十节　无机防水堵漏材料 …………………………………………………… (704)
　　一、分类 ……………………………………………………………………… (704)
　　二、技术要求 ………………………………………………………………… (704)
　　三、检验规则 ………………………………………………………………… (705)
　　四、试验方法 ………………………………………………………………… (705)
　　五、判定规则 ………………………………………………………………… (714)
第十一节　灌浆堵漏材料 ……………………………………………………… (715)
　　一、水泥浆液 ………………………………………………………………… (715)
　　二、水泥水玻璃浆液 ………………………………………………………… (717)
　　三、丙凝浆液 ………………………………………………………………… (717)
　　四、甲凝浆液 ………………………………………………………………… (719)
　　五、氰凝注浆材料 …………………………………………………………… (720)

六、环氧灌浆材料 ·· (722)
　附录A：《普通混凝土配合比设计规程》JGJ55—2000 ··· (723)
　附录B：《砌筑砂浆配合比设计规程》JGJ98—2000 ·· (731)

第十一章　防水混凝土用外加剂 ··· (736)

第一节　渗透结晶型防水材料 ·· (736)
　　一、分类 ·· (736)
　　二、技术要求 ·· (736)
　　三、检验规则 ·· (738)
　　四、匀质性试验 ·· (738)
　　五、受检涂料性能 ·· (742)
　　六、防水剂的性能 ·· (746)
　　七、判定规则 ·· (754)

第二节　防水剂 ·· (754)
　　一、分类 ·· (754)
　　二、技术要求 ·· (754)
　　三、检验规则 ·· (756)
　　四、匀质性试验 ·· (756)
　　五、受检砂浆试验 ·· (758)
　　六、受检混凝土 ·· (760)
　　七、判定规则 ·· (761)
　　八、几种常用防水剂 ·· (762)

第三节　膨胀剂 ·· (764)
　　一、分类 ·· (764)
　　二、技术要求 ·· (765)
　　三、检验规则 ·· (765)
　　四、试验方法 ·· (766)
　　五、判定规则 ·· (776)

第四节　混凝土外加剂 ·· (777)
　　一、定义 ·· (777)
　　二、技术要求 ·· (777)
　　三、检验规则 ·· (777)
　　四、试验方法 ·· (780)
　　五、判定规则 ·· (787)

第十二章　瓦类防水材料 ·· (788)

第一节　烧结瓦 ·· (788)
　　一、分类 ·· (788)
　　二、技术要求 ·· (791)

三、检验规则 ……………………………………………………………… (794)
　　四、试验方法 ……………………………………………………………… (794)
　　五、判定规则 ……………………………………………………………… (798)
　第二节　古建筑用瓦 …………………………………………………………… (799)
　　一、琉璃瓦 ………………………………………………………………… (799)
　　二、青瓦 …………………………………………………………………… (799)
　　三、小青瓦 ………………………………………………………………… (809)
　第三节　混凝土瓦 ……………………………………………………………… (809)
　　一、分类 …………………………………………………………………… (809)
　　二、技术要求 ……………………………………………………………… (809)
　　三、检验规则 ……………………………………………………………… (811)
　　四、试验方法 ……………………………………………………………… (812)
　　五、判定规则 ……………………………………………………………… (817)
　　六、钢丝网水泥波形瓦 …………………………………………………… (817)
　　七、其他水泥瓦 …………………………………………………………… (818)
　第四节　石棉水泥波瓦及其脊瓦 ……………………………………………… (819)
　　一、分级、规格及标志 …………………………………………………… (819)
　　二、技术要求 ……………………………………………………………… (820)
　　三、检验规则 ……………………………………………………………… (822)
　　四、外观质量检验方法 …………………………………………………… (823)
　　五、物理力学性能试验方法 ……………………………………………… (825)
　　六、其他水泥石棉瓦 ……………………………………………………… (828)
　第五节　玻璃纤维增强聚酯波纹板 …………………………………………… (829)
　　一、产品分类 ……………………………………………………………… (829)
　　二、技术要求 ……………………………………………………………… (829)
　　三、检验规则 ……………………………………………………………… (831)
　　四、试验方法 ……………………………………………………………… (832)
　第六节　金属面聚苯乙烯夹心板 ……………………………………………… (838)
　　一、规格与标记 …………………………………………………………… (838)
　　二、技术要求 ……………………………………………………………… (839)
　　三、检验分类 ……………………………………………………………… (840)
　　四、试验方法 ……………………………………………………………… (841)
　　五、判定规则 ……………………………………………………………… (844)
　　六、铝波纹瓦 ……………………………………………………………… (844)

第十三章　防水沥青混凝土 ………………………………………………………… (845)
　第一节　分　类 ………………………………………………………………… (845)
　　一、按结合材料的品种分类 ……………………………………………… (845)
　　二、按拌和与摊铺温度分类 ……………………………………………… (845)

三、按矿质集料最大粒径分类 ………………………………………………… (846)
　　四、按矿质集料的级配类型分类 ……………………………………………… (846)
 第二节　材料组成 ……………………………………………………………………… (846)
　　一、沥青材料 …………………………………………………………………… (847)
　　二、集料 ………………………………………………………………………… (848)
　　三、粉料 ………………………………………………………………………… (852)
　　四、纤维填料 …………………………………………………………………… (853)
 第三节　配比设计 ……………………………………………………………………… (854)
　　一、理论依据 …………………………………………………………………… (854)
　　二、建筑沥青混合料配比 ……………………………………………………… (856)
　　三、填料混合料空隙率 ………………………………………………………… (857)
 第四节　建筑沥青混凝土性能 ………………………………………………………… (857)
　　一、技术性能 …………………………………………………………………… (857)
　　二、试件制作 …………………………………………………………………… (858)
　　三、抗压强度 …………………………………………………………………… (860)
　　四、饱和吸水率 ………………………………………………………………… (861)
　　五、浸酸安定性 ………………………………………………………………… (861)
　　六、不发火性 …………………………………………………………………… (862)
 第五节　水工沥青混凝土 ……………………………………………………………… (862)
　　一、工程性能要求 ……………………………………………………………… (862)
　　二、水工与道路用沥青混凝土区别 …………………………………………… (863)
　　三、原材料及要求 ……………………………………………………………… (864)
　　四、防渗墙构造 ………………………………………………………………… (865)
　　五、配合比及性能 ……………………………………………………………… (866)
　　六、性能检验 …………………………………………………………………… (867)
 第六节　道路沥青混凝土配合比 ……………………………………………………… (875)
　　一、沥青混合料矿料级配及沥青用量范围 …………………………………… (875)
　　二、道路沥青混凝土有关符号及代号 ………………………………………… (875)

附　录 ……………………………………………………………………………………… (880)
　　一、化学元素周期表 …………………………………………………………… (881)
　　二、建筑防水材料及橡胶和塑料常用术语 …………………………………… (882)
　　三、常用建筑材料物理性能参数 ……………………………………………… (954)
　　四、常用建筑材料质量参数 …………………………………………………… (958)
　　五、室外气象参数 ……………………………………………………………… (961)
　　六、标准筛的网号、目数与粒度 ……………………………………………… (968)
　　七、水的特性参数 ……………………………………………………………… (973)
　　八、常见固体、流体和气体的燃点 …………………………………………… (976)
　　九、建筑防水材料检验室主要仪器设备 ……………………………………… (977)

参考文献 ………………………………………………………………………………… (980)

第一章　绪　言

建筑防水材料是一门综合性学科，涉及的科学领域比较广泛，不单纯是沥青材料学，还涉及无机化学、有机化学、高分子化学、无机合成化学、有机合成化学、橡胶与橡胶工艺学、合成树脂与塑料工艺学、合成树脂与涂料工艺学、水泥与水泥混凝土学、材料力学、理论力学、电气仪表、机械设计等。电子计算机技术也逐渐在建筑防水材料行业得到应用和发展，促进了建筑防水材料生产自动化，建筑防水材料检验仪器和设备的智能化，大大提高了建筑防水材料的生产速度和产品质量，加快了建筑防水材料的检验速度和检测结果的精确度。研究和开发建筑防水材料需多学科的知识，需要多学科人才共同合作才能促进建筑防水材料更快的发展。

第一节　建筑防水材料的发展

一、从茅草屋到陶瓦的出现

避风雨，抗寒暑是人类生存的必然条件。在远古时期以洞为屋，栖息食宿。后又出现挖掘地穴，逢雨或夜晚入穴栖息。在多雨的地区不可能挖穴，为防止野兽侵害，改在树上筑巢，有"冬则住营窟，夏则住槽巢"之说。窟与巢均为避风雨和栖息之处。

大约在五万年前，随着人类生活区域的扩大，与大自然作斗争的经验丰富，开始由洞穴或从树枝上向地面移建，出现用树木搭建成的两角落地的"人"字屋，上披野草、树皮作为防水材料。雨水顺所披野草、树皮直流而下，既保温又防水。我们祖先发明的"筑土构木"的方法，就地取材建造房屋就是例证。直到现在某些地区仍有以谷草为房顶的大坡度草屋。在有些山区，还采用天然的石板干铺在屋面上，建成石板防水屋面。在1979年去贵州考察时，曾在贵州边远山区见到过这种石板屋面。

随着陶器的出现，人类发明了瓦。在春秋战国时代，已经应用了各种形式的黏土烧制瓦，制瓦技术日趋完善。

早期的陶瓦质疏、吸水多、表面粗糙、流水缓慢；随着技术的发展，出现了在瓦坯涂釉后，再经高温处理的玻化琉璃瓦，从而增加了瓦的防水性能和美观，一直沿用了4 000年之久。许多千年以上的古代建筑得以保存到现在，在很大程度上应该归功于琉璃瓦的使用。

此外，还有木瓦、竹瓦、铜瓦、铁瓦等。宠大的瓦氏家族垄断建筑防水材料达数千年之久。

二、金属防水材料

在屋面上，数千块瓦叠搭成片才能构成防水层。搭接再好，瓦缝仍会存在。要达到无任何渗水通道，必须研制全封闭防水材料，于是出现了金属板防水材料。

金属板防水材料是用铝、锡或铝锡合金铸成板材（俗称锡背），主要用于苫背。先在平地上铸成几平方米的板块，再铺在屋面上焊接合缝，形成全封闭的整体防水层。用金属制成的防水板材，耐腐蚀性能好，易于焊接和施工，使用寿命长。在明代宫殿建筑上已使用了金属防水板材作屋面防水层，迄今已达500年之久。

金属防水板，不仅用于屋面作防水层，还用于地下防水。唐高宗李治的墓室就是用铸铁浇铸，断绝了地下水的渗透。

金属防水板质量重，造价高，只能用于特别重要的建筑物防水层，陶瓦只能用于坡度较大的屋面作防水层。近年来，又出现了镀锌铁皮瓦、彩塑铁皮瓦、压型钢板、金属压型夹芯板等。在金属夹芯板的中间是泡沫塑料，有较好的保温性能，上下两面为彩塑的压型钢板，多用于工业厂房屋面围护结构和防水保温。产品可由工厂预制，现场安装，施工速度快，抗震效果好，发展十分迅速。

三、沥青防水材料

沥青是人类认识较早的防水材料之一。远在公元前1 300年，阿拉伯人在底格里斯河入海处，用沥青、黏土、砂石等混合物建造的1 500 m护岸长堤至今尚存。在古巴比伦城市已用沥青铺路和做屋面防水之用。这些都足以说明沥青是抗老化、耐久性较好的建筑防水材料。由于天然沥青产地较少，沥青防水材料发展缓慢。

19世纪地下石油被大量开采以后，石油经分馏后的残渣是与天然沥青相似的沥青类物质，从而扩大了沥青材料的来源，用毛擀成的毡片浸渍沥青制成了沥青油毛毡。油毛毡一经问世，迅速传遍全世界，不仅用于坡屋面做防水层，还用于平屋面、路面和地下各种工程防水，大大拓宽了防水领域。特别是在平屋顶上的应用，取代了笨重的大屋盖，大大降低了工程造价，推动了建筑业的发展。

随着建筑业的发展，对建筑防水材料需求量越来越大，油毛毡已远远不能满足建筑业发展的要求，于是出现了沥青纸胎油毡、沥青玻璃布油毡、沥青玻璃纤维毡油毡、石棉纸油毡、石棉布油毡、矿棉纸油毡、金属箔油毡等。还有粘合油毡用的冷底子油和沥青玛琋脂等。

沥青防水材料的缺点是低温条件下易于脆裂，高温条件下易于流淌。于是又出现了聚合物改性沥青材料和聚合物改性沥青防水材料。例如：SBS沥青、APP沥青、SBR沥青、EVA沥青、PE沥青、CR沥青等。在此基础上又研制出了聚合物沥青防水卷材、聚合物沥青防水涂料、建筑密封材料和建筑胶粘剂等防水材料，使建筑防水材料的发展出现了较大的飞跃。

四、高分子防水材料

高分子防水材料是近年来发展起来的一种建筑防水材料。其中有防水片材、防水涂料、密封材料和建筑胶粘剂等。由于其耐老化性能差，断裂后无自愈能力，漏水率较高，且成本较高，从而限制了它的发展，其产量远比不上沥青防水材料，目前多用于隐蔽的地下防水工程和构筑物。

用高分子材料制成的玻璃钢波形瓦、塑料波形瓦，因耐老化性能差。多用于临时建筑防水。用高分子材料制成的塑料防水材料，多用于地下防水工程和构筑物。

五、刚性防水材料

刚性防水材料是人类认识和使用较早的防水材料,在埃及的金字塔建筑中,已使用了石灰和石膏制成的灰浆用于防水。刚性防水材料在水泥问世以后,才得到迅速发展。

由于水泥的发明出现了防水混凝土、防水砂浆,不仅可用于建筑物的承重结构和围护结构,而且还起建筑物的防水作用。过去应用最多的为密级配防水混凝土,由于密级配防水混凝土要求级配严格,需重新筛分石料,才能达到理想的密级配曲线要求,从而增加了施工的费用和石料的浪费。掺有外加剂的防水混凝土,尤其掺加膨胀剂的防水混凝土以其较低的成本,方便的施工而广泛应用于建筑工程。同时,掺防水剂、膨胀剂的防水砂浆也得到广泛应用。

用水泥制成的水泥平瓦、水泥脊瓦、水泥石棉波形瓦等也是重要的建筑防水材料。

水泥的发明大大促进了建筑业的革命,促进了建筑业的飞速发展,同样促进了建筑防水材料的飞速发展。

第二节 质量检验的意义

建筑防水材料是国民经济建设中不可缺少的建筑材料。建筑防水材料质量的好坏直接关系到建筑物的使用寿命,关系到人们的生活和生产。建筑防水材料检验的目的是为了保证建筑防水材料产品质量,保证建筑防水材料产品达到国家标准规定要求。建筑防水材料检验是建筑防水材料生产中质量控制的重要手段。

一、产品质量问题

产品质量关系到企业的发展,更关系到人们的日常生活。优质产品能给企业带来信誉,带来兴旺和发展,又能给国家带来繁荣和富强;劣质产品可导致企业失去信誉,影响人们的正常生活,甚至危及人身的健康与安全。

在生产企业中,产品质量是经济的基础,没有质量就没有数量,就没有经济效益。一个国家国民经济水平和企业经济效益的提高幅度,一般是用数量增长的幅度表示的,但如果没有质量保证,这个数量增长是没有实际效果的。质量不合格的产品是浪费性生产,不讲质量的劳动是无效的劳动,对国家、对企业、对个人都是有百害而无一利,提高经济效益的基础,关键是提高产品质量。

产品质量把关的手段是产品质量的检验,产品质量的中间控制。开发新技术、新工艺,应用新设备、新材料,离不开质量检验。因此,加强质量管理,加强产品质量检验,坚持质量第一的原则,对企业、对国家经济发展十分重要。

二、质量管理

质量管理是一门新兴的学科,是管理科学的重要组成部分。这门学科是随科学技术、工业生产水平的发展与需要而逐步形成和发展起来的。它吸收了当代科学技术的成果和先进的管理经验,首先在一些工业发达的国家中形成和发展。现已成为一门专门学科——质量管理学。

目前，我国建筑防水材料企业的质量管理手段和方式大致分为三种。

1. 质量检验管理方式

这种管理方式对质量的理解还只限于质量的检验，通过严格检验来控制，以保证转入下道工序和出厂的产品质量，一般由操作者管理质量和检验员管理质量。

操作者管理质量是指产品质量的检验主要依靠操作者的经验，凭视感和手感进行估计对产品质量把关。这种产品质量检验方法十分简单，误差很大，很难保证产品质量。

检验室是企业或国家设置的专门检验部门，配有专职的检验人员，用一定的检测仪器和设备对产品进行检验工作。这种检验员管理产品质量的方式可靠，能保证产品质量达到国家标准要求。

2. 统计质量控制方式

这是利用数理统计原理在生产工序间进行质量控制，预防产生不合格产品并检验产品的质量。在方式上，责任者也由专职的检验人员转移到由专业的质量控制工程师和技术人员。这种方式可将事后检验改为预测质量事故的发生，并可预先加以预防，可以解决事后"诸葛亮"的问题。

3. 全面质量管理方式

这种方式是在统计质量的基础上发展起来的。它重视人员的因素，强调企业全员参加，全过程的各项工作都要进行质量管理。它运用系统的观点，综合而全面地分析问题，研究和解决存在的质量问题。它的方法、手段更加丰富、完善，从而能把产品质量真正地管起来，产生更高的经济效益。

在建筑防水材料生产企业应开展全面质量管理，建立全面质量管理体系，提高产品质量，降低产品消耗，向产品质量要经济效益是今后质量管理发展的方向。

三、质量检验工作

质量检验是借助某种手段和方法，测定产品的质量特性，然后把测定的结果同规定的质量标准比较，从而对该产品作出合格和不合格的判断；在不合格的情况下还要作出适用或不适用的判断。在建筑防水材料产品中，不合格产品并不都是不能使用的。产品的合格判断由检验员或操作者负责执行，而适用性则需经有关产品审查机构负责执行。产品检验时，对合格产品放行，对不合格产品打上标记，隔离存放，另作处置。

质量检验工作的职能概括地说就是严格把关，反馈数据，预防、监督出厂的产品质量，促进产品质量的提高。质量检验是全面质量管理的重要组成部分。

我国实行的"严格把关与积极预防相结合"的原则，以及检验人员"卡、防、帮、讲"（卡，即把关；防，即预防出现废品，防患于未然；帮，对操作人员进行技术指导，共同解决质量问题；讲，即宣传"质量第一"的方针，提高生产人员的质量意识）的工作方法，是加强质量检验，保证和提高产品质量的关键。

质量检验工作包括抽样、测试；对所测得的数据进行认真记录、计算；同质量标准进行比较，对产品作出合格或不合格的判定等。要求检验人员必须熟悉国家法律和法规，熟悉产品技术规程，掌握所用仪器设备的操作方法，及时处理检验中存在的问题，获得可靠准确的试验数据和试验结果。

第三节 抽样方法

建筑防水材料的检验主要包括原材料的检验、中间控制检验和成品检验。常常是从一批材料或产品中随机抽取一部分作为试样。然后通过试验检测结果，对该批产品的性能和质量进行对比和判断。怎样使抽取的试样能较准确地反映这批原材料或产品的质量状况，只有通过正确的抽样方法，才能使抽取的试样组成代表全部产品，才能对该产品作出正确的推断和结论。正确的抽样方法就是要使每个产品都有被抽作样品的相同机会。

常用的抽样方法主要有纯随机抽样法，分层随机抽样法、整群抽样法、机械抽样法和分步抽样法。

一、纯随机抽样法

纯随机抽样法是将产品编号，并制作一套与产品相对应的码签，然后将码签混合均匀，从中任意抽取部分码签，组成试样码签，再从产品中取出与码签相对应的产品，组成产品检验样本。例如，要从 50 个产品中抽 5 个样品，先把 50 个产品编上顺序号，然后做 50 个码签，如抽到的号码是 5、8、13、25、38，这 5 个号码的产品就是被抽到的样品。

随机抽样表法还可利用现成的随机抽样表。先用抽签法抽出一张随机取样表，然后按照表中指定的数码取出样品。

纯随机抽样法适用样品数量少的场合，当产品数量过于庞大时，此法不适用。纯随机抽样法的优点是"不挑不拣"，排除了人的主观因素，整批数据中的每一个数据都有被抽到的同等机会，能确保抽样的随机性。从理论上讲，利用纯随机抽样法得到的样本代表性强、误差小，质量检验可靠性得到了基本保证，是广为采用的一种抽样方法。缺点是在具体应用时手续比较繁琐。

二、分层随机抽样法

分层随机抽样法亦称类型抽样法，它是按不同条件下生产出来的样品归类分组后，再按一定比例从各组中随机抽取产品组成样本。分层就是分门别类，分层法也叫分类法或分组法。

分层法是把搜集到的质量数据按照与质量有关的各种因素加以分类，把性质相同、条件相同的数据归在一个组，把划分的组叫层。分层的目的是把错综复杂的影响因素分析清楚，以使数据能更加突出地反映客观实际。分层的基本要求是，原则上应使同一层内的数据波动幅度尽可能小，而层与层之间的差别尽可能大。例如：原材料抽样时，可按产地、制造厂、成分、规格、批号、到货日期等分层。然后在每层中再进行随机抽样。

采用分层抽样时一定要注意"层"的划分。划分层一是要有清楚的划层界限，不致在具体抽样中发生混淆；二是必须知道各层中个体的数目及其在总体中所占的比例；三是层数不宜划分得过细，否则失去层的特征，也不便于在各层中抽样。

分层随机抽样法由于通过划分层，因而使各层中个体之间共同性增大，差异程度减少，这样就容易抽出有代表性的样本。所以，在抽样方法中是一种行之有效的方法，尤其适用于总体情况复杂，个体之间差异较大，总体中所含个体的数目又多的情况。分层随机抽样法便于了解每层的质量状况，分析每层产生质量问题的原因。

三、整群抽样法

整群抽样法是在产品数量较多时，将一群产品作为一组，然后用纯随机抽样法或机械抽样法抽出若干组产品组成样本，或者用机械抽样法或纯随机抽样法抽取这些组中的部分产品组成样本，然后对这个样本进行试验。

在建筑防水材料的抽样中，多采用整群抽样法。例如：对某种建筑防水材料抽样时，就是以同一标号的产品 20 t 为一批（群），不足 20 t 也按一批计，每批（群）抽取 3 件产品，离表皮大约 50 mm 处各取样 1 kg，装于密封器内，一份做试验用，另两份做备查。这种抽样方法，可称之为整群抽样法。

实行整群抽样检验的前提是产品在生产过程中质量基本上稳定。只有从这一批产品中抽查的样品才能代表这批产品的质量，判断才能正确，否则抽样就失去意义。

四、机械抽样法

机械抽样法亦称等距抽样法。它是按预先制定的规则，每隔一定时间（间隔定时法）或每隔一定数量（间隔定量法）抽取一定数目的产品组成样本。该方法是生产企业在生产过程中为了控制产品的质量经常采用的抽样方法。例如：在生产过程中，每一班抽检一次，将抽检的产品组成一个样本，检验所得到的样本就可从中发现生产过程是否稳定，从而达到控制产品质量的目的。

采用机械抽样法时，由于总体的各部分都被包括在样品中，因而样本具有比较好的代表性。但是机械抽样法有一定的缺点，在抽样中当抽样起点一旦定了，一个样本就只有一个可能，这样，在某些特殊情况下，抽取的样本可能出现偏差。例如，生产操作人员或设备正好出了毛病，造成某一时间段产品不合格，如果抽样的起点又正好碰到这一时间段的不合格产品，则抽取的样本就会出现偏差，利用这个样本对总体产品质量所作出的结论必然是错误的。当然，发生上述情况的机会是很小的，但从理论上分析，完全有这种可能，因而采用这种抽样方法时必须加以注意。

机械抽样法实际上是一种特殊的分层抽样，如果在分层抽样中把总体划分为若干相等的部分，每个部分只抽一个个体，这个分层抽样法就是机械抽样法。

机械抽样法适用于数量比较大的产品抽样。

五、分步抽样法

分步抽样法是在抽取样本时分步进行抽取样品的方法，这种抽样法一般有两步抽样或多步抽样之分。所谓分步就是把抽样本的过程分为两个或多个段进行。即先抽大单位，再在大单位中抽小单位，小单位中再抽更小的单位。例如：先从同一类型、同一规格 1 000 卷的石油沥青纸胎油毡为一批（不足 1 000 卷也可作为一批），在该批产品中随机抽取 5 卷进行卷重、面积与外观检查。再从这卷重、面积与外观都合格的 5 卷样品中抽取 1 卷进行物理力学性能检验。

应用分步抽样方法时，如果步数比较多，则抽样工作就比较麻烦。在建筑防水材料中多采用两步或三步抽样方法，这是一种常用的抽样方法。

分步抽样法和分层抽样法是有区别的，不能混淆。分步抽样法是由于总体范围太大，难以抽到要检验的样品,从而借助中间阶段作为过渡阶段,直到最后一步才抽到样品;而分层抽样法是按产品的特征把总体划分为若干个特征相似的类或组,然后在每个类组中抽取产品。

六、样品抽检制度

抽检人员必须熟悉该产品的技术标准,不懂产品技术标准的人不许参加抽样。抽样时,必须按照产品技术标准抽样方法进行抽样。抽样人员要认真填写抽样工作单,并按照抽样工作单的栏目进行抽样工作。

对于仲裁试验,优质产品鉴定检验的抽样工作应有当地技术监督局的工作人员参加。抽检的样品封样后应填写样品传递卡,样品保管要有专人负责,并在传递卡上签字后送检验人员检测。备份样品应妥为保管,保存期一般为三个月,需保存时间长的样品应预先注明,以备有争议时重检。

图1-1为单个产品检验工作程序框图。

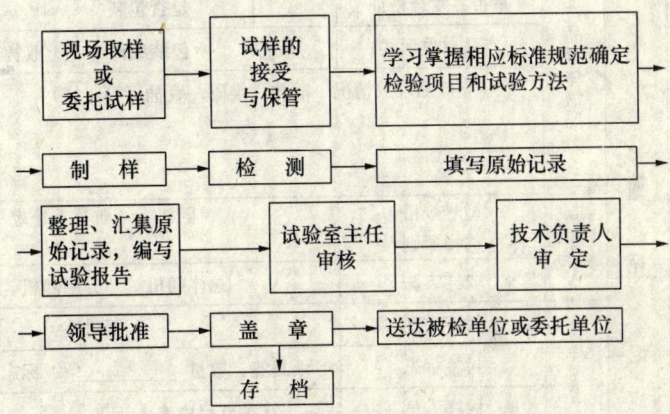

图1-1 单个产品检验的工作程序框图

图1-2为仲裁检验活动的工作程序框图。

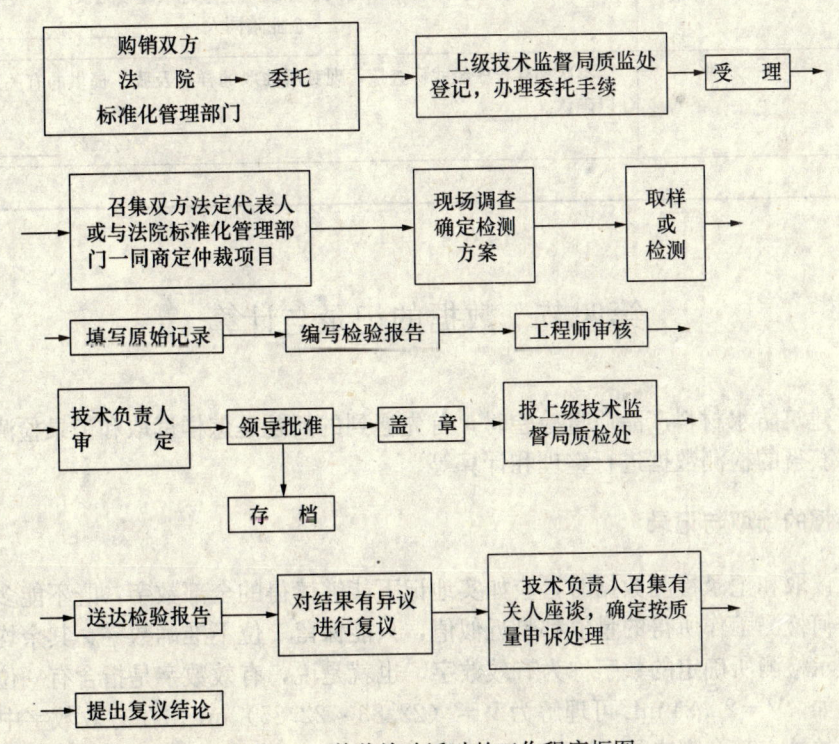

图1-2 仲裁检验活动的工作程序框图

表1-1为抽样工作单。

表1-1 抽样工作单　　　　　　　　　　　　　　　工作令号_____

产品名称及型号规格				制　造　厂		
预定抽样地点				预定样本大小		
任务承担人		负责人：	参加人：	分配任务人		日期：
抽样地点			抽样日期	企业陪同人		
抽样记录	产品母体情况	名称及型号规格	产品完工日期	企业签认	提交抽样数量	
		是否签发合格证	是否包装		同意抽样　不同意抽样理由：无产品	
		产品单位形式	成件　　包装成件　　散货			
		产品堆放情况	散放　堆码　装桶（箱、袋）		产品无代表性 签字：	
	取样计划	型号规格选择原则	随机　　质量不稳定　　轮换　　主要产品　　规定			
		取样方法	总体随机　　分层随机　　分散　　整群　　定时　　定隔			
	封样	封签类型	纸封签　　　　铅封			
		封签标志	纸封签：数量_____条、标志_____　　铅封：钳口标志_____			
	签署	抽样人员	本次抽样已由本人于____年____月____日，按本单上述各项要求及有关标准执行完毕，并作记录如下。 抽样人：签字_____ ____月____日			
		陪同人员	本次抽样自始至终在本人陪同下完成，上述记录经核无误。 企业陪同人：_____ ____月____日			
		企　业	本次抽样程序经我厂查核，现对所抽取的样品及我厂提供的有关质量标准予以确认。 （公章）　　____月____日			
备　注						

第四节　数据的记录与计算

在进行建筑防水材料产品质量检验时，首先遇到的问题是怎样读取和记录检测得到的数据，怎样将获得的检测数据进行整理和计算等。

一、数据的读取与记录

在进行读取和记录检测数据时，应如实地记下能够读得的全部数字，既不能多记，也不能少记。任何检测工作所得的量值都是近似值，只能保留1位不准确数字，其余均为准确数字。这些表示检测所确定的数字称为有效数字。也就是说，有效数字是指含有一位可疑数字的数值。例如，$V=22.84$ mL可理解为$V=(22.83\sim22.85)$ mL。在有效数字中，除最末一位是可疑的外，其余都应是准确的。

1. 书写检测数字时应符合标准规定

(1) 数字一律用正体书写、印刷。

(2) 小数点符号为齐线圆实点（.），不得用逗号。如 15.38；0.09。

(3) 在小数点符号前后，应至少有一位数字；即整数不能用小数点结尾，小于 1 的数字在小数点符号前必须加一个零。例如，36 不能写成 36.，0.038 不能写成 .038。35.0 与 35 的含义是不同的（有效位数不同）。

(4) 为了便于读出较长的数，应以小数点为中心，将数字三位一节分组，用小间隙分开，但绝不能用逗号或圆点。例如：13 478；4.103 2。

(5) 一个多位数的数字中间不能移行，要避免断开移行。

(6) 带有计量单位符号的数字（即量值），数字与单位符号之间要留有空隙。例如，20 mm 不是 20mm；20 ℃ 不是 20℃，也不是 20°C；24.8 % 不是 24.8%。但平面角的单位 (°)、(′)、(″) 与数字间不留空隙。

(7) 在算术运算中，数字间的乘号用斜十字（×）或居中圆点；除号用水平横线或斜线，或写成分子与分母的负一次方之积。例如，2.3×3.4 或 $(2.3) \cdot (3.4)$，但不能写成 $2.3 \cdot 3.4$；$12/15.4$ 或 $\frac{12}{15.4}$ 或 $12 \times (15.4)^{-1}$，不能写成 12×15.4^{-1}。

在记录测试结果时，保留一位可疑数字，既不允许增加位数，也不应减少位数，一般可疑数字只允许 ±1 个单位的误差，特殊情况例外。

2. 书写计量单位应符合标准规定

(1) 计量单位的符号一般用小写正体，如 m、mol、kg/m^3 等；若单位名称来源于人名，则其符号的第一个字母用大写正体，如 A、K、Pa 等。单位符号的读法：按名称读，不得按字母读，例如 mol 读作摩尔，m 读作米。

(2) 单位名称和符号必须作为一个整体使用，不可拆开。组合单位的中文名称与其国际符号表示的顺序一致。符号中的乘号无对应的名称，除号的对应名称为"每"字。在同一单位中只出现一次。例如，导热系数的国际符号为 $W/(m \cdot K)$，单位名称为瓦〔特〕每米开〔尔文〕，不可称为"瓦〔特〕每米每开〔尔文〕"或"每米开〔尔文〕瓦〔特〕"。也就是说，书写组合单位名称时单位的中文名称间不加任何表示乘、除或其他的符号。

(3) 乘方形式的单位名称，顺序应是指数名称在前，单位名称在后，例 m^5 称五次方米。若长度的二次幂和三次幂分别指面积和体积时，则指数名称分别为平方或立方，如 m^3 称立方米，不必称为三次方米。

(4) 由两个以上单位相乘构成的组合单位，其符号有两种形式。如帕〔斯卡〕秒的符号可以用 $Pa \cdot s$，也可用 Pas。但当组合单位中某单位的符号与词头单位相同时，应将这个单位的符号置于右侧，以免与词头相混淆。例如，牛顿米的符号为 Nm，不可写成 mN，因 m 既是米的符号，又是词头毫的符号，mN 代表毫牛顿，意义完全不同。

(5) 由两个以上单位相除构成的组合单位，其符号有三种形式。如摩尔每立方米的符号为 mol/m^3 或 $mol \cdot m^{-3}$。一般使用第一种形式。书写时，应将分子、分母与斜线处于同一行内，不应上下错位。例如，扩散系数的单位平方米每秒为 m^2/s，不应写成 $\frac{m^2}{s}$。若分母中有两个以上单位符号时，为避免混淆，可加圆括号，不应使用另一斜线。如传热系数单位符号为 W/(m²·K)，不可写成 W/m²/K。斜线在算式中可改成水平线，但速度在运算时可写成 $\frac{m}{s}$ 或 $\frac{米}{秒}$。

（6）选用 SI 单位的倍数单位和分数单位，一般应使量的数值处于 0.1～1 000 范围。例如，0.000 578 m，应写成 0.578mm；28 465 Pa 应写成 28.456 kPa。

（7）乘方形式的倍数或分数单位的指数，属于包括词头在内的整个单位，不可割裂开来。

（8）在同一组合单位中，不得同时使用法定符号和中文符号。如，不能用 g/升、km/时，但有两个例外，例如：摄氏度的法定符号℃可作为中文符号，写成瓦/℃；焦耳/℃；非物理单位，如件、台、人等，可用汉字与法定符号构成组合单位。例如：件/d；kg/人等。

此外，还要注意数值的有效位数和数值的修约。记录原始数据的位数必须与测量仪器的精度一致。

二、有效位数

在一个表示量值大小的数值中，含有的对量值大小起作用的数字的位数，称为有效位数。在一个数值中，这些有效的数字有几个，这个数值的有效位数就是几。例如：

12.1 g	三位有效位数
25.42 mL	四位有效位数
1.843 2 g	五位有效位数
24.043 0 g	六位有效位数
$12×10^3$ mg	两位有效位数
0.012 mg	两位有效位数

从以上数字说明，有效位数和小数点的位置无关或选用的单位无关。有效位数标志着数值的可靠程度，反映了数值相对误差的大小。一般情况下，有效位数中只有最末一位是可疑数字。例如 0.510 0 g 与 0.51 g 表示的相对误差是不相同的。0.510 0 g 的相对误差为 0.02%，而 0.51 g 的相对误差为 2%。

在一个数值中，数字 1～9 不论处于哪一位都是有效的；但数"0"是否有效则与它在数值中所处的位置有关。

1. "0"在一个数值中间

"0"在一个数值中间都是有效的。此时的 0 代表该位数值的大小，例如：

12.01	四位有效数字
100.2	四位有效数字
10 804	五位有效数字

2. "0"在数值最左边一个非零数字前

"0"在数值最左边一个非零数字前都是无效的，都不计位。此时的零，仅起定位作用，与所选单位有关，不代表量值大小。例如：

0.143 L=143 mL	三位有效数字
0.024 2 L=24.2 mL	三位有效数字
0.001 85 m³=1.85 L	三位有效数字

3. "0"在小数数值右侧

"0"在小数数值右侧，这种右侧的零不论是在小数点前（即整个数值）或小数点后，都是有效的，都计位数。所以，在右侧的零绝不可随意省略或增加，例如：

    6.500 0 g   五位有效数字
    0.024 0 g   三位有效数字
    0.002 0 g   两位有效数字

4. "0"在一个整数右侧

"0"在整数右侧，按规范化的写法，亦都应记位数。但在计量学中规定：数值的右侧，不得出现无效零，由于有效位数不同，表达了不同的可靠程度。例如：35 000 本应是五位有效数字，却写成：

  350×10^2 修约成三位有效数字
  或 35×10^3 修约成两位有效数字

在保留有效数字后，其余记成小数，再乘以适当次幂。这种读取和记录方式是为了计算方便。

5. 特殊情况

若数位的第一位数字大于或等于8，则该数值的有效位数，一般多记一位。例如：

  8.35 mL   应记作四位有效数字
  92.8%   应记作四位有效数字

因为：8.35 mL 的相对误差为：

$$E_r = \frac{\pm 0.01 \text{ mL}}{8.35 \text{ mL}}$$

更接近于 $\frac{1}{1\,000}$（四位），并非 $\frac{1}{100}$（三位）。

简单的计数、分数或倍数属于准确数或自然数，其有效位数是无限的。

对于需标明误差的数据，其有效位数应取到与误差同一量级。

三、修约原则

数值的修约是指用修约后的数值来代替修约前的数值。之所以要修约，是因为修约前的数值有效位数过多，没有必要或没有意义，反而给计算带来不必要的麻烦，增加计算错误的几率，因此需要减少到必要的位数。

修约的步骤，一般是先修约后计算，最后再修约。

修约前先确定修约间隔，也就是指确定修约保留位数的一种方式。修约间隔的数值一经选定，修约值即为该间隔数值的整数倍。例如：选定修约间隔为0.1，修约值即应在0.1的整数倍中选取。相当于把数值修约到一位小数；选定修约间隔为10，修约值即应在10的整数中选取。即相当于把数值修约到"十"数位。例如：

  被修约的值   122.23 125.00
  修约值（指定修约间隔为0.1）   122.2   125.0
  修约值（指定修约间隔为10） 12×10 12×10

修约间隔为 10^n，即将数值修约到 n 数位，$n=1$ 即十位，$n=2$ 即百位，$n=3$ 即千位……n 可为正数或负数。

在未指明修约间隔的情况下，通常是在有效数字的位数确定以后，其余数字一律舍去，舍去的办法应按下列规则进行。

（1）在拟舍弃的数字中，保留数后边（右边）第一个数字小于 5（不包括 5）时，则舍去。保留数的末位数字不变。

例如：将 14.243 2 修约到保留一位小数。

修约前：14.243 2　　　修约后：14.2

（2）在拟舍弃的数字中，保留数后边（右边）第一个数字大于 5（不包括 5）则进一。保留数的末位数字加一。

例如：将 26.484 3 修约到保留一位小数。

修约前：26.484 3　　　修约后：26.5

（3）在拟舍弃的数字中保留数后边（右边）第一个数字等于 5，5 后边的数字并非全部为零时，则进一，即保留数末位数字加一。

例如：将 1.050 1 修约到保留小数一位。

修约前：1.050 1　　　修约后：1.1

（4）在拟舍弃的数字中，保留数后边（右边）第一个数字等于 5，5 后边的数字全部为零时，保留数的末位数字为奇数（1，3，5，7，9）时则进一。若保留数的末位数字为偶数（2，4，6，8，0）则舍弃。

例如：将下列数字修约到保留一位小数。

修约前：0.350 0　　　修约后：0.4

修约前：0.450 0　　　修约后：0.4

修约前：1.050 0　　　修约后：1.0

（5）所拟舍弃的数字中，若为两位以上的数字，不得连续进行多次（包括两次）修约。应根据保留后边（右边）第一位数字的大小，按上述规定一次修约出结果。

例如：将 15.454 6 修约成整数。

正确的修约是：修约前 15.454 6，修约后 15。

不正确的修约是：

修约前 15.454 6，一次修约 15.455、二次修约 15.46、三次修约 15.5、四次修约（结果）16

（6）负数修约时，先将其绝对值按正数修约规则进行修约，然后在修约值前加负号。

（7）某些必要情况下可采用 0.5 单位修约和 0.2 单位修约。

0.5 单位修约是将拟修约数值乘以 2，按修约规则修约得到的数值再除以 2。

例如：将下列数值修约到个位数的 0.5 单位（修约间隔为 0.5），如表 1-2 所示。

表 1-2　修约间隔为 0.5

拟修约数值 （A）	乘 2 （2A）	2A 修约值 （修约间隔为 1）	A 修约值 （修约间隔为 0.5）
60.25	120.5	120	60.0
60.38	120.76	121	60.5
−60.75	−121.50	−122	−61.0

0.2 单位修约是将拟修约值乘以 5，按指定数位进行修约，所得数值再除以 5。

例如：将下列数值修约到"百"数位的 0.2 单位（或修约间隔为 20），如表 1-3 所示。

表 1-3 修约间隔为 20

拟修约数值	乘 5	5A 修约值	A 修约值
(A)	(5A)	（修约间隔为 100）	（修约间隔为 20）
830	4 150	4 200	840
842	4 210	4 200	840
−930	−4 650	−4 600	−920

（8）在涉及安全或已知极限的情况下，则应只单向修约：只进不舍或只舍不进。

例 1：标准规定室内空气中的 CO 最高容许含量为 $\rho(CO) = 30\ mg/m^3$。

实测值：$\rho(CO) = 30.4\ mg/m^3$

修约值：$\rho(CO) = 31\ mg/m^3$

只进不舍：说明室内 CO 含量超标，不合格。

例 2：分析纯 KCl 试剂，按标准规定：

$$w(KCl) \geqslant 99.8\%$$

实测值：$w(KCl) = 99.78\%$

修约值：$w(KCl) = 99.7\%$

只舍不进：说明试剂 KCl 质量不合格。

四、避免连续修约的规定

有时测试与计算部门先将获得的数值按指定的修约位数多保留一位或几位数字，而后由有关部门判定。为避免产生连续修约的错误，应按下述原则进行。

（1）报出数值最右的非零数字为 5 时，应在数字后面加"（+）"或"（−）"或不加符号，以示分别表明已进行过舍、进或未舍进。

例 1：13.50（+）表示实际值大于 13.50，经过修约舍弃成为 13.50。

例 2：14.50（−）表示实际值小于 14.50，经修约进 1 成为 14.50。

（2）如果判定报出值需进行修约，当拟舍弃数字的最左一位数字为 5 而后面无数字或为 0 时，数值后面有（+）号者进 1，数值后面有（−）号者舍去。

例如：将下列数值修约到个位数后进行判定（报出值多留一位到一位小数）。

实测值	报出值	修约值
15.454 6	15.5（−）	15
16.520 3	16.5（+）	17
17.500 0	17.5	18
−15.454 6	−[15.5（−）]	−15

五、有效数字计算规则

在对检测数字进行计算时，应遵循下列计算规定：

（1）运算过程中，当第一位数字大于或等于 8 时，有效数字可多记一位。例如 8.36，实际上只有三位，但可看作四位有效数字参加运算。

（2）加减运算时，各数字保留的小数点后面的位数，应与所给各数中小数点后面位数最少的相同。例如：18.07、0.007 4、2.382 三个数相加时，因为 18.07 数后面的小数只有两位，所以其余两数应改写成 0.01 和 2.38，然后相加，即：

$$18.07+0.01+2.38=20.46$$

（3）乘除运算时，各数值保留的位数，以百分误差最大或有效数字位数最小者为准，所得积或商的精确度，不应大于精度最小的那个数值。例如：运算 $0.032\ 1\times 24.57\times 1.384\ 21$ 时，其中 0.032 1 的有效数字位数最少，所以其余两数应改写成 24.6 和 1.38 与之相乘，即：

$$0.032\ 1\times 24.6\times 1.38=1.09$$

（4）应用对数进行乘除运算时，保留各数值的对数尾位中的位数，与乘除运算规则相同。

例如上例中的乘法用对数运算时，即：

$$\log 0.032\ 1=-1.494$$
$$\log 24.57=1.390$$
$$\log 1.384\ 21=0.141$$
$$\overline{}$$
$$\log 1.09=0.037$$

（5）计算平均值时，若为四个数或超过四个数相平均，则平均值的有效数字位数可增加一位。

（6）查角度的三角函数。所用函数值的位数通常随角度误差的减小而增多，一般三角函数表选择如下：

角度误差	表的位数
10″	5
1″	6
0.1″	7
0.01″	8

（7）表示精确度的标准误差（或其他误差）在大多数情况下，一般只取一位有效数字，最多取两位有效数字。

（8）在所有计算中，常数 π、e 的数值以及因子 $\sqrt{2}$ 等的有效位数，可认为无限制，需要几位就取几位。

第五节 试验数据分析

在建筑防水材料检验中，检测数据出现误差是不可避免的。如何尽量克服试验中出现的误差，出现误差的数据如何处理，是每个从事建筑防水材料检测工作者必须掌握的基本知识。

第五节 试验数据分析

一、误差与偏差

误差是检测数据与真值之差。在建筑防水材料检测中出现的误差主要有系统误差、偶然误差和过失误差等。

系统误差又称可测误差。通常由测试仪器和试剂、测试方法本身的不完善、外界条件的变化或试验人员因素所造成。例如：由操作不当引起的误差，称为操作误差。这类误差数值的大小因人而异，但对同一个测试者来讲，应控制试验环境温度，尽量减少系统误差的产生。一般系统误差是完全服从统计规律的，在大量重复试验取得数据的基础上，按规律的法则进行处理，可以寻找出一个比较合理的数值作为真实值，并估计出各种读数的离散程度。

过失误差是一种明显与事实不符的误差。这种误差产生的原因是完全由操作者主观错误造成的。例如：将数据读错、记录不准、单位记错、仪器未调准等。这种误差本不属于误差问题讨论范畴，是为了强调其严重性。消除误差的办法是提高操作者对工作的责任感，要培养细致严密的工作作风。由操作者个人观察判断能力的缺陷或不良习惯产生的操作误差，亦称个人误差。由于检查方法本身固有特性引起的误差亦称方法误差。

偶然误差亦称未定误差或随机误差，它是在相同试验条件下，但测试结果不同，其误差符号、大小都不一致，无任何规律性。它的出现是偶然的，带有随机性，故称为偶然误差。

偶然误差产生的原因有仪器的变化、环境条件的波动、试验人员的感觉波动、试样本身的波动等。例如：测试前，未调整好仪器的零点，或仪器出现故障未及时发现，都会出现偶然误差，都会影响测试数据的准确性。

在建筑防水材料检测中，系统误差、偶然误差和过失误差往往是同时存在的。一般的情况下，如果测试值的误差大小、符号变化有一定规律性，则这组试验测试值的误差主要是系统误差。系统误差的特点是有一定的规律性，因此可以采用观测方法或计算方法加以消除，或使其影响减少到最小。系统误差消除得越彻底，测试值越接近真实值。如测试值的大小、符号无任何规律性，则这组测试值所包含的误差主要是偶然误差。过失误差是可以避免的，系统误差是可以检验和校正的，偶然误差是可以控制的。只有校正了系统误差和控制了偶然误差，测定的数据才是可靠的。

真值是客观存在的，但是不能直接测定出来。通常所讲的真值是无限次测试所得数值的平均值。一般测得的次数是有限的，只能以近似的真值的平均值来代表，或者说是相对意义上的真值。例如，国际上公认的量值、国家标准样品的标准值等。在实际测试工作中，通常只用测试值的平均值表示。偏差是实测值与平均值之差，通常所讲的差值多指偏差。误差是可以通过各种方法和措施使之减少，但不能消除。所以，测得的数值都不是真值，都有一定的偏差。

误差和偏差是两个不同的概念。误差是以真值作为标准，偏差是以多次测定值的平均值作为标准。不过，由于真值是无法准确知道的，常以多次测定结果的平均值代替真值进行计算。显然，这样算出来的还是偏差。所以生产部门就不再强调误差和偏差的区别，一般统称误差，并且用公差范围来表示允许差的大小。

公差是生产部门对允许误差的一种表示方法，公差的范围大小是根据生产需要和实际可能确定的。如果测试结果超过公差范围，叫超差。遇到超差，应重新进行测定。在建筑防水材料检验中,有的就是用允许误差表示的。例如:《石油沥青软化点测定法》(GB/T 4507—1984)中规定。重复测定两个结果间的差数不得大于下列规定:

软化点(℃)	允许差数(℃)
<80	1
>80~100	2
>100~140	3

如果测得的沥青软化点值不在此允许误差范围之内,应重新进行测定。

这种允许差不属于重复性试验允许差,它只是对同一个样品,几次试验结果的平均值作为试验结果。该软化点试验仅对一个样品试验两次的平行试验的差值。

二、可疑数据的取舍

在测试中,对测出的数据出现显著的大值与小值时,应视为可疑值。对可疑值应查明原因,对操作过程有明显的过失,则该测定结果必然是可疑的。在复查测试结果时,对能找到原因的可疑值应弃去不用。对于不知原因的可疑值,应按 $4d$ 法或 $3S$ 法进行判断,决定取舍。

(一)$4d$ 法

$4d$ 法即 4 倍于平均偏差法,适用于 4~6 个平行数据的取舍。其具体做法如下:

(1)除了可疑值外,将其余数据相加,求算术平均值 $\bar{x}$ 及平均偏差 $\bar{d}$。

(2)将可疑值与平均值 $\bar{x}$ 相减。

若　可疑值 $-\bar{x} \geq 4\bar{d}$,则可疑值应舍去;

若　可疑值 $-\bar{x} < 4\bar{d}$,则可疑值应保留。

例如:测得一组数据:30.18,30.56,30.23,30.35,30.32。其中 30.56 为最大值。定为可疑值。

则
$$\bar{x} = \frac{30.18+30.23+30.35+30.32}{4} = 30.27$$

$$\bar{d} = \frac{0.09+0.04+0.08+0.05}{4} = 0.065$$

因
$$30.56 - 30.27 = 0.29$$
$$0.29 \geq 4\bar{d}$$

故　30.56 值应舍去。

可疑数据还可按照 K 倍标准差作为舍弃标准。即舍弃那些在 $\bar{x} \pm K\sigma$ 范围以外的测定值,对不同的试件数量,K 值也不相同,计算时可按表 1-4 选用。

表 1-4　统计量的临界值

试件数量(n)	3	4	5	6	7	8	9	10	11	12	13	14
K	1.15	1.46	1.67	1.82	1.94	2.03	2.11	2.18	2.23	2.28	2.33	2.37

注:$\bar{x}$ 为 n 块试样试验值的算术平均值;σ 为标准差(或标准误差)。

(二)$3S$ 法

当试验次数较多时,可简单地用 3 倍标准偏差($3S$)作为确定可疑数据取舍的标准。

当某测量数据（x_i）与其测量结果的算术平均值（$\bar{x}$）之差大于 3 倍标准偏差时，用公式表示为：

$$|x_i - \bar{x}| > 3S$$

则该测量数据应舍弃。

由于该方法是以 3 倍标准偏差作为判别标准，所以亦称 3 倍标准偏差法，简称 3S 法。这是因为在多次试验中，测量值落在 $\bar{x}-3S$ 与 $\bar{x}+3S$ 之间的概率为 99.73%。出现在此范围之外的概率仅为 0.27%。也就是在 400 次试验中才能遇到一次，这种事件为小概率事件，出现的可能性很小，几乎是不可能。因此在实际试验中，一旦出现，就认为该测量数据是不可靠的，应将其舍弃。这是美国混凝土标准中采用的数据弃舍法。

另外，当测量值与平均值之差大于 2 倍标准偏差（即 $|x_i - \bar{x}| > 2S$）时，则该测量数据应保留，但仍需存疑。如发现试验过程中，有可疑变异时，该测量值应予舍弃。

三、位置特征值

试验数据的位置特征值是描述建筑防水材料试验数据的平均位置与特定位置。常用算术平均值、中间值、加权平均值、真值与最优值表示。其中应用最多的为算术平均值。

（一）中间值

中间值又称中位值。它是一系列测量数据按大小顺序排列的中间值。位居中间的那个数叫中位值，用符号 $\tilde{x}$ 表示。例如：

$$\tilde{x} = 5$$

当测得数据总数（n）为奇数时，位居中间的数只有一个。当测得的数据总数（n）为偶数时，位居中间有两个数，此时，中位值为中间两个数值的算术平均值。

中位值的最大优点是求法简单，与两端的变化无关。中位值在统计上属于一种次序统计。只有在测试值的分布为正常分布时，它才能代表一组测试值的中心趋向或最佳值。

在理想的情况下，如果数据在两端均匀分布，那么平均值与中位值是相符合的。但在一般的情况下，特别是测定次数较少时，平均值与中位值是完全不相符合的。

（二）平均值

平均值通常是指算术平均值。它是测试数据总和，除以测试次数所得的商。这是建筑防水材料性能真实数值最简单的表示方法。其计算方法如下式：

$$\bar{x} = \frac{\sum\limits_{i=1}^{n} x_i}{n}$$

式中　$\bar{x}$——算术平均值；
　　　x_i——各次测试值；
　　　n——测试次数；
　　　i——表示某一次测定值。

在数据处理中，一般是取两次或三次平行试验结果的最大值和最小值在允许偏差（或称允许差值）范围内时，所取两次或三次平均试验结果的平均值可作为试验结果。当试验结果不符合允许偏差范围要求时，应重新进行试验。

例如：沥青针入度试验。对同一试样测定三次，三次试验平均结果的最大值和最小值之差在下列允许偏差范围时，计算三次试验结果的平均值，取整数作为针入度试验结果，以 0.1 mm 为单位。

针入度（0.1 mm）	允许差值（0.1 mm）
0～49	2
50～149	4
150～249	12
200～500	20

当试验值不符此要求时，应重新进行试验。

（三）加权平均值

在计算若干个数量的平均值时，考虑到每个数量在总量中所具有的重要性不同，可以对各数量分别给以不同的权数，按不同的权数计算所得各个数量的平均数，即为加权平均数。

例如：有 x_1、x_2、x_3、…、x_n n 个数量，各数量的权数分别为 f_1、f_2、f_3、……f_n，则加权平均数为：

$$m=\frac{x_1 f_1+x_2 f_2+\cdots+x_n f_n}{f_1+f_2+\cdots+f_n}=\frac{\sum xf}{\sum f}$$

式中　　m——加权平均数；

x_1、$x_2\cdots x_n$——各试验数据值；

f_1、$f_2\cdots f_n$——各试验数值的权数；

$\sum xf$——各试验数值的对应权数的乘积；

$\sum f$——各对应权数的总和。

加权平均值实际上是对比较可靠的测试数据予以加权平均。各测试值的权数可以任意给定但也不是毫无理由。必须考虑各种有关因素，权衡各该测试值的可靠程度。作出适当处理。例如计算水泥平均标号采用加权平均值。

（四）真值与最优值

假设在相同的条件下，对建筑防水材料某性能的 n 次测试值分别为 x_1、x_2、…、x_n，同时认定这些测试结果无系统误差和过失误差，其性能的真值用 x 表示，相对误差公式为：

$$x-x_1=E_1$$
$$x-x_2=E_2$$
$$\cdots$$
$$x-x_n=E_n$$

等式相加，则得到下式：

$$nx-(x_1+x_2+\cdots+x_n)=E_1+E_2+\cdots+E_n$$

即：

$$nx-\sum_{i=1}^{n}x_i=\sum_{i=1}^{n}E_i$$

$$x=\frac{\sum_{i=1}^{n}x_i}{n}+\frac{\sum_{i=1}^{n}E_i}{n}$$

令

$$\bar{x} = \frac{\sum_{i=1}^{n} x_i}{n} \quad \bar{E} = \frac{\sum_{i=1}^{n} E_i}{n}$$

则得：
$$x = \bar{x} + \bar{E}$$

式中 x——真值；
$\bar{x}$——算术平均值；
$\bar{E}$——测试误差的算术平均值。

当测定次数无限多时，$\bar{E}$ 值很少，或接近零时，$\bar{x}$ 值接近真值，$\bar{x} \approx x$，$\bar{x}$ 称为最优值。也就是说测试数值在 $\bar{E}$ 极小或为零时的数值为最优值。最优值是最能代表真值的数据。即：

$$x = \frac{\sum_{i=1}^{n} x_i}{n}$$

如果不存在系统误差（或者经过校正）而测定次数多于 20 次情况下，通常把此最优值作为真值。在最优值能代表真值的情况下，就可把偏差当误差来处理。注意把偏差当误差处理是有条件和有前提的。

四、离散特征值

离散特征值是用来表示数据的分散程度。常用的离散特征值有极差、方差、标准误差和变异系数等。

（一）算术平均误差

算术平均误差又称平均差。它是由两次测定值与平均值之差的绝对值（绝对误差）和被测定次数相除而得，即：

$$E = \frac{\sum_{i=1}^{n} |x_i - \bar{x}|}{n}$$

式中 E——平均误差（绝对误差）；
x_i——某次测定数值；
$\bar{x}$——n 个测定值的平均值；
n——测定次数；
i——1，2，3，…，n。

对于个别测试数据来讲，可用平均误差来度量测试结果的精密程度。误差愈大，即愈不精确；测定次数越多，随机误差愈小，精密度愈高。

（二）极差与标准误差

极差又称范围误差。它是指一组测定值中的最大值和最小值之差（R）。极差可用下式求得：

$$w = x_{\max} - x_{\min}$$

式中 w——极差；
$x_{\max}$——最大值；
$x_{\min}$——最小值。

极差表示测试数据的离散范围，也可用来度量测试数据的离散性。当一批数据不多时（$n \leqslant 15$），可用极差法估算总体标准误差：

$$s = \frac{1}{d_w} w$$

当测试数据很多时（$n > 10$），要将数据随机分成若干个数量相等的组。对每个组求极差，并计算平均值：

$$\overline{w} = \frac{\sum_{i=1}^{n} w_i}{m}$$

则标准误差与极差的关系可用下式表示：

$$s = \frac{1}{d_n} \cdot \overline{w}$$

式中　d_n——与 n 有关的系数，列于表 1-5；
　　　m——数据分组的组数；
　　　n——每一组数据拥有个数；
　　　s——标准误差的估计值；
　　　w——极差；
　　　$\overline{w}$——各组极差平均值。

极差估算法极为方便，但反应实际情况的精密度较差。在产品质量控制中仅用于 n 不大于 10 的测试中。

表 1-5　极差估算法系数表

n	1	2	3	4	5	6	7	8	9	10
$1/d_n$	—	0.886	0.541	0.486	0.429	0.395	0.369	0.351	0.337	0.325
d_n	—	1.128	1.693	2.059	2.326	2.534	2.704	2.847	2.970	3.078

从表 1-5 中的 d_n 值可以发现，它大致地等于测定次数 n 的平方根，所以还可以从极差按下式约略地求得标准偏差：

$$s \approx \frac{w}{\sqrt{n}}$$

式中　s——标准偏差估计值；
　　　w——极差；
　　　n——测定次数。

（三）方差与标准误差

方差就是相对误差的平方根。方差分析是通过检测数据的差异进行分析，以确定在一次试验中，有没有条件变异的存在，从而作出这些因素是否对试验结果有显著性影响的判断。

在建筑防水材料检验和质量管理中，方差分析十分重要。例如，在试制一新产品的过程中，提出了几种方案，哪一种方案最佳，就需要先作一些试验，获得一批数据。如果不用方差分析的方法，要想立即从试验或通过简单的直观分析得出一个正确的结论是困难的，因为在试验中存在误差，特别是当试验误差特别大时，这种结论是不可信的，然而用方差分析，就能得到一个合乎科学的结论。

在建筑防水材料检验中，常用标准误差分析方法来确定试验数据的可靠性，对产品质量作出较正确的判断，给出较科学的结论。

建筑防水材料的性能测试时，如果测试次数是有限的，所测得算术平均值的偏差可用其平方根表示，称之为方差（σ），可用下式计算：

$$\sigma^2 = \frac{1}{n}\sum_{i=1}^{n}(x_i-\bar{x})^2$$

对有限测定次数（20次以内）标准偏差用符号 s 代替 σ，计算公式为：

$$s^2 = \frac{1}{n-1}\sum_{i=1}^{n}(x_i-\bar{x})^2$$

式中　s^2——方差；

x_i——任意一次试验测定值；

$\bar{x}$——任意一次试验重复测定 n 次结果的平均值；

n——任意一次试验重复次数。

标准误差（简称标准差）就是方差的平方根，可用下式表示：

$$s = \sqrt{\frac{1}{n-1}\sum_{i=1}^{n}(x_i-\bar{x})^2}$$

该式适用于单次测定值的标准误差。在不同试验室由不同操作人员在相同条件下重复测试某建筑防水材料性能得到测试值的离散程度，可用室间标准误差表示。计算公式如下：

$$s_k = \sqrt{\frac{\sum_{i=1}^{m}\sum_{i=1}^{n}(x_{ij}-\bar{x}_i)^2}{m(n-1)}}$$

式中　s_k——室间标准误差；

m——试验室个数；

$\bar{x}_i$——第 i 个试验室 n 次的平均值；

x_{ij}——单次获得值。

室间标准误差表示测试值误差的重复性。标准误差具有测试精确度的性质。因此，人们广泛应用标准误差来表示测试方法的精确度。

（四）变异系数

变异系数亦称离散系数或离差系数。它是一组建筑防水材料性能测定值的标准误差和其算术平均值之比，用％表示。标准误差表示测试结果的分散程度，是一个绝对的数值，是表示测试结果精密度好坏的一个不可缺少的量。其计算公式如下：

$$C_r = \frac{s}{\bar{x}} \times 100$$

式中　C_r——变异系数；

s——标准误差；

$\bar{x}$——测试值的算术平均值。

变异系数更明确地说明测量结果的相对可靠性。尤其是在测量次数有限的情况下，或只有几个测量数据，在消除系统误差和过失误差后，可采用算术平均值 $\bar{x}$，标准误差 $\bar{s}$ 和变异系数 C_r 表征测试结果的精确度更可靠，要求离散系数计算到两位有效数字。例如，玻璃纤维毡胎体的变异系数的计算，就是将抽取的玻璃纤维胎基样品，裁取试样 10 块，在感量为 0.001 g 的天平上称量每块试样质量（x_i）。根据每块试件的质量 x_i 与试件质量算术平均值 $\bar{x}$ 之差，计算出标准误差值，用标准误差除以试件质量的算术平均值 $\bar{x}$，则可算出该玻璃纤维毡胎基的质量变异系数 C_r。

五、相关特征值

相关特征值是表征各次试验数据之间，或试验数据与试验编号之间可能存在的相关关系的程度大小，通常用回归系数和相关系数表示。

（一）回归系数

在建筑防水材料性能测试中，标准曲线都属于一元线性回归方程，有两个变量。例如针入度和针入温度，就是两个互为因果的变量，针入温度不同，测得的针入度也不相同，但有相关性。其相互关系可用下列方程式表示：

$$y = Ax + k$$

式中　y——未知变量；

　　　x——已知变量；

　　　A——斜率；

　　　k——截距。

这是一个已知变量值 x 推算另一个变量值 y 的一种统计计算方程式。统计术语称 y 依 x 的回归。y 依 x 的回归线是可以使平行于 y 轴，按 y 值的单位计量的所有点与回归线之差的平方和为最小。这样回归线或回归方程可以根据已知的 x 值给出 y 的最好估计值，可以表达出误差波动的程度。其关系式为：

$$K = \frac{\sum xy \cdot \sum x - \sum y \cdot \sum x^2}{(\sum x)^2 - n\sum x^2}$$

$$A = \frac{\sum x \cdot \sum y - n\sum xy}{(\sum x)^2 - n\sum x^2}$$

A 和 K 称为回归系数，y 称为变量 x 的理论估计值或回归值。

如果测定出石油沥青在三个不同温度下的针入度值，则可计算出该石油沥青的针入度斜率，即石油沥青的感温指数 A。用石油沥青的针入度感温率能直观地反映出沥青的感温性。

（二）相关系数

在建筑防水材料检验数据中，各数据之间存在着相互依赖和制约，也就是说各数据之间存在着相关性。相关性是寻求一个变量变化和另一个变量变化关系的一种计算方法。定量地表达两个随机变量（或多个变量）间直线关系的相关程度的数值称为相关系数，也是衡量两个随机变量（或多个变量）之间线性相关程度大小的一个数字的特征。如果两个变量 x 和 y、$\bar{x}$ 和 $\bar{y}$ 为 n 个 x 和 n 个 y 的平均值，i 为 1，2，3，…，n，$\sum$ 为所有各相关变量的合计，

则相关系数 ρ_{ea1} 可用下式表示：

$$\rho_{ea1} = \frac{\sum(x_i - \bar{x})(y_i - \bar{y})}{\sqrt{\sum(x_i - \bar{x})^2(y_i - \bar{y})^2}}$$

式中 ρ_{ea1}——相关系数；
x——变数；
y——变数；
$\bar{x}$——平均数；
$\bar{y}$——平均数。

如果 x、y 的关系可用一条直线来正确表达时，说明两者有最好的相关性。这时 $\rho_{ea1} = \pm 1$。如果直线为正斜率，ρ_{ea1} 值为正数；如果直线为负斜率，ρ_{ea1} 为负数。

$\rho_{ea1} = 0$ 说明两个变量彼此无关，无线性关系。

$\rho_{ea1} = \pm 1$ 说明两个变量线性关系最好，愈接近1，直线关系愈好。

$-1 < \rho_{ea1} < \pm 1$ 说明两个变量彼此相关性愈好，其相关范围在 $+1$ 和 -1 之间。

相关系数的检验是通过检验两个变量之间的理论相关系数是否为零，以此来判断这两个变量之间的线性相关程度。

例如：沥青的针入度值与针入温度的关系中，两个变量针入度和针入温度之间的相关系数，只要测出三个不同温度下的针入度，则可用相关系数公式计算出相关系数 ρ_{ea1} 的值，可以判断出该沥青的针入度与针入温度的依赖关系的程度，可以说明试验误差的大小。

两个变量的线性相关关系，是个相对的概念。实际应用上，只要按试验结果求得相关系数大于相关系数临界值，就表明 x、y 之间存在有显著相关，所求的回归方程和拟合的回归直线就具有实际意义。反之，这条回归直线就没有实用意义了。表1-6列出了相关系数临界值。

表1-6 相关系数临界值（ρ_{ea1}）

置信概率 p 自由度 $f = n - 2$	0.90	0.95	0.98	0.99	0.999
1	0.987 69	0.996 92	0.999 507	0.999 377	0.999 99 88
2	0.900 00	0.950 00	0.980 00	0.990 00	0.999 00
3	0.805 4	0.878 3	0.934 33	0.958 73	0.991 16
4	0.729 3	0.811 4	0.882 2	0.917 20	0.974 06
5	0.669 4	0.754 5	0.832 9	0.874 5	0.950 74
6	0.621 5	0.706 7	0.788 7	0.834 3	0.924 93
7	0.582 2	0.666 4	0.749 8	0.797 7	0.898 2
8	0.549 4	0.631 9	0.715 5	0.764 6	0.872 1
9	0.521 4	0.602 1	0.685 1	0.734 8	0.847 1
10	0.497 3	0.576 0	0.658 1	0.707 9	0.823 3
11	0.476 2	0.552 9	0.633 9	0.683 5	0.801 0
12	0.457 5	0.532 4	0.612 0	0.661 4	0.780 0
13	0.440 9	0.513 9	0.592 3	0.641 1	0.760 3

续表

置信概率 p 自由度 $f=n-2$	0.90	0.95	0.98	0.99	0.999
14	0.425 9	0.493 7	0.574 2	0.622 6	0.742 0
15	0.412 4	0.482 1	0.557 7	0.605 5	0.724 6
16	0.400 0	0.468 3	0.542 5	0.589 7	0.708 4
17	0.388 7	0.455 5	0.528 5	0.575 1	0.693 2
18	0.378 3	0.443 8	0.515 5	0.561 4	0.678 7
19	0.368 7	0.432 9	0.503 4	0.548 7	0.665 2
20	0.359 8	0.422 7	0.492 1	0.536 8	0.652 4
25	0.323 3	0.380 9	0.445 1	0.486 9	0.597 4
30	0.296 0	0.349 4	0.409 3	0.448 7	0.554 1
35	0.274 6	0.324 6	0.381 0	0.418 2	0.518 9
40	0.257 3	0.304 4	0.357 8	0.393 2	0.489 6
45	0.242 8	0.287 5	0.338 4	0.372 1	0.464 8
50	0.230 6	0.273 2	0.321 8	0.354 1	0.443 3
60	0.210 8	0.250 0	0.294 8	0.324 8	0.407 8
70	0.195 4	0.231 9	0.273 7	0.301 7	0.379 9
80	0.182 9	0.217 2	0.256 5	0.283 0	0.356 8
90	0.172 6	0.205 0	0.242 2	0.267 3	0.337 5
100	0.163 8	0.194 6	0.230 1	0.254 0	0.321 1

注：①查阅此表时要先选定自由度，并以 $n-2$ 为自由度，查得的临界值表示为 $\rho_{p,f}$，以与计算所得之 ρ 相比较。
②计算相关系数时，要注意保留分析数据的有效位数，不要随意修约。ρ 值至少应取三位有效数字，最好是四位。

六、准确度与精确度

准确度和精确度是不同的两个概念。在一组试验中，精确度高，准确度不一定好，但如果准确度好，则精确度一定高。

（一）准确度

准确度是表示在一定测定精确度条件下，多次重复试验步骤所得的平均值与真值相符合的程度，可用测试值减去真值之差即误差表示。也就是说准确度可用误差或相对误差来表示。

误差常用两种方式表示：

$$\text{绝对误差} \quad E=y-x \text{ 或 } E=\bar{y}-x$$

$$\text{相对误差} \quad E_r=(y-x)/x \text{ 或 } E_r=(\bar{y}-x)/x$$

式中 E_r——相对误差；

E——绝对误差；

y——测试值；

$\bar{y}$——多次测试值的平均值；

x——真值。

从以上公式中可以看出，误差越小，准确度越高；误差越大，准确度越低。

由于测定值可能大于真值，也可能小于真值，所以相对误差或绝对误差都可能有正、有负。有时为了表示或比较准确度的高低，有时用相对误差比较明确，有时则用绝对误差更显得直观。

影响准确度的因素主要是系统误差和偶然误差。系统误差和偶然误差越小，其准确度就越高。在实际工作中，通常用已知量的标准试验材料来检验系统误差，以确定其准确度。

（二）精确度

精确度亦称精密度。它是在确定条件下，将试验步骤实施多次所得结果的一致程度。即所测数值重复性或再现性的大小。

在一般测量工作中，由于真值是不可能准确获得的，也是不可能准确表达的。在实际测试中，对被测试进行多次重复测试值的算术平均值，只不过是对被测试值的最佳估计值，并不能代表真值。所以，精确度是测试值减去测试平均值的差，即偏差。精确度是用相对偏差表示的。偏差愈小，精确度愈高。

偏差有两种表示方式：

$$绝对偏差 \quad d_i = y_i - \bar{y}$$

$$相对偏差 \quad d_r = (y_i - \bar{y}) / \bar{y}$$

式中　d_i——绝对偏差；

d_r——相对偏差；

y_i——单次测试值；

$\bar{y}$——n 次测试值的平均值。

精确度还可用平均偏差、标准偏差进行表示。

影响精确度的因素主要是偶然误差。偶然误差的形成取决于试验过程中一系列随机因素，这些随机因素是试验者无法严格控制的，因此偶然误差是不可避免的。偶然误差表示为测试结果与真值（或平均值）之差，其正、负偏差具有同等出现的机会，也就是说有正偏差和负偏差之分。

精确度和准确度是两个不同的概念，相互之间又有一定的联系。精确度是保证准确度的先决条件，只有精确度好，才能得到好的准确度。若精确度差，所测结果不可靠，就失去了衡量准确度的前提。提高精确度不一定能保证准确度，有时还需进行系统误差校正，才能得到高的准确度。

（三）允许差

允许差又称容许差。它是检验精确度的一种简单、直观的表示方法。精确度通常是在规定置信概率范围内的允许差表示的。

当置信概率为 95% 时，允许差为：

$$I_r = 2.83 S_r$$

$$I_R = 2.83 S_R$$

式中　I_r——重复性测定的允许差；

I_R——再现性测定的允许差；

S_r——重复性测定的标准偏差；

S_R——再现性测定的标准偏差。

I_r 的意义（重复性）是指：在同一试验室，用相同的试验方法，在相同的试验条件下，在不同时间内、对同一样品进行 m 回 n 次重复测定，测得的任何两个测试结果绝对偏差值要低于指定置信概率规定的允许差值。除非另外指出，一般指的概率为 95%。

所谓的"相同条件"是指同一操作者，同一设备，同一试验室和短暂的时间间隔。

式中重复性测定标准偏差按下式计算：

$$S_r = \sqrt{\frac{\sum S_i^2}{m}}$$

式中　S_i——每回 n 次重复测定的标准偏差；
　　　S_r——重复性标准偏差；
　　　m——重复测定回数。

I_R 的意义（再现性）是指用相同方法，在不同条件下，对同一样品进行 m 回 n 次重复测定，测得任何两个结果之差的绝对值要低于指定置信概率规定的允许差值。除非另外指出，一般指的置信概率为 95%。所谓的"不同条件"是指不同操作者，不同设备，不同试验室，不同或相同时间。

式中再现性测定标准偏差按下式计算：

$$S_R = \sqrt{S_b^2 - S_r^2}$$

式中　S_b——测试条件变动后的标准偏差。

重复性和再现性试验只有在需要时（如仲裁试验）才做。重复性试验往往是对试验人员的操作水平，取样代表性的检验；再现性则同时对检验仪设备的性能。通过几次试验检验结果的法定效果。如果试验结果不符合精确度要求时，试验结果即属无效。

（四）置信区间

在报告多次平行测定的试验结果时，只给出各试验值的平均值是不确切的，还应该给出在给定的置信概念时，试验结果应处的量值范围。

置信区间又称置信范围，是指随机变量值的变化区间。也就是说，在给定的置信概念时，试验值应处的量值范围。

置信概率也叫置信度，是指一个具有一定分布的统计量落入置信范围的概念，常用符号 p 表示。置信概念是人为给定值。不同科学有不同习惯，在工业技术中，国际上推荐采用 $p=95\%$，我国国家计算技术规范《测量误差及数据处理》（JJG 1027-1991）也推荐使用 $p=95\%$。

置信概率 95% 表示在许多次测试结果中，约有 95% 落在规定的范围内，约有 5% 的次数不在规定范围内。也就是说有 95% 的可靠性。

平均值的置信区间，常用符号 i_c 表示，其数学表达式为：

$$i_c = \bar{y} \pm t \cdot s/\sqrt{n} = \bar{y} \pm t \cdot S\bar{y}$$

$$S = \sqrt{\sum (y_i - y)^2 / n - 1} = \sqrt{\sum d_i / v}$$

式中　$\bar{y}$——重复测量值的平均值；
　　　S——标准差；
　　　n——测定次数；
　　　t——置信因子，见表 1-7；

$S\bar{y}$——平均标准偏差,$S\bar{y}=S/\sqrt{n}$;

v——自由度,$v=n-1$。

自由度是指平行重复测量中,测量值的个数与待求被测量个数之差。如对一个待求被测量 y 进行了 n 次重复测量,则其自由度 $v=n-1$。

置信因子 t 值列于表1-7中。

表1-7 置信因子 t 值表

自由度 v \ 置信概率 p	0.80	0.90	0.95	0.98	0.99
1	3.078	6.314	12.706	31.821	63.657
2	1.886	2.920	4.303	6.965	9.925
3	1.638	2.353	3.182	4.541	5.841
4	1.533	2.132	2.776	3.747	4.604
5	1.476	2.015	2.571	3.365	4.032
6	1.440	1.943	2.447	3.143	3.707
7	1.415	1.895	2.365	2.998	3.499
8	1.397	1.860	2.306	2.896	3.355
9	1.383	1.833	2.262	2.821	3.250
10	1.372	1.812	2.228	2.764	3.169
11	1.363	1.796	2.201	2.718	3.106
12	1.356	1.782	2.179	2.681	3.055
13	1.350	1.771	2.160	2.650	3.012
14	1.345	1.761	2.145	2.624	2.977
15	1.341	1.753	2.131	2.602	2.947
16	1.337	1.746	2.120	2.583	2.921
17	1.333	1.740	2.110	2.567	2.898
18	1.330	1.734	2.101	2.552	2.878
19	1.328	1.729	2.093	2.539	2.861
20	1.325	1.725	2.086	2.528	2.845
21	1.323	1.721	2.080	2.518	2.831
22	1.321	1.717	2.074	2.508	2.819
23	1.319	1.714	2.069	2.500	2.807
24	1.318	1.711	2.064	2.492	2.797
25	1.316	1.708	2.060	2.485	2.787

注:本表中的因子值均为%。

测试数据还可用表格法和图示法表示。例如试验检测数据记录表,试验检测结果表、表示测量数据的坐标图等。

第六节 常用计量单位的换算

一、常用法定计量单位的换算

常用法定计量单位与其他单位换算因数列于表1-8~表1-27中。

第一章 绪 言

表 1-8 长度

单位	m(米)	km(千米)	cm(厘米)	mile(英里)	yd(码)	ft(英尺)	in(英寸)	n mile(海里)
m	1	1×10^{-3}	1×10^{2}	$6.213\,71\times10^{-4}$	1.093 61	3.280 84	39.370 1	$5.399\,57\times10^{-4}$
km	1×10^{3}	1	1×10^{5}	0.621 371	$1.093\,61\times10^{3}$	$3.280\,84\times10^{3}$	$3.937\,01\times10^{4}$	0.539 957
cm	1×10^{-2}	1×10^{-5}	1	$6.213\,71\times10^{-6}$	$1.093\,61\times10^{-2}$	$3.280\,84\times10^{-2}$	0.393 701	$5.399\,57\times10^{-6}$
mile	1 609.344	1.609 344	$1.609\,344\times10^{5}$	1	1 760	5 280	63 360	0.868 976
yd	0.914 4	9.144×10^{-4}	91.44	$5.681\,82\times10^{-4}$	1	3	36	$4.937\,36\times10^{-4}$
ft	0.304 8	3.048×10^{-4}	30.48	$1.893\,94\times10^{-4}$	0.333 333	1	12	$1.645\,79\times10^{-4}$
in	2.54×10^{-2}	2.54×10^{-5}	2.54	$1.578\,28\times10^{-5}$	$2.777\,78\times10^{-2}$	$8.333\,33\times10^{-2}$	1	$1.371\,49\times10^{-5}$
n mile	1 852	1.852	1.852×10^{5}	1.150 7	2 025.37	6 076.12	72 913.4	1

表 1-9 面积

单位	m²(平方米)	cm²(平方厘米)	hm²(公顷)	yd²(平方码)	ft²(平方英尺)	in²(平方英寸)	acre(英亩)	市亩
m²	1	1×10^{4}	1×10^{-4}	1.195 99	10.763 9	1 550.00	$2.471\,05\times10^{-4}$	0.001 5
cm²	1×10^{-4}	1	1×10^{-8}	$1.195\,99\times10^{-4}$	$1.076\,39\times10^{-3}$	0.155 000	$2.471\,05\times10^{-8}$	1.5×10^{-7}
hm²	1×10^{4}	1×10^{8}	1	$1.195\,99\times10^{4}$	$1.076\,39\times10^{4}$	$1.550\,00\times10^{7}$	2.471 05	15
yd²	0.836 127	8 361.27	$8.361\,27\times10^{-5}$	1	9	1 296	$2.066\,12\times10^{-4}$	$1.254\,19\times10^{-3}$
ft²	0.092 903 04	929.030 4	$9.290\,3\times10^{-6}$	0.111 111	1	144	$2.295\,68\times10^{-5}$	$1.393\,55\times10^{-4}$
in²	$6.451\,6\times10^{-4}$	6.451 6	$6.451\,6\times10^{-8}$	$7.716\,05\times10^{-4}$	$6.944\,44\times10^{-3}$	1	$1.594\,23\times10^{-7}$	$9.677\,42\times10^{-7}$
acre	4 046.86	$4.046\,86\times10^{7}$	0.404 686	4 840	43 560	6 272 640	1	6.072 90
市亩	666.667	$6.666\,67\times10^{6}$	$6.666\,67\times10^{-2}$	797.327	7 175.93	$1.033\,33\times10^{6}$	0.164 666	1

表 1-10 体积

单位	m³(立方米)	cm³(立方厘米)	L(升)	yd³(立方码)	ft³(立方英尺)	in³(立方英寸)	UK gal(英加仑)	US gal(美加仑)
m³	1	1×10^{6}	1×10^{3}	1.307 95	35.314 7	61 023.7	219.969	264.172
cm³	1×10^{-6}	1	1×10^{-3}	$1.307\,95\times10^{-6}$	$3.531\,47\times10^{-5}$	$6.102\,37\times10^{-2}$	$2.199\,69\times10^{-4}$	$2.641\,72\times10^{-4}$
L	1×10^{-3}	1×10^{3}	1	$1.307\,95\times10^{-3}$	$3.531\,47\times10^{-2}$	61.023 7	0.219 969	0.264 172
yd³	0.764 555	$7.645\,55\times10^{5}$	764.555	1	27	46 656	168.178	201.974
ft³	$2.831\,68\times10^{-2}$	$2.831\,68\times10^{4}$	28.316 8	$3.703\,70\times10^{-2}$	1	1 728	6.228 83	7.480 52
in³	$1.638\,71\times10^{-2}$	16.387 1	$1.638\,71\times10^{-2}$	$2.143\,35\times10^{-5}$	$5.787\,04\times10^{-4}$	1	$3.604\,65\times10^{-3}$	$4.329\,00\times10^{-3}$
UK gal	$4.546\,09\times10^{-3}$	4 546.09	4.546 09	$5.946\,07\times10^{-3}$	0.160 544	277.420	1	1.200 95
US gal	$3.785\,41\times10^{-3}$	3 785.41	3.785 41	$4.951\,15\times10^{-3}$	0.133 681	231	0.832 674	1

表 1-11 质量

单位	kg(千克)	g(克)	t(吨)	US ton(美吨)	UK ton(英吨)	lb(磅)	oz(盎司)	gr(格令)
kg	1	1×10^{3}	1×10^{-3}	$1.102\,31\times10^{-3}$	$9.842\,07\times10^{-4}$	2.204 62	35.274 0	$1.543\,24\times10^{4}$
g	1×10^{-3}	1	1×10^{-6}	$1.102\,31\times10^{-6}$	$9.842\,07\times10^{-7}$	$2.204\,62\times10^{-3}$	$3.527\,40\times10^{-2}$	15.432 4
t	1 000	1×10^{6}	1	1.102 31	0.984 207	2 204.62	35.247 0	$1.543\,24\times10^{7}$
US ton	$9.071\,85\times10^{2}$	$9.071\,85\times10^{5}$	0.907 185	1	0.892 857	2×10^{3}	3.2×10^{4}	1.4×10^{7}
UK ton	$1.016\,05\times10^{3}$	$1.016\,05\times10^{6}$	1.016 05	1.12	1	2 240	3.584×10^{4}	1.568×10^{7}
lb	0.453 592	$4.535\,92\times10^{2}$	$4.535\,92\times10^{-4}$	5×10^{-4}	$4.464\,29\times10^{-4}$	1	16	7 000
oz	$2.834\,95\times10^{-2}$	28.349 5	$2.834\,95\times10^{-5}$	3.125×10^{-5}	$2.790\,18\times10^{-5}$	0.062 5	1	437.5
gr	$6.479\,891\times10^{-5}$	$6.479\,89\times10^{-2}$	$6.479\,89\times10^{-8}$	$7.142\,86\times10^{-8}$	$6.377\,55\times10^{-8}$	$1.142\,857\times10^{-4}$	$2.285\,71\times10^{-3}$	1

第六节 常用计量单位的换算

表1-12 密度

单位	kg/m³ （千克每立方米）	kg/L （千克每升）	lb/ft³ （磅每立方英尺）	UK ton/ft³ （英吨每立方英尺）	UK ton/yd³ （英吨每立方码）	lb/UK gal （磅每英加仑）	lb/US gal （磅每美加仑）
kg/m³	1	1×10^{-3}	6.24280×10^{-2}	2.78696×10^{-5}	7.52480×10^{-4}	1.00224×10^{-2}	8.34540×10^{-3}
kg/L	1×10^{3}	1	62.428 0	2.78696×10^{-2}	0.752 480	10.022 4	8.345 40
lb/ft³	16.018 5	1.60185×10^{-2}	1	4.46429×10^{-4}	1.20536×10^{-2}	0.160 544	0.133 681
UK ton/ft³	35 881.4	35.881 4	2 240	1	27	359.619	299.446
UK ton/yd³	1 328.94	1.328 94	82.963 0	3.70370×10^{-2}	1	13.319 2	11.090 5
lb/UK gal	99.776 3	9.97763×10^{-2}	6.228 83	2.78072×10^{-3}	7.50797×10^{-2}	1	0.832 674
lb/US gal	119.826	0.119 826	7.480 50	3.33950×10^{-3}	9.01673×10^{-2}	1.200 95	1

表1-13 质量

单位	kg/s （千克每秒）	kg/h （千克每小时）	g/s （克每秒）	t/h （吨每小时）	lb/s （磅每秒）	lb/h （磅每小时）	UK ton/h （英吨每小时）
kg/s	1	3 600	1 000	3.6	2.204 62	7.93664×10^{3}	3.543 14
kg/h	2.77778×10^{-4}	1	0.277 778	1×10^{-3}	6.12395×10^{-4}	2.204 62	9.84206×10^{-4}
g/s	1×10^{-3}	3.6	1	3.6×10^{-3}	2.204 62	7.936 64	3.54314×10^{-1}
t/h	0.277 778	1 000	277.778	1	0.612 394	2.20462×10^{3}	0.984 206
lb/s	0.453 593	1.63293×10^{3}	453.593	1.632 94	1	3 600	1.607 14
lb/h	1.25998×10^{-4}	0.453 592	0.125 598	4.53592×10^{-4}	2.77778×10^{-4}	1	4.46429×10^{-4}
UK ton/h	0.282 236	1 016.05	282.236	1.016 05	0.622 222	2 240	1

表1-14 体积

单 位	m³/s （立方米每秒）	m³/h （立方米每小时）	L/s （升每秒）	L/min （升每分）	ft³/s （立方英尺每秒）	ft³/h （立方英尺每小时）	UK gal/s （英加仑每秒）	UK gal/h （英加仑每小时）	US gal/min （美加仑每分）
m³/s	1	3 600	1×10^{3}	6×10^{4}	35.314 7	1.27133×10^{5}	219.969	7.91889×10^{5}	1.58803×10^{4}
m³/h	2.77778×10^{-4}	1	0.277 778	16.666 7	9.80963×10^{-3}	35.314 7	6.11025×10^{-2}	219.969	4.402 87
L/s	1×10^{-3}	3.6	1	60	3.53147×10^{-2}	127.133	0.219 969	791.889	15.850 3
L/min	1.66667×10^{-6}	6×10^{2}	1.666 67×10^{-2}	1	5.88578×10^{-4}	2.118 88	3.66615×10^{-3}	13.198 14	0.264 172
ft³/s	2.83168×10^{-2}	101.941	28.316 8	1.69901×10^{3}	1	3 600	6.228 83	2.24238×10^{4}	448.831
ft³/h	7.86579×10^{-6}	2.83168×10^{-2}	7.86579×10^{-3}	0.471 947	2.77778×10^{-4}	1	1.73023×10^{-3}	6.228 83	0.124 675
UK gal/s	4.54609×10^{-3}	16.365 9	4.546 09	272.766	0.160 544	577.959	1	3 600	72.057 0
UK gal/h	1.26280×10^{-6}	4.54609×10^{-3}	1.26280×10^{-3}	7.57681×10^{-2}	4.45955×10^{-5}	0.160 544	2.77778×10^{-4}	1	2.00158×10^{-2}
US gal/min	6.30903×10^{-5}	0.227 125	6.30903×10^{-2}	3.785 41	2.22801×10^{-3}	8.020 85	1.38779×10^{-2}	49.960 5	1

第一章 绪 言

表 1-15 力

单位	N（牛顿）	kgf（千克力）	dyn（达因）	lbf（磅力）	UK tonf（英吨力）	pdl（磅达）
N	1	0.101 972	$1×10^5$	0.224 809	$1.003\ 61×10^{-4}$	7.233 01
kgf	9.806 65	1	980 665	2.204 62	$9.842\ 07×10^{-4}$	70.931 5
dyn	$1×10^{-5}$	$1.019\ 72×10^{-6}$	1	$2.248\ 09×10^{-6}$	$1.003\ 61×10^{-9}$	$7.233\ 01×10^{-5}$
lbf	4.448 22	0.453 592	$4.448\ 22×10^5$	1	$4.464\ 29×10^{-4}$	32.174 0
UK tonf	9 964.02	1 016.05	$9.964\ 02×10^8$	2 240	1	$7.206\ 99×10^4$
pdl	0.138 255	$1.409\ 81×10^{-2}$	$1.382\ 55×10^4$	$3.108\ 10×10^{-2}$	$1.387\ 54×10^{-5}$	1

表 1-16 压力、压强、应力

单位	Pa（帕斯卡）	kgf/cm²（千克力每平方厘米）	atm（标准大气压）	bar（巴）	mmHg（毫米汞柱）	pdl/ft²（磅达每平方英尺）	lbf/in²（磅力每平方英寸）	lbf/ft²（磅力每平方英尺）
Pa	1	$1.019\ 72×10^{-5}$	$9.869\ 23×10^{-6}$	$1×10^{-5}$	$7.500\ 64×10^{-3}$	0.671 971	$1.450\ 38×10^{-4}$	$2.088\ 54×10^{-2}$
kgf/cm²	98 066.5	1	0.967 841	0.980 665	735.559	$6.589\ 76×10^4$	14.223 3	2 048.16
atm	101 325	1.033 23	1	1.013 25	760	$6.808\ 74×10^4$	14.695 9	2 116.22
bar	$1×10^5$	1.019 72	0.986 923	1	750.064	$6.719\ 71×10^4$	14.503 8	2 088.54
mmHg	133.322	$1.359\ 51×10^{-3}$	$1.315\ 79×10^{-3}$	$1.333\ 22×10^{-3}$	1	89.588 7	$1.933\ 66×10^{-2}$	2.784 50
pdl/ft²	1.488 16	$1.517\ 50×10^{-5}$	$1.468\ 70×10^{-5}$	$1.488\ 16×10^{-5}$	$1.116\ 21×10^{-2}$	1	$2.158\ 40×10^{-4}$	$3.108\ 10×10^{-2}$
lbf/in²	6 894.76	$7.030\ 70×10^{-2}$	$6.804\ 62×10^{-2}$	$6.894\ 76×10^{-2}$	51.715 4	4 633.06	1	144
lbf/ft²	47.880 3	$4.882\ 43×10^{-4}$	$4.725\ 41×10^{-4}$	$4.788\ 03×10^{-4}$	0.359 131	32.174 0	$6.944\ 44×10^{-3}$	1

表 1-17 能、功、热

单位	J（焦耳）	kgf·m（千克力米）	erg（尔格）	kW·h（千瓦小时）	Ps·h（马力小时,米制）	hp·h（马力小时,英制）	kcal$_{IT}$（国际蒸汽表卡）	kcal$_{th}$（热化学千卡）	kcal$_{20}$（20℃千卡）	kcal$_{15}$（15℃千卡）	Btu（英制热单位）	eV（电子伏）
J	1	0.101 971 6	$1×10^7$	$2.777\ 778×10^{-7}$	$3.776\ 727×10^{-7}$	$3.725\ 062×10^{-7}$	$2.388\ 459×10^{-4}$	$2.390\ 057×10^{-4}$	$2.391\ 4×10^{-4}$	$2.380\ 2×10^{-4}$	$9.478\ 14×10^{-4}$	$6.241\ 46×10^{18}$
kgf·m	9.806 65	1	$9.806\ 65×10^7$	$2.724\ 069×10^{-6}$	$3.703\ 704×10^{-6}$	$3.653\ 039×10^{-6}$	$2.342\ 278×10^{-3}$	$2.343\ 846×10^{-3}$	$2.345\ 2×10^{-3}$	$2.343\ 0×10^{-3}$	$9.294\ 89×10^{-3}$	$6.120\ 78×10^{19}$
erg	$1×10^{-7}$	$1.019\ 716×10^{-8}$	1	$2.777\ 778×10^{-14}$	$3.776\ 727×10^{-14}$	$3.725\ 062×10^{-14}$	$2.388\ 459×10^{-11}$	$2.390\ 057×10^{-11}$	$2.391\ 4×10^{-11}$	$2.389\ 2×10^{-11}$	$9.478\ 14×10^{-11}$	$6.241\ 16×10^{11}$
kW·h	$3.6×10^6$	$3.670\ 978×10^5$	$3.6×10^{13}$	1	1.359 622	1.341 022	$8.598\ 452×10^2$	$8.604\ 206×10^2$	$8.609\ 1×10^2$	$8.601\ 1×10^2$	$3.412\ 13×10^3$	$2.246\ 93×10^{25}$
Ps·h	$2.647\ 796×10^6$	$2.7×10^5$	$2.647\ 796×10^{13}$	0.735 498 8	1	0.986 321	$6.324\ 151×10^2$	$6.328\ 382×10^2$	$6.332\ 0×10^2$	$6.326\ 1×10^2$	$2.509\ 2×10^3$	$1.652\ 61×10^{25}$
hp·h	$2.684\ 519×10^6$	$2.737\ 447×10^5$	$2.684\ 519×10^{13}$	0.745 70	1.013 869	1	$6.411\ 861×10^2$	$6.416\ 150×10^2$	$6.419\ 819×10^2$	$6.413\ 837×10^2$	$2.544\ 426×10^3$	
kcal$_{IT}$	$4.186\ 8×10^3$	$4.269\ 348×10^2$	$4.186\ 8×10^{10}$	1.163 $×10^{-3}$	1.581 240 $×10^{-3}$	1.559 610 $×10^{-3}$	1	1.000 669	1.001 2	1.000 3	3.968 30	$2.613\ 17×10^{22}$
kcal$_{th}$	$4.184×10^3$	$4.266\ 493×10^2$	$4.184×10^{10}$	1.162 222 $×10^{-3}$	1.580 182 $×10^{-3}$	1.558 567 $×10^{-3}$	0.999 331	1	1.000 6	0.999 64	3.965 66	$2.613\ 43×10^{22}$
kcal$_{20}$	$4.181\ 6×10^3$	$4.264\ 0×10^2$	$4.181\ 6×10^{10}$	1.161 $×10^{-3}$	1.579 3 $×10^{-3}$	1.557 676 $×10^{-3}$	0.998 76	0.999 43	1	0.999 61	3.963 43	$2.609\ 93×10^{22}$

续表

单位	J(焦耳)	kgf·m(千克力米)	erg(尔格)	kW·h(千瓦小时)	Ps·h(马力小时,米制)	hp·h(马力小时,英制)	kcal$_{IT}$(国际蒸汽表千卡)	kcal$_{th}$(热化学千卡)	kcal$_{20}$(20 ℃千卡)	kcal$_{15}$(15 ℃千卡)	Btu(英制热单位)	eV(电子伏)
kcal$_{15}$	4.185 5 ×10^3	4.268 0 ×10^2	4.185 6 ×10^{10}	1.162 6 ×10^{-3}	1.580 7 ×10^{-3}	1.559 13 ×10^{-3}	0.999 69	1.000 4	1.000 9	1	3.967 07	6.585 09 ×10^{21}
Btu	1 055.06	107.586	1.055 06 ×10^{10}	2.930 72 ×10^{-4}	3.984 67 ×10^{-4}	3.930 16 ×10^{-3}	2.519 97 ×10^{-1}	2.521 65 ×10^{-1}	2.523 07 ×10^{-1}	2.520 75 ×10^{-1}	1	6.585 09 ×10^{21}
eV	1.602 18 ×10^{-19}	1.633 66 ×10^{-20}	1.602 18 ×10^{-12}	4.450 52 ×10^{-26}	6.051 02 ×10^{-26}		3.826 76 ×10^{-23}	3.829 32 ×10^{-23}	3.831 52 ×10^{-23}		1.518 58 ×10^{-22}	1

表1-18 功率

单位	W(瓦特)	erg/s(尔格每秒)	kgf·m/s(千克力米每秒)	ft·lbf/s(英尺磅力每秒)	hp(英制马力)	米制马力
W	1	1×10^7	0.101 972	0.737 562	1.341 02×10^{-3}	1.359 62×10^{-3}
erg/s	1×10^{-7}	1	1.019 72×10^{-8}	7.375 62×10^{-8}	1.341 02×10^{-10}	1.359 62×10^{-10}
kgf·m/s	*9.806 65	9.806 65×10^7	1	7.233 01	1.315 09×10^{-2}	1.333 33×10^{-2}
ft·lbf/s	1.355 818	1.355 82×10^7	0.138 255	1	1.818 18×10^{-3}	1.843 40×10^{-3}
hp	*745.699 9	7.457 00×10^9	76.040 2	550	1	1.013 87
米制马力	*735.498 75	7.354 99×10^9	*75	542.476	0.986 320	1

表1-19 动力粘度

单位	Pa·s(帕斯卡秒)	Pa·h(帕斯卡小时)	P(泊)	cP(厘泊)	kgf·s/m^2(千克力秒每平方米)	lbf·s/ft^2(磅力秒每平方英尺)
Pa·s	1	2.777 78×10^{-4}	10	1×10^3	0.101 972	2.088 54×10^{-2}
Pa·h	3 600	1	3.6×10^4	3.6×10^6	367.099	75.187 4
P	0.1	2.777 78×10^{-5}	1	100	1.019 72×10^{-2}	2.088 54×10^{-3}
cP	1×10^{-3}	2.777 78×10^{-7}	1×10^{-2}	1	1.019 72×10^{-4}	2.088 54×10^{-5}
kgf·s/m^2	9.806 65	2.724 06×10^{-3}	98.066 5	9 806.65	1	0.204 816
lbf·s/ft^2	47.880 3	1.330 01×10^{-2}	478.803	47 880.3	4.882 43	1

表1-20 运动粘度

单位	m^2/s(平方米每秒)	St(斯托克斯)	m^2/h(平方米每小时)	in^2/s(平方英寸每秒)	ft^2/s(平方英尺每秒)	ft^2/h(平方英尺每小时)	yd^2/s(平方码每秒)
m^2/s	1	1×10^4	3 600	1.550 00×10^3	10.763 9	3.875 01×10^4	1.195 99
St	1×10^{-4}	1	0.36	0.155 000	1.076 39×10^{-3}	3.875 01	1.195 99×10^{-4}
m^2/h	2.777 78×10^{-4}	2.777 78	1	0.430 556	2.989 98×10^{-3}	10.763 9	3.322 19×10^{-4}
in^2/s	6.451 6×10^{-4}	6.451 6	2.322 58	1	6.944 44×10^{-3}	25	7.716 05×10^{-4}
ft^2/s	9.290 30×10^{-2}	9.290 30×10^2	334.451	144	1	3 600	0.111 111
ft^2/h	2.580 64×10^{-5}	0.258 064	9.290 30×10^{-2}	0.04	2.777 78×10^{-4}	1	3.086 42×10^{-5}
yd^2/s	0.836 127	8.361 27×10^3	3.010 06×10^3	1 296	9	32 400	1

第一章 绪 言

表 1-21 热导率（导热系数）

单位	W/(m·K) （瓦每米开尔文）	cal$_{IT}$/(cm·s·K) （卡每厘米秒开尔文）	kcal$_{IT}$/(m·h·K) （千卡每米小时开尔文）	Btu/(ft·h·°F) （英热单位每英尺小时华氏度）
W/(m·K)	1	$2.388\ 46\times 10^{-3}$	0.859 845	0.577 89
cal$_{IT}$/(cm·s·K)	418.68	1	360	241.909
kcal$_{IT}$/(m·h·K)	1.163	$2.777\ 78\times 10^{-3}$	1	0.671 969
Btu/(ft·h·°F)	1.730 73	$4.133\ 79\times 10^{-3}$	1.488 16	1

表 1-22 传热系数

单位	W/(m²·K) （瓦每平方米开尔文）	kcal$_{IT}$/(cm²·s·K) （千卡每平方厘米秒开尔文）	kcal$_{IT}$/(m²·h·K) （千卡每平方米小时开尔文）	Btu/(ft²·h·°F) （英热单位每平方英尺小时华氏度）
W/(m²·K)	1	$2.388\ 46\times 10^{-5}$	0.859 845	0.176 11
kcal$_{IT}$/(cm²·s·K)	41 868	1	36 000	7 373.38
kcal$_{IT}$/(m²·h·K)	1.163	$2.777\ 78\times 10^{-5}$	1	0.204 816
Btu/(ft²·h·°F)	5.678 26	$1.356\ 23\times 10^{-4}$	4.882 43	1

表 1-23 平面角

单位	rad （弧度）	(°) （度）	(′) （分）	(″) （秒）	r [周（转）]
rad	1	57.295 8	$3.437\ 75\times 10^{3}$	$2.062\ 65\times 10^{5}$	0.159 155
(°)	$1.745\ 33\times 10^{-2}$	1	60	3 600	$2.777\ 78\times 10^{-3}$
(′)	$2.908\ 88\times 10^{-4}$	$1.666\ 67\times 10^{-2}$	1	60	$4.629\ 63\times 10^{-5}$
(″)	$4.848\ 14\times 10^{-6}$	$2.777\ 78\times 10^{-4}$	$1.666\ 67\times 10^{-2}$	1	$7.716\ 05\times 10^{-7}$
r	6.283 185	360	2.16×10^{4}	1.296×10^{6}	1

表 1-24 温标

单位	K	℃	列氏	°F	°R
开尔文 T_K	T_K	$T_K-273.15$	$0.8(T_K-273.15)$	$1.80(T_K-273.15)+32$	$1.80T_K$
摄氏度 t_C	$t_C+273.15$	t_C	$0.8\ t_C$	$1.80t_C+32$	$1.80t_C+491.67$
列氏度 t_R	$1.25t_R+273.15$	$1.25\ t_R$	t_R	$2.25t_R+32$	$2.25t_R+491.67$
华氏度 t_F	$0.555\ 6\ (t_F-32)$ $+273.15$	$0.555\ 6\ (t_F-32)$	$0.444\ (t_F-32)$	t_F	$t_F+459.67$
兰氏度 T_R	$0.555\ 6T_R$	$0.555\ 6$ $(T_R-491.67)$	$0.444T_R-491.67$	$T_R-459.67$	T_R

注：式中 T_K、t_C、t_R、t_F 与 T_R 表示温度数值。

表 1-25 时间

单位	s （秒）	min （分）	h （小时）	d （日）	a （年）
s	1	0.016 666 7	$2.777\ 78\times 10^{-4}$	$1.157\ 41\times 10^{-5}$	$3.168\ 876\ 5\times 10^{-8}$
min	60	1	0.016 666 7	$6.944\ 44\times 10^{-4}$	$1.901\ 325\ 9\times 10^{-6}$
h	3 600	60	1	0.041 666 7	$1.140\ 795\ 6\times 10^{-4}$
d	86 400	1 440	24	1	$2.737\ 909\ 3\times 10^{-3}$
a	31 556 926	525 948.77	8 765.812 8	365.242 20	1

表 1-26 波长

单 位	m（米）	Å（埃）	μm（微米）	nm（纳米）
m	1	10^{10}	10^6	10^9
Å	10^{-10}	1	10^{-4}	0.1
μm	10^{-6}	10^4	1	10^3
nm	10^{-9}	10	10^{-3}	1

表 1-27 我国市制单位与 SI 单位的换算

量	单位名称	与 SI 单位的关系
长度	[市]里	1 [市]里 = 500 m
	丈	1 丈 = 10/3 m = 3.$\dot{3}$ m
	尺	1 尺 = 1/3 m = 0.$\dot{3}$ m
	寸	1 寸 = 1/30 m = 0.0$\dot{3}$ m
	[市]分	1 [市]分 = 1/300 m = 0.00$\dot{3}$ m
质量	[市]担	1 [市]担 = 500 kg
	斤	1 斤 = 500 g = 0.5 kg
	两	1 两 = 50 g = 0.05 kg
	钱	1 钱 = 5 g = 0.005 kg
	[市]分	1 [市]分 = 0.5 g = 0.000 5 kg
	厘	1 厘 = 0.05 g = 0.000 05 kg
	毫	1 毫 = 0.005 g = 0.000 005 kg
面积	亩	1 亩 = 10 000/15 m² = 666.$\dot{6}$ m²
	[市]分	1 [市]分 = 1 000/15 m² = 66.$\dot{6}$ m²
	[市]厘	1 [市]厘 = 100/15 m² = 6.$\dot{6}$ m²

二、常用建筑防水材料单位换算

建筑防水材料中常用单位换算列于表 1-28 中。

表 1-28 建筑防水材料工业中常用单位换算表

性　能	英制单位（代号）	换算系数	米制单位（代号）	备　注
施工量	美国加仑/百英尺[gal(U.S.)/100ft²]	0.407 5	升/平方米(L/m²)	0.407 5 mm 厚
	英国加仑/百英尺[gal(U.K.)/100ft²]	0.489 3	升/平方米(L/m²)	0.489 3 mm 厚
面积	平方英寸(in²)	645.2	平方毫米(mm²)	1 000 000 mm² = 1 m²
	平方英尺(ft²)	0.092 90	平方米(m²)	
	百英尺(square),(100ft²)	9.290	平方米(m²)	
断裂强度	磅力/英寸宽(lbf/in)	0.175	千牛顿/米宽(kN/m)	
覆盖量	平方英尺/美国加仑(ft²/gal)	0.024 54	平方米/升(m²/L)	
	平方英尺/英国加仑(ft²/gal)	0.022 44	平方米/升	
密度或单位面积质量	磅/立方英尺(lb/ft³)	16.02	千克/立方米(kg/m³)	水=1 000 kg/m³
能或功	千瓦—小时(kWh)	3.600	兆焦耳(MJ)	J=W·s=N·m
	英国热单位(Btu)	1 055	焦耳(J)	
流量或单位时间体积	美国加仑/分钟(gpm)	63.09	立方厘米/秒(cm³/s)	或 0.063 1 L/s
	英国加仑/分钟(gpm)	75.77	立方厘米/秒(cm³/s)	或 0.075 8 L/s
力	磅力(lbf)	4.448	牛顿(N)	N=kg·m/s²

续表

性能	英制单位(代号)	换算系数	米制单位(代号)	备注
热流	千克力(kgf)	9.807	牛顿(N)	
	传热率,C(Btu/h·ft²·°F)	5.678	瓦/平方米·绝对温度〔W/(m²·K)〕	
	导热率,K(Btu·in/h·ft²·°F)	0.144 2	瓦/米·绝对温度〔W/(m·K)〕	
坡度	英寸/英尺(in·/ft)	8.333	百分率(%)	3in./ft=25%
长度,宽度,厚度	千分之一英寸(0.001 in)	25.40	微米(μm)	1 000 μm=1 mm
	英寸(到约48英寸)(in)	25.40	毫米(mm)	1 000 mm=1 m
	英尺(约4英尺及其以上)	0.304 8	米(m)	
质量(重量)	盎司(oz)	28.35	克(g)	1 000 g=1 kg
	磅(1 b)	0.453 6	千克(kg)	1 000 kg=1 Mg
	短吨(2000磅)	0.907 2	兆克(Mg)	
单位面积质量	磅/平方英尺(1b/ft²)	4.882	千克/平方米(kg/m²)	
	磅/百平方英尺(1b/100ft²)	4.882	克/平方米(g/m²)	
	盎司/平方码(oz/yd²)	33.91	克/平方米(g/m²)	
23℃下的渗导性	珀尔姆—英寸 (grain·in/ft²·h·in·1 kg)	1.459	毫微克/帕斯卡·秒·米 (ng/pa·s·m)	ng=10⁻¹² kg
23℃下的渗透性	珀尔姆(grain/ft²·h·in·Hg)	57.45	毫微克/帕斯卡·秒·平方米 (ng/pa·s·m²)	1 grain=64.8 mg
能	马力(hp)	746	瓦(W)	W=N·s/s=J/s
压力或应力	磅力/平方英寸(1bf/in²或psi)	6.895	千帕斯卡(kPa)	pa=N/m²
	磅力/平方英尺(1bf/ft²或psf)	47.88	帕斯卡(Pa)	
温度	华氏度(°F)	t°F—32/1.8	摄氏度(℃)	32 °F≈0 ℃
	摄氏度(℃)	t℃+273.15	绝对温度(K)	273.15 k≈0 ℃
纱数(织物)	纱数/英寸宽(threads/in)	0.394	纱数/厘米(threads/cm)	
速度	英尺/分钟(ft/min或fpm)	0.050 80	米/秒(m/s)	
	英里/小时(mile/h或mph)	1.609	千米/小时(km/h)	
体积	美国加仑[gal(U.S.)]	0.003 785	立方米(m³)	或 3.785 升
	英国加仑[gal(U.K.)]	0.045 46	立方米(m³)	或 4.546 升
	立方英尺(ft³)	0.028 32	立方米(m³)	
	立方码(yd³)	0.764 6	立方米(m³)	

三、千克力与牛顿换算

千克力与牛顿换算列于表 1-29 中。

表 1-29 千克力与牛顿换算表

kgf\N\kgf	0.0	0.1	0.2	0.3	0.4	0.5	0.6	0.7	0.8	0.9
0	0.000 0	0.980 7	1.961 3	2.942 0	3.922 7	4.903 3	5.884 0	6.864 7	7.845 3	8.826 0
1	9.806 7	10.787	11.768	12.749	13.729	14.710	15.691	16.671	17.652	18.633
2	19.613	20.594	21.575	22.555	23.536	24.517	25.497	26.478	27.459	28.439
3	29.420	30.401	31.381	32.362	33.343	34.323	35.304	36.285	37.265	38.246
4	39.227	40.207	41.188	42.169	43.149	44.130	45.111	46.091	47.072	48.053
5	49.033	50.014	50.995	51.975	52.956	53.937	54.917	55.898	56.879	57.859

第六节 常用计量单位的换算

续表

N\kgf / kgf	0.0	0.1	0.2	0.3	0.4	0.5	0.6	0.7	0.8	0.9
6	58.840	59.821	60.801	61.782	62.763	63.743	64.724	65.705	66.685	67.666
7	68.647	69.627	70.608	71.589	72.569	73.550	74.531	75.511	76.492	77.473
8	78.453	79.434	80.415	81.395	82.376	83.357	84.337	85.318	86.299	87.279
9	88.260	89.241	90.221	91.202	92.183	93.163	94.144	95.125	96.105	97.086
10	98.067	99.047	100.03	101.01	101.99	102.97	103.95	104.93	105.91	106.89
11	107.87	108.85	109.83	110.82	111.80	112.78	113.76	114.74	115.72	116.70
12	117.68	118.66	119.64	120.62	121.60	122.58	123.56	124.54	125.53	126.51
13	127.49	128.47	129.45	130.43	131.41	132.39	133.37	134.35	135.33	136.31
14	137.29	138.27	139.25	140.24	141.22	142.20	143.18	144.16	145.14	146.12
15	147.10	148.08	149.06	150.04	151.02	152.00	152.98	153.96	154.95	155.93
16	156.91	157.89	158.87	159.85	160.83	161.81	162.79	163.77	164.75	165.73
17	166.71	167.69	168.67	169.66	170.64	171.62	172.60	173.58	174.56	175.54
18	176.52	177.50	178.48	179.46	180.44	181.42	182.40	183.38	184.37	185.35
19	186.33	187.31	188.29	189.27	190.25	191.23	192.21	193.19	194.17	195.15
20	196.13	197.11	198.09	199.07	200.06	201.04	202.02	203.00	203.98	204.96
21	205.94	206.92	207.90	208.88	209.86	210.84	211.82	212.80	213.78	214.77
22	215.75	216.73	217.71	218.69	219.67	220.65	221.63	222.61	223.59	224.57
23	225.55	226.53	227.51	228.49	229.48	230.46	231.44	232.42	233.40	234.38
24	235.36	236.34	237.32	238.30	239.28	240.26	241.24	242.22	243.20	244.19
25	245.17	246.15	247.13	248.11	249.09	250.07	251.05	252.03	253.01	253.99
26	254.97	255.95	256.93	257.91	258.90	259.88	260.86	261.84	262.82	263.80
27	264.78	265.76	266.74	267.72	268.70	269.68	270.66	271.64	272.62	273.61
28	274.59	275.57	276.55	277.53	278.51	279.49	280.47	281.45	282.43	283.41
29	284.39	285.37	286.35	287.33	288.32	289.30	290.28	291.26	292.24	293.22
30	294.20	295.18	296.16	297.14	298.12	299.10	300.08	301.06	302.04	303.03
31	304.01	304.99	305.97	306.95	307.93	308.91	309.89	310.87	311.85	312.83
32	313.81	314.79	315.77	316.75	317.74	318.72	319.70	320.68	321.66	322.64
33	323.62	324.60	325.58	326.56	327.54	328.52	329.50	330.48	331.46	332.45
34	333.43	334.41	335.39	336.37	337.35	338.33	339.31	340.29	341.27	342.25
35	343.23	344.21	345.19	346.17	347.16	348.14	349.12	350.10	351.08	352.06
36	353.04	354.02	355.00	355.98	356.96	357.94	358.92	359.90	360.88	361.87
37	262.85	363.83	364.81	365.79	366.77	367.75	368.73	369.71	370.69	371.67
38	372.65	373.63	374.61	375.59	376.58	377.56	378.54	379.52	380.50	381.48
39	382.46	383.44	384.42	385.40	386.38	387.36	388.34	389.32	390.30	391.29
40	392.27	393.25	394.23	395.21	396.19	397.17	398.15	399.13	400.11	401.09
41	402.07	403.05	404.03	405.01	406.00	406.98	407.96	408.94	409.92	410.90
42	411.88	412.86	413.84	414.82	415.80	416.78	417.76	418.74	419.72	420.71
43	421.69	422.67	423.65	424.63	425.61	426.59	427.57	428.55	429.53	430.51
44	431.49	432.47	433.45	434.43	435.42	436.40	437.38	438.36	439.34	440.32
45	441.30	442.28	443.26	444.24	445.22	446.20	447.18	448.16	449.14	450.13
46	451.11	452.09	453.07	454.05	455.03	456.01	456.99	457.97	458.95	459.93
47	460.91	461.89	462.87	463.85	464.84	465.82	466.80	467.78	468.76	469.74
48	470.72	471.70	472.68	473.66	474.64	475.62	476.60	477.58	478.56	479.55
49	480.53	481.51	482.49	483.47	484.45	485.43	486.41	487.39	488.37	489.35
50	490.33	491.31	492.29	493.27	494.26	495.24	496.22	497.20	498.18	499.16
51	500.14	501.12	502.10	503.08	504.06	505.04	506.02	507.00	507.98	508.97

续表

kgf\N\kgf	0.0	0.1	0.2	0.3	0.4	0.5	0.6	0.7	0.8	0.9
52	509.95	510.93	511.91	512.89	513.87	514.85	515.83	516.81	517.79	518.77
53	519.75	520.73	521.71	522.69	523.68	524.66	525.64	526.62	527.60	528.58
54	529.56	530.54	531.52	532.50	533.48	534.46	535.44	536.42	537.40	538.39
55	539.37	540.35	541.33	542.31	543.29	544.27	545.25	546.23	547.21	548.19
56	549.17	550.15	551.13	552.11	553.10	554.08	555.06	556.04	557.02	558.00
57	558.98	559.96	560.94	561.92	562.90	563.88	564.86	565.84	566.82	567.81
58	568.79	569.77	570.75	571.73	572.71	573.69	574.67	575.65	576.63	577.61
59	578.59	579.57	580.55	581.53	582.52	583.50	584.48	585.46	586.44	587.42
60	588.40	589.38	590.36	591.34	592.32	593.30	594.28	595.26	596.24	597.22
61	598.21	599.19	600.17	601.15	602.13	603.11	604.09	605.07	606.05	607.03
62	608.01	608.99	609.97	610.95	611.93	612.92	613.90	614.88	615.86	616.84
63	617.82	618.80	619.78	620.76	621.74	622.72	623.70	624.68	625.66	626.64
64	627.63	628.61	629.59	630.57	631.55	632.53	633.51	634.49	635.47	636.45
65	637.43	638.41	639.39	640.37	641.35	642.34	643.32	644.30	645.28	646.26
66	647.24	648.22	649.20	650.18	651.16	652.14	653.12	654.10	655.08	656.06
67	657.05	658.03	659.01	659.99	660.97	661.95	662.93	663.91	664.89	665.87
68	666.85	667.83	668.81	669.79	670.77	671.76	672.74	673.72	674.70	675.68
69	676.66	677.64	678.62	679.60	680.58	681.56	682.54	683.52	684.50	685.48
70	686.47	687.45	688.43	689.41	690.39	691.37	692.35	693.33	694.31	695.29
71	696.27	697.25	698.23	699.21	700.19	701.18	702.16	703.14	704.12	705.10
72	706.08	707.06	708.04	709.02	710.00	710.98	711.96	712.94	713.92	714.90
73	715.89	716.87	717.85	718.83	719.81	720.79	721.77	722.75	723.73	724.71
74	725.69	726.67	727.65	728.63	729.61	730.60	731.58	732.56	733.54	734.52
75	735.50	736.48	737.46	738.44	739.42	740.40	741.38	742.36	743.34	744.32
76	745.31	746.29	747.27	748.25	749.23	750.21	751.19	752.17	753.15	754.13
77	755.11	756.90	757.07	758.05	759.03	760.02	761.00	761.98	762.96	763.94
78	764.92	765.90	766.88	767.86	768.84	769.82	770.80	771.78	772.76	773.74
79	774.73	775.71	776.69	777.67	778.65	779.63	780.61	781.59	782.57	783.55
80	784.53	785.51	786.49	787.47	788.45	789.44	790.42	791.40	792.38	793.36
81	794.34	795.32	796.30	797.28	798.26	799.24	800.22	801.20	802.18	803.16
82	804.15	805.13	806.11	807.09	808.07	809.05	810.03	811.01	811.99	812.97
83	813.95	814.93	815.91	816.89	817.87	818.86	819.84	820.82	821.80	822.78
84	823.76	824.74	825.72	726.70	827.68	828.66	829.64	830.62	831.60	832.58
85	833.57	834.55	835.53	836.51	837.49	838.47	839.45	840.43	841.41	842.39
86	843.37	844.35	845.33	846.31	847.29	848.28	849.26	850.24	851.22	852.20
87	853.18	854.16	855.14	856.12	857.10	858.08	859.06	860.04	861.02	862.00
88	862.99	863.97	864.95	865.93	866.91	867.89	868.87	869.85	870.83	871.81
89	872.79	873.77	874.75	875.73	876.71	877.70	878.68	879.66	880.64	881.62
90	882.60	883.58	884.56	885.54	886.52	887.50	888.48	889.46	890.44	891.42
91	892.41	893.39	894.37	895.35	896.33	897.31	898.29	899.27	900.25	901.23
92	902.21	903.19	904.17	905.15	960.13	907.12	908.10	909.08	910.06	911.04
93	912.02	913.00	913.98	914.96	915.94	916.92	917.90	918.88	919.86	920.84
94	921.83	922.81	923.79	924.77	925.75	926.73	927.71	928.69	929.67	930.65
95	931.63	932.61	933.59	934.57	935.55	936.54	937.52	938.50	939.48	940.46
96	941.44	942.42	943.40	944.38	945.36	946.34	947.32	948.30	949.28	950.26
97	951.25	952.23	953.21	954.19	955.17	956.15	957.13	958.11	959.09	960.07

续表

kgf\N	0.0	0.1	0.2	0.3	0.4	0.5	0.6	0.7	0.8	0.9
98	961.05	962.03	963.01	963.99	964.97	965.96	966.94	967.92	968.90	969.88
99	970.86	971.84	972.82	973.80	974.78	975.76	976.74	977.72	978.70	979.68
100	980.67	981.95	982.63	983.61	984.59	985.57	986.55	987.53	988.51	989.49

注：1 kgf=9.806 65N

四、千克力每平方厘米与兆帕换算

千克力每平方厘米与兆帕的换算列于表 1-30 中。

表 1-30 千克力每平方厘米与兆帕换算表

kgf/cm²\MPa	0.0	0.1	0.2	0.3	0.4	0.5	0.6	0.7	0.8	0.9
0	0.000 0	0.009 8	0.019 6	0.029 4	0.039 2	0.049 0	0.058 8	0.068 6	0.078 5	0.088 3
1	0.098 1	0.107 9	0.117 7	0.127 5	0.137 3	0.147 1	0.156 9	0.166 7	0.176 5	0.186 3
2	0.196 1	0.205 9	0.215 7	0.225 6	0.235 4	0.245 2	0.255 0	0.264 8	0.274 6	0.284 4
3	0.294 2	0.304 0	0.313 8	0.323 6	0.333 4	0.343 2	0.353 0	0.362 8	0.372 7	0.382 5
4	0.392 3	0.402 1	0.411 9	0.421 7	0.431 5	0.441 3	0.451 1	0.460 9	0.470 7	0.480 5
5	0.490 3	0.500 1	0.509 9	0.519 8	0.529 6	0.539 4	0.549 2	0.559 0	0.568 8	0.578 6
6	0.588 4	0.598 2	0.608 0	0.617 8	0.627 6	0.637 4	0.647 2	0.657 0	0.666 9	0.676 7
7	0.686 5	0.696 3	0.706 1	0.715 9	0.725 7	0.735 5	0.745 3	0.755 1	0.764 9	0.774 7
8	0.784 5	0.794 3	0.804 1	0.814 0	0.823 8	0.833 6	0.843 4	0.853 2	0.863 0	0.872 8
9	0.882 6	0.892 4	0.902 2	0.912 0	0.921 8	0.931 6	0.941 4	0.951 2	0.961 1	0.970 9
10	0.980 7	0.990 5	1.000 3	1.010 1	1.019 9	1.029 7	1.039 5	1.049 3	1.059 1	1.068 9
11	1.078 7	1.088 5	1.098 3	1.108 2	1.118 0	1.127 8	1.137 6	1.147 4	1.157 2	1.167 0
12	1.176 8	1.186 6	1.196 4	1.206 2	1.216 0	1.225 8	1.235 6	1.245 4	1.255 3	1.265 1
13	1.274 9	1.284 7	1.294 5	1.304 3	1.314 1	1.323 9	1.333 7	1.343 5	1.353 3	1.363 1
14	1.372 9	1.382 7	1.392 5	1.402 4	1.412 2	1.422 0	1.431 8	1.441 6	1.451 4	1.461 2
15	1.471 0	1.480 8	1.490 6	1.500 4	1.510 2	1.520 0	1.529 8	1.539 6	1.549 5	1.559 3
16	1.569 1	1.578 9	1.588 7	1.598 5	1.608 3	1.618 1	1.627 9	1.637 7	1.647 5	1.657 3
17	1.667 1	1.676 9	1.686 7	1.696 6	1.706 4	1.716 2	1.726 0	1.735 8	1.745 6	1.755 4
18	1.765 2	1.775 0	1.784 8	1.794 6	1.804 4	1.814 2	1.824 0	1.833 8	1.843 7	1.853 5
19	1.863 3	1.873 1	1.882 9	1.892 7	1.902 5	1.912 3	1.922 1	1.931 9	1.941 7	1.951 5
20	1.961 3	1.971 1	1.980 9	1.990 7	2.000 6	2.010 4	2.020 2	2.030 0	2.039 8	2.049 6
21	2.059 4	2.069 2	2.079 0	2.088 8	2.098 6	2.108 4	2.118 2	2.128 0	2.137 8	2.147 7
22	2.157 5	2.167 3	2.177 1	2.186 9	2.196 7	2.206 5	2.216 3	2.226 1	2.235 9	2.245 7
23	2.255 5	2.265 3	2.275 1	2.284 9	2.294 8	2.304 6	2.314 4	2.324 2	2.334 0	2.343 8
24	2.353 6	2.363 4	2.373 2	2.383 0	2.392 8	2.402 6	2.412 4	2.422 2	2.432 0	2.441 9
25	2.451 7	2.461 5	2.471 3	2.481 1	2.490 9	2.500 7	2.510 5	2.520 3	2.530 1	2.539 9
26	2.549 7	2.559 5	2.569 3	2.579 1	2.589 0	2.598 8	2.608 6	2.618 4	2.628 2	2.638 0
27	2.647 8	2.657 6	2.667 4	2.677 2	2.687 0	2.696 8	2.706 6	2.716 4	2.726 2	2.736 1
28	2.745 9	2.755 7	2.765 5	2.775 3	2.785 1	2.794 9	2.804 7	2.814 5	2.824 3	2.834 1
29	2.843 9	2.853 7	2.863 5	2.873 3	2.883 2	2.893 0	2.902 8	2.912 6	2.922 4	2.932 2
30	2.942 0	2.951 8	2.961 6	2.971 4	2.981 2	2.991 0	3.000 8	3.010 6	3.020 4	3.030 3
31	3.040 1	3.049 9	3.059 7	3.069 5	3.079 3	3.089 1	3.098 0	3.108 7	3.118 5	3.128 3

第一章 绪 言

续表

kgf/cm²＼MPa＼kgf/cm²	0.0	0.1	0.2	0.3	0.4	0.5	0.6	0.7	0.8	0.9
32	3.1381	3.1479	3.1577	3.1675	3.1784	3.1872	3.1970	3.2068	3.2166	3.2264
33	3.2362	3.2460	3.2558	3.2656	3.2754	3.2852	3.2950	3.3048	3.3146	3.3245
34	3.3343	3.3441	3.3539	3.3637	3.3735	3.3833	3.3931	3.4029	3.4127	3.4225
35	3.4323	3.4421	3.4519	3.4617	3.4716	3.4814	3.4912	3.5010	3.5108	3.5206
36	3.5304	3.5402	3.5500	3.5598	3.5696	3.5794	3.5892	3.5990	3.6088	3.6187
37	3.6285	3.6383	3.6481	3.6579	3.6677	3.6775	3.6873	3.6971	3.7069	3.7167
38	3.7265	3.7363	3.7461	3.7559	3.7658	3.7756	3.7854	3.7952	3.8050	3.8148
39	3.8246	3.8344	3.8442	3.8540	3.8638	3.8736	3.8834	3.8932	3.9030	3.9129
40	3.9227	3.9325	3.9423	3.9521	3.9619	3.9717	3.9815	3.9913	4.0011	4.0109
41	4.0207	4.0305	4.0403	4.0501	4.0600	4.0698	4.0796	4.0894	4.0992	4.1090
42	4.1188	4.1286	4.1384	4.1482	4.1580	4.1678	4.1776	4.1874	4.1972	4.2071
43	4.2169	4.2267	4.2365	4.2463	4.2561	4.2659	4.2757	4.2855	4.2953	4.3051
44	4.3149	4.3247	4.3345	4.3443	4.3542	4.3640	4.3738	4.3836	4.3934	4.4032
45	4.4130	4.4228	4.4326	4.4424	4.4522	4.4620	4.4718	4.4818	4.4914	4.5013
46	4.5111	4.5209	4.5307	4.5405	4.5503	4.5601	4.5699	4.5797	4.5895	4.5993
47	4.6091	4.6189	4.6287	4.6385	4.6484	4.6582	4.6680	4.6778	4.6876	4.6974
48	4.7072	4.7170	4.7268	4.7366	4.7464	4.7562	4.7660	4.7758	4.7856	4.7955
49	4.8053	4.8151	4.8249	4.8347	4.8445	4.8543	4.8641	4.8739	4.8837	4.8935
50	4.9033	4.9131	4.9229	4.9327	4.9426	4.9524	4.9622	4.9720	4.9818	4.9916
51	5.0014	5.0112	5.0210	5.0308	5.0406	5.0504	5.0602	5.0700	5.0798	5.0897
52	5.0995	5.1093	5.1191	5.1289	5.1387	5.1485	5.1583	5.1681	5.1779	5.1877
53	5.1975	5.2073	5.2171	5.2269	5.2368	5.2466	5.2564	5.2662	5.2760	5.2858
54	5.2956	5.3054	5.3152	5.3250	5.3348	5.3446	5.3544	5.3642	5.3740	5.3839
55	5.3937	5.4035	5.4133	5.4231	5.4329	5.4427	5.4525	5.4623	5.4721	5.4819
56	5.4917	5.5015	5.5113	5.5211	5.5310	5.5408	5.5506	5.5604	5.5702	5.5800
57	5.5898	5.5996	5.6094	5.6192	5.6290	5.6388	5.6486	5.6584	5.6682	5.6781
58	5.6879	5.6977	5.7075	5.7173	5.7271	5.7369	5.7467	5.7565	5.7663	6.7761
59	5.7859	5.7957	5.8055	5.8153	5.8252	5.8350	5.8443	5.8546	5.8644	5.8742
60	5.8840	5.8938	5.9036	5.9134	5.9232	5.9330	5.9428	5.9526	5.9624	5.9722
61	5.9821	5.9919	6.0017	6.0115	6.0213	6.0311	6.0409	6.0507	6.0605	6.0703
62	6.0801	6.0899	6.0997	6.1095	6.1193	6.1292	6.1390	6.1488	6.1586	6.1705
63	6.1782	6.1880	6.1978	6.2076	6.2174	6.2272	6.2370	6.2468	6.2566	6.2664
64	6.2763	6.2861	6.2959	6.3057	6.3155	6.3253	6.3351	6.3449	6.3547	6.3645
65	6.3743	6.3841	6.3939	6.4037	6.4135	6.4234	6.4332	6.4430	6.4528	6.4626
66	6.4724	6.4822	6.4920	6.5018	6.5116	6.5214	6.5312	6.5410	6.5508	6.5606
67	6.5705	6.5803	6.5901	6.5999	6.6097	6.6195	6.6293	6.6391	6.6489	6.6587
68	6.6685	6.6783	6.6881	6.6979	6.7077	6.7176	6.7274	6.7372	6.7470	6.7568
69	6.7666	6.7764	6.7862	6.7960	6.8058	6.8156	6.8254	6.8352	6.8450	6.8548
70	6.8647	6.8745	6.8843	6.8941	6.9039	6.9137	6.9235	6.9333	6.9431	6.9529
71	6.9627	6.9725	6.9823	6.9921	7.0019	7.0118	7.0216	7.0314	7.0412	7.0510
72	7.0608	7.0706	7.0804	7.0902	7.1000	7.1098	7.1196	7.1294	7.1392	7.1490
73	7.1589	7.1687	7.1785	7.1883	7.1981	7.2079	7.2177	7.2275	7.2373	7.2471
74	7.2569	7.2667	7.2765	7.2863	7.2961	7.3060	7.3158	7.3256	7.3354	7.3452
75	7.3550	7.3648	7.3746	7.3844	7.3942	7.4040	7.4138	7.4236	7.4334	7.4432
76	7.4531	7.4629	7.4727	7.4825	7.4923	7.5021	7.5119	7.5217	7.5315	7.5413
77	7.5511	7.5609	7.5707	7.5805	7.5903	7.6002	7.6100	7.6198	7.6296	7.6394

续表

kgf/cm²\MPa\kgf/cm²	0.0	0.1	0.2	0.3	0.4	0.5	0.6	0.7	0.8	0.9
78	7.649 2	7.659 0	7.668 8	7.678 6	7.688 4	7.698 2	7.708 0	7.717 8	7.727 6	7.737 4
79	7.747 3	7.757 1	7.766 9	7.776 7	7.786 5	7.796 3	7.806 1	7.815 9	7.825 7	7.835 5
80	7.845 3	7.855 1	7.864 9	7.874 7	7.884 5	7.894 4	7.904 2	7.914 0	7.923 8	7.933 6
81	7.943 4	7.953 2	7.963 0	7.972 8	7.982 6	7.992 4	8.002 2	8.012 0	8.021 8	8.031 6
82	8.041 5	8.051 3	8.061 1	8.070 9	8.080 7	8.090 5	8.100 3	8.110 1	8.119 9	8.129 7
83	8.139 5	8.149 3	8.159 1	8.168 9	8.178 7	8.188 6	8.198 4	8.208 2	8.218 0	8.227 8
84	8.237 6	8.247 4	8.257 2	8.267 0	8.276 8	8.286 6	8.296 4	8.306 2	8.316 0	8.325 8
85	8.335 7	8.345 5	8.355 3	8.365 1	8.374 9	8.384 7	8.394 5	8.404 3	8.414 1	8.423 9
86	8.433 7	8.443 5	8.453 3	8.463 1	8.472 9	8.482 8	8.492 6	8.502 4	8.512 2	8.522 0
87	8.531 8	8.541 6	8.551 4	8.561 2	8.571 0	8.580 8	8.590 6	8.600 4	8.610 2	8.620 0
88	8.629 9	8.639 7	8.649 5	8.659 3	8.669 1	8.678 9	8.688 7	8.698 5	8.708 3	8.718 1
89	8.727 9	8.737 7	8.747 5	8.757 3	8.767 1	8.777 0	8.786 8	8.796 6	8.806 4	8.816 2
90	8.826 0	8.835 8	8.845 6	8.855 4	8.865 2	8.875 0	8.884 8	8.894 6	8.904 4	8.914 2
91	8.924 1	8.933 9	8.943 7	8.953 5	8.963 3	8.973 1	8.982 9	8.992 7	9.002 5	9.012 3
92	9.022 1	9.031 9	9.041 7	9.051 5	9.061 3	9.071 2	9.081 0	9.090 8	9.100 6	9.110 4
93	9.120 2	9.130 0	9.139 8	9.149 6	9.159 4	9.169 2	9.179 0	9.188 8	9.198 6	9.208 4
94	9.218 3	6.228 1	9.237 9	9.247 7	9.257 5	9.267 3	9.277 1	9.286 9	9.296 7	9.306 5
95	9.316 3	9.326 1	9.335 9	9.345 7	9.355 5	9.365 4	9.375 2	9.385 0	9.394 8	9.404 6
96	9.414 4	9.424 2	9.434 0	9.443 8	9.453 6	9.463 4	9.473 2	9.483 0	9.492 8	9.502 6
97	9.512 5	9.522 3	9.532 1	9.541 9	9.551 7	9.561 5	9.571 3	9.581 1	9.590 9	9.600 7
98	9.610 5	9.620 3	9.630 1	9.639 9	9.649 7	9.659 6	9.669 4	9.679 2	9.689 0	9.698 8
99	9.708 6	9.718 4	9.728 2	9.738 0	9.747 8	9.757 6	9.767 4	9.777 2	9.787 0	9.796 8
100	9.806 7	9.816 5	9.826 3	9.836 1	9.845 9	9.855 7	9.865 5	9.875 3	9.885 1	9.894 9

注：$1\ kgf/cm^2 = 0.098\ 066\ 5\ MPa$

第七节　试验室管理

试验室管理内容是很丰富的，通常分为设备和仪器的管理、试验工作的管理、文件资料的管理和安全工作的管理，做到工作有序，行动有规，数据准确。

一、设备和仪器管理

试验室的设备和仪器是试验工作的硬件，是开展试验工作的基础。必须重视硬件的建设和管理。

对试验室的设备和仪器应按其用途的不同分门别类进行登记。建立管理账目和管理卡。填写内容包括设备或仪器的名称、编号、规格型号、生产厂家、制造年份、购置价格、外形尺寸、随机附件、应用科室、保管和维护人员、联系方式等。

设备和仪器应派专人管理。管理人员必须熟悉所管仪器和设备的性能、操作规程，并能熟练地进行操作，负责设备和仪器的保养和维护。如擦洗、涂油、通电运行，保证设备和仪器处于良好状态，便于随时使用。

设备和仪器应定期进行标定，尤其是衡器和测力设备必须定期进行标定，确保试验数据准确无误。对于新启用的容器、测量仪器，使用前应进行标定和校正。例如温度计和量筒、滴定管等。每台仪器或设备都应建立使用和维修档案。包括使用时间和日期、试验内容、运行状况、故障情况。维修时需填写维修时间、维修项目及次数、更换的零部件、维修人员、维修费用、联系方式等。

在使用仪器或设备前，应检查其是否处于正常工作状态，使用完毕后要及时断电、擦洗、清扫、套上外罩，保持仪器设备清洁整齐。对于电器设备应经常检查是否有漏电现象。长期不用时，应定期通电运行，保证能正常使用。

二、试验工作管理

试验工作管理内容包括试样抽取、样品检验、试验报告等。

对抽取的样品需进行登记，填写样品传递卡。将试样分为两份，一份供试验或检验之用。另一份为备份，供试验结果有争议时仲裁试验用。在样品上必须有标签，标签上记录有样品编号、委托单位、交给日期、试验人员。样品应由专人保存于样品室。

试验人员要明确分工，各负其责。要熟悉本专业技术标准与试验方法，熟练所用仪器或设备的使用性能、操作方法，不断提高试验人员的素质和试验水平，做到试验数据准确无误。对试验过程中出现的各种异常情况能作出正确的判断，采取必要措施，确保试验工作照常运行。对不熟练本仪器或设备的人，严禁操作使用。

原始记录是试验过程的真实记载，是分析试验结果、提出试验报告的重要依据，必须认真如实填写。对检验过程中出现的异常现象、试验数据、试验条件、应用试验标准和试验方法代号都应记录齐全。要求记录齐全，反映真实，表达准确，书写整齐，字迹工整，不得随意涂改，更不允许弄虚作假。确因笔误或其他原因需更改数值时，应在原数据上画一水平线，将正确的数据写在其上方。原始记录上应有试验人、计算人、复核人签名，并按规定保存备案。

试验报告要写明试验依据的标准、试验名称、编号、委托单位或委托人、交样日期、样品数量、试验日期、试验人员、审核人员、负责人签字和日期、报告页数，要求字迹清楚工整，签字印章清晰齐全，打印装订整齐，格式份数符合要求。在填写试验报告时，要对试验结果与依据的标准要求进行比较，作出正确的判断，写出正确的试验结论。要求试验结论意见清楚明确，语言精练通顺，用词恰当切妥。对含糊其词的语言严禁使用，做到黑白分明，准确无误。

试验室要制定出管理制度，例如技术责任制，岗位责任制，设备和仪器的使用管理制度，试剂、药品及低值易耗品的使用管理制度，技术人员的考核制度，以及安全、保密、卫生和保健制度等。

三、文件资料管理

文件资料是试验室的重要财富，负责文件资料管理的人员要经常注意收集本专业和本行业有关的法律、法规、行政文件、技术书刊和技术资料,以及有关字典、辞典、手册等必备的工具书等,以供试验人员学习和参考。

试验室的文件资料应由专人负责保管。对相关的会议通知、会议记录、会议纪要,每个试验项目完成后原始记录、试验报告、原材料与配合比、生产工艺等,都要分门别类地进行登记,存入档案室。仪器设备规章制度、法律法规也要分别登记入档,以便查阅。

文件资料管理要建立收发登记制度、收阅签发制度、文件查阅登记制度等。做到有章可循,存档有序,借阅方便。

四、安全工作管理

试验室的安全工作直接关系到试验人员的健康和生命,要求试验工作人员必须认真学习试验操作规程和有关的安全操作规程,了解仪器设备的性能,在操作中可能发生事故的因素,掌握、预防和处理事故的方法。

在试验室要做到禁止吸烟、进食、喝茶、饮水,不要用试验用的器皿盛放食物,不能在试验室冰柜中存放食物,离开试验室之前要用肥皂洗手。与试验无关的人员不允许进入试验室,更不允许试验人员在试验室干与试验无关的事。工作时应穿工作服,长头发要扎起来,戴上帽子,不能光着脚或穿拖鞋进试验室,更不能穿试验室工作服到食堂或公共场所。化学试验室工作人员穿白色工作服,其他试验室人员穿深色工作服。进行有危险性工作时,要佩戴防护用具,如防护手套、防护口罩,甚至防毒面具等。

试验室应配备灭火消防器材、急救箱和个人防护器材。不合格的防火器材,尤其是灭火弹严禁进入试验室。试验室工作人员要熟悉知道这些器材的使用方法和存放位置,一旦发生火情,应临危不惧,冷静沉着,及时采取灭火措施,防止火势扩展,要立即切断电源,火势较猛时,应根据具体情况选用适宜的灭火器灭火,并立即报警求援。

气瓶属于高压容器,瓶内装有高压气体。在试验室常用的高压气瓶,主要有氧气瓶、氢气瓶、二氧化碳气瓶、氮气瓶等。试验工作人员必须熟悉国家规定的"气瓶安全监察规程",掌握减压阀的操作方法与贮存注意事项、气瓶的识别标志,要有专人管理。

电是试验室不可缺少的能源。人们常说电是"老虎",称为"电老虎",言外之意是使用不当可以"吞"掉人的生命。当人体通过 50 Hz 的交流电流 1 mA 就有感觉。10 mA 以上会使肌肉收缩,25 mA 以上则感到呼吸困难,甚至停止呼吸,100 mA 以上使心脏的心室停止颤动,以致无法救活。因此,试验人员必须具备一定的用电知识,掌握基本的用电规则,安装或维修仪器设备时应由专业人员进行。每个试验室都应有电源总闸,停止工作时必须把电闸关掉。

在每个试验室几乎都用到水。污水不能随便排放,以防污染环境,停止工作时应关好水龙头,节约用水。

第二章 试验室的建设

建筑防水材料试验室是建筑防水材料检测和研究的工作场所，是企业和科研院校所不可缺少的组成部分，先进的科学仪器和优越完善的试验环境，是提升现代科技水平、促进科研成果增长的必备条件。

第一节 基本要求

建筑防水材料涉及的学科门类较多，其检测的内容有沥青与沥青防水材料制品、高分子材料与高分子防水材料制品、水泥与水泥防水材料制品、化学灌浆与堵漏材料等。检测方法包括原材料及制品的化学分析、物理检验、力学检验等。对一个建筑防水材料科研单位，其试验室的设置和设备，仪器和仪表就比较多，要求也比较高，规模也比较大。而对一个生产企业来讲，生产的防水材料比较单一，试验室的大小、设置与设备、仪器与仪表，应能满足生产的要求。

一、位置的选择

在选择建筑防水材料试验室的位置时，应选择在远离锅炉房、烟囱及其他空气被灰尘、煤烟、化学气体污染的地方。因这些被污染的地方，影响试验仪器的准确度，甚至损伤或破坏精密仪器。应选择空气新鲜、通风良好和环境优美的地方。

在工厂，建筑防水材料试验室应选择在各车间的中央位置，同各车间保持同样的距离，以便采样和送检，节省时间。

建筑防水材料试验室最好远离住宅区，以防试验中排出的有毒有害气体污染环境，影响居民们的身体健康。

为了取得最佳工作环境和避免阳光直射仪器，试验室应选择正确的朝向。根据实践证明，试验室的窗户应朝南或朝北开启，尽可能避免在东西墙上开窗，尤其是西向。在总平面布局时，应把试验室的朝向布置成南北向。如果由于条件的限制而采取不良朝向时，应设计遮阳。

二、高度、进深和开间

建筑防水材料试验室通常以天然采光和自然通风为主。要求试验室有足够的自然光线和良好的自然通风环境。其试验室的层高（指楼面到顶棚面的高度）在3.6～3.9 m之间。对于装有空调设备和采用人工照明的试验室，为了节约能源，一般采用净高（指楼板底面或吊顶底面到楼面的距离）2.5 m左右。电子计算机房，根据平面空间的大小来决定，一般采用净高为2.4～3.0 m之间。

试验室的进深（从墙量到走廊的墙）有 6 m、7 m、8 m、9 m 四种规格。自然采光时一般进深不大于 6.5 m，亦不得小于 5.5 m。房屋进深过大，（如增至 8 m）是不合适的，因为这种房间内距窗户较远部分，将得不到充足的自然光线。房屋进深过小，不利于研究和检测人员的活动范围及设备、仪器的布置和安装。

试验室的开间各国要求也不尽相同，例如：德国采用的试验室模数（空间尺度称为模数）有三种：3.0 m、3.25 m 及 3.5 m。再以这三个开间模数为倍数来组合试验室，则完全能满足各类试验室的布置；英国采用的试验室模数为 3.05 m。我国试验室的开间一般采用 3.0 m、3.3 m、3.6 m 三种开间模数。

试验室的走廊宽度主要取决于三个方面：交通量的大小；走廊的长度；门窗的开启方式。试验室的走廊一般分为五种：单面走廊、中间走廊（中间双走廊）、检修走廊、安全走廊与参观走廊、设备管道走廊。通常将设备管道走廊放在走廊的顶部，用吊顶分开。一般试验室的交通量较小，走廊不宜过宽。走廊宽度列于表 2-1。

表 2-1　走廊宽度

走廊类型	走廊净宽 (m)
单面走廊（外廊）	1.5
中间走廊（中间双走廊）	1.8~2.1 (1.5)
检修走廊	1.5~2.0
安全走廊与参观走廊	1.2
设备管道走廊	2.0~2.8

综上所述，试验室空间尺度归纳如表 2-2 所列。

表 2-2　试验室空间尺寸

名称	空间尺寸 (m)
开间	3.0（中—中）
	3.3（中—中）
	3.6（中—中）
层高	3.6
	3.9
	4.2
进深	6.0（中—中）
	6.6（中—中）
	7.2（中—中）
	8.4（中—中）
	9.0（中—中）
走廊宽度	2.1（中—中）
	2.4（中—中）

三、采光与照明

建筑防水材料试验室应有充足的自然光线和光强度很高的日光照明。白天在室内工作一般都用自然光。这种采光方法是在墙壁上开窗,或屋顶上设置天窗。自然采光的测量数据是采光系数和自然照度系数。

采光系数是窗的面积与地面面积之间的比值。其公式为:

$$\beta = \frac{A_{窗} - A_{格}}{A_{地}}$$

式中　β——采光系数;
　　$A_{窗}$——窗子面积,m^2;
　　$A_{格}$——窗框格子面积,m^2;
　　$A_{地}$——房间的地板面积,m^2。

房内的照度还取决于房间的深度。侧面采光的房屋还应考虑深度系数。深度系数计算公式如下:

$$y = \frac{d}{h}$$

式中　y——深度系数;
　　d——从有窗的墙到对面墙边的房间深度,m;
　　h——从窗子的上端到工作面的垂直距离,m。

自然照度系数是室内某一点的照度(单位是 lx)与当时在户外大气中漫射光所得到的水平面上照度比,用百分数表示,单位为%。白天室外漫射光照度为 1 000 lx 左右,这是一个平均值。一般要求侧面自然采光临界照度为 100 lx,照度系数最低值为 2%,顶部自然采光临界照度为 150~225 lx,照度系数为 3%~4.5%。

当白天自然光线不足,需补充人工照明,或夜间工作时,都需较强的照明度。需补充人工照明,选择接近天然光色温和的光源,应使用光线均匀的扩散照明装置。通常照度值在 75~100 lx,最低不宜低于 30 lx。表 2-3 列出室内最低照度标准。

表 2-3　最低照度标准

建筑部分房屋名称	最低照度 (lx)		工作面高度 (m)	备 注
	白炽灯	荧光灯		
教室、阅览室	40	80	0.8	平均照度
试验室、天平室	50	100	0.8	平均照度
制图室	50	100	0.8	平均照度
大厅	20	40	地面	平均照度
走廊、楼梯	10		地面	平均照度
教研室、办公室	40	80	0.8	平均照度
图书室、资料室	20	40	0.8	平均照度
打字室	50	100	0.8	平均照度
厕所、盥洗室	5		地面	平均照度
贮藏室	10	20		

对于仪表、读数盘或需读数的其他仪器处,应设局部照明。例如每张称量的工作台上装

有一盏功率为40 W的日光灯，在每张滴定台上应装两盏功率为15 W的荧光灯，在每个通风柜内应安装60 W的灯。安装局部照明光源时，必须装在使用灯光人员的前面，将发光体（光源）用不透明或深色的外罩遮住，并要保证没有反射光。

灯用电压一般为220 V，当需要采用直流照明电源时，其电压可根据容量大小和使用要求确定；对于混凝土养护室或潮湿、高温，有导电灰尘的场所，应采用密闭式安全防爆电灯；对于移动灯或手提行灯的电压不应超过36 V。

在建筑防水材料试验室应用的灯具多为荧光灯具，混光灯具只用在需局部照明的设备或仪器上。当光源采用白色荧光灯时，应在100 lx以上，灯具离试验台面的高度不超过1.8～2 m。

天平室内的电子天平，有自备照明或显示装置，而直读式天平、照明应在100 lx，电子计算机房的照明，一般照度在150～200 lx。

四、电源与电线

建筑防水材料试验室内的供电主要用于仪器、设备及照明，还用于为试验室服务的电梯、空调，排风、通风等方面的电力供应。为确保试验的正常工作，应尽量采用两路供电，有条件的单位应配有自己的发电机，保证连续供电，以减少停电对试验造成的影响。

根据电力负荷分级，建筑防水材料试验室应定为二级负荷。用电量应根据设备容量进行计算，计算公式如下：

$$P_{js}=K_x \cdot P_s \text{ (kW)}$$

式中　P_{js}——用电量，kW；
　　　P_s——总用电量，kW；
　　　K_x——需用系数。

在考虑用电量时，还要考虑新增设备和将来要增添设备的用量，应选择适当的需用系数，通常选用的需用系数为0.85%～0.9%，以防用电设备增加，用电量过大而发生火灾，小型试验室用电需用系数应选用1。

试验室的用电电压通常为380 V和220 V的三相或二相电。拉力试验机多为380 V的三相电。照明多为220 V的二相电。36 V的照明电只用于局部。保护接零线应专用，其截面积为不小于1.5 mm^2的铜质电线；照明及动力应采用500 V铜芯绝缘线。电线截面积应按发热条件、机械允许强度、允许的导线最小截面积、经济电流密度、线路电压损耗等因素进行选择。

每一试验台上都要装一定数量的电源插座，至少有一个三相插座。其电源插座单相者一般选择250 V/6 A，三相者一般用500/5 A，具体还应根据用电量来定。插座到用电地点的距离不能大于1.83 m。

电线、电缆允许长期工作温度列于表2-4。

表2-4　电线、电缆线芯允许长期工作温度

电线、电缆种类	线芯允许长期工作温度（℃）	电线、电缆种类	线芯允许长期工作温度（℃）
橡皮、塑料绝缘电线，500V	65	橡皮绝缘电力电缆，500 V	65
油浸纸绝缘电力电缆		通用橡套软电缆	65

续表

电线、电缆种类	线芯允许长期工作温度（℃）	电线、电缆种类	线芯允许长期工作温度（℃）
1～3 kV	80	交联聚乙烯绝缘聚氯乙烯护套电力电缆	
6 kV	65		
10 kV	60	6～10 kV	90
20～35 kV	50	35 kV	80
聚氯乙烯绝缘电力电缆		裸铝、铜母线	70
1 kV	65	裸铝、铜绞线	70
6 kV	65		

橡皮绝缘电线明敷的载流量列于表 2-5。

表 2-5　橡皮绝缘电线明敷的载流量（A）　　　$\theta_e=65℃$

截面 (mm²)	BLX、BLXF 铝芯				BX、BXF 铜芯			
	25 ℃	30 ℃	35 ℃	40 ℃	25 ℃	30 ℃	35 ℃	40 ℃
1					21	19	18	16
1.5					27	25	23	21
2.5	27	25	23	21	35	32	30	27
4	35	32	30	27	45	42	38	35
6	45	42	38	35	58	54	50	45
10	65	60	56	51	85	79	73	67
16	85	79	73	67	110	102	95	87
25	110	102	95	87	145	135	125	114
35	138	129	119	109	180	168	155	142
50	175	163	151	138	230	215	198	181
70	220	206	190	174	285	266	246	225
95	265	247	229	209	345	322	298	272
120	310	289	268	245	400	374	346	316
150	360	336	311	284	470	439	406	371
185	420	392	363	332	540	504	467	427
240	510	476	441	403	660	617	570	522

注：目前 BLXF 铝芯只生产 2.5～185 mm² 规格，BXF 铜芯只生产≤95 mm² 规格。

塑料绝缘软线，塑料护套线、明敷的载流量列于表 2-6。

表 2-6　塑料绝缘软线、塑料护套线、明敷的载流量（A）　　　$\theta_e=65℃$

截面 (mm²)		单芯				二芯				三芯			
		25 ℃	30 ℃	35 ℃	40 ℃	25 ℃	30 ℃	35 ℃	40 ℃	25 ℃	30 ℃	35 ℃	40 ℃
BLVV 铝芯	2.5	25	23	21	19	20	18	17	15	16	14	13	12
	4	34	31	29	26	26	24	22	20	22	20	19	17
	6	43	40	37	34	33	30	28	26	25	23	21	19
	10	59	55	51	46	51	47	44	40	40	37	34	31

续表

	截面(mm²)	单芯				二芯				三芯			
		25℃	30℃	35℃	40℃	25℃	30℃	35℃	40℃	25℃	30℃	35℃	40℃
	0.12	5	4.5	4	3.5	4	3.5	3	3	3	2.5	2.5	2
RV	0.2	7	6.5	6	5.5	5.5	5	4.5	4	4	3.5	3	3
RVV	0.3	9	8	7.5	7	7	6.5	6	5.5	5	4.5	4	3.5
RVB	0.4	11	10	9.5	8.5	8.5	7.5	7	6.5	6	5.5	5	4.5
RVS	0.5	12.5	11.5	10.5	9.5	9.5	8.5	8	7.5	7	6.5	6	5.5
RFB	0.75	16	14.5	13.5	12.5	12.5	11.5	10.5	9.5	9	8	7.5	7
RFS	1.0	19	17	16	15	15	14	12	11	11	10	9	8
BVV	1.5	24	22	21	18	19	17	16	15	14	13	12	11
	2.0	28	26	24	22	22	20	19	17	17	15	14	13
铜	2.5	32	29	27	25	26	24	22	20	20	18	17	15
	4	42	39	36	33	36	33	31	28	26	24	22	20
芯	6	55	51	47	43	47	43	40	37	32	29	27	25
	10	75	70	64	59	65	60	56	51	52	48	44	41

五、采暖与给排水

1. 采暖

采暖就是在冬季补偿建筑的热损失，保证各种试验工作的正常开展，保证试验数据的准确。

试验室的采暖方式有热水（水暖）、蒸汽（气暖）、热风（风暖）三种方式。采用集中式对流散热器，上行下给单管式垂直串联系统供热。以热水和蒸汽采暖最为经济，以热水采暖最为平稳，应用较多。

一般来讲，应保持室内温度和相对湿度的标准为：

夏季制冷温度：24～28 ℃

冬季采暖温度：18～22 ℃

夏季制冷相对湿度：≤70％

冬季采暖相对湿度：≥30％

对试验室来讲，因各室使用功能的不同，对温度的要求也有区别。表2-7为试验室对温度的要求。

表2-7 试验室对温度的要求

室 的 名 称	最低温度（℃）要求
标准试验温度	23±2
试验室	18
办公室	16
技术资料室	16
卫生间	12

续表

室 的 名 称	最低温度（℃）要求
淋浴室	25
更衣室	23

2. 给排水

在建筑防水材料试验中有许多用水的地方，例如：蒸馏、回流、萃取、养护、水浴、抗渗、洗涤、消防等都需要大量的水，必须设置上水和下水管道，并保证管道畅通，废水应排入污水系统，进入污水处理厂进行净化处理，要严防堵塞管道和污染环境。

供水必须保证规定的水压、水质和水量，应满足仪器设备正常运行需要，尤其消防用水要保证有足够的水压和水量。室内阀门应设在易操作的显著位置，地面应有地漏，下水道最好采用耐腐蚀材料。

第二节 组成与平面布置

建筑防水材料试验室可分为沥青防水材料试验室、高分子防水材料试验室、刚性防水材料试验室和辅助试验室，有条件的单位还应设置研究室和必要的服务性公共设施。

一、沥青与沥青防水材料试验室

建筑防水材料中，以沥青和聚合物沥青为主剂的建筑防水材料约占防水材料的90%以上，沥青防水材料试验室在建筑防水材料试验室中占据着极重要的位置。

沥青与沥青防水材料试验室又分为沥青材料试验室和沥青防水材料试验室。在沥青防水材料试验室中又分为沥青防水卷材试验室、沥青防水涂料试验室、沥青密封材料与沥青胶粘剂试验室及辅助试验室等。

对于中小企业来讲，因产品单一，试验项目少，试验仪器不多，就不一定分得那么细了，主要有沥青和防水材料综合试验室和辅助试验室。其房间面积和平面布置应根据检验项目、设备大小和仪器多少而定。表2-8为沥青与沥青防水材料试验室的面积。

表2-8 沥青与沥青防水材料试验室面积

房 间 名 称	参考面积（m²）
沥青材料试验室	20~30
沥青防水卷材试验室	20~30
沥青防水涂料试验室	20~30
沥青密封材料与胶粘剂试验室	20~30
辅助试验室	

沥青材料与沥青防水材料试验室的平面布置如图2-1所示。

有条件时，还应设置办公室、卫生间、更衣室、资料室等公用房间。在试验室周围有一定的绿化面积，绿地率应大于35%。

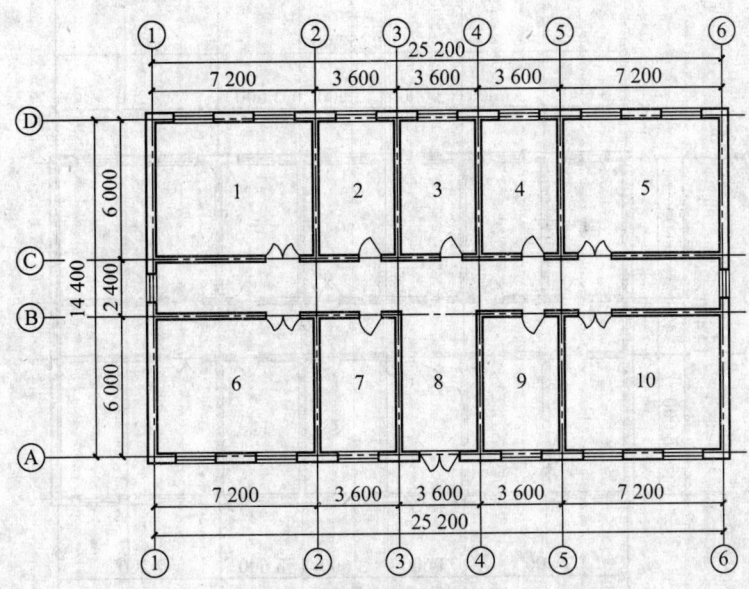

图 2-1 沥青与沥青防水材料试验室平面布置图

1—沥青材料试验室；2—天平及精密仪器室；3—高温及低温试验室；4—老化试验室；5—密封材料及胶粘剂试验室；6—防水卷材试验室；7—力学试验室；8—门厅；9—电子计算机室；10—防水涂料试验室

二、高分子防水材料试验室

高分子建筑防水材料在建筑防水材料中虽占的比例较小，但近年来发展较快。高分子防水材料涉及的学科较多，主要有橡胶、树脂、塑料、涂料等材料及其制品工艺学。试验室主要有塑炼和混炼试验室、压延与硫化试验室、防水片材试验室、防水涂料试验室、密封材料及胶粘剂试验室、辅助试验室。

对于中小企业来讲，产品比较单一，应根据生产需要进行设置，确定试验室的大小。例如高分子防水片材试验室应有塑炼和混炼设备试验室、压延和硫化试验室、片材物理力学性能检测室及辅助试验室等。高分子防水涂料试验室应有涂料搅拌釜、反应釜、研磨试验室、涂料性能检测试验室、辅助试验室等。高分子密封材料与胶粘剂试验室应分设密封材料与胶粘剂制备试验室、性能检测试验室、辅助试验室等。表2-9为高分子防水材料试验室的设置与面积。

表 2-9 高分子防水材料试验室设置与面积

房 间 名 称	参考面积（m²）
塑炼与混炼试验室	20～25
压延与硫化试验室	20～25
防水片材试验室	20～25
防水涂料试验室	20～25
密封材料及胶粘剂试验室	20～25
辅助试验室	

高分子防水材料试验室平面布置如图 2-2 所示。

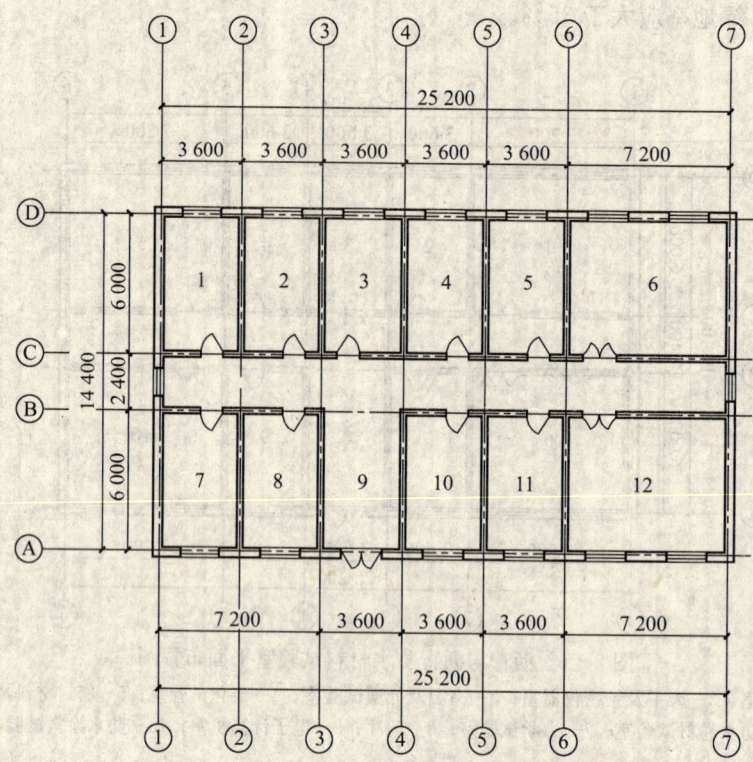

图 2-2　高分子材料试验室平面布置图

1—塑炼和混炼室；2—压延和硫化室；3—高低温室；4—天平及精密仪器室；5—老化试验室；6—防水涂料试验室；7—防水卷材试验室；8—力学试验室；9—门厅；10—化学试验室；11—电子计算机室；12—密封及胶粘剂试验室

有条件时，还应设置办公室、卫生间、资料室、更衣室等公用设施。

三、刚性防水材料

刚性防水材料是以水泥和混凝土为主的防水砂浆和防水混凝土，其试验室的组成与水泥和混凝土试验室相近，分为物理试验室、水泥砂浆试验室、混凝土试验室、养护室和辅助试验室等。试验室的面积列于表 2-10。

表 2-10　刚性防水材料试验室参考面积

房 间 名 称	参考面积（m²）
水泥砂浆试验室	30～40
混凝土试验室	15～20
物理力学试验室	15～20
养护室	30～40
辅助试验室	

刚性防水材料试验室平面布置如图2-3所示。

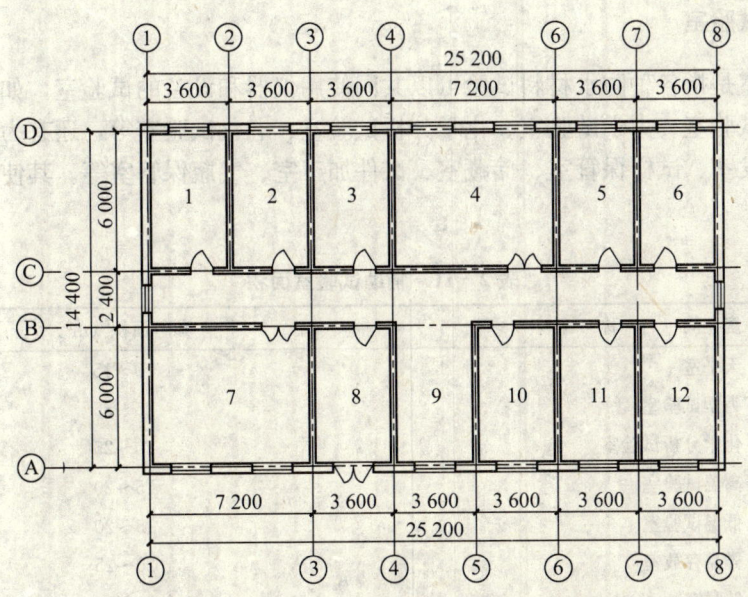

图2-3 刚性防水材料试验室平面布置示意图

1—低温试验室；2—电子计算机室；3—样品室；4—混凝土与砂浆室；5—试件加工室；6—养护室；7—力学试验室；8—物理试验室；9—门厅；10—水泥试验室；11—化学试验室；12—天平及精密仪器室

混凝土与水泥砂浆试块养护室平面布置如图2-4所示。

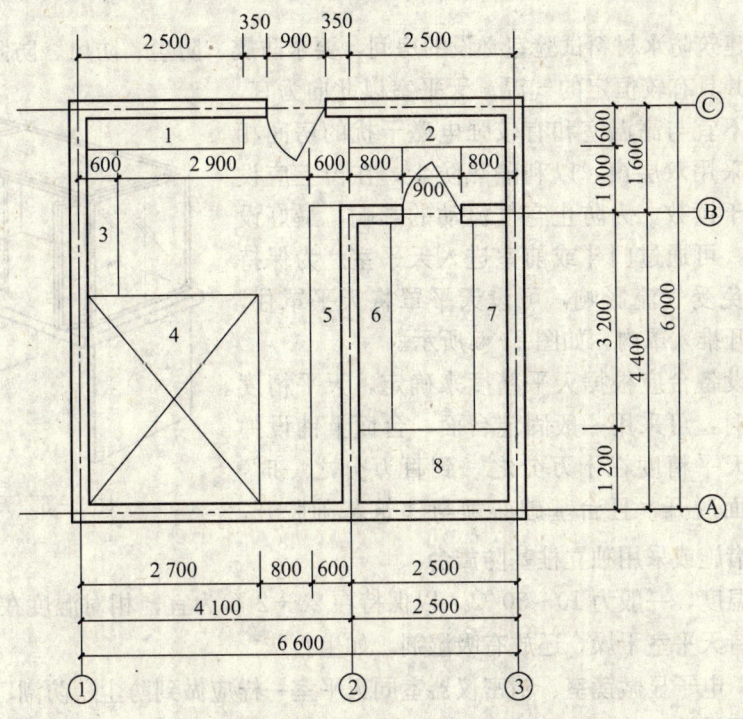

图2-4 水泥砂浆与混凝土试块养护室平面布置图

1、2、3、5、6、7—试件架；4、8—养护池

有条件的单位，应设置办公室、卫生间、更衣室、资料室等公用设施。

四、辅助试验室

辅助试验室是指各种防水材料试验可以共同使用仪器和设备的试验室，如天平室、高温试验室、低温试验室、力学试验室、化学分析试验室、老化试验室等，还有为公共服务的办公室、试样收发室、试样保管室、储藏室、试件加工室、气瓶保管室等。其使用面积列于表2-11。

表 2-11 辅助试验室面积

房 间 名 称	参考面积（m²）
天平室	10～15
力学试验室	25～35
化学分析试验室	20～25
高温试验室	15～20
低温试验室	15～20
样品存放室	20～25
储藏室	20～30
气瓶保管室	10～20
试件加工室	10～20
老化试验室	15～20
微机室	15～20

天平室是建筑防水材料试验室必设的房间，要求防震、防尘、防风、防阳光直射、防腐蚀性气体侵蚀并具有较恒定的气温。天平室以北向为宜，应远离震源，不宜与高温室和有较强电磁干扰的房间相邻。天平室宜采用双层窗，以利隔热防尘，在窗上应设置窗帘，以便于读数。为防止空气流动的影响，最好设置门斗或前室，可通过门斗或前室进入天平室。为保持天平的清洁和免受气流影响，可设天平罩将天平罩住，使用时将门打开推入罩内，如图2-5所示。

天平室的设备台应根据天平精度来确定，天平精度小于万分之一时，可采用一般固定台面，台面上铺设弹性垫层防震；天平精度在十万分之一到百万分之一时，台面必须与墙面脱开，且台基础必须与建筑基础脱开，台座需设防震措施或采用独立柱基防震台。

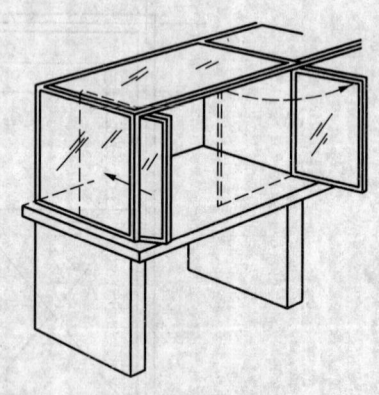

图 2-5 天平罩

天平室的温度，一般为10～30 ℃，以保持在20±2 ℃为宜，相对湿度在70%以下，有的试验室为保持天平室干燥，还放有吸湿剂，如生石灰。

显微镜室、电子显微镜室、精密仪器室同天平室一样应做到防尘、防潮、防震，条件许可时可安装空调设施。

药品储存室，供小量存放时，应注意防火、防潮要求。

第二节 组成与平面布置

五、研究室

为了提高产品质量，不断开发新产品，应设置研究室。研究室的配置应根据试验室的性质、任务、人员、资金综合考虑，以确定研究室的大小和设置。通常研究室包括办公室、图书资料室、文书档案室、学术研讨室，还有供研究和试验人员服务的公用设施，如洗手间、更衣室、饮水室、会客厅、试样收发室。有条件的还应设置电子计算机室，以帮助研究人员整理试验数据和查阅最新信息资料。

研究室的房间面积列于表2-12。在表2-12中未列入试验室的使用面积，应根据试验室的功能要求而定。某中心技术研究所的平面设计如图2-6所示。

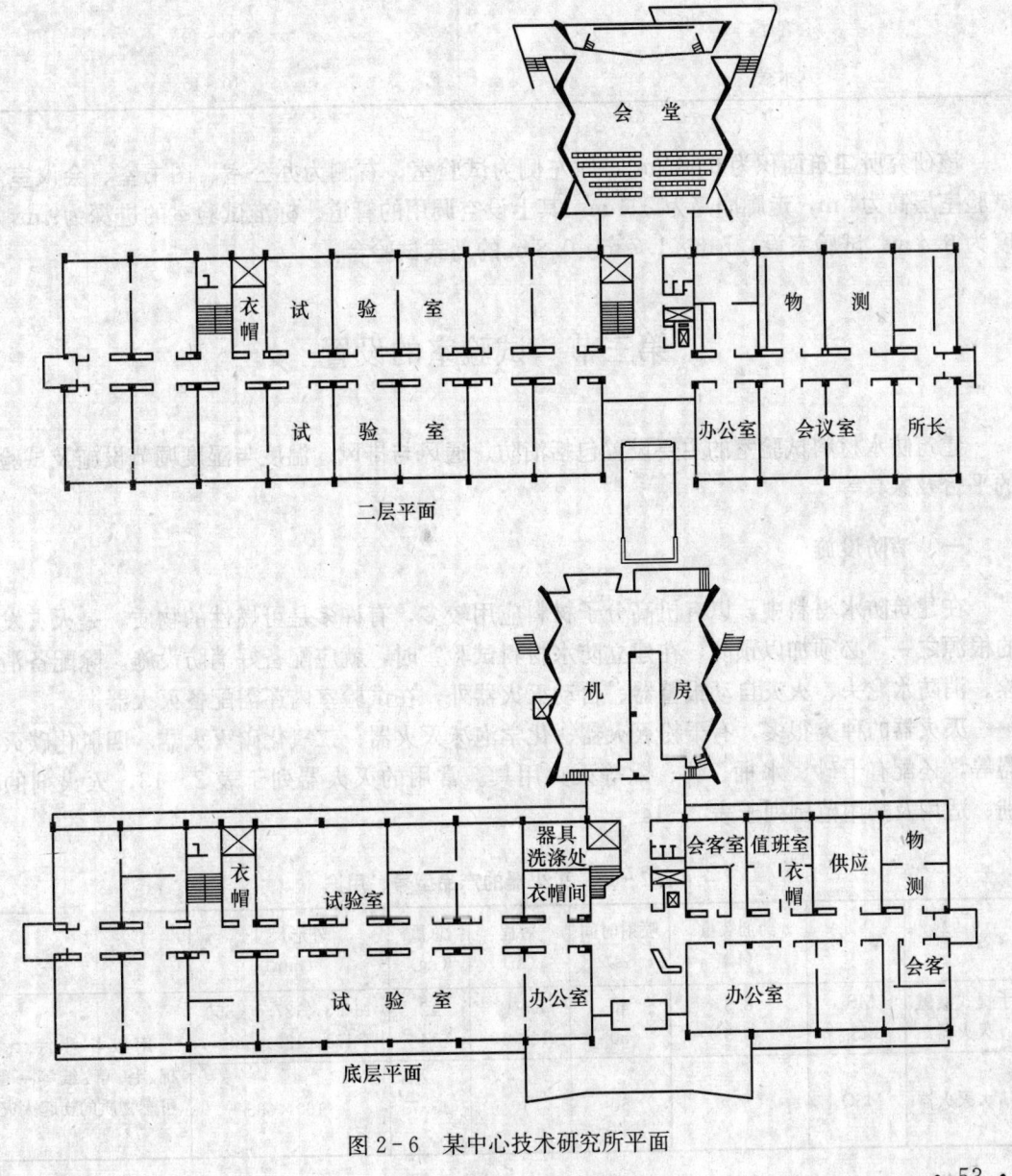

图2-6 某中心技术研究所平面

表 2-12 研究室房间面积

房 间 名 称	参考面积（m²）
办公室	20～30
图书资料室	20～30
文书档案室	20～30
学术研究室	40～60
电子计算机室	20～30
洗手间	18～20
更衣室	15～20
会客厅	30～40
饮水室	10～15

该研究所建筑面积为 6 687 m²，厅左侧为试验室，右侧为办公室、图书室、会议室等，试验室层高为 4 m，走廊净高为 2.4 m，其上设空调用的管道。标准试验室的进深为 9 m，宽度为 6.4 m，试验室设 4.7 m×1.7 m×0.8 m 的岛式试验台。

第三节　试验室的设置

建筑防水材料试验室的主要设置包括消防、通风与排风、温度与湿度调节设施及试验用的平台及家具等。

一、消防设施

在建筑防水材料中，以有机高分子材料应用较多，有许多是可燃性的物质，是火灾发生的根源之一，必须加以预防，在建立防水材料试验室时，就应配备好消防设施。除配备消火栓、消防水龙头、火灾自动报警器、自动灭火器外，在试验室内还需配备灭火器。

灭火器的种类很多，有干粉灭火器、化学泡沫灭火器、二氧化碳灭火器、四氯化碳灭火器等，还配有干砂、水桶、钩、锹等灭火用具。常用的灭火器列于表 2-13，灭火剂的类别、适用及禁用范围列于表 2-14。

表 2-13 灭火器的产品型号、用途

名　称	型　号	药剂装量（L）	喷射时间（s）	射程（m）	总重（kg）	外形尺寸（mm）	用　途
手提式酸碱灭火器	MS_8	8.3	40	8～12	12	164.8×187.6×550	用以扑救竹、木、棉、毛、草、纸等一般可燃物质的初起火灾
	MS_{10}	9.5	50	10～12	14	173×199×588	
清水灭火器	MSQ_9	（水）9	60	10	13.7	$\phi160×635$	

续表

名 称	型 号	药剂装量 (L)	喷射时间 (s)	射程 (m)	总重 (kg)	外形尺寸 (mm)	用 途
手提式泡沫灭火器	MP_8	8.3	60	8~10	12.6	174×163×545	用以扑救油类及一般物质的初起火灾
	MP_{10}	9.55	60	8~10	14.55	174×199×588	
手提式干粉灭火器	MF_1	1	≤8	≥2		$\phi 92×302$	用以扑救油类、石油产品、有机溶剂、可燃气体和电气设备的初起火灾
	MF_2	2	≤11	3~4		$\phi 112×345$	
	MF_4	4	≤14	4~5		230×140×450	
	MF_8	8	≤20	≥5		284×171×563	
手提式"1211"灭火器	$MY_{0.5}$	0.5 kg	8~10	2	1.2	$\phi 70×238$	用以扑救油类、电器、仪表、图书档案等初起火灾
	MY_1	1 kg	10~12	3	2	$\phi 90×281$	
	MY_2	2 kg	12~14	3	3.2	$\phi 97×425$	
	MY_4	4 kg	14~16	4.5	6.5	$\phi 133×490$	
	MY_6	6 kg	16~18	5	9.3	$\phi 145×555$	
手提式二氧化碳灭火器	MT_2	1.85~2.1 kg	≤20	1.2~1.4		102×180×565	适于扑救燃烧面积不大的珍贵设备、档案资料、仪器仪表、600伏以下电器及油脂等初起火灾
	MT_3	2.85~3.1 kg	≤30	1.8~2		114×180×650	
	MT_{Z5}	4.8~5.1 kg	≤45	2~2.2		152×275×625	
	MT_{Z7}	6.8~7 kg	≤55	2.2~2.5		152×275×795	
手提式四氯化碳灭火器	ML_2	2	≤55	≥7	5		适用于扑救电压在12千伏以下的电器设备的初起火灾,也可以扑救其他物资及油类的初起火灾

表2-14 灭火剂的类别、适用及禁用范围

类 别		适用范围	禁用范围
水		一般应用于扑救城市、农村、山林和草原等处的火灾,也可用于扑救煤炭、木材、粮草、棉麻、重油燃料和比水重而不溶于水的易燃液体	禁用于碱金属(钾、钠等)、碳化碱金属(碳化钾、碳化钠、碳化铝、碳化钙及氢化钾、氢化镁等)、三酸(硫酸、盐酸、硝酸)、轻于水而不溶于水的易燃液体及铁水、钢水和高压电气等火灾
化学泡沫		用于扑救油类火灾(石油、石油产品和其他油类)	禁用于醇类、醚类和酮类等水溶性液体的火灾
空气泡沫	普通蛋白泡沫	用于扑救易燃和可燃液体的火灾,也可用于木材等一般物质的火灾	禁用于醇类、醚类、酮类等水溶性液体的火灾
	氟蛋白泡沫	用于扑救油类、木材、非水溶性有机物质和水溶性有机溶剂(醇类、酮类、酯类)等火灾。它具有久贮不变质的优点,还可与干粉灭火剂联用	不属于左栏范围的火灾
	抗溶性空气泡沫	用于扑救油类、木材、非水溶性有机物质和水溶性有机溶剂醇类(甲醇、乙醇、异丙醇)、酮类(丙酮)酯类(醋酸乙酯)等火灾	对扑救沸点较低水溶性有机溶剂(醛、乙醚)的火灾较为困难
	高倍数空气泡沫	用于扑救矿井、仓库、船舶、地下建筑、农村烤烟棚等有限空间的大面积火灾。灭火对象为各种油类、非水溶性液体、木材、煤炭、橡胶及各种织物等固体物质的火灾	不属于左栏范围内的火灾

续表

类 别	适 用 范 围	禁 用 范 围
四氯化碳	用于扑救电器设备的火灾	禁用于钾、钠、镁、铝及乙炔、乙烯、二硫化碳等物质的火灾
二氧化碳	用于电器、精密仪器、贵重生产设备、图书档案及一些不可用水扑救的物质火灾	禁用于金属钾、钠、镁、铝和金属氢化物等物质的火灾。对能在惰性介质中燃烧的物质（如硝酸纤维）和可在内部阴燃的物质（如棉花）等不易扑救。对能大量溶解 CO_2 的液体（如乙醇）也不易扑救
干粉（国内常用的为钠盐干粉）	用于扑救易燃液体、气体和电器火灾	禁用于木材、轻金属和碱金属等物质的火灾。对精密设备、仪器和有阴燃的物质不宜采用
卤代烷类（1211、1202、1301、2402）	用于扑救油类、二硫化碳、电器、精密仪器、贵重设备、图书档案和可燃气体等火灾	禁用于本身供氧的物质（如硝酸纤维、火药）及碱金属（钾、钠）和金属氢化物等物质的火灾
烟雾灭火剂	用于扑救油罐火灾	不属于左列范围的火灾
7150 灭火剂	用于扑救轻金属火灾	不属于左列范围的火灾

在试验室内必须有装干砂土的箱子、薄毡或毡子及辅助工具。图 2-7 为灭火用的装砂土的箱子。

火灾分类列于表 2-15。

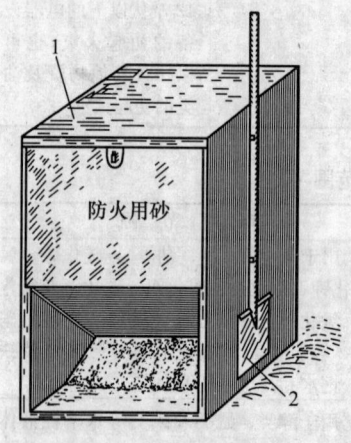

图 2-7 装砂土的箱子

1—箱盖；2—锹

表 2-15 火灾的分类

火灾类别	着火物质	最佳灭火器材①	禁用灭火器材②
A	木材、纸张、棉花等	1，2	
B	可燃性液体，如易燃化学试剂、石油化工产品	2，3，5，6	1
C	可燃性气体，如煤气、液化气、H_2、C_2H_2	4，5	
D	可燃性金属，如钾、钠、钙、铝粉、钛	"7150"、砂土	1（2，3，5，6）

注：①本栏中的号码即表 2-16 中灭火器材的序号。

②括号中的数字表示无效的灭火器材。

常用灭火器材的性能与用途列于表 2-16。

表 2-16 常用灭火器材的性能与用途

序号	器材名称	灭火机理、特性	适用范围	注
1	水	水的比热、汽化潜热大，价廉、量大，能迅速降低着火物和火场周围的温度，产生的水蒸气还能降低空气中氧的含量	A 类火灾	下列情况禁用水： a. 能与水反应生成可燃、有毒气体的物质着火 b. 不溶于水又比水轻的易燃液体着火 c. 贮存大量浓硫酸、浓硝酸场所着火 d. 着火物邻近带电设备

续表

序号	器材名称	灭火机理、特性	适用范围	注
2	泡沫灭火器	主要成分为硫酸铝、碳酸氢钠、皂粉等，与酸作用生成含 CO_2 的泡沫，覆盖于着火物表面遮断火焰热辐射，隔绝空气	A 类、B 类火灾	下列情况禁用： a. D 类火灾 b. 遇水能发生燃烧的物质的火 c. 带电设备的火
3	二氧化碳灭火器	将 CO_2 压缩液化装在灭火器中，使用时，急速喷出，急剧气化而降温，出现雪花状的固态二氧化碳。温度很低的气态、固态二氧化碳可有效降低火区空气中的氧含量。当 $\varphi(CO_2)$ 达到 (30～35)% 时，火就会熄灭	B 类火灾 精密仪器、贵重资料图书	不适于碱金属、轻金属及其氢化物着火，及自身能供氧的物质的着火
4		关闭燃烧源、断绝燃烧物来源	C 类火灾	应移走气瓶，以免火场温度高引起爆炸
5	干粉灭火器	主要由碳酸氢钠、磷酸铵、氯化钠、碳酸钠干粉及少量润滑剂、防潮剂组成，装于相应灭火器内。使用时借助压缩氮气或二氧化碳将干粉以雾状粉流喷向燃烧物。当干粉与火接触时，发生一系列物理与化学作用使火熄灭	B、C 类火灾带电设备着火	不宜灭 D 类火灾
6	①1211 灭火器 ②四氯化碳灭火器 ③7150 灭火剂 ④砂土、石棉布	①1211 即二氟一氯一溴甲烷（CF_2ClBr），是一种阻化剂，能加速灭火作用。不导电、无痕迹 ②CCl_4 本身不燃，密度大，阻断覆盖火源 ③为三甲基硼氧六环，受热分解吸收大量的热，并能形成氧化硼薄膜，隔绝空气 ④覆盖燃烧物，隔绝空气	B 类火灾，精密仪器、珍贵图书资料、电器着火 D 类火灾，尤适用于镁、锡、钛着火 D 类火灾，小范围	ⓐ两者均属卤代烷材料，除非必要，宜尽量少用 ⓑ CCl_4 遇高温可生成剧毒光气，使用时要位于上风口，注意防毒 最经济有效

若火势较大，必须及时报警，报警时要报明火灾类型。

二、通风与排风

在建筑防水材料试验过程中，经常会产生各种难闻、有腐蚀性、有毒或易爆的气体和粉尘等，这些气体如不及时排出室外，就会造成室内空气污染，影响试验人员的健康与安全，影响仪器的精度和使用寿命。通风的目的是排除这些有害气体和粉尘，排除余热和余湿，使试验室的空气保持适宜温度、湿度和卫生要求，以保证试验操作人员的正常工作条件。

试验室的通风有两种形式：自然通风和机械通风。

（一）自然通风

自然通风是既经济又有效的通风措施，分为有组织通风和无组织通风两种通风形式。无组织自然通风的风量无法控制，气流也极为混乱，对试验室换气意义不大；有组织自然排风是可以调节通风量，通风设计指的是有组织自然通风。

自然通风是利用室内外空气温差引起的空气密度差而产生的热压进行自然换气，把室内的有害气体排至室外。依靠门窗让空气任意流动，称做无组织自然通风；依靠一定的进风口和出风竖井，让空气按所要求的方向流动，称做有组织自然通风。

在进行有组织自然通风时，可根据不同的风向、风力调节窗（侧窗、天窗或通风口）的开度，以控制进出风量。无风或弱风时，将所有的窗户及通风口全部开启，使空气进行自然交换；在强风的情况下，将通风面的高窗关闭，其余窗开启，这样一方面利用了空气的密度差，另一方面又利用了风压，增加了通风效果。

最为有效的自然通风的做法是：在外墙下部或门的下部装有百叶风口，在房间内侧设置通风竖井。如图2-8所示。

室外空气由下部百叶风口进入室内，由房间上部的竖井排至室外。百叶风口最好设计为可开闭式，以便在不进行试验时关闭进风口，防止灰尘进入试验室。

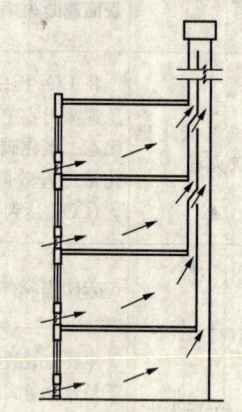

图2-8 有组织的自然通风剖面

自然通风由于不用通风机，既不消耗电力又无噪声干扰，而且昼夜都可换气，但只适用于有害物浓度低的试验室，适用于室内温度高于室外空气温度的场所。

（二）机械通风

当自然通风满足不了室内换气要求时，应采用机械通风，使之符合国家标准规定的空气中有害物质的最高允许浓度要求。试验室除自然通风外，还应采用机械式通风。它是利用通风机产生的抽力或压力并借助通风管道进行室内外通风的方式，机械式通风又分为局部排风和全面通风。

1. 全面通风

全面通风亦称全室换气。它是在整个试验室房间内，全面地进行通风换气，对易充满有害气体或粉尘的试验室才会采用全面通风。

全面通风的风量，可根据消除室内有害气体所需的换气量来确定。其计算公式如下：

$$L = \frac{Z}{Y_p - Y_j}$$

式中　L——换气量，m^3/h；

　　　Z——室内有害气体散发量，mg/h；

　　　Y_p——室内空气中有害气体的浓度，mg/m^3；

　　　Y_j——进入空气中有害气体的浓度，mg/m^3。

在设计计算中，由于散入室内的有害气体量往往难以获得，全室的通风量可按不同房间所需的换气次数进行计算。

换气次数是房间的换气量与房间的体积之比。这个数据需通过大量的测定数据而获得。在建筑防水材料试验室中，因各试验房间的试验项目不同，研究的内容不同，换气的次数也不相同，通常在5～12次/h。表2-17列出了试验室部分房间换气次数。

采用全面通风时，通风口与排风口的位置要布置合理，以保证室内通风良好，使有毒有害气体顺利排出。

表 2-17　部分房间换气标准

房 间 名 称	换 气 次 数
气体室	15
化学分析室	10
试样准备室	10
办公室、仓库	8
称量室、滴定室	3
卫生间、淋浴室	5
更衣室	3
暗室	5
其他室	6

如果试验室内采用在墙上安装轴流通风机，应避免气流形成"短路"，如图 2-9 所示。

2. 局部排风

局部排风是在有害物质产生后立即就近排出。这种排风方式能以较少的风量排走大量的有害物质，其能量省而且效果好，是改善现有试验室条件可行和经济的方法，是试验室优先考虑的排风方式。例如，矿物粒料筛分、进行化学反应或分馏、沥青加热、涂料配制等，都有可能产生有毒、有害气体及粉尘，为防止这些有害物质散发到整个试验室，可采用局部排风的方法除去。

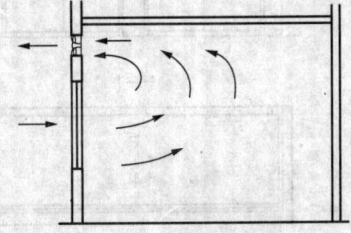

图 2-9　"短路"剖面示意图

局部排风设备种类很多。由于其结构的不同，使用的条件不同，其排风效果也不相同，其中应用最多的为通风柜和排风罩。

(1) 通风柜

通风柜的种类也很多，在建筑防水材料试验室应用最多的有顶抽式通风柜和狭缝式通风柜两种。内有加热源、水源、照明等装置。

顶抽式通风柜的结构简单，制造方便，对于需加热的试验或者试验过程中产生大量热量时，具有良好的排风效果。但当试验过程中不产生热量时，则通风口的风速就会很不均匀，近台面处有旋涡。所以，这种排风形式在没有热量产生的场合效果较差，尽量不要采用，如图 2-10 所示。

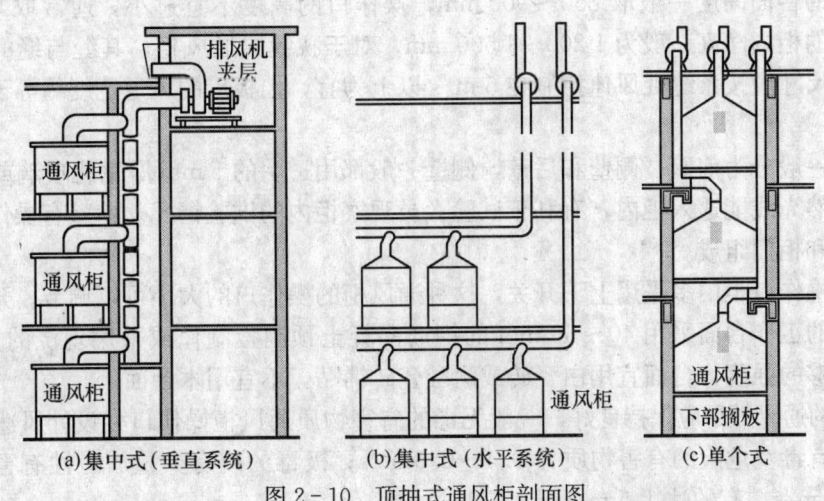

图 2-10　顶抽式通风柜剖面图

狭缝式通风柜是在其顶部和后侧设有排风狭缝，后侧部分的狭缝，有的设一条（在下部），有的设两条（在中部和下部），如图2-11所示。

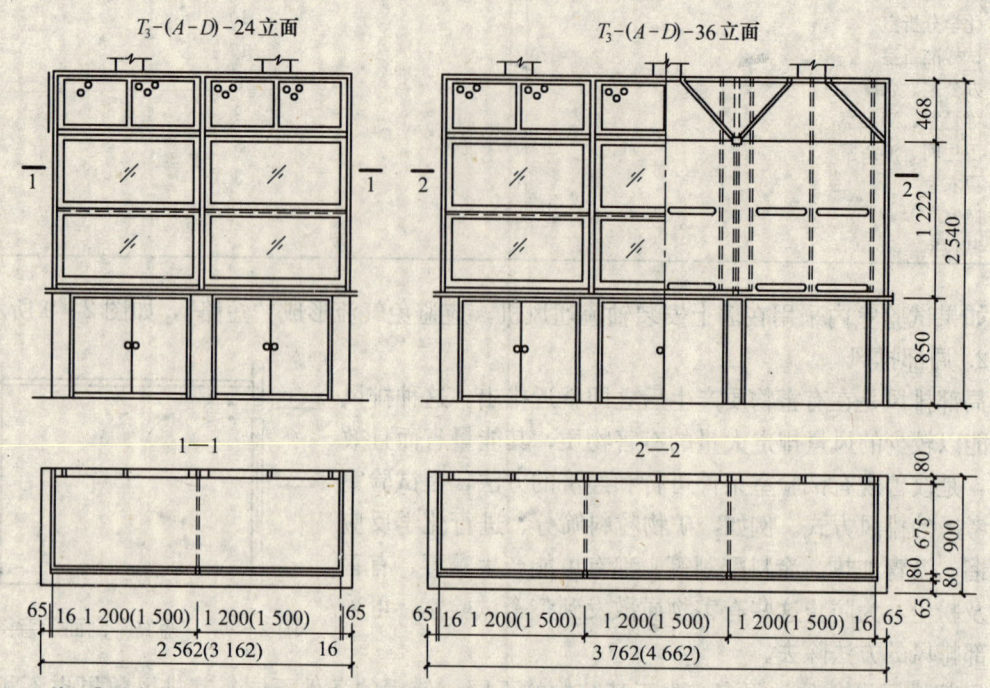

注：①砖支墩，平衡式，门上下开启，有排风夹层，台面为瓷台板。
②平面尺寸，注有1 200×900及1 500×900两种，长度可组合成1 200及1 500的倍数。

图2-11 狭缝式通风柜

这种通风柜由于上、中、下三个部位都设有排气口，对各种工况都能获得良好效果，但结构比较复杂，制作也较麻烦。

通风柜的深度一般取800～850 mm，太浅有碍通风效果，尤其是狭缝式通风柜，由于后壁有夹层，深度更不宜小。通风柜的每单元长度，即前壁结构的尺寸（中—中）不宜小于1 m，一般为1.2～1.8 m。如果单柜不能满足使用要求，可考虑多柜并列。

通风柜的台面高度一般取850～900 mm，操作口的高度不宜过小，通常取800 mm左右，通风柜的柜内净高一般为1 200～1 500 mm。对于狭缝式通风柜，其缝与缝的尺寸一般相等，具体尺寸应按条缝处风速控制在5 m/s以上为宜，挡板后的风道宽度约等于缝宽的两倍以上。

通风柜一般分为前壁、侧壁和后壁，侧壁一般都用透明的5 mm厚钢化玻璃或其他安全玻璃，使自然光线能透入柜内，有利于试验人员观察柜内的试验情况。前壁有操作口，通常由固定部分和柜门组成。

通风柜操作口柜门多采用上下开关，这种通风柜的操作口的大小可以调节。开关方便。

通风柜的工作台面采用40～60 mm的钢筋混凝土预制板制作或采用现浇的方法制作，台面应有足够的强度，台面宜用白瓷砖或耐酸瓷砖铺贴，不宜用木台面。

通风柜的通风效果应保持良好，一般无毒的有害物质通风柜操作口处设计风速为0.25～0.38 m/s；有毒及危险的有害物质为0.4～0.5 m/s；极毒的或有少量放射性有害物质的采用0.5～0.6 m/s，有的达1.5 m/s。

通风柜的排风量可按下列公式计算：
$$L = FV$$
式中　L——排风量，m^3/s；
　　　F——通风柜操作口面积、按全部打开计算，m^2；
　　　V——操作口风速，m/s。

通风机的风量应按通风柜的排风量及数量计算，并考虑通风机叶片的损坏、风管及机壳积聚污物等不利因素，把计算得到的排风量再乘以 1.1~1.2 系数。

通风机的风压应根据计算出系统阻力，再乘以 1.1 左右的余量，以克服使用过程中产生的不利因素。

风机应安装在顶层机房内，并应有减少震动等装置，排气管应高于屋顶 2 m 以上。一台排风机连接一个通风柜较好，不同房间共用一个风机和通风管道易发生交叉污染。

通风柜在室内最好的位置是空气流动较小的地方，不要靠近门窗。

(2) 排风罩

排风罩亦称吸气罩，它适用于试验设备体积较大，或无法在通风柜中进行试验又要排走试验过程中散发出的有害物质时，可采用排风罩。试验室中常用的排气罩，大致分为围挡式排风罩、侧吸式排风罩和伞形排风罩三种。

排风罩的排风量取决于排风罩与有害气体散发点的距离，有害气体散发点的控制风速，排风罩的罩口面积等。不同的排风罩，其排风量计算公式也不相同。

围挡式排风罩排风量计算公式如下：
$$L = W \cdot H \cdot V$$
式中　L——排风量，m^3/s；
　　　V——开口处控制风速，m/s；
　　　W——开口宽度，m；
　　　H——开口高度，m。

侧吸式排风罩排风量计算公式如下：

当 $H/W > 0.2$ 时，
$$L = 0.75(10x^2 + F)V_x$$
当 $H/W \leq 0.2$ 时，
$$L = 2.8W \cdot x \cdot V_x$$
式中　L——排风量，m^3/s；
　　　x——罩口到控制点（有害气体发源的最远点）的距离，m；
　　　V_x——控制点的控制风速，m/s；
　　　F——罩口面积，$F = W \cdot H$，m^2；
　　　W——开口宽度，m；
　　　H——开口高度，m。

伞形排风罩的排风量计算公式如下：
$$L = (10x^2 + F)V$$
式中　L——排风量，m^3/s；
　　　x——罩口控制点的距离，m；

F——罩口面积（$F=WH$），m^2；
V——开口处的控制风速，m/s。

有害气体的控制风速列于表 2-18。

表 2-18　有害气体的控制风速 (m/s)

危险度	有围挡的排气罩		侧吸罩	伞形罩	
	一面开放	二面开放		三面开放	四面开放
大	0.38	0.50	0.50	0.63	0.88
中	0.33	0.45	0.38	0.50	0.75
小	0.25	0.38	0.25	0.38	0.65

一般罩口距最远作用点处的最小风速取 $0.2\sim0.3\ m/s$，排风量取 $0.55\sim0.83\ m^3/(m^2\cdot s)$。

（3）通风机

通风柜、排风罩或其他排风方式都离不开通风机，试验室常用的通风机主要有两种，离心式通风机和轴流式通风机。

离心式通风机是利用离心力的作用来输送气体，操作时，工作叶轮带动机壳内的气体旋转，使气体产生离心力而流向叶轮的外圆周而排出，叶轮的中心处产生低压，气体被吸入机壳，这样，气体就可不断地吸入和排出。离心式通风机的特点是风量大，效率高，运转平稳，噪声低，结构完善，便于维修，拆装方便。

轴流式通风机是利用固定在轴上的叶轮在旋转时产生的轴向推动力来输送气体，通常装于需要通风处的墙壁孔或天花板上，产生的压力不高，一般在 $0.24\ kPa$ 以下，但也可在高达 $0.98\ kPa$ 下输送大量的空气。该通风机的特点是结构简单紧凑，噪声较小，风量风压稳定，运转平稳，使用安全可靠，易于安装。

表 2-19 列出了通风机的技术性能和主要用途。

表 2-19　通风机技术性能和主要用途

类别	型号	名称	风量范围 (m^3/h)	功率范围 (kW)	输送介质最高允许温度 (℃) (不大于)	主要用途
一般离心通风机	4-72	离心通风机	991～227 500	1.1～210	80	一般厂房通风换气
	4-72I	离心通风机	850～408 000	0.75～310	80	
	4-79	离心通风机	990～438 000	0.75～245	80	
	4-68	离心通风机	1 000～239 654	0.55～245	80	
排尘离心通风机	C4-73	排尘离心通风机	1 725～19 350	0.8～22		输送含有尘埃、细碎纤维、木质杂屑等气体的专用设备
	C6-48	排尘离心通风机	1 000～42 725	0.75～37		
防爆离心通风机	B4-72	防爆离心通风机	991～77 500	1.1～75		用于产生易燃挥发性气体厂房的通风换气
高压离心通风机	9-19	离心通风机	696～61 824	1.1～450	80	一般锻冶炉及高压强制通风用
	9-28	离心通风机	3 630～121 340			

续表

类别	型号	名称	风量范围 (m³/h)	功率范围 (kW)	输送介质最高允许温度(℃)(不大于)	主要用途
塑料离心通风机	上塑 4-72 营塑 4-72-A 北塑 4-72	塑料离心通风机 塑料离心通风机 塑料离心通风机	395～18 560 1 330～18 560 1 170～10 180	0.37～5.5 1.1～5.5 1.1～4.0	50	用于排送腐蚀性气体
玻璃钢离心风机	故城 4-68 青浦 4-72	离心风机 离心风机	1 131～239 654 1 350～41 289	0.55～245 0.55～45	50	用于排送腐蚀性气体
轴流通风机	T35-11 T4.0-I DT40 SF BT35-11 BDT40	轴流通风机 屋顶轴流风机 低噪声轴流风机 防爆轴流通风机 防爆屋顶风机	826～67 892 564～48 200 3 800～38 000 4 100～23 000 743～16 400 3 800～38 000	0.12～11 0.04～7.5 0.25～5.5 0.25～2.2 0.12～2.2 0.25～5.5	60	一般厂房换气通风 用于含有可燃性气体场所的换气通风
轴流喷雾风机	LF38 LF30 LF30-I LF35-I PW50-11	喷雾风机 移动式降温风机 移动式喷雾风机 喷雾降温风机	20 800 8 600 13 000 8 600 13 000 10 000～40 000	3.0 1.1 3.0 0.8 1.5 2.2～7.5		高温车间局部吹风降温
排气扇	FA FTA	排气扇	33～155 (m³/min) 45～270 (m³/min)	46～600 (W) 90～850 (W)	40	一般车间、仓库排气

三、恒温恒湿设置

在进行建筑防水材料检验时,通常要求试验室保持一定的温度和湿度。温度过低,使天平的变动性增大,湿度过大,使电子仪器和光学仪器性能变差,试验室的温度适宜,有利于工作效率的提高。

对试验室气候条件的评价方法,可用"实感温度"来表示。例如:18 ℃和相对湿度100%感觉到的温度相当于表2-20所列条件下的温度感。

表2-20 人体温度感

温度(℃)	相对湿度(%)
18.5	50
18.9	80
19.5	70
20.1	60
20.7	50
21.4	40
22.3	30
23.2	20

所有上述空气温度和相对湿度的配合称为实感温度18℃。如果计算空气的流动速度,那么就得到所谓"等感温度"的几个其他数值。图2-12为穿着正常服装人员固定实感温度和等感温度计算图。

这种计算方法还有许多因素未考虑进去,都影响主观感觉对快感感觉。为了保证试验室的温度和湿度应安装恒温恒湿装置。

恒温恒湿装置又称空调机组,它是由压缩机、冷凝器、蒸发器、通风机、电加热器、电加湿器、过滤器及电控元件组成。

空调器按功能可分为单冷式空调器、冷风除湿式空调器、冷暖式空调器、冷风除湿供暖式空调器四类。

在选购时应根据试验室的大小和对试验室温度的要求等因素进行选择空调器的规格。

挂式空调器的主要技术参数列于表2-21,柜式空调器的主要技术参数列于表2-22。

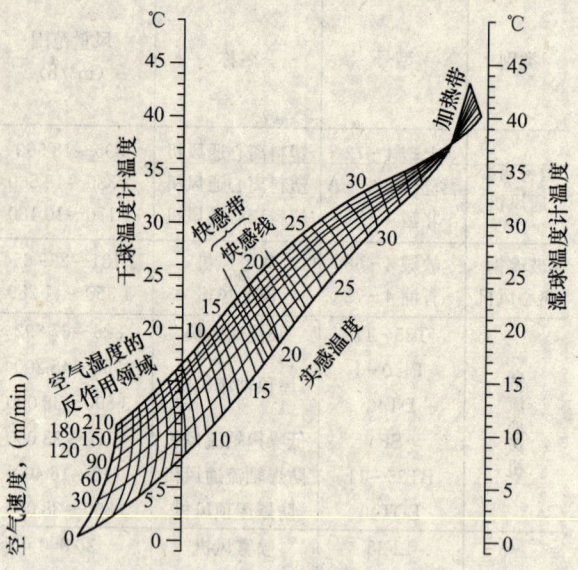

图2-12 为穿着正常服装人员测定实感温度和等感温度的计算图

表2-21 挂式空调器主要技术参数

项 目 结构形式、型号	功能	制冷能力(W)	制热能力(W)	输入功率		噪音		机体尺寸(宽×高×厚)		重量		适用面积
				制冷(W)	制热(W)	室内 dB(A)	室外 dB(A)	室内机(mm)	室外机(mm)	室内机(kg)	室外机(kg)	面积(m²)
KF-23GW/231	单冷	2 300		850		38	50	750×250×190	645×510×245	8	32	10~15
KFR-23GW/2301	冷暖	2 300	2 500	850	830	38	50	750×250×190	645×510×245	8	32	10~15
KF-25GW/251	单冷	2 500		950		36	50	810×265×180	645×510×245	10	34	12~18
KFR-25GW/2501	冷暖	2 500	2 700	950	950	36	50	810×265×180	645×510×245	10	34	12~18
KF-32GW/321	单冷	3 200		1 250		39	54	900×280×190	800×540×280	10	38	15~25
KFR-32GW/3201	冷暖	3 200	3 600	1 250	1 350	39	54	900×280×190	800×540×280	10	40	15~25
KF-35GW/351	单冷	3 500		1 350		40	54	810×280×190	800×540×280	10	38	15~28
KFR-35GW/3501	冷暖	3 500	4 000	1 350	1 350	40	54	810×280×190	800×540×280	10	40	15~28
KF-50GW/501	单冷	5 000		1 900		45	56	1 050×320×190	850×605×290	15	48	20~30
KFR-50GW/5001	冷暖	5 000	5 600	1 900	1 900	45	56	1 050×320×190	850×605×290	15	48	20~30
KF-23GW/235	单冷	2 300		880		35	50	803×261×185	645×510×245	8	32	10~15
KFR-23GW/2305	冷暖	2 300	2 500	880	850	35	50	803×261×185	645×510×245	8	32	10~15
KF-25GW/255	单冷	2 500		950		36	50	803×261×185	645×510×245	8	34	12~18
KFR-25GW/2505	冷暖	2 500	2 700	950	950	36	50	803×261×185	645×510×245	8	34	12~18
KF-32GW/325	单冷	3 200		1 250		38	52	850×272×195	800×540×280	10	38	15~25
KFR-32GW/3205	冷暖	3 200	3 600	1 250	1 300	38	52	850×272×195	800×540×280	10	40	15~25
KF-35GW/355	单冷	3 500		1 350		40	52	850×272×195	800×540×280	10	38	15~28
KFR-35GW/3505	冷暖	3 500	4 000	1 350	1 350	40	52	850×272×195	800×540×280	10	40	15~28

表2-22 柜式空调器主要技术参数

项目 结构形式、型号	功能	制冷能力 (W)	制热能力 (W)	输入功率 制冷 (W)	输入功率 制热 (W)	噪音 室内 min dB(A)	机体尺寸(宽×高×厚) 室内机 (mm)	机体尺寸 室外机 (mm)	重量 室内机 (kg)	重量 室外机 (kg)	适用面积 面积 (m²)
KF-42LW/425	单冷	4200	—	1500	—	37	450×1575×280	850×545×270	30	40	20~30
KFR-42LW/4205	冷暖	4200	4600	1500	1500	37	450×1575×280	850×545×270	30	40	20~30
KFRd-42LW/4205	冷暖	4200	4600(+1000)	1500	1500(+1000)	37	450×1575×280	850×545×270	30	40	20~30
KF-50LW/505	单冷	5000	—	1950	—	37	480×1735×295	850×660×290	38	50	23~35
KFR-50LW/5005	冷暖	5000	5600	1950	1950	37	480×1735×295	850×660×290	38	50	23~35
KFRd-50LW/5005	冷暖	5000	5600(+1000)	1950	1950(+1000)	37	480×1735×295	850×660×290	38	50	23~35
KF-60LW/605	单冷	6000	—	2300	—	37	480×1735×295	880×690×310	38	55	27~41
KFR-60LW/6005	冷暖	6000	7000	2300	2300	37	480×1735×295	880×690×310	38	55	27~41
KFRd-60LW/6005	冷暖	6000	7000(+1500)	2300	2300(+1500)	37	480×1735×295	880×690×310	38	55	27~41
KF-50LW/501	单冷	5000	—	1950	—	37	480×1680×295	850×660×290	38	50	23~35
KFR-50LW/5001	冷暖	5000	5600	1950	1950	37	480×1680×295	850×660×290	38	50	23~35
KFRd-50LW/5001	冷暖	5000	5600(+1000)	1950	1950(+1000)	37	480×1680×295	850×660×290	38	50	23~35
KF-71LW/711	单冷	7100	—	2700	—	39	520×1755×315	880×690×310	49	60	32~48
KFR-71LW/7101	冷暖	7100	7800	2700	2500	39	520×1755×315	880×690×310	49	60	32~48
KFRd-71LW/7101	冷暖	7100	7800(+1800)	2700	2500(+1800)	39	520×1755×315	880×690×310	49	60	32~48
KF-71LWS/711	单冷	7100	—	2700	—	39	520×1755×315	880×690×310	49	60	32~48
KFR-71LWS/7101	冷暖	7100	7800	2700	2500	39	520×1755×315	880×690×310	49	60	32~48
KFRd-71LWS/7101	冷暖	7100	7800(+1800)	2700	2500(+1800)	39	520×1755×315	880×690×310	49	60	32~48
KF-120LW/121	单冷	12000	—	4200	—	51	600×1900×370	1000×1260×360	60	106	54~81
KFR-120LW/1201	冷暖	12000	14000	4200	4000	51	600×1900×370	1000×1260×360	60	106	54~81
KFRd-120LW/1201	冷暖	12000	14000(+7000)	4200	4000(+3000)	51	600×1900×370	1000×1260×360	60	106	54~81
KF-120LW/122	单冷	12000	—	4200	—	51	600×1900×370	1000×1260×360	60	106	54~81
KFR-120LW/1202	冷暖	12000	14000	4200	4000	51	600×1900×370	1000×1260×360	60	106	54~81
KFRd-120LW/1202	冷暖	12000	14000(+7000)	4200	4000(+3000)	51	600×1900×370	1000×1260×360	60	106	54-81

四、试验台与家具

试验室的试验台有固定式和组合式两种。

固定式试验台形式很多，应用也比较普遍，尤其是对承载力要求比较大、防振动的试验台，多为固定式试验台。例如：高温炉、胶砂搅拌机、电动抗折试验机、天平等用的试验台，最好采用固定式试验台。固定式试验台多为钢筋混凝土结构的台面和砖砌支座，台下为木制柜，台面用白瓷砖、水磨石、大理石或天然花岗岩等材料，其特点是坚固耐用，耐高温，而且平稳。

组合式试验台是依靠自身的构造形式，分为几个独立的部分，根据试验室的需要组合而成。其特点是可以灵活布置试验室，便于运输，便于系列化生产，多为木制结构或金属结构。

由于试验性质的不同，试验台取值的幅度差别很大。通常试验台的长度每人1 200 mm（最小不应小于1 000 mm），科研人员除具体要求外，一般选择每人3 500~4 000 mm（美国），而德国和瑞士为每人3 000 mm。

试验台的台面高度，一般为850~900 mm，通常宜取850 mm。美国和德国的试验台高度为900～920 mm，而日本为800 mm。

试验台的宽度，一般选择750 mm，最小不宜少于600 mm，中间药品架宽度为200～300 mm。双面试验台通常为1 500 mm。英国双面试验台为1 530 mm，德国为1 550～1 700 mm，美国试验台每面净宽为584 mm，双面为1 470 mm。

常用试验台如图2-13所示。

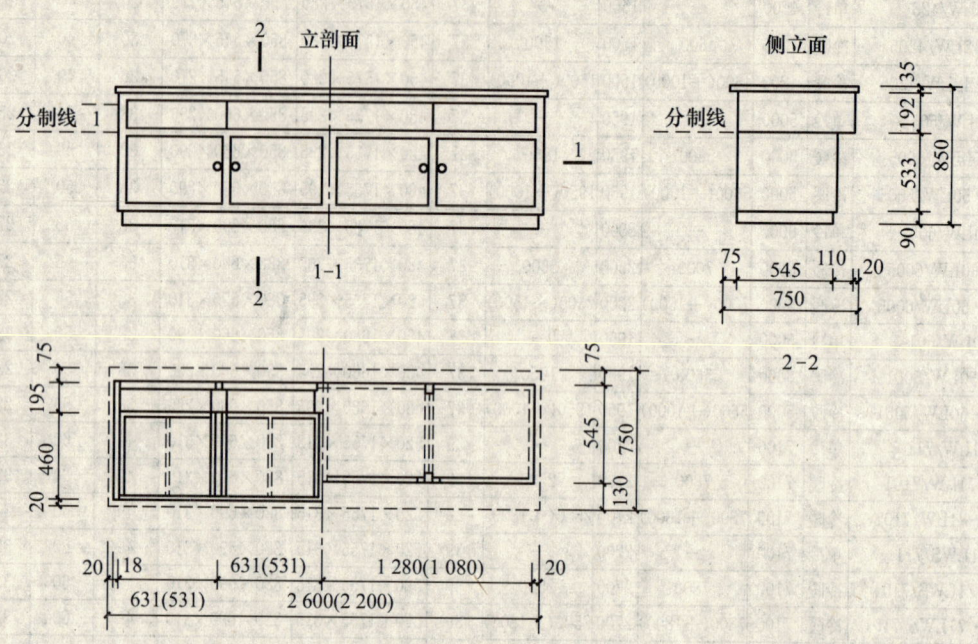

图2-13 常用试验台示意图

在试验室面积较小时，可使用组合式试验台，根据具体的情况进行组合，以达到既节省面积，又便于工作的目的。

此外，还需配备药品柜、仪器柜、资料柜、工具柜、杂品柜、更衣柜等。

五、电子计算机

自1946年美国研制出世界上第一台计算机以来，电子计算机已成为现代科学技术、生产和管理必不可缺少的计算工具和控制手段，已为人们提供了崭新的生产手段，有效的科学试验方法和组织管理方法，大大促进了科学技术和国民经济的快速发展。

电子计算机技术已逐步渗透到建筑防水材料的科学技术和生产中，对建筑防水材料的发展起了很大的推动作用，使检验仪器智能化，生产管理科学化，科研手段现代化，已成为建筑防水材料科技工作者和管理人员最基本的技能之一。

目前，在建筑防水材料试验室中使用的电子计算机可分为专用计算机和通用计算机两大类。

（一）专用计算机

专用计算机是为提高和扩大试验仪器的性能而专门设计的一类计算机，例如单片机等。通常是与仪器组装在一起，配合试验仪器使用，而不能单独工作。由于计算机的运行速度快，具有逻辑判断功能，能存贮大量数据信息，并能进行加工、运算、实时处理，使仪器实现自动控制、大屏幕液晶显示和打印等，使建筑防水材料试验仪器更加智能化和自动化，操作和应用十分方便。目前在建筑防水材料试验室中使用的智能型沥青软化点测定仪、低温双数显沥青延度仪、微机控制的沥青针入度仪、电子拉力试验机、智能型数字温度控制器等都属于这一类型，也是建筑防水材料试验室应用最多的一类专用计算机。

另一类专用计算机是分立于设备之外，通过信号线与仪器连接，用仪器制造厂家提供的软件对仪器控制和使用。其连接方式如图2-14所示。

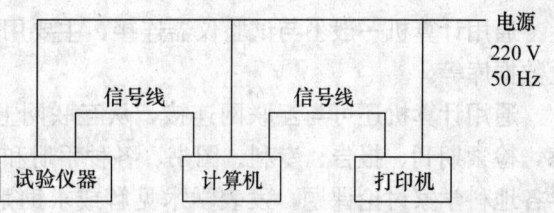

图2-14　仪器与专用电子计算机分立的试验仪器连接方式

例如，智能型维卡软化点仪、智能型压力机、智能型旋转粘度计、自动沥青软化点测定仪等都设有RS232或RS485等接口，可与计算机、打印机连接，组成自动化控制的试验仪器，大大提高了试验仪器的自动化和智能化水平。

智能型的试验仪器还可通过专用计算机进行联网，形成单机控制的试验室数据自动采集系统。通过计算机可以实现试验室数据收集、整理、存储、检索、数据分析、打印等工作项目、实现人事、设备、材料、任务、数据等信息自动化管理，可以形成试验室级网络。图2-15列出了力学试验室数据自动采集系统。

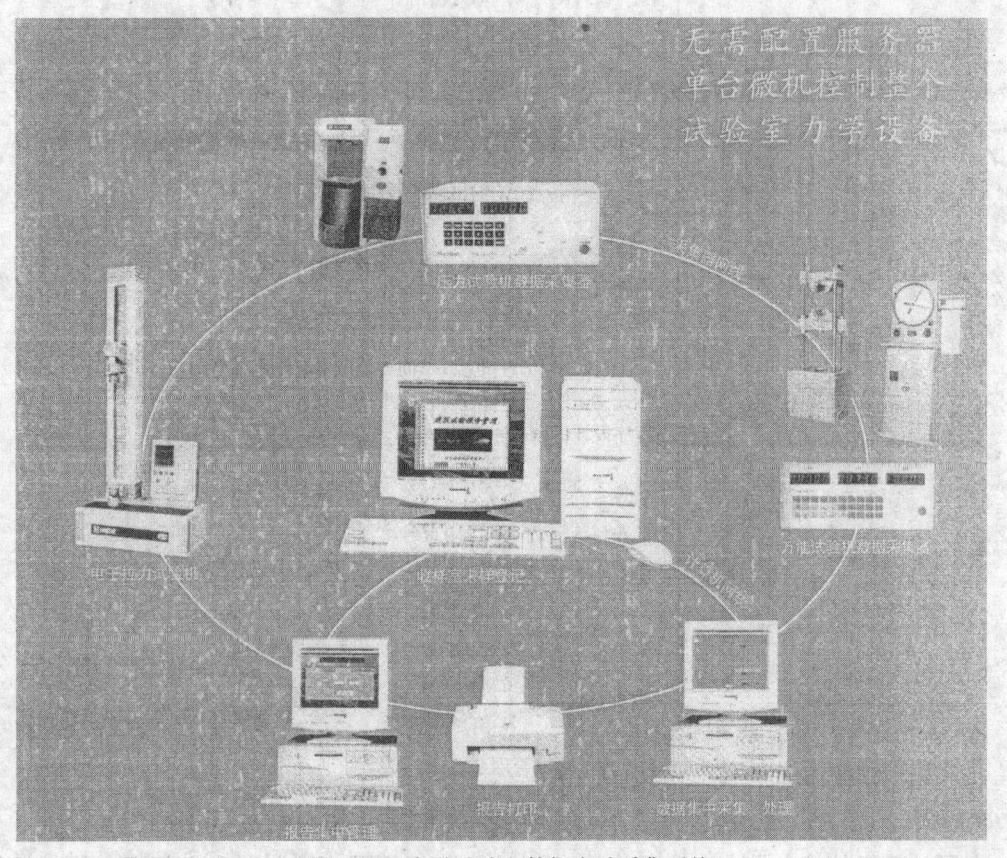

图2-15　力学试验室数据自动采集系统

总之，试验仪器与计算机的结合，使仪器更能适应被测参数的变化、自动补偿、自动选择量程、自寻故障、自动进行数据处理，使试验过程自动化。

（二）通用计算机

通用计算机一般不与试验仪器连接，主要用于试验室的数据存储与计算、文字处理、建立数据库等。

通用计算机还可与互联网连接，从互联网上获取各种最新信息，了解科学技术发展动态，检索期刊、报告、专利、图书、各种手册和词典等信息。可以开展信息远程交流，与世界各地科学家讨论课题，发表学术见解或求助别人，参加网上学术会议，订阅网上学术杂志，浏览网上图书。电子计算机已成为建筑防水材料试验室、研究室不可缺少的现代科学工具和设置。

图2-16列出了计算机系统的主要组成。

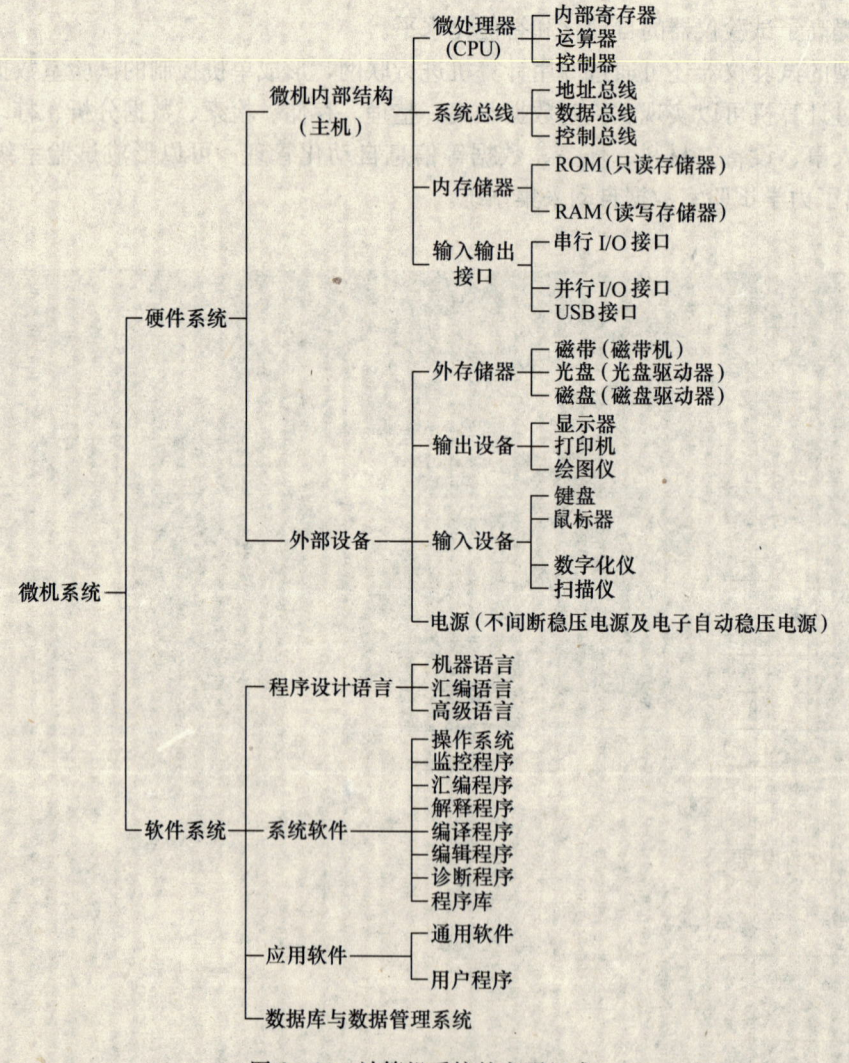

图2-16 计算机系统的主要组成

电子计算机的核心是中央处理单元（CPU），由运算器、控制器和内部寄存器三部分组成,主要完成对信息的运算、传送和控制等。其内部结构如图 2-17 所示。

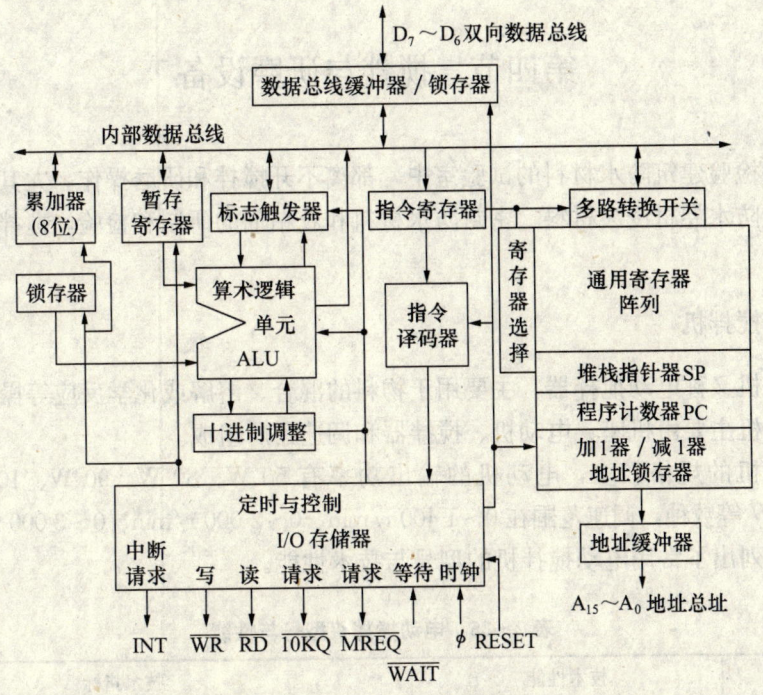

图 2-17 CPU 内部结构图

电子计算机室要保持一定的温度或湿度。据资料介绍,温度每升高 10 ℃,电子计算机的可靠性下降 25%,湿度过大或过小都影响计算机的正常运行,通常对计算机室的温度和湿度的要求列于表 2-23。为此,在计算机房内需安装保持恒温恒湿的空调器。

表 2-23 开机、停机时机房内的温、湿度

指标 项目	级别	A 级		B 级
		夏季	冬季	全年
温度(℃)	开机	23±2	20±2	15~30
	停机	5~35		5~35
相对湿度(%)	开机	45~65		40~70
	停机	40~70		20~80
温度变化率(℃/h)		<5,不得结露		<10,不得结露

计算机室内应保持一定的洁净度,以防灰尘积聚使磁带、磁盘和电子线路受损。计算机房内的空气洁净度要求列于表 2-24。

表 2-24 计算机房空气洁净度

指标 项目	级别	A 级	B 级	C 级
粒径(μm)		≥0.5	≥0.5	≥0.5
空气含尘浓度(粒/L)		≤3 500(相当于 100 000 级)	≤10 000	≤18 000

计算机室内空气的流动速度一般控制在 0.2 m/s 以内,设置空气过滤装置以防灰尘进入。

第四节 搅拌与研磨设备

在研制和检验建筑防水材料的试验室中,都离不开搅拌和研磨操作,尤其是防水涂料的研制和检验,防水卷材浸涂材料、密封防水材料和胶粘剂的研制和检验,搅拌和研磨是不可缺少的设备。

一、电动搅拌机

电动搅拌机又称电动搅拌器,主要用于物料的混合、溶解或化学反应等操作。

电动搅拌机主要由机座、电动机、搅拌器和调速器所组成。

电动搅拌机的规格较多,电动机的输出功率有 50 W、80 W、90 W、100 W、160 W、200 W 和 600 W 等数种,调速范围在 0~1 400 r/min、0~2 000 r/min、0~3 000 r/min 等几种。表 2-25 列出了常用电动搅拌机的型号与技术性能。

表 2-25 电动搅拌机型号与性能

型 号	技术性能	技术指标
D-7401 型	功率	80 W、90 W、100 W、160 W
	调速范围	0~1 400 r/min
		0~2 000 r/min
		0~3 000 r/min
	调速方式	10 挡调速,无级调速
	搅拌容量	4L、15L、20L、25L
JB90-D	功率	90 W
	调速范围	100~1 400 r/min
	调速方式	无级调速
	搅拌容量	50 L
	电源电压	220 V,50 Hz
2003 型	电机功率	60 W、100 W、200 W
	调速范围	0~3 000 r/min
	定时范围	0~120 min 或常开
	电源电压	220 V,50 Hz
RJ-2 型软轴式搅拌器	功率	40 W、60 W、160 W、200 W
	调速范围	0~1 400 r/min
	定时范围	0~120 r/min
	电源电压	220 V,50 Hz
	软轴长度	1 m

二、电磁搅拌器

电磁搅拌器又称磁力搅拌器,它是用一个微型电动机驱动一块磁铁旋转,利用磁力吸引搅拌磁子旋转,从而起到搅拌作用。搅拌磁子又叫搅拌子,是利用玻璃管或塑料管密封的小铁棒,有的磁力搅拌器还具有加热功能,主要用于 pH 值测定、电位滴定等。

第四节 搅拌与研磨设备

磁力搅拌器的最大搅拌容量有 500 mL 和 1 000 mL 两种。搅拌速率为 0～3 000 r/min，加热功率有 40 W、60 W、100 W、200 W、300 W 等规格；恒温范围为 0～100 ℃，可调；定时范围为 0～120 min。

表 2-26 列出了几种磁力搅拌器的技术性能指标。

表 2-26 电磁搅拌器型号与性能

型号	技术性能	技术指标
JB-Ⅰ型搅拌器	搅拌速度	0～1 250 r/min
	消耗功率	25 W
	连续搅拌时间	8 h
	电源电压	220 V，50 Hz
79-1 磁力加热搅拌器	调速范围	0～2 000 r/min
	加热功率	200 W，300 W
	电源电压	220 V，50 Hz
90-3 型搅拌器	加热功率	0～350 W
	搅拌速度	0～1 250 r/min
	加热温度	0～150 ℃
	定时范围	0～120 min
	电源电压	220 V，50 Hz
CJJ-931 四联磁力搅拌器	功率	400 W
	调速范围	0～1 400 r/min
	搅拌容量	500 mL×4
	电源电压	220 V，50 Hz

三、振动粉碎机

试验室用来制样的粉碎机主要由机体、料钵、研磨体、偏心动力臂、支承弹簧等组成。当电动机带动偏心动力臂转动时，产生离心力，使粉碎装置产生振动，料钵的振动使研磨体（也称磨介）和物料呈悬浮状态，并迫使磨介（包括击环和击块）在料钵内做复杂运动，对料样进行撞击、辊压、研磨加工，达到粉碎物料的目的，其结构如图 2-18 所示。

粉碎机的装料量有 100 g，400 g 两种，装料粒度大于12 mm，加工时间 1～3 min，出料粒度为 75～125 μm，是试验室制备粉状样料的粉碎设备。

四、球磨机

球磨机又称球磨。它是由圆柱形筒体、端盖、轴承、传动大齿圈等部件组成，筒体内装有研磨体。研磨体以试验要求而定，常用的有钢

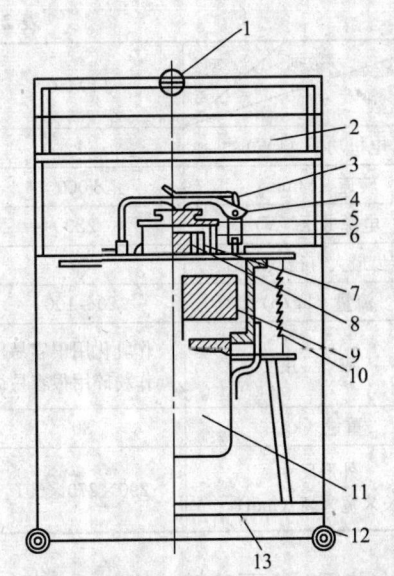

图 2-18 密封式化验制样粉碎机结构示意图
1—手把；2—箱盖；3—压把；4—压杆；
5—料钵盖；6—料钵；7—击环；8—击块；
9—动力臂；10—弹簧；11—电动机；
12—装箱螺栓；13—机座

球、瓷球、鹅卵石等（以研磨物料的用途而定）。由电动机通过传动装置带动筒体缓慢转动，带动筒体内研磨体随筒体的转动而上升至一定高度后，呈抛物线轨道抛落或者呈泻落状态下落。利用研磨体下落的冲击作用，以及研磨体与研磨体、研磨体与筒体内壁之间的摩擦作用，将物料连续不断地粉碎。

球磨机的优点是可用于干磨和湿磨，粉碎在密闭机体内进行，没有尘灰飞扬或溶剂挥发，运转可靠，研磨体便宜，可间歇操作。缺点是运转时有强烈的振动和噪声，工作效率低，消耗能量大。多用于坚硬物料的粉碎或涂料的研磨。

试验室用球磨机的研磨体直径为 25～150 mm，装入量为筒体容积的 25%～45%。

如果研磨体为棒状，则称为棒磨机。它是利用长度略小于磨本身的高碳钢棍棒来研磨物料，由于长棒与物料的接触面是在一条线上，大粒物料可使小粒物料受挤压，磨细产品比较均匀。研磨易爆物料可以用木质研磨棒。

五、胶体磨

胶体磨是生产水乳型沥青防水涂料或涂料常用的研磨设备。它由定子、转子、机壳和电动机所组成。磨碎是依靠两个齿形面相对运动，使通过高速旋转的两磨齿面之间的液流或待粉碎的颗粒物料受到很大的剪切力和摩擦力而被粉碎、分散和均化，从而达到磨碎和乳化的目的。

胶体磨主要用于涂料研磨及乳化沥青的制造，可将大小为 0.2 mm 左右的物料粉碎到 1 μm。

表 2-27 列出了几种规格胶体磨的型号和主要技术参数。

表 2-27 胶体磨技术参数

参数\数据\型号	JTM50	JTM85	JTM120	JTM180
电机功率（kW）	1	5.5	13	30
转速（r/min）	8 000	3 000	3 000	3 000
电源电压（V）	220	380	380	380
转齿最大直径（mm）	50	85	120	180
流量（kg/h）	20～100	80～500	300～1 000	800～3 000
粒度	作乳化用很容易得到 5μ 以下的微粒子和 1μ 以下的超微粒子 作粉碎用很容易得到 5～20μ 的粒子和 5μ 以下的微粒子			
重量（kg）	30	110	140	300
外形尺寸 长×宽×高（mm）	290×270×691	620×500×1 000	590×450×1 226	655×600×2085

在使用时，要验证"0"点，用随机扳手逆时针方向转动转子，听到了"嚓嚓"声即为"0"点，此时固定刻度盘为"0"点，严禁在"0"刻线下工作，要缓慢旋转间隙调节套至所需要求为止，并用手柄锁死，也有的在调"0"后再倒回一圈半即可达到磨细要求。使用时还要串联 2 kV 的调压器以便控制转动速度。

此外还有卧式胶体磨。工业上常用的胶体磨规格列于表 2-28。

表 2-28 胶体磨性能参数表

规格型号	额定流量 (m³/h)	工作压力 (MPa)	配用电机 电机型号	配用电机 功率 (kW)	吸入口口径 (mm)	排出口口径 (mm)	允许介质温度 (≤℃)	转速 (r/min)	外形尺寸 长×宽×高 (mm)
JTM$_A$-0.06/0.1	0.06~0.5	0.1	Y100L-4	3.0	ZG$\frac{3}{4}$	ZG$\frac{3}{4}$			900×360×370
JTM$_A$-0.5/0.1	0.2~0.5	0.1	Y132M-4	7.5	40	32			1 085×460×450
JTM$_A$-5/0.1	2~5	0.1	Y180L-4	22	65	50			1 665×610×640
JTM$_A$-10/0.1	4~10	0.1	Y225M-4	45	80	65	300	1500	1 900×710×750
JTM$_A$-13/0.1	5~13	0.1	Y280S-4	75	125	100			2 370×753×840
JTM$_A$-20/0.1	12~20	0.1	Y315M-4	132	150	125			2 715×885×1 010
JTM$_A$-30/0.1	22~30	0.1	Y315L$_1$-4	160	200	175			3 170×1 160×1 230
JTM$_A$-40/0.1	32~40	0.1	Y315L$_2$-4	200	200	175			3 200×1 160×1 330

六、摇筛机

摇筛机又称筛分机、标准振筛机,它是由试验筛和摇筛机组成。摇筛机的机座上装有电动机。电动机的主轴旋转带动偏心轮及轴承转动,在激振器的作用下,使筛子产生振动,使筛面上的物料层松散,细粒物料透过料层下落并通过筛孔排出。为了防止筛孔堵塞,一般都设有拍击或顶击装置,周期性地对筛盖进行击打,借以增加振动。

摇筛机的主要技术性能如下:

电动机功率	0.5 kW
筛摇动次数	221 次/min
振幅	8 mm
回转半径	12.5 mm
筛子直径	200 mm、300 mm
振击次数	147 次/min

对物料进行筛分分析,每次开机 5 min,即可完成筛分工作。

标准套筛是测定物料粒度组成使用的一套标准套具,由一套筛孔尺寸按一定比例逐渐减小,直径为 200 mm 或 300 mm 的圆形筛所组成,主要用于测定 6 mm 以下物料粒度的组成。根据筛比和基筛的筛孔尺寸不同,可分成各种标准筛,以适用不同试验的要求。

标准筛的规格型号列于表 2-29。

表 2-29 方孔标准筛规格

试验筛规格 (GB/T 6003.1—1997)					以前常用标准筛规格	
筛孔边长 l (mm)			金属丝直径 d (mm)	筛目号 目 (孔/in²)	我国部标准	ASTM
R20/3 系列	R20 系列	R40/3 系列			筛孔边长 l (mm)	
4.0	4.0	4.0	1.4	5	4.00	4.00
	3.55		1.25			
		3.35	1.25			
	3.15		1.25	6	3.20	3.36
2.8	2.8	2.8	1.12			2.83 (7)

续表

试验筛规格（GB/T 6003.1—1997）				以前常用标准筛规格		
筛孔边长 l （mm）			金属丝直径 d （mm）	筛目号目（孔/in^2）	我国部标准	ASTM
R20/3 系列	R20 系列	R40/3 系列			筛孔边长 l （mm）	
	2.5			1	8	2.50	2.38
		2.36		1			
		2.24		0.9			
2	2	2		0.8	10	2.00	2.00
		1.8		0.8			
			1.7	0.8			
		1.6		0.8	12	1.60	1.68
1.4	1.4	1.4		0.71	14	1.438	1.41
		1.25		0.63	16	1.25	1.19
			1.18	0.63			
		1.12		0.56			
1.0	1.0	1.0		0.56	18	1.00	1.00
		0.900		0.500	20	0.90	0.84
			0.850	0.500	22	0.85	0.84
		0.800		0.450	24	0.80	
0.710	0.710	0.710		0.450	26	0.70	0.71 (25)
		0.630		0.400	28	0.63	
			0.600	0.400	30	0.60	0.59
		0.560		0.355			
0.500	0.500	0.500		0.315	35	0.50	0.50
		0.450		0.280	40	0.45	0.42
			0.425	0.280			
		0.400		0.250	45	0.40	0.35
0.355	0.355	0.355		0.224	50	0.355	0.297
		0.315		0.200	55	0.315	
			0.300	0.200			
		0.280		0.180	60	0.280	0.25
0.250	0.250	0.250		0.160	65	0.250	
		0.224		0.160	70	0.224	0.21
			0.212	0.140			
		0.200		0.140	75	0.200	
0.180	0.180	0.180		0.125	80	0.180	0.177
		0.160		0.112	90	0.160	
			0.150	0.100	100	0.150	0.149
		0.140		0.100	110	0.140	
0.125	0.125	0.125		0.090	120	0.125	0.125
		0.112		0.080			
			0.106	0.071	140	0.105	0.105
		0.100		0.071	150	0.100	
0.090	0.090	0.090		0.063	160	0.090	
		0.080		0.056			0.088 (170)

续表

试验筛规格（GB/T 6003.1—1997）			金属丝直径 d (mm)	筛目号 目 (孔/in²)	以前常用标准筛规格	
筛孔边长 l (mm)					我国部标准	ASTM
R20/3 系列	R20 系列	R40/3 系列			筛孔边长 l (mm)	
		0.075	0.050	180	0.075	
	0.071		0.050	200	0.071	0.074
0.063	0.063	0.063	0.045	240	0.063	0.062 (230)
		0.056	0.040	260	0.056	
		0.053	0.036		0.056	0.053 (270)
		0.050	0.036	300	0.050	
0.045	0.045	0.045	0.032	320	0.045	0.044 (325)
		0.040	0.032	360	0.040	
		0.038				
R'_{10}		0.036	0.030	400	0.035 5	
0.032			0.028			
0.025			0.025			
0.020			0.020			

注：①GB/T 6003.1—1997 名称为《金属丝编织网试验筛》。本附录所摘为其中网孔筛基本尺寸与金属丝直径的优选尺寸部分。所摘三个系列，R20/3 为主要尺寸，R20 与 R40/3 为补充尺寸。因网孔为方形孔，故尺寸只给出边长。所之值，应理解为规定的标称数值。
②在旧规格中，习惯上常以目数表述。目数即每平方英寸面积中应有的筛孔数目。但只说目数而不指出筛网金属丝的直径，难以表明孔径的大小，故现在已很少再用。
③我国部标准，是指1978年一机部颁发的 JB 2448。标准筛的生产厂家常按用途分类，为不同用途提供筛目范围、间隔各不相同的组合筛组，每套数量不等。
④ASTM是美国材料试验学会的缩写。它规定了各筛目的筛孔直径（对方形孔，即边长）。而筛号是美国标准局（USBS）给出的。该栏中圆括号中的数字是它们特有的筛号，我国以前未采用。

七、水泥与混凝土搅拌设备

在进行刚性防水材料检验时，要用到水泥净浆搅拌机、水泥胶砂搅拌机和混凝土搅拌机等。

（一）水泥净浆搅拌机

水泥净浆搅拌机是把水和水泥搅拌均匀，供试验用专用搅拌机具，主要由搅拌锅、搅拌叶片、转动机构和控制系统所组成。

搅拌叶片与搅拌锅用耐腐蚀钢材制作，其形状及规格尺寸如图 2-19 所示。

搅拌叶片宽 111.0 mm，搅拌时搅拌叶片与锅底、锅壁的最小间隙为 2 ± 1 mm。搅拌锅内径 160 mm，深度 139 mm，壁厚约 1 mm。

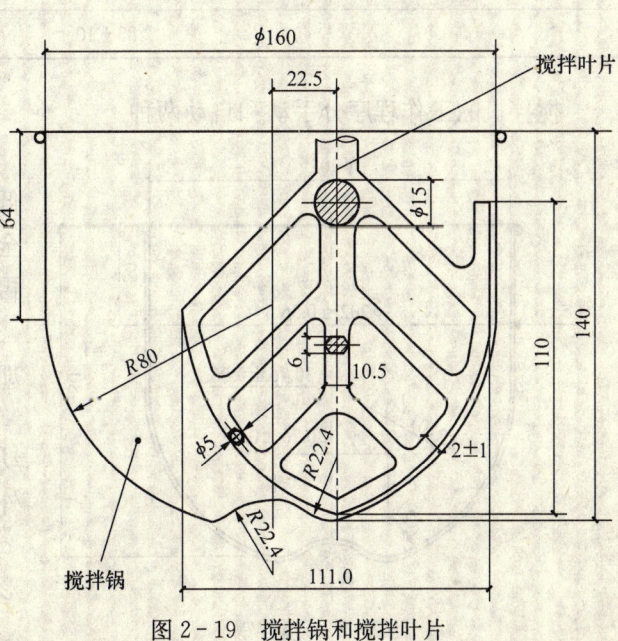

图 2-19 搅拌锅和搅拌叶片

搅拌叶片转速列于表2-30。

表2-30 搅拌叶片转速   r/min

搅拌速度 \ 搅拌叶片	公转速度	自转速度
慢速	62±5	140±5
快速	125±10	285±10

搅拌机拌和一次的自动控制程序：慢速120±3 s，快速120±3 s。

搅拌运转时，搅拌锅与搅拌叶片没有明显跳动现象，运转声音正常，电器部分绝缘良好。

（二）水泥胶砂搅拌机

水泥胶砂搅拌机属于行星式搅拌机，由胶砂搅拌锅和搅拌叶片及相应机构组成。如图2-20所示。

要求搅拌锅可以随意挪动，可以很方便地固定在锅座上，而且搅拌时也不会明显晃动和转动；搅拌叶片呈扇形，搅拌时顺时针自转，外沿锅周边逆时针公转，并具有高低两种速度。搅拌叶片高速与低速时自转和公转速度列于表2-31。

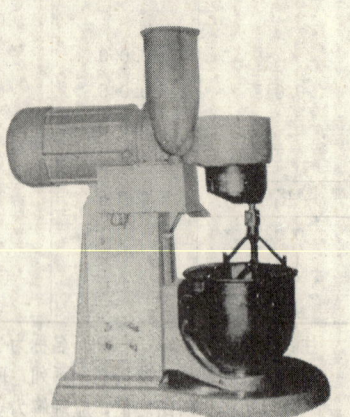

图2-20 水泥胶砂搅拌机

表2-31 搅拌叶片高速与低速时自转和公转速度   r/min

速度挡 \ 搅拌叶片	自 转	公 转
低	140±5	62±5
高	285±10	125±10

搅拌机的工作程序分手动和自动两种。

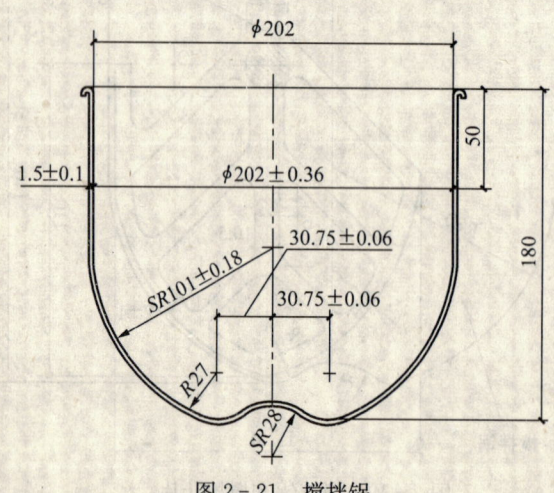

图2-21 搅拌锅

自动控制程序为：低速30±1 s，再低速30±1 s，同时自动加砂（30±1 s内全部加完），高速30±1 s，停90±1 s，再高速60±1 s。

手动控制具有高、停、低三挡速度及加砂功能控制钮，并可自动互锁。

一次试验所用ISO标准砂应在低速运动的后30 s内加完，并全部进入锅内不得外溅。

水泥胶砂搅拌锅由耐腐蚀钢材制造，形状和尺寸如图2-21所示。

水泥胶砂搅拌叶片由铸钢制造，形状

和尺寸如图 2-22 所示。

叶片轴外径为 $\phi 27$ mm，叶片与锅底，锅壁的工作间隙为 3 ± 1 mm，在机头醒目位置上标有叶片公转方向标志。搅拌叶片自转方向为顺时针，公转方向为逆时针。

（三）试验用混凝土搅拌机

混凝土搅拌机是进行混凝土配合比试验、物理力学性能试验的专用搅拌设备。可将水泥、砂子、石子拌和水和均匀，达到制取试件的要求。

试验室用混凝土搅拌机分为强制式混凝土搅拌机和自落式混凝土搅拌机两种。

1. 强制式混凝土搅拌机

强制式混凝土搅拌机分为卧式和立式两种搅拌形式。

卧式混凝土搅拌机由台座、支架、搅拌筒和搅拌叶片组成，由电机进行驱动。其构造如图 2-23 所示。

卧式混凝土搅拌机的主要技术参数如下：

进料容量：48 L，出料容量 30 L（30 型）
　　　　　96 L，出料容量 60 L（60 型）

最大出料容量：33 L（30 型）
　　　　　　　66 L（60 型）

搅拌机转速：48 r/min

立式混凝土搅拌机同样由支架、搅拌筒、搅拌叶片所组成，由电机进行驱动。同卧式混凝土搅拌机的不同是搅拌筒和搅拌器是竖立式的，技术参数如下：

最大容量：60 L，50 L，30 L

搅拌机转速：22 r/min

集料最大粒径：50 mm

搅拌叶片与筒壁的间隙：3~5 mm。

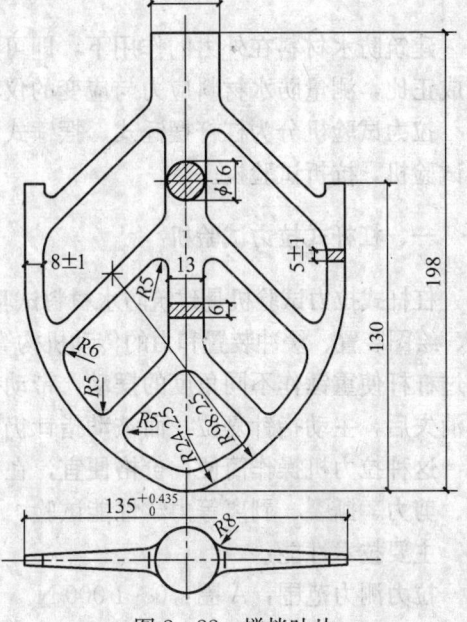

图 2-22 搅拌叶片

图 2-23 卧式混凝土搅拌机

强制式混凝土搅拌机常有控制器，达到混凝土匀质性要求的搅拌时间为≤45 s，满载后停机 5 min 后再启动，超载 10% 的情况下亦能正常运转，卸料时间为≤15 s，噪声＜80 dB。

2. 自落式混凝土搅拌机

自落式混凝土搅拌机是由支架、旋转筒组成，由电机进行驱动。混凝土拌和料是靠料筒的旋转进行混合均匀的。

自落式混凝土搅拌机的混凝土拌和料达到匀质性要求的时间为≤50 s，卸料时间为≤30 s，其他技术要求与强制式混凝土搅拌机相同。

第五节 拉力与压力试验机

建筑防水材料在外力的作用下,即可产生瞬时形变或持续形变,产生形变时的应力与应变成正比,测量防水材料应力与应变的仪器设备为拉力试验机。

拉力试验机分为杠杆摆锤式、摆锤式和电子式。试验室常用的力学性能试验设备还有压力试验机,抗折试验机。

一、杠杆式拉力试验机

杠杆式拉力试验机是建筑防水材料试验室应用最早的拉力试验机械,由加荷机构、测力机构、绘图装置、缓冲装置和力的传动机构等主要部分组成。其测力原理是上夹头受力作用后,通过杠杆使重锤作不同角度的摆动,带动被动指针在刻度盘上指示测力的大小;上夹头作用力消失后,主动指针复位,而被动指针仍停留在移动后的位置上,以准确记录拉力数据。

这种拉力机操作简便,价格便宜,在中、小型试验室用得较多。可用于建筑防水材料拉力、剪力、撕裂、剥离等力学性能试验。

主要技术性能:

拉力测力范围:A 圈:0~1 000 N

B 圈:0~2 000 N

拉力最小分度值:5 N

拉伸速度:50 mm/min

试样夹持距离:180 mm

在试验时应根据试样的平均拉力值选用重锤,试样的平均拉力值在 200~800 N 时,用 A 锤;试样的平均拉力值在 800~1 600 N 时用 A+B 重锤。

二、电子数显拉力试验机

电子数显拉力试验机是智能化的拉力试验设备,由机械部分和电器部分所组成。

机械部分由主机和传动装置两大部分组成,动力由电机输出,通过传动装置传至丝杠,带动中横梁上、下移动,中横梁上侧及上横梁下侧装有夹具,试件置于夹具之间,通过横梁的位移对试件进行拉伸试验。

电器部分由电力拖动系统和显示系统组成,电力拖动系统由供电、变频、调整器三部分组成。测控显示系统由拉力传感器、延伸位移传感器、测量放大器、A/D 转换,单片机 LED 显示屏、稳压电源等组成。

试验机加荷是由电机通过传动系统带动中横梁下降对试样进行拉伸,产生应变电信号,与高精度位移传感器测到的位移量信号同步进入单片机,进行微机数字化处理后并显示。视屏能够显示试件位移、力值、加荷速率;断裂时能自动记录断裂长度,断裂后运转自动停止;设有存贮装置,可输入电子计算机或打印机。

电子数显拉力机的加荷速率分为自动和手动两档,还可实现恒力加载、等负荷加载、恒位移加载等多项功能选择。测量系统有 RS232 接口或 RS485 接口,进行记录和打印。

电子数显拉力试验机的主要技术指标列于表 2-32。

表 2-32　电子数显拉力试验机技术参数

型号规格	DL10	DL50	DL100	DL250	DL500
最大试验力（N）	100	500	1 000	2 500	5 000
测量范围（%）	10%，20%，50%，100%				
示值相对误差（%）	±1%				
最小分辨率	0.02%				
横梁最大行程（mm）	600	600	800	800	800
横梁速度（mm/min）	5～500				
功率（W）	500	500	800	800	800

这种拉力机实现了拉力试验的智能化和自动化，与数据采集器、计算机网络、数据处理器、打印机联网，可组成试验室数据自动处理系统，试验数据和试验报告自动打出。可用于测量建筑防水材料的拉力、断裂伸长率、剪切、剥离、撕裂等试验。

三、电动抗折试验机

电动抗折试验机是测量刚性防水材料抗折性能、防水涂料和密封材料粘结性能的常用测试设备。该设备具有两个杠杆，由电动机驱动螺杆，给杠杆上加荷。

电动抗折试验机的主要技术性能如下：

最大试验力：单杠杆时　　　1 000 N
　　　　　　双杠杆时　　　5 000 N
示值精度：　　　　　　　　±1%
出力比：单杠（最大）　　　10∶1
　　　　双杠（最大）　　　50∶1
加载速率（双杠杆）　　　　50 N/s
抗折夹具：
加荷辊及支撑辊直径：　　　φ10 mm
支撑辊距　　　　　　　　　100±0.10 mm
隔板间距　　　　　　　　　46 mm

在试验时，先要调整试验机零点，然后把试件置于试验机夹具中，开动试验机，至试件拉断时为止，记录拉断时的数据，精确到 0.01 MPa。

过去采用的是铝弹或铁砂加载式抗折试验机，试验时，向抗折试验机悬挂的加荷斗中不断加铝弹或铁砂，直至试件断开则停止加荷。所加入的铝弹或铁砂直径为 0.8～1.2 mm，目前有的试验室仍在使用。

四、压力试验机

为了检验刚性防水材料的机械性能，就需使用压力试验机。压力试验机的品种很多，有手动压力试验机、油压式压力试验机和微机控制的万能试验机，可用于刚性防水材料的拉伸、压缩、剪切等性能的检验。

微机控制的万能试验机如图 2-24 所示。

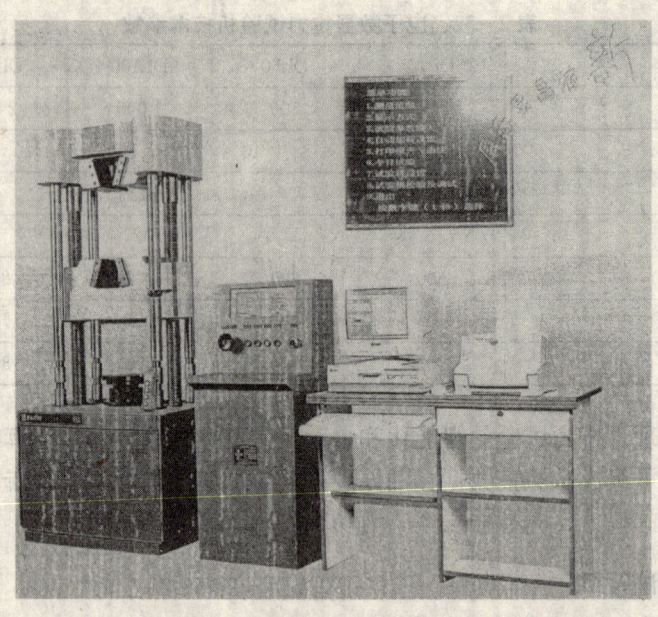

图 2-24 微机控制万能试验机

微机控制的万能试验机采用油缸下置，试验空间电动调整，测量控制系统采用高精度传感器和电子元件所组成的微机液晶显示测控系统，具有零点、满度、增益调节功能；具有 Rs232 接口或 Rs485 接口，可连接微机和试验室管理系统，达到试验数据自动采集，结果自动处理、存储，打印标准报告单，记录单，台账等多项功能；可恒速率、恒负荷自动加载，有拉力或压力、变形、加荷速率显示，是目前较先进的压力试验机。

表 2-33 列出了微机控制的万能试验机的主要技术指标。

表 2-33 微机控制的万能试验机主要技术参数

型号规格（Type）	WAW-50B	WAW-100B	WAW-300B	WAW-600B	WAW-1000B	WAW-2000B
测量范围（kN）	0-50	0-100	0-300	0-600	0-1000	0-2000
量程（%）	20、50、100					
示值准确度（%）	±1					
压缩面最大间距（mm）	600	600	800	900	900	
拉伸钳口最大间距（mm）	550	650	700	800	800	
活塞行程（mm）	250					
圆试样夹持直径（mm）	φ6-22	φ10-32	φ13-40	φ20-60	φ20-70	
扁试样夹持厚度（mm）	0-15	0-15	0-30	0-40	0-40	
扁试样夹持宽度（mm）	70	80	90	100	110	
弯曲支轮最大间距（mm）	400	500	600	600	650	
上下压盘尺寸（mm）	φ110	φ150	205×205	230×230	2 507×230	
剪切试样直径（mm）	φ10					
主机外型尺寸（不含活塞行程）（mm）	800×500×1 800	800×560×1 709	970×600×1 900	898×718×2 555	110×880×2 800	

续表

型号规格（Type）	WAW-50B	WAW-100B	WAW-300B	WAW-600B	WAW-1000B	WAW-2000B
油源外型尺寸（mm）	620×590×1 200					
主机电源功率（kW）	三相0.37	三相0.37	三相0.55	三相0.55	三相0.55	
油源电源功率（kW）	三相0.75	三相0.75	三相0.75	三相1.5	三相1.5	
重量（kg）	1 200	1 680	2 300	2 900	5 500	

五、恒温拉力试验机

恒温拉力试验机与一般拉力试验机构造基本相同，只是在拉力试验机上配有恒温装置，使试样在规定的温度中拉伸，可获得规定温度下的较精确的拉力、断裂伸长率值等。

恒温拉力试验机的加热方式。多采用电加热，有自动控温装置，用鼓风方式来搅拌加温装置内的热空气，使加热温度达到均匀的目的，以增加测量的准确性。

低温拉力试验机多配有制冷装置，人为制造低温环境，测定建筑防水材料低温下的拉伸或断裂性能。如果测量温度较低，制冷设备满足不了要求时，可采用液氮来冷却。

六、冲片机与裁刀

高分子防水材料进行拉力试验时，需将试件裁成哑铃形试样，这就需要配备哑铃形冲片机，包括哑铃形裁刀。

哑铃形冲片机有手动式冲片机和液压式冲片机两种。

手动式冲片机由机架、手轮、升降轴、冲模平台等组成。其冲模可以更换，使用时，将切刀装进轴下端的孔中，使切刀平面与机座平台平行，用固定螺钉固定，试件置于平台上，慢慢旋转平放，即可冲成标准试样。

液压式冲片机是由机架、冲模平台、油压泵、油压表和升降轴等组成。使用时将切片装进升降轴下端的孔中，用手柄旋紧固定，使切刀平面与机座平台平行，并给以固定，然后将试件置于平台上，启动油装置，使切刀慢慢下降，即可冲成标准试样。冲好后即可卸压，升降轴升起方可再用。

值得注意的是试件必须放在垫有一定硬度的垫板材料上，例如木板，以防将冲刀的刀刃损坏，压力以压透试片为准。

液压或冲片机的特点是省时省力，操作方便，但价格较高。

根据 GB/T 528 标准规定，冲片裁刀的规格如图 2-25 所示。

哑铃状试样裁刀尺寸列

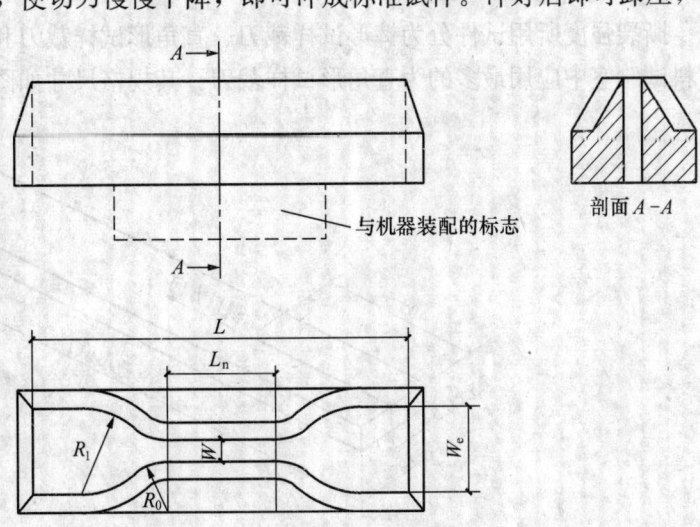

图 2-25 哑铃形裁刀

于表 2-34，裁刀狭小平行部分任一点宽度误差不超过 0.05 mm。

表 2-34 哑铃形试样裁刀尺寸   mm

部 位	1型	2型	3型	4型
总长（最短）L	115	75	35	50
端头宽度 W_e	25±1	12.5±1.0	6.0±0.5	8.5±0.5
狭小平行部分长 L_n	33±2	25±1	12.0±0.5	16.0±1.0
狭小平行部分宽 W	$6.0^{+0.4}_{0.0}$	4.0±0.1	2.0±0.1	4.0±0.1
过渡边外径 R_o	14±1	8.0±0.5	3.0±0.1	7.5±0.5
过渡边内径 R_i	25±2	12.5±1.0	3.0±0.1	10.0±0.5

除上述规格外，拉力用的哑铃形试件总长为 120 mm，GB 12953 中规定哑铃形试件规格如图 2-26 所示。

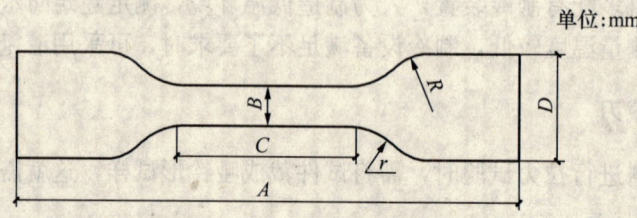

图 2-26 120 mm 哑铃形试件

A——总长 120；

B——平行部分宽度 10±0.5；

C——标距段的长度 40±0.5；

D——端部宽度 25±0.5；

R——大半径 25±2；

r——小半径 14±1。

撕裂强度所用试件分为裤形试样裁刀、直角形试样裁刀和新月形试样裁刀，在建筑防水材料试验室中应用最多的为直角形试样裁刀。其规格尺寸如图 2-27、图 2-28 和图 2-29 所示。

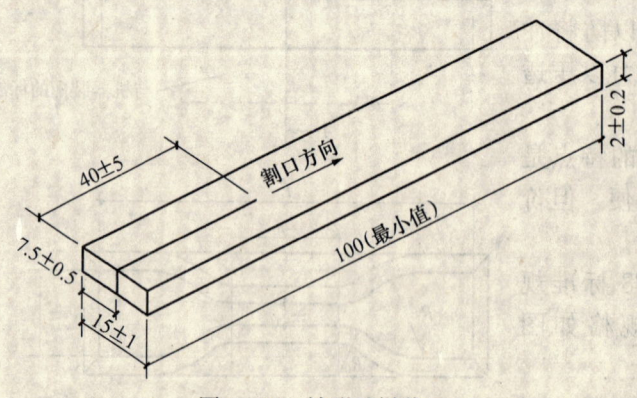

图 2-27 裤形试样裁刀

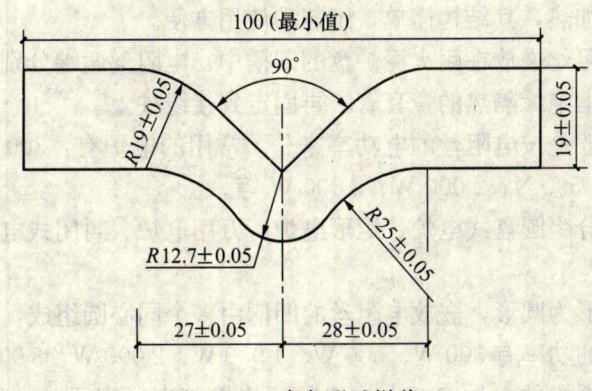

图 2-28 直角形试样裁刀

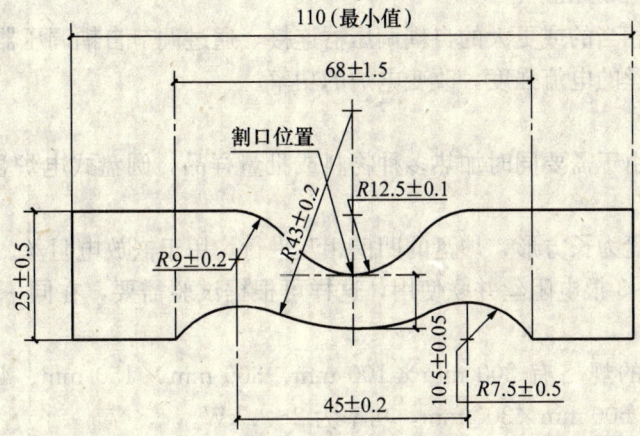

图 2-29 新月形试样裁刀

哑铃形试件的初始标距列于表 2-35。

表 2-35 试样的初始标距   mm

试样	1型	2型	3型	4型
初始标距	25.0±0.5	20.0±0.5	10.0±0.5	10.0±0.5

注：哑铃状试样有四种型号供选用，不同型号的试样其试验结果不应相比较。建议产品标准中规定所用裁刀的型号。

第六节 加热与制冷设备

在建筑防水材料的检测中常常遇到加热与冷冻性能的测试，就需要配置加热设备和制冷设备。在加热设备中，因要求的加热温度、加热时间、恒温时间不同，其设备各不相同。常用的加热设备有电炉、电热板、电热套、高温炉、烘箱和恒温水浴等。常用的制冷设备有电冰箱、空气调节器或称低温控制箱等。

一、电炉

电炉是试验室常用的电热设备。电炉是通过在电阻丝两端加上电压，利用流过电阻丝的电流产生热量来进行加热，其结构简单，组装和使用方便。

电炉通常是将电阻丝嵌放在耐火泥炉盘的凹槽中，电阻丝两端分别穿过位于炉盘边上凹槽内的小孔引出，套上绝缘隔热的瓷套管，再固定到接线柱上。

电炉的规格，一般是按电阻丝的电功率来分。常用的电炉有：300 W、500 W、800 W、1 000 W、1 200 W、1 500 N、2 000 W、3 000 W 等。

按电炉的外形可分为圆盘式电炉、矩形电炉、万用电炉、封闭式电炉和电热套等。

（一）圆盘式电炉

圆盘式电炉的外形为圆形，嵌放电阻丝的凹槽由多个同心圆组成，炉盘固定在一个圆形铁盘底座上。电阻丝的功率有 300 W、500 W、1 000 W、2 000 W、3 000 W 等。不同电功率的电阻丝需配备不同规格的电炉盘，电炉盘的规格按其直径表示，常用的规格有 100 mm、150 mm、200 mm、250 mm 等。

将电炉与功率相当的或更大的自耦调压器连接，通过调节自耦调压器的输出电压，可以任意改变通过电阻丝的电流强度，改变电炉的功率。

（二）矩形电炉

在试验室中，由于需要同时加热多种物料或批量样品，圆盘式电炉显得加热面积不够，常采用矩形电炉。

矩形电炉的炉盘为长方形，炉盘的凹槽相互平行，用于嵌放电阻丝。槽内可以放入相同或不相同功率的 2~3 根电阻丝并联使用，这样可根据试验需要，在同一炉盘上设置高温区或低温区。

矩形电炉炉盘的规格有 200 mm×100 mm、300 mm×150 mm、400 mm×200 mm、500 mm×250 mm、600 mm×300 mm，功率为 2~4 kW。

矩形电炉的大小，可根据需要自行组装。

（三）万用电炉

万用电炉是一种能根据需要调整不同发热量的电炉，根据调温方式的不同分为机械调温万用电炉和电子调温万用电炉两类。

机械调温万用电炉是在炉盘下方的壳体上安装一个单刀多位开关，开关上有几个触点，每两个触点之间装有一段附加电阻，各附加电阻用多节瓷环套起来，以免相互接触。各电阻依次与电炉盘上的电阻丝成串联配置，借助滑动金属片与不同接点接触，改变整个串联电路电阻值的大小，达到调节电炉发热量的目的。

电子调温万用电炉是利用电位器控制电阻丝的电流强度，调节电流的发热量。

（四）封闭式电炉

封闭式电炉通常称为电热板，它是在电炉炉盘上用不锈钢钢板盖严，电阻丝加热不锈钢板，再靠不锈钢板进行加热。这种电炉的优点是电炉丝不外露，可避免明火，功率可调，加热面积大，而且具有加热均匀，使用安全方便等特点，尤其适用于沥青防水材料的加热使用。

封闭式电炉同样由底壳、电阻丝、温度控制器和加热板所组成。调温方式有机械式和电子式两种，最高使用温度为 400 ℃。

封闭式电炉的功率有 500 W、1 000 N、1 300 W、1 500 W、2 000 W 等数种。

（五）电热套

电热套是用于加热烧瓶特别是圆底烧瓶的专用设备。电热套加热用的电炉丝通常用耐火的石棉材料所缠绕,制成一个圆筒形,分为普通型和调温型。普通型不能调节温度,可直接加,最高加热温度为 450 ℃;调温型可以根据需要调整加热温度,最高使用温度为 350 ℃。

电热套的规格按所配套使用的烧瓶的容积来表示,常用的有 250 mL、500 mL、1 000 mL、2 000 mL、3 000 mL、5 000 mL、10 000 mL、20 000 mL。电功率有 150 W、200 W、300 W、400 W、500 W、800 W、1 200 W 等,可根据使用性能要求来选择。

电热套优点是热能利用率高,省电,安全。

试验室通常用的电炉型号、性能列于表 2-36。

表 2-36 电炉的设备型号、性能与主要技术指标

设备型号	性能与主要技术指标
DK-98-Ⅱ系列电子调温型万用电阻炉(单联、双联、四联)	加热功率 1 kW,2 kW,4 kW,6 kW 电源电压 220 V,50 Hz
Db 系列不锈钢电热板	加热功率 600 W,800 W,1 000 W 尺寸(mm) 200×150×100;300×200×100;350×200×100 电源电压 220 V,50 Hz
DF-1.5 可调式封闭电炉 HQ-DR 型医用电炉	加热功率 2 kW 电源电压 220 V,50 Hz 加热功率 3 kW 电源电压 220 V,50 Hz

二、高温电炉

高温电炉是试验室用于灼烧、熔样常用的高温加热设备,分为箱式电阻炉和管式电阻炉两种,以电阻丝或硅碳棒作为加热元件。

(一)箱式电阻炉

箱式电阻炉又称马弗炉。它是由产生热源的电热体,如电阻丝,硅碳棒和耐火材料制造的炉膛所构成,用温度控制装置进行控制温度。其构造形式如图 2-30 所示。

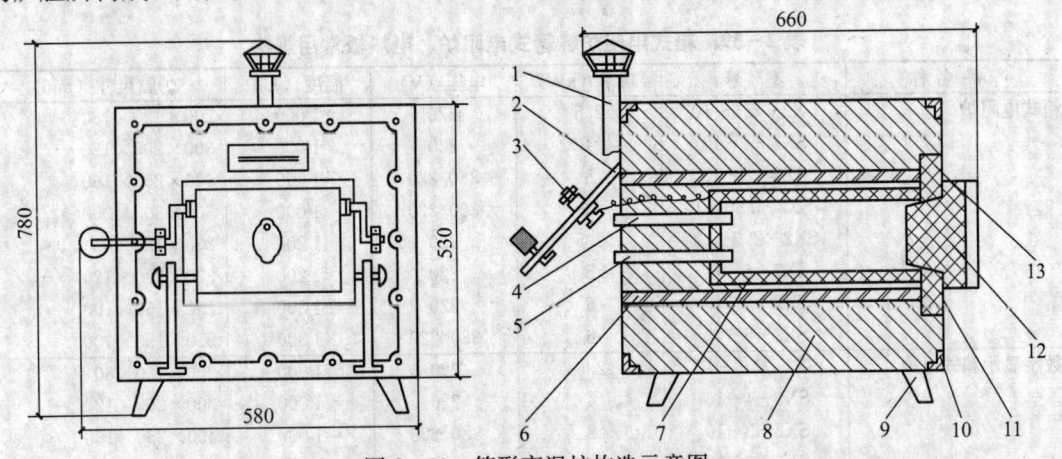

图 2-30 箱形高温炉构造示意图
1—烟囱;2—炉后小门;3—接线柱;4—烟道瓷管;5—电偶瓷管;6—隔层套;7—炉芯;
8—保温层;9—炉支脚;10—角钢骨架;11—铁炉壳;12—炉门;13—炉口

箱形高温炉带有调温装置，附有热电偶和高温计，炉子后壁有插入热电偶的小孔，小孔的位置应使热电偶在炉膛内保持距炉底 20～30 mm，炉门有一通气孔。用电阻丝作为加热元件的马弗炉，最高使用温度为 950 ℃ 左右，短时间可以用到 1 000 ℃；而用硅碳棒作为加热元件的马弗炉，最高使用温度为 1 300 ℃，短时间可以用到 1 350 ℃。

试验室用的电阻丝有镍铬合金丝和铬铝合金丝。常用电热元件的性能及使用范围列于表 2-37。

表 2-37　电热元件的性能及使用范围

名　称	熔点（℃）	最高使用温度（℃）	电阻率（20℃）（Ω·cm）	安全使用温度（℃）
Cr20Ni80	1 400	1 150	1.08×10^{-4}	1 150
Cr15Ni60	1 390	950	1.12×10^{-4}	950
Cr25Al15	1 500	1 200	1.40×10^{-4}	1 100
硅碳棒	2 400	1 500	0.1（1 000 ℃）	约 1350

常用高温炉炉膛尺寸列于表 2-38。

表 2-38　高温炉炉膛尺寸

名　称	长（mm）	宽（mm）	高（mm）	名　称	长（mm）	宽（mm）	高（mm）
高温炉膛	200	120	80	高温炉膛	325	200	125
	250	100	75		375	150	100
	250	150	100		400	200	160
	300	120	80		400	250	160
	300	150	120		500	300	200
	300	200	120				

马弗炉的规格按功率有 2.5 kW、4 kW、5 kW、8 kW、10 kW、12 kW；在 4 kW 以下用 220 V 的单相电源电压，4 kW 以上用 380 V 三相电源电压。

温度控制器有指针式和数字式两种，其测量范围为 0～1 300 ℃。

表 2-39 列出了几种高温电炉型号与主要技术性能。

表 2-39　箱式电阻炉、管式电阻炉、电热板常用规格

产品名称	型　号	功率（kW）	电压（V）	温度（℃）	炉膛尺寸（mm）
箱式电阻炉	SX2-2.5-10	2.5	220	1 000	200×120×180
	SX2-4-10	4	220	1 000	300×200×120
	SX2-8-10	8	380/220	1 000	400×250×160
	SX2-12-10	12	380/220	1 000	500×300×200
	SX2-2.5-12	2.5	220	1 200	200×120×80
	SX2-5-12	5	220	1 200	300×200×120
	SX2-5-13	5	220	1 300	250×150×100
	SX2-6-13	6	380/220	1 300	250×150×100
数字显示箱式电炉	SX2-2.5-10	2.5	220	1 000	200×120×80
	SX2-4-10	4	220	1 000	300×200×120
	SX2-8-10	8	380/220	1 000	400×250×160
	SX-12-10	12	380/220	1 000	500×300×200
管式电阻炉	SK2-1.5-13T	1.5	220	1 300	φ18×180
	SK2-2.5-13TS	2.5	220	1 300	φ22×180

(二)管式电阻炉

管式电阻炉又称管式燃烧炉,它的炉膛为管状,用电阻丝电热元件加热。其规格以管状炉膛的尺寸内径×长度表示,常用的有 ϕ40 mm×600 mm、ϕ60 mm×1 000 mm、ϕ100 mm×1 000 mm 等数种。按所用的电功率有 2 kW、4 kW、6 kW 等。加热温度为 1 000～1 300 ℃。

表 2-40 列出了几种管式加热炉的型号及主要技术性能。

表 2-40 管式电阻炉主要技术性能

型 号	技 术 性 能	
SK3 系列管式电阻炉	额定功率	2 kW;4 kW;6 kW
	额定温度	1 000 ℃;1 300 ℃
	炉膛尺寸	ϕ40×600
		ϕ60×1 000
	电源电压	220 V;50 Hz
SK2 系列管式电阻炉	额定功率	1.5 kW;2.5 kW
	额定温度	1 300 ℃
	炉膛尺寸	ϕ18×180;ϕ22×180
	额定电压	30～210 V,50 Hz

三、干燥设备

试验用的干燥设备有电热干燥箱、真空干燥箱和红外干燥箱。

(一)电热干燥箱

电热干燥箱又称干燥箱或烘箱,是试验室中必备的试验设备,主要用来测定建筑防水材料的耐热性能或烘干之用。它是利用电热丝隔层加热,通过空气对流使物体干燥或恒温的设备,由箱体、电热系统和自动控温系统三部分组成,适用于在高于室温 5～300 ℃的范围内恒温使用。

电热恒温干燥箱、电热鼓风干燥箱、电热恒温鼓风干燥箱,其结构基本相似,加热元件多为电阻丝平行装于耐火的炉盘中或卷绕在螺旋形凹槽的瓷管上,固定在箱体的夹层中。大型电热干燥箱分为两组加热元件,其中一组为辅助电热丝,供短时间快速升温用;另一组为恒温电阻丝,与温控器相连接,受温控器控制。辅助电阻丝不接温控器,当辅助电阻丝工作时,恒温电阻丝同时工作。

电热干燥箱的自动恒温系统包括温度控制器和温度指示器,有指针式和数显式两种,恒温温度有 10～200 ℃和 10～300 ℃两种,功率有 1 kW、2 kW、4 kW、5 kW 等数种。

表 2-41 列出了几种电热鼓风干燥箱的型号和性能。图 2-31 为电热鼓风干燥箱示意图。

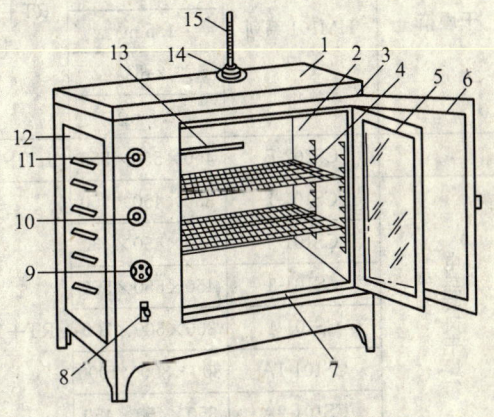

图 2-31 电热鼓风干燥箱
1—箱外壳;2—工作室;3—保温层;4—搁板;
5—玻璃门;6—箱门;7—散热板;8—鼓风开关;
9—电源开关;10—指示灯;11—温控器旋钮;
12—箱侧门;13—感温钢管;14—排气孔;15—温度计

表 2-41　电热干燥箱的型号与主要技术指标

产品名称	型号	工作室尺寸(mm)	温度范围(℃)	波动度(℃)	功率(kW)	备注
台式电热恒温箱	DG20-003SC	300×300×350	RT+10~200	±0.5 均匀度 <±2	0.6	数显、普通内胆
台式电热恒温箱	DGB20-003SC				0.6	数显、不锈钢内胆
电热鼓风干燥箱	DGF25003A	350×400×500	RT+10~250		0.6	数显,加热管升温,PID调节,上置式控制 不锈钢内胆最新型立式干燥箱 A-不带观察窗 C-带观察窗 NC-电脑控温,内外不锈钢
	DGF25003C				0.6	
	DGF25007A			±0.5 均匀度 <±3	1.2	
	DGF25007C				1.2	
	DGF25012A	450×450×600			2	
	DGF25012C				2	
电热鼓风干燥箱	DGF25018A	450×450×900	RT+10~250	±0.5 均匀度 <±3	3	数显,加热管升温,PID调节,上置式控制 不锈钢内胆最新型立式干燥箱 A-不带观察窗 C-带观察窗 NC-电脑控温,内外不锈钢
	DGF25018C				3	
	DGF25021A	600×600×600			3	
	DGF25021C				3	
	DGF25032A	600×600×900			4	
	DGF25032C				4	
	DGF25043A	600×600×1200			4	
	DGF25043C				4	
	DGF25076A	800×800×1200			6	
	DGF25005NC				6	
大型鼓风干燥箱	HM101-4	350×400×400	RT+3~250		0.6	数显、普通内胆
	HM101-4A	800×800×1000			7.2	数显,不锈钢内胆
	HM101系列	1 m³	RT+20~300	±1 均匀度 <2.5%	7.2	工作室尺寸按用户要求设计,不按非标准收费
		1.5 m³			9	
		2 m³			13	
		2.5 m³			16	
					20	
电热鼓风干燥箱	CS202-B	450×550×550	RT+10~200	JB/T 5520-91 干燥箱技术条件	3.6	不带鼓风,普通内胆
	CS101-1	350×450×550	RT+10~300		3	薄钢板内胆,钢化内玻璃门
	CS101-2	350×450×450			3.6	
	CS101-3	450×550×550			6.6	
	CS101-4	300×600×700			8	
	CS101-1A	800×800×1000			3	
	CS101-2A	350×450×450			3.6	数显、薄钢板内胆,钢化内玻璃门
	DGF20022	450×550×550			4	

（二）真空干燥箱

真空干燥箱是在负压下进行干燥的设备,它是由箱体、真空系统和控制仪表所组成,用于干燥某些在常压下加热干燥时易于分解或起变化的物质。

真空干燥箱的箱体外壳为铝或其他金属薄板制成,内装有真空室,即工作室,用带耐热橡皮垫的小门紧封闭住,环状冷却器可预防橡皮垫过度受热,真空度可达 0.0997 MPa,调温范围为 80~200 ℃。其特点是干燥速度快,干燥时间短。

表 2-42 列出了几种型号真空干燥箱的技术指标。

表 2-42 真空干燥箱主要技术指标

型 号	技术性能	技术指标
ZKF 系列真空干燥箱	功率（W） 控温范围（℃） 工作室尺寸（mm） 真空度（Pa） 电源电压（V）	600,900,1500 室温~200 300×300×300,350×350×350;400×400×400 267 220（50 Hz）
DZ 系列电热恒温真空干燥箱	功率（W） 控温范围（℃） 工作室尺寸（mm） 真空度（Pa） 电源电压（V）	300,1200,1400 50~200,50~250 300×300×270,415×345×370;450×450×450 <60 220（50 Hz）

（三）红外线干燥箱

红外线干燥箱是利用波长在 0.75~1 000 μm 范围内的红外线作为加热热源的干燥箱,加热元件即红外线灯。红外线投射到物体上,物体就吸收了大量的红外热能,从而改变和加剧其分子运动,达到加热升温的目的。根据使用温度,可分为 101~300 ℃和 101~450 ℃两种规格,功率为 1.6~4.8 kW。

（四）恒温干燥箱

恒温干燥箱同电热鼓风干燥箱的结构基本相同,同样由箱体、控温仪和加热元件组成,区别在于加热温度比较低,最高加热温度在 80 ℃以下。

（五）薄膜烘箱

薄膜烘箱分为静止薄膜烘箱和旋转薄膜烘箱,以旋转薄膜烘箱应用较多,它是评定沥青材料热老化性能的一种试验仪器。

薄膜烘箱同电热烘箱的结构基本相同,只是在工作室内装有一个固定试样转盘和可垂直旋转金属支架。

主要技术参数:

额定功率:2.5±0.05 kW;

电压:220 V;

最高温度:200 ℃;

试样转盘转速:55 r/min;

每次试验时间:5.25 h;

工作室尺寸:450 mm×450 mm×510 mm。

每次可做试件:4 个。

(六) 电热恒温水浴锅和恒温槽

电热恒温水浴锅是利用水作为传热介质的一种电加热设备，用在低于 100 ℃ 的恒温试验和检验，箱形的称为电热恒温水浴箱。

电热恒温水浴锅一般由两层构成，内层是不锈钢板或铝板制成的槽，槽内装有水作加热和传热介质，槽底安装铜管，铜管内装有电阻丝作为加热元件，电阻丝外套瓷管，以防漏电。设备装有指针式或数显式控温装置，以调整所需温度。

电热恒温水浴锅或水浴箱的型号和规格很多，有 500 W、1 000 W、1 500 W、2 000 W 等数种。有单孔、单列双孔、单列 4 孔、单列 6 孔、单列 8 孔、双列双孔、双列 4 孔、双列 6 孔、双列 8 孔等。

对于加热温度超过 100 ℃ 的恒温加热设备，其传热介质为油类或高沸点液体物质，这种用油类或高沸点物质为传热介质的加热设备称为恒温油浴槽或恒温槽。恒温槽的外形一般为圆筒形，其结构与恒温水浴锅基本相同。

表 2-43 列出了几种型号的电热恒温水浴锅和恒温槽的主要技术性能。

表 2-43　电热恒温水浴锅与恒温槽主要技术指标

型　号	技术性能	技术指标
DL501 型超级恒温水浴	总功率（kW） 控温范围（℃） 泵流量（L/min） 工作室尺寸（mm） 电源电压（V）	1.6 室温+5～95 ≥6 ϕ328×213 220（50 Hz）
DL602 型超级恒温油浴	总功率（kW） 控温范围（℃） 工作室尺寸（mm） 电源电压（V）	3 90～300 ϕ280×520 220（50 Hz）
HC-2027 恒温油槽	总功率（kW） 控温范围（℃） 泵流量（L/min） 工作室尺寸（mm） 电源电压（V）	3 室温+20～200 6 ϕ180×180 220（50 Hz）
HC2017 型恒温油槽	总功率（kW） 控温范围（℃） 工作室尺寸（mm） 泵流量（L/min） 电源电压（V）	2 室温+20～200 260×330×220 10 220（50 Hz）
SY 系列电热恒温水浴锅（单列 2 孔、4 孔、6 孔；双列 4 孔、6 孔）	额定功率（W） 控温范围（℃） 工作室容积（mm） 电源电压（V）	500，1 000，1 500 37～100 320×160×90；610×170×90； 930×170×90；310×310×90； 490×290×90 220（50 Hz）

表 2-44 列出了常用加热浴的加热温度。

表 2-44 常用加热浴的加热温度

种 类	最高温度(℃)	种 类	最高温度(℃)
水浴	98	6 份浓硫酸+4 份 K_2SO_4 的混合物	325
空气浴	300	55 份 KNO_3+45 份 $NaNO_3$ 的混合物(熔点 226 ℃)	600
油浴	300	邻苯二甲酸二乙酯	294
砂浴	400	苯二甲酸二甲酯	280
石蜡油	220	癸二酸二辛酯	246
甘油	220		(沸点)
硫酸	250	邻苯二甲酸二丁酯	340
石油来源的油	300	焊锡	250~800
石蜡(熔点 30~60 ℃)	300	铅	350~800

四、酒精灯与喷灯

酒精灯和酒精喷灯是以酒精为原料的加热器具,主要用于局部加热。例如:细玻璃棒端头烧圆滑,毛细管封口,灼烧沉淀,玻璃加工等。

酒精灯结构简单,使用方便,但加热温度不很高,灯内加入的酒精量不能超过总容量的三分之二。

酒精喷灯分为座式、立式和挂式三种类型。在试验室中以座式较为方便,应用较多。其温度高于酒精灯。火焰温度可达 1 000 ℃,最低保持在 800 ℃,可连续工作 45 min,消耗酒精量约 250 mL。喷灯正常工作时,罐内的酒精蒸气压力可达 60 kPa,灯身结构一般可耐压 200 kPa。使用时,酒精的加入量不应超过灯体容积的三分之二,主用于玻璃加工。

煤油喷灯、汽油喷灯主要用于热熔型沥青防水卷材的施工,在试验室中应用较小。常用的喷灯规格列于表 2-45。

表 2-45 常用喷灯规格

品 种	型 号	燃料	火焰有效长度(mm)	火焰温度(℃)	贮油量(kg)	每小时耗油量(kg)	灯净重(kg)
煤油喷灯	MD-2.5	灯用煤油	110	>900	2.1	1~1.25	2.9
	MD-3.5		130	>900	3.1	1.45~1.60	4.0
汽油喷灯	QD-2.5	工业汽油	150	>900	1.6	2	3.2
	QD-3.5		150	>900	3.1	2.1	4.0

五、低温试验装置

为了获得建筑防水材料的低温性能,就需要配备低温试验设备。低温试验设备由试验的低温条件而定,通常在低温试验箱中进行。常用的低温冷冻装置有机械式冷冻装置、固体二氧化碳装置、液氮制冷剂或其他制冷剂。

（一）机械式冷冻装置

机械式冷冻装置的低温控制箱是由一个多级压缩机和围绕试验箱的冷却螺旋管组成，试验箱外壁应保温绝热。试验室常用的机械式冷冻装置主要是低温试验箱，其优点是可以获得较低温度，连续操作的能耗要比用固体二氧化碳装置或液氮装置低。

低温试验箱亦称电冰柜。它是由箱体、制冷系统、数显仪表、控温系统所组成，主要用于建筑防水材料的低温性能检验。

低温试验箱与普通家庭用的电冰柜主要区别是压缩机功率较大，最低温度通常达（—32以下，有的要求达—40℃以下。控温设备精确度较高，控温比较严格，误差较小，通常在±2)℃。而家用电冰柜冷冻温度在—20℃左右，温控误差范围大。如用普通电冰柜代替低温试验箱时，需重新配制一套相匹配的控温装置，可用数码控温仪或指针式控温仪及低温探头等进行改装。

低温试验箱应安装在通风干燥处，离墙要有20～30 mm的空间，以利散热，避开加热源和太阳直接照射。

表2-46列出了低温试验箱常见的故障及处理。

表2-46 冰柜常见故障及处理

现象	发生故障的可能原因		检查内容	处理方法	备 注
红指示灯不亮	输入无电压	保险丝熔断	检查保险丝	更换保险丝	必要时电工修理
		插头与插座接触不良	插头与插座是否松动	修理或更换插座	
	输入有电压	红指示灯接触不良	接插件有无松动	插紧接插件	
		红指示灯已损坏	拆下红指示灯	更换	
绿指示灯不亮	压缩机组工作	绿指示灯插脚接触不良	接插件有无松动	插紧接插件	
		绿指示灯已损坏	拆下绿指示灯	更换	
	压缩机组不工作	温控器旋钮没旋到工作挡位	查看温控器	按使用注意事项旋到工作挡位	
		温控器接触不良	接插件有无损坏	插紧接插件	
		温控器已损坏	两插脚断路	更换温控器	请专业人员维修
机组不停运转	箱内温度过高	蒸发器上结霜太多	厚度是否超过5 mm	及时化霜	
		开门次数太多		尽量减少开门次数	
		箱内存物太多	是否影响冷气流畅	取出部分食品	
		R12漏		到维修点修理	
	箱内温度已达到	环境温度过高而温控器调温太低	旋钮是否在"2-4"或强冷处	旋钮位置要调到"2-4"	
		温控器失灵		更换温控器	请专业人员维修
噪声过响	箱体没放平		4只脚轮是否都着地	及时垫实	
	压缩机固定螺钉松动		螺钉是否紧固	拧紧螺钉	
红绿指示灯亮压缩机不工作	启动继电器、热保护插脚松动		接插件有无损坏	插紧接插件	请专业人员维修
	压缩机坏			修理或更换压缩机	
	电压低于187 V		检查电源电压	接上1 000 W以上稳压器	
电源线损坏				必须更换电源线	与星星集团有限公司特约维修部联系，不得擅自更换

表2-47列出了低温试验箱的主要技术参数。

表2-47 常用冰柜技术参数

型　号	有效容积 (L)	输入功率 (W)	冷冻能力 (kg/24 h)	冷藏耗电量 (kW·h/24 h)	冷冻耗电量 (kW·h/24 h)	制冷剂R12 注入量 (g)	外形尺寸 (mm) L×D×H	质量 (kg)
BD/BC-142H	142	107	6.4	0.43	1.08	105	735×540×851	34
BD/BC-160H	160	107	7.2	0.46	1.16	110	800×540×851	35
BD/BC-180H	180	128	8.1	0.48	1.20	120	860×540×851	36
BD/BC-195H	195	128	8.8	0.49	1.25	125	925×540×851	38
BD/BC-215H	215	145	9.7	0.51	1.29	130	985×540×851	40
BD/BC-258H	258	162	11.7	0.55	1.50	140	1080×600×851	50
BD/BC-302H	302	187	13.4	0.60	1.80	150	1160×600×851	53
BD/BC-142	142	107	6.4	0.43	1.08	105	735×540×870	34
BD/BC-160	160	107	7.2	0.46	1.16	110	800×540×870	35
BD/BC-180	180	128	8.1	0.48	1.20	120	860×540×870	36
BD/BC-195	195	128	8.8	0.49	1.25	125	925×540×870	39
BD/BC-215	215	145	9.7	0.51	1.29	130	985×540×870	42
BD/BC-258	258	162	11.7	0.55	1.50	140	1080×600×870	45
BD/BC-302	302	187	13.4	0.60	1.80	150	1160×600×870	48
BD/BC-358	358	217	16.2	0.68	1.90	190	1256×670×908	62
BD/BC-408	408	217	18.9	0.76	2.05	200	1356×670×908	65
BD/BC-518	518	320	23.4	0.88	2.20	240	1683×670×908	75
BD/BC-718	718	370	32.3	1.25	3.90	280	1945×753×908	88
SD/SC-160	160	145		0.75	1.28	110	800×540×827	40
SD/SC-180	180	145		0.80	1.36	125	860×540×827	41
SD/SC-195	195	162		0.85	1.40	130	925×540×827	43
SD/SC-215	215	162		0.90	1.46	135	985×540×827	45
SD/SC-258	258	209		0.95	1.70	150	1080×600×827	47
SD/SC-302	302	217		1.00	2.01	170	1160×600×827	50
SD/SC-358	358	257		1.05	2.10	200	1256×670×868	65
SD/SC-408	408	320		1.10	2.38	220	1356×670×868	66
SD/SC-518	518	370		1.20	2.61	240	1683×670×868	78
BD/BC-132PH	132	107	8.91	0.39	1.04	105	735×540×924	39
BD/BC-162PH	162	128	10.94	0.43	1.16	110	860×540×924	45
BD/BC-192PH	192	128	12.96	0.46	1.25	125	985×540×924	47
BD/BC-218PH	218	145	14.72	0.49	1.32	135	1080×540×924	51
SD/SC-132P	132	128		0.72	1.32	110	735×540×914	46
SD/SC-162P	162	145		0.76	1.46	120	860×540×914	48
SD/SC-192P	192	145		0.82	1.62	125	985×540×914	52

续表

型号	有效容积 (L)	输入功率 (W)	冷冻能力 (kg/24 h)	冷藏耗电量 (kW·h/24 h)	冷冻耗电量 (kW·h/24 h)	制冷剂 R12 注入量 (g)	外形尺寸 (mm) $L \times D \times H$	质量 (kg)
SD/SC-218P	218	162		0.95	1.84	140	1 080×600×914	56
SD/SC-163X	163	170		0.76	1.46	120	860×540×858	40
SD/SC-195X	195	170		0.85	1.62	125	985×540×858	48
SD/SC-238X	238	187		0.90	2.10	140	1 024×600×869	51
SD/SC-341X	341	258		1.05	2.50	220	1 374×600×869	67
SD/SC-190Y	190	220		0.83	2.20	150	927×600×869	48
SD/SC-220Y	220	220		0.92	2.30	170	1 033×600×869	51
SD/SC-280Y	280	257		1.00	2.80	200	1 243×600×869	61
SD/SC-320Y	320	305		1.08	3.00	220	1 383×600×869	67
SD/SC-428P	428	454		1.50	5.00	360	1 596×806×880	76
SD/SC-508P	508	514		2.00	5.60	420	1 866×806×880	82
BD/BC-100	100	107	5.6	0.35	0.86	100	628×520×835	33
BD/BC-155	155	107	7.5	0.40	1.10	120	818×520×835	37

(二) 固体二氧化碳低温控制箱

固体二氧化碳低温控制箱分为直接冷冻型、间接冷冻型和密封空气型三种。

直接型固体二氧化碳低温控制箱由风扇或鼓风机把固体二氧化碳室的蒸气循环输入试样室，固体二氧化碳室和试样室之间安装有气流调节阀，以调节气体的输入和输出流量，温度控制器控制固体二氧化碳室中风扇的启动和关闭，从而实现温度的自动控制。

间接型固体二氧化碳低温控制箱是以空气作为传热介质，固体二氧化碳产生的二氧化碳蒸气不与试样接触，而是用固体二氧化碳蒸气围绕着整个试样室外侧循环的方法来冷却试样室，低温控制箱与外界绝热。间接型低温箱与直接型低温箱相比，造价高，效率低，把试样室冷却到低温所需时间长。

密封空气型二氧化碳低温控制箱是在一个隔离室内，用绝热管将一独立箱的冷空气或二氧化碳气通过循环以调节温度。这种装置与直接型固体二氧化碳冷冻装置相似，但要有一台辅助鼓风机通过管路将冷空气送到隔离室内。它的优点是轻便，并能与不同的试验仪器连接。

(三) 液氮低温控制箱

液氮低温控制箱采用的制冷剂是液氮，当需要控制温度时，可以把液氮注入箱内或把箱内的气体循环到箱外的液氮容器内，以达到制冷的目的。液氮注入时，应完全气化，在与试验仪器或试样接触前，氮气应处于试验温度。其优点是可以获得较低的温度环境。

(四) 冷却剂

在试验操作过程中，无法用低温试验柜时，可用冷却剂进行冷却。试验室常用冷却剂列于表 2-48。

表 2-48 常用制冷剂

(一) 盐与水或盐-冰雪制冷剂的配比及制冷温度

盐	盐水-(10~15)℃		盐-冰雪		注
	100 g 水中加盐量 m (g)	Δt (℃)	100 g 冰中加盐量 m (g)	t_{min} (℃)	
NaCl	36	2.5	33	−21.2	
$(NH_4)_2SO_4$	75	6.4	62	−19	1. 表中所列降低温度值 Δt 是指极限值
$Na_2SO_4 \cdot 7H_2O$	85	8.0	51.3	−3.9	2. 用冰时要将其捣碎至微粒状，否则，由于冰、盐混合不均匀，就很难达到表中所列之最低温度值 t_{min}
KCl	30	12.6	30	−11.1	
NH_4Cl	30	18.4	25	−15.8	
$NaNO_3$	75	18.5	59	−18.5	
$Na_2S_2O_3 \cdot 5H_2O$	100	18.7	67.5	−11	3. 冰、盐要少量多次地交替加入保温瓶中，此时冰要结块，搅碎时要小心，勿打碎保温瓶
$CaCl_2 \cdot 6H_2O$	250	23.2	143	−55	
NH_4NO_3	60	27.2	45	−17.3	
NH_4SCN	133	31.2			
KSCN	150	34.5			

(二) 有机溶剂与制冷剂

混合物组成	t_{min} (℃)	注
液氨（NH_3）	−33	1. 使用干冰时 a. 先将干冰在木箱内用木槌捣碎，放入保温瓶内约 2/3 处 b. 向干冰中加入少量溶剂（少量多次）用木棒迅速搅匀 c. 使用时干冰因气化会损失，可适当补充。但要防止水分进入 d. 操作时要带防护手套 2. 使用液态空气、液氮时亦要带防护手套
乙醇-干冰（固态 CO_2）	−72	
氯仿或丙酮-干冰	−77	
乙醚-干冰	−100	
干冰（粉末状）	−78	
液态空气	−192	
液氮	−196	

第七节 老化试验装置

老化试验装置是检验建筑防水材料耐候性耐久性的重要检验设备。建筑防水材料的老化试验分为大气老化试验、人工加速老化试验。人工加速老化试验又可分为热老化、光老化、臭氧老化和人工气候加速老化试验等。试验设备需要大气老化试验仪（暴晒架）、热老化仪、光老化仪、臭氧老化仪和人工加速老化仪等。

一、大气老化试验装置

大气老化试验又称自然老化试验，是在标准气候暴晒场进行的。标准气候暴晒场应四周空旷，无高大建筑物和妨碍物，场地平坦，并保持当地的自然植被状态。如四周有建筑物、树木等障碍，距场地边沿至少为其高度的三倍以上；无工厂烟囱、通风口或散发大量腐蚀性气体或灰尘设施，不积水。无条件的地方可设置在楼顶平台上，周围环境应符合标准气候暴晒条件。

大气老化试验时，建筑防水材料试样应放置在暴晒架上。暴晒架应坚实、耐用，对试样无不良影响，能保证雨水自然流走，试样要固定牢固，避免与铁、铜等金属直接接触，试样最好固定在木框架上，然后再置于暴晒架上。暴晒架带背板，暴晒架之间互不遮阳，不影响空气流通，暴晒架的底边，即最低一排的底端距地面0.8m。在楼顶平台做试验时，应不低于0.5m，暴晒架倾角一般为南向45°角。

暴晒架分为固定面暴晒架和可调架面角度的暴晒架，分别如图2-32和图2-33所示。

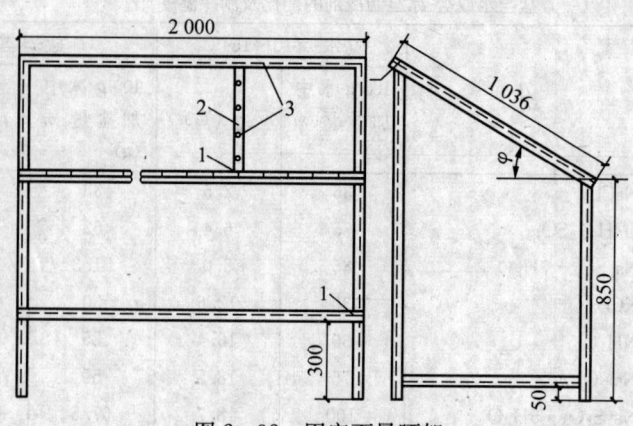

图2-32 固定面暴晒架
骨架全部采用30×4等边角钢
1—螺栓；2—扁钢（40×4）；3—孔；φ—暴晒角度

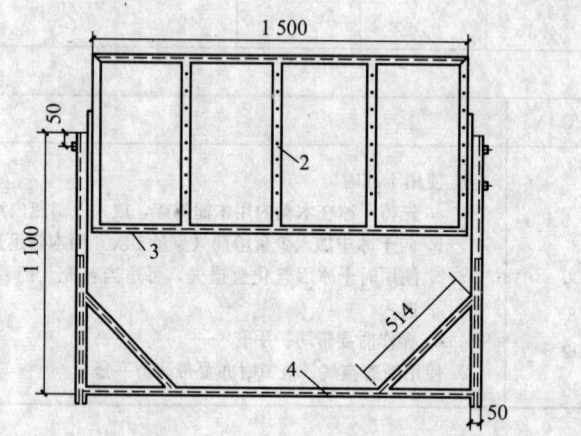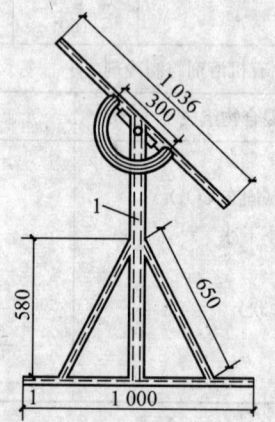

图2-33 可调架面角度的暴晒架
1—5#槽钢；2—扁钢（40×4）；3—等边角钢（30×4）；4—等边角钢（40×4）

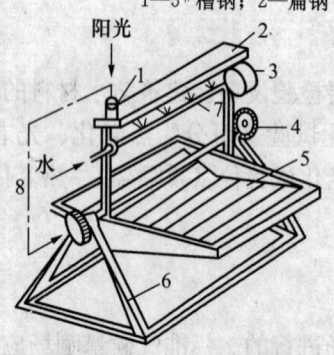

图2-34 DJ-1型（日光追尾式）
大气加速老化试验机
1—光电探头；2—试样架；3—鼓风机；
4—旋转轴；5—反射镜；6—支架；
7—喷水嘴；8—电子控制器

大气老化试验可获得比较可靠的试验结果，方法简单，设备投资小，可投试大批样品，但老化速度比较缓慢，试验周期较长。

为了加快大气老化试验速度，还可采用日光追尾式大气加速老化试验机进行试验。该试验机的主要部分是一个能跟踪太阳光运动的聚光反射镜，使试样受到比普通暴晒架比较多的阳光。为了调节试样温度，模拟降雨，还装有鼓风机和周期喷雾装置。

日光追尾式大气老化试验机的结构如图2-34所示。

实践证明，自然大气加速暴晒的老化规律与一般自然暴晒老化规律相似，加速倍率在10倍左右。其缺点是只能在晴天使用，且仪器长期暴晒，电子控制装置易于失灵，反射镜易于沾污，影响试验数据的准确性。

这里要提到的一点是暴晒架的摆置应能保证架子空间自由通风，避免互相遮阳和便于工作，行距一般不小于 1 m，纬度高于 35°的地区，行距可按下式计算：

$$L = H\mathrm{tg}(\varphi + 23°27')$$

式中　L——前后两行暴晒架的距离，m；

　　　H——暴晒架面上下两端的高度差，m；

　　　φ——当地的地理纬度角；

常数 $23°27'$——太阳赤纬最大绝对值。

我国的主要城市地理经纬度列于表 2-49。

表 2-49　全国主要城市地理经纬度

地　名	北　纬	东　经	地　名	北　纬	东　经
满洲里	49°35′	117°26′	保　定	38°53′	115°34′
海拉尔	49°15′	119°45′	石家庄	38°04′	114°26′
赤　峰	42°16′	118°54′	开　封	34°50′	114°20′
呼和浩特	40°49′	111°41′	郑　州	34°44′	113°39′
扎兰屯	48°05′	122°48′	洛　阳	34°49′	112°30′
爱　晖	50°15′	120°49′	济　南	36°41′	116°58′
齐齐哈尔	47°20′	123°56′	青　岛	36°04′	120°19′
佳木斯	46°49′	130°17′	大　同	40°00′	113°18′
漠　河	46°49′	130°17′	蚌　埠	32°56′	117°27′
哈尔滨	45°45′	126°38′	合　肥	31°53′	117°15′
长　春	43°52′	125°20′	连云港	34°36′	119°10′
四　平	43°11′	124°20′	徐　州	34°19′	117°22′
沈　阳	41°46′	123°26′	南　京	32°04′	118°47′
丹　东	40°05′	124°07′	上　海	31°12′	121°26′
承　德	40°58′	117°50′	杭　州	30°20′	120°10′
张家口	40°50′	115°11′	宁　波	29°54′	121°32′
北　京	39°57′	116°19′	榆　林	38°15′	109°25′
唐　山	39°40′	118°07′	宝　鸡	34°16′	106°58′
天　津	39°07′	117°10′			

二、氙弧灯老化试验箱

氙弧灯老化试验箱是模拟和强化在自然气候中受到光、热、氧、湿气、降雨为主要老化破坏的环境因素，以加速对建筑防水材料的老化进程，获得近似于自然气候的耐候评价的试验仪器装置。

氙弧灯老化试验箱的结构如图 2-35 所示。

从图 2-35 中可以看出，氙弧灯老化试验箱中安装有氙弧灯光源；能安装试验架的转鼓；控制箱内灯光功率、温度、湿度、喷水周期的自控装置；干湿球湿度自动记录仪及计时器；还有控制循环空气的调节器，用来调节黑板温度和排出箱内的臭氧。氙弧灯光的波长在 290～800 mm 之间，光谱分布和色调与太阳光极为相似，辐射度为 550 W/m^2，是模拟性较好的一种光源。

在氙弧灯老化试验箱中，除试样架、润湿装置、控湿装置和温控装置外，还设有黑标准温度计，白标准温度计、黑板温度计、辐射测量仪等。

试验温度有两种表示方法：一种是把试验箱内温度作为试验温度，一般为 40～50 ℃；另一种是以黑板温度计指示的温度作为试验温度，通常采用 63±3 ℃。黑板温度计的温度能代表试样表面的温度，以此表示试验温度有利于试验结果的比较。

降水是根据所模拟的气候条件来决定的，降水条件有两个指标，一是降水周期，二是降水时间，即每隔多少分钟降一次和每次降多少分钟。各地气候条件差异较大，降水条件略有不同。

氙弧灯照射时间和强度大小，是根据模拟地区太阳光紫外线一年的总辐射量所需的时间来确定。试验条件通常为：

黑标准温度（℃）　　　　　　　　　65±3
相对湿度（%）　　　　　　　　　　65±5
喷水时间（min）　　　　　　　　　18±0.5
两次喷水之间的干燥时间（min）　　102±0.5

也可选用表 2-50 中其他降雨周期。

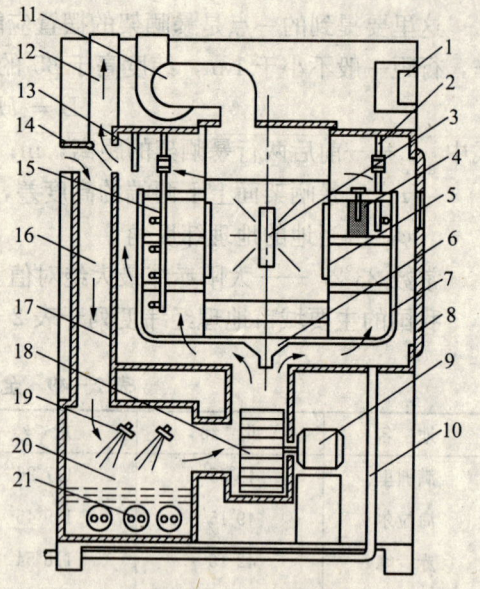

图 2-35　氙弧灯老化试验箱结构示意图
1—控制仪表；2—冷却喷水管；3—光源；
4—黑板温度计；5—玻璃滤光器；6—十字转轴；
7—试样转动架；8—试验室门；9—鼓风马达；
10—排水管；11—抽风机；12—排风管；
13—干湿球温度计；14—活门；15—降水管；
16—风道；17—试验室保温层；18—鼓风机；
19—喷雾嘴；20—空气给湿箱；21—水加热器

表 2-50　降雨周期

降雨时间（min）	降雨间隔的干燥时间（min）
3	17
5	25
12	48
18	102

三、碳弧灯老化试验箱

碳弧灯老化试验箱同氙弧灯老化试验箱的结构基本相同，只是光源不同。

碳弧灯老化试验箱的光源为碳弧灯，碳弧灯光源是由上、下碳棒之间的碳弧构成。碳弧分为紫外型和阳光型两种，其波长因发光剂、放电电压和电流不同而异。图 2-36 为碳弧灯老化试验箱示意图。

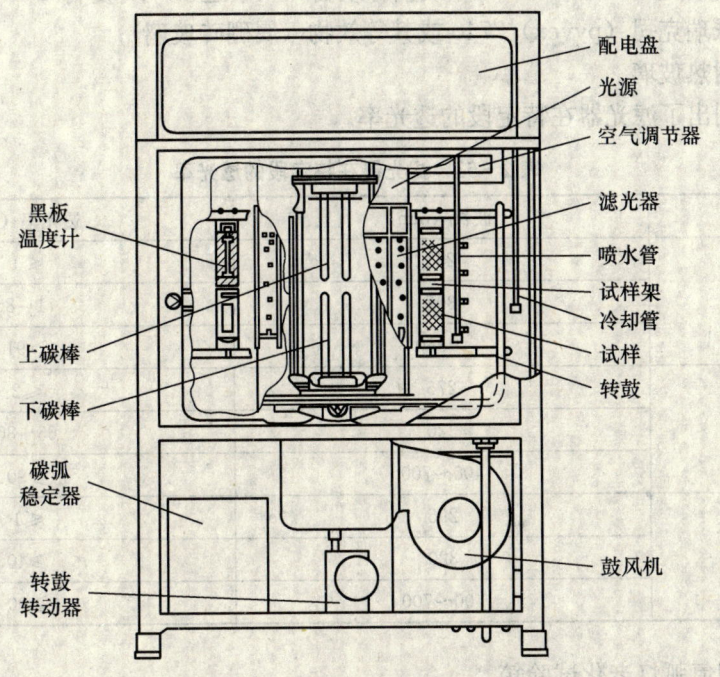

图 2-36 碳弧灯老化试验箱示意图

人工加速老化试验时，采用的碳弧灯光源的性能及对碳棒的规格要求列于表 2-51 和表 2-52。

表 2-51 光　　源

项　目	内　容
光源形式	开放式
灯数	1
弧电压	交流电压范围 48～52 V；设定值 50±1 V
弧电流	交流电流范围 58～62 A；设定值 60±1.2 A

表 2-52 碳棒的外形尺寸

型　号	上碳棒直径和长度	下碳棒直径和长度
a	ϕ23 mm×305 mm 或 ϕ22 mm×305 mm	ϕ13 mm×305 mm 或 ϕ15 mm×305 mm
b	ϕ35 mm×350 mm 或 ϕ36 mm×350 mm	ϕ23 mm×350 mm
c	ϕ36 mm×410 mm	ϕ23 mm×410 mm

碳棒芯内含铈，表面涂覆金属层，如铜等。碳棒应不弯曲且无裂纹。

碳弧灯光源不能直接照射在建筑防水材料试样的表面上，必须经过特殊的玻璃罩作为滤光器滤光以后才能使用。碳弧灯的光线经滤光后，虽与太阳光能分布不相同，但保持连续光谱，紫外线辐射能丰富，加速倍数高，光谱分布接近太阳光，有一定模拟质量，是一种较好的光源。

滤光器是透紫外线的玻璃或硼砖耐热玻璃。常使用的滤光器有：
型号Ⅰ：柯瑞克司（covex）7058 或其等效物（属于透紫外线玻璃）；
型号Ⅱ：派瑞克司（pyvex）7740 或其等效物（属硼砖玻璃）；
型号Ⅲ：耐热玻璃。
表 2-53 列出了滤光器在特定段的透光率。

表 2-53 滤光器在特定段的透光率

型 号	波长（mm）	透光率（%）
型号Ⅰ	255	≤1
	302	71~86
	≥360	>91
型号Ⅱ	275	≤2
	320	65~80
	400~700	≥90
型号Ⅲ	295	≤1
	320	≥40
	400~700	≥90

试验条件同氙弧灯老化试验箱。

四、热空气老化试验箱

热空气老化试验，是使建筑防水材料试样在常压和规定温度的热空气作用下，经过一定时间后，测定其性能的变化。它是模拟大气中建筑防水材料表面最高受热温度为依据的，是在热空气老化试验箱中进行的。

热空气老化试验箱是由箱体、鼓风装置、加热调温自控装置和试样转动架等组成。其结构如图 2-37 所示。

在热空气老化试验箱内的鼓风机可使热空气在箱内充分循环，使箱内温度均匀，排除老化过程中产生的挥发物并补充新鲜空气，使空气成分保持一致，应选择适当的风速或风量。

试验温度应符合规定要求，温度过高或过低，都影响老化试验的结果。

热空气老化试验箱与电热鼓风干燥箱结构相似，区别在于试验箱内设有安装试件的风板或旋转架。通常对热空气老化试验箱技术要求如下：

工作温度：40~200℃或更高
温度波动度：±1℃

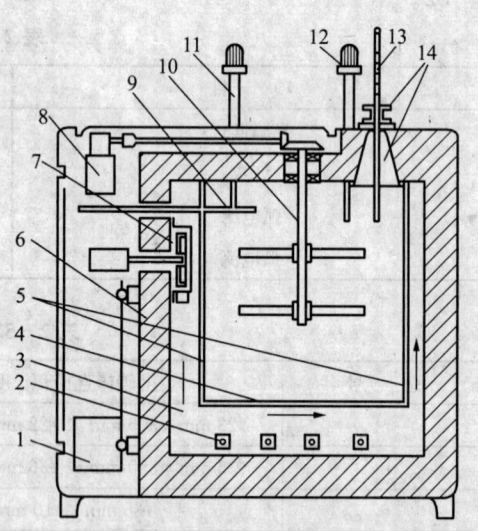

图 2-37 402 型热空气老化试验箱结构示意图
1—进线口；2—电热丝；3—风道；4—底板；5—开孔隔板；6—保温层；7—离心式鼓风机；8—转盘马达；9—温度控制器感温杆；10—试样转盘；11—超低温控制导电计；12—超高温控制导电计；13—温度计；14—排风道与排风阀

温度均匀性：测试时，室温变化不得大于 10 ℃
平均风速：0.5～1.0 m/s
换气率：10～100 次/h
工作室体积：0.1～0.3 m³
温度指示计：分度不大于 1 ℃
另外还需配备热球式或热线式风速计，其分度值不大于 0.05 m/s，以便测试箱内风速。

五、光老化试验箱

光老化试验箱是模拟阳光照射对建筑防水材料性能影响而设计的，其中最主要的是紫外光，亦称为紫外光老化试验箱。

光老化试验箱是由箱体、光源、温度计、计时器等部件组成。其结构如图 2-38 所示。

试验箱中的光源为 500 W 直管高压汞灯，为产生紫外线的光源，要求灯管与箱底平行，距试件表面 50 mm 左右的空气温度为 45±2 ℃。

荧光紫外灯试验箱的工作室安装两排荧光灯，每排 4 支，设有热水槽、试样架、黑板温度计、控制时间、温度的装置，以及紫外光辐射测定仪。其试验条件为：60±3 ℃紫外光照 4 h，50±3 ℃无辐照冷凝暴露 4 h。

试样表面所接受辐射光的波长范围为 280～400 nm，辐射度不大于 50 W/m²。

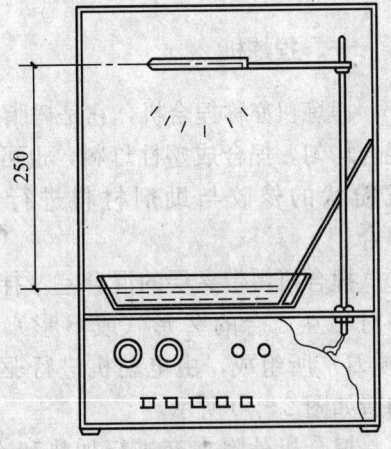

图 2-38 光老化试验箱结构示意图

六、臭氧老化试验箱

臭氧老化试验是在强化大气中臭氧条件下检验建筑防水材料对臭氧作用的稳定性，是在臭氧老化试验箱中进行的。

臭氧老化试验箱是由气路系统与臭氧发生器、老化试验室与试验架及其传动机构、配电控制系统三大部分组成，其构造如图 2-39 所示。

从图 2-39 中可以看出，臭氧老化试验箱是一个密闭的、无光照的箱体，试验箱内备有臭氧发生器、老化试验室和臭氧浓度检测装置等。要求臭氧老化试验箱的容积不小于 100 L，能恒定控制试验温度差在±2 ℃，箱室内壁、导管和安装试样的框架等，应由不被臭氧分解腐蚀和影响臭氧浓度的材料组成，安装试样的框架应通过机械装置在箱内旋转，能使试样的转速保持在 20～25 mm/s，试样与含臭氧的空气接触时，其长度方向与气流方向基本平行。

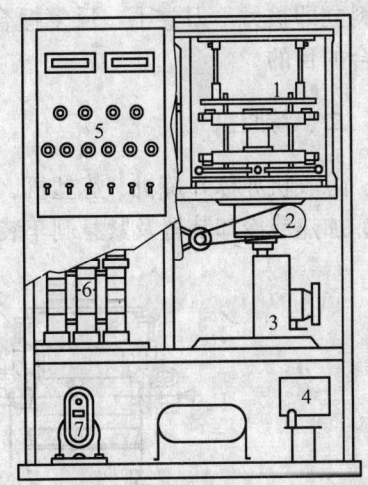

图 2-39 XLB型臭氧老化试验箱结构示意图
1—试验室与试样架；2—试样架回转机构；3—试样拉伸机构；4—臭氧分解炉；5—配电控制系统；6—臭氧发生器；7—鼓风机与气路系统

建筑防水材料的臭氧老化试验条件为：

臭氧浓度（臭氧分压值）：101±10.1，202±20.2，505±50.5 或以上（允许偏差 10%）

试验温度：40±2℃，30±2℃，23±2℃，但不得高于 60℃

相对湿度：一般不超过 65%

气体流速或流量：通入臭氧老化试验箱中的含臭氧空气流速平均不少于 8 mm/s，最宜在 12~16 mm/s。

第八节 塑炼与混炼设备

一、捏炼机

捏炼机亦称捏合机，它是树脂及辅助材料混合的专用设备，捏炼的目的是将各组分物料混合均匀，捏合成塑性母料，也可将粒状或粉状的橡胶与助剂材料进行混合和捏合。

捏合机由带夹层的混合室（拌缸）和一对相互齿合的 Z 形（或 S 形）搅拌器（搅刀）所组成，由电动机进行驱动。其构造如图 2-40 所示。

捏合机外附夹套进行加热和冷却，Z 形刀片在槽中反向旋转，使一刀所卷起的物料立即被另一刀卷下，反复捏合而达到混合的目的。

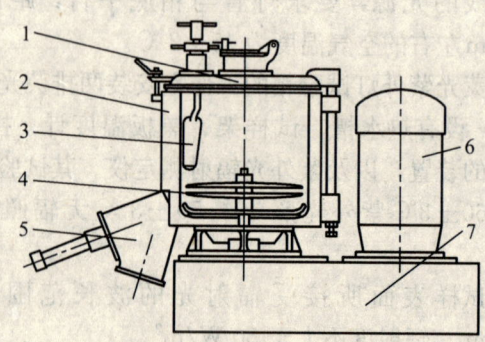

图 2-40 捏合机构造示意图
1—回转盖；2—容器；3—折流板；4—搅拌装置；
5—放料口；6—驱动电动机；7—机座

二、炼胶机

炼胶机亦称开炼机、炼塑机、混炼机、辊压机等，它主要由机座、辊筒、轴承、调距装置、加热或冷却装置及紧急刹车装置组成，由电机进行驱动。其构造如图 2-41 所示。

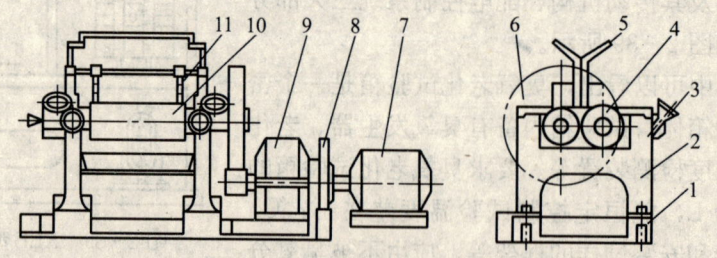

图 2-41 炼胶机的基本构造
1—底座；2—机架；3—调距装置；4—速比齿轮；5—安全装置；6—大齿轮；
7—电机；8—刹车装置；9—减速机；10—辊筒；11—挡胶板

炼胶机可将粉状或粒状、块状的物料各组分混合成均匀的柔性固体材料。它的主要工作部件为前后并列的两个空辊筒，辊筒里可通冷却水冷却或通电加热，以满足工艺对温度的要求。

在炼胶时，将胶料放在两个辊筒中间，由于两辊以不同的速度相对回转，胶料受到强烈地碾压作用和较强的剪切作用，胶分子将沿流动方向伸展，当剪切力达到一定值时，胶料分子链被切断，而达到塑炼和混炼的目的。

辊筒的长度和直径是决定炼胶容量的因素，辊筒越大，容量也越大。目前试验室采用最多的为 $\phi 160 mm \times 320 mm$ 炼胶机，因为这种尺寸的炼胶机与生产上使用的炼胶机相关性比较好，其速比为 1∶1.35。

试验室用开放式炼胶机的型号与技术性能列于表 2-54。

表 2-54 试验室用开放式炼胶机

型 号	辊筒尺寸（直径×长度）(mm)	前辊转速 角速度 (r/min)	前辊转速 线速度 (m/min)	后辊转速 角速度 (r/min)	后辊转速 线速度 (m/min)	速 比	电机功率 (kW)
G50-60	$\phi 60 \times 200$		2.42 2.68 2.96		3.62	1∶1.50 1∶1.35 1∶1.22	1.0
G50-100	$\phi 100 \times 250$	16	5.03	21.6	6.18	1∶1.35	2.6
XK-160	$\phi 160 \times 320$	17.4	8.74	23.5	11.80	1∶1.35	4.2
XK-230	$\phi 230 \times 630$		11.30		14.6	1∶1.30	10.0

开放式炼胶机的优点是结构简单，故障少，通用性强，可用于粉碎、混炼和塑炼；但存在劳动强度大，粉尘飞扬，物料易氧化、降解等缺点。

三、密炼机

密闭式炼胶机简称密炼机，它的主要工作部分为混炼室，室内有不等速相对回转的两个转子，转子是空心的，可通入蒸汽或冷却水以调节温度。转子表面布有特殊的突棱，以增加对胶料的捏炼作用，提高炼胶效率。

试验室用的密炼机多为 2L 密闭式炼胶机，其构造如图 2-42 所示。

该密炼机的主要技术参数如下：

混炼室总容量：　　4.3 L
一次装料容量：　　2.0 L
前转子转速：33.25～99.76 r/min
后转子转速：11.75～39.58 r/min
冷却水压力：0.3 MPa
进水温度：12 ℃
压缩空气压力：0.3 MPa
电机功率：2.2～7.2 kW
电机转速：740～1140 r/min

密闭式炼胶机与开放式炼胶机相比，机械化程度高，劳动强度小，混

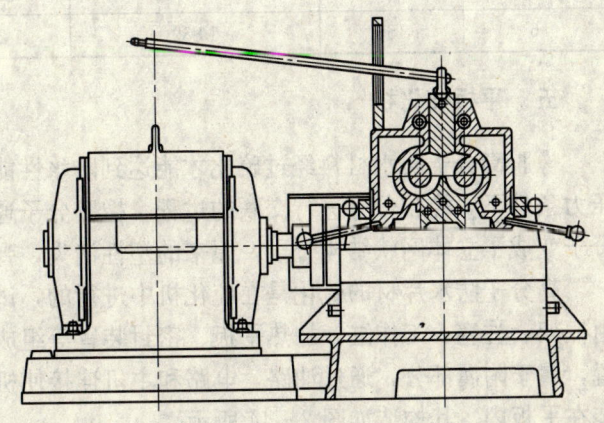

图 2-42 2L 密闭式炼胶机

炼时间短，生产效率高，粉剂飞扬少。缺点是炼胶过程中热量排出困难，清洗困难。为防止发生事故，密炼机应装有适当的排气系统和安全装置。

四、螺杆挤出机

螺杆挤出机是利用特定形状螺纹的螺杆，在加热料筒中旋转，使从料斗中送入的热塑性材料熔融均匀，并向前推进，通过不同形状的机头和模具，将塑性材料连续成型为所需要的形状。根据螺杆的数目可分为单螺杆挤出机、双螺杆挤出机和三螺杆挤出机。

螺杆挤出机主要由旋转螺杆、调节箱、机筒、机头和机座组成，由电机进行驱动。其构造如图 2-43 所示。

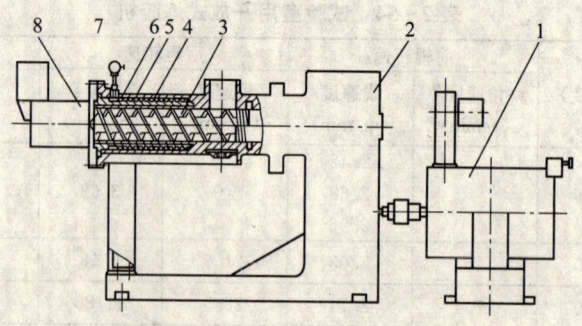

图 2-43 螺杆挤出机构造

1—整流子电动机；2—减速箱；3—螺杆；4—衬套；5—加热、冷却套；6—机筒；7—测温热电偶；8—机头

螺杆挤出机也可用于塑料的塑化和挤出成型。

螺杆挤出机的规格和片材幅度、拉出能力等关系列于表 2-55。

表 2-55 挤出机规格和片材幅度、挤出能力等关系

挤压机螺杆直径 (in)	(mm)	平扁模子的最大幅度 (mm)	片材幅度 (mm)	挤出能力 (kg/h)	驱动动力 (kW)
$2\frac{1}{2}$	65	660	400～600	30～40	15
$3\frac{1}{2}$	90	960	600～900	50～80	22
$4\frac{1}{2}$	115	1 270	900～1 200	100～150	37
6	150	1 880	1 200～1 800	200～250	56～75

五、平板硫化机

橡胶高分子防水材料经过硫化才能达到防水性能要求，橡胶硫化是在一定温度、时间和压力条件下，橡胶分子进行交联的过程。橡胶分子通过硫化，性质起了根本的变化，长链状分子变成了立体网状结构分子，原来的塑性消失，弹性增加，大大提高了其物理机械性能。

高分子防水片材的硫化是在硫化机中进行的，试验室用的硫化机多为平板硫化机，它是由框架、柱塞、工作缸、加热平板、密封装置等组成。液压系统和电控系统往往是独立的装置，属于附属部分，通过油路、电路和主机连接使机器工作。电加热板是以管状电加热器安装在平板内。其构造如图 2-44 所示。

试验室多采用空心电加热板，采用蒸汽加热板的较少。一块加热平板固定，一块加热平

板可以上下活动以压紧模型,提供硫化所需的压力,下加热板的升降多采用油压机。在加热板中间,设有温度显示仪表,以指示和控制硫化温度。

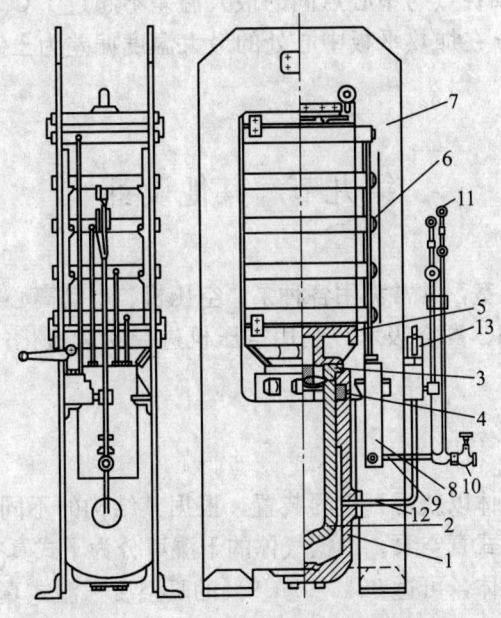

图 2-44 框式平板硫化机

1—工作缸;2—柱塞;3—压紧法兰;4—密封圈;5—升降台;6—加热平板;7—框架;8—集汽箱;9—蒸汽管路;10—截止阀;11—压力表;12—给油管路;13—手动换向阀

表 2-56 列出了常用平板硫化机的规格及主要性能。

表 2-56 平板硫化机的规格及性能

项 目	平板机规格(mm)			
	400×400	800×800	400×350	600×600
平板层数	2	4		4
层与层之间距离(mm)	180	87	200	70
活塞直径(mm)	180	350	20	340
活塞行程(mm)	250	280	200	740
常用压力(kg/cm²)	280	280	160	110
活塞断面最大点压力(kg/cm²)	70 000	270 000	18 000	100 000
压力来源	水泵调压	水泵调压	水泵调压	油压
平板机允许使用蒸汽压力(kg/cm²)	12	6	3.5	4~6
空气压力(kg/cm²)	6	6		
电动机电压(V)	380/220	380/220	380/220	380/220
电动机功率(kW)	1.3	1.5	2.6	1.4
冷却水压力(kg/cm²)	3	3		

平板硫化机加热平板应相互平行，平板在整个硫化过程中，在模具型腔面积上施加的压强不低于 3.5 MPa。无论使用何种型号的热板，在整个模具面积上的温度分布应均匀，同一热板内各点间及各点与中心点间的最大温差不超过 1 ℃，相邻二板之间其对应位置点的温差不超过 1 ℃，在加热平板中心处的最大温度偏差为 ±0.5 ℃，硫化时间允许误差为 ±20 s。

第九节　其他设备

在建筑防水材料试验室，常常需用各种泵、空压机、电动离心机等。例如，利用真空泵进行真空干燥、真空过滤、真空吸水，利用空压机进行吹风氧化；利用离心机进行沉淀分离等。

一、真空泵

真空泵是用于抽吸气体以获得真空的装置，根据其结构的不同，可分为往复式真空泵、回转叶片式真空泵和水环式真空泵。根据气体的干湿可分为干式真空泵和湿式真空泵，干式真空泵只从容器中抽出气体，可达 96%～99.9% 的真空度；湿式真空泵在抽出气体的同时，还带有较多的水蒸气，只能产生 80%～85% 的真空度。在建筑防水材料试验室应用最多的为旋片式真空泵，属于干式真空泵。

旋片式真空泵有单级和双级之分，双级真空泵是由两个单级串联而成，可获得比单级要高的极限真空度，其中应用最多的为单级式真空泵。

旋片式真空泵的规格型号一般以抽气速率（L/s）来表示，试验室常用的有 0.25 L/s、0.5 L/s、1 L/s、2 L/s、4 L/s、8 L/s 等数种。小型旋片式真空泵所用电源通常为单相电源，4 L/s 以上的旋片式真空泵一般采用三相电源。

表 2-57 列出了几种型号的真空泵技术指标。

表 2-57　真空泵的设备型号、性能与主要技术指标

设备型号	性能与主要技术指标
2X 系列旋片式真空泵	功率　0.55 kW；1.1 kW；2.2 kW 抽气速率　4 L/s；8 L/s；15 L/s 极限真空　≤0.6 Pa 转速　450 r/min 电源电压　380 V，50 Hz
2XZ-1 型旋片式真空泵	功率　0.25 kW 抽气速率　1 L/s 极限真空　6×10^{-2} Pa 转速　1 400 r/min 电源电压　220 V，50 Hz
2X（Z）系列旋片式真空泵	功率　0.5～5.5 kW 抽气速率　0.5～70 L/s 极限真空　6×10^{-2} Pa

二、水流式真空泵

水流式真空泵又称为水减压泵、水流泵、水流式抽气管。按其形状和结构可分为球形水流式真空泵、筒形水流式真空泵和具活门水流式真空泵。具活门水流式真空泵在腔体内有一止逆装置,以防止气流倒流。水流式真空泵构造如图 2-45 所示。

在使用时,将其上端用厚壁胶管安装在自来水嘴上;下端管径较细,用于出水;腔体上的侧管与真空装置连接。利用水流的喷射作用,在腔中产生负压,产生抽气减压,从而达到减压的目的,其真空度可维持在 4~10 kPa 的低压。同机械式真空泵相比,减压效果差,真空度小,主要用于试验室中抽滤、减压蒸馏等试验。由于价格低,不耗电,是试验室中常用的减压装置。

水流式真空泵的缺点是受水压影响较大,水压不稳定则减压不稳定,且浪费大量的清水,在水资源紧缺的今天,应尽量少用。

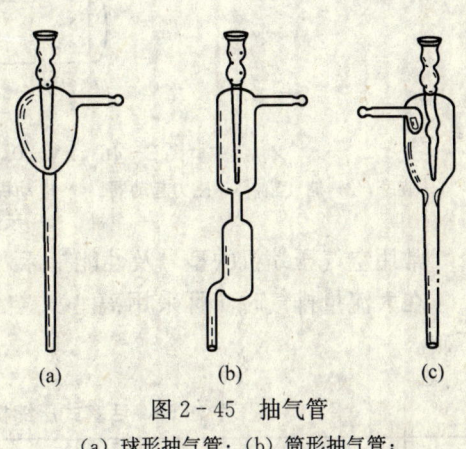

图 2-45 抽气管
(a) 球形抽气管;(b) 筒形抽气管;
(c) 具活门抽气管

为了解决水资源不足的矛盾,近年来又研制出节水型水喷射泵,它是将水流泵和水泵串联在水箱内,循环用水,形成水流式减压泵,因水可循环使用,故可节约用水,而且由水泵供水,水压稳定,减压稳定,减压效果较好。若在水箱内加入冰块降温,降低水的温度,有利于真空度的提高。

在使用水流式真空泵时,应注意在水流泵与水源之间加设过滤器,并做到连接严密,不漏气,否则影响减压效果。在使用没有止逆装置的水流式真空泵时,停止操作前,应先断开水流式真空泵与减压装置的连接,再关水源,以防由于水流泵的侧压力的突然变化,而产生回流现象,影响试验效果。

水流式真空泵的主要规格列于表 2-58。

表 2-58 水流式真空泵的主要规格

名 称	上 管		球(筒)体		下 管		侧 管	
	长度(mm)	外径(mm)	长度(mm)	外径(mm)	长度(mm)	外径(mm)	长度(mm)	外径(mm)
球形抽气管	60	15		50	170	8	30	6
筒形抽气管	60	15	80	40	150	8	30	6
具活塞抽气管	60	15	90	40	150	8	30	6

三、空气压缩机

空气压缩机简称空压机,它是利用机械作用来压缩并输送气体的电动设备。空压机的种类很多,按其工作原理可分为容积式(也称活塞式)压缩机和速度式(也称透平式)压缩机。在建筑防水材料试验室中应用最多的为排气量小的活塞式平缸往复压缩机,排气压力一般在 0.2 MPa 左右,排气量大于 0.5 m^3/h,电源电压通常为 220 V。

空气压缩机的构造如图 2-46 所示。

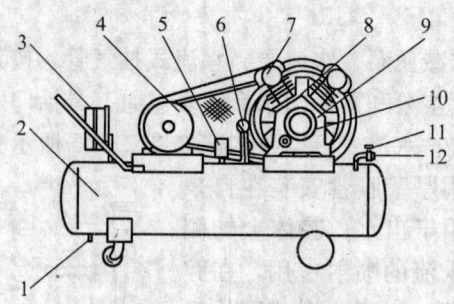

图 2-46　2V-0.6/7B 型空气压缩机外形示意图

1—旋塞；2—储气罐；3—磁力起动器；4—电动机；5—压力传感接触器；6—压力表；7—消音过滤器；8—油塞；9—主机；10—示油器；11—安全阀；12—截止阀

常用空气压缩机的型号及性能指标列于表 2-59。

在大流量排气时，可采用离心式空气压缩机，属于速度式空气压缩机，多用于工业厂矿。

表 2-59　活塞式压缩机的设备型号、性能与主要技术指标

设备型号	性能与主要技术指标
2V-0.1 系列无油空气压缩机	功率　1.1 kW；1.5 kW 容积流量　0.1 m³/min 排气压力　0.7 MPa；1 MPa 电源电压　220 V, 50 Hz
V-0.1/12.5、2V-0.11/10 型/无油空气压缩机	功率　1.1 kW 容积流量　0.1 m³/min；0.11 m³/min 排气压力　1.25 MPa；1 MPa 电源电压　220 V, 50 Hz
V-0.22/10 型空气压缩机	功率　2.2 kW 容积流量　0.22 m³/min 排气压力　1 MPa 电源电压　220 V, 50 Hz
2D-0.04/7 型空气压缩机	功率　0.55 kW 容积流量　0.04 m³/min 排气压力　0.7 MPa 电源电压　220 V, 50 Hz
2D-0.07/6 型空气压缩机	功率　0.75 kW 容积流量　0.07 m³/min 排气压力　0.6 MPa 电源电压　220 V, 50 Hz
2V-0.184/7、V-0.25/7 型空气压缩机	功率　2.2 kW 容积流量　0.184 m³/min；0.25 m³/min 排气压力　0.7 MPa 电源电压　220 V, 50 Hz
2V-0.14/7 型空气压缩机	功率　1.5 kW 排气压力　0.7 MPa 电源电压　220 V, 50 Hz

续表

设备型号	性能与主要技术指标
VD2.2/7 型空气压缩机	功率 2.2 kW 容积流量 0.28 m³/min 排气压力 0.7 MPa 电源电压 220 V,50 Hz
2V-0.1/10 型空气压缩机	功率 1.5 kW 容积流量 0.1 m³/min 排气压力 1 MPa 电源电压 220 V,50 Hz
2V-0.6/7B 型空气压缩机	功率 5.5 kW 容积量 0.6 m³/min 排气压力 0.7 MPa 电源电压 220 V,50 Hz
2V-0.3/7 型空气压缩机	功率 3 kW 容积量 0.3 m³/min 排气压力 0.7 MPa 电源电压 220 V,50 Hz

四、电动离心机

电动离心机是利用电机高速旋转时所产生的离心力,将液-固、液-液混合物中各组分分离的机械设备,简称离心机。离心机分离的效率主要取决于所产生的离心力大小,而离心力大小则取决于沉淀物的质量和电动机的转速。

电动离心机有多种类型和规格。按电机的转速可分为低速离心机(转速为 4 000～8 000 r/min)、高速离心机(8 000～28 000 r/min)和超速离心机(28 000～120 000 r/min);按离心机的尺寸大小可分为台式离心机和落地式离心机,按转子的结构可分为角式和水平式,还有内装计算机控制,数字显示温度、时间、速度的智能型离心机。在建筑防水材料试验室常用的离心机为台式离心机,转速为 3 000～20 000 r/min,连续可调。

电动离心机的规格可用离心机内腔大小或可以放入不同容积和不同数量的离心管表示。在表 2-60 列出了电动离心机的规格与性能。

表 2-60 电动离心机设备型号、性能与主要技术指标

设备型号	性能与主要技术指标
Sigma 1-6	角式,最高转速 6 000 r/min,15 mL×6,无刷电机,速度、离心力和时间可设定并显示
Sigma 1-15	角式,最高转速 15 000 r/min,50 mL×24,无刷电机,速度、离心力和时间可设定并显示
Sigma 2-3	角式,最高转速 4 200 r/min,水平式,最高转速 3 900 r/min,15 mL×8,可用多种离心管,速度可调,可定时或连续运转

续表

设备型号	性能与主要技术指标
Sigma 2-15	角式,最高转速 15 000 r/min,水平式,最高转速 4 500 r/min 角式 1.5 mL×24,30 mL×6,10 mL×10 水平式 15 mL×16,100 mL×4 无刷电机,微处理器控制离心力、速度、转子、时间和温度,磁性转子识别可防止转子起速,20 个加速和减速曲线,10 个程序记忆
80-2 型	角式、最高转速 4 000 r/min,10 mL×12,定时范围 0~30 min,额定功率 40 W
GL-20C 高速冷冻离心机	角式,最高转速 20 000 r/min,500 mL×6,定时范围 0~60 min,温度控制-10 ℃±2 ℃ 电源,220/380 V,20A,50 Hz
YXJ-1,YXJ-2	角式,最高转速 4 000 r/min,16 000 r/min;功率 120 W;220 V,50 Hz,定时范围 5~60 min;10 mL×6
80-1,80-2	角式,最高转速 4 000 r/min;功率 40 W,220 V,50 Hz 定时范围 5~60 min,15 mL×12
800,80-1,80-2	角式,最高转速 4 000 r/min,功率 40 W,220 V,50 Hz;定时范围 0~60 min,20 mL×6,20 mL×12
YXJ-2	角式,最高转速 16 000 r/min,定时范围 0~60 min,220 V,50 Hz,1 mL×12
TGL 系列高速离心机	角式,最高转速 16 000 r/min,功率 145 W,220 V,50 Hz 定时范围 0~60 min,0.5 mL×18;1.5 mL×12;5 mL×10;7 mL×8
TDL 系列低速大容量离心机	角式,最高转速 4 000 r/min;5 000 r/min,功率 400 W;750 W,220 V,50 Hz,定时范围 0~60 min,60 mL×96;10 mL×36;50 mL×8;250 mL×4
800B,TDL-80-2B、KA-1 000 台式低速离心机	角式,最高转速 4 000 r/min,功率 40 W,220 V,50 Hz,定时范围 0~30 min,15 mL×8;20 mL×6;20 mL×12
800 型 80-1 型,80-2 型台式离心机	角式,最高转速 4 000 r/min,功率 40 W,220 V,50 Hz,定时范围 0~60 min 或常开,20 mL×6;20 mL×12
台式高速微型离心机	角式,最高转速 12 000 r/min,定时范围 0~20 min,容量 0.5 mL×16,1.5 mL×12;2 mL×8

第三章 仪器与仪表

建筑防水材料试验室所用仪器与仪表的种类很多,其中应用最多的有测温与控温仪器与仪表、计量与测量仪器、力学性能检测仪器、电器仪表与压力表、粘度与硬度测量仪器、酸度与碱度测量仪器等。

第一节 测温仪表

温度是建筑防水材料研制、生产和检测中控制的主要参数之一。

温度这个参数不能直接测量,但可利用物体性质和物理现象与温度的关系来测量。例如利用固体、液体、气体的膨胀与温度关系制成的膨胀温度计,利用导体电阻与温度的变化制成的电阻温度计等。测温仪表是用于检测物体温度仪器的总称。

根据测温温度计制造原理的不同,可分为膨胀式温度计、压力式温度计、热电偶温度计、热电阻温度计和辐射式温度计五大类。根据用途可分为标准温度计、范型温度计和实用温度计三种。通常将测量 600 ℃ 以下温度的温度计称为温度计;测量 600 ℃ 以上温度的温度计称为高温温度计。常用测温仪表的测温范围列于表 3−1。

表 3−1 常用测温仪的测温范围

名　　称	测温范围,℃
膨胀式温度计	−200～500
压力式温度计	−60～550
电阻式温度计	−200～500
热电偶温度计	−50～1 600
辐射式高温计	800～10 000

一、膨胀式温度计

膨胀式温度计是利用物体(液体或刚体)受热膨胀原理而制作的温度计,其测温范围在 −200～500 ℃ 之间,是建筑防水材料试验室常用的测温仪器。

膨胀式温度计分为玻璃液体温度计和机械膨胀温度计两种。

(一) 玻璃液体温度计

玻璃液体温度计又称棒式温度计或液体膨胀式温度计,它是由一根厚壁的玻璃毛细管和毛细管外径相同的贮液泡(测温泡)构成。标尺直接刻在毛细管的外表面上,贮液泡内装有水银或酒精、煤油,以水银玻璃温度计应用最多,准确度较高。这种温度计的测温原理是利用贮液泡和局部毛细管的液体的体积随着所处的环境温度而变化,使液柱的高度沿着温度计的刻度改变。

玻璃液体温度计最常用的液体列于表3-2。

表3-2 膨胀温度计最常用的液体

名 称	分子式	体膨胀系数β在18℃时	凝固点（℃）	沸点（℃）
水银	Hg	0.000 181	-38.87	356.7
甲醇	CH_3OH	0.001 22	-93.9~-97.8	64.2~66.0
甲苯	$C_6H_5CH_3$	0.001 09	-92.4~-102	109.2~110.6
丙酮	$CO(CH_3)_2$	0.001 31	-93.9~-94.9	56.3

玻璃液体温度计的测温范围，由所充液体的沸点和凝固点决定，在建筑防水材料试验室中最常用的为水银温度计。充其他液体时，需经染色，其膨胀系数大，比较灵敏，但时间较长时，液体的物理性质因部分聚合而发生变化，不能用于做精密测量，而且需经常校正，主要用于测量低温。

水银温度计中充的是水银（汞），为有毒物质，在使用时必须小心。对破碎的水银温度计中的汞必须及时用硫磺进行处理，用硫磺通过摩擦的办法与水银发生化学反应，生成硫化汞，然后给以清除。如果不及时清除，水银易钻入细少缝隙中，进行蒸发，产生汞蒸气，可通过呼吸道吸入人体而中毒，千万不可大意。

（二）水银温度计

水银温度计是试验室和工业上常用的温度测量仪表，根据其用途和测量的准确度，可分为标准温度计和实用温度计。

1. 标准温度计

标准温度计是一类高精度温度计，主要用于对其他温度计的校正工作。标准温度计的本身，则需经过氢温度计或标准铂电阻温度计校验，并测得它各段温度的准确修正值。

标准温度计可分为一等和二等两个级别。表3-3列出了标准汞温度计的规格。

表3-3 标准汞温度计（单位：℃）

等级	一等标准汞温度计						二等标准汞温度计		
组别	9支组			13支组			7支组		
项目	测温范围		分度值	测温范围		分度值	测温范围		分度值
	主标尺	辅标尺		主标尺	辅标尺		主标尺	辅标尺	
1	-32~+22		0.10	-32~+2			-32~+22		
2	-1~+26		0.05	-1~+26			-2~+52		
3	+24~+51	-0.5~+0.5	0.05	+24~+51			+48~+102		
4	+49~+76	-0.5~+0.5	0.05	+49~+76			+98~+152		
5	+74~+101	-0.5~+0.5	0.05	+74~+101			+148~+202		
6	+98~+152	-1.0~+1.0	0.10	+99~+126	全部为 -0.5~ +0.5	全部为 0.05	+198~+252	全部为 -1~ +1	全部为 0.1
7	+148~+202	-1.0~+1.0	0.10	+124~+151			+248~+302		
8	+198~+252	-1.0~+1.0	0.10	+141~+176					
9	+248~+302	-1.0~+1.0	0.10	+174~+201					
10				+199~+226					
11				+224~+251					
12				+249~+276					
13				+274~+301					

一等标准汞温度计为透明棒式,它是由标准铂电阻温度计用直接比较法检定的,用于检定二等标准汞温度计,或在试验室中用作高精度的温度测量。

二等标准汞温度计有带有乳白色釉带棒式和内标式两种。它是由标准铂电阻温度计或一等标准汞温度计用比较法检定的,可用于检定分度值为0.1℃或大于0.1℃的玻璃液体温度计、工业用电阻温度计和热电偶温度计,亦可用于试验室精密温度测量。

2. 实用温度计

实用温度计包括工业与试验用温度计、贝克曼温度计、接电温度计、气象温度计和医用温度计等。其测量精度和应用范围各不相同。

水银温度计分为棒式温度计和外带标尺的温度计。如图3-1所示。

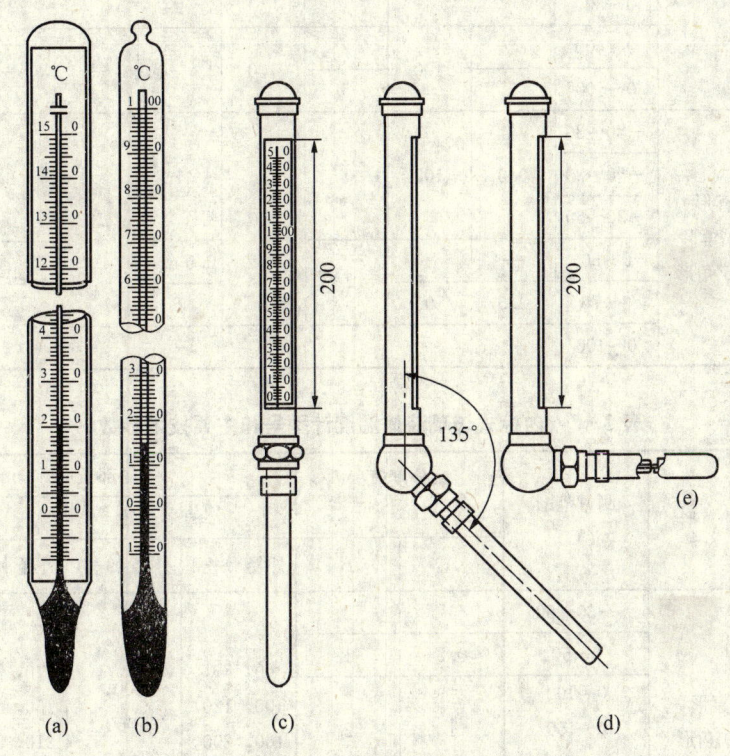

图 3-1 水银温度计
(a) 外带标尺;(b) 棒式;(c)(d)(e) 装在保护套内

棒式玻璃液体温度计价格便宜,使用方便,精度较高,是建筑防水材料试验室常用的测温仪表。根据不同用途制成直形、90°角形和135°角形三种。温度计的感温液体有水银和有机液体两种。

内标式玻璃液体温度计是装在保护装置内的温度计。保护套上有孔,让标尺露出,可保护温度计不易破碎,主要用于安装在工业设备和试验仪器上。

表3-4列出了棒式温度计的型号和主要技术参数。表3-5列出了内标式玻璃液体温度计的型号和主要技术参数。

贝克曼温度计也是水银温度计,它是专用于测量温度差值的高精密温度计。其外形和结构如图3-2所示。

表 3-4 棒式玻璃温度计型号和主要技术参数

型 号	外 形	测量范围 (℃)	全长 L (mm) 500 分度(℃)	500 尾长 l (mm)	400 分度(℃)	400 尾长 l (mm)	350 分度(℃)	350 尾长 l (mm)	300 分度(℃)	300 尾长 l (mm)	外径 (mm)
WNG-01 WNG-02 WNG-03 (水银)	直形 90°角形 135°角形	−30～50					1	70	1	70	φ6～8
		0～50					0.5 或 1		0.5 或 1		
		0～100	—		—						
		0～150					1		1		
		0～200									
		0～300					2		2		
		0～400	2	100	2	100	—		—		
		0～500	5								
WNY-01 WNY-02 WNY-03 (有机液体)	直形 90°角形 135°角形	−80～30							1	70	φ6～8
		−50～30	0.5	100	1	100	1	70	1		
		−30～50									
		0～50	—		0.5		0.5 或 1		0.5 或 1		
		0～70	0.5	100			1				
		0～100	—				1				

表 3-5 内标式玻璃液体温度计型号和主要技术参数

型 号	外 形	测量范围 (℃)	分度值 (℃) A	分度值 (℃) B	尾部长度 l (mm) 直形 外径 φ8±1	直形 外径 φ9±1	角形 外径 φ8±1	角形 外径 φ9±1
WNG-11 WNG-12 WNG-13 (水银)	直形 90°角形 135°角形	−30～50	1	2	60, 80, 100, 120, 160, 200, 250, 320, 400, 500	630, 800, 1 000, 1 250, 1 600, 2 000	110, 130, 150, 170, 210, 250, 300, 370, 450, 550*	680, 850, 1 050, 1 300
		0～50	0.5	1				
		0～100						
		0～150	1	2				
		0～200						
		0～300	2	5				
		0～400						
		0～500	5	10				
WNG-11 WNG-12 WNG-13 (水银)	直形 90°角形 135°角形	−30～50	1	2	60, 80, 100, 120, 160, 200, 250, 320, 400, 500*	800, 1 000, 1 250, 1 600	110, 130, 150, 170, 210, 250, 300, 370, 450**, 550**, 680**	850, 1 050, 1 350
		0～50	0.5 或 1	1				
		0～100	1	2				
		0～200	2	5				
		0～300						
		0～350	5	5				
		0～400						
		0～500	5	10				

续表

型号	外形	测量范围(℃)	分度值(℃) A	分度值(℃) B	尾部长度 l (mm) 直形 外径 φ8±1	尾部长度 l (mm) 直形 外径 φ9±1	尾部长度 l (mm) 角形 外径 φ8±1	尾部长度 l (mm) 角形 外径 φ9±1
WNY-11 WNY-12 WNY-13 (有机液体)	直形 90°角形 135°角形	−80～30 −50～30 −30～50	1	1	60, 80, 100, 120, 160, 200, 250, 320, 400, 500	—	110, 130, 150, 170, 210, 250, 300, 370, 450	—
		0～50	0.5 或 1	1				
		0～70 0～100	1	1				
WNY-11 WNY-12 WNY-13 (有机液体)	直形 90°角形 135°角形	−80～30 −50～30 −30～50	1	2		630, 800, 1 000, 1 250, 1 600		680, 850, 1 050, 1 300
		0～50	0.5 或 1	1				
		0～100	1	2				

贝克曼温度计的外形规格为：上部长 380±5 mm，外径为 15±0.5 mm；下部长 160 mm，外径为 10±0.2 mm。主要用于测量温度的微小变化，使用时应进行校正。

贝克曼温度计按刻度标法分为上升式和下降式两种，分别用来测量温度升高值和温度下降值。刻度尺上的刻度只有 5℃，每度分为一百等份，分度值为 0.01℃。

贝克曼温度计水银球内的水银量可借助储汞槽调节，可用于不同温度区间来测量温度差值，由于刻度能划分至 0.01℃，能较精确地测量温度差值，但不能用来精确地测量温度的绝对值。

（三）最高最低温度计

最高最低玻璃温度计亦称"U"形水银玻璃温度计，同属于液体膨胀式温度计。在"U"形水银温度计的温度管左右毛细孔内，除水银外，还装有指示针各一枚。当温度变化时，指示针受水银的推动而上升，当温度下降时，指示针不受温度下降的影响，而停留在变动的位置上，从而指示出最高和最低温度。

在使用时，先揿按钮使磁吸条吸引指针与两端水银柱接触，再置于被测温处。有的最高最低温度计没有磁吸条，而是另附一块鞍形磁块，在测温前，用鞍形磁铁先将指示针吸至与两端水银柱接触。再置于被测温处。在观察时，记录指示针下端所指示的温度。

如发现水银柱脱节，只需用手握住底板上端用力上下地甩动至水银柱衔接。最高最低温度计测温范围一般在 −40～+50℃之间。可在这个测温范围内观察任何一点温度。可以记

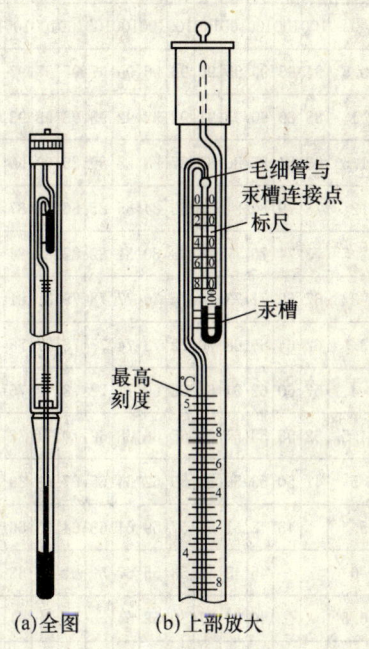

(a) 全图　(b) 上部放大

图 3-2　贝克曼温度计

录在一定时间空气的最高最低温度。

（四）干湿温度计

干湿温度计亦称气体湿度计，是用于测量湿度（湿含量）的仪表。在进行建筑防水材料试验时，往往要求试验室保持一定的干湿度，其相对湿度可用干湿温度计测量。

相对湿度是在相同条件（同温同压）下，绝对湿度与饱和绝对湿度之比，或在相同条件下，空气中实际所含水蒸气压强与饱和水蒸气压强之比。在绝对干燥的空气中是"0"，在被水饱和的空气中是"1"，用%表示。

干湿温度计是由两支玻璃温度计组成。其中一支温度计上缠有棉纱布，并浸入水盒中，称为湿球温度计；另一支不浸入水中，称为干球温度计。由于水分的挥发要吸收热量，形成干球温度计和湿球温度计上的温度出现差值。被测处湿度越大，水分挥发越小，吸收热量少，湿球温度下降少，干球温度计与湿球温度计形成的温度差值越小。被测处越干燥，水分挥发快，吸收热量多，湿球温度下降愈多，形成干球温度计和湿球温度计的温差值越大。根据这一差值可以从表 3-6 中查出对应的相对湿度，以确定相对湿度是否达到试验要求。

表 3-6 相对湿度表（气流速度≤0.5 m/s）

干、湿球温度计差（℃）	干球温度（℃）																																				干、湿球温度计差（℃）
	20	22	24	26	28	30	32	34	36	38	40	42	44	46	48	50	52	54	56	58	60	62	64	66	68	70	72	74	76	78	80	82	84	86	88	90	
0	100	100	100	100	100	100	100	100	100	100	100	100	100	100	100	100	100	100	100	100	100	100	100	100	100	100	100	100	100	100	100	100	100	100	100	100	0
0.5	94	95	95	95	96	96	96	96	97	97	97	97	97	97	97	97	97	97	97	97	97	97	97	97	97	97	97	97	97	97	97	97	97	97	98	98	0.5
1	88	89	90	91	91	92	92	92	93	93	93	93	93	94	94	94	94	94	95	95	95	95	95	95	95	96	96	96	96	96	96	96	96	96	96	96	1
1.5	83	84	85	86	87	87	88	88	89	89	90	90	90	91	91	91	92	92	92	92	92	93	93	93	93	94	94	94	94	94	94	94	94	94	94	94	1.5
2	78	79	81	82	83	84	85	85	86	87	87	87	88	88	88	89	89	89	89	90	90	90	90	91	91	91	91	91	91	91	91	92	92	92	92	92	2
2.5	73	74	76	77	78	79	80	81	82	82	83	84	84	85	85	86	86	86	87	87	87	87	88	88	88	89	89	89	89	89	90	90	90	90	90	90	2.5
3	67	69	71	73	74	75	76	77	78	79	80	80	81	81	82	82	83	83	84	84	85	85	85	86	86	86	86	87	87	87	87	88	88	88	88	88	3
3.5	62	64	66	68	70	72	73	74	75	76	77	78	78	79	79	80	81	81	82	82	83	83	83	84	84	85	85	85	85	86	86	86	86	86	86	87	3.5
4	57	60	62	64	66	68	69	71	72	73	74	75	76	77	78	78	79	79	80	80	81	81	82	82	83	83	83	84	84	84	84	85	85	85	85	85	4
4.5	52	55	58	60	62	64	66	68	69	70	71	72	73	74	74	75	76	76	77	78	78	79	79	79	80	80	81	81	82	82	82	83	83	83	83	84	4.5
5	47	50	53	56	58	60	62	64	65	67	68	69	70	71	72	73	73	74	75	75	76	76	77	77	78	78	79	79	80	80	81	81	81	82			5
5.5		45	48	51	54	57	59	61	62	64	65	67	68	69	70	71	71	72	73	74	74	75	75	76	76	77	77	78	78	78	79	79	80				5.5
6			45	48	51	53	55	57	59	61	62	63	64	66	67	68	69	70	71	72	72	73	73	74	75	75	76	76	77	77	78	78					6
6.5			40	44	47	50	52	54	56	58	60	61	62	63	64	65	66	67	68	69	69	70	70	71	72	72	73	74	74	75	75	76	76	77			6.5
7				40	43	46	49	51	54	55	57	58	59	61	62	63	64	65	66	67	67	68	69	70	70	71	71	72	73	73	74	74	75	75			7

注：若实测点非标准大气压，且要求比较精确，可按下式进行修正。

$$\varphi = \frac{p'}{p}\varphi'$$

式中 p'——实测点的气压；p——表中所限定的大气压值；φ'——修正前的相对湿度；φ——修正后的相对湿度。

根据干湿球温度计测得的相对湿度（RH）和用温度计测得的环境温度 B（℃），用点温度计测得的需测试的基面温度 A（℃），就可通过图 3-3 查出基面形成结露时的温度是多少。

具体查法：将 B 和 RH 相交得 A 点。A 点即为露点。如果测得的 A 高于 A 值，不会形成结露；如果测得的 A 低于 A 值，则可形成结露。

露点的测定是建筑防水材料检验中常用的一个检测项目。

（五）双金属温度计

双金属温度计是由两种线膨胀系数不同的金属片叠焊在一起组成的柱状温度计，属于膨胀式温度计。它是利用两片焊在一起的金属片，在温度变化时，因膨胀系数不同而发生弹性变形原理而测量温度的，可分为螺旋式或杆式膨胀温度计。

双金属温度计主要用于温度继电器控制极限温度，较多用做独立的测量仪表，在建筑防水材料试验室中应用较少。

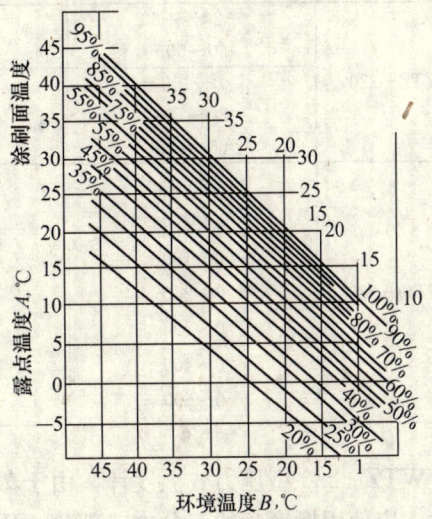

图 3-3 露点温度图

注：① 表中斜线表示环境湿度。② $A=B$ 时，则 $RH=100\%$ 就要结露。③ A 取决于 B 和 RH（相对湿度）的条件，但涂刷面温度低于 A 则结露，高于 A 则不结露。

二、压力式温度计

压力式温度计是利用装于密封系统的介质（液体、气体或蒸气）压力随温度变化的原理而制作的温度计，测量范围在 $-60\sim550$ ℃。该温度计主要由温包、毛细管、弹簧管组成一个密封系统，根据所用介质不同，可分为液体式（水银）、气体式（氮气）和蒸气式（氯甲烷）三种类型。当温度变化时，温包内工作介质的压力发生变化，压力经毛细管传给弹簧管而带动指针指示温度。

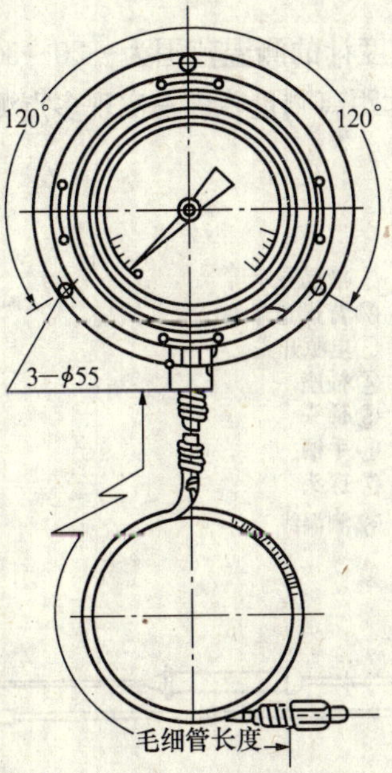

由于装于密封系统的介质不同，其测温范围也不相同。气体温度计为 $-70\sim420$ ℃，蒸气温度计随所充物质不同为 $-30\sim250$ ℃，水银温度计为 $-40\sim650$ ℃。

根据所测介质的不同，又可分为普通型和防腐型。普通型用于无腐蚀作用的液体，气体和蒸气；防腐型采用全不锈钢材料，适用于有腐蚀的气体或液体。

压力式温度计的精度不高，只作为工业测温仪表，它的示值误差不应大于标尺最大值的 $\pm 2\%$。图 3-4 为压力式温度计示意图。

常用压力式温度计主要技术指标列于表 3-7。

图 3-4 压力式温度计示意图

表3-7 压力式温度计技术指标

型 号	测温范围（℃）	精度等级	安装接头	耐压（MPa）
WTZ-280	-20～+60	2.5	M27×2	1.6 或 6.7
	0～50			
	0～100			
	20～120	1.5		
	60～160			
WTQ-280	-180～40	1.5 或 2.5	M33×2 或 M27×2	1.6 或 6.4
	-60～40			
	0～160			
	0～200			
	0～300			
	0～400			
	0～500			

WTZ-280型压力式温度计，由于蒸发液体的饱和蒸气压力与温度变化之间不成比例的特性，应使用标度盘的三分之二部分。WTQ-280型压力式温度计可在-10～55℃的环境温度内正常工作。

此外，还有远程压力式温度计。

三、电阻式温度计

电阻式温度计是利用导体或半导体电阻值随温度变化的性质而制成的测温仪表，由敏感元件、显示仪表以及连接导线所组成。所用的敏感性元件是用金属丝缠绕在骨架上制成，最适合作电阻温度计的材料是铜和铂的金属丝，称之为铜电阻温度计、铂电阻温度计。对于测量低温和超低温时的热敏元件，可用铟、锰和碳等电阻丝制成。显示仪器多为动圈式仪表或电子式平衡电桥。

铜热电阻温度计的测温范围为-50～100℃，铂热电阻温度计的测温范围为-20～500℃。其特点是精确度较高，热惯性小，能快速测量温度，可进行远距离测量，容易实现多点测量。

电阻式温度计中的热敏性元件是半导体材料，亦称半导体温度计或电子温度计。例如JDC型电子测温仪就属于电阻式温度计。

JDC型电子测温仪是由主机、测温探头组成，由液晶显示屏显示数据。只要将测温探头与主机插接，即可进行温度测量。其构造如图3-5所示。

JDC型电子测温仪有高温和低温报警装置，背景显光，还可在夜间显示测温，读数清晰。可用于气体、液体和颗粒材料的温度测试，

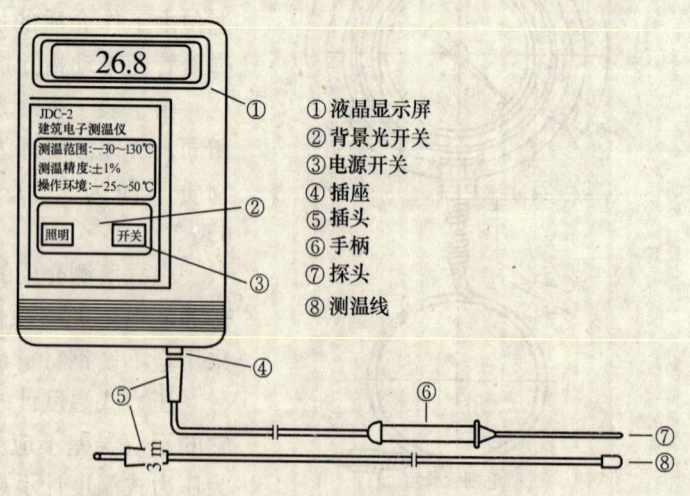

① 液晶显示屏
② 背景光开关
③ 电源开关
④ 插座
⑤ 插头
⑥ 手柄
⑦ 探头
⑧ 测温线

图3-5 JDC型电子测温仪

表 3-8 列出了半导体点温度计的型号和测温范围。

表 3-8 半导体点温度计型号和主要技术性能

型 号	测温范围（℃）	最小分度值（℃）	温度允许误差（℃）	测温量程数档
WMZ-01	−50～+50	1	±1	2
	0～+50	0.2，0.5，1	±0.2～1	1～3
	0～+100	1	±1	2
	0～+200	2	±2	2
	0～+300	2	±3	2～3
	200～+600	5	±5	3

注：① 感温元件（玻璃体或附金属保护套）长度分 100 mm、150 mm 两种。
② 时间常数≤6 s（在水中）。
③ 元件形式、密封和外露式两种，元件部分有互换性。
④ 引出线长 1.5 m。
⑤ 特殊规格范围：热敏电阻长 4～1 500 mm，直径 2～8 mm，引出线长 0.5～200 m（300 ℃以下）。
⑥ 仪器外形尺寸及重量：150 mm×105 mm×70 mm，重量约 0.6 kg。

四、热电偶温度计

热电偶温度计是用热电偶产生热电效应性质制成的一种测温仪表。热电偶是利用两种不同的导体或半导体连接成的闭合回路，在该回路内产生热电效应，热电效应生产热电动势，利用热电动势随热量的变化而显示温度的变化，从仪表上显示。

热电偶温度计的种类很多。常用的有铜-康铜热电偶温度计，适用于 350 ℃左右；镍铬-镍铝热电偶温度计，适用于 1 100 ℃以下；铂铑-铂热电偶温度计，长期使用温度为 1 300 ℃，短期可用 1 600 ℃。特殊要求时也有用金刚石-石墨热电偶温度计、钨-铼热电偶温度计，可测得更高的温度，高达 1 800～1 900 ℃。

热电偶温度计使用方便，准确可靠，可以用一个仪表测量多点的温度，并可进行远距离测量和自动记录。

进行远距离测量时，其连接导线（铜线或补偿电线）是温度比较稳定的一种专用导线，有正负极性。

常见的热电偶温度计的适用范围列于表 3-9。

表 3-9 几种常见的热电偶温度计的适用范围及其室温下温差电势的温度系数

类 型	适用温度的范围（℃）	可以短时间使用的温度（℃）	$\dfrac{dE}{dT}$（mV·℃$^{-1}$）	型 号
铜-康铜	−40～350	600	0.042 8	WRC
铁-康铜	−200～750	1 000	0.054 0	WRF
镍铬-镍铝	20～1 200	1 350	0.041 0	WRE
铂-铂铑	0～1 450	1 700	0.006 4	WRP

五、辐射高温计

辐射高温计是利用物体的热辐射性质而制成的测温仪表。任何物体受热后，都向四周辐射热能，其辐射强度与温度有关，可根据辐射的总能量与物体温度的关系来确定物体的温度。

辐射高温计可用来测量高于800℃的高温，其特点是不需与高温物体直接接触，不会影响被测介质的原来温度分布情况，同时仪表也不需要抗高温的性能。辐射高温计的种类很多，主要有光学高温计、光电高温计、比色高温计、全辐射高温计和远红外线温度计等。

全辐射高温计是将受热物体发出的全部辐射能聚敛并照射在热敏元件上，借测电仪表（高温毫伏计和电位计）指示出温度，配以适当的显示仪表，可以指示、记录和自动调节被测温度，主要用于发热物体表面温度的测量，属于非接触式温度测量仪表。

表3-10列出了WFT-202型辐射高温计测量范围。

表3-10 WFT-202型辐射高温计测量范围

测量范围（℃）	透镜材料	基本允许误差（℃）	
		温度范围	误差值
400~1 000	石英玻璃（分度号 F_1）		
600~1 200			
900~1 400	K₉玻璃（分度号 F_2）	400~1 000	±16
1 200~1 800		>1 000~2 000	±20
700~1 400			
900~1 800			
1 100~2 000			

光学高温计又称单波辐射高温计，它是将物体所发出的辐射线中一定波长的亮度与标准灯丝亮度进行比较，从而求得物体的温度。当被测量的温度高于热电偶所能使用的范围，以及热电偶不能装置或不宜装置的场所，均可用光学高温计。属于非接触式测量的高温仪表。

表3-11列出了WGG2型光学高温计的主要技术参数。

表3-11 WGG2型光学高温计型号和主要技术参数

型号	测温范围（℃）	量程号	量程（℃）	允许基本误差（℃）
WGG2-201	800~2 000	1	800~900	±33
			900~1 500	±22
		2	1 200~2 000	±30
WGG2-323	1 200~3 200	1	1 200~2 000	±30
		2	1 800~3 200	±80

光电高温计是用光电池作感受元件，光电池的光电流与受热物体的亮度成正比，可作为受热物体温度的量度。其优点是能客观地测量高速工作过程中受热物体温度。可自动记录，并发出脉冲信号，供自动调节之用。

比色高温计是利用受热物体发出的射线中两种波长下辐射强度之比，随物体实际温度而变化的原理制成，测出两种波长下辐射强度之比，就可知道受热物体的温度。其特点是测得的是物体本身的温度，不需修正。

远红外线温度计是利用物体的红外辐射特性（辐射能量的大小及其按波长的分布）与物

体温度的关系，通过测量物体的自身红外辐射能，以确定物体温度的仪器。主要由传感元件、光学系统、调制器及放大显示部分组成。按照测温范围可分为低温、中温和高温红外测温仪，其具有测温范围广，反应速度快，精度高，以及非接触测量等优点，现已广泛用于建筑防水材料试验室的温度测量。例如：ST20 型远红外测温仪技术指标为：

测温范围：$-32\sim400$ ℃。

激光瞄准：分辨率为 0.2℃。

该远红外测温仪体积小，携带方便，操作简单，可用于任何现场的温度测量。

图 3-6 为 HTJ-350 型非接触式远红外测温仪，测温范围为 $-20\sim350$ ℃，采温角度 25°，有各种控制输出，测温自动化程度高。

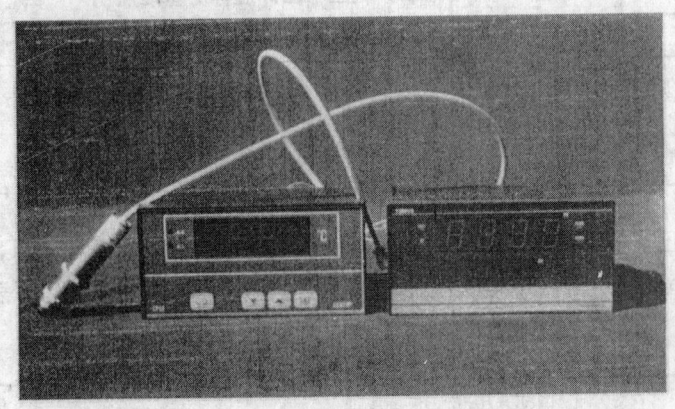

图 3-6　HTJ-350 型远红外测温仪

该远红外测定仪可用于建筑防水材料生产和施工时测温之用。

六、玻璃液体温度计的校正

温度在国际单位制中没有因次，习惯上用温标的度来表示。玻璃液体温度计在校正前需确定使用的温标。

（一）温标

温标分为开尔文（T_K）、摄氏度（t_C），列氏度（t_R），华氏度（t_F）和兰氏度（T_R）。国际上通常采用的四种温标，都是根据水性质的基本范围做成的，就是根据标准大气压时水蒸气的凝结点和冰的熔点做成的。常用的四种温标关系列于表 3-12。

表 3-12　常用温标关系

名　称	百分温标（℃）	华氏（°F）	列氏（°R）	开尔文（°K）
水蒸气凝结点	100	212	80	373.15
冰的熔点	0	32	0	273.15
与开尔文相当的温度	−273.15	−459.69	−215.53	0
基本范围变数	100	180	80	100

注：在华氏温标中，0°F 是取冰、氯化铵、食盐混合物的熔点，100°F 是人的体温（精确地说它是相当于 98.0°F）。

国际温度采用百分温标。它的分度用符号℃表示。该温标可按下列公式换算：

温度：华氏 $\quad °F=\dfrac{9}{5}°C+32=\dfrac{9}{4}°R+32$

摄氏 $\quad °C=\dfrac{5}{9}(°F-32)=\dfrac{5}{4}°R$

列氏 $\quad °R=\dfrac{4}{5}°C=\dfrac{4}{9}(°F-32)$

1954年，温度量度的国际委员会选定水的三相点的绝对温度（现称热力学温度）为273.16 K作为标准温标。1968年，国际实用温标（IPTS-68）规定了温标的六个基准点，列于表3-13。

表3-13 标准大气压下国际温标的基准点

定 点	温度（℃）	定 点	温度（℃）
氧点（液氧与其蒸气的平衡温度）	-182.962	锌点（固态锌与液态锌的平衡温度）	+419.58
水的三相点	+0.01	银点（固态银与液态银的平衡温度）	+961.93
汽点（液态水与其蒸汽的平衡温度）	+100	金点（固态金与液态金的平衡温度）	+1 064.43

1975年第十五届国际计量大会通过了"1968年实用温标（简称IPTS-68）的修订"。这只是对IPTS-68的补充，并非取代。1975年规定的定点和参考点列于表3-14。

表3-14 国际实用温标定点①

定 点	国际实用温标指定值 T_{68}（K）	国际实用温标指定值 t_{68}（℃）	定 点	国际实用温标指定值 T_{68}（K）	国际实用温标指定值 t_{68}（℃）
平衡氢三相点②	13.81	-259.34	氧冷凝点	90.188	-182.962
平衡氢在$\dfrac{25}{76}$标准大气压下气液平衡②③	17.042	-256.108	水三相点	273.16	0.01
			水沸点	373.15	100.00
平衡氢沸点②③	20.28	-252.87	锡凝固点	505.118 1	231.968 1
氖沸点③	27.102	-246.048	锌凝固点	692.73	419.58
氧三相点	54.361	-218.789	银凝固点	1 235.08	961.93
氩三相点	83.798	-189.352	金凝固点	1 337.58	1 064.43

注：①除三相点和17.042 K氢点外，压力为1.013×10^5Pa（1Atm）。
②氢有两种分子状态，正氢和仲氢。正、仲氢混合平衡与温度有关。
③由于同位素分馏的结果，使平衡氢的冷凝点（刚刚出现极少量液态成分）和沸点（刚刚出现极少量蒸气成分）之间约差0.4毫升。因此，要求氢（或氖）使用沸点（刚刚出现极少量蒸气成分），氧使用冷凝点（刚刚出现极少量液体成分）。

（二）玻璃液体温度计的校正

玻璃液体温度计在使用前必须进行校正，未经校正的温度计不能应用。因对温度计的准确度不清楚，测出的温度数据，很难判断其准确性，就是在同一温度条件下，每支温度计也曾出现过读数不相同的现象，不进行校正，很难判断出哪支温度计比较准确。

温度计的校正方法主要有两种。一种是比较法，另一种是固定点校正法。

比较法是用标准温度计校正实用温度计的方法。它是在相同条件下，以相同的方式（如浸入深度、浸入位置等），将标准温度计与实用温度计同时浸入热浴液体中，慢慢均匀加热

（浴液要搅拌均匀），同时观察两支温度计显示的温度值，每升高 5 ℃ 或 10 ℃ 记录一次。以温度值与两者的温度差作校正曲线，使用时即可从图中查出校正值。这是最简单的一种温度计校正方法，比较实用，但需备有标准温度计。

固定点校正法是以某些纯物质在标准大气压下的相变点（熔点或沸点）作温标标准，与被校正温度计的指示值作比较而获得校正值。例如，温度计的零点校正，可用水-冰混合物为标准作固定点校正。校正方法：

在容器内装上蒸馏水冷冻制成的碎冰块，加入预先冷却过的蒸馏水直至淹没冰层，容器最好带有夹套保温层，防止冰块过快融化。用玻璃棒将冰层捣结实，将已预冷过的洁净温度计直插入冰层，使零点标线露出冰面不超过 5 mm。待 10～15 min 后读数，每隔 1～2 min 读数一次。当读数稳定后，最后连续三次的相同读数就是温度计零点的实际位置。图 3-7 为温度计零点校正装置。

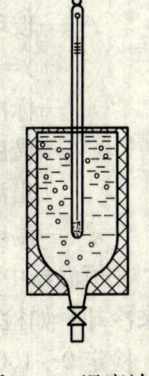

图 3-7 温度计零点校正装置

温度计校正常用纯物质列于表 3-15。

表 3-15 温度计校正常用纯物质

测定熔点时用纯物质		测定沸点时用纯物质	
化 合 物	熔点 t_{mp}（℃）	化 合 物	沸点 t_{bp}（℃）
水-冰	0	溴乙烷	38.40
环己醇	25.45	丙酮	56.11
薄荷醇	42.5	氯仿	61.27
二苯酮	48.1	四氯化碳	76.75
对硝基甲苯	51.65	苯	80.10
萘	80.25	水	100.0
乙酰苯胺	114.2	甲苯	110.62
苯甲酸	122.36	氯苯	131.84
脲	132.8	溴苯	156.15
水杨酸	158.3	环己醇	161.10
琥珀酸	182.8 (188.0)	苯胺	184.40
蒽	216.18	苯甲酸甲酯	199.50
邻苯二甲酰亚胺	233.5	硝基苯	210.85
对硝基苯甲酸	241.0	水杨酸甲酯	222.95
酚酞	265.0	对硝基甲苯	238.34
蒽醌	286.0	二苯甲烷	264.40
		α-溴萘	281.20
		二苯酮	306.10

固定点校正法比较严格、准确，不仅可以校正温度显示值，同时也可校正温度计露出部分和大气压力对温度的影响。

在外部检验时温度计上发现测温液柱有断裂时，应在检定前将断裂的液柱，采用加热或冷却方法进行修复。

如果被检定的温度计不能完全浸入，应就其露出的液体按下式计算出修正值附加于示值中。

$$C = \gamma(t - t_1)n$$

式中 C——用℃表示的修正值;

γ——玻璃温度计内液体的视膨胀系数（水银温度计 $\gamma = 0.00016$，酒精温度计 $\gamma = 0.00103$，煤油温度计 $\gamma = 0.00093$）；

t——标准温度计在恒温器中表示的温度；

t_1——借助辅助温度计所确定露出液柱的平均温度（辅助温度计的水银球应放置在露出液柱部分的中间，为求得温度恒定，应等待 10～15 min 后读数）；

n——温度计露出液柱的度数（对分度值为 0.05 ℃以上的温度计，n 取整数值）。

在恒温器中检定的，检定-80～0 ℃范围的温度计，应用干冰（固体二氧化碳）或液体氮来冷却；如检-20～0 ℃可用碎冰和食盐的混合物做冷却剂。

检定 0～100 ℃范围的温度计应在水恒温器内进行；100～300 ℃应在恒温油（油的闪点要求在 300 ℃以上）浴内进行；检定 350 ℃点也可用油浴进行。但需注意安全，要求油的闪点在 340 ℃以上。

工业温度计的检定点列于表 3-16，常用温度计的种类列于表 3-17，华氏与摄氏温度换算列于表 3-18。

表 3-16 工业温度计检定点

温度计测定范围（℃）	被检定点（℃）
-30～0	-30；-20；-10；0
0～100	0；50；100
0～150	0；50；100；150
0～250	0；100；200；250
0～300	0；100；200；300

表 3-17 常用温度计

类型	种类	测温范围 t（℃）	特点	注
玻璃液体温度计	1. 标准温度计 2. 实用温度计 a. 试验用温度计 b. 工业温度计 c. 气象温度计 d. 医用温度计	-30～300 -100～350 -80～600 -36～61 35～42	1. 结构简单，使用方便 2. 测温准确 3. 玻璃易碎	1. 根据充灌温度计的液体受热膨胀遇冷收缩的原理 2. 充灌温度计的液体有：汞、酒精（常染成蓝色）、煤油（常染成红色）、戊烷（充灌低温温度计）、镓（充灌高温温度计）
热电偶温度计	铂-铂铑 铬-铝 铁-康铜 铜-康铜	<1 300 -200～7 200 -200～700 -200～300	1. 体积小，可测局部温度 2. 热容小，滞后现象小，可用于测控装置 3. 测温范围宽	1. 以两种不同金属导体连成闭合回路，将其两个接点分别置于两个温度不同的热源中，产生的温差电动势可表征两端的温差 2. 其冷端可选室温或 0 ℃

续表

类型	种类	测温范围 t (℃)	特点	注
电阻温度计	1. 铂电阻	−200～630	1. 电阻与温度变化呈线性关系，且稳定性好、性能可靠 2. 体积小，热容小，灵敏度高，可跟踪快速温度变化	1. 由于易获得纯铂，且其电阻系数大、温度系数恒定，国际上早已规定铂电阻温度计用作复现温标的基准器 2. 热敏元件为半导体，可根据需要制成不同电阻、不同温度系数的元件
	镍电阻	<150		
	铜电阻	<150		
	铟电阻	−270		
	碳电阻	−272		
	2. 热敏电阻	<350		

表 3-18 华氏温度（°F）——摄氏温度（℃）换算表

°F	℃	°F	℃	°F	℃	°F	℃	°F	℃
−459.5	−273.16	15	−9.4	220	104.4	530	276.7	880	471.1
−454	−270.0	20	−6.7	230	110.0	540	282.2	900	482.2
−400	−240	25	−3.9	240	115.6	550	287.8	920	493.3
−300	−184	30	−1.1	250	121.1	560	293.3	940	504.4
−200	−129	32	0.0	260	126.7	570	298.9	960	515.6
−100	−73.3	35	+1.7	270	132.2	580	304.4	980	526.7
−90	−67.8	40	4.4	280	137.8	590	310.0	1 000	537.8
−80	−62.2	45	7.2	290	143.3	600	315.6	1 020	548.9
−70	−56.7	50	10.0	300	148.9	610	321.1	1 040	560.0
−60	−51.2	55	12.8	310	154.4	620	326.7	1 060	571.1
−50	−45.6	60	15.6	320	160.0	630	332.2	1 080	582.2
−45	−42.8	65	18.3	330	165.6	640	337.8	1 100	593
−40	−40.0	70	21.1	340	171.1	650	343.3	1 120	605
−35	−37.3	75	23.9	350	176.7	660	348.9	1 140	616
−30	−34.5	80	26.7	360	182.2	670	354.4	1 160	627
−25	−31.7	85	29.4	370	187.8	680	360.0	1 180	638
−20	−28.9	90	32.2	380	193.3	690	365.6	1 200	649
−15	−26.1	95	35.0	390	198.9	700	371.1	1 220	660
−10	−23.4	100	37.8	400	204.4	710	376.7	1 240	671
−5	−20.6	110	43.3	410	210.0	720	382.2	1 260	682
0	−17.2	120	48.9	420	215.6	730	387.8	1 280	693
1	−16.7	130	54.4	430	221.1	740	393.3	1 300	704
2	−17.2	140	60.0	440	226.7	750	398.9	1 320	716
3	−16.1	150	65.6	450	232.2	760	404.4	1 340	727
4	−15.6	160	71.1	460	237.8	770	410.0	1 360	738
5	−15.0	170	76.7	470	243.3	780	415.6	1 380	749
6	−14.4	180	82.2	480	248.9	790	421.1	1 400	760
7	−13.9	190	87.8	490	254.4	800	426.7	1 420	771
8	−13.3	200	93.3	500	260.0	820	437.8	1 440	782
9	−12.8	210	98.8	510	265.6	840	448.9	1 460	804
10	−12.2	212	100.0	520	271.1	860	460.0	1 500	816

第二节 控温仪器

在建筑防水材料的检测中,将温度控制在某一范围内,是不可缺少的试验手段,这就需要有控制温度的仪器,简称控温仪。控温仪器的种类很多,有接电水银温度计、指针式控温仪、数显式控温仪等。以接电水银温度计控温仪应用较早,精确度较高,受干扰因素影响小。在要求控制温度比较严格的试验或仲裁检验,最好采用接电水银温度计控温。

一、接电水银温度计

接电水银温度计又称导电表,是用来控制恒温的感温元件,分为可调式和固定式两种,在试验室中应用最多的为可调式接电水银温度计,它是由毛细管水银温度计、指示铁、调节帽、磁铁等所组成。其结构如图3-8所示。

在使用时,将接电水银温度计两根导线分别接于需控制仪器或设备的接线柱上,将接电水银温度计插入需测量的工作室或介质中,放松螺帽上的固定螺丝,转动钢帽,将指示铁调至指示温度。顺时针转动钢帽时,指示铁上升,逆时针转动时,指示铁下降,切勿将指示铁旋至刻度尺以外。调节到指示温度以后,紧好钢帽固定螺丝。当温度升至所调温度时,下部水银柱与上部触针接触,两导线接通,通过继电器使加热器断开停止加热。反之,当温度未达到所调温度时,两导线断开,加热器通电加热,达到温度自动控制的目的。

接电水银温度计的型号不同,测温范围也不相同。表3-19和表3-20列出了接电玻璃水银温度计的型号及技术参数。

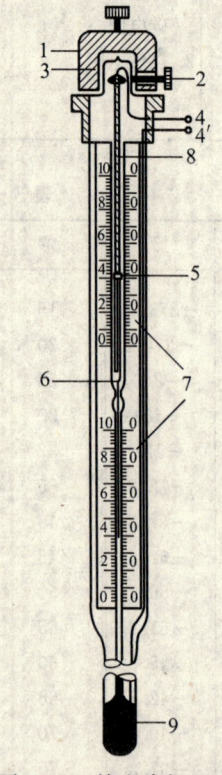

图3-8 接电水银温度计
1—调节帽;2—调节帽固定螺丝;3—磁铁;
4—螺丝杆引出线;4′—水银槽引出线;
5—指示铁;6—触针;7—刻度板;
8—调节螺丝杆;9—水银槽

表3-19 电接点玻璃水银温度计型号和技术参数

名称	型号	外形	测量范围 (℃)	分度值 (℃)	上部尺寸 (mm)		尾部尺寸 (mm)		
					长度L	外径	直形尾长l	角形尾长l	外径
内标式可调电接点玻璃水银温度计	WXG-11T WXG-12T	直形 90°角形	−30~50	1	250±5	φ18~19	60, 80, 100, 120, 160, 200, 250, 320, 400, 500	110, 130, 150, 170, 210, 250, 300, 370, 450, 550	φ8±1
			0~50	0.5					
			0~100	1					
			50~150						
			100~200						
			200~300	2					
			0~200						
			0~300	5					

续表

名 称	型 号	外 形	测量范围 (℃)	分度值 (℃)	上部尺寸 (mm) 长度L	上部尺寸 (mm) 外径	尾部尺寸 (mm) 直形尾长l	尾部尺寸 (mm) 角形尾长l	外径
内标式固定电接点玻璃水银温度计	WXG-11F WXG-12F	直形 90°角形	-30~70	1	250±5	φ18±1	60、80、100、120、160、200、250、320、400、500	110、130、150、170、210、250、300、370、450、550	φ8±1
			0~50	0.5 或 1					
			0~100	1					
			0~150						
			50~150						
			100~200	2					
			200~300						
			0~200						
			0~300						
			-30~70	1	250±5	φ18±0.5			
			0~50	0.5 或 1					
			0~100	1					
			50~150						
			100~200	1 或 2					
			200~300						
			0~200	2					
			0~300	5					

表3-20 棒式固定接电玻璃水银温度计

名 称	型 号	外 形	测量范围 (℃)	外径 (mm)	全长 (mm)
棒式固定电接点玻璃水银温度计	WXG-01F WXG-02F	直形 90°角形		φ4~5.5	WXG-01F 全长:60、80、100、150 WXG-02F 上部长度和尾长按用户需要
			-30~70 0~50 0~100 50~100 100~200 200~300	φ3~6	WXG-01F 全长:60、80、100、150 WXG-02F 尾长:110、130、150、210、250、300
			-30~70 0~50 0~100 0~200	φ3~6	单点全长:60、80、100、120、160、200、250、320、400 二点全长:80、100、120、160、200、250、320、400 三点全长:120、160、200、250、320、400

二、温湿度指示控制仪

温湿度指示控制仪是采用组装式结构。由交流控温湿度电桥、交流放大器、相敏放大器,控温湿执行继电器四部分组成。图3-9为温湿度指示控制仪。

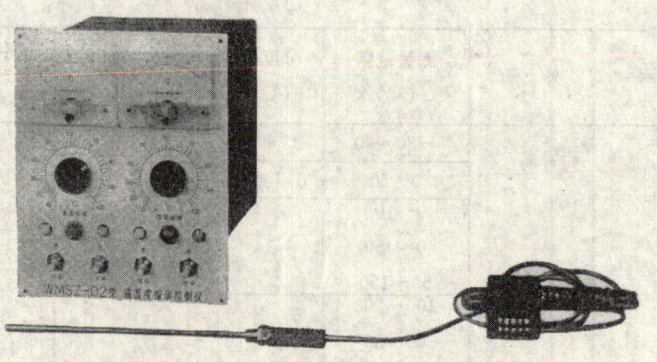

图 3-9 温湿度指示控制仪

该测温湿系统是利用直流电桥的不平衡,从而在测温湿指示刻度表上迅速指示精确的温湿度值。WMSZ-02 型温湿度指示控制仪的技术性能列于表 3-21。

表 3-21 WMSZ-02 型温湿度控制仪

指标名称	技术指标
控温范围	10～50 ℃,10～100 ℃
控温精度	±3 ℃ ±0.5 ℃
测温精度	±1 ℃ ±2 ℃
控温选择盘精度	±2 ℃ ±2 ℃
仪器工作环境温度	−10～+45 ℃ 相对湿度不超过 85%
控温湿继电器输出接柱	最大电压 450 V,最大电流 10 A
仪器电源	交流电压 220V,50Hz
仪器消耗功率	小于 6W

在使用时,将感温湿插头插入仪器上的插孔,将感温湿探头保护套去掉,并良好地固定在被控测温湿部位。将仪器控温湿选择盘逆时针方向旋至控制温湿度,然后打开整个设备单元开关。当控温湿选择温湿度高于感温湿探头四周温湿度时,控温湿继电器输出接柱通电,被控设备通电加热,白色指示灯亮;当控温湿度低于感温湿探头四周温湿度时,被控设备电路断开,红色指示灯亮。

指针式温湿度控制仪主要用于对温度和湿度有一定要求的试验室或试验仪器,以控制其环境的温度和湿度范围。

三、指针式控温仪

指针式控温仪是控制加热或降温范围的测温仪器,同温湿度指示控制仪的不同是只有控温装置而无控湿装置,同样是利用直流电桥不平衡,在测温指示仪表上迅速指示精确的温度值。图 3-10 为 WMZK 系列温度控制仪。

WMZK 型温度控制仪的规格及主要技术指标列于表 3-22。

第二节 控温仪器

表 3-22　WMZK 型温度控制仪

指标名称	技术指标					
控温范围	-50～+50 ℃	10～50 ℃	10～100 ℃	50～200 ℃	100～300 ℃	20～300 ℃
控温精度	±0.5 ℃	±0.3 ℃	±0.5 ℃	±0.5 ℃	±1 ℃	±1 ℃
测温精度	±2 ℃	±1 ℃	±2 ℃	±5 ℃	±5 ℃	±10 ℃
温控选择盘精度	±2 ℃	±2 ℃	±2 ℃	±5 ℃	±5 ℃	±10 ℃
仪器工作环境温湿度	-10～+45 ℃，相对湿度不超过 85%					
控温继电器输出接柱	最大电压：450 V，最大电流：10A					
仪器电源	交流电 220 V，50 周，电压波动小于±15%					
仪器消耗功率	小于 6 W					

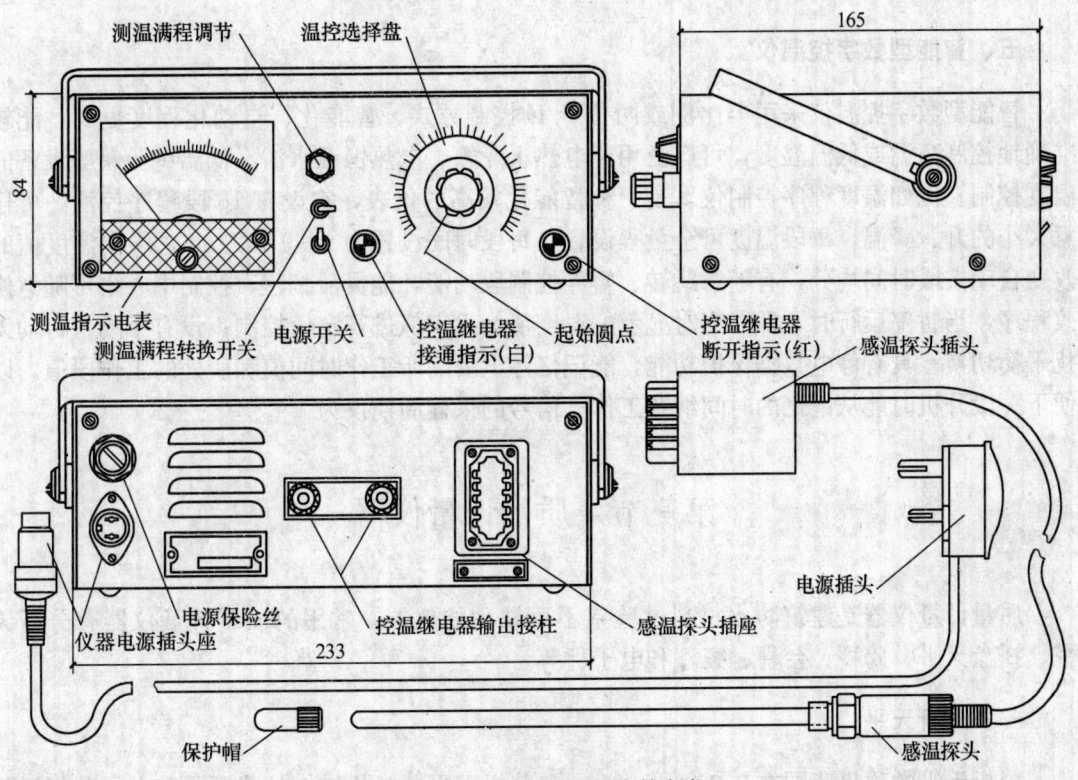

图 3-10　WMZK 型温度控制仪

四、数显式控温仪

数显式控温仪用显示屏显示温度的测量和控制温度设定值，主要由数码温控仪和热电偶探头组成。该类仪器的控温原理是采用比较器，把测量温度与设定温度进行比较后推动继电器开关，达到控温目的。例如 JC-1 型和 JC-2 型数显控温仪，其技术性能如下：

控温范围：TC-1A 型：-30～70 ℃
　　　　　TC-1B 型：0～100 ℃
　　　　　TC-1C 型：-50～150 ℃

温度分辨率：0.1 ℃

测温精度：±0.5 ℃

控温精度：±0.8 ℃

回差调节范围：1～10 ℃

仪器功率：≤5W

触点容量：5A

电源电压：220 V　50～60 Hz

环境条件：0～40 ℃，相对湿度≤85%

加热使用时，控制温度为设置的基准温度，为控制上限；致冷使用时的控制温度为设置的基准温度，加上回差温度为控制下限。

JC 型数显控温仪可用于试验室的加热温度控制、制冷温度控制的设备和仪器，还可用于恒温试验室的测温和控温。

五、智能型数字控温仪

智能型数字控温仪采用半比例或两位 P/D 控制方式，智能化、自动化程度更高，能较准确地控制高温或低温温度，可广泛用于电热干燥箱、电热恒温水浴、低温试验箱等设备的温度控制。例如温度程序控制仪，是一种智能化较高的仪表，它设有 18 段程序控温，可任意大小的升、降温，每段温度可全量程设置，每段时间设置为 1～9 999 min，段内温度值的改变自动按段时间均分；有随意跳转、暂停控制段功能，能灵活编程，控制中心也可随意修改程序，当暂停运行时，即以当时显示的温度值为设定值进行定值控制；设有手动、自动无扰平衡切换；具有停电数据保护功能，能记忆停电瞬间所工作时间值和所处的工作段值，以便下一段开机时能从记忆的时间继续工作；信号的采样周期仅为 1 s。

第三节　质量计量仪器

质量计量仪器是建筑防水材料试验室不可缺少的仪器，常用的质量计量仪器有分析天平、托盘天平、磅秤、台秤、案秤和电子秤等。

一、分析天平

分析天平的称量范围在 0.01 mg～200 g，分析天平分为机械杠杆式天平和电子分析天平两大类。常用的分析天平有如图 3-11 所示。

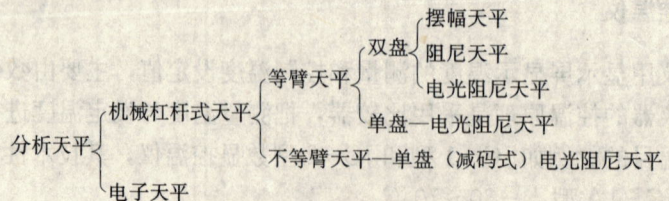

图 3-11　分析天平种类

（一）天平的等级

根据天平的精度，把天平分为 10 个级别，级别越小，表示天平的级别越高。表 3-23 列出了天平的精度级别。

表 3-23　各级天平主要计量参数表

精度等级	1			2			3		
主要计量性能 \ 最大载荷	分度值 不大于	全量示值变动性 不大于	不等臂性偏差不大于	分度值 不大于	全量示值变动性 不大于	不等臂性偏差不大于	分度值 不大于	全量示值变动性 不大于	不等臂性偏差不大于
	以 mg 计算								
50 kg	5	5	10	10	10	20	25	25	50
20 kg	2	2	4	4	4	8	10	10	20
5 kg	0.5	0.5	1	1	1	2	2.5	2.5	5
1 kg	0.1	0.1	0.2	0.2	0.2	0.4	0.5	0.5	1.0
200 g	0.02	0.02	0.04	0.04	0.04	0.08	0.1	0.1	0.2
20 g	0.002	0.002	0.004	0.004	0.004	0.008	0.01	0.01	0.02
2 g	0.0002	0.0002	0.0004	0.0004	0.0004	0.0008	0.001	0.001	0.002
分度值/最大称量	1×10^{-7}			2×10^{-7}			5×10^{-7}		

精度等级	4			5			6		
主要计量性能 \ 最大载荷	分度值 不大于	全量示值变动性 不大于	不等臂性偏差不大于	分度值 不大于	全量示值变动性 不大于	不等臂性偏差不大于	分度值 不大于	全量示值变动性 不大于	不等臂性偏差不大于
	以 mg 计算								
50 kg	50	50	100	100	100	200	250	250	500
20 kg	20	20	40	40	40	80	100	100	200
5 kg	5	5	10	10	10	20	25	25	50
1 kg	1	1	2	2	2	4	5	5	10
200 g	0.2	0.2	0.4	0.4	0.4	0.8	1	1	2
20 g	0.02	0.02	0.04	0.04	0.04	0.08	0.1	0.1	0.2
2 g	0.002	0.002	0.004	0.004	0.004	0.008	0.01	0.01	0.02
分度值/最大称量	1×10^{-6}			2×10^{-6}			5×10^{-6}		

精度等级	7			8			9		
主要计量性能 \ 最大载荷	分度值 不大于	全量示值变动性 不大于	不等臂性偏差不大于	分度值 不大于	全量示值变动性 不大于	不等臂性偏差不大于	分度值 不大于	全量示值变动性 不大于	不等臂性偏差不大于
	以 mg 计算								
50 kg	500	500	1000	1000	1000	2000	2500	2500	5000
20 kg	200	200	400	400	400	800	1000	1000	2000
5 kg	50	50	100	100	100	200	250	250	500
1 kg	10	10	20	20	20	40	50	50	100
200 g	2	2	4	4	4	8	10	10	20
20 g	0.2	0.2	0.4	0.4	0.4	0.8	1	1	2
2 g	0.02	0.02	0.04	0.04	0.04	0.08	0.1	0.1	0.2
分度值/最大称量	1×10^{-5}			2×10^{-5}			5×10^{-5}		

注：① 最大称量，又称最大载荷量，表示天平可称量的最大量。绝不允许用天平称量超过最大称量的物体。

② 分度值，即引起天平不平衡的质量 m 与读数标尺偏移的分度数 n 之比 m/n。

例如，TG 328A 型全机械加码双盘分析天平，最大称量 200 g，分度值 0.1 mg，则其精度等级为

$$0.0001\,g/200\,g = 5\times10^{-7} \quad 为三级分析天平$$

TG 128 型阻尼双盘天平，最大称量 200 g，分度值是 0.02 mg，精度等级为

$$0.00002\,g/200\,g = 1\times10^{-7} \quad 为一级精密天平$$

一级精密天平可供国家计量检定机关用来检定高精度一级标准砝码之用。

（二）分析天平的调节

水平调节：天平安置是否水平，直接影响到使用。调节方法是旋动天平座下的螺旋足，当天平上的圆水准泡的空气泡在正中（或线锤对准中心）时，天平即调节水平。

零点调节：标尺指针应对准刻度牌的"0"点，如偏在左右1格范围内时，可不作调整，如偏差较大，则应重新调节。旋动天平梁左右两端的调节螺旋，直至指针平衡为止。光学分析天平除进行上述调节外，还可利用光学系统调节零点，使反射标尺的零度线与幕上游标尺上零线相重合即可。

重心调节：天平的灵敏度（每偏转一个分度所需的质量值）会因天平载重增加而稍有下降，一般希望天平的灵敏度，在载重改变1mg时，指示偏转2～5刻度，即标尺每一刻度相当于0.2～0.5mg。光电分析天平刻度，经光线投影到幕上与游标尺相遇，以指示天平梁旋转的读数。当加入10mg标准砝码时，光学标尺读数应为10mg，若灵敏度不符合上述要求时，需加以调节。把梁的重心螺旋或指针上的附重作上下调整，使天平梁重心改变，就可以改变天平的灵敏度。

砝码的校准：分析天平所用的砝码，必须具有相当准确度，使用时应十分小心，防止因损坏或粘污，而使它的质量产生误差。但在使用过程中，往往由于磨损、粘污、氧化等影响，砝码的质量略有改变，需定期加以校正。

砝码的允差列于表3-24。

表3-24 砝码质量允差 ±mg

标称质量	准确度级别				
	一级（E1）	二级（E2）	三级（F1）	四级（F2）	五级（M1）
100 g	0.050	0.15	0.50	1.5	5.0
50 g	0.030	0.10	0.30	1.0	3.0
20 g	0.025	0.08	0.25	0.8	2.5
10 g	0.020	0.06	0.20	0.6	2.0
5 g	0.015	0.05	0.15	0.5	1.5
2 g	0.012	0.04	0.12	0.4	1.2
1 g	0.010	0.03	0.10	0.3	1.0
500 mg	0.008	0.025	0.08	0.25	0.8
200 mg	0.006	0.020	0.06	0.20	0.6
100 mg	0.005	0.015	0.05	0.15	0.5
50 mg	0.004	0.012	0.04	0.12	0.4
20 mg	0.003	0.010	0.03	0.10	0.3
10 mg	0.002	0.006	0.02	0.06	0.2

注：本表摘自JJG 99—90中华人民共和国国家计量检定规程《砝码（试行）》[略去五（1）～七级]。

（三）使用分析天平注意事项

使用分析天平前必须检查一下天平是否处于正常状态，若不符合要求，应进行调节和校正。开关天平时，要缓慢平稳，以免损坏刀口。当天平正在称量未关闭时，不得在秤盘上增减称量物和砝码，也不可在梁上移动游码，以防冲击和振动损坏天平。

使用砝码应用镊子夹取，绝不能用手直接拿取。砝码匣应经常关闭，以免污损。称量任何物品，不要直接放在天平盘上或一张纸上，应加在玻璃表面皿或一个称量盘上。凡吸湿性或易挥发腐蚀性物品，必须放在密闭的容器内进行称量。称量过冷或过热的物体，应待其至室温后再行称量。

第三节 质量计量仪器

天平内放入硅胶或其他吸湿剂,应保持经常的干燥,不要让任何东西撒在天平匣内。天平室内不应有酸气或其他腐蚀性气体,室内保持干燥,维持清洁,天平台架需坚固,避免振动。

称量完毕后,应当检查天平是否已经关闭,取下砝码,将天平门关紧,如使用光电天平,即将电源拔下,盖上天平罩。

分析天平是很精密的分析仪器,应放置在专用的天平室,专用天平室内应保持干燥、清洁,窗户上应有遮阳窗帘,以防日晒,天平罩应为红黑两种颜色的布做成的双层罩。以防透光,延长天平使用寿命。

表3-25列出了机械式精密分析天平的型号及技术性能。

表3-25 分析天平型号与技术性能

型 号	精密标准天平						标准天平									
	TG 11B	TG 328A	TG 328B	TG 31B	TG 35B	TG 320B	TG 528B	TG 628A	TG 51B	TG 52B	TG 55B	TG 62B	TG 65B	TG 520B	TG 620B	TG 630B	TG 650B
称量(kg)	1	0.2	0.2	1	5	20	0.2	0.2	2	5	2	5	20	20	30	50
分度值(mg)	0.1	0.1	0.1	0.5	2.5	10	0.4	1	2	4	10	10	25	40	100	150	250
秤盘直径(mm)	φ110	φ75		φ110	φ160	φ250	φ75		φ110	φ160	φ160		φ160	φ250		φ280	φ350
外形尺寸(mm)	520×355×750	390×300×440		480×375×670	660×510×850	1060×600×1590	390×285×485		485×375×585	660×500×780		600×500×780		1060×600×1590			1340×860×1780

二、单盘天平

单盘天平是指不等臂单盘电光(光学)天平,属于机械杠杆式分析天平。单盘天平主要有横梁、支点刀、承重刀、配重砣、阻尼筒、砝码、秤盘、控制系统(包括各种开关、停动装置、减码装置、调零装置)、光学读数系统等。其结构原理如图3-12所示。

光学读数系统包括光学标尺、光源、聚光镜、放大镜、直角棱镜、五角棱镜、调零镜、微读镜和投影屏等。

单盘天平同等臂天平一样,都是根据杠杆原理设计的,只不过两臂不等而已。它只有两个刀子(一个支点刀,一个承载刀),全部砝码都同时悬挂在一个臂的悬挂系统上,与另一臂上的配衡体保持平衡状态。

单盘天平用替代法原理进行称量,将待称物体置于天平盘上,替代悬挂系统中原有的砝码,为使天平仍保持原有的平衡位置,需减去相应的砝码,减去的砝码就等于被称物体的质量。

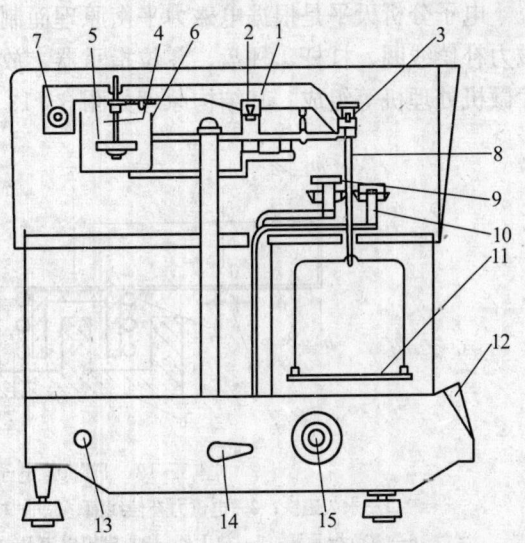

图3-12 DT-100型单盘天平结构
1—横梁;2—支点刀;3—承重刀;4—阻尼片;5—配重砣;
6—阻尼筒;7—微分标尺;8—吊耳;9—砝码;
10—砝码托;11—秤盘;12—投影屏;
13—电源开关;14—停动旋钮;15—减码旋钮

单盘天平的特点是灵敏度恒定,操作程序简单,称量速度快,准确度较高,称量结果的读数可直接从减码数字窗读取,砝码安装在天平内,悬挂在砝码架上,不容易丢失和损坏。

单盘天平的使用方法和规则与双盘天平有共同之处,为了保护天平不受损伤,保证称量快速准确,都需要调整天平水平,使水平仪的气泡位于水准仪的中心;需调整天平零点,检查各数字窗口都显示"0",转动微读旋钮,使微读轮上的"0"刻线对准投影屏的指示线。

在"半开"状态下粗称后,再在"全开"状态下准确称量,等天平停稳后,观察投影屏标尺刻线位置,即可读出准确数值。称量完毕,转动停动旋钮至"关闭"位置。取出被称物,将减码数字窗口、微读数字窗口全部恢复到"0"位。切断电源,加罩盖好。

常用单盘天平的型号列于表3-26。

表3-26 单盘天平型号及技术指标

产品名称	型号	规格和主要技术指标	
		最大称量(g)	感量(mg)
单盘天平 分析天平	TG-729	100	0.1
	DT-100A	100	0.1
	DA-160	160	0.1
	TD-12	100	0.1
	TD-18	160	0.1
	TG-128	100	0.1
单盘微量天平	DWT-1	20	0.01
	TD-15		

三、电子分析天平

电子分析天平是根据电磁力平衡原理而制成的一种质量计量仪器,主要由永久磁铁、电磁力补偿线圈、杠杆、秤盘、零位指示器、放大器、模拟电流开关调节器、电流检测仪、单片微机处理机等组成。其结构原理如图3-13所示。

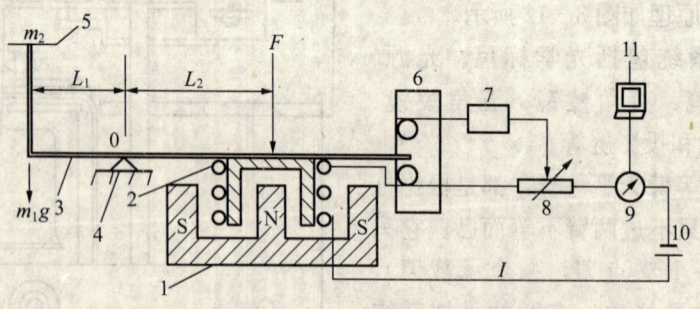

图3-13 FT204电子分析天平的结构原理
1—永久磁铁;2—电磁力补偿线圈;3—"杠杆";4—弹性簧片(支承系统);5—秤盘;
6—零位指示器;7—放大器;8—模拟电流开关调节器;9—电流检测器;10—控制电路电源;
11—显示器、打印机;I—流过线圈的电流;F—电磁力;m_1g—秤盘的重力(其中m_1为质量,g为重力加速度);
m_2—被称量物质的质量;L_1—重臂;L_2—力臂

在称量时,由于电子分析天平的秤盘通过支架连杆(相当于"杠杆")与磁力补偿线圈相连,并处于磁场之中,当有电流通过时,产生一个向下的电磁力,这个电磁力的方向与秤盘的重力方向相同。位移传感器处于设定的中心位置。当秤盘上待称物体质量改变时，位移传感器给出位移信号，经调节器和放大器改变电流的大小，直到线圈回到原中心位置为止，电流变化信号经微机的数据处理系统处理成数字信号，由显示器显示被称量物的质量值。

电子分析天平的特点是性能稳定，灵敏度高，操作简便，称量速度快，称量精度高。电子分析天平可在全量程范围内实现去皮、累加、超载显示、故障报警等功能。且具有质量电信号输出，可与打印机、微机接口，实现称量、记录、计算的自动化。表3-27列出电子分析天平的型号和技术参数。

表3-27 电子分析天平型号和技术参数

型 号	MA110	MA200	MA240D		MA260S		MP200A
最大称量（g）	110	200	40	200	60	200	200
最小读数值（mg）	0.1	0.1	0.1	1	0.1	1	1
线性误差（mg）	±0.4	±0.4	±0.4	±2	±0.4	±2	±2
外型尺寸（mm）	345×205×310						
电源及功耗	220V，50Hz，15W						

四、架盘天平

架盘天平是一种具有两个秤盘，并将其架在一根等臂横梁之上的等臂式机械天平。天平的分度值与最大称量之比称为精确度，其精确度在千分之一或千分之一以下，配有 M_2 级砝码。

常用的架盘天平规格列于表3-28。

表3-28 HC-TP11系列架盘天平型号规格及技术参数

技术参数	HC-TP11-1	HC-TP11-2	HC-TP11-5	HC-TP11-10	HC-TP11-20	HC-TP11-50
称量（g）	100	200	500	1 000	2 000	5 000
分度值（g）	0.1	0.2	0.5	1	2	5
秤盘直径（mm）	φ75	φ85	φ115	φ140	φ170	φ208
外形尺寸（mm）	200×75×135	205×85×140	295×115×180	360×140×190	400×170×235	540×210×260

在使用架盘天平时，必须将其放置在工作台上，取下两侧托盘架下的卡垫，有标尺的天平，需先将游码移至标尺左端"0"点位置上，然后调整平衡螺母，使天平指针对正分度牌中线。称量时，应尽量将被称物品及砝码放置在秤盘中心位置处。

在操作过程中，使用砝码应用镊子或戴手套轻拿轻放，不得磕撞，以避免损坏，天平及砝码使用完毕应及时用软布拂抹干净，并将砝码装入盒中，放在干燥通风处。

为保证天平及砝码准确性，应执行周期检定制度，一般一年内检定一次，以防失准。

五、磅秤

用来称量体积较大的物体质量时，常用磅秤，在建筑防水材料试验室中应用的磅秤主要有台秤和案秤。

（一）台秤

台秤是磅秤的一种，是放在地上的秤，主要由杠杆、游砣、立柱、承重板、连杆、刀等部件组成。其构造如图3-14所示。

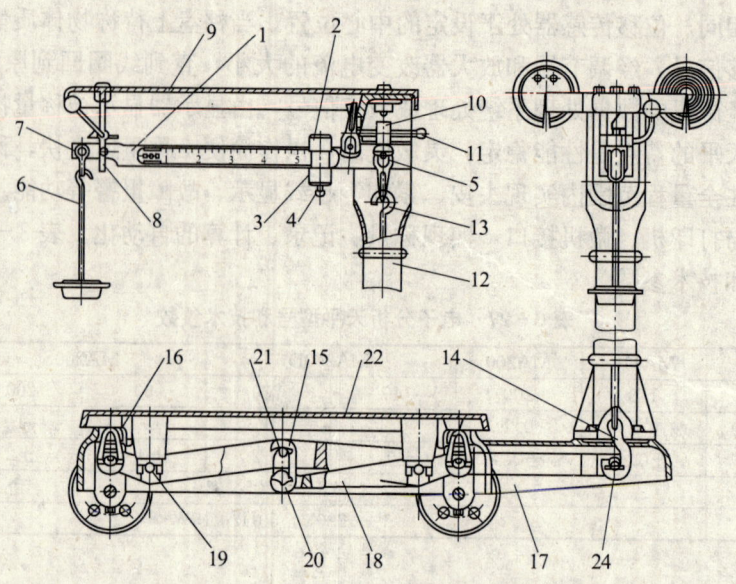

图 3-14 台秤结构示意图

1—杠杆体；2—游砣体；3—游砣底；4—游砣顶丝；5—支承点环；6—砣挂；7—力点环；8—视准器；
9—顶板；10—调整码；11—调整螺杆；12—立柱；13—连杆；14—钩；15—连接环；16—支点环；
17—长杠杆；18—短杠杆；19—刀（杠杆刀）；20—刀（短中刀）；21—刀（长中刀）；
22—承重板；23—刻度片（kg）；24—刀（杠杆力点刀）

台秤的技术参数列于表 3-29。

表 3-29 台秤技术参数（精度三级）

产品名称	产品型号	承重板尺寸 (mm)（长×宽）	最大称量 (kg)	分度值 (g)	臂比	自重 (kg)
50 kg 台秤	TGT—50 型	400×300	50	20	1/50	25
100 kg 台秤	TGT—100 型	400×300	100	50	1/50	26
300 kg 台秤	TGT—300 型	600×450	300	200	1/100	73
500Akg 台秤	TGT—500A 型	600×450	500	200	1/100	75
500Bkg 台秤	TGT—500B 型	800×600	500	200	1/100	131
1 000 Akg 台秤	TGT—1 000A 型	800×600	1 000	500	1/100	136
1000 B kg 台秤	TGT—1 000B 型	1 000×750	1 000	500	1/100	170

在使用时，应放置在平坦的地面上，应使秤的轮子或秤的底座与地面落实无悬空现象，不能使秤体放置有倾斜现象。将游砣移至计量杠杆的零点，计量杠杆在视准器内摆动正常。如计量杠杆偏上或偏下不平衡时，可旋转调整螺杆，调至计量杠杆摆动平衡为止。如果计量杠杆摆动不正常，承重板不灵活，则可掀开承重板检查内部零件刀子与刀承接触是否良好，连杆挂钩是否挂好。

在称量物品时，每次称量时应尽量将物品放置在承板中央位置，如果物品重量超过杠杆的标量时，则在砣挂上加放相应的增砣，使计量杠杆平衡后，其物品质量等于游砣在计量杆上的标量与砣挂上的增砣标量之和。

每次称量不能超过秤的最大称量，以免损坏零件或部件。

（二）案秤

案秤是用于称量体积较小的物件或颗粒、粉末，放置在案桌上使用的磅秤。其构造如图3-15所示。

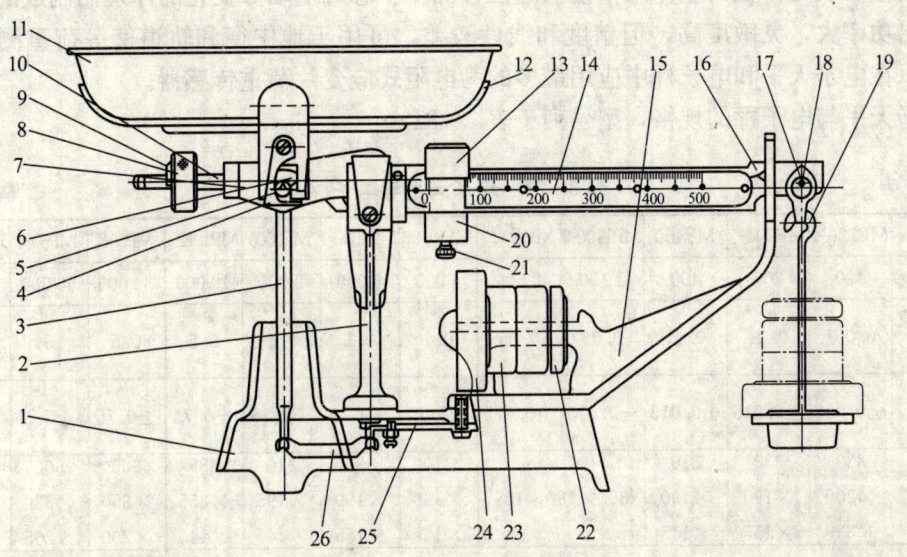

图 3-15 案秤结构示意图

1—底座；2—支架；3—连杆；4—挡板；5—刀（杠杆刀）；6—支承点环；7—刀架；8—调整砣；9—弹簧；10—调整螺杆；11—承重盘；12—盘架；13—游砣体；14—刻度片（kg）；15—视准架；16—臂板；17—力点环；18—刀（力点刀）；19—砣重；20—游砣底；21—游砣顶丝；22—砣；23—砣；24—砣；25—调整板；26—拉板

案秤的技术参数列于表 3-30。

表 3-30 案秤技术参数（精度三级）

产品名称	产品型号	承重盘尺寸（mm）	最大称量（kg）	分度值（g）	臂 比	自重（kg）
3 kg 案秤	AGT-3 型	φ250	3	2	1/5	5.2
5 kg 案秤	AGT-5 型	φ250	5	5	1/5	5.4
6 kg 案秤	AGT-6 型	φ270	6	5	1/5	6.7
10 kg 案秤	AGT-10 型	φ270	10	5	1/5	7.5

在使用案秤时，应放置在工作台上，使秤座底面同工作台落实无悬空现象，不能使秤体有倾斜现象。将游砣移至计量杠杆的零点上。旋转调整螺杆调至计量杠杆摆动平衡为止。

六、电子天平与电子秤

电子天平和电子秤是精确度小于电子分析天平的一种电子计量衡具，主要由荷重传感器和显示器两部分组成。荷重传感器又称测力传感器、压头。按照所用元件的不同，可分为电阻式应变片、压磁式、差动变压器式等荷重传感器。

电阻式应变片荷重传感器是利用应变片随荷重作用而变形，引起阻值变化的原理而制作，其特点是精度高，线性度高，可用于电子天平和电子秤。压磁式荷重传感器是利用磁压力效应，随荷重作用产生应变使磁阻变化的原理制作而成，其特点是输出功率大，坚固可靠，但精度和线性误差较大，不适用于 50 kg 以下的测量。差动变压器式荷重传感器是利用动铁芯和差动线圈，在荷重作用下使铁芯位移而产生感应电动势变化的原理而制成的。其特点是输出功率大，灵敏度高，但精度和线性较差，可用于地中衡和轨道衡等荷重测量装置中。所以在电子天平和电子秤中应用最多的为电阻式应变片荷重传感器。

电子天平与电子秤的规格，型号列于表 3-31。

表 3-31 电子天平与电子秤

型号	MP120-1	MP200-1	MP400	MP1100-1	MP2000	MP4000	MP6000-1	MP8000	MP10K-1	MP30K	MP50K	MP200K-1
最大称量(g)	120	200	400	1 100	2 000	4 000	6 000	8 000	10 000	30 000	50 000	200 000
最小读数值(g)	0.001	0.01	0.01	0.01	0.05	0.1	0.1	0.5	0.5	0.5	5	10
线性误差(g)	±0.002	±0.015	±0.015	±0.015	±0.075	±0.15	±0.15	±0.75	±0.75	±0.75	±7.5	±20
外形尺寸(mm)	330×209×339	330×190×155	310×190×145	300×190×155	310×195×145	330×190×155	310×195×145	385×255×140	600×350×200	600×330×205	850×420×290	
电源及功耗	220V，50Hz，16W								220V，50Hz，14W	220V，50Hz，16W		

该电子天平带上下限报警、计个数、百分比运算、去皮等功能。配置 DPJ 型电子天平记录仪则可将称量结果用打印方式打出，每行打印时间约 1 s。

电子天平与电子秤的优点是使用简便，灵敏度和精密度高，体积小，动态响应好。其中最大的缺点是阻值受温度变化影响大，有的不抗电磁干扰，常因温度变化、电磁波干扰而影响称量的准确性。

七、扭力天平

扭力天平是利用弹性材料变形所产生的力矩与被称物体的质量所产生的力矩相平衡的原理测量物体，常用的扭力天平为片簧支承式扭力天平。这种扭力天平主要由杠杆（横梁）、游丝（手卷弹簧或张丝）和片簧（弹性吊带）组成。其特点是称量操作简单，称量速度快，在称量 1 g 以内的样品质量时，可以不用加减砝码，而通过扭转弹性元件的角度产生平衡扭力，直接在刻度盘上读取质量数。

常用扭力天平的型号及技术参数列于表 3-32。

表 3-32 JN-B 系列扭力天平型号与技术参数

技术参数	JN-B-5	JN-B-10	JN-B-25	JN-B-50	JN-B-100	JN-B-250	JN-B-500	JN-B-1000	JN-B-2500
称量（mg）	5	10	25	50	100	250	500	1 000	2 500
分度值（mg）	0.01	0.02	0.05	0.1	0.2	0.5	1	2	5
外形尺寸(mm)	190×60×365								

第四节　长度与厚度测量仪器

在建筑防水材料试验室中，长度和厚度的测量试验项目很多。例如，防水卷材长度的测量，涂膜厚度的测量，乳化沥青中沥青颗粒大小的测量，都用到长度或厚度的测量仪器。常用到的测量仪器很多，主要有直尺、卷尺、折尺、千分表、百分表、卡尺、刻度显微镜等，可以测量大到几千米，小到纳米级。

一、量尺

在量具中尺子应用最多，常用的量尺有钢直尺、钢卷尺、皮尺、木折尺、纤维尺、测绳等。

(一) 钢直尺

钢直尺亦称钢板尺。属于测量长度小的试件。

规格：测量上限（mm）：150、300、500、1 000、1 500、2 000等。

(二) 钢卷尺

钢卷尺为卷状钢尺，打开时为直尺，以卷状在卷尺盒中保存，使用十分方便，可量长度较大的试件，分为铁盒钢卷尺和架式钢卷尺。

规格：测量上限（m）：小钢卷尺：1、2；大钢卷尺：5、10、15、20、30、50、100等。还有高精度标准钢卷尺和专用钢卷尺，例如石油计量专用钢卷尺，可以测量液体的深度。

(三) 皮尺

皮尺与钢卷尺相同，为皮质卷尺，可以测量较长的试件，但测量精度较差。

规格：测量上限（m）：5、10、15、20、30、50。

(四) 测绳

测绳是用来测量远距离的测量工具，在绳上有刻度标志。

规格：测量上限（m）：20、50、100、150。

(五) 木折尺

木折尺可以测量较小的木件，多为木工使用，但试验室也常用，使用方便，测量长度较长。

规格：测量上限（cm）：

四折木尺：50，六折木尺：100，八折木尺：100。

二、卡尺

卡尺的种类很多，主要有游标卡尺、深度游标卡尺和高度游标卡尺。在建筑防水材料试验室中应用最多的为普通游标卡尺，能较精确地测量小型试件的内外尺寸、厚度尺寸等。测量范围为 0～125 mm。其规格列于表 3-33。

表 3-33　游标卡尺规格

型　号	测量范围（mm）	游标分度值（mm）
Ⅰ型三用游标卡尺	0～125	0.02，0.05
Ⅱ型两用游标卡尺	0～200，0～300	
Ⅲ型双面游标卡尺		
Ⅳ型单面游标卡尺	0～500，300～1 000	0.02，0.05，0.10

三、百分尺与千分尺

百分尺与千分尺是根据测量精度而命名的，百分尺主要用于测量试件的各种几何形状和相互位置的正确性，以及位移量，并可用比较法测量试件的长度。

规格：测量范围（mm）：0～3，0～5，0～10。

　　　分度值（mm）：0.01。

千分尺是采用比较法和绝对测量法来测量试件的尺寸和几何形状，测量精度较高。

规格：测量范围（mm）：0～1，0～2。

　　　分度值（mm）：0.001，0.005。

四、测厚计

测量建筑防水材料厚度的仪器或工具称为测厚计或测厚仪。主要用于建筑防水卷材的厚度、建筑防水涂料的干膜和湿膜厚度的测量。

（一）干膜测厚计

建筑防水材料的厚度测定仪器品种很多，例如：磁性测厚仪、非磁性测厚仪、杠杆千分尺、便携式涂膜测厚仪、超声波测厚仪、游标卡尺等，都可用于厚度的测量。

测厚仪通常由坚硬平整的平台、分度值为 0.01 mm 的百分表、一根坚硬的小杆、锁闭旋钮等组成。其组成结构如图 3-16 所示。

从图 3-16 中可以看出，在小杆的下端安装有不同直径的平头圆形测足，小杆的总重量为 7.2 g，测足的直径为 3 mm。

锁闭旋钮可以使小杆固定在任何一垂直位置，也可使小杆完全自由地垂直上下移动。

在测定时，首先提起操纵杆、使铁轭和小杆及百分表测杆完全落下，小杆下端

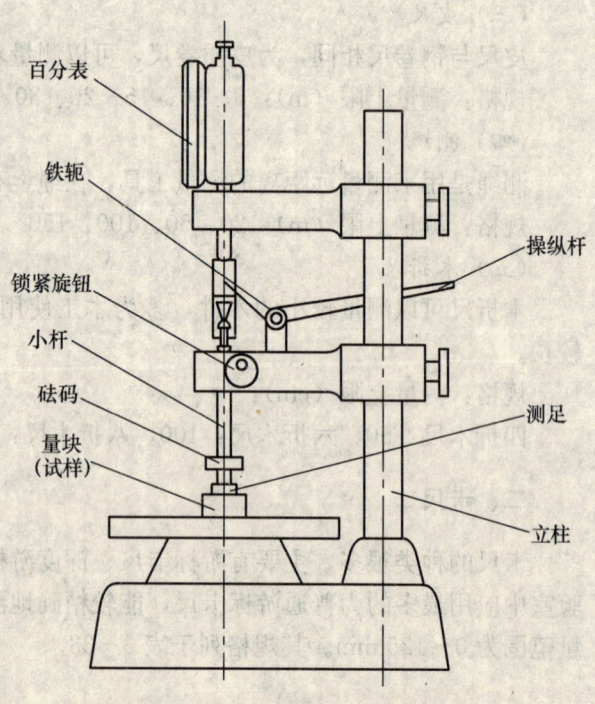

图 3-16　测厚计示意图

的测足与测厚计的基座平台接触,调整百分表零点,然后压下操纵杆,使铁轭和小杆及百分表测杆抬起,插入试样或制品,再略抬操纵杆,使铁轭部分下落,小杆及其测足自由地落在试样上,百分表测杆仍被支撑着。锁紧旋钮后,完全抬起操纵杆,使百分表测杆和铁轭完全落下,这时记录百分表读数,即为试样或制品的厚度。

涂在试样上的涂膜,可用减去试样厚度的方法测量涂膜的厚度。

在建筑防水材料行业,通常采用测厚仪的压头直径为 10 mm,分度值为 0.01 mm,使用压力为 $(2\pm0.2)10^{-2}$ MPa。

近年来随着电子技术的发展,测厚仪更加智能化和自动化,可以测量磁性基体上的非磁性涂膜的厚度,还可测量非金属基体上非导电涂层厚度,并配有打印机输出接口,数字显示器直接显示,应用十分方便。例如:TT220/230 型覆层测厚仪,为便携式超小型测厚仪。TT220 可测量磁性金属基体上非磁性涂层厚度,TT230 可测量非磁性金属基体上非导电涂层厚度。

测量范围:$0\sim1\,250\,\mu m$

示值误差:$1\%\sim3\%$

CTG-10 型涂层测厚仪为便携式数字涂层测量仪。

测量范围:$0\sim1\,250\,\mu m$

示值误差:$1\%\sim3\%$

TT100 系列超声波测厚仪为数字化超声测厚仪。配有普通探头、高精度探头、高温探头,具有数据存贮,自动校零,修正误差。测量耦合提示,欠压提示,自动关机功能等优点。

声速调节范围:$1\,000\sim9\,999$ m/s;

测量范围:$1.2\sim22.50\,\mu m$;

最小分值分辨率:$0.01\,\mu m$;

示值误差:1%

(二) 湿膜厚度仪

建筑防水涂料湿膜厚度的测量同干膜不相同,它是未成型的涂层,通常为粘稠液体。为保证涂膜干燥后达到一定的厚度,必须保证湿膜有一定的厚度。对于湿膜厚度可用轮规或梳规进行测定。其形状似板状或圆盘,又称为板状湿膜厚度测定仪和圆盘湿膜厚度测定仪。

板状湿膜测厚仪是用一块便携式金属板制成,在板的两边都有矩形的齿,而齿高依次递升,在齿的上部标有齿深读数。测试时只需将金属板直接接触于测试湿膜表面,齿形粘附湿膜的最大读数即为该湿膜厚度。图 3-17 为板状湿膜测厚仪示意图。

湿膜测厚仪还可用一个直径为 50 mm,厚度为 11 mm 的圆盘制作。在圆盘的一匝刻有深浅不一的深槽。在圆盘表面周沿刻有槽深的刻度读数。槽深从零开始,逐渐加

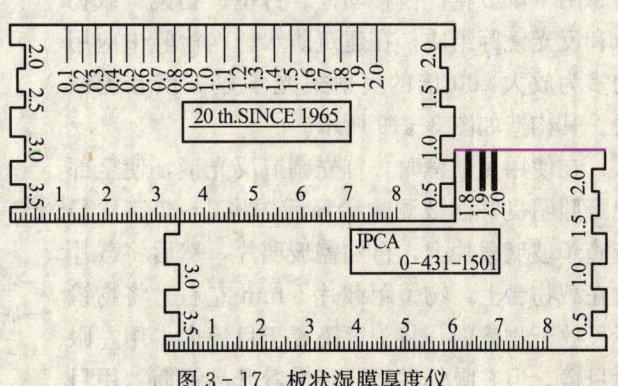

图 3-17 板状湿膜厚度仪

深，成为圆盘一匝的第三个偏心面。测试时，将圆盘垂直于被测表面，槽的两面为接触湿膜的底板，随着圆盘的滚动（从"0"开始），第三个面就能垂直地接触到湿膜层。该接触点刻度读数即为涂膜的厚度。如图3-18所示。

便携式测厚仪可测量磁性金属基体上的非磁性涂层的厚度，并可用数字显示，随机装有可拆装打印机，设有打印机输出口，测量范围为0～1250μm。常用的便携式测厚仪有TT220测厚仪、TT230测厚仪、GTG-10系列测厚仪。常用测厚仪型号及技术参数列于表3-34。

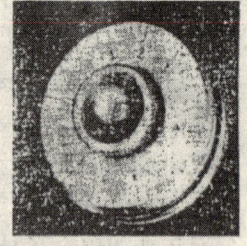

图3-18 圆盘状湿膜厚度仪

表3-34 测厚仪型号及技术参数

型 号	BC01	BC02	BC03	BC04	BC62
测量范围（mm）	0～10	0～10	0～10	0～10	0～12.5
分度值（mm）	0.1	0.1	0.1	0.1	0.1
上下测头规格特征（mm）	平-平 φ10、φ10；		球-平 Sφ3、φ10；	球-球 Sφ3、φ8	平-平 φ6、φ6
示值误差（μm）	≤20				≤25
示值变动性（μm）	≤5				
测力（N）	≤1.5				

五、读数显微镜

在建筑防水材料试验中，有时要测微小颗粒的大小，无法用千分尺或直尺测量时，需用显微镜去测量。例如：测定乳化沥青中的沥青颗粒大小、橡胶或树脂乳液中橡胶或树脂颗粒大小，只能用显微镜去测量。

在建筑防水材料检验中用的显微镜有光学显微镜和电子显微镜。

（一）光学显微镜

光学显微镜是利用光线通过曲面透镜之后会发生曲折把物样放大的原理而制作的，主要由镜筒、两个调节轮、齿移动柱、目镜、物镜、载物台和反光镜等组成。在建筑防水材料检验中应用的多为放大500倍的反射式光学显微镜和测微尺。其构造如图3-19所示。

在使用显微镜时，首先调节反光镜，使全部视野照明良好。被测物稀释后，将1～2滴稀释液滴于玻璃载片上，再加盖玻璃片，然后将载片放在载物台上，物镜距载片5mm左右。将物镜标尺放于物镜内，将刻度镜置于目镜内，用左眼看目镜，但右眼仍然睁开，慢慢升高镜筒，用目

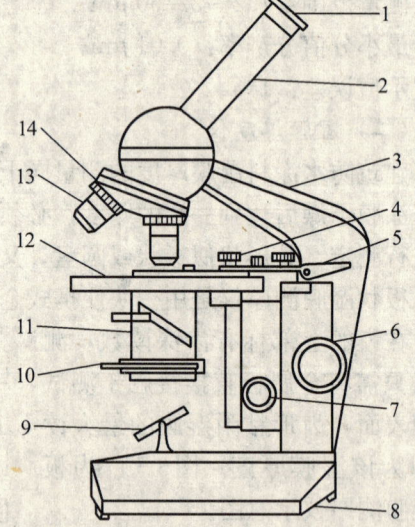

图3-19 光学显微镜

1—目镜；2—镜筒；3—镜臂；4—标本移动器；
5—粗动限位器；6—粗调节器；7—细调节器；
8—底座；9—反光镜；10—聚光器孔径光阑（光圈）；
11—聚光器；12—镜台（载物台）；
13—物镜；14—物镜转换器

镜刻度测量固体颗粒直径。将测得的颗粒直径再乘以标准测微尺与目镜换算系数,即为试样颗粒直径。

(二) 电子显微镜

电子显微镜是利用在真空中高速运动的电子流作光源,其波长仅为可见光的十万分之一,并且电子的波长又可随加速电压的不同而改变,加速电压越高,波长越短。所以,电子显微镜具有分辨能力高、放大倍数大的特点,成为探讨微观世界的有力工具。

电子显微镜电子的来源是热离子阴极,射出的电子经过加速先由磁场聚光镜使之平行,然后打到试样上,由于试样的各部分厚度不同和密度不同,透过试样的电子流经过磁场物镜放大成中间影像在磁场投影镜的物面上,再由磁场投影镜将中间影像放大而投射于荧光屏或感光片上,则可借荧光屏见到试样放大后的影像。放大倍数一百万倍以上,分辨率达 2Å 左右。

电子显微镜可用来观察建筑防水材料表面的结构,便于对其进行分析;还可用超薄切片法对建筑防水材料内部结构进行分析;用电子显微镜可测定较细颗粒的大小和形状,并可计算出这些颗粒的平均大小和比表面积;可以对聚合物沥青防水材料中聚合物在沥青中的分布和扩散情况进行观察和分析。

透射电子显微镜分辨率已小于 0.14 nm,从而使科学技术跨进了超微观世界,使人们的认识从分子领域进入了原子世界。期待透射电子显微镜能应用到建筑防水材料领域的研究,促进对建筑防水材料微观世界的了解,从而促使建筑防水材料学科有个大的飞跃。

表 3-35 列出了常用测量器具。

表 3-35 常用测量器具

方法分类	器具名称	分度值 (mm)	测量范围 (mm)
非接触法	万能工具显微镜	0.01	0~250
	大型工具显微镜		0~150
	读数显微镜		0~200
	投影仪		0~70
	大直径密封制品测量仪		180~500
接触法	厚度计		0~50
	精密 π 尺	0.01, 0.02	100~5 000
	外径千分尺	0.01	0~3 000
	内径千分尺		50~5 000
	游标卡尺	0.02, 0.05, 0.10	0~2 000
	钢直尺	0.5, 1.0	
	锥形棒	0.1	1.8~100
	钢卷尺	1.0	0~2 000
	带骨架的旋转轴唇形密封圈外径快速测量仪	0.01	10~100

第五节 容量计量仪器

建筑防水材料试验室常用的容量仪器主要有量筒、量杯、分度吸量管、刻度试管、容量瓶、滴定管、单标线吸量管等,多为透明、化学稳定性好、耐热性强、易清洗的玻璃制品。

一、量筒和量杯

量筒是指筒体形状，筒体上标有体积刻度的液体量具，分为具塞量筒和不具塞量筒两种，具塞量筒适合于量取易挥发的液体。

量杯的形状为一倒立的圆锥形，筒体上标有体积刻度，量杯除具有量取液体功能外，还可用于在量杯中配制溶液，便于搅拌。因上口较大，量取液体的精确度不如量筒。

量筒和量杯主要用来量取对体积要求不太精确的液体，量取的液体误差较大。在使用时要注意，量筒和量杯都不能直接加热和烘烤，也不能向其中倒入热的溶液，以防破裂。不能用大的量筒和量杯量取少量液体，或用小量筒和量杯多次量取体积较大的液体，因为量筒和量杯读数误差大。

常用的玻璃量筒和量杯的规格列于表3-36、表3-37。

表3-36 量筒主要规格

名 称	容积（mL）	全高（mm）	筒口直径（mm）	底径（mm）	最小分度值（mL）
量筒	5	110	12	40	0.1
	10	135	13	45	0.1
	20	150	16	50	0.2
	50	195	23	50	0.5
	100	250	28	60	2
	250	300	40	75	2
	500	350	52	85	5
	1 000	420	65	105	10
具塞量筒	10	150	13	45	0.1
	20	165	16	50	0.2
	50	200	23	50	0.5
	100	270	28	60	1
	250	330	40	75	2
	500	380	52	85	5
	1 000	450	65	105	10

表3-37 量杯规格

规格（mL）	全高（mm）	最小分度值（mL）	容量允差值（±mL）
5	85	1.0	0.2
10	100	1.0	0.4
20	115	2.0	0.5
50	140	5.0	1.0
100	170	10	1.5
250	200	25	3.0
500	250	25	6.0
1 000	315	50	10
2 000	375	100	20

二、容量瓶

容量瓶又称量瓶，是一种长颈的梨形平底瓶。容量瓶的瓶口具有磨口塞，瓶颈中心部有一环形标线，当溶液充满至液面与标线相切时，所容纳的溶液体积即等于瓶上所标示的体积。因瓶颈较细，量取的液体比较精确。通常用来精确计量溶液的体积，或配制体积或浓度要求精确的溶液，或作溶液的定量稀释。

容量瓶有透明和棕色的两种，棕色的常用于要求盛装避光的溶液。在使用中，应注意不能将磨口塞与瓶配错，必须是原配磨口塞，否则密封不好。瓶内不能长期贮存碱溶液，长期受碱腐蚀会侵蚀瓶壁和粘结磨口塞。容量瓶必须定期校正。

容量瓶和棕色容量瓶（A、B级）的规格列于表3-38。

表3-38 容量瓶规格

规格 (mL)	全高 (mm)	容量允差值		上口磨砂口塞 (mm)
		A级（±mL）	B级（±mL）	
5	75	0.02	0.04	φ7.5/11
10	90	0.02	0.04	φ7.5/11
25	100	0.03	0.06	φ7.5/11
50	140	0.05	0.10	φ10/13
100	170	0.10	0.20	φ12.5/14
200	210	0.15	0.30	φ14.5/15
250	220	0.15	0.30	φ14.5/15
500	270	0.25	0.50	φ19/17
1 000	320	0.40	0.80	φ19/17
2 000	380	0.60	1.20	φ29/22

三、单标线吸量管

单标线吸量管又称移液管、大肚吸管，它是一种呈细管状而中间为泡状的量具，其细管上端刻有一环形标线，表明在20℃时，水从标线排至流液口的容量为其标称容量。

单标线吸量管的流液管细而长，便于伸入量瓶或细小口径的瓶内吸取液体，具有较高的容量准确度，主要用作准确量取一定体积的溶液。

单标线吸量管的规格列于表3-39。单标线吸量管的颜色代码列于表3-40。

表3-39 单标线吸量管规格

规格 (mL)	全长 (mm)	容量允差值	
		A级（±mL）	B级（±mL）
1	330	0.007	0.015
2	340	0.010	0.020
3	360	0.015	0.030
5	400	0.015	0.030
10	450	0.020	0.040
15	520	0.025	0.050
20	560	0.030	0.060
25	570	0.030	0.060
50	600	0.050	0.100
100	640	0.080	0.160

表 3-40 单标线吸量管颜色代码

单标线吸量管容量（mL）	色环标注方式	颜色代码
1	单环	蓝
2	单环	橙
3	单环	黑
5	单环	白
10	单环	红
15	单环	绿
20	单环	黄
25	单环	蓝
50	单环	红
100	单环	黄

四、分度吸量管

分度吸量管是一种细长玻璃管制成的具有分度标线的量具，根据分度吸量管的容量定义和使用方法不同，可分为完全流出式，不完全流出式和规定等待 15 s 的吸量管。

分度吸量管分 A、B 两级，其规格列于表 3-41，颜色代码列于表 3-42。

表 3-41 分度吸量管

规格 (mL)	全长 (mm)	最小分度值 (mL)	容量允差值		
			A 级 (±mL)	B 级 (±mL)	吹出式 (±mL)
0.1	330	0.001	—	0.003	0.004
0.1	330	0.005	—	0.003	0.004
0.2	330	0.002	—	0.005	0.006
0.2	330	0.01	—	0.005	0.006
0.25	330	0.01	—	0.005	0.008
0.5	330	0.01	—	0.010	0.010
0.5	330	0.02	—	0.010	0.010
1	330	0.01	0.008	0.015	0.015
2	330	0.02	0.012	0.025	0.025
5	330	0.05	0.025	0.050	0.050
10	330	0.10	0.050	0.100	0.100
25	480	0.10	0.100	0.200	—
25	480	0.20	0.100	0.200	—
50	480	0.20	0.100	0.200	—

表 3-42 分度吸量管颜色代码

分度吸量管容量（mL）	最小分度值（mL）	色环标注方式	颜色代码
0.1	0.001	双环	绿
0.1	0.005	单环	红
0.2	0.002	双环	白
0.2	0.01	单环	黑
0.25	0.01	双环	白
0.5	0.01	单环	黄
0.5	0.02	双环	红
1	0.01	单环	黄

续表

分度吸量管容量（mL）	最小分度值（mL）	色环标注方式	颜色代码
2	0.02	单环	黑
5	0.05	单环	红
10	0.10	单环	橙
25	0.10	单环	白
25	0.20	单环	绿
50	0.20	单环	黑

五、滴定管

滴定管是一种具有均匀刻度的玻璃管，常用于盛装容量分析中作滴定用的标准溶液，分为酸式滴定管和碱式滴定管两种。其主要区别在于酸式滴定管带有旋塞，可用于盛装酸性液体，但不可盛装碱性溶液，否则易造成旋塞粘结而不能使用。碱式滴定管的下端连接一橡皮管，管内放一比管径稍大的玻璃球，以控制溶液的流出。

滴定管的颜色分为透明和棕色两种，茶色的主要用于见光易分解的溶液。具蓝白色背衬滴定管，液面比较明显，可用于不易观察液面的液体作滴定之用。

表 3-43 和表 3-44 分别为酸式和碱式滴定管的规格。

表 3-43 酸式滴定管规格

规格（mL）	全长（mm）	最小分度值（mL）	容积允差值	
			A 级（±mL）	B 级（±mL）
5	600	0.02	0.01	0.02
10	600	0.05	0.025	0.05
25	600	0.10	0.04	0.08
50	800	0.10	0.05	0.10
100	800	0.20	0.10	0.20

表 3-44 碱式滴定管规格

规格（mL）	全长（mm）	最小分度值（mL）	容积允差值	
			A 级（±mL）	B 级（±mL）
5	520	0.02	0.01	0.02
10	520	0.05	0.025	0.05
25	570	0.10	0.04	0.08
50	770	0.10	0.05	0.10
100	770	0.20	0.10	0.20

碱式滴定管每只均附：乳胶管（ϕ6 mm×9 mm，长 70 mm）1 根，
　　　　　　　　　　玻璃珠 ϕ6～8 mm，1 个，
　　　　　　　　　　滴定管玻璃下尖，1 只。

第六节　密度计量仪器

密度是物质的一个重要物理常数，常用于物质的物理结构状态及有关的体积计算。表述

物质密度的方法有密度（ρ）和相对密度（d）。在工程材料方面有堆积密度（ρ_l）、表观密度（ρ_a）和紧密密度（ρ_c）等。

密度是在规定温度下单位体积物质的质量，温度 t ℃时的密度用 ρ_t 表示，单位为 kg/m³ 或 g/cm³ 或 g/mL。

相对密度是一定体积物质的质量与同温度下等体积的参比物质质量之比，温度 t/t ℃时的相对密度用 d_t^t 表示。参比物质为水时，称为比重。

温度 t ℃时的密度与比重可按下式换算：

$$d_t^t = \frac{\rho_t}{K}$$

式中　d_t^t——温度 t ℃时试样的比重；

　　　ρ_t——温度 t ℃时试样密度；

　　　K——温度 t ℃时水的密度，其值列于表 3-45。

表 3-45　水的密度

t（℃）	K（g/cm³）
20	0.998 2
23	0.997 6
27	0.996 5

注：t 为试验时标准环境温度。

堆积密度是指材料在自然堆积状态下单位体积的质量，单位为 kg/m³。

表达式　$\rho_l = m/V$

式中　ρ_l——堆积密度，kg/m³；

　　　m——材料质量，kg；

　　　V——材料体积，m³。

表观密度亦称视密度，是指材料单位体积（包括内封闭孔隙）的质量，单位为 kg/m³。

表达式　$\rho_a = m/V$

紧密密度是指材料按规定方法颠实后单位体积的质量，单位为 kg/m³。

表达式　$\rho_c = m/V$

常用的密度测量仪器主要有比重瓶、密度计、韦氏天平（密度天平）等。

一、测量液体的密度瓶

密度瓶是测量液体密度的一种器具，它是利用在同一温度下，用蒸馏水标定密度瓶的体积，然后测定同体积待测样品的质量，计算其密度。测定时，通常规定温度为 20 ℃，测定结果必须标明所采用的温度，用 d_{20}^{20} 表示。

测量液体密度的密度瓶种类很多，可根据测量液体和精度的不同进行选择。图 3-20 列出了几种测量液体密度的密度瓶。

在密度瓶上带有标线或塞子上带有毛细管。容量为 5 mL、10 mL、25 mL。

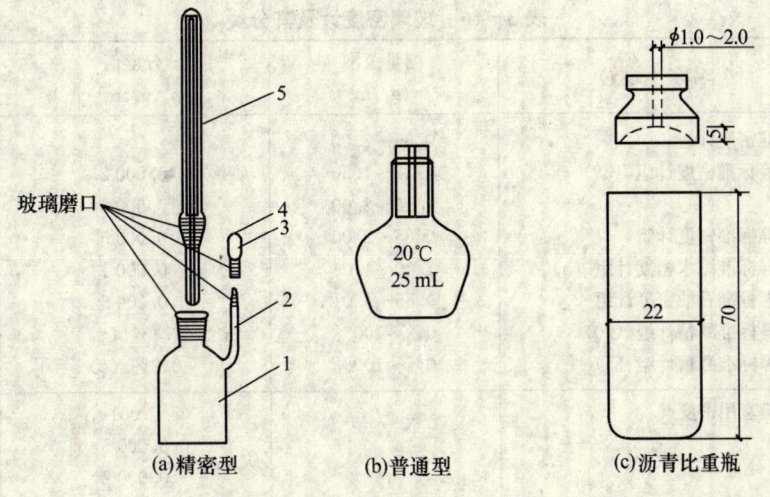

图 3-20 密度瓶
1—密度瓶主体；2—侧管；3—侧孔；4—侧孔罩；5—温度计

二、测量固体的比重瓶

用比重瓶测量固体的密度是一种常用的简便方法。将试样置于已知体积的比重瓶中，加入测定介质，试样的体积即可由比重瓶体积减去测定介质体积求得，试样质量与其体积之比就是试样的密度。可用于测量粉状、粒状、棒状或管状等形状材料的密度。

测量固体密度用的比重瓶，其形状如图 3-21 所示。

在测量时，先求出比重瓶的体积，再计算所测试样的密度。

三、密度计

密度计是测定液体密度的常用仪器之一，它是一种浮计，是利用阿基米德原理制造的。

浮计分度表上的密度值是由上至下顺序增大，但不是等分的，这是因为密度计是按密度单位分度的。密度计浸入的越深，则表明液体的密度越小；反之，浸入的越少，则表示液体的密度越大。

密度计的种类很多，其用途各不相同，大致可分为两类，标准密度计和实用密度计。见表3-46。

此外还有专业用密度计。例如石油产品用密度计，规格范围列于表3-47。

石油产品用密度计的类型及尺寸如图 3-22 所示。

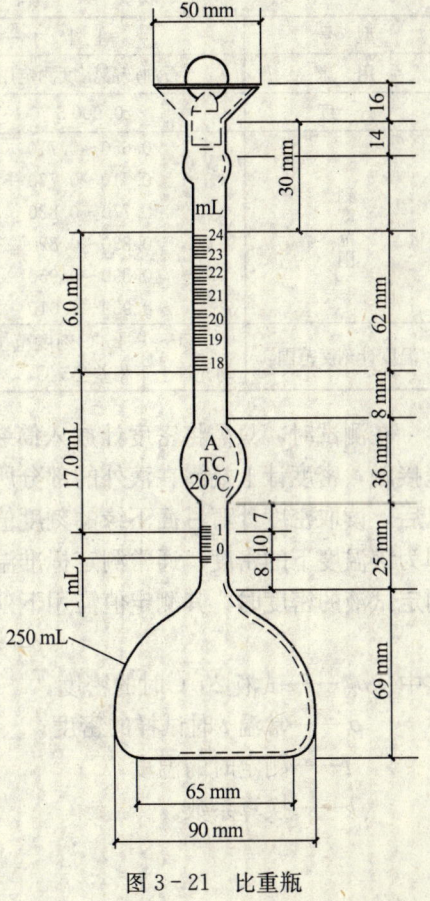

图 3-21 比重瓶

表 3-46 玻璃密度计及其分类

类别	序号	名称（支数）	测量范围 ρ (g/cm³)	分度值 ρ (g/cm³)	注
标准密度计	1	基准密度计组	0.65~2.00		
	2	一等标准密度计组（39）	0.65~1.50 1.50~2.00	0.000 2 0.000 5	用1检定
	3	二等标准密度计组	0.65~2.00	0.000 5	用2检定
	4	一等标准海水密度计组（5）	1.00~1.04	0.000 1	用1检定
	5	二等标准石油密度计组	0.65~1.01	0.000 5	用2检定
	6	一等标准酒精计组（10）	0%~100%	0.1%（φ）	用1检定
	7	二等标准酒精计组（5）	0%~100%	0.2%（φ）	用6检定
实用密度计	8	实验室用密度计		0.001 0.000 5 0.000 2	用3检定 用3检定 用2检定
	9	实验室用酒精计		0.1%，0.2%（φ）	用6检定
	10	工作用酒精计		0.1%（φ） 0.2%，0.5%，1%（φ）	用6检定 用7检定
	11	工作用海水密度计			用4检定
	12	工作用石油密度计			用5检定
	13	工作用糖量计			用3检定

表 3-47 Ⅰ、Ⅱ、Ⅲ型密度计规格及其适用范围

型号	Ⅰ型	Ⅱ型	Ⅲ型
用途	石油产品密度测定用	石油产品密度测定用	石油产品密度测定用
分度	0.000 5	0.001	0.001
刻度范围	0.650~0.710 0.710~0.770 0.770~0.830 0.830~0.890 0.890~0.950 0.950~1.010	0.690~0.750 0.750~0.830 0.830~0.910 0.910~0.990	0.650~0.710 0.710~0.770 0.770~0.830 0.830~0.890 0.890~0.950 0.950~1.010
温度计刻度范围	－20~＋45 ℃刻度范围的变动允许上下相差±5 ℃	－20~＋45 ℃刻度范围的变动允许上下相差±5 ℃	—

在测试时，只需将密度计放入筒装试液中，要求其下端离筒底 20 mm 以上，不能与筒壁接触，密度计上端露在液外的部分所沾液体不得超过 2~3 分度。待密度计在试液中稳定以后，读取密度计弯月面下缘的刻度值（若标有应读弯月面上缘刻度的密度计为上缘读数），即为该温度下的密度。通常测定标准温度为 20 ℃，密度计读数值为 20 ℃ 的密度。在常温下测定试液的密度时，其测定值需用下列公式换算成 20 ℃ 时的密度值。

$$\rho_{20} = \rho_t + k(t - 20\ ℃)$$

式中 ρ_{20}——试液 20 ℃ 时的密度；
　　ρ_t——常温 t 时试样的密度；
　　t——测定时的温度，℃；
　　k——换算系数。

$$K = \frac{\rho_{20} - \rho_t}{t - 20\ ℃}$$

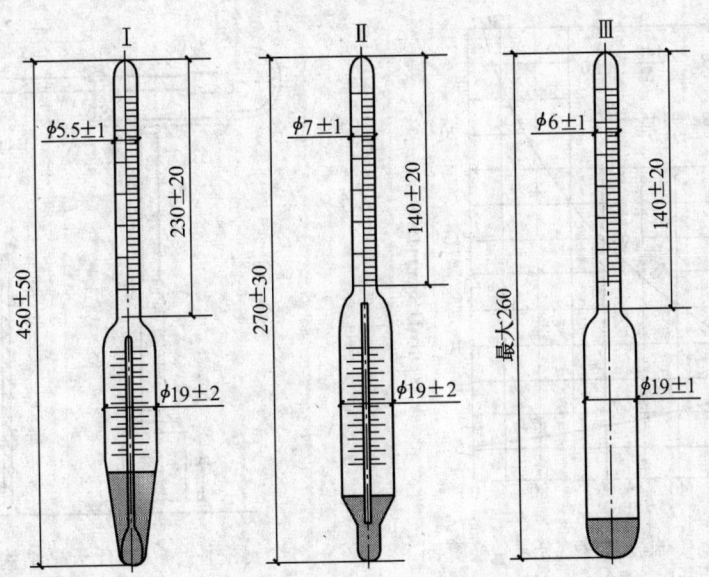

图3-22 Ⅰ、Ⅱ、Ⅲ型密度计类型及其尺寸

玻璃管式浮计的密度还有另一种表达方式——波美度，符号为$°Be'$。他是由法国人波美（Baume'）创造的，称为波美计。波美计所给出的值，称为波美度。波美度分为重波美度和轻波美度两种。

重波美度（Bh）是指浮在食盐含量的质量分数为15%的水溶液的示值定为15，而在纯水中时定为零，其间等分为15，并延伸度15以上。

轻波美度（BL）是指浮在食盐含量的质量分数为10%的水溶液的示值定为零，而在纯水中的示值定为10，等分10并延伸到10以上。

以上均按15℃时的温度为标准，与密度的数值关系分别为：

$$重波美度\ \rho = \frac{144.3}{144.3 - Bh}(g/cm^3)$$

$$轻波美度\ \rho = \frac{144.3}{144.3 - BL}(g/cm^3)$$

波美度与密度的换算图如图3-23所示。

四、韦氏天平

韦氏天平是一种液体静力天平，它是由不等梁、托架、平衡锤、浮沉子和砝码所组成，其构造如图3-24所示。

韦氏天平测定密度的原理是基于阿基米德定律。即在相同温度下，分别测量天平浮锤在纯水和在待测液中所受的浮力（值），据此计算待测样的密度，浮力（值）就是物体浸入液体所减轻的质量。

韦氏天平测得的密度视为近似值，这是因为天平梁的初始平衡是在空气中而不是在真空中建立的，未考虑空气浮力的影响；再加上浮锤的选择和天平的调整是在20℃时进行的，在其他温度使用时会引起浮锤体积的变化，所以必须对读出的示值进行修正。

表3-48列出了韦氏天平常用示值范围内的修正值。

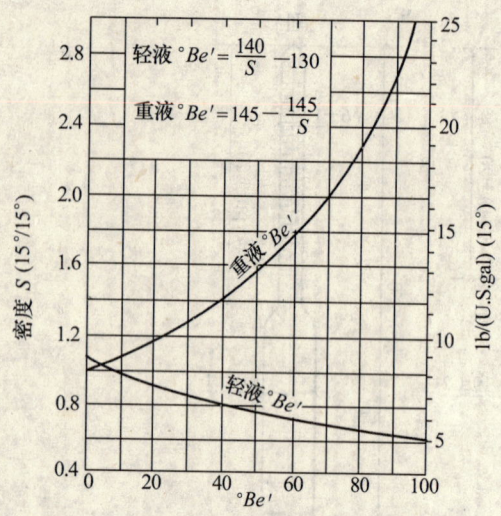

图 3-23 密度与美制波美度（°Be'）换算图

注：① 轻液指比水轻的液体，重液指比水重的液体
② 图中 S——液体比重，加仑指美制加仑

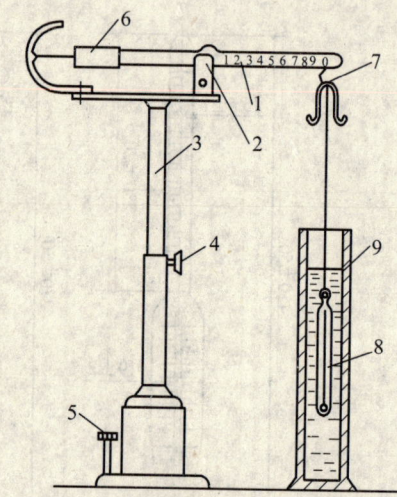

图 3-24 韦氏天平结构简图

1—不等臂梁；2—托架；3—升降圆柱；4—固定螺旋；
5—调整螺丝；6—平衡锤；7—钩；8—带有温度计浮沉子；9—量筒

表 3-49、表 3-50 分别列出了不同温度下水的密度和相对密度、空气密度。

表 3-48　韦氏天平示值 $n_{20,i}$ 的修正值 C

$n_{20,i}$	C	$n_{20,i}$	C	$n_{20,i}$	C
0.5	−0.000 3	1.1	−0.002 1	1.7	−0.003 9
0.6	−0.000 6	1.2	−0.002 4	1.8	−0.004 2
0.7	0.000 9	1.3	−0.002 7	1.9	−0.004 5
0.8	−0.001 2	1.4	−0.003 0	2.0	−0.004 8
0.9	−0.001 5	1.5	−0.003 3		
1.0	−0.001 8	1.6	−0.003 6		

表 3-49　不同温度下水的密度与相对密度

温度 t（℃）	密度[①] ρ_t（g/cm³）	相对密度[②] d_4^t（H_2O）	温度 t（℃）	密度[①] ρ_t（g/cm³）	相对密度[②] d_4^t（H_2O）
0	0.999 839 6	0.999 867	17	0.998 772 8	0.998 801
4	0.999 972 0	1.000 000	18	0.998 593 4	0.998 621
5	0.999 963 7	0.999 992	19	0.998 403 0	0.998 431
6	0.999 939 9	0.999 968	20	0.998 201 9	0.998 230
7	0.999 901 1	0.999 929	21	0.997 990 2	0.998 018
8	0.999 847 7	0.999 876	22	0.997 768 3	0.997 796
9	0.999 780 1	0.999 808	23	0.997 536 3	0.997 564
10	0.999 698 7	0.999 727	24	0.997 294 4	0.997 322
11	0.999 603 9	0.999 632	25	0.997 042 9	0.997 071
12	0.999 496 1	0.999 524	26	0.996 781 8	0.996 810
13	0.999 375 6	0.999 404	27	0.996 511 3	0.996 539
14	0.999 242 7	0.999 271	28	0.996 231 6	0.996 259
15	0.999 097 7	0.999 126	29	0.995 943 0	0.995 971
16	0.998 941 0	0.998 969	30	0.995 645 4	0.995 673

注：① 密度 ρ 值转摘自 GB 4472—84。
② 相对密度 d_4^t 指 t℃之 H_2O 对 4℃之 H_2O 密度之比，即 $d_4^t(H_2O) = \rho_t(H_2O)/\rho_4(H_2O)$。按 ρ 值计算而得。

表 3-50 空气密度表

温度（℃）	密度（kg/m³）	温度（℃）	密度（kg/m³）	温度（℃）	密度（kg/m³）
1	1.288	14	1.230	27	1.177
2	1.284	15	1.226	28	1.173
3	1.297	16	1.222	29	1.169
4	1.275	17	1.217	30	1.165
5	1.270	18	1.213	31	1.161
6	1.265	19	1.209	32	1.157
7	1.261	20	1.205	33	1.154
8	1.256	21	1.201	34	1.150
9	1.252	22	1.197	35	1.116
10	1.248	23	1.193	36	1.142
11	1.243	24	1.189	37	1.139
12	1.239	25	1.185	38	1.135
13	1.236	26	1.181	39	1.132

第七节 压力测量仪表

压力测量仪表是用来测量压力（包括负压和真空度）的仪表。在压力测量中，常有表压、绝对压力、负压和真空度之分。工业上所用的压力指示值多为表压，即绝对压力与大气压力之差，故绝对压力是表压与大气压之和。被测压力低于大气压力的称为负压，以绝对零压为基准的微小压力称为真空。

压力是作用力与作用面积之比，测定压力最常用的单位有标准大气压和工程大气压。标准大气压亦称物理大气压，它是纬度 45°海平面上大气压在 1 cm² 面积上的压力。

测定压力的仪表分为气压表、压力表、真空表、压力—真空两用表及差压表等。

一、气压表

气压表又称气压计，是试验室中必备的测量大气压力（绝对压力）的仪器。应根据试验室所处位置的大气压力变化，换算液体的沸点，以确定正确的加热温度或分馏温度。

试验室常用的气压计为福丁式气压计，其构造如图 3-25 所示。

福丁式气压计属于动槽式类型，它的外部是一黄铜管，管的顶端是悬环，内部是装有水银的玻璃管，密封的一头朝上，玻璃管的上部是真空，玻璃管的下部插在汞槽 C 内，B 部分用一块羊皮紧紧包住（皮的外缘连在棕榈木的套管上），经过棕榈木的套管固定在槽盖上，空气可以从皮孔中出入而汞不会溢出。黄铜管外的上部刻有标尺并开有长方形小窗，用来观看水银柱的高低，

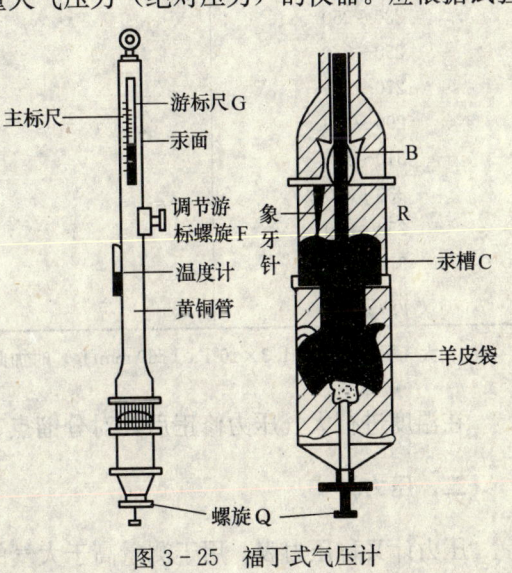

图 3-25 福丁式气压计

窗前有一游标 G，转动螺旋 F 可使 G 上下移动。汞槽底部是一个羊皮囊，下端由螺旋 Q 支持，转动 Q 可调节槽内汞面的高低，汞槽的上部是玻璃管壁 R，顶盖上有一倒置的象牙针，针尖是标尺的零点。可从气压计上读出大气的温度（℃）和大气压的数值（单位是 kPa）。

在进行分馏试验时，因各地的大气压力不同，其分馏时读取的温度应加以修正。可用修正到 101.3×10^3 Pa（760 mmHg）标准大气压力的温度计读数来报告，用下列公式进行修正。

$$C = 0.0009(101.3 - P)(273 + t)$$

或用下列公式对每点进行修正，修正至 0.5℃，用修正后的值作计算：

$$C = 0.00012(760 - P)(273 + t)$$

式中　C——观察到的温度计读数应加的修正值（表 3-51 为修正的近似值）；
　　　P——试验时的大气压力，$\times10^3$ Pa；
　　　t——温度计读数，℃。

表 3-51　修正温度计读数的近似值

温度范围（℃）	每 1.3×10^3 Pa（10 mmHg）的修正值（℃）
10～30	0.35
30～50	0.38
50～70	0.40
70～90	0.42
90～110	0.45
110～130	0.47
130～150	0.50
150～170	0.52
170～190	0.54
190～210	0.57
210～230	0.59
230～250	0.62
250～270	0.64
270～290	0.66
290～310	0.69
310～330	0.71
330～350	0.74
350～370	0.76
370～390	0.78
390～410	0.81

注：大气压力低于 101.3×10^3 Pa（760 mmHg）时加此数；大气压力高于 101.3×10^3 Pa（760 mmHg）时减此数。

在温度进行大气压力修正后，对分馏点、沸点不必作进一步计算。

二、压力计

压力计又称压力表，用于测量高于大气的压力，也就是余压。

(一) 玻璃 U 形压力计

玻璃 U 形压力计是建筑防水材料试验室广泛使用的压力计之一。在 U 形管内充满工作（封闭）液体，液体有水、水银、酒精和油等，以水银应用最多。其构造如图 3-26 所示。

对于玻璃管 U 形压力计的测量压力可通过下列公式计算：

$$P = h(\rho - \rho_c)$$

式中　P——测量压力；
　　　h——工作液体液面之差；
　　　ρ——工作液体的密度；
　　　ρ_c——工作液体上面的介质密度。

标准 U 形压力计的指示误差不超过 10%。

这种压力计的构造简单，组装方便，压力受外界影响较小，可用来测量液体、气体和蒸汽的正负压力和压差。

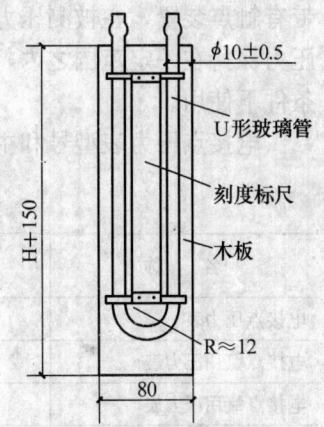

图 3-26　U 形管压力计

(二) 弹簧式压力计

弹簧式压力计属于机械变形（弹簧）式压力计，它是利用各种弹性元件的受压变形原理而制成的。其测量范围广，测压下限可达 0.13MPa，也可高达数 MPa，构造简单，便于携带，价格低廉，是建筑防水材料试验室中常用的压力仪表。常用弹簧压力表的型号及参数列于表 3-52。

表 3-52　普通弹簧管压力表型号和主要技术参数

名称	型号	结构特征	测量范围 (MPa)	精度等级	主要尺寸（mm）						
					D	D_1	d_0	H	B	d_2	d_1
弹簧管压力表	Y-60	径向无边	0.1, 0.16, 0.25, 0.4, 0.6, 1.0, 1.6, 2.5, 4.0, 6.0, 10.0, 16.0, 25.0	2.5	60	—	—	57	34	—	M14×1.5
	Y-60T	径向带后边				85	72	57	34	4.5	
	Y-60TQ	径向带前边				85	72	<60	36	5	
	Y-60Z	轴向无边				—	—	57	32.5	—	M10×1
	Y-60ZT	轴向带前边				85	72	60	36	4.5	
	Y-100	径向无边		1.5	100	—	—	92	45	—	M20×1.5
	Y-100T	径向带后边				130	118	92	45	5.5	
	Y-100TQ	径向带前边				130	118	<102	46	6	
	Y-100Z	轴向无边				—	—	92	50	—	
	Y-100ZT	轴向带前边				130	118	90	46	5.5	
	Y-150	径向无边	0.06, 0.1, 0.16, 0.25, 0.4, 1.0, 1.6, 2.5, 4.0, 6.0, 10.0, 16.0, 25.0, 40.0, 60.0	2.5	150	—	—	121	51	—	M20×1.5
	Y-150T	径向带后边				180	165	121	51	5.5	
	Y-150TQ	径向带前边				180	165	<125	50	6	
	Y-150Z	轴向无边				—	—	95	54	—	
	Y-150ZT	轴向带前边				180	165	98	50	5.5	
	Y-200	径向无边			200	—	—	147	53.5	—	M20×1.5
	Y-200T	径向带后边				230	215	147	53.5	5.5	
	Y-200Z	轴向无边				—	—	95	54	—	
	Y-200ZT	轴向带前边				230	215	95	54	5.5	
	Y-250	径向无边			250	—	—	167	54.5	—	M20×1.5
	Y-250T	径向带后边				287	272	167	54.5	6.5	
	Y-250Z	轴向无边				—	—	95.5	54.5	—	
	Y-250ZT	轴向带前边				287	272	95.5	54.5	6.5	

(三) 电接点压力表

为了控制设备受压力的极限，不至于产生超过规定压力，可选用电接点压力表。压力表带有触点装置，在被测压力超过上下限时，则会自动断电或接通，实现自动控制和报警，使压力保持在一定范围之内。压力表适合在环境温度为 $-40\sim60\ ℃$，相对湿度不大于 80% 的条件下使用。

电接点压力表型号和主要技术参数列于表 3-53。

表 3-53　电接点压力表型号和主要技术参数

名　称	型　号	测量范围 (MPa)	精度等级	应用场合
电接点压力表	YX-150	0.1,0.16,0.25,0.4,0.6, 1.0,1.6,2.5,4.0,6.0,10.0, 16.0,25.0,40.0,60.0	1.5 2.5	适合测量对钢和铜合金无腐蚀作用的、无爆炸危险的液体、气体和蒸汽的压力和负压
电接点氨用压力表	YXA-150			
电接点氧用压力表	YXO-150			
电接点真空表	ZX-150	$-0.1\sim0$		氨用电接点压力表适合测量液氨、氨气及其混合物介质的压力和负压
电接点氨用真空表	ZXA-150			
电接点压力真空表	YXZ-150	$-0.1\sim0.06, -0.1\sim 0.15, -0.1\sim0.3, -0.1 \sim0.5, -0.1\sim0.9, -0.1 \sim1.5, -0.1\sim2.4$		氧用电接点压力表适合测量液氧、氧气及其混合物介质的压力
电接点氨用压力真空表	YXZA-150			
电接点膜片压力表	YPX-150 YPX-150F YPX-150F/1	0.4,0.6,1.0,1.6,2.5, $-0.1\sim0.4, -0.1\sim0.6$, $-0.1\sim1.0, -0.1\sim1.6$, $-0.1\sim2.5$	2.5	YPX-150 型适合测量对铜合金无腐蚀作用介质的压力和负压 YPX-150F 型适合测量腐蚀性介质的压力和负压 YPX-150F/1 适合测量较腐蚀性，且粘度较大介质的压力和负压
电接点隔膜耐腐压力表	YTPX-100	$0\sim0.25, 0.4, 0.6, 1.0,$ 1.6,2.5,4.0,6.0	2.5	适用于测量粘度较大的酸性、碱性等腐蚀性较强介质的压力
防爆电接点压力表	YX-160-B₃C	0.16,0.25,0.4,0.6, 1.0,1.6,2.5,4.0,6.0, 10.0,16.0,25.0,40.0, 60.0,$-0.1\sim0$	1.5 2.5	适用于有爆炸危险场所内测量对钢和铜合金无腐蚀作用的液体、气体和蒸汽的压力和负压 防爆等级：YX-160-B₃c（隔爆 3 级 c 组）YTXP-150-H_Ⅲe（安全火花型）
	YTXP-150-H_Ⅲe	$-0.1\sim0.06, -0.1\sim 0.15, -0.1\sim0.3, -0.1 \sim0.5, -0.1\sim0.9, -0.1 \sim1.5, -0.1\sim2.4$		

(四) 电阻远传压力表

为了实现集中检测和远距离控制，供现场压力指示和压力调试之用，将弹簧式压力表和一个滑线电阻式发送器组合在一起，可制成电阻远传压力表。例如：YTZ-150 型电阻远传压力表。其结构示意图 3-27。

电阻远传压力表是由弹簧压力表传出的压力被测值，经滑线电阻式发送器使被测压力值变为电阻值，传至远测量点的二次仪表上，并指出相应的读数值，同时，一次仪表也由指针指示出相应的压力值。

YTZ-150型电阻远传压力表技术性能如下：

精度等级：1.5

测量范围：(MPa) 0～0.1，0～0.16；0～0.25；0～0.4；0～0.6；0～1；0～1.6；0～2.5；0～4；0～6；0～10；0～16；0～25；0～40；0～60；0～100。

该仪表可用于测量对钢及铜合金不起腐蚀作用的液体、蒸汽、气体等介质的压力实现集中检测和远距离控制，在选用仪表时应留有余地，低压容器使用的压力表精度不应低于2.5级，中压容器使用的压力表不应低于1.5级。压力表盘刻度极限值应为最高工作压力的1.5～3.0倍，最好选用2倍，表盘直径不应小于100 mm。例如，被测压力为1 MPa，则应选用测量上限为1.6 MPa以上的仪表。

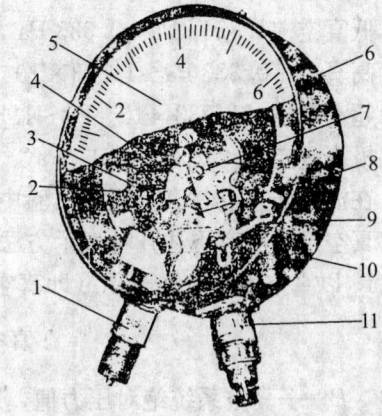

图3-27 YTZ-150型电阻远传压力表

1—接头；2—弹簧管；3—指针；4—支承板；5—度盘；6—表壳；7—齿轮传动机构；8—转臂电刷；9—线绕电阻器；10—拉杆；11—接线插座

三、真空表

真空表又称真空计，是用以测量低于大气压力的压力表，即真空压力或称负压力。通常是用来测定真空度。

真空表主要有液柱式压力计和弹簧式真空压力表。玻璃管U形压力计，也可用来测量真空度，现应用最多的为弹簧式真空压力表。

弹簧式真空表是利用弹性元件的变形原理制成的，弹性元件为弹簧管，弹簧管是沿圆弧弯曲 $\gamma=270°$ 角的卵圆形或椭圆形截面的管子，管的一端封闭，另一端固定在接管嘴上，被测压力由接管嘴输入。当压力减小时，管子弯曲，角度 γ 变小，管子的封闭端移动，用管子端头的移动来度量管子内的压力，用扇形齿轮或杆杠机构把管子自由端的移动传到压力表的指针，这种弹簧式压力表可以在很宽的压力范围内使用。

真空表主要用来测量机械设备或真空容器的负压。例如：真空干燥箱、沥青防水卷材真空吸水仪、减压蒸馏或减压抽滤等。

减压蒸馏是借助减压装置降低蒸馏系统的压力，以降低液体沸腾温度。减小的压力与沸点的关系如图3-28所示。

先在图3-28(b)上找出常压下的沸点值 x；再在图3-28(c)上找出减压后的压力值 y；用直线连接 x、y 两点，向左延长至图3-28(a)，对应的温度就是压力 P 时的沸点。

根据真空的应用，真空的物理特点，常用

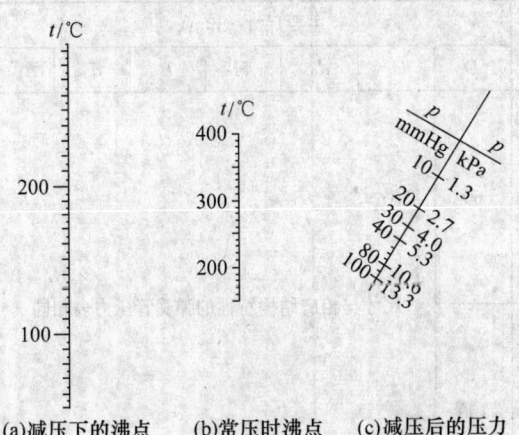

(a)减压下的沸点　(b)常压时沸点　(c)减压后的压力

图3-28 常压时与减压下液体沸点的近似关系图

的真空泵的使用范围,可将真空区域划分为:

粗真空　$1.013×10^5$ Pa～1.333 kPa
低真空　1.333 kPa～0.333 Pa
高真空　0.333 Pa～$1.333×10^{-5}$ Pa
超高真空　$1.333×10^{-5}$ Pa～$1.333×10^{-9}$ Pa
极高真空　$<1.333×10^{-9}$ Pa

在沥青防水卷材真空吸水试验中,真空度达 8 000±1 300 Pa,属于粗真空范围。

真空度一般有下述几种表示方法:

1. 以真空度百分数表示(即真空压力与大气压力差值与大气压比值百分数)。

$$真空度 = \frac{0.1-P}{0.1} \times 100$$

式中　P——真空系统绝对压力值,MPa。

2. 以绝对压力 P(MPa)表示。
3. 以真空度 P_V 表示。

$$P_V = 0.1 - P$$

四、压力—真空两用表

压力—真空两用表又称两用压力计或两用压力表,可以测量表压力(高于大气压力)和测量负压力(真空压力)。零点刻在中间。零点下面或左边的读数是用于显示负压力值,一般刻成 MPa 或 mmHg;零点上面或右边的读数是用于显示表压力的,一般刻成 MPa。主要用于在生产或试验过程中需在表压力或负压力条件下操作的设备、管道或仪器上,其制造原理与压力表和真空表相同。

为了控制设备的压力大小,真空压力表还可制成接电式真空压力表。在表内设有控制压力的指示针。当压力达到所需高压或低压时,则会自动断电和接通,进行减压或加压。

表 3-54 列出了常用真空表和真空压力两用表的型号及主要技术参数。

表 3-54　真空表规格

名称	型号	结构特征	测量范围 (MPa)	精度等级	主要尺寸 (mm)					
					D	D_1	d_0	H	B	d_2 d_1
弹簧管真空表	Z-60	径向无边	−0.1～0 或 −760～0 mmHg	2.5	60	尺寸与相应结构特性的弹簧管压力表相同				
	Z-60T	径向带后边								
	Z-60TQ	径向带前边								
	Z-60Z	轴向无边								
	Z-60ZT	轴向带前边								
	Z-100	径向无边		1.5	100					
	Z-100T	径向带后边								
	Z-100TQ	径向带前边								
	Z-100Z	轴向无边		2.5						
	Z-100ZT	轴向带前边								

续表

名称	型号	结构特征	测量范围 (MPa)	精度等级	主要尺寸 (mm)						
					D	D_1	d_0	H	B	d_2	d_1
弹簧管真空表	Z-150	径向无边	−0.1~0 或 −760~0 mmHg	1.5 2.5	150	尺寸与相应结构特性的弹簧管压力表相同					
	Z-150T	径向带后边									
	Z-150TQ	径向带前边									
	Z-150Z	轴向无边									
	Z-150ZT	轴向带前边									
弹簧管压力真空表	YZ-60	径向无边	−0.1~0.06; −0.1~0.15; −0.1~0.3; −0.1~0.5; −0.1~0.9; −0.1~1.5; −0.1~2.4	2.5	60	尺寸与相应结构特性的弹簧管压力表相同					
	YZ-60T	径向带后边									
	YZ-60TQ	径向带前边									
	YZ-60Z	轴向无边									
	YZ-60ZT	轴向带前边									
	YZ-100	径向无边		1.5 2.5	100						
	YZ-100T	径向带后边									
	YZ-100TQ	径向带前边									
	YZ-100Z	轴向无边									
	YZ-100ZT	轴向带前边									
	YZ-150	径向无边			150						
	YZ-150T	径向带后边									
	YZ-150TQ	径向带前边									
	YZ-150Z	轴向无边									
	YZ-150ZT	轴向带前边									

五、减压表

减压表是指将高压气体能调节到所需要的工作压力并保持稳定的仪表,主要用于高压气瓶调压之用。减压表按气体性质分类,如氧气减压表、乙炔减压表等。在建筑防水材料试验室常用的有氮气、氧气、氢气、二氧化碳等贮气钢瓶,在使用时,都需安装气体减压表。

(一) 氧气减压表

氧气减压表用于氧气瓶上,将高压氧气调节和降低到所需要的工作压力,并保持稳定。

压力测量范围 (MPa):

高压表:0~24.5

低压表:0~0.392, 0~1.568; 0~2.450, 0~3.920

氧气减压表除可用于氧气贮瓶以外,还可用于氮气 (N_2)、氩气 (Ar)、氦气 (He) 等,螺纹是右旋的 (俗称正扣)。

氧气经高压压缩以后,仍处于气态,气体钢瓶要求耐压力大于或等于 12 MPa。安装减压表时,应先用力旋进,证明确已入扣后,再用扳手旋紧,一般应旋进 6~7 扣。用皂液检查,应严密不漏气。

开启钢瓶前,应先关分压表。开启动作要轻,用力要匀。当总表已显示瓶内压力后,再开启分表,开启压力至所需值。瓶内气体不得用尽,剩余压力不得小于 0.2 MPa,以防空气反渗入瓶内。

表 3-55 列出了氧气压力表型号及主要技术参数。

表 3-55　氧气压力表型号及主要技术参数

名称	型号	结构特征	测量范围(MPa)	精度等级	表壳直径(mm)
氧气压力表	YO-60	径向无边	0.1, 0.16, 0.25, 0.4, 0.6, 1.0, 1.6, 2.5, 4.0, 6.0, 10.0, 16.0, 25.0	2.5	60
	YO-60T	径向带后边			
	YO-60TQ	径向带前边			
	YO-60Z	轴向无边			
	YO-60ZT	轴向带前边			
	YO-100	径向无边			100
	YO-100T	径向带后边			
	YO-100TQ	径向带前边			
	YO-100Z	轴向无边			
	YO-100ZT	轴向带前边			
	YO-150	径向无边	0.06, 0.1, 0.16, 0.25, 0.4, 0.6, 1.0, 1.6, 2.5, 4.0, 6.0, 10.0, 16.0, 25.0, 40.0, 60.0	1.5 2.5	150
	YO-150T	径向带后边			
	YO-150TQ	径向带前边			
	YO-150Z	轴向无边			
	YO-150ZT	轴向带前边			
	YO-200	径向无边			200
	YO-200T	径向带后边			
	YO-200Z	轴向无边			
	YO-200ZT	轴向带前边			
氧气压力真空表	YZO-100	径向无边	−0.1~0.06, −0.1~0.15, −0.1~0.3, −0.1~0.5, −0.1~0.9, −0.1~1.5, −0.1~2.4	1.5	100
	YZO-100T	径向带后边			
	YZO-100TQ	径向带前边			
	YZO-100Z	轴向无边			
	YZO-100ZT	轴向带前边			
	YZO-150	径向无边			150
	YZO-150T	径向带后边			
	YZO-150TQ	径向带前边			
	YZO-150Z	轴向无边			
	YZO-150ZT	轴向带前边			

(二)乙炔减压器

乙炔减压器亦称乙炔减压表,用于乙炔高压瓶上,使高压乙炔调节到所需要的工作压力,并保持稳定。

乙炔减压表的耐压力较氧气减压表高得多,氧气减压表与乙炔减压表不可互用。乙炔减压表为溶解乙炔高压瓶的专用减压表,精度达2.5级。

(三) 氢气表

氢气减压表是用于氢气高压气瓶上的调压仪表,其螺纹是左旋的(反扣)。精度等级达2.5级,测压范围为0~60 MPa。

表3-56列出了氢气压力表的型号和主要技术参数。

表3-56 氢气压力表的型号和主要技术参数

型号	结构特征	测量范围(MPa)	精度等级	表壳直径(mm)
YTQ-60	径向无边	0.16、0.25、0.4、0.6、1.0、1.6、2.5、4.0、6.0、10.0、16.0、25.0、40.0、60.0	2.5	60
YTQ-60T	径向带后边			
YTQ-60Z	轴向无边			
YTQ-60ZT	轴向带前边			
YTQ-100	径向无边		1.5	100
YTQ-100T	径向带后边			
YTQ-100ZT	轴向带前边			
YTQ-150	径向无边			150
YTQ-150T	径向带后边			
YTQ-150ZT	轴向带前边			

氢气表还作为CO气体高压气瓶上的调压仪表。

第八节 粘度测量仪器

建筑防水材料种类很多,所用原材料更是五花八门,测量粘度所用的仪器几乎涵盖了所有粘度测量仪器,常用的粘度测定仪有标准粘度计、恩格拉粘度计、旋转粘度计、滑板式粘度计、涂-4粘度计、赛氏粘度计等。以标准粘度计、涂-4粘度计应用最多。

一、标准粘度计

标准粘度计属于流出型粘度计,在标准粘度计中所测定的粘度称为标准粘度。它是在规定的温度(25℃或60℃)下,通过规定尺寸的流孔流出50 mL体积的试液所需的时间,即为粘滞度,以秒(s)表示。通常写作C_t^d。上角d表示流出孔的直径(mm),下角t表示试验的温度(℃),属于条件粘度。

标准粘度计的结构如图3-29所示。

从图3-29可以看出,标准粘度计的组成为:

盛样筒:圆筒内径,40±0.05 mm,盛样筒臂厚1 mm,圆筒外径为42±0.05 mm,盛样筒上缘外径为45 mm,筒内底部边缘处至上口深105 mm,筒内底部中心处至上口深

110 mm。

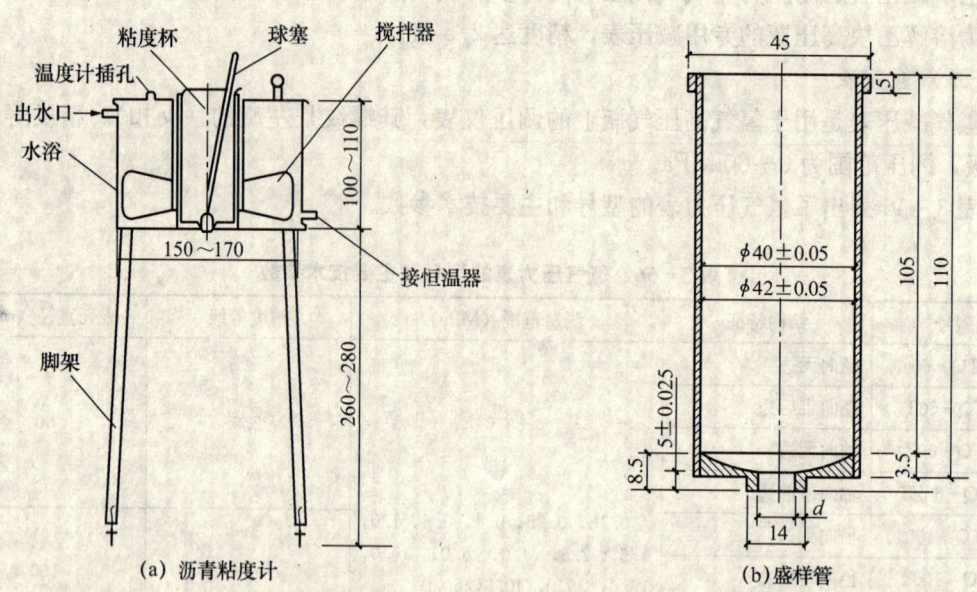

图 3-29 标准粘度计示意图

金属球棒：用以堵塞流孔，球径 12.7 mm。附于直径为 4 mm 的金属棒端，球及棒全长 140 mm，棒的中部距球底面 92 mm 处有一指示螺丝，用以指示盛样筒内试样的深度。

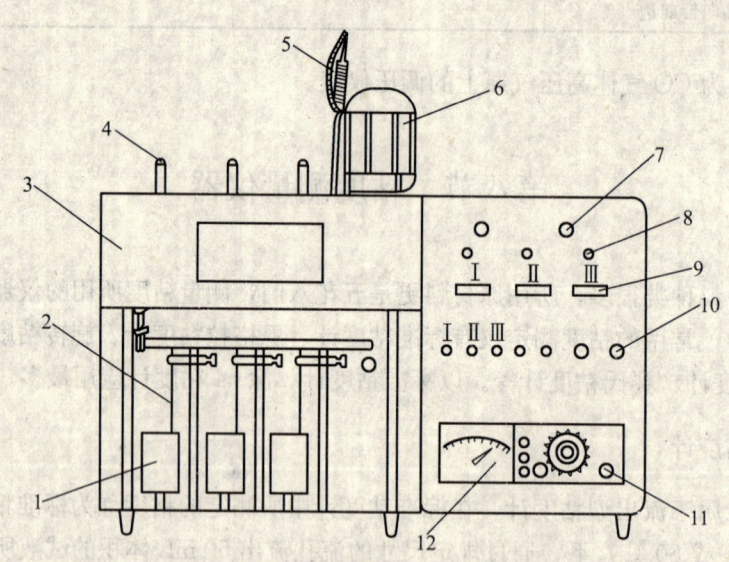

图 3-30 自动数显沥青标准粘度计

1—承受环；2—指示针；3—恒温水浴；4—流孔自动开启磁头；5—加热器；6—搅拌装置；7—工作指示；8—泄流计时指示灯；9—泄流自动显示；10—加热指示灯；11—温度调节器；12—控温指示器

保温水浴：用以保持试验温度，为金属制圆筒形，内径 160 mm，深 100 mm，中心有一圆井，直径大小应能插入盛样筒，水浴一边的下方装有加热管，用于加热保温液体，对边的下方装有一个阀门，用于放出水浴中的液体。水浴的下端装有三个脚，用以支撑保温水浴，使水浴底面离实验台面 200 mm,水浴可以置于支架上,用紧固螺丝固定于需要的高度。

保温浴盖和搅拌器:浴盖和搅拌器连在一起,搅拌器由 4 个搅拌叶组成,盖上有手柄,持柄转动时,通过搅拌调匀水浴内温度。盖上有一孔供装置温度计用。

温度计:0～100 ℃,分度为0.5 ℃,两支。

量筒:100 mL 容积的两个。

秒表:每圈 30 s,可读至 0.1 s,累计读时 5 min。

试样用锅:金属制,容积约 500 mL。

煤气灯或酒精灯:用以加热水浴中液体。

近年来,对标准粘度计又进行了很大改进,使标准粘度计更加智能化和自动化,测试速度加快,测试数据准确。例如数显式沥青标准粘度计,其构造如图 3-30 所示。

自动数显沥青标准粘度计的流孔直径与长度列于表 3-57。

表 3-57 流孔直径与长度

流孔直径 d (mm)	流孔长度 L (mm)
10±0.02	5±0.03
5±0.02	5±0.03
4±0.02	5±0.03
3±0.02	5±0.03

二、恩氏粘度计

恩氏粘度计又称恩格拉粘度计,用恩氏粘度计测定的粘度用比粘度(E)表示。比粘度是试液在规定的温度下,从恩氏粘度计标准孔中流出 50 mL(或 200 mL)试样所需时间(s)和 20 ℃时流出 50 mL(或 200 mL)水所需时间(s)的比值。可用下式表示:

$$E = \frac{T_A(t\,℃)}{T_w(25\,℃)}$$

式中 T_A(t ℃)——在温度 t ℃的条件下试液流出 50 mL(或 200 mL)的时间,s;

T_w(25 ℃)——在温度 25 ℃条件下,蒸馏水流出 50 mL(或 200 mL)的时间,s。

E——恩氏粘度。

恩氏粘度计的构造如图 3-31 所示。

三、旋转粘度计

旋转粘度计是用于测定流体和半流体

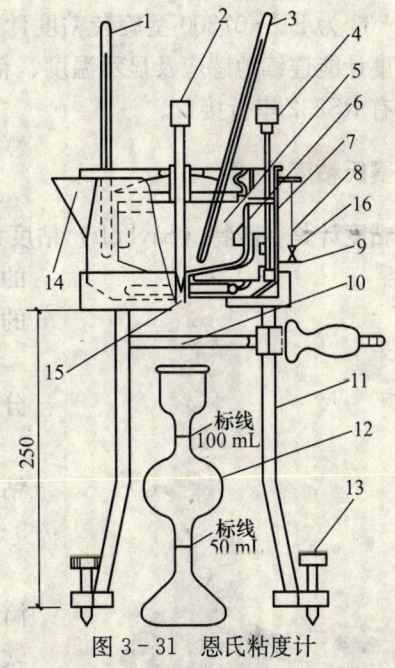

图 3-31 恩氏粘度计

1—保温浴温度计;2—硬木塞杆;3—试样用温度计;4—容器盖;
5—盛样器;6—液面标记;7—保温浴槽;8—保温浴搅拌器;
9—电热器;10—燃气灯;11—三脚架;12—量杯;
13—水平脚架;14—溢出口;15—白金制流出口;16—水准器

的粘度和流变性的粘度测定仪器,可测定流体在不同温度和不同剪切速率下的动力粘度。粘度计由转动装置、测量头和圆筒测量系统或锥板测量系统所组成。其结构如图3-32所示。

粘度计为同轴旋转粘度计,有两个测量系统。圆筒测量系统可测量粘度范围为$1 \sim 1.8 \times 10^4 Pa \cdot s$;锥板测量系统可测粘度范围为$8 \sim 4 \times 10^4 Pa \cdot s$。仪器保温范围为$-60 \sim 300 \, ℃$。

圆筒测量系统由5种不同尺寸的圆筒组成,测量系统N用于低粘度,测量系统S(S_1、S_2、S_3)用于中粘度,测量系统H用于高粘度。

锥板系统由3个测量圆锥(K_1、K_2、K_3)、导板、测量板和温度测量元件组成。

恒温装置是为保证试样的试验温度,粘度计的测量系统在测量容器外附有双臂温度调节器,调节器再与恒温水浴连接。

从测得的剪切应力(Pa)与剪切速率(s^{-1})可以计算出试液的动力粘度(Pa·s)。

图3-33为EP-07300型旋转粘度计,该旋转粘度计能连续地感应及显示温度、粘度、剪切率、剪切应力、转速,具有18个旋转速度,设有RS232串行接口。

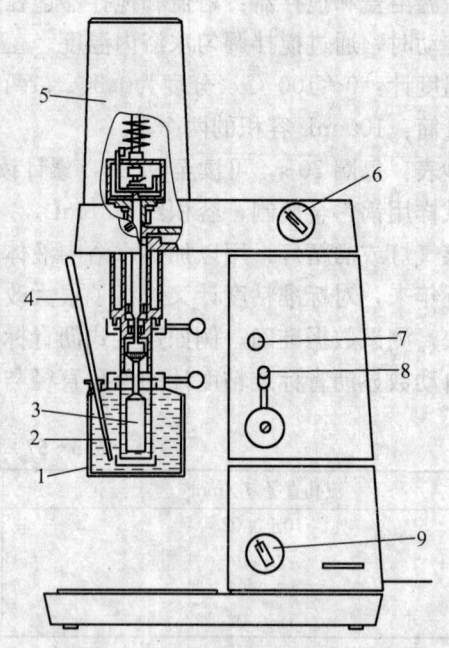

图3-32 旋转粘度计构造示意图
1—调温器;2—盛样筒;3—测量圆筒;4—温度计;
5—测量头;6—马达开关;7—刻度;
8—齿轮位移杆;9—变速开关

四、赛氏粘度计

赛氏粘度计是赛波特(Saybolt)粘度计的简称,属于流出型粘度计。液体试样在规定的温度下,通过赛氏粘度计的规定流孔流出60 mL的时间(s),称为赛氏粘度(svs)秒(s)。

赛氏粘度计是由盛样筒、保温浴和接受杯等部分组成,其构造如图3-34所示。

赛氏粘度计分为赛氏通用粘度计和赛氏稠油粘度计,其盛样筒的各主要部件尺寸列于表3-58。

盛样筒下端用螺丝帽旋紧于保温浴底部,盛样筒下端用软木塞塞紧,以防止试样在试验前流出,软木塞有一链条系于仪器上,以便于拔出。

保温浴中有搅拌装置、加热或冷却装置。保温浴中的液面应高出盛样筒中溢流圈5 mm。

图3-33 EP-07300型旋转粘度计

第八节 粘度测量仪器

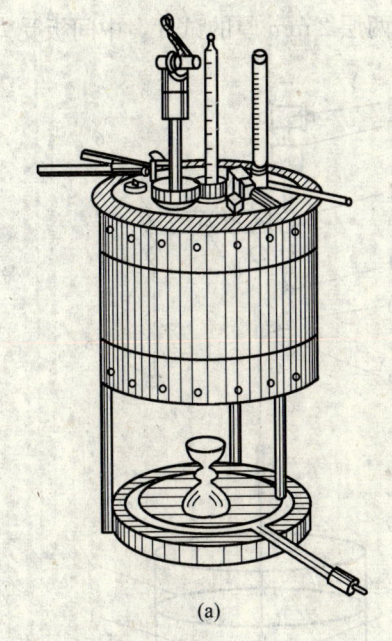 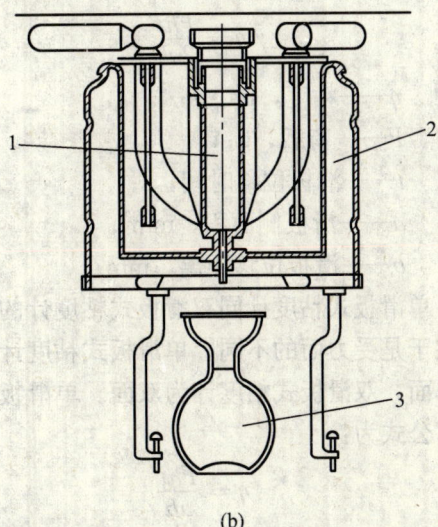

图 3-34 赛氏粘度计
(a) 外貌；(b) 内部构造剖面
1—盛样筒；2—保温浴；3—接受瓶

表 3-58 赛氏粘度计盛样筒各主要部件尺寸

名 称	赛氏通用粘度计			赛氏稠油粘度计		
	最小 (mm)	标准 (mm)	最大 (mm)	最小 (mm)	标准 (mm)	最大 (mm)
流孔内径	1.75	1.765	1.78	3.13	3.15	3.17
流孔下端外径	2.8	3.0	3.2	4.0	4.3	4.6
流孔长度	12.15	12.25	12.35	12.15	12.25	12.35
溢流圈至流孔底的高	124.0	125.0	126.0	124.0	125.0	126.0
溢流圈顶端外径	32.0	—	33.0	32.0	—	33.0
盛样筒内径	29.55	29.75	29.95	29.55	29.75	29.95

接受杯为玻璃制的专用杯，其构造尺寸如图 3-35 所示，刻线下的容积为 60±0.05 mL。

五、滑板式粘度计

滑板式粘度计是根据剪切原理进行设计的，可以测定不同温度和不同剪切速率条件下的动力粘度。滑板式粘度计主要由定板、滑板、测微计、杠杆、恒温水槽等部分组成。其结构如图 3-36 所示。

滑板式粘度计的滑板数目，可分为单板和双板两种形式。单滑板式粘度计的一板固定，另一板滑动，两平板之间为被测试样，厚度为 50~70 mm。双滑板式粘度计的一板固定，另两板滑动，所用

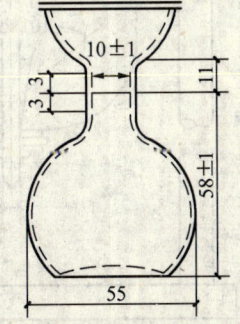

图 3-35 赛氏粘度接受杯

的板为三块截面积 20 mm×30mm×6.5 mm 的金属板,夹两层 2 mm 厚的试片,中间板受力可竖向运动。双滑板式粘度计算公式为:

$$\eta = \frac{Fht}{2ab}$$

式中　η——粘度,Pa·s;
　　　F——荷载,g;
　　　t——滑板位移时间,s;
　　　a——滑板侧面积,mm²;
　　　b——滑板位移距离,mm。

单滑板式粘度计同双滑板式粘度计的主要区别在于是受力面的不同。单滑板式粘度计的受力为单面,双滑板式粘度计为双面。单滑板式粘度计算公式为:

$$\eta = \frac{Fht}{ab}$$

式中 F 可由所加荷载求得,b 为测定滑板移动长度,t 为移动长度 b 所需时间,a 为滑板面积,从而可求出粘度 η。

滑板式粘度计附有自动记录仪,可以记录位移和时间读数,绘制出位移与时间关系曲线,可直接求出剪切速率。

六、涂-1 和涂-4 粘度计

涂-1 和涂-4 粘度计实质上是毛细管粘度计的工业化。从结构上讲,是将毛细管粘度计计

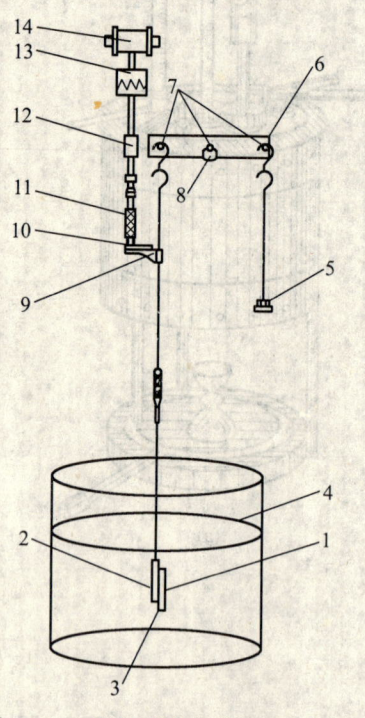

图 3-36　滑板式粘度计构造示意图
1—定板;2—滑板;3—试样;4—水面;5—荷载;
6—杠杆;7—刀口;8—V形玛瑙刀口;9—接触板;
10—接触点;11—测微计;12—绝缘体;
13—电势计;14—电动机

时起止线的容积放大了,并把毛细管部分改成粗短的小孔,便于操作和清洗,测定的粘度为条件粘度。

涂-1 和涂-4 粘度计的粘度是将一定量的试样,在一定的温度下,从规定直径的孔所流出的时间,用秒(s)表示。

(一)涂-1 粘度计

涂-1 粘度计的上部为圆柱形,下部为圆锥形的金属容器。内壁上有一刻线,圆锥底部有漏嘴,容器的盖上有两个小孔,一孔为插塞棒用,另一孔用于插温度计。容器固定在一个圆形水浴内,粘度计置于带有两个调节水平螺钉的台架上。其构造如图 3-37 所示。

涂-1 粘度计可用于测定粘度流出时不低于 20 s 的液体。流出时间是指试样从容器中流入到流入杯中的流出 50 mL 的时间(s)。测试条件为 23±1 ℃

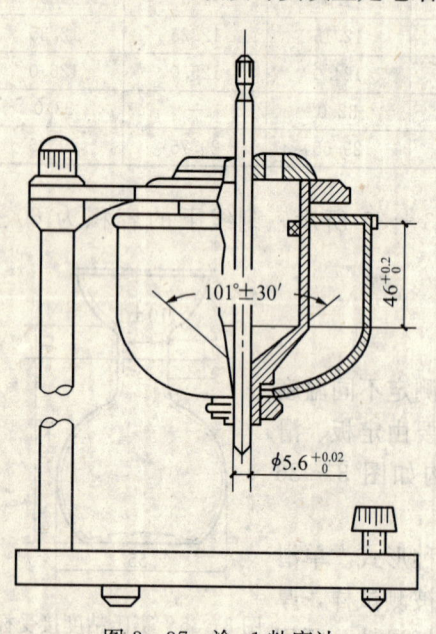

图 3-37　涂-1 粘度计

或 25±1 ℃。

涂-1 粘度计的粘度可用下列公式,将试样流出时间 (s),换算成运动粘度 (mm²/s)。

$$t = 0.053v + 1.0$$

式中　t——流出时间,s;
　　　v——运动粘度,mm²/s。

（二）涂-4 粘度计

涂-4 粘度计与涂-1 粘度计基本相似,其规格尺寸有区别。涂-4 粘度计的上部为圆柱形,下部为圆锥形,内壁粗糙度为 $k_2 0.4$,锥底有漏嘴,在容器上部为一圈凹槽,作为多余液体溢出之用。粘度计置于两个调节水平螺钉的台架上,漏嘴是用不锈钢制成。其构造如图 3-38 所示。

涂-4 粘度计适用于测定流出时间在 150 s 以下的液料。流出时间为试样从孔中流出开始,待试液流束刚中断时的时间 (s),用秒表测量。

涂-4 粘度计测出的粘度 (s),可用下列公式换算成运动粘度。

$t < 23$ s 时:$t = 0.154v + 11$

$23 \text{ s} \leqslant t \leqslant 150 \text{ s}$ 时:

$$t = 0.223v + 60$$

式中　t——流出时间,s;
　　　v——运动粘度,mm²/s。

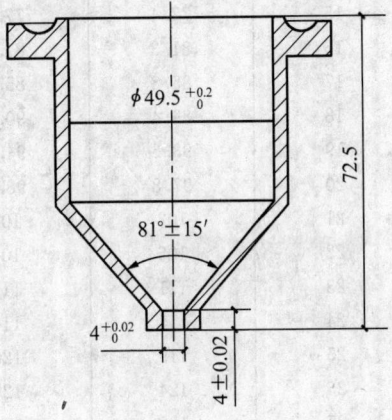

图 3-38　涂-4 粘度计

七、其他粘度计

在建筑防水材料试验中用到的粘度计还有真空毛细管粘度计、逆流式毛细管粘度计、浮标式粘度计、加氏管粘度计（或称气泡粘度计）、雷德伍德粘度计等。

表 3-59 列出了运动粘度和赛波特秒、雷德伍德秒、恩格勒度的关系。

表 3-60 列出了涂-4 粘度计秒与标准粘度的关系。

表 3-59　运动粘度和赛波特秒、雷德伍德秒、恩格勒度的关系

运动粘度 $\times 10^{-6}$ (m²/s)	赛波特秒		雷德伍德秒		恩格勒度
	37.8 ℃	89.8 ℃	30 ℃	100 ℃	
2	32.6	32.9	30.5	31.2	1.12
2.5	34.4	34.7	31.8	32.5	1.17
3	36.0	36.3	33.0	33.7	1.22
3.5	37.6	37.9	34.3	35.1	1.26
4	39.1	39.4	35.6	36.5	1.31
4.5	40.8	41.0	36.9	37.8	1.35
5	42.4	42.7	38.2	39.1	1.39
5.5	44.0	44.3	39.5	40.4	1.44
6	45.6	45.9	40.8	41.7	1.48
6.5	47.2	47.5	42.1	43.0	1.52
7	48.8	49.1	43.4	44.4	1.56
7.5	50.4	50.8	44.8	45.8	1.61

续表

运动粘度 $\times 10^{-6}$ (m²/s)	赛波特秒 37.8℃	赛波特秒 89.8℃	雷德伍德秒 30℃	雷德伍德秒 100℃	恩格勒度
8	52.1	52.5	46.2	47.2	1.65
8.5	53.8	54.2	47.6	48.6	1.70
9	55.5	55.9	49.0	50.0	1.74
9.5	57.2	57.6	50.5	51.4	1.79
10	58.9	59.3	51.9	52.9	1.83
11	62.4	62.9	55.0	56.0	1.92
12	66.0	66.5	58.1	59.1	2.02
13	69.8	70.3	61.2	62.3	2.12
14	73.6	74.1	64.6	65.6	2.22
15	77.4	77.9	67.9	69.1	2.32
16	81.3	81.9	71.3	72.6	2.43
17	85.3	85.9	74.7	76.1	2.53
18	89.4	90.1	78.3	79.7	2.64
19	93.6	94.2	81.8	83.6	2.75
20	97.8	98.5	85.4	87.4	2.87
21	102	103	89.1	91.3	2.98
22	106	107	92.9	95.1	3.10
23	111	111	96.6	98.9	3.22
24	115	116	100	103	3.34
25	119	120	104	107	3.46
26	124	125	103	111	3.58
27	128	129	112	115	3.70
28	133	133	116	119	3.82
29	137	138	120	123	3.94
30	141	142	124	127	4.07
31	146	147	128	131	4.19
32	150	151	132	135	4.32
33	155	156	136	139	4.44
34	159	160	140	143	4.57
35	164	165	144	147	4.70
36	168	169	148	151	4.82
37	173	174	152	155	4.95
38	177	179	156	159	5.08
39	182	183	160	164	5.21
40	186	188	164	168	5.33
41	191	192	168	172	5.46
42	195	197	172	176	5.59
43	200	201	176	180	5.72
44	204	206	180	185	5.85
45	209	211	184	189	5.98
46	214	215	188	193	6.11
47	218	220	192	197	6.23
48	223	225	196	202	6.37
49	228	229	199	206	6.50
50	232	234	204	210	6.62

续表

运动粘度 $\times 10^{-6}$ (m²/s)	赛波特秒		雷德伍德秒		恩格勒度
	37.8℃	89.8℃	30℃	100℃	
51	237	238	208	214	6.75
52	241	243	212	218	6.88
53	246	248	216	223	7.01
54	251	252	220	227	7.14
55	255	257	224	231	7.28
56	260	262	228	235	7.41
57	264	266	232	239	7.54
58	269	271	236	244	7.67
59	274	276	240	248	7.80
60	278	280	244	252	7.93
61	283	285	248	256	8.06
62	288	290	252	261	8.19
63	292	294	265	265	8.32
64	297	299	260	269	8.45
65	301	304	264	273	8.58
66	306	308	269	277	8.71
67	311	313	273	282	8.84
68	315	317	277	286	8.97
69	320	322	281	290	9.10
70	324	327	285	294	9.23
71	329	331	289	298	9.37
72	334	336	293	303	9.50
73	338	341	297	307	9.63
74	343	345	301	311	9.76
75	348	350	305	315	9.89
76	352	355	309	319	10.0
77	357	359	313	324	10.2
78	362	364	317	328	10.3
79	366	369	321	332	10.4
80	371	373	325	336	10.5
81	375	378	329	340	10.7
82	380	383	333	345	10.8
83	385	387	337	349	10.9
84	389	392	341	353	11.1
85	394	397	345	357	11.2
86	399	401	349	362	11.3
87	403	406	354	366	11.5
88	408	411	357	370	11.6
89	413	414	362	374	11.7
90	417	420	366	378	11.9
91	422	425	370	382	12.0
92	426	429	374	387	12.1
93	431	434	378	391	12.3
94	436	439	382	395	12.4
95	440	443	386	399	12.5

续表

运动粘度 ×10⁻⁶ (m²/s)	赛波特秒 37.8℃	赛波特秒 89.8℃	雷德伍德秒 30℃	雷德伍德秒 100℃	恩格勒度
96	445	448	390	404	12.6
97	450	453	394	408	12.8
98	454	457	398	412	12.9
99	459	462	402	416	13.0
100	464	467	406	420	13.2
105	487	490	427	441	13.8
110	510	513	447	462	14.5
115	533	537	467	483	15.1
120	556	560	488	504	15.8
125	579	583	508	525	16.5
换算系数	4.634	4.667	4.063	4.203	0.1316

注：对于 125×10^{-6} m²/s 以上的换算：

① 把运动粘度乘上换算系数就可分别求得赛波特秒、雷德伍德秒和恩格勒度。

② 把赛波特秒、雷德伍德秒和恩格勒度被换算系数除就可求得运动粘度。

表 3-60　涂-4 粘度计秒与标准粘度关系

标准管号数	加氏管(s)	涂-4 粘度计(s)	标准粘度(Pa·s)	标准管号数	加氏管(s)	标准粘度(Pa·s)
A	—	18	0.050	U	9.20	0.627
B	—	22	0.065	U-V	11.60	0.800
C	—	28	0.085	V	13.00	0.884
D	1.46	30	0.100	W	15.70	1.070
E	1.83	32	0.125	X	18.90	1.290
F	2.05	38	0.140	X⁺	21.10	1.440
G	2.42	42	0.165	Y	25.80	1.760
G-H	2.64	45	0.180	Z	33.30	2.270
H	2.93	50	0.200	Z⁺	35.00	2.350
I	3.30	57	0.225	Z_1	39.60	2.700
J	3.67	65	0.250	Z_2	49.85	3.400
K	4.03	73	0.275	Z_2^+	53.10	3.620
L	4.40	80	0.300	Z_3	67.90	4.630
M	4.70	88	0.320	Z_4	91.00	6.200
N	5.00	123	0.340	Z_4^+	93.00	6.340
O	5.40	128	0.370	Z_5	144.50	9.850
P	5.80	133	0.400	Z_5^+	176.41	12.000
Q	6.40	138	0.435	Z_6	217.10	14.800
R	6.90		0.470			
R⁺	7.03		0.480			
S	7.30		0.500			
T	8.10		0.550			

例如：
$$E_t = 0.1316 v_t$$
$$v_t = 7.41 E_t$$

式中　E_t——在温度 t 时的恩氏粘度；

v_t——在温度 t 时的运动粘度，mm^2/s。

第九节　常用玻璃容量仪器

在建筑防水材料试验室常用的容量仪具很多，有玻璃制品、塑料制品、金属制品等，以玻璃制品应用最多。其中包括杯类、瓶类、管类、加液器、烧器类等。

一、烧杯与试管

常用的烧杯有低型烧杯、高型烧杯和锥形烧杯三种，主要用来配制溶液，溶解和处理样品，加热，煮沸、沉淀、浓缩溶液，三角烧杯多用于滴定分析。烧杯的主要规格列于表3-61。

表3-61　烧杯的主要规格

名　称	容积（mL）	外径（mm）	杯高（mm）	名　称	容积（mL）	外径（mm）	杯高（mm）
低型烧杯	25	35	45	高型烧杯	50	40	75
	50	46	60		100	45	90
	100	55	70		200	55	110
	200	67	89		300	60	135
	250	72	96		500	65	150
	300	78	103		1 000	90	180
	400	85	115		2 000	120	200
	500	90	120			口径　底径	
	1 000	110	150	锥形烧杯	125	40　60	71
	2 000	135	200		250	44　80	122
	3 000	153	225		500	55　97	143
	5 000	175	250				

常用的试管形状和结构形式，分为平口试管、卷口试管、具支试管、刻度试管、具塞试管等。其规格列于表3-62。

表 3-62 试管的主要规格

名称	管外径(mm)	全长(mm)	容量(mL)	最小分度(mL)	名称	管外径(mm)	全长(mm)	容量(mL)	最小分度(mL)
平口试管	10	75, 100			卷口试管	25	180, 200		
	12	75, 100				41	225		
	13	100, 130			刻度试管	11	110	5	0.1
	15	100, 150				14	130	10	0.2
	18	150, 180				15	150	15	0.2
	21	150, 180, 200				17	165	20	0.2
	25	150, 180, 200				18	180	25	0.5
	30	200				19	180	30	0.5
	41	250				23	200	50	1
卷口试管	10	100			具支试管	12	100		
	12	100				15	150		
	13	100				18	150		
	15	150				21	150		
	16	125, 155				21	180		
	18	150, 180				25	200		
	21	150, 180, 200							

二、烧瓶

烧瓶是用作加热及蒸馏液体的容器,按其形状、结构和用途的不同,可分为平底烧瓶、圆底烧瓶、三角烧瓶、蒸馏烧瓶、三口烧瓶和四口烧瓶等。其规格型号列于表 3-63、表 3-64、表 3-65 和表 3-66。

表 3-63 平底烧瓶和圆底烧瓶的主要规格

名称	容积(mL)	瓶高(mm)	球外径(mm)	颈外径(mm)	名称	容积(mL)	瓶高(mm)	球外径(mm)	颈外径(mm)
平底烧瓶	50	105	53	20	短颈圆底烧瓶	250	150	88	25
	100	120	65	21		500	190	110	30
	200	155	80	25		1 000	240	140	35
	250	170	88	25		2 000	300	170	38
	300	180	93	28		3 000	350	200	40
	500	200	110	30	具磨口长颈圆底烧瓶	50	90	53	28
	1 000	250	140	35		100	110	65	28
	2 000	325	170	38		200	130	80	28
	3 000	370	200	40		250	135	88	28
长颈圆底烧瓶	50	105	53	20		300	140	93	28
	100	120	65	21		500	165	110	28
	200	155	80	25		1 000	215	140	34
	250	170	88	25		2 000	250	170	38
	300	180	93	28		3 000	290	200	40
	500	210	110	30	具磨口短颈圆底烧瓶	250	115	88	28
	1 000	260	140	35		500	145	110	28
	2 000	325	170	38		1 000	185	140	34
	3 000	370	200	40		2 000	220	170	38
						3 000	260	270	40

表 3-64　三角烧瓶的主要规格

名　称	容积 (mL)	瓶高 (mm)	瓶底外径 (mm)	瓶颈（上部）外径 (mm)	上部高度 (mm)	瓶身高度 (mm)
三角烧瓶	50	90	52	20		
	100	105	60	23		
	150	120	69	25		
	200	131	82	28		
	250	144	86	30		
	500	170	108	32		
	1 000	218	131	40		
三角烧瓶	2 000	270	172	43		
	3 000	290	190	50		
定碘烧瓶	100	130	64	50	25	79
	300	175	90	50	25	121
	500	211	108	55	28	151

表 3-65　供蒸馏用的烧瓶主要规格

名　称	容积 (mL)	全高 (mm)	球外径 (mm)	主、侧管外径 (mm)	支　管	
					外径 (mm)	长度 (mm)
凯氏定氮烧瓶	50	180	50	20		
	100	225	63	20		
	200	290	76	25		
	250	310	81	25		
	500	370	100	28		
	1 000	420	123	34		
蒸馏烧瓶	30	122	42	18	6	120
	60	150	57	20	6	140
	125	190	70	23	6	160
	250	220	88	25	7	200
	500	270	100	30	8	250
	1 000	350	140	35	9	270
	2 000	450	170	38	10	290
分馏烧瓶	60	150	57	20	6	120
	100	170	63	22	6	140
	125	190	70	23	6	160
	200	200	83	25	7	180
	250	220	88	25	7	200
	500	270	100	30	8	250
	1 000	350	140	35	9	270
	2 000	450	170	38	10	290
刺形分馏烧瓶	500	270	100	30	8	250
	1 000	350	140	35	9	270

表 3-66　三口烧瓶和四口烧瓶主要规格

名称	容积（mL）	高度（mm）	球外径（mm）	主　管		侧　管	
				外径（mm）	高度（mm）	外径（mm）	高度（mm）
三口烧瓶	100	120	70	28	60	14	36
	250	140	88	34	75	18	45
	500	175	100	40	92	20	53
	1 000	215	140	46	100	20	58
	2 000	285	170	58	110	28	72
	3 000	340	200	60	140	32	85
四口烧瓶	100	120	70	28	50	14	36
	250	140	88	34	50	18	45
	500	175	100	40	55	20	53
	1 000	215	140	46	55	20	58
	2 000	285	170	58	70	28	72
	3 000	340	200	60	70	32	85

三、瓶类

在建筑防水材料试验室中常用玻璃瓶盛装固体或液体，按其用途不同，可分为试剂瓶、洗瓶、下口瓶、滴瓶、称量瓶、过滤瓶等。其主要规格列于表 3-67、表 3-68、表 3-69、表 3-70、表 3-71、表 3-72。

表 3-67　试剂瓶的主要规格

名称	标称容量（mL）	瓶高（mm）	瓶底外径（mm）	瓶口内径（mm）	瓶颈高（mm）	磨口塞外径（mm）
细口瓶	30	64	37	15	20	32
	60	85	45	15	20	32
	125	120	55	20	22	40
	250	130	66	20	22	40
	500	165	82	25	30	50
	1 000	200	100	30	35	55
	2 000	250	125	33	45	65
	3 000	300	140	35	50	70
	5 000	350	165	40	55	80
	10 000	440	210	45	65	90
	15 000	500	240	50	80	100
	20 000	550	270	55	90	110
广口瓶	30	63	37	24	17	36
	60	80	45	24	17	36
	125	110	60	35	20	50
	250	130	66	45	26	62
	500	165	82	50	30	75
	1 000	200	100	60	35	90
	2 000	250	125	80	45	120
	3 000	290	142	85	50	120
	5 000	350	165	100	55	130
	10 000	450	210	115	70	170
	15 000	500	240	130	85	180
	20 000	550	270	150	100	200

注：① 标称容量指到瓶肩的容量。
② 瓶底向内稍有弯曲。

第九节 常用玻璃容量仪器

表 3-68 洗瓶的主要规格

名称	标称容量 (mL)	瓶高 (mm)	瓶底直径（或球形外径）(mm)	瓶颈高 (mm)	瓶口内径 (mm)	洗瓶头长 (mm)
球形玻塞洗瓶	250	150	90	30	30	190
	500	200	110	30	35	210
锥形玻塞洗瓶	250	145	86	30	30	190
	500	170	110	30	35	210
	1 000	220	130	30	40	230

表 3-69 下口瓶和龙头瓶的主要规格

名称	标称容量 (mL)	瓶高 (mm)	瓶底外径 (mm)	上口内径 (mm)	下口内径 (mm)	瓶颈高 (mm)	磨口塞外径 (mm)
下口瓶	2 000	255	125	33	20	45	65
龙头瓶	2 500	275	132	34	20	48	68
	3 000	290	140	35	20	50	70
	5 000	340	165	40	25	55	80
	10 000	440	210	45	27	60	90
	20 000	550	240	50	30	70	100

表 3-70 滴瓶的主要规格

名称	标称容量 (mL)	瓶高 (mm)	瓶底外径 (mm)	瓶颈高 (mm)	瓶口内径 (mm)
滴瓶（无色透明和棕色两种）	30	45	37	20	15
	60	60	45	20	15
	125	75	60	25	20

表 3-71 称量瓶的主要规格

名称	规格 (mm×mm)	底径 (mm)	高度 (mm)	壁厚 (mm)
扁型称量瓶	15×15	15	15	1.2
	20×20	20	20	1.2
	25×25	25	25	1.4
	35×25	35	25	1.4
	40×25	40	25	1.6
	50×30	50	30	1.8
	60×30	60	30	2.0
	70×35	70	35	2.2
	70×40	70	40	2.2
高型称量瓶	25×40	25	40	1.2
	30×50	30	50	1.4
	30×60	30	60	1.4
	35×70	35	70	1.6
	40×70	40	70	1.8

表3-72 过滤瓶的主要规格

名称	标称容量（mL）	瓶高（mm）	底外径（mm）	瓶颈高度（mm）	瓶颈外径（mm）	壁厚（mm）
上嘴过滤瓶	100	120	75	25	30	>3
	250	160	90	35	33	>3
	500	200	115	40	40	>3
	1 000	240	140	45	44	>3
	2 000	280	170	45	45	>3
	2 500	300	180	45	45	>3
	3 000	320	200	45	48	>4
	5 000	380	240	50	50	>4
	10 000	460	300	60	60	>5
上下嘴过滤瓶	2 500	300	180	45	45	>3
	5 000	380	240	50	50	>4
	10 000	460	300	60	60	>5
	20 000	600	400	75	70	>5

四、管类

在试验室常用的管器具很多，常用的有离心管、滴管、冷凝管、接管、熔点测定管等。其主要规格列于表3-73、表3-74、表3-75、表3-76、表3-77、表3-78。

表3-73 离心管的主要规格

名称	标称容量（mL）	全高（mm）	管外径（mm）	锥形部长（mm）	底部外径（mm）
尖底离心管	5	95	13	32	6
	10	110	17	40	7
	15	120	19	45	8
	20	130	21	50	9
	25	140	23	55	10
	50	160	33	60	15
圆底离心管	50	100	35		
	100	118	41		

表3-74 滴管的主要规格

名称	全长（mm）	管外径（mm）
直形滴管	90	7～8
直形具球滴管	100	7～8
弯形滴管	90	7～8
弯形具球滴管	100	7～8

第九节 常用玻璃容量仪器

表 3-75 冷凝管的主要规格

名 称	外管 长(mm)	外管 外径(mm)	内管(球、卷) 球数或卷数	内管(球、卷) 外径(mm)	侧管 长(mm)	侧管 外径(mm)	上管 长(mm)	上管 外径(mm)	下管 长(mm)	下管 外径(mm)
空气冷凝管							50	30	450	10
							80	50	820	15
直形冷凝管	200	25		12	30	8	80	18	100	10
	300	30		12	30	8	90	20	110	12
	400	35		15	30	8	100	22	120	15
	500	40		15	35	10	110	25	130	15
	600	50		15	35	10	120	28	140	15
	800	60		18	40	12	130	28	150	18
	1 000	80		18	45	12	130	28	160	18
球形冷凝管	200	30	4	12	30	8	80	18	100	10
	300	35	5	12	30	8	90	20	110	12
	400	40	6	15	30	8	100	22	120	15
	500	45	8	15	35	10	110	25	130	15
	1 000	60	12	18	45	12	130	28	160	18
	1 500	80	16	18	50	15	150	33	180	21
蛇形冷凝管	200	30	8	20	30	8	80	18	100	10
	300	35	13	25	30	8	90	20	110	12
	400	40	17	30	30	8	100	22	120	15
	500	45	20	35	35	10	110	25	130	15
	600	50	25	40	45	12	130	28	160	18
	1 000	80	30	50	50	12	150	33	180	21
蛇形回流冷凝管	200	30	18	24	30	8	60	18	100	10
	300	35	25	28	30	8	20	20	110	12
	400	40	30	35	30	8	100	22	120	15
	500	45	38	40	35	10	110	25	130	15
直形回流冷凝管	300	35	25	28	30	8	70	20	110	12

表 3-76 接管的主要规格

名 称	头部 长度(mm)	头部 外径(mm)	尾部 长度(mm)	尾部 外径(mm)	支管 长度(mm)	支管 外径(mm)
直形接管	80	15	100	8		
	90	18	100	8		
	90	25	100	10		
	100	30	100	12		
弯形接管	80	15	100	8		
	90	18	100	8		
	90	25	100	10		
	100	30	100	12		

续表

名称	头部 长度（mm）	头部 外径（mm）	尾部 长度（mm）	尾部 外径（mm）	支管 长度（mm）	支管 外径（mm）
T形接管			100	8	50	8
			120	10	60	10
			150	15	75	15
Y形接管			100	8	50	8
			120	10	60	10
			150	15	75	15
U形接管			100	8	50	8
			120	10	60	10
			150	15	75	15

表3-77 熔点测定管的主要规格

名称	高度（mm）	主管外径（mm）	支管外径（mm）
三角形熔点测定管	150	24	15
椭圆形熔点测定管	180	24	15

表3-78 分馏管的主要规格

名称	管全长（mm）	管外径（mm）	球外径（mm）	下管外径（mm）	名称	管全长（mm）	管外径（mm）	球外径（mm）	下管外径（mm）
无球分馏管	200	15			刺形分馏管	560	23		10
一球分馏管	250	17	40			690	25		12
二球分馏管	300	17	40			790	27		12
三球分馏管	400	17	35			1 020	30		15
四球分馏管	460	17	35			1 220	33		15
刺形分馏管	410	21		10					

五、加液器

便于向试验的容器中加料和分离，常用到漏斗，根据形状和用途的不同，可分为普通漏斗、安全漏斗、分液漏斗、滴液漏斗等。其主要规格列于表3-79、表3-80、表3-81、表3-82。

表3-79 普通漏斗的主要规格

名称	漏斗内径（mm）	管长（mm）	管外径（mm）	名称	漏斗内径（mm）	管长（mm）	管外径（mm）
短颈漏斗	30	30	7	长颈漏斗	45	150	7
	40	40	7		50	150	7
	45	45	7		55	150	7
	50	50	7		60	150	8
	55	55	8		70	150	8
	60	60	8		75	150	8
	70	70	8		80	150	8
	75	75	8		90	150	9
	80	80	8		100	150	9
长颈漏斗	40	150	7		120	150	9

续表

名 称	漏斗内径(mm)	管长(mm)	管外径(mm)	名 称	漏斗内径(mm)	管长(mm)	管外径(mm)
厚壁漏斗	90	75	12	筋纹漏斗	60	70	8
	120	100	15		70	70	8
	150	120	18		75	75	8
	180	145	20		80	80	8
	210	170	23		90	90	9
	240	200	25		100	100	9
	300	240	30		120	120	9

表 3-80 安全漏斗的主要规格

名 称	全长(mm)	漏斗外径(mm)	管外径(mm)
直形安全漏斗	350	40	7~8
环形安全漏斗	350	40	7~8
单球安全漏斗	350	40	7~8
双球安全漏斗	350	40	7~8
盖氏漏斗	150	60	6~7

表 3-81 分液漏斗的主要规格

名 称	标称容量(mL)	球(筒)最大外径(mm)	球(筒)长(mm)	管外径(mm)	管长(mm)	最小分度(mL)
球形分液漏斗	50	54	75	9	100	
	100	66	90	9	100	
	125	70	100	9	110	
	200	78	105	10	130	
	250	90	120	10	140	
	500	106	145	12	150	
	1 000	132	180	15	160	
	2 000	165	216	16	160	
厚料球形分液漏斗						球厚(mm)
	1 000	130		20	70	3
	2 000	170		22	85	3
	3 000	200		24	100	3.5
	5 000	245		35	120	4
筒形分液漏斗	50	30		9	50	
	100	40		9	50	
	250	50		10	60	
	500	62		12	70	
筒形刻度分液漏斗	50	32		9	50	2
	100	40		9	50	5
	250	50		10	60	5
	500	62		12	70	10

续表

名 称	标称容量(mL)	球(筒)最大外径(mm)	球(筒)长(mm)	管外径(mm)	管长(mm)	最小分度(mL)
锥形分液漏斗	25	40	80	9	40	
	50	48	97	9	50	
	100	60	125	9	50	
	125	67	150	9	50	
	250	75	170	10	60	
	500	93	200	12	70	
	1 000	125	250	15	80	
锥形刻度分液漏斗	50	48	97	9	50	5
	100	60	125	9	50	5
	250	75	170	10	60	10
	500	93	200	12	70	10
	1 000	125	250	15	80	25

表 3-82 滴液漏斗的主要规格

名 称	标称容量(mL)	球最大外径(mm)	球长(mm)	管外径(mm)	管长(mm)	滴头内径(mm)
滴液漏斗	60	55	80	9	100	0.5
	125	67	100	9	110	1
	250	90	120	10	140	1.5
	500	100	145	12	150	1.5
	1 000	130	180	15	160	2

六、干燥器与玻璃皿类

干燥器是一种下部稍细上部稍粗的有盖厚壁玻璃器皿，其内部放一块厚约 5 mm 的瓷或玻璃制多孔板，隔板下部装有干燥剂。在盖上带有磨口活塞，可以接真空泵抽真空的干燥器称为真空干燥器，主要用于在真空条件下干燥试样。干燥器的规格列于表 3-83。

表 3-83 干燥器的主要规格

名 称	全高(mm)	上部内径(mm)	底部外径(mm)	盖外径(mm)
干燥器	200	120	110	170
	230	160	150	210
	270	180	170	240
	310	210	200	280
	340	240	220	330
	420	300	280	410
	480	350	330	470
	540	400	380	520
	600	450	430	580
茶色干燥器	230	160	150	210
	270	180	170	240
	310	210	200	280
	340	240	220	330
	420	300	280	410

续表

名称	全高（mm）	上部内径（mm）	底部外径（mm）	盖外径（mm）
真空干燥器	230	160	150	210
	270	180	170	240
	310	210	200	280
	340	240	220	330
	420	300	280	410
	480	350	330	470
茶色真空干燥器	310	210	200	280
	340	240	220	330
	420	300	280	410

玻璃皿类器具很多，在试验室中常用的有表面皿、结晶皿、蒸发皿等。

表面皿的规格用其直径表示，主要规格（mm）有：40、45、50、60、70、80、85、90、95、100、110、120、140、150、170、180。

结晶皿和蒸发皿的规格列于表3-84和表3-85。

表3-84 结晶皿的主要规格

名称	直径（mm）	皿高（mm）	名称	直径（mm）	皿高（mm）
结晶皿	60	40	结晶皿	125	63
	75	40		150	75
	90	45		180	90
	100	50			

表3-85 蒸发皿的主要规格

名称	上部外径（mm）	全高（mm）	名称	上部外径（mm）	全高（mm）
圆底蒸发皿	60	30	平底蒸发皿	60	30
	90	45		90	45
	120	60		120	60
	150	75		150	75

第十节 橡胶与塑料常用检测仪器

在建筑防水材料中，高分子防水材料及其原材料的检验，都离不开橡胶和塑料等高分子材料检测仪器，常用的有门尼粘度计、橡胶硫化测定仪、邵氏硬度测定仪、可塑度测定仪、维卡软化点测定仪等。

一、门尼粘度计

门尼粘度计又称转动粘度计或剪切型粘度计。它是将生胶或胶料填充在模腔与转子之间，在一定的试验温度下，转子以一定的旋转力矩对试件施加一定的剪切力，橡胶或胶料对所加力矩的抵抗能力，即为橡胶的门尼粘度，通常以 $ML_{1+4}^{100℃}$ 或 $MS_{1+4}^{100℃}$ 来表示。其中 M 表示门尼。L 表示用大转子，S 表示用小转子。1 表示预热 1 min，4 表示试验 4 min。门尼值越大，表示粘度越大，可塑度越低。主要用来控制橡胶胶料工艺性能的一项指标。

门尼粘度计是由转子、模腔、加热控温装置和转矩测量系统所组成。其模腔转子构造如图 3-39 所示，主要构件尺寸列于表 3-86。

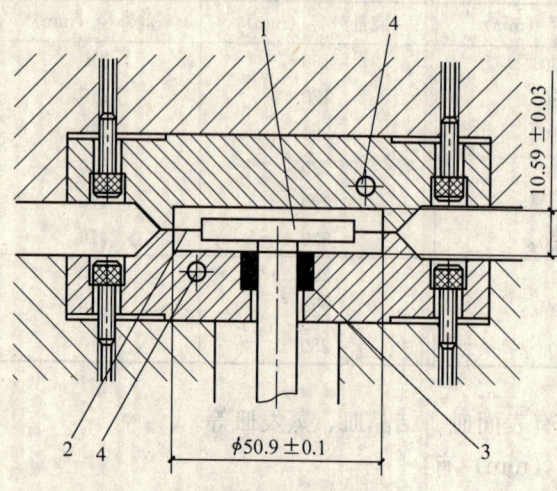

图 3-39 模腔转子
1—转子；2—模腔；3—密封件；4—温度传感器

表 3-86 门尼粘度计主要构件尺寸

名称	尺寸（mm）	
转子直径	大	小
	38.10±0.03	30.48±0.03
转子厚度	5.54±0.03	
模腔直径	50.9±0.1	
模腔深度	10.59±0.03	

门尼粘度计主要技术指标为：

工作温度：室温～200 ℃

温控误差：±0.5 ℃

门尼粘度测量范围：0～200 N·m

焦烧时间范围：0～1.5 h

转子速度：0.209±0.002 r/s

或 2.00±0.02 r/min

工作温度用数字显示，可用记录仪描绘试验曲线，由于微机的使用，更加智能化。

橡胶门尼粘度计可以用来测定生胶和硫化胶的门尼粘度和加硫过程中的焦烧时间。

二、快速塑性计

快速塑性计是为适应密炼、压延、压出、硫化等工艺的高塑化而研制的，具有试样制备、预热和测试时间短等特点，广泛用于生胶和胶料的中间检验。

在快速塑性计中应用最多的为华莱氏可塑计，它是将一定的胶料放在压出筒内，保持一定温度，在压力的作用下，使胶料从口型中压出，并测量单位时间内的压出量，用试样厚度来表示，单位为毫米，属于压出型可塑度计。其构造如图 3-40 所示。

压头是用不锈钢制成的圆柱体，其直径规

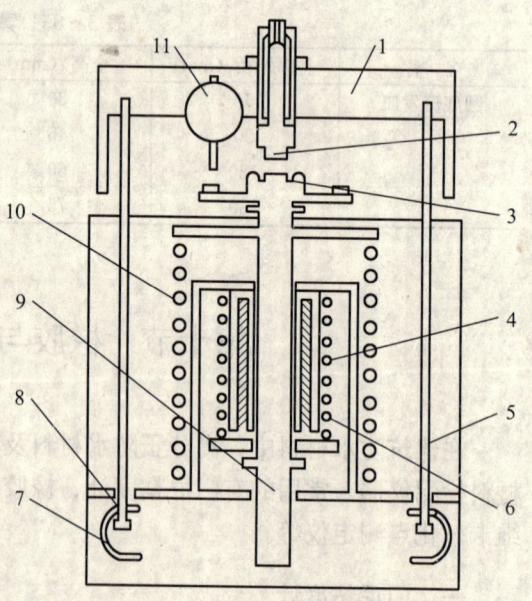

图 3-40 快速塑性计结构原理图
1—横梁；2—压头；3—底盘；4—电磁铁；5—支杆；
6—卸压弹簧；7—肘节；8—小弹簧；
9—主杆；10—加压弹簧；11—测厚装置（百分表）

格有三种：7.3±0.02 mm、10.0±0.02 mm、14.0±0.02 mm，有效长度为 4.5±0.15 mm。对压头的选择应使测量的塑性值在 25～85 之间，并规定 10 mm 的压头为标准压头。底盘直径比压头直径稍大，包围在加热夹套中，其有效深度为 3.5±0.25 mm。压头和底盘两平面能把试样压缩到厚度为 1.00±0.01 mm，压力要求最小为 300 N，可借助弹簧适当调节。

三、橡胶硫化仪

橡胶硫化仪是在橡胶硫化过程中连续测定胶料硫化性能全部变化，并具有较高测试精度的仪器。橡胶硫化仪有直线剪切型与水平摆动剪切型两种类型。例如 LH—1 硫化仪属于转子左右水平摆动式的仪器，由主机转动部分、应力传感记录部分和温度控制部分组成，如图 3-41 所示。

试验时，转子在胶料中作正负三度摆动，在温度和压力作用下，胶料逐渐硫化，其模量也逐渐增加，转子摆动正负三度所需要的转矩也成比例的增加。增加转矩由传感器感受后，变成信号送到记录仪上放大，并绘制出硫化曲线，表示出硫化反应的全过程。根据硫化曲线的转矩分析出胶料的硫化温度与硫化时间。通常选取转矩达 95% 的时间作为最适硫化时间。

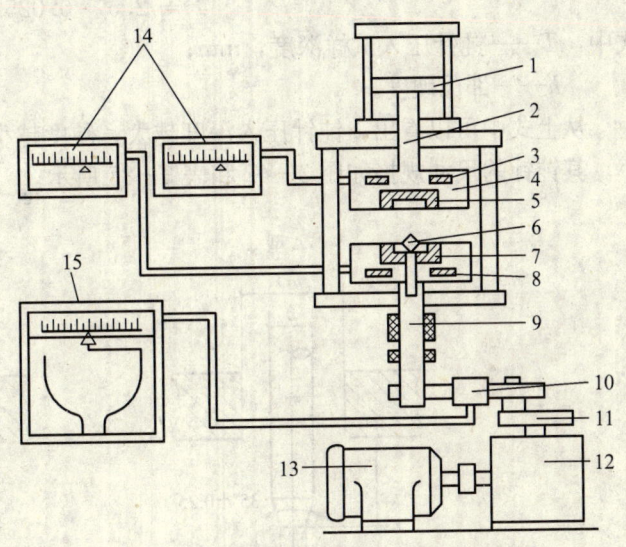

图 3-41 LH—1 型硫化仪结构原理图
1—风筒；2—活塞杆；3—加热器；4—上平板；5—上模腔；6—转子；7—下模腔；8—下平板；9—主轴；10—传感器；11—偏心机构；12—减速器；13—电动机；14—模腔温度控制仪表；15—转矩记录仪

近年来，橡胶硫化仪更加智能化，仪器采用了单片机进行程序控制，工作可靠，自动化程度高，具有自动控温，自动数据处理，自动完成测试过程，彩屏显示测试数据和曲线，并能打印测试曲线及测试报告等功能。例如：XNL 型橡胶硫化仪，就是采用圆盘振荡硫化法制作的橡胶胶料硫化特性测定仪。其主要技术参数：

电源电压：220V，50Hz
转矩测量范围：0～5.0 N·m，0～10.0 N·m
转矩测量精度：±0.5%
转矩显示分辨率：0.01 N·m
温控范围：室温～200 ℃
温度显示分辨率：0.1 ℃

四、邵氏硬度计

硬度是表示建筑防水材料抵抗外力压入的能力，硬度数值的大小反映了建筑防水材料软硬的程度及受外力变形的程度。硬度的测量多用于橡胶或塑料止水带的硬度测量。测量硬度的仪器多采用结构简单、操作与携带方便的邵氏硬度计。

邵氏硬度计分为 A 型、G 型和 D 型三种。A 型适用于测量软质橡胶，G 型和 D 型用于测量半硬质和硬质胶。在建筑防水材料行业，多选用邵氏 A 型硬度计。

邵氏硬度计是由锥形钝针、弹簧、刻度盘和支架所组成。锥形钝针靠弹簧压力作用于所测试件上，压针的行程为 2.5 mm 时，指针指于刻度盘 100 的位置，每个刻度值相当于钝针压入 0.025 mm 的深度。

邵氏硬度计钝针压入试样的深度与硬度的关系为：

$$T = 2.5 - 0.025h$$

式中　T——钝针压入试样深度，mm；

　　　h——邵氏硬度。

从上式中可以看出，钝针压入深度越大，硬度越小；反之，硬度越大，钝针压入深度越小。其钝针的尺寸规格如图 3-42 和表 3-87 所示。

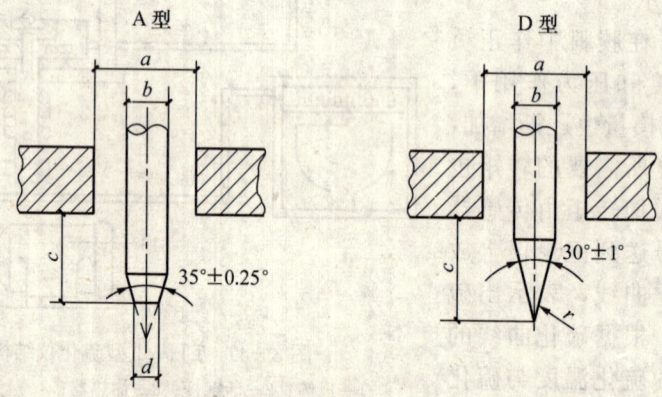

图 3-42　邵氏硬度计（A 型、D 型）的压针

表 3-87　压针尺寸（mm）

a	$\phi 3.00 \pm 0.50$
b	$\phi 1.25 \pm 0.15$
c	2.50 ± 0.04
d	$\phi 0.79 \pm 0.03$
r	$R 0.1 \pm 0.012$

硬度计的测定范围为 20~90 之间，当试样用 A 型硬度计测量硬度值大于 90 时，改用邵氏 D 型硬度计测量硬度，用 D 型硬度计测量硬度值低于 20 时，改用 A 型硬度计测量。

试验时硬度计垂直安装在支架上，并沿压针轴线方向加上规定质量的重锤，使硬度计下压板对试样有规定的压力，对于邵氏 A 型为 1 kg，邵氏 D 型为 5 kg。

压力弹簧对压针所施加的力应与压针伸出压板位移量有恒定线性关系，其大小与硬度计指针所指刻度的关系如下式所示。

A 型硬度计：

$$F_A = 56 + 7.66 H_A \text{(g)}$$

$$\text{或 } F_A = 549 + 75.12 H_A \text{(mN)}$$

D 型硬度计：
$$F_D = 45.36 H_D (g)$$
$$或 F_D = 444.83 H_D (mN)$$

式中 F_A、F_D——分别为弹簧加于 A 型和 D 型硬度计压针上的力（g）或（mN）；

H_A、H_D——分别为 A 型硬度计和 D 型硬度计读数。

下压板直径不小于 12 mm，压力弹簧的检定误差，A 型硬度计要求在 ±0.4 g 之内，D 型硬度计偏差在 2.0 g 之内。

橡胶国际硬度（30～90/RHD）的测定，多选用袖珍硬度计，该仪器的压足为边长 20±2.5 mm 的正方形，压足上有直径为 2.5±0.5 mm 的中心孔。压针为顶端呈半球形的圆柱体，圆柱体和半球面的直径为 1.575±0.025 mm。硬度计用弹簧施加压力为 2.65 N，在 30～90/RHD 范围内允许误差为 ±0.15 N。压针突出压足表面最大长度为 1.65±0.02 mm 时，硬度计的指针应指示 28/RHD，把压足贴紧在玻璃平板上，使压针突出为零时，指针应指示 100/RHD。

五、维卡软化点仪

维卡软化点仪是用于测定热塑性塑料软化点或称耐热度的仪器，用维卡软化点或维卡耐热度表示，简称 VSP。

维卡软化点是热塑性塑料在液体传热介质中，在一定负荷、一定的等速升温条件下，试样被 1 mm² 针头压入 1 mm 时的温度，用 ℃ 表示。测定热塑性塑料的软化点是控制质量和作为鉴定新品种热性能的一个指标，但不代表材料使用温度。

维卡软化点仪是由支架、保温水浴、砝码、测温装置和冷却装置所组成。其构造如图 3-43 所示。

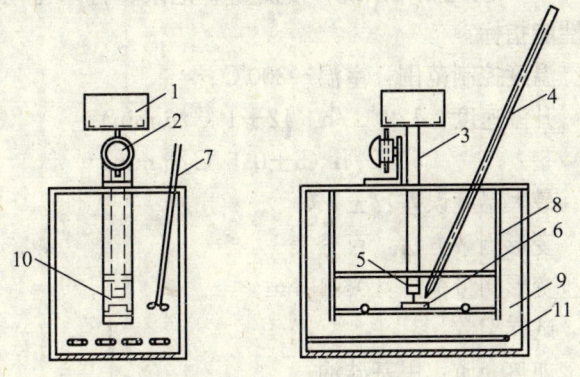

图 3-43 软化点（维卡）试验装置图
1—砝码；2—变形测量装置；3—负载杆；
4—测温装置；5—压针；6—试样；7—搅拌器；
8—支架；9—保温浴槽；10—压针头；11—加热器

支架是用于装置试件，并可方便地浸于保温浴槽中，支架和负载杆应选用热膨胀系数小的材料制成。在测定温度范围内，由于热膨胀引起变形，测量装置的读数偏差不得超过 0.02 mm（可用厚度 3～4 mm 的 GG—17 硅硼玻璃代替塑料试件进行校验）。负载杆能自由垂直移动，压针固定于负载杆的末端，压针头应经硬化处理，其长为 3～5 mm，槽截面积为 1.000±0.015 mm²，压针头平端与负载杆成直角，不允许带有毛刺等缺陷。

保温浴槽为盛液体传热介质的浴槽，安装有搅拌器、加热器，加热器应能按下列速度等速升温。

A 速度：5±0.5 ℃/6 min；
B 速度：12±1.0 ℃/6 min。

液体传热介质对试样应无影响,如硅油、变压器油、液体石蜡、乙二醇等。在室温时具有粘度较低的特点。

砝码:

因试样承受的静负载 G ($G=W+K+T$) 有两种。

$$G_A = 1\,000^{+50}_{-0}\,g$$
$$G_B = 5\,000^{+50}_{-0}\,g$$

则应加砝码的质量用下式计算:

$$W = 1\,000(或\,5\,000) - K - T$$

式中 W——砝码质量,g;

K——压针及负载杆的质量,g;

T——变形测量装置的负加力,g。

注:由于仪器构造不同,附加力向下为正,向上为负。

维卡软化点测定仪的测温装置是经过校正的水银温度计或其他测温仪表,其分度值为 1 ℃。变形测量装置具有精度为 0.01 mm 的百分表或其他测量装置。还应具有冷却装置,可以将液体介质迅速冷却,以便再次试验。

随着计算机技术的应用,维卡软化点仪更加智能化和自动化。例如:XRW-300H$_5$ 维卡软化点测定仪,XRW-300M 型维卡软化点测定仪就采用了电子计算机技术,采用了 Windows 系列操作系统,使测量、记录、打印自动化。XRW-300M 型维卡软化点仪的主要性能指标:

温度控制范围:室温~300℃;

升温速度:120 ℃/h(12±1 ℃/6 min)

    50 ℃/h(5±0.5 ℃/6 min)

最大温度误差:±1 ℃

变形测量方法:百分表

变形测量范围:0~1 mm

试样架数:3

加热介质:甲基硅油

加热功率:4 kW

冷却方式:150 ℃以上自然冷却,

    150 ℃以下水冷或自然冷却。

电源:220V,10A,50Hz

负载杆及压头质量:88 g。

该仪器有上限温度设定,试验温度达到上限温度时,自动停止加热。LED 显示器可显示上限温度、升温速率、实测温度及试验结果温度,具有自动升降试样架结构,操作方便,精度较高。

六、熔体流动速率仪

热塑性塑料熔体流动速率仪是测定热塑性塑料熔体流动性的一种仪器,主要由砝码、活塞、炉体、标准口模、控温元件、温度计等部件组成。其结构如图 3-44 所示。

料筒是钢制的圆筒，材质硬度应不小于300 Hv，并具有耐腐蚀性。内径为 9.550 ± 0.025 mm，长度在 $150\sim180$ mm 之间，轴线弯曲不得大于 0.02/100，圆筒内壁光洁度不低于▽8。

活塞是钢制的，钢制活塞材质的硬度应略低于料筒材质硬度。活塞长度不小于料筒长度，活塞杆直径为 9 mm，轴线弯曲不得大于 0.02/100，活塞头长度为 6.35 ± 0.10 mm，其直径比料筒内径均匀地小 0.075 ± 0.015 mm，表面光洁度不低于▽8。活塞头下部边缘倒角半径为 0.4 mm，上部边缘须除去锐边。在活塞上相距 30 mm 处刻有两道环形标记，当活塞插入料筒下环形标记与料筒口相平时，活塞头底面至标准口模上端的距离为 50 mm。也可用其他标记指示此距离。

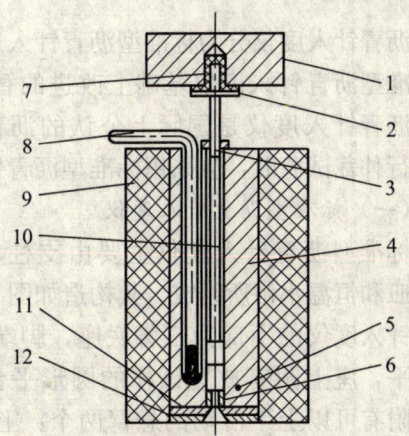

图 3-44 熔体流动速率仪示意图
1—砝码；2—砝码托盘；3—活塞；4—炉体；
5—控温元件；6—标准口模；7—隔热套；
8—温度计；9—隔热层；10—料筒；
11—托盘；12—隔热垫

标准口模是用碳化钨制成，与料筒成间隙配合，内径有 2.095 ± 0.005 mm 和 1.180 ± 0.010 mm 两种，内部光洁度不低于▽8，高度皆为 8.00 ± 0.025 mm。

负荷是砝码、托盘和活塞质量之和，精度为 $\pm0.5\%$。若料筒内径在 $9.5\sim10.0$ mm 之间，则负荷按下式计算：

$$P = K \cdot \frac{D^2}{d^4}$$

式中　P——负荷，g；

　　　K——口模系数（决定于标准口模内径和剪切速率范围），$g \cdot mm^2$；

　　　D——活塞头直径，mm；

　　　d——标准口模内径，mm。

熔体流动速率仪还应有温度自动控制装置，保证温度波动在 ±0.5 ℃ 以内，炉温须在距标准口模上端 10.0 mm 处测量，此外还须有温度监测装置，例如水银温度计或其他测温装置，精度为 0.1 ℃。

第十一节　沥青材料检测仪器

沥青材料是沥青和聚合物沥青防水材料的主要原材料，对沥青材料的检验是保证沥青与聚合物沥青防水材料质量的关键，沥青材料检测仪器是建筑防水材料试验室中不可缺少的仪器设备。

沥青材料的检测仪器很多，在建筑防水材料试验室中应用最多的为沥青针入度仪、沥青软化点仪、沥青延度仪、沥青闪点仪。有条件的试验室还可设置沥青脆化点测定仪、沥青含蜡量测定仪等。

一、沥青针入度仪

沥青针入度仪分为标准型沥青针入度仪和数控型沥青针入度仪。数控型沥青针入度仪是在标准型沥青针入度仪基础上改进的智能化针入度仪,标准型沥青针入度仪是国际上公认的沥青针入度检测仪器,在进行仲裁试验时,应采用标准型沥青针入度仪检测。

(一) 标准型沥青针入度仪

标准型沥青针入度仪主要由支柱、标准针、刻度盘、试样皿和恒温水浴所组成。其构造如图3-45所示。

针入度仪的下部为三脚底座,脚端装有螺丝,用以调整水平,座上附有放置试样的圆形平台及垂直固定支柱。柱上附有可以上下滑动的悬臂两个:上臂装有分度为360°的针入度刻度盘,下臂装有操纵机件,以控制标准针连杆的升降,应用时紧压按钮,杆能自由落下。垂直固定支柱下端,装有可以自动转动与调节伸长距离的悬臂。

连杆重 47.5 ± 0.05 g,针和连杆总重 50 ± 0.05 g,另外仪器附有 50 ± 0.05 g 和 100 ± 0.05 g 的砝码各一个,可以组成 100 ± 0.05 g 和 200 ± 0.05 g 的载荷以满足试验所需的载荷条件。

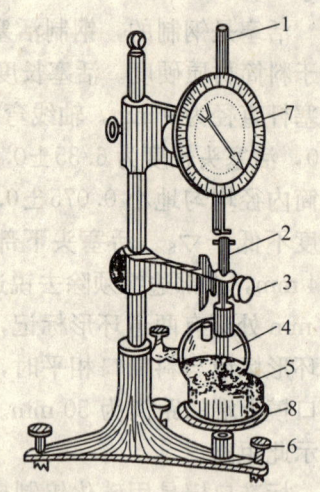

图3-45 标准型沥青针入度仪

1—齿棒;2—带有标准针的圆棒;
3—开动钮;4—镜;5—样品;
6—底脚螺丝;7—度盘;8—小平台

标准针:针长约 50 mm,直径为 $1.00\sim1.02$ mm。针的一端必须磨成 $8.7°\sim9.7°$ 的锥形,锥形必须与针体同轴,圆锥表面和针体表面交界线的轴向最大偏差不大于 0.2 mm,切平的圆锥端直径应在 $0.14\sim0.16$ mm 之间,与针轴所成角度不超过 4℃。针应装在一个黄铜或不锈钢的金属箍中,针露在外面的长度应在 $40\sim45$ mm。金属箍的直径为 3.20 ± 0.05 mm,长度为 38 ± 1 mm,针应牢固地装在箍里。针箍及其附件总重为 2.50 ± 0.05 g。其形状尺寸如图3-46所示。

试样皿:金属或玻璃的圆柱形平底皿,尺寸如表3-88所示。

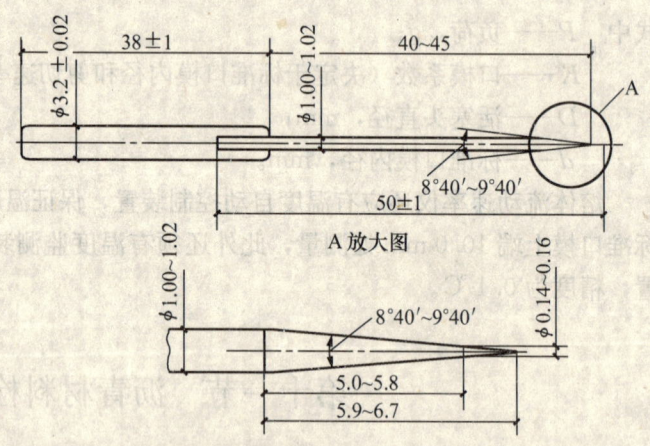

图3-46 沥青针入度试验用针

表3-88 试验皿尺寸

针入度	直径(mm)	深度(mm)
针入度小于200时	55	35
针入度200~350时	55	70
针入度350~500时	50	60

恒温水浴：容量不小于10 L，能保持试验温度变化控制在0.1℃范围。
平底玻璃皿的容量不小于350 mL，内设一个不锈钢三角架。

（二）数控型沥青针入度仪

数控型沥青针入度仪是近年来发展起来的一种智能型沥青针入度测定仪器。由于采用微机控制光电贯入探测，数码显示，计时精确，读取直观，操作方便，现已广泛用于建筑防水材料试验室中沥青针入度的检测。

数控型沥青针入度仪的上部有悬臂式框架，用以放置针体释放器，释放器可控制标准针与针杆的下落，试验时按下释放器启动按钮，针杆即能自动下落。框架上部还装有直读数字表，针入度值可以由数字显示器直接读出，位移精度0.01 mm。

下部底座内装有各种电器元件，面板有时间显示和电器开关，通过电器开关可以准确控制针入度试验时间和标准针与针杆的自动下落。底座下装有调平螺丝用以调整水平，底座上装有放置试样的圆形工作台，工作台可以升降，以便调整针尖与试样的接触。底座和悬臂框架与固定立柱连接，悬臂框架可以升降。数控型沥青针入度仪如图3-47所示。

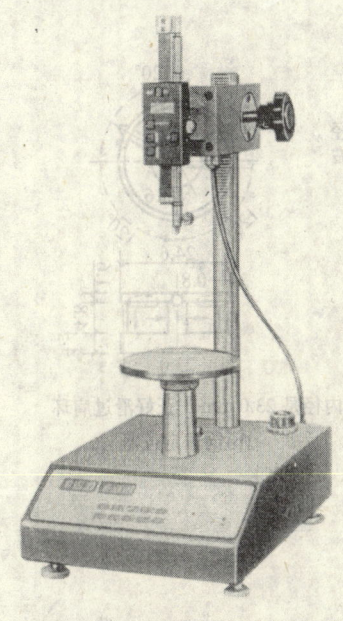

图3-47 数控型沥青针入度仪

主要技术参数：

位移测量范围：0～60 mm
分辨率：0.01 mm
计时范围：0～99.9 s
分辨率：0.1 s
温度显示精度：0.1℃
最大量程：50±0.05 mm
连接杆、砝码、标准针合重：100±0.05 g
单片机一次存储1000个数字

二、沥青软化点仪

沥青软化点仪分为标准型沥青软化点仪和数控式沥青软化点仪，数控式沥青软化点仪是在标准型沥青软化点仪的基础上经改进而成的智能化的沥青软化点测定仪器，现已广泛用于建筑防水材料试验室沥青软化点的测试。

（一）标准型沥青软化点仪

标准型沥青软化点仪是由环架、试样环、钢球、钢球定位器和烧杯等组成，其结构形式如图3-48所示。

钢球：直径为9.53 mm，质量为3.50±0.05 g，
试样环：用黄铜制成。
钢球定位器：用黄铜制成，使钢球定位于环中央。

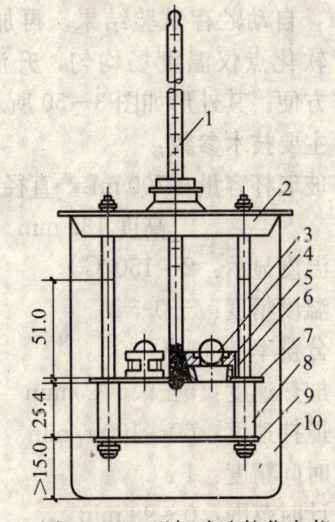

图3-48 环与球法软化点仪
1—温度计；2—上承板；3—枢轴；4—钢球；
5—环套；6—环；7—中承板；
8—支承套；9—下承板；10—烧杯

支架：由上、中、下承板和定位套组成，环可以水平地安放于中承板上圆孔中，环的下边缘距下承板应为 25.4 mm。

温度计：为全浸玻璃棒式，刻度为 0～80 ℃，分度为 0.5 ℃；刻度 30～200 ℃，分度 1 ℃。环与球法软化点仪的细部如图 3-49 所示。

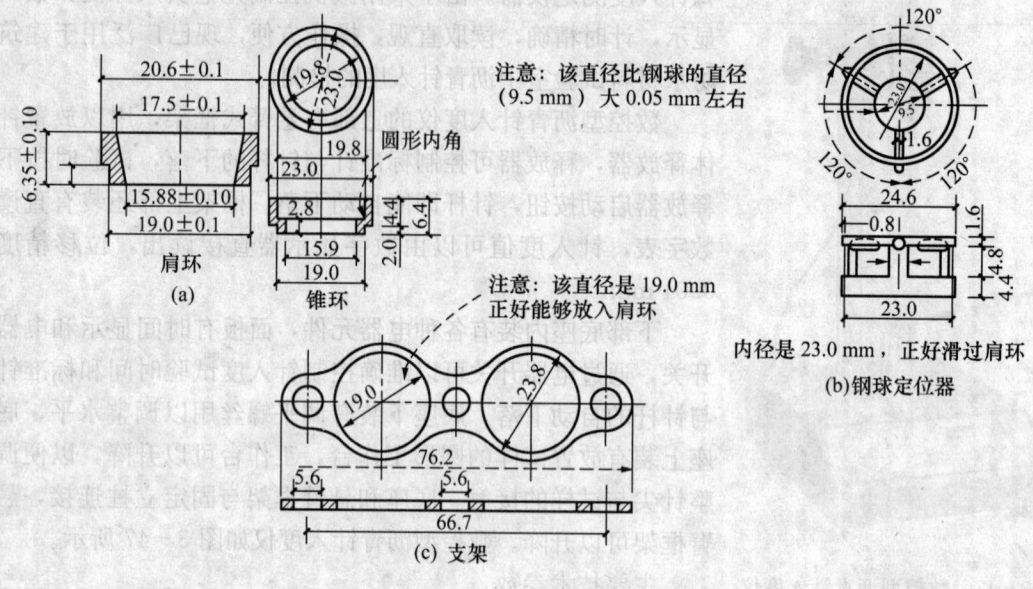

图 3-49　环与球法软化点仪细部

（二）数控式沥青软化点仪

数控式沥青软化点仪是在标准型沥青软化点仪的基础上改进的智能型产品，由专用超大规模集成电路构成。时间、温度、电压分别显示，升温采用模糊逻辑控制，加热功率可无极调速，升温线性好，红外扫描球下沉距离（25 mm），自动贮存试验结果。再加上磁力搅拌，使沥青软化点仪温度场均匀，升温控制准确度高，操作方便。其外形如图 3-50 所示。

主要技术参数：

玻璃杯容量：700 mL，直径 110 mm
　　　　　　高度 135 mm
温度显示：2～150 ℃
温度精度：±0.5 ℃
分辨率：0.1 ℃
加热速度：5±0.5 ℃/min
搅拌速度：60～100 r/min
时间精度：1 s
计时范围：0～99 min

三、沥青延度仪

沥青延度仪分为标准型沥青延度仪和数控型

图 3-50　数控式沥青软化点仪

沥青延度仪。

（一）标准型沥青延度仪

标准型沥青延度仪是由长方形水槽、螺杆、电机和延伸试模所组成，如图3-51所示。

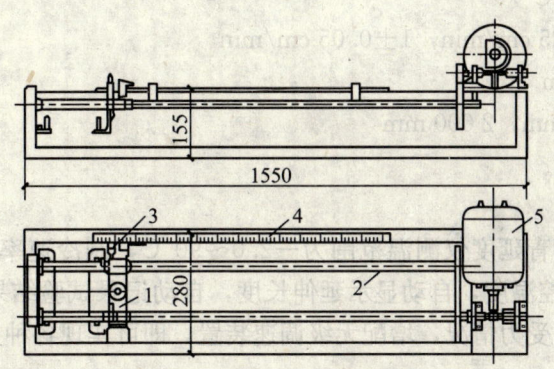

图3-51 沥青延度仪
1—滑动器；2—螺杆；3—指针；4—标尺；5—电动机

长方形水槽是由一个内衬镀锌白铁的长方形木箱所构成，箱内装有可以转动的螺杆，其上附有滑板，螺杆转动时使滑板自一端向他端移动，其速度为 5 ± 0.25 cm/min（或 1 ± 0.01 cm/min）滑板上有一指针，借箱壁上所装标尺指示滑动距离，丝杆由电动机带动。

延度试模由两个端模和两个侧模组成，其形状及尺寸如图3-52所示：

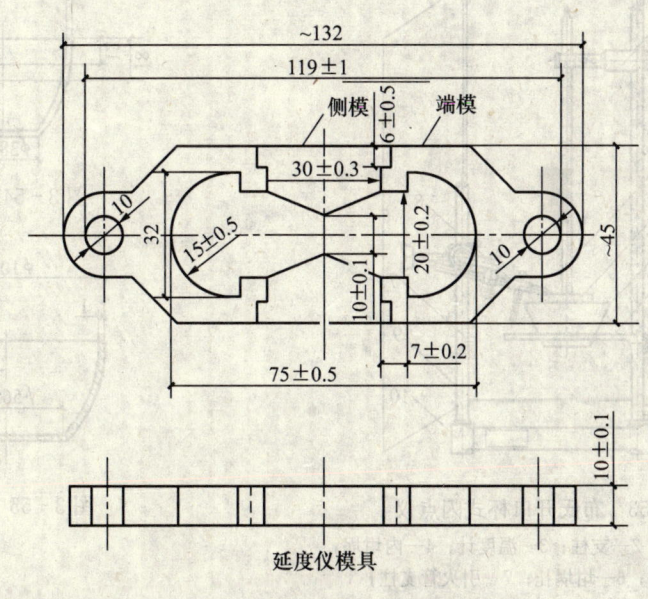

图3-52 延度仪模具图

（二）数控型沥青延度仪

数控型沥青延度仪是在标准型沥青延度仪上安装了微机、制冷和加热装置，能自动计算显示3个试样的延度平均值、温度数值，具有时间显示、速度显示和试样延伸值的显示。试验数据可内存，并可与打印机连接打印数据，还可连接计算机管理系统。大大提高了沥青延度仪的智能化程度,控制精确,速度可调,操作方便。

主要技术参数:

控温范围:0~50 ℃

控温精度:±0.5 ℃

延伸速度:5±0.25 cm/min,1±0.05 cm/min

延度精度:±1 mm

最大延度:1 500 mm,2 000 mm

制冷功率:1 kW

加热功率:2 kW

装有低温系统的沥青延度仪测温范围为−2.0~90 ℃,制冷速率为 25 ℃/h,加热速率为 45 ℃/h。除自动测控温度,自动显示延伸长度,自动记录试验结果外,还增配了测力装置,可同时测定试件的受力情况,增配无级调速装置,即可实现各种拉伸速度的选择。

四、沥青闪点与燃点仪

闪点是初次发生一瞬即灭的火焰时试样温度,燃点是火焰持续燃烧时间不少于 5 s 时的试样温度。

沥青闪点、燃点仪多采用布氏开口杯式闪点仪。其构造结构如图 3-53 所示,内坩埚及外坩埚如图 3-54,图 3-55 所示。

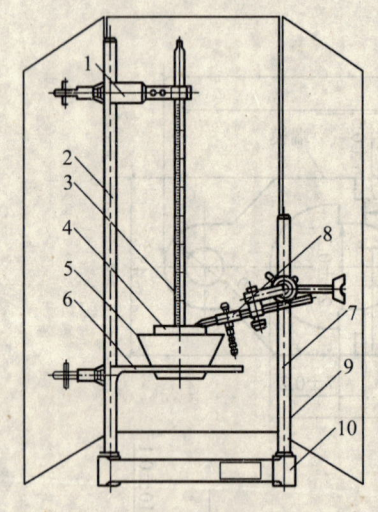

图 3-53 布氏开口杯式闪点仪

1—温度计夹;2—支柱;3—温度计;4—内坩埚;
5—外坩埚;6—坩埚托;7—引火管支柱;
8—引火管;9—防护置;10—底座

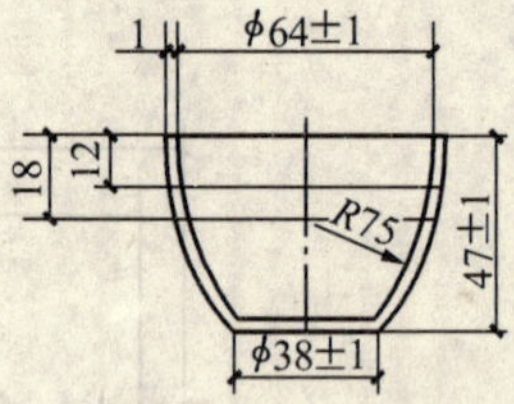

图 3-54 内坩埚

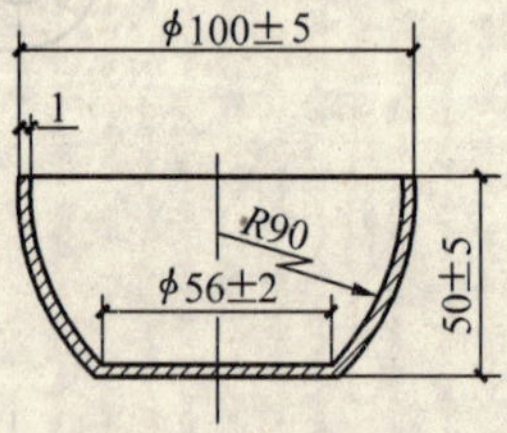

图 3-55 外坩埚

加热方式可采用电炉或酒精喷灯加热。

内坩埚:即沥青试样盛器,用 0.8 或 10 号优质碳素结构钢制成,上口内径 64±1 mm,底部内径 34±1 mm,高 47±1 mm,厚度约 1 mm,内壁刻有二道环状标线,各与坩埚上口边缘的距离为 12 与 18 mm,其主要尺寸如图 3-54 所示;外坩埚:即砂浴,用 0.8 或 10 号优质碳素结构钢制成,上口内径 100±5 mm,底部内径 56±2 mm,高 50±5 mm,厚度约

1 mm，其主要尺寸如图 3-55 所示；引火管：喷孔直径 0.8~1.0 mm，应能调整火焰使成长度 5 mm，直径 3~4 mm 的近似球形，安装在支柱上应能沿坩埚水平面上任意移动；温度计：刻度首端 0 ℃，刻度末端 360 ℃，最小分度 1 ℃，刻度间最短距离 0.60 mm，在分度时浸没深度 45 mm，水银长度不大于 15 mm；防护罩：用镀锌铁皮制成，高 600±50 mm，罩身内壁涂成黑色，铁皮架：高约 500 mm，支架高度必须保证温度计能垂直地插在内坩埚中央。架上附温度计夹和坩埚托，托环直径约 80 mm。

第十二节 其他常用仪器与仪表

在建筑防水材料试验中，除上述常用仪器与仪表外，还有时间计量仪、电气仪表、酸度计以及辅助试验器材。

一、时间计量仪

时间计量的仪表很多，有机械式、电子式。其计时范围从秒到年，甚至数百年，是试验室中不可缺少的仪表，但在建筑防水材料试验室中应用最多的为秒表和计时器。

秒表有机械式秒表，是靠发条的弹性带动指针走动的，电子式秒表是以电池为电源的，不论使用何种秒表，在使用前或使用一段时间后需进行检定。

秒表的检定是用秒表与标准钟在一段时间间隔内，进行比较，确定秒表的偏差的方法。

（一）仪器设备

精密钟（航海钟或台钟）：钟的日差绝对值不应超过 4 s。

（二）检定方法

1. 外表检查

秒表的外壳和表针不应有机械伤痕和腐蚀痕迹，固定在表壳上的机件要坚固，表玻璃不应活动，表针与表盘不应接触，表盘刻度字迹应清晰。

2. 机构作用

秒表上发条正常，进行 10 次秒针的起动和停止，以及秒针在不同示值下归零的动作，必须按一次就能实现。分针与秒针在秒表全部工作时间内所给出的示值，必须相符合（对连续动作秒表）。对不连续动作的秒表，秒表通过零位时，允许示值相差 2 个最小刻度。秒表回到零位和零线的偏差，不能大于 1 个最小刻度。

3. 发条工作时间试验

必须保证发条上起来轻易平稳，一次上满发条后，秒表工作时间不能短于：

秒表跳动值为 0.1 s 的秒表　6 h

秒表跳动值为 0.2 s 的秒表　12 h

4. 和精密钟进行比较确定秒表的偏差

精密钟上满发条，并应固定妥当。比较时要细听精密钟，要在输走声的同一瞬间，按下控制按钮，使秒表起动，并且合拍；当选定时间间隔已满时，同样合拍按停秒表，记录秒表上示值。

每次起动秒表以前，记录秒针必须在 0 位上的位置。比较工作应使秒表走动 2~3 min

后进行，秒表走动时间为 6 h 的应在秒表开始起动后的前 3 h；若为 12 h 的则应在起动后的前 6 h 内进行比较，否则重新上发条。

在检定秒表的过程中，每次比较完毕后秒表发条应全部放尽，周围空气温度应保持在 20±5 ℃。

表 3-89 为秒表读数次数与允许误差。

表 3-89　读数次数与误差

读数次数	60 s			30 min		
	A	b	V	A	b	V
1	0.0	60.0	0.0	0.0	0.2	0.0
2	0.0	59.8	−0.2	0.0	0.4	+0.2
3	0.0	60.1	+0.1	0.0	0.0	−0.2
4	0.0	60.0	0.0	0.0	0.2	0.0
5	0.0	59.8	−0.2	0.0	0.2	0.0
6	0.0	60.0	0.0			
7	0.0	60.0	0.0			
8	0.0	60.1	+0.1			
9	0.0	60.1	+0.1			
10	0.0	60.3	+0.3			
总　和	0.0	60.2	+0.2	0.0	1.0	0.0
平均值	0.0	60.0		0.0	30.2	
改正值			0.0			−0.2

注：上表为示例。其中 A 值表示起始点位置。

电子式秒表也可通过精密钟进行校对，确定偏差。

二、酸度计及 pH 试纸

酸度计亦称 pH 计，是利用电位测量法来测定溶液中氢离子活度的仪器。在酸度计中，由于指示电极和参比电极构成的原电池的电动势与被测离子的活度有关，常用的指示电极（玻璃电极）的内阻很大（一般为 10～500 MΩ），用普通的电位差计无法加以测量，因此，酸度计实质上是一台高输入阻抗的直流毫伏计。

酸度计是由电极和电计部分组成。

电极部分是由指示电极、参比电极和测定 pH 的工作电池三部分所组成。常用的指示电极有玻璃电极和锑电极，其中以玻璃电极使用最广。参比电极为甘汞电极，甘汞电极是金属汞及氯化亚汞溶液所组成的电极。玻璃电极的构造如图 3-56 所示。

甘汞电极的构造如图 3-57 所示。

电计部分的作用是测量电极送出的电位信号并使之转换为酸度。由于电极部分的内阻很高，因此电计也有极高的输入阻抗，电计必须采用电子式测量回路，根据测量回路，酸度计可分为直读式、补偿式和调制式三大类。

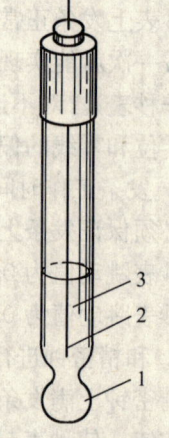

图 3-56　玻璃电极
1—玻璃球膜；2—Ag-AgCl 电极；3—0.1 mol/L 的 HCl

酸度计就是利用指示电极和参比电极在不同 pH 值溶液中能产生不同的直流毫伏电动势,将此电动势输入到电位计后,经电子线路放大系统放大后,最后在刻有 pH 分度的仪表上指示出测量的结果,即可直接读出溶液的 pH 值。主要用于溶液的酸碱度测定。

在测定 pH 值时,先用与试液的 pH 值相近的标准缓冲溶液来校正酸度计,这一步骤称为"定位"。然后再测定溶液的 pH 值,测定的准确度取决于标准缓冲溶液的精确度。电位计法测定溶液的 pH 值时,一般精密度不超过 $\pm 0.01 \sim \pm 0.02$。

表 3-90 列出了酸度计定位用的标准缓冲溶液的制备方法及在不同温度时的 pH 值。

常用酸度计主要有普通酸度计、数字酸度计和自动电位滴定计。表 3-91 列出了常用酸度计的型号及测量范围。

常用广范 pH 试纸、精密 pH 试纸、指示剂试纸和试剂试纸,分别列入表 3-92、表 3-93 和表 3-94。

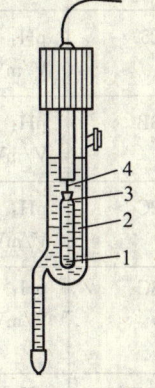

图 3-57 甘汞电极
1—Hg_2Cl_2;2—Hg;3—KCl;
4—铂丝

表 3-90 酸度计定位用标准缓冲溶液的制备方法及在不同温度时的 pH 值

名称	草酸盐溶液	酒石酸盐溶液	苯二甲酸盐溶液	磷酸盐溶液	硼酸盐溶液	氢氧化钙溶液
试剂处理			110 ℃干燥 1 h	120±10 ℃干燥 2 h		
制备方法	12.71 g 四草酸氢钾,溶于水,稀释至 1 000 mL	用外消旋酒石酸氢钾在 25 ℃时,剧烈振摇至饱和	10.21 g 苯二甲酸氢钾,稀释至 1 000 mL	3.40 g 磷酸二氢钾,3.55 g 磷酸氢二钠,溶于水,稀释至 1 000 mL	3.81 g 四硼酸钠,溶于水,稀释至 1 000 mL 存放时防 CO_2 进入	在 25 ℃时氢氧化钙的饱和溶液,存放时防 CO_2 进入
c_B(mol/L) B	0.05 $KH_3(C_2O_4) \cdot 2H_2O$	25 ℃时饱和	0.05 $C_6H_4CO_2HCO_2K$	0.025 B=KH_2PO_4 0.025 B=Na_2HPO_4	0.01 $Na_2B_4O_7 \cdot 10H_2O$	0.02~0.020 6 $Ca(OH)_2$
t (℃)			pH			
0	1.67		4.00	6.98	9.46	13.42
5	1.67		4.00	6.95	9.40	13.31
10	1.67		4.00	6.92	9.33	13.00
15	1.67		4.00	6.90	9.27	12.81
20	1.68		4.00	6.88	9.22	12.63
25	1.68	3.56	4.01	6.86	9.18	12.45
30	1.69	3.55	4.01	6.85	9.14	12.30
35	1.69	3.55	4.02	6.84	9.10	12.14
40	1.69	3.55	4.04	6.84	9.06	11.98

注:① 缓冲溶液按 GB 规定必须使用 pH 基准试剂,水应为无二氧化碳的纯水。
② 氢氧化钙溶液的浓度可用酚红为指示剂用 $c=0.1$ mol/L HCl 标准滴定溶液标定。

表 3-91 常用酸度计（pH 计）

仪器型号	测量范围	测量精度	注
PHS-25	pH：0～14.0 V/mV：0～±1 400	±0.1 ±10 mV	有指针式、数显式
PHS-3B	pH：0～14.00 V/mV：0～±1 999	±0.01 ±0.5 ℃	数显，自动温度补偿二点校准
PHS-2C	pH：0～14.0 V/mV：0～±1 400	±0.02 ±0.5 ℃	指针式，分7档量程，每个量程对 pH 为2，对电位为200 mV
PHS-3C	pH：0～14.00 V/mV：0～±1 999	±0.01 ±0.1%（F·s） ±0.5 ℃	数显，自动或手动温度补偿，带斜率补偿，二点校准
PHSJ-4A	pH：0～14.00 V/mV：0～±1 999.9	±0.005 ±0.03%（F·s） ±0.5 ℃	数显，自动温度补偿，自动校准。结果可贮存、删除、打印、断电保护
PHB-4	pH：0～14.00 V/mV：0～±1 400	±0.03 ±0.2%（F·s）	液晶显示，手动温度补偿 便携式（500 g）
PHBJ-260	pH：0～14.00 V/mV：0～±1 400	±0.01 ±0.1%（F·s） ±0.5 ℃	液晶显示，自动温度补偿交直流两用 便携式（350 g）
PHREX-500	pH：0～14.00 V/mV：0～±1 400	±0.01 ±0.1mV ±0.5 ℃	液晶显示，1～3点校正 9VDC 转换
PHREX-1 PHREX-2	pH：0～14.0 pH：0～14.0	±0.2 ±0.1	笔式，触摸键操控
MP[①]120	pH：0～14.00 V/mV：0～±1 999	±0.01 ±0.2 ℃	数显，便携式 全自动校准
MP125	pH：−2.00～16.00 V/mV：±1 999	±0.01 ±0.2 ℃	全自动终点判别 自动温度补偿
MP130	pH：−2.000～19.999 V/mV：0～±1 999.9	±0.001 ±0.2 ℃	防水、防尘
MP 220	pH：0～14.00 V/mV：±1 999	±0.01	自动终点判别和功能校准，10条结果存储，液晶显示
MP 225	pH：−2.00～16.00 V/mV：±1 999	±0.01	除具 MP 220 功能外还具3点校准，校准数据调用，校准提醒
MP 230	pH：−2.000～19.999 V/mV：±1 999.9	±0.001	精度高

注：以 M 打头的型号，均为梅特勒-托利多仪器公司提供的仪器，其余均为上海雷磁仪器厂。

表 3-92 广范 pH 试纸

pH 变色范围	1～10	1～12	1～14	9～14
显色反应间隔	1	1	1	1

表 3-93 精密 pH 试纸

pH 变色范围	显色反应间隔	pH 变色范围	显色反应间隔
0.5～5.0	0.5	5.3～7.0	0.2
1～4	0.5	5.4～7.0	0.2
1～10	0.5	5.5～9.0	0.2
4～10	0.5	6.4～8.0	0.2
5.5～9.0	0.5	6.9～8.4	0.2
9～14	0.5	7.2～8.8	0.2
0.1～1.2	0.2	7.6～8.5	0.2
0.8～2.4	0.2	8.2～9.7	0.2
1.4～3.0	0.2	8.2～10.0	0.2
1.7～3.3	0.2	8.9～10.0	0.2
2.7～4.7	0.2	9.5～13.0	0.2
3.8～5.4	0.2	10.0～12.0	0.2
5.0～6.6	0.2	12.4～14.0	0.2

表 3-94 常用指示剂试纸和试剂试纸

名　称	制　备　方　法	用　途
酚酞试纸（白色）	将 1.0 g 酚酞溶于乙醇中，振摇使其溶解，加入 100 mL 水，混匀。浸入无灰滤纸。浸透后取出，于无氨气处晾干。裁成小条，密闭保存	在碱性溶液中变红
刚果红试纸（红色）	0.50 g 刚果红染料溶于 1 L 水中，加 5 滴乙酸，温热后浸入滤纸条。浸透后取出晾干	与无机酸作用变蓝 5.2≤pH≤3.0 红色　蓝色
石蕊试纸（红色、蓝色两种）	以热乙醇处理市售石蕊，以除去杂质红色素。倾去溶液。按 $m_{石蕊}:m_{水}=1:6$ 加水浸煮，并不断振摇，滤去不溶物。滤液分为两份。一份中加稀 H_3PO_4 或稀 H_2SO_4 至其变红；另一份加 NaOH 溶液至变蓝。分别浸入无灰滤纸条。取出后于避光、无酸、碱蒸气处晾干	红色石蕊试纸遇碱性溶液变蓝；蓝色石蕊试纸遇酸性溶液变红
姜黄试纸（黄色）	0.50 g 姜黄，在暗处加 4 mL 乙醇，不断振摇促其溶解（不能全溶）。静置分层后，取清液加 12 mL 乙醇，1 mL 水，摇匀。浸入滤纸条。取出晾干，于避光密闭容器中保存	与碱作用呈棕色；与硼酸作用，干燥后呈棕红色 7.4≥pH≥9.2 黄色　棕红色
氯化汞试纸（白色）	在 $w=3.0\%$ 的 $HgCl_2$ 乙醇溶液中浸入滤纸条。取出晾干	比色法测定砷（AsH_3）；作用时变黑
氯化钯试纸（浅棕色）	在 $w=0.20\%$ 的 $PdCl_2$ 溶液中浸入滤纸条。取出晾干后，再用 $w=5\%$ 乙酸溶液浸湿，晾干	检验 CO，作用时呈黑色
碘化钾-淀粉试纸（白色）	在 100 mL 新制备的淀粉溶液（10 g/L）中，加 0.20 g KI。浸入无灰滤纸条。取出，于暗处晾干，保存于密闭的棕色瓶中	检验氧化剂：如 O_3、HClO、H_2O_2 等，作用时变蓝
碘酸钾-淀粉试纸（白色）	1.07 g KIO_3 溶于 100 mL 硫酸溶液中 [$c(H_2SO_4)=0.025$ mol/L]，加入新配制的淀粉溶液（5 g/L）100 mL，浸入无灰滤纸条，取出晾干	检验还原性气体：如 NO、SO_2 等。作用时变蓝
溴化汞试纸（白色）	1.25 g $HgBr_2$ 溶于 25 mL 乙醇，浸入无灰滤纸条 1 h。取出，于暗处晾干。保存于密闭棕色瓶中	
乙酸铅试纸（白色）（乙酸铅棉花）	在 Pb$(CH_3COO)_2 \cdot 3H_2O$ 溶液中（100 g/L）浸入滤纸条（或脱脂棉），取出，除去过多的溶液，于无 H_2S 气体处晾干，保存于密闭的瓶中	检验痕量 H_2S；作用时变黑

三、表面张力仪

测定液体表面张力的仪器称为表面张力仪,亦称界面张力仪。表面张力是作用于单位长度上使表面收缩的力,其单位是液体表面扩张 1 cm 所需的功,用 N/m 表示。

表面张力仪是由金属环(通常为铂环)、扭力丝、扭力传感器、恒温装置、砝码和数字显示器或表头等主要部件组成。如图 3-58 所示。

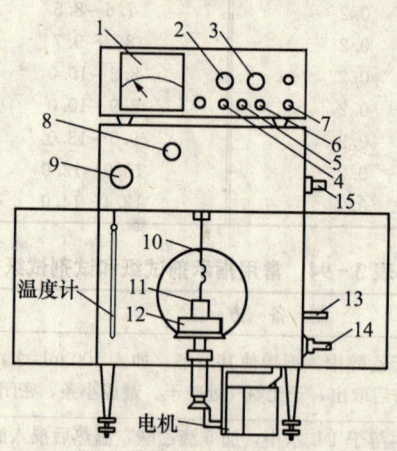

图 3-58 CBVP 式表面张力计
1—表头式或数字式显示器;2—配电箱调"0"旋钮;3—量程选择开关;
4—表头指示开关;5—手动开关;6—升降开关;7—电源开关;8—LOCK;
9—张力仪调"0"旋钮;10—副挂钩(常温用);11—毛玻璃;12—玻璃皿;
13—水套口;14—电机接线插座;15—检测接线插座

在测定时,将试液注入表面张力仪的试料杯中,将试料杯置于表面张力仪的保温套内(温度保持 25 ℃),调整试料杯的升降螺丝,使圆环恰好与试液接触,缓慢旋动升降螺丝和调节刻度盘,使仪表的显示为零点。当试料杯下降至圆环恰离液面时,可在刻度盘上直接读出表面张力值。

在操作时,温度必须控制严格,因表面张力随温度升高而降低。试验操作速度要快,以防因水分蒸发而造成表面浓度的变化,影响试验的准确性。一般应在 3~4 min 内完成。

CBVP 式表面张力仪的主要技术性能列于表 3-95。

表 3-95 CBVP 式表面张力仪

型 号		A-1 型	A-2 型
测量范围 (N/cm)		0~1	0~2
测量读出 (N/cm)		0.002	0.001
测量精度 (N/cm)		±0.002	±0.002
测量指示		表头指示	数字显示
测量温度	电热型	常温~190 ℃	
	水热型	低温~90 ℃	

四、电气仪表

在建筑防水材料试验室中电气仪表是不可缺少的，例如：电压表、电流表、电度表、万用电表、调压器等。

（一）电流表与电压表

电流表和电压表是测量电路系统的电压高低和电流大小的仪表。根据外形的不同，可分为方形仪表，内装式仪表和广角度仪表，需根据安装的位置和量限来选择。

表3-96列出了常用电压表，电流表的技术数据，供选择时参考。

表3-96 电流、电压、频率表及同步表技术数据

型号 110 mm	型号 80 mm	名称	准确度（级）	量限	备注
2101-30	2181-00	直流电流表	1.5	500 μA 1，2，5，7.5，10，20，30，50，75，100，150，200，300，500mA 1，2，3，5，10，15，20，30A	直接接通 2181型 15～30A 外附FL13型分流器
				50，75，100，150，200，500，750A 1，1.5，2，3，5，6 kA	外附FL29型分流器
2101-30	2181-00	直流电压表	1.5	3，5，7.5，10，15，30，50，75，100，150，300，450，500V	直接接通
				600，750 V 1，1.5，2，3 kV	外附FJ40型定值电阻器
2102-30	2182-00	交流电流表	1.5	0.5，1，2，3，5，10，15，30A	直接接通 2182无 15、30A
				10，15，20，30，40，50，75，100，150，200，300，400，500，600，700，800，900A 1，1.5，2，3，5，6，8，10 kA	配用电流互感器二次测电流 0.5、1、5A
2102-30	2182-00	交流电压表	1.5	50，75，100，150，250，300，450，500，600V	直接接通
				3.5，7.5，12，45，75，150，300，500，750 kV	配用电压互感器二次测电压 100 V
2108-30	2188-30	频率表	0.5 1.0	45～55，55～65 Hz 额定电压100，220 V	
2109-30		*三相同步表		额定电压100，220 V	
42C20-A		直流电流表	1.5	100，200，300，500 μA 1，2，3，5，10，20，30，50，75，100，150，200，250，300，500，750 mA 1，2，3，5，7.5，10，15，20，30，50A	直接接通
				75，100，150，200，300，500，750A 1，1.5，2，3，4，5，6，10 kA	外附分流器

续表

型号 110 mm	型号 80 mm	名称	准确度（级）	量限	备注
42C20 - V		直流电压表	1.5	1.5, 3, 7.5, 10, 15, 20, 30, 50, 75, 100, 150, 200, 250, 300, 450, 500, 600 V	直接接通
				750 V, 1, 1.5 kV	外附定值电阻器
42L20 - A		交流电流表	1.5	0.5, 1, 2, 3, 5, 10, 15, 30A	直接接通
				5, 10, 15, 30, 50, 75, 100, 150, 300, 500, 750A	配用电流互感器二次测电流 5A
				1, 2, 3, 5, 7.5, 10 kV	
42L20 - V		交流电压表	1.5	30, 50, 75, 100, 150, 250, 300, 450, 500, 600 V	直接接通
				3.6, 7.2, 12, 18, 42, 72, 150, 300, 450 kV	配用电压互感器二次测电压 100 V
42L20 - cosφ		三相功率因数表	2.5	0.5～1～0.5 额定电压 100, 220, 380 V；额定电流 5 A	直接接通
42L20 - W		三相有功功率表	1.5	见有功功率表量限	直接接通
42L20 - Var		三相无功功率表	2.5	见无功功率表量限	直接接通
42L20 - Hz		频率表	0.5	45～55 Hz 额定电压 100, 220, 380 V	直接接通
42L20 - S		三相同步表	2.5	额定电压 100, 220, 380 V	直接接通

（二）万用电表

万用电表是用来测量电压、电流和电阻，并可测量晶体管参数的电气仪表，有的还可以测量交流电源的电感、电容、音频电平（输出）之用。

常用的万用电表型号及技术参数列于表 3-97 中。

表 3-97 常用万用电表主要技术参数

型号	测量范围 电压（V）		电流（mA）		直流电阻（MΩ）	电容（μf）	音频电平（dB）	质量（kg）
	直流	交流	直流	交流				
500	0～500 2 500	0～500 2 500	0～500	—	0～20	—	−10～+22	2
MF₁₀	0～100 0～500	0～500 0～7.5	0～1 000		0～200		−10～+22	1.5
MF₁₂	0～600	0～600	0～1 500	0～1 500	0～20	0.005～20	−10～+12	1.5
MF₁₄	0～1 000	0～2.5 0～1 000	0～5 (A)	0～5 (A)	0～10	—	—	2
MF₁₈	0～150 mV 0～600	0～15 0～600	0～1 500	0～1 500	0～20			2
MF₃₀*	0～25 0～500	0～500	0～500	—	0～40		−10～+22	0.4

续表

型号	测量范围							质量 (kg)
	电压 (V)		电流 (mA)		直流电阻 (MΩ)	电容 (μF)	音频电平 (dB)	
	直流	交流	直流	交流				
MF_{35}	75 mV 1～1 000	2.5～1 000	50 μA～5 A	2.5 25～5A	$\Omega\times1, \times10, \times100$ $\times14, \times104$	—	$-10\sim+10$	2
MF_{40}^{*}	0～1 000	0～1 000	0～100	—	$\Omega\times10, \Omega\times100$ $\Omega\times1 000$	—	$-10\sim+22$	0.36

注：带 * 者为袖珍型。

数显式万用电表的测量精度较高，电流基本精度可达±0.5%，全量程，全功能，自动调零，自动极性指示，电池欠压指示，电阻量程在 0.1 Ω～200 MΩ，快速电容测试 IPF～20 μF 无须调零，全保护功能。

常用的数显式万用电表有 DT—890B 型 $3\frac{1}{2}$ 位手持式数字万用电表。可用来测量直流电压和电流。交流电压和电流、电阻、电容、通道二极管及晶体管 hFE 等，是一种测量精度高。携带方便的万用电表。

（三）调压器

调压器是调节电压和电流的仪器。在建筑防水材料试验室中主要用于电热炉的加热温度调节，两相交流电动搅拌器的转速调节，胶体磨的转速调节和其他需调节电源仪器或设备。调压器的种类很多，其中应用最多的为接触式调压器，选用的调压器额定容量应大于要求容量。

接触式调压器是匝比连续可调的自调变压器。当调压器电刷借助手轮、主轴和刷架的作用，沿绕组的磨光表面滑动时，可连续改变匝比，从而使输出电压平滑地从零调至最大值。

单相 0.2～10 kVA 调压器为调压单元结构，单相大容量调压器系由几个相同规格的单元组装而成。各单元的电刷接触组装在同一主轴上，其输出端连接平衡电抗器，以平衡单元间的电流分布并抑制环流。

三相调压器是由三个相同规格单元同轴调压器组合而成，绕组连成星形。试验室中较少应用。

调压器的额定功率为 50 Hz 的技术数据列于表 3-98。

表 3-98 $TDGC_2$、$TSGC_2$ 系列调压器技术数据

型号	额定容量 (kVA)	相数	额定输入电压 (V)	输出电压范围 (V)	额定输出电流 (A)	外形尺寸 (mm) 宽×深×高	质量 (kg)
$TDGC_2$-0.2	0.2	1	220	0～250	0.8	115×130×125	2.2
$TDGC_2$-0.5	0.5				2	132×150×136	3.5
$TDGC_2$-1	1				4	182×207×158	6.1
$TDGC_2$-2	2				8	182×207×190	8.3
$TDGC_2$-3	3				12	210×235×198	11
$TDGC_2$-4	4				16	245×272×248	13.5
$TDGC_2$-5	5				20	245×272×248	15.5
$TDGC_2$-7	7				28	320×350×262	24
$TDGC_2$-10	10				40	320×350×262	27
$TDGC_2$-15	15				60	320×395×505	51
$TDGC_2$-20	20				80	320×395×505	57
$TDGC_2$-30	30				120	320×395×730	86

续表

型号	额定容量(kVA)	相数	额定输入电压(V)	输出电压范围(V)	额定输出电流(A)	外形尺寸(mm)(宽×深×高)	质量(kg)
TSGC$_2$-3	3				4	182×207×450	19
TSGC$_2$-6	6				8	182×207×557	26
TSGC$_2$-9	9				12	210×235×567	33
TSGC$_2$-12	12	3	380	0~430	16	245×272×681	44
TSGC$_2$-15	15				20	245×272×681	49
TSGC$_2$-20	20				27	320×350×730	74
TSGC$_2$-30	30				40	320×350×730	83

试验室常用调压器型号及容量计算公式。

1. 调压器型号及含义

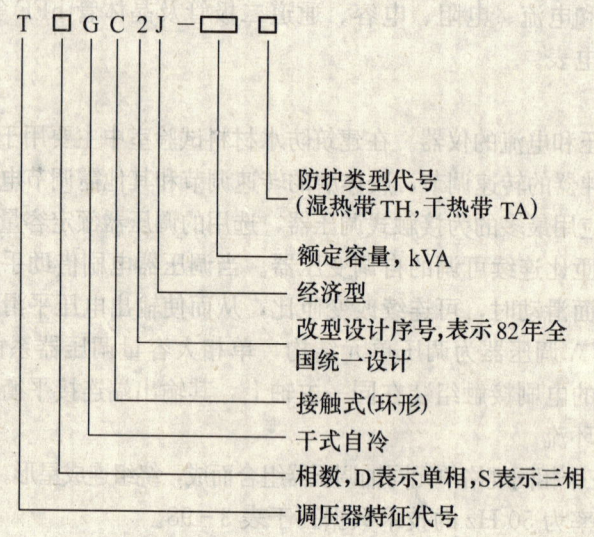

2. 容量计算公式

容量计算公式： $$p = \sqrt{m} I_2 U_2 10^{-3}$$

式中 p——调压器额定（输出）容量，kVA；

m——相数，单相 $m=1$；三相 $m=3$；

I_2——额定输出电流，A；

U_2——额定输出电压（三相为线电压），V。

（四）电子交流稳压器

为了稳定电源电压，防止因电压波动引起试验仪器的测量误差，对于使用电源需设置电子交流稳压器，使电源电压保持在某恒定的范围内。

电子交流稳压器的种类很多，用途也有区别，其中应用最多的有硅可控电子交流稳压器、数字控制型电源稳定器和微机控制型稳定器等。

表3-99列出了几种常用电子稳压器的技术数据。

表 3-99 电子交流稳压器技术数据

名称	型号	额定容量(kVA)	输入电压(V)	输出电压(V)	源效应(%)	负载效应(%)	相对谐波含量(%)	总恢复时间(ms)	外形尺寸(宽×深×高)(mm)	备注
交流参数稳压器	CWY350	0.35	176~264	220	1	2	<4	输入电压跳变±100V时为30	325×340×165	1. 横模干扰抑制比-56~-86dB,共模干扰抑制比-45dB; 2. 选用容量原则上以接近满负荷效果最好; 3. 稳压器同用电设备之间保持不小于1m的距离,以防漏磁干扰
	CWY500	0.5							325×340×165	
	CWY1K	1							290×340×580	
	CWY2.2K	2.2							380×480×730	
	CWY3.2K	3.2							380×480×730	
	CWY5.2K	5.2							520×600×1320	
	CWY10K	10							700×720×1200	
数控交流稳压器	HT-1743	1 3 5	180~260	220	2	2	<3	80		采用超步进跟踪数控技术选通相应可控硅,控制调压器初级电压方向和大小。带有抗干扰滤波装置
数控数显交流稳压器	SJW	1	185~245	220	2	1	0.5	50	178×360×380	数控电路,控制补偿变压器的抽头及极性
		2							178×360×380	
电子交流稳压器	BJW-868	3	175~250	220	0.5	2	2.4	50	330×180×440	数控电路及可控硅控制自耦变压器的抽头

五、水平测量仪器

试验仪器的水平度对试验数据有很大影响,放置设备和仪器的平台,仪器和设备安装的平行度,水平及垂直度,都需要水平测量仪来进行测量,以保证试验仪器的水平度。

水平测量仪器的种类很多,有框式水平仪、铁水平尺、钳工水平仪、木水平尺、数字式光学合像水平仪、光学平直仪等。其中在建筑防水材料试验室中应用最多的为框式水平仪、数字式光学合像水平仪。

(一) 数字式光学合像水平仪

数字式光学合像水平仪主要用来测量平面和圆柱面的直线度,检查精密设备和仪器安装位置的正确性。其规格为:

工作面(长×宽)(mm):166×47

测量精度:0.01 mm/m

测量范围:0~10 mm/m

目镜放大率:5倍

（二）框式水平仪

框式水平仪为铁制方框形，主要用于检查各种仪器设备导轨面的直线度和水平度，以及仪器或设备安装的水平与垂直位置。

常用的框式水平仪规格：

框架边长（mm）：150×150
　　　　　　　　 200×200
　　　　　　　　 250×250
　　　　　　　　 300×300

主水准刻度值（mm/m）：0.02，0.025，0.03，0.04，0.05

（三）铁水平尺

铁水平尺为铁制长条形，中间钳有玻璃圆瓶，并装有液体和气泡，靠气泡的位置来检查仪器和设备安装的水平度和垂直度。

常用的铁水平尺规格：

长度（mm）：150

主水准刻度值（mm/m）：0.5

长度（mm）：200，250，300，350，400，450，500，550，600

主水准刻度值（mm/m）：2

（四）木水平尺

木水平尺为木制水平仪，主要用于检查建筑物对水平位置的误差，通常为瓦工和木工所用，其规格。

长度（mm）：150，200，250，300，350，400，450，500，550，600

六、洗涤剂与干燥剂

洗涤仪器是一项很重要的操作，仪器洗得是否合格，会直接影响测试结果的准确性。洗涤仪器通常是用水洗或用与污垢性质相溶的溶剂进行洗涤。常用的洗液性质、配制及使用方法列于表 3-100。

表 3-100　常用洗液的性质、配制及使用方法

洗液名称	洗液配制方法	用途用法	注意事项
铬酸洗液	20 g 研细的工业级 $K_2Cr_2O_7$，加水 40 mL，加热溶解。冷却后，将 360 mL 浓 H_2SO_4 慢慢加入上述溶液中。冷后，转入具玻塞细口瓶中	洗涤一般性油污 用少量洗液荡洗或浸泡过夜	a. 具强腐蚀性，防止灼伤皮肤、衣服 b. 用毕回收，可反复使用。贮存瓶要塞严，以防吸水失效。 c. 如已呈绿色则失效，经处理后可排放
纯酸洗液 工业盐酸	$V(HCl):V(H_2O)=1:1$ $V(HCl):V(HNO_3)=1:2$	洗碱性污物及大多数无机物 浸泡 24 h 除去 Hg、Pb 重金属杂质 浸泡 24 h	用过的洗液仍可回收使用
碱性洗液	$w(NaOH)=10\%$	洗油污及某些有机物	洗液贮瓶用塑料或橡胶塞

续表

洗液名称	洗液配制方法	用途用法	注意事项
碱性乙醇洗液	60 g NaOH 溶于 80 mL 水中,加 φ (C_2H_5OH)=95％的乙醇至 500 mL	洗涤油脂、焦油、树脂等 浸泡、涮洗	a. 贮液瓶用胶塞。久贮易失效 b. 防挥发,防火
碱性高锰酸钾洗液	4 g $KMnO_4$ 溶于少量水,加入 10 g NaOH,再加水至 100 mL	洗涤油污,有机物浸泡	洗后原油污处有褐色 MnO_2 析出,可用盐酸或草酸将其还原除去
磷酸钠洗液	57 g Na_3PO_4,28.5 g 油酸钠,溶于 470 mL 水	洗涤碳的残留物浸泡、涮洗	先浸泡数分钟,再涮洗
碘-碘化钾洗液	1 g I_2,2 gKI,混合研磨,溶于少量水后,再加水至 100 mL	洗涤 $AgNO_3$ 的褐色残留物 浸泡	
有机溶剂	如苯、乙醚、丙酮、乙醇、二氯乙烷、氯仿	用一般方法难以洗去的少量有机物	a. 注意毒性、可燃性 b. 用过的废溶剂应回收蒸馏后仍可使用

注:① 凡用洗液洗涤时,预先都应已用水、洗涤剂洗过,并将水倾尽。
② 在换用洗液时,一定要除尽前一种洗液,以免互相作用,降低洗涤效果;甚至生成更难洗的物质。
③ 用洗液洗涤后,也要先用自来水冲洗,再用蒸馏水涮洗。
④ 使用洗液浸泡清洗时,也可在超声波清洗器中进行:将脏仪器置于较大烧杯中,加洗液浸泡,烧杯置于清洗容器中,容器中盛水(但不得将烧杯漂起来),效果很好。

在试验室常对某些固体试样进行干燥,如果试样不允许加热烘干时,只能在干燥器中干燥。适用于干燥固体的干燥剂列于表 3-101。

表 3-101 适于干燥固体的干燥剂

干燥剂	适于干燥的物质	使用方法	注
硅胶	绝大多数物质	硅胶需预先在 120 ℃ 烘至蓝色($CoCl_2$)才能使用,如已变为粉红色(即 $CoCl_2·6H_2O$),可重新烘干	1. 待干燥物质如需避光,可用棕色干燥器 2. 如用真空干燥器,用油泵减压,抽去干燥器中的空气,可加快干燥速度 3. 欲使已减压的干燥器恢复常压,须先慢慢打开放空旋塞。旋塞端口应安装一个装有 $CaCl_2$ 的干燥管
氯化钙	大多数物质	需用无水氯化钙,块状。如已吸水,可于 250 ℃ 以上加热除水。若加热到 800 ℃,成为熔融 $CaCl_2$,则吸水力更强	
氧化钙（生石灰）	碱性物质	选择白色、坚硬、块状的生石灰使用	
氢氧化钠 氢氧化钾	适用于氨、胺、吡啶等	如预先将氢氧化钠等熔融,效果更好	醇、醛、酸等不能用此干燥剂
五氧化二磷	酸性物质	P_2O_5 应先置于烧杯等敞口容器中,再放入干燥器	使用中 P_2O_5 表面会形成 $H_2P_2O_7$ 薄膜,需破坏此膜使其露出新表面
浓硫酸	不与 SO_2 作用的物质	为防止搬动时硫酸溅起,可将数根两端熔封的玻璃管漂浮于酸中	检查 H_2SO_4 是否有效的方法:按 18 g/L 的量加入 $BaSO_4$,若出现白色沉淀,则 H_2SO_4 已无吸水能力

对于液体样品（多数是液态有机物），可用干燥剂直接加入到待干燥的液体中进行干燥，然后加以分离。常用的液体干燥剂列于表 3-102。

表 3-102　适于干燥液体的干燥剂

干燥剂	适于干燥的物质	不适于干燥的物质	注
五氧化二磷	烃、卤代烃、二硫化碳	碱、酮、易聚合物质	在干燥器中使用
浓硫酸	饱和烃、卤代烃	碱、酮、醇、酚	只在干燥器中使用
氯化钙	醚、酯、卤代烃	醇、酮、胺、酚、脂肪酸	
氢氧化钾（钠）碳酸钾	碱	铜、醛、酯、酸	KOH、K_2CO_3 等要在坩埚中强热处理，熔融更好
硫酸钠（镁）	一般物质		干燥剂应先加热脱水
硫酸铜	醚、醇	甲醇	200 ℃以上除去结晶水呈白色粉末
钠	醚、饱和烃	醇、胺、酯	①钠贮于煤油中，用镊子取用，切成小块，滤纸吸去煤油，再切掉表面杂质 ②切剩的钠一定放回煤油中 ③干燥用过后的钠，如不再用，可加入少量乙醇，确证不再产生氢气时方可用水洗。绝对不可直接先用水洗

对于气体的干燥剂，要求不与待干燥的气体发生化学反应，常用的气体干燥剂列于表 3-103。

表 3-103　常用于干燥气体的干燥剂

干燥剂	适于干燥的气体	注
氯化钙	H_2、O_2、HCl、CO_2、CO、N_2、SO_2、CH_4、链烷烃、醚、烯	
五氧化二磷	H_2、O_2、N_2、CO_2、CO、SO_2、HCl、CH_4、C_2H_4、链烷烃	1. 通常，气体在干燥前要先用水洗，为防止液态干燥剂倒流，干燥剂前要串接一个安全瓶 2. 洗涤如 HCl、NH_3 等极易溶于水的气体时，可用市售浓盐酸浓氨水为洗涤液
氧化钙、氢氧化钾	NH_3、胺类	
溴化钙、碘化钙	HBr、HI	
浓硫酸	H_2、O_2、N_2、CO_2、CO、CH_4、链烷烃	

常用干燥剂的干燥效率列于表 3-104。

表 3-104　几种干燥剂的干燥效率

干燥剂	干燥空气时，1 L 空气中剩余的水蒸气 m/mg	干燥剂	干燥空气时，1 L 空气中剩余的水蒸气 m/mg
氯化钙（粒状）	0.14~0.25	氧化钙	0.2
氯化钙（熔凝的）	0.36	溴化钙	0.14（25 ℃）
五氧化二磷	0.000 02	氧化镁	0.008

续表

干燥剂	干燥空气时，1L空气中剩余的水蒸气 m/mg	干燥剂	干燥空气时，1L空气中剩余的水蒸气 m/mg
氢氧化钾（熔凝的）	0.002	硅胶	0.003~0.5
氢氧化钠（熔凝的）	0.16	高氯酸镁（无水）	0.000 5
硫酸（浓）	0.003	高氯酸镁（三水）	0.002
硫酸（w=95.1%）	0.3	氯化锌	0.8
硫酸铜（无水）	1.4	溴化锌	1.1
硫酸钙	0.004	三氧化二铝	0.003

注：表中数据系指20℃时的数值。

七、流量测量仪表

在进行建筑防水材料的研制时，有时需对物料进行流量和总量的测量，例如，测量液体、气体介质的流量。流量是指单位时间内通过的物料量，总量是指一段时间间隔内所通过的物料累计总量。因测量的物料不同，所用流量测量仪表也不相同。常用的有转子流量计、水平螺翼式水表或旋翼式定量水表。

转子流量计适合测量中小管径、较低雷诺数的中小流量。刻度为线性，压力损失小且恒定，使用维护简便，但测量精度受介质的重度、粘度、温度和压力等因素的影响，是试验室中应用较多的一种，尤其是玻璃管转子流量计应用较多。

常用流量测量仪表列于表3-105。

表3-105 流量测量仪表的特点和选用

| 分类 | 名称 | 特点 | | | | | | | 应用场合 |
		被测介质	测量范围（m³/h）	管径（mm）	工作压力（MPa）	工作温度（℃）	精度等级	量程比	安装要求	
转子式	玻璃管转子流量计	液体	$1.5\times10^{-4}\sim10^2$	3~150	0.1	0~60	1.5, 2, 2.5, 4	10:1	需垂直安装	就地指示流量
					0.4, 0.6, 1.0	0~100 -20~200				
		气体	$1.8\sim3\times10^3$		1.6, 2.5, 6.4	-40~150	1.5, 2.5			
	金属管转子流量计	液体	$6\times10^{-2}\sim10^2$	15~150	1.6, 2.5, 6.4	-40~150	1.5, 2.5			就地指示流量，如与显示仪表配套可集中指示和控制流量
		气体	$2\sim3\times10^2$							
速度式	水表	液体	$4.5\times10^{-2}\sim2.8\times10^3$	15~400	0.6	90	2	>10:1	水平安装	就地累计流量
					1.0	0~40 0~60				
容积式	椭圆齿轮流量计	液体	$2.5\times10^{-2}\sim3\times10^2$	10~200	1.6	0~40 -10~80 -10~120	0.5			

续表

分类	名称	特点							应用场合
		被测介质	测量范围 (m^3/h)	管径 (mm)	工作压力 (MPa)	工作温度 (℃)	精度等级	量程比	安装要求	
容积式	腰轮流量计	液体 气体	$2.5×10^{-1}$～10^3 —	15～300	2.5, 6.4	0～80 0～120	0.2, 0.5	10:1	用装过滤器	就地累计流量
	旋转活塞式流量计	液体	$8×10^{-2}$～4	15～40	0.6, 1.6	20～120	0.5			
	圆盘流量计	液体	$2.5×10^{-1}$～30	15～70	0.25, 0.4, 0.6, 2.5, 4.5	100	0.5, 1			
	刮板流量计	液体	4～180	50～150	1.0	100	0.2, 0.5			
其他	电磁流量计	液体	0.3～11 m/s	10～2 000	0.6～4.0	80～120	0.1, 0.2		水平、垂直	
	冲塞式流量计	液体 蒸汽 气体	4～60（介质粘度小于10°E）	25～100	1.2	200	3, 3.5		要装过滤器	就地累计流量
	分流旋翼蒸汽流量计	蒸汽	35～1 215 kg/h	50～100	1.0, 1.6		2.5, 4		水平安装	就地和远传累计流量
	流量控制器	液体	0.9～300	15～40	0.15, 0.25, 0.35				水平安装并装过滤器	流量控制
	均速管流量计	气体 液体 蒸汽		100～2 500	0.6, 2.5		1		任意	配变送器和二次仪表
	冲量式流量计	粉粒状介质	0.1～60 t/h		常压	-20～60	指示1级 积算1.5级			

八、其他器材

试验室常用的橡胶塞、软木塞、橡胶管、乳胶管、毛刷、高压管等列于表3-106、表3-107和表3-108。

表3-106 通用白胶塞、软木塞的规格 (mm)

编号	白胶塞				软木塞		
	大端直径	小端直径	轴向高度	估算质量	大端直径	小端直径	轴向高度
000	12.5	8	17	588个/kg			
00	15	11	20	277个/kg			
0	17	13	24	151个/kg			
1	19	14	26	115个/kg	15	12	15

续表

编号	白胶塞				软木塞		
	大端直径	小端直径	轴向高度	估算质量	大端直径	小端直径	轴向高度
2	20	16	26	100 个/kg	16	13	15
3	24	18	26	74 个/kg	18	14	15
4	26	20	28	55 个/kg	19	15	15
5	27	23	28	47 个/kg	21	17	17
6	32	26	28	35 个/kg	23	19	19
7	37	30	30	26 个/kg	24	20	19
8	41	33	30	49.5 g/个	26	22	25
9	45	37	30	59.4 g/个	28	24	26
10	50	42	32	80 g/个	30	24	30
11	56	46	34	110 g/个	32	26	30
12	62	51	36	142 g/个	34	27	30
13	69	55	38	176 g/个	36	28	30
14	75	62	39	230 g/个	38	30	30
15	81	68	40	275 g/个	38	30	36

表 3-107 橡胶管的规格 (mm)

普通橡胶管		普通橡胶管		医用乳胶管	
外径	壁厚	外径	壁厚	外径	内径
8	1.5	25	3	6	4
12	2	29	3.5		
14	2.25	32	3.5	7	5
17.5	2.25	40	4	9	6
21	2.5	48	5		

表 3-108 常用毛刷的名称和规格 (mm)

名称	全长	毛长	直径	名称	全长	毛长	直径
试管刷	160	60	10	瓶刷	300	90	90
	230	75	13		500	130	90
	250	80	14		700	150	100
	250	80	18	滴管刷	600	120	10
	230	75	19		600	120	12
	250	80	22		850	120	15
	240	75	25		850	120	22
	250	100	32	离心管刷	150	40	15
					200	50	20
烧杯刷	170		27	吸管刷	420	115	6
	210		30		420	120	4
三角瓶刷	180	60	60	拉管刷	850	150	15
	220	80	80		800	150	15
	240	100	100		850	160	20
	260	120	120		820	150	15
					870	150	15

滤纸是一种具有良好过滤性能的纸，纸质疏松多孔，对液体有强烈的吸收性能，在湿时也有相当的强度，不至在过滤时被液体质量和吸力所损坏，在试验室中常用作过滤介质。根据使用性能分为定性滤纸、定量滤纸和层析用滤纸。定量滤纸中杂质含量很少，灼烧后残留灰分少。根据外形有圆形和方形之分。

定性滤纸一般残留灰分较多，仅供一般分析和过滤之用；定量滤纸多用于化学分析中过滤之用。根据滤纸的过滤速度分为快速、中速和慢速三种。在滤纸盒上分别用白带（快速）、蓝带（中速）、红带（慢速）为标志分类。国产滤纸的型号与性质列于表3-109。

表 3-109 国产滤纸的型号与性质

	分类与标志	型号	灰分(mg/张)	孔径(μm)	过滤物晶形	适应过滤的沉淀	相对应的砂芯玻璃坩埚号
定量	快速 黑色或白色纸带	201	<0.10	80~120	胶状沉淀物	$Fe(OH)_3$ $Al(OH)_3$ H_2SiO_3	G-1 G-2 可抽滤稀胶体
	中速 蓝色纸带	202	<0.10	30~50	一般结晶形沉淀	SiO_2 $MgNH_4PO_4$ $ZnCO_3$	G-3 可抽滤粗晶形沉淀
	慢速 红色或橙色纸带	203	<0.10	1~3	较细结晶形沉淀	$BaSO_4$ CaC_2O_4 $PbSO_4$	G-4 G-5 可抽滤细晶形沉淀
定性	快速 黑色或白色纸带	101	0.2% 或0.15%以下	>80		无机物沉淀的过滤分离及有机物重结晶的过滤	
	中速 蓝色纸带	102	0.2% 或0.15%以下	>50			
	慢速 红色或橙色纸带	103	0.2% 或0.15%以下	>3			

注：① 层析用定性滤纸　301型和311型为快速；302型和312型为中速；303型和313型为慢速。
②　层析用定量滤纸　401型和411型为快速；402型和412型为中型；403型和413型为慢速。

层析定性分析滤纸主要是用于纸色谱分析法，进行待测物的定性分离和鉴定。例如煤沥青、石油沥青纸上分析法，对煤沥青与石油沥青的鉴别。层析定性分析滤纸的规格列于表3-110。

表 3-110 层析定性分析滤纸规格

技术指标单位	1号			3号		
	快速	中速	慢速	快速	中速	慢速
定量① (g/m²)	90	90	90	180	180	180
水抽出物 pH 值	7	7	7	7	7	7
水分（%）	7	7	7	7	7	7
灰分（%）	≤0.1	≤0.1	≤0.1	≤0.1	≤0.1	≤0.1
含铁量（μg）	<30	<30	<30	<30	<30	<30
水溶性 Cl^- （μg）	<100	<100	<100	<100	<100	<100
Cu^{2+}（μg）	<10	<10	<10	<10	<10	<10
尘埃度② （个/m²）	≤80	≤80	≤80	≤80	≤80	≤80
吸水性③ （mm）	60~90	90~120	120~150	60~90	90~120	120~150

注：① 定量指规定面积内滤纸质量。
② 尘埃度指在 0.1~0.2 mm 尘埃的大小。
③ 吸水性：测定法是取 15 mm 宽的长条滤纸，浸在 20±2 ℃的水中 1 cm。在 30 min 内水上升的高度（mm）。

第十二节 其他常用仪器与仪表

试验室中常用的维修工具列入表3-111。

表3-111 常用维修工具

名称	规 格（mm）	名称	规 格
台钳	钳口宽 65	什锦锉	8件或12件（套）
克丝钳	长 150、200	呆扳手	8件或12件（套）
尖嘴钳	长 150	锤子	重0.5kg
扁嘴钳	长 150	钢卷尺	2 m
活扳手	长 300、250、150、100	钢锯架	调节式
	开口宽 36、30、19、14	钢锯条	长300 mm
螺丝刀	平头 75、100、150	电烙铁	内热式25W、75W
	十字 70、100、150	电工刀	
锉刀	形式：扁锉、圆锉、半圆锉、三角锉、木锉	剪刀	
		验电笔	
	长度：150、200	万用电表	

第四章 沥青与聚合物沥青

建筑防水材料的种类很多,所用的原材料更是举不胜举,尤其是高分子材料的出现,使以沥青为主的建筑防水材料产品丰富了很多。在沥青材料中掺入高分子材料进行改性后而制成的聚合物沥青,使沥青防水材料产生了一次新的飞跃,使应用了上百年的沥青油毡产生了一次大的革新。

在建筑防水材料中,所应用的石油沥青、煤焦油沥青、页岩沥青、橡胶沥青、塑料沥青及复合聚合物沥青等沥青和聚合物沥青,统称沥青材料。

第一节 沥青材料

在建筑防水材料中,沥青防水材料占很大比例,由于具有良好的耐老化性能和抗开裂后的自愈能力,是其他防水材料不能相媲美的,虽然沿用了几千年,仍有很强的生命力。常用的沥青材料如图4-1所示。

一、石油沥青

石油沥青是天然原油加工的重质产品,呈黑色或棕褐色的粘稠状或固体状物质,具有明显的树脂特征,一般没有特殊气味或略带松香气味。它是能溶于二硫化碳的复杂的高分子聚合物,具有许多优良性能。根据沥青的用途,可分为建筑石油沥青、道路石油沥青、重交通石油沥青、防水防潮石油沥青、普通石油沥青等。普通石油沥青因含蜡量较大,为多蜡沥青,其特征是软化点高,耐热度低,加热后稠度较大,其主要原因是蜡质的影响,蜡只有熔点(约43℃左右)而无软化点。

表4-1~表4-7列出了几种常用沥青的技术标准。

表4-1 建筑石油沥青(GB/T 494—98)

项 目		质 量 指 标		
		10号	30号	40号
针入度(25℃,100g,5s)/(1/10mm)		10~25	26~35	36~50
延度(25℃)(cm)	不小于	1.5	3	
软化点(℃)	不低于	95	70	
溶解度(%)	不小于	99.5	99.5	99.5
闪点(℃)	不低于	230	230	230
脆点(℃)		报告	报告	报告
蒸发损失(%)	不大于	1	1	1
蒸发针入度比(%)	不小于	65	65	65

第一节 沥青材料

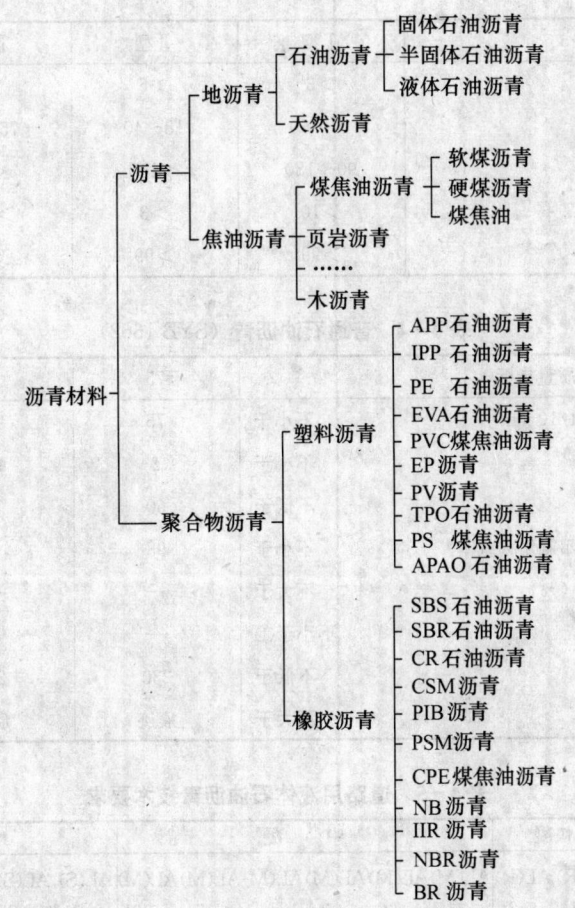

图 4-1 沥青材料

表 4-2 防水防潮沥青 (SH 0002—90)

项 目		质 量 指 标			
		3 号	4 号	5 号	6 号
针入度(25℃,100g,5s)(1/10mm)		25～45	20～40	20～40	30～50
针入度指数	小于	3	4	5	6
软化点 (℃)	不低于	85	90	100	95
溶解度 (%)	不小于	98	98	95	92
闪点 (℃)	不低于	250	270	270	270
脆点 (℃)	不高于	-5	-10	-15	-20
蒸发损失 (%)	不大于	1	1	1	1
垂度 (℃)				8	10
加热安定性		5	5	5	5

表 4-3 屋面用石油沥青 (ASTM D 312—95a)

项 目	Ⅰ 型	Ⅱ 型	Ⅲ 型	Ⅳ 型
软化点 (℃)	57～66	70～80	85～96	99～107
闪点 (℃)	>260	>260	>260	>260
针入度 (1/10mm)				

续表

项　目	Ⅰ型	Ⅱ型	Ⅲ型	Ⅳ型
0℃，200g，60s	>3	>6	>6	>6
25℃，100g，5s	18～60	18～40	15～35	12～25
46℃，50g，5s	90～180	<100	<90	<75
延度（25℃）（cm）	>10	>3	>2.5	>1.5
溶解度（三氯乙烯）（%）	>99	>99	>99	>99

表 4-4　普通石油沥青（SYB 1662）

质量指标		75	65	55
针入度（25℃，100 g），(1/10 mm)	不小于	75	65	55
延伸度（cm），25℃，	不小于	2	1.5	1
软化点（℃）	不低于	60	80	100
溶解度（%）（三氯甲烷，四氯化碳或苯）	不小于	98	98	98
蒸发减量，160℃，5小时（%）	不大于	—	—	—
蒸发后，针入度比（%）	不小于①	—	—	—
闪点（℃）（开口）	不低于	230	230	230
水分（%）	不大于	痕迹	痕迹	痕迹

表 4-5　道路用液体石油沥青技术要求

试验项目		快凝		中凝						慢凝					
		AL(R)-1	AL(R)-2	AL(M)-1	AL(M)-2	AL(M)-3	AL(M)-4	AL(M)-5	AL(M)-6	AL(S)-1	AL(S)-2	AL(S)-3	AL(S)-4	AL(S)-5	AL(S)-6
粘度（s）	$C_{25,5}$	<20		<20						<20					
	$C_{60,5}$		5～15		5～15	16～25	26～40	41～100	101～200		5～15	16～25	26～40	41～100	101～200
蒸馏体积（%）	225℃前	>20	>15	<10	<7	<3	<2	0	0						
	315℃前	>35	>30	<35	<25	<17	<14	<8	<5						
	360℃前	>45	>35	<50	<35	<30	<25	<20	<15	<40	<35	<25	<20	<15	<5
蒸馏后残留物	针入度（25℃，100g，5s）(0.1mm)	60～200	60～200	100～300	100～300	100～300	100～300	100～300	100～300						
	延度（25℃）5cm/min（cm）	>60	>60	>60	>60	>60	>60	>60	>60						
	浮标度（50℃）(s)									<20	>20	>30	>40	>45	>50
闪点（TOC法）（℃）		>30	>30	>65	>65	>65	>65	>65	>65	>70	>70	>100	>100	>120	>120
含水量（%）不大于		0.2		0.2						2.0					

注：粘度使用道路沥青粘度计测定，C脚标第1个数字代表温度（℃），第2个数字代表孔径（mm）。

第一节 沥青材料

表 4-6 道路石油沥青技术要求 (JTG F40-2004)

指 标	单位	等级	160号	130号	110号	90号 沥青标号	70号	50号	30号
针入度(25℃,5s,100g)	0.1mm		140~200	120~140	100~120	80~100	60~80	40~60	20~40
适用的气候分区			注	注	2-1|2-2|2-3	1-1|1-2|1-3|2-2|2-3|2-4	1-2|1-3|1-4|2-2|2-3|2-4	1-3|1-4	注
针入度指数 PI		A				−1.5~+1.0			
		B				−1.8~+1.0			
软化点(R&B)不小于	℃	A	38	40	43	45	46	49	55
		B	36	39	42	43	44	46	53
		C	35	37	41	42	43	45	50
60℃动力粘度不小于	Pa·s	A	—	60	120	160	180	200	260
10℃延度不小于	cm	A	50	50	40	45	30	20	15	10
		B	30	30	30	30	20	20	15	10	8
15℃延度不小于	cm	A,B	80	80	60	50	40	80	50
		C						30	20
蜡含量(蒸馏法)不大于	%	A				2.2			
		B				3.0			
		C				4.5			
闪点 不小于	℃		230	230	245	260	260		
溶解度 不小于	%					99.5			
密度(15℃)	g/cm³					实测记录			
TFOT(或RTFOT)后									
质量变化 不大于	%					±0.8			
残留针入度比 不小于	%	A	48	54	55	57	61	63	65
		B	45	50	52	54	58	60	62
		C	40	45	48	50	54	58	60
残留延度(10℃)不小于	cm	A	12	12	10	8	6	4	—
		B	10	10	8	6	4	2	—
残留延度(15℃)不小于	cm	C	40	35	30	20	15	10	—

注:①试验方法按照现行《公路工程沥青及沥青混合料试验规程》(JTJ 052—2000)规定的方法执行。用于仲裁试验求取PI时的5个温度的针入度关系的相关系数不得小于0.997。
②经建设单位同意,表中PI值、60℃动力黏度、10℃延度可不作为选择性指标,也可不作为施工质量检验指标。
③70号沥青可根据需要要求供应商提供针入度范围为60~70或70~80的沥青,50号沥青可要求提供针入度范围为40~50或50~60的沥青。
④30号沥青仅适用于沥青稳定基层。130号和160号沥青除寒冷地区可直接在中低级公路上直接应用外,通常用作乳化沥青、稀释沥青、改性沥青的基质沥青。
⑤老化试验以TFOT为准,也可以RTFOT代替。
⑥气候分区见附录A。

表4-7 道路用乳化沥青技术要求

试验项目		单位	品种及代号									
			阳离子				阴离子				非离子	
			喷洒用			拌和用	喷洒用			拌和用	喷洒用	拌和用
			PC-1	PC-2	PC-3	BC-1	PA-1	PA-2	PA-3	BA-1	PN-2	BN-1
破乳速度			快裂	慢裂	快裂或中裂	慢裂或中裂	快裂	慢裂	快裂或中裂	慢裂或中裂	慢裂	慢裂
粒子电荷			阳离子（+）				阴离子（-）				非离子	
筛上残留物(1.18 mm筛)不大于		%	0.1				0.1				0.1	
粘度	恩氏粘度计 E_{25}		2~10	1~6	1~6	2~30	2~10	1~6	1~6	2~30	1~6	2~30
	道路标准粘度计 $C_{25,3}$	s	10~25	8~20	8~20	10~60	10~25	8~20	8~20	10~60	8~20	10~60
蒸发残留物	残留分含量不小于	%	50	50	50	55	50	50	50	55	50	55
	溶解度不小于	%	97.5				97.5				97.5	
	针入度(25 ℃)	0.1 mm	50~200	50~300	45~150		50~200	50~300	45~150		50~300	60~300
	延度(15 ℃)不小于	cm	40				40				40	
与粗集料的粘附性，裹附面积不小于				2/3		—		2/3		—	2/3	—
与粗、细粒式集料拌和试验				—		均匀		—		均匀		
水泥拌和试验的筛上剩余不大于		%		—				—				3
常温贮存稳定性: 1d 不大于 5d 不大于		%	1 5				1 5				1 5	

注：① P 为喷洒型，B 为拌和型，C、A、N 分别表示阳离子、阴离子、非离子乳化沥青。
② 粘度可选用恩氏粘度计或沥青标准粘度计之一测定。
③ 表中的破乳速度与集料的粘附性、拌和试验的要求、所使用的石料品种有关，质量检验时应采用工程上实际的石料进行试验，仅进行乳化沥青产品质量评定时可不要求此三项指标。
④ 贮存稳定性根据施工实际情况选用试验时间，通常采用5d，乳液生产后能在当天使用时也可用1d的稳定性。
⑤ 当乳化沥青需要在低温冰冻条件下贮存或使用时，尚需按 T 0656 进行-5℃低温贮存稳定性试验，要求没有粗颗粒、不结块。
⑥ 如果乳化沥青是将高浓度产品运到现场经稀释后使用时，表中的蒸发残留物等各项指标指稀释前乳化沥青的要求。

二、煤焦油沥青

煤焦油沥青又称煤沥青或柏油，它是由煤、褐煤等有机物质在隔绝空气和高温下进行干馏、冷凝其挥发物而获得的粘稠状物质，再经加工而制成的沥青类物质。根据煤焦油沥青稠度的不同，可分为软煤沥青和硬煤沥青。软煤沥青主要用于筑路，硬煤沥青主要用于制造防水材料。根据煤焦油沥青软化点的不同，可分为低温煤沥青、中温煤沥青和高温煤沥青。

表4-8～表4-10列出了几种煤焦油沥青的主要技术指标。

煤沥青筑路油是用高温煤焦油经蒸馏所得的沥青与稀释油配制而成的铺路胶粘剂，其技术指标列于表4-11。

表 4-8 煤焦油沥青技术条件

指标名称	低温沥青		中温沥青		高温沥青
	一类	二类	电极用	一般用	
软化点（环与球法,℃）	20.0~45.0	>45.0~90.0	>75.0~90.0	>75.0~95.0	>95.0~120
甲苯不溶物含量（%）	—	—	15~25	<25	—
灰分（%）不大于	—	—	0.3	0.5	—
水分（%）不大于	—	—	5.0	5.0	5.0
挥发分（%）	—	—	60.0~70.0	55.0~75.0	—
喹啉不溶物含量（%）不大于			10		

表 4-9 道路用煤沥青技术要求（JTG F40—2004）

试验项目		T-1	T-2	T-3	T-4	T-5	T-6	T-7	T-8	T-9
粘度(s)	$C_{30,5}$	5~25	26~70							
	$C_{30,10}$			5~25	26~50	51~120	121~200			
	$C_{50,10}$							10~75	76~200	
	$C_{60,10}$									35~65
蒸馏试验,馏出量(%)	170℃前 不大于	3	3	3	2	1.5	1.5	1.0	1.0	1.0
	270℃前 不大于	20	20	20	15	15	15	10	10	10
	300℃	15~35	15~35	30	30	25	25	20	20	15
300℃蒸馏残留物软化点(环与球法)(℃)		30~45	30~45	35~65	35~65	35~65	35~65	40~70	40~70	40~70
水分（%）不大于		1.0	1.0	1.0	1.0	1.0	0.5	0.5	0.5	0.5
甲苯不溶物（%）不大于		20	20	20	20	20	20	20	20	20
萘含量（%）不大于		5	5	4	4	3.5	3	2	2	2
焦油酸含量（%）不大于		4	4	3	3	2.5	2.5	1.5	1.5	1.5

表 4-10 硬煤沥青技术标准

项目	标号	煤硬—4	煤硬—4甲	煤硬—5
软化点（环与球法）	（℃）	81~90	81~90	91~105
游离碳（纯苯）	（%）	<28	20~28	<30
含水量	（%）	<5	<1	<1
灰分	（%）	<0.9	<0.3	<1
挥发物	（%）	—	60~65	—

注：硬煤沥青的标号是以软化点划分，级数越大，沥青越硬。

表 4-11 煤沥青筑路油技术条件

项目	牌号	ML-1	ML-2	ML-3	ML-4	ML-5
粘度（s）						
$C_{30,10}$		50~120	121~200			
$C_{50,10}$				10~75	76~200	
$C_{60,10}$						35~65
蒸馏试验（干基）(%) 170℃前馏出量（%）	不大于	1.5	1.5	1.0	1.0	1.0

续表

项　目 \ 牌　号		ML-1	ML-2	ML-3	ML-4	ML-5
270℃前馏出量（%）	不大于	15	15	10	10	10
300℃前馏出量（%）	不大于	25	25	20	20	15
300℃蒸馏残渣软化点（环与球法）（℃）		35～65	35～65	35～70	35～70	40～70
水分（%）	不大于	1.0	0.5	0.5	0.5	0.5
甲苯不溶物（干基）（%）	不大于	17	17	17	17	17
含萘量（干基）（%）	不大于	3	3	3	2	2
焦油酸含量（干基）（mL/100 g）	不大于	2.5	2.5	1.5	1.5	1.5

根据煤干馏温度的不同，可分为高温煤焦油（干馏温度为 800～1 200 ℃）、中温煤焦油（干馏温度为 660～750 ℃）、低温煤焦油（干馏温度为 450～650 ℃）。在建筑防水材料中应用最多的为高温煤焦油，其技术指标列于表 4-12。煤焦油的特性数据列于表 4-13。石油沥青和煤焦油沥青的鉴别方法列于表 4-14。

表 4-12　煤焦油的技术指标

指　标　名　称		一　级	二　级
密　度（d_4^{20}）		1.12～1.20	1.13～1.22
水　分（%）	不大于	4.0	4.0
灰　分（%）	不大于	0.15	0.15
游离碳（%）	不大于	6.0	10.0
粘　度（E_{80}）	不大于	5.0	5.0

注：① 本标准适用于高温炼焦时，从煤气中冷凝所得的黑色粘稠状液体。
② d_4^{20} 为温度 20 ℃时煤焦油密度。
③ E_{80} 为 80 ℃时煤焦油的恩氏粘度。

表 4-13　煤焦油的特性数据

技　术　性　能	高温煤焦油	低温煤焦油
密度（20 ℃）（g/cm³）	1.14～1.25	0.96～1.14
碳（%）	90～93	84～86
氢（%）	5～6	8～8.5
萘（%）	5～15	0～2
酚（%）	0.5～5	10～45
碱类（%）	0.2～2	2～3
固体石蜡（%）	0～痕量	3～15
焦化残留物（%）	10～40	5～15
甲苯不溶物（%）	2～20	0.5～10
灰分（%）	<0.5	<1.5
水分（%）	<5	<5
分馏分析：		
轻油　<180 ℃（%）	0.2～2	0～12
中油　180～230 ℃（%）	3～10	2～23
230～270 ℃（%）	7～10	8～22
重油　270～300 ℃（%）	3～7	5～10
蒽油　300～600 ℃（%）	12～30	10～30
煤焦油沥青（%）	45～65	30～50

表 4-14　石油沥青和煤沥青的鉴别方法

鉴别方法	石油沥青	煤沥青
锤击法 用锤轻击	韧性较好，有弹性感觉，声发哑	韧性差（性脆），无弹性感觉，发声清脆
变形率法	受较小的荷重不变形	受较小荷重易变形
溶液颜色鉴别法 将沥青置于盛有酒精的透明瓶中观察溶液颜色	无颜色	呈黄色，并带有绿蓝色荧光
气味嗅别法 将沥青材料加热燃烧	仅有少量油味或松香味，烟无色	有刺激性触鼻臭味，烟呈黄色
相对密度法 配制标准密度液〔用密度计测定〕，将沥青样品投入标准液，观察沉浮可定密度的大小。密度大于 1 时，密度液用氯化锌或氯化钙与水配制；相对密度小于 1 时，用酒精与水配制	液体　　小于 1 半固体　接近 1 固体　　接近 1	液体　　1.1 左右 半固体　1.2 左右 固体　　大于 1.2
溶解度法 将样品一小块〔约 1 g〕投入 30～50 倍的煤油或汽油中，用玻璃棒搅动，充分溶解后观察	样品基本溶解，溶液呈棕黑色	样品基本不溶解，溶液稍呈黄绿色
斑点法 取样品一小块〔约 1 g〕，溶于 30～50 倍的有机溶剂〔苯、二硫化碳、氯仿〕中，用玻璃棒搅动，充分溶解后，用玻璃棒蘸溶液，滴一滴于滤纸上，就形成斑点	斑痕完全化开、呈均匀的棕色	斑痕分内外两圈，内圈呈黑色斑点，碳粒较多，外圈呈棕色（或黄色）
发光法 取样品一小块〔约 1 g〕溶于 10 mL 氯仿内。完全溶解后，取 2 mL 此液于试管中，将滤纸条〔先在氯仿中浸润一天以上〕一端插入试管的溶液内，静置两天，然后取出滤纸条，置于 Q-9 型或 PL376 型手提式荧光灯下照射，观察发光颜色	纸带上颜色依次为浅蓝色、白色、亮黄色、黄橙色、橙色至橙褐色或黑褐色 （上述各色仅供参考）	纸带上发光颜色仅为一种，褐黑色或红褐色，有时上部有一条橙褐色带

三、页岩沥青

页岩沥青是油母页岩在气化或干馏过程中所得到的页岩焦油，经再加工而制成的沥青类物质。因其加工方法和煤焦油沥青加工方法相同，故划分为煤焦油沥青类。页岩沥青在我国产地较少、应用较少。

页岩沥青和页岩焦油的技术性能列于表 4-15 和表 4-16 中。

表 4-15　页岩沥青技术标准

项　目		岩-0	岩-Ⅰ	岩-Ⅱ	岩-Ⅲ
粘度（s）（$C_{60,10}$）		8～40	不小于 40	不小于 40	不小于 40
针入度（25 ℃，100 g，5 s）(1/10 mm)		—	＞180	120～180	80～120
软化点（℃）（环与球法）	不小于	27	33	37	41
溶解度（％）（苯）	不小于	97	97	97	97
加热损失（130 ℃，5 h）（％）	不大于	1.5	1.5	1.0	1.0
加热损失后的针入度占原针入度（％）	不小于	—	—	60	60
加热损失后软化点增加度数（℃）	不大于	6	6	5	5

表 4-16 液体页岩沥青技术标准

项目		岩(液)-1	岩(液)-2	岩(液)-3	岩(液)-4	岩(液)-5	岩(液)-6
粘度(s)	($C_{25,5}$)	<20	—	—	—	—	—
	($C_{80,5}$)	—	5~12	12~20	20~35	35~100	100~200
闪点(℃)(布林肯法) 不小于		70	70	100	100	120	120
蒸馏至360℃,体积(%) 不大于		10~40	10~30	5~25	2~15	0~10	0~5
含水量(%)		5	5	3	3	1	1

四、聚合物沥青

聚合物沥青是在沥青中掺入树脂或橡胶类高分子材料进行改性的沥青材料。根据所掺入的高分子材料不同,可分为橡胶沥青、塑料沥青、橡胶和塑料复合沥青,或称复合聚合物沥青。

在沥青中常加入的橡胶或树脂类材料列入表 4-17。聚合物沥青的性能、用途分别列入表 4-18~表 4-27。

表 4-17 常用聚合物材料

聚合物名称	英文名称	简称或代号
天然橡胶	natural rubber	NR
丁苯橡胶	styrene-butadiene rubber	SBR
氯丁橡胶	chloroprene rubber	CR
丁腈橡胶	acrylonitrile-butadiene rubber	NBR
顺丁橡胶	cis-1,4-polybutadiene rubber	BR
乙丙橡胶	cthylene-propylene rubber	EPR
异戊橡胶	cis-1,4-polyisoprene rubber	IR
苯乙烯-异戊二烯橡胶	styrene-isoprene rubber	SIR
丁基橡胶	butyl rubber	IIR
丙烯酸酯橡胶	acrylic rubber	AR
氯磺化聚乙烯橡胶	chlorosulfonated polyethylene rubber	CSM
橡胶粉	vulcanized rubber powder	VRP
再生橡胶	reclaimed rubber	RR
聚异丁烯橡胶	polyisobutylene rubber	PIR
氯化聚乙烯	chlorinated polyethylene	CPE
聚硫橡胶	polysulfide rubber	PSR
三元乙丙橡胶	ethylen e-prop ylene-diene mischpolymere rubber	EPDM
硅橡胶	silicone rubber	Q

第一节 沥青材料

续表

聚合物名称	英文名称	简称或代号
乙烯-醋酸乙烯共聚物	ethylene-vinyl acetate copolymer	EVA
乙烯-丙烯酸乙酯共聚物	ethylene-ethyl acrylate copolymer	EEA
乙烯丙烯三聚物	ethlen e-prop ylene-diene mischpolymere	EPM
等规聚丙烯	isotactic polypropyiene	IPP
乙烯-丙烯酸甲酯共聚物	ethylene-methyl acrylate copolymer	EMA
聚丙烯	polypropylene	PP
无规聚丙烯	atactic polypropylene	APP
聚乙烯	polyethylene	PE
聚苯乙烯	polystyrene	PS
氯化聚丙烯	chlorinated polypropylene	CPP
聚醋酸乙烯	poly（vinylidene acetate）	PVAC
聚偏氯乙烯	poly（vinylidene dichloride）	PVDC
聚碳酸酯	polycarbonate	PC
聚甲基丙烯酸甲酯	polymethyl methacrylate	PMMA
非晶性聚烯烃	amorphous polyolefins	APO
聚酰胺树脂	polyamide	PA
醇酸树脂	alkyd resin（s）	ALK
聚乙烯醇	poly vinyl alcohol	PVA
环氧树脂	epoxy resin	EP
酚醛树脂	phenol-formaldehyde resin	PF
脲醛树脂	urea-formaldehyde resin	UF
聚氨酯	polyurethane	PJ
香豆酮-茚树脂	coumarone-indene resin	CIR
石油树脂	petroleum resin	PR
苯乙烯-丁二烯嵌段共聚物	styrene-butadiene block copolymer	SBB
聚氯乙烯	polyvinyl chloride	PVC
氯化聚氯乙烯	chlorinated polyvinyl chloride	CPVC
苯乙烯-丁二烯-苯乙烯嵌段共聚物	styrene-butadiene-styrene	SBS
苯乙烯-异戊二烯-苯乙烯共聚物	styrene-isoprene-styrene	SIS
苯乙烯-乙烯-丁二烯-苯乙烯嵌段共聚物	styrene-ethylene-betadiene-styrene	SEBS
苯乙烯-乙烯-丙烯-苯乙烯共聚物	styrene-ethylene-propylene-styrene	SEPS
热塑性硫化胶	thermoplastic vulcanizate	TPV
热塑性弹性体	thermoplastic elastomer	TPE
聚烯烃热塑性弹性体	thermoplastic olefins	TPO
非晶态 α-聚烯烃	amorphous poly alpha olefin	APAO
嵌段共聚型热塑性弹性体	thermoplastic block（co）polymer	TPB

表4-18 聚合物改性沥青技术要求（JTGF40～2004）

指标	单位	SBS类（Ⅰ类）				SBR类（Ⅱ类）			EVA、PE类（Ⅲ类）			
		Ⅰ-A	Ⅰ-B	Ⅰ-C	Ⅰ-D	Ⅱ-A	Ⅱ-B	Ⅱ-C	Ⅲ-A	Ⅲ-B	Ⅲ-C	Ⅲ-D
针入度（25℃，100 g，5 s）	0.1 mm	>100	80～100	60～80	30～60	>100	80～100	60～80	>80	60～80	40～60	30～40
针入度指数 PI 不小于		-1.2	-0.8	-0.4	0	-1.0	-0.8	-0.6	-1.0	-0.8	-0.6	-0.4
延度（5℃，5 cm/min）不小于	cm	50	40	30	20	60	50	40	—	—	—	—
软化点 $T_{R\&B}$ 不小于	℃	45	50	55	60	45	48	50	48	52	56	60
运动粘度① (135℃)不大于	Pa·s	3										
闪点 不小于	℃	230				230			230			
溶解度 不小于	%	99				99			—			
弹性恢复（25℃）不小于	%	55	60	65	75	—	—	—	—	—	—	—
粘韧性不小于	N·m					5						
韧性不小于	N·m					2.5						
贮存稳定性②离析48 h软化点差 不大于	℃	2.5				—			无改性剂明显析出、凝聚			
TFOT（或RTFOT）后残留物												
质量变化 不大于	%	±1.0										
针入度比（25℃）不小于	%	50	55	60	65	50	55	60	50	55	58	60
延度（5℃）不小于	cm	30	25	20	15	30	20	10	—	—	—	—

注：① 表中135℃运动粘度可采用《公路工程沥青及沥青混合料试验规程》（JTJ052—2000）中的"沥青布氏旋转粘度试验方法（布洛克菲尔德粘度计法）"进行测定。若在不改变改性沥青物理力学性质并符合安全条件的温度下易于泵送和拌和，或经证明适当提高泵送和拌和温度时能保证改性沥青的质量，容易施工，可不要求测定。

② 贮存稳定性指标适用于工厂生产的成品改性沥青。现场制作的改性沥青对贮存稳定性指标可不作要求，但必须在制作后，保持不间断的搅拌或泵送循环，保证使用前没有明显的离析。

表4-19 SBS改性沥青的物理性能

项目		技术指标	
		Ⅰ型	Ⅱ型
软化点（℃） ≥		105	115
低温柔度（℃）		-18	-25
		无裂纹	
弹性恢复率（%） ≥		85	90
离析性	上下层软化点变化率（%） ≤	20	
二甲苯可溶物含量（%）	改性沥青 ≥	97	
	改性沥青涂盖料 ≥	94	
闪点（℃） ≥		230	

表 4-20 塑性体改性沥青的物理性能

项 目			技 术 指 标	
			Ⅰ型	Ⅱ型
软化点（℃）		≥	125	145
低温柔度（℃）			−15	−15
			无裂纹	
渗油性	渗出张数	≤	2	
二甲苯可溶物含量（%）	改性沥青	≥	97	
	改性沥青涂盖料	≥	94	
闪点（℃）		≥	230	

表 4-21 道路用改性乳化沥青技术要求

试验项目		单位	品种及代号	
			PCR	BCR
破乳速度		—	快裂或中裂	慢裂
粒子电荷		—	阳离子（＋）	阳离子（＋）
筛上剩余量（1.18 mm） 不大于		%	0.1	0.1
粘度	恩氏粘度 E_{25}	—	1～10	3～30
	沥青标准粘度 $C_{25,3}$	s	8～25	12～60
蒸发残留物	含量 不小于	%	50	60
	针入度（100 g, 25 ℃, 5 s）	0.1 mm	40～120	40～100
	软化点 不小于	℃	50	53
	延度（5 ℃） 不小于	cm	20	20
	溶解度（三氯乙烯） 不小于	%	97.5	97.5
与矿料的粘附性，裹覆面积 不小于			2/3	—
贮存稳定性	1 d 不大于	%	1	1
	5 d 不大于	%	5	5

注：① 破乳速度与集料粘附性、拌和试验、所使用的石料品种有关。工程上施工质量检验时应采用实际的石料试验，仅进行产品质量评定时可不对这些指标提出要求。
② 当用于填补车辙时，BCR 蒸发残留物的软化点宜提高至不低于 55 ℃。
③ 贮存稳定性根据施工实际情况选择试验天数，通常采用 5 d，乳液生产后能在第二天使用完时也可选用 1 d。个别情况下改性乳化沥青 5 d 的贮存稳定性难以满足要求，如果经搅拌后能够达到均匀一致并不影响正常使用，此时要求改性乳化沥青运至工地后存放在附有搅拌装置的贮存罐内，并不断地进行搅拌，否则不准使用。
④ 当改性乳化沥青或特种改性乳化沥青需要在低温冰冻条件下贮存或使用时，尚需按 T0656 进行-5 ℃低温贮存稳定性试验，要求没有粗颗粒、不结块。
⑤ PCR 为喷洒型改性乳化沥青。
BCR 为拌和用乳化沥青。

表 4-22 美国 EVA 类改性沥青标准（ASTM D5841—95）

项　目	Ⅲ-A	Ⅲ-B	Ⅲ-C	Ⅲ-D	Ⅲ-E
针入度（4℃，200 g，60 s）/（1/10 mm）	>48	>35	>28	>22	>18
针入度（25℃，100 g，5 s）/（1/10 mm）	30～150	30～150	30～150	30～150	30～150
粘度（135℃）/（mm²/s）	150～1500	150～1500	150～1500	150～1500	150～1500
软化点（℃）	>51.7	>54.4	>57.2	>60.0	>62.8
闪点（℃）	>218				
溶解度（三氯乙烯）（%）	>99				
稳定性（软化点差）（℃）	记录				
RTFOT 或 TFOT 后残余物					
针入度（4℃，200 g，60 s）/（1/10 mm）	>24	>18	>14	>11	>9
质量损失（%）	>1	>1	>1	>1	>1

表 4-23 美国非交联 SBS 类改性沥青标准（ASTM D5892—96a）

项　目	Ⅳ-A	Ⅳ-B	Ⅳ-C	Ⅳ-D	Ⅳ-E	Ⅳ-F
针入度（25℃，100 g，5 s）/（1/10 mm）	>90	>75	>65	>50	>50	>35
粘度（60℃，1 s^{-1}）（Pa·s）	>125	>400	>250	>600	>450	>800
粘度（135℃）（mm²/s）	<3000	<3000	<3000	<3000	<3000	<3000
闪点（℃）	>232					
溶解度（三氯乙烯）（%）	>99.0					
稳定性（软化点差）（℃）	记录					
RTFOT 或 TFOT 后残余物						
弹性恢复（25℃，10 cm）（%）	>60	>70	>60	>70	>60	>70
针入度（4℃，200 g，60 s）（1/10 mm）	>20	>20	>15	>15	>10	>10

表 4-24 美国 SB 或 SBS 类改性沥青标准（ASTM D5976—96）

项　目	Ⅰ-A	Ⅰ-B	Ⅰ-C	Ⅰ-D
针入度（25℃，100 g，5 s）/（1/10 mm）	100～150	75～100	50～75	40～75
粘度（60℃，1 s^{-1}）（Pa·s）	>125	>250	>500	>500
粘度（135℃）（mm²/s）	<2000	<2000	<2000	<5000
闪点（℃）	>232	>232	>232	>232
溶解度（三氯乙烯）（%）	>99	>99	>99	>99
稳定性（软化点差）（℃）	2.2	2.2	2.2	2.2
RTFOT 或 TFOT 后残余物				
弹性恢复（25℃，10 cm）（%）	60	60	60	60
针入度（4℃，200 g，60 s）（1/10 mm）	>20	>15	>13	>10

表 4-25 美国 SBR 类胶乳或 CR 胶乳改性沥青标准（ASTM D5840—95）

项 目	II-A	II-B	II-C	II-D
针入度（25 ℃，100 g，5 s）(1/10 mm)	>100	>70	>85	>80
粘度（60 ℃，1 s^{-1}）(Pa·s)	>80	>160	>80	>160
粘度（135 ℃）(mm^2/s)	>300	>300	>300	>300
闪点（℃）	>232	>232	>232	>232
延度（4 ℃，5 cm/min）(cm)	>50	>50	>25	>25
粘韧性（25 ℃，50 mm/min）(N·m)	>8.5	>12.4	>8.5	>12.4
韧性（25 ℃，50 mm/min）(N·m)	>5.7	>8.5	>5.7	>8.5
RTFOT 或 TFOT 后残余物				
延度（4 ℃，5 cm/min）(cm)	>25	>25	>10	>10
粘度（60 ℃）(Pa·s)	<4000	<8000	<4000	<8000
粘韧性（25 ℃，50 mm/min）(N·m)			>8.5	>11.3
韧性（25 ℃，50 mm/min）(N·m)			>5.7	>8.5

表 4-26 德国聚合物改性沥青技术要求（BMV ARS 17/91 TL—PMB）

项 目	80A	65A	45A	80B	65B	45B	65C	45C
针入度（25 ℃，100 g，5 s）(1/10 mm)	>120	>50	>20	>120	>50	>20	>50	>30
软化点（℃）	40~48	48~55	55~63	40~48	48~55	55~63	48~55	55~63
脆点（℃）	<-20	<-15	<-10	<-20	<-15	<-10	<-15	<-10
延度（cm）								
7 ℃	>100			>50				
13 ℃		>100			>30		>15	
20 ℃			>40			>20		>10
密度（25 ℃）(g/cm^3)	1.000~1.100							
闪点（℃）	>230							
弹性恢复（%）	>50							
稳定性（软化点差）(℃)	>2.0							
加热试验后残余物								
质量损失（%）	<1.00							
软化点（℃）								
上升	6.5							
下降	<2.0							

表4-27 日本改性沥青标准

项目	Ⅰ型	Ⅱ型	高粘度改性沥青	高粘附性改性沥青	超重交通改性沥青
针入度（25℃，100 g，5 s）(1/10 mm)	>50	>40	>40	>40	>40
软化点（℃）	50～60	56～70	>80	>68	>75
延度（7℃）(cm)	>30				
粘韧性（N·m）	>4.9	>7.8	>20	>16	>20
韧性（N·m）	>2.5	>3.9	>15	>8	>15
粘度（60℃，1 s^{-1}）(Pa·s)			>20 000	>1 500	>3 000
脆点（℃）			<-12		
闪点（℃）			>260		
密度（15℃）(g/cm³)			报告		
最佳拌和温度（℃）			报告		
最佳碾压温度（℃）			报告		
粗集料剥离率（%）				<5	
TFOT后残余物					
质量损失（%）				<0.6	
针入度比（%）	>55	>65	>65	>65	>65

第二节 沥青材料取样与试样制备

建筑防水材料生产所用的沥青材料多为沥青材料生产厂用车运送的，固体沥青多为散装，液体沥青多为沥青罐车运送。在生产中使用的沥青在沥青熔化槽或沥青熔化罐中熔化和加热，在进行沥青性能检验时，可采用下列方法进行取样。

一、沥青采样器具

沥青取样器：沥青取样器由金属制成，带塞，塞上有长柄提手。其形状如图4-2所示。

盛样器：根据沥青的品种选择，液体或粘稠沥青采用广口、密封带盖的金属容器，如锅、桶等。固体沥青可用塑料袋，但需外包装，以便携运。

采取试样所用的器具必须清洁，每次用后必须清洗干净，并置于无灰尘或雨雪等落入的地方，以备下次使用。

有的贮运液体沥青的槽车、罐车设有沥青取样阀，如图4-3所示，可从取样阀中取样。

二、液体沥青取样

液体沥青应根据贮存的容器不同，采用不同的取样方法。用取样器取样，取样后放入盛样器，密封保存，以备检验。

（一）从贮油罐中取样

对液体沥青或经加热已变成流体的粘稠沥青取样时，应先关闭进油阀和出油阀，然后取样。取样器按液面上、中、下位置

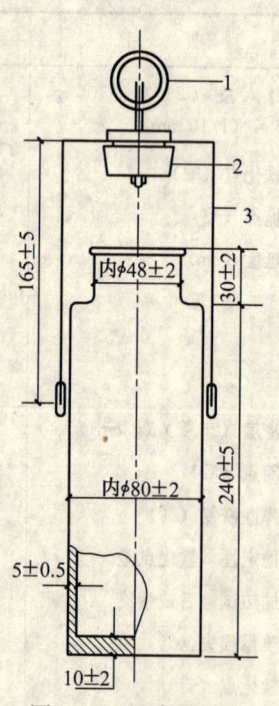

图4-2 沥青取样器
1—吊环；2—聚四氟乙烯塞；3—手柄

（液面高各为 1/3 等分处，但距罐底不得低于总液面高度的 1/6）各取规定数量的液体样品。每层取样后取样器应尽可能倒净。当贮罐过深时，亦可在流出口按不同流出深度分 3 次取样。将取出的 3 个样品充分混合后，取规定数量样品作为试样，样品也可分别进行检验。

对于有搅拌设备的贮罐，在充分搅拌后，可用取样器从沥青层中部取规定数量样品作为试样，例如对沥青配置罐中的沥青取样。

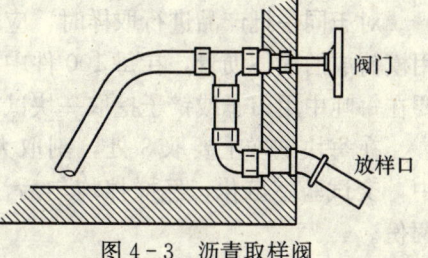

图 4-3　沥青取样阀

（二）从槽车、罐车中取样

对于设有取样阀的槽车、罐车，可旋开取样阀，待流出 4 kg 或 4 L 沥青后再取样。

对于仅有放料阀的槽车或罐车，待放出全部沥青一半时取样。也可用取样器从顶盖处于沥青中部取样。

在装料或卸料过程中取样时，要按时间间隔均匀地取至少 3 个规定数量样品，然后将这些样品充分混合后取规定数量样品作为试样。

（三）从沥青贮存池中取样

沥青贮存池中的沥青应在熔化后，经管道或沥青泵流至沥青加热炉后取样，分间隔每锅至少取 3 个样品，然后将这些样品充分混匀后再取规定数量作为试样，样品也可分别进行检验。

（四）从沥青桶中取样

从沥青桶中取样时，首先要认定是同一批生产的产品，可随机取样。如不能确认是同一批生产的产品时，应根据桶数按照表 4-28 规定或按总桶数的立方根数随机选出沥青桶数。

将沥青桶加热，使桶中沥青全部熔化成流体后，按罐车取样方法取样，每个样品的数量，以充分混合后能满足检验用样品的规定数量要求为限。

表 4-28　选取沥青样品桶数

沥青桶总数	选取桶数
2~8	2
9~27	3
28~64	4
65~125	5
126~216	6
217~343	7
344~512	8
513~729	9
730~1 000	10
1 001~1 331	11

若沥青桶不便加热熔化沥青时，可在桶的中部将桶凿开取样，但样品应在距桶壁 50 mm 以上的内部凿取，并采取措施防止样品散落在地面上沾有尘土。

三、固体沥青取样

对于同一批产品进行取样时，应以不同的位置选取一些大小相同的块料作为试样。对于用模铸成的固体沥青，在每 100 件中，采样的件数不少于 10 件。对于未经模铸的固体沥青，要在每吨中用刀子或铲子挖取一块试样，但取出的块数不应少于 10 块。

在每块试样上要取 3 处，割取大小约相等的小块试样，将采取的试样装在一个容器中，交试验室熔化，经搅拌均匀后注入铁模内，再将注入铁模内的沥青分成大约相同的两份。

对于产品成堆，存于仓库或装卸车时的散装沥青，为鉴定沥青的质量，用铲采取试样，数量在 20 t 以内者至少在 5 处不同地点各取试样 3～4 kg，取样地点按堆、车厢、仓库的平面与深度而定，取样点应均匀分布。数量在 20 t 以上者，应划分若干部分，每部分不应大于 20 t，然后按上述方法分别取样。每一平均试样代表一部分。如采样的试样在外观、气味、色泽、稠度有显著不同时，应分别采取平均试样。

将每部分采取的试样装入一个箱内，混合后用盖盖好，经过一昼夜就应将试样打碎至直径不大于 250 mm 的块，将打碎的试样在铁板上小心拌和以四分法反复分样，使试样质量达 2～3 kg 为止，此试样作为平均试样。

四、试样的数量和保管方法

沥青性质常规检验的取样数量为：

粘稠或固体沥青　　　　　　　　不少于 1.5 kg
液体沥青　　　　　　　　　　　不少于 1 L

将采取的沥青试样装入一个清洁、干燥的容器中，将盖盖好，如取两份试样时上述采样质量应加倍。

在每个沥青试样容器上应附号牌及卡片，在卡片上写明：
（1）样品编号；
（2）沥青名称及编号；
（3）生产厂厂名；
（4）采样产品的批号或其罐车、铁桶、车次等号码；
（5）采样日期；
（6）采样地点；
（7）代表数量；
（8）取样者姓名。

选取两份试样时，一份试样送试验室检验，另一份试样在发货人处或试验室保存半年，以便作为仲裁试验时用。

仲裁试验之试样，要保存在干燥、不受灰尘及雨雪侵入的房内。

五、沥青试样制备方法

采取的沥青试样，在试验前需对试样进行加工处理。

【仪器及材料】

烘箱：200 ℃，装有恒温调节器。
加热炉具：电炉或其他燃气炉。
滤筛：筛孔孔径 0.3～0.5 mm。
石棉垫：不小于炉具上面积。
沥青盛样器皿：金属锅或瓷坩埚。
温度计：0～100 ℃ 及 0～200 ℃，分度为 0.1 ℃。
天平：称量 2 000 g，感量不大于 1 g；称量 100 g，感量不大于 0.1 g。

【试验步骤】

将装有试样的盛样器带盖放入恒温烘箱中，当石油沥青试样中含有水分时，烘箱温度 80 ℃ 左右，加热至沥青全部熔化后供脱水用。当沥青中无水分时，烘箱温度宜为软化点温度以上 90 ℃，通常为 135 ℃ 左右。对沥青试样不得直接采用电炉或煤气炉明火加热。

将盛样器放在可控温的砂浴、油浴、电热套上加热脱水，不得已采用电炉或煤气炉加热脱水时必须加放石棉垫，时间不超过 30 min，并用玻璃棒轻轻搅拌，防止局部过热。在沥青温度不超过 100 ℃ 的条件下，仔细脱水至无泡沫为止，最后加热温度不超过软化点以上 100 ℃（石油沥青）或 50 ℃（煤沥青）。

将盛样器中的沥青通过 0.6 mm 的滤筛过滤，不等冷却立即一次灌入各项试验的模具中。根据需要也可将试样分装入擦拭干净并干燥的一个或数个沥青盛样器皿中，数量应满足一批试验项目所需的沥青样品并有富余。

在沥青灌模过程中，如温度下降可放入烘箱中适当加热。试样冷却后反复加热的次数不得超过 2 次，以防沥青老化影响试验结果。在沥青灌模时不得反复搅拌沥青，应避免混进气泡。灌模剩余的沥青应立即清洗干净，不得重复使用。

第三节　力学性能

沥青材料的力学性能是指受力后的变形性能。例如针入度、延伸度、软化点、脆化点、固化点等，这是沥青材料常用的性能检验。

一、针入度

沥青材料的针入度是在规定温度和时间内，以一定质量的标准针垂直贯入沥青试样的深度，以 0.1 mm 表示。沥青的针入度试验条件列于表 4-29。

表 4-29　针入度试验条件

试验条件类别	试验温度（℃）	作用荷重（g）	作用时间（s）
Ⅰ	0（或 4）	200	60
Ⅱ	25	100	5
Ⅲ	46（或 38）	50	5

注：作用荷重包括标准针、连杆及砝码的荷重。

当未经注明试验条件时,即为温度 25 ℃。作用荷重 100 g,作用时间 5 s。

1. 针入度的表示方法

某沥青材料试验条件为 25 ℃,荷重 100 g,时间 5 s 时的针入度为 85×10^{-1} mm,即可写为:

$$P(25\ ℃, 100\ g, 5\ s) = 85°$$

针入度愈小,表示沥青的稠度愈高。

针入度是用来测量粘稠沥青的一种方法。我国现行沥青标准仍按针入度等级来划分牌号,所以也称为针入度级沥青。道路沥青每隔 40°作为一个牌号,建筑沥青每隔 20°作为一个牌号,并以针入度范围的中值作为牌号的名称。

2. 针入度测试方法

沥青针入度试验适用于测定粘稠石油沥青材料的稠度、质量损失试验后沥青的残渣性质以及中凝液体石油沥青蒸馏或乳化沥青蒸馏后残渣性质(国家标准 GB/T 4509—1999)。

【试验仪具】

沥青针入度仪。

温度计:温度范围 0~50 ℃,分度 0.5 ℃。

金属皿:熔化试样用。

滤筛:筛孔 0.3~0.5 mm。

秒表:砂浴及加热设备。

有机溶剂:(苯或四氯化碳)及脱脂棉。

【试验方法】

将沥青试样装入金属皿中,在砂浴上加热熔化、脱水。为防止过热,加热最高温度不得高于预计的软化点 80~90 ℃,并以筛过滤,搅拌至气泡完全消失为止。将试样注入盛样皿内,其深度不少于 30 mm,放置在 25±5 ℃的空气中冷却 1 h,注意防止灰尘落入。然后将盛样皿置入 25±0.5 ℃的恒温水浴中,浴中水面应高于试样表面 25 mm 以上,保持恒温 1~1.5 h,与此同时将针入度仪安置水平。

试件保温时间达到后,将盛样皿自恒温水浴中取出,移于水温严格控制为 25 ℃的平底保温皿中,试样表面以上的水层高度应不小于 10 mm,将保温皿放入针入度仪的圆形平台上,调整标准针,使针尖与试样表面恰好接触,拉下齿杆,使其下端与连接标准针的连杆顶端接触,然后将刻度盘上的指针调整至零点(或记录其初始数值)。开动秒表,当秒表正指 5 s 时,用手紧压按钮,使标准针自由地穿入试样中,至秒表正指 10 s 时,放松按钮,标准针即停止穿入试样,再拉下齿杆,使其下端与标准针连杆的顶端接触,此时,刻度盘指针所指的度数(或两次读数之差)即为试样的针入度。

每一试样至少进行平行试验三次,在每次试验时,应注意检查保温皿内的水温,在每次试验后,应将标准针取下,用蘸有苯或其他有机溶剂的脱脂棉将针尖揩拭干净,并用干燥的脱脂棉揩干。每次试验点相互距离以及与盛样皿边缘的距离都不得小于 10 mm。当针入度值超过 200 时,至少用三根针,每次试验用的针留在试样中,直到三根针扎完时,再将针从试样中拔出。针入度值小于 200 时,可将针取下用合适溶剂擦净后继续使用。取三次平行试验结果整数的算术平均值作为试样的针入度。平行试验结果的最大值与最小值之误差不得超过下列规定范围。

针入度（1/10 mm）允许误差，不大于（1/10 mm）：
0~49   2
50~149   4
150~249   6
250~350   8

当试验值不符合此要求时，应重新进行试验。

二、软化点

在工程实用中，为保证沥青不致由于温度升高而产生流动状态，人为地设定了软化点。一般认为使用温度低于软化点时，沥青材料可以在短时间内承受本身自重而不致流淌。

软化点的数值随采用的仪器不同而不同，我国采用环与球法软化点，而水银法软化点较少采用，只用在某些科研工作中。

环与球法软化点是沥青试样在规定的金属环内，上置规定尺寸和质量的钢球，在规定的加热速度下进行加热，直至钢球下沉达规定距离时的温度，以℃表示。

软化点用于沥青的分类，作为确定装运沥青或沥青资源场质量的一个因素，并指明材料在使用中碰到高温流动的倾向（国家标准 GB/T4507—1999）。

1. 沥青软化点测试方法（环与球法）

【试验仪具】

环与球法沥青软化点仪；三脚架、石棉网、砂槽和加热设备等；金属板（一面须磨光至粗糙度0.40/）；刮刀，切除多余沥青用；滤筛；筛孔 0.3~0.5 mm；新煮沸的蒸馏水；甘油、滑石粉。

【试验方法】

将黄铜圈置于涂有隔离剂（甘油：滑石粉=2：1，以质量计）的金属板上。

将沥青试样脱水加热熔化，加热温度不得高于试样估计软化点 100 ℃，搅拌、过滤后呈细流注入黄铜环内至稍高出环面为止，如估计软化点在 120 ℃以上时，应先将铜环和金属板预热至 80~100 ℃。

任试样在空气中（15~30 ℃）冷却 30 min 后，用热刀刮去高出环面的多余试样，使与环面齐平。

将盛有试件的黄铜环水平地安放在环架中间承板的孔内，然后放在烧杯中，杯内盛水（估计软化点不高于 80 ℃的试样）或甘油（估计软化点高于 80 ℃的试样），液面略低于连接杆上的深度标记，水温保持 5±0.5 ℃（甘油温度保持 32±1 ℃），恒温 15 min，同时，钢球和环套也应置于环架的下承板上，置于盛有恒温的水或甘油的烧杯中（如果烧杯保温困难时，应将试样在恒温槽中保温）。

如在恒温槽中保温，取出试件，置于环架中层板的圆孔中，如在烧杯中保温，则自下承板上取出环套，套上钢球定位器，把整个环架放入烧杯内，调整水面（或甘油液面）至深度标记，环架上任何部分均不得有气泡，将温度计由上层板中心孔垂直插入，使水银球与铜环下面齐平。

移烧杯至放有石棉网的三脚架上的加热设备上，然后将铜球放在试样上（须使各环的平面在全部加热时间内完全处于水平状态），立即加热，使烧杯内水或甘油温度在 3 min 内调整至每分钟上升5±0.5℃,在整个试验过程中温度上升速度不得超出此范围,否则要重新试验。

沥青试样受热软化后下坠至与下承板接触时的温度即为软化点。取两个平行试验结果的算术平均值作为试验结果,准确至0.5℃。

平行试验结果允许误差不得超过1℃。

2. 精密度（95%置信水平）

（1）重复性

重复测定两个试验结果间差数不得大于下列规定：

软化点（℃）	允许差数（℃）
<80	1
80~100	2
>100~140	3

（2）再现性

同一试样由两个试验室各自提供的试验结果之差不应超过5.5℃。

三、针入度与软化点关系

沥青针入度与软化点之间的关系可用针入度指数表征,针入度指数（PI）表示了沥青的感温性能,针入度感温率与针入度指数 PI 可用下列公式表示。

$$A = \frac{\lg 800 - \lg P}{T_R - 25}$$

$$PI = \frac{30}{50A + 1} - 10$$

式中　A——针入度感温率（又称针入度感温指数）；
　　　P——25℃时针入度,0.1mm；
　　　T_R——软化点,℃；
　　　PI——针入度指数。

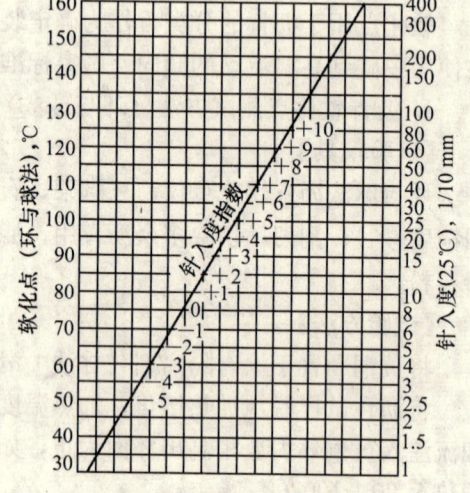

图4-4　确定针入度指数的诺莫图（针入温度25℃）

确定沥青针入度指数的方法,除采用公式进行计算外,还可从沥青针入度指数诺莫图（图4-4）和沥青针入度指数表（表4-30）中查出。

测得沥青在25℃时的针入度值及环与球法的软化点,与图4-4上的连接线与针入度指数的交点即为该沥青的针入度指数。在表4-30中也可查出该沥青的针入度指数。

表4-30　沥青针入度指数表

软化点(℃)	25℃时的针入度(1/10 mm)																
	300	295	290	285	280	276	270	265	260	255	250	245	240	235	230	223	220	215
32	-2.0	-2.7	-2.8	-2.9	-3.0													
33	-1.8	-1.9	-2.0	-2.1	-2.2	-2.3	-2.4	-2.5	-2.6	-2.7	-2.8	-2.9	-3.0					
34	-1.1	-1.2	-1.3	-1.4	-1.5	-1.6	-1.7	-1.8	-1.9	-2.0	-2.1	-2.2	-2.3	-2.4	-2.5	-2.6	-2.7	-2.8

续表

软化点(℃)	25℃时的针入度(1/10 mm)																	
	300	295	290	285	280	276	270	265	260	255	250	245	240	235	230	225	220	215
35	−0.4	−0.5	−0.6	−0.7	−0.8	−1.0	−1.1	−1.2	−1.3	−1.4	−1.5	−1.6	−1.7	−1.8	−1.9	−2.0	−2.1	−2.2
36	+0.2	+0.1	0.0	−0.1	−0.2	−0.3	−0.4	−0.6	−0.7	−0.8	−0.9	−1.0	−1.1	−1.2	−1.3	−1.4	−1.5	−1.6
37	+0.8	+0.7	+0.6	+0.5	+0.3	+0.2	+0.1	0.0	−0.1	−0.2	−0.3	−0.4	−0.6	−0.7	−0.8	−0.9	−1.0	−1.1
38	+1.4	+1.2	+1.1	+1.0	+0.9	+0.8	+0.6	+0.5	+0.4	+0.3	+0.2	+0.1	0.0	−0.2	−0.3	−0.4	−0.5	−0.6
39	+2.0	+1.8	+1.7	+1.5	+1.4	+1.3	+1.2	+1.1	+0.9	+0.8	+0.7	+0.6	+0.5	+0.3	+0.2	+0.1	0.0	−0.1
40	+2.4	+2.3	+2.2	+2.1	+1.9	+1.8	+1.7	+1.5	+1.4	+1.3	+1.2	+1.1	+1.0	+0.8	+0.7	+0.6	+0.5	+0.3
41	+2.9	+2.8	+2.6	+2.5	+2.4	+2.3	+2.2	+2.0	+1.9	+1.8	+1.6	+1.5	+1.4	+1.3	+1.2	+1.0	+0.9	+0.8
42				+2.9	+2.8	+2.7	+2.6	+2.5	+2.3	+2.2	+2.1	+2.0	+1.8	+1.7	+1.6	+1.5	+1.3	+1.2
43							+2.9	+2.7	+2.6	+2.5	+2.4	+2.3	+2.1	+2.0	+1.9	+1.7	+1.6	
44									+2.9	+2.8	+2.6	+2.5	+2.4	+2.2	+2.1	+2.0		
45												+2.9	+2.8	+2.6	+2.5	+2.4		
46															+2.8	+2.7		

软化点(℃)	25℃时的针入度(1/10 mm)																	
	210	205	200	195	190	185	180	175	170	165	160	155	150	145	140	135	130	125
35	−2.3	−2.4	−2.5	−2.6														
36	−1.8	−1.9	−2.0	−2.1	−2.2	−2.3	−2.4	−2.5	−2.6									
37	−1.2	−1.3	−1.4	−1.5	−1.7	−1.8	−1.9	−2.0	−2.1	−2.2	−2.3	−2.4						
38	−0.7	−0.8	−1.0	−1.1	−1.2	−1.3	−1.4	−1.5	−1.6	−1.7	−1.9	−2.0	−2.1	−2.2	−2.3	−2.4		
39	−0.2	−0.4	−0.5	−0.6	−0.7	−0.8	−0.9	−1.0	−1.1	−1.2	−1.3	−1.4	−1.5	−1.7	−1.8	−1.9	−2.0	−2.1
40	+0.2	+0.1	0.0	−0.1	−0.3	−0.4	−0.5	−0.6	−0.7	−0.9	−1.0	−1.1	−1.2	−1.4	−1.5	−1.6	−1.7	−1.9
41	+0.6	+0.5	+0.4	+0.3	+0.2	0.0	−0.1	−0.2	−0.4	−0.5	−0.6	−0.8	−0.9	−1.0	−1.1	−1.2	−1.3	−1.5
42	+1.1	+0.9	+0.8	+0.7	+0.6	+0.5	+0.3	+0.2	−0.1	−0.2	−0.3	−0.4	−0.6	−0.7	−0.8	−1.0	−1.1	
43	+1.5	+1.1	+1.2	+1.1	+1.0	+0.8	+0.7	+0.6	+0.5	+0.3	+0.2	+0.1	0.0	−0.2	−0.3	−0.4	−0.6	−0.7
44	+1.9	+1.7	+1.6	+1.5	+1.4	+1.2	+1.1	+0.9	+0.8	+0.7	+0.6	+0.4	+0.3	0.0	−0.1	−0.3	−0.4	
45	+2.3	+2.1	+2.0	+1.9	+1.7	+1.6	+1.5	+1.3	+1.2	+1.1	+0.9	+0.8	+0.7	+0.5	+0.4	+0.2	+0.1	−0.1
46	+2.6	+2.5	+2.4	+2.2	+2.1	+2.0	+1.8	+1.7	+1.5	+1.4	+1.2	+1.1	+1.0	+0.8	+0.7	+0.6	+0.4	+0.3
47		+2.8	+2.7	+2.6	+2.4	+2.3	+2.2	+2.0	+1.9	+1.7	+1.6	+1.5	+1.3	+1.2	+1.0	+0.9	+0.8	+0.6
48				+2.7	+2.6	+2.5	+2.3	+2.2	+2.0	+1.9	+1.8	+1.6	+1.5	+1.2	+1.0	+0.9		
49							+2.8	+2.6	+2.5	+2.3	+2.2	+2.0	+1.9	+1.8	+1.6	+1.5	+1.3	+1.2
50								+2.8	+2.7	+2.5	+2.3	+2.2	+2.1	+2.0	+1.8	+1.6	+1.5	
51									+2.8	+2.7	+2.5	+2.3	+2.2	+2.1	+1.9	+1.8		
52											+2.7	+2.5	+2.4	+2.2	+2.1			

软化点(℃)	25℃时的针入度(1/10 mm)																
	120	115	110	105	100	95	90	85	80	75	70	65	60	55	50	45	40
39	−2.4																

续表

软化点(℃)	25℃时的针入度(1/10 mm)																
	120	115	110	105	100	95	90	85	80	75	70	65	60	55	50	45	40
40	−2.0	−2.1	−2.2	−2.3													
41	−1.6	−1.7	−1.8	−2.0	−2.1	−2.3											
42	−1.2	−1.4	−1.5	−1.6	−1.8	−1.9	−2.1	−2.2									
43	−0.9	−1.0	−1.1	−1.3	−1.4	−1.6	−1.7	−1.9	−2.1	−2.2							
44	−0.5	−0.7	−0.8	−1.0	−1.1	−1.3	−1.4	−1.6	−1.7	−1.9	−2.1						
45	−0.2	−0.3	−0.4	−0.6	−0.8	−1.0	−1.1	−1.2	−1.4	−1.6	−1.8	−2.0	−2.1				
46	+0.1	0.0	−0.1	−0.3	−0.5	−0.6	−0.8	−1.0	−1.1	−1.3	−1.5	−1.7	−1.8	−2.0			
47	+0.5	+0.3	+0.2	0.0	−0.2	−0.3	−0.5	−0.6	−0.8	−1.0	−1.2	−1.4	−1.6	−1.8	−2.0		
48	+0.8	+0.6	+0.5	+0.3	+0.1	0.0	−0.2	−0.4	−0.5	−0.7	−0.9	−1.1	−1.3	−1.5	−1.7	−1.9	
49	+1.0	+0.9	+0.8	+0.6	+0.1	+0.2	0.0	−0.1	−0.3	−0.4	−0.6	−0.8	−1.0	−1.2	−1.4	−1.7	−1.9
50	+1.3	+1.2	+1.1	+0.9	+0.7	+0.5	+0.3	0.0	−0.2	−0.1	−0.6	−0.8	−1.0	−1.2	−1.4	−1.7	
51	+1.7	+1.5	+1.1	+1.1	+1.0	+0.8	+0.6	+0.5	+0.3	+0.4	−0.1	−0.3	−0.5	−0.7	−0.9	−1.2	−1.4
52	+1.9	+1.7	+1.0	+1.1	+1.2	+1.0	+0.9	+0.7	+0.5	+0.3	+0.1	−0.1	−0.2	−0.5	−0.7	−1.0	−1.2
53				+1.7	+1.5	+1.3	+1.2	+1.1	+0.8	+0.6	+0.4	+0.2	0.0	−0.2	−0.5	−0.7	−0.9
54					+1.5	+1.4	+1.2	+1.0	+0.8	+0.6	+0.1	+0.2	0.0	−0.2	−0.5	−0.7	
55							+1.5	+1.2	+1.1	+0.9	+0.6	+0.4	+0.2	0.0	−0.3	−0.5	
56								+1.5	+1.3	+1.1	+0.9	+0.7	+0.4	+0.2	−0.1	−0.3	
57									+1.5	+1.3	+1.1	+0.9	+0.6	+0.4	+0.2	−0.1	
58										+1.5	+1.3	+1.1	+0.9	+0.6	+0.4	+0.1	
59											+1.5	+1.3	+1.1	+0.8	+0.6	+0.3	
60												+1.7	+1.5	+1.3	+1.0	+0.8	+0.5

万·德·波尔又根据针入度指数、荷重作用时间和温度三个参数来计算沥青的劲度（或称刚度，以 N/m^2 表示），并绘出应用于实际工程的劲度诺莫图（图 4-5）。

例如，环与球法软化点=75℃，针入度指数=2.0，温度=−11℃，负荷作用时间（频率）=10 周/s。由图 4-5 上查出劲度的方法为：将下面横尺上的 10 周/s 与上面横尺上的 86 度（75+11）点相连，并延长之，与 2.0 针入度指数线相交，即给出劲度=$6×10^8 N/m^2$。

从图 4-5 中，也可查出粘度。查的方法为：连接下面横尺上的粘滞点与上面横尺上的温度点。并延长之与 2.0 针入度指数线相交，即给出粘度约为 $10^8 N·s/m^2$。

四、延度

沥青材料的延度（又称延伸度）是规定形态的沥青试件，在规定温度下，以一定速度拉伸至断开时的长度，以 cm 表示。

沥青材料的延度，通常采用的试验温度和延伸速度列于表 4-31。

表 4-31 试验温度与延伸速度

试验温度（℃）	延伸速度（cm/min）
25	5±0.25
15	5±0.25
0	1±0.05

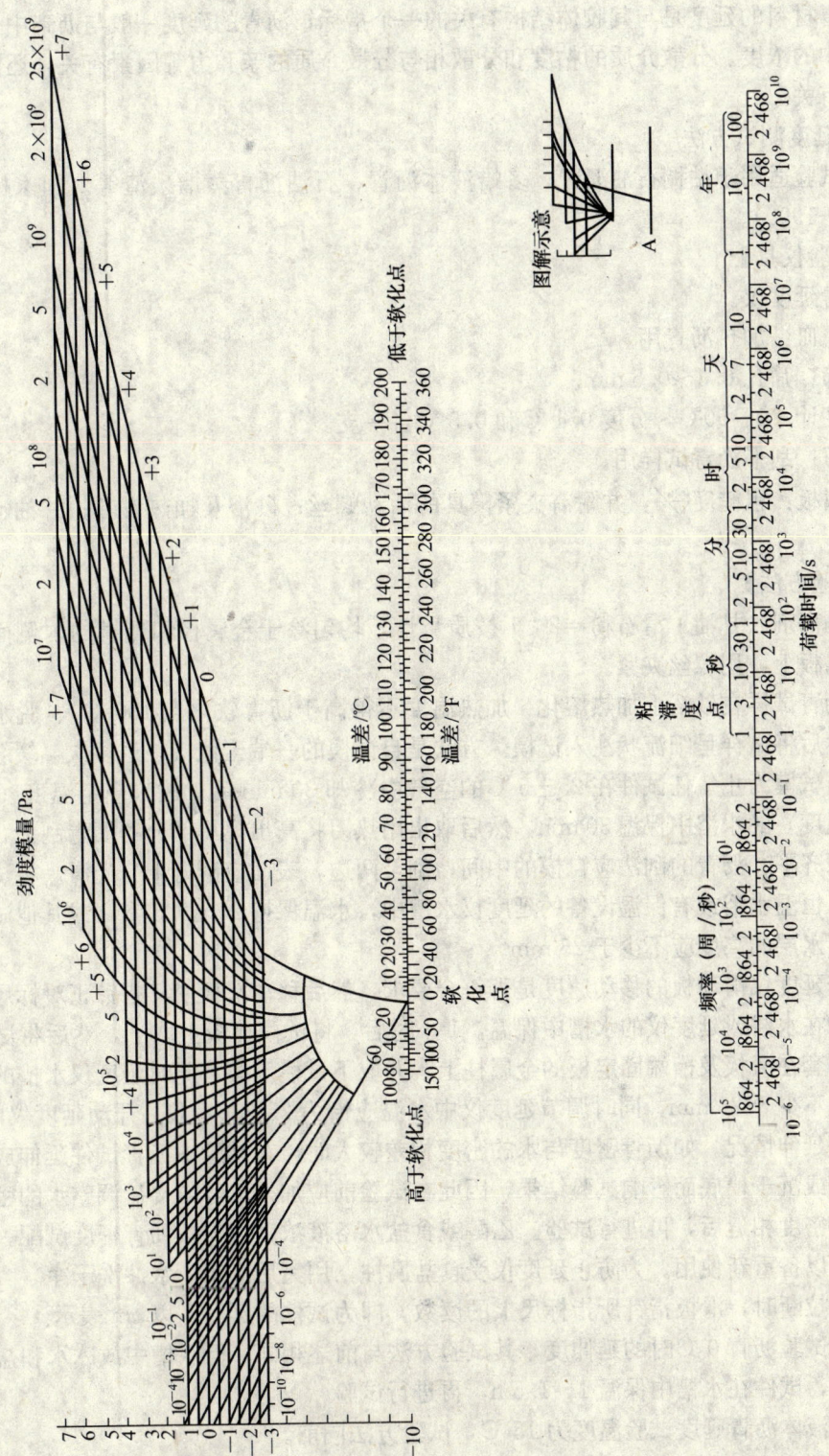

图 4-5 沥青劲度的诺莫图

非经说明，即指试验温度为 25 ℃，延伸速度为 5±0.25 cm/min。

沥青材料的延度是与其胶体结构有关的一个指标，沥青的延度一般与沥青中分散相在分散介质中的浓度、分散介质的粘度和分散相与分散介质的亲和力等因素有关，还同其受力与流变性有关。

1. 延度测试方法

本试验适用于粘稠石油沥青、多蜡液体沥青、石油沥青蒸馏残渣等（国家标准为 GB/T 4508—1999）。

【试验仪具】

沥青延度仪。

金属皿：加热沥青用。

滤筛：筛孔 0.3～0.5 mm。

温度计：0～50 ℃，分度 0.1 ℃和 0.5 ℃各一支。

刮刀：刮平沥青试样用。

金属板：粗糙度 0.40，并附有夹紧模具的活动螺丝；砂浴及加热设备；甘油、滑石粉和脱脂棉。

【试验方法】

将隔离剂（甘油：滑石粉＝2：1 按质量计）均匀涂于金属板和侧模的内侧面，将试模放入金属板上，用螺丝夹紧。

将沥青试样在砂浴上加热熔化（加热温度不得高于沥青软化点 100 ℃）、脱水、搅拌和筛滤，然后将试样呈细流状注入试模。方法是自试模的一端至他端往返多次，缓缓注入，直至略高出试模为止。任试件在 25±5 ℃的空气中冷却 30 min 后，放入规定温度（25 ℃或其他试验温度）的水浴中保温 30 min，然后取出用热刀将高出模具部分的沥青刮去，务使沥青面和模面齐平。沥青的刮法应自模的中间，刮至两边，表面应刮得十分光滑。将试件连同金属板浸入恒温水浴或有保温设备的延度仪水槽中，水温保持 25±0.5 ℃（或其他试验温度），沥青面上水层的高度应不少于 25 mm。

检查延度仪滑动板的移动速度是否符合要求，然后移动滑板使其指针正对标尺的零点。试件在水浴或延度仪的水槽中保温，1 小时后，将试模自板上取下，然后将试模两端模的孔分别套在滑板及槽端固定板的金属柱上，并取下试模侧模，此时延度仪水槽的水面距试件表面应不少于 25 mm，同时调节延度仪中水温应恰为 25±0.5 ℃。开动延度仪的电动机，观察试件延伸情况。如沥青密度与水的密度相差较大时，在试验中沥青试件延伸成的细丝易浮于水面或沉于槽底而影响试验结果，因此在试验前应加入乙醇或食盐调整水的密度至与沥青试样的密度相近后，再进行试验。乙醇或食盐水溶液浓度应先按沥青密度试配。试验结束后应回收以备重新使用。为防止延度仪受食盐腐蚀，用完后应用清水冲洗干净。

试件拉断时，滑板指针所指标尺上的读数，即为试件的延度，以 cm 表示。

如果试验沥青 0 ℃时的延伸度，其试验方法与前述相同。但水槽中放冰水和盐，调节水温为 0 ℃，试件在水槽中保温 1～1.5 h，再进行试验。

慢凝液体沥青延度试验温度为 15 ℃，试验方法同前。

2. 试验结果

若 3 个试件测定值在其平均值的 5%以内，取其平行测定结果的平均值为测试结果。若

3个试件测试值不在其平均值5%以内,但其中两个较高值在5%以内,则弃去最低测定值,取两个较高值的平均值作为试验结果。

3. 精确度或允许差

重复性试验的允许差,不超过平均值的10%,再现性允许差不超过平均值的20%。

五、脆化点

沥青材料随温度的降低,由粘塑性体转变为弹脆性体,这一转变温度称为脆化温度,亦称脆化点。脆化点是涂于金属片上的沥青试样薄膜,在规定条件下,因被冷却和弯曲而出现裂纹时的温度,以℃表示。

1. 脆点测试方法

【试验仪具和试剂】

脆点试验仪:构造见图4-6,由下列部分组成:(1) 弯曲器 (图4-7):由两个优质塑料制成的同心圆的塑料管,在每一塑料管的下端装置有一对夹钳。位于两夹钳间的内管部分,留出一夹缝,以便插入内管中的温度计的水银球露出,同心圆两管上装有一个带有摇把的机械升降器,操纵摇把,使内管上下移动,因此也就改变了两个夹钳之间距离,夹钳之间的最大距离为39.9±0.1 mm。摇把转动10~13圈能使两夹钳之间距离缩短3.5±0.2 mm。(2) 薄钢片:具有弹性的不锈钢片,长41±0.5 mm,宽20±0.2 mm,厚0.15±0.02 mm。不用时钢片必须展平。(3) 冷却装置,包括一个大试管(内径35 mm,长200 mm)该试管借橡皮塞偏轴地固定在真空的双层壁的玻璃管(内径55 mm,外径65 mm,长220 mm)内。橡皮塞上装有一个小漏斗,此双层壁的玻璃管固定在一特制木底座上。也可将一大试管用木塞等固定在一冷藏瓶内。低温温度计:+30~-60 ℃;天平:称量100 g,感量1 mg;电热板:型号BGG-18-4;固态二氧化碳或其他冷却剂;工业酒精或丙酮;苯或其他有机溶剂。

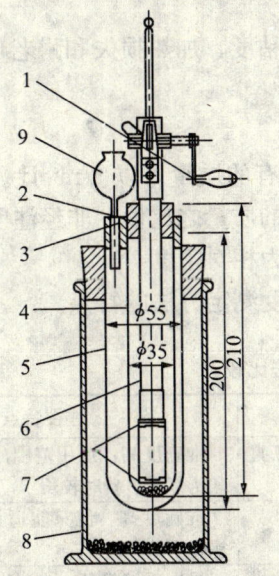

图4-6 脆点测定冷却装置
1—摇把;2、3—橡皮塞;4、5—试管;6—玻璃管;
7—夹钳;8—圆柱玻璃筒;9—漏斗

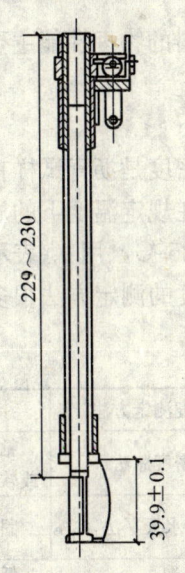

图4-7 脆点弯曲器

【试验方法】

试样加热熔化并脱水，用有机溶剂将不锈钢片清洗干净，并称出不锈钢片的重量，准至 0.001 g。在每一块不锈钢薄片上，称出相当于 0.4 cm² 沥青试样（按沥青比重折算），将称好的沥青试样连钢片放在电热板上缓慢加热，当试样开始流动时，用夹钳慢慢摆动钢片，使试样均匀地布满在钢片表面上，形成光滑的薄膜，在制样过程中，须防止试样薄膜产生空气泡或其他污染，如仪器附有压制设备时，可将试验压成长 40 mm、宽 20 mm、厚 0.5 mm 的薄片，将压制的试样薄片贴在钢片上，并加微热，使之与钢片很好地粘附起来。将试样膜置平稳的试验台上冷却至室温，至少 30 min。

在玻篱管或冷藏瓶中注入工业酒精或丙酮，注入的量为其空间的一半，将涂有试样膜的钢片一端稍加弯曲，并仔细装入两个夹钳中间。已装好样片的弯曲器放在大试管中，插妥温度计，然后从漏斗中把干冰（固体二氧化碳）加到酒精（或丙酮中），加入的速度能使温度每分钟下降 1 ℃。当温度到达预计的脆点以前 10 ℃时，开始以每秒钟 1 转的速度转动摇把直到摇把摇不动为止。同时观察薄片有否裂缝，然后以相同的速度转回，如此操作，在温度每降低 1 ℃，使薄片弯曲一次，当薄片弯曲时，第一次出现一个或多个裂缝时的温度，即为试样的脆点。

2. 试验结果

同一试样，至少平行试验三次。每次试验必须使温度回升到与第一次试验相同的状态。取误差在 3 ℃ 范围内的 3 个测定值的平均值作为试验结果，取整数作为试样的脆点。

3. 精确度或允许差

重复性试验的允许差为 2 ℃。

第四节　物理性能

沥青材料的物理性能主要包括密度、闪点、燃点、粘度、加热损失和耐老化性等。

一、密度

沥青的密度是沥青试样在规定温度下单位体积所具有的质量，以 t/m³ 计。沥青的相对密度是沥青在规定温度下的质量与规定温度下同体积水的质量之比值，非经注明，沥青与水的温度均为 25 ℃，用 γ_{25}^{25} 表示。通常所讲的沥青密度多为相对密度。

沥青密度的测定方法很多，表 4-32 列出了沥青密度测定方法的特点。

表 4-32　各种密度测定方法比较

序号	密度测定方法	适用范围	主要特点
1	密度瓶法	粘稠石油沥青、液体石油沥青、硬煤沥青或软煤沥青	准确度高，适用范围广；但操作手续较为复杂，费时较长
2	静水天平法	固态粘稠石油沥青或硬煤沥青	准确度高，但只能适用于固态沥青，操作手续亦较复杂
3	密度计法	低粘度的液体石油沥青或低粘度的软煤沥青	操作手续简便，省时，但只能适用于液态沥青，且准确度差
4	密度天平法	低粘度的液体石油沥青或低粘度的软煤沥青	操作方便，省时，且准确度较密度计法为高，但仅适用于液态沥青

(一)密度瓶法

本试验方法适用于各种稠度的沥青,用本方法测定密度值的特点是准确性高。

【试验仪具】

毛细管密度瓶;

分析天平:称量 100 g,感量 0.2 mg;

电热烘箱:温度范围 40~200 ℃,自动控温;

滤筛:筛孔 0.6 mm、2.36 mm 各一个;

烧杯:容积不小于 800 mL;

温度计:温度范围 0~50 ℃,分度 0.1 ℃;

恒温水浴:温度范围 20~100 ℃,自动控温;

洗液:重铬酸钾、硫酸混合液;

蒸馏水、毛巾、纱布等。

【试验方法】

(1) 粘稠沥青试样

用洗液、水、蒸馏水先后洗涤密度瓶,将密度瓶完全浸入盛有新煮沸而冷却至 25 ± 0.5 ℃的蒸馏水的烧杯中,水面应高出密度瓶,然后连同烧杯一并置于 25 ± 0.5 ℃的恒温水浴中约 30 min,30 min 后将密度瓶盖子塞入瓶口中,使多余的水由瓶盖的毛细管中挤出(密度瓶内不准有气泡),然后将密度瓶取出,迅速揩干瓶外水分,并称出瓶与水的合重为 g_2(准确至 0.2 mg,以后各称量同此)。

将密度瓶中水倒去,置于温度为 105 ℃的烘箱中烘干至恒重,称出瓶重为 g_1。将 g_1 与 g_2 质量记录,供以后试验作参考,将沥青试样加热熔化、脱水并且过筛,经过上述处理的试样以细流状小心注入密度瓶中,装至 1/2~2/3 的高度(勿使试样粘附于密度瓶上部瓶壁)。然后将盛有试样的密度瓶置于温度为 100~150 ℃的烘箱中(煤箱温度根据沥青试样性质决定,目的在于使试样熔化,试样中气泡排出,但不得使其轻质组分挥发)约 20~30 min。取出密度瓶冷至室温,称出瓶与试样合重 g_3。将盛有试样的密度瓶浸入前述恒温水浴中的烧杯中使其于 25 ± 0.5 ℃的新煮蒸馏水中保温 30 min,然后将瓶盖盖紧,使多余水分由毛细管中挤出,取出密度瓶迅速揩干,准确称出其合重为 g_4。25 ℃粘稠沥青试样与 25 ℃蒸馏水的密度值按下式计算:

$$\gamma_{25}^{25} = \frac{g_3 - g_1}{(g_2 - g_1) - (g_4 - g_3)}$$

式中 g_1——密度瓶重,g;

g_2——密度瓶与盛满水的合重,g;

g_3——密度瓶与半盛试样的合重,g;

g_4 密度瓶与半盛试样再盛满水的合重,g。

为将 25 ℃时的水与沥青测得的密度值换算为 25 ℃沥青与 4 ℃水的密度值、可按下式计算:

$$\gamma_4^{25} = 0.9971 \cdot \gamma_{25}^{25}$$

如试验时样品温度为 t ℃,水温为 20 ℃时所测得的密度值换算为 20 ℃沥青与 4 ℃水的密度值,可按下式计算:

$$\gamma_4^{20} = 0.9982 \cdot \gamma_{20}^t + K(t-20)$$

式中 K 为密度校正值,可查表 4-33。

表 4-33 密度校正值

γ_{20}^t	K 值	γ_{20}^t	K 值
0.700~0.710	0.000 897	0.860~0.870	0.000 686
0.710~0.720	0.000 884	0.870~0.880	0.000 673
0.720~0.730	0.000 870	0.880~0.890	0.000 666
0.730~0.740	0.000 857	0.890~0.900	0.000 647
0.740~0.750	0.000 844	0.900~0.910	0.000 633
0.750~0.760	0.000 831	0.910~0.920	0.000 620
0.760~0.770	0.000 818	0.920~0.930	0.000 670
0.770~0.780	0.000 805	0.930~0.940	0.000 594
0.780~0.790	0.000 792	0.940~0.950	0.000 581
0.790~0.800	0.000 778	0.950~0.960	0.000 567
0.800~0.810	0.000 765	0.960~0.970	0.000 554
0.810~0.820	0.000 752	0.970~0.980	0.000 541
0.820~0.830	0.000 738	0.980~0.990	0.000 528
0.830~0.840	0.000 725	0.990~1.000	0.000 515
0.840~0.850	0.000 721	1.000~1.100	0.000 502
0.850~0.860	0.000 699	1.100~1.200	0.000 489

(2) 液体沥青试样

与粘稠沥青相同方法求得密度瓶重 g_1 和密度瓶与盛满水的合重 g_2。

将试样脱水,过滤后小心注入密度瓶中,盛满但勿溢出。

将密度瓶浸于 25±0.5 ℃的恒温水浴中的烧杯中,烧杯中的水面应在瓶口下少许,注意勿使水浸入密度瓶内,如此保温 30 min,30 min 后将瓶盖盖上,使多余的试样由瓶盖的毛细管中挤出。揩净毛细管口挤出的试样,但注意使毛细管中充满试样,取出密度瓶,迅速揩干瓶外水分和粘附的试样(注意不得再揩毛细管口),准确称出沥青与试样合重 g'_3。

液体沥青试样密度值按下式计算:

$$\gamma_{25}^{25} = \frac{g'_3 - g_1}{g_2 - g_1}$$

式中 g_1、g_2——意义同前;

g'_3——密度瓶和盛满液体沥青的合重,g。

每个试样重复试验至少两次,取其平均值作为试验结果。

(二) 调节水密度法

沥青的密度还可用调节水密度法进行测定,它是将沥青试样放入水中,调节水的密度同沥青达到一致,再去测定水的密度的方法来测定沥青的密度,测得沥青的密度为相对密度。

【试验仪具】

真空干燥器，真空度达 13~20 kPa；

量筒：100 mL；

分析天平：称量 100 g，感量 0.002 mg；

滴定管：酸式，50 mL；

瓷皿、玻璃棒。

【试验方法】

把欲测定的沥青加热熔化，并用玻璃棒将熔融的沥青滴加到有蒸馏水的瓷皿上，然后在干燥器中抽真空 30 min（压力为 13~20 kPa），以除去沥青中的气泡。最后把沥青小粒及蒸馏水倒入温度为 20±1 ℃的量筒中，用滴定管向量筒中加适量的液体。

若沥青的相对密度大于 1.00，可加 30%的碘化钾溶液；若密度小于 1.00 时加乙醇，当液体与沥青的密度平衡后，用密度瓶法测定溶液的相对密度。

该测定沥青密度的方法优点是准确度较高，可高达±0.000 2，所需样品少，可省去测定过程中所用容器的洗涤工作。

该法的操作要点是保证在沥青表面或内部没有气泡。

精密度：

粘稠石油沥青的相对密度的重复性为 0.002，再现性为 0.005。

固体沥青的相对密度的重复性为 0.007，再现性为 0.01。

二、闪点与燃点

沥青在加热时，挥发的轻质组分气体易与周围空气形成易燃的混合气体，此易燃混合气体遇火焰则易发生闪火。随着温度的升高，混合物的浓度增加，若遇火焰极易燃烧而引起火灾或将沥青烧坏变质。

沥青的闪点和燃点的测定方法很多，主要有布林肯式开口杯法、克利夫兰式开口杯法和泰格式开口杯法等。在建筑防水材料试验室中，以布林肯式开口杯法应用较多。

由于测定沥青闪点和燃点的各种仪器设备构造不同，操作方法有别，相同的沥青材料，所测得的闪点和燃点值也不相同，故试验报告应注明采用的试验方法。

布林肯开口杯法适用于粘稠石油沥青、液体石油沥青或液体页岩沥青等材料的闪点和燃点试验。

【试验仪具】

布氏开口杯式闪点仪；

秒表；

温度计：0~360 ℃，最小分度 1 ℃。

【试验方法】

用汽油将内坩埚洗净，用煤气灯或其他加热设备灼热，待其冷却后埋于外坩埚（砂浴）内，使砂面和坩埚中将要装入的试样同在一水平面上，坩埚底部与砂浴底应有 5~8 mm 厚的砂层。将事先加热、脱水和筛滤后的沥青试样注入坩埚内，若沥青试样的预计闪点在 210 ℃以下，试样液面装到距坩埚口边缘 12 mm 的标线处；若沥青试样的预计闪点在 210 ℃以上，则液面装到距坩埚口边缘 18 mm 的标线处。在倾注沥青试样时，不应使试样溅出，而且液面以上的坩埚壁不应沾有试样。

将装好的坩埚平稳地放置在支架上的铁环中,这套测定装置应放在避风和较暗的地点,使闪光现象能够看得清楚。将温度计垂直地固定在内坩埚的沥青试样中,温度计水银球的位置必须放在内坩埚中央,并与坩埚底和沥青试样液面的距离大致相等,装好的试验装置要用防护罩围着。

用煤气灯或其他加热设备加热砂浴,使沥青试样在开始加热后能迅速地达到每分钟升高 10 ± 2 ℃ 的升温速度。沥青试样温度达到预计的闪点前 40 ℃ 时,升温速度控制为每分钟升高 4 ± 1 ℃。沥青试样温度达到预期闪点前 10 ℃ 时,将引火管的火焰长度调整为 5 mm,直径 3~4 mm。沿内坩埚从坩埚的一边移至另一边所经过的时间为 2~3 s,沥青试样温度每升高 2 ℃ 应重复一次引火试验。沥青试样液面上方最初出现一瞬即灭的蓝色火焰时,立即读出温度计的温度即为闪点的试验结果。

测得沥青试样的闪点以后,如果还要进行燃点试验,应继续加热砂浴,使沥青试样升温速度为每分钟升高 4 ± 1 ℃,然后在沥青试样温度每升高 2 ℃ 时,用前述方法以引火管火焰进行引火试验。当沥青试样接触火焰立即着火并能持续燃烧不少于 5 s,此时迅速读出温度计上的温度即为燃点的试验结果。

以两次试验的算术平均值作为试验结果,但两次平行试验结果,闪点和燃点(重复性)差数不应超过表 4-34 中规定的允许值。

表 4-34 闪点和燃点允许差值

闪点和燃点 (℃)		允许差数 (℃)
闪点	≤150	4
燃点	>150	6

在进行闪点和燃点试验时,大气压在 95.3 kPa(715 mmHg)以下时,应对测得的闪点和燃点值进行修正。若大气压在 95.3~84.5 kPa(715~634 mmHg)时,修正值增加 2.8 ℃,当大气压为 84.5~73.3 kPa(634~550 mmHg)时,修正值增加 5.5 ℃。

在不同压力时观测闪点和燃点的修正值 Δt 列于表 4-35,修正时可直接查表引用。

表 4-35 不同压力时观测闪点、燃点的修正值 Δt (℃)

实测压力	p (kPa)	72.0	74.6	77.3	80.0	82.6	85.3	88.0	90.6	93.3	96.0	98.6
	p (mmHg)	540	560	580	600	620	640	660	680	700	720	740
观测闪点 $t'_{fl.p}$ (℃) 或燃点 $t_{fi.p}$ (℃)	100	9	9	8	7	6	5	4	3	2	2	1
	125	10	9	8	8	7	6	5	4	3	2	1
	150	11	10	9	8	7	6	5	4	3	2	1
	175	12	11	10	9	8	6	5	4	3	2	1
	200	13	12	10	9	8	7	6	5	4	2	1
	225	14	12	11	10	8	7	6	4	3	2	1
	250	14	13	12	11	9	8	7	5	4	3	1
	275	15	14	12	11	10	8	7	5	4	3	1
	300	16	15	13	12	10	9	7	6	4	3	1

注:本表引自 GB 267。观测闪点高于 300 ℃ 时,也按 300 ℃ 计算。计算结果仅精确到 1 ℃。

将压力对闪点的影响修正后，结果修约到整数位，作为测定结果。

三、粘度

粘度是指沥青材料在规定的条件下流动时形成的抵抗力或内部阻力的量度，亦称粘滞度。沥青的粘度可用绝对粘度（或称动力粘度）（Pa·s）、运动粘度（m²/s）、相对粘度（s）表示，以测定相对粘度的方法最多。例如：标准粘度计、恩氏粘度计，测出的粘度均为相对粘度，以 $C_{T,d}$ 表示。T 表示试验温度℃，d 为孔径 mm。标准粘度计、恩氏粘度计均为流出型粘度计。恩氏粘度计测出的粘度为比粘度，用 E_v 表示。

1. 标准粘度计法

本试验方法适用于测定稠度小的粘稠石油沥青，液体石油沥青、液体页岩沥青和软煤沥青等的粘度。

【试验仪具】

沥青标准粘度计；秒表 0.1 s；温度计：0.1 ℃。

【试验方法】

试验前先将盛样筒的流孔和球杆用苯或其他有机溶剂冲洗洁净，在空气中风干（不得用棉花或纱布等易留纤维之物拭干），如需要加速干燥，可将其在保温浴中加热。

架设粘度计并调平，选择所需孔径的盛样筒，装入粘度计的保温浴的井孔中，用球杆堵住流孔，在粘度计流孔下放一盛样器，以接受不慎流出的试样。在粘度计恒温浴中注入温水①，水温约比试验温度高 1~2 ℃（如试验温度低于室温时则用冷水，水温应比试验温度低 1~2 ℃）。恒温浴内的水温，可用搅拌器调节，使其温度均匀。

与此同时，将沥青试样加热脱水、过滤，并用温度计测量温度，当沥青试样温度达到较试验温度高 2~3 ℃时（如试验温度低于室温时须冷却至比试验温度低 2~3 ℃），将加热好的沥青注入粘度计的盛样筒中，此时应将球杆垂直立于盛样筒中，借球杆堵住流孔，倾注深度以液面较球杆螺丝稍高，使样品在调整好温度拔出温度计后，液面恰好在球杆上指示螺丝之中心为准。倾注试样时须注意勿使其产生气泡。

用温度计搅拌盛样器内沥青试样，同时用搅拌器搅拌恒温浴中液体，使试样和恒温浴中液体的温度达到平衡，并保持恒温 1~5 min，当温度符合试验温度时（允许误差±0.5 ℃）将流孔下的盛样器取去，改置一个容积为 100 mL 的量筒，使筒的中心对准流孔，量筒中可预先注入 25 mL 的温热肥皂水（或矿物油），以便利量筒的洗涤，同时可使较稠厚的沥青试样流出时所读取的体积较为准确。

取出盛样筒中的温度计，并用吸管吸去多余的试样，使试样液面与指示螺丝的中心齐平，然后提起球杆借指示螺丝悬挂在盛样筒上口边缘，球杆提起后试样即流入量筒中，待试样流出 25 mL（即量筒中肥皂水或矿油物液面达 50 mL）时，即启动秒表，俟沥青样品流出 75 mL（即量筒中肥皂水或矿油物液面达 100 mL 刻度）时，即按停秒表，记录经历的时间，即为沥青试样的粘度，以秒计。

以两次平行试验的算术平均值作为试验结果，两次平行试验结果与平均值的误差，不得大于 4%。

---

① 如试验温度是 80 ℃以上时，则恒温浴中注入稀粘度机油保温。

【精密度或允许差】

重复性试验的允许差为平均值的 4%。

2. 恩氏粘度法

本方法适用测定软煤沥青、液体沥青或乳化沥青的粘度，恩氏粘度用比粘度表示。测定软煤沥青比粘度时，是以试样在规定的温度（40 或 50 ℃）条件下通过规定流孔流出 50 mL 所需要的时间（以秒计），与水在 25 ℃温度下流出 50 mL 所需要的时间的比值表示。但液体沥青比粘度是以试样在规定温度条件下，通过规定的流孔流出 200 mL 所需要的时间，与水在规定的温度下流出 200 mL 所需要的时间的比值表示。

【试验仪具】

恩氏粘度计；秒表：0.1 s；吸液管：5 mL；温度计：0.1 ℃

【试验方法】

在试验前须先用汽油或乙醚洗涤恩氏粘度计的铜罐内部和流孔管，不得残留，再用酒精洗涤，并充分干燥，用木栓塞流孔，注入蒸馏水至标志，保温于 25 ℃。置量筒于流孔之下，拔去木栓使罐内蒸馏水自由流出，注入量筒内。以秒表记录自开始至流出 50 mL 的时间，重复 2~3 次，再次流出 50 mL 的时间应在 11 s 左右。

试验沥青时，其操作与前述步骤相同，试验温度通常为 25 ℃、40 ℃、50 ℃ 或 100 ℃，试样须先加热至接近试验温度后，注入铜罐中，借夹层水浴（或油浴）调节至指定之温度，并保持于此温度至少 3 min 后，开始试验，仍以秒表记录流出 50 mL 试样所需的时间。

试验结果应为试样在指定温度时流出 50 mL 的秒数，与水在 25 ℃时流出 50 mL 的秒数之比，即：

$$E = \frac{T_A(t\,℃)}{T_W(25\,℃)}$$

式中 E——试样在温度 t ℃时的恩氏粘度；

T_A（t ℃）——在温度 t ℃的条件下沥青试样流出 50 mL 的时间，s；

T_W（25 ℃）——在温度 25 ℃的条件下蒸馏水流出 50 mL 的时间，s。

液体沥青与乳化沥青粘度测定操作方法与煤沥青相似。

【精密度或允许差】

重复性试验的允许差为平均值的 4%；

重现性试验的允许差为平均值的 6%。

3. 其他沥青粘度测定方法

沥青粘度测定方法还有沥青动力粘度试验（真空减压毛细管法）、沥青运动粘度试验（坎芬式毛细管法）等，在建筑防水材料试验室中应用较少。

四、耐老化性

沥青防水材料用于建筑防水工程，受到日光、雨雪和冻融等自然因素的综合作用而发生氧化和脆裂，其内部化学组分逐渐产生转化，引起技术性能的衰降，这种随时间而引起沥青性能变坏的过程称为"老化"。

沥青老化的主要原因是温度、空气、光和水等作用，部分轻质油分挥发，同时沥青高分子烃类转化为更高分子量的烃类,从而引起沥青组分的变化。

测定沥青老化的方法主要有加热损失法、薄膜烘箱法和人工加速老化法。

(一)加热损失试验

沥青的加热损失是沥青试样在规定的温度条件下,经过规定加热的时间后,其损失的质量占原试样质量的百分率。非经注明,沥青试样为50g,加热时间为5h,石油沥青加热温度为163±1℃,加热损失后的残留物可进行针入度试验,并计算残留物针入度占原试样针入度的百分率。

本试验适用于粘稠石油沥青,粘稠页岩沥青的加热损失试验。

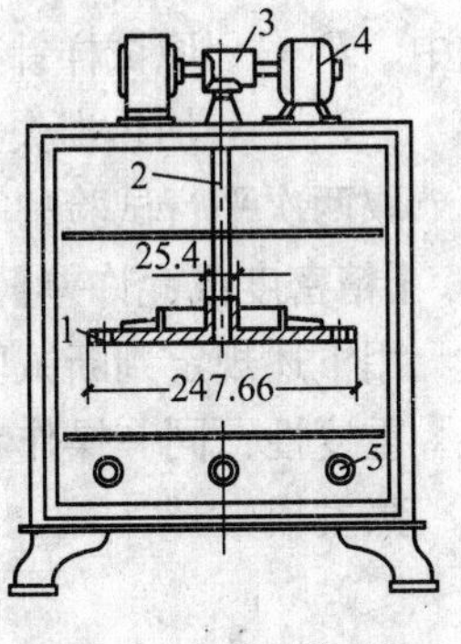

【试验仪具】

盛样皿:平底圆筒状金属皿,内径55±1mm,深35±1mm;加热损失标准烘箱,烘箱内部构造见图4-8,烘箱内有一个放置试样用的转盘,转盘以5.5 r/min的速度转动,详细尺寸见图4-9,烘箱温度范围为40~200℃,灵敏度1℃,装有温度自动调节器;分析天平:感量1mg,称量200g;干燥器;温度计:155~170℃,分度为0.5℃;滤筛:筛孔0.6~0.8mm。

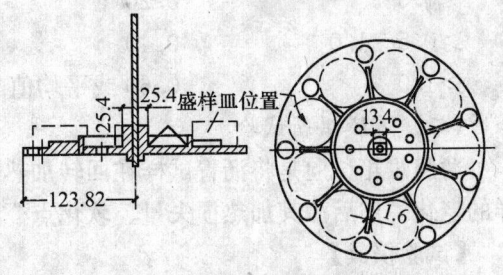

图4-8 加热损失试验标准烘箱
1—转盘;2—旋转轴;3—转动机构;4—电动机;5—调节开关

图4-9 加热损失试验烘箱转盘

【试验方法】

用苯将盛样皿洗涤干净,烘干,移入干燥器中,冷却后准确称出质量为g_1(准确至1mg,以后各称量同此)。将试样熔化、脱水、过筛,小心注入盛样皿内,数量约50±0.5g,在干燥器内冷却至室温(15~30℃)后,准确称出试样与盛样皿合重为g_2。

将盛有试样的盛样皿放入预热至163±1℃的电烘箱内,盛样皿应置于烘箱转盘上,位于烘箱上层的温度计水银球附近,水银球距上层板约1cm,一次放入烘箱中的盛样皿不得超过6个,同时烘箱上气孔应全部开放。从温度计回升至163℃计算起,连续5h保持16±1℃。到5h,立即将盛样皿取出,移入干燥器中冷却至室温后,准确称出加热试验后试样和盛样皿的合重为g_3。

加热损失百分率按下式计算:

$$A = \frac{(g_2 - g_1) - (g_3 - g_1)}{g_2 - g_1} \cdot 100\% = \frac{g_2 - g_3}{g_2 - g_1} \cdot 100\%$$

式中 A——加热损失,质量%;

g_1——盛样皿重量,g;

g_2——加热试验前,试样和盛样皿的合重,g;

g_3——加热试验后,试样和盛样皿的合重,g。

加热损失后的残留物用微火加热熔化后充分搅拌,冷却至室温后,仍按前述试验方法进行针入度试验。加热损失后，残留物的针入度占原试样针入度的百分率，称为针入度比，按下式计算：

$$K_{针} = \frac{P_1}{P_0} \cdot 100\%$$

式中　P_0——原试样针入度，1/10 mm；

　　　P_1——加热损失后残留物针入度，1/10 mm。

取两次平行试验的算术平均值作为测定结果，准确至小数点后 2 位。

【精密度或允许差】

用下述规定判断试验结果的可靠性（95％置信水平）。

重复性：同一操作者重复性测定的两个结果之差不应超过下列数值：

蒸发损失,%	重复性,%
≤0.5	0.10
>0.5～1.0	0.20
>1.0	0.30 或平均值的 10％（取大值）

再现性：两个试验室所得两个结果之差不应超过下述值：

蒸发损失,%	再现性%
≤0.5	0.20
>0.5～1.0	0.40
>1.0	0.60 或平均值的 20％（取大值）

（二）薄膜烘箱试验

薄膜烘箱试验是将沥青试样在回转加热的同时，并吹进规定速度的空气，以加速沥青试样的老化。然后测其加热损失量、软化点、延度和脆点等变化，以判断其老化情况。

【试验仪具】

烘箱：烘箱为电热的，并应符合自流式烘箱性能的要求，工作温度可在 180 ℃。烘箱呈长方形，每边最小有 33 cm（除加热部分所占据的空间外），烘箱正面应配有密缝的铰接门，门的尺寸大致如烘箱内部的高及宽。门上可装有尺寸不少于 10 cm×10 cm 的小窗，小窗由双层玻璃构成，不用打开箱门，通过小窗即可测读箱内温度，也可在烘箱门内设置一扇玻璃门，这样就可随时打开外面的门测读到箱内温度。烘箱应适宜用空气对流通风，为此，烘箱设有空气进入和热空气与蒸汽放出的气孔，气孔尺寸按有关规定；转盘：烘箱内装有的直径为 25 cm 的金属转盘，转盘应设有一个平板以安放盛样皿，而当盛样皿放上时不应妨碍整个循环空气穿过转盘，转盘以垂直轴方向悬挂起，位于烘箱内部正中心，且应设有机械传动设备使它以每分钟 5～6 转的速度转动；温度计：一支，155～170 ℃ 的温度范围；盛样皿：为一个圆柱形平底铝皿，内径 139.7 mm，深 9.5 mm，50 mL 试样在此种尺寸的盛样皿中呈一层厚约 3.2 mm 的薄膜。如皿底不平则影响试验结果，故应经常检查皿底，防止扭曲或损伤皿的外形。

【试验方法】

将足够试验的试样放入适当的容器中，加热至流体状态，应注意勿使试样有局部过热现象，而且达到的最高温度应不超过沥青软化点以上 97 ℃。在加热期间用一支通用温度计搅动试样，但要防止气泡混入试样中，按其 25 ℃ 时的密度，计算相当于 50 mL 试样的质量，照此质量±0.5 g称入每只已知质量的盛样皿中。

同时注 50 g 试样于针入度用普通盛样皿中，以备测定沥青材料原始针入度试验。

为测定质量损失的数值，应将试样冷却至室温后分别称出每个试样质量（精确至 0.001 g）。

校平烘箱以使转盘在水平面上旋转，当其旋转时与水平面的倾斜角不应大于 3°。用标准温度计垂直地悬挂在转盘轴上并位于转盘中心，以测定烘箱内温度，温度计水银球底部应在转盘顶面上 6.4 mm 处。

烘箱温度达 163 ℃时，迅速打开烘箱，将装好试样的盛样皿放在转盘上，关闭箱门。并以每分钟 5～6 转的速度转动转盘，在试样放入烘箱中，箱内温度回升后，保持烘箱温度在 163±1 ℃，加热 5 h，5 h 的时间应以温度回升达到 162 ℃时算起，但试样在烘箱内总时间不应超过 $5\frac{1}{4}$ h。加热结束时，将试样从烘箱中移出在干燥器中冷却至室温，称重（精确至 0.001 g）并计算每一盛样皿中沥青的质量损失。

在称重后，放在石棉水泥的移样板上，将板及盛样皿放在烘箱转盘上（保持 163 ℃）。关上烘箱，开动转盘，经 15 min，取出移样板及试样。充分搅拌，然后将此试样倒入针入度盛样皿和延度模中或制备其他试件。

按规定方法测定试样残渣的绝对粘度或针入度和延度等项目。

记录试样的原始粘度（或针入度）值、残渣粘度（或针入度）值和残渣粘度（或针入度）与原始粘度（或针入度）的比值以及原始试样和残渣的延度、软化点和脆点等试验结果。

【精确度】

重复性——由同一操作者平行试验结果误差应不大于下列数值：

残渣针入度 允许误差 4.0 %

质量损失

    损失量小于 0.4 % 4.0 %

    大于 0.4 % 8.0 %

重现性——由两个试验室提供的结果，它们相差应不大于下列数值：

残渣针入度 允许误差 8.0 %

质量损失

    损失量小于 0.4 % 16 %

    大于 0.4 % 40 %

（三）老化试验

【试验仪具】

老化仪：沥青老化仪是由灯架和试验架两部分组成的。灯架上有一个可以任意调节高低的灯罩，灯罩中装有一个 U 形紫外线石英灯。灯泡的电参数是：电流强度 $I=3.8$ A，电压 $U=130$ V，功率 $P=500$ W。灯架底部有一个变压器以供常用电压转变为 130 V，灯架脚上有三个万能转轮可移动灯架位置。试验架的上部为一圆形试验台，台上有一个转盘，老化试验的沥青试样即置于盘上，盘通过垂直轴而安装于试验台中央，转盘由马达通过涡轮涡杆带动，以 1.3 r/s 的速度旋转，在试验台内侧周围有一圆环形水管，水管内侧有小孔，当水管与自来水连接时，能自动喷雾，用此喷水淋洗试件，试件的冷冻与熔解是在另外的冰箱和恒温水浴中进行。试样皿：直径 50 mm 的平底玻璃细菌培养皿，用以装老化试验的沥青试样；天平：称量 200 g，感量 0.1 mg；冰箱最低温度能达 −20 ℃以上，恒温水浴，能保持 25±0.1 ℃温度；电热板，调节温度范围 60~120 ℃。

【试验方法】

将沥青试样熔化、脱水并筛滤，加热最高温度不超过该试样软化点 100 ℃，按沥青密度计算在培养皿底面铺满 3 mm 厚度所需的试样数量，倾注所需数量的沥青试样于已知质量的培养皿中，所称试样实际数量与计算数量之差不得大于±0.1 g，准确称出沥青试样与培养皿合重（准确至 0.1 mg，以后各称量同此）。

将称好的沥青试样在电热板上微温摊平，冷却后移于 −18 ℃的冰箱中冷冻 $1\frac{3}{4}$ h，然后移于 25 ℃的恒温水浴中融解 1 h。

将培养皿从恒温水浴取出，将皿中的水自然倒干。用布揩干培养皿外面，但不得将试样表面的水揩干，按规定编号将试样放于老化仪转盘上的规定位置（为使试样照射均匀每循环调换一次试样在转盘上的位置）。置紫外线灯与试样上约 12~18 cm（此高度根据试件表面温度保持 60 ℃确定，应事先按室温调节校正），如此照射 $1\frac{1}{2}$ h。

开启自来水开关，使试验台周围的水管向试件喷水淋洗试件，如此持续 2h。

将培养皿中水倒出，并将转盘和培养皿外的水分揩干（但试件表面的水以自然倒干为准，不得用布揩干），按规定的编号将试件放于转盘原来的位置上。移紫外线灯于试件上规定高度，开启开关，连续照射 $16\frac{1}{2}$ h。

以上照、淋、冻、融四个试验程序共 $22\frac{3}{4}$ h，加每一程序之间的间隔时间，进行一次循环共需 24 h。

如此循环至达到要求次数后，将试样收集进行下列试验：

(1) 质量损失；
(2) 化学组分分析；
(3) 物理-力学性质试验：针入度、延度和脆点；
(4) 沥青混合料的力学试验：拉力和冲击韧度。

五、含水量

沥青材料中不应含有水分，否则要降低沥青材料的技术性质。水分在沥青中，当加热时变为蒸汽，分布在沥青中，而增加其体积，俟沥青冷却后，水分凝结，体积缩小，在沥青中形成微小的孔泡，这样破坏了沥青薄膜的组织结构，影响沥青与其他介质的粘附性。所以沥青在施工加热时，应先在 105~110 ℃的温度下先将水分脱去，然后再继续加热至沥青的施工温度。沥青脱水是一个很麻烦的工序，如果处理不慎，极易引起溢锅及失火事故。

含水量试验是用一种挥发性的溶剂与试样一同蒸馏，使水分随同溶剂蒸出，以测定沥青试样中所含水分。

本试验方法适用于测定石油沥青、道路渣油、页岩沥青和煤沥青等的含水量。

【试验仪具与试剂】

含水量试验仪:包括一个玻璃烧瓶(或金属蒸馏罐)、水分测定器和回水冷凝管组成,其装置如图4-10所示。玻璃烧瓶:圆底、短颈玻璃烧瓶,内径100 mm,容积500 mL。水分测定器与烧瓶和冷凝管连接处,可以用磨口或软木塞连接,接受器的刻度在0.3 mL以下分为十等份的刻线;0.3~1.0 mL之间分为七等份的刻线,1.0~10 mL之间每分度为0.2 mL,冷凝管:直型冷凝管,内管直径9.5~12.7 mm,全长450~600 mm,内管下端应斜切与垂直轴成30°±5°;冷却水套管:直径40~50 mm,长300~400 mm,进出水口接近两端。量筒:容积100 mL,刻度1 mL。工业天平:感量0.1 g,称量500 g。铁架:附有铁环和万能夹,安装含水量测定仪用。石棉金属网。煤气灯、酒精喷灯或电炉等加热设备。无釉瓷片、浮石或一端封闭的玻璃毛细管,使用前必须先烘干。

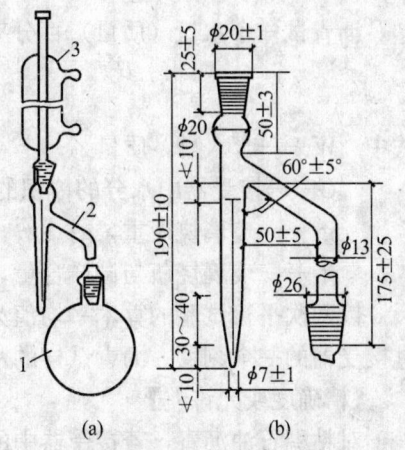

图4-10 含水量试验仪
(a)含水量仪装置;(b)接受器尺寸详图
1—圆底烧瓶;2—接受器;3—冷凝管

溶剂:试验试样为石油沥青时,应用80~120 ℃馏分的石油馏出物;试验试样为煤沥青时应用自然煤焦油蒸制之轻质油分(98 %蒸出温度应在120~250 ℃之间)为溶剂。溶剂应先脱水过滤。

【试验方法】

先将玻璃烧瓶洗净烘干后准确称出质量,准至0.1 g(以下各称量同此)。

将沥青试样充分搅拌均匀,如系粘稠沥青必须加热至50~80 ℃,使试样呈流动状态,以细流小心注入玻璃烧瓶中,注入试样数量为100±1 g(如系低粘度的石油沥青,可用量筒量取试样,按密度折算为质量。如果试样含水量大于10%,则必须酌量减少数量,使蒸馏出来的水分不多于10 mL),准确称量试样与烧瓶的合重。量取100 mL的溶剂注入烧瓶中。将烧瓶摇动,使沥青试样在溶剂中充分溶解(注意勿溅出瓶外)并装入一些洗干净的无釉瓷片、浮石或毛细管(以防止煮沸时材料因发生强烈泡沫而溢出)。将洗净烘干的水分接受器,用它的支管紧密地安装在烧瓶上,使支管的斜口进入烧瓶15~20 mm。然后在接受器上连接直型冷凝管。冷凝管的内壁应预先用棉花擦干。安装时,冷凝管与接受器的轴心线要互相重合,冷凝管下端的斜切面要与接受器支管管口相对,为了避免蒸汽逸出,应在塞子缝隙上涂抹火棉胶。进入冷凝管的水温与室温相差较大时,应在冷凝管的上端用脱脂棉塞住,以免空气中的水蒸气进入冷凝管凝结。

用电炉、酒精灯或调成小火焰的煤气灯加热烧瓶,并控制回流速度,使冷凝管的斜口每秒滴下2~4滴液体。电炉加热时,应用变压器控制回流速度。蒸馏将近完毕时,如果冷凝管内壁沾有水滴,应使烧瓶中的混合物在短时间内进行剧烈沸腾,利用冷凝的溶剂将水滴尽量洗入接受器中。接受器中收集的水体积不再增加,而且溶剂的上层完全透明时,应停止加热。无论如何,回流的时间不应超过1 h。停止加热后,如果冷凝管内壁仍沾有水滴,应从冷凝管上端倒入前述规定的溶剂,把水滴冲进接受器。如果溶剂冲洗依然无效,可用带橡皮头的细玻璃棒把冷凝器内壁的水滴推入接受器中。

烧瓶冷却后,将仪器拆卸、读出接受器中收集水的体积。当接受器中的溶剂呈现浑浊,而且管底收集的水量不超过0.3 mL时,将接受器放入热水中浸20~30 min,使溶剂澄清,再将接受器冷却到室温,读出管底收集水的体积（V）。将水的体积按水的表观密度为 1 g/mL,折算为水的质量（G）。

沥青试样含水量（质量）百分率按下列公式计算：

$$W = \frac{G}{g_2 - g_1} \cdot 100\%$$

式中　W——含水量,质量%;
　　　G——接受器中水分的体积的相当质量,g;
　　　g_1——玻璃烧瓶重,g;
　　　g_2——玻璃烧瓶与试样合量,g。

以两次平行试验的算术平均值为试验结果,在两次平行试验中水分体积的差数,不应超过接受器的一个刻度。沥青试样的水分小于 0.03%,则认为是"痕迹",不进行计算。

【精确度或允许差】

对粘稠石油沥青,若接受器中的水不足 1 mL 时,重复性试验允许差为 0.1 mL；复现性试验的允许差为 0.2 mL。若接受器中的水为 1.1～2.3 mL 时,重复性试验的允许差为 0.1 mL 或平均值的 2%,复现性试验的允许差为 0.2 mL 或平均值的 10%。

六、热学性能

沥青的热学性能包括比容、比热容、热传导及热膨胀等性能。

相对密度的倒数称为比容,单位为 mL/g。不同产地的沥青,其比容是不相同的,通常在 0.959 6～1.017 8 mL/g。粗略计算时,选比容为 1.00 mL/g。

比热容是单位质量沥青升高温度 1℃所需的热量,单位为 J/(g·℃)。沥青的比热容（α）通常采用 0.000 32～0.000 78 J/(g·℃)。

热传导系数亦称导热系数,它是沥青在单位时间、垂直于传热方向单位面积、穿过壁厚为 1 m、内外壁表面的温差为 1℃,通过传导方式所传递的热量,单位为 W/(m·K)。

沥青材料受热后同样会发生膨胀,其膨胀系数可用下列公式进行计算：

$$A = \frac{D_{t_2} - D_{t_1}}{D_{t_1}(t_1 - t_2)}$$

式中　A——体积膨胀系数;
　D_{t_2}、D_{t_1}——分别为高温及低温的密度;
　　t_1、t_2——温度,F（$1F = \frac{9}{5}℃ + 32$）。

在实际计算时,体积膨胀系数均取 6×10^{-4} mL/(mL·℃),一般不会小于 5.5×10^{-4} mL/(mL·℃)。

七、表面张力与总表面能

表面张力是指沥青液体与空气之间的力,单位为 N/cm 或 J/cm²。沥青的表面张力受温度的影响较大,沥青的表面张力与温度的关系,可用下列公式表示：

$$\sigma = 25 + 0.187(t_p - 70) - (10^{-7} t_p^4 + 0.25)(t - 100) \times 10^{-2}$$

式中　σ——表面张力，N/cm；
　　　t_p——沥青的软化点，℃；
　　　t——测定表面张力时的温度，℃。

沥青的表面张力通常在 $24\times10^{-5}\sim29\times10^{-5}$ N/cm。一般沥青与水之间的界面张力为 25×10^{-7} J/cm^2，也有的认为在 $(30\sim40)\times10^{-7}$ J/cm^2 之间。加入磺酸盐等乳化剂以后，界面张力可下降到 5×10^{-7} J/cm^2。

沥青的总表面能一般都接近 50×10^{-7} J/cm^2。沥青的总表面能与沥青表面的化学结构有较大关系，当表面由饱和脂肪族液体组成时，总表面能约为 50×10^{-7} J/cm^2；而当表面是芳香族液体组成时，约为 70×10^{-7} J/cm^2。说明在沥青表面上的分子基本上都是脂肪族化合物。

第五节　物理化学性质

沥青材料的物理化学性质是指溶解性、含蜡量、酸值、水溶性化合物和水溶性酸碱等。在不大于 4.19 的有机溶剂中可以 100% 的溶解。

表 4–36 列出了部分有机溶剂对沥青的溶解与沉淀作用。

表 4–36　各种有机溶剂对沥青的溶解与沉淀作用

溶剂名称	表面张力（25℃）10^{-5}N/cm	内压力（25℃）$\sigma V^{-\frac{1}{8}}$	与石油沥青作用	与煤沥青作用
正戊烷	15.9	3.27	沉淀剂	沉淀剂
四氯化硅	16.0			
乙醚	17.1	3.56		
丙酮	23.0			
正庚烷	19.9	3.77		
甲基庚烷	21.2	3.89		
正壬烷	22.6	4.01		
甲基环庚烷	23.2	4.62	溶剂	
环庚烷	24.2	5.07		
四氯化碳	25.7			
三氯甲烷	26.0			
苯	28.0	6.32		
二硫化碳	31.0	7.1		
二甲基甲酰胺	35.2			溶剂
吡啶	35.5			
二氯化硫	42.2			
苯胺	42.5			
硝基苯	42.5			
氯杂萘	44.7			

沥青溶解度测试方法：

本试验方法适用于测定石油沥青的溶解度和煤沥青的游离碳含量。

【试验仪具】

锥形烧瓶：250 mL；玻璃漏斗：直径6～8 cm；定量滤纸（直径9～13 cm）或3号滤板砂芯漏斗；漏斗架；玻璃棒；称量瓶：直径40 mm，高70 mm；洗瓶：容积250 mL；橡皮球；回流冷凝管；水浴；电热或蒸汽加热；烘箱：200 ℃，装有温度自动调节器；分析天平：感量0.2 mg，称量200 g；筛：筛孔0.6～0.8 mm；干燥器；试剂：苯（化学纯）或三氯甲烷等。

【试验方法】

用溶剂冲洗两张定量滤纸，待滤纸上的溶剂在空气中挥发后，将滤纸移入称量瓶中，并放在105～110 ℃的烘箱中干燥约1 h，取出放在干燥器中冷却约30 min后，称出滤纸和称量瓶合重为g_1（准确至0.2 mg，以下各称量准确度同此），重复进行干燥、冷却及称量的操作，直至连续称量间的差数不大于0.4 mg为止。

称量已洗净烘干的锥形瓶和一根玻璃棒的质量为g_2。将试样熔化脱水，不得过分加热，仔细搅拌，经筛过滤，稍冷却后，将试样呈细流状态注入已知质量的锥形烧瓶中，试样数量约1～2 g，准确称出试样、锥形瓶和玻璃棒的合重为g_3。取出40倍试样质量的规定溶剂（所用溶剂应按规范规定，通常用苯、三氯甲烷或四氯化碳等。为考虑操作安全建议采用三氯乙烷。）装入锥形瓶中，在锥形瓶上安装回流冷凝管，在水浴上加热使其溶解。装置见图4-11。

将沥青溶液在漏斗中经恒重的定量滤纸过滤，过滤时应先将滤纸用溶剂润湿紧贴漏斗，然后仔细让溶液沿着玻璃棒倒在漏斗内的滤纸上，避免损失（装置见图4-12）。倾注时液面不得超过滤纸高度的3/4。过滤完毕，锥形瓶中的残留物必须用溶剂全部洗在滤纸上。将粘附在烧瓶壁上的固体杂质或凝块状物质，用玻璃棒刮下，然后用溶剂将它洗到滤纸上。最

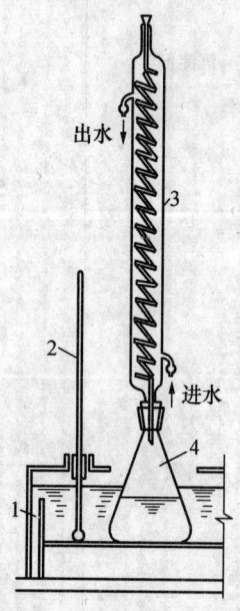

图4-11 沥青溶解度试验加热装置
1—恒温水浴；2—温度计；3—回流冷凝管；
4—装有沥青试样和溶剂的锥形瓶

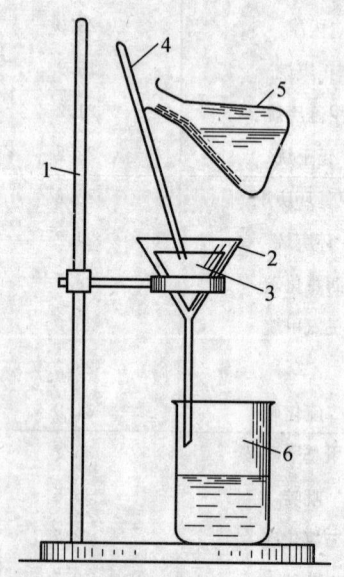

图4-12 沥青溶解度试验过滤装置
1—漏斗架；2—漏斗；3—滤纸；4—玻璃棒；
5—锥形瓶；6—烧杯（或烧瓶）

后以约 50 ℃ 的温溶剂用洗瓶洗涤锥形瓶、玻璃棒及滤纸上的残渣（注意，滤纸边缘也须洗涤清洁），直至流下的溶剂呈无色透明时为止。待滤纸上的溶剂在空气中挥发后置入称量瓶中，将称量瓶与盖一并放入 105～110 ℃ 的烘箱中干燥约 2 h，取出放在干燥器中冷却 30 min，然后将称量瓶加盖在天平上准确称出称量瓶、滤纸及不溶物合重为 g_4，重复进行干燥、冷却和称量，直至连续称量间的差数不大于 0.4 mg 为止。玻璃棒和锥形瓶中如有不溶物存在，也应置于烘箱中烘干至恒重，并准确称出其质量为 g_5，其增加质量应加在滤纸上不溶物的质量中。

沥青试样的不溶解物（或煤沥青游离碳含量）百分率（x）按下式计算：

$$x = \frac{(g_4 - g_1) + (g_5 - g_2)}{g_3 - g_2} \cdot 100\%$$

式中　g_1——称量瓶与滤纸合重，g；
　　　g_2——锥形瓶与玻璃棒合重，g；
　　　g_3——锥形瓶、玻璃棒及试样合重，g；
　　　g_4——称量瓶、滤纸及不溶物的合重，g；
　　　g_5——锥形瓶、玻璃棒及粘附不溶物的合重，g。

沥青溶解度的百分率（Y）按下式计算：

$$Y = 100 - x, \%$$

同一试样至少重复试验两次，当两次试验结果之差不大于 0.1% 时，取其平均值作为试验结果。对溶解度大于 99.0% 的试验结果，精确至 0.01%；对于溶解度等于或小于 99.0% 的试验结果，精确至 0.1%。

精确度或允许差：

当试验结果平均值大于 99.0% 时，重复性试验的允许差为 0.1%；复现性试验允许差为 0.5%。表 4-37 列出了各种有机溶剂物理化学性质与沥青的溶解度。

表 4-37　各种有机溶剂物理化学性质与沥青的溶解度

溶剂名称	溶剂的物理-化学性质						溶解度（%）
	分子量 M	沸点（℃）	密度 d_4^{20}	折光率 n_D^{20}	表面张力 $\sigma_{35} 10^{-5}$ N/cm	内压力 $\sigma V^{-\frac{1}{3}}$	
正戊烷	72	36.2	0.626 3	1.357 8	15.9	3.27	66.5
异辛烷	114	99.3	0.691 9	1.391 3	18.6	3.39	67.8
2,3,3-三甲基丁烷	100	80.8	0.690 0	1.389 4	18.7	3.56	72.8
正庚烷	100	98.4	0.683 7	1.391 6	19.9	3.77	74.3
3-甲基庚烷	114	119.1	0.705 5	1.398 7	21.2	3.89	76.4
正壬烷	128	149.4～150.8	0.718 2	1.405 5	22.6	4.01	84.9
二甲基环戊烷	98	90.5～91.4	0.748 7	1.411 2	21.3	4.19	100.0
甲基环己烷	98	99.4～100.3	0.769 1	1.422 8	23.2	4.61	100.0
乙基环己烷	112	113.8～132.1	0.787 9	1.433 0	25.4	4.86	100.0
环己烷	84	81.4	0.777 8	1.425 7	24.0	5.04	100.0
苯	78	80.1	0.879 4	1.501 1	28.2	6.32	100.0

一、溶解度

溶解度是沥青试样在有机溶剂中的可溶物的含量，以质量百分率表示，单位为%。

根据现代胶体学说认为，沥青在有机溶剂中的溶解度，是沥青胶体物系中的分散相（沥青质）在溶剂的作用下而从分散介质（油分＋树脂）中淀析出来的现象。

在沥青溶液中，有机溶剂的内压力愈高，则沉淀量愈低（亦即溶解度愈高）。按希尔德布伦德（Hildebrand）的研究认为溶液内压力可表示为：

$$\psi = \sigma V^{-\frac{1}{3}}$$

式中　σ——表面张力，N/cm；

V——有机溶剂分子体积，mL。

各种有机溶剂对沥青的溶解作用还是沉淀作用，一般的情况下，取决于有机溶剂的内压力。有机溶剂的内压力在 4.50 以上，石油沥青的全部组分才能完全被溶解，而煤沥青需在 7.1 以上。

二、酸值

沥青的化学组分中含有某些表面活性很高的高分子有机酸，诸如地沥青酸、地沥青酸酐等。这些组分在沥青中存在，可以使得沥青与其他介质的粘附性得到改善。这些组分在沥青中的含量虽然极微，但是它们却是表征沥青粘附性能的一个指标。目前分别测定地沥青酸及其酐的手续比较复杂，为方便起见可以概略地测定这类有机酸的总含量，即测定中和 1 g 沥青中的有机酸所需要的 KOH 毫克数，称为酸值。

酸值测定法：

将沥青用苯稀释，然后加入乙醇、使沥青絮凝，而沥青酸溶解于乙醇中，以溴百里酚蓝为指示剂，用氢氧化钾溶液滴定。按中和反应计算，中和 1 g 沥青中的酸需要的氢氧化钾毫克数表示全酸量，称为酸值。

【试验仪具和试剂】

磨口锥形瓶：250 mL；冷凝管：球形，磨口；分析天平：称量 200 g，感量 0.1 mg；滴定管：25 mL，分度 0.1 mL；乙醇，氢氧化钾均分析纯；溴百里酚蓝：配成 0.1%的乙醇溶液（乙醇含量 20%）指示剂；滤纸：定量；漏斗和漏斗架等。

【试验方法】

在 250 mL 的锥形瓶中称取沥青约 5 g（准确至 0.1 mg），加入苯 5～10 mL，上接回流冷凝管，加热至沥青熔化稀释（约 15 min），冷却至室温后将锥形瓶取下。

用滴定管缓缓滴入乙醇 100 mL，稍摇晃后即静置过夜。使沥青酸溶于乙醇中而其他组分絮凝于瓶壁上。

将沥青酸-乙醇溶液通过滤纸滤于另一锥形瓶中，加入溴百里酚蓝指示剂 1～3 滴，用滴定度为 $T_{KOH}=0.1$ mg/mL 的氢氧化钾标准溶液滴定，直至终点（溶液由黄变蓝），记录氢氧化钾溶液消耗量。

按下式计算沥青的酸值（A）：

$$A = \frac{T_{KOH} \cdot V_{KOH}}{G}(\text{mg/g})$$

式中　T_{KOH}——氢氧化钾的滴定度，mg/mL；
　　　V_{KOH}——终点时氢氧化钾溶液的耗量，mL；
　　　G——沥青试样重，g。

以两次平行试验的平均值作为试验结果，两次试验的偏差不大于5%。

三、水溶化合物和水溶酸碱

沥青中水溶化合物是指沥青中可溶于水以及能与水形成乳化物的组分。由于这种组分的存在，沥青在建筑物中当受到雨水的冲刷后就会使沥青防水层的质量降低，甚至造成提早破坏。

水溶化合物包括某些酸或碱性的低分子化合物，以及某些有机盐。沥青中不仅水溶化合物含量必须加以限制，同时也不允许含有水溶酸或碱。

（一）水溶化合物含量测试方法

本试验适用于粘稠石油沥青。

【试验仪具和试剂】

锥形瓶：50或250 mL；回流冷凝管；玻璃漏斗；分析天平；烘箱；定量分析滤纸；蒸馏水等。

【试验方法】

先将一只锥形瓶（甲瓶）洗干净，烘干，准确称出质量为g_1（准确至0.2 mg，以后各称量均同此），并且再在其中称取约1 g质量的试样（g_2），然后稍微加热，使试样均匀分布在瓶底上。在锥形瓶中倾入25 mL的蒸馏水，上接回流冷凝管将其在沸腾温度中加热30 min。

任锥形瓶冷却至室温（20±5 ℃）。将滤纸置于漏斗中，并用蒸馏水湿润。漏斗下置一已知质量为g_3的50 mL锥形瓶（乙瓶）。过滤锥形瓶中的液体。过滤后，再用些蒸馏水洗涤滤纸。

在水浴上将50 mL锥形瓶中的过滤液浓缩至5 mL左右，然后再将其置于100～105 ℃的烘箱内，烘至恒重，并称其质量g_4。

水溶化合物含量A，以质量百分率计，可按下列公式计算：

$$A = \frac{g_4 - g_3}{g_2 - g_1} \cdot 100\%$$

式中　g_1——甲瓶重，g；
　　　g_2——甲瓶与试样合重，g；
　　　g_3——乙瓶重，g；
　　　g_4——乙瓶与水溶化合物合重，g。

（二）水溶酸和碱测试方法

本试验是用指示剂以测定沥青中的水溶化合物有无酸性或碱性物质，用酚酞指示剂时，溶液如果呈红色，则表示沥青中有水溶碱；用甲基橙指示剂时，溶液如果呈紫红色，则表示沥青中有水溶酸。

本试验适用于粘稠石油沥青。

【试验仪具及试剂】

锥形瓶：250～500 mL；玻璃试管：直径15或20 mm；吸管：25 mL；蒸馏水；1%酚

酞酒精溶液；0.2%甲基橙水溶液。

【试验方法】

在锥形瓶中称重约 10 g 的试样，如试样是低稠度粘稠沥青；则须先加热，并且使其均匀分布在瓶底上，如果是高稠度粘稠沥青，则须先切成小块加入。

在烧瓶中再倾入 150 mL 蒸馏水，上接冷凝管，并将锥形瓶煮沸 30 min，然后冷却至室温。

用吸管吸出锥形瓶中的液体，并且倾入试管内，每只试管取 10～15 mL 液体。在一个试管中，加 3 滴酚酞溶液如果呈淡紫红色，则表示弱的碱性反应；如果呈深紫红色，则表示强的碱性反应。这种结果均表示试样中有水溶碱。在另一个试管中滴入 2 滴甲基橙，液体如果呈紫色（淡红）色，则表示试样中有水溶酸。

四、含蜡量

蜡的存在对沥青的性能有很大影响，随着沥青中含蜡量增加，沥青的针入度降低，软化点升高，粘结力变差，延度减小。沥青中的含蜡量要严格控制。

沥青中的含蜡量是指能从规定溶剂中脱出，并在规定的温度条件下呈固态的蜡。

目前世界各国对沥青含蜡量测定的方法很多，按其分析设计的原理，可归纳为：蒸馏法、酸洗法、蒸馏-酸洗法、吸附法、色层法和吡啶法等几类。国内根据国产沥青的特点，多年来曾在实践中总结出一些较好的方法。现就直接蒸馏法叙述如下：

【试验仪具与试剂】

曲颈甑：100 mL；空气冷凝管；接液管；锥形瓶：200 mL；玻璃砂芯漏斗：直径 4 cm，$G-4$ 或 $G-3$；吸滤瓶：500 mL；高温电炉：立式，950 ℃；冰箱或盛有干冰（固体 CO_2）的保温瓶；真空泵（或水流泵）；冷却过滤装置；乙醚、无水乙醇、苯，均为化学纯。

【试验方法】

用洗液、蒸馏水将锥形瓶、漏斗等洗净并烘干。

将沥青试样加热熔化、过筛及脱水。在预先称过重的曲颈甑内，称取沥青试样约 50 g（多），准确至 0.001 g（以后各称量同此），在曲颈甑的支管上用软木塞接上空气冷凝管，并在冷凝管下端用软木塞接上接液管。将曲颈甑置于预先恒温至 550±10 ℃ 的高温电炉内蒸馏，直至瓶底形成焦炭为止。全部蒸馏过程应于 25 min 内完成。蒸馏出来的馏分收集于预先称称重的锥形瓶内，冷却后称其质量为（g_1）。

将盛有馏分的锥形瓶加微热，使瓶内馏分熔化，并搅动使之均匀。在已知质量的锥形瓶内称取馏分 1～2 g，准确称其质量为 g_2。在瓶内注入乙醚-乙醇（1∶1，体积比）混合液，所用数量以馏分能溶解成透明的溶液为度。

将盛有混合液的锥形瓶置于冰箱（或盛有干冰的冷藏瓶）内，使溶液冷却至 -20 ℃，并继续保持半小时。在冰箱内，将已冷却的乙醚-乙醇（1∶1）混合液倾入预先装在吸滤瓶上的玻璃砂芯漏斗内，用真空泵或水流泵吸滤，俟溶液吸滤将尽时，用预先冷却至 -20 ℃ 的乙醚-乙醇（1∶1，体积比）洗涤原锥形瓶，并将洗液倒入玻璃漏斗内，吸滤干后再用乙醚-乙醇液洗涤，吸滤 1～2 次。洗涤用的混合液，每次用量约为 10 mL。

如无冰箱设备时，可使用冷却过滤装置。此项过滤装置由玻璃砂芯漏斗、玻璃外套、吸滤瓶、玻璃磨口塞、橡皮垫圈等组成，其连接处均为磨口。过滤时，先在玻璃外套中注入工业酒精，均为容积的 2/3，并在酒精中悬一低温温度计。将干冰逐步加入到酒精中，使温度逐渐下降到－20 ℃，并保持此温度。然后，将预先在保温瓶内冷却至－20 ℃的乙醚-乙醇混合液倾于玻璃砂芯漏斗内，用真空泵或水流泵吸滤。俟溶液吸滤将尽时，用预先冷却至－20 ℃的乙醚-乙醇（1∶1 体积比）液洗涤原锥形瓶，并将洗涤液倾至漏斗上吸滤。吸滤干后，再用上述乙醚-乙醇液洗涤、吸滤 1～2 次，每次洗涤用的混合液用量约为 10 mL。

吸滤结束后，将吸滤瓶内的乙醚-乙醇溶液倾入已知质量的锥形瓶内，并用少量乙醚-乙醇液将吸滤瓶洗涤 2～3 次。玻璃砂芯漏斗上的蜡用热苯溶解，用真空泵或水流泵吸滤。再用少量热苯洗涤，吸滤 2～3 次。吸滤瓶内苯溶液倾入已称质量的锥形瓶内，并用少量苯洗涤吸滤瓶 2～3 次。将盛有混合溶液的两个锥形瓶置砂浴上分别回收溶剂，然后置于 105 ℃ 的烘箱内烘至恒重。

蜡的含量百分率（P）按下式计算：

$$P = \frac{g_1 \cdot g_3}{g_0 \cdot g_2} \cdot 100\%$$

式中　　g_0——试样质量，g；
　　　　g_1——馏分质量，g；
　　　　g_2——用于测定蜡的馏分质量，g；
　　　　g_3——析出蜡的质量，g。

所进行平行试验结果的最大值与最小值之差符合重复性试验密度要求时，取其平均值作为含蜡量结果，取小数点一位，（%）。当超过重复性试验精密度时，以分离得到的蜡的质量（g）为横轴，蜡的百分率为纵轴，按直线关系回归求出蜡的质量为 0.075 g 时的蜡的质量百分率作为含蜡量结果，取小数点一位，（%）。

精密度或允许差：
含蜡量测定时重复性或复现性的允许差应符合表 4-38 要求。

表 4-38　蜡含量允许差

含蜡量（%）	重复性（%）	复现性（%）
0.0～1.0	0.1	0.9
1.0～3.0	0.3	1.0
>3.0	0.5	1.5

五、分馏试验

分馏试验就是用分馏的方法来分析沥青中各种不同沸点的组分含量。这一试验的目的是推测液体沥青使用在工程结构物中将来组分的变化情况，因为这些轻质馏分将来均会在自然因素作用下挥发或转变。因此在蒸馏之后还要测定蒸馏残渣的技术性质，如针入度减小（或粘度增加）和延度的降低，软化点的升高，以及脆点的升高等，亦有测定沥青蒸馏残渣的软化时间（即浮标度试验）。

通常蒸馏出的组分越多，说明沥青材料越不稳定，亦即在建筑工程中使用性能较差，因此各沸点的馏分含量必须加以限制。

液体沥青的分馏试验，相似于粘稠沥青加热损失试验。

液体沥青蒸馏试验是选取一定数量的代表性试样，在标准的蒸馏瓶中，按规定的加热速度,加热至规定的温度后,切取各沸点的馏分,以各馏分含量的质量百分率表示。

本试验方法适用于液体石油沥青和液体页岩沥青。

【试验仪具】

蒸馏烧瓶:玻璃制,容积为 500 mL,具有支管的短颈蒸馏烧瓶,其形状如图 4-13 所示,各部分尺寸如下:

烧瓶球外径　　　　　102±2.0 mm
烧瓶口内径　　　　　25±1.2 mm
全瓶高,外部　　　　 135±5 mm
自瓶底外部至瓶　　侧管口下边之距离
　　　　　　　　　 105±3 mm

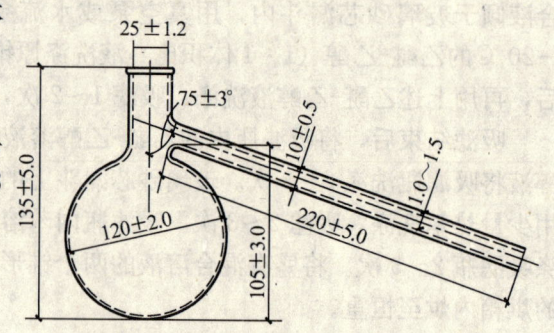

图 4-13 液体石油沥青蒸馏试验烧瓶

侧管长	220±5 mm
侧管内径	10±0.5 mm
侧管倾斜角度	75°±3°
侧管壁厚	1.0～1.5 mm

冷凝管:玻璃制直型回流冷凝管,其各部分尺寸如下:

水套管(不连颈部)长	250±5 mm
冷凝管全长	475±25 mm
冷凝管上端接受管之外径	23±1 mm
冷凝管上端接受管之长	75±5 mm
冷凝管内管外径	12.5±0.5 mm

接液管:玻璃制、弯型玻璃管、管壁厚约 1 mm、弯度 105°角,大端直径约 18 mm,小端出口处磨成 45°±5°之斜角。

保温罩:由金属片制成,内衬有 3～4 mm 的石棉层,并有两个对称的云母小窗。罩顶有盖,由两半圆形金属片拼成,内衬有 3～4 mm 的石棉层。罩的功用在于防止空气流动及辐射散热。各部分尺寸如图 4-14 所示。

接受器:接受蒸出馏液用;圆柱形量筒:容量 100 mL,每一刻度 1 mL,共 3 个;温度计:0～400 ℃,分度 1 ℃;铁架两个;

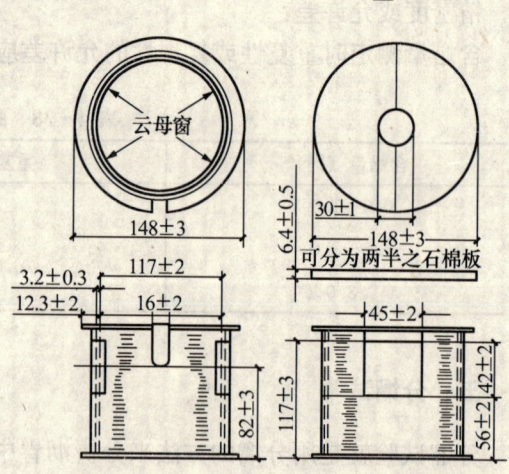

图 4-14 液体石油沥青蒸馏试验保温罩

一个上有铁环,用以支承蒸馏瓶,另一铁架上有铁夹,用以支持冷凝管;天平:感量 0.1 g,称量 500 g;石棉铁丝网;残渣盛器:高约 55 mm,直径约 75 mm,系有盖金属盒。

【试验方法】

用苯将蒸馏瓶、冷凝管、接液管和量筒洗净干燥,准确称出蒸馏烧瓶重量(准确至 0.1 g,以后各称量同此)。

将试样熔化,充分搅拌均匀,如试样含水量大于 2% 以上,应先脱水,再进行蒸馏试验。将熔化的试样呈细流注入蒸馏瓶，将取相当于 200 mL 的试样（按比重折算），准确称出烧瓶和试样的合重。

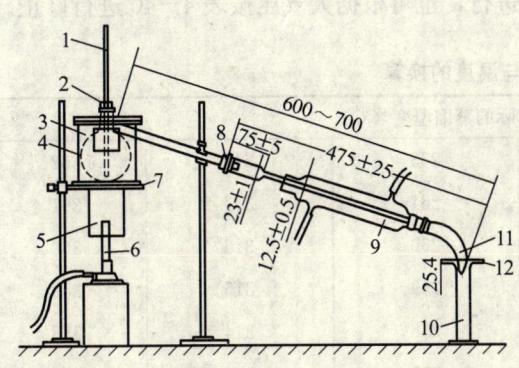

图 4-15 液体石油沥青蒸馏试验装置
1—温度计；2—软木塞；3—保温罩；4—蒸馏瓶；
5—灯罩；6—煤气灯；7—石棉铁丝网；8—软木塞；
9—冷凝管；10—量筒；11—接液管；12—纸板

仪器装置如图 4-15 所示。装置架设步骤如下：将温度计通过有孔的木塞，再将木塞塞紧蒸馏瓶颈，温度计埋入试样中，其水银泡距瓶底须有 6~7 mm；将石棉板置在铁架的铁环上，然后在其上置保温罩；将蒸馏瓶垂直置入保温罩内，在上面放上保温罩的盖子；用软木塞将蒸馏瓶的支管与冷凝管连接，插入部分约 25 mm，但注意勿使两管子互相接触，凝结管的轴与蒸馏瓶支管的轴平行；在冷凝管的下端用木塞连接一个接液管，接液管下置一个量筒，接液管须伸入量筒至少 25 mm，但须高出 100 mm 的刻度；为避免蒸馏物损失，量筒上须用滤纸板盖上，但要开一个洞以备接液管通过；冷凝管上接通水源，水由冷凝管的下端流入，而由上端流出。

均匀加热烧瓶，使流至量筒的第一滴蒸馏液，其时间由开始加热起算，不早于 5 min，也不迟于 15 min。以后的蒸馏速度须调节至每分钟 50~70 滴。

加热过程，如试样起泡沫，蒸馏速度可略降低，但应尽快恢复正常。

每次达到规定的蒸馏温度（225 ℃和 315 ℃），立即另换一个量筒，达到最后温度（360 ℃）时停止加热。待 5 min 后，使冷凝管中留存的蒸馏液流入量筒。

液体石油沥青蒸馏范围为：0~225 ℃；225~315 ℃；315~360 ℃。

蒸馏残渣应迅速地倾入金属残渣盛样盒内，并加盖使在空气中冷却至无显著气体挥发出时，称量残渣的质量并记录之。然后将残渣加热，充分搅拌，注入其他有关的模型中，以供残渣性质（针入度、延度和浮标度等）试验用。

准确读出各个量筒内蒸馏液的体积，准确至 1 mL。计算各温度范围内的试样馏分时，应以无水的试样体积百分率表示。

液体石油沥青各馏分含量体积百分率按下式计算：

$$q_i = \frac{V_i}{\dfrac{(g_2 - g_1)}{d}} \cdot 100\%$$

式中 q_i——某一蒸馏温度范围的馏分含量，体积%；
V_i——该蒸馏温度范围的馏分体积，mL；
g_1——蒸馏瓶重，g；
g_2——蒸馏瓶与试样合重，g；
d——试样密度，g/mL。

以两次平行试验的算术平均值作为试验结果，两次平行试验之差数不大于 1%。

精确度或允许差：

重复性试验的允许差为平均值的 1.0%，复现性试验的允许差对 175 ℃以下馏分为平均值的 3.5%，对 175 ℃以上的馏分为平均值的 2.0%。

根据需要（如仲裁试验等）。试验的实际蒸馏切换温度可根据试验室的海拔高度进行修正。通常在海拔 150 m 以上时，温度修正按表 4-39 进行，也可根据大气压按表 4-40 进行修正。

表 4-39 标高与温度的换算

标高（m）	实际的蒸馏温度（℃）				
-305	192	227	263	318	362
-152	191	226	261	317	361
0	190	225	260	316	360
152	189	224	259	315	359
305	189	224	258	314	358
457	188	223	258	313	357
610	187	222	257	312	356
762	186	221	256	312	355
914	186	220	255	311	354
1 067	185	220	254	310	353
1 219	184	219	254	309	352
1 372	184	218	253	308	351
1 524	183	218	252	307	350
1 676	182	217	251	306	349
1 829	182	216	250	305	349
1 981	181	215	250	305	348
2 134	180	215	249	304	347
2 286	180	214	248	303	346
2 438	179	213	248	302	345

表 4-40 温度的气压修正系数

公称温度（℃）	每 1.333 kPa（10 mmHg）气压差的修正系数（℃）	公称温度（℃）	每 1.333 kPa（10 mmHg）气压差的修正系数（℃）
160	0.514	275	0.650
175	0.531	300	0.680
190	0.549	315.6	0.698
225	0.591	325	0.709
250	0.620	360	0.751
260	0.632		

注：不足 101.325 kPa（760 mmHg）为减，大于 101.325 kPa（760 mmHg）为加。

六、沥青化学组分

石油沥青的组分分析方法很多，其中，常用的有三组分分析法。即马卡森（Marcusson）法，将沥青分为沥青质、胶质和油分；四组分法，即科尔贝特（Corbett）法，将沥青分为沥青质、饱和分、环烷芳香分和极性芳香分。尤以三组分分析法应用最多。

三组分分析法是一种典型的溶剂吸附法。是用脂肪抽提仪进行试验，用硅胶进行吸附。

【仪具与材料】

锥形瓶：200 mL，带磨口玻璃塞；

冷凝管：直形或弯形；

烧杯：250 mL，1 000 mL；

漏斗：直径约 90 mm；

脂肪抽提仪：500 mL，如图 4-16 所示；

玻璃漏斗：直径约 40 mm；

吸滤瓶：500 mL；

定性滤纸：大张；

定量滤纸：直径约 120 mm；

冷却过滤装置：冷却过滤装置如图 4-17 所示；

保温瓶（桶）；

真空泵或水流泵；

砂浴或附有温度调节器的电炉；

天平：感量不大于 0.2 mg；

硅胶：微球形，粒度 0.35~0.125 mm，孔径大于 8 nm；

正庚烷、苯、无水乙醇、甲基乙基酮（分析纯）、工业酒精及干冰；

烘箱、干燥器、洗液、蒸馏水、脱脂棉、牛角勺、吸液管、表面皿、玻璃棒、搪瓷盘、广口瓶等。

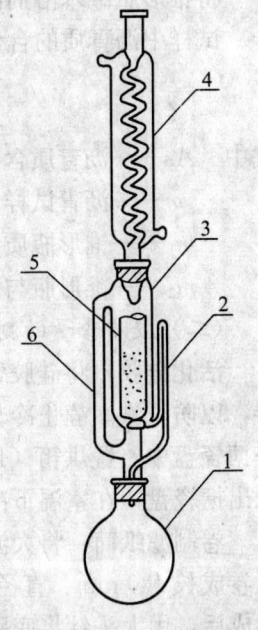

图 4-16 脂肪抽提仪
1—烧瓶；2—回流虹吸管；
3—回流萃取器；4—冷凝器；
5—滤纸筒（内装试样）；
6—蒸气上升管

【试验方法】

将锥形瓶、烧杯、漏斗等用洗液、水及蒸馏水先后洗净，并置温度为 110±5 ℃的烘箱中烘干，并将烘干冷却后的锥形瓶编号，置于干燥器中备用。

（一）沥青质含量的测定

将锥形瓶称量，质量为 m_1，用其称取熔化的沥青试样约 1 g(m)，精确至 0.2 mg。再将盛有试样的锥形瓶置砂浴或电炉上微热，使沥青熔化，在瓶底上均匀分布成一薄层。注入正庚烷 30 mL（液体沥青）或 40 mL（粘稠沥青），装妥冷凝器，接通冷却水，置砂浴或电炉上，使溶剂煮沸回流 0.5~1 h，将试样充分溶解。正庚烷溶液稍冷却，取下锥形瓶用玻璃塞塞妥，并静置于暗橱中过夜，使沥青质充分沉淀。

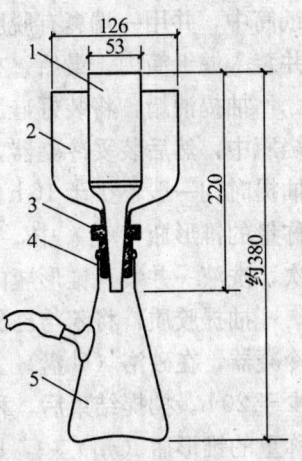

图 4-17 冷却过滤装置
1—玻璃漏斗；2—玻璃外套；
3—橡胶垫圈；4—玻璃磨塞；
5—吸滤瓶

次日，不经搅动将正庚烷溶液过滤至一干净的烧杯内。锥形瓶内的残留物及滤纸，用少量热正庚烷洗涤 2~3 次，最后用吸液管沿滤纸周边反复用正庚烷冲洗，直至滤纸及滤液无色为止。烧杯中的滤液，用表面皿盖妥，待测定胶质及油蜡含量用。

滤纸上的残留物用热苯使之溶解至原锥形瓶（m_1）中，用热苯洗涤滤纸，至滤纸无色为止。将锥形瓶中苯溶剂回收后，置烘箱（110±5 ℃）中烘至恒重（m_2），精确至 0.2 mg。试样中沥青质的含量按下式计算：

$$As = \frac{m_2 - m_1}{m} \times 100$$

式中　As——沥青质含量，%；

　　　m——沥青试样质量，g；

　　　m_1——锥形瓶质量，g；

　　　m_2——锥形瓶与沥青质合计质量，g。

（二）胶质含量的测定

活化硅胶：将硅胶置于一大烧杯中，加蒸馏水煮沸 30 min，煮沸时要用玻璃棒勤加搅拌，以防迸溅。静止冷却后，倾析出上面清水，再用蒸馏水洗涤 1～2 次。然后将硅胶倒入一搪瓷盘中，置烘箱（105±5 ℃）中烘干后，再将烘箱温度继续升高至 150 ℃，并保持 5 h。取出搪瓷盘，在室温下冷却后，再将硅胶贮存在一带塞的广口瓶中备用。

卷制滤纸筒：将大滤纸裁成 180 mm×40 mm 大小后，将滤纸在直径约 40 mm 的玻璃管上卷成长 140 mm、直径 40 mm 的带底的滤纸筒。在卷纸时，随卷纸逐渐把底边折好。纸筒卷成后，用大头针将底别好，用棉纸把筒的上口系牢。有专用滤纸筒的则不必卷制滤纸筒。

将活化硅胶逐步加入到盛有脱除沥青质的正庚烷溶液的烧杯中，并不停地用玻璃棒搅拌。硅胶的用量决定于沥青的种类，一般用量为试样的 30～50 倍，加至上层正庚烷溶液呈浅黄色为度。硅胶加完后，用表面皿盖好，并静止 6～8 h。

在滤纸筒的底部先铺一层脱脂棉，再用牛角勺将烧杯内吸附有溶液的硅胶装（压）入滤纸筒中，并用一端裹有脱脂棉的玻璃棒仔细将烧杯内部及牛角勺擦干净。擦净用的脱脂棉一并装入滤纸筒内。最后，在硅胶上面再用一薄层脱脂棉覆盖。

抽提油蜡：将装好硅胶的滤纸筒放入脂肪抽提仪的抽提筒内，再将正庚烷 200 mL 注入烧瓶中，然后装妥冷凝器，置砂浴或电炉盘上加热回流，并保持冷凝端每秒 2～3 滴的速度，抽提时间一般不少于 16 h。抽提结束后，稍冷，取下烧瓶，将正庚烷溶液用滤纸过滤至一已称量的锥形瓶（m_3）中，以除去可能带入硅胶粉末。烧瓶及滤纸用少量正庚烷洗涤 2～3 次，洗液一并装入锥形瓶内。此正庚烷溶液留待测油蜡含量。

抽提胶质：将苯与乙醇的混合液（体积比为 4∶1）200 mL 注入烧瓶中，装妥抽提筒及冷凝器，在砂浴（砂盘）上加热，并保持冷凝管端口每秒 2～3 滴的速度，抽提时间一般不少于 20 h。抽提结束后，稍冷，取下烧瓶，并将瓶中苯与乙醇混合溶液用滤纸过滤至另一已称重的锥形瓶（m_4）中，以除去可能带入的硅胶粉末。烧瓶及滤纸再用少量苯与乙醇混合液洗涤 2～3 次，洗液一并装入锥形瓶中。

将锥形瓶中的苯与乙醇滤液回收后，置 110±5 ℃ 的烘箱中烘至恒重，质量为 m_5，精确至 0.2 mg。

试样中胶质含量按下式计算：

$$R = \frac{m_5 - m_4}{m} \times 100$$

式中　R——试样中胶质含量，%；

m——试样质量，g；
m_4——锥形瓶质量，g；
m_5——锥形瓶与胶质合计质量，g。

（三）油分和蜡分含量的测定

将玻璃漏斗、吸滤瓶、甲乙酮-苯混合液（体积比为3∶2）置于冷却至－20 ℃的冷冻机内冷却。如使用冷却过滤装置时，可将甲乙酮-苯混合液置于盛酒精-干冰的保温瓶内冷却至－20 ℃。

将盛有正庚烷溶液的锥形瓶（m_3）回收正庚烷后，置105±5 ℃的烘箱内烘至恒重，称量质量为（m_6），精确至0.2 mg。

将盛有烘干油蜡的锥形瓶置于砂浴上微热，使油蜡熔化，并注入苯12 mL，然后在不断摇动下逐渐注入甲乙酮18 mL。如果注入甲乙酮后，有絮状结晶析出，则应将锥形瓶再置砂浴上小心地加热（不允许明火），至接近混合液的沸点，同时不断摇动，至溶液完全透明为止（如有地蜡，溶液可有轻微混浊）。

使盛有混合液的锥形瓶冷却至室温后，置预先冷却的冷冻机或盛有酒精-干冰的保温瓶内使混合液冷却至－20 ℃，并继续保持30 min。

在冷冻机内，将混合液倾入装在吸滤瓶上并已冷却至－20 ℃的玻璃漏斗中，用真空泵抽滤。再用少量预先冷却至－20 ℃的甲乙酮-苯混合液洗涤锥形瓶及漏斗2～3次。

在使用冷却过滤装置时，先在玻璃外套中注入工业酒精至容积的2/3处，并在酒精中悬挂一负温度计。将干冰逐渐加入酒精中，使温度下降至－20 ℃，并保持此温度。然后，将预先在保温瓶内冷却并保温为－20 ℃的混合液倾入玻璃漏斗中，用真空泵吸滤。溶液吸滤将尽时，用预先冷却至－20 ℃的甲乙酮-苯混合液洗涤原锥形瓶及漏斗2～3次。

吸滤结束后，将吸滤瓶内的滤液倾入已称重的锥形瓶（m_6）中，并用少量甲乙酮-苯混合液洗涤吸滤瓶2～3次，洗液一并装入锥形瓶内。

玻璃漏斗上的蜡用热苯溶解，并用真空泵吸滤，然后用少量热苯再洗涤玻璃漏斗2～3次。吸滤后，将吸滤瓶内的苯溶液倾入原冷冻油蜡的锥形瓶（m_3）内。将盛有苯溶液（m_3）及甲乙酮-苯溶液（m_7）的锥形瓶分别回收溶剂后，置于105±5 ℃的烘箱中烘至恒重（m_8，m_9），准确至0.2 mg。

试样的油分及蜡含量按下列各式分别进行计算：

$$P_{op} = \frac{m_6 - m_3}{m} \times 100$$

$$P_o = \frac{m_9 - m_3}{m} \times 100$$

$$P_p = \frac{m_5 - m_3}{m} \times 100$$

式中　P_{op}——试样的油蜡含量，%；
　　　P_o——试样的油分含量，%；
　　　P_p——试样的蜡含量，%；
　　　m_3——锥形瓶质量，g；
　　　m_6——锥形瓶质量，g；
　　　m_7——锥形瓶与油蜡合计质量，g；

m_8——锥形瓶与油蜡合计质量，g；

m_9——锥形瓶与油分含量合计质量，g。

沥青化学组分的试验，同一试样至少平行试验两次，当两次平行试验结果与其平均值的误差不超过10%时，取其平均值作为试验结果。

七、沥青灰分

沥青灰分含量是沥青材料经高温煅烧后的残留物占沥青试样的质量百分率。

本方法适用于石油沥青和煤沥青材料灰分含量的测定。

【仪具与材料】

高温炉：950 ℃，有温度调节装置；

蒸发皿：50 mL；

天平：感量不大于 0.2 mg；

其他：干燥器、坩埚钳、烘箱等。

【试验步骤】

将蒸发皿洗净、烘干后，置于已加热至恒温 900±10 ℃（石油沥青）或 815±10 ℃（煤沥青）的高温炉中煅烧至恒重（连续称量的差数不大于 0.3 mg）为止。

将沥青试样加热熔化，注入蒸发皿内 3 g，准确至 0.2 mg。再将蒸发皿置于高温炉中，逐渐提高温度，但升温不可过快，以防试样溅溢损失。蒸发皿中试样的挥发物全部挥发后，其遗留的炭状物在高温炉中再升高到 900±10 ℃（石油沥青）或 815±10 ℃（煤沥青），煅烧 2 h。若煅烧后仍为黑色颗粒，再继续煅烧，至残留物无黑色为止。

取出蒸发皿，置空气中冷却 5 min，然后置于干燥器中冷却至室温后称其质量，准确至 0.2 mg。重复进行煅烧，每次 15~30 min，直至冷却后连续称量的差数不大于 0.6 mg 为止。

沥青试样的灰分含量按下式计算：

$$P_n = \frac{m_2 - m}{m_1 - m} \times 100$$

式中　P_n——灰分含量，%；

　　　m——蒸发皿质量，g；

　　　m_1——蒸发皿与试样合计质量，g；

　　　m_2——蒸发皿与灰分合计质量，g。

同一试样至少平行试验两次，两次平行试验结果的差值不大于 0.03% 时，取平均值作为试验结果。

重复性试验允许差为 0.03%；复现性允许差为 0.05%。

第六节　煤焦油沥青性能

煤焦油沥青除测定其软化点、溶解度、分馏试验等外，还测定其酚含量、萘含量、游离碳、浮标度等。

一、试样制备

将 1 kg 3 mm 煤沥青试样进一步缩分,取出 100 g 置于铝盘中,平铺成 3~5 mm 厚,在 50±2℃鼓风干燥箱中干燥 1 h,若水分超过 5%时,可延长干燥时间半小时。

将干燥后的沥青试样缩分,取出 25 g,用乳钵研磨至小于 0.5 mm,作为测定沥青中苯不溶物和喹啉不溶物的干燥沥青试样。其余 3 mm 干燥沥青试样作为测定沥青灰分、挥发分和软化点的干燥试样。

二、浮标度

浮标度是将熔化后的沥青注于浮标嘴中,冷却后将其与浮标杯同置于 5 ℃水中,俟它们达到要求的起始温度后,取出置于 32 ℃或 50 ℃的水中,浮标嘴内的煤沥青因受高温影响而软化,从浮标仪置于水中的时间开始,至水将杯嘴内的煤沥青试样软化最后冲破为止,所需的时间(以秒计)即为煤沥青的浮标度。浮标仪轻便且易于携带,操作简单,所费时间较少,尤其是现场控制有一定的优点。

浮标度除可用来测定软煤沥青的稠度外,亦可用于测定液体沥青蒸馏后残渣的性质。

【试验仪具】

浮标度仪由浮碟和铜管组成,其构造见图 4-18。

浮碟:浮碟是以铝(或铝合金)制成,形状如浅碟,其构造尺寸规定如下:

	最小	标准	最大
浮标质量,g	37.70	37.9	38.10
高,mm	34.0	35.0	36.0
碟口至肩之下部,mm	26.5	27.0	27.5
肩部厚,mm	1.3	1.4	1.5
孔径,mm	11.0	11.1	11.2

铜管:铜管(或称浮嘴)以黄铜制,应符合下列规定尺寸:

	最小	标准	最大
铜管质量,g	9.60	9.80	10.00
高,mm	22.3	22.5	22.7
底部内径,mm	12.72	12.82	12.92
顶部内径,mm	9.65	9.70	9.75

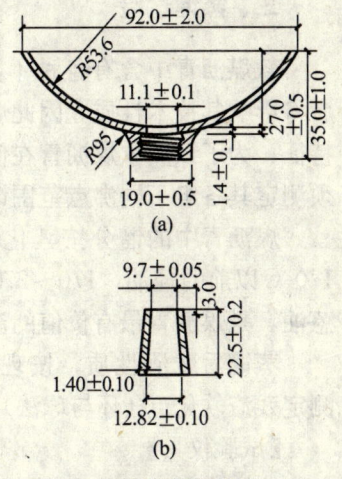

图 4-18 浮碟和铜管构造和尺寸
(a) 浮碟;(b) 铜管

铜管之顶部有阳螺纹,可旋入浮标底孔之阴螺纹中。

浮标的校验,铜管中灌注试样,浮标装置总重在 53.2 g 时,浮置水面,碟口应在水面上 8.5±1.5 mm。此项总重及浮起高低,仅供校验时之用,试验时样品之比重不同,总重及浮起高低亦稍有不同,浮标仪试验时装置见图 4-19。温度计:刻度 0~100 ℃,分度 0.5 ℃,保温水槽,内径及水深不少于 185 mm,水槽的高至少在水面以上 100 mm;保冷水槽,适当尺寸的水槽,能保温 5±1 ℃,用冰及水调节;秒表、铜板、煤气灯或电炉、平直刮刀、甘油滑石粉隔离剂(甘油 2 份,滑石粉 1 份,以质量计)等。

【试验方法】

在铜板上涂以隔离剂,将铜管较小的一端向下放在板上,脱水试样加热熔化后注满铜管,并略高出,试样在室温下冷却约 15 min 后,连板放在 5 ± 1 ℃的水槽中 5 min,随后取出铜管,用热刀刮去凸出的试样,并务使与管口齐平,再置回 5 ℃的水槽中。

水浴中注水深约 200 mm,加热至试验温度 50 ± 0.5 ℃。温度计的水银球应在水面下 40 ± 2 mm。

试样在 5 ℃的水中保持 15~30 min 后,将铜管旋于浮碟下,重新浸入 5 ℃水槽内 1 分钟。1 分钟后取出浮标仪,速用布拭干碟上的水分,并浮放在水温保持 50 ± 0.5 ℃的水浴中,同时按动秒表。试样受热软化,并被逐渐挤出铜管,使温水自铜管冲破试样浸入浮碟内时,立即按停秒表并记取时间。

同一试样至少重复试验两次,取平均值作为试验结果。两次平行试验结果的差数,不得大于 4 s。

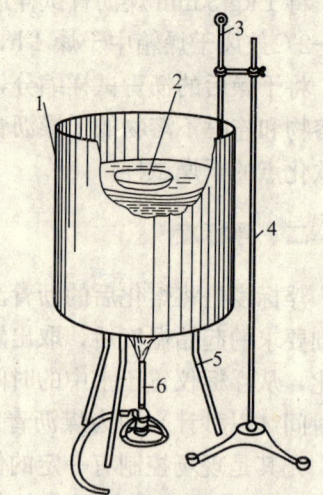

图 4-19 浮标度试验装置
1—保温水槽;2—浮标;3—温度计;
4—支架;5—三脚架;6—煤气灯

三、蒸馏试验

软煤沥青中含有各种不同沸点的油分,这些油分蒸发后将影响其技术性质。因此煤沥青的起始技术性质,并不能表征其在建筑工程中的使用技术特征,为了预测软煤沥青在使用中技术性能的变化,必须在测定其起始技术性能的同时,还须测定其各组不同沸点范围馏出物的数量,以及蒸馏后残渣的性质。

煤沥青中的馏分按其化学组成和物理-化学性质的特征较为接近的化合物,可分为:170 ℃以前的轻油,170~270 ℃馏分的中油,270~300 ℃馏分的重油。在 300 ℃以后的为蒽油,是煤沥青最有价值的油质部分。

蒸馏后残渣性质,按现行标准规定为测定残渣软化点(环与球法)。

【试验仪具】

蒸馏烧瓶:具有侧管的短颈玻璃蒸馏瓶,容积 300 mL,其形状见图 4-20,各部分尺寸如下:

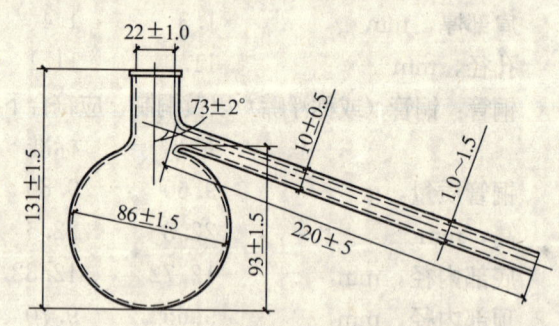

图 4-20 煤沥青蒸馏试验用烧瓶

烧瓶球外径	86.0 ± 1.5 mm
烧瓶颈内径	22.0 ± 1.0 mm
侧管内径	10.0 ± 0.5 mm
烧瓶全高(外部)	131 ± 1.5 mm
自瓶底外部至瓶颈侧管 T 边之垂直距离	93.0 ± 1.5 mm
侧管长	220 ± 5 mm
侧管倾斜角度	$73\pm2°$
侧管壁厚	1.0 ± 1.5 mm

第六节 煤焦油沥青性能

冷凝管：玻璃制，空气冷凝管，上端是锥形，各部分尺寸如下：

细端外径	12.5 ± 1.5 mm
粗端外径	28.5 ± 3.0 mm
长度	360 ± 4 mm
锥形部分长度	100 ± 5 mm

保温罩：用白铁皮制成圆柱形罩，内衬 $3 \sim 4$ mm 厚的石棉层，罩侧有两个对称的云母小窗，以便观察，顶盖可用分为两半之石棉板或内衬 $3 \sim 4$ mm 石棉层的白铁皮制成。其形状与主要尺寸见图 4-21；加热设备：煤气灯、酒精喷灯或电炉；铁架两个，其中一个铁架上有铁环，用以支承蒸馏瓶，另一铁架上有万能夹，用以夹持冷凝管，温度计，$0 \sim 400 ℃$，分度 $1 ℃$；100 mL 容积的锥形瓶四个，石棉网两张；天平；感量 0.1 g，称量 500 g。

【试验方法】

用苯将蒸馏瓶、冷凝管和锥形瓶洗净，烘干，准确称出蒸馏瓶和各个锥形瓶的重量准至 0.1 g，以后各称量准确度同此）。

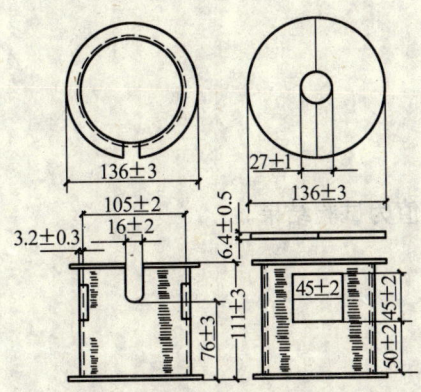

图 4-21 煤沥青蒸馏试验用保温罩

将软煤沥青加热熔化，充分搅拌，呈细流状注入蒸馏瓶内，煤沥青试样取 100 ± 0.1 g，准确称出试样与蒸馏瓶的合重。

将温度计插入有孔的木塞中，再用木塞塞紧蒸馏瓶颈，温度计的水银球的上端与支管口下面齐平。

将石棉板置在铁架的铁环上，然后在上面置保温护罩，最后将蒸馏瓶垂直置入护罩内，其上面再放上护罩的盖子，在蒸馏瓶的支管上用木塞与冷凝管连接，冷凝管轴须和蒸馏瓶支管的轴平行，冷凝管下置锥形瓶。煤沥青蒸馏全套装置见图 4-22。

均匀加热蒸馏瓶，使滴入锥形瓶的第一滴蒸馏液的时间不早于 5 min，但也不迟于 15 min。以后须注意调节加热速度，使蒸馏液的流出速度为每分钟有 $50 \sim 70$ 滴，在蒸馏时，如冷凝管上有萘蒽等凝聚物，可以用微火使其熔化滴下。

在蒸馏过程中，如蒸馏瓶中有大量泡沫出现，可降低加热速度，但应尽速恢复正常。如果火力减少后，气泡现象还继续很厉害，就需将灯置于蒸馏瓶球的边上。

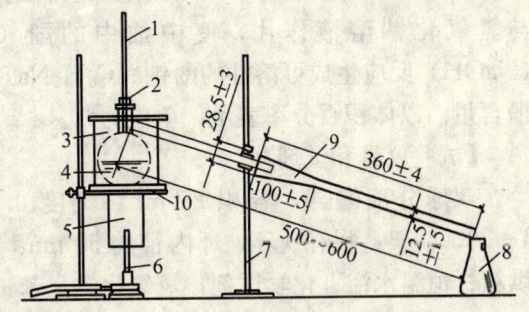

图 4-22 煤沥青蒸馏试验装置
1—温度计；2—软木塞；3—保温罩；4—蒸馏瓶；5—灯罩；6—煤气灯；7—支架；8—锥形瓶；9—冷凝管；10—铁丝网

达到规定温度时（$170 \sim 270 ℃$），应即更换锥形瓶，但不停止蒸馏，加热至达 $300 ℃$ 后，停止加热，留存在冷凝管中的馏分应并入最后的一个锥形瓶内，软煤沥青蒸馏的规定温度范围为 $0 \sim 170 ℃$、$170 \sim 270 ℃$，$270 \sim 300 ℃$。

待蒸馏瓶冷至 $20 ℃$ 时，称出蒸馏瓶与残渣合重并计算其中残渣的质量，随之将蒸馏瓶中的蒸馏残渣注入残渣盛样盒中，以备作残渣性质试验用。

称出各锥形瓶与蒸馏液合重，如第一瓶馏分中含有水分，含水量可用量筒读出，其体积即可视为其质量，在计算各温度范围的馏分时，应以无水的试样质量百分率表示。煤沥青馏分含量按下式计算：

$$q_i = \frac{g_{i(2)} - g_{i(1)}}{g_2 - g_1} \cdot 100$$

式中　q_i——某一蒸馏温度范围的馏分含量，%；

　　　g_1——蒸馏瓶重，g；

　　　g_2——蒸馏瓶与试样合重，g；

　　　$g_{i(1)}$——各个锥形瓶重，g；

　　　$g_{i(2)}$——各个锥形瓶与该温度范围馏分合重，g。

同一试样至少重复两次，以两次平行试验算术平均值为试验结果。

重复性试验的允许差为：

170 ℃前馏分　　0.5%

270 ℃前馏分　　1.0%

300 ℃前馏分　　1.5%

软煤沥青蒸馏后残渣性质，按标准规定应进行残渣软化点试验，软化点采用环与球法，试验方法同前述。

四、酚含量

酚是煤沥青中能溶于水的酸性物质，由于它的水溶性，因而降低沥青材料在建筑工程中的抗水性，同时酚有毒，对人体有害，因此对于煤沥青中的酚的含量必须加以限制。酚在煤沥青中，主要存在于中油（170~270 ℃）馏分中，故测定煤沥青的酚含量时，是取中油馏分与氢氧化钠溶液作用，使中油中的酚（C_6H_5OH）与氢氧化钠（NaOH）反应生成可溶性的酚钠（C_6H_5Na），根据酚钠体积而计算出酚含量。以体积百分率表示，单位为%。

【试验仪具和试剂】

双球分液漏斗，容积 25 mL，刻度 0.2 mL，形状和尺寸见图 4-23。铁架：附有铁环，环内径约 50 mm，用于架持双球分液漏斗。烘箱；恒温水浴。化学试剂：氢氧化钠，苯（分析纯）及重铬酸钾和浓硫酸洗液，蒸馏水等。

【试验方法】

用洗液和蒸馏水先后洗涤双球分液漏斗，再用氢氧化钠溶液①（浓度10%）洗涤数次。

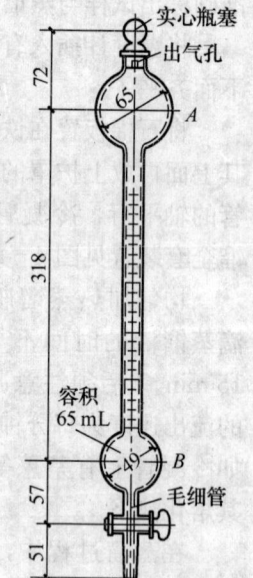

图 4-23　测定酚含量用双球分液漏斗

将在恒温水浴中预热至 50 ℃的氢氧化钠溶液（浓度10%）注入分液漏斗的 B 球，刻度零点稍高，使溶液自管壁完全流下后，准确读出读数，然后将按"煤

---

① 为降低萘与其他碳氢化合物在氢氧化钠溶液中溶解，可用氯化钠使其饱和。

沥青蒸馏试验方法"所得的中油（170～270 ℃）馏分①倾入分液漏斗中，并用约 15 mL 的苯分数次冲洗原锥形瓶，一并倒入分液漏斗中，塞上瓶塞，将双球漏斗倒置使氢氧化钠溶液与中油馏分在 A 球内摇晃约 5 min，然后将双球漏斗再倒置垂直架持于铁架上，一并置于 50 ℃的烘箱中，静置约 30 min，俟二溶液完全分层后，根据分层界限，准确读出酚钠的体积，放出下层的酚钠溶液，上层无酚中油留作萘含量试验用。

酚含量体积百分率按下式计算：

$$F = \frac{(V_2 - V_1) \times \gamma}{g} \times 100$$

式中　F——酚含量，%；
　　　V_1——氢氧化钠溶液体积，mL；
　　　V_2——酚钠溶液体积，mL；
　　　g——蒸馏试验的软煤沥青试样重，g；
　　　γ——软煤沥青试样的密度，g/cm³。

以两次平行试验的平均值作为试验结果，两次试验的结果差数不得大于 1%。

五、萘含量

萘在煤沥青中，低温时，易结晶析出，使煤沥青塑性降低，同时它在常温条件下又易升华，而使煤沥青稠度显著提高和脆性增加。因此萘的存在往往造成煤沥青技术性能的急剧衰退，对它的含量也必须加以限制。

萘存在于 170～270 ℃的中油馏分中，萘含量测定可用测定酚含量后的无酚中油（亦可用未测定酚含量的原始中油），根据萘在 +15 ℃能结晶析出的特点，将其从中油中分离出来，所得即为粗萘（如拟进一步提纯，可用升华的方法得到精萘），在建筑工程使用上测定煤沥青萘含量，是指粗萘（包括甲萘及萘衍生物等）占煤沥青试样中的质量百分率。

【试验仪具和试剂】

分析天平：感量 1 mg，称量 100 g；烧杯：容积 50 mL；表面皿：直径 5 cm；恒温水浴；细孔瓷漏斗、吸滤瓶和小抽气机；手摇压榨机；拌和刀；玻璃棒和橡皮刷，滤纸等。

【试验方法】

先将烧杯和表面皿洗净、烘干，冷却后准确称出表面皿重（准至 1 mg，以后各称量准确度同此）。

将蒸馏试验所得中油（或析去酚后的无酚中油）倾入烧杯中，加热至萘全部溶解。

将烧杯置于 15 ℃的恒温水浴中，保持在此温度 30 min 以上。待萘结晶析出后，倾入铺有滤纸并保持 15 ℃的细孔瓷漏斗中进行抽滤。

将滤纸上结晶粗萘取出，用另一滤纸盖在其上，上下加垫能吸油的脱脂棉或纸张帮助吸油，置于压榨机上压去油分，至滤渣呈白色为止，然后将粗萘②迅速移入已知质量的表面皿上，准确称出合重。

---

① 蒸馏试验所得中油如数量较多，可选取 25～30 mL 中油试样进行酚含量试验；如数量较少，可积数次蒸馏所得中油进行试验，按蒸馏所得中油馏分折算出酚含量。
② 试验所得的粗萘的熔点应在 70～74 ℃之间，如熔点低于 70 ℃时，即为压榨不够，其中尚含有中油之故。

萘含量（质量）百分率按下式计算：

$$N = \frac{g_2 - g_1}{g} \cdot 100$$

式中　N——萘含量，%；
　　　g——蒸馏试验用软煤沥青试样重，g；
　　　g_1——表面皿重，g；
　　　g_2——萘和表面皿合重，g。

同一试样至少平行试验两次，两次平行试验的结果符合重复性试验精度要求时，以两次平行试验的算术平均值作为试验结果。

重复性试验允许差：当萘含量小于3%时，为0.3%；当萘含量等于或大于3%时为0.6%。

六、甲苯不溶物含量

煤沥青的甲苯不溶物含量是试样在规定的甲苯溶剂中不溶物（游离碳）的含量，以质量百分率表示。

【仪器与材料】

脂肪抽提仪：250 mL。

称量瓶：直径35 mm，高70 mm。

烘箱：装有温度控制器。

天平：感量不大于0.2 mg。

甲苯：化学纯。

标准筛：孔径0.3 mm、0.6 mm、1.18 mm。

定量滤纸：ϕ150 mm、ϕ140 mm或滤纸筒成品。

细砂：0.3～1.18 mm。

【试验步骤】

将细砂浸水，漂走浮灰，晾干过筛，取粒径0.3～1.18 mm部分，在甲苯中浸泡24 h以上。然后将砂取出，晾干，再置于105±5 ℃的烘箱中烘干备用。

将ϕ150 mm（外层）及ϕ140 mm（内层）两层滤纸折叠成直径约25 mm的滤纸筒，筒的一端再折成封闭，然后在甲苯中浸泡24 h后，取出晾干，并在105±5 ℃的烘箱中烘干后置于干燥器中备用。采用滤纸筒时，可直接浸泡、晾干及烘干后置干燥器内备用。同时将称量瓶洗净，在105±5 ℃烘箱中烘干。

在滤纸筒中称取约10 g砂粒（0.3～1.18 mm）置于称量瓶中，放入烘箱中烘至恒重（m_1），再将加热熔化的煤沥青试样（m）1 g、（加热温度不超过软化点以上50 ℃）注入已称量的滤纸筒及砂中，用玻璃棒将沥青试样和砂搅匀。

在脂肪抽提仪的烧瓶中注入120 mL甲苯，为防止暴沸还需加入几粒玻璃小球或短玻璃小柱。安装抽提筒后，将盛有沥青砂的滤纸筒放入抽提筒中，然后用甲苯30 mL分次冲洗玻璃棒，冲洗溶剂接入滤纸筒中。滤纸中的溶剂不得高于虹吸管上口，以免使溶剂虹吸下去。

在抽提筒上安装冷凝管，将脂肪抽提仪用夹具固定在铁支架上，稳定放于砂浴上，接通冷却水，加热回流。加热回流速度控制在1 min左右流满一次，至回流液接近无色透明，抽提筒内的滤纸无明显黄色为止。

停止加热，稍冷却后取出滤纸筒，置于原称量瓶中，待滤纸筒中大部分甲苯挥发后，再置于烘箱（105±5 ℃）中，烘至恒重，取出置于干燥器中，冷却至室温后称其质量（m_2），准确至 0.2 mg。

煤沥青中甲苯不溶物含量按下式计算。

$$p_u = \frac{m_2 - m_1}{m} \times 100$$

式中　p_u——试样甲苯不溶物含量，%；
　　　m——试样质量，g；
　　　m_1——滤纸筒、砂及称量瓶合计质量，g；
　　　m_2——甲苯不溶物、滤纸筒、砂及称量瓶合计质量，g。

同一试样至少平行试验两次，当两次结果差值不超过 1.0% 时，取平均值作为试验结果。重复性试验的允许差为 1.0%。

七、煤沥青焦油酸含量

煤沥青的焦油酸含量是通过测定试样总的蒸馏馏分与氢氧化钠溶液作用形成水溶性酚钠物质含量求得，以体积百分率表示，单位为%。

煤沥青成分中的焦油酸主要成分是酚，其次是焦油酸。所以，焦油酸含量的测定同样是用氢氧化钠溶液萃取酚钠物质。煤沥青中焦油酸含量的测定方法与煤沥青中酚含量测定方法有不同之处。第一是酚含量试验中用的是中油馏分（170~270 ℃），而焦油酸含量测定用的是煤沥青蒸馏试验的全部馏分。在双球测定管中最先流出的是下部的苯和水，经氢氧化钠溶液洗涤、静置后，焦油酸处于管的最上部，最后可将其放出称取质量。第二是所用氢氧化钠溶液的浓度不同，酚含量试验用的是浓度 10% 的氢氧化钠溶液，而焦油酸含量的测定采用的是浓度 18.3% 的氢氧化钠溶液。

煤沥青焦油酸含量包括煤沥青中酚含量和酸性有机物。

【仪具与材料】

双球测定管。

铁架：附有铁环，环内径为 49~56 mm。

煤沥青蒸馏试验装置。

氢氧化钠溶液：浓度 18.3%。

溶剂：三氯乙烯、苯。

蒸馏水、恒温水槽、锥形瓶、洗液。

【试验步骤】

用二氯乙烯、洗液、水及蒸馏水先后洗涤双球测定管，再用氢氧化钠溶液摇洗数次。

将煤沥青试样按煤沥青蒸馏试验方法蒸馏出各种温度范围的馏分，并称其总质量（m）。蒸馏出的馏分盛于锥形瓶中。

将盛煤沥青馏分的锥形瓶置于水槽（60 ℃）中加热 20 min，使馏分完全熔化。然后将全部馏分注入双球测定管中，用苯 50 mL 分次冲洗锥形瓶，洗液并入双球测定管中。再将 50 mL 氢氧化钠溶液（浓度 18.3%）注入双球测定管中，并将混合溶液猛烈摇动 3 min 后，将双球测定管置铁架的铁环中静置，使溶液很好地分层。

将分层的下部溶液从双球滴定管的旋塞中放出，流入一锥形瓶中。再将 65 mL 苯（25 ℃）注入原双球测定管中，使焦油酸在管中摇洗数次，然后将双球测定管静置，待管内液体分层清晰后，准确读记管上刻度值，求算焦油酸的体积。

试样的焦油酸含量按下式计算。

$$P_t = \frac{\rho \times V}{m} \times 100$$

式中　P_t——试样焦油酸含量，%；

　　　m——馏分总质量，g；

　　　ρ——焦油酸的密度，g/cm³；

　　　V——焦油酸的体积，mL。

同一试样至少平行试验两次，两次测定结果误差不大于1%时，取其平均值作为试验结果。重复性试验的允许差为1%。

第七节　聚合物沥青性能

聚合物沥青的性能，除测定石油沥青和煤焦油沥青性能外，还应测定离析指数或软化点变化率、回弹性、韧性和粘韧性等。

一、针入度与当量软化点

聚合物沥青的针入度、软化点与石油沥青针入度与软化点试验方法相同。由于在沥青中加入聚合物，对其软化点的测定有一定影响，为此提出当量软化点概念。

聚合物沥青当量软化点是聚合物沥青相当于针入度为800时的软化点，用 T_{800} 表示。聚合物沥青当量软化点可用下式求出：

$$T_{800} = \frac{50(2.9031 - \lg P_{25})(10 + PI)}{20 - PI} + 25$$

式中　T_{800}——当量软化点，℃；

　　　P_{25}——25 ℃时聚合物沥青针入度值，0.1 mm；

　　　PI——聚合物沥青针入度指数。

这样可通过测定沥青的针入度求出当量软化点。针入度指数 PI 可通过测定不同温度下的针入度求出。通常测定 15 ℃、25 ℃、30 ℃三个温度点下的针入度，若 30 ℃温度下的针入度值过大，宜采用 5 ℃温度下的针入度代替。

当量软化点能够较准确地反映出聚合物沥青的耐高温性能，为评价聚合物沥青耐高温性能的方法之一。当量软化点越高，其温度稳定性越好。

二、针入度与当量脆化点

聚合物沥青的脆化点可用石油沥青脆化点测定方法进行测定。为了克服聚合物或蜡质对脆化点的影响，提出了当量脆化点概念。

当量脆化点是沥青针入度为 1.2（0.1 mm）时的温度，用 $T_{1.2}$ 表示，单位为℃。

当量脆化点可用下式进行计算：
$$T_{1.2} = \frac{50(0.0792 - \lg P_{25})(PI + 10)}{20 - PI} + 25$$

式中　$T_{1.2}$——当量脆化点，℃；
　　　PI——针入度指数；
　　　P_{25}——沥青25℃时的针入度（0.1 mm）。

这样可通过测定不同温度下的聚合物沥青的针入度，求出其针入度指数和当量脆化点。通常测定聚合物沥青的15℃、25℃、30℃温度点下的针入度。只有在30℃温度点下的针入度值过大时，宜采用5℃温度下的针入度代替。

当量脆化点能够较准确地反映出聚合物沥青的低温性能，是评价聚合物沥青低温性能的方法之一。当量脆化点越低，聚合物沥青的耐低温性能越好。

用测定聚合物沥青针入度的方法求其当量脆化点，可省去用脆化点测定仪测定脆化点的复杂操作方法，可克服许多人为影响因素，测试结果比较准确。

三、诺模图法

当量软化点和当量脆化点还可从沥青 PI、T_{800}、$T_{1.2}$ 的针入度温度关系诺模图求出。其沥青 PI、T_{800}、$T_{1.2}$ 的针入度温度关系诺模图如图4-24所示。

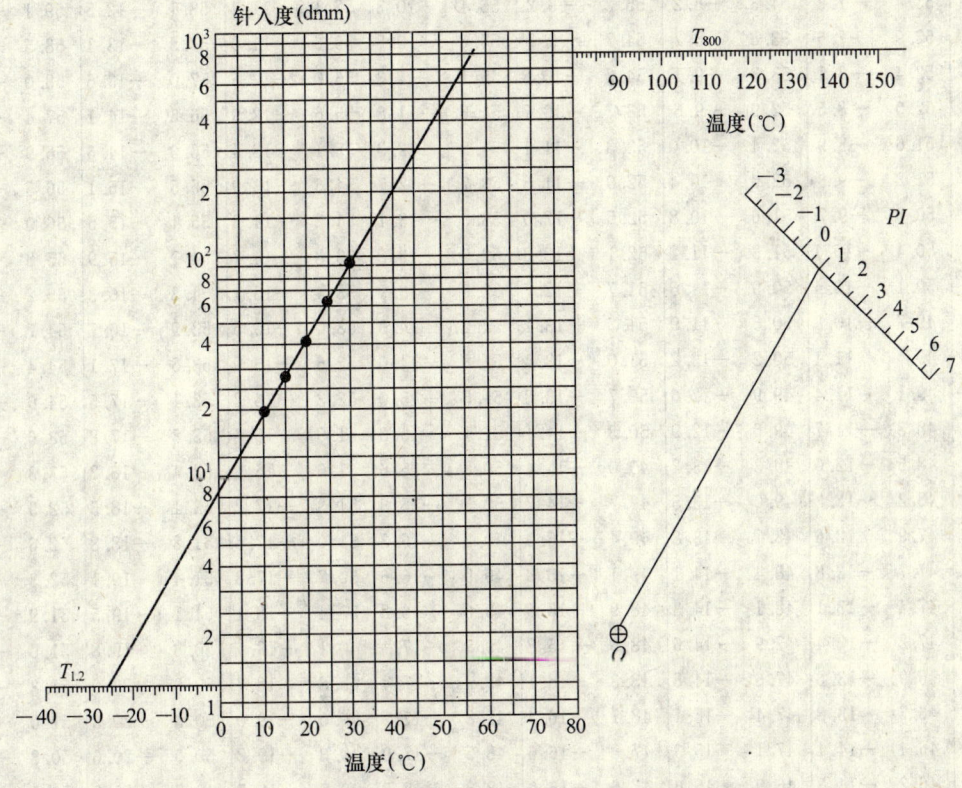

图4-24　沥青 PI、T_{800}、$T_{1.2}$ 的针入度温度关系诺模图

在图4-24上，将聚合物沥青的不同温度针入度感温系数 A，在坐标上绘出，并连成直线。该回归直线与针入度800线相交，横坐标交点所代表的温度即为针入度800时的软化点

T_R,称为当量软化点 T_{800},并代替软化点 T_R。同样将回归直线向下延伸,与针入度线 1.2 相交的温度为当量脆化点 $T_{1.2}$,并代替脆化点 T_F。

通过测定 15 ℃、25 ℃、30 ℃ 三个温度时的针入度值,经过回归求得针入度感温系数 A,则可根据 A 与 PI 值的变化,在针入度对数与针入温度的坐标图上绘制出回归针入度感温系数 A 与针入度指数 PI 的诺模图。回归针入度感温系数 A 直线,与针入度指数 PI 线相交点,则为该聚合物沥青的针入度指数 PI。

当量软化点和当量脆化点还可根据测定聚合物沥青的针入度和针入度指数,从表 4-41 中查出。

表 4-41 不同针入度的聚合物沥青对 T_{800} 和 $T_{1.2}$ 的要求值

针入度 (25 ℃ 1/10mm)	相对于下列 PI 值的 T_{800} 和 $T_{1.2}$ 的要求值(℃)													
	−1.0		−0.8		−0.6		−0.4		−0.2		0		+0.2	
	T_{800}	$T_{1.2}$	T_{800}	$T_{1.2}$	T_{800}	$T_{1.2}$	T_{800}	$T_{1.2}$	T_{800}	$T_{1.2}$	T_{800}	$T_{1.2}$	T_{800}	$T_{1.2}$
	不低于	不高于	不低于	不高于	不低于	不高于	不低于	不高于	不低于	不高于	不低于	不高于	不低于	不高于
30	55.6	−5.0	56.5	−5.9	57.5	−6.9	58.6	−7.9	59.6	−8.9	60.6	−9.9	61.7	−11.0
32	55.0	−5.6	55.9	−6.5	56.9	−7.5	57.9	−8.6	58.9	−9.6	59.9	−10.6	61.0	−11.7
34	54.4	−6.1	55.3	−7.1	56.3	−8.1	57.3	−9.2	58.3	−10.2	59.3	−11.3	60.3	−12.4
36	53.9	−6.7	54.8	−7.7	55.7	−8.7	56.7	−9.8	57.7	−10.8	58.7	−11.9	59.7	−13.0
38	53.4	−7.2	54.3	−8.2	55.2	−9.2	56.1	−10.3	57.1	−11.4	58.1	−12.5	59.1	−13.7
40	52.9	−7.6	53.8	−8.7	54.7	−9.7	55.6	−10.8	56.6	−11.9	57.5	−13.1	58.5	−14.2
42	52.4	−8.1	53.3	−9.1	54.2	−10.2	55.1	−11.3	56.0	−12.5	57.0	−13.6	58.0	−14.8
44	52.0	−8.5	52.9	−9.6	53.7	−10.7	54.6	−11.8	55.6	−12.9	56.5	−14.1	57.4	−15.3
46	51.6	−8.9	52.4	−10.0	53.3	−11.1	54.2	−12.3	55.1	−13.4	56.0	−14.6	56.9	−15.8
48	51.2	−9.3	52.0	−10.4	52.9	−11.6	53.7	−12.7	54.6	−13.9	55.5	−15.1	56.5	−16.3
50	50.8	−9.7	51.6	−10.8	52.5	−12.0	53.3	−13.1	54.2	−14.3	55.1	−15.5	56.0	−16.7
52	50.4	−10.1	51.3	−11.2	52.1	−12.3	52.9	−13.5	53.8	−14.7	54.7	−15.9	55.6	−17.2
54	50.1	−10.4	50.9	−11.6	51.7	−12.7	52.5	−13.9	53.4	−15.1	54.3	−16.3	55.2	−17.6
56	49.7	−10.8	50.5	−11.9	51.3	−13.1	52.2	−14.3	53.0	−15.5	53.9	−16.7	54.7	−18.0
58	49.4	−11.1	50.2	−12.2	51.0	−13.4	51.8	−14.6	52.6	−15.9	53.5	−17.1	54.4	−18.4
60	49.1	−11.4	49.9	−12.6	50.7	−13.8	51.5	−15.0	52.3	−16.2	53.1	−17.5	54.0	−18.8
62	48.8	−11.7	49.6	−12.9	50.3	−14.1	51.1	−15.3	51.9	−16.6	52.8	−17.8	53.6	−19.1
64	48.5	−12.0	49.3	−13.2	40.0	−14.4	50.8	−15.6	51.6	−16.9	52.4	−18.2	53.3	−19.5
66	48.2	−12.3	49.0	−13.5	49.7	−14.7	50.5	−15.9	51.3	−17.2	52.1	−18.5	52.9	−19.8
68	47.9	−12.6	48.7	−13.8	49.4	−15.0	40.2	−16.3	51.0	−17.5	51.8	−18.8	52.6	−20.2
70	47.7	−12.8	48.4	−14.1	49.1	−15.3	49.9	−16.6	50.7	−17.8	51.4	−19.1	52.3	−20.5
72	47.4	−13.1	48.1	−14.3	48.9	−15.6	49.6	−16.8	50.4	−18.1	51.1	−19.5	51.9	−20.8
74	47.2	−13.4	47.9	−14.6	48.6	−15.8	49.3	−17.1	40.1	−18.4	50.8	−19.8	51.6	−21.1
76	46.9	−13.6	47.6	−14.8	48.3	−16.1	49.1	−17.4	49.8	−18.7	50.6	−20.0	51.3	−21.4
78	46.7	−13.8	47.4	−15.1	48.1	−16.4	48.8	−17.7	49.6	−19.0	50.3	−20.3	51.0	−21.7
80	46.4	−14.1	47.1	−15.3	47.8	−16.6	48.5	−17.9	49.3	−19.2	50.0	−20.6	50.8	−22.0
82	46.2	−14.3	46.9	−15.6	47.6	−16.9	48.3	−18.2	49.0	−19.5	49.7	−20.9	50.5	−22.3
84	46.0	−14.5	46.6	−15.8	47.3	−17.1	48.0	−18.4	48.7	−19.8	49.5	−21.1	50.2	−22.5
86	45.8	−14.8	46.4	−16.0	47.1	−17.3	47.8	−18.7	48.5	−20.0	49.2	−21.4	49.9	−22.8
88	45.5	−15.0	46.2	−16.3	46.9	−17.6	47.6	−18.9	48.3	−20.2	49.0	−21.6	49.7	−23.0

续表

针入度 (25℃ 1/10 mm)	相对于下列 PI 值的 T_{800} 和 $T_{1.2}$ 的要求值(℃)												
	−1.0		−0.8		−0.6		−0.4		−0.2		0		+0.2	
	T_{800}	$T_{1.2}$	T_{800}	$T_{1.2}$	T_{800}	$T_{1.2}$	T_{800}	$T_{1.2}$	T_{800}	$T_{1.2}$	T_{800}	$T_{1.2}$	T_{800}	$T_{1.2}$
	不低于	不高于	不低于	不高于	不低于	不高于	不低于	不高于	不低于	不高于	不低于	不高于	不低于	不高于
90	45.3	−15.4	46.0	−16.5	46.6	−17.8	47.3	−19.1	48.0	−20.5	48.7	−21.9	49.4	−23.3
92	45.1	−15.6	45.8	−16.7	46.4	−18.0	47.1	−19.3	47.8	−20.7	48.5	−22.1	49.2	−23.5
94	44.9	−15.8	45.6	−16.9	46.2	−18.2	46.9	−19.6	47.6	−20.9	48.2	−22.3	49.0	−23.8
96	44.7	−16.0	45.4	−17.1	46.0	−18.4	46.7	−19.8	47.3	−21.2	48.0	−22.6	48.7	−24.0
98	44.5	−16.2	45.2	−17.3	45.8	−18.6	46.5	−20.0	47.1	−21.4	47.8	−22.8	48.5	−24.2
100	44.4	−16.2	45.0	−17.5	45.6	−18.8	46.2	−20.2	46.9	−21.6	47.6	−23.0	48.3	−24.5
102	44.2	−16.3	44.8	−17.7	45.4	−19.0	46.0	−20.4	46.7	−21.8	47.4	−23.2	48.0	−24.7
104	44.0	−16.5	44.6	−17.9	45.2	−19.2	45.8	−20.6	46.5	−22.0	47.2	−23.4	47.8	−24.9
106	43.8	−16.7	44.4	−18.0	45.0	−19.4	45.7	−20.8	46.3	−22.2	46.9	−23.7	47.6	−25.1
108	43.6	−16.9	44.2	−18.2	44.8	−19.6	45.5	−21.0	46.1	−22.4	46.7	−23.9	47.4	−25.3
110	43.5	−17.0	44.1	−18.4	44.7	−19.8	45.3	−21.2	45.9	−22.6	46.5	−24.1	47.2	−25.5
112	43.3	−17.2	43.9	−18.6	44.5	−19.9	45.1	−21.4	45.7	−22.8	46.3	−24.3	47.0	−25.7
114	43.1	−17.4	43.7	−18.8	44.3	−20.1	44.9	−21.5	45.5	−23.0	46.2	−24.4	46.8	−25.9
116	43.0	−17.5	43.5	−19.0	44.1	−20.3	44.7	−21.7	45.3	−23.2	46.0	−24.6	46.6	−26.1
118	42.8	−17.7	43.4	−19.1	44.0	−20.5	44.6	−21.9	45.2	−23.3	45.8	−24.8	46.4	−26.3
120	42.7	−17.9	43.2	−19.2	43.8	−20.6	44.4	−22.1	45.0	−23.5	45.6	−25.0	46.2	−26.5

四、粘韧性

1955 年 J. R. Bensoll 提出用粘韧性（亦称韧度）和韧性表示聚合物沥青的抗永久变形能力的力学性能，并得到国际上的公认。它是评价聚合物沥青力学性能最有说服力的指标。在我国也参照日本道路协会铺装试验法制定了"粘韧性和韧性"两项指标的试验方法。

粘韧性反映了聚合物沥青的抗冲击破坏能力及握裹力，表示在断裂前单位体积所消耗功的总量。韧性反映了聚合物沥青粘结力大小，表示在外力作用下，产生塑性变形过程中，吸收能量的能力，单位为 N·m。

沥青粘韧性试验是测定沥青在规定温度条件下高速拉伸时与金属半球的韧性及粘韧性。非经注明，试验温度为 25 ℃，拉伸速度为 500 mm/min。

沥青粘韧性试验（T0624）

本方法适用于测定沥青的粘韧性，以评价沥青掺加改性剂后的改性效果。

【仪具与材料】

粘韧性试验器：其形状尺寸如图 4-25 所示。

从图 4-25 中可以看出，粘韧性试验器是由拉伸半球圆头、定位螺母、定位支架和试样器组成。拉伸半球圆头的半径为 11.1 mm，表面粗糙度达 Ra 3.2 μm，上有连接螺杆，用以

安装定位螺母,并与拉伸试验机上夹具连接,连接杆上有定位销钉,定位螺母拧在连接杆

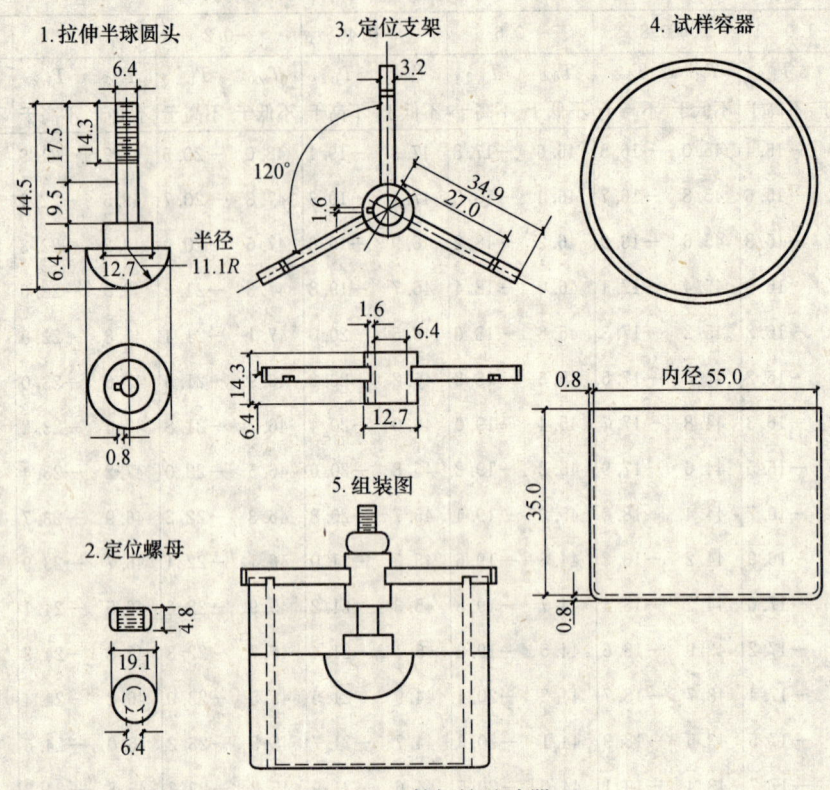

图 4-25　粘韧性试验器

上。定位支架是由一中空套筒及与其相接的三根支杆组成,支杆在 37 mm 处有刻槽。支架通过定位销固定拉伸半球圆头位置。试样器是金属制作的圆筒,内径 35 mm,深 35 mm。

恒温水槽:能控制恒温 25±1 ℃,内有多孔的安放试样器的架子。温度计的温度范围为 0~50 ℃,分度为 0.1 ℃。拉伸试验机的拉伸速度为 500 mm/min,最大加载能力为 1 kN,拉伸变形及荷载能同时由记录仪绘成曲线,试验机备有固定粘韧性试验器的上下夹具。装有温度控制器的烘箱。天平感量不大于 1 g 及不大于 1 mg 两种。还应备有三氯乙烯等溶剂。

【试验准备】

将试样容器放入 60~80 ℃ 的烘箱中,预热 1 h。用三氯乙烯溶剂擦净拉伸半球圆头,装入定位支架中干燥待用。将热沥青试样逐渐注入预热的试样容器中,质量为 50±1 g,注意试样中不得混入气泡。迅速将拉伸半球圆头浸入沥青试样中,定位支架架在试样容器上方,用定位螺母压紧固定,使半球圆头上面恰好与沥青试样齐平,在室温下静置 1~1.5 h,此时试样稍有收缩,适当调整定位螺母,使半球高度保持与沥青上表面齐平。

将安装好的粘韧性试验器连同试样一同置入已经恒温至 25±0.1 ℃ 的恒温水槽中的架子上,保温 1~1.5 h。

【试验步骤】

将粘韧性试验器从恒温水槽中取出,倒掉沥青面上的水,迅速将试验器上的连接杆及试样器安装到拉伸试验机的上下压头夹具间。注意安装时不得使半球圆头与沥青的相对位置产生扰动。

调整好记录仪及试验机,记录仪以 y 轴表示荷载,x 轴表示时间。立即以500 mm/min的速度开始拉伸,拉至300 mm时结束。此时记录仪记录荷载及拉伸时间,拉伸变形由拉伸速度与 x 轴记录的拉伸时间求取。如图4-26所示。

为使记录曲线清晰、记录仪时间轴的走纸速度可选用500 mm/min或1 000 mm/min。粘韧性试验器从恒温水槽中取出到试验结束时间不能超过 1 min。

【计算】

在图4-26的荷重变形曲线上,将曲线 BC 下降的直线部分延长至 E,用虚线表示。分别量取 $ABCE$ 及 $CDFE$ 所包围的面积,记作 A_1 和 A_2。

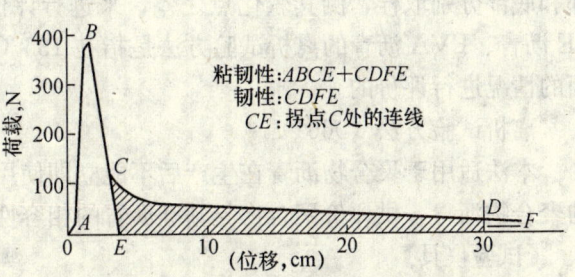

图4-26 粘韧性试验的荷重与位移曲线

面积可以用求积仪或数记录纸方格数求算,也可由记录纸的质量比例法求出,此时用剪刀剪下 $ABCE$ 及 $CDFE$,分别称取质量 m_1、m_2,准确至1 mg,再由已知面积的记录纸称取单位面积的记录纸质量 m。并按下列各式求得曲线面积 A_1、A_2。

$$A_1 = \frac{m_1}{m_0}$$

$$A_2 = \frac{m_2}{m_0}$$

式中 A_1——曲线 $ABCE$ 的面积,N·m;
A_2——曲线 $CDFE$ 的面积,N·m;
m_0——单位面积记录纸质量,g/N·m;
m_1——$ABCE$ 部分记录纸质量,g;
m_2——$CDFE$ 部分记录纸质量,g。

试样的粘韧性及韧性按下列二式计算:

$$T_0 = A_1 + A_2$$
$$T_1 = A_2$$

式中 T_0——沥青的粘韧性,N·m;
T_1——沥青的韧性,N·m。

同一试样至少进行三次平行试验,当最大值或最小值与平均值之差不超过3倍标准差时,取平均值作为试验结果,准确至1位小数。

五、离析试验

在聚合物沥青中,聚合物与基准沥青有较大的差异,往往不能很好地相容,只是均匀地分散或吸附在沥青中,只是物理的共融和共存。由于聚合物分散颗粒的沉降和聚合等作用,尤其在高温条件下,相容性更差,液态聚合物沥青容易分层,从而影响了热贮存稳定性。液态聚合物沥青贮存时间越长或在贮存过程中未经搅拌或搅拌不均,都可能出现聚合物从沥青中分离。聚合物从沥青中分离出来的现象称为"离析"。离析现象的发生大大地影响到聚合物沥青的热贮存稳定性或热贮存后的均匀性能。聚合物同基准沥青的相容性好坏是决定聚合物沥青贮存稳定性的关键。聚合物沥青的离析现象，可用聚合物沥青的软化点之差、软化点变化率和离析指数来表示。

聚合物沥青的离析试验方法是从 163 ℃的烘箱中放置 48 h 后的聚合物沥青盛样管的顶部和底部分别取样，测其软化点之差，来进行评价的。例如 SBS 沥青、SBR 沥青等。对于 PE 沥青、EVA 沥青的离析试验方法是指在 135 ℃条件下存放 24 h 过程中结皮、凝聚在表面的情况进行评价的。

离析试验方法（0661）

本法适用于聚合物沥青在生产后不能立即使用，需要冷却、储存、运输、再加热后使用的聚合物沥青，供评价聚合物与基准沥青的相容性。

【试验仪具】

沥青软化点仪；

试验用标准筛；

玻璃试管：直径 25 mm，长 200 mm，一端开口。

烘箱：能保温 163±5 ℃或 135 ℃±5 ℃。

家用冰箱；

架子：能支撑试管，竖立放入烘箱或冰箱中，也可用烧杯代替。

切割刀；

沥青针入度金属试验杯（高 48 mm 直径 70 mm）；

其他：样品盒，小烧杯，细铁丝等。

【试验步骤】

（一）SBS、SBR 沥青

将试管洗净、干燥，在试管壁上涂一薄层甘油与滑石粉隔离液，装在支架上或竖立在烧杯中。加热聚合物沥青，至能充分浇灌为止，应避免局部过热，然后一边搅拌，一边注入竖立的试管中，试样高度为 180 mm。然后将试管连同架或烧杯一起放入 163±5 ℃的烘箱中，在不受任何扰动的情况下静放 48±1 h。

从烘箱中轻轻取出，用一根细铁丝插入沥青中（一般不超过 1/3 的深度），再放冰箱中冷冻，保持试管竖立状态约 1 h，使聚合物沥青迅速凝固。待沥青全部固化后拉动铁丝将沥青拔出，用水洗去表面的滑石粉、甘油，擦干水分。

用切割刀将沥青试样连同铁丝切成相等的三截，取顶部和底部试样分别放入样品盒或小烧杯中，再放入 163±5 ℃的烘箱中融化，取出铁丝。稍加搅拌，分别灌入软化点试模中。对顶部和底部的沥青试样同时进行软化点试验，计算其差值。

应进行两次平行试验。

（二）PE、EVA 沥青

将聚合物沥青加热熔化，在高温状态下浇灌入 170 g 的金属试样杯中，至杯内标线处（距杯口 6.35 mm）。将杯放入 135 ℃的烘箱中，持续 24±1 h，不扰动表面，仔细从烘箱中取出样杯，仔细观察试样。经观察后，用一小刮刀徐徐地探测试样，查看表面层稠度，检查底部及四周的沉淀物，这些检验和试验都应在沥青试样处于热态下，烘箱中取出后 5 min 之内进行。

记录聚合物的变化情况，如表 4-42，同时保留试样。

表 4-42 聚合物沥青表面记述

记 述	报 告
均匀,无结皮和沉淀	均匀
在杯边缘有轻微的聚合物结皮	边缘轻微结皮
在整个表面有薄的聚合物结皮	薄的全面结皮
在整个表面有厚的聚合物结皮(大于 0.8 mm)	厚的全面结皮
无表面结皮但容器底部有薄的沉淀	薄的底部沉淀
无表面结皮但容器底部有厚的沉淀(大于 6 mm)	厚的底部沉淀

六、弹性恢复试验

回弹性是指聚合物沥青在外力作用下产生变形,外力停止后能恢复到原始尺寸和形状的能力。在弹性极限范围以内,聚合物沥青的形变大小与外力作用成正比,外力作用停止后,变形一般都能消失,残留变形小;若超过弹性极限时,则失去弹性,出现塑性变形。

弹性恢复率是聚合物沥青拉长一定长度后,可恢复变形的百分率,单位为%。试验温度为 25 ℃,拉伸速率为 5±0.25 cm/min。

弹性恢复性试验方法(T0661)

本试验适用于评价热塑性橡胶类聚合物沥青的弹性恢复性能。

【仪器仪具】

试模:采用沥青延度试模,但中间部分换为直线侧模,制作的截面积为 1 cm²,其外形尺寸如图 4-27 所示。

水浴:水浴的试验温度变化不超过 0.1 ℃,体积不小于 10 L,试件浸水深度不小于 10 cm,离水浴底部不少于 5 cm。

延度试验仪:温度计,剪刀。

【试验步骤】

按沥青延度试验方法浇灌聚合物沥青试样制模,最后将试样在 25 ℃水浴中保温 1~1.5 h。然后将试样安装在滑板上,以 50 mm/min 的拉伸速度进行拉伸试样,达 10 cm 时停止试验。立即用剪刀在中间

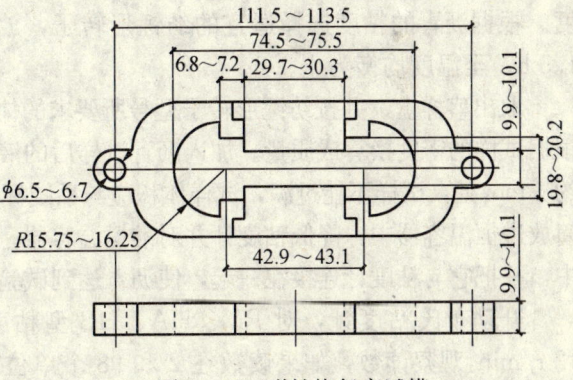

图 4-27 弹性恢复率试模

将沥青试样剪断成两部分,原封不动地保持试样在水中 1 h,并保持水温不变。过 1 h 后,将拉长了的两个半截的回缩的沥青试样轻轻捋直,但不得施加压力,移动滑板使改性沥青的试样刚好接触;测量试件的残留延度为 x。

按下式计算弹性恢复率(%)。

$$弹性恢复率 = \frac{10-x}{10} \times 100$$

式中 x——试样拉长并剪断后经 1 h 恢复的长度,cm。

七、表观粘度

表观粘度（η_a）是非牛顿型沥青流体的剪切应力与剪切速率的比值。可用下式表示。

$$\eta_a = \frac{\tau}{Y} = \eta Y^{c-1}$$

式中　η_a——表观粘度，Pa·s；
　　　τ——剪切应力，Pa；
　　　Y——剪切速率，s^{-1}
　　　η——牛顿型液体粘度，Pa·s；
　　　c——流动指数。

表观粘度可用布洛克菲尔德（Brookfield）粘度计进行测定。可以测定沥青在 45 ℃以上温度的表观粘度，以 Pa·s 计。布洛克菲尔德粘度计简称布氏粘度计。

表观粘度试验方法（T0627）

【仪具与材料】

布氏粘度计：布氏粘度计由 LV，RV，HA 或 HB 型系列的标准高温粘度测量系统，纺锤形转子自动温度控温系统、数据采集系统、绘图记录设备等组成。控温系统包括恒温容器、盛样筒、可控砖整流器和探头。

烘箱：温度在 300 ℃，有恒温控温装置。

标准温度计，秒表。

【试验步骤】

将聚合物沥青试样分装在盛样盒中，在烘箱中加热至软化点以上 100 ℃左右保温备用。

打开布氏粘度计温度控制电源，设定比例温度控制器的温度控制系统至要求的试验温度。根据沥青的粘度选择适宜的纺锤形转子，放入盛样筒中，检查控制灯是否正常，维持 1.5 h，至温度均衡为止。

取出盛样盒、并按纺锤形转子型号所要求的体积向盛样筒添加沥青试样，约需 8～10 mL，根据试样的密度换算成质量。加入沥青试样后的液面应在纺锤形转子的轴与圆锥体交点处以上约 3 mm 处，试样不能过满，试样体积应与系统标定时的标准体积一致。使用专用工具把盛样筒放进恒温容器中，降低粘度计并对准恒温容器。将选定的纺锤形转子插入盛样筒的沥青液面中，并把它与粘度计连接在一起，使沥青达到试验所需的平衡温度（约需 15 min）。

开动布氏粘度计，对 RV、HA、HB 型粘度计采用 20 r/min，对 LV 型粘度计采用 12 r/min，观察读数，如果读数在 2 和 98 个单位之间，则继续试验。在整个测量粘度过程中，不能改变设定的转速及剪切速率，待指针稳定后，在每个试验温度下，每隔 60 s 读一次数，连续读数 3 次。对每个要求的试验温度重复以上过程进行试验。

如果在最低的试验温度时，读数已大于 98 个单位，则降低纺锤形转子转速，设定并继续试验。如果读数仍大于 98，则使用小一点的纺锤形转子。并检查试样，使加入的沥青试样液面在纺锤形转子的轴与圆锥体交点处以上约 3 mm 处。

利用布氏粘度计测定的不同温度粘度，绘制粘温曲线时，通常以 135 ℃及 175 ℃测定的粘度为准。

布氏粘度计的显示面板上具有直接显示粘度、扭矩、剪切应力、剪变速率、转速和试验

第七节 聚合物沥青性能

温度等项目的功能时，可直接根据需要记录数据。

若布氏粘度计无直接显示读数装置，可按生产厂家的说明书进行计算，或按下式计算，得到沥青在该测定温度条件下的表观粘度。

$$\eta_a = k_n \times \theta$$

式中 η_a——沥青在测定条件下的表观粘度，Pa·s；

k_n——布氏粘度计仪器常数；

θ——3次粘度计读数平均值。

精度与允许差：

重复性试验精度的允差为3.5%。再现性试验精度的允许差为14.5%。

聚合物共混体系及其相容剂列于表4-43。

表4-43 聚合物共混体系及其相容剂

序号	共混组分（质量分数）	相容剂	改进性能
1	100%~45%PS 2%~30%PP	5%~20%氢化丁二烯苯乙烯嵌段共聚物	良好的冲击和弯曲强度，良好的拉伸屈服保持率
2	0%~90%PPO 90%~0%PS	聚（苯乙烯-丙烯）共聚物	提高熔体强度和良好的冲击强度
3	10%~90%PS 90%~10%PP	5%~40%苯乙烯-氢化丁二烯 苯乙烯的嵌段共聚物 （至少50%的苯乙烯）	良好的抗冲击性和耐泛黄性
4	100%~45%HIPS 2%~30%PP	5~20质量份的SEBS	良好的冲击和弯曲强度，良好的拉伸屈服强度保持率
5	50%~80%PS或HIPS 20%~50%PP	0.05~5质量份非对称线性三嵌段共聚物	良好的加工性和抗应力龟裂，良好的冲击强度和抗水蒸气渗透性
6	HIPS/HDPE	苯乙烯-丁二烯-苯乙烯（SBS）苯乙烯-异戊烯-苯乙烯（SIS）	冲击性，耐溶剂性
7	PP/PS（聚烯烃）	SEBS，SBR	冲击性，弯曲强度，应力屈服保持率耐候性
8	PS/PC	SAN和苯乙烯接枝丙烯酸MBS	热变形温度，机械性能
9	SAN/EPDM-MA	CPE	耐候性，机械性能，耐化学性，冲击性
10	ABS/PET	马来酸酐，甲基丙烯酸甘油酯，SEBS，PDMS，SBS	热化学性，冲击性，加工性，尺寸稳定性，良好的耐磨性、耐化学性
11	ABS/PVC	甲基丙烯酸甲酯、MA、SBS，氯乙烯-丙烯酸（2-乙基己酯）共聚物	机械性，冲击性，韧性，耐磨性
12	PVC/ABS	MA-g-ABS SMM-g-ABS	热变形温度，阻燃性，冲击性
13	ABS/PC	苯乙烯-α-甲基苯乙烯-苯乙烯-丙烯腈	热变形温度，冲击性，硬度，热稳定性，粘合性，加工性，机械性，模塑性，UV稳定性，成本性能性
14	ABS/PSF	酚氧基、EVA-GMA、SMA共聚物	冲击性，加工性，韧性，耐热性和耐水性

续表

序号	共混组分（质量分数）	相容剂	改进性能
15	ABS/PAES/PC	聚（α-甲基苯乙烯）甲基丙烯酸酯	热变形温度，可模塑性
16	PP/PET	SEBS、SEBS-MA	冲击性，应力龟裂性，机械性，分散稳定性
17	PO/PA	SMA/MA/GMA SEBS/MA-EBS 丙烯酸，丙烯酰胺，乙烯基吡啶	冲击强度，加工性，渗透性，可印刷性
18	PP/PEST	SEBS、SEBS-MA，GMAm（PO）乙烯基m（PO），EEA-GMA	冲击性，机械性，分散性，拉伸性，伸长率，弯曲性，耐热性和耐水性
19	PP/PA	PP-多聚甲醛	冲击性，耐化学品性
20	PP/PC	PP-g-GMA	热性能和机械性能
21	HDPE/PP/PVC	CPE或混合物	冲击强度，再生
22	ABS/PA	聚（N-苯基亚酰胺-SMA）	冲击强度，机械性能
23	PP-木地板	SEBS-MA	机械性能
24	PP-EPDM	MA-PP，MA-EPDM	冲击强度
25	PP-PF	PP-g-MA，PP-g-GMA	加工性
26	PO-LCP	PE-g-MA，PP-g-AA，PE-g-LCP，PP-g-LCP，PE-SBR，PP-SBR	冲击性、机械性
27	PP-PEST-LCP	PP-g-via 环氧 GMA	抗应力龟裂
28	PO-弹性体	噁唑啉	冲击强度
29	PC-LCP	环氧树脂	刚性，韧性
30	HDPE-聚（2，6-二甲基-1，4-苯基醚）	SEBS，SIS	应力，机械强度，加工性
31	MPP/黄麻 PP	黄麻	机械性能
32	PEST/PA	MA-g-PEST	冲击性
33	PET/PS	SMA-环氧双相容剂 TGDMM	冲击性，耐溶剂性，抗张性
34	PP/PS	SBS，SEBS	冲击强度，弯曲强度，拉伸保持率
35	PS/HDPE	SEBS	冲击强度，耐溶剂性
36	LCP/PA	MA-EPDM	抗冲击性，尺寸稳定性
37	PA/UHMHDPE	HDPE-g-MAH	热性能，机械性
38	PA1010/LLDPE	PP-g-AA	冲击性
39	PE/PA6	辛烯-弹性体-PE	冲击性
40	PA10/PP	PP-g-GMA	冲击性
41	PP/PBT	PP-g-GMA	机械性能
42	等规 PP/PMMA	PP-g-PMMA	冲击性
43	PA/PO	PE 马来酸酐化 PA	屏蔽性
44	PC/ABS	MBS，EVA，SMA	阻燃性
45	PE/PA	MA-PP	屏蔽性
46	EPDM/缩醛橡胶	MA-EPDM	冲击性，拉伸强度
47	聚酯/PA	LCP	冲击性

续表

序号	共混组分（质量分数）	相容剂	改进性能
48	PVC/LLDPE	CPE	机械性能
49	PVC/PS	CPE	冲击性
50	PA/SAN	SMA	机械性能
51	PA/PPO	SMA	加工性，耐溶剂性
52	ABS/PPO	SAN-GMA	冲击性
53	PET/PEN	磷酸三苯酯	屏蔽性
54	PE/PA	mPE, mPA	屏蔽性，流变性
55	PA6/mPE 辛烯弹性体	多官能环氧树脂	冲击性
56	LCP/PPO	LCP/PS	机械性能
57	PE/PS	mPE	冲击性
58	GRF 尼龙/PP	AA-g-PP	悬臂梁冲击强度，拉伸强度，伸长率
59	HDPE/再生 UF	EAA	拉伸强度
60	淀粉/PLA	PEG	拉伸强度
61	PA6/LCP 共聚酯	改性 SMA	韧性，刚性，拉伸强度
62	PMMA/PEO	PMMA-g-PPO/PEO	冲击性
63	马来酸酐化丁二烯/SAN	苯乙烯共聚 GMA	机械性能
64	PA6/PS	SMA，脂肪胺	韧性
65	PMMA/天然橡胶	NR-g-PMMA	机械性能，拉伸强度，撕裂强度
66	iPP/PS	不饱和的（PP-g-PS）-IPP-g-aPS	物理性质
67	PA6/PPO	苯乙烯共聚 GMA	机械性能
68	PP/TPU	丙烯酸共聚物	微粒尺寸和粘结性，机械性能
69	LLDPE/PA—6	SEBS	加工性
70	PE/PBT	PBT-EVA	加工性
71	LDPE/PS	PS-氢化聚丁二烯 PS	加工性
72	PP/PBT	PP-g-噁唑啉	加工性
73	NR/EVA	DCP	机械性能和热性能
74	水膨胀型弹性体/PEG	CR g-PEG	吸水性
75	IPP/PA6	IPP-g-MAH	机械性能
76	PBT/PA6	环氧树脂	机械性能，悬臂梁冲击强度
77	iPP/HDPE	EPDM, EVA	冲击强度，断裂伸长率
78	纤维素/PAN	DMS/多聚甲醛	热稳定性
79	PA6/PPO	PC	韧性
80	LCP/PP	MA-PP	结晶性
81	PP/PS	羟基酚，SEBS	冲击性
82	PA1010/PS	磺化 PS 和锌盐	热性能和冲击性能
83	PP/陶土	MA-PP 齐聚物	机械性能

续表

序号	共混组分（质量分数）	相容剂	改进性能
84	LCP/PC，PSF	SPS	拉伸性，机械性能
85	PAC-SF（纤维丝）	AN-g-SF	吸湿性
86	丁腈胶/PF	p-甲酚	粘合性，机械性质
87	PS/LLDPE	DCP	冲击性，机械性能
88	ABS/PC	PMMA	冲击性，维卡软化点，拉伸强度
89	PA6/VLDPE	MA 共聚物	拉伸强度
90	PP/PS	SBS	屏蔽性，伸长率，冲击强度
91	PET/PA6	环氧树脂	冲击强度，弯曲强度
92	PP/竹纤维	MA-g-PP	冲击强度，拉伸强度
93	PE/淀粉	植物油	生物降解性，屏蔽性
94	LDPE/淀粉	PE-g-MA	机械性能，拉伸强度，冲击性
95	PP/EVAL	MA-PP	冲击强度
96	PET/LLDPE	EVA-g-MA	机械性能，冲击性，弯曲强度
97	PO/弹性体官能化 SEBS	蓖麻油噁唑啉	分散性，可印刷性
98	PE/PA6	噁唑啉官能化 PE 和 SEBS	韧性，延展性
99	PE/LCP	PE-g-LCP，PE-g-SB（氢化）	加工性
100	PBT/LDPE/PET	EPDM-PBT	冲击性

注：PS—聚苯乙烯；PC—聚碳酸酯；PP—聚丙烯；SAN—苯乙烯丙烯腈共聚物；PPO—聚苯氧醚；EPDM—乙烯-丙烯二烯单体；HIPS—高抗冲聚苯乙烯；MA—马来酸酐；HDPE—高密度聚乙烯；SBS—苯乙烯-丁二烯-苯乙烯三元共聚物；SEBS—苯乙烯乙烯-丁二烯-苯乙烯共聚物；SIS—苯乙烯异戊二烯苯乙烯共聚物；CPE—氯化聚乙烯；GMA—甲基丙烯酸甘油酯；ABS—丙烯腈-丁二烯-苯乙烯共聚物；PBT—聚对苯二甲酸丁二醇酯；PDMS—聚二甲氧基硅；PVC—聚氯乙烯；PSF—聚砜；EVA—乙烯-醋酸乙烯酯共聚物；PAES—聚芳醚砜；PO—聚烯烃；PA—聚酰胺；PEST—聚酯；LCP—液晶聚合物。

第五章 高分子材料与辅助材料

高分子材料是制取高分子防水材料的原材料，主要有天然橡胶、合成橡胶、天然树脂和合成树脂等。高分子材料同样是制取聚合物沥青的主要原材料。

在建筑防水材料中，除高分子材料、沥青材料和聚合物沥青外，还有制造卷材用的胎体材料、隔离材料、保护材料、填料，制造涂料和密封材料用的溶剂、稀释剂、增塑剂等。还有与高分子材料相配套的硫化剂、硫化促进剂、交联剂等。

第一节 橡胶材料

在建筑防水材料中所采用的橡胶材料有硫化型橡胶和非硫化型橡胶，非硫化型橡胶主要是指热塑性弹性体材料。

一、常用硫化型橡胶材料

常用硫化型橡胶材料的结构、性能列于表 5-1。

表 5-1 常用硫化型橡胶的结构、组成与特性

名 称	原 料	结 构 式	特 性
天然橡胶 (NR)	三叶橡胶树	$\{CH_2-C=CH-CH_2\}_n$ 上标 CH_3 （顺式-1,4-聚异戊二烯）	具有很好的机械强度和弹性，耐曲挠性可达 20 万次以上，气透性、电气性能好，有较好的耐碱性，但不耐强酸，不耐油，易老化
聚异戊二烯橡胶 (IR)	异戊二烯	$\{CH_2-C=CH-CH_2\}_n$ 上标 CH_3 （顺式-1,4-聚异戊二烯）	具有很好的弹性、耐磨性、耐热性、化学稳定性和较好的伸长性能，低温曲挠性优于天然橡胶，耐老化与天然橡胶相似，具有优良的电性能和耐水性能
丁苯橡胶 (SBR)	丁二烯与苯乙烯	$\{(CH_2-CH=CH-CH_2)_x-(CH_2-CH)_y-(CH_2-CH)_z-\}_n$（带苯环与CH=CH₂侧基） 或 $\{(CH_2-CH=CH-CH_2)_x-(CH_2-CH)_y\}_n$（带苯环）	与天然橡胶比，其耐热、耐油、耐磨、耐老化性能较好，但耐寒、回弹性较差，纯硫化胶拉伸强度、伸长率比较低，需加入补强剂

续表

名　称	原　料	结　构　式	特　性
聚丁二烯橡胶（BR）	丁二烯	$\left[\begin{array}{c}H\\ \\CH_2\end{array}C=C\begin{array}{c}H\\ \\CH_2\end{array}\right]_n$ （顺式聚丁二烯）	具有高的弹性，滞后损失和生热小，低温性能好，耐磨、耐曲挠性好，胶料流动性好，但拉伸强度和撕裂强度低，加工性能欠佳，冷流性大
氯丁橡胶（CR）	氯丁二烯	$\left[CH_2-\underset{Cl}{C}=CH-CH_2\right]_n$	有良好的耐磨性、耐化学试剂性、耐延燃性、耐油性，尤其耐日光、耐天候性好，气密性与耐臭氧性优异
丁腈橡胶（NBR）	丁二烯、丙烯腈	$\left[CH_2-CH=CH-CH_2\right]_x\left[CH_2-\underset{CN}{CH}\right]_y]_n$	有较好的物理机械性能，耐汽油及脂肪烃类性能特别好，耐磨性比天然橡胶高30%～45%，耐高温性能比天然橡胶、氯丁橡胶好，但弹性、耐多次曲挠性、抗龟裂性及电绝缘性较差
丁基橡胶（IIR）	异丁烯及少量的异戊二烯	$\left[\underset{CH_3}{\overset{CH_3}{C}}-CH_2\right]_x\left[CH_2-\underset{CH_3}{C}=CH-CH_2\right]_y$ 不饱和度为1.0%～3.0摩尔%	气密性极好，最高耐热极限可达200℃，耐天候性好，耐酸、碱和耐极性溶剂能力强，电性能、减震性好
乙丙橡胶（EPM或EPR）	乙烯与丙烯	$\left[\left(CH_2-CH_2\right)_x\left(CH_2-\underset{CH_3}{CH}\right)_y\right]_n$	耐老化性能优异，电绝缘性优良、耐化学性好，冲击弹性较好，相对密度小，单体易得，但硫化速度慢，自粘性和互粘性差
聚氨酯橡胶（PUR）	聚酯、异氰酸酯	$\left[R-CO-OR'O-CO-R-O-CO-NH-R''-NHCOO\right]_n$ 聚酯型聚氨酯	极优良的耐磨性，高拉伸强度，良好的耐撕裂和耐氧化性能，耐油性与氯丁橡胶相近，绝缘性好，浇注型的为CPUR，热塑型的为TPUR，混炼型的为MPUR
	聚醚、异氰酸酯	$\left[R-OR'O-R-OCO-NH-R''-NHCOO\right]_n$ 聚醚型聚氨酯	
氯磺化聚乙烯橡胶（CSPE）	氯磺化聚乙烯	$\left[\left[\left(CH_2\right)_3-\underset{Cl}{CH}CH_2\right]_{12}-\underset{SO_2Cl}{CH}\right]_{17}$	良好的耐化学稳定性，耐臭氧、耐氧、耐热、耐曲挠、耐磨、耐油，但耐寒差

二、常用橡胶生胶性质

在建筑防水材料中常用橡胶生胶的性质和工艺性能列于表5-2。

表5-2 常用橡胶生胶性质、工艺性能和电性能

	项 目	橡 胶 种 类							
		NR	IR	SBR	BR	CR	IIR	NBR	EPDM
生胶性质	化学组成	聚异戊二烯	聚异戊二烯	丁二烯与苯乙烯共聚物	顺式-1,4-聚丁二烯	聚氯丁二烯	异丁烯与异戊二烯共聚物	丁二烯与丙烯腈共聚物	乙烯与丙烯共聚物（三元乙丙橡胶含少量其他二烯类单体）
	外观	淡黄~茶褐色，透明~半透明	米黄~淡琥珀色	淡黄~淡褐色，透明~半透明	淡黄~淡褐色，透明~半透明	淡黄~淡褐色，半透明	无色，透明~半透明	淡黄~淡褐色，透明~半透明	
	相对密度	0.9~0.95	0.92~0.94	0.92~0.94	0.91~0.94	1.15~1.3	0.91~0.93	0.96~1.20	0.86~0.87
	门尼粘度 $(ML_{1+4}^{100℃})$	90~150	50~90	30~135	30~55	45~120	45~75	30~100	50~150
	导热系数(cal/s·cm·℃)×10^{-4}	3.5		6.0		4.6	6.45	6.0	8.5
	比热容 C_P，kJ/kg·K	1.905		1.89			1.95		2.2
	体积热膨胀率(1/℃)×10^{-4}	6.7		7.6		6.1	5.7	6.0	1.8
工艺性能	粘性	优	良~优	可~良	可	良	可	良	劣
	混炼加工性	优	良~优	良	可	良	劣	可	劣
	硫化速度	快	快	快	快	中	慢	中	慢
	填充油性	良	良	可~良		可~良	劣		优
	炭黑混合性	优	良	良	良	可~良	劣	可~良	优
	硫化特性	优	优	优	优	优	良	优	劣
	与金属的粘着性	优	良	优	优	优	良	优	可
	与织物的粘着性	优		良		优	良	良	可
电性能	介电常数，10^6Hz	2.7~5		2.8~4.2		7.5~14.0	2.1~4.0	3.9~10	2.27
	功率因数×10^2，10^6Hz	0.05~0.2		0.5~3.5		1.0~6.0	0.3~8.0	3~5	2.3
	体积电阻，Ω·cm	10^{15}~10^{17}	10^{10}~10^{15}	10^{14}~10^{16}	10^{14}~10^{15}	10^{11}~10^{12}	10^{14}~10^{16}	10^{12}~10^{15}	10^{12}~10^{15}
	表面电阻，Ω	10^{14}~10^{15}		10^{13}~10^{14}		10^{11}~10^{12}	10^{13}~10^{14}	10^{12}~10^{15}	
	介电强度，每min振动数	450~600		450~600		100~500	400~800	400~500	

三、热塑性弹性体

热塑性弹性体的种类很多,在建筑防水材料中常用的有 SBS 橡胶(又称热塑性丁苯橡胶)、SIS 橡胶、SEPS 橡胶、SEBS 橡胶等,其中应用最多的为 SBS 橡胶。

SBS 橡胶是以苯乙烯、丁二烯为单体,采用离子聚合法制得的嵌段共聚物,兼有塑料和橡胶的双重特性。在常温下显示出橡胶的特性,在高温下能塑化成液状,加工时不需硫化,具有良好的低温性能。其命名方法为:

第一位数代表结构类型:星型为 4;线型为 1;混合型中星型为主的为 2

第二位数代表嵌段比:S/B=40/60 为 4;S/B=30/70 为 3

第三位数代表充油量:纯 SBS/油=100/50 为 5(重量比)

第四位代表分子量 10 万以内为 1;20 万以内为 2;30 万以内为 3

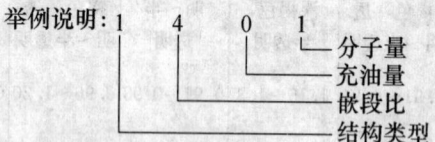

命名为:SBS1401。

常用的 SBS 橡胶性能列于表 5-3,新旧 SBS 牌号对照列于表 5-4。

表 5-3 SBS 技术指标

项目 规格	类型	分子量	挥发分(%)≤	300%定伸应力(MPa)≥	扯断拉伸率(%)≥	扯断永久变形(%)≤	熔体流动速率(g/10 min)
SBS1301	线型	10	1.00	1.7	700	40	0.10~5.00
SBS1301-1	线型	12	1.00	2.0	700	40	0.00~2.50
SBS1302	线型	18	1.00	1.5	650	40	0.00~1.50
SBS2303	混合型	28	1.00	1.5	550	40	0.00~1.50
SBS4302	星型	23	1.00	1.8	550	40	0.00~1.00
SBS4303	星型	30	1.00	1.8	550	40	0.00~1.00
SBS4303-2	星型	28	1.00	2.0	550	40	0.00~1.00

注:技术指标中的分子量为典型值。

表 5-4 新旧 SBS 牌号对照表

新牌号	旧牌号
SBS1401	YH792
SBS4402	YH802
SBS4452	YH805
SBS140-1	YH792
SBS1301	YH791
SBS4303	YH801
SBS1551	YH795

四、常用聚合物胶乳

在建筑防水材料中可供使用的聚合物胶乳很多，其中常用的有天然胶乳、氯丁胶乳、丁苯胶乳、羧基胶乳、丙烯酸酯乳液、乙烯-醋酸乙烯乳液等。

常用的聚合物胶乳的基本性能列于表 5-5、表 5-6、表 5-7、表 5-8。

表 5-5 天然胶乳的基本性能表

性能 种类	总固含量（%）	pH 值	氨含量（%）	粘度（mPa·s）	表面张力（mN/m）
原胶乳	37.5～41.0	10.0～10.5	0.8～1.0	4.0～5.5	33～36
离心浓缩胶乳	60.0～64.0	10.0～10.5	0.5～0.7	30.0～50.0	33～35
膏体浓缩胶乳	60.0～65.0	10.0～10.5	0.6～0.8	30.0～60.0	31～35
蒸发浓缩胶乳	72.0～75.0			95.0	

表 5-6 国产氯丁胶乳基本性能

性能 种类	总固含量（%）	pH 值	密度（g/cm³）	粘度（mPa·s）	表面张力（mN/m）
阳离子氯丁胶乳	40～50	4～9	1.085	<30	≤35
通用型氯丁胶乳	49～50	>11	1.095	<25	30～45
浓缩型氯丁胶乳	58～60	>11	1.100	<50	34～45
耐寒型氯苯胶乳	48～50	>11	1.085	<25	30～45

表 5-7 羧基胶乳基本性能

性能 种类	总固含量（%）	密度（g/cm³）	pH 值	粘度（mPa·s）	表面张力（mN/m）	颗粒度（μm）
羧基丁苯胶乳	≥43	0.95～1.05	8～9	20～70	38	0.1
羧基丁腈胶乳	40～42	1.00	8～9	45	47	0.1
羧基氯丁胶乳	50	1.10	7～10	≤100	≤47	0.3

表 5-8 通用型丁苯胶乳基本性能

性能 种类	总固含量（%）	pH 值	密度（g/cm³）	粘度（s/200 mL）
通用型丁苯胶乳	≥43	10～13	0.90～1.00	200～1 500

五、检验方法

在建筑防水材料中，对橡胶材料的性能检验方法主要有密度、灰分、门尼粘度、可塑度、邵氏硬度和硫化性能等。

(一)取样和制样

试验室的检验样品从选出的各胶包选取,样品的包数越多,样品对批的代表性越强,大多采用随机抽样法进行抽样,组成样本。

从胶包上去掉外层包装皮、聚乙烯包装膜、胶包涂层或其他表面物,垂直于胶包最大表面切透两刀,且不得用润滑剂,从胶包中部取出一整块胶。做仲裁检验应按此法取样。试验室样品也可从胶包任何方便的部位选取。制成份样。

根据所测试的项目,每个试验室样品(份样)的总量定为600~1 500 g。如果橡胶为屑状或粉末状,应从胶袋随机取出相同质量的胶样。

试验室的样品如不马上进行测试,则应放入容积不超过样品体积两倍的防潮容器或包装袋中备检。

表面如有滑石粉或其他隔离剂沾污,取样时可以去掉,试样中不应有杂质。

随机选择成包合成生胶数量应符合表5-9规定。

表5-9 随机选择成包合成生胶数量

一批成包合成橡胶的包装数	样本成包合成橡胶的包装数
少于40	4
40~100	7
100以上	10

对组成样本的每个胶包都要进行试验。

从600~1 500 g的份样中取250±5 g作为试样进行性能检验。有时在测试前需用开炼机将生胶进行开炼压实。

(二)门尼粘度

门尼粘度是一种表示橡胶可塑度的指标。由在一定温度、时间和压力下,置于门尼粘度计活动表面(转子)和固定面(上下模腔)之间试样变形时所受的扭力来确定。通常用 $ML_{1+4}^{100℃}$ 或 $M_{1+4}^{100℃}$ 表示。

门尼粘度试验主要用于生橡胶可塑度的检验。门尼值越高,可塑度越小,粘度越大。广泛用来作为控制橡胶胶料工艺性能的一项指标。

门尼粘度试验方法(GB/T1232)

【试验仪器】

门尼粘度计

【试样制备】

门尼粘度试样制备方法有两种。直接法和过辊法。优先采用直接法。直接法是从试验室样品上剪取厚度适宜的试料,直接进行门尼粘度的测定。但对于橡胶样品极不均匀、粘度过高、多孔、有气泡、半成品、炭黑母炼胶、屑状或粒状的情况下,需采用过辊法。尽可能排除试样中气泡,以免在门尼粘度计中转子和腔膜表面聚集空气。

过辊法是从试验室样品中取约250±5 g试样,将开炼机辊距调至1.4±0.1 mm,辊筒表面温度保持在50±5℃,将试料过辊10次。在第2~9次过辊时,将胶片对折,第10次过辊后不对折,直接下片。

试样规格为两个直径约 50 mm，厚度约 6 mm 的圆形试样组成。在其中一个试样中心打一个直径为 8 mm 的圆孔。

制备后的试件，至少在 23±2 ℃温度下调节 30 min 以上，并在 24 h 内进行试验。

不同胶种的试样制备条件列于表 5-10。

表 5-10 不同胶种的试样制备条件

胶　　种	开炼机辊温（℃）	辊距（mm）	过辊次数
NR①	70±5	1.3±0.15	10
BR EPDM	35±5	1.4±0.10	10
11R B11R C11R②			
其他合成胶、炭黑母炼胶、混炼胶及再生胶③	50±5	1.4±0.10	10

注：①天然胶过辊时，从第二次到第九次过辊应把橡胶卷起、竖立放入辊筒间，为防止气泡产生，第十次过辊后，无论对天然胶或合成胶都应趁热将胶折叠成试样规定的厚度。
②丁基胶（11R、B11R、C11R）从生胶中直接取样。
③不过辊直接取样。

【试验温度和试验时间】

试验温度和试验时间应根据表 5-11 中列出条件进行试验。若有特殊需要可以使用其他的试验温度和试验时间。但测得的结果不可比。

表 5-11 不同胶种的试验条件

胶　　种	试验温度（℃）	转子转动时间（min）
NR	100	4
11R B11R C11R	100 或 125①	8
EPDM EPM	125	4
其他合成胶，混炼胶，碳黑母炼胶及再生胶	100	4

注：①若试样粘度高于 $60ML$ (1+8) 100 ℃时，应选用 125 ℃的试验温度。

【试验步骤】

把模腔和转子预热到试验温度，并使其达到稳定状态，门尼粘度计在带转子空载转动时记录仪或刻度盘上的门尼值读数应在 0±0.5 范围内。打开模腔，将转子杆插入带孔试样的中心孔内，并把转子放入下膜，然后再把另一个试样准确地放在转子上面，迅速密封模腔预热试样，一般预热时间为 1 min，但也可根据需要采用其他预热时间。

测定低粘度或发粘试样时，可以在试样与模腔之间衬以玻璃纸或涂以隔离剂，以防试样污染模腔。试样达到预热时间后，立即使转子转动，若不用记录仪连续记录门尼值，则应在规定的读数时间前 30 s 内连续观察刻度盘上的示值，并将这段时间的最低门尼值作为该试样的粘度。读数精确到 0.5 门尼值。

一般试验结果应按下式表示：

$$ML(1+4)100℃$$

式中　M——门尼粘度值；
　　　L——大转子（S——表示小转子）；
　　　1——预热时间 1 min；

4——转动时间 4 min；

100 ℃——试验温度。

测定值精确度 0.5 个门尼值，试验结果取整数位。用不少于两个试样结果的算术平均值表示样品的粘度。两个试样结果的差值不得大于 2 个门尼值。否则应重复试验。

（三）快速塑性计法

各种生胶或混炼胶料的塑性可用快速塑性计法进行测定，该法可以较快的测定出生胶或混炼胶的可塑度，可节省操作时间，用快速塑性值表示，单位为 0.01 mm。

快速塑性测定法（GB/T3510）

【试验仪具】

快速塑性计；

切片机：由一个平底圆形砧和一个管状的同轴刀组成。切片机的转动装置与手柄连接，能通过调节该机导柱的高低，把胶片压至约 3 mm 的厚度，并可切出直径约 13 mm，体积恒定为 $0.4 \pm 0.04 \ cm^3$ 的圆柱形试样。

【试样制备】

由不同部位取样，再从均匀化的试样中，切取约 30 g 胶片，用冷辊薄通 3 次，薄通第 3 次后，胶片厚度约 1.7 mm，立即将胶片对折，轻轻压紧，使两胶片紧密粘合，胶片之间不得有气孔，压合后胶片厚度不得大于 4 mm，再从切片机上切取试样。

混合胶料试样，可从混炼均匀的胶料中，直接割下一小块厚度 3～4 mm 的平滑的、无气孔胶片，并从中用切片机切取试样。

【试验温度】

在 100 ± 1 ℃ 下进行试验。

【试验步骤】

当仪器压头和底盘加热稳定 100 min 后，将两张漂白、无光、无酸并具有一定韧性，规格为 35 mm×35 mm，厚度为 0.025 ± 0.005 mm（约 17 g/m^2）的薄纸置于压头和底盘之间，闭合后，在正式试验前及试验中，分别调整测厚装置的零点，使在"预热阶段"测厚装置指示应为 1.00 mm，即上下压板距离为 1.00 mm，加两张薄纸的厚度。（注：可采用 17 g 特号拷贝纸）。

将试样放在两块薄纸之间，使试样处于底盘正中，不得歪斜，然后启动可塑计，使试样压缩至 1.00 ± 0.01 mm，在此厚度下预热 15 s，使试样温度达到 100 ± 1 ℃，预热后，自动对试样施加 100 ± 1 N 的压力，持续至 15 ± 0.2 s，立即读出厚度读数，读到 0.005 mm。

试验过程如薄纸破裂，试验作废，应重新测定。

试验终止时，试样的厚度读数换算成快速塑性值，以 0.01 mm 表示 1 个快速塑性值，以 3 个试件的中位数作为测量结果，其结果以整数表示，3 个试样的最大值与最小值之间的差不应大于 2 个塑性值，否则结果作废，需重作试验。

（四）硬度

橡胶的硬度表示橡胶抵抗外力压入的能力，硬度值的大小反映橡胶材料软硬的程度。橡胶的硬度通常用邵氏 A 硬度表示，用邵氏硬度计进行测量，邵氏硬度计属于变动负荷型硬度计。

邵氏硬度试验是用外力把硬度计的钝针压在试件表面上，以钝针压入试件的深度与硬度之间的关系表示的，硬度计的指针直接指出橡胶的硬度。单位为度，（1 度=75 mN）。

橡胶硬度试验方法

【试验仪器】

邵氏硬度计：硬度计压针的形状和尺寸应符合图 5-1 和表 5-12 的规定要求，压针应位于孔的中心。

表 5-12　硬度计压针的尺寸

图中代号	D	d	H	α	ϕ	W
尺寸(mm)	1.25±0.15	0.79±0.03	2.50±0.04	35°±0.25°	$3.0^{+0.2}_{-0.6}$	>12

硬度计压针在自由状态时，其指针应为零度；当指针压入小孔，其端面与硬度计底面在同一平面时，硬度计所指刻度应为 100 度。

对压针所示力的大小同硬度计指示值的关系应符合下列公式，允许偏差为 75 mN（即硬度 1 度）：

$$F = 550 + 75H_A$$

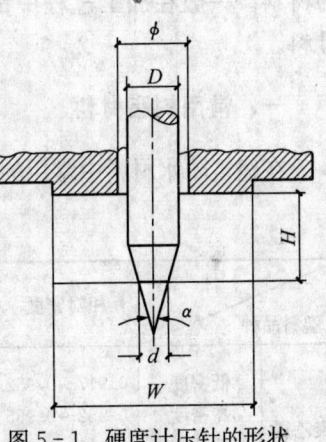

图 5-1　硬度计压针的形状

式中　F——对硬度计所施加的力，mN；

550——压针未压入试样时（硬度计指零时）弹簧的力为 550 mN；

75——硬度计每 1 度所对应的力为 75 mN；

H_A——邵氏 A 型硬度计指示的度数。

【试样】

试样的厚度应不小于 6 mm，上下两面平行，试样厚度达不到要求时，可用同样胶片重叠起来测定，但不得超过 3 层，并要上下两面平行。试样表面应光滑、平整，不应有缺胶、气泡、机械损伤及杂质。

【试验步骤】

试样环境调节和试验的标准温度为 23±2 ℃，相对湿度 50%，放置时间为 2 h。试样表面如有杂物，须用纱布沾酒精擦净。在试样下面应垫厚 5 mm 以上的光滑、平整的玻璃板或硬金属板。

硬度计用定负荷架辅助测定或手持测定试样的硬度时，在试样缓慢地受到质量为 1 kg 的负荷起 1 s 内读数。手持硬度计测定时，当硬度计的底面与试样表面平稳地完全接合时起 1 s 内读数。

试样上的每一点只准测量一次，测量点间距离不小于 6 mm，与试样的边缘距离均不小于 12 mm。

试验结果以硬度计示值为测试值，每个试样的测量点应不少于 3 点，取测定值中位数为试验结果。

第二节　树脂材料

在高分子防水材料中所用到的树脂材料有热塑性树脂和热固性树脂。塑料是以天然树脂或合成树脂等高分子化合物为基本成分，在加工过程中可塑制成形，而最后可保持形状不变的材料。一般在加工过程中都掺有助剂材料，如填料、增塑剂等。树脂材料是制取塑料的母料。

一、常用树脂材料

在建筑防水材料中常用的树脂材料列于表5-13，有机官能团的名称和符号列于表5-14。

表5-13 常用塑料品种

塑料品种	性能	相对密度	吸水率（%）	透光率（%）	成型收缩率（%）	玻璃化温度（℃）	熔融温度（℃）	硬度
聚乙烯	低密度	0.917～0.932	<0.01	半透明～不透明	1.5～4	−68	100～125	50（洛氏）
	高密度	0.952～0.965	<0.01			−55～−70	110～137	40～70（邵氏）
	线性低密度	0.918～0.935	—			—	122～124	
	EVA，VA15%	0.922～0.943	0.05～0.13		0.7～3.5	—	103～106	
聚丙烯	均聚	0.9～0.91	0.01～0.03	半透明～透明	1～2.5	−15	176	60～90（洛氏）
	共聚	0.89～0.905	0.03		2～2.5			
聚氯乙烯	软质	1.16～1.35	0.15～0.75	透明～不透明	1～5	−50～80	—	50～100（邵氏）
	硬质	1.30～1.58	0.04～0.4		0.1～0.5	80	212	
聚苯乙烯	均聚	1.04～1.05	0.01～0.03	88～92	0.4～0.7	80～105	150～204	80（洛氏）
	抗冲改性	1.07～1.08	0.15～0.25	—	0.3～0.5	120	—	80（洛氏）
	苯乙烯-丙烯酸酯共聚	1.09～1.13	0.11～0.15	90～92	0.2～0.6	91～97		83（洛氏）
ABS	通用级	1.07	0.3	不透明	0.4～0.6	110～125	217～237	100～109（洛氏）
	高流动级	—	—	不透明				100（洛氏）
	电镀级	—	—	不透明				103（洛氏）
聚酰胺	尼龙6	1.12～1.14	1.3～1.9	不透明	0.5～1.5		210～220	114（洛氏）
	尼龙66	1.13～1.15	1～1.3		0.8～1.5	50	265	118（洛氏）
	尼龙1010	1.04～1.09	1～1.5		1～2.5		195～210	95（洛氏）
聚甲醛	均聚	1.42	0.25～0.4	不透明	2～2.5		175～181	92～94（洛氏）
	共聚	1.41	0.22		2	−73	175	78（洛氏）
聚碳酸酯		1.2	0.15	90	0.5～0.7	149	220～230	70（洛氏）
氟塑料	F_4	2.14～2.2	<0.01	不透明	3～6		327	50～55（邵氏）
	F_3	2.1	—	不透明				
聚酯	PET	1.34～1.39	0.1～0.2		2～2.5	73	254～259	94～101（洛氏）
	PBT	1.31～1.38	0.08～0.09		1.5～2.0		232～267	68～78（洛氏）

续表

性能 塑料品种	相对密度	吸水率（%）	透光率（%）	成型收缩率（%）	玻璃化温度（℃）	熔融温度（℃）	硬度
聚砜	1.24~1.25	0.3	—	0.7	190	340~400	69（洛氏）
聚苯醚	1.2~1.25	0.07	—	0.5~0.7	110~135	200	69（洛氏）
聚氨酯（浇注）	1.1~1.5	0.2~1.5	—	2	—	热固化	50（邵氏）
聚酰亚胺（热塑性）	1.27	0.25	—	0.5~0.7	215	310~365	109（洛氏）
聚甲基丙烯酸甲酯	1.17~1.19	0.2	>92	0.9	105		180~240 MPa（布氏）
酚醛（木粉）	1.37~1.46	0.2~0.3		0.4~0.9		热固化	100~115（洛氏）
脲醛（电玉粉）	1.5~1.7	0.3~0.65		0.5~1		热固化	59~100（洛氏）
三聚氰胺（密胺）	1.47~1.52	0.1~0.8		0.5~1.5		热固化	115~125（洛氏）
环氧 无填充	1.11~1.4	0.08~0.15		0.2~1		热固化	80~110（洛氏）
环氧 石棉	1.6~2.0	0.04~0.1		0.05~0.3		热固化	
不饱和聚酯（玻璃布）	1.5~2.1	0.05~0.5		0.02~0.2		热固化	80~110（洛氏）
聚酰亚胺（热固性）	1.36~1.43	0.24		—		热固化	52~99（洛氏）

表 5-14 有机官能团的名称和符号

符号	名称	词头	词尾	词中	化合物类别和例解
—X	卤	卤	卤	—	卤代烃：氯苯 C_6H_5Cl、二氯甲烷 CH_2Cl_2、三碘甲烷 CHI_3
—O—	氧基，环氧基	氧基，环氧	醚	氧（基）	醚：二苯醚 $C_6H_5OC_6H_5$ 环氧化合物：环氧乙烷 $CH_2\text{—}CH_2$ 连 O
—OH	羟基	羟（基）	醇，酚	醇，酚	羟基酸：羟基乙酸 $HOCH_2COOH$ 醇：1-丁醇 $CH_3CH_2CH_2CH_2OH$、乙二醇 CH_2OHCH_2OH 酚：苯酚 C_6H_5OH
| C=O	羰基	羰（基）	酮	酰，羰	酮：丙酮 CH_3COCH_3、3-戊酮 $CH_3CH_2COCH_2CH_3$ 酰基化合物：乙酰氯 CH_3COCl、乙酰乙酸 CH_3COCH_2COOH
—CHO	醛基	（甲）醛（基）	醛	醛	醛：苯甲醛 C_6H_5CHO 缩醛：丙醛缩二乙醇 $CH_3CH_2CH(OCH_2CH_3)_2$
—COOH	羧基	羧（基）	（羧）酸	—	羧酸：乙酸 CH_3COOH、乙二酸 $(COOH)_2$、羧甲基醚 $BOCH_2COOH$
—COOR	酯基	酯基	酯	—	酯：甲酸乙酯 $HCOOCH_2CH_3$、甲酯基甲磺酸钠 $CH_3OOCCH_2SO_3Na$

续表

符号	名称	词头	词尾	词中	化合物类别和例解
—NH_2	氨基	氨（基）	胺	氨基	氨基酸：氨基乙酸 H_2NCH_2COOH 胺：甲胺 CH_3NH_2、二甲氨基苯 $C_6H_5N(CH_3)_2$
—$CONH_2$	酰氨基	氨羰（基）	酰胺	酰氨基	酰胺：乙酰胺 CH_3CONH_2、苯甲酰胺 $C_6H_5CONH_2$、乙酰胺基乙酸（N-乙酰甘氨酸）$CH_3CONHCH_2COOH$
—NO_2	硝基	硝（基）	硝	—	硝基化合物：硝基甲烷 CH_3NO_2、硝基苯 $C_6H_5NO_2$
—CN	氰基	氰（基）	腈	—	腈：乙腈（氰基甲烷）CH_3CN、苯甲腈 C_6H_5CN、丙烯腈 $CH_2=CHCN$
—SH	巯基	巯（基）	硫醇，硫酚	—	巯基化合物：巯基乙醇 $HSCH_2CH_2OH$ 硫醇：甲硫醇 CH_3SH 硫酚：苯硫酚 C_6H_5SH
—SO_3H	磺基	磺（基）	磺酸	磺酸	磺酸：苯磺酸钠 $C_6H_5SO_3Na$、磺基水杨酸 $HO_3SC_6H_3(OH)COOH$

二、塑料树脂取样方法

在抽样检验塑料树脂时，应从一批塑料树脂中抽取部分产品组成有代表性样本，利用数理统计原理确定样本大小，并用随机的方法抽取。具体可参阅 GB 2547。

在建筑防水材料试验室，一般来料较少，可采用随机抽样方法进行抽样。用大小合适的扦筒从不同部位（上、中、下、中心、外围等处）进行取样。对于包装件中均匀的产品，用勺状取样器较为合适。

应从确定的抽样单位中取出几倍、几十倍于试验用量的样品（以能取出有代表性的样品为原则），取出后用锥形四分法均匀缩样，直至取得合适的用量。有些颗粒料粒子较大，可在缩至一定程度后，用机械粉碎的方法，粉碎成小颗粒后，再行缩样，直至取得合适的用量为止。

三、熔体流动速率

熔体流动速率又称熔融指数或熔体流动指数，它是指热塑性塑料在一定温度和负荷下，熔体每 10 min 通过标准口模的质量。用 $M1$ 表示，单位为 g/10 min。

熔体流动速率是一项反映熔体流动特性及分子量大小的指标。$M1$ 值越低，树脂的分子量越小。

熔体流动速率试验方法（GB 3682）

【仪器仪具】

熔融流动速率仪：由料筒、活塞、标准口模和砝码组成，能自动控温；

切取样条的工具：刮刀或弹性适度的钢片；天平：感量 0.001 g；装料漏斗；秒表：精确至 0.1 s。

【试验条件】

熔体流动速率标准试验条件列于表 5-15。

表 5-15 标准试验条件

序 号	标准口模内径（mm）	试验温度（℃）	口模系数（g·mm²）	负荷（kg）
1	1.180	190	46.6	2.160
2	2.095	190	70	0.325
3	2.095	190	464	2.160
4	2.095	190	1 073	5.000
5	2.095	190	2 146	10.000
6	2.095	190	4 635	21.600
7	2.095	200	1 073	5.000
8	2.095	200	2 146	10.000
9	2.095	220	2 146	10.000
10	2.095	230	70	0.325
11	2.095	230	258	1.200
12	2.095	230	464	2.160
13	2.095	230	815	3.800
14	2.095	230	1 073	5.000
15	2.095	275	70	0.325
16	2.095	300	258	1.200

有关塑料试验条件按表 5-15 序号选用：

聚乙烯　　　1，2，3，4，6

聚甲醛　　　3

聚苯乙烯　　5，7，11，13

ABS　　　　7，9

聚丙烯　　　12，14

聚碳酸酯　　16

聚酰胺　　　10，15

丙烯酸酯　　8，11，13

纤维素酯　　2，3

注：共聚、共混和改性等类型的塑料可参照上述分类试验条件选用。

【试验步骤】

温度校正：仪器在固定温度使用时，至少每天试验前校正一次，每当变换温度时必须进行校正。先调节加热控制系统使监测孔中的温度计达到规定温度，同时把校正温度计插入料筒预热至相同温度，取出后将流动性较好的材料（或试样）加入料筒压实，随即再插入校正温度计，待料熔融后把校正温度计浸入熔体，使温度计球距标准口顶部 10 mm，在至少

4 min后，以测出两支温度计读数差来校正。

温度校正后，将熔体流动速率测定仪调至水平。装好标准口模并插入活塞后，开始升温，当升到规定温度后，恒温至少15 min。根据试样预计流动速率按表5-16称取试样并加入料筒。

表5-16 试样加入量与切样时间间隔

流动速率 (g/10 min)	试样加入量 (g)	切样时间间隔 (s)
0.1~0.5	3~4	120~240
>0.5~1.0	3~4	60~120
>1.0~3.5	4~5	30~60
>3.5~10	6~8	10~30
>10~25	6~8	5~10

试样加入时用活塞压紧，并在1 min内加完，将活塞留在料筒里，根据选定的试验条件加负荷。

注：如果试样流动速率高于10 g/10 min，则预热时试样会有较大的损失，在这种情况下预热期间可以不加砝码或加较小的砝码，在4 min预热结束时换成所需的砝码。

试样经过4 min预热，炉温应恢复到规定温度，用手压使活塞降到下环形标记距料筒口5~10 mm为止，此操作时间不应超过1 min。待活塞下至下环形标记和料筒口相平时，切除已流出的样条，并按表5-16规定的切样时间间隔开始正式切取。保留连续切取的无气泡样条3个。当活塞下降至上环标记和料筒口相平时，停止切取。

注：①易氧化降解的试样，在装料前，须用氮气吹扫料筒。
②流动速率在25 g/10 min以上者，可采用内径小的口模。
③样条长度最好在10~20 mm之间，但以切样时间间隔为准。

样条冷却后，置于天平上，分别称重。若所切条中的最大值和最小值之差超过其平均值的10%，则试验重做。每次试验后，必须用纱布擦净标准口模表面、活塞和料筒，模孔用直径合适的黄铜丝或木钉趁热将余料顶出后，用纱布擦净。

熔体流动速率按下式计算：

$$MFR = \frac{600 \times W}{t}$$

式中　MFR——熔体流动速率，g/10 min；
　　　W——切取样条质量的算术平均值，g；
　　　t——切样时间间隔，s。

试验结果取两位有效数字。

四、塑料灰分

塑料灰分是指塑料中所含不易燃烧的矿物质成分，用百分率表示，单位为%。
塑料灰分测定法（直接燃烧法）
【仪器与仪具】
马弗炉（或称马福炉）：能合适地控制在600±25 ℃，750±50 ℃，850±50 ℃

或 950±50 ℃范围内；

坩埚：与试验物质不起作用的石英坩埚、陶瓷坩埚或铂坩埚；

分析天平：准确至 0.1 mg；

干燥器：盛有与灰分不起作用的干燥剂；

称量瓶；煤气灯或其他合适的加热器。

【试验步骤】

（一）试样量

所取的试样量要足够产生 5～50 mg 的灰分，如未知灰分的近似含量，则要有一次预测。推荐表（5-17）选取试样量。

表 5-17 试样量选取

近似灰分含量（%）	试样量（g）	所得的灰分量（mg）
<0.01	≥200	5～50
>0.01～0.05	100	10～50
>0.05～0.1	50	25～50
>0.1～0.2	25	25～50
>0.2	≤10	20～50

对灰分量很小的塑料，必须增加试样量。

当试样不能一次燃烧完时，就在一个合适的称量瓶中称取所需的量，然后分次把适量的试样放入坩埚中进行连续燃烧，直到全部试样烧完为止。

（二）试验条件

在马弗炉内于规定的温度下煅烧的持续时间不得超过 3 h。应从下列温度系列中任选一种：600±25 ℃，750±50 ℃，850±50 ℃，950±50 ℃。

（三）试验步骤

把坩埚放在马弗炉内，在试验温度下加热至恒重，放入干燥器内至少 1 h，使其冷却至室温，并在分析天平上称重，准确至 0.1 mg。

试样要按相应规范所述进行预干燥，试样量的多少以能产生 5～50 mg 灰分为准。

将试样放入已知质量的称量瓶中，称重，准确至 0.1 mg 或试样量的 0.1%。如果坩埚足够大，能容纳相当于 5～50 mg 灰分的试样，则试样可直接放在坩埚内称量。体积大的材料可先压成小块，然后再破碎成尺寸合适的碎片。

把试样放入坩埚中，不能超过坩埚高度的一半，然后直接在煤气灯或其他合适的加热器上加热，使其缓慢的燃烧。燃烧不可太剧烈以免灰分颗粒损失。冷却后再增加其余的试件。重复上述操作，直至试样全部烧完。

把坩埚放入已预热至规定温度的马弗炉内，煅烧 0.5 h。

然后把坩埚放入干燥器内 1 h。使其冷却至室温，并在分析天平上称量，准确至 0.1 mg。在相同的条件下，每次再灼烧 0.5 h，直至恒重，即相继二次称量结果之差不大于 0.5 mg。

试验次数和试验结果所允许的分散性无规定时，重复试验直到相继二次测定结果之差不大于其平均值的 10% 为止。

灰分按下列公式计算：

$$X = \frac{m_1}{m_0} \times 100$$

式中　X——灰分，%；
　　　m_0——试样质量，g；
　　　m_1——所得灰分质量，g。

五、维卡软化点

维卡软化点是表示塑料耐热性的一种指标，又称维卡耐热度，简称 VSP。它是指圆形或方形塑料试片以 50 ℃/h 的升温速率加热。用截面积为 1 mm² 的圆柱形针垂直压入试片，测定 1 kg 或 5 kg 的荷载下达到 1 mm 深度时的温度。常用来测试没有明确熔点的聚氯乙烯、聚苯乙烯、有机玻璃、纤维素热塑性塑料的耐热性。

维卡软化点试验方法

【仪器设备】

维卡软化点仪。

【试样及预处理】

试样的厚度为 3~6 mm，宽和长至少为 10 mm×10 mm，或直径大于 10 mm。模塑试样厚度为 3~4 mm。板材试样厚度取板材厚度，但厚度超过 6 mm 时，应将试件加工成 3~4 mm。如厚度不足 3 mm 时，则可由 2 块但至多不超过 3 块叠合成厚度大于 3 mm 时，方能进行测定。

试样的支撑面和测面应平行，表面平整光滑，无气泡，无锯齿痕迹、凹痕或飞边等缺陷，每组试件 2 个。

试件预处理按规定进行，无规定时，可直接进行测定。

【试验步骤】

把试样放入支架，其中心位置在压针头之下，试样边缘应大于 3 mm。经机械加工的试样，加工面应紧贴支架底座。插入温度计使温度计水银球与试样相距 3 mm 以内，但不应触及试样。将支架小心浸入浴槽内，试样位于液面 35 mm 以下，起始温度应至少低于该材料软化点（维卡）50 ℃。

加砝码，试样承受 G_A 负载或 G_B 负载，开始搅拌，5 min 后调节变形测量范围，使之为零。按 A 速或 B 速升温。当压针头压入试样 1 min 时，迅速记录此时温度，此温度即为该试样的（维卡）软化点。

材料的软化点（维卡）以两个试样的算术平均值表示，如同组试样测定结果大于 2 ℃时，必须另取试样重做。

第三节　聚合物鉴别法

判断塑料或橡胶中聚合物的方法很多，主要有燃烧法、溶解法、显色反应法和红外光谱法。

一、燃烧法

燃烧法是判断聚合物最简单的方法，可根据不同结构的聚合物具有不同的燃烧特征来判断。通过观察聚合物燃烧的难易程度，能否自熄，火焰特征，燃烧状态，发出气味等可初步判断一些聚合物类别。各种常用聚合物燃烧特征列于表 5-18。

表 5-18 各种聚合物的燃烧特征

聚合物名称	燃烧难易	自熄性	火焰特征	状 态	气化物气味
聚乙烯	容易	不能	底蓝色、顶黄色	熔化、滴落	烧蜡味
聚乙烯（高密度）	中或容易	不能	底蓝色，顶黄色，白烟	熔化、滴落	烧蜡味
聚乙烯（填充）	困难	能	黄色，少量烟	软化，焦化	烧蜡味
聚苯乙烯	容易	不能	橙黄色，浓黑烟，呈炭束	软化，起泡	苯乙烯甜味
聚甲基苯乙烯	容易	不能	橙黄色，浓黑烟，呈炭束	软化	甲基苯乙烯味
聚氯乙烯	容易	能	黄色，下端绿色，白烟	软化	特殊氯味
聚偏氯乙烯	非常困难	能	黄色，边缘喷出绿色	软化，碎裂，成灰	特殊氯味
氯乙烯-乙酸-乙烯共聚物	中或困难	能	暗黄色，边缘发绿烟	软化，碎裂，起泡	氯化氢味
聚四氟乙烯	不燃		无火焰	熔化，起泡，少量焦化	烈火中分解出氟化氢味
聚三氟氯乙烯	不燃		无火焰	软化	烈火中分解出氟化氢和氯化氢味
聚乙酸乙烯	容易	不能	暗黄色，少量黑烟，呈炭束	软化	乙酸气味
聚乙烯醇缩丁醛	容易	不能	底蓝色，顶黄色	熔化，滴落	油味
聚丙烯	依厚度中或易	不能	底蓝色，顶黄色，少量黑烟	熔化，滴落	烧蜡味
聚甲醛	容易	不能	上端黄色，下端蓝色	熔融，滴落	甲醛味
聚酯（浇注）	容易	不能	黄色，黑色	边缘熔化	特殊气味
聚酯（无填料）	中	不能	黄色黑烟，稳定燃烧	无滴落，软化	微带沥青味
聚酯（玻璃充填层压板）	困难	不能	黄色，少量黑烟	焦化	特殊辛辣味
酚醛树脂（木粉）	慢燃	能	黄色	膨胀，开裂	苯酚与甲醛味
脲醛树脂	困难	能	黄色，边缘带黄绿色	膨胀，碎裂，分解	特殊尿素味和甲醛味
苯乙烯丙烯腈共聚物	容易	不能	黄色，浓黑烟	熔化，起泡，易焦化	特殊丙烯腈味
聚甲基丙烯酸甲酯	容易	不能	黄色，边缘发蓝色，明亮	软化，稍有焦化	水果香味
聚酰胺	容易	能	黄橙色，边缘蓝色	熔化，滴落，分解	烧头发、羊毛的气味
聚对苯二甲酸乙二醇脂	容易	不能	橘黄色，有黑烟	熔化，滴落	新鲜芳香味
聚碳酸酯	容易	能	明亮，有黑烟	熔化，分解，焦化	无特殊气味
酪素塑料	容易	能	黄色，光亮	分解，焦化	烧头发，羊毛气味
聚乙烯醇	容易	能	明亮	熔化，变褐，分解	刺激性气味
聚乙烯醇缩乙醛	容易	不能	边缘发紫色	熔化，滴落	乙酸味

续表

聚合物名称	燃烧难易	自熄性	火焰特征	状态	气化物气味
聚乙烯醇缩甲醛	容易	不能	黄白色	熔化，滴落	稍有甜味
醇酸树脂	容易	不能	明亮	熔化，分解	丙烯醛刺激味
丙烯酸酯树脂	容易	不能	黄色，边缘发蓝	熔化，滴落	酯味
三乙酸纤维素	容易	能	暗黄色，有黑烟	熔化，滴落	乙酸味
苄基纤维素	容易	能	明亮，冒烟	熔化，焦化	苯甲醛（苦杏仁）味
丙酸纤维素	容易	不能	深黄色，有黑烟	熔化并继续燃烧	丙酸和焚纸味
乙酸-丙酸纤维素	容易	不能	深黄色，有黑烟	熔化并继续燃烧	乙酸和丙酸味
乙酸-丁酸纤维素	容易	不能	深黄色，有黑烟	熔化并继续燃烧	乙酸和丁酸味
甲基纤维素	容易	不能	黄绿色	熔化，焦化	稍有甜味、焚纸味
硝酸纤维素	容易	不能	明亮而强烈	燃烧剧激，完全	二氧化氮味
天然橡胶	容易	不能	暗黄色，有黑烟	软化，滴落，起泡	烧橡皮味
氯化橡胶	容易	能	火焰根部呈绿色	分解	氯化氢与焚纸味
乙丙橡胶	容易	不能	火焰根部呈蓝色，无烟	滴落	石蜡味
聚硫橡胶	容易	不能	蓝紫色，外层砖红色		硫化氢味
硅橡胶	中或容易	能	亮白色火焰，白烟	白色残渣	
聚氨酯	容易	不能	黄色，边缘呈蓝色	熔化，滴落	有刺激性味
虫胶	容易	不能	淡蓝黄色火焰飞溅，黑烟	软化	特殊火漆味

二、溶解法

溶解法是根据聚合物在不同溶剂中有着各自的溶解性，聚合物与各种溶剂相互间的溶解能力一般以溶解度参数（SP 值）表示。表 5-19 列出了各种聚合物的适用溶剂，表 5-20 为常用聚合物溶解度参数，表 5-21 为常用塑料加工温度。

表 5-19 聚合物的适用溶剂

聚合物	溶 剂
聚乙烯（高压法） 聚乙烯（低压法） 聚丙烯	常温不溶，在甲苯，二甲苯，氯苯，邻二氯苯，硝基苯，十氢萘，萘满的沸点温度下可溶
聚苯乙烯	各种酯类、苯、甲苯、二甲苯、二甲基甲酰胺、四氢呋喃、二噁烷、四氯化碳、二氯甲烷、氯仿、氯苯、硝基苯、吡啶、吗啉、乙腈
聚甲基丙烯酸甲酯	乙酸甲氧基乙酯、四氢呋喃、异佛尔酮、异亚丙基丙酮、二氯甲烷、乙酸乙酯、冰乙酸
聚氯乙烯	四氢呋喃、二甲基甲酰胺、环己酮、硝基苯、吗啉
氯乙烯-乙酸乙烯共聚物	四氢呋喃、二噁烷、二甲基甲酰胺、环己酮、丙酮、硝基苯、吗啉、二甲基亚砜、硝基甲烷

续表

聚合物	溶 剂
过氯乙烯树脂	丙酮，环己烷，二甲基甲酰胺，四氢呋喃，二噁烷，二氯甲烷，氯仿，氯苯，邻二氯苯，硝基苯，硝基甲烷
聚偏二氯乙烯	常温不溶，在甲苯，二甲苯，苯酚，间甲酚，二甲基甲酰胺，四氢呋喃，二噁烷，环己酮，邻二氯苯，硝基苯，二甲基亚砜等溶剂的沸点温度下可溶
尼龙	甲酸（98%～100%），苯酚（90%），间甲酚，氯化钙-乙醇溶液
线型聚酯	邻氯苯酚，沸点下的苯酚，间甲酚，二甲基甲酰胺
聚碳酸酯	二氯甲烷，氯仿，沸点下的苯，甲苯，二甲苯，二甲基酰胺，四氢呋喃
聚丙烯腈	二甲基甲酰胺，硝酸，氯化锌浓溶液
聚乙酸乙烯	各种酯类，丙酮，苯，甲苯
聚乙烯醇缩甲醛	环己酮，甲酸（98%～100%），硝酸，硝基乙烷，间甲酚
乙酸纤维素	硝酸，丙酮，甲酸（98%～100%），苯酚，间甲酚，二甲基甲酰胺，二噁烷，四氢呋喃，二甲基亚砜，硝基甲烷，吗啉
三乙酸纤维素	硝酸，甲酸（98%～100%），间甲酚，二噁烷，二氯甲烷，氯仿，二甲基亚砜
硝化纤维素	甲醇，乙二醇单乙醚，各种酯类，四氢呋喃，甲乙酮，丙酮，环己酮
聚四氟乙烯	无溶剂
天然橡胶	苯，甲苯，二甲苯，氯仿，四氯化碳
丁苯橡胶	苯，甲苯，二甲苯，四氯化碳
丁腈橡胶	苯，甲苯，二甲苯，丙酮，氯仿，乙酸乙酯，吡啶
聚氨基甲酸酯橡胶	沸点下的苯酚、间甲酚，二甲基甲酰胺，二甲基亚砜，四氢呋喃，硝基苯
氯丁橡胶	甲乙酮，环己酮，乙酸乙酯，甲苯，二甲苯，氯仿
氯醇橡胶	苯，环己酮
丁基橡胶	苯，甲苯，二甲苯，二氯甲烷，四氯化碳

表 5-20 聚合物的溶解度参数值

聚 合 物	δ $(J/cm^3)^{1/2}$	$(cal/cm^3)^{1/2}$
聚乙烯	16.1～16.5	7.8～8.1
聚丙烯	16.3～17.3	7.9～8.1
聚苯乙烯	17.3～18.6	8.5～9.7
聚异戊二烯	16.3～16.7	7.8～8.0
聚丁二烯	16.5～17.3	8.1～8.6
聚四氟乙烯	12.7	6.2
聚氯乙烯	19.2～19.8	9.5～9.7

续表

聚 合 物	δ $(J/cm^3)^{1/2}$	$(cal/cm^3)^{1/2}$
聚偏氯二乙烯	20.5~24.9	12.2
丁基橡胶	—	7.9
氯丁橡胶	19.2	9.2
聚氯丙烯	17.3~18.8	9.5~9.7
天然橡胶	—	7.9~8.7
聚异丁烯	15.9~16.5	8.0~8.1
聚甲基丙烯酸甲酯	18.9~19.4	9.3
聚甲基丙烯酸乙酯	16.2~18.6	—
聚丙烯酸甲酯	19.8~20.5	—
聚丙烯酸丁酯	17.8~18.0	8.7
聚醋酸乙烯	19.4~22.4	9.4
聚丙烯腈	28.7	15.4
尼龙 66	27.8	13.6
尼龙 6	27.6	—
甲基纤维素	—	10.3
聚氨酯	20.4	10
聚硫橡胶	18.4~19.2	9~9.4
醋酸纤维素	—	10.7
硝酸纤维素	21.8~23.5	10.9
丁腈橡胶：丁二烯/丙烯腈 82/18	17.8	8.7
丁腈橡胶：丁二烯/丙烯腈 75/25~70/30	17.7~17.8	9.38~9.64
丁腈橡胶：丁二烯/丙烯腈 60/40	18.8~19.4	10.30
二甲基硅橡胶	—	7.3
聚乙烯醇	47.8	3.5
聚酰胺	—	11.5
聚碳酸酯	19.4	—
环氧树脂	22.2	9.7~10.9
酚醛树脂	23.1	10.5~11.5
丁苯橡胶：丁二烯/苯乙烯，85/15~87/13	16.5~17.3	8.48
丁苯橡胶：丁二烯/苯乙烯，75/25~72/28	17.3	8.54
丁苯橡胶：丁二烯/苯乙烯，60/40	17.7~17.8	8.60~8.70
顺丁橡胶	—	8.1~8.6
乙丙橡胶（乙烯—丙烯共聚物）	16.1	7.95
SBS 橡胶：δ_S 苯乙烯段	9.1	—
SBS 橡胶：δ_B 丁二烯段	8.4	—
脲醛树脂		9.6~10.1

表 5-21 常用塑料加工温度

品　种	一般加工温度（℃）
聚甲醛	200
低密度聚乙烯	200
丙烯酸类树脂	180～200
聚氯乙烯	180
纤维素塑料	180
有机硅树脂	180
酚醛树脂	150～160
氟塑料	350
聚碳酸酯	300
聚酰胺	250～300
ABS 树脂	270
聚丙烯	270
聚苯乙烯	250
高密度聚乙烯	250
环氧树脂	150
不饱和聚酯	150
聚氨基甲酸酯	150
氨基塑料	120～150
通用橡胶	110～170

三、显色反应鉴别

聚合物显色反应鉴别方法是利用聚合物在热分解时的产物与一定的显色剂反应，可生成具有特殊颜色的化合物，根据不同聚合物所显颜色的差异来进行判定。例如对橡胶显色反应的鉴别方法：

将 0.5 g 试样放入一支 10 mm×75 mm 的试管中，用带有一根弯成 90°角玻璃导出管的软木塞塞住管口，在酒精灯上加热，待试样开始热解后将导出管插入盛有 1.5 mL 溶液 Ⅱ 试管的液面下，等热解产物明显进入溶液 Ⅱ 出现液珠后，不管是否出现颜色变化，都将导出管移到另一个装有 1.5 mL 溶液 Ⅰ 的试管溶液中，观察溶液 Ⅰ 和溶液 Ⅱ 的颜色变化及热解产物的液珠在溶液中的沉浮情况。再把溶液 Ⅰ 转移到一个 16 mm×150 mm 的试管中，并加入 5 mL 甲醇在 100 ℃水浴上加热 3 min，观察颜色变化。记录全部观察到结果，并按表 5-22 对橡胶进行分类。

表 5-22 橡胶热解产物的溶液呈色

橡胶种类	溶液 Ⅰ		溶液 Ⅱ
	开始颜色	加热后颜色	颜色
空白试验	淡黄色	淡黄色	绿色
天然橡胶或异戊橡胶	紫色	蓝紫色	绿色
丁苯橡胶	黄绿色	绿色	绿色
氯丁橡胶	黄色	淡绿色	红色
丁腈橡胶	红色	深红色	绿色
丁基橡胶	黄色（液珠漂浮）	淡蓝色	绿色
聚丁二烯	淡绿色	蓝绿色	绿色
硅橡胶	黄色	黄色	绿色

溶液Ⅰ 溶解 1.0 g 对二甲氨基苯甲醛和 0.01 g 对苯二酚于 100 mL 甲醇中。加 5 mL 盐酸和 10 mL 乙二醇,并用甲醇和乙二醇调节其密度为 0.851 g/mL,贮存在棕色瓶中。

溶液Ⅱ 溶解 2.00 g 柠檬酸钠（$2Na_3C_6H_5O_7 \cdot 11H_2O$）, 0.2 g 柠檬酸, 0.03 g 溴甲苯酚绿和 0.03 g 间胺黄于 500 mL 水中。

对某些塑料的显色反应鉴别方法为：

用 2 mL 热的乙酸酐溶解或悬浮几毫克试样,冷却后加入 3 滴 1+1 硫酸溶液,立即观察显色反应,在试样放置 10 min 后观察试样颜色。再在水浴中加热至 100 ℃,观察试样颜色。部分塑料的显色情况列于表 5-23。

表 5-23 部分塑料的 Liebermann-Storch-Moranski 显色反应

塑料种类	立即显色	10 min 后颜色	加热到 100 ℃后颜色
酚醛树脂	浅红紫至粉红色	棕色	棕色至红色
聚乙烯醇	无色至浅黄色	无色至浅黄色	棕色至黑色
聚乙酸乙烯酯	无色至浅黄色	蓝灰色	棕色至黑色
氯化橡胶	黄棕色	黄棕色	浅红色至黄棕色
环氧树脂	无色至黄色	无色至黄色	无色至黄色
聚氨酯	柠檬黄	柠檬黄	棕色,绿荧光

含氯塑料可通过吡啶显色反应来鉴别,试验方法为：

试样经乙醚萃取除去增塑剂后溶于四氢呋喃,滤去不溶成分,加入甲醇使之沉淀,萃取后在 75 ℃以下干燥。将干燥过的少量试样用 1 mL 吡啶与之反应。过几分钟后,加入 2~3 滴 50 g/L 氢氧化钠甲醇溶液,立即观察颜色, 5 min 和 1 h 后再分别观察一次。不同含氯塑料的显色反应列于表 5-24。

表 5-24 不同含氯塑料的吡啶显色反应

塑料种类	与吡啶和试剂溶液一起煮沸		与吡啶煮沸,冷却后加入试剂溶液		在试样中加入试剂溶液和吡啶,不加热	
	即刻	5 min 后	即刻	5 min 后	即刻	5 min 后
聚氯乙烯	红色至棕色	血红色、棕色至红色	血红色、棕红色	红色至棕色、黑色沉淀	红色至棕色	黑色至棕色
氯化聚氯乙烯	血红色、棕色至红色	棕色至红色	棕色至红色	红色至棕色、黑色沉淀	红色至棕色	红色至棕色
氯化橡胶	深红色至棕色	深红色至棕色	深红色至棕色	黑色至棕色沉淀	茶青色至棕色	茶青色至棕色
聚氯丁二烯	白色至浑浊	白色至浑浊	无色	无色	白色至浑浊	白色至浑浊
聚偏二氯乙烯	棕色至黑色	棕色至黑色沉淀	棕色至黑色沉淀	黑色至棕色沉淀	棕色至黑色	棕色至黑色
聚氯乙烯混配料	黄色	棕色至黑色沉淀	白色至浑浊	白色沉淀	无色	无色

四、红外光谱法

红外光谱法是鉴别聚合物化学结构的简单、快速、准确的方法。各种结构不同的化合物都有它的特征红外光谱图,在吸收光谱中,每一吸收带都反映了化合物某一原子或原子团的振动形式。根据吸收光谱与分子结构间关系的一些规律,可以推断出该化合物中存在那些基团和结构单元,从而估计出它的基本化学结构,再与一些已知化合物的红外光谱图相比较就能很快加以鉴定。表 5-25 列出了部分聚合物的红外光谱特征吸收峰。

表 5-25 部分聚合物的红外线特征吸收峰

聚 合 物 名 称	特征吸收峰频率（cm^{-1}）
异戊二烯橡胶	833, 1370, 1665, 855
丁苯橡胶	699, 962, 758, 1490, 1590
丁腈橡胶	962, 2220, 917
氯丁橡胶	1630, 820, 1110, 1300
乙丙橡胶	1370, 722, 1185
丁基橡胶	1370, 1390, 1220~1250
聚丁二烯橡胶	635, 909, 962, 990
氯磺化聚乙烯橡胶	1350, 1160, 1265, 722
酯型聚氨酯橡胶	1720, 1100~1300, 1530
醚型聚氨酯橡胶	1100, 1720
聚甲基丙烯酸甲酯	1730, 1150~1190, 1265, 1240
聚丙烯酸	1700, 1170, 1250
聚酰胺	1640, 1550, 3090, 3330
聚乙烯	1470, 720, 1380
聚丙烯	1470, 1380, 1160, 970
聚丙烯腈	1440, 2240
聚氯乙烯	1250, 1420, 1330, 600~700
双酚 A 型聚碳酸酯	1240, 1780, 1190, 1165, 830
三乙酸纤维素	1240, 1740, 1380, 1050
聚偏氯乙烯	1045~1070, 1405
聚四氟乙烯	1100~1250, 770
聚甲醛	900~935, 1100, 1240
氯化聚乙烯	670, 760, 790, 1266

第四节 填 料

填充料又称填料或填充剂,它是指填充于建筑防水材料中增加体积、改善性能、降低成本一类的矿质材料。是用矿质材料经粉碎加工而成的细微颗粒,粒径在 1 mm 以下,大多小于 0.07 mm。因所用的矿质材料的种类和加工成的形状不同,形成了种类繁多的填料。

一、常用填料

在建筑防水材料中常用的填料有硅质、碳酸盐类、纤维状填料等,常用填料列于表5-26,常用填料的性能列于表5-27、表5-28、表5-29、表5-30。

表5-26 常用填充剂的主要品种

化学成分		主要产品
无机化合物	硅酸盐	滑石粉、黏土、云母、石棉、玻璃纤维、玻璃球、玻璃珠、硅酸钙、膨润土、硅藻土
	氧化物	白炭黑(二氧化硅)、氧化铝、钛白粉(二氧化钛)、氧化铁、氧化锌、氧化镁、氧化锰、氧化钡
	氢氧化物	氢氧化铝、氢氧化镁、碱式碳酸镁
	碳酸盐	碳酸钙、碳酸镁
	(亚)硫酸盐	硫酸钡、硫酸钙、硫酸铵、亚硫酸钙
	碳素化合物	炭黑、石墨、碳纤维、碳中空球
	其他	铁粉、铜粉、铅粉、铝粉、硫化钼、硼纤维、碳化硅纤维、金属纤维、钛酸钙、硼酸锌、硼酸钠、硼酸钙
有机化合物		淀粉、芳香族聚酰胺纤维、PP纤维、尼龙纤维、木粉、棉等

表5-27 常用填料的密度

填料名称	密度(g/cm³)
滑石粉	2.7~2.8
磨细砂	2.2~2.8
硅藻土	1.90~9.35
石棉粉	2.3~3.3
云母粉	2.7~3.2
滑石菱镁矿粉	2.88
石灰石粉	2.7~2.9
白云石粉	2.80~2.95
方解石粉	2.6~2.8
白垩粉	2.6~2.8
硅石粉	2.4~2.7

表5-28 各种填料的硬度

填料	莫氏硬度	维氏压痕硬度
硅灰石	5~5.6	
玻璃	5.5	500
长石	6~6.5	774
硅石(石英砂)	7	1 350
黄玉	8	
金刚石	9	2 280~2 800
滑石	1	
蛭石	1.5	
高岭土	2	
云母,沸石	2~2.5	103~146
方解石、重晶石	3	120~250
铁(普碳钢)	4.5	

表 5-29 常用填料的性能及规格

填料名称	化学组成	密度（g/cm³）	吸油量（%）	折光指数	含量
重晶石粉	$BaSO_4$	4.47	6~12	1.64	85%~95%
沉淀碳酸钡	$BaCO_4$	4.35	10~15	1.64	≮97%
轻体碳酸钙	$CaCO_3$	2.71	15~60	1.48	
重体碳酸钙	$CaCO_3$	2.71	10~25 (15.75)	1.65	
滑石粉	$3MgO \cdot 4SiO_2 \cdot H_2O$	2.85	27 (15~35)	1.59	SiO_2 56% MgO 29.6% CaO 5%
瓷土（高岭土）	$AL_2O_3 \cdot 2SiO_2 \cdot 2H_2O$	2.6	36 (30~50)	1.56	SiO_2 46% AL_2O_3 37% H_2O 14.1%
云母粉	$K_2O \cdot 3AL_2O_3 \cdot 6SiO_2 \cdot 2H_2O$	2.76~3	47.5 (40~70)	1.59	
石棉粉	$3MgO \cdot 4SiO_2 \cdot H_2O$		15~35		
石英粉（白炭黑）	SiO_2	2.6	25	1.55	SiO_2 99% R_2O_3 0.5%
碳酸镁（天然）	$MgCO_3$	2.9~3.1		1.51~1.70	
碳酸镁（沉淀）	$11MgCO_3 \cdot 3Mg(OH)_2 \cdot 11H_2O$	2.19	147		

表 5-30 填料的视密度与比表面积

材料名称	视密度（g/cm³）	比表面积（m²/kg）
玻璃微珠	2.30	78
白云岩	2.83	183
砂岩	2.64	334
玄武岩	2.88	217
石灰岩	2.88	258
消石灰	2.30	750

二、对填料的技术要求

在建筑防水材料中所用的填料都有一定的技术要求，常用填料的技术要求列于表 5-31、表 5-32、表 5-33、表 5-34、表 5-35、表 5-36、表 5-37、表 5-38。

表 5-31 对填料的技术要求

指标名称		技术指标
密度（g/cm³）	不大于	3
水分含量（%）	不大于	0.5
细度，通过 0.104 mm 筛子的筛余量（%）	不大于	0.5
游离酸或碱		无
对亚麻油的吸油性，（mg/g）	不小于	0.8

表 5-32 矿物纤维性质

矿 物 纤 维		性 质 指 标	
尺寸分析			
	纤维长度	6 mm	最大平均试验值
	厚度	5 μm	最大平均试验值
杂质含量		0.250 mm	筛 95%通过,最小
		0.063 mm	筛 65%通过,最小

注:①欧洲的经验和上述标准制定是建立在玄武岩矿物纤维基础上的;
②纤维直径是根据至少 200 根纤维在显微镜中测定的结果;
③杂质含量是一种非纤维化物质的测量,杂质含量由振筛机上测定,通常用 0.250 mm 和 0.063 mm 两个筛子,详细资料参阅 ASTM C612;
④矿物纤维包括:石棉纤维、矿棉纤维和玻璃纤维等。

表 5-33 木质素纤维技术指标

项 目			技术指标
长度,mm			<6.0
筛分析(%)	冲气筛分析	0.150 mm 筛通过率	70±10
	普通网筛分析	0.850 mm 筛通过率	85±10
		0.425 mm 筛通过率	65±10
		0.106 mm 筛通过率	30±10
灰分含量(%)			18±5,无挥发物
pH 值			7.5±1.0
吸油率(g/g)			不小于纤维自身质量的 5 倍
含水率(%)(以重量计)			<5.0
耐热性,210℃,2h			颜色、体积基本无变化,热失重不大于 6%

表 5-34 聚合物纤维的技术指标

项 目	技 术 指 标
直径(mm)	0.015~0.025
长度(mm)	6±1.5,也可用户指定
抗拉强度(MPa)	不小于 500
最大极限延伸率(%)	不小于 15
耐热性,210℃,2h	颜色、体积无明显变化

表 5-35 聚合物长纤维的技术指标

项 目	技 术 指 标
直径(mm)	0.015~0.025
长度(mm)	19±1.5,38±1.5,54±1.5,也可用户指定
抗拉强度(MPa)	不小于 500
最大极限延伸率(%)	不小于 8
耐热性,177℃,2h	颜色、体积无变化

表 5-36 油母页岩粉性能

项 目	性 能
含油量（L/t）	60~150
CO_2 最低含量（%）	17
总含碳量（%）	84
灰分含量（%）	66
含氢量（%）	11
含氮量（%）	2
细度（200 目）（μm）	<75
比表面积（200 目）（m^2/g）	2.3

表 5-37 炭黑物理性能

项 目	单 位	性 能
平均粒径	μm	201~500
比表面积	m^2/g	6.5~9.0
吸油值	mL/g	0.25~0.45
挥发分	%	0.96
pH 值		6.3~8.4
密 度	g/cm^3	1.80
灰 分	%	0.05~0.15
水 分	%	0.04~0.13

表 5-38 天然沥青岩粉

项 目	性 能
颜色（粉末）	棕色
软化点（℃）	165~176.7
密度（g/cm^3）	1.04
硫（%）<	0.3
氮（%）	2.3~3.2
沥青烯（%）	69~71
闪点（℃）	337~371
灰分（%）	0.50~1.0

三、粉状填料试验

粉状填料试验方法包括填料取样与制样、密度、视密度、水分、亲水亲油平衡系数、细度、游离酸碱、吸油率等。

第五章　高分子材料与辅助材料

（一）取样与制样

在建筑防水材料生产厂中，粉状填料大多用车运往厂内，多为袋装。在取样时，随机选取数量等于车辆中总袋数的立方根，选来取样的每一袋中，在相同部位采集不少于 250 g 的样品，混合均匀（混合样）。

用缩分法缩小试样到 100～110 g 试件，粉状材料的缩分方法多采用锥形四分法，将混合好的样品堆成圆锥形，然后用铲子或木板将锥顶压平，成为截面圆锥体，通过圆心分成四等份，去掉任一相对的两等份，剩下的两等份再堆成圆锥体，如图 5-2 所示。

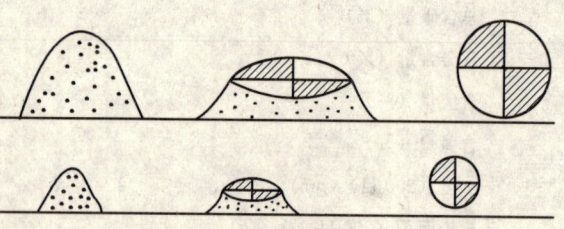

图 5-2　锥形四分法

如此重复进行，直达所需样品的数量为止。

等距离抽样法同样是粉状材料的一种取样方法。例如：

每隔 10 袋抽取一袋，但抽样袋数不少于总袋数的 5%。取样时用取样器。从袋口垂直插入袋的 1/2 处取样，每袋取样约 50 g，将所取试样混合在一起，称为批量代表大样。同一规格的粉状材料的质量一般以 50 t 为一批量，不足 50 t，也按一批量计。

粉状填充料也可按表 5-39 中规定的袋数与大样质量表中规定抽样。

表 5-39　抽样袋数与大样质量

批量(t)	每袋重 25 kg		每袋重 40 kg		每袋重 50 kg		大样质量(kg)
	总袋数	5%抽样	总袋数	8%抽样	总袋数	10%抽样	
5	200	10	125	10	100	10	0.5
10	400	20	250	20	200	20	1.0
20	800	40	500	40	400	40	2.0
30	1 200	60	750	60	600	60	3.0
40	1 600	80	1 000	80	800	80	4.0
50	2 000	100	1 250	100	1 000	100	5.0

（二）密度

密度是指干燥、密实（不包括空隙）填料的单位体积质量。因空气被抽走，故也称为真密度，单位为 g/cm^3 或 kg/m^3。真密度的测量方法多为比重瓶法。

密度试验方法

【试验仪具】

比重瓶：100 mL，颈有刻线；附真空抽气机的干燥器；温度计最小刻度为 0.5 ℃；分析天平：精度 0.000 g；烘箱：不低于 105 ℃，具有恒温装置；煤油。

【试验方法】

将具有代表性的粉状填充料样品放在 105 ℃ 的烘箱中烘至恒重（约 4 h）。

将煤油注入比重瓶（100 mL）中，至颈部刻线为止，并称其质量 G_1，（精确至

0.0001 g),然后将煤油倒出,彻底清洗后放入烘干箱中烘干。

取 14~15 g 烘干的填充料装入比重瓶中,称填充料的质量 G_2(精确至 0.0001 g)。

注入煤油至 2/3 的体积,在室温(18~25 ℃)条件下,移入真空干燥器内进行抽气,以驱除填料中空气,此时干燥器中的压力不大于 0.02 MPa,再注入煤油至颈部刻线为止,然后进行称量为 G_3。

填充料的密度按下式计算：

$$y = \frac{G_2 y_k}{(G_1 + G_2 - G_3) y_w}$$

式中 y——填充料的真密度,g/cm³;
  G_1——比重瓶与煤油的质量,g;
  G_2——干填充料的质量,g;
  G_3——装有填充料、煤油和比重瓶的合重,g;
  y_k——煤油的密度(事先用比重瓶测得);
  y_w——在室温下水的密度,可取 0.998 2。

在试验过程中,煤油的温度变化不应超过±2 ℃。

（三）视密度

工程材料的密度多用视密度(亦称表观密度)表示。在工业生产上,为简便起见,而是采用填充料吸收饱和水以后,称其质量,按排水方法计算其体积。表观体积是包含气体在内的固体体积,表观密度是单位表观体积质量与同体积 4 ℃水的质量之比。单位为 g/cm³ 或 kg/m³。

视密度测定方法

【试验仪具】

量筒：100 mL;天平：精度 0.01 g;温度计：0~100 ℃,精确度±1 ℃。

【试验方法】

将事先冲洗干净的量筒(100 mL),注入 40~60 mL 的蒸馏水,进行定温 4 ℃待用。

称取试样 5~10 g(精确至 0.01 g)为 G。

将盛有蒸馏水已定温 4 ℃的量筒取出温度计,检查液面凹处与量筒刻度并作记录 V,然后卷一纸筒放入量筒,距水面高 3~6 mm 处(为防止试样吸附壁上)。

将称量的试样从纸筒中投入量筒内,再将纸筒上挂住的试样用手弹于量筒后,取出纸筒,静置,待全部试样沉淀,再检查水面刻度 V_1。

视密度计算公式如下：

$$V_{视} = \frac{G}{V_1 - V}$$

式中 $V_{视}$——视密度,g/cm³;
  V_1——试样和水的体积,mL;
  V——水的体积,mL;
  G——试样重,g。

在试验过程中水温应保持 4 ℃。

（四）水分

水作用于填料以后,除了润湿填料以外,还填充到填料的孔隙中去,使填料含有一定的水分，其含水量的大小，取决于填充料的孔隙的数量，大小和分布情况，含有孔隙较多的填料，有较大的吸水性。在建筑防水材料中，通常是要求含水量越少越好，对填料的含水量测量非常重要。

含水量可用所含水分占干填料的百分率来表示，单位为%。

含水量测定方法

【试验仪具】

称量皿：金属或玻璃制；温度计；天平：精确度 0.001 g；烘箱：105～110 ℃，具有恒温控制装置；干燥器。

【试验方法】

取填料试样约 50 g，铺放在已知恒重的称量皿中，放在已定温度为 105～110 ℃ 的烘箱中烘干至恒重，在干燥器中冷却后进行称量，称量准确度为 0.001 g。

水分含量可用下列公式计算：

$$W = \frac{G_2 - G_3}{G_3 - G_1} \times 100$$

式中　W——填料的含水量，%；

　　　G_1——称量皿的质量，g；

　　　G_2——未烘干的试样和称量皿合重，g；

　　　G_3——烘干后的试样和称量皿合重，g。

（五）亲水亲油平衡系数

亲水亲油系数是指填料在水（极性介质）中膨胀的体积与相同试样在煤油（非极性介质）中膨胀的体积之比，它表示填料对水和油的亲和能力大小。

亲水亲油系数大于 1 的填料，对水的亲和力比对油的亲和力大；亲水亲油系数小于 1 的填料，对油的亲和力比对水的亲和力大。

在沥青防水材料中所用的填料要有较强的亲油性，亲油性大的填料对沥青的浸润力、裹覆力要好。

亲水亲油系数测定方法

【测试仪具】

50 mL 量筒 2 个（刻度至 0.1 mL，最好先校正）；研钵及附有橡皮头的研杵；煤油：在 270 ℃ 馏得的煤油，再经亚粘土过滤后使用（过滤用的亚粘土应先经加热至 250 ℃ 并恒温 3 h，或加热 400 ℃ 恒温 4 h，待其冷却后使用）。

【试验方法】

称取烘干至恒重的填料 5 g（准确至 0.01 g），将其放在研钵中，加入 15～20 mL 蒸馏水，用研杵研磨 5 min，然后用蒸馏水冲洗，将钵中的悬浮液洗入量筒中，使液面恰到 50 mL 刻度处，然后用玻璃棒搅拌悬浮液。

按上述方法，将另一份同样质量的填料用煤油仔细研磨后，倒入另一量筒中，液面亦达到 50 mL 刻度处，同样用玻璃棒搅拌均匀。

将以上两量筒静置，使颗粒沉淀，每天读记两次沉淀的体积，直至体积不变为止。

亲水亲油系数可用下列公式进行计算：

$$K = \frac{V_{水}}{V_{油}}$$

式中 K——填料的亲油亲水系数；

$V_水$——填料在水中沉淀物体积，mL；

$V_油$——填料在煤油中沉淀物体积，mL。

同一试样需进行两次试验，以两次测定体积的平均值作为试验结果，两次平行试验结果之差不得大于 2%。

（六）细度

细度是表示填充料的粗细程度，用筛余百分数表示，单位为%。在建筑防水材料中，对填料要求要有一定的细度，要求小于 0.074 mm 的颗粒有一定的含量，但小于 0.005 mm 的颗粒不宜过多，否则易于结块，不易搅拌均匀。

填料的粒度和粒径是有区别的，料径是指每个颗粒的尺寸大小，用 μm 表示。粒度是指构成填料能代表许多颗粒群的颗粒大小，实际上颗粒是由一定的颗粒群所组成的。从目前各建筑防水材料厂的分散设备来看，很难将填料分散成单个颗粒，多以颗粒群的形式存在，所以填料不能过细。

筛析法是测定填料颗粒细度或粒度最常用的方法。它是将一定质量的填充料置于规定孔径的标准筛上筛分，然后称量残留在筛上的填料，以百分率（%）表示。

细度测定方法

【试验仪具】

分样筛：140 目（0.104 mm），具有筛盖和筛底；烘箱：105～110 ℃，具有恒温控制；天平：精确度 0.001 g；磁皿。

【试验方法】

取具有代表性的试样约 100 g，置于 105～110 ℃ 烘至恒重（精确到 0.001 g）。

将称量好的试样倒在规定的分样筛上（具有筛盖和筛底）进行筛分，一手执筛往返摇动，一手在筛框外拍打，直至筛下无颗粒通过为止，此时可用筛下铺白纸来检验（至肉眼看不到筛下物为止）。

将筛余物倾入预先称重的磁皿中，并称量之，细度按筛余物占试样总量的百分率计算。

（七）游离酸碱

在填料中如含有游离酸或游离碱性物质，对建筑防水材料，尤其沥青防水材料的性能会产生很大影响，含量较大时，在加热熬制沥青时，其结构将会遭到破坏。在沥青防水材料中，不应含有游离酸或游离碱，在高分子防水材料中同样应限制游离酸或游离碱的填料加入，特殊情况例外。

填料的游离酸和碱可用酸碱指示剂进行测定。

游离酸碱的试验方法

【试验仪具】

锥形瓶：250～500 mL；试管：15～20 mL；移液管：25 mL；蒸馏水；酚酞酒精溶液；甲基橙水溶液。

【试验方法】

称取约 10 g 的填充料，装入锥形瓶中，倒入 150 mL 蒸馏水，煮沸 30 min，然后冷却至室温。

用移液管从锥形瓶内将溶液吸入两个试管内，每个试管约盛 10～15 mL。

在每个试管水溶液中，加入 3 滴酚酞指示剂（0.01 N），若溶液呈粉红色时，表示弱碱性；若呈鲜红色时，则表示强碱性；若为无色时，则表示无游离碱存在。在另一个试管水溶液中，加入 2 滴甲基橙水溶液，若呈粉红色时，则说明填料内有溶于水的酸性介质；若为无色时，则表示没有游离酸的存在。

确定填料的酸碱情况，还可用 pH 法测定，使用的仪器为玻璃/甘汞电极的 pH 电子显示计。在测 pH 值时，不允许悬浮物沉淀，可用磁性搅棒器搅拌。

（八）吸油率

吸油率是选择填料的一项重要依据，吸油率高，达到相同粘度时，填料所占的比例就小。所以，在一般情况下都选择吸油率低的填料，但吸油率过低会影响沥青与填料的粘结性。在沥青防水材料中，填充料的吸油率一般不应小于 1.2，规范规定最小不应小于 0.8。

填充料的吸油率用对亚麻仁油的吸收能力来表示，单位为%。

吸油率测定方法（GB 5211.15）

【试验仪具】

平板：磨砂玻璃或大理石制，尺寸不小于 300 mm×400 mm；

调刀：钢制、锥形刀身，长 140～150 mm，最宽处为 20～25 mm，最窄处不小于 12.5 mm；

滴定管：容量 10 mL，分度值 0.05 mL。

【试验步骤】

进行两份试样的平行试验。

根据填料的吸油量范围，建议按表 5-40 规定称取适量的试样。

表 5-40 试样称取量

吸油量（mL/100 g）	试样质量（g）
≤10	20
>10～30	10
>30～50	5
>50～80	2
>80	1

将试样置于平板上，用滴定管滴定精制亚麻仁油，每次加油量不超过 10 滴，加完后用调刀压研，使油进入受试样品，继续滴加至油和试样形成团块为止。此时起每加一滴油后需用刀充分调研，当形成稠度均匀的膏状物，恰好不裂不碎，又能粘附在平板上时，即为终点。记录所消耗油量，全部操作应在 20～25 min 内完成。

吸油率用单位质量填料与所吸亚麻仁油质量之比表示。可按下式进行计算：

$$K_{吸} = \frac{\gamma \cdot V}{G} \times 100$$

式中　$K_{吸}$——吸油率，%；

　　　γ——亚麻仁油的密度，g/m³；

　　　G——填料样品质量，g；

　　　V——亚麻仁油消耗体积，cm³。

四、纤维状填料试验

(一) 取样与制样

纤维状填料是以同一批原料、同一规格、稳定连续生产的一定数量的产品（包）为一批。取批样本为试验室样本。批样品的数量应根据总包装包数而定，取样数量列于表5-41。

表5-41　批量样品取样数量

一批包数	取样包数
1～5	全部取样
6～25	5
25以上	10

应分别在每个取样包距底表层10%及15%处，各随机抽取样品，每一样品应不少于50 g。

抽取样品的质量，应根据取样包数而定。

取样包数小于5包时，总量不少于1 000 g；

总量包数为5包时，每个样约100 g；

取样包数为10包时，每个样约50 g。

(二) 纤维长度试验

合成纤维长度试验方法，通常用中段称重法。它是用手扯法将纤维梳理整齐，切取一定长度的中段纤维，在过短纤维极少的情况下，总质量与中段质量之比愈大，则纤维的平均长度愈长。纤维的平均长度用中段长度乘总质量与中段质量之比表示，单位为mm。

试验方法

【仪器与工具】

切断器：10 mm, 20 mm和30 mm（允许误差±0.01 mm）；

天平：最小分度值0.01 mg, 0.1 mg, 1 mg各1台；

钢梳：10针/cm, 20针/cm；

限制器绒板、黑绒板、压板、一号夹子、钢尺及镊子等。

【试样制备】

从试验室试验样品中随机均匀地取出大于50 g作为平均长度测试样品。然后在一定条件下对试样进行预调湿和调湿，使样品达到吸湿平衡（每隔30 min连续称量的质量递变量不超过0.1%）。

纤维调湿和试验条件：

预调湿用标准大气：温度不超过50 ℃，相对湿度10%～25%；

调湿和试验用标准大气：温度20±2 ℃，相对湿度62%～68%。

【试验步骤】

从经过调湿处理的试验样品中随机均匀地称取试样50 g（精确至0.1 g），再从该样品中均匀地取出并称取一定质量的纤维作平均长度和超长分析用（棉型称取30～40 mg、中长50～70 mg、毛型100～150 mg）。将剩余的试样用手扯松，在黑绒板上，用手拣法将倍长纤维挑出（包括漏切纤维）。将平均长度用的纤维进行手扯整理，用梳子将游离纤维梳下。将梳下的纤维加以整理，长于过短纤维界限的纤维仍归入纤维束中，再手扯一次，使纤维束一端较为整齐。将手扯后的纤维束在限制器绒板上整理，使成为一端整齐的纤维束，并梳去游离纤维。将梳下的游离纤维整理后仍归入纤维束中，并对过短纤维界限下的纤维进行整理，量出最短纤维的长度。

从纤维束中取出超长纤维称量后，仍并入纤维束中（精确至 0.01 mg）。将纤维束放在切断器上切取中段纤维（棉型和中长型切 20 mm；毛型切 30 mm；有过短纤维时棉型和中长型切 10 mm）。切时纤维束整齐的一端靠近切断刀口，两手所加张力要适当，使纤维伸直但不伸长，纤维束必须与刀口垂直。切下的中段和两端纤维、过短纤维经平衡后分别称量（精确至 0.1 mg）。测试长度时发现倍长纤维，拣出后并入倍长纤维一起称量（精确至 0.01 mg）。

【结果计算】

$$L = \frac{W_o}{\dfrac{W_c}{L_c} + \dfrac{2W_s}{L_s + L_{ss}}}$$

式中　L——平均长度，mm；
　　　W_o——长度试样质量，mg；
　　　W_c——中段纤维质量，mg；
　　　L_c——中段纤维长度，mm；
　　　W_s——过短纤维界限以下的纤维质量，mg；
　　　L_s——过短纤维界限，mm；
　　　L_{ss}——最短纤维长度，mm。

当无过短纤维或过短纤维含量极少可以忽略不计时，平均长度用下式计算：

$$L = \frac{L_c W_o}{W_c} = \frac{L_c(W_c + W_t)}{W_c}$$

式中　W_t——两端纤维质量，mg。

计算到小数点后两位，再修约到小数点后一位。

注：超长纤维　棉型：超过名义长度 5 mm 并小于名义长度 2 倍者；
　　　　　　中长型：超过名义长度 10 mm 并小于名义长度 2 倍者。
　　倍长纤维　名义长度的 2 倍及以上者（包括漏切纤维）。
　　过短纤维界限　棉型：小于 20 mm 者；
　　　　　　　　中长型：小于 30 mm 者。

（三）纤维直径试验

纤维直径测试方法分为合成纤维直径测试方法和玻璃纤维测试方法，而玻璃纤维直径测试方法中又分为纵向法和横截面法，多用纵向法。

1. 合成纤维直径试验方法

合成纤维直径用纤维纵向投影宽度的平均值表示，单位为 μm。它是把纤维片段的映像放大 500 倍并投影到屏幕上，用通过屏幕圆心的毫米刻度尺量出与纤维正交处的宽度或用楔尺测量屏幕圆内的纤维直径，逐次记录测量结果并计算出纤维平均值。

【仪器与仪具】

投影显微镜：包括光源、聚光器、载物台、物镜、目镜、具有毫米刻度尺的圆形屏幕或折光镜,载物台装有能向相互垂直的两个方向移动的步进位移装置,物镜和目镜的投影放大倍数为 500 倍,通过屏幕圆心有一毫米刻度尺,可在平面内绕其圆心旋转,如图 5-3 所示;

印有放大 500 倍刻度的楔尺;

显微镜测微尺:分度为 0.01 mm;

纤维切片器或双刀片:可将纤维切成 0.2~0.4 mm 片段长度。

粘性介质:

粘性介质应具以下性质:

温度在 20 ℃时折射率在 1.43~1.53 之间,有适当的粘性,吸水率为零,对纤维直径无影响,适用的介质有杉木油或液体石蜡等。

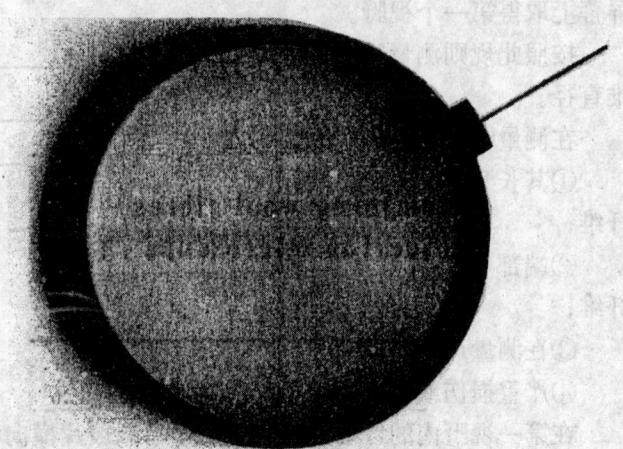

图 5-3 盘式测量尺

载玻片:厚度应与物镜测微尺玻璃片的厚度相同,其长为 76 mm,宽为 26 mm;

盖玻片:厚度为 0.13~0.17 mm。

【试样制备】

预调湿是在 50 ℃烘箱内至少烘半小时。若试验样品的回潮率低于标准平衡回潮率时,可不进行预调湿。

调湿是将预调湿后的试验样品置于温度为 20±2 ℃,相对湿度为 65%±3%的条件下,放置一定时间后称重,当两次质量的增量(两次称重相隔 2 h)不超过后一次质量的 0.25%时,即认为试验样品达到吸湿平衡。

试验应在温度为 20±2 ℃,相对湿度为 65%±3%的条件下进行。

把洗净的试验样品大致分成 40 份,从每一份中取出一簇纤维一分为二,注意不可使纤维拉断,随机丢弃一半,稍加整理使纤维基本呈平行状态,再从纵向分取一束,一分为二,丢弃一半,如此继续操作,直到每份剩下约 100 根纤维,这样共剩下约 4 000 根纤维。

如果纤维含油率大于 1%,则用石油醚或其他溶剂处理两次,待干燥后放在标准大气中调湿。

用纤维切片器或双刀片切取 0.2~0.4 mm 长的纤维片段,至少切三次,将这些纤维片段充分混和,取出一小部分放在滴有粘性介质的载玻片上,用镊子搅拌,使之均匀分布在介质内,然后盖上盖玻片。盖时注意,应先去除多余的粘性介质混和物,保证覆上盖玻片后不会有介质从盖玻片下挤出,以免细纤维流失。

本试验共制作三只试样,以供测量使用。

【试验步骤】

(1) 校准放大倍数

将分度为 0.01 mm 的测微尺放在载物台上,投影在屏幕上的测微尺的一个分度(0.01 mm)应精确地被放大为 5 mm,这时放大倍数为 500 倍。

(2) 测量

把载有试样的载玻片放在显微镜载物台上,盖玻片面对物镜,开始时首先对盖玻片的角

A 进行调焦（见图 5-4），纵向移动载玻片 0.5 mm 到 B，再横向移动 0.5 mm，这两步将在屏幕上取得第一个视野。

按照此规则测量视野圆周内的每根纤维直径。

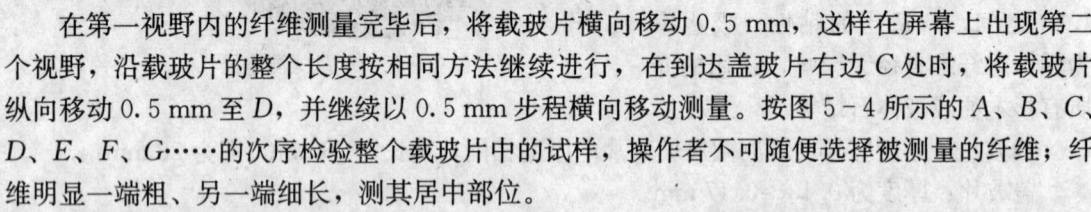

图 5-4 检测次序示意

在测量时以下情况应排除：

①其长度有一半以上在圆周以外的纤维；

②端部在透明刻度尺宽度范围内的纤维；

③在测量点上与另一根纤维相交的纤维；

④严重损伤或畸形的纤维。

在第一视野内的纤维测量完毕后，将载玻片横向移动 0.5 mm，这样在屏幕上出现第二个视野，沿载玻片的整个长度按相同方法继续进行，在到达盖玻片右边 C 处时，将载玻片纵向移动 0.5 mm 至 D，并继续以 0.5 mm 步程横向移动测量。按图 5-4 所示的 A、B、C、D、E、F、G……的次序检验整个载玻片中的试样，操作者不可随便选择被测量的纤维；纤维明显一端粗、另一端细长，测其居中部位。

上述测量应由两名操作者各自独立进行，结果以二者测得结果平均值表示。若两者测得的结果差异大于两者平均值的 3‰ 时，应测量第三个试样，最终结果取三个试样实测数值的平均值。

（3）调焦

当透镜太靠近盖玻片时，纤维的边缘显示白色的边线；当透镜离盖玻片太远时，纤维边缘显示黑色边线，如图 5-5（a）所示。

   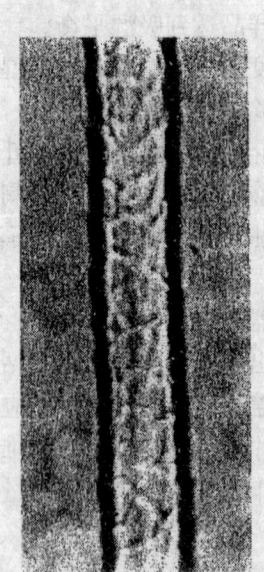

(a) 调焦正确   (b) 调焦不正确

图 5-5 调焦

当在焦平面上时，纤维边缘显示一细线，没有白色或黑色边线，如图 5-5（b）所示。纤维映像的两边不是经常同时在焦平面上的，调焦时，使一个边缘在焦点上而另一边显示白线，然后测量在焦点上的边线到白线的内侧的宽度。

(4) 测量记录

测量每一根纤维都要使分度刻度尺的刻线与对准焦点的纤维一边相切。按前所述，在纤维另一边上读出直径，测量结果可记入表格。

如果纤维未对准焦点的边缘落在刻度尺的两个分度之间，将其记在较小的毫米整数 N 组内，在以后的计算中，可将记录在 N 组内的所有纤维的直径看做 $N+0.5$ mm，当偶尔有一根纤维的直径正好处于毫米整数时，那么这根纤维既可算作 $N-0.5$ mm 组，也可算作 $N+0.5$ mm 组，在这种情况出现时，要把它们交替记作 $N+0.5$ mm 组和 $N-0.5$ mm 组计算。

【计算结果】

以毫米为单位计算上述测量的算术平均值，在放大倍数为 500 时，将算术平均值乘以 2，就是以微米为单位的纤维平均直径。

平均直径

以毫米计的测量平均直径：

$$\overline{X}_{mm} = A + 0.5 + \frac{\sum(F \times D)}{\sum F} \times I$$

以微米计的纤维平均直径：

$$\overline{X} = \overline{X}_{mm} \times 2$$

$$S = \sqrt{\frac{\sum(F \times D^2)}{\sum F} - \left[\frac{\sum(F \times D)}{\sum F}\right]^2} \times I \times 2$$

$$CV(\%) = \frac{S}{\overline{X}}$$

式中 $\overline{X}_{mm}$ ——以毫米计的纤维平均直径，mm；

$\overline{X}$ ——以微米计的纤维平均直径，μm；

A ——假定平均直径，mm；

F ——测量根数；

D ——相对假定算术平均数之差；

I ——组距，1 mm；

S ——标准差，μm；

CV ——变异系数，%。

试验结果计算至小数点后第三位，修约至两位小数。

计算实例列入表 5-42。

$$\overline{X}_{mm} = A + 0.5 + \frac{\sum(F \times D)}{\sum F} \times I = 12.64 \text{ mm}$$

$$\overline{X} = \overline{X}_{mm} \times 2 = 25.28 \ \mu m$$

$$S = \sqrt{\frac{\sum(F \times D^2)}{\sum F} - \left[\frac{\sum(F \times D)}{\sum F}\right]^2} \times I \times 2 = 5.48 \ \mu m$$

$$CV(\%) = \frac{S}{\overline{X}} = 21.68\%$$

表 5-42　计算实例

组别	测量根数	(F)	差值 (D)	F·D	F·D²	
1						
2						
3						检验编号_____
4						
5						片子编号_____
6	丅	2	-6	-12	72	
7	正丅	7	-5	-35	175	型号_____
8	正正一	11	-4	-44	176	
9	正正正正丅	23	-3	-69	207	品质支数_____
10	正正正正正正正正正丅	52	-2	-104	208	
11	正正正正正正正丅	39	-1	-39	39	仪器编号_____
12	正正正正正正正丅	37	0	0	0	
13	正正正正正正正正	40	+1	+40	40	温度_____℃
14	正正正正正正正正	40	+2	+80	160	
15	正正正正	19	+3	+57	171	相对湿度_____%
16	正正	10	+4	+40	160	
17	正丅	7	+5	+35	175	试验日期_____
18	正丅	7	+6	+42	252	
19	一	1	+7	+7	49	试验员_____
20	丅	3	+8	+24	192	
21	一	1	+9	+9	81	
22	一	1	+10	+10	100	
23						
24						
25						
合计Σ		300		+41	2257	

2. 玻璃纤维直径测定方法

玻璃纤维的直径实际为直径的平均值，单位为 μm。它是将纤维浸入一种与其折射率不同的液体中，在显微镜下观察其纵侧面并测量直径。纵向法玻纤直径试验方法如下：

【仪器与工具】

显微镜，配备以下装置：

内装测微计的目镜，目镜与物镜的总放大倍数至少为 500 倍，选 1 000 倍更好。显微镜的分辨率应能满足测量值至少精确到 $0.5\ \mu m$。

该系统可用显微投影仪代替或配合，在显微投影仪上面可用透明的标尺（选用弧形标尺更好）测量试样。

可横向移动和转动的载物台。

照明系统。

建议选用的显微镜是采用平面偏光，并配有科勒光源照明系统和阿贝聚光镜。为了更精确地读取测量值，也应配备一个绿色滤片。

测微计标尺：作为光学系统的标定，其最小分度值为 0.01 mm。

载玻片（厚度：1.10～1.35 mm）和盖玻片（厚度：0.16～0.19 mm）。盖玻片的厚度应定期校验。

液体介质：折射率与被测纤维的折射率不同（但不要相差太大）。苄醇、水杨酸甲酯、1∶2 的甘油和水的混合物都是可以满足要求的介质。

刀片或剪刀。

去除试样上浸润剂所需的附加仪器。

【试验步骤】

如果纤维在液体中不能分散时，应除去纤维表面的浸润剂。

安装配有相应光学系统和可移动载物台的显微镜，用测微计标尺标定光学系统。

按如下方法制备试样：

用锋利的切刀切取长度不超过 25 mm 的纤维作为试样。

将试样放置在载玻片上。

将纤维分开，使它们不再是紧密的一束，但仍基本保持彼此平行。

用玻璃棒蘸取一滴液体介质在载玻片上，浸渍试样并覆盖上盖玻片。

将载玻片放在载物台上，调节试样的位置至纤维边缘清晰可见，调节载玻片的位置，使目镜内测微分度计与一根纤维垂直。将测微分度计从纤维的一个边移到另一个边，记录移动距离。

当选用显微投影仪（见注）测量时，只需利用透明标尺刻度测量纤维的一边到另一边的距离。移动载玻片，随机选择纤维，直至获得 25 个读数。

【结果表示】

计算 25 个测量值的算术平均值，根据光学系统的放大系数，将该算术平均值换算成以 μm 为单位表示。

将结果修约至 0.5 μm。

（四）灰分

灰分是评价纤维状填料中无机质含量的方法，表示无机质在纤维填料中的含量，用百分率表示，单位为%。

有机纤维状填料中要求灰分含量要小，表示纤维中杂质含量小；无机纤维中要求灰分含量大，表示纤维中有机杂质含量小，纤维纯度高。纤维含量高，对沥青或高分子材料吸附性好。

纤维灰分试验方法

【仪器和材料】

高温炉：可恒温 595～650 ℃；电子天平：精确度为 0.01 g；瓷坩埚：50 mL；干燥器：干燥剂为氯化钙。

【试验步骤】

将高温炉（马弗炉）升温至 595～650 ℃，将瓷坩埚放入高温炉中灼烧至恒重，然后置于干燥器中冷却后称重（m_2），精确至 0.01 g。

称取烘干（105～110 ℃）过的纤维 m_1＝2.00±0.10 g，放入瓷坩埚中，然后将瓷坩埚置于预热至 615 ℃的马弗炉中恒温 2 h。

取出坩埚，放入干燥器中冷却（不少于 30 min），称取坩埚质量 m_3，精确至 0.01 g。

纤维灰分按下式计算：

$$X_1 = \frac{m_3 - m_2}{m_1} \times 100$$

式中　X_1——纤维灰分含量，%；
　　　m_1——纤维质量，g；
　　　m_2——坩埚质量，g；
　　　m_3——烘干后坩埚与灰分质量，g。

（五）酸碱性

酸碱性是指纤维的游离酸或游离碱的含量大小，通常用 pH 值表示。

pH 值试验方法

【仪器和材料】

250 mL 烧杯；玻璃棒；pH 计或精密 pH 试纸（测量精度为 0.1）。

【试验步骤】

称取烘干过的纤维 5.00±0.1 g，将纤维放入 100 mL 的蒸馏水中，用玻璃棒充分搅拌，静置 30 min。用 pH 计或精密 pH 试纸测定蒸馏水的 pH 值。

（六）吸油率

吸油率是指纤维填料在矿物油中吸收量占纤维质量的百分率，用%表示。反映纤维与沥青材料的浸润与吸附力的大小。

吸油率试验方法

【仪器和材料】

纤维吸油率测定仪：由筛与摇筛机组成（240 次/min，位移 31.5 mm）；

电子天平：精度为 0.01 g；

塑料杯（120 mL）；玻璃棒；矿物油：如硅油（可用煤油代替）；收集容器。

【试验步骤】

称取烘干的纤维 m_4＝5.00±0.10 g，放入塑料杯中，向塑料杯中倒入 100 mL 矿物油，用玻璃棒充分搅拌 10 min，然后静置 5 min。

称取试样筛质量 m_5，精确至 0.01 g，放在纤维吸油率测定仪上安装好。将塑料杯中的混合物倒入试样分析筛中，启动纤维吸油率测定仪，经 10 min 后仪器自动停机（若无自动装置则人工停止）。

取下试样筛，称取试样筛和吸有矿物油的纤维的质量 m_6，精确至 0.01 g。

纤维吸油率按下式计算：

$$X_2 = \frac{m_6 - m_5 - m_4}{m_4} \times 100$$

式中　X_2——纤维吸油率，%；
　　　m_4——干纤维质量，g；

m_5——试样筛质量，g；

m_6——试样和吸有矿物的纤维质量，g。

（七）含水率

含水率是指纤维填料中所含有水分的多少，通常用水分占纤维的质量百分率表示，单位为％。

含水率测定方法

【仪器和材料】

电热烘箱：可恒温在121℃，具有自动控温装置；电子天平：精度为0.01g；瓷盘；干燥器。

【试验步骤】

将烘箱升温至121℃，称取未经烘干过的纤维质量 $m_7=10.00±0.10$ g 放入瓷盘中，纤维若成团应预先分散开。

将盛有纤维的瓷盘放入烘箱中，保持121℃恒温2h。取出纤维瓷盘，放入干燥器中冷却后，称取纤维的质量 m_8，精确至0.01g。

纤维含水率按下式计算：

$$X_3 = \frac{m_7 - m_8}{m_7} \times 100$$

式中　X_3——纤维含水率，％；

m_7——未经烘干前纤维质量，g；

m_8——烘干后纤维质量，g。

（八）耐热性

耐热性是指纤维在高温条件下其性能变化的情况，反映了抵抗高温的能力。用纤维的粘连情况、形状变化和热失重来表示，热失重的单位为％。

耐热性试验方法

【仪器和材料】

电热烘箱：可恒温210℃，具有温控装置；

电子天平：精度为0.01g；

表面皿：$\phi 80\sim 100$ mm 或蒸发皿；

干燥器。

【试验步骤】

将电热烘箱升温至210℃，称取未经烘干的纤维质量为 m_9，然后将盛有纤维的表面皿放入烘箱中，保持210℃，恒温2h。

取出盛纤维的表面皿放入干燥器中，冷却后称取纤维的质量 m_{10}，精确至0.01g。取出的同时观察纤维颜色、形状的变化。

用下列公式计算纤维的热失重：

$$X_4 = \frac{m_9 - m_{10}}{m_9} \times 100$$

式中　X_4——纤维的热失重，％；

m_9——未经烘干纤维质量，g；

m_{10}——烘干失重后纤维质量，g。

（九）筛分析试验

纤维状填料中的纤维长度是不一致的，纤维的分级是用筛分析法确定的。用通过筛孔的百分率表示，单位为%。纤维状填料要求有一定的筛通过率。

筛分试验方法

【仪器与材料】

纤维分析专用筛：由筛、尼龙刷、摇筛机组成；

电子天平：精度为 0.01 g。

【试验步骤】

将纤维烘干并分散，精确称取纤维 $m_0=5\pm 0.10$ g，放入纤维专用分析筛中，盖好筛盖，用特制的尼龙刷子逐级筛分 10 min；称取各级筛纤维的筛余量 m，精确至 0.01 g。

各级筛的分计筛余百分率可用下列公式计算：

$$P_x = m_x/m_0 \times 100$$

式中　P_x——筛余百分率，%；

　　　m_x——各级筛余量，g；

　　　m_0——称取的纤维状填料总量，g。

各级筛的累计筛余百分率为该级筛及大于该级筛的各级筛上的分计筛余百分率之和。

各级筛的质量通过百分率为各级筛的通过百分率 100，减去该级筛累计筛余百分率。

根据各级筛的筛余百分率可绘制出筛分曲线。

注意：试验用筛的规格与数量，根据技术要求确定。

第五节　隔离与防护材料

隔离与防护材料主要用于沥青和聚合物沥青防水卷材中，为防止卷材在卷曲、贮存和运输过程中相互粘结，需在卷材表面撒布片状、粒状或粉状矿质材料，或粘贴塑料、金属等薄膜材料进行隔离，这类材料统称隔离材料。对具有提高防水卷材在使用过程中的耐候性能或防火性能的双重功能的矿质或金属薄膜材料，在施工后用于防水层表面，亦称保护材料。

一、种类

在建筑防水材料中常用的隔离和保护材料主要有粉状撒布料、粒状撒布料、片状撒布料、彩色矿质撒布料和薄膜类材料。粉状撒布料与粉状填料的区别在于细度的不同，填料的细度在 140 目（0.104mm）以下，而粉状撒布料的细度在 120 目（0.125mm）以上。粒状和片状撒布料粒径更大。

常用的隔离与保护材料列于表 5-43。

表 5-43 常用隔离与保护材料

种类	材料名称
粉状撒布料	滑石粉、白云石粉、石灰石粉、磨细砂、磨细膨胀珍珠岩粉、磨细水碴粉
粒状撒布料	天然砂、粒状砾石
片状撒布料	页岩片、云母粉、蛭石粉
彩色撒布料	彩色松石、彩色青田石，彩色青金石、人造彩色粒料
薄膜隔离材料	聚乙烯膜、聚酯薄膜、PVC 底膜
薄膜保护材料	金属化塑料底膜、铝箔、铜箔

二、技术要求

（一）粉状撒布料

粉状撒布料的技术要求列于表 5-44。

表 5-44 粉状撒布料

材料名称	细度	筛余量（%）
粉状撒布料	100 目（0.147 mm）	0
	120 目（0.125 mm）	100
细砂撒布料	18 目（1.0 mm）	0
	25 目～20 目（0.2 mm～0.9 mm）⩾	10
	2.8 目（0.63 mm）⩾	10

（二）粒状撒布料

粒状撒布料细度应符合表 5-45 规定要求。

表 5-45 粒状撒布料

材料名称	细度	筛余量（%）
细粒状撒布料	20 目（0.84 mm）	1.0
	40 目（0.42 mm）	100
大粒状撒布料	7 目（3.0 mm）	10
	48 目（0.3 mm）	100
含水率（%）	⩽	0.5

（三）片状撒布料

片状撒布料细度列于表 5-46。

表 5-46 片状撒布料

项目		技术要求（%）
细度 (mm)	>2.5	5
	1.5～2.5	60
	<0.5	2
含水率（%）⩽		0.5

（四）大粒状撒布料

大粒状撒布料有粉碎石和砾石，要求有一定的硬度，不透明，表面干燥，无粘土，无砂或其他杂质。物理性能应符合表 5-47 规定要求。撒布料的分级列于表 5-48。

表 5-47 物理性能

项 目	技术要求
含水率 最大（%）	
粉碎石或砾石	0.5
粉碎矿渣	5.0
松散密度 （kg/m³）最小	960
灰尘 最大（%）	0.5
硬度：通过 3.35 mm 筛余百分率（%）最大	20

表 5-48 大粒撒布料的分级

筛（mm）	通过量（%）
19.0	100
12.5	90～100
9.5	40～70
4.75	0～15
2.36	0～5

大粒撒布料主要用于屋面防水层的表面，做防水层的保护材料。

（五）薄膜类

薄膜类隔离保护材料列于表 5-49、表 5-50、表 5-51 和表 5-52。

表 5-49 PE 薄膜隔离材料

项 目	技术要求
宽度（mm）≥	1140
厚度（mm）	0.018～0.020
卷长（m）	200
单位面积质量（g/m²）≥	10
接头允许（个）	1

表 5-50 铜箔技术性能

项 目	指 标
厚度（mm）	0.08±0.015
单位面积，质量（g/m²）	720

表 5-51 铝箔技术性能

项 目	指 标
宽度（mm）	920±1.0
厚度（mm）	0.03～0.08
抗拉强度（N）≥	150
伸长率（%）≥	3
单位面积重量（g/m^2）≥	216

表 5-52 金属化塑料薄膜

项 目	指 标
宽度（mm）	1 000 或 1 080
厚度（mm）	0.012～0.025

三、隔离与保护材料代号

常用隔离与保护材料代号列于表 5-53。

表 5-53 隔离与保护材料代号

名 称	代 号
矿物粒料（片）	M
细砂	S
聚乙烯薄膜	PE
粉状材料	F
彩色材料	CS
片状材料	P
河砂	H
聚酯薄膜	PET

四、取样与制样

建筑防水材料生产厂所用的粒状或片状撒布料多为车运，袋装。在取样时，随机选择数量等于车辆中总袋的立方根。每一袋中在相同部位分别采集 800～900 g 样品，将所有点样混合在一起，称为混合样，再用缩分法缩小试样到所需样品数量为止。

粒状撒布料试样缩分法多采用槽形分样器，如图 5-6 所示。

在槽形分样器中有数个左右交替用隔板分开的小槽（一般不少于 10 个，而且必须是偶数），在下面两侧分别放有承接样品的样槽。当样品倒入分样器中后，样品即从两侧流入两面的槽内，于是把样品均匀的分成两个

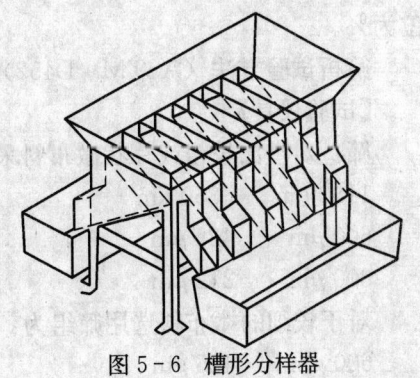

图 5-6 槽形分样器

等份。

缩分样品的最大颗粒直径不应大于槽宽度的二分之一或三分之一，用分样品可不必预先混匀样品即可进行缩分。

五、硬度

撒布料的硬度是指粒状撒布料破碎成碎片的程度，与通常所讲的布氏硬度或英氏硬度是不同的。它是指试样在标准化试验器具中，在1.2 m距离上下落200次时，根据有无细粉表示的，单位为%。

硬度试验方法（ASTM D1865）

【试验仪具】

钢管试验器：长1 200 mm，内径50.8 mm，在两端带有可拧的螺旋盖。安装在适当的台上，使其能绕管长度垂直的轴线旋转；

天平：称重500 g，精度0.1 g；

筛号：9.5 mm，6.3 mm，3.35 mm，在筛组底部应配有固体收集盘。

试样分离器：螺旋型。

【试验方法】

取经过烘干（110 ℃烘干）的撒布料进行分级，直到获得的粒料能通过9.5 mm筛，并阻留在6.3 mm筛上约225 g。把存留225 g试样的6.3 mm筛放在机械摇筛机上，摇动10 min以保证完全去掉细粉材料。

称出200 g阻留在6.3 mm筛上的撒布料，放在铁管试验器中，拧紧两端的盖。开始时管应保持垂直状态，然后以180 ℃倒转方向，并重复此动作200次，控制行程速度，以使颗粒只是下落而不滑移。

试验结束，拧开上盖，倒转管子，把粒料倒在6.3 mm和3.35 mm筛组和盘上。猛烈敲击管子，以倒出全部试料。把筛放在摇筛机中摇动5 min。仔细地称量阻留在每一个筛上的试样料质量，精确到0.1 g。

根据原料试样质量和阻留在每一筛上和盘中的试样，计算所占试样质量的百分率（%），通过3.35 mm筛的撒布料百分率（%）。

六、筛析方法

对粉状撒布料或粒状撒布料的筛分析方法，是以不同孔径筛上的筛余率表示的，单位为%。

筛析试验方法（ASTM D452）

【试验仪具】

筛：对于比较粗或片状撒布料采用筛组为：

1180 μm   850 μm
600 μm   425 μm
300 μm   212 μm

对于较细的撒布料选用筛组为：

600 μm   425 μm

300 μm   212 μm

150 μm   75 μm

摇筛机：以电动机驱动的摇筛机，产生均匀旋转速度，每分钟拍击 140~160 下；取样器；天平：500 g，精度 0.1 g。

【试验方法】

安装筛分机，最大筛孔的筛在上部，最小筛孔的筛在底部，在筛底下加一个收集盘。取试样 100~112 g，于烘干箱 105 ℃温度下烘干 2 h，取出放在干燥器中冷却，然后进行称量，准确至±0.1 g。把试样放在分析筛最上面的筛子，并在筛上放置筛盖，再置于摇筛机上，紧固筛组合体。

试样经受摇筛机作用 20 min，然后打开筛组，取最细筛的撒布料收集盘，称重，精度到 0.1 g。再把收集盘与筛重新组合装在一起，再继续摇 10 min。该阶段摇筛结束后，打开集盘，并再次称重收集物。若第二次摇振时，通过最细筛的撒布料不超过试样重的 0.5%，则认为筛分结束。若超过 0.5%，则重新组装和筛分，再摇 10 min，直到 10 min 摇振期间通过最细筛的数量小于试样重 0.5% 为止。

小心地取出每一筛上和盘上的试样称重，以精确至±0.1 g，然后计算筛余百分量（%），并按表 5-54 填写筛析报告。

表 5-54 报告形式

筛 余	筛 下	筛 余（%）
1.70 mm	—	
1.18 mm	1.70 mm	
850 μm	1.18 mm	
600 μm	850 μm	
425 μm	600 μm	
300 μm	425 μm	
212 μm	300 μm	
150 μm	212 μm	
75 μm	150 μm	
	75 μm	
总计		

第六节　油毡用胎体材料

胎体材料是沥青防水卷材（俗称油毡）的骨架。它使防水卷材有一定的形状、强度和韧性，从而保证了卷材在施工过程中的铺设性和防水层的抗裂性，起到了防水层的增强作用。常用的沥青油毡胎体材料如图 5-7 所示。

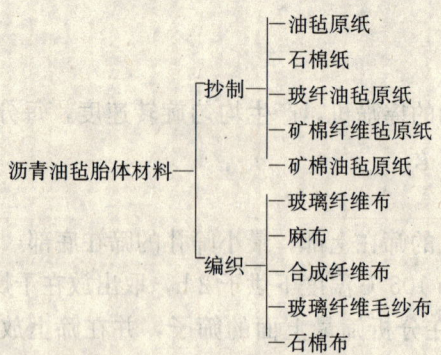

图 5-7 沥青油毡用胎体材料

一、原纸胎体

原纸胎体是由各种有机纤维或无机纤维经过制浆、抄制而成的纸板，专供沥青防水卷材作胎基用，简称原纸。

按照原纸胎体所用原材料的不同，可分为普通油毡原纸、石棉油毡原纸、矿棉油毡原纸和玻璃纤维油毡原纸等。目前应用最多的为普通油毡原纸。

（一）原纸技术性能

1. 普通油毡原纸

普通油毡原纸是一种以破布、旧棉絮、废麻、废纸等原材料制成的纸板。根据单位面积的质量分为三个标号：200 号、350 号和 500 号，其技术指标列于表 5-55。

表 5-55 油纸原纸技术指标

指标名称	标号		
	200	350	500
定量（g/m²）	200±5%	350±5%	500±5%
纵向抗张力（N/50 mm）不小于	150	180	220
水分（%）不大于	8	8	9
吸油量（mL/100 g）不小于	125	125	125
吸油速度（s）不大于	50	50	50

2. 石棉油毡原纸

石棉油毡原纸是以 70% 五级石棉（纤维长 4～6 mm）和 30% 棉纤维混合打浆抄制而成的一种纸板。为防止原纸分层，宜采用单层长网造纸和生产。要求石棉油毡原纸表面均匀平滑，无破裂、孔洞、折皱及边缘裂口，每卷 100～120 m 长度内可允许孔洞不超过两个。其技术性能列于表 5-56。

表 5-56 石棉原纸技术指标

指标名称		指标
原纸厚度（mm）		0.65±10%
湿度为 3% 时，质量（g/m²）	不小于	400

续表

指　标　名　称		指　标
水分（%）	不大于	3
吸油量（mL/100g）	不小于	50
灼烧后原纸重量损失（%）	不大于	35
拉力，在 20±2℃时，纵向（N）	不小于	100

3. 矿棉油毡原纸

矿棉油毡原纸是以不少于60%矿棉和棉、麻等植物纤维，经过造纸工艺过程而制得的一种油纸原纸。当矿棉含量超过60%以上时，才能改变原纸的疏松度，使卷材浸油率相应提高，其技术性能列于表5-57。

表 5-57　矿棉原纸技术指标

指　标　名　称		指　标
单位面积重量（g/m²）		400±5%
水分（%）	不大于	5
原纸灰分（%）	不小于	60
吸油量（mL/100g）	不小于	130
吸油速（s）	不大于	40
拉力、纵向（N）	不小于	150

4. 玻璃纤维油毡原纸

玻璃纤维油毡原纸亦称湿法玻璃纤维薄毡。它是以中碱或无碱玻璃纤维60%、硫酸盐麦草浆30%、短绒10%、混合打浆，采用单缸单网纸机制造，其技术性能列于表5-58。

表 5-58　玻璃纤维原纸性能

指　标　名　称	指　标
单位面积重量（g/m²）	213
吸油量（mL/100 g）	234
吸油速（二甲苯）(s)	43
拉力，15 mm 宽，纵向（N）	45

（二）原纸标志

油毡原纸根据额定单位面积质量进行标志。例如：额定单位面积质量为 500 g/m² 的原纸标志为：

原纸　GB　　－500

含矿物纤维的原纸标记为原纸 M。例如，含矿物纤维的原纸（M），额定单位面积质量为 333 g/m²。其标志为：

原纸　GB　　－M333

（三）取样

每批同类原纸，数量不到 5 t 的选 3 卷，数量为 5 t 或更多的选 5 卷。把所选各卷打开 5

层后，在整个宽度上至少裁切 750 mm 长试样，试样不允许折断。

试验条件：20±2 ℃。

（四）外观质量

油毡原纸的外观质量是指肉眼所能见到的一些残损和缺陷等情况。在油毡原纸标准中规定，每卷原纸的窟窿、压花、残缺，由橡皮、塑料、浆块、硬质杂物造成的 10 mm 以上的疙瘩和断头的总和不得超过 5 个，其中断头不得超过 2 个，断头距离不得小于 50 m。在断头、窟窿、残缺处应加入标记纸条。

油毡原纸的切边应整齐，不应有锯齿形的毛边和裂口。卷筒两端侧面应平整，里进外出不得大于 20 mm。原纸纸幅两边定量差不应大于 5%。

油毡原纸的厚度用纸张厚度计测定。

（五）定量

原纸的定量是指每一平方米原纸所具有的质量，单位为 g/m²，亦称克重。

原纸的标号是以定量数值命名的。例如：原纸定量为 350 g/m²，就称为 350 号原纸。制得的沥青纸胎油毡称为 350 号油毡。

定量测定方法

【试验仪具】

物理天平：感量 0.01 g；切纸刀；刻度尺。

【试验方法】

用切纸刀将原纸切成 100 mm×100 mm 的试样，精度 1 mm。用天平称原纸试样质量（W），准确至 0.01 g。计算公式如下：

$$G = W \times 100$$

式中　G——每平方米原纸质量，g；

　　　W——100 mm×100 mm 原纸质量，g。

（六）疏松度

原纸的疏松度是从原纸对浸渍材料的吸收能力及吸收速度来表示的。这两项性能可以反映出原纸的构造以及纸内毛细管体积。

原纸的疏松度是用吸油量来衡量的，以每 100 g 原纸吸收煤油的毫升数表示的，单位为 mL/100 g。

原纸的吸油速度是指试样在二甲苯溶液中，在原纸毛细孔的作用下，二甲苯沿原纸试样一端渗透到一定高度所需要的时间，单位以秒表示。

1. 吸油量试验方法

【试验仪具】

烘箱：200 ℃，具有自动温度控制器；干燥器；物理天平：精确度 0.01 g；滴定管：活塞型，容积 25 mL；玻璃皿：直径不大于 120 mm，高不大于 50 mm；煤油：工业用；滴定台。

【试验方法】

从所取的试样中切取 100 mm×50 mm 的纸片，置于 120 ℃ 温度的烘箱中干燥 20 min，然后在干燥器中冷却，并用天平称量，精确度至 0.01 g。

将过滤、澄清的洁净的煤油装入容量为 25 mL 的滴定管内，读出煤油的体积 V，然后用夹子把称量过的纸片置于滴定管下面与水平面略为倾斜的位置，并以煤油的细流从试样上端开始均匀地润湿纸片。为避免煤油从试样上滴下损失，在试样下放一个预先用煤油润湿并不留有煤油痕迹的玻璃皿。当全部纸片被润湿后，关闭滴定管的旋塞，停止煤油再滴下，并把纸片垂直地放在玻璃皿上保持 30 s，在皿沿除去最后一滴煤油，把皿中的煤油倒回滴定管，并在滴定管上保持 30 s，然后读出滴定管中的煤油数 V_1。

原纸的吸收煤油数量 W（mL），按下式计算：

$$W = \frac{V - V_1}{G} \times 100$$

式中　　V——试验前滴定管内煤油体积，mL；

V_1——试验后滴定管内煤油体积，mL；

G——干燥后纸片重，g；

W——原纸吸收煤油量，mL。

试验结果以 3 个试样的算术平均值表示。

2. 原纸吸油速度试验方法

【试验仪具】

烘箱：具有自动温度控制器；干燥器；秒表；烧杯：100 mL；二甲苯。

【试验方法】

从所取试样中，切取两条宽为 15 mm，长不大于 200 mm 的纸条。在每一条纸的两端划上两个记号，一个距端部 10 mm，另一距端部 40 mm。再将纸条置于 120 ℃的烘箱中干燥 20 min，然后放入干燥器中冷却。

将纸条的一端浸入盛有二甲苯的烧杯（100 mL）内，因毛细管作用，二甲苯开始沿纸条上升直至距端部 10 mm 的标记处立即启动秒表记录二甲苯升至距端部 40 mm 处所需时间。然后将纸条倒转，从另一端进行试验。取四次测定结果的算术平均值作为每张样品的原纸吸油速度试验结果，再以 3 个样品测定结果的平均值作为该批原纸的吸油速度试验结果。

在试验过程中，注意纸条的端部不应和容器底部接触。

（七）拉力

油毡原纸的拉力是指原纸所能承受断裂时的最大负荷。规定沿原纸纵向截取 240 mm×50 mm 的试样，在夹具为 180 mm，拉伸速度为 50 mm/min 时的破坏荷重，为原纸的拉力强度，单位为 N/50 mm。

拉力试验方法

【试验仪具】

卷材拉力机：夹头宽为 50 mm，升降速度为 50 mm/min；切纸刀。

【试验方法】

试验温度：20±2 ℃，相对湿度为 65%±2%。

沿原纸中间及两边按纵向在离边缘不小于 100 mm 处，与边缘平行地切取 250 mm×50 mm 的纸条 3 条。将纸条放到拉力机的夹头（夹头宽 50 mm）中心，夹距为 180 mm，不能歪扭，拧紧夹头。

调整拉力机的指针对准零点，然后开始以 50 mm/min 的拉伸速度拉伸至纸板断裂为止。此时测得原纸条的拉力即为拉力强度，读数应精确至一位小数。

试验结果以 3 个试样的算术平均值表示。如果纸条在距夹头不足 20 mm 处断裂时，则不应计其试验结果，应另取纸条重作试验。

（八）水分

水分含量是指原纸试样吸收水分的质量。它是指原纸试样在 105～110 ℃的温度下，干燥至恒重时所减少的质量与试样原质量之比，用百分率（%）表示。

水分测试方法

【试验仪具】

电烘箱：200 ℃，装有温度自动控制器；物理天平：精确度 0.01 g；干燥器；称量瓶。

【试验方法】

用水和溶剂清洗称量瓶，置于 100～110 ℃的烘干箱中烘干至恒重（G），精确至 0.01 g。将选出的纸样于不同部位切取 100 mm×100 mm 的试件 3 块，放在称量过的称量瓶内称量，瓶与试样重为 G_1。然后将盛有试样的称量瓶置于 100～110 ℃的烘箱内，每隔 30 min 取出试样于干燥器中，冷却至室温，称重，直至两次称量间的差数不大于 0.01 g 时为止，质量为 G_2，称量精度为 0.01 g。

原纸水分含量按下列公式计算：

$$W = \frac{G_1 - G_2}{G_1 - G} \times 100$$

式中　W——原纸水分含量，%；

　　　G——干燥的称量瓶重量，g；

　　　G_1——干燥前称量瓶与试样合重，g；

　　　G_2——干燥后称量瓶与试样的合重，g。

取 3 个试样的平均值作为原纸水分含量。

二、玻璃布

玻璃布是玻璃纤维布的简称，它是用连续玻璃纤维（或称纺织纤维），经过纺织加工后制成。它是制造玻璃布油毡的胎体，具有抗拉强度高，耐腐蚀，防霉变的特点。

（一）技术要求

玻璃布的表面应无孔眼、折皱、扭曲，布边应无裂口、缺边等缺陷。要求玻璃布密度均匀，织纹平整。

技术指标列于表 5-59。

表 5-59　玻璃布技术指标

项　目　名　称	技　术　指　标
厚度（mm）不小于	0.10
幅度（mm）	915、1 000
重量（g/m²）不小于	105
经纬密度（根/cm²）不小于	经纱 16，纬纱 14
原纱支数	经纱 45/2，纬纱 25/2
单纤维直径（μm）不大于	8

续表

项 目 名 称	技 术 指 标
经向拉力（N/5 cm）不小于	500
浸润剂含量（%）不大于	2
玻璃纤维的碱性氧化物含量（%）不大于	13
纹	平纹

（二）检验规则

玻璃布的检验分为出厂检验和型式检验。出厂检验包括外观、幅宽、厚度、单位面积质量、拉伸性能、含水量。

型式检验包括所有技术要求项目。

抽样时以同一类别、同一型号的产品每 50 000 m^2 为一批进行检验，不足 50 000 m^2 也可作为一批。从每批产品中随机抽取 2 卷进行检查。

外观及幅宽、厚度检查合格后，再对 2 卷产品分别进行物理力学性能检验。

（三）外观与幅宽

用肉眼观察玻璃布外观是否符合规定要求。

打开布卷后，在完整的整块试件上测定幅宽。

将试样放在光滑的桌面上摊平，用刻度尺（精确度 1 mm）测量玻璃布的宽度。在距试样两端 100 mm 处各测一次，共两次，读数准确至 1 mm。

以全部测定结果的算术平均值作为该玻璃布的宽度，计算应准确至 1 mm，单位为 mm。

（四）试样切取

选取长度为 500 mm 的玻璃布一块，按图 5-8 的部位及表 5-60 的尺寸和数量切取。

表 5-60 玻璃布试件尺寸和数量表

试验项目	试件部位	试件尺寸（mm）	数量
纬向断裂强度	W	240×40	6
经向断裂强度	T	240×40	6
重量	G	200×200	2
浸润剂含量	S	200×200	2

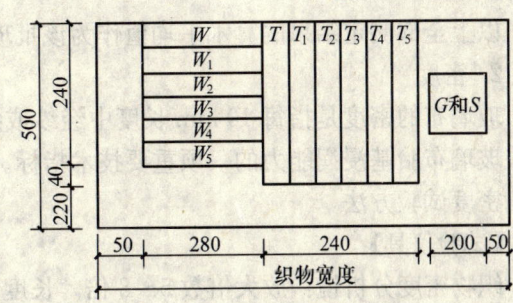

图 5-8 玻璃布试件切取部位示意图

（五）质量

玻璃布的质量是指每平方米玻璃布所具有的质量，单位为 g/m^2。它与原料玻璃成分、玻璃纤维直径、经纬支数、原纱股数、密度和厚度等因素有关。

质量试验方法

【试验仪具】

天平：精确度 0.01 g；刻度尺：精确至 1 mm；切纸刀。

【试验方法】

将玻璃布裁取 200 mm×200 mm 的试件两块，布边应裁剪整齐。将试件置于平板上，测量其长度和宽度，精确至 1 mm，然后称重，精确至 0.01 g。

按下式计算,精确至 $0.01\ g/m^2$。

$$G = \frac{G_1}{A \cdot B} \times 10^6$$

式中　G——玻璃布单位面积质量,g/m^2;
　　　G_1——试件重量,g;
　　　A——试件长度,mm;
　　　B——试件宽度,mm;

以两块试件计算结果的算术平均值作为该批玻璃布的单位面积质量,精确至 $0.1\ g/m^2$。

（六）疏松度

疏松度是指玻璃布被涂盖沥青浸涂的能力。由于玻璃纤维本身并不吸收沥青,疏松度主要取决于布的厚度和密度两个因素。如果玻璃布太厚或密度太大,上下层涂盖沥青就不容易透过布的缝隙互相粘结在一起,使油毡容易露出没涂上沥青的布纹或抗剥离度达不到要求。但如果疏松度过大,即布的孔隙太大,又会影响油毡的不透水性。所以疏松度是玻璃布的一项关键性技术性能。

1. 厚度

玻璃布的厚度取决于纱的支数和股数,是玻璃布的重要技术指标。

厚度测定方法

【试验仪具】

织物厚度计:测量准确度为 0.005 mm,测量圆柱直径为 16 mm,测量压力为 0.1 MPa。

【试验方法】

测定时需将百分表的织物厚度计按柄轻轻放下,从测量圆柱接触样品时算起,经 2~3 s,记录刻度盘上的读数,准确至 0.005 mm。在试件上均匀地测定 10 个点,各点间的距离不得少于 150 mm。

以上全部测定结果的算术平均值作为该批玻璃布的厚度,计算准确至 0.005 mm。

2. 密度

玻璃布的密度是指每 10 mm 长度中经纱或纬纱的纱线根数,单位为根/10 mm。密度是反映玻璃布胎基浸润能力的一项重要技术指标。

密度试验方法

【试验仪具】

织物密度分析镜:放大倍数 5~8 倍,长度 50 mm。

【试验方法】

用织物密度分析镜进行测定,经纱必须在试样的全宽度上同一纬向不同的位置测定两处;纬纱必须在同一经向不同位置测定两处。每处均需点数 50 mm 内经纱或纬纱的根数。

点数经纱根数或纬数根数,须准确至 0.5 根,点数的起点为两根纱线之间的中间,如终点到纱线的中心,最后一根纱线算作 0.5 根,不到中心不算,而超过中心算一根。

以全部测定结果的算术平均值作为该批玻璃布的经纱或纬纱的密度,准确至 0.1 根/10 mm。

（七）拉力

拉力是玻璃布受外力破坏时的最大荷重。用截成长 250 mm,宽度 25 mm 的试件,在夹距为 100 mm、拉伸速度为 100 mm/min 时的破坏荷重为玻璃布的断裂强度。

【试验仪具】

织物拉力机：负荷范围为 0～1 000 N，0～2 000 N，夹距 100 mm，拉伸速度 100 mm/min，平板玻璃；接头胶；毛刷；烘箱。

【试验方法】

1. 试件制备

在已选取的试样上，按经、纬向各裁取 280 mm×40 mm 的试件 6 个，试件离布边至少 50 mm。在每一试件末端标明玻璃布的经向或纬向、布型号及样品号。

在 40 mm 的宽度上准确地留下中间约 25 mm 的试件。然后将 25 mm 宽的试件放在平板玻璃上，小心地用手摊平伸直。按图 5-9 的尺寸放上 80 mm 的玻璃布，用毛刷在两边露出的试件上薄薄地涂以玻纤接头胶或类似的胶结物质。将布条从玻璃板上取下放入 105～110 ℃的烘箱中，移动布条时注意不要歪斜或扭曲。烘干 30 min 以上，等胶全部烘干后，取出。

2. 试验操作

按上下夹距的夹固柄，将试件中标明布型号和样品号的另一端伸入上夹具内，另一端伸入下夹具内，同时垫帆布之类垫料，以防试件滑脱，这时两端须留出涂胶长度各 10 mm，轻轻旋紧上下夹具，再悬挂预加荷重。试件的断裂强度小于 1 000 N 时，悬挂荷重的重锤为 200 g，将上夹具略为放松，使试件在预加荷载的作用下微微下降，并使布条伸直。旋紧上夹具，然后旋紧下夹具，取下预加荷重的重锤，放开加固柄，进行试验。

如试件沿夹具夹持线或在夹具内断裂以及试件从夹具中滑脱下来，试验结果不预承认，需另取试样重做。

分别以经向和纬向的全部测定结果的算术平均值作为该批玻璃布断裂强度，计算准确至 1 N。

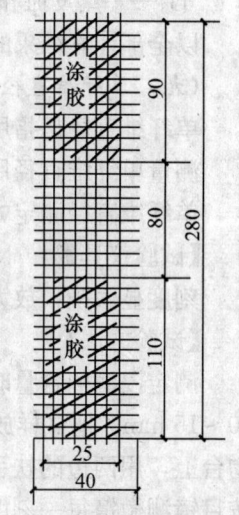

图 5-9 玻璃布断裂强度试件的涂胶位置

（八）浸润剂含量

浸润剂含量是指玻璃丝表面浸渍的浸润剂占玻璃布的质量百分率。通常是将试件置于马弗炉中，以一定的温度或时间烧去玻璃布上的浸润剂，以烧去的浸润剂的质量占原试件的质量百分率表示，单位为%。

浸润剂含量测试方法

【试验仪具】

马弗炉：800 ℃，具有控温设备；

分析天平：精确度为 0.000 1 g；

干燥器；蒸发皿。

【试验方法】

将蒸发皿放在 600～650 ℃的马弗炉中灼烧 45 min 以上，然后在干燥器中冷却 30 min，称重，G_1。

将已称过质量的 200 mm×200 mm 的玻璃布试件放入蒸发皿中，再将试件连同蒸发皿一起放在 105～110℃的烘箱中，烘干 30 min 以上，以排除玻璃布试件吸收的水分，取出，放入干燥器中冷却 30 min 后称重，G_1。

将干燥后的试件连同蒸发皿一起放入马弗炉中，稍后开炉门以保持炉内氧化气氛，在 600～650 ℃下灼烧 15 min 以后，取出，在干燥器中冷却 30 min 后称重，G_3。

浸润剂的含量 S 按下列公式计算：

$$S = \frac{G_2 - G_3}{G_2 - G_1} \times 100$$

式中　S——浸润剂百分含量，%；
　　　G_1——蒸发皿质量，g；
　　　G_2——蒸发皿和未灼烧试件质量，g；
　　　G_3——蒸发皿和已灼烧试件质量，g。

以全部计算结果的算术平均值作为该批玻璃布浸润剂的含量，准确至 0.1%。

（九）单纤维直径

单纤维直径是指用于制造玻璃布单根玻璃丝的直径，用 μm 表示。

测量单纤维直径用的不是直尺，而是大于或等于 500 倍，并附有目镜测微计的显微镜。

单纤维直径测定方法

【试验仪具】

刻度显微镜：放大倍数≥500 倍。

【试验方法】

测定浸润剂含量时，经过灼烧的全部玻璃布试件中选取 4 束玻璃纤维，每束截取长度为 10～15 mm。把试样放在载玻片上，用标本针把纤维分散开，然后将载玻片放在显微镜的载物台上，用两边的扶手加以固定。借助显微镜的目镜测微计观察单纤维直径相当几个刻度，按目镜测微镜每一刻度的数值换算成单纤维直径的微米数。

每一束玻璃纤维测定 15 根，一批共测 60 根。以全部测定结果的算术平均值作为该批玻璃布的单纤维直径，准确至 0.1 μm。

三、无纺麻布胎

无纺麻布胎基是以废麻浸渍胶粘剂而制成一种以麻纤维为主的无纺织物。

麻布的特点是韧性好，为天然纤维中强度较大的一种纤维，其强度和耐微生物腐蚀性都比棉纤维好，耐碱而不耐酸，质地轻、疏松度大，对煤油吸收量比普通原纸高三倍。

麻布胎基的物理性能列于表 5-61。

表 5-61　无纺麻布物理性能

项　目	指　标
重量（g/m²）	75～80
拉力（N）	200～250
水分（%）	3～4
吸油量（mL）	400～450
吸油速度（s）	5～6

四、玻璃纤维毛纱布和石棉布

玻璃纤维毛纱布是由玻璃毛纱经过卷纬、整经、织造等纺织工序织成的布织物。玻璃纤维毛纱属于定长玻璃纤维制品，不但具有玻璃纤维本身的特点，而且组织蓬松，表面有绒毛，具有较好的柔性、弹性和耐挠曲性。由于强度高，厚度厚，可以减少使用层数，其技术性能列于表5-62。

表5-62 玻璃纤维毛纱布技术指标

指 标 名 称		指 标
厚度 （mm）	不小于	1～1.5
幅宽 （mm）		915～1 000
单位面积质量 （g/m^2）		400～500
密 度 （根/100 mm）	经向	30
	纬向	30
单纤维直径 （μm）	不大于	14
拉力，试件宽5厘米 （N）	经向不小于	150
浸润剂含量 （%）	不大于	15～20
原纱支数		1.2～1.8
单纱捻度 （捻/m）		200
纱纬股数		1
玻璃中碱性氧化物含量（%）	不大于	16
织物组织		平纹

注：毛纱布的幅宽应保持一致。

石棉布是由高级石棉纤维和棉纤维混合纺织而成。要求石棉纤维含量要大，棉纤维含量要小，一般不能大于15%，其技术指标列于表5-63。

表5-63 石棉布技术指标

技 术 指 标		指 标
每卷长度 （m）	不少于	100
宽度 （mm）		1 000
厚度 （mm）		8
水分 （%）	不大于	3
抗拉强度 （N）纵向	不小于	550
含棉量 （%）	不大于	15

第七节 卷材用胎体材料

聚合物沥青防水卷材料的胎体材料构成了卷材的骨架，它可使聚合物沥青防水卷材有一定的形状，可增加卷材的强度、韧性、施工铺设性、防水性、抗裂性和耐热性。

在聚合物沥青防水卷材中使用的胎体材料种类很多，主要有毡类、薄膜类和复合胎，如图5-10所示。

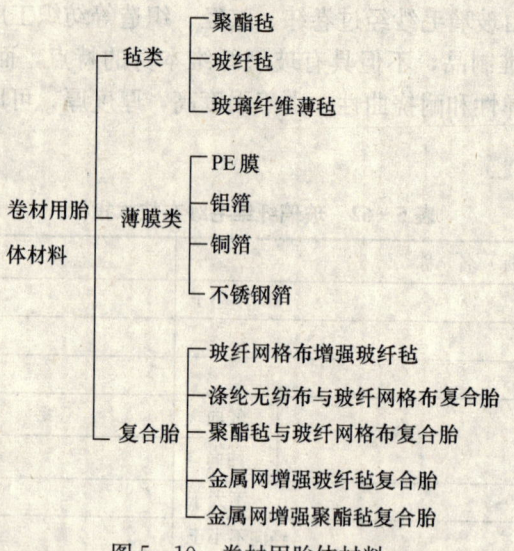

图5-10 卷材用胎体材料

卷材用胎体材料执行标准为GB/T 18840—2002。

一、分类与标志

在聚合物沥青防水卷材中应用最多的为聚酯毡、玻纤毡、聚乙烯膜、玻纤网格布增强玻纤毡、聚酯毡与玻纤网格布复合毡、涤棉无纺布与玻纤网格布复合毡六类，其幅宽与代号列于表5-64。

表5-64 常用胎体代号与幅宽

类 别	聚酯毡	玻纤毡	聚乙烯膜	玻纤网格布增强玻纤毡	聚酯毡与玻纤网格布复合毡	涤棉无纺布与玻纤网格布复合毡
幅宽（mm）	1 010～1 030	1 000	1 125	1 000	1 000	1 000
代号	PY	G	PE	GK	PYK	NK

注：在纺织行业聚酯毡的代号采用"PET"

根据胎体的物理力学性能的不同，可分为Ⅰ型和Ⅱ型两种类型。其中玻纤毡又可分为N类（主要用于普通石油沥青油毡）和M类（主要用于聚合物沥青防水卷材）。

胎体产品按下列顺序进行标记，胎体原材料代号、单位面积质量、型号、幅宽和执行标准号。例如：

幅宽为1 000 mm、M类、Ⅰ型，单位面积质量为100 g/m² 的玻纤毡标记为：

G 100 M Ⅰ 1 000 GB/T 18840—2002

二、技术要求

（一）外观质量

聚合物沥青防水卷材所用的胎体外观质量要求表面平整、均匀、无折痕、无孔洞、无污痕、边缘平直、无缺口、卷装要整齐、幅宽不应有负偏差。

（二）聚酯毡

聚酯毡是以涤纶纤维为原料而制成的非织造布，其生产方法主要有旋铺法、粘结法、射流缠绕法、针刺法和湿铺法等，以针刺法和旋铺法应用较多。

聚酯毡物理力学性能列于表5-65。

表5-65 聚酯毡物理力学性能

项 目			Ⅰ型	Ⅱ型
单位面积质量（g/m²）			无负偏差	
单位面积质量变异系数 Cv（%）	≤		10	
拉力（N/50 mm）	≥	纵向	400	720
		横向		
拉力最低单值（N/50 mm）	≥	纵向	350	620
		横向		
最大拉力时延伸率（%）	≥	纵向	25	35
		横向		
耐水性（%）	≥		95	
撕裂强度（N）	≥	纵向	250	350
		横向		
浸渍性			无未浸透处	
弯曲性，半径（mm）			35	
			无折痕	
含水率（%）			0.5	
热尺寸稳定性（%）	≤	纵向	2.0	1.5
		横向		

（三）玻纤毡

玻纤毡是以中碱或无碱玻璃纤维为原料的无纺织物，用粘结剂粘结成薄毡或加筋玻纤毡。玻纤毡为开放式网状结构，可简化卷材生产中的浸渍工艺。玻纤毡有干法（干铺粘合法）和湿法（抄制法）两种生产方法，以干法较多。其物理力学性能列于表5-66。

表5-66 玻纤毡物理力学性能

项 目			N类		M类	
			Ⅰ型	Ⅱ型	Ⅰ型	Ⅱ型
单位面积质量（g/m²）			无负偏差			
单位面积质量变异系数 Cv（%）	≤		10			
拉力（N/50 mm）	≥	纵向	180	230	280	375
		横向	100	150	200	250

续表

项 目		N类		M类	
		Ⅰ型	Ⅱ型	Ⅰ型	Ⅱ型
拉力最低单值（N/50 mm） ≥	纵向	145	180	220	300
	横向	80	120	160	200
耐水性（%） ≥		80			
撕裂强度（N） ≥	纵向	130	160	200	270
	横向	70	100	150	170
浸渍性		无未浸透处			
弯曲性，半径（mm）		25		35	
		无折痕			
含水率（%） ≤		2.0			
玻璃纤维含量（%） ≥		70			

注：N类用于普通石油沥青油毡胎体，M类用于聚合物沥青防水卷材胎体。

（四）玻纤网格布增强玻纤毡

玻纤网格布增强玻纤毡是以玻纤毡为基毡，复合中碱或无碱玻纤网格布而制成的复合胎，同样为开放式网状结构。其物理力学性能列于表5-67。

表5-67 玻纤网格布增强玻纤毡物理力学性能

项 目		Ⅰ型	Ⅱ型
单位面积质量（g/m²）		无负偏差	
单位面积质量变异系数 C_v（%） ≤		10	
拉力（N150 mm） ≥	纵向	450	550
	横向	350	500
拉力最小单值（N/50 mm） ≥	纵向	360	440
	横向	280	400
最大拉力时延伸率（%） ≥	纵向	2	
	横向		
耐水性（%） ≥		80	
撕裂强度（N） ≥	纵向	250	300
	横向	200	250
浸渍性		无未浸透处	
弯曲性（mm）		25	35
		无折痕	
含水率（%） ≤		2.5	
玻璃纤维含量（%） ≥		70	

（五）聚酯毡与玻纤网格布复合胎

聚酯毡与玻纤网格布复合毡是以聚酯毡为基毡，以中碱或无碱玻纤网格布增强的复合胎，玻纤网格布可置于聚酯毡的中部和表面，置于表面的生产工艺简单，应用较多。其物理力学性能列于表 5-68。

表 5-68　聚酯毡与玻纤网格布复合毡物理力学性能

项　目			Ⅰ型	Ⅱ型
单位面积质量（g/m²）			无负偏差	
单位面积质量变异系数 C_v（%）	≤		10	
拉力（N/50 mm）	≥	纵向	450	550
		横向	350	450
拉力最小单值（N/50 mm）	≥	纵向	360	440
		横向	280	360
断裂延伸率（%）	≥	纵向	20	25
		横向		
耐水性（%）	≥		85	
撕裂强度（N）	≥	纵向	250	300
		横向	200	250
浸渍性			无未浸透处	
弯曲性（mm）			25	35
			无折痕	
含水率（%）	≤		2.0	

（六）涤棉无纺布与玻纤网格布复合毡

涤棉无纺布与玻纤网格布复合毡是以涤纶纤维和植物纤维为主要原材料，采用旋铺法生产工艺和化学粘合剂制成的非织造布，再与中碱或无碱玻纤网格布复合而成的胎体。玻纤网格布多敷在涤棉无纺布的表面。由于涤棉无纺布单位面积质量轻，易于浸透，在聚合物沥青防水卷材中应用较多。其物理力学性能列于表 5-69。

表 5-69　涤棉无纺布与玻纤网格布复合毡物理力学性能

项　目			Ⅰ型	Ⅱ型
单位面积质量（g/m²）			无负偏差	
单位面积质量变异系数 C_v（%）	≤		10	
拉力（N/50 mm）	≥	纵向	500	750
		横向	400	650
拉力最小单值（N/50 mm）	≥	纵向	400	600
		横向	320	520
断裂延伸率（%）	≥	纵向	2	
		横向		
耐水性（%）	≥		80	
撕裂强度（N）	≥	纵向	300	450
		横向	250	350

续表

项目		I型	II型
浸渍性		无未浸透处	
弯曲性（mm）		25	35
		无折痕	
含水率（%）	≤	2.5	

（七）聚乙烯膜

聚乙烯膜是以高密度聚乙烯为原料挤出成型的薄膜状胎体。同隔离用聚乙烯膜材料相比，单位面积质量较大，厚度较厚，抗拉强度高，热尺寸稳定性好。其物理力学性能列于表5-70。

表5-70 聚乙烯膜物理力学性能

项目			I型	II型
单位面积质量（g/m^2）			无负偏差	
单位面积质量变异系数 Cv（%）	≤		10	
拉力（N/50 mm）	≥	纵向	80	160
		横向	75	150
拉力最小单值（N/50 mm）	≥	纵向	65	130
		横向	60	120
断裂延伸率（%）	≥	纵向	500	
		横向		
撕裂强度（N）	≥		50	110
热尺寸稳定性（%）	≤	纵向	2.5	
		横向		

三、涂料用胎体增强材料

根据屋面工程技术规范（GB 50207—1994）中规定，建筑防水涂料所用胎体增强材料的质量要求列于表5-71。

表5-71 胎体增强材料质量要求

项目		质量要求		
		I	II	III
外观		均匀，无团状，平整无折皱		
拉力（宽50 mm）	纵向	≥150 N	≥45 N	≥90 N
	横向	≥100 N	≥35 N	≥50 N
延伸率	纵向	≥10%	≥20%	≥3%
	横向	≥20%	≥25%	≥3%

注：I类为聚酯无纺布，II类为化纤无纺布，III类为玻纤网布。

在建筑防水涂料中常用的玻璃布有 100 D 和 120 D 两种型号。其技术指标列于表 5-72。

表 5-72 100 D 和 120 D 玻璃纤维布的技术指标

型号	原丝支数/股数		密度（根/mm）		断裂强度（N/25×100 mm）不小于		厚度（mm）	宽度（cm）	组织
	经纱	纬纱	经纱	纬纱	经纱	纬纱			
100 D	45 s/2	30 s/1	14	10	45	25	0.1±0.01	100±1.5	平纹
120 D	45 s/2	30 s/1	14	10	45	25	0.12±0.01	100±1.5	平纹

四、检验规则

（一）检验分类

胎基的检验分为出厂检验和型式检验。出厂检验项目列于表 5-73，型式检验项目包括技术要求各项目逐项进行检验。

表 5-73 出厂检验项目

项目 \ 胎体	聚酯毡	玻纤毡	聚乙烯膜	聚酯无纺布与玻纤网格布复合毡	玻纤网格布增强玻纤毡	涤棉无纺布与玻纤网格布复合毡
外观	●	●	●	●	●	●
幅宽	●	●	●	●	●	●
单位面积质量及偏差	●	●	●	●	●	●
拉力及最小单值	●	●	●	●	●	●
延伸率	●	—	●	●	●	●
热尺寸稳定性	●	●	●	●	—	—
含水率	●	●	—	●	●	●

（二）抽样

以同一类别、同一型号的胎基产品每 5 000 m² 为一批进行检验，不足 5 000 m² 也可作为一批进行检验。每批产品中随机抽取 2 卷进行检查，对外观及幅宽检查合格后，再对 2 卷产品分别进行物理力学性能检查。

五、制样

被检测的胎基在距外层端部 3 m 处（玻纤毡为 15 m），沿纵向裁取长度 2 000 的全幅胎基进行物理力学性能检验。

被检测的胎基试样在试验前应在标准条件下至少放置 24 h，试样间不应重叠。

胎基（除 PE 膜外）按图 5-11 所示部位和表 5-74 要求的试件尺寸数量及物理力学性能要求的项目裁取试件。聚乙烯膜按图 5-12 和表 5-75 要求的试件尺寸进行裁样。试验前试件应在标准试验条件下至少放置 2 h。

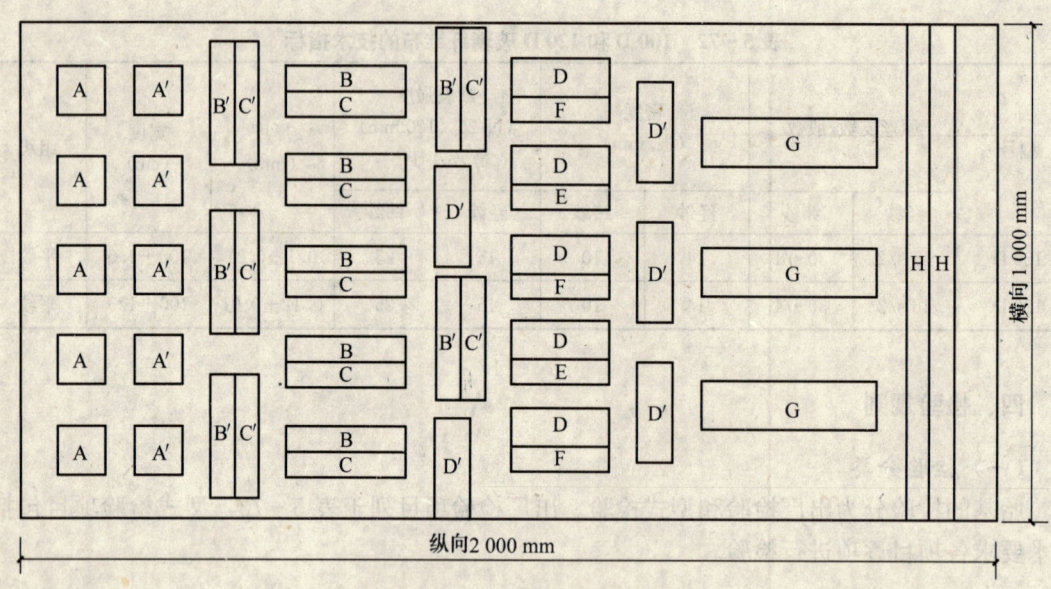

图 5-11 胎基试件裁样图

表 5-74 试件尺寸与数量

项 目	符 号	试件尺寸（mm）	数量（条）
单位面积质量及偏差、含水率	A、A′	100×100	各5
拉伸性能及最小拉力单值[①]	B、B′	250×50	各5
耐水性	C、C′	250×50	各5
撕裂强度	D、D′	200×75 （GB 18242—2000 图2）	各5
浸渍性	E	200×50	2
弯曲性	F	200×50	3
热尺寸稳定性	G	360×100	3
玻璃纤维含量	H	50×1 000	2

注：①玻纤毡含有加筋时，每个纵向拉伸试件应包含一根筋。

表 5-75 试件尺寸与数量

项 目	符 号	试件尺寸（mm）	数量/条
单位面积质量及偏差	A、A′	100×100	各5
拉伸性能及拉力最小单值	B、B′	150×50	各5
撕裂强度	C、C′	120×15 （GB/T 529—1999）	各5
热尺寸稳定性	A	100×100	5

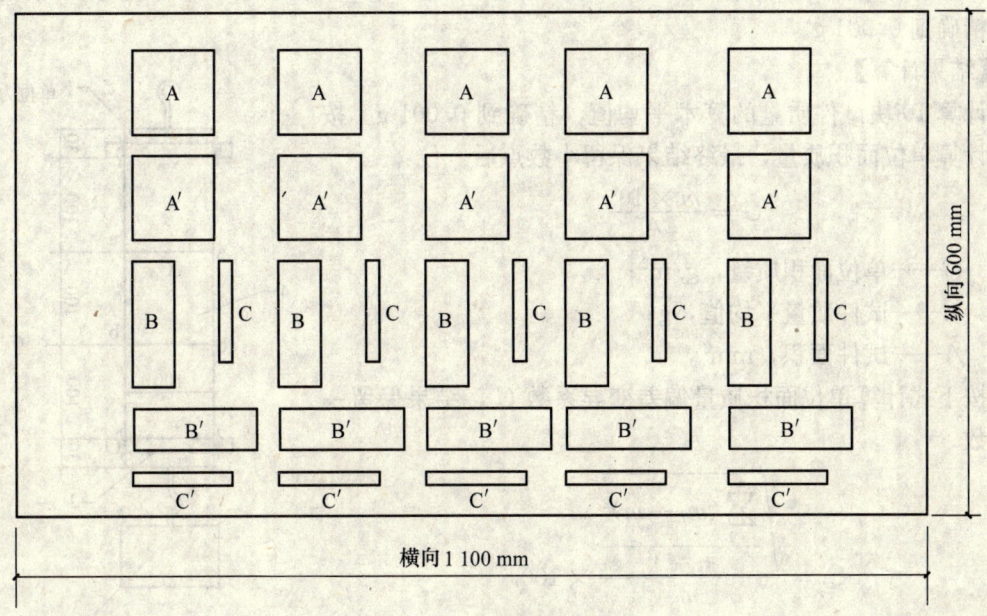

图 5-12 聚乙烯膜试件裁样图

六、检验方法

（一）标准试验条件

试验室标准试验条件为：温度 23±2 ℃，相对湿度 50%~70%。

（二）试验器具

天平：感量 0.001 g；电热鼓风烘箱：控温精度 ±2 ℃；弯板：半径 25 mm，35 mm，如图 5-13 所示。

拉伸试验机：测量范围 0~2 000 N，精度至少 5 N，标尺分度值至少为 1 mm，测长范围大于 400 mm。

尺寸稳定性夹持器及配重砝码：夹持具一对，夹持器宽度 100 mm，并带挂钩。Ⅰ型产品下夹持器与配重砝码总重量为 3 000 g；Ⅱ型产品为 4 000 g，如图 5-14 所示。

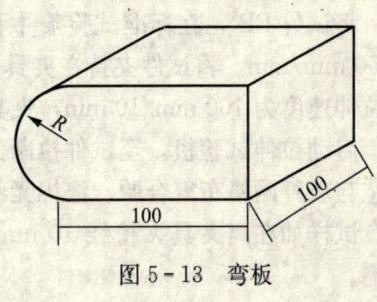

图 5-13 弯板

玻璃皿：≥φ150 mm；干燥器。

（三）外观及幅宽

取样后目测检查外观，用精度 1 mm 的尺测量幅宽，取 3 处幅宽的平均值作为该卷胎基的幅宽。

（四）单位面积质量与偏差

单位面积质量是指每平方米的质量，单位为 g/m^2。

单位面积质量偏差变异系数是指一组胎体单位面积质量测定值的标准偏差和其算术平均值之比，用％表示。

【试验步骤】

将试件 A、A′或其他形状面积为 10 000 mm² 的试件 10 块，用天平称量每块试件的质量，精确到 0.001 g。

【结果计算】

计算 10 块试件质量的算术平均值、精确到 0.001 g。按下式计算单位面积质量，最终结果保留小数点后一位：

$$G = \frac{m \times 10^6}{A}$$

式中　G——单位面积质量，g/m²；
　　　m——试件质量平均值，g；
　　　A——试件面积，mm²。

按下式计算单位面积质量偏差变异系数 C_r，结果保留一位小数。

$$C_r = \frac{\sqrt{\dfrac{\sum\limits_{i=1}^{n}(m_i - m)^2}{n-1}}}{m} \times 100$$

式中　C_r——单位面积质量偏差变异系数，%；
　　　m_i——第 i 个试件质量，g；
　　　m——试件质量平均值，g；
　　　n——试件数量。

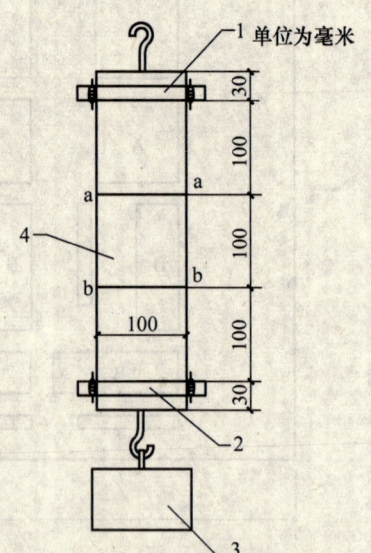

图 5-14　尺寸稳定性试验装置
1—上夹持器；2—下夹持器；
3—配重砝码；4—试样

（五）拉伸性能

胎基的拉伸性能是指胎基抵抗外力而破坏的承受能力，用拉力表示，单位为 N/50 mm。

【试验步骤】

将试件 BB′，在标准试验条件下调节 2 h，拉伸试验机同样置于标准条件下，拉伸速度为 50 mm/min。将试件夹持在夹具中心，不得歪扭，上下夹具间的距离为 180 mm（聚乙烯胎拉伸速度为 100 mm/10 min，夹具间距为 70 mm）。

启动拉伸试验机，至试件拉断为止，记录最大拉力及最大拉力时伸长值（聚乙烯胎，聚酯毡与玻纤网格布复合胎、涤棉无纺布与玻纤网格布复合胎是断裂时的伸长值）。

试样如在离夹具夹持线 10 mm 内断裂，或从夹具中滑脱。试验结果无效，用备用件补测。

【结果计算】

分别计算纵向和横向 5 个试件拉力的平均值作为胎基纵向或横向拉力，单位为 N/50 mm，并报告最小拉力单值。

断裂伸长率按下式计算：

$$E = \frac{(L_2 - L_1)}{180} \times 100$$

式中　E——最大拉力时延伸率，%；
　　　L_2——试件最大拉力时的标距（聚乙烯膜、聚酯毡与玻纤网格布复合毡、涤棉无纺布与玻纤网格布复合毡是断裂时的标距）mm；
　　　L_1——试件初始标准，mm；

180——夹具间距离，mm。

分别计算纵向或横向 5 个试件最大拉力时延伸率的算术平均值作为胎基纵向或横向断裂伸长率。

（六）耐水性

耐水性是指胎基浸水后再烘干对拉伸强度的影响，主要是判断胎基中粘合剂的耐水性。例如淀粉胶的耐水性较差，合成树脂胶的耐水性较好，浸水后对拉伸强度影响较小。用浸水后拉力保持率来表示，单位为%。

【试验步骤】

取 CC′试样。将试件放入 23±2 ℃的水中 24 h，取出后放入 110 ℃的电热烘箱中，试件不应叠置，烘 2 h 取出，在标准试验条件下放置 24 h 后，用拉力机进行拉伸试验，测定最大拉力，并记录断裂时的最大拉力值。

计算出纵向或横向最大拉力的算术平均值，然后按下式计算出浸水后的拉力保持率。

$$X = \frac{P'}{P} \times 100$$

式中　X——拉力保持率，%；

　　　P'——浸水后的拉力算术平均值，N/50 mm；

　　　P——未浸水的拉力算术平均值，N/50 mm。

（七）撕裂强度

撕裂强度是指胎基在通常使用条件下受损时的强度，用边沿被撕裂时的强度表示，单位为 N。

【试验步骤】

将取样 D、D′试件按图 5-11 规定尺寸裁样。

将 D、D′试件在标准试验条件下放置 2 h 以上，然后将试件夹持在拉力机的夹具中心，上下夹具间的距离为 130 mm，拉伸速度为 50 mm/min，至试件拉断为止，记录最大拉力。

【结果计算】

分别计算纵向或横向 5 个试件拉力的算术平均值作为胎基纵向或横向撕裂强度，单位 N。

（八）浸渍性

浸渍性是指胎基浸入液体沥青后浸透的情况。用肉眼观察，以撕开试件无未浸透的部分为准。

【试验步骤】

将试样 E，若胎基有加筋，试件中应含有加筋。将试件浸入加热到 180～185 ℃的 100# 石油沥青中约 150 mm，持续时间 5 s，取出时去除多余的沥青，冷却至室温后，将试件撕开用肉眼观察有无未浸透部分，包括可能有的加筋。

（九）弯曲性

弯曲性是指胎基在标准试验条件下耐弯折的能力。用弯板测定仪测定。

【试验步骤】

将试样 F 在标准试验条件下调节 2 h，采用规定半径的弯板，试件紧贴弯板在 3 s 内匀速绕圆弧弯曲 180°。用肉眼观察有无折痕、断裂和分层。

（十）热尺寸稳定性

热尺寸稳定性是指胎基在受热条件下受力，其纵横向收缩的情况，以受热和受力前后尺寸变化率表示。单位为%。

【试验步骤】

将试样 G，按图 5-13 所示在夹持线间标出标记线 aa'、bb'，在标记线处测定试件的宽度，在两标记线中间处测定试件标记线间的长度，标记和测量误差不大于 0.2 mm。

将试件夹在夹持器上，放入加热到 200 ℃的烘箱中，将上夹持器自由悬挂在烘箱的支架上，把配重砝码挂在下夹持器上，关上烘箱门。试件在 200 ℃和规定荷重的状态下，保持 10 min，然后从烘箱中取出，在室温悬挂 3 min 后，去掉配重砝码和夹持器，在原测量处测定宽度和长度尺寸。

聚乙烯膜胎基的热尺寸稳定性取试样 A 试件 5 个，测量试件纵向或横向长度，测量误差不大于 0.2 mm，将试件放入加热到 120 ℃的烘箱木制支架上，不应与金属接触，在此温度下放置 20 min 后取出，在标准条件下冷却 1 h 后，测量纵向和横向尺寸。

【结果计算】

按下列公式计算热稳定性：

$$R = \frac{L - L_0}{L_0} \times 100$$

式中　R——热尺寸稳定性，%；
　　　L_0——试验前试件尺寸，mm；
　　　L——试验后试件尺寸，mm。

分别计算纵向或横向 3 个试件热尺寸稳定性算术平均值（聚乙烯膜取 5 个试件算术平均值）作为产品纵向或横向的热尺寸稳定性。

（十一）含水量

含水量是指胎基中所含水分占胎基总量的百分数，用%表示。

【试验步骤】

在抽取的试样中，裁取 A 试件 5 块，用天平分别称量 5 个直径约 150 mm 已干燥的玻璃皿，然后将试件放入 5 个玻璃皿中再分别称量后，放入加热到 105 ℃的烘箱中，烘 1 h 后取出，放入玻璃干燥器中，冷却至室温后称量，再放入 105 ℃的烘箱中烘 30 min，取出放入玻璃干燥器中，冷却至室温后称量，重复上述操作，直至前后两次称量差不大于 0.1% 为止，即恒重（全部称量精确至 0.001 g）。

含水率按下式计算：

$$V = \frac{m_1 - m_2}{m_1 - m_0} \times 100$$

式中　V——含水率，%；
　　　m_0——玻璃皿质量，g；
　　　m_1——烘前玻璃皿和试件质量，g；
　　　m_2——烘后玻璃皿和试件质量，g。

以 5 个试件的算术平均值作为胎基含水率。

（十二）玻璃纤维含量

对于玻纤毡和玻纤网格布增强玻纤毡，其玻璃纤维含量可用燃烧法进行测定。可燃物被燃烧后的剩余物则为玻璃纤维。玻璃纤维占玻纤毡或玻纤网格布增强玻纤毡的质量百分比为玻璃纤维含量，单位为%。

【仪器设备】

通风烘箱：温度能控制在 105±3 ℃或所选择温度±5 ℃；

马弗炉：温度能控制在 625±20 ℃，或所选择温度±20 ℃；

干燥器：内装合适干燥剂（如硅胶，氯化钙等）。

试样皿：由耐热材料制成，可以是陶瓷坩埚或不锈钢丝网篮等；

不锈钢夹钳：用于夹持试样或试样皿；

天平：最小分度值为 0.1mg，精度为 1mg；

抛光金属模板：用于制备样品。

【试验步骤】

1. 测试中的注意事项

在加热阶段，试样不得接触炉壁；试样皿和试样移送过程中，应注意谨防试样受损失，必须用夹钳夹持试样，切勿用手触摸试样。

2. 称取试样皿质量

将试样皿放入温度为 625±20 ℃的马弗炉中，恒定试样皿质量。试样皿在干燥器内冷却至室温，称其质量 m，精确至 0.1mg。重复加热、冷却、称量、直至质量恒定。

3. 称取干燥试样加试样皿的质量

将试样放在试样皿上，将盛有试样的试样皿放入温度为 105±5 ℃的烘箱内。试样加热至少 30 min，将试样连同试样皿一起从烘箱内取出，放在干燥器内冷却 30 min 以上，称其总质量为 m_1，精确至 0.1 mg。

4. 称取灼烧试样加试样皿的质量

将干燥后的试样连同试样皿放入马弗炉内，炉温控制在 625±20 ℃，开启炉门，使试样燃烧 5 min，然后关闭炉门再加热 30 min。将试样连同试样皿从马弗炉中移入干燥器内，冷却至室温，称取灼烧过的试样和试样皿的质量 m_2，精确至 0.1mg。

重复加热，冷却、称量，直至质量恒定。

玻璃纤维含量按下式计算：

$$C = \frac{m_2 - m_0}{m_1 - m_0} \times 100$$

式中　C——试样的玻璃纤维含量，%；

　　　m_0——试样皿的质量，g；

　　　m_1——干燥试样加试样皿的质量，g；

　　　m_2——灼烧后试样加试样皿的质量，g。

取其两个试样测试平均值作为玻璃纤维含量的测试结果。

七、判定规则

（一）单项判定

2 卷外观质量及幅宽都符合卷材外观质量和幅宽要求时，则判该批产品合格。

单位面积质量、拉力及最大拉力时延伸率（或断裂延伸率）、耐水性、撕裂性能、热尺寸稳定性、含水率、含胶量试验每组试件的算术平均值符合标准规定，则判该项合格。

浸渍性、弯曲性试验每个试件均符合标准规定，则判该项合格。

每组试件单位面积质量偏差变异系数 C_v 符合标准规定，则判该批合格。

每个方向的拉力最小值符合标准规定时，判该项合格。

（二）综合判定

检验结果 2 卷都符合技术要求规定时，则判该批产品合格。

检验结果只要 2 卷产品有两项或两项以上不同指标不符合标准规定时，则判该批产品为不合格。若 2 卷产品合计仅有一项或 2 卷同一项检验结果不符合标准规定时，在该批产品中再抽取同样数量的产品对该项进行单项检验，若合格则判该批产品合格，否则判该批产品不合格。

第八节 助剂材料

在建筑防水材料中用到的助剂材料很多，除填料外，还有溶剂、增塑剂、阻燃剂、成膜助剂、硫化剂、固化剂、稀释剂等。

一、溶剂

溶剂是溶液中的分散介质，是制造建筑防水涂料不可缺少的原材料。要求溶剂对沥青材料、聚合物沥青、合成橡胶、合成树脂等材料有较好的相溶性。溶剂溶解力的大小可用溶剂的溶解度参数表示。要求溶剂的溶解度参数应同所溶解沥青或高分子材料的溶解度参数相近。

表 5-76 列出了常用溶剂的溶解度参数。

表 5-76 常用溶剂的溶解度参数 δ

溶 剂	δ	
	$(MJ/m^3)^{\frac{1}{2}}$	$(cal/cm^3)^{\frac{1}{2}}$
乙醚	—	6.2
松节油	16.5	8.1
环己烷	16.7	8.2
戊基苯	—	8.5
醋酸戊酯	17.3	8.5
松油	17.6	8.6
四氯化碳	17.6	8.6
二甲苯	18.0	8.8
甲苯	18.2	8.9
丁基溶纤剂	18.2	8.9
1.2-氯丙烷	18.3	9.0
醋酸甲酯	—	9.5
醋酸乙酯	18.6	9.1
苯	18.7	9.2
氯仿	19.0	9.3
三氯乙烯	19.0	9.3
四氯乙烯	19.2	9.4
氯代甲烷	19.5	9.7
二氯甲烷	19.8	9.7

续表

溶 剂	δ	
	$(MJ/m^3)^{\frac{1}{2}}$	$(cal/cm^3)^{\frac{1}{2}}$
二氯乙烷	20.0	9.8
环己酮	20.2	9.9
二硫化碳	20.4	10.0
丙酮	20.4	10.0
异丙酮	—	11.5
正丁醇	23.2	11.4
二甲基甲酰胺	24.7	12.1
醋酸	25.7	12.6
乙醇	26.0	12.7
甲酸	27.6	13.5
水	—	23.4
1.1.1-三氯乙烯	—	8.3
甲乙酮	—	9.3
四氢呋喃	—	9.9
甲基溶纤剂	—	10.8
异丙醇	—	11.5
硝基苯	—	10.0
硝基甲烷	—	12.6
碳酸乙酯	—	14.5
二甲亚砜	—	13.4
戊烷	—	7.0
正乙烷	—	7.3
庚烷	—	7.4

常用溶剂的沸点及相对挥发速度列于表5-77；各种有机溶剂的毒性比较列于表5-78；有机溶剂的允许限度列于表5-79；有机溶剂可燃物的爆炸极限列于表5-80。

表5-77 常用溶剂的沸点及相对挥发速度

溶剂	相对挥发速度E值	沸点℃
溶剂汽油	约0.18	150~200
二-乙氧基乙醇	0.24	135
正丁醇	0.36	118
二甲苯	0.73	138~144
乙酸正丁酯	1	125
乙基异丁基酮	1.64	116
甲苯	2.14	111
乙醇	2.53	79
乙酸乙酯	4.80	77
甲乙酮	5.72	80
丙酮	9.44	56

表5-78 各种有机溶剂的毒性比较

溶剂	毒性	溶剂	毒性
汽油	1.00	二甲苯	3.50
环己烷	1.05	二硫化碳	4.20

续表

溶剂	毒性	溶剂	毒性
三氯甲烷	2.26	甲苯	4.80
二氯乙烷	3.00	三氯乙烯	5.20
苯	3.50		

表 5-79　有机溶剂的容许限度

名　称	允许的极限浓度（mg/L）	名　称	允许的极限浓度（mg/L）
乙酸戊酯	0.2	松节油	0.5
乙酸丁酯	0.2	甲苯	0.1
乙酸丙酯	0.2	四氯化碳	0.05
乙酸乙酯	0.4	汽油	0.3
丙酮	0.2	白节油	0.3
溶剂汽油	0.1	挥发油	0.3
松香水	0.3	矿物油	0.3
煤油	0.3	苯	0.05
乙醚	0.4	二甲苯	0.1
乙烷	0.5	丙烯酯甲酯	0.01
庚烷	0.5	石脑油	0.2
戊烷	1.0	甲醛	0.005
氯苯	0.05	苯胺	0.005
环氧氯丙烷	0.001	氨	0.030
丙醇	0.2	苯酚	0.005
丁醇	0.2	甲苯二异氰酸酯	0.0002
乙醇	1.5	丙烯腈	0.002
二甲基苯胺	0.005	吡啶	0.004
二甲基甲酰胺	0.01	苯乙烯	0.04
三氯乙烯	0.05		

表 5-80　有机溶剂可燃物的爆炸极限

物　质　名　称	爆炸极限体积（%）	
	最低	最高
己烷	1.25	6.80
庚烷	1.00	6.00
戊烷	1.40	7.80
壬烷	0.83	—
辛烷	0.95	—
苯	1.41	6.75
甲苯	1.27	7.75
二甲苯	1.00	6.00
松节油	0.80	—
汽油	1.20	7.00
环己烷	1.30	8.3
二氯乙烯	5.8	15.9
醋酸甲酯	3.15	15.60
醋酸乙酯	2.18	11.40
醋酸丙酯	2.05	
醋酸丁酯	1.70	5.8
醋酸戊酯	1.10	—

续表

物质名称	爆炸极限体积（%）	
	最低	最高
环己烷	1.30	8.35
环丙烷	2.45	14.40
甲醇	6.72	36.2
乙醇	3.28	18.95
丙醇	2.55	—
异丙醇	2.65	—
丁醇	3.70	10.2
异丁醇	1.68	—
戊醇	1.19	—
丙烯醇	2.40	—
癸烷	0.69	—
丙酮	2.55	12.80
丁酮	1.81	9.50
甲基异丁酮	1.70	11.70
甲酸乙酯	5.05	22.70
甲酸甲酯	2.75	16.40
环氧乙烷	3.00	80.00
环氧丙烷	2.00	22.00
乙醚	1.85	36.5
甲乙醚	2.00	11.10
二乙醚	1.85	36.50

二、增塑剂

增塑剂是增加高分子材料可塑性和流动性的物质。在高分子材料加工配合中的主要作用是降低橡胶或树脂的软化温度、熔融温度，增加可塑性和流动性，从而改善了高分子材料制成建筑防水材料时的加工性能和柔韧性能，提高加工效率。

根据增塑剂的增塑机理可分为物理增塑剂和化学增塑剂。物理增塑剂亦称软化剂，是增塑剂的主体。化学增塑剂亦称塑解剂，为内增塑剂，有化学反应的发生。

在建筑防水材料中常用的增塑剂列于表5-81，常用增塑剂的溶解度参数列于表5-82。

表5-81　国内常用增塑剂的性能和应用

种类	名称或代号	性能	应用
石油系	链烷烃油（石蜡油）	相对密度0.85～0.95，闪点110～305℃，苯胺点63～130℃	合成、天然胶，用于乙丙胶时性优，适浅色制品，常用量<15份
	石油树脂	黄色至棕色树脂状固体，相对密度0.970～0.975，软化点60～125℃	丁基胶、丁苯胶，橡胶中用量约10份，用于聚乙烯、丙烯酸酯时耐水性优
	石油沥青	黑色固体或半固体，相对密度1.0～1.15	天然、丁苯胶、抗水性优，用量5～10份
煤焦油系	固体古马隆	淡黄色至棕褐色固体，相对密度1.05～1.10，软化点有35～75℃和75～135℃两种	丁苯、氯丁胶，具补强性，相容性好，物理性、老化性优

续表

种类	名称或代号	性能	应用
松油系	松焦油	深褐色粘性液体,相对密度1.01~1.06,有污染性	通用型,胶料耐寒性优,利用助剂分散、增粘
	氢化松香	浅黄色脆性固体,相对密度1.045,软化点75℃	天然、合成胶、丁苯增粘,助于分散
脂肪油系	黑油膏	黑褐色松散固体,相对密度1.08~1.20	丁苯,氯丁胶,适压生产,耐日光、耐臭氧
	硬脂酸	白色或微黄色颗粒或块状物,相对密度0.9,熔点70~71℃	天然、合成胶(丁基除外),利于助剂分散,多作用
合成系 苯二甲酸酯类	增塑剂DMP	无色液体,相对密度1.17,闪点160℃	天然、合成氯丁、树脂,粘着性,耐水性优
	增塑剂DEP	无色液体,相对密度1.10,闪点160℃	天然、合成胶、树脂
	增塑剂DBP	透明无色或微黄液体,相对密度1.04,闪点175℃	天然、合成胶、氯丁胶、树脂,粘着性,耐水性优
	增塑剂DIBP	无色液体,相对密度1.04	聚氯乙烯、氯丁胶、树脂
	增塑剂DHP和DIHP	浅黄色液体,相对密度0.990~1.005,闪点188~199℃	氯丁、丁基、天然胶、乙丙、聚氯乙烯、耐热、耐光、耐寒
	增塑剂DOP	无色油状液体,相对密度0.982	氯丁、丁基、聚氯乙烯,压延,压出性状,耐紫外光、耐热
	增塑剂DIOP	水白色液体,相对密度0.982	氯丁、聚氯乙烯、乙烯乙酸乙酯、树脂
	增塑剂DINP	浅黄色液体,相对密度0.973,闪点230℃	天然、丁苯、氯丁、丁基、乙丙胶、聚氯乙烯
	增塑剂BOP	水白色液体,相对密度0.996,闪点188℃	氯化胶、聚氯乙烯、乙烯乙酸乙酯
	增塑剂DBEP	无色清洁液体,相对密度1.06~1.063,闪点208℃	氯丁、丁苯胶、丙烯酸树脂,提高外观和物性
脂肪二元酸酯类	增塑剂DOA	无色液体,相对密度0.927	天然、合成胶、树脂,耐热耐光、耐水性优
	增塑剂NODA	无色透明液体,相对密度0.918,闪点205℃	天然、丁苯胶,耐寒性、耐热、耐光性优
	增塑剂DNA	无色液体,相对密度0.915~0.9168,闪点202~232℃	聚氯乙烯、聚烯、耐热、耐光性优
	己二酸二(丁氧基乙氧基)乙酯	浅琥珀色液体,相对密度1.010~1.015,闪点152~166℃	乙烯基树脂、聚氨酯、丙烯酸酯、聚硫橡胶、耐寒、耐热
	增塑剂DOZ	无色透明液体,相对密度0.917,闪点227℃	丁苯、氯丁胶,耐热、耐光性优
	增塑剂DIOZ	无色透明液体,相对密度0.918~0.920,闪点213~219℃	丁苯胶、聚氯乙烯、耐热
	增塑DBS	无色或浅黄色透明液体,相对密度0.934~0.942,闪点202℃	丁苯、氯丁、胶乳、耐光
	增塑剂DOS	淡黄色或无色透明液体,相对密度0.911~0.913,闪点215℃	天然、合成胶、聚氯乙烯,耐寒性优,耐热、耐光
磷酸酯类	增塑剂TBP	无色液体,相对密度0.973~0.978,闪点193℃	天然、合成胶,耐寒性、耐光性、难燃性优
	增塑剂TPP	白色针状结晶,相对密度1.185~1.202,闪点225℃	天然、合成胶,阻燃
	增塑剂TXP	无色液体,相对密度1.130~1.145,闪点235℃	天然、合成胶,耐水性优,阻燃性好

续表

种类	名称或代号		性　　能	应　　用
合成系	环氧类	环氧大豆油	浅黄色油状液体，相对密度0.985～1.000，闪点280～310℃	橡胶通用型，耐热、耐光，低温柔软性好
		环氧硬脂酸锌	浅黄色油状液体，相对密度0.900～0.910，闪点265℃	氯丁胶，耐低温、耐热、耐光性优
	含氯类	氯化石蜡(42%)	淡黄色粘稠液，相对密度1.16	丁苯、氯丁、聚氧酯，不燃烧
		氯化石蜡(48%)	浅琥珀色粘稠液，相对密度1.22～1.26	丁苯、氯丁、聚氧酯，不燃烧，易加工，物理性能高
		氯化石蜡(50%～52%)	浅琥珀色粘稠液，相对密度1.22～1.26	天然、丁苯、氯丁、耐燃、物理性能高
化学塑解剂	2-萘硫酚		浅黄色片形蜡状物，相对密度0.92，熔点约50℃，闪点116℃	天然、丁苯、氯丁胶
	2,4一二亚硝基间苯二酚		暗黄色粉末，有毒	丁基胶
	磷化石油产品混合物		液体	胶浆、胶糊

表5-82　一些增塑剂的溶解度参数值

增　塑　剂	溶解度参数 δ /$(J \cdot cm^{-3})^{1/2}$	增　塑　剂	溶解度参数 δ $(J \cdot cm^{-3})^{1/2}$
磷酸三异辛酯	16.8	氯化石蜡	18.4
己二酸异辛异癸酯	17.2	油酸丁酯	18.4
己二酸二异癸酯	17.2	邻苯二甲酸二正辛酯	18.6
壬二酸二异辛酯	17.2	邻苯二甲酸二正丁酯	19.0
壬二酸二（2-乙基）己酯	17.2	磷酸二苯一辛酯	19.0
癸二酸二（2-乙基）己酯	17.4	磷酸三（二甲苯）酯	19.8
己二酸二（2-乙基）己酯	17.6	丁基邻苯二甲酰基甘醇酸丁酯	19.8
邻苯二甲酸二异癸酯	17.8	邻苯二甲酸二（甲氧基）乙酯	20.1
邻苯二甲酸二（2-乙基）己酯	18.0	磷酸三甲苯酯	20.1
邻苯二甲酸二异辛酯	18.0	磷酸三苯酯	20.3
邻苯二甲酸双（十三烷基）酯	18.0	邻苯二甲酸丁苄酯	20.3
邻苯二甲酸二正辛酯	18.2	磷酸甲苯二苯酯	20.9

三、水乳性涂料用助剂材料

水乳性建筑防水涂料中应用最多的助剂材料有乳化剂、分散剂和湿润剂等。大多属于表面活性剂，分子中具有亲水和亲油两个基因。

乳化剂、分散剂和湿润剂有许多相似之处，但也有区别。乳化剂能吸附在液-液界面，显著降低液-液界面自由能，使两种不能混溶的液体形成均匀而稳定的乳浊液。例如：十六烷三甲基溴化铵可使水和液体沥青形成乳化沥青。因十六烷三甲基溴化铵属于阳离子乳化剂所制成的乳化沥青称为阳离子乳化沥青。

分散剂能吸附在液-固界面，从而显著降低液-固界面的自由能，使被分散的固体粉末能均匀的分散在液体中而形成胶溶体。由于能降低微粒或微滴间的粘合力而防止发生絮凝或附聚，在水溶液中用的一般为高分子电解质，如六偏磷酸钠、缩硅酸钠等。

湿润剂又称渗透剂，能增加水对粉末的浸润能力或增大乳液渗透和扩散能力。例如磺化油、拉开粉等。

在建筑防水涂料中常用的乳化剂，分散剂和湿润剂列于表5-83。

表 5-83 乳化剂、分散剂、湿润剂的主要品种

化学品名	俗名	结构式	表面活性类别	性状	用途
磺酸钠		HSO_3Na		浅褐色粉末	分散剂
十二酸钠	月桂酸钠	$C_{11}H_{23}COONa$		白至浅褐色粉末或糊状	分散剂
十八酸钠	硬脂酸钠	$C_{17}H_{35}COONa$		白色粉末或片状物,溶于水和热乙醇	分散剂
磺化蓖麻油	土耳其红油		阴离子型	红褐色透明黏液,pH值为7~8	分散剂、稳定剂
二丁基萘磺酸钠	拉开粉 BX	(结构式)	阴离子型	乳白色或微黄粉末,对酸、碱、硬水较稳定	分散剂、湿润剂
亚甲基二萘磺酸钠	扩散剂 NF	(结构式)	阴离子型	微黄色粉末,相对密度1.62,溶于水,pH值≥7	分散剂、湿润剂
亚甲基二异丙基萘磺酸钠	达萨达钠盐	(结构式)	阴离子型	浅黄色粉末,熔点399℃(分解),溶于水,在弱酸碱中稳定,1%溶液pH值为8~10.5	分散剂、湿润剂
亚甲基二异丙基萘磺酸钾	达萨达钾盐	(结构式)	阴离子型	浅黄色粉末,熔点399℃(分解),溶于水,在弱酸碱中稳定,1%溶液pH为7~8.5	分散剂、湿润剂
焦磷酸钠		(结构式)	阴离子型	无水物呈白色,相对密度2.534,熔点884℃,溶于水,不溶液呈碱性;遇热水解	分散剂、螯合剂
三磷酸钠		(结构式)	阴离子型	无水物呈白色,相对密度2.534,熔点884℃,溶于水,水溶液呈碱性,但更易水解	分散剂、螯合剂

续表

化学品	俗名	结构式	表面活性类别	性状	用途
多磷酸钠		$NaO-\overset{ONa}{\underset{O}{P}}-O-[\overset{ONa}{\underset{O}{P}}-O]_n-\overset{ONa}{\underset{O}{P}}=O$, $n=10$			分散剂、螯合剂
十二烷基苯磺酸钠	月桂基苯磺酸钠	$CH_3(CH_2)_{10}CH_2-\text{C}_6\text{H}_4-SO_3Na$	阴离子型	片状物质，溶于水	分散剂
烷基苯聚氧乙烯醚硫酸钠		$R-\text{C}_6\text{H}_4-O(CH_2CH_2O)_nSO_3Na$	阴离子型		分散剂、湿润剂、抗静电剂、模具用润滑剂
烷基苯聚氧乙烯醚硫酸铵		$R-\text{C}_6\text{H}_4-O(CH_2CH_2O)_nSO_3NH_4$	阴离子型		分散剂、湿润剂、抗静电剂、模具用润滑剂
聚乙烯醇		$-[CH_2-CH(OH)]_n-$		白色粉末，溶于水，耐油和多数有机溶剂	分散剂、乳化稳定剂、滑爽剂、增稠剂
聚丙烯酸		$-[CH_2-CH(COOH)]_n-$		白色固体，相对密度1.035，5%水溶液pH值为2	分散剂、增稠剂
十二烷基聚乙烯酯	聚乙二醇400单月桂酸酯	$CH_3(CH_2)_{10}COO(CH_2CH_2O)_9H$		浅黄色液体，相对密度1.03，熔点≤8℃，溶于水、乙醇、甲苯	分散剂、乳化剂、也有抗泡、乳化、湿润、稳定作用
油酸铵		$CH_3(CH_2)_7CH=CH(CH_2)_7COONH_4$		黄棕色膏状物，熔点21~22℃	乳化剂，机械起泡剂，泡沫稳定剂
油酸钾		$CH_3(CH_2)_7CH=CH(CH_2)_7COOK$		黄棕色软固体，溶于水	乳化剂，机械起泡剂
十八酸铵	硬脂酸铵	$CH_3(CH_2)_{16}COONH_4$		白色至浓黄色粉末或相对密度0.889，熔点74~76℃，溶于水	乳化剂，机械起泡剂
十八酸钾	硬脂酸钾	$C_{17}H_{35}COOK$	阴离子型	白色结晶粉末，溶于水	乳化剂，机械起泡剂
聚醚聚硫醚	乳化剂S		非离子型	棕色蜡状固体，相对密度约1.2，70℃下全溶于水，15%水溶液pH值约为2~3	乳化剂，泡沫稳定剂

续表

化学品	俗名	结构式	表面活性类别	性状	用途
烷基硫酸钠	湿润剂 OT	$R-SO_4Na$	阴离子型	本品的酒精-水溶液为黄色清澈液体，相对密度 0.94	湿润剂
二辛基磺化琥珀酸钠		$\begin{array}{l}CH_2COOC_8H_{17}\\|\\NaO_3S-CHCOOC_8H_{17}\end{array}$	阴离子型	蜡状固体或黏稠液体，在水中溶解较慢，在碱性介质中分解	湿润剂、分散剂、抗静电剂
壬基苯基聚氧乙烯醚	乳化剂 ON—10	$C_9H_{19}\!-\!\!\bigcirc\!\!-O(CH_2CH_2O)_nH$ $n\geq 4$	非离子型		湿润剂、乳化剂、抗泡剂、冻榕稳定剂
聚氧乙烯山梨糖醇酐单月桂酸酯	吐温-20	$\begin{array}{c} \text{H}_2\text{C}\!-\!\text{CH}\!-\!\text{CH}_2\text{OCO(CH}_2)_{10}\text{CH}_3\\ \text{H(CH}_2\text{CH}_2\text{O})_i\text{OHC}\quad\text{CHO(CH}_2\text{CH}_2\text{O})_m\text{H}\\ \text{CHO(CH}_2\text{CH}_2\text{O})_n\text{H}\\ i+m+n\approx 20 \end{array}$	非离子型	黄色油状液体，相对密度约 1.1，黏度约 0.4 Pa·s，溶于水、丙酮	湿润剂、分散剂、乳化剂
聚氧乙烯山梨糖醇酐单棕榈酸酯	吐温-40		非离子型		润湿剂、分散剂、乳化剂
聚氧乙烯山梨糖醇酐单硬脂酸酯	吐温-60		非离子型		润湿剂、分散剂、乳化剂
聚氧乙烯山梨糖醇酐单油酸酯	吐温-80		非离子型		润湿剂、分散剂、乳化剂
山梨糖醇酐单月桂酸酯	斯盘-20	$\begin{array}{c} \text{H}_2\text{C}\!-\!\text{CHCH}_2\text{OCO(CH}_2)_{10}\text{CH}_3\\ \text{HOHC}\quad\text{CHOH}\\ \text{CHOH} \end{array}$	非离子型		润湿剂、分散剂、乳化剂
山梨糖醇酐单棕榈酸酯	斯盘-40		阴离子型		润湿剂、分散剂、乳化剂
山梨糖醇酐单硬脂酸酯	斯盘-60		阴离子型		润湿剂、分散剂、乳化剂

第八节 助剂材料

续表

化 学 品	俗 名	结 构 式	表面活性类别	性 状	用 途
山梨糖醇酐单油酸酯	斯盘-80	$\text{C}_{11}\text{H}_{23}\text{COO}-\text{C}\begin{array}{c}\text{H}_3\text{C}\\ \text{CH}_2\text{CH}_2\\ \text{CH}_2\text{CH}_2\end{array}\begin{array}{c}\text{OH}\\ |\\ \text{CH}-\text{C}-\text{CH}_3\\ |\\ \text{CH}_3\end{array}$	阴离子型	浅黄色液体,相对密度1.05,耐酸、碱	润湿剂,分散剂,乳化剂
月桂酸薄荷品			非离子型		湿润剂
乳酸乙酯		$CH_2CHOHCOOC_2H_5$		无色透明液体,相对密度1.030～1.040,溶于水	湿润剂
月桂酰二乙醇胺		$CH_3(CH_2)_{11}CON(CH_2CH_2OH)_2$	非离子型	淡黄色黏状物,溶于水,pH值约6	稳定剂,湿润剂
氯化三甲基十二烷基铵		$\left[\begin{array}{c}\text{CH}_3\\ |\\ \text{H}_3\text{C}-\text{N}-\text{CH}_3\\ |\\ \text{CH}_2(\text{CH}_2)_{10}\text{CH}_3\end{array}\right]^+ \text{Cl}^-$	阳离子型	淡黄色透明液体,易溶于水	胶态电解质、胶凝稳定剂
氯化十八烷基二甲基苄基胺		$\left[\begin{array}{c}\text{CH}_3\\ |\\ \text{CH}_2-\text{N}-\text{C}_{18}\text{H}_{37}\\ |\\ \text{CH}_3\end{array}\phantom{\begin{array}{c}\\ \text{C}_6\text{H}_5\end{array}}\right]^+ \text{Cl}^-$	阳离子型		胶态电解质、胶凝稳定剂
氯化十四烷酰胺丙基二甲基苄基铵		$\left[\text{C}_{13}\text{H}_{27}\text{CONH}(\text{CH}_2)_3-\overset{\overset{\displaystyle\text{CH}_3}{|}}{\underset{\underset{\displaystyle\text{CH}_3}{|}}{\text{N}}}-\text{CH}_2\right]^+ \text{Cl}^-$	阳离子型		胶态电解质、胶凝稳定剂
溴化三甲基十六烷基铵		$\left[\begin{array}{c}\text{CH}_3\\ |\\ \text{H}_3\text{C}-\text{N}-\text{CH}_3\\ |\\ \text{CH}_2(\text{CH}_2)_{14}\text{CH}_3\end{array}\right]^+ \text{Br}^-$	阳离子型	晶状固体,熔点237～243 ℃,溶于水	阳性胶乳分散剂,增稠剂、泡沫稳定剂
溴化十二烷基三甲基苄基胺		$\left[\begin{array}{c}\text{CH}_3\\ |\\ \text{CH}_2-\text{N}-\text{C}_{12}\text{H}_{25}\\ |\\ \text{CH}_3\end{array}\phantom{\text{C}_6\text{H}_5}\right]^+ \text{Br}^-$	阳离子型	淡黄色胶状物,易溶于水	阳性胶乳分散剂
烷基聚氧乙烯醚	湿润剂 JFC	$RO(CH_2CH_2O)_nCH_2CH_2OH$ $R=C_{8\sim13}, n=4\sim4.5$	非离子型	乳白色糊状至黏稠状物,溶于水	湿润剂,渗透剂

四、硫化剂和促进剂

在橡胶防水材料中硫化剂和硫化促进剂是常选用的助剂材料。

硫化剂是用以橡胶分子链产生交联反应的物质,分子间可以形成空间网状结构,以获得较好的防水性能和耐久性能。

硫化促进剂简称促进剂,是促进橡胶硫化的物质,在橡胶材料中加入硫化促进剂可提高橡胶硫化速度,缩短硫化时间,降低硫化温度,减少硫化剂用量等。

常用的硫化剂列于表5-84。常用的硫化促进剂列于表5-85。

表5-84 常用硫化剂性能及应用

类别	化学名称	代号	性能	应用
硫磺类	硫磺粉	S	淡黄色粉末。易燃,相对密度1.96~2.07,熔点114~118℃,pH值≥4.4	天然胶,通用合成胶
	胶体硫磺		稳定糊状物,平均粒径1~3μm	胶乳制品
含硫化合物	二硫化二吗啡啉	DTDM	灰棕色或白色结晶粉末,相对密度1.32~1.38,熔点≥120℃,含硫27%	天然、合成橡胶,丁基胶
	二硫化四甲基秋兰姆	TMTD	白色粉末。无毒。相对密度1.17~1.30,熔点13~65℃	天然、丁苯、丁基橡胶
过氧化物类	过氧化二异丙苯	DCP	白色或淡黄色结晶粉末,相对密度1.53,熔点39~42℃	合成、天然胶,聚乙烯树脂
	2,5-二甲基-2,5-双(叔丁基过氧基己烷)		淡黄色液体,密度0.865,熔点8℃,不溶于水,易燃、易爆、有毒	硅胶,乙丙橡胶,聚乙烯
	1,1-双(叔丁基过氧基)环己烷		本品宜与碳酸钙等混合后使用	乙丙胶,乙烯-乙酸乙酯
醌类	对醌二肟	GMF	深褐色结晶粉末,密度1.2~1.4,熔点240℃	丁基橡胶,天然丁苯,聚硫
	对-二苯甲酰苯醌二肟	DBQD	灰棕色粉末,相对密度1.37,分解温度≥200℃	丁基、天然、丁苯橡胶
胺类	三亚乙基四胺		淡黄色粘稠液体,相对密度0.982,熔点12℃	丙烯酸酯、氟橡胶
	3,3-二氯联苯胺		灰色粉末或絮片,相对密度1.25,熔点132℃	聚氨酯
树脂类	环氧树脂			氯丁、丙烯酸酯橡胶
	叔丁基苯酚甲醛树脂		淡黄色到棕色透明状,可燃,易爆	丁基、天然、丁苯橡胶
金属氧化物	氧化锌	ZnO	白色粉末,相对密度5.6,粒径0.1~0.27μm	氯丁橡胶
	氧化铅	PbO	黄色粉末,相对密度9.1~9.7,不溶于水,溶于酸碱	氯丁胶,氯磺化聚乙烯

表 5-85 常用促进剂性能及应用

类别	名称或代号	性能	应用
噻唑类（酸性超速）	促进剂 M	淡黄色粉末，相对密度 1.42，熔点＞170℃，硫化临界温度 125℃	各种橡胶常用量 1～2 份
	促进剂 DM	淡黄色粉末，相对密度 1.50，熔点＞155℃，硫化临界温度 130℃	各种橡胶，常用量 0.75～3 份
秋兰姆类（酸性超速）	促进剂 TMTM	黄色或淡黄色粉末，相对密度 1.37～1.40，熔点＞100℃，硫化临界温度 121℃	各种橡胶、硫化胶耐老化性优
	促进剂 TMTD	白色或灰白色粉末，相对密度 1.29，熔点＞136℃，易爆，有毒	三元乙丙、丁基、氯磺化聚乙烯，常用量 0.2～3 份
次硫酰胺类（中性超速）	促进剂 CZ	淡黄色粉末，相对密度 1.31～1.34，熔点＞94℃，硫化临界温度 138℃，可燃，易爆	天然胶合成胶，提高耐老化性，常用量 0.5～2 份
	促进剂 NOBS	淡黄色粉末，相对密度 1.34～1.40，熔点 80～86℃，硫化临界温度＞138℃，可燃，易爆	与 CZ 相似，常用量 0.5～2.5 份
醛胺类（慢速）	促进剂 H	白色至淡黄色结晶粉末，相对密度 1.3，易燃，易爆	橡塑并用，促进橡胶与纤维的粘合
	促进剂 808	棕红色粘稠液体，相对密度 0.94～0.98，硫化临界温度 120℃	各种橡胶，提高耐老化性，促进作用较强
硫脲类（中性准超速）	促进剂 NA—22	白色结晶粉末，相对密度 1.43，熔点＞190℃，可燃，易爆	氯丁橡胶、氯磺化聚乙烯、丙烯酸酯，耐水，用量 0.25～1.5 份
	促进剂 DBTU	白色至淡黄色结晶粉末，相对密度 1.06，熔点＞60℃	氯丁、丁基、三元乙丙橡胶，抗臭氧，常用量 0.25～1 份
二硫代氨基甲酸盐类（酸性超超速）	促进剂 PZ	白色粉末，相对密度 1.65～1.74，熔点 240～255℃，硫化临界温度 100℃，易燃	丁基、三元乙丙、浅色制品，耐老化，常用量 0.3～1.5 份
	促进剂 ZDC	白色或灰色粉末，相对密度 1.49，熔点 175℃，易爆，常用量 0.1～1 份	丁基、乙丙橡胶，连续硫化，浅色制品，自然硫化
	促进剂 B₂	乳白色粉末，相对密度 1.18～1.24，熔点 104～108℃	天然合成胶，常用量 0.5～2 份
胍类（碱性中速）	促进剂 D (DPG)	白色结晶粉末，相对密度 1.13～1.19，熔点＞144℃，硫化临界温度 141℃，易燃	各种橡胶连续硫化，常用量 1 份
	促进剂 DOTG	白色粉末，相对密度 1.10～1.22，熔点 168～175℃，硫化临界温度 141℃	各种橡胶、氯磺化聚乙烯涂料，常用量 0.8～1 份
其他	硫氢嘧啶	白色结晶粉末，相对密度 1.09～1.19，熔点＞250℃	氯丁橡胶，常用量 0.5 份以上
	促进剂 F（促进剂 D、DM 和 H 的掺和物）	淡黄色粉末，相对密度 1.31，熔点＞140℃	各种橡胶，常用量 0.3～1.5 份

五、活性剂和防老剂

活性剂亦称硫化活性剂或助促进剂，是促进橡胶硫化过程的起活性作用的有机或无机物质。在橡胶加工过程中加入活性剂能增强促进剂活性，减少促进剂用量或缩短硫化时间，可显著改善硫化效果。在建筑防水材料中常用的活性剂列于表5-86。

表5-86 常用活性剂性能与应用

化学名称	结构	性质	应用
氧化锌	ZnO	白色粉末，相对密度5.5~5.6，无毒	最重要、应用最广的品种，适用于热空气硫化，常用量3~5份
氧化镁	MgO	白色粉末，相对密度3.2~3.23，在空气中易吸水变质	多用于氯丁橡胶，与ZnO并用，可提高硫化胶拉伸强度和硬度，常用量5份以下
氧化铅	PbO	黄色粉末，相对密度9.53，溶于酸碱，易结团	与MgO并用，可提高硫化胶耐热性，三元乙丙橡胶的醌类硫化
硬脂酸	$CH_3(CH_2)_{136}COOH$	白色或微黄色颗粒或块状物，相对密度0.9，熔点70℃，pH值4~7，无毒	天然胶、合成胶最广泛应用（除丁基），常用量0.5~2份

防老剂是延缓高分子化合物老化的物质。大多数能抑制氧化作用，有些能抑制热和光的作用，从而延长其使用寿命。对于建筑防水材料，尤其是高分子防水材料尤为重要。在建筑防水材料中常用的防老剂列于表5-87。

表5-87 国内常用防老剂性能与应用

种类	名称或代号	性质	应用
胺类	防老剂A	黄褐色至紫色块状，密度1.16~1.17，熔点>50℃，易燃，对皮肤有刺激	橡、塑通用型，天然、氯丁橡胶尤适宜，常用量1~2份
	防老剂D	浅灰色至浅棕色粉末，相对密度1.18，熔点108℃，易燃，有毒	橡、塑通用型，常用量0.5~2份
	防老剂H	灰褐色粉末，相对密度1.18~1.20，熔点>140℃，易燃，有污染性	橡、塑通用，天然、氯丁橡胶尤适宜，常用量0.2~0.3份
	防老剂4010	灰白色粉末，相对密度1.14~1.34，熔点110~115℃，有污染性，刺激皮肤	与A、D并用，耐臭氧优，通用型，常用量0.15~1份
	防老剂4020	灰黑色或棕紫色固体，相对密度0.986~1，熔点40~45℃，污染，刺激眼睛	通用型，常用量0.5~1.5份
	防老剂RD	琥珀至棕色细片状，相对密度1.06~1.10，熔点>74℃，微污染	天然、氯丁橡胶、塑料、耐天候，常用量0.5~2份
酚类	防老剂264	白色至淡黄色粉末，相对密度1.02~1.05，熔点68~70℃，微毒，易分散	通用型，常用量0.5~3份
	防老剂SP	浅黄至琥珀色粘液，相对密度1.05~1.10，低污染	通用型，适于浅色制品，常用量0.5~2份
酯类	抗氧剂1010	白色或微黄色粉末，熔点118~125℃	聚氯乙烯、聚乙烯、聚氨酯，常用量0.1~0.5份
	防老剂TNP	淡黄色粘液，相对密度0.97~0.99℃，无毒	聚氯乙烯、聚乙烯，耐热性状，常用量0.3~1.0份
	防老剂DLTP	白色结晶粉末，熔点39~42℃，无污染，低毒	聚乙烯、聚氯乙烯、橡胶，与酚类并用优

续表

种 类	名称或代号	性 质	应 用
其他	防老剂 MBZ	白色或淡黄色结晶粉末，相对密度1.40～1.44，熔点＞285℃	通用型，防铜害，常用量1～1.5份
	防老剂 MBZ	白色粉末，相对密度1.63～1.64，熔点＞300℃，无毒	同 MB，抗热氧优，常用量2份
	防老剂 NBC	深绿色粉末，相对密度1.26，熔点＞83℃	氯丁、氯磺化聚乙烯橡胶，常用量1～2份
	防老剂 CA	白色结晶粉末，熔点178～188℃，低毒，无污染	聚乙烯，聚氯乙烯、浅色制品，常用量1～3份
	防老剂 300	白色至浅灰色粉末，相对密度1.03～1.12，熔点150～160℃，不污染，无毒	聚乙烯，聚氯乙烯，橡胶，常用量0.05～0.25
	防老剂	乳白或微黄色粉末，相对密度1.07～1.10，溶点115～125℃	通用型，耐光、热、疲劳，常和量0.25～1.5份

六、橡胶补强剂

橡胶补强剂简称补强剂，又称增强剂，是用于提高橡胶防水材料强度的物质。加入补强剂后，能增加硫化橡胶的拉伸强度、硬度、耐磨耗和耐屈挠等性能。其性能与补强剂的颗粒大小、形状和表面性质有关。

补强剂与填充剂之间没有严格的界限，目前在高分子防水材料中应用最多的最重要的补强填充剂是炭黑。常用的补强填充剂列于表5-88。

表 5-88　常用补强填充剂性能与应用

种 类	名称或代号	性 能	应 用
炭黑	超耐磨炉黑 N110	粒子直径14～20 nm，比表面积（CTAB法）126 m^2/g，吸油值1.13 cm^3/g，着色温度124℃	补强，耐磨最优、极高，耐磨制品
	低结构中超耐磨炉黑 N219	比表面积107 m^2/g，吸油值0.78 cm^3/g，着色温度123℃	补拉伸强度，撕裂强度，伸长率
	中超耐磨炉黑 N220	粒径19～30 nm，比表面积111 cm^2/g，吸油值1.14 cm^3/g，着色温度115℃	提高耐磨性、拉伸强度
	高结构中超耐磨炉黑 N242	比表面积111 cm^2/g，吸油值1.26 cm^3/g，着色温度116℃	耐老化性好，制品表面光滑
	高耐磨炉黑 N330	粒径26～35 nm，比表面积83 m^2/g，吸油值1.02 cm^3/g，着色温度103℃	高补强，通用性强
	新工艺高结构，高耐磨炉黑 N339	粒子细，比表面积95 cm^2/g，吸油值1.20 cm^3/g，着色温度110℃	压出性好，通用型
	通用炉黑 N660	粒径50～70 nm，比表面积35 cm^2/g，吸油值0.91 cm^3/g	易分散、压延性优
	混气炭黑	粒径28～36，比表面积80～110 cm^2/g（BET法），吸油值0.90～110 cm^3/g	涂料、塑料着色剂
硅化物	气相法白炭黑 SiO$_2$	白色粉末，粒径8～115 nm，表面积200～380 m^2/g，吸油值1.5～2.0 cm^2/g	氯丁、三元乙丙、聚乙烯、聚氯乙烯，提高强度、耐热性
	陶土	浅灰色至灰黄色粉末，相对密度2.54～2.60	天然、合成橡胶，树脂，提高拉伸强度，耐水性
	硅酸钙	亮白色针状晶体，相对密度2.9	聚氯乙烯、聚乙烯、聚丙烯，耐水性优
	无水硅酸铝	白色粉末，粒径1～1.5 μm，相对密度2.2～2.63	天然、合成橡胶，树脂，填充剂，着色力强，压出性好

续表

种 类	名称或代号	性 能	应 用
碳酸盐	轻质碳酸钙（沉淀碳酸钙）	白色粉末，相对密度2.4～2.7，粒径1～3μm	填充剂，天然，氯丁胶，树脂，易分散
	活性碳酸钙（白艳华）	白色粉末，相对密度1.99～2.01，粒径0.1μm，比表面积25～85 m²/g	天然、合成胶，树脂，补强性优，易分散，并用性好
	轻质碳酸镁	白色粉末，相对密度2.2	天然、合成胶补强填充
硫酸盐类	硫酸铵	白色或灰黄色品种，相对密度1.769，熔点140℃	天然、合成胶填充，易分散，制品坚挺
	碱式硫酸铝	白色粉末，相对密度1.69	天然、合成胶，补强填充，拉伸强度，耐热老化性优
	硫酸钡	白色粉末，相对密度4.499，粒径2.5～25μm，pH值6～8	通用型，氯丁胶尤宜，耐热性，耐燃性，填充剂
金属氧化物	氧化镁	白色或米黄色粉末，相对密度3.58	天然、合成胶，尤适于氯丁胶
	活性氧化锌	白色或微黄色粉末，相对密度5.47	白色，浅色制品补强填充，氯丁胶硫化剂
	二氧化钛	白色粉末，相对密度3.84～4.25，着色力强	耐暴晒，填充性优
	赤泥	浅红至暗红色粉末，pH值9～9.5	耐老化性优，加工性好，尤适于聚氯乙烯
树脂	高苯乙烯树脂	乳白色或微黄色不规则颗粒	氯丁橡胶，提高拉伸、撕裂强度
	古马隆树脂	固体或液体，相对密度1.05～1.10，软化点100、110、120℃	软化剂，丁苯胶补强优，胶料拉伸强度，伸长率提高
	酚醛树脂	褐色粉末或块状物，相对密度1.14～1.19，熔点60～95℃	天然、氯丁、丁苯胶补强剂，提高硬度、拉伸、耐磨性
	三聚氰胺树脂	浆状或粒状，相对密度1.57，软化点70℃	天然、合成胶补强，提高加工分散性，胶料拉伸强度，耐磨，耐老化，龟裂性
	石油树脂	块状或片状物，相对密度1.03～1.08，软化点70、100、115、120、130、140℃	天然、合成胶补强等多种作用

七、防霉剂

为防止微生物对建筑防水材料的侵蚀，在制造建筑防水材料时，需加入防霉剂。

防霉剂是防止微生物引起发霉的药剂。由于防霉剂的加入可以抑制霉菌滋生、繁殖，从而达到防霉的目的。

在建筑防水材料中常用的防霉剂列于表5-89。

表5-89 防霉剂的品种

防 霉 剂 名 称	应 用 范 围
1-乙酸基汞-2-羟基乙烷	纸浆
丙烯醛	织物、纸浆
烷基苯基二甲基溴化铵	织物
双（2-羟基-5-氯代苯基）甲烷	织物，绳索，纸

第八节　助剂材料

续表

防 霉 剂 名 称	应 用 范 围
双（8-羟基喹啉）铜	橡胶，塑料，纤维，木材，胶黏剂，涂料，绳缆，纸
双（三正丁基锡）氧化物	纸浆，织物，塑料
氯代甲氧基丙基氯化汞	纸浆，涂料
杂酚油（煤焦油）	木材
油酸铜	织物，绳缆
3，5-二甲基-4-氯代苯酚	涂料，胶黏剂，工业蛋白质
3，5-二甲基-4-氯代苯酚的衍生物	塑料
二甲基二硫代氨基甲酸和 2-巯基苯并噻唑的钠盐及锌盐	纤维，胶黏剂，棉花，纸浆
3，5-二甲基-1，3，5（2H）四氢化硫杂二嗪-2-硫铜	纸浆
二（苯基汞）十二烷基丁二酸酯	涂料
对羟基苯甲酸酯	乙烯类塑料
5-氯代-2-巯基苯并噻唑月桂基吡啶盐	织物，纸浆
2-巯基苯并噻唑	织物，皮革
2-巯基苯并噻唑钠盐	胶黏剂，织物，纸
2-巯基苯并噻唑的单乙醇铵盐	
环烷酸的铜盐	木材，绳缆，织物，塑料
环烷酸的锌盐	木材，织物，塑料
五氯代苯酚	橡胶，纤维，塑料，皮革，绳索，涂料，木材，织物
乙酸苯汞	橡胶，塑料，涂料，皮革
二甲基二硫代氨基甲酸苯汞	纸浆
油酸苯汞	涂料
2-乙基己酸季铵盐	织物，塑料
环烷酸季铵盐	乙烯类塑料，纤维，薄膜，涂料
N-水杨酰苯胺	涂料，皮革，织物，塑料，橡胶
N-溴化的水杨酰苯胺	塑料，橡胶，纤维
邻苯基酚钠盐	橡胶，塑料，纤维，皮革，涂料
2，3，4，6-四氯代酚钠盐	塑料，胶黏剂，皮革，涂料，木材
四氯代对苯醌	皮革，塑料
2，3，4，6-四氯代苯酚	塑料，涂料，绳缆，木材，织物，皮革
四氯代苯酚的椰子胺盐	纤维，塑料，胶黏剂，涂料
N-三氯代甲基硫基-4-环己烯基-1，2-二羧酰亚胺	塑料，涂料，纸
N-（三氯代甲基硫代）酞酰亚胺	乙烯类塑料，涂料
2，4，5-三氯代苯酚	纤维，胶黏剂，涂料
10-氯代吩噁吡	塑料
10，10′-氧化二吩噁吡	塑料
5，6-二氯苯并噁唑酮	橡胶，塑料，涂料
2，2′-二羟基-5，5′-二氯二苯甲烷	织物
三-（羟甲基）-硝基甲烷	塑料

第六章 沥青防水卷材

沥青防水卷材是以沥青为主要原材料的卷状防水材料。最早生产的沥青防水卷材是用牛毛擀成的毡片，经沥青材料浸渍和涂盖制成的，故称油毛毡，后因毛类材料的货源不足而改为棉纤维抄制的原纸，用原纸浸渍和涂盖沥青材料制造沥青防水卷材，俗称油毡，一直沿用上百年。

随着沥青防水卷材制造技术的发展和建筑防水发展的需要，制造油毡的胎基已不单纯是油毡原纸，出现了玻璃纤维毡、玻璃纤维布、石棉布、合成纤维布、麻布、金属箔等胎体材料，使沥青防水卷材出现了一次大的飞跃。

沥青防水卷材的种类很多，命名方法也不一致。常用的沥青防水卷材列于图 6-1。

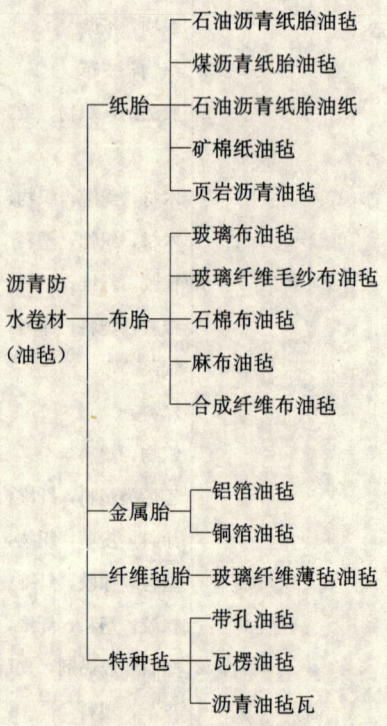

图 6-1 沥青防水卷材种类

沥青防水卷材和聚合物沥青防水卷材都是以沥青材料为主要原材料，统称为沥青防水卷材。为区别起见，沥青防水卷材称为沥青油毡，聚合物沥青防水卷材称为卷材，高分子防水卷材称为片材，三者统称为建筑防水卷材。

第一节 抽样规则

沥青防水卷材的抽样规则，主要依据 GB/T 328.1—2004 规定的方法进行。

第一节 抽样规则

一、抽样方法

抽样需得到相关方的同意,若没有这种协议可按表6-1所示进行。

表6-1 抽 样

批量(m^2)		样品数量(卷)
以上	直至	
—	1 000	1
1 000	2 500	2
2 500	5 000	3
5 000	—	4

损坏的卷材不要抽样。
样品是裁取试样的一卷防水卷材。

二、抽样程序

抽样程序是从交付批中选择或组成样品,由第三方检测。如图6-2所示。

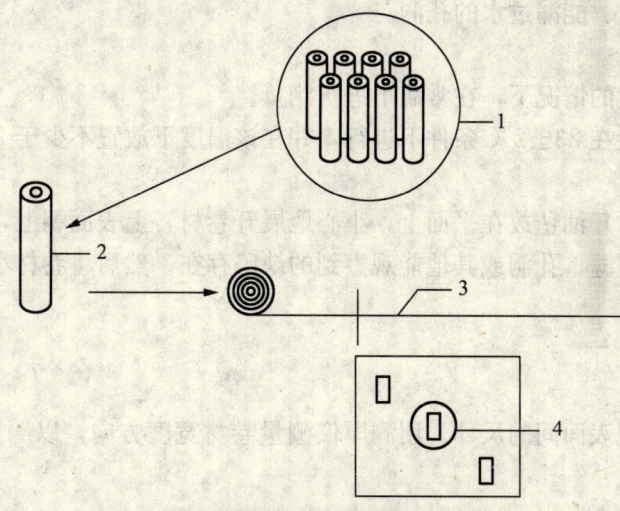

图6-2 抽样程序
1—交付批;2—样品;3—试样;4—试件

从图6-2中可以看出,试样是在平面上展开抽取的样品中,根据试件需要的长度在整个卷材宽度上裁取的样品。试件是在裁取的样品中裁取的试样。

在裁取试件前应检查试样,不应有出于抽样或运输造成的折痕和规定的外观缺陷,应在 $23\pm 2\ ℃$ 的标准温度条件下,放置 20 h 以上。

三、检验分类

检验项目分为出厂检验项目和型式检验项目。
型式检验项目为防水材料所要求的全部技术项目。通常在下列情况之一时,应进行型式检验。

1. 新产品的试制定型鉴定；
2. 产品的结构、设计、工艺、材料、生产设备、管理等方面有重大改变；
3. 转产、转厂、长期停产（超过六个月后复产）；
4. 合同规定；
5. 出厂检验结果与上次型式检验有较大差异；
6. 仲裁检验或国家质量监督检验机构提出进行该项试验的要求。

出厂检验项目按每种防水卷材规定进行。

第二节 物理性能检验方法

沥青油毡的物理性能检验方法包括外观、厚度、单位面积质量、长度、宽度、平直度、浸涂材料含量、吸水性、耐热性等。

一、外观

沥青油毡的外观是指用肉眼检查到的油毡表面的气泡，扩展到材料外表面或整个厚度的裂缝，贯穿整个卷材、能漏过水的孔洞。

【试验条件】

通常不产生老化的情况下，在常温下进行测量。

有争议时，试验在 23 ± 2 ℃条件下进行，并在该温度下放置不少于 20 h。

【试验步骤】

抽取成卷（卷材）油毡放在平面上，小心地展开卷材，上表面朝上，用肉眼检查整个卷材表面有无气泡、裂缝、孔洞或其他能观察到的缺陷存在。然后将卷材小心地调个面，用同样方法检查下表面。

二、厚度

厚度是卷材常规表面间的尺寸。用测厚仪测量卷材宽度方向，以测量 10 个点的平均值表示，单位为 mm。

【仪器设备】

测厚仪：测量精度 0.01 mm，测量面平整，直径 10 mm，施加在卷材表面的压力为 20 kPa。

【试件制备】

从试样上沿卷材整个宽度方向裁取至少 100 mm 宽的一条试件。

试验条件同外观试验方法相同。

【试验步骤】

在测量前，检查测厚仪的零点，保证卷材和测厚仪的测量面没有污染。在测量时，厚度计下足应避免使试件变形，在卷材宽度方向上均匀分布 10 个点测量，并记录厚度，最边的测量点应距卷材边缘 100 mm。

计算：

计算测量的 10 个点厚度的平均值，修约到 0.1 mm 表示。

厚度测量的精确度不低于 0.1 mm。

三、长度、宽度和平直度

长度是指卷材沿机器方向的尺寸，宽度是指卷材垂直于机器方向的尺寸，平直度是指卷材纵向与直线的偏离程度。用卷尺或直尺进行测量。

【仪器设备】

钢卷尺：长度应大于被测量卷材长度，精确度 1 mm；

直尺：精确度 1 mm。

【试件条件】

通常材料不产生老化和相关规定条件下，在常温下进行测量。

有争议时，试验在 23±2 ℃条件下进行，并放置不少于 20 h。

【试验步骤】

抽取成卷卷材放在平面上，小心地展开卷材，保证与平面完全接触，5 min 后，测量长度、宽度和平直度。

长度测定在整卷卷材宽度方向的两个 1/3 处测量，记录结果，精确到 10 mm。

宽度测定在卷材两端头各 1±0.01 m 处测量，记录结果，精确到 1 mm。

平直度测量在卷材沿纵向一边，距纵向边缘 100 mm 处的两点作记号，见图 6-3 (a) 的 A、B 点。在卷材的两记号点处用粉笔画直线，测量直线与卷材纵向边缘的最大距离 (g)，记录该最大偏离 (g－100 mm)，精确到 1 mm。卷材的长度超过 10 m 时，每 10 m 长度如此测量一次，如图 6-3 (b) 所示。

【试验结果】

长度取两处测量的平均值，精确到 10 mm。

宽度取两处测量的平均值，精确到 1 mm。

平直度以整卷卷材上测量的最大偏离表示，精确到 1 mm。

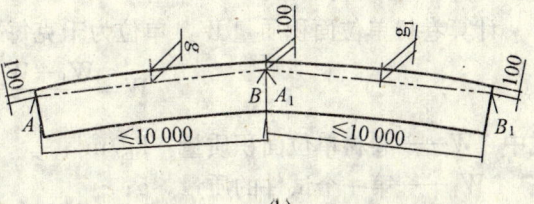

图 6-3 平直度测定示意图

精确度表示：

长度测量精确度不低于±10 mm。

宽度测量精确度不低于±1 mm。

平直度测量精确度不低于±5 mm。

四、单位面积质量

单位面积质量是试件从试片上裁取并称重，然后得到的单位面积质量的平均值，用 g/m² 表示。

【仪器设备】

卷尺或直尺：精确度 1 mm；

卡尺：精确度 0.1 mm；

分析天平：精确度 0.01 g。

【试件制备】

从试样上裁取试片至少 0.4 m 长，整个卷材宽度。再从试片上裁取 3 个正方形或椭圆形试件，每个面积为 10 000 mm²，一个从中心裁取，其余两个和第一个对称，沿试件相对的对角线，此时试件距卷材边缘大约 100 mm。如图 6-4 所示。

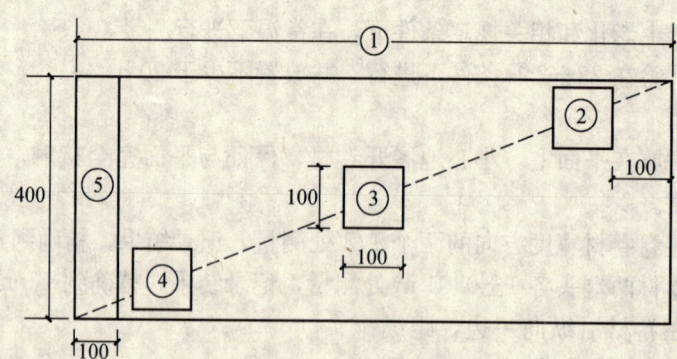

图 6-4　正方形试件示意图

1—产品宽度；2、3、4—试件；4—留边

【试验条件】

试件应在 23±2 ℃和 50%±5% 相对湿度条件下放置 20 h。

【试验步骤】

用称量装置称量每个试件，记录质量到 0.1 g。

计算：

计算卷材单位面积质量 W，单位为千克每平方米（kg/m²），按下式计算：

$$W = \frac{W_1 + W_2 + W_3}{3} \times 10$$

式中　W——卷材单位面积质量，kg/m²；

W_1——第一个试件的质量，g；

W_2——第二个试件的质量，g；

W_3——第三个试件的质量，g。

单位面积质量的精确度不低于 10 g/m²。

五、浸涂材料含量（可溶物含量）

浸涂材料含量是指单位面积沥青防水卷材中除表面隔离材料和胎基外，溶剂溶出的材料和卷材填充料的质量，单位为 g/m²。

可溶物含量是指单位面积沥青防水卷材中被选定溶剂溶出的材料的质量，单位为 g/m²。

【仪器设备】

分析天平：称量范围大于 100 g，精度 0.001 g。

萃取器：250～500 mL 索氏萃取器。

鼓风干燥箱：温度波动±2 ℃。

试样筛：筛孔为 315 μm 或其他规定孔径的筛网，具有筛盖和筛底。

溶剂：化学纯三氯乙烯或其他合适溶剂。

滤纸：直径不小于 150 mm。

细软毛刷或毛笔。

电炉或水浴：具有电热或蒸汽加热装置。

干燥器：$\phi 250～\phi 300$ mm。

称量瓶或表面皿，镀镍钳或镊子。

【试件制备】

在试样上距边缘 100 mm 以上用裁刀任意裁取试件，试件为正方形，尺寸为（100±1）mm×（100±1）mm，3 个试件。

试件在试验前至少在 23±2 ℃ 和相对湿度 30%～70% 的条件下放置 20 h。

【试验步骤】

每个试件先进行称量（M_0），对于表面隔离材料为粉状的沥青防水卷材，试件先用软毛刷刷除表面的隔离材料，然后称量试件（M_1）。将试件用干燥的滤纸包好，用线扎好，称量其质量（M_2）。将包扎好的试件放入萃取器中，溶剂量为烧瓶容量的 1/2～2/3，进行加热萃取，连续萃取至回流的溶剂变成浅色为止，小心取出滤纸包，不要破裂，在空气中放置 30 min 以上，使溶剂挥发。再放入 105±2 ℃ 的鼓风烘箱中干燥 2 h，然后取出放入干燥器中冷却至室温。

将滤纸包从干燥器中取出称量（M_3），然后将滤纸包在试样筛上打开，下面放筛底接着，将滤纸包中的胎基表面的粉末都刷除下来，称量胎基（M_4）。盖上筛盖，敲打振动试样筛直至其中没有材料落下，扔掉滤纸和扎线，称量留在筛网上的材料质量（M_5），称量筛下的材料（M_6）。对于表面疏松的胎基（如聚毡和玻纤毡等），将称量后的胎基（M_4）放入超声清洗池中清洗，取出在 105±2 ℃ 的烘箱中烘干 1 h，然后放入干燥器中冷却至室温，称量其质量（M_7）。

结果计算：

记录每个试件的称量结果，然后按以下要求计算每个试件的结果，最终结果取 3 个试件的平均值。

1. 可溶物含量按下式计算

$$A=(M_2-M_3)\times 100$$

式中　A——可溶物含量，g/m^2；

M_2——除去表面隔离材料后试件及滤纸的质量，g；

M_3——溶剂萃取后并干燥后的质量，g。

2. 浸涂材料含量的计算

（1）表面隔离材料为非粉状的产品，浸涂材料含量按下式进行计算：

$$B=(M_0-M_5)\times 100-E$$

式中　B——浸涂材料含量，g/m^2；

M_0——试件的质量，g；

M_5——萃取后并过筛，除去滤纸后的质量，g；

E——胎基单位面积质量，g/m²。

（2）表面隔离材料为粉状的产品，浸涂材料含量按下式计算：

$$B = M_1 \times 100 - E$$

式中　M_1——除去表面的隔离材料后的试件质量，g。

3. 表面隔离材料单位面积质量

（1）表面隔离材料为粉状的产品，表面隔离材料单位面积质量按下式计算：

$$C = (M_0 - M_1) \times 100$$

式中　C——单位面积表面隔离材料质量，g/m²；

（2）其他产品的表面隔离材料单位面积质量按下式计算：

$$C = M_6 \times 100$$

式中　M_6——试件表面隔离材料的质量，g。

4. 填充料含量

胎基表面疏松的产品，填充料含量按下式计算：

$$D = (M_6 + M_4 - M_7) \times 100$$

式中　D——填充料含量，g/m²；

M_4——疏松胎基的质量，g；

M_7——超声清洗后胎基的质量，g。

六、吸水性

吸水性是反映沥青防水卷材孔隙度或致密性的一个技术指标，吸水性可用吸水量或吸水率表示。吸水量是指防水卷材在指定的水温下浸泡一定时间后所吸收的水分质量，以 g/m² 表示；吸水率是指吸收的水分质量与吸水前试件的质量之比，以％表示。

吸水性的测试方法有常压吸水法和真空吸水法，以真空吸水法应用最多，仲裁试验应采用常压吸水法，煤沥青油毡只用常压吸水法。

（一）常压吸水法

【试验仪器】

分析天平：精确度 0.001 g；

广口瓶，毛刷，搅拌棒，毛巾或滤纸；

温度计：0～50 ℃，精确度 0.5 ℃；

试验架：用于放置试件，避免相互之间表面接触，可用金属丝制成。

【试件制备】

试件尺寸 100 mm×100 mm，共 3 块试件，从卷材表面均匀分布裁取。试验前，试件在 23±2 ℃，相对湿度 50%±10% 条件下放置 24 h。

【试验步骤】

取 3 块试件，用毛刷将试件表面的隔离材料尽量刷除干净，然后进行称量（W_1），将试件浸入 23±2 ℃的水中，试件放在试验架上相互隔开，避免表面相互接触，水面高出试件上端 20～30 mm。若试件上浮，可用合适重物压下，但不应对试件带来损伤和变形。浸泡 24 h 后取出试件用纸巾吸干表面水分，至无水渍为度，立即称量（W_2）。

吸水率按下式计算：

$$A = \frac{W_2 - W_1}{W_1} \times 100$$

式中　A——吸水率，%；
　　　W_1——浸水前未封边试件重量，g；
　　　W_2——浸水前已封边试件重量，g。

为尽可能避免浸水后试件水分蒸发，试件从水中取出至称量完毕的时间，不应超过 2 min。

以 3 个试件的算术平均值作为该材料的吸水性试验结果，精确至 0.1%。

（二）真空吸水法

【试验仪器】

分析天平：精确度 0.001 g；温度计：0～50 ℃，最小刻度为 0.5 ℃，长 300～500 mm；真空泵：30 L；真空压力表 0～0.1 MPa，0.4 级精度；真空干燥器 ϕ180～220 mm；抽气阀：玻璃制真空三通阀门；注水阀：玻璃制活塞三通；锥形过滤瓶：200 mL，具下口；贮水瓶：5 000～10 000 mL 细口瓶，具下口；调压阀：玻璃制真空二通阀；真空耐压胶管；玻璃三通管；试件架：用以隔开或固定试件，可用包塑料铝质电线或其他不锈金属线自制；定时钟；10%聚乙烯醇水溶液、凡士林、带色硅胶、毛巾、毛刷、滤纸。也可采用 ZXY-1 型卷材真空吸水仪。

【试验方法】

(1) 按图 6-5 安装真空吸水试验装置，各部件之间按抽气和注水系统分别用耐压橡皮管连接，连接处用聚乙烯醇溶液涂封，并且将抽气阀的三通阀门、调压阀的二通阀门、注水阀的活塞三通和真空干燥器的接口处用凡士林均匀涂封，以免漏气和漏水。

为便于操作，真空表、抽气阀、注水阀、调压阀、真空泵电气开关分别镶嵌在有机玻璃板或木板制成的木架上。真空泵、三角过滤瓶、贮水瓶可装置在木架后部，木架前部放置真空干燥器，干燥器盖子上端具有抽气口和水口，注水口应用胶皮管引至干燥器底部，

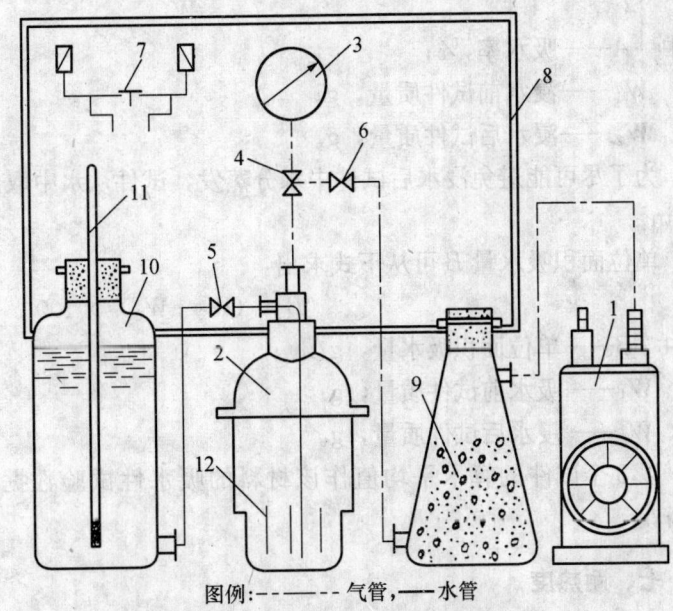

图例：------气管，——水管

图 6-5　真空吸水试验装置

1—真空泵；2—真空干燥器；3—真空表；4—抽气阀；
5—注水阀；6—调压阀；7—真空泵电气开关；8—操作面架；
9—三角过滤瓶；10—贮水瓶；11—温度计；12—试件架

这样可以从底部注水,逐渐上升至浸没试件。

真空干燥器内的空气通过抽气口利用真空泵、抽气阀和盛有硅胶的锥形过滤瓶等连接的抽气系统抽出,系统内连接有真空泵和调压阀。调压阀的作用是在抽气时调节系统内的压力,盛有硅胶的锥形瓶的作用除了起稳压效果外,还可避免湿气体直接吸入真空泵内。

把贮水瓶内规定温度的清水通过注水阀注入干燥器中,贮水瓶附有温度计,以便随时调节水温。

(2) 试验前,预先开启抽气阀,并开动真空泵,使真空干燥器内的真空度达到规定的数值。此时开启注水阀,贮水瓶调节好温度的水便抽到真空干燥器中,以检查抽气系统是否畅通和漏气,并将注水管路中的空气排净并充满水。检查完毕后,将干燥器内的水倒出,用毛巾擦干内壁,备用。

(3) 切取 100 mm×100 mm 试件 3 块,将试件表面隔离料尽量清扫干净,进行称量(W_1)。然后将试件立放于试件架上,置于真空干燥器中,打开抽气阀,开动真空泵进行抽气减压,当真空度达到 8 000±1 300 Pa 时,开始计算时间,同时用调压阀调节真空表压力,使真空度稳定在规定数值范围内。10 min 后打开注水阀,使贮水瓶内的水注入干燥器中,保持干燥器内水温为 35±2 ℃。当水面没过试件上端 20 mm 以上时,关闭注水阀,并将注水阀的活塞三通旋回接通大气(目的是使胶管中残余的水吸入干燥器内,以免影响下次试验),注意注水时间应控制在 1~1.5 min。关闭真空泵,并按动定时钟计算时间,5 min 后取出试件,迅速用干毛巾或滤纸擦拭试件两面,以吸收表面水分,至无水渍为度,立即称重(W_2)。

吸水率按下式计算:

$$A=\frac{W_2-W_1}{W_1}\times 100$$

式中　A——吸水率,%;
　　　W_1——浸水前试件质量,g;
　　　W_2——浸水后试件质量,g。

为了尽可能避免浸水后试件中水分蒸发,试件从水中取出至称量完毕的时间,不应超过 3 min。

单位面积吸水量 B 可从下式求出:

$$B=(W_2-W_1)\times 100$$

式中　B——单位面积吸水量,g/m²;
　　　W_1——吸水前试件质量,g;
　　　W_2——浸水后试件质量,g。

以 3 个试件的算术平均值作该材料的吸水性试验数据,达到规定指标时,即判该项合格。

七、耐热度

耐热度是沥青防水卷材抗热稳定性指标,表明卷材的上表面和下表面在规定温度或连续不同温度条件下的耐热度极限。用沥青防水卷材试件垂直悬挂在规定温度的条件下,涂盖层与胎体相对滑动不超过 2 mm 的能力表示。耐热度极限是沥青防水卷材垂直悬挂时,涂盖层与胎体相对滑动 2 mm 时的温度。

【仪器设备】

电热鼓风烘箱：在试验范围内最大温度波动±2 ℃。打开门 30 s 后，恢复到工作温度的时间不超过 5 min。

热电偶：连接到外面的温度计，在规定温度范围内能测量到±1 ℃。

悬挂装置：夹子宽度至少 100 mm，能夹住试件的整个宽度，并被悬挂在试验区域。如图 6-6 所示。

光学测量装置：刻度至少 0.1 mm。

金属圆插销的插入装置：内径约 4 mm。

画线装置：画直线标记，如图 6-6 所示。

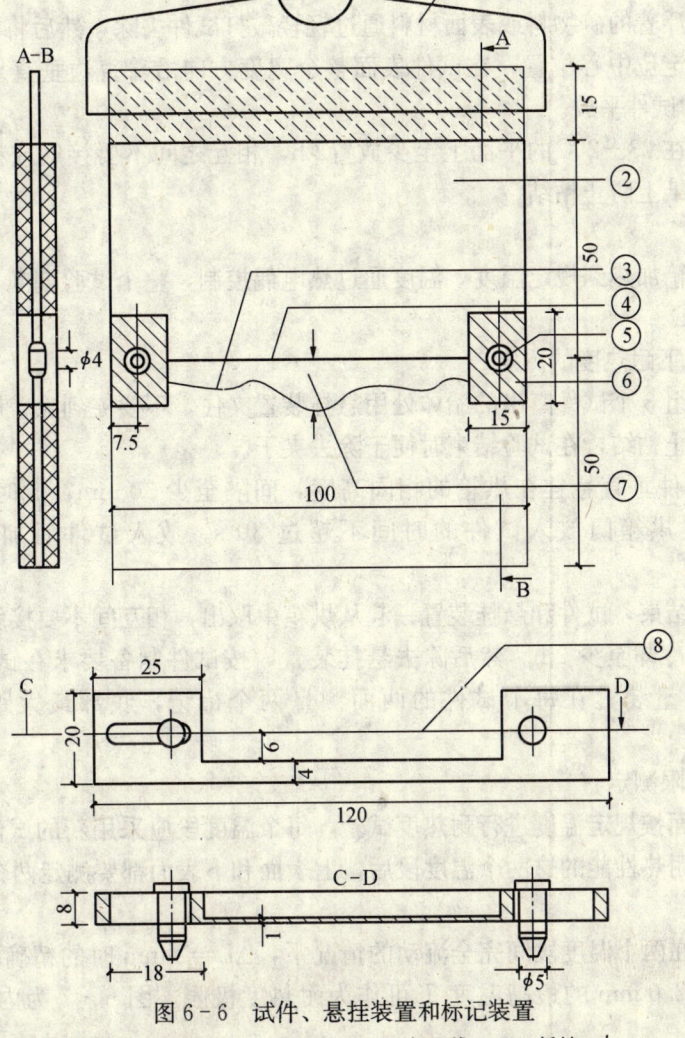

图 6-6 试件、悬挂装置和标记装置

1—悬挂装置；2—试件；3—标记线 1；4—标记线 2；5—插销，ϕ4 mm；
6—去除涂盖层；7—滑动 ΔL（最大距离）；8—直边

墨水：白色耐水墨水。

硅纸：用于防止试件粘连。

矩形试件尺寸(115±1)mm×(100±1)mm，在试样宽度方向均匀地裁取试件，长边是卷材的纵向，试件应距卷材边缘150 mm以上，试件从卷材的一边开始连续编号，卷材上表面和下表面应标记。

【试件制备】

去除任何保护膜，适宜的方法是常温下用胶带粘在上面，冷却到假设的冷弯温，然后从试件上撕去胶带；另一方法是压缩空气吹，压力约0.5 MPa，喷嘴直径约0.5 mm。假若以上的方法不能除去保护膜，可用火焰烤，用最少的时间破坏膜而不损伤试件。

在试件纵向的横断面一边，大约15 mm一条的涂盖层从上表面和下表面去除，直至露出胎体。若卷材胎体超过一层时，试件中间区域的涂盖层也应去除，直至露出胎体。可采用热刮刀或类似装置小心地去除，不得损坏胎体。用两个内径约4 mm的插销在裸露区域穿过胎体，任何表面浮着的矿物料或表面材料通过轻轻敲打试件去除，然后将标记装置放在试件两边，插入插销定位中心位置，在试件表面整个宽度方向沿着直边垂直划一条直线，宽约0.5 mm，操作时试件平放。

试件试验前在23±2 ℃的平面上至少放置2 h，相互之间不要接触或粘连，必要时，将试件分别放在硅纸上防止粘结。

【试验步骤】

将电热干燥箱加热到规定温度，温度通过热电偶控制，整个试验期间，试验区域的温度波动不超过±2 ℃。

1. 规定温度下耐热度的测定

将制备的一组3个试件露出的胎体处用悬挂装置夹住，不要夹到涂盖层。必要时，用硅纸包住两面，防止粘结，在试验结束时便于除去夹子。

制备好的试件垂直悬挂在烘箱的相同高度，间隔至少30 mm，此时烘箱的温度不能下降太多，开关烘箱门放入试件的时间不超过30 s。放入试件后加热时间为120±2 min。

加热周期一结束，试件和悬挂装置一起从烘箱中取出，相互间不要接触，在23±2 ℃的温度下自由悬挂冷却至少2 h。然后除去悬挂装置，按试件制备要求在试件两面画第二个标记，用光学测量装置在每个试件的两面测量两个标记，底部最大距离ΔL，精确到0.1 mm。

2. 耐热度极限测定

卷材的两个面按规定温度进行耐热度试验，每个温度段应采用新的试件试验。在一组3个试件初步测定耐热性能的这两个温度段后，上表面和下表面都要测定两个温度T和$(T+5)$ ℃。

卷材涂盖层在两个温度段间完全流动的情况下，$\Delta L=2$ mm时的精确耐热度难以测定，此时滑动不超过2.0 mm的最高温度T可作为耐热度极限。图6-7为内插法耐热度极限测定。

结果计算：

计算卷材每个面3个试件的滑动值（涂盖层位移在卷材表面引起的记号1与记号2间的最大距离），精确到0.1 mm。

在规定耐热温度的条件下，卷材上表面和下表面的滑动平均值不超过2.0 mm认为耐热度合格。

耐热度极限通过线性图或计算每个试件上表面和下表面两个结果的内插值确定，每个值修约到1 ℃。

试验方法的精确度：

(1) 重复性

一组3个试件的偏差范围：$d=1.6$ mm。

重复性的标准偏差：$\delta_r=0.7$ ℃；

置信水平（95%）值：$q_r=1.3$ ℃；

重复性极限（两个不同结果）：$r=2$ ℃。

(2) 再现性

再现性的标准偏差：$\delta_R=3.5$ ℃；

置信水平（95%）值：$q_R=6.7$ ℃；

再现性极限（两个不同结果）：$R=10$ ℃。

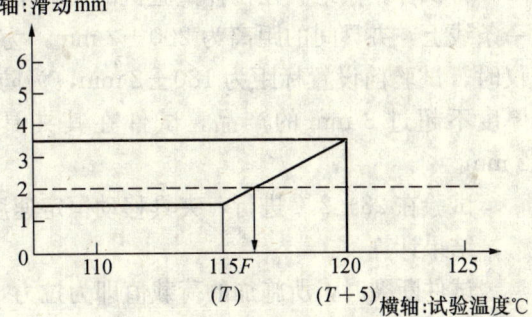

图例：$F=$耐热度极限（示例$=117$℃）

图6-7 内插法耐热度极限测定

第三节 力学性能的检验方法

沥青防水卷材力学性能检验包括拉力、最大拉力时延伸率、低温柔性、不透水性、撕裂强度、接缝剪切性能和粒料粘附性等。

一、拉力和最大拉力时延伸率

拉力是表示油毡抗裂性能的技术指标，它是指一定长度和宽度的试件，在指定的试验条件下断裂时所需的荷载，用N/50 mm表示。

最大拉力时延伸率是油毡抵抗正常位移的一种量度和伸长到足以适应正常位移的一种量度。用拉断时的长度和原长度之差与夹具之间的长度比，即拉力最大时延伸率，用%表示。

沥青防水卷材一般不测最大拉力时延伸率，多用于聚合物沥青防水卷材和高分子防水卷材。

【试验设备】

拉力机：测力范围0~1 000 N（或0~2 000 N），最小读数为5 N，夹具的夹持宽度不小于50 mm。

量尺：精确度1 mm，夹具移动速度100±10 mm/min.

【试件准备】

拉伸试验应准备两组试件，一组纵向5个试件，一组横向5个试件。

试件在试样距边缘100 mm以上任意裁取。用模板帮助，或用裁刀，矩形试件宽为50±

0.5 mm，长为（200 mm±2×夹持长度），长度方向是试验方向。

试验前，试件在 23±2 ℃和相对湿度 30%～70%的条件下放置 20 h。

【试验步骤】

将试件紧紧地夹在拉伸试验机的夹具中，注意试件长度方向的中线与试验机夹具中心在一条线上，夹具间的距离为 200±2 mm，为防止试件从夹具中滑移应作好标记。当用引伸仪时，试验前设置标距为 180±2 mm，为防止试件产生松弛，加载不超过 5 N 的力。对于厚度不超过 3 mm 的产品，试件在其夹具中的滑移不超过 1 mm，更厚的产品不超过 2 mm。

试验在 23±2 ℃进行，夹具移动恒定速度为 100±10 mm/min。

结果计算：

试件断裂时，所施加的荷载值即为拉力，单位为 N/50 mm。

最大拉力时延伸率按下式计算：

$$\delta = \frac{L_1 - L_0}{L} \times 100$$

式中 δ——最大拉力时延伸率，%；

L_1——试件拉断时的长度，mm；

L_0——试件原始长度，mm；

L——夹具之间长度，mm。

在夹具 10 mm 以内断裂或在试验拉力机夹具中滑移超过极限值的试件试验结果应舍去，用备用件重新测定。

分别记录每个方向 5 个试件的拉力值和延伸率，并计算平均值。

拉力的平均值修约到 5 N，延伸率的平均值修约到 1%。

对于复合增强的卷材，在应力应变图上有两个或更多的峰值，拉力和延伸率应记录两个最大值。

二、低温柔度

柔性是指沥青防水卷材在规定温度下弯曲无裂缝的能力，冷弯温度是指沥青防水卷材在绕规定的棒弯曲无裂缝的最低温度，表示了沥青防水卷材弯曲变形下抗裂性能的指标。

【仪器设备】

低温试验箱：−40±2 ℃；

冷冻液：温度能控制在+20～−40 ℃，精度 0.5 ℃。其组成为：丙烯乙二醇：水溶液（体积比 1:1），可低至−25 ℃；或低于−20 ℃的乙醇：水混合物（体积比 2:1）。

柔度试验装置：由两个直径 20±0.1 mm 不旋转的圆筒和一个直径为 30±0.1 mm（或 20 mm，30 mm，依试验要求定）的圆筒或半圆筒状弯曲轴组成，该轴在两个圆筒中间，能向上移动。两个圆筒间的距离可以调节，即圆筒和弯曲轴间的距离能调节到卷材的厚度，整个装置浸入在冷冻液中。

半导体温度计：精确度为±0.5 ℃，放入冷冻液中与试件在同一水平。

试验装置原理和弯曲过程如图 6-8 所示。

柔度测定仪由低温柔度测试机和自动控制仪两部分组成，由 CPU 控制，操作方便，能按照测试人员设置的参数，准确地进行测试工作，可克服人为的操作误差，适用于温度为 $-50 \sim 60\ ℃$ 的环境下工作。该机的主要功能及技术指标如下：

输入功率：70 W

测试样品厚度：$1 \sim 5$ mm

最大测试标准样品数量：12 块

（标准样品尺寸为 150 mm×25 mm）

测试温度下样品最大拉伸强度为 10 MPa

测试速率：360 ± 40 mm/min

测试温度范围：$-40 \sim 50\ ℃$

测试相对湿度：$90\% \sim 95\%$

手动和自动可任意选择，并设有超量程自动保护。

采用 220 V 交流电源。

可对模式、时间、测试温度进行设置。

温度控制范围：$-50 \sim 60\ ℃$

时间控制范围：$1 \sim 254$ min

温度控制精度：$0.5\ ℃$

【试件制作】

试件尺寸为 150 mm×25 mm，从试样宽度方向上均匀地裁取，长边在卷材的纵向，试件裁取时距卷材边缘不少于 150 mm，试件从卷材的一边开始做连续的记号，同时卷材的上表面和下表面也要标记。

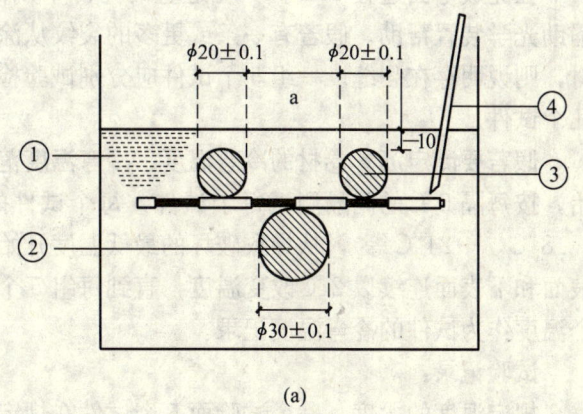

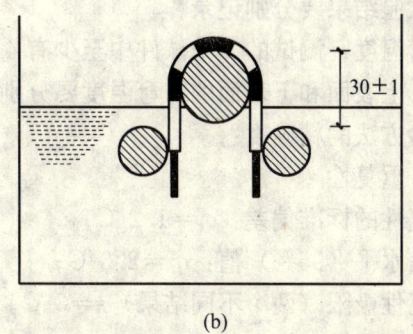

图 6-8 试验装置原理和弯曲过程
(a) 弯曲开始；(b) 弯曲结束
1—冷冻液；2—弯曲轴；3—固定圆筒；
4—半导体温度计（热敏探头）

除去试件表面的保护膜，但不得损伤试件。

试验前试件应在 $23 \pm 2\ ℃$ 的平板上放置至少 4 h，并且相互之间不能接触，也不能粘在板上，可以用硅纸垫衬，表面的松散颗粒用手轻轻敲打除去。

【试验步骤】

开始试验前，两个圆筒间的距离应按试件厚度进行调节，其间距等于弯曲轴直径＋2 mm＋两倍试件的厚度。然后将装置放入冷却的液体中，要求圆筒的上端面在冷冻液面下约 10 mm，弯曲轴在下面的位置。

弯曲轴直径根据产品不同可以为 20 mm、30 mm、50 mm。冷冻液应达到规定的试验温度，误差不超过 $0.5\ ℃$；试件放在支撑装置圆筒的上端，保证冷冻液完全浸没试件。试件放入后，冷冻液达到规定温度并保持在该温度下 1 h±5 min，半导体温度计的位置靠近试件，以检查冷冻液温度。石油沥青纸胎油毡规定浸在水中试验。

两组各 5 个试件，一组是上表面试验，另一组是下表面试验。

将试件放置在圆筒和弯曲轴之间，试验面朝上，弯曲轴按 360 ± 40 mm/min 的速度顶着试件向上移动，此时试件绕轴弯曲运动。轴移动的终点在圆筒上面 30 ± 1 mm 处，试件的表面明显露出冷冻液，液面也因此而下降。

在完成弯曲过程 10 s 内，在适宜的光源下用肉眼检查试件有无任何裂缝，必要时，用辅助光学装置帮助。假若有一条或更多的裂纹从涂盖层深入到胎体层，或完全贯穿无增强卷材，则说明存在裂缝。一组 5 个试件应分别试验检查，假若装置的尺寸满足，可以同时试验几个试件。

假若要测定沥青卷材的冷弯温度、冷弯温度范围未知，最初测定应从期望的冷弯温度开始，按每隔 6 ℃的间隔测试每个试件，每个试件的试验温度都是 6 ℃的倍数（如－12 ℃、－18 ℃、－24 ℃等），从导致破坏的最低温度开始，每隔 2 ℃分别试验，每组 5 个试件的上表面和下表面连续以 2 ℃改变温度，直到每组 5 个试件分别试验后，至少有 4 个无裂缝，这个温度作为试件的冷弯温度记录。

试验记录：

规定温度的柔度：一个试验面 5 个试件在规定温度至少 4 个无裂缝为通过，上表面和下表面的试验结果要分别记录。

冷弯温度：测试的 5 个试件中至少有 4 个通过，试验时的温度即为该卷材试验面上的冷弯温度，上表面和下表面的冷弯温度要分别记录。

试验方法的精确度：

（1）重复性

重复性的标准偏差：$\sigma_r=1.2$ ℃；

置信水平（95%）值：$q_r=2.3$ ℃；

重复性极限（两个不同结果）$r=3$ ℃。

（2）再现性

再现性标准偏差：$\sigma_R=2.2$ ℃；

置信水平（95%）值：$q_R=4.4$ ℃；

再现性极限（两个不同结果）：$R=6$ ℃。

三、不透水性

不透水性是卷材耐积水或有限表面承受水压能力的指标，表示防水卷材的防水能力，不透水性的测定方法分为 A 法和 B 法。

方法 A：适用于卷材低压力的使用场合，如屋面、基层、隔汽层，试件应满足 60 kPa 的压力，保持 24 h。

方法 B：适用卷材高压力的使用场合，如特殊屋面、隧道、水池。试件采用规定形状的狭缝圆盘 4 个，在规定水压下 24 h，或采用 7 孔圆盘保持水压 30 min，观察试件是否保持不渗水。

【仪器设备】

方法 A：一个带法兰盘的金属圆柱体箱体，孔径 150 mm，并连接到开放管子末端或容器，其高差不低于 1 m，如图 6-9 所示。

方法 B：设备的装置，如图 6-10 和图 6-11 所示。产生的压力作用于试件的一面。

第三节 力学性能的检验方法

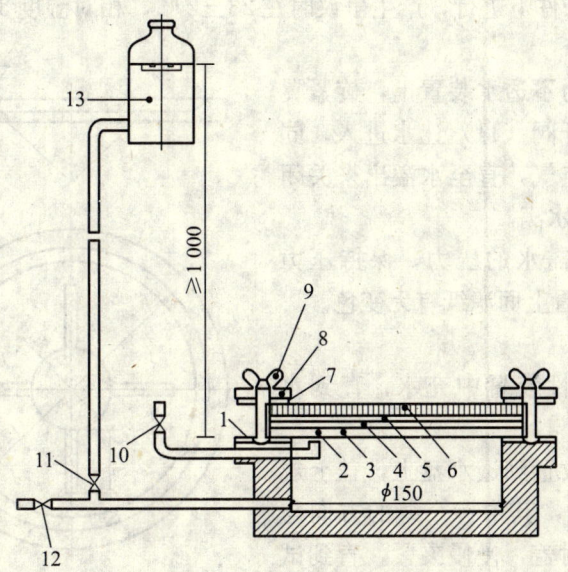

图 6-9 低压力不透水性装置

1—下橡胶密封圈；2—试件在试验中的迎水面；3—试验用滤纸；4—湿气指混合物均匀的铺在卷材上面，湿气透过试件能容易的探测到，指示剂由细白糖（冰糖）（99.5%）和亚甲基蓝颜料（0.5%）组成的混合物，用 0.074 mm 筛过滤并在干燥器中用氯化钙干燥；5—试验用滤纸；6—圆的普通玻璃板：5 mm 厚，水压≤10 kPa；8 mm 厚，水压≤60 kPa；7—上橡胶密封圈；8—金属夹环；9—带翼螺母；10—排风阀；11—进水阀；12—排水阀；13—用于提供和控制水压到 60 kPa 的装置

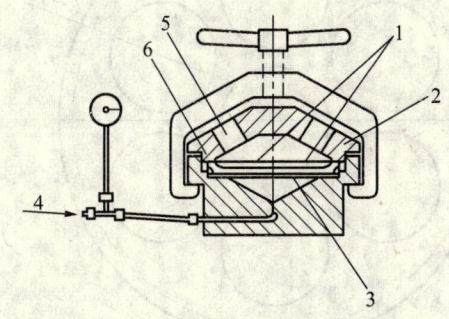

图 6-10 高压力不透水性试验装置

1—狭缝；2—封盖；3—试件；4—静压力；5—观测孔；6—开缝盘

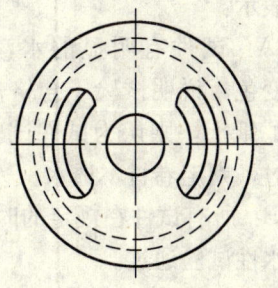

图 6-11 狭缝压力试验装置封盖

试件用四个有狭缝的盘（或 7 个圆孔盘）盖上，缝的形状尺寸符合图 6-12 的规定。孔的形状尺寸符合图 6-13 的规定。

【试件制备】

试件在卷材宽度方向均匀裁取，最外一个距卷材边缘 100 mm，试件的纵向与产品的纵向平行并标记。在相关的产品标准中应该规定试件数量，最少三块。

方法 A 为圆形试件，直径 200±2 mm；方法 B 为圆形试件直径不小于盘外径（约 130 mm）；试验前试件在 23±5 ℃的条件下放置至少 6 h。

【试验步骤】

试验在23±5℃条件下进行，产生争议时在23±2℃，相对湿度50%±5%条件下进行。

方法A步骤：

将试件置于低压力不透水装置上，旋紧翼形螺母固定夹环，打开阀（11）让水进入，同时打开阀（10）排出空气，直至水溢出来关闭阀（10），说明设备已水满。

调整试件表面所需水的压力，保持压力24±1 h，检查试件，看上面滤纸有无变色。

方法B步骤：

向高压力不透水性装置中充水，直到水满，排出水管中空气。

试件上表面朝下放置到透水盘上，盖上规定的透水盘（或圆盘），其中一个缝的方向与卷材纵向平行，放上封盖，慢慢夹紧，直到试件夹紧在盘上，用布或压缩空气干燥试件的非迎水面，慢慢加压到规定压力。

达到规定压力后，保持压力24±1 h（7孔盘保持规定压力30±2 min）。

试验结束后，观察试件的不透水性，（水压突然下降或试件的非迎水面有水）。

结果表示：

方法A：试件有明显的水渗透到滤纸上，滤纸变色，说明试验不合格；如果无水分渗透到滤纸上，则认为试件试验合格；所有试件通过，判定卷材不透水。

方法B：所有试件在规定的时间不透水，认为不透水性试验通过。

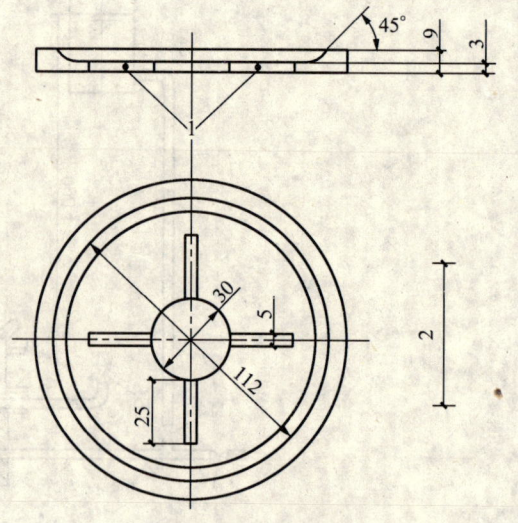

图6-12 开缝盘
1—所有开缝盘的边都有0.5 mm半径弧度；
2—试件纵向方向

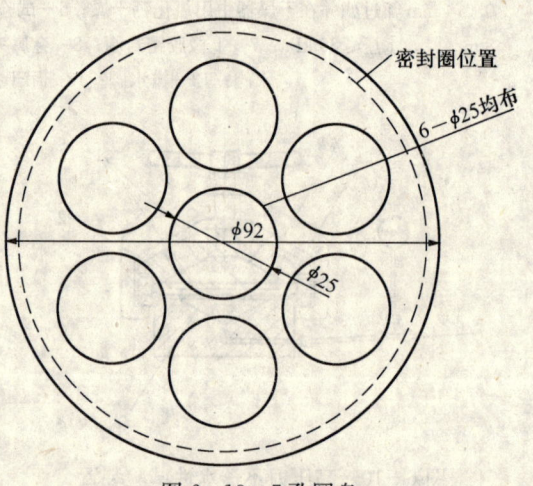

图6-13 7孔圆盘

四、撕裂强度

撕裂强度是指卷材在使用条件下撕裂受损时的强度，采用钉杆法进行检验，也就是抗钉子撕裂强度测定法，判断抗钉子撕裂强度大小，确定施工时所用钉子的数量和间距，作为施工时用钉子将卷材钉在基层上的选择依据。

此外，还可采用边缘破损法，也就是测定卷材边缘撕裂破损时的强度，以确定施工或搬运过程中的抗撕裂性能，该方法多用于高分子防水卷材的抗撕裂强度试验。

方法A：钉杆法测定卷材撕裂强度

钉杆法是用钉杆刺穿试件，用与钉杆成垂直的力进行撕裂，测量试件撕裂时的力。

【仪器设备】

拉伸试验机：能连续记录拉力和对应的距离，荷载能力大于2 000 N，夹具拉伸速度为

100±10 mm/min，夹持宽度不少于 100 mm，夹具能夹持住试件，使其在夹具中的滑移不超过 2 mm。

U 形装置：一端通过连接件连接在拉伸试验机夹具上，另一端有两个臂支撑试件，臂上有穿过钉杆的孔。如图 6-14 所示。

【试件制备】

试件从试样上任意裁取，距卷材边缘在 100 mm 以上，用模板或裁刀裁取，要求的长方形试件宽 100±1 mm，长至少 200 mm。试件长度方向是试验方向，试件从试样的纵向或横向裁取，每个选定的方向试验 5 个试件，试件表面涂层应清除。

试验前试件在 23±2 ℃和相对湿度 30%～70%的条件下放置至少 20 h。

对卷材用于机械固定的增强边，应取增强部位试验。

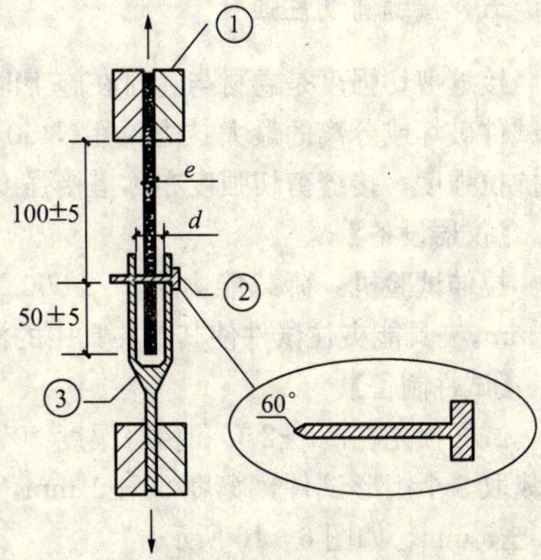

【试验步骤】

试件放入打开的 U 形头的两臂中，用一直径 2.5±0.1 mm 的尖钉穿过 U 形头上的孔，同时钉杆位置在试件的中心线上，距 U 形头中试件的一端 50±5 mm，钉杆距上夹具的距离是 100±5 mm。

图 6-14 钉杆撕裂试验
1—夹具；2—钉杆（ϕ2.5±0.1）；3—U 形头；
e—样品厚度；d—U 形头间隙（$e+1 \leqslant d \leqslant e+2$）

把该装置试件一端的夹具和另一端的 U 形头放入拉伸试验机中，开动拉伸试验机将钉杆拉到材料的末端。试验在 23±2 ℃的条件下进行，拉伸速度 100±10 mm/min，穿过试件钉杆的撕裂力应连续记录。

结果计算：

试件撕裂性能（钉杆法）是记录试验的最大拉力，每个试件分别列出拉力值，计算平均值，精确到 5 N，记录试验方向。

方法 B：卷材边缘撕裂强度试验方法

卷材边缘撕裂强度试验方法是在卷材试件边缘开一个 90°三角形开口，在拉伸时，从开口处开始产生撕裂，以确定卷材的抗撕裂强度。

【仪器设备】

卷材拉力试验机：夹具夹持宽度不小于 75 mm。

【试验条件】

试验温度：23±2 ℃。

【试验步骤】

将切取的试件（F，F'）用切刀或模具裁成如图 6-15 所示形状，然后在试验条件下放置不少于 24 h。

校准拉力试验机的拉伸速度为 50 mm/min，将试件夹持在夹具中心，不得

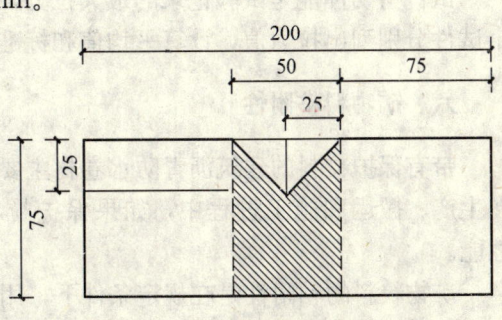

图 6-15 卷材撕裂试件示意图

歪扭，上下夹具间距离为 130 mm。

启动试验机，至试件拉断时为止。记录最大拉力。

分别计算纵向或横向 5 个试件的算术平均值作为卷材的纵向或横向撕裂强度，单位为 N。

五、接缝剪切性强度

接缝剪切强度是卷材与卷材在施工时相互搭接后的抗拉强度，即搭接试件在剪切方向直至试件破坏或分离的最大拉力，用 N/50 mm 表示。要求接缝剪切强度必须等于或大于卷材的抗拉强度，接缝剪切强度亦称搭接强度。

【仪器设备】

拉伸试验机：荷载能力至少 2 000 N，拉伸速度 100±10 mm/min，夹持宽度不小于 50 mm。夹具能夹住试件使其在夹具中的滑移不超过 2 mm。

【试件制备】

试样预先在 23±2 ℃和相对湿度 30%～70%的条件下放置至少 20 h。然后从每个试样上裁取 5 个矩形试件，宽度 50±1 mm，并与搭接头垂直，长度应能保证夹具间初始距离 200±5 mm，如图 6-16 所示。

试验前应将试件放在 23±2 ℃和相对湿度 30%～70%的条件下放置至少 20 h。

接缝采用热熔粘结剂或冷粘结剂粘结，当采用冷粘结剂粘结时，要保证足够的养护时间。

【试验步骤】

试件稳固的放入拉伸试验机的夹具中，使试件的纵向轴线与拉伸试验机及夹具的轴线重合，夹具间整个距离为 200±5 mm，不承受预荷载。每个试件应做记号，以确定试件在夹具中产生的滑移。

试验在 23±2 ℃进行，拉伸速度 100±10 mm/min，产生的拉力应连续记录，直至试件破坏，试件的破坏形式应记录。

舍去试件从拉伸试验机夹具中破坏，或滑移超过 2 mm 的结果，并用备用件重新试验。

结果计算：

试件剪切性能是试验记录的最大拉力，以 N/50 mm 表示，每个试件分别列出拉力值，计算平均值和标准误差。

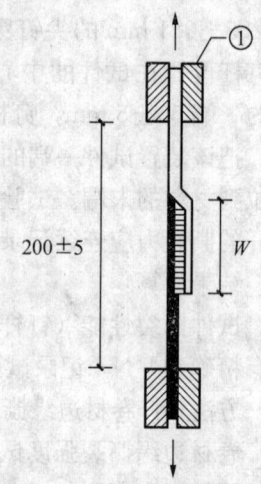

图 6-16 接缝的剪切强度试验

1—夹具；W—搭接宽度

六、矿物料粘附性

带有保护粒料的建筑沥青防水卷材主要用于屋面防水层的表面，减少大气老化的影响。在生产、搬运和施工过程中，如果保护粒料粘结不好易于脱落，将影响到卷材的抗老化性能。

矿物粒料的粘附性是在规定条件下，用矿物料刷洗试验方法进行测定的。用刷下的矿物料质量与同一卷材上裁取试件原料矿物料质量之比表示，单位为%。

【仪器设备】

刷洗机：可更换刷子能在试件表面产生 21.5 ± 0.5 N 的力，并能自动地作直线往复循环移动。可更换刷子轴的移动振幅为 200 ± 20 mm，平均移动速度为 50 个循环用时 55 ± 5 s，刷洗机的夹具至少宽 50 mm，用于固定试件的两端。

可更换刷子：刷子上有 22 个孔，孔径 4 mm，每个孔有 22 根尼龙丝，直径 0.8 mm，凸出 16 ± 2 mm，如图 6-17 所示。

可更换刷子的有效面积在加荷载时是 80 mm×25 mm，有效刷洗面积是 $[(200\pm20+80)\times25]$ mm^2。如图 6-18 所示。

每个可更换刷子使用不超过 100 次或当孔中的丝凸出小于 13 mm 时，就应更换。

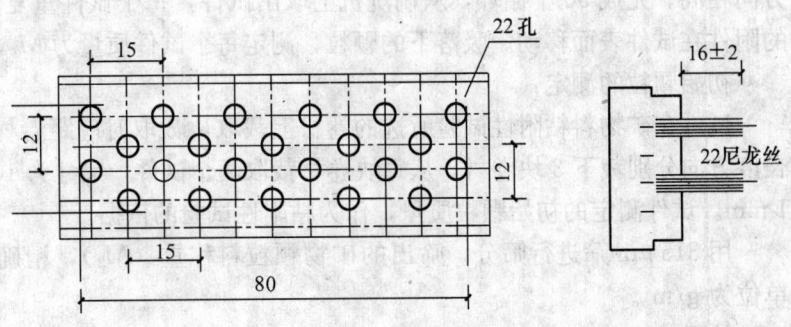

图 6-17 刷具

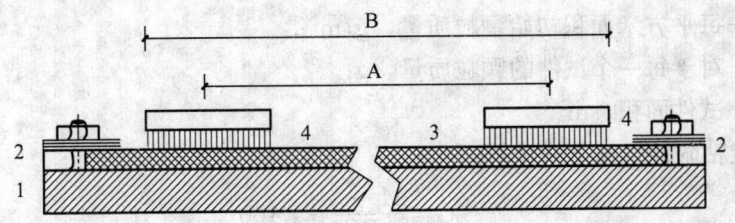

试件长度>285

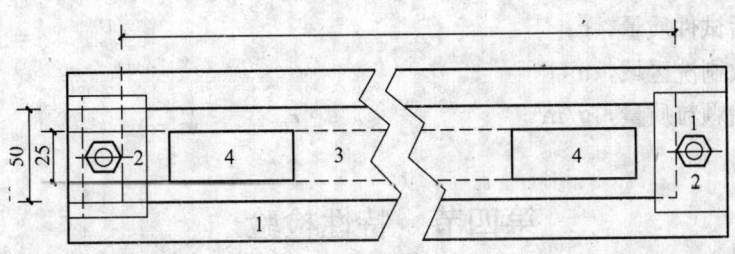

图 6-18 刷洗区域

1—支撑；2—试件的固定夹具；3—试样；4—可更换刷子

$A=(200\pm20)$ mm；$B=[(A+80)\times25]$ mm^2

天平：精确度 0.01 g。

试件裁切机：在所选长度方向，宽 50 ± 1 mm。

家用真空吸尘器：500 W，通过 50 mm 宽的附件吸气。

室内条件：温度 23 ± 2 ℃，相对湿度 $50\%\pm20\%$。

【试件制备】

从试样上裁取或冲切试件,宽度 50 ± 1 mm,长度至少 285 mm,沿卷材的长度方向,试件共 5 个。

【试验步骤】

将 5 个试件在 23 ± 2 ℃的室内气候条件下放置 25 ± 0.5 h,用真空吸尘器的附件在试件表面小心移动,吸落下的颗粒,测定每个试件的质量 M_1,精确到 0.01 g。

试件在刷洗机中用夹具固定,在试件上放上可更换刷子,刷子的长度方向与试件的长度方向相同。完成 50 个循环,从刷洗机上取出试件,每个试件重复上述步骤。用真空吸尘器的附件在试件表面移动。吸落下的颗粒,测定每个试件质量为 M_2,精确到 0.01 g。

初始颗粒的测定:

试件在矿物料粘附性试验所选的卷材上裁取,裁取时应距卷材边缘不小于 100 mm,在长度方向分别裁下 3 块卷材,从每块卷材裁取两个试件,尺寸为 100 mm×100 mm,精确到 1 mm。试件测定的初始颗粒质量,作为粘附性试验的依据。

用 315 μm 筛进行筛分,筛出的矿物颗粒料称重 (M_3),精确到 0.01 g,除以其面积,单位为 g/m²。

结果计算:

初始颗粒质量按下式计算:

$$G_0 = M_3/S$$

式中 G_0——每平方米面积初始颗粒质量,g/m²;
M_3——对于每一个试件的颗粒质量,g;
S——试件面积,m²。

测定颗粒粘附性,按下式计算。

$$G = \frac{M_1 - M_2}{BG_0} \times 100$$

式中 G——颗粒粘附性,%;
M_1——刷前试件质量,g;
M_2——刷后试件质量,g;
B——有效刷洗区域,m²;
G_0——初始颗粒质量,g/m²。

第四节 特性检验

沥青防水卷材的特性检验主要是指老化试验、耐霉菌试验、耐酸碱腐蚀性试验。老化试验包括大气暴晒试验、热空气老化试验、臭氧老化试验、人工气候加速老化试验等。

一、抽样与取样

根据沥青防水卷材的抽样方法进行抽样,试样的数量应根据试验项目与试验周期确定,试样的形状、尺寸、取样方法按产品标准进行,产品标准没有规定的沥青防水卷材老化试件按图 6-19 取样。

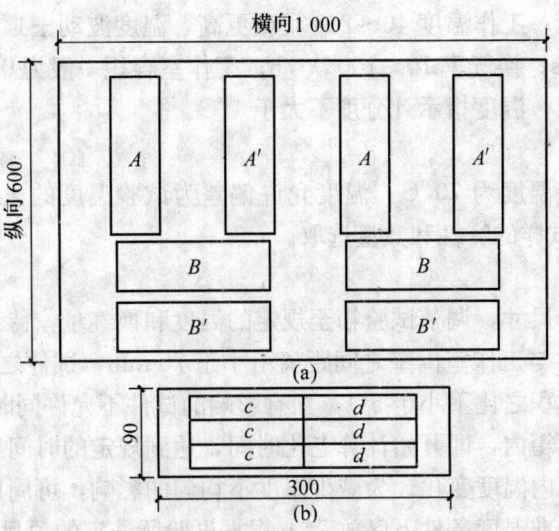

图 6-19 沥青防水卷材老化试件取样图

试样切取数量及试样尺寸列于表 6-2。

表 6-2 沥青基防水卷材试样尺寸

项　目	规格（mm）	数量（个）
老化试样 A、B	300×90	纵向 2，横向 2
对比试样 A′、B′	300×90	纵向 2，横向 2
拉伸性能试件 c	120×25	纵向 6，横向 6
低温柔性试件 d	120×25	纵向 6，横向 6

耐霉菌试验的试样是在一卷油毡切除距外层卷头 2 500 mm 后，顺纵向裁取长度为 100 mm 的全幅油毡两块，一块（A）作霉菌试验之用，另一块（B）留作备用。试样切取如图 6-20 所示。

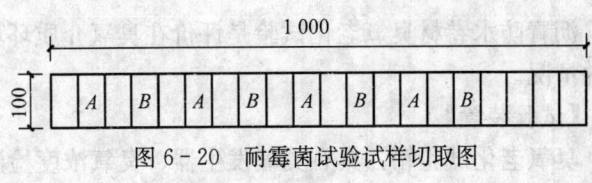

图 6-20 耐霉菌试验试样切取图

试件尺寸和数量如表 6-3 所示，其中 3 块用于霉菌试验，另一块用作空白试验，每组试样分别编号。

表 6-3 耐霉菌试验试样尺寸及数量

项　目	数　量（块）	尺　寸（mm）
重量损失率	4	100×50
拉力损失率	4	100×50

二、热空气老化试验

热空气老化试验是模拟大气中防水卷材表面最高受热温度为依据，通过检测老化前后性能变化评价防水卷材的耐热空气老化性能，以确定其耐久性。

【试验装置】

热空气老化试验箱：工作温度 40～200 ℃或更高，温度波动±1 ℃，温度分布均匀；平均风速为 0.5～1.0 m/s；换气率 10～100 次/h；工作室容积一般为 0.1～0.3 m³，室内有安装试件的网板或旋转架；温度指示计分度不大于 1 ℃。

【试验条件】

沥青防水卷材试验温度为 70 ℃，温度允许偏差为试验温度的±1%，试验周期通常为 168 h，换气率可根据试样的特性和数量选取。

【试验方法】

将试件编号，测量尺寸，调节试验箱至规定的温度和换气量，待稳定后，将试件安置在网板或旋转架上，试件与工作室内壁之间距离不小于 70 mm，试件之间距离不小于 10 mm，工作室容积与试件总体积之比不小于 5:1，互有影响的试件不允许同时在一箱内进行检验。

试件放入老化试验箱内，即开始计算老化时间，达到规定的时间后，立即取出，取样速度要快，尽可能减少箱内温度变化。为减少温度不均匀的影响，可周期地交换网板上试件的位置。取出的试件在标准温度条件下停放 24 h 根据试验所选定的项目测定性能。

【试验结果】

根据试验要求，选择下列一种或几种性能进行测试。

(1) 通过目测试样发生局部粉化、龟裂、斑点、起泡及变形等外观的变化；

(2) 质量的变化；

(3) 拉伸强度、最大拉伸时伸长率、低温柔性、撕裂强度等力学性能的变化；

(4) 其他性能的变化。

根据有关产品标准规定处理试验结果。

三、臭氧老化试验

沥青防水卷材臭氧老化试验是评价在臭氧介质环境中，受到臭氧的作用，其性能发生变化的情况。

【试验装置】

臭氧老化试验箱：具有臭氧发生器、臭氧浓度检测装置，试样转速 20～25 mm/s，容积不小于 100 L。

【试验条件】

试验采用的臭氧浓度以臭氧分压表示，单位为 MPa。

试验温度应为 40±2 ℃，也可根据使用环境或设备的控温条件采用其他温度，如 30±2 ℃或 23±2 ℃，但不应高于 60 ℃。相对湿度一般不应超过 65%。

通往臭氧老化试验箱中的含臭氧空气流速平均不低于 8 mm/s，最宜在 12～16 mm/s 之间；

试样的静态拉伸条件可选用下列一种或几种伸长率（%）：

20±2，40±2，60±2。

试验周期根据标准规定，通常为 168 h，240 h 或更长。

【试验方法】

仔细检查试样外观，必须符合产品标准规定。测好试样初始性能（包括厚度），然后用对试验无害的颜料绘好试样的标距线，再将试件夹紧在试样框架上，并拉伸至要求的伸长率。不同配方的试样不能互相接触，试样的间距至少为 50 mm。在靠近夹具的试样末端部位涂上耐臭氧涂料或覆盖耐臭氧材料，在标准温度的无臭氧暗室中静止 24 h。

开动臭氧老化试验仪，调节试验箱内的温度，将拉伸静止后的试件移入试验箱内，使试样在箱内转动并恒温处理 15 min。再将规定浓度和流速（或流量）的含臭氧空气通入试验箱内与试样接触，并开始记录时间。

按预定的试验周期，通过装在试样箱的透明窗口，观测试样的表面变化，或将试样从试验箱内取出进行外观检验或性能测试，评定试样的耐臭氧性能。

【试验结果】

试验结果用观测的数据和评价指标来表示。

(1) 用龟裂等级来表示，龟裂等级可分为 0～Ⅳ级。

0 级　没有龟裂；

Ⅰ级　轻微裂纹；

Ⅱ级　显著裂纹；

Ⅲ级　严重裂纹；

Ⅳ级　临断裂纹。

(2) 用试样性能的变化表示。

(3) 用其他指标表示。

四、人工气候加速老化

人工气候加速老化试验是用人工的方法模拟和强化在自然气候中受到光、热、氧、湿气、降雨为主要老化破坏的因素，特别是光能加速材料的老化，按标准检测评定性能变化，从而获得近似于自然气候的耐候性。

【试验装置】

人工气候加速老化试验箱：试验箱中安装有光源——氙灯或碳弧灯；试验架的转鼓；温度、湿度、喷水周期等指示及自控装置；干湿球温度自动记录仪及计时器；循环空气调节器等。

【试验条件】

黑标准温度：65±3 ℃；

相对湿度：65%±5%；

喷水时间：18±0.5 min；

两次喷水之间的干燥间隔：120±0.5 min。

【试验方法】

试件一般按自由状态安装在试验架上，应避免试样受外应力作用。试样架固定在试验箱的转鼓上，试样的暴露面要对正光源，试样工作区面积要完全暴露在有效的光源范围，并且要方便调换试样的位置。

氙灯或碳弧灯对试样表面任意两点辐射度的变化不应超过 10%，否则应定期调换试样位置，使其在每一位置都得到相等的辐射度。

开动试验箱，设定好试验条件，并记录暴露时间，在整个暴露期间要保持规定的试验条件恒定。放入或取出试样时，不要触摸或碰撞试件表面。

试验周期应根据产品标准决定，以某一规定的暴露时间或辐射量，或性能降低至某一值时的暴露时间或辐射量。通常可选 720 h（累计辐射量 1 500 MJ/m^2）或更长。

【性能测定】

按预定试验周期从试验箱中取出试样，并进行各项性能的测定和外观检查。

试件外观变化程度分 0～Ⅳ级。

试样性能变化可按外观、拉伸性能变化率、低温柔度或产品标准规定进行。

试验报告应注明试样名称、规格、数量、试验箱型、光源类型、试验条件、试验时间和期限、测试项目与试验结果等。

五、耐霉菌试验

耐霉菌试验是指卷材在使用过程中抵抗大气环境中各种霉菌和细菌的侵蚀能力，它是以卷材受霉菌腐蚀后所产生的外观、质量以及拉力方面的变化来表示。

【仪器设备】

霉菌试验箱：温度调节范围 25～35 ℃，

相对湿度范围 90%～100%。

分析天平：感量 0.000 1 g；拉力机，真空干燥器；消毒器；医用蒸煮或高压（压力大于 0.1 MPa）消毒器；取菌环：由镍铬合金电炉丝制成，一端焊接在一玻璃管上，另一端弯成 ϕ8 mm 的圆环，2 个；喷雾器：医用喷雾器或喷嘴直径不大于 1 mm 的其他喷雾器；培养皿：ϕ200 mm，4 个；三角烧瓶：50 mL，10 个；100 mL，1 个，200 mL，1 个。

【杀菌】

将烧瓶及培养皿用蒸馏水洗净，干燥后用棉花塞住瓶口，每个培养皿都用硫酸纸包好，然后一起放入烘箱内，于 160～170 ℃下保持 2 h，以棉花或纸发黄作为终止加热的标志，杀菌结束后，将这些器皿置于干燥器中备用。

加热琼脂培养基呈液态，并注入到每个培养皿中，深度为 5 mm，然后盖上硫酸纸，放入消毒器内，于 0.1 MPa 压力下灭菌 30 min，让其自行冷却凝固备用。

【试剂和材料】

试验菌种列于表 6-4。

表 6-4 试验菌种

名 称	菌 号
黑曲霉	1.25
桔青霉	2.9
拟青霉	3.1
球毛壳霉	AS3.1054
根菌	AS3.866

菌种应由正式的菌类研究机构供应。菌种应分别放在培养基的试管内，并保存在 5～10 ℃的冰箱内。

培养基的组成为：

土豆　　　　　　　200 g

琼脂　　　　　　　25 g

葡萄糖　　　　　　　20 g
水　　　　　　　　　1 000 mL

将大块无伤疤的土豆洗净去皮，挖去芽眼及周围部分约 10 mm，切成约 10 mm 大小的方块。取切好的土豆 200 g，在 3% 的乙酸水溶液中浸 30 min，然后用水冲洗，放入搪瓷锅中加入 1 000 mL 蒸馏水，用明火直接煮沸 1 h，趁热用纱布过滤至 200 mL 烧瓶中，加蒸馏水补至 1 000 mL，然后加入 20 g 葡萄糖和 25 g 琼脂，制得培养液，在沸腾水浴中加热使之充分溶解后，盖上硫酸纸放入消毒器内，于 0.1 MPa 压力下灭菌 30 min，在杀菌后的培养皿中注入 15～20 mL 经杀菌处理后的培养液，凝固后于 30 ℃ 下放置 2 d，即得培养基。

【试验方法】

试验条件：温度为 28±2 ℃；相对湿度为 95%～99%。

用毛刷刷去试件表面浮动撒布料，将测定质量变化的试件在 0.08 MPa 真空度的真空干燥器中干燥 1 h，取出称重，精确至 0.000 1 g，记录每一试件的质量。然后将其中 3 块试件用软化点 90 ℃ 以上的建筑石油沥青或软化点 70 ℃ 以上的煤沥青封边，分别称量封边试件质量。

用于测量拉力变化的试件不需要进行处理。

(1) 菌种活性检验

向培养基表面喷射混合菌液，在 28±2 ℃、相对湿度为 95%～99% 的条件下培养 3～4 d，若菌种没有大量繁殖，则认为这种混合菌液不能用于试验，须重新获取。

(2) 菌液制备

单一菌种悬浮液的制备是在 500 mL 三角烧瓶中进行。向瓶中加入 0.005% 气溶胶 10 mL，然后加入 30 mL 无菌水。将取菌环进行消毒杀菌，用取菌环取五环某一菌种加入水中猛烈摇晃，使其充分分散，用消毒纱布过滤，滤液置于另一个 50 mL 三角烧瓶中，加蒸馏水补至 40 mL，盖上盖子备用。此悬浮液超过 24 h 即不能使用，五种菌种均制成单一悬浮液备用。

混合菌液的制备：将单一菌种悬浮液各取 10 mL 加入 100 mL 的烧瓶中摇匀，即成试验用混合菌液，塞上瓶塞，配制后超过 24 h 不能使用。

(3) 试件的准备和接菌

将试件放入杀菌后的培养皿中，试件间或试件与器壁间不能接触。用喷雾器向试件表面均匀喷混合菌液，使其覆盖住整个试件表面。

(4) 培养

盖上培养皿盖，将培养皿放在条件为 28±2 ℃ 和相对湿度为 95%～99% 的霉菌试验箱内进行培养。

培养时间：用于外观检验 6 周，用于物理性能检验 8 周。

(5) 检验

试件上霉菌的生长情况作为表面霉变程度的评定，用肉眼和 5 倍放大镜检查试件表面霉变情况。

试件质量变化的测定是在试验结束后，用毛刷刷去试件表面的菌毛，然后在真空干燥器中于 0.08 MPa 下干燥 1 h，称量试件，精确至 0.000 1 g，计算每一试件的试验前后的质量差。

试件还可用于拉力变化的测定。

【结果计算】

记录每个试件检验结果，其长霉的程度分级如下：

0级 在放大镜下看不到长霉；
1级 用肉眼几乎看不到长霉，但在放大镜下观察较为明显；
2级 用肉眼能清楚地看到试件表面长霉，但覆盖面不超过50%；
3级 用肉眼能清楚地看到试件表面长霉，其覆盖面大于50%。

试件因霉菌腐蚀作用而发生的质量变化，按下式计算：

$$A = \frac{W_2 - W_3}{W_1} \times 100$$

式中 A——腐蚀后质量变化百分率，%；
W_1——腐蚀前未封边试件质量，g；
W_2——腐蚀前封边试件质量，g；
W_3——腐蚀后封边试件质量，g；

取三组试件的算术平均值、精确到小数点后第一位。

试件因霉菌腐蚀作用而发生的拉力变化，按下式计算：

$$P = \frac{P_1 - P_2}{P_1} \times 100$$

式中 P——腐蚀后试件拉力变化的百分率，%；
P_1——腐蚀前试件拉力，N；
P_2——腐蚀后试件拉力，N。

取三组试件的算术平均值，精确到小数点后第一位。

六、耐化学介质侵蚀性

沥青防水卷材耐化学介质侵蚀性，主要是指其抵抗各种无机酸、碱、盐的水溶性介质侵蚀能力。它是以试件在一定浓度的化学介质中浸泡一定时间后所产生的外观、质量及拉力等性能的变化来表示的。GB 12959中规定耐化学介质侵蚀性试验方法所采用的化学侵蚀性介质列于表6-5。

表6-5 化学侵蚀性介质

试剂名称	水溶液浓度（%）
NaCl	10±2
$Ca(OH)_2$	饱和溶液
H_2SO_4	5±1

【试验容器】

容器要求耐酸、碱、盐的腐蚀，可以密闭，其容积大小根据试样数量而定。

【试验方法】

按表6-5中规定，用蒸馏水和化学试剂（分析纯）配制成均匀溶液，并分别装入各自贴有标签的容器中，温度为23±2℃。

在每种溶液中浸入3块按产品取样规定裁取的试样，密闭容器，28 d后取出试样，用自来水洗净、擦干,在温度 23±2 ℃,相对湿度 45%~55%的条件下调节 24 h,分别进行拉伸强度和低温柔度试验。

【结果计算】

处理后试件拉伸强度相对变化率按下式进行计算,精确到 1%:

$$R_a = \left(\frac{\sigma_1}{\sigma_2} - 1\right) \times 100$$

式中　R_a——试样处理后拉伸强度相对变化率,%;
　　　σ_1——未处理时,5 块试样平均拉伸强度,MPa;
　　　σ_2——处理后,5 块试样的平均拉伸强度,MPa。

处理后试样断裂伸长率相对变化率按下式计算,精确到 1%:

$$R_b = \left(\frac{\varepsilon_1}{\varepsilon_2} - 1\right) \times 100$$

式中　R_b——试样处理后断裂伸长率相对变化率,%;
　　　ε_1——未经处理时,5 块试样的平均断裂伸长率,%;
　　　ε_2——处理后 5 块试样的平均断裂伸长率,%。

第五节　沥青纸胎油毡

沥青纸胎油毡主要指石油沥青纸胎油毡、石油沥青纸胎油纸、煤沥青纸胎油毡、矿棉纸油毡、石棉纸油毡等。其中应用最多的为石油沥青纸胎油毡和煤沥青纸胎油毡。石油沥青纸胎油纸在制定新标准时,已经取消。

一、石油沥青纸胎油毡

石油沥青纸胎油毡是以石油沥青浸渍原纸,再涂盖其两面,表面涂或撒隔离材料制成的沥青防水卷材,简称油毡。

(一) 分类与标记

按照旧标准,石油沥青纸胎油毡分为 200 号、350 号和 500 号三种型号,是以油毡原纸单位面积的质量来命名的。例如,油毡原纸为每平方米 350 g,制成的石油沥青纸胎油毡为 350 号。新标准是按油毡的质量分为Ⅰ型、Ⅱ型和Ⅲ型三种型号。

1. 规格

油毡幅宽:1 000 mm;
油毡长度:20 m;
油毡面积:20 m²。

2. 标记

按产品名称、类型和标准号顺序标记。
示例:Ⅲ型石油沥青纸胎油毡标记为:
油毡　Ⅲ型　GB 326—2004

(二) 用途

Ⅰ型、Ⅱ型油毡用于辅助防水、临时性建筑防水、建筑防水和包装等。

Ⅲ型油毡适用于屋面工程的多层防水。

(三) 技术要求

1. 卷重

每卷油毡的卷重应符合表6-6的规定。

表6-6 石油沥青纸胎油毡卷重

规 格	最低卷重（kg/卷）
Ⅰ型	17.5
Ⅱ型	22.5
Ⅲ型	28.5

2. 面积

每卷油毡的总面积为 $20\pm0.3\ m^2$。

3. 外观

成卷油毡应卷紧、卷齐，端面里进外出不得超过10 mm。在10~45 ℃温度下展开任意一卷油毡，在距卷芯1 000 mm长度外不应有10 mm以上的裂纹或粘结。原纸必须浸透不应有未浸透的浅色斑点，不应有油纸外露和涂油不均。

毡面不应有孔洞、硌伤、长度在20 mm以上的疙瘩、浆糊状粉浆；不应有距卷芯1 000 mm以外长度100 mm以上的折纹、折皱；不应有20 mm以内的边缘裂口，或长50 mm×20 mm以内的缺边不应超过4处。每卷油毡中允许有一处接头，其中较短的一段长度不应少于2 500 mm，接头处应剪切整齐，并加长150 mm。

4. 物理性能

油毡的物理性能应符合表6-7规定。

表6-7 油毡物理性能

规 格		Ⅰ型	Ⅱ型	Ⅲ型
单位面积浸涂材料总量（g/m²）≥		600	800	1 000
不透水性	压力（MPa）≥	0.02	0.02	0.10
	保持时间（min）≥	30	60	30
吸水率（%）≤		3.0	2.0	1.0
耐热度		\multicolumn{3}{c}{85±2 ℃，2 h涂盖层无滑动、流淌和集中性气泡}
拉力，纵向（N/50 mm）≥		240	280	340
柔度		\multicolumn{3}{c}{18±2 ℃，绕ϕ20 mm棒或弯板无裂纹}

(四) 抽样及试件

1. 抽样

以同一类型的1000卷卷材为一批，不足1000卷也作为一批。在该批产品中随机抽取5卷进行卷重、面积和外观检查。

2. 试件

将取样卷材切除外层卷头2500 mm后，纵向切取长度为600 mm的全幅卷材试样2块，一块用作物理性能检验，另一块备用。

按图6-21所示部位及表6-8规定的尺寸和数量切取试件，试件边缘与卷材纵向边缘间的距离不小于75 mm。

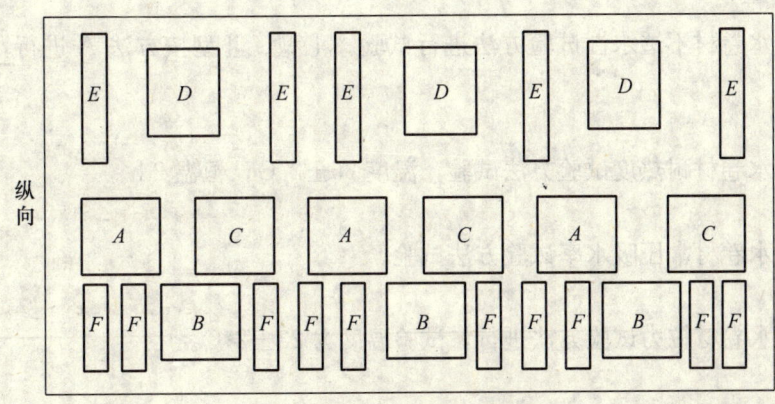

图6-21 油毡试件裁取图

表6-8 油毡试件尺寸和数量

试验项目	试件代号	试件尺寸（mm）	试件数量（个）
浸涂材料总量	A	100×100	3
不透水性	B	150×150	3
吸水率	C	100×100	3
耐热度	D	115×100	3
拉力	E	250×50	5
柔度	F	150×25	10

3. 检验分类

检验分为出厂检验和型式检验。包括卷重、面积、外观和物理性能等所有检测项目。

（五）试验方法

1. 卷重及面积

（1）卷重

用分度值为0.2 kg的台秤称量每卷卷材的质量。

（2）面积

用最小分度值为1 mm卷尺测量卷材的长度和宽度，以长度乘宽度的平均值求得每卷卷材面积。若有接头，以量出的两段长度之和减去150 mm计算。

2. 外观

将被检卷材立放在平面上，用一把钢直尺平放在卷材的端面上，用另一把精度为1 mm

的钢直尺垂直伸入卷材端面最凹处，所测得的数值为卷材端面的里进外出的尺寸。在 10～45 ℃任一产品温度下展开成卷卷材，用精度 1 mm 的钢直尺测量毡面粘结、裂纹、折纹、边缘裂口、缺边；观察孔洞、硌伤、浆糊状粉浆等是否符合要求。在被检卷材的任一端，沿横向全幅裁取 50 mm 宽的一条，沿其边缘撕开，纸胎内不应有未被浸透的浅色斑点。并检查整卷卷材表面有无涂油不均。

3. 浸涂材料总量

按沥青防水卷材浸涂总量试验方法试验。

4. 不透水性

按沥青防水卷材不透水性试验方法进行试验。Ⅰ型、Ⅱ型按方法 A 进行，Ⅲ型按方法 B 进行。

5. 耐热度

按沥青防水卷材耐热度试验方法试验，温度 85±2 ℃，恒温 2 h。

6. 吸水率

按沥青防水卷材常压吸水率试验方法试验。

7. 拉力

按沥青防水卷材拉力试验方法进行，试验温度为 23±2 ℃。

8. 柔性

石油沥青纸胎油毡的柔性试验的试件尺寸为 60 mm×30 mm，纵横向各 3 件，圆棒的直径为 20 mm。试件及圆棒一同放在 18±2 ℃的恒温水浴中，浸泡 30 min，自水中取出，将试件沿圆棒用手在 2 s 时间内以均衡速度弯曲成 180°，观察试件表面有无裂纹。

6 个试件至少有 5 个试件达到规定指标，即判该项合格。

试验仪器和设备与沥青防水卷材柔度试验方法要求相同。

（六）判定规则

在抽取的 5 卷油毡中，检查结果符合卷重、面积和外观规定的技术要求时，判卷重，面积，外观合格。若不合格，允许在该批产品中随机另抽 5 卷重新检验卷重、面积和外观，如全部达到标准规定，即判其卷重，面积和外观合格，若仍不符合标准，则判该批产品不合格。

从外观、面积和卷重合格的 5 卷油毡中任取一卷进行物理性能检验。浸涂材料总量、吸水率、拉力各项试验结果的平均值达到规定的指标，判该项合格。不透水性、耐热度每组试件都达到标准规定时判该项合格。柔度上、下表面，每面 5 个试件中至少 4 个达到标准规定，判该项合格。

各项试验结果均达到卷材物理性能规定指标，则判该批产品物理性能合格。若仅有一项不符合标准规定，允许在该批产品中随机抽取 1 卷，对不合格项目进行单项复验，达到标准规定判该批产品物理性能合格，否则判不合格。

总判定：

卷重、面积、外观和物理性能均符合技术标准规定的全部要求，则判该批产品合格。

（七）浸渍材料和涂盖材料

石油沥青纸胎油毡所用浸渍材料和涂盖材料性能应符合表 6-9 要求。

表6-9 浸渍材料和涂盖材料

指标名称	浸渍材料	涂盖材料
软化点（℃）	45～55	90～100
针入度（0.1 mm）25 ℃、100 g、5 s	41～80	5～20
延伸度（cm）、25 ℃，不小于	30	2
加热损失（%）100 ℃，5 h，不小于	0.5	0.5

二、石油沥青油纸

石油沥青油纸系采用低软化点沥青浸渍原纸所制成的一种防水卷材。

（一）产品分类

石油沥青油纸的标号是按所用原纸的单位面积质量，即每平方米的质量（g）表示的。例如：油毡原纸每平方米的质量为200 g，制成的石油沥青油纸标号为200号。石油沥青油纸分为200号和350号两种标号。

石油沥青油纸的幅宽分为915 mm和1 000 mm两种规格。

石油沥青油纸适用于建筑防潮和包装，也可用于多层防水层的下层。

（二）外观、面积和卷重

成卷石油沥青油纸宜卷紧、卷齐，两端里进外出不得超过10 mm。纸胎必须浸透、不应有未被浸渍的浅色斑点，表面应无成片未干的浸油，但允许有个别不致引起互相粘结的油渍。油纸不应有孔洞、硌伤、折纹、折皱、20 mm以上的疙瘩，20 mm以内的边缘裂口或长50 mm、深20 mm以内的缺边不应超过4处。每卷油纸接头不应超过一处，其中较短的一段不应小于2 500 mm，接头处应剪切整齐，并加长150 mm备作搭接。

每卷石油沥青油纸的面积为20±0.3 m²。

每卷石油沥青油纸的质量应符合表6-10规定。

表6-10 石油沥青油纸卷重

标号	200号	350号
质量（kg）不小于	7.5	13.0

（三）物理性能

各种石油沥青油纸的物理性能应符合表6-11中的规定。

表6-11 石油沥青油纸的物理性能指标

指标名称 \ 标号	200号	350号
浸渍材料占干原纸质量（%）不小于	100	
吸水率（真空法）（%）不大于	25	
拉力25±2 ℃时纵向（N）不小于	110	240
柔度在18±2 ℃时	围绕φ10 mm圆棒或弯板无裂纹	

(四) 包装

石油沥青油纸允许双卷包装，包装说明同石油沥青纸胎油毡。

(五) 检验分类

出厂检验：包装、标志、质量、面积、外观和物理性能。

型式检验：包括出厂的全部检验项目。

三、煤沥青纸胎油毡

煤沥青纸胎油毡是用低软化点煤沥青浸渍原纸，然后用高软化点煤沥青涂盖油纸的两面，再涂或撒隔离材料所制成的一种纸胎防水卷材。

(一) 分类及标记

根据 JC505—92 煤沥青纸胎油毡标准与检验方法，煤沥青纸胎油毡以其所用的原纸单位面积质量（g/m^2）划分为 200 号、270 号和 350 号三种标号。根据油毡的幅宽分为 915 mm 和 1 000 mm 两种规格。按所用隔离材料分为粉面油毡（F）和片状面油毡（P）两个品种。按技术要求分为一等品（B）和合格品（C）两个等级。

产品按下列顺序进行标记：产品名称、品种、标号、质量等级和标准号。例如：一等品（B）350 号粉面（F）煤沥青纸胎油毡标记为：

煤沥青纸胎油毡　F350B　JC505

对合格品（C）　270 号片状面（P）煤沥青纸胎油毡标记为：

煤沥青纸胎油毡　P270C　JC505

(二) 用途

煤沥青纸胎油毡适用于地下防火、建筑防潮和包装。

(三) 技术要求

1. 外观、面积和卷重

成卷的煤沥青纸胎油毡应卷紧、卷齐。卷筒的两端厚度差不得超过 5 mm，端面里进外出不得超过 10 mm。成卷油毡在环境温度 10～45 ℃时，应易于展开；不应有破坏毡面长度 10 mm 以上的粘结和距卷芯 1 000 mm 以外、长度在 10 mm 以上的裂口。纸胎必须浸透、不应有未浸透的浅色斑点；涂盖材料应均匀致密地涂盖油纸两面，不应有油纸外露和涂油不均的现象。毡面不应有孔洞、硌伤、长度 20 mm 以上的疙瘩或水渍、距卷芯 1 000 mm 以外长度 100 mm 以上的折纹和折皱，20 mm 以内的边缘裂口或长 50 mm、深 20 mm 以内的缺边不应超过四处。每卷油毡的接头不应超过一处，其中较短的一段长度不应小于 2 500 mm，接头处应剪切整齐，并加长 150 mm 备作搭接。合格品中有接头的油毡不得超过批量的 10%，一等品中不得超过 5%。

每卷煤沥青纸胎油毡总面积为 20±0.3 m^2。每卷煤沥青纸胎油毡的质量列于表 6-12。

表 6-12　煤沥青纸胎油毡卷重

标　号	200 号		270 号		350 号	
品种	粉毡	片毡	粉毡	片毡	粉毡	片毡
质量（kg）不小于	16.5	19.0	19.5	22.0	23.0	25.5

2. 物理性能

煤沥青纸胎油毡的物理性能列于表6-13。

表6-13 煤沥青油毡物理性能

指标名称		200号 合格品	270号 一等品	270号 合格品	350号 一等品	350号 合格品
可溶物含量,(g/m²)不小于		450	560	510	660	600
不透水性	压力(MPa)不小于	0.05	0.05	0.05	0.10	0.10
不透水性	保持时间(min)不小于	15	30	20	30	15
不透水性		不渗漏				
吸水率(常压法)(%)不大于	粉毡	3.0				
吸水率(常压法)(%)不大于	片毡	5.0				
耐热度(℃)		70±2	75±2	70±2	75±2	70±2
耐热度(℃)		受热2h涂盖层应无滑动和集中性气泡				
拉力25±2℃时,纵向(N)不小于		250	330	300	380	350
柔度(℃)不大于		绕φ20mm圆棒或弯板无裂纹				
		18	16	18	16	18

(四)浸渍材料和涂盖材料

煤沥青纸胎油毡所用浸渍材料和涂盖材料技术性能列于表6-14。

表6-14 煤沥青浸渍材料和涂盖材料技术指标

指标名称	浸渍材料	涂盖材料
软化点(环球法)(℃)不小于	32	60
游离碳含量(在苯中)(%)不大于	20	25
水分(%)不大于	0.5	0.5
含萘量(%)不大于	3	3

注：浸渍材料和涂盖材料应由煤焦副产品制成，不允许用页岩沥青、木焦油沥青和泥炭焦油。

(五)检验分类

检验分为出厂检验和型式检验。出厂检验为质量、面积、外观、不透水性、吸水率、耐热度、拉力和柔度。型式检验为技术要求中所有项目，正常生产时，可溶物含量每半个月或二万卷至少检验一次。

(六)试验方法

1. 检验批与抽样

以同一品种、标号、等级的产品每1 500卷为一批，不足1 500卷者也按一批验收。按沥青防水卷材抽样方法进行抽样，可溶物含量可按浸涂总量的有关规定进行。

2. 卷重、外观、面积

按沥青防水卷材有关试验方法进行。

3. 物理性能

按沥青防水卷材有关物理性能检验项目的试验方法进行。

四、石棉纸油毡及油纸 (JC—74)

石棉纸油毡是以石棉纸为胎基，以低软化点石油沥青浸渍石棉原纸，以高软化点沥青涂盖石棉纸油毡两面而成的一种防水卷材。

石棉纸油纸是以低软化点石油沥青浸渍石棉原纸，无涂盖层的一种防水卷材。

石棉纸油毡的胎基大部分是石棉成分，有机物质较少，其油毡除具有较好的耐腐蚀性外，还因石棉胎基水饱和度比有机胎基低得多，其 24 h 的吸水率比普通原纸油毡低 50%（质量比）。因此，石棉纸油毡特别适用于地下防水等一些要求较高的防水工程。

石棉纸油毡及油纸的技术性能列于表 6-15。

表 6-15 石棉纸油毡及油纸的技术指标

指标名称	油毡	油纸
浸渍材料软化点（环与球法）（℃）	50~60	50~60
涂盖材料软化点（环与球法）（℃）不小于	90	—
浸油率（%）不小于	70	70
涂油量（g/m²）不小于	400	
拉力（N） 在 18℃时 纵向 不小于	250	200
不透水性（昼夜）在 500 Pa 的压力下，不小于	20	20
在水饱和情况下，10 cm×10 cm 试件的分层面积（cm²）不大于	15	20
柔度（次数）在 18±2 ℃，双重折叠法，不少于	10	10
浸水 24 h 后的水饱和度，（质量%）不大于	4	13
水饱和后的拉力损失率（%）不大于	5	32
填充料与涂盖材料总量之比（%）不小于	25	
耐热度	在 85±2 ℃温度下受热 5 h，涂盖层应无滑动和集中性气泡	

注：① 当石棉纸油毡用于地下防水层时，油毡表面的涂盖材料可采用较低软化点（耐热度 60 ℃）的沥青。
② 水饱和后的性能是指试件在 18±2 ℃的水中浸泡 24 h 后的性能。

石棉纸油毡及油纸的技术性能检验方法可按照石油沥青纸胎油毡的相关检验方法进行试验。

五、矿棉纸油毡

矿棉纸油毡采用低软化点石油沥青浸渍矿棉原纸，用高软化点石油沥青涂盖油纸的两面而制成的一种纸胎防水卷材。

根据矿棉纸原纸成分所含无机矿棉纤维的质量不小于 60%，将矿棉纸油毡定为"矿棉—60"一种标号。

矿棉纸油毡的胎基中含有很大比例的矿棉，属于无机纤维胎基，因而具有较好的耐腐蚀性、耐久性。适用于地下或平屋面的防水工程，也可用以铺设其他构筑物防水层以及金属管道（热管道除外）耐腐蚀的保护层。

矿棉纸油毡的物理性能列于表 6-16。

表 6-16　矿棉纸油毡物理性能

项目名称		性能指标
卷重（kg）不小于		31.5
幅宽（mm）		915
每卷总面积（m²）		20±0.3
原纸质量（g/m²）不小于		400
原纸灰分（%）不小于		60
浸渍材料占干原纸质量百分比（%）不小于		130
单位面积涂盖材料质量（g/m²）不小于		500
粉状填充料占涂盖材料质量百分比（%）		25～35
不透水性（动水压法）	压力（MPa）	0.1
	时间（min）	15
吸水后强度损失率，（%）不大于		2
热稳定性，在 85℃温度下，加热 5h		挥发损耗应不大于 0.5%，涂盖层应无流淌、起泡和撒布料流动等现象
吸水性，浸水 24h 后吸水率（%）不大于		1.0
拉力（N），在 18±2℃时，纵向不小于		300
柔度在 18±2℃，油毡围绕 φ20 mm 棒		无裂纹

【试验方法】

1. 原纸灰分

将矿棉纸油毡切取 100 mm×100 mm，试件用溶剂进行萃取。萃取后的试件，进行干燥，将纸片和纸屑进行称量，然后用镊子夹住试件在酒精灯头上燃烧，至试件表面基本上无黑色斑点为止（燃烧时须注意勿使残灰掉损），随后将残灰置于已称量过的瓷坩埚中，放入已预热至 850±20℃的高温炉中灼烧 3～5 min 后取出，放在干燥器中冷却，然后称量。

原纸灰分按下式计算：

$$A=\frac{(C+R)-C}{P+D}\times 100$$

式中　A——原纸灰分，%；

C——瓷坩埚质量，g；

R——原纸灼烧后残留质量，g；

$P+D$——萃取后并经干燥的纸片和纸屑总质量，g。

2. 吸水后强度损失率

纵向精确切取 250 mm×50 mm 试件 5 块，然后浸泡于 18±2℃水中，经 24h 后将试件取出，将表面水分拭干，立即进行抗拉强度试验。

吸水后强度损失率按下式计算：

$$S=\frac{S_0-S_1}{S_0}\times 100$$

式中　S——吸水后强度损失率，%；

　　　S_0——吸水前纵向抗拉强度；

　　　S_1——吸水后纵向抗拉强度。

第六节　沥青布胎油毡

沥青布胎油毡是以布为胎基的沥青油毡，主要包括玻璃布油毡、麻布油毡、石棉布油毡及合成纤维布油毡等。

一、沥青玻璃布油毡

沥青玻璃布油毡是采用玻璃布为胎基，用石油沥青涂盖材料浸涂玻璃布的两面，并在其表面涂布或撒布矿质粉状隔离材料所制成的一种防水卷材。

（一）规格、等级、标记

根据沥青玻璃布油毡 JC84 技术标准，按幅宽分为 915 mm 和 1 000 mm 两种规格，按物理性能分为一等品（B）和合格品（C）两个等级。

产品标记：按产品名称、等级、标准代号依次标记。例如，沥青玻璃布油毡一等品（B）可标记为：

沥青玻璃布油毡—B—JC84

（二）用途

沥青玻璃布油毡可用于地下防水、防腐层，也可用于平屋面、坡屋面防水层及金属管道（热管道除外）防腐保护层。

该产品具有拉力大及耐霉菌性等特性，适用于对防水材料要求强度高及耐霉菌腐蚀性好的防水工程。

（三）技术要求

1. 外观、面积、卷重

成卷的玻璃布油毡应卷紧、卷齐，在 5～45 ℃的环境温度下，应易于展开，不得有粘结和裂纹。涂盖材料应均匀、致密地浸涂玻璃布胎基。油毡表面必须平整，不得有裂纹、孔洞、扭曲，20 mm 内的边缘裂口或 50 mm、宽 20 mm 以内的缺边不应超过 4 处。涂布或撒布隔离材料应均匀、紧密地粘附于油毡表面。每卷油毡的接头不应超过一处，其中较短的一段不得少于 2 000 mm，接头处应剪切整齐，并加长 150 mm 备作搭接。

每卷油毡的面积为 20±0.3 m²，每卷油毡的质量应不小于 15 kg，卷重包括不大于 0.5 kg 的硬质卷芯质量。

2. 物理性能

沥青玻璃布油毡的物理性能列于表 6-17。

表 6-17 沥青玻璃布油毡的物理性能

项 目		等级 一等品	合格品
可溶物含量（g/m²） 不小于		420	380
耐热度 85±2℃，2 h		无滑动、起泡现象	
不透水性	压力（MPa）	0.2	0.1
	时间，不小于 15 min	无 渗 漏	
拉力 25±2℃时纵向（N） 不小于		400	360
柔度	温度（℃） 不大于	0	5
	弯曲直径，30 mm	无 裂 纹	
耐霉菌腐蚀性	质量损失（%） 不大于	2.0	
	拉力损失（%） 不大于	15	

（四）试验方法

1. 检验分类

沥青玻璃布油毡的检验项目分为出厂检验和型式检验。

出厂检验项目：卷重、面积、外观、可溶物含量、耐热度、不透水性、拉力、柔度。型式检验项目：除包括出厂检验的全部项目外，还增加耐霉菌腐蚀性试验。

2. 试件制取

将取样的一卷油毡切除卷头 2 500 mm 后，纵向截取长度为 600 mm 的全幅卷材 2 块，一块作物理性能试验，另一块备用。

试件的切取部位如图 6-22 所示，试件的尺寸和数量列于表 6-18。

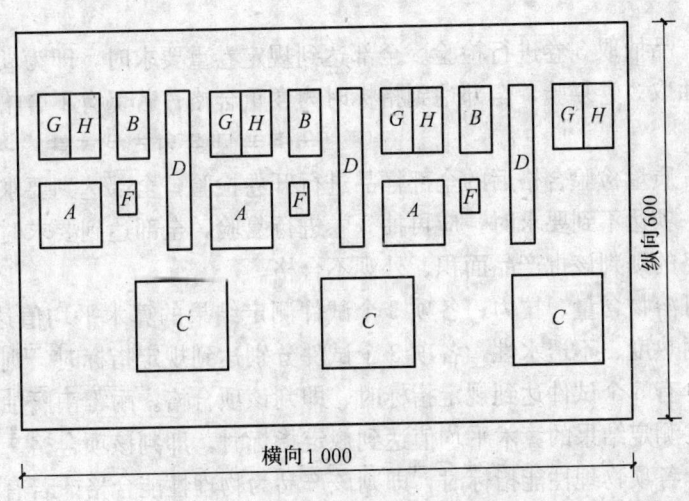

图 6-22 玻璃布油毡试样切取图

表 6-18 试件尺寸和数量

试验项目	试件部位	试件尺寸（mm）	试件数量（个）
可溶物含量	A	100×100	3
耐热度	B	100×50	3
不透水性	C	150×150	3
拉力	D	250×25	3
柔度	F	60×30	3
耐霉菌腐蚀性： 重量损失 拉力损失	G H	100×50 100×50	4 4

3. 可溶物含量

按沥青防水卷材可溶物含量试验方法进行。

4. 耐热度

按沥青防水卷材耐热度试验方法进行。

5. 不透水性

按沥青防水卷材不透水性试验方法进行，在试件与金属板之间加两层 350 号原纸。

6. 拉力与柔度

按沥青防水卷材拉力与柔度试验方法进行。

7. 耐霉菌腐蚀试验

按沥青防水卷材耐霉菌腐蚀性试验方法进行。

（五）判定规则

1. 抽样

以同一等级的产品每 500 卷为一批，不足 500 卷也按一批验收，在每批产品中随机抽取 3 卷进行卷重、面积和外观的检验。

取卷重、面积和外观合格的无接头的最轻的一卷作为物理性能检验的试样。

2. 判定规则

卷重：每批产品抽取 3 卷进行检验。全部达到规定卷重要求时，即为卷重合格。若低于规定指标时，再抽取 3 卷复验，全部达到指标时为卷重合格；若仍有不合格时，判该批产品卷重不合格。

面积和外观：质量检验合格后的全部样品进行开卷检验，全部达到要求时即为面积、外观合格。若其中一项达不到要求时，应再抽 3 卷进行复验，全部达到要求时为面积、外观合格；若仍有不合格的则判该批产品面积、外观不合格。

物理性能：可溶物含量、拉力，各项 3 个试件测定结果的算术平均值达到规定指标时，即判该项合格。耐热度、不透水性，各项 3 个试件分别达到规定指标时，则判该项合格。柔度的 6 个试件至少有 5 个试件达到规定指标时，即判该项合格。耐霉菌腐蚀性试验，质量和拉力损失 3 个试件测定结果的算术平均值达到规定指标时，即判该项合格。

检验结果符合各项物理性能指标时，即判该产品为物理性能合格。若有一项不符合指标要求，在该批产品中随机抽取 2 卷作为试样进行单项复验，达到指标要求时，该批产品为物理性能合格；若复验时仍有一个试样不符合要求时，则判定该批产品物理性能不合格。

总判定：

质量、面积、外观合格，物理性能达到相应等级指标时，判该批产量为相应等级产品。

二、石油沥青麻布油毡

石油沥青麻布油毡亦称石油沥青麻布胎防水卷材，简称麻布油毡。它是采用黄麻布为胎体，浸涂氧化沥青，并在其表面覆盖一层矿物隔离材料或覆盖聚乙烯薄膜制成的防水卷材。

（一）产品分类

1. 等级

麻布油毡按可溶物含量及其物理性能分为合格品、一等品和优等品三个等级。

2. 品种

麻布油毡按可溶物含量和施工方法分为一般麻布油毡和热熔麻布油毡两个品种。

3. 适用范围

一般麻布油毡适用于工业与民用建筑屋面的多叠层防水；热熔麻布油毡适用于采用热熔法施工的工业与民用建筑屋面的多层或单层防水。

（二）技术要求

1. 面积

一般麻布油毡为 $20\pm0.2\ m^2$；热熔麻布油毡为 $10\pm0.1\ m^2$。

2. 外观

麻布油毡的外观应符合石油沥青纸胎油毡的外观质量要求。

3. 物理性能

麻布油毡的物理性能应符合表 6-19 规定要求。

表 6-19 麻布油毡物理性能

项目名称		一般麻布油毡			热熔麻布油毡		
		优等	一等	合格	优等	一等	合格
可溶物含量（g/m^2）不小于		1 600	1 500		3 300	2 800	
不透水性，$0.1\ N/mm^2 \times 24\ h$		不透水					
耐热度（℃）受热 2 h 涂盖层无滑动		85 ± 2			85 ± 2		
柔度（℃）绕 $r=15\ mm$ 弯板无裂纹		0	5	10	0	5	10
拉力（N）不小于	纵向	600	500	500	600	500	
	横向	500	500	500	500	500	
断裂伸长率（%）不小于	纵向	2					
	横向	3					

（三）用途

由于石油沥青麻布油毡具有抗拉强度高，并具有一定的断裂延伸性，适用于要求抗拉强度高或有结构变形的防水工程,以及其他重要的防水工程。

三、石油沥青石棉布油毡

石油沥青石棉布油毡是以高等级石棉纺织布为胎基,经浸渍低软化点沥青后,两面涂以高软化点石油沥青,并覆盖一层矿物质隔离材料所制成的布胎防水卷材。

（一）规格、标号

按油毡幅宽分为1 000 mm和1 200 mm两种规格。

石油沥青石棉布油毡的标号表示方法为：胎体材料加胎体平方米的克重,如：石棉—1 000。

（二）外观、面积、卷重

石油沥青石棉布油毡的表面沥青涂层应均匀,涂盖后的油毡不应有孔眼、折皱及其他外观缺陷。成卷的油毡应卷切整齐,不得有端面里进外出。为防止成卷的油毡在贮存运输中挤压变形,在成卷时,应加硬质卷芯。

每卷油毡面积为 $10±0.2 \, m^2$,

每卷油毡卷重为30～39 kg/卷。

（三）物理性能

石棉布油毡的物理性能应符合表6-20的指标要求。

表6-20 石棉布油毡物理性能

项目名称	指标
可溶物含量（g/m²）≥	2 000
耐热度（℃）	70或80
柔度,25 ℃,绕 φ3 cm圆棒	无裂纹
不透水性,（Pa/h）	1/24
耐酸性,10%HCl,48 h	无膨胀及腐蚀现象
耐碱性,10%NaOH,48 h	无膨胀及腐蚀现象
抗拉强度（N）≥	500

（四）用途

石油沥青石棉布油毡,除具有麻布油毡高强度的特点之外,还具有良好的耐腐蚀性和耐酸碱性,适用于要求使用寿命长的重点防水工程。

四、沥青玻璃纤维毛纱布油毡

沥青玻璃纤维毛纱布油毡系采用石油沥青涂盖材料涂于定长玻璃纤维毛纱布的两面,然后撒上粉状或粒状材料所制成的一种无机纤维为基材的防水卷材。

玻璃纤维毛纱布油毡具有耐腐蚀、柔软及延伸性好的优点,是一种性能较好的防水卷材,适宜用于铺设高级建筑物屋面及有震动的工业厂房屋面或作地下防水,防腐层用。

玻璃纤维毛纱布油毡的技术性能列于表6-21。

表 6-21　玻璃纤维毛纱布油毡技术指标

指 标 名 称		指　标
毛纱布胎基重量（g/m^2）		400～500
单位面积涂盖材料重量（g/m^2）	不小于	2 800
粉状填料占涂盖材料总量（%）		25～35
不透水性：		
压力（MPa）	不小于	0.4
保持时间（min）	不少于	15
吸水性（g/100 cm^2）（常压法）	不大于	0.10
耐热度在 85±2 ℃温度下受热 5 h		涂盖层应无滑动和集中性气泡
抗剥离性在 25±2 ℃（剥离面积）	不大于	1/3
拉力（N）在 18±2 ℃时，纵向	不小于	900
断裂时伸长率在 18±2 ℃时（%）	不小于	6
柔度在 18±2 ℃时，绕 φ20 mm 圆棒		无裂纹

第七节　石油沥青玻纤毡胎油毡

石油沥青玻纤毡胎油毡（简称玻纤胎油毡）是采用玻纤毡为胎基，浸涂石油沥青，表面涂撒矿物材料或覆盖聚乙烯膜等隔离材料所制成的一种防水卷材，根据 GB/T 14686 标准检验。

一、产品分类

玻纤胎油毡的规格是根据幅宽决定的，只有 1 000 mm 一种规格。根据玻纤胎油毡的物理性能分为优等品（A）、一等品（B）和合格品（C）三个等级。按上表面隔离材料分为膜面、粉面、砂面三个品种。按 10 m^2 标称质量分为 15 号、25 号、35 号三种标号。

各种材料代号为：

石油沥青　　　　　　　　　　A

玻纤毡　　　　　　　　　　　G

河砂（普通矿物粒、片料）　　S

彩砂（彩色矿物粒、片料）　　CS

粉状材料　　　　　　　　　　F

聚乙烯膜　　　　　　　　　　PE

玻纤胎油毡标记是根据所用的涂盖沥青、胎基、上表面材料以及产品等级代号，加上产品标号、标准号的顺序排列。例如：

15 号合格品砂面玻纤胎石油沥青油毡标记为：

油毡 A—G—S—15 GB/T 14686

25 号一等品 PE 面玻纤胎石油沥青油毡标记为：

油毡 A—G—PE—35（B）GB/T 14686

二、技术要求

（一）外观、面积、质量

成卷的玻纤毡胎油毡应卷紧卷齐，卷筒两端厚度差不得超过 5 mm，端面里进外出不得超过 10 mm。成卷的玻纤毡胎油毡在环境温度 5～45 ℃时应易于展开，不得有破坏毡面长度 10 mm 以上的粘结和卷芯 1 000 mm 以外长度 10 mm 以上的裂纹，油毡表面必须平整，不允许有孔洞、硌（楞）伤，以及长度 20 mm 以上的疙瘩和距卷芯 1 000 mm 以外长度 10 mm 以上的折纹、折皱，20 mm 以内的边缘裂口或长 50 mm 以内的缺边不应超过 4 处。撒布料的颜色和粒度应均匀一致，并紧密地粘附于油毡表面。每卷油毡接头不应超过一处，其中最短的一段不得少于 2 500 mm，接头应剪切整齐，并加长 150 mm 搭接之用。

每卷玻纤胎油毡的面积：

15 号　　　　　　　　　　　　20±0.2 m²

25 号、35 号　　　　　　　　　10±0.1 m²

玻纤毡胎油毡的卷重列于表 6-22。

表 6-22　玻纤胎油毡卷重

标　号	15 号			25 号			35 号		
上表面材料	PE膜	粉	砂	PE膜	粉	砂	PE膜	粉	砂
标称卷重（kg）	30			25			35		
卷重（kg）不小于	25.0	26.0	28.0	21.0	22.0	24.0	31.0	32.0	34.0

（二）物理性能

玻纤胎油毡的物理性能列于表 6-23。

表 6-23　玻纤胎油毡物理性能

标　号		15 号			25 号			35 号		
指标名称	等级	优等品	一等品	合格品	优等品	一等品	合格品	优等品	一等品	合格品
可溶物含量（g/m²）不小于		800	700		1 300	1 200		2 100	2 000	
不透水性	压力（MPa）不小于	0.1			0.15			0.2		
	保持时间（min）不小于	30								
耐热度（℃）		85±2 受热 2 h 涂盖层应无滑动								
拉力（N）不小于	纵向	300	250	200	400	300	250	400	320	270
	横向	200	150	130	300	200	180	300	240	200
柔度	温度（℃）不高于	0	5	10	0	5	10	0	5	10
	弯曲半径	绕 r=15 mm 弯板无裂纹						绕 r=25 mm 弯板无裂纹		
耐霉菌（8 周）	外观	2 级			2 级			1 级		
	重量损失率（%）不大于	3.0			3.0			3.0		
	拉力损失率（%）不大于	40			30			20		
人工加速气候老化（27 周期）	外观	无裂纹，无气泡等现象								
	失重率（%）不大于	8.00			5.50			4.00		
	拉力变化率（%）	+25～-20			+25～-15			+25～-10		

三、用途

15号玻纤胎油毡，适用于一般工业与民用建筑的多层防水，并用于包扎管道（热管道除外）作防腐保护层。

25号、35号玻纤胎油毡适用于屋面、地下、水利等工程的多层防水，其中35号玻纤胎油毡可用于热熔法施工的多层防水。

四、检验方法

（一）人工气候老化试验

1. 取样与制样

将抽取的一卷油毡切除距外层卷头 2 500 mm 后，沿纵向切取长度为 500 mm 的全幅卷材两块，一块作老化试验，一块备用。

按图 6-23 所示部位和表 6-24 要求和数量在样品上切取试样。

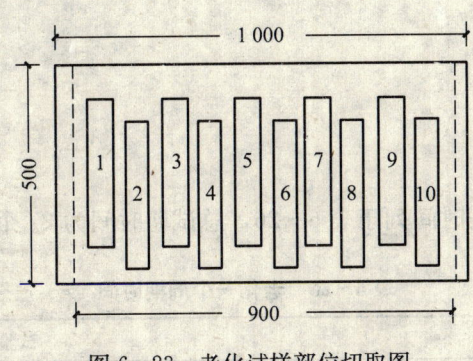

图 6-23 老化试样部位切取图

表 6-24 老化试件尺寸和数量

项　目	规　格（mm）	数　量（块）
老化试样	300×70	2
对比试样	300×70	2
留存试样	300×70	2

在老化前后的试样上切取试件部位如图 6-24 所示，要求试件的尺寸和数量列于表 6-25。

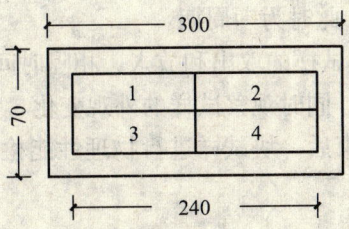

图 6-24 切取试件部位示意图

表 6-25 试件上切取试件尺寸和数量

项 目	规 格（mm）	数量（块）	备 注
失重率	120×25	8	4块为空白试样 4块作老化试验
拉力变化率	120×25	8	用测失重率后的试件

2. 试验条件

(1) 老化试验箱：

温度：空气温度 45±2 ℃，黑板温度 60±5 ℃；

相对湿度：65%±5%；

降雨量：喷水的喷射压力为 0.1 MPa，降雨量为 0.16±0.01 L/min；

光照和降雨周期：试样先光照 48 min 后立即雨淋，并同时光照 12 min。

(2) 冰冻温度：

-20±2 ℃

(3) 浸水温度：

20±2 ℃

3. 试验步骤

老化试验一个循环所需时间列于表 6-26，总试验时间为 27 个周期。

表 6-26 老化一个周期时间

试验条件	试验时间（h）
光照和雨淋	18
冷冻（-20±2 ℃）	2
浸水（20±2 ℃）	2
总　计	22

试验时将试样受光面的矿物隔离材料刷除干净，然后在试件两端衬上牛皮纸，将其贴在铝板上，用铁架夹紧，将夹好的试样和黑板温度计分别挂在试验转动架上，温度计正面朝光源，喷水压力为 0.1 MPa，光照周期为 48 min，光照同时雨淋 12 min，循环试验 18 h 后停机。

从试验箱中取出试样插于试验架上，放进温度为 20±2 ℃ 的恒温水槽内，水面应高出试样上端 20 mm，2 h 后取出，此时为一周期。

重复操作 27 个周期，每次试样的取出和放入，相隔时间不得多于 10 min。试验进行时，应详细记录试验的温度、湿度，同时观察试样的外观变化，每隔 3 个周期对气候、灯罩、灯管进行清洁保养一次，试验结束后一块试样进行物理性能检验，一块备用，测试必须在 8 h 内进行完毕。

4. 结果及计算

观察并记录老化后试样表面有无泛白、裂纹、起泡等现象。

(1) 失重率

取空白试样和老化后试样,按图 6-24 切取试件,分别测量其长度,精确至 1 mm,将试件放入电热真空干燥器中,在 0.08 MPa 真空度条件下干燥 1 h 后称重,由此计算出试件的单位面积重量 G_0 及 G_1,失重率 G 按下式计算:

$$G=\frac{G_0-G_1}{G_1}\times100$$

式中　G——失重率,%;
　　　G_0——空白试件单位面积质量,g/m^2;
　　　G_1——老化后试件的单位面积质量,g/m^2。

计算时取数值最接近的 3 个试件的平均值作为试验结果,精确至小数点后二位。

(2) 拉力变化率

取测量完失重率后的试件,进行拉力试验,测试试件老化前和老化后的拉力。

拉力变化率用下式计算:

$$P=\frac{P_0-P_1}{P_0}\times100$$

式中　P——拉力变化率,%;
　　　P_0——老化前试件拉力值,N;
　　　P_1——老化后试件拉力值,N。

计算时取数值最接近的 3 个试件的算术平均值作为试验结果,精确到小数点后一位。

(二) 质量、面积、外观

按沥青防水卷材质量、面积、外观试验方法进行。

(三) 可溶物含量与柔度

按沥青防水卷材可溶物含量与柔度试验方法进行。

(四) 不透水性、耐热性、拉力

按沥青防水卷材不透水性、耐热性、拉力试验方法进行。

(五) 耐霉菌试验

按沥青防水卷材耐霉菌试验方法进行。

五、检验规则

(一) 检验分类

检验分为出厂检验和型式检验。出厂检验项目为质量、外观、面积、物理性能中的可溶物含量、不透水性、耐热度、拉力、柔度等。型式检验包括技术要求的所有检验项目。

(二) 检验批量

以同一品种、同一标号、同一等级的产品每 1 500 卷为一批,不足 1 500 卷亦按一批验收。

(三) 判定规则

1. 卷重

每批产品中按抽取的卷材数进行检查,全部达到规定质量时即为卷重合格;若发现低于规定指标时,再抽查规定的卷数,全部达到指标时,判该批产品质量合格;若仍有低于规定指标时，判该批产品质量不合格。

2. 面积与外观

质量检验合格后的全部样品进行开卷检查全部达到要求时即为面积、外观合格；若其中有一项达不到要求，应在该批产品中再抽取同样卷数复查，全部达到要求，亦为面积、外观合格；若仍有未达到要求时，判该批产品面积或外观不合格。

3. 物理性能

在质量检查合格的样品中取质量最轻的、外观、面积合格的、无接头的一卷作为物理性能试验样品；若最轻的一卷不符合抽样条件时，可取次轻一卷，但要详细记录。

可溶物含量及拉力：各项3个试件测定结果的算术平均值分别达到规定指标时，即判该项合格。

耐热度、不透水性：各项3个试件分别达到规定指标时，即判该项合格。柔度6个试件至少5个试件达到规定指标，即判该项合格。

耐霉菌试验：同一组试件外观检查结果相差不超过一个等级；同时质量损失率、拉力损失率各项3个试件测试结果的算术平均值分别达到规定指标时，则判该项合格。

人工气候老化试验：同一组试件外观全部无裂纹、无气泡，同时失重率、拉力变化率各项3个试件测试结果的算术平均值达到规定指标时，则判该项合格。

检验结果符合各项物理性能规定的指标时，判该批产品物理性能合格；若有一项不符合指标要求，允许在该批产品中再抽样称重，取质量合格的最轻两卷作为试样，进行单项复验，达到指标要求时，该批产品为物理性能合格；若复验仍有一个试件不合格，则该批产品物理性能不合格。

4. 总判定

质量、外观、面积检验合格，物理性能达到相应等级指标时，判该批产品为相应等级产品。

第八节 特种油毡

特种油毡是指具有特殊性能或功能及特殊用途的防水卷材。其中包括铝箔面油毡、多孔油毡、沥青瓦等。

一、铝箔面油毡

铝箔面油毡采用玻纤毡为胎基，浸涂氧化沥青，在其表面用压纹铝箔贴面，底面撒以细颗粒矿料或覆盖聚乙烯（PE）膜所制成的一种具有热反射和装饰功能的防水卷材。

（一）规格、标号、等级、标记

根据 JC504 检验标准，铝箔面油毡幅宽为 1 000 mm；30 号铝箔面油毡厚度≥2.4 mm，40 号铝箔面油毡厚度≥3.2 mm；按标称卷重分为30号和40号两种标号。

按物理性能不同分为优等品（A），一等品（B），合格品（C）。

产品按下列顺序标记：产品名称、标号、等级、标准号。

例如：优等品30号铝箔油毡标记为：

铝箔面油毡 30 A JC504

（二）技术要求

1. 外观、面积、卷重

成卷的油毡应卷紧、卷齐，卷筒两端厚度差不得超过 5 mm，端面里进外出不得超过 10 mm；在环境温度为 10～45 ℃时应易于展开，不得有距卷芯 1 000 mm 外，长度在 10 mm 以上的裂纹；涂盖材料应粘贴牢固，不允许有分层、气泡现象；表面应洁净，花纹整齐，不得有污迹，折皱、裂纹等缺陷。

在油毡贴铝箔一面上沿纵向留一条宽度为 50～100 mm 无铝箔搭接边，在搭接边上撒以细颗粒隔离材料或用 0.005 mm 厚的聚乙烯薄膜覆面，聚乙烯膜应粘结紧密，不得有错位或脱落现象。每卷油毡接头不得超过一处，其中较短的一段不应少于 2 500 mm，接头处应裁接整齐，并加长 150 mm 备作搭接。

每卷油毡面积为 10±0.1 m²；每卷油毡卷重应符合表 6-27 的规定要求。

表 6-27 铝箔面油毡卷重

标　号	30 号	40 号
标称质量（kg）	30	40
最低质量（kg）	28.5	38.5

2. 物理性能

各种标号的铝箔面油毡的物理性能列于表 6-28。

表 6-28 铝箔面油毡物理性能

项　目	标号 等级	30 号			40 号		
		优等品	一等品	合格品	优等品	一等品	合格品
可溶物含量（g/m²）不小于		1 600	1 550	1 500	2 100	2 050	2 000
拉力（N）纵横向均不小于		500	450	400	550	500	450
断裂延伸率（%）纵横均不小于		2					
柔度（℃）不高于		0	5	10	0	5	10
		绕半径 35 mm 圆弧无裂纹			绕半径 35 mm 圆弧无裂纹		
耐热度（℃）		80±2 受热 2 h 涂盖层应无滑动					
分　层		50±2 ℃，7 d 无分层现象					

（三）用途

30 号铝箔面油毡适用于多层防水工程的面层；40 号铝箔面油毡适用于单层或多层防水工程面层。

（四）检验方法

将取样的一卷油毡切除距外层卷头 2 500 mm 后，纵向切取长度为 500 mm 的全幅卷材试样 2 块,一块作物理性能检验,另一块备用。

试件按图 6-25 所示部位切取试件。

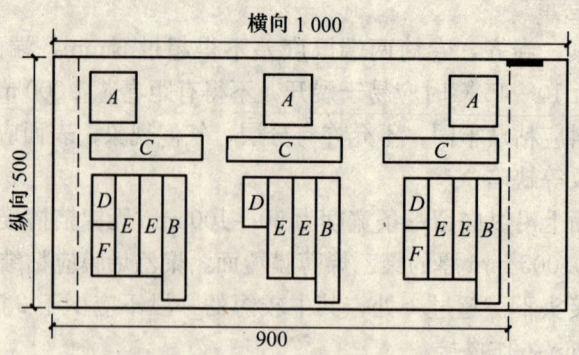

图 6-25 铝箔面油毡试件部位切取示意图

表 6-29 列出了铝箔面油毡试件数量和尺寸。

表 6-29 铝箔面油毡试件尺寸和数量表

试件项目		试件部位	试件尺寸(mm)	数量(块)
可溶物含量		A	100×100	3
拉力及延伸率	纵	B	250×50	3
	横	C	250×50	3
耐热度		D	100×50	3
柔度		E	200×50	6
分层		F	100×50	2

1. 分层检验方法

【仪器】

恒温水槽、恒温烘箱。

【试验步骤】

将 100 mm×50 mm 的试件 2 块,浸入恒温水槽中,在 50±2℃水中浸泡 7 d,取出肉眼观察试件切面是否出现分层。

2. 卷重、面积、外观

按沥青防水卷材卷重、面积、外观试验方法进行。

3. 厚度

按沥青防水卷材厚度测定方法进行,厚度计分度值精确至 0.01 mm,测点接触面积为 2±0.005 cm², 单位面积(cm²)压力为 0.1 MPa。

4. 物理性能

物理性能中可溶物含量、拉力、断裂伸长率、柔度、耐热度按沥青防水卷材有关试验方法进行。

(五) 检验规则

1. 检验项目

出厂检验:卷重、面积、厚度、外观、拉力、断裂延伸率、耐热度、柔度。若要求增加其他检验项目,由供需双方商定。

型式检验:出厂检验的全部检验项目。正常生产时,分层试验每 3 个月或 50 万 m^2 进行一次;可溶物含量每月或 20 万 m^2 检验一次。

2. 产品组批

以同一品种、同一标号、同一等级的产品每 1 000 卷为一批;不足 1 000 卷者也按一批验收。

3. 判定规则

(1) 抽样

在每批产品中,根据产品数量提取如下数量样品,进行质量、面积、厚度和外观质量检查:

250 卷以内	2 卷
251~500 卷	3 卷
501~1 000 卷	4 卷

(2) 卷重

在每批产品中抽取规定的卷数进行检查,全部达到规定质量时,即卷重合格。若发现有低于规定指标时,应在该批产品中再抽同样数量产品复查,全部达到指标时亦为卷重合格。若仍有不合格时,判该批产品卷重不合格。

(3) 面积、厚度和外观

卷重检查合格后,进行开卷检查。全部指标达到要求时,即为面积、厚度、外观合格。若其中有一项达不到要求,应在受检产品中再抽取同样数量产品复查,全部达到要求时即为面积、厚度、外观合格。若仍未达到要求时,判该批产品面积、厚度、外观不合格。

(4) 物理性能

抽样:在卷重检查合格的样品中,取质量最接近标称质量的外观、面积合格的无接头的一卷作物理性能试样。若此卷不符合抽样条件时,可取次接近标称质量的一卷,但要作详细记录。

可溶物含量、拉力、断裂延伸率:3 个试件各项测定结果的算术平均值达到规定指标时即判该项合格。

耐热度:3 个试件分别达到规定指标,即判该项合格。

柔度:6 个试件至少有 5 个试件达到规定指标,方可判该项合格。

分层:2 个试件均无分层现象,即判该项合格。

判定:检验结果符合各项物理性能指标时,该批产品为物理性能合格。若有一项不符指标要求,应在该批产品中任取 2 卷质量合格的进行单项复验。达到指标时,该产品亦为物理性能合格。若复验仍有一个试样不合格,则该批产品物理性能不合格。

(5) 总判定

卷重、面积、厚度、外观合格和出厂检验的物理性能各项全部达到相应等级指标规定时,判该产品为相应等级产品。

二、金属箔油毡

金属箔油毡是以铜箔或铝为胎基,两面涂以沥青涂盖材料而制成的金属箔胎油毡。为防止油毡在成卷时粘合,可在油毡表面覆盖一层玻璃纸或聚合物薄膜,也可在油毡两面撒以细砂撒布料。

表6-30列出了德国金属箔油毡技术指标。

表6-30 联邦德国金属箔油毡技术指标

指标名称	铝箔油毡	铜箔油毡
胎基厚度 (mm)	0.2 (0.021~0.350)	0.1±0.02
油毡厚度 (mm)	最小 3.0	
砂粒撒布料粒度 (mm)	最大 1.0	
不透水性 水压 10N/cm² 保持时间 1h	不应透水	
拉力 (N) 在23℃下,试件宽50mm,纵横向平均值	最小 500	
延伸度,纵横向平均值,(%)	最小 5	
耐冷性 在0℃下,以5s时间,将试件绕半径15mm弯板弯曲	涂盖层应无裂纹	
耐热度 在70±2℃下受热2h	涂盖层不应流动或滑移	

三、带孔油毡

带孔油毡是在普通油毡原纸或无机纤维毡为胎基的油毡上,按规定的孔径和孔距上打上孔眼而制成的一种防水卷材。打孔工序可在胎基上进行,也可在油毡制造过程中进行。撒布料可以是粉状撒布料,也可用粒状撒布料。

我国生产的带孔油毡幅宽分为915 mm和1 000 mm两种规格,一般采用粉状撒布料。常用的油毡有350号纸胎油毡或油纸、25号玻纤胎油毡进行打孔制成。

孔直径　　　25 mm
孔距　　　　75 mm
孔率　　　　8%
孔数　　　　167个/m²
面积　　　　10±0.1 m²/卷及20±0.3 m²/卷

日本生产的带孔油毡分为两种型号:Ⅰ型以破布原纸为原料,用以做保护层的防水工程;Ⅱ型以玻纤毡或石棉毡为基材,用于无保护层的防水工程。其技术指标列于表6-31。

表 6-31 带孔油毡技术指标

项　目		Ⅰ型	Ⅱ型
卷重　（kg）		30 以上	28 以上
卷长　（m）		21 以上	10.5 以上
幅宽　（m）		1.00 以上	1.00 以上
油毡单面积重量　（g/m²）		1 300 以上	2 500 以上
孔径　（mm）		30 以下	30 以下
相邻孔的中心间距　（mm）		200 以下	70 以上
孔的面积比　（%）		0.5 以上	8.0 以上
沥青含量　（g/m²）		550 以上	700 以上
砂粒的单位面积重量　（g/m²）		—	800 以上
抗拉强度（N/cm）	纵向	40 以上	60 以上
	横向	20 以上	30 以上
柔度 20±2℃时绕 Φ20 mm 圆棒		无裂纹	
沥青浸渍情况		无沥青未浸透的地方	
耐热度 在 80±3℃温度下受热 2 h		不允许有涂盖沥青或涂盖物脱落、吸收、起泡、沥青流淌等现象	
尺寸稳定性　（mm）		6.0 以下	1.5 以下

带孔油毡的试验方法：

1. 孔径

任选 10 个孔，测量孔径，精确至 0.5 mm，求出其平均值（mm）。

2. 孔的面积比

由试样上所含的孔数和上述平均孔径求出试样中孔的总面积。孔的总面积与试样面积之比即为孔的面积比，精确至 0.1%。

3. 抗拉强度

试件宽 30 mm，夹距 50 mm，拉伸速度 100 mm/min，试件在 20±2℃的环境条件下静放 4 h 以上，逐个取出在 3 个点上测量其宽度、随即在拉力机上测定其拉力。由 3 个点中实测宽度的最小值以及拉力，换算成宽度 10 mm 的拉力。取纵、横向各 5 个试件的平均值为试验结果。

4. 沥青含量

以甲苯为溶剂，将试件放在索氏萃取仪中进行萃取。萃取完毕，试件在 105±3℃的烘箱中烘干 1 h，冷却至室温称重，精确至 0.01 g。按下式进行计算：

$$沥青含量 W = \frac{(W_1 - W_2 - W_3) \times 10^6}{B}$$

式中　W——沥青含量，g/m²；
　　　W_1——试件质量，g；
　　　W_2——萃取后试件原纸质量，g；
　　　W_3——萃取后试件中的矿物粉质量，g；
　　　B——除去孔的试件实测面积，mm²。

5. 尺寸稳定性

将试件置于 60±3℃的烘箱中，静止 24 h 后取出，冷却至室温测量其长度，精确至 0.5 mm。然后，再将试件放入 60±1℃的恒温水浴中，浸泡 24 h 后取出。立即测其长度。求出第一次测定值的伸长量,精确至 0.5 mm。

取 3 个试件的平均值作为试验结果。

带孔油毡适用于屋面叠层防水工程的底层,可使防水层与屋面基层形成点粘结状态,可使潮湿基材中的水分在变成蒸气时通过屋面预留排气道逸出,从而避免了防水层的起鼓和开裂,还可提高防水层抗基层开裂能力。

四、油毡瓦

油毡瓦是以玻璃纤维毡为胎基,经浸涂石油沥青后,一面覆盖彩色矿物粒料,另一面撒以隔离材料,并切割成瓦状屋面防水材料。

油毡瓦适用于坡度 10%—85% 的坡屋面防水层的面层,根据 JC503 进行检验。

(一) 产品规格、等级、标记

油毡瓦的长为 1 000 mm,宽为 333 mm,厚度不小于 2.8 mm,形状如图 6-26 所示。

按油毡瓦规格尺寸允许偏差和物理性能,可分为优等品 (A) 和合格品 (C)。

产品按下列顺序标记:产品名称、质量等级,标准号。如优等品油毡瓦标记为:

油毡瓦 A   JC503

(二) 技术要求

1. 外观、面积及质量

油毡瓦包装后,在环境温度 10~45℃时,应易于打开,不得产生脆裂和破坏油毡瓦面的粘连。玻纤毡必须完全用沥青浸透和涂盖,不能有未经覆盖的纤维。油毡瓦不应有孔洞、边缘切割不齐、裂纹、断缝等缺陷。矿物粒料的颜色和颗粒必须均匀,并紧密地覆盖在油毡瓦的表面。自粘结点,距末端切槽的一端不大于 190 mm,并与油毡瓦的防粘纸对齐。

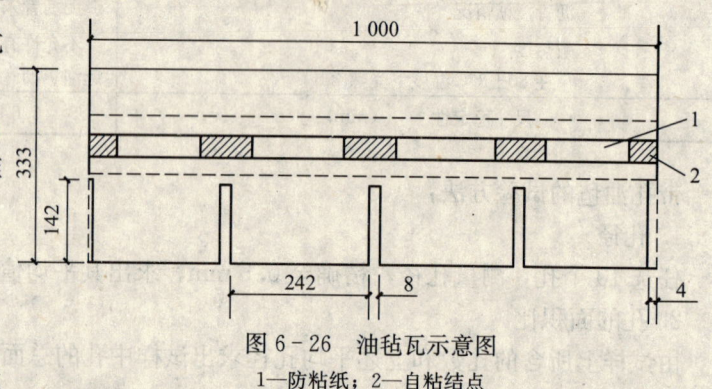

图 6-26 油毡瓦示意图
1—防粘纸;2—自粘结点

油毡瓦的平均质量不小于 2.5 kg/m²。

规格尺寸偏差:优等品±3 mm;合格品±5 mm。

2. 物理性能

各等级油毡瓦物理性能应符合表 6-32 规定。

表 6-32 油毡瓦物理性能

项　　目	优等品	合格品
可溶物含量 (g/m²) 不小于	1 900	1 450
拉力 (纵向) (N) 不小于	340	300
耐热度 (℃)	85±2	85±2
	2 h 涂层无滑动和集中性气泡	
柔度 (℃)	10	10
	绕半径 35 mm 圆棒或弯板无裂纹	

(三) 检验方法

油毡瓦检验所需试样按图 6-27 及表 6-33 尺寸和数量切取。

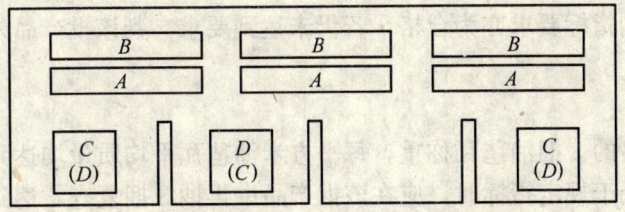

图 6-27 油毡瓦试件切取部位示意图

表 6-33 油毡瓦的试件尺寸和数量

试验项目	试件部位	试件尺寸 (mm)	数量 (块)
可溶物含量	C	100×100	3
耐热度	D	100×100	3
拉力	B	250×50	6
柔度	A	250×50	6

1. 外观

在 10~45℃ 环境温度条件下,将包装打开,观察油毡瓦的外观情况是否符合外观技术要求。

2. 规格尺寸允许偏差

按沥青防水卷材试验方法进行。

3. 油毡瓦质量

油毡瓦在铺设时搭接的面积较大,铺设 1 m² 的屋面需用 2.33 m² 的瓦材。每包装捆为 21 片瓦材,施工时可铺设屋面 3 m²。

在测量时,用精度 0.1 kg 的台秤分别称量 3 捆油毡瓦的质量,按下式求出每平方米油毡瓦的质量。

$$W_1 = W/7$$

式中　W_1——每平方米油毡瓦的质量,kg/m²;

　　　W——每捆油毡瓦的质量,kg;

　　　7——每包装捆油毡瓦的平方米数。

4. 物理性能

物理性能检验按沥青防水卷材有关试验方法试验。

(四) 检验规则

1. 出厂检验

油毡瓦的外观、质量、规格尺寸允许偏差和物理性能。

2. 组批规则

以同一等级的产品 500 捆为一批,不足 500 捆者也按一批验收。

3. 抽样与判定规则

(1) 外观、尺寸允许偏差

在每批产品中任取 5 捆开包，每捆中任取 2 片进行外观、规格尺寸允许偏差检查，全部指标达到要求时即为合格。若其中有一项达不到要求，应在受检产品中再取 5 捆复查，每捆任取 2 片，全部达到指标要求亦为合格，若仍未达到要求，判该批产品外观、规格尺寸允许偏差不合格。

(2) 质量

将外观检查合格的 3 捆油毡瓦称重，每平方米油毡瓦平均质量均达到规定指标时即为质量合格；若发现有低于规定指标时，应在该批产品中再抽 3 捆复查，达到指标时亦为质量合格，若仍不合格，判该批产品质量不合格。

(3) 物理性能

抽样：从外观、质量和规格尺寸允许偏差合格的油毡瓦中任取 2 片试件进行物理性能试验。

可溶物含量、拉力各个试件测定结果的算术平均值达到规定指标；耐热度：3 个试件全部达到规定指标；柔度：6 个试件至少有 5 个试件达到规定指标，则判该项合格。

判定：各项检验结果符合物理性能指标时，则判该批产品物理性能合格，若有任一项不符合指标要求，应在该批产品中任取 4 片油毡瓦进行单项复验，均达到指标要求时，则判该批产品为物理性能合格。若仍不合格，则判该批产品物理性能不合格。

4. 总判定

外观、质量、规格尺寸允许偏差、物理性能全部达到相应规定等级指标时，判该批产品为相应等级产品。

第七章 聚合物沥青防水卷材与片材

聚合物沥青防水卷材（片材）和高分子防水卷材（片材）是近二十年来发展较快的建筑防水材料。尤其是聚合物沥青防水卷材结合了沥青材料和聚合物二者的优点，克服了各自的不足，在建筑防水工程中应用越来越多，应用范围越来越广。高分子防水卷材因厚度薄、价格高、耐候性差，防水层开裂后没有自愈能力，漏水率高，只用在某些特殊要求的防水工程。

第一节 聚合物沥青防水卷材检验方法

聚合物沥青防水卷材是以聚合物沥青为基料，浸涂胎基的两面而制成的有胎防水卷材或挤压成型的无胎防水卷材。聚合物沥青防水卷材种类很多，命名方法也不一致。例如，按照聚合物沥青命名的，如 SBS 沥青防水卷材、APP 沥青防水卷材。按照胎体命名的，如聚乙烯胎防水卷材、金属箔胎防水卷材、聚酯胎防水卷材。按用途不同命名的，如桥梁专用防水卷材、建筑沥青防水卷材等。

常用的聚合物沥青防水卷材种类如图 7-1 所示。

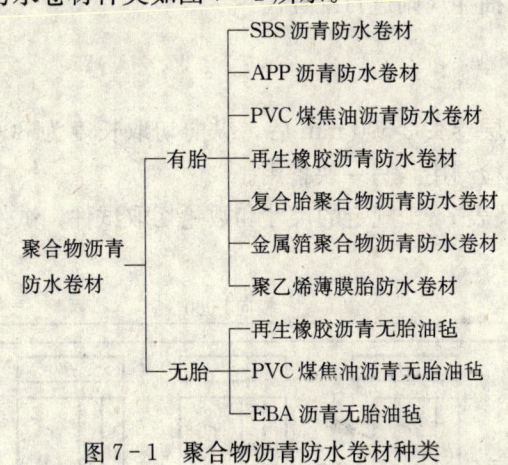

图 7-1 聚合物沥青防水卷材种类

一、包装与标志

（一）包装

卷材可用纸包装或塑胶带成卷包装。纸包装时应以全柱面包装，柱面两端未包装长度总计不应超过 100 mm。

（二）标志

1. 生产厂名；
2. 商标；

3. 产品标记；

4. 生产日期或批号；

5. 生产许可证号；

6. 贮存与运输注意事项。

（三）贮存与运输

贮存与运输时，不同类型、规格的产品应分别堆放，不应混杂，避免日晒雨淋，注意通风。贮存温度不应高于 50 ℃，立放贮存，高度不超过两层。

当用轮船或火车运输时，卷材必须立放，堆放高度不超过两层。防止倾斜或横压，必要时加盖苫布。

在正常贮存，运输条件下，贮存期自生产日起为一年。

二、抽样

聚合物沥青防水卷材以同一类型、同一规格 10 000 m² 为一批，不足 10 000 m² 时亦作为一批。在每批产品中随机抽取 5 卷进行卷重、厚度、面积和外观检验。

在抽取的 5 卷中，进行卷重、面积、厚度和外观检查，各项检查结果均符合该聚合物沥青防水卷材规定指标要求时，判定为卷重、面积、厚度和外观合格。若其中一项不符合规定时，允许在该批产品中另取 5 卷样品，对不合格项进行复检，如全部达到标准规定时，则判为合格，若仍不符合标准要求，则判该批产品不合格。

从卷重、面积、厚度及外观质量合格的样品中随机抽取 1 卷进行物理性能检验。

可根据沥青防水卷材抽样规则进行抽样。

三、制样

将取样卷材切除距外层卷头 2 500 mm 后，纵向切取长度为 800 mm 的全幅卷材试样 2 块，一块作物理力学性能检测用，另一块备用。

按图 7-2 所示部位及表 7-1 规定的尺寸和数量切取试件，试件边缘与卷材纵向边缘的距离不小于 75 mm。

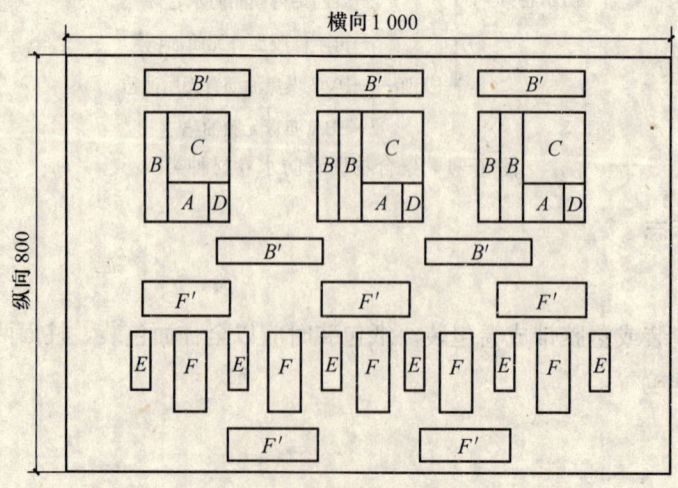

图 7-2 试件切取示意图

第一节 聚合物沥青防水卷材检验方法

表 7-1 试件尺寸和数量

试验项目	试件代号	试件尺寸（mm）	数量（个）
可溶物含量	A	100×100	3
拉力和延伸率	B、B′	250×50	纵横向各5
不透水性	C	150×150	3
耐热度	D	100×50	3
低温柔度	E	150×25	6
撕裂强度	F、F′	200×75	纵横向各5

人工气候老化试件切取2组，一组进行老化试验。一组作为对比试件，在标准条件下进行性能测定。

四、试验方法

聚合物沥青防水卷材的检验分为出厂检验和型式检验。检验项目主要有外观、卷重、面积、质量、厚度和物理性能。物理性能主要包括可溶物含量、不透水性、耐热度、拉力、最大拉力时延伸率、撕裂强度、人工气候加速老化试验等。外观、卷重、面积、质量、厚度、可溶物含量、不透水性、耐热度、拉力和最大拉力时延伸率，可按第六章中沥青防水卷材试验方法进行检验。

（一）尺寸稳定性

尺寸稳定性是指卷材在受热后，长宽尺寸的变化情况，以相对于起始长度变化的百分率表示，单位为％。主要是检验卷材在使用过程中因受环境冷热变化的影响，而能长期保持其良好的性能，尤其是低温性能。试件经热处理后，内应力被释放出来再用光学或机械的方法测量尺寸变化结果。在试样中所含低沸点物质挥发，也是引起尺寸稳定性的重要因素。

尺寸稳定性检验方法主要有两种：光学方法（方法A）和卡尺法（方法B）。

1. 光学方法（方法A）

光学方法是用光学测量标记标出试件热处理前后的距离。试件及光学方法的试验仪器如图7-3所示。

（1）试验方法

【仪器设备】

鼓风烘箱：温度控制在80±2℃。

热电偶温度计：测温精度±1℃。

钢板：280mm×80mm×6mm。用于裁刀，它作为模板来去除里面的涂盖层、

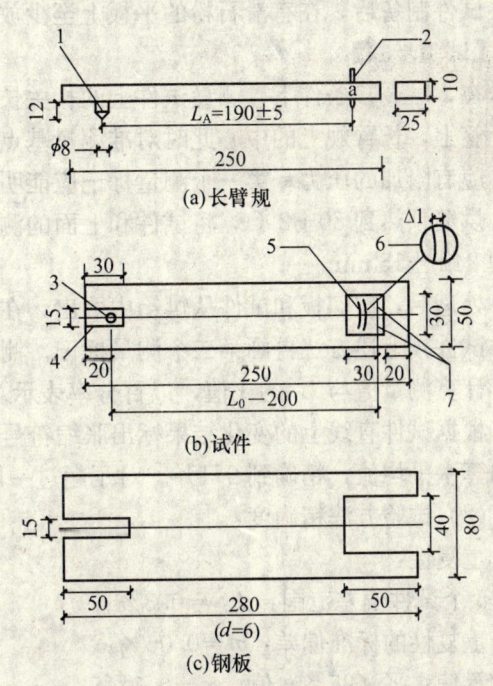

图7-3 试件及符合方法A的试验仪器设备
1—钢锥；2—钉；3—M5 螺母（测量基点）；4—涂盖层去除；
5—铝标签；6—测量标记；7—钉书机钉

放置测量标记和测量期间压平试件。

玻璃板：涂有滑石粉。

长臂规：钢制，尺寸大约 25 mm×10 mm×250 mm，上配有定位圆锥（直径大约 8 mm，高度大约 12 mm，圆锥角度约 60°）及可更换的画线钉（尖头直径约 0.05 mm，与圆锥轴距离 $L_A=190\pm5$ mm。

M5 螺母或类似的测量标记：作为测量基础。铝标签：约 30 mmm×30 mm×0.2 mm，用于画测量标记。订书机：用于扣紧铝标签。长度测量装置：用于测量长度，至少 250 mm，刻度至少 1 mm。

【试件制备】

从试样宽度方向均匀的裁取 5 个矩形试件，尺寸为 250 mm×50 mm，长度方向是卷材的纵向，在卷材边缘 150 mm 内不裁试样。当卷材超过一层胎体时，裁取 10 个试件。试件从卷材的一边开始顺序编号，标明卷材的上表面和下表面。

任何保护膜应去除，适宜的方法是常温下用胶带粘在试件上面，冷却到接近假设的冷却温度，然后从试件上撕去胶带。另一方法是用压缩空气吹，压力约 0.5 MPa，喷嘴直径约 0.5 mm。假若上面的方法不能去除保护膜，可用火焰烤，用最短的时间去除保护膜而对试件没有其他损伤。

用金属模板和加热的刮刀，把试件表面上的涂盖层去除直到胎体，不应损害胎体。

按图 7-3 测量基点，用无溶剂粘结剂粘在露出的胎体上。铝标签用两个与试件长度方向垂直的钉书钉固定。钉子与测量基点的中心距约 200 mm。对于没有胎体的卷材，测量基点直接贴在试件表面，对于超过一层胎体的卷材，两面都试验。

试件制备后，在有滑石粉的平板上至少放 24 h，温度应保持在 23±2 ℃。

【试验步骤】

在 23±2 ℃条件下，测量试件上的相关长度 L_0，精确到 1 mm。将钢板放在测量基点和铝标签上，长臂规上的中心此时对准测量基点，用画线钉在铝标签上划弧形测量标记。操作时不应有附加的压力，第一个测量标记应能明显识别。

烘箱预热到 80±2 ℃，将试件和上面的测量基点放在有滑石粉的玻璃板上，送入烘箱，处理 24 h±15 min。

处理后，玻璃板和试件从烘箱中取出，在 23±2 ℃条件下冷却 4 h。

试件按上述方法再画第二个测量标记。测量两个标记间的距离，测量精确到 0.05 mm。

计算测量值与 L_0 的比值，以百分率表示。

根据试件直线上的变化结果标出胀缩符号（+为伸长，-为收缩）。试验结果取 5 个试件的算术平均值，精确到 0.1%。对于超过一层胎体的卷材要分别计算每面的试验结果。

(2) 试验方法精确度：

重复性：

5 个试件偏差范围：$d_{n,5}=0.3\%$；

重复性的标准偏差：$\sigma_r=0.06\%$；

置信水平（95%）值：$q_r=0.1\%$；

重复性极限（两个不同结果）：$r=0.2\%$。

再现性：

再现性标准偏差：$\sigma_R=0.12\%$；

置信水平（95%）值：$q_R=0.02\%$；

再现性极限（两个不同结果）：$R=0.3\%$。

2. 卡尺法（方法 B）

卡尺法是采用长尺（变形测量器）测量两个测量标记间距离变化。如图 7-4 所示。

【仪器设备】

鼓风烘箱、热电偶温度计、钢板、玻璃板，要求同方法 A。

卡尺（变形测量器）：测量基点 200 mm，机械和电子测量装置能测量到 0.05 mm。

测量基点：特制，用于卡尺测量。

【试件制备】

同方法 A。

【操作步骤】

试件采用卡尺方法试验时，测量装置放在测量基点上，温度 23±2 ℃，测量两个基点间距离 L_0，精确到 0.05 mm。

然后将试件和上面的测量基点放在有滑石粉的玻璃板上放入烘箱。烘箱应预热到 80±2 ℃，控制温度的热电偶应靠近试验区域，处理时间 24 h±15 min，玻璃板用滑石粉涂，防止试件粘在上面，整个试验期间烘箱试验区域应保持温度恒定。

处理后，将玻璃板和试件从烘箱中取出，在 23±2 ℃条件下冷却至少 1 h。

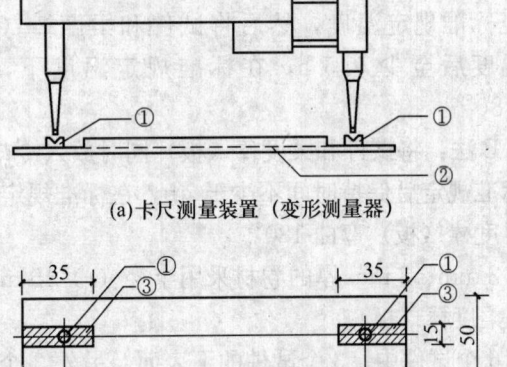

(a) 卡尺测量装置（变形测量器）

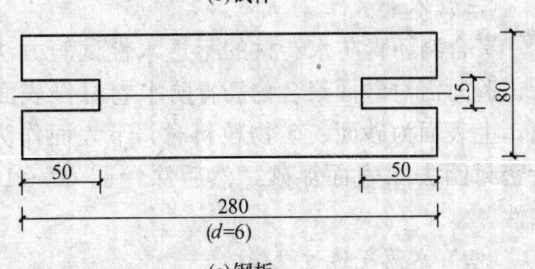

(b) 试件

图 7-4 试件及方法 B 测量仪器
1—测量基点　2—胎体　3—涂盖层去除

按照上述方法再测量两个基点间的距离，精确到 0.05 mm。每个试件与起始长度 L_0 比较的差值，以相对起始长度 L_0 的百分率表示。

对试件评价和试验方法精确度同方法 A。

（二）低温柔性

聚合物沥青防水卷材的低温柔性是反映在低温条件下抵抗开裂的能力或保持伸长的能力，它是卷材的感温性指标之一，也是在卷曲变形条件下抗裂性能的指标。

聚合物沥青防水卷材的柔性试验温度较沥青防水卷材低得多，沥青防水卷材的柔性试验温度一般在 18±2 ℃，而聚合物沥青防水卷材在 0 ℃以下，一般在 −18 ℃以下。

检验方法

【试验器具】

低温制冷仪：低温制冷范围 0～−30 ℃，控温精度±2 ℃。半导体温度计 30～−40 ℃，精度为 0.5 ℃。柔度棒或柔度弯板：半径 (r) 15 mm、25 mm。冷冻液：如车辆防冻液。

现多采用低温柔度测定仪,它是由低温制冷仪和低温柔度试验仪组成。低温柔度试验仪放在低温制冷仪内,它是由低温柔度棒组件和不锈钢容器组成,在不锈钢容器内放入冷冻液。

低温柔度测定仪试验条件更标准,试验结果更准确。

【试验方法】

A法(仲裁法):在不小于10 L的容器中放入冷冻液,将容器放入低温制冷仪,冷却至标准规定温度,然后将试件和柔度棒(板)同时放在液体中,待温度达到标准规定温度后至少0.5 h,在标准规定温度下,将试件在3 s内匀速绕柔度棒(板)弯曲180°。

B法:将试件和柔度棒(板)同时放入冷却至标准规定温度的低温制冷仪中,待温度达到标准规定后保持时间不少于2 h,在标准规定温度下,在低温制冷仪中将试件于3 s内匀速绕柔度棒(板)弯曲180°。

2 mm、3 mm厚的卷材采用半径(r) 15 mm柔度棒(板),4 mm卷材采用半径(r) 25 mm柔度棒(板)。

6个试件中,3个试件的下表面及另外3个试件的上表面与柔度板(棒)接触,取出试件用肉眼观察,试件涂盖层有无裂纹,以无裂纹为合格。

(三)不透水性

聚合物沥青防水卷材的不透水性试验方法可采用沥青防水卷材试验方法,只是在进行试验时需对砂面聚合物沥青防水卷材作表面处理。处理方法为:卷材上表面作为迎水面,上表面为砂面、矿物粒料时,下表面作为迎水面,下表面材料为细砂时,在细砂面沿密封圈去除表面浮砂,然后涂一圈60~100号热沥青,涂平,冷却1 h后检测不透水性。

(四)水蒸气透过性能

水蒸气透过性能是反映建筑防水层透过水蒸气数量的多少,通常用湿流密度、透湿率、透湿系数表示。

湿流密度是在规定的温度和相对湿度的条件下,在单位时间和单位面积上透过的水蒸气数量,单位为$g/(m^2 \cdot s)$。

透湿率是在规定的温度和相对湿度的条件下,在一定的水蒸气压差下,单位时间和单位面积上通过的水蒸气数量,用$g/(m^2 \cdot s \cdot Pa)$表示。

透湿系数是在规定温度和相对湿度的环境中,在单位时间和单位水蒸气压差下,透过单位厚度、单位面积的水蒸气量,用$g(m \cdot s \cdot Pa)$表示。

湿流密度、透湿系数、透湿率是在规定温度和相对湿度的条件下,建筑防水材料试样的两侧保持一定的水蒸气压差,测量透过试样的水蒸气量来进行计算的。

水蒸气透过性能有两种测定方法,干燥剂法和水法。

干燥剂法是将试样封装在带有干燥剂的试盘的开口上,装配后放入规定的环境气氛中。定时称重,以测定水蒸气通过试样进入干燥剂的速度。

水法的试样封装方法同干燥剂法、但盘内盛蒸馏水,定时称重,以测定水蒸气通过试样到环境气氛中的速度。

不同的试验方法和条件,获得的试验结果是有差异的。

1. 试验方法

【仪器与设备】

透湿装置由试样盘或透湿杯与定位装置组成,试样盘由耐腐蚀、不透水、不透气的材料制成。盘的形式有方形和圆形之分,盘的直径至少 60 mm,常用的试样盘如图 7-5 所示。

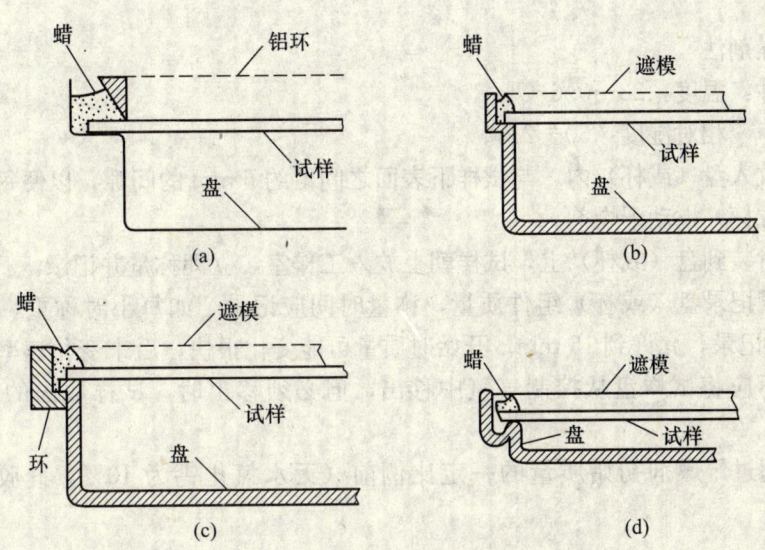

图 7-5 水蒸气透过试验的几种盘形式

干燥剂法和水法的盘的深度可以不同,但 19 mm 深(盘口下面)对两种方法都能满足。水法使用的试样盘深度要在水深 5 mm 情况下仍能保持水面与试样下表面间距有 20±5 mm。干燥剂法的试样盘浅,干燥剂摊铺厚约 12 mm,距试样下表面不超过 6 mm。

恒温恒湿箱:温度选在 21～32 ℃,通常选用 23 ℃或 26.7 ℃,恒温精度±0.6 ℃,工作室内的相对湿度一般保持在 50%,试样上的空气流速应控制在 0.02～0.3 m/s,关闭门后,15 min 内应重新达到规定的温度、湿度。

分析天平:感量为 0.1 mg 或 0.01 mg。

干燥器。

量具:测量片材厚度精度为 0.01 mm。

【试剂与材料】

干燥剂:氯化钙,粒径为 2.5～0.63 mm。在使用前应在 200 ℃下干燥,吸湿增重限制在 4%以内,也可使用硅胶类吸附干燥剂。

水法应选用蒸馏水,水温应控制在与试验温度相差 1 ℃。

密封剂:对于透湿率低于 2.3×10^{-7} g/(m² · s · Pa)的试样要使用熔融沥青或蜡进行密封。

【试样制备】

试样应平整、均匀,不得有孔洞、针眼、划伤等缺陷。每一组至少取 3 个试样,对两个表面材质不同的样品,在正反两面各取一组试样。测试样厚度,精确至 0.01 mm,仅测透湿率的试样可不测试样厚度。

对于透湿率较低的或精确度要求较高的样品,应取一个或两个试样进行空间试验。

试样用标准的圆片冲刀冲切,试样直径应为杯环内直径加凹槽宽度。

【试验步骤】

将试样密封或夹紧在试样盘上,确定试样在盘中暴露于水蒸气的区域,必要时用遮模遮挡暴露于空气中的试样顶面,密封试样的边缘和不该暴露的部位,防止水蒸气从这些地方进入或逸出。

(1) 干燥剂法

试验条件:温度:23±0.6 ℃;

相对湿度:50±2%。

干燥剂放入盘(或杯)内,与试样下表面之间留约 6 mm 的间隙,以便每次称重时,摆动试样盘(或杯)搅动干燥剂。

把试样封装到盘(或杯)上,试样朝上放入工作室,立即称量并记录。

定期称量记录盘(或杯)组件质量,称量时间应记录。如每小时称重,时间记录精度 30 s;如每天记录,允许到 15 min。开始时质量可能变化很快,后来变化速率将达到稳定状态。称重时不应将试样盘从控制气氛中移出,但必须移出时,试样取出的时间应尽可能的短。

吸水量超过干燥剂初始质量的一定比例前(无水氯化钙为 10%,硅胶为 4%)结束试验。

(2) 水法

用蒸馏水注入试样盘,离试样 25±5 mm,水的深度不应小于 3 mm。为减少水的涌动,可在盘中放置一个轻质且耐腐蚀材料制作的网架,以隔开水面,其位置至少应比试样下表面低 6 mm,且对水表面的减少应不大于 10%。

为了便于在盘中注水,可在试样盘壁上打一小孔,其位置在水位线上方。烘干空盘,用密封剂将试样封到盘口上,通过小孔向盘中注水,然后将小孔封住。

称量试样盘组件,并将其水平地放入工作室内。定期称量记录盘组件的质量,按干燥剂法进行。注意称量时盘子必须放得水平,称量时间尽可能短。

(3) 模拟样的使用

测试透湿率小于 $3×10^{-9}$ g/(m²·s·Pa) 的试样,或透湿率较低且在测试中可能会失重或增重(因挥发或氧化)的样品时,无论采用干燥剂法或水法,均需增加一附加试样,作为模拟样。

将模拟样同样装在试样盘上,但盘中不放干燥剂或水,即为模拟样盘组件。试样本身的质量变化、温度变化和因大气影响导致浮力变化等环境因素可从模拟样盘的质量变化中得以反映,从正式试样盘质量变化值中扣除模拟样盘质量变化值后即可得到修正后的试样的水蒸气透过量,从而提高测试精度,加快试验进程。

2. 数据处理

水蒸气透过试验结果可用图解方法或回归分析方法确定。

(1) 图解方法

将质量变化与时间变化作图,用模拟样的值作相应修正,即从模拟样相对于初始质量的变化反方向修正相应时间称样记录的质量,描出一根曲线,该曲线趋于直线,直线的斜率即为湿流量。

(2) 回归分析法

质量变化经模拟试样修正后，对时间进行数学上的回归分析，即给出湿流量，其不确定度或标准偏差也能算出。

(3) 湿流密度和透湿率计算

湿流密度按下式计算：

$$g = (\Delta m/\Delta t)/A$$

式中 Δm——质量变化，g；

Δt——时间，s；

$\Delta m/\Delta t$——直线的斜率，即湿流量，g/s；

A——试验面积（盘口面积），m²；

g——湿流密度，g/(m²·s)。

透湿率按下式计算：

$$W_P = g/\Delta p = g \cdot p_s^{-1} \cdot (R_{H1} - R_{H2})^{-1}$$

式中 Δp——水蒸气压差，Pa；

p_s——试验温度下的饱和水蒸气压，由表7-2查得。

R_{H1}——以分数值表示的高水蒸气压侧的相对湿度（干燥剂法为试验工作室一侧；水法为盘内一侧）；

R_{H2}——以分数值表示的低水蒸气压侧的相对湿度；

W_P——透湿率，g/(m²·s·Pa)。

透湿系数按下式计算：

$$\delta_P = W_P \times L$$

式中 L——试样厚度，m；

δ_P——透湿系数，g/(m·s·Pa)。

表7-2 水在不同温度条件下的饱和蒸气压力值　　(Pa)

温度（℃）	0.0	0.2	0.4	0.6	0.8
10	1 227.8	1 244.3	1 261.0	1 277.9	1 295.1
11	1 312.4	1 330.0	1 347.8	1 365.8	1 383.9
12	1 402.3	1 420.9	1 439.7	1 458.7	1 477.9
13	1 497.3	1 517.1	1 536.9	1 557.2	1 577.6
14	1 598.1	1 619.1	1 640.1	1 661.5	1 683.1
15	1 704.9	1 726.9	1 749.3	1 771.8	1 794.6
16	1 817.7	1 841.0	1 864.8	1 888.6	1 912.8
17	1 937.2	1 961.8	1 986.9	2 012.1	2 037.7
18	2 063.4	2 089.6	2 116.0	2 142.6	2 169.4
19	2 196.7	2 224.5	2 252.3	2 280.5	2 309.0

续表

温度（℃）	0.0	0.2	0.4	0.6	0.8
20	2 337.8	2 366.9	2 396.3	2 426.1	2 456.1
21	2 486.5	2 517.1	2 548.2	2 579.6	2 611.4
22	2 643.4	2 675.8	2 708.6	2 741.8	2 775.1
23	2 808.8	2 843.0	2 877.5	2 912.4	2 947.7
24	2 983.3	3 019.5	3 056.0	3 092.8	3 129.9
25	3 167.2	3 204.9	3 243.2	3 282.0	3 321.3
26	3 360.9	3 400.9	3 441.3	3 482.0	3 523.2
27	3 564.9	3 607.0	3 649.6	3 692.5	3 735.8
28	3 779.5	3 823.7	3 868.3	3 913.5	3 959.3
29	4 005.4	4 051.9	4 099.0	4 146.6	4 194.4
30	4 242.8	4 291.8	4 341.1	4 390.8	4 441.2
31	4 492.3	4 543.9	4 595.7	4 648.1	4 701.1
32	4 754.7	4 808.7	4 863.2	4 918.4	4 974.0
33	5 030.1	5 086.9	5 144.1	5 202.0	5 260.5
34	5 319.3	5 378.7	5 439.0	5 499.7	5 560.9
35	5 489.5	5 685.4	5 748.4	5 812.2	5 876.6
36	5 941.2	6 006.7	6 072.7	6 139.5	6 206.9
37	6 275.1	6 343.7	6 413.1	6 483.0	6 553.7
38	6 625.0	6 696.9	6 769.3	6 842.5	6 916.6
39	6 991.7	7 067.3	7 143.4	7 220.2	7 297.6
40	7 375.9	7 454.0	7 534.0	7 614.0	7 695.3
41	7 778.0	7 860.7	7 943.3	8 028.7	8 114.0
42	8 199.3	8 284.6	7 372.6	8 460.6	8 548.6
43	8 639.3	8 729.9	8 820.6	8 913.9	9 007.2
44	9 100.6	9 195.2	9 291.2	9 387.2	9 484.5
45	9 583.2				

注：本表数据摘自《CRC Handbook of Chemistry and Physics》，并将 mmHg 单位转换成 Pa（按 0 ℃时）。

五、制定规则

(一) 卷重、面积、厚度与外观

在抽取的 5 卷样品中上述各项检查结果均符合卷重、面积、厚度和外观规定时，判定其卷重、面积、厚度与外观合格。若其中一项不符合规定，允许在该批产品中另取 5 卷样品，对不合格项进行复查。如全部达到标准规定时则判为合格；若仍不符合标准，则判该批产品不合格。

(二) 物理力学性能

可溶物含量、拉力、最大拉力时延伸率、撕裂强度各项试验结果的平均值达到标准规定的指标时判为该项指标合格。

不透水性、耐热度每组 3 个试件分别达到标准规定指标时判为该项指标合格。

低温柔度 6 个试件至少 5 个试件达到标准规定指标时判为该项指标合格，型式检验和仲裁检验必须采用 A 法。

人工气候加速老化各项试验结果达到物理力学性能规定时判为该项指标合格。

各项试验结果均符合表 3 规定，则判该批产品物理力学性能合格。若有一项指标不符合标准规定，允许在该批产品中再随机抽取 5 卷，并从中任取 1 卷对不合格项进行单项复验。达到标准规定时，则判该批产品合格。

(三) 总判定

卷重、面积、厚度、外观与物理力学性能均符合标准规定的全部技术要求，且包装、标志符合包装标志的规定时，则判该批产品合格。

第二节 有胎聚合物沥青防水卷材

有胎聚合物沥青防水卷材是指用聚合物沥青浸涂胎体两面制成的防水卷材，主要有 SBS 沥青防水卷材、APP 沥青防水卷材、再生橡胶沥青防水卷材、沥青复合柔性防水卷材、聚乙烯胎沥青防水卷材、PVC 煤焦油沥青防水卷材等。

一、SBS 沥青防水卷材

SBS 沥青防水卷材又称弹性体沥青防水卷材，它是以 SBS 沥青为浸涂材料，浸渍和涂盖胎体的两面而制成的卷状防水材料。在 SBS 沥青防水卷材中应用最多的胎体为聚酯胎和玻纤毡。

SBS 沥青防水卷材适用于工业与民用建筑的屋面及地下工程防水，尤其适用于较低气温环境的建筑防水。

(一) 分类、规格、标记

1. 类型

按照胎基分为聚酯胎（PY）和玻纤胎（G）两类。按上表面材料分为聚乙烯膜（PE）、细砂（S）矿物粒（片）料（M）三种。按物理力学性能分为 I 型和 II 型。按不同胎基和不同上表面材料可分为六个品种：

PY-PE　　　PY-S　　　PY-M
G-PE　　　G-S　　　G-M

2. 规格

幅宽：1 000 mm；

厚度：聚酯胎卷材 3 mm 和 4 mm；
　　　玻纤胎卷材 2 mm、3 mm 和 4 mm。

面积：每卷分为 15 m²、10 m² 和 7.5 m²。

3. 标记方法

卷材按下列顺序标记：弹性体沥青防水卷材、型号、胎基、上表面材料，厚度和标准号。

例如：3 mm 厚砂面聚酯胎 I 型弹性体沥青防水卷材标记为：

$$SBS \quad I \quad PY \quad S_3 \quad GB \quad 18242-2000$$

（二）技术要求

1. 卷重、面积及厚度

卷重、面积及厚度应符合表 7-3 的规定要求。

表 7-3　卷重、面积及厚度

规格（公称厚度）(mm)		2		3			4		
上表面材料		PE	S	PE	S	M	PE	S	M
面积 (m²/卷)	公称面积	15		10			10		7.5
	偏差	±0.15		±0.10			±0.10		±0.10
最低卷重（kg/卷）		33.0	37.5	32.0	35.0	40.0	42.0	45.0	50.0	31.5	33.0	37.5
厚度 (mm)	平均值，≥	2.0		3.0	3.2		4.0	4.2		4.0	4.2
	最小单值	1.7		2.7	2.9		3.7	3.9		3.7	3.9

2. 外观

成卷的 SBS 沥青防水卷材应卷紧、卷齐，端面里进外出不得超过 10 mm。在 4~50 ℃ 产品易于展开，在距卷芯 1 000 mm 长度外不应有 10 mm 以上裂纹或粘结。胎基应浸透，不应有未被浸渍的条纹。

卷材表面必须平整，不允许有孔洞、缺边和裂口，矿物粒（片）料粒度应均匀一致，并紧密地粘附于卷材表面。每卷接头不应超过 1 个，较短的一段不应少于 1 000 mm，接头应剪切整齐，并加长 150 mm。

3. 物理力学性能

SBS 沥青防水卷材的物理力学性能应符合表 7-4 规定要求。

表 7-4 物理力学性能

胎基			PY		G	
型号			I	II	I	II
可溶物含量 (g/m²) ≥		2 mm	—		1 300	
		3 mm	2 100			
		4 mm	2 900			
不透水性	压力（MPa）≥		0.3		0.2	0.3
	保持时间（min）≥		30			
耐热度（℃）			90	105	90	105
			无滑动、流淌、滴落			
拉力（N/50 mm）≥		纵向	450	800	350	500
		横向			250	300
最大拉力时延伸率（%）≥		纵向	30	40	—	
		横向				
低温柔度（℃）			−18	−25	−18	−25
			无裂纹			
撕裂强度（N）≥		纵向	250	350	250	350
		横向			170	200
人工气候加速老化	外观		1 级			
			无滑动、流淌、滴落			
	拉力保持率（%）≥	纵向	80			
	低温柔度（℃）		−10	−20	−10	−20
			无裂纹			

（三）检验分类

SBS 沥青防水卷材的检验分为出厂检验和型式检验。

出厂检验项目包括：卷重、面积、厚度、外观、不透水性，耐热度、拉力、最大拉力时延伸率、低温柔度和可溶物含量等。

型式检验项目包括技术要求中所有项目。

（四）试验方法

按沥青防水卷材有关试验方法进行。

（五）判定规则

软化点、弹性恢复率、离析性、可溶物含量、闪点各项试验结果的算术平均值达到标准规定的技术指标时，判该项目合格。

低温柔度 6 个试件，至少 5 个达到标准规定技术指标时，判该项目合格。型式检验和仲裁检验采用 A 法。

二、APP 沥青防水卷材

APP 沥青防水卷材又称塑性体沥青防水卷材,它是用 APP 沥青浸涂材料,浸涂胎体的两面而制成的防水卷材,其国家标准为 GB 18243。

APP 沥青防水卷材适用于工业与民用建筑的屋面和地下防水工程,以及道路、桥梁建筑物的防水,尤其适用于较低气温环境的建筑防水。

(一) 分类、规格、标记

1. 分类

按胎基分为聚酯胎(PY)和玻纤胎(G)两类。按上表面材料分为聚乙烯膜(PE)、细砂(S)与矿物粒(片)料(M)三种。按物理力学性能分为Ⅰ型和Ⅱ型两个型号。

卷材按不同胎基、不同上表面材料可分为 6 个品种,列于表 7-5。

表 7-5 卷材品种

胎 基 上表面材料	聚 酯 胎	玻 纤 胎
聚乙烯膜	PY-PE	G-PE
细 砂	PY-S	G-S
矿物粒(片)料	PY-M	G-M

2. 规格

卷材的幅宽:1 000 mm

按卷材的厚度分为:

聚酯胎卷材　3 mm 和 4 mm,

玻纤胎卷材　2 mm、3 mm 和 4 mm,

每卷面积分为 15 m^2、10 m^2 和 7.5 m^2。

3. 标记方法

卷材按下列顺序标记:

塑性体改性沥青防水卷材、型号、胎基、上表面材料、厚度和标准号。例如:

3 mm 厚砂面聚酯胎Ⅰ型塑性体防水卷材标记为:

APP Ⅰ PY S_3 GB 18243

(二) 技术要求

1. 卷重、面积和厚度

卷重、面积和厚度应符合表 7-6 规定。

表 7-6 卷重、面积及厚度

规格(公称厚度)(mm)		2		3			4		
上表面材料		PE	S	PE	S	M	PE	S	M
面积 (m^2/卷)	公称面积		15		10			10	7.5	
	偏差		±0.15		±0.10			±0.10	±0.10	

续表

规格（公称厚度）(mm)		2		3			4				
最低卷重（kg/卷）		33.0	37.5	32.0	35.0	40.0	42.0	45.0	50.0	31.5	33.0	37.5
厚度 (mm)	平均值≥	2.0		3.0		3.2	4.0		4.2	4.0		4.2
	最小单值	1.7		2.7		2.9	3.7		3.9	3.7		3.9

2. 外观

APP沥青防水卷材应卷紧卷齐，端面里进外出不得超过10 mm。在4～60℃产品应易于展开，在距卷芯1 000 mm长度外不应有10 mm以上的裂纹或粘结。胎基必须浸透，不应有未被浸渍的条纹。卷材表面必须平整，不允许有孔洞、缺边和裂口，矿物粒（片）料粒度应均匀一致，并紧密地粘附于卷材表面。

每卷油毡接头处不应超过1个，较短的一段不应少于1 000 mm，接头应剪切整齐，并加长150 mm。

3. 物理力学性能

APP沥青防水卷材的物理力学性能列表7-7。

表7-7 物理力学性能

胎基			PY		G	
型号			I	II	I	II
可溶物含量（g/m²）≥		2 mm	—			1 300
		3 mm	2 100			
		4 mm	2 900			
不透水性	压力（MPa）≥		0.3		0.2	0.3
	保持时间（min）≥		30			
耐热度（℃）			110	130	110	130
			无滑动、流淌、滴落			
拉力（N/50 mm）≥		纵向	450	800	350	500
		横向			250	300
最大拉力时延伸率（%）≥		纵向	25	40	—	
		横向				
低温柔度（℃）			−5	−15	−5	−15
			无裂纹			
撕裂强度（N）≥		纵向	250	350	250	350
		横向			170	200

续表

胎 基		PY		G	
型 号		I	II	I	II
人工气候加速老化	外 观	1级			
		无滑动、流淌、滴落			
	拉力保持率（%）≥ 纵向	80			
	低温柔度（℃）	3	−10	3	−10
		无裂纹			

（三）检验方法

塑性体沥青防水卷材的技术性能检验可按弹性体沥青防水卷材试验方法进行。

（四）检验规则

塑性体沥青防水卷材料的检验分类、抽样、组批及总判定与弹性体沥青防水卷材相同。

三、沥青复合胎柔性防水卷材

沥青复合胎柔性防水卷材是用复合胎基浸涂聚合物沥青而制成的防水卷材。常用的聚合物沥青有 SBS 沥青、APP 沥青、再生橡胶沥青、PVC 煤焦油沥青、氯磺化聚乙烯煤焦油沥青等，执行标准为 JC/T690—1998。主要用于工业与民用建筑的屋面防水工程和地下防水工程。

（一）分类、规格、等级及标志

1. 分类

按胎体将产品分为沥青聚酯毡和玻纤网格布复合胎柔性防水卷材，沥青玻纤毡和玻纤网格布复合胎柔性防水卷材，沥青涤棉无纺布和玻纤网格布复合胎柔性防水卷材，沥青玻纤毡和聚乙烯膜复合胎柔性防水卷材。

2. 等级

按物理力学性能可分为一等品（B）和合格品（C）两个等级。

3. 规格尺寸

长：10 m，7.5 m；

宽：1 000 mm，1 100 mm；

厚：3 mm，4 mm。

4. 标记

复合胎体材料代号：

聚酯毡、网格布　　　　　PYK

玻纤毡、网格布　　　　　GK

无纺布、网格布　　　　　NK

玻纤毡、聚乙烯膜　　　　GPE

覆面材料代号：

细砂　　　　　　　　　　S

矿物粒（片）料　　　　　M

| 聚酯膜 | PET |
| 聚乙烯膜 | PE |

5. 品种

沥青复合胎柔性防水卷材按复合胎体及上表面材料的不同可分为16个品种，其代号列于表7-8。

表7-8 品种代号

上表面材料 \ 胎基	聚酯毡、网格布	玻纤毡、网格布	无纺布、网格布	玻纤毡、聚乙烯膜
细砂	PYK-S	GK-S	NK-S	GPE-S
矿物粒（片）料	PYK-M	GK-M	NK-M	GPE-M
聚酯膜	PYK-PET	GK-PET	NK-PET	GPE-PET
聚乙烯膜	PYK-PE	GK-PE	NK-PE	GPE-PE

6. 标记

卷材按产品名称、品种代号、厚度、等级和标准编号顺序标记。例如：

4mm厚的合格品聚乙烯膜覆面沥青玻纤毡和玻纤网格布复合胎柔性防水卷材，标记为：

GK－PE 4C JC/T690

（二）技术要求

1. 卷重与尺寸允许偏差

沥青复合胎柔性防水卷材的卷重与尺寸允许偏差列于表7-9。

表7-9 卷重与尺寸允许偏差

项目	厚度	上表面材料		
		细砂	矿物粒（片）料	聚酯膜、聚乙烯膜
单位面积标称重量（kg/m²）	3 mm	3.5	4.1	3.3
	4 mm	4.7	5.3	4.5
标称卷重（kg/10m²）	3 mm	35	41	33
	4 mm	47	53	45
最低卷重（kg/10m²）	3 mm	32	38	30
	4 mm	42	48	40
长（m）		±0.1		
宽（mm）		±15		
厚（mm）	3 mm	平均值≥3.0，最小单值2.7		
	4 mm	平均值≥4.0，最小单值3.7		

2. 外观

成卷的沥青复合胎柔性防水卷材应卷紧、卷齐,端面里进外出差不得超过10 mm,其中玻纤毡与聚乙烯膜复合胎卷材不超过30 mm。胎体、沥青、复面材料之间应紧密粘结,不应有分层现象。卷材表面应平整,不允许有可见的缺陷,如孔洞、麻面、裂缝、褶皱、露胎等;卷材边缘应整齐,无缺口,不允许有距卷芯1 000 mm外长度10 mm以上的裂纹;在35 ℃下开卷不应发生粘结现象,易于展开。

卷材接头不超过一处,其中最短的一段不得少于2 500 mm。接头处应剪切整齐,并加长150 mm备作搭接,一等品有接头的卷材不得超过批量的3%。

3. 物理力学性能

沥青复合胎柔性防水卷材的物理力学性能列于表7-10。

表7-10 物理力学性能

项 目			聚酯毡、网格布		玻纤毡、网格布		无纺布、网格布		玻纤毡、聚乙烯膜	
			一等品	合格品	一等品	合格品	一等品	合格品	一等品	合格品
柔度(℃)			−10	−5	−10	−5	−10	−5	−10	−5
			3 mm厚、$r=15$ mm;4 mm厚、$r=25$ mm;3 S、180°无裂纹							
耐热度(℃)			90	85	90	85	90	85	90	85
			加热2 h,无气泡,无滑动							
拉力(N/50 mm) ≥		纵向	600	500	650	400	800	550	400	300
		横向	500	400	600	300	700	450	300	200
断裂延伸率(%) ≥		纵向	30	20	2		2		10	4
		横向								
不透水			0.3 MPa		0.2 MPa				0.3 MPa	
			保持时间30 min,不透水							
人工气候老化处理 (30 d)	外 观		无裂纹、不起泡、不粘结							
	拉力保持率 (%) ≥	纵向	80							
		横向	70							
	柔度(℃)		−5	0	−5	0	−5	0	−5	0
			无裂纹							

注:沥青玻纤毡和聚乙烯膜复合胎防水卷材为最大拉力时的延伸率。

(三)检验方法

卷重、尺寸偏差、物理力学性能、人工气候老化处理试验按沥青防水卷材试验方法进行。人工气候老化试验条件为:试验温度45 ± 2 ℃,相对湿度70%~80%,降雨与干燥时间比为1/5,处理时间30 d。根据处理前后的拉力比值,计算其保持率。

(四)检验规则

1. 检验分类

按检验类型分为出厂检验和型式检验。出厂检验项目包括卷重、尺寸偏差、外观、物理力学性能（柔度，耐热度，拉力，断裂延伸率，不透水性）；型式检验包括技术要求中所有项目。

2. 批量与抽样

批量与 SBS 沥青防水卷材相同，从每批中抽取 3 卷进行检验。卷重达到合格后开卷检查外观和尺寸偏差，对卷重、外观与尺寸偏差均合格的产品中任取一卷作物理力学试验。

3. 判定

判定与 SBS 沥青防水卷材相同。

四、改性沥青聚乙烯胎防水卷材

改性沥青聚乙烯胎防水卷材是以改性沥青为基料，高密度聚乙烯膜为胎体，聚乙烯膜或铝箔为上表面覆盖材料，经滚压、水冷、成型制成的防水卷材。标准号为 GB 18967—2003，主要用于工业与民用建筑的屋面防水工程和地下防水工程。

（一）分类

1. 类型

按基料分为改性氧化沥青防水卷材、丁苯橡胶改性氧化沥青防水卷材、高聚物改性沥青防水卷材三类。按上表面覆盖材料分为聚乙烯膜和铝箔两个品种。按物理性能分为 I 型和 II 型。按不同基料、不同上表面覆盖材料分为五个品种。表 7-11 为改性沥青聚乙烯胎防水卷材的品种。

表 7-11 卷材品种

上表面覆盖材料	基料		
	改性氧化沥青	丁苯橡胶改性氧化沥青	高聚物改性沥青
聚乙烯膜	OEE	MEE	PEE
铝箔	—	MEAL	PEAL

2. 规格

厚度：3 mm，4 mm。

幅宽：1 100 mm。

面积：每卷面积为 11 m^2。

3. 标记

代号：

改性氧化沥青　　　　　　　　O（第一位表示）

丁苯橡胶改性氧化沥青　　　　M（第一位表示）

高聚物改性沥青　　　　　　　P（第一位表示）

高密度聚乙烯膜胎体　　　　　E（第二位表示）

高密度聚乙烯覆面膜　　　　　E（第三位表示）

标记方法

卷材按下列顺序标记：

卷材名称、基料、胎体、上表面覆盖材料、厚度、型号和本标准号。

标记示例：

3 mm 厚的Ⅰ型聚乙烯胎聚乙烯膜覆面高聚物改性沥青防水卷材，其标记如下：

改性沥青聚乙烯胎防水卷材　PEE　3Ⅰ　GB/T 18967

（二）技术要求

1. 厚度、面积及卷重

厚度、面积及卷重应符合表7-12规定。

表7-12　厚度、面积及卷重

公称厚度（mm）		3		4	
上表面覆盖材料		E	AL	E	AL
厚度（mm）	平均值≥	3.0		4.0	
	最小单值	2.7		3.7	
最低卷重（kg）		33	35	45	47
面积（m²）	公称面积	11			
	偏差	±0.2			

2. 外观

成卷卷材应卷紧卷齐，端面里进外出差不得超过20 mm。胎体与沥青基料和覆面材料相互紧密粘结。

卷材表面应平整，不允许有可见的缺陷，如孔洞、裂纹、疙瘩等。

成卷卷材在4～40 ℃温度下易于展开，在距卷芯1 000 mm长度外不应有10 mm以上的裂纹或粘结。

成卷卷材接头不应超过一处，其中较短的一段不得少于1 000 mm。接头处应剪切整齐，并加长150 mm，备作搭接。

3. 物理力学性能

物理力学性能应符合表7-13规定。

表7-13　物理力学性能

上表面覆盖材料	E						AL			
基料	O		M		P		M		P	
型号	Ⅰ	Ⅱ	Ⅰ	Ⅱ	Ⅰ	Ⅱ	Ⅰ	Ⅱ	Ⅰ	Ⅱ
不透水性（MPa）≥	0.3									
	不透水									
耐热度（℃）	85	85	90	90	95	95	85	90	90	95
	无流淌，无起泡									

第二节　有胎聚合物沥青防水卷材

续表

上表面覆盖材料			E					AL			
基料			O		M		P		M		P	
型号			Ⅰ	Ⅱ	Ⅰ	Ⅱ	Ⅰ	Ⅱ	Ⅰ	Ⅱ	Ⅰ	Ⅱ
拉力（N/50 mm）≥		纵向	100	140	100	140	100	140	200	200	200	200
		横向		120		120		120				
断裂延伸率（%）≥		纵向	200	250	200	250	200	250	—			
		横向										
低温柔度（℃）			0	−5	−10	−15			−5	−10		−15
			无裂纹									
尺寸稳定性		（℃）	85	85	90	90	95		85	90	90	95
		（%）≤	2.5									
热空气老化	外观		无流淌，无起泡						—			
	拉力保持率（%）≥，纵向		80									
	低温柔度（℃）		8	3	2	−7						
			无裂纹									
人工气候加速老化	外观		—						无流淌，无起泡			
	拉力保持率（%）≥，纵向								80			
	低温柔度（℃）								3	−2		−7
									无裂纹			

注：表中1～5项为强制性的。

（三）试验方法

1. 厚度、面积及卷重

（1）厚度

使用接触面直径为10 mm，单位面积压力为0.02 MPa，分度值为0.01 mm的厚度计测量，保持时间5 s。沿卷材宽度方向裁取50 mm宽的卷材一条（50 mm×1 000 mm），在宽度方向测量5点，距卷材长度边缘150±15 mm向内各取一点，在两点中均分取其余3点。计算5点的平均值作为该卷材的厚度。以所抽卷材数量的卷材厚度的总平均值作为该批产品的厚度，并报告最小单值。

(2) 面积

用最小分度值为 1 mm 卷尺在卷材两端和中部三处测量宽度,长度,以长度平均值乘宽度平均值求得每卷卷材面积。若有接头,以量出两段长度之和减去 150 mm 计算长度。

当面积超出标准规定的正偏差时,按公称面积计算其卷重,当其符合最低卷重要求时,亦判为合格。

(3) 卷重

用最小分度值为 0.2 kg 的台秤称量每卷卷材的质量。

2. 外观

将卷材立放于平面上,用一把钢板尺平放在卷材的端面上,用另一把最小分度值为 1 mm 的钢板尺垂直伸入卷材端面最凹处,测得的数值即为卷材端面的里进外出值,然后将卷材展开按外观质量要求检查。

3. 试件制备

试验前,将取样卷材在 15～30 ℃ 室温下至少放置 4 h。然后在距端部 2 000 mm 处沿纵向切取长度为 1 000 mm 的全幅卷材试样 2 块,一块作物理力学性能检测用;另一块备用。

按图 7-6 所示的部位及表 7-14 规定的尺寸和数量切取试件。试件边缘与卷材纵向边缘间的距离不小于 75 mm。

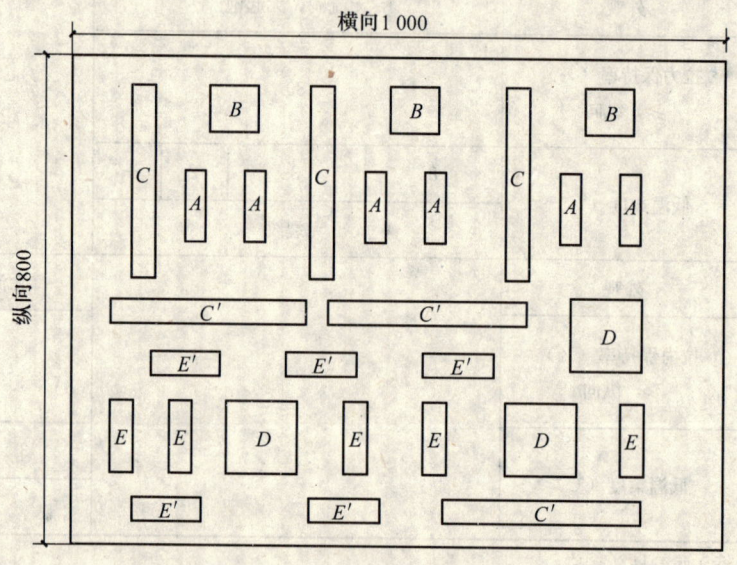

图 7-6 试样部位

表 7-14 试样尺寸和数量

试验项目	试样代号	试样尺寸 (mm)	数量 (个)
不透水性	D	150×150	3
耐热度	B	100×100	3
拉力	E、E'	150×150	纵横向各 5
低温柔度	A	150×25	纵向 6
尺寸稳定性	C、C'	400×50	纵横向各 3

热空气老化与人工气候加速抗老化性能试件按老化试验方法切取,共取2组。一组进行老化试验;一组作为对比试样,在标准条件下进行性能测定。

4. 耐热度

【试验仪器】

带有热风循环的电烘箱,能调温至200±1℃。

【试验步骤】

在试样边缘10~15 mm处穿两个孔,如图7-7所示。

用回形针(曲别针)穿挂好试样小孔,垂直放入已恒温至标准规定的烘箱中。试样的表面与箱壁距离不应小于50 mm,试样间留一定距离,不致发生粘结。试样的中心与温度计的水银球应在同一水平位置上。在每块试样下端各放一承受皿,用以承接淌下的沥青。

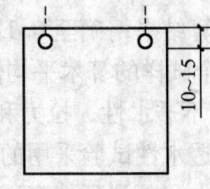

图7-7 耐热度试验用试样

按规定温度,将试样在烘箱中恒温2 h。

观察试样表面有无流淌,有无气泡产生,以无流淌、无气泡为合格。

5. 尺寸稳定性

尺寸稳定性是指卷材受热后,长宽尺寸的变化情况,用热处理尺寸变化率表示,单位为%。

【试验仪器】

带有热风循环的烘箱:能调温至200±1℃。

游标卡尺:0~125 mm,精度0.02 mm。

【试验步骤】

将试样上的覆面膜去掉,做标记aa',如图7-8所示。

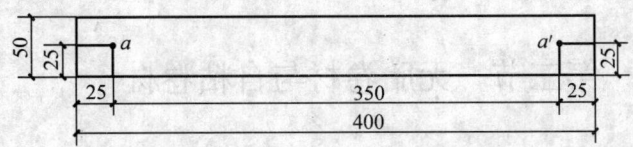

图7-8 尺寸稳定性试验用试样

试样摆放在铝板上,将铝板倾斜30°,达到指标规定的温度后放入烘箱中恒温2 h。

2 h后从烘箱中取出试样,在环境温度下放置2 h后,在aa'直线上重新标记aa'',使aa''距离保持350 mm。如图7-9所示。

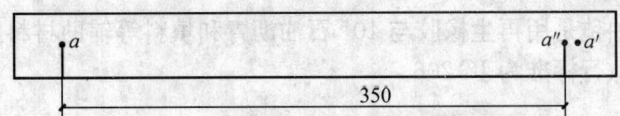

图7-9 恒温后尺寸稳定性试验用试样

用游标卡尺测出$a'a''$距离,共测6块,分别计算出试样$a'a''$的算术平均值。

结果计算:

$$L=\frac{A_1}{350}\times 100$$

$$T=\frac{A_2}{350}\times 100$$

式中　L——纵向变化率，%；
　　　T——横向变化率，%；
　　　A_1——纵向 3 个试样 $a'a''$ 距离的算术平均值，mm；
　　　A_2——横向的 3 个试样 $a'a''$ 距离的算术平均值，mm。

计算结果精确至 0.1%。

3 个试样的算术平均值达到标准规定的要求判为合格。

6. 不透水性、拉力和断裂延伸率

不透水性试验采用的透水盘压盖为金属槽盘。试验在 0.3 MPa 压力下恒压 30 min。

拉力和断裂延伸率试验时，试样的有效长度为 70 mm，延伸时从 100 mm/min 的速度拉伸试件。

不透水性、拉力和断裂延伸率试验可按照沥青防水检验方法进行。

7. 热空气老化和人工气候加速老化

热空气老化和人工气候加速老化试验可按照沥青防水卷材热空气和人工气候加速老化试验方法进行。热空气老化的试验条件为 70 ℃，试样水平放置 168 h。人工气候加速老化采用氙弧灯法，试验时间 720 h，累计辐射能量约 1500 MJ/m²。

（四）检验分类

卷材检验分为出厂检验和型式检验。

出厂检验项目有：卷重、外观、尺寸偏差，物理力学性能（柔度，耐热度，不透水性，拉力，断裂延伸率）。

型式检验包括技术要求中所有项目。

判定规则同 SBS 沥青防水卷材。

第三节　无胎卷材与自粘卷材

聚合物沥青无胎防水卷材和聚合物沥青自粘防水卷材主要有再生橡胶沥青无胎防水卷材、聚氯乙烯煤焦油沥青无胎防水卷材、自粘橡胶沥青防水卷材和自粘聚合物改性沥青聚酯胎防水卷材。

一、再生橡胶沥青无胎卷材

再生橡胶沥青无胎油毡是用再生橡胶与 10# 石油沥青和填料等辅助材料经混炼、压延而成的无胎基防水卷材，执行标准为 JC 206。

（一）规格

幅宽：1 000±10 mm；
厚度：1.2±0.2 mm；
卷长：20±0.3 m。

（二）外观质量

成卷的再生橡胶沥青防水卷材应卷紧，两端齐平，表面无孔洞、破折或刻痕等缺陷。每平方米油毡上，直径为 3~5 mm 的疙瘩不得超过 3 个，直径为 3~5 mm 的气泡或因气泡破裂而造成的痕迹不得超过 3 个。每卷油毡接头不得超过一个，短的一块不得小于 3 m，并应比规格加长 150 mm。撒布材料应均匀，油毡铺开后不应有粘结现象。

（三）物理性能

再生橡胶沥青油毡的物理性能列于表 7-15。

表 7-15 物理性能

项 目	指 标
拉力强度（kg/cm²），20±2 ℃时纵向不小于	8
延伸率（%），20±2 ℃纵向不小于	120
低温柔性：−20 ℃时 1 h ϕ1 mm 金属丝对折	无裂纹
不透水性（MPa），动水压法保持 90 min 不小于	0.3
耐热度，在 120 ℃下加热 5 h	不起泡、不发粘
吸水性（%），18±2 ℃时 24 h 不大于	0.5

（四）检验方法

1. 抽样与取样

同一规格的再生橡胶沥青无胎油毡产品，以 100 卷为一批，不足 100 卷亦按一批计算，生产厂以一个班的产量为一批。在该批产品中任取 1 卷检验外观质量，全部指标达到要求时，即判该批产品合格。若其中有一项指标未达到要求时，应从该批产品中再取 1 卷检验，全部指标达到要求时，判为合格。若仍有一项指标未达到要求时，应由原生产单位进行开卷整理，整理后任取 2 卷，全部指标达到要求时即为合格。若仍有一项指标不合格，则该批产品为不合格产品。

将外观检验合格的 1 卷油毡作为物理性能检验试样。

检验用的试件，在油毡切除距外层卷头 3 m 处，按图 7-10 所示部位和表 7-16 规定的尺寸和数量切取。

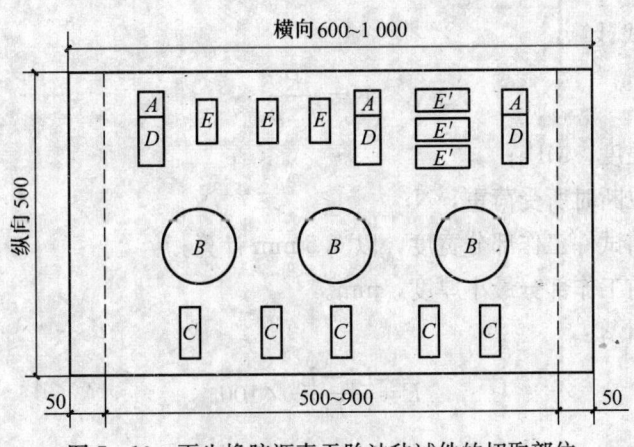

图 7-10 再生橡胶沥青无胎油毡试件的切取部位

第七章 聚合物沥青防水卷材与片材

表 7-16 试件尺寸和数量表

试验项目	试件部位	试件尺寸（mm）	数　量（个）
抗拉强度和延伸率	C	见图 7-11	5
柔性：纵向	E	60×20	3
耐热度	D	100×50	3
不透水性	B	φ150	3
吸水率	A	50×50	3

2. 抗拉强度与延伸率

【试验器具】

拉力机：测力范围 0～2 000 N。

测厚仪：0.01 mm；

量尺和裁刀。

【试件制作】

按图 7-10 切取试样，用冲模切取试件 5 个，一次只准裁取一个试样，而且必须一次裁断，不准把油毡片重叠在一起裁取。试件的形状和尺寸如图 7-11 所示。

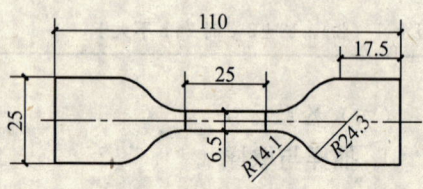

图 7-11 试件的形状和尺寸

【试验步骤】

将试件表面的撒布材料刷净，放在温度为 20±2 ℃的房间内，30 min 后进行试验。

在试件工作部分印两条距离为 25±0.5 mm 的平行标线，标线的粗细不超过 0.5 mm。用厚度计量其标距内厚度，测量部位不少于 3 点，取其最低值。

把试件垂直地夹在拉力试验机的上下夹具上，使下夹具以 50 mm/min 的拉伸速度拉伸试件，测量试件工作部分的伸长，直到拉断时为止。根据试验要求记录试件被拉断时的标线距离和荷重。

试件如在工作标线以外扯断时，试验结果作废。

试验结果：

抗拉强度按下式计算：

$$K = \frac{P}{b \cdot h}$$

式中　K——抗拉强度，MPa；

　　　P——试件拉断时所受荷重，N；

　　　b——试验前试件工作部分宽度，以 6.5 mm 计算；

　　　h——试验前工作部分最小厚度，mm。

延伸率按下式计算：

$$E = \frac{L_1 - L_0}{L_0} \times 100$$

式中　E——伸长率，%；

L_0——试验前试件工作标线距离，以 25 mm 计算；

L_1——试件在扯断时的标线距离，mm。

该两项试验结果均取其算术平均值。各试件试验数据对平均值的偏差不得超过±15%，如超过±15%则应将数据舍去，经取舍后的试件个数不能少于 3 个。

3. 低温柔性

将切取的纵向 6 个试件刷净表面撒布料，和直径为 1 mm 的金属丝同时放入 −20 ℃的冰箱中 1 h。在冰箱中将试件沿金属丝用手以约 2 s 的时间对折，用肉眼观察是否有裂纹。6 个试件有 5 个试件均无裂纹，可判定油毡低温柔性合格。

4. 不透水性

按沥青防水卷材不透水性试验方法进行试验。试件要垫上橡皮圈及孔径为 2 mm×2 mm 金属网，并用螺丝紧固，一次升压到 0.294 MPa 保持 90 min，3 块试件均无透水现象为合格。

5. 耐热度

按沥青防水卷材耐热度试验方法进行试验。取 3 块试件刷净撒布材料。在距试件一端约 1 cm 处的中心穿一小孔，用穿钩悬挂在烘箱内的上层篦板上，在 120 ℃下放置 5 h。取出试件观察其表面是否有起泡、发粘现象。3 块试件均不起泡、不发粘，方可评定油毡的耐热度合格。

6. 吸水性

按沥青防水卷材的吸水性试验方法进行试验。

（五）验收规则

试件物理性能试验结果符合各项指标时，该批产品即为合格品。若有一项不符合要求时，应在该批产品中再取 1 卷进行单项复检，达到指标要求时即为合格。若仍未达到指标要求时，则判该批产品为不合格产品。

二、PVC 煤焦油沥青无胎防水卷材

聚氯乙烯（PVC）煤焦油沥青无胎防水卷材是以聚氯乙烯煤焦油沥青为基料，经混炼、压延而制成的防水卷材，执行标准为 GB 12952—1991。在 2003 年进行修订时，将 PVC 煤焦油沥青防水卷材删去，本标准仅供建筑防水材料检验工作者参考。

（一）分类

聚氯乙烯煤焦油沥青无胎防水卷材在 PVC 防水卷材中为 S 型，是以煤焦油和聚氯乙烯树脂混溶料为基料的柔性卷材。按物理力学性能分为一等品和合格品。

厚度规格分为：1.8 mm，2.0 mm，2.5 mm；

宽度：1 000 mm，1 200 mm，1 500 mm；

面积：10 m²，15 m²，20 m²。

产品按下列顺序标记：

产品名称、类型、等级、厚度、标准号。例如：1.8 mm 厚的 PVC 煤焦油沥青无胎防水卷材标记为：

PVC 防水卷材　　S—1.8　　GB 12952

（二）技术要求

1. 外观

PVC 煤焦油沥青无胎防水卷材的表面应无气泡、疤痕、裂纹、粘结和孔洞。每卷的面积允许偏差±0.3%。每卷允许有一处接头，其中较短的一段长度不少于2.5 m，接头处应剪切整齐，并加长150 mm备作搭接。优等品批中有接头的卷材卷数不得超过批量的3%。

卷材的平直度应不大于50 mm；平整度应不大于10 mm。卷材的厚度允许偏差和最小单个值应符合表7-17中规定要求。

表 7-17　厚度允许偏差及允许最小单个值

类　型	厚度（mm）	允许偏差（mm）	允许最小单个值（mm）
S 型	1.80	+0.20 −0.10	1.60
	2.00		1.80
	2.50	+0.30 −0.20	2.20

2. 物理力学性能

卷材的物理力学性能应符合表7-18中规定要求。

表 7-18　物理力学性能

项　目		S 型	
		一等品	合格品
拉伸强度（MPa）	不小于	5.0	2.0
断裂伸长率（%）	不小于	200	120
热处理尺寸变化率（%）	不大于	5.0	7.0
低温弯折性		−20℃，无裂纹	
抗渗透性		不透水	
抗穿孔性		不渗水	
剪切状态下的粘合性		$\sigma_a \geq 2.0$ N/mm 或在接缝外断裂	
试验室处理后卷材相对于未处理时的允许变化			
热老化处理	外观质量	无气泡、不粘结、无孔洞	
	拉伸强度相对变化率（%）	±25	+50
	断裂伸长率相对变化率（%）		−30
	低温弯折性	−20℃无裂纹	−10℃无裂纹

续表

项目		S型	
		一等品	合格品
人工候化处理	拉伸强度相对变化率（%）	±25	+50 −30
	断裂伸长率相对变化率（%）		
	低温弯折性	−20℃无裂纹	−10℃无裂纹
水溶液处理	拉伸强度相对变化率（%）	±20	±25
	断裂伸长率相对变化率（%）		
	低温弯折性	−20℃无裂纹	−10℃无裂纹

（三）试验方法

按氯化聚乙烯防水卷材相关试验方法进行检验。

（四）判定规则

按氯化聚乙烯防水卷材判定规则进行判定（GB 12953—2003）。

三、EBA沥青无胎油毡

EBA（乙烯—丙烯酸丁酯共聚物）沥青经混炼压延而成的无胎防水卷材。

EBA沥青无胎油毡的规格有：1.5mm、2.0mm、2.5mm、3.0mm几种规格。其技术性能列于表7-19。

表7-19 EBA沥青防水卷材性能

技术性能		技术指标
纵横向抗拉强度（N/mm²）		≥3
纵横向断裂延伸率（%）		≥400
用沥青搭接强度（N/mm）		≥2
不透水性	压强（Pa）	6
	时间（h）	72
	不透水	

四、自粘橡胶沥青防水卷材

自粘橡胶沥青防水卷材具有自粘结特性，它是由自粘性聚合物沥青防水卷材与隔离纸所组成，剥去隔离纸以后，只要轻轻加压，即可将防水卷材粘贴在被粘物表面上，具有耐压力敏感性、可剥离性和粘结性等特点。

聚乙烯膜为表面材料的自粘卷材适用于非外露的防水工程；铝箔为表面材料的自粘卷材适用于外露防水工程；无膜双面自粘卷材适用于辅助防水工程。

(一) 分类、规格、标记

1. 分类

按表面材料分为聚乙烯膜（PE）、铝箔（AL）、与无膜（N）三种自粘卷材；按使用功能分为外露防水工程（O）与非外露防水工程（I）两种使用状况。

2. 规格

面积：20 m², 10 m², 5 m²；

宽度：920 mm, 1 000 mm；

厚度：1.2 mm, 1.5 mm, 2.0 mm。

3. 标记

按产品名称、使用功能、表面材料、卷材厚度和标准号顺序标记。例如：

2 mm 厚，表面材料为非外露使用的自粘橡胶沥青防水卷材。标记为：

自粘卷材 1PE2 JC 840—1999

(二) 技术要求

1. 卷重与尺寸允许偏差

卷重应符合表 7-20 规定要求，尺寸允许偏差应符合表 7-21 规定要求。

表 7-20 卷 重

项 目		表面材料		
		PE	AL	N
标称卷重（kg/10 m²）	1.2 m	13	14	13
	1.5 m	16	17	16
	2.0 m	23	24	23
最低卷重（kg/10 m²）	1.2 m	12	13	12
	1.5 m	15	16	15
	2.0 m	22	23	22

表 7-21 尺寸允许偏差

面积（m²/卷）		5±0.1	10±0.1	20±0.2
厚度（mm）	平均值≥	1.2	1.5	2.0
	最小值	1.0	1.3	1.7

2. 外观

成卷的自粘型聚合物沥青防水卷材应卷紧、卷齐，端面里进外出不得超过 20 mm。表面应平整，不允许有可见的缺陷，如孔洞、裂纹、气泡、缺边与裂口等。成卷卷材在规定的温度应易于展开。每卷卷材的接头不应超过 1 个，接头应剪切整齐，并加长 150 mm，一批产品中有接头的卷材不应超过 3%。

3. 物理力学性能

自粘型聚合物沥青防水卷材的物理力学性能应符合表 7-22 规定。

表 7-22 物理力学性能

项目		表面材料		
		PE	AL	N
不透水性	压力（MPa）	0.2	0.2	0.1
	保持时间（min）	120，不透水		30，不透水
耐热度		—	80 ℃，加热 2 h，无气泡，无滑动	—
拉力（N/5 cm）≥		130	100	
断裂延伸率（%）≥		450	200	450
柔度		—20 ℃，ϕ20 mm，3 s，180°无裂纹		
剪切性能（N/mm）	卷材与卷材 ≥	2.0 或粘合面外断裂		粘合面外断裂
	卷材与铝板 ≥			
剥离性能（N/mm）≥		1.5 或粘合面外断裂		粘合面外断裂
抗穿孔性		不渗水		
人工候化处理	外观		无裂纹，无气泡	
	拉力保持率（%）≥	—	80	—
	柔度	—10 ℃，ϕ20 mm，3 s，180°无裂纹		

（三）检验方法

1. 抽样与取样

以同一类别、同一规格自粘型聚合物沥青防水卷材 5 000 m² 为一批量，不足 5 000 m² 时亦可按一批量计。从每批中抽取 3 卷进行检验。

对抽取的 3 卷进行称量，全部达到规定时为卷重合格。若发现低于规定指标的卷材时，应在该批产品中再抽 3 卷复检，全部达到规定为卷重合格。若仍有卷重低于规定时，则判该批产品卷重不合格。

卷重合格后，开卷检查尺寸偏差与外观。若 3 卷均符合尺寸允许偏差和外观要求，判定该批量合格，若其中有一项不符合标准规定，则从该批中再抽取同样数量的卷材进行复检，若符合标准规定，判定该批合格；若仍有不符合标准规定的项目，则判该批产品尺寸偏差，外观不合格。

从卷重、尺寸偏差与外观检验合格的产品中任取 1 卷作物理力学性能检验。

将被检验的卷材，在距端部 500 mm 处纵向截取长度为 1 500 mm 的全幅卷材进行取样，按图 7-12 试件截取位置和表 7-23 尺寸数量进行截取。

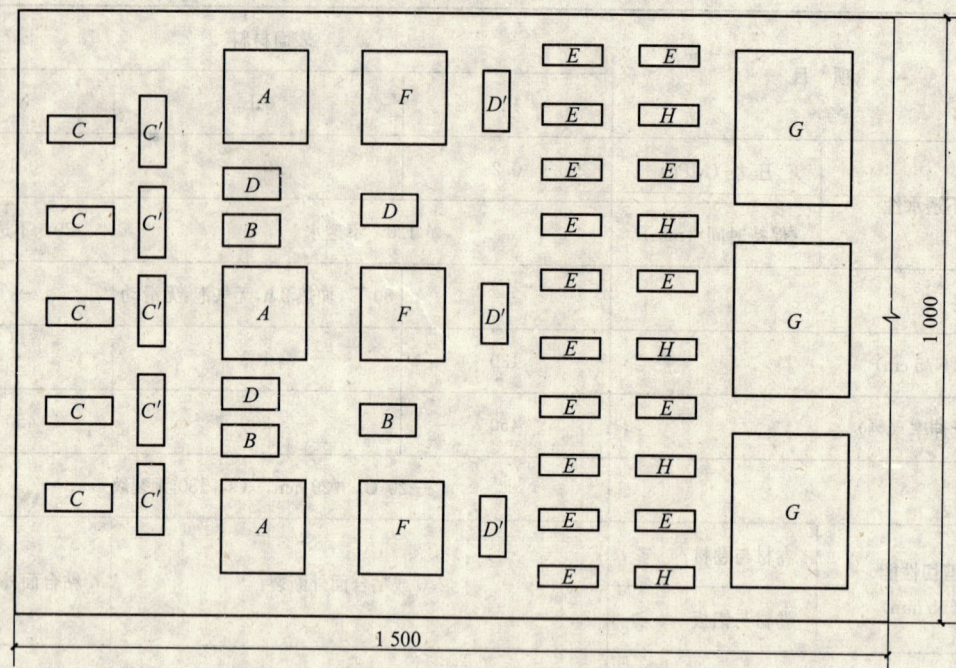

图 7-12 试件的截取位置

表 7-23 试件尺寸与数量

项 目	符 号	试件尺寸（长×宽）(mm)	数量（个）
不透水性	A	150×150	3
耐热度	B	100×50	3
拉伸性能	C C'	GB/T 528—92 Ⅰ型或 50×150	5×2
柔度	D D'	100×50	3×2
剪切性能	E	100×25	15
剥离性能	H	120×25	5
抗穿孔性	F	150×150	3
人工候化处理	G	250×200	3

2. 隔离纸与卷芯称重

在进行卷重检验时，卷重不包括卷芯与隔离纸。随机抽取 10 m² 隔离纸与 10 根卷芯，称重，计算出隔离纸单位面积质量（g/m²）与每根卷芯的平均质量，计算卷重时扣除。

卷重、尺寸允许偏差与外观按沥青防水卷材方法检验。

3. 剪切性能检验

剪切试验分为卷材与卷材、卷材与铝板之间的两类粘结后的剪切性能。

卷材与卷材之间剪切性能试件是将一试件自粘面与另一试件迎水面粘合；卷材与铝板间剪切性能试件是将卷材自粘面与光洁的铝板粘合。粘合面积 25 mm × 25 mm，如图 7-13 所示。

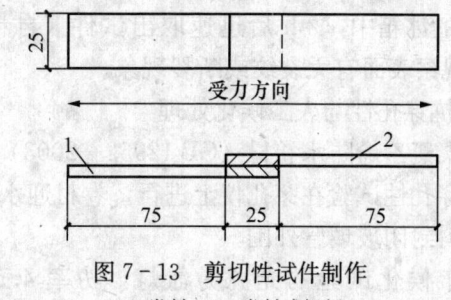

图 7-13 剪切性试件制作
1—卷材；2—卷材或铝板

粘合后用质量 500 g 的辊子来回滚压 5 次，压实。试件在 23±2 ℃条件下放置 24 h，每组试件 5 个，进行拉伸试验。5 个试件中若只有一个试件粘合面脱开，则计算 5 个试件的剪切平均强度作为试验结果；若所有试件粘合面未脱开而断裂，则判为"粘合面外断裂"。

4. 剥离性能

将被检卷材试件与铝板粘合，铝板尺寸为 100 mm×25 mm×2 mm，粘合面积为 50 mm×25 mm。粘合后用质量 500 g 的辊子来回滚压 5 次，压实。试件在 23±2 ℃条件下放置 24 h，每组试件 5 个。剥离试件如图 7-14 所示。

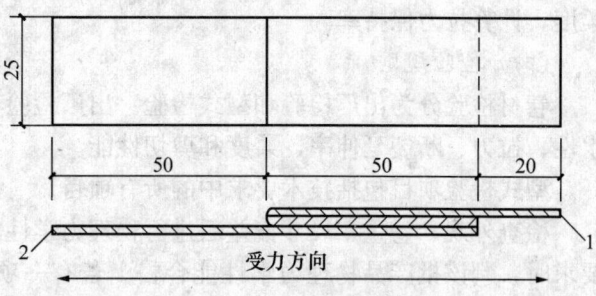

图 7-14 剥离性试件制件
1—卷材；2—铝板

剥离试件在拉力机上进行拉伸，取最大拉力。

5. 不透水性与耐热性

按沥青防水卷材不透水性试验方法进行试验。

在做不透水性试验时，撕去试件表面隔离纸，将与透水盘密封圈尺寸一样的滤纸制成的纸环置于试件自粘面上，自粘面迎水进行检验。双面自粘卷材背水面的隔离纸同时撕去，放置一张同样尺寸的滤纸，再在试件上加上一块相同尺寸、孔径为 2 mm 的金属网。一次升到规定压力，保持 120 min 与 30 min。

耐热性按沥青防水卷材耐热度试验方法进行，试件粘贴在光洁的铝板上，铝板的尺寸为 110 mm×50 mm，上部有孔可以悬挂，在标准规定温度下加热 2 h，观察其表面变化。

6. 拉伸性能与柔度

聚乙烯膜与无膜自粘卷材拉力，断裂伸长率按高分子防水卷材相关试验方法进行试验，采用Ⅰ型试件。纵、横拉力与断裂延伸率分别以 5 个试件的中值作为测定值。按下式换算为 50 mm 宽试件的拉力值。

$$P = \frac{F}{b} \times 50$$

式中　P——50 mm 宽时的拉力，N/50 mm；

　　　F——Ⅰ型试件的拉力，N；

　　　b——Ⅰ型试件的宽度，mm。

铝箔面自粘卷材的拉力、断裂延伸率按聚乙烯胎沥青防水卷材试验方法取样和试验，拉伸速度为 250 mm/min，以 5 块试件纵、横拉力与断裂延伸率的算术平均值作为测定法。断裂延伸率是卷材与沥青层出现孔洞、裂口时的结果。

柔度按沥青防水卷材试验方法进行，试验时，将试件与 $\phi20\ mm$ 弯板或圆棒同时放入 $-20\ ℃$ 的冰箱中，2 h 后迅速取出试件（自粘面朝外），在 3 s 内均速沿弯板或圆棒弯曲 $180°$，观察表面有无裂纹或断裂现象。

7. 抗穿孔性与人工候化处理

按聚氯乙烯防水卷材（GB 12952—2003）抗穿孔性和人工候化处理试验方法进行试验。

抗穿孔性试验在穿孔仪上进行，卷材迎水面朝上。水密性试验，将卷材自粘面朝上。并用底涂料封闭玻璃管外围。

人工候化试验的光源为氙灯，功率 $4.5～6.5\ kW$，样板与光源中心距离为 $250～400\ mm$，试件连续光照 720 h 后，在标准条件下放置 24 h，然后进行外观检查，测定拉力、柔度，计算拉力保持率。

（四）检验规则

卷材检验分为出厂检验和型式检验。出厂检验项目包括：卷重、尺寸偏差、外观、不透水性、拉力、断裂延伸率、柔度和剪切性能。

型式检验项目包括技术要求中的所有项目。

检查外观、卷重、尺寸偏差后进行物理力学性能检验。若检验的各项物理性能符合标准要求时，判该批产品物理力学性能合格。若有一项性能不合格，允许在该批产品中重新抽样，对该项进行复检，若检验结果符合标准，则判该批产品合格；若仍达不到标准规定，则判该批产品的物理力学性能不合格。

当卷材的卷重、尺寸偏差、外观、物理力学性能均符合标准时，则判该批量产品合格。

五、自粘聚合物改性沥青聚酯胎防水卷材

自粘聚合物沥青聚酯胎防水卷材是以聚合物沥青为基料，采用聚酯毡为胎体，粘贴面背面覆以防水料材料的增强自粘防水卷材，简称自粘聚酯胎卷材。

自粘聚合物沥青聚酯胎防水卷材与自粘橡胶沥青防水卷材的最大区别是有聚酯毡胎体，大大增强了防水层的强度和抗基层开裂的应变能力。

（一）分类与标记

按物理性能分为Ⅰ类和Ⅱ类。按上表面材料分为聚乙烯膜（PE）、细砂（S）、铝箔（AL）三种。

规格按面积有 $10\ m^2$、$15\ m^2$ 两种。幅度为 1 000 mm。厚度：聚乙烯膜面和细砂为 1.5 mm、2 mm、3 mm 三种；铝箔面有 2 mm，3 mm 两种。

标记按产品名称、型号、表面材料、卷材厚度和标准编号顺序标记。例如：3 mm 厚Ⅰ型聚乙烯膜面自粘聚合物改性沥青聚酯胎防水卷材标记为：

自粘聚酯胎卷材　Ⅰ　PE　3　JC 898—2002

（二）用途

聚乙烯膜面、细砂面自粘聚酯胎卷材适用于非外露防水工程，铝箔面自粘聚酯胎卷材可用于外露防水工程，1.5 mm 自粘聚酯胎卷材仅用于辅助防水。

（三）技术要求

卷重、厚度及面积应符合表 7-24 规定。

表 7-24 卷重、厚度及面积

规格（公称厚度）(mm)		1.5				2					3		
上表面材料		PE	S	PE	S	PE	AL	S	PE	AL	S	PE	AL	S
面积 (m²/卷)	公称面积	15		10		15			10			10		
	偏差	±0.15		±0.10		±0.15			±0.10			±0.10		
最低卷重 (kg/卷)		23.0	24.5	15.5	16.5	31.5		33.0	21.0		22.0	31.0		32.0
厚度 (mm)	平均值≥	1.5				2.0						3.0		
	最小单值	1.3				1.7						2.7		

外观要求成卷的卷材应卷紧卷齐，端面里进外出不得超过 20 mm。在 4~45 ℃ 温度下展开不应有粘结。在距卷芯 1 000 mm 长度外不应有 10 mm 以上的裂纹。胎基应浸透，不应有未被浸渍的条纹。卷材表面应平整，不允许有孔洞、缺边和裂口，细砂应均匀一致，并紧密地粘附于卷材表面。每卷卷材接头不应超过一个，较短的一段长度不应少于 1 000 mm，接头应剪切整齐，并加长 150 mm。

物理力学性能应符合表 7-25 规定要求。

表 7-25 物理力学性能

型 号			Ⅰ			Ⅱ	
厚度 (mm)			1.5	2	3	2	3
可溶物含量 (g/m²)		≥	800	1 300	2 100	1 300	2 100
不透水性	压力 (MPa)	≥	0.2	0.3			
	保持时间 (min)	≥	30				
耐热度 (℃)	PE、S		70 无滑动、流淌、滴落				
	AL		80 无滑动、流淌、滴落				
拉力 (N/50 mm)		≥	200	350		450	
最大拉力时延伸率 (%)		≥	30				
低温柔度 (℃)			−20			−30	
剪切性能 (N/mm) ≥	卷材与卷材		2.0 或粘合面外断裂		4.0 或粘合面外断裂		
	卷材与铝板						
剥离性能 (N/mm)		≥	1.5 或粘合面外断裂				
抗穿孔性			不渗水				
撕裂强度 (N)		≥	125	200		250	
水蒸气透湿率① [g/(m²·s·Pa)]		≤	5.7×10⁻⁹				
人工气候加速老化②	外观		—			1 级 无滑动、流淌、滴落	
	拉力保持率,%					80	
	低温柔度,℃					−10	−20

注：①水蒸气透湿率性能在用于地下工程时要求。
②聚乙烯膜面、细砂面卷材不要求人工加速气候老化性能。

(四)抽样与试件制备

以同一类型、同一规格 10 000 m² 为一批,不足 10 000 m² 亦可作为一批。在每批产品中随机抽取 5 卷进行卷重、面积、厚度及外观检查。从卷重、面积、厚度及外观合格的卷材中任取 1 卷进行物理力学性能检验。

将被进行物理力学性能检验的卷材在距外层端部 500 mm 处纵向裁取 1 000 mm 的全幅卷材进行物理力学性能试验。试件按图 7-15 裁取,尺寸及数量列于表 7-26。

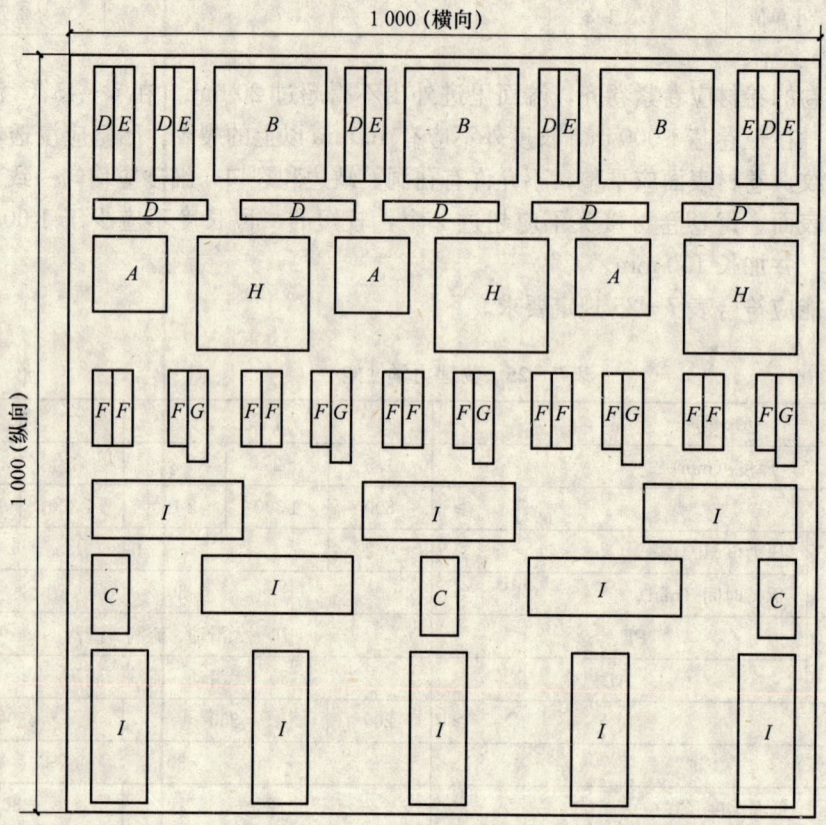

图 7-15 试件裁取位置

表 7-26 试件尺寸及数量

项 目	符 号	试件尺寸(长×宽)(mm)	数量(个)
可溶物含量	A	100×100	3
不透水性	B	150×150	3
耐热度	C	100×50	3
拉伸性能	D、D′	150×25	纵横向各 5
低温柔度	E	150×25	6
剪切性能	F	100×25	15

续表

项 目	符 号	试件尺寸（长×宽）(mm)	数量（个）
剥离性能	G	120×25	5
抗穿孔性	H	150×150	3
撕裂强度	I、I′	200×75	纵横向各 5

（五）试验方法

1. 标准试验条件

标准试验温度：23±2 ℃。

2. 卷重、面积、厚度检验

卷重用最小分度值为 0.1 kg 的台秤称量，卷重不包括卷芯及防粘材料。随机抽取 1 m² 防粘材料，称量其单位面积质量；随机抽取 10 根卷芯，称量其质量，计算出每根卷芯平均质量。计算卷重时扣除防粘材料与卷芯质量。

面积用最小分度值为 1 mm 卷尺在卷材两端和中间三处测量长度，宽度，以长度及宽度的平均值相乘，求得每卷卷材面积。若有接头，量出两段之和减去 150 mm 计算。当面积超出标准规定正偏差时，以公称面积计算卷重。当其符合最低卷重要求时，可判为符合标准。

在测量厚度时，要扣除防粘材料的厚度，并避开褶皱处。厚度与外观按卷材试验方法进行检验。

3. 拉力及最大拉力时延伸率

按沥青防水卷材拉力及最大拉力延伸率进行试验。试验时，夹具间距 75 mm，纵横向均进行试验，拉力按下式计算。

$$P = F \times 2$$

式中 P——50 mm 宽度的拉力，N/50 mm；

F——25 mm 宽度试件的拉力，N/25 mm。

4. 低温柔度

按沥青防水卷材低温柔度试验方法进行试验。试验时，2 mm、3 mm 卷材采用半径为 15 mm 柔度板（棒），1.5 mm 厚卷材采用半径 12.5 mm 的柔度板（棒）。

5. 可溶物含量

按沥青防水卷材可溶物含量试验方法进行试验。

6. 不透水性

按沥青防水卷材不透水性试验方法进行试验，自粘面迎水，撕去试件表面防粘材料，将与透水盘密封圈尺寸一样的滤纸制成的纸环置于试件自粘面上，再进行试验。

7. 耐热度

按沥青防水卷材耐热度试验方法进行试验。

8. 剪切性能与剥离性能

按自粘橡胶沥青防水卷材剪切性能与剥离性能试验方法进行。

9. 抗穿孔性

按聚氯乙烯防水卷材抗穿孔性试验方法进行检验。

10. 撕裂强度

按沥青防水卷材撕裂强度试验方法进行检验。

11. 水蒸气透湿率

按聚合物沥青防水卷材水蒸气透湿率干燥剂法进行检验。

12. 人工气候加速老化试验

按沥青防水卷材人工气候加速老化试验方法进行试验。采用氙弧灯法，老化时间为 720 h，累计辐射能量约 1 500 MJ/m^2。老化后检验试件外观，测定纵向拉力与低温柔度，计算纵向拉力保持率。

（六）检验规则

检验分为出厂检验和型式检验。出厂检验项目包括卷重、面积、厚度、外观、不透水性、耐热度、低温柔度、拉力、最大拉力时延伸率、剥离性能、剪切性能。型式检验项目为所有技术要求的检验项目。

（七）判定规则

抽取的 5 卷样品均符合卷重、面积、厚度、外观的技术要求时，判卷重、面积、厚度及外观合格。若其中有一项不符合规定，允许从该批产品中另随机抽取 5 卷样品，对不合格项进行复查，如全部达到标准规定时则判为合格；否则，判该批产品不合格。

物理力学性能：

可溶物含量、拉力、最大拉力时延伸率、撕裂强度、水蒸气透湿率，其算术平均值达到标准规定指标判为该项合格。

剪切性能、剥离性能，其算术平均值达到标准规定的指标或粘合面外断裂，判为该项合格。

低温柔度 6 个试件至少 5 个试件分别达到标准规定时，判为该项合格。型式检验和仲裁检验采用 A 法。

人工加速老化试验各项结果达到标准规定时，判为该项合格。

各项试验结果均符合物理力学性能规定时，判该批产品物理力学性能合格。若一项指标不符合规定，允许在该批产品中再随机抽取 5 卷，从中任取一卷对不合格项目进行单项复验。达到标准规定时，判该批产品物理力学性能合格。

总判定：

卷重、面积、厚度、外观、物理力学性能均符合标准规定的全部要求时，判该批产品合格。

第四节　片材的分类与技术要求

高分子防水片材亦称高分子防水卷材，是建筑防水卷材的一种，片材是塑料与橡胶行业沿用的俗称。它是以合成树脂、合成橡胶或橡胶与塑料的共混体，经混炼、挤出、压延而成的片状防水材料。因成卷供应市场，用于建筑防水工程，又称高分子建筑防水卷材。执行标准为 GB 18173—2000。

高分子防水片材分为均质片材（简称均质片）及以高分子材料复合（包括带织物加强层）的复合片材（简称复合片）。主要用于建筑屋面防水、地下工程防水。

一、分类与标记

高分子防水片材按表 7-27 进行分类。

表 7-27 片材的分类

分类		代号	主要原材料
均质片	硫化橡胶类	JL1	三元乙丙橡胶
		JL2	橡胶（橡塑）共混
		JL3	氯丁橡胶、氯磺化聚乙烯、氯化聚乙烯等
		JL4	再生胶
	非硫化橡胶类	JF1	三元乙丙橡胶
		JF2	橡塑共混
		JF3	氯化聚乙烯
	树脂类	JS1	聚氯乙烯等
		JS2	乙烯醋酸乙烯、聚乙烯等
		JS3	乙烯醋酸乙烯改性沥青共混等
复合片	硫化橡胶类	FL	乙丙、丁基、氯丁橡胶，氯磺化聚乙烯等
	非硫化橡胶类	FF	氯化聚乙烯，乙丙、丁基、氯丁橡胶，氯磺化聚乙烯等
	树脂类	FS1	聚氯乙烯等
		FS2	聚乙烯等

产品按下列顺序进行标记，并可根据需要增加标记内容。

类型代号、材质（简称或代号），规格（长×宽×厚）。例如：长度为 20 000 mm，宽度为 1 000 mm，厚度为 1.2 mm 的均质硫化型三元乙丙橡胶防水（EPDM）卷材标记为：

JL1-EPDM-20 000 mm×1 000 mm×1.2 mm

二、技术要求

1. 片材规格

片材规格尺寸及允许偏差列于表 7-28 和表 7-29。

表 7-28 片材的规格尺寸

项目	厚度（mm）	宽度（m）	长度（m）
橡胶类	1.0, 1.2, 1.5, 1.8, 2.0	1.0, 1.1, 1.2	20 以上
树脂类	0.5 以上	1.0, 1.2, 1.5, 2.0	

注：橡胶类片材在每卷 20 m 长度中允许有一处接头，且最小块长度应不小于 3 m，并应加长 15 cm 作搭接；树脂类片材在每卷至少 20 m 长度内不允许有接头。

表 7-29 允许偏差

项 目	厚度	宽度	长度
允许偏差（%）	−10～+15	>−1	不允许出现负值

2. 外观质量

高分子防水片材的表面应平整；边缘整齐，不能有裂纹、机械损伤、折痕、穿孔及异常粘着部分等影响使用的缺陷。凹痕深度不得超过片材厚度的 30%，树脂类片材不得超过 5%；每平方米片板杂质不得超过 9 mm^2；气泡不得超过 7 mm^2，但树脂类片材不允许。

3. 物理性能

均质片的性能应符合表 7-30 规定，复合片的性能应符合表 7-31 规定。以胶断伸长率为其扯断伸长率。

片材的横、纵方向的性能应符合均质片和复合片规定的物理性能要求。带织物加强层的复合片，其主体材料厚度小于 0.8 mm 时，不考核胶断伸长率。厚度小于 0.8 mm 的性能允许达到规定性能 80% 以上。

PVC 或 CPE 防水卷材符合 GB/T 12952 或 GB/T 12953 标准规定要求。

表 7-30 均质片的物理性能

项 目			指标								
			硫化橡胶类				非硫化橡胶类			树脂类		
			JL1	JL2	JL3	JL4	JF1	JF2	JF3	JS1	JS2	JS3
断裂拉伸强度（MPa）	常温	≥	7.5	6.0	6.0	2.2	4.0	3.0	5.0	10	16	14
	60 ℃	≥	2.3	2.1	1.8	0.7	0.8	0.4	1.0	4	6	5
扯断伸长率（%）	常温	≥	450	400	300	200	450	200	200	200	550	500
	−20 ℃	≥	200	200	170	100	200	100	100	15	350	300
撕裂强度（kN/m）≥			25	24	23	15	18	10	10	40	60	60
不透水性，30 min 无渗漏（MPa）			0.3	0.3	0.2	0.2	0.3	0.2	0.2	0.3	0.3	0.3
低温弯折（℃）≤			−40	−30	−30	−20	−30	−20	−20	−20	−35	−35
加热伸缩量（mm）	延伸≤		2	2	2	2	2	4	4	2	2	2
	收缩≤		4	4	4	4	4	6	10	6	6	6
热空气老化（80 ℃×168 h）	断裂拉伸强度保持率（%）≥		80	80	80	80	90	60	80	80	80	80
	扯断伸长率保持率（%）≥		70	70	70	70	70	70	70	70	70	70
	100%伸长率外观		无裂纹	无裂纹	无裂纹	无裂纹	无裂纹	无裂纹	无裂纹	无裂纹	无裂纹	无裂纹

续表

项目		指标									
		硫化橡胶类				非硫化橡胶类			树脂类		
		JL1	JL2	JL3	JL4	JF1	JF2	JF3	JS1	JS2	JS3
耐碱性 [10% Ca(OH)$_2$ 常温×168 h]	断裂拉伸强度保持率(%)≥	80	80	80	80	80	70	70	80	80	80
	扯断伸长率保持率(%)≥	80	80	80	80	90	80	70	80	90	90
臭氧老化 (40℃×168 h)	伸长率40%，500 pphm	无裂纹	—	—	—	无裂纹	—	—	—	—	—
	伸长率20%，500 pphm	—	无裂纹	—	—	—	—	—	—	—	—
	伸长率20%，200 pphm	—	—	无裂纹	—	—	—	—	无裂纹	无裂纹	无裂纹
	伸长率20%，100 pphm	—	—	—	无裂纹	—	无裂纹	无裂纹	—	—	—
人工候化	断裂拉伸强度保持率(%)≥	80	80	80	80	80	70	80	80	80	80
	扯断伸长率保持率(%)≥	70	70	70	70	70	70	70	70	70	70
	100%伸长率外观	无裂纹	无裂纹	无裂纹	无裂纹	无裂纹	无裂纹	无裂纹	无裂纹	无裂纹	无裂纹
粘合性能	无处理	自基准线的偏移及剥离长度在5 mm以下，且无有害偏移及异状点									
	热处理										
	碱处理										

注：人工候化和粘合性能项目为推荐项目。

表7-31 复合片的物理性能

项目			种类			
			硫化橡胶类	非硫化橡胶类	树脂类	
			FL	FF	FS1	FS2
断裂拉伸强度 (N/cm)	常温	≥	80	60	100	60
	60℃	≥	30	20	40	30

续表

项目			种类			
			硫化橡胶类 FL	非硫化橡胶类 FF	树脂类	
					FS1	FS2
胶断伸长率（%）	常温	≥	300	250	150	400
	−20 ℃	≥	150	50	10	10
撕裂强度（N）		≥	40	20	20	20
不透水性，30 min 无渗漏			0.3MPa	0.3MPa	0.3MPa	0.3MPa
低温弯折（℃）		≤	−35	−20	−30	−20
加热伸缩量（mm）	延伸	<	2	2	2	2
	收缩	<	4	4	2	4
热空气老化 (80 ℃×168 h)	断裂拉伸强度保持率（%）	≥	80	80	80	80
	胶断伸长率保持率（%）	≥	70	70	70	70
耐碱性［10% Ca(OH)$_2$ 常温×168 h］	断裂拉伸强度保持率（%）	≥	80	60	80	80
	胶断伸长率保持率（%）	≥	80	60	80	80
臭氧老化（40 ℃×168 h），200 pphm			无裂纹	无裂纹	无裂纹	无裂纹
人工候化	断裂拉伸强度保持率（%）	≥	80	70	80	80
	胶断伸长率保持率（%）	≥	70	70	70	70
粘合性能	无处理					
	热处理		自基准线的偏移及剥离长度在 5 mm 以下，且无有害偏移及异状点			
	碱处理					

注：人工候化和粘合性能项目为推荐项目，带织物加强层的复合片不考核粘合性能。

三、检验规则

（一）检验分类

1. 出厂检验

应逐批对片材的规格尺寸、外观质量、常温拉伸强度、常温扯断伸长率、撕裂强度、低温弯折、不透水性能进行出厂检验。

2. 型式检验

本标准所列的全部技术指标项目为型式检验项目，通常在下列情况之一时应进行型式检验。

（1）新产品的试制定型鉴定；
（2）产品的结构、设计、工艺、材料、生产设备、管理等方面有重大改变；
（3）转产、转厂、长期停产（超过6个月）后复产；
（4）合同规定；
（5）出厂检验结果与上次型式检验有较大差异；
（6）仲裁检验或国家质量监督检验机构提出进行该项试验的要求。

在正常情况下，臭氧老化应为每年至少进行一次检验，其余各项为每半年进行一次检验；人工候化根据用户要求进行型式试验。

（二）判定规则

规格尺寸、外观质量及物理性能各项指标全部符合技术要求，则为合格品。若物理性能有一项指标不符合技术要求，应另取双倍试样进行该项复试，复试结果如仍不合格，则该批产品为不合格。

四、包装与标志

片材用硬质芯卷曲包装，外部用薄膜式编织材料。

每一独立包装应有合格证，注明产品名称、产品标记、商标、厂名、厂址、生产日期、产品标准号。

第五节　片材检验方法

高分子防水卷材的检验项目主要包括外观、厚度、单位面积质量、长度、宽度、平直度、拉伸性能、不透水性、尺寸稳定性、低温弯折性、耐化学液体性能、撕裂性能、接缝剥离性能、接缝剪切性能、抗冲击性能和抗静态荷载性能。

一、抽样与制样

以同品种、同规格的 5000 m^2 片材（如日产量超过 8000 m^2 则以 8000 m^2）为一批，随机抽取 3 卷进行尺寸和外观质量检验，在上述检验合格的样品中再随机抽取足够的试样，进行物理性能检验。

从测定完尺寸的制品上截取试验所需的足够长度试样，展平后在标准状态下放置 24 h

后,按图 7-16 及表 7-32 所示裁取试件。裁取复合片时,应顺着织物的纹路,尽量不破坏纤维,并使工作部分保证最大的纤维根数。

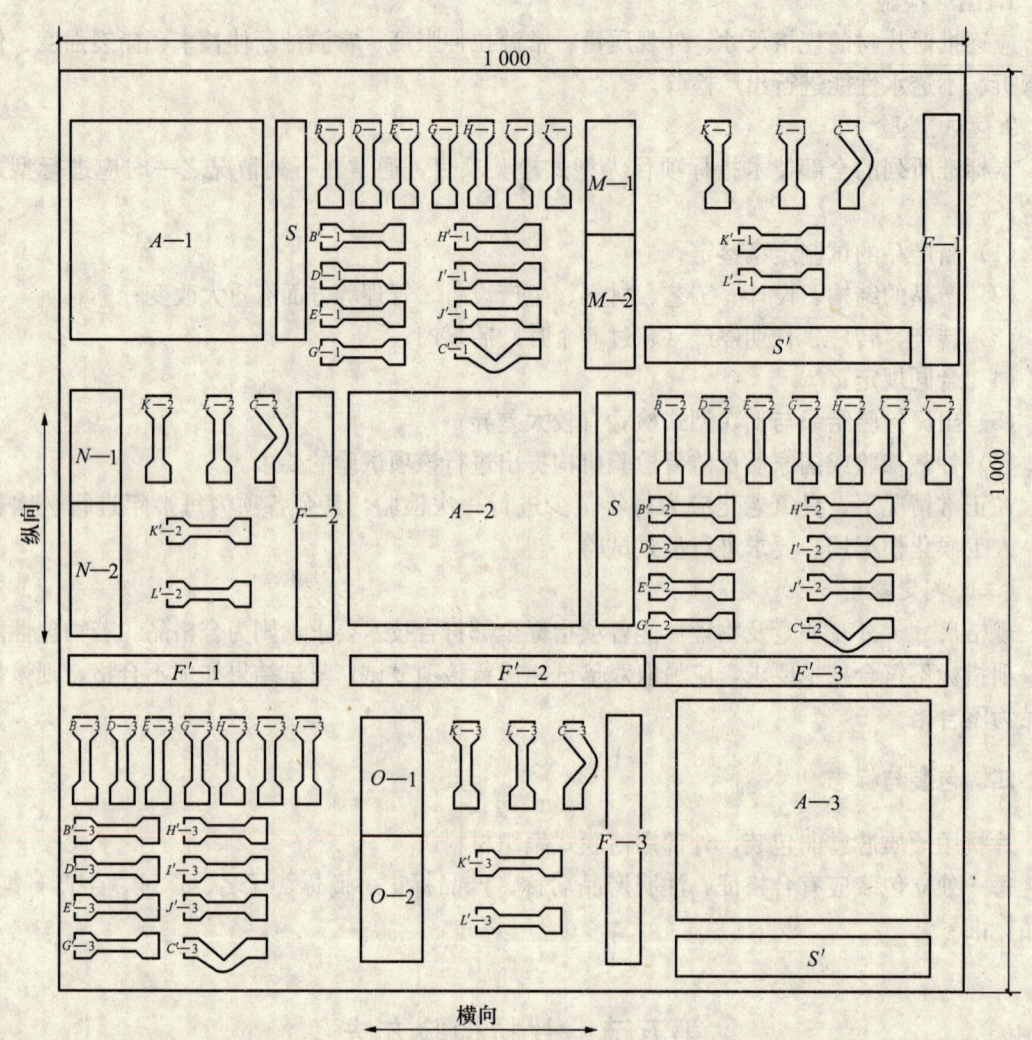

图 7-16 裁样示意图

表 7-32 试样的形状与个数

项 目		试样代号	试样形状	数量(个)	
				纵向	横向
不透水性		A	140 mm×140 mm	3	
拉伸性能	常温	B, B′	Ⅰ型哑铃片	3	3
	高温	D, D′	Ⅰ型哑铃片		
	低温	E, E′	Ⅰ型哑铃片		

续表

项　目		试样代号	试样形状	数量（个）	
				纵向	横向
撕裂强度		C，C′	直角型试片	3	3
低温弯折		S，S′	120 mm×50 mm	2	2
加热伸缩量		F，F′	300 mm×30 mm	3	3
热空气老化	拉伸性能	G，G′	Ⅰ型哑铃片	3	3
	伸长外观	J，J′	Ⅰ型哑铃片	3	3
耐碱性		I，I′	Ⅰ型哑铃片	3	3
臭氧老化		L，L′	Ⅰ型哑铃片	3	3
人工候化	拉伸性能	H，H′	Ⅰ型哑铃片	3	3
	伸长外观	K，K′	Ⅰ型哑铃片	3	3
粘合性能	无处理	M	150 mm×105 mm	2	
	热处理	N		2	
	碱处理	O		2	

注：
① 试样代号中，字母上方有"′"者是横向试样。
② 粘合性能试样也可裁成 150 mm×25 mm。

抽样规则应符合沥青防水卷材中规定的抽样规则。

二、外观

外观的检验是将抽取的成卷卷材的一部分在平面上展开，在卷材两面或切割断面上检查。

【试验条件】

通常情况下，在常温下进行测量；有争议时，试验在 23±2 ℃的条件进行，并在该温度下放置不少于 20 h。

【测定步骤】

抽取成卷的卷材放在平面上，小心地展开卷材的前 10 m，用肉眼检查整个卷材表面有无气泡、裂纹、孔洞、擦伤、凹痕或其他能观察到的缺陷。然后将卷材调个面，以同样方法检查下面。

靠近卷材端头，沿卷材整个宽度方向切割卷材，检查切割面有无空包和杂质存在。

气泡是指凸起在卷材表面，呈各种外形和尺寸，在其下面是空穴；裂缝是指裂纹扩展到材料外表面或整个厚度，橡胶或塑料材料会在裂缝处断开；孔洞是指贯穿卷材厚度，能漏过水的洞眼；擦伤是指由碰撞、摩擦引起的卷材单面损伤；凹痕是指卷材表面小的凹坑或压痕；空包是指不定形的生产中产生的空穴，含有空气；杂质是指产品中含有无关的物体。

三、厚度

高分子防水卷材的结构如图 7-17 所示。

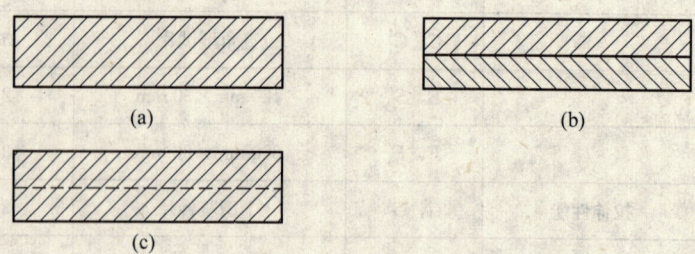

图 7-17 高分子防水卷材结构
1—均匀的单一卷材；2—复合层卷材；3—中间织物的卷材

在卷材中间的织物为合成纤维和无机纤维的纺织布层或无纺布层。卷材表面构造不同，分为卷材的一面或两面，对卷材的有效厚度有一定的影响，整个卷材的厚度差不超过 0.1 mm。

卷材的表面形式如图 7-18 所示。

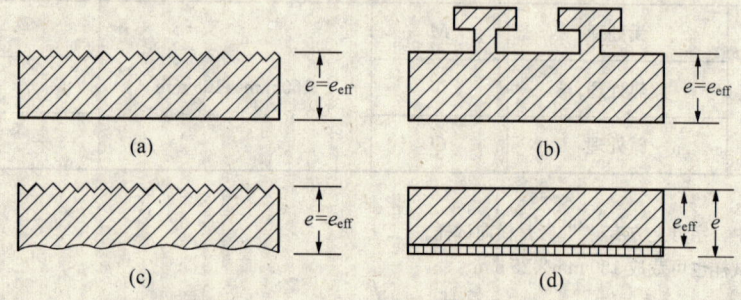

图 7-18 高分子防水卷材表面形式
（a）单面表面组织的卷材；（b）表面剖面的卷材；
（c）两面表面组织的卷材；（d）背衬卷材

背衬为固定在卷材底部的合成纤维或无机纤维的织物或无纺布层。

【仪器设备】

测量装置：能测量厚度，精确到 0.01 mm，测量面平整，直径 10 mm，施加在卷材表面的压力为 20 kPa。

光学装置：用于表面结构或背衬卷材，能测量厚度，精确到 0.01 mm。

【操作步骤】

测量前试件在 23±2 ℃和相对湿度 50%±5%的条件下至少放 2 h，试件表面和测量装置的测量面没有沾污。

记录每个试件的相关厚度，精确到 0.01 mm。计算所有试件测量结果的平均值和标准偏差。

1. 机械测量法

开始测量前，检查测量装置零点，在所有测量结束后再检查一次。在测定厚度时，测厚计下足应避免材料变形。

根据 GB 18173 片材厚度测量用分度为 1/100 mm，压力为 22±5 kPa，测量直径不小于 6 mm 的厚度计测量，其测量点如图 7-19 所示。

自端部起裁去 300 mm，再从其裁断处的 20 mm 内侧且宽度方向距两边各 10% 宽度范围内取两个点（a、b），再将 ab 间距四等分，取其等分点（c、d、e）共 5 个点测量厚度，测量结果用 5 个点的平均值表示。宽度不满 500 mm 的可省去 c、d 两个点的测定。

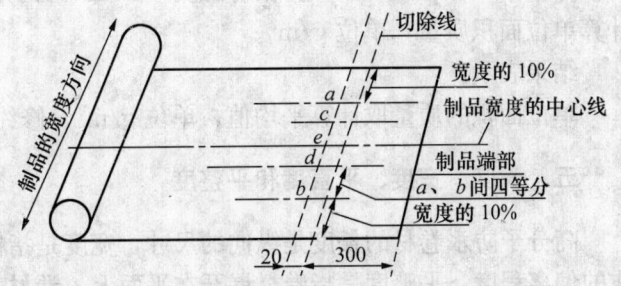

图 7-19　厚度测量点示意图

2. 光学测量法

任何表面结构或背衬的卷材可用光学法测量厚度。通常厚度测试结果用下法表示：

卷材的全厚度（包括表面的任何结构）取所有试件的平均值。卷材有效厚度取所有试件去除表面结构或背衬后厚度的平均值。

记录所有卷材厚度的结果和标准偏差，精确到 0.01 mm。

四、单位面积质量

单位面积质量是指高分子防水卷材单位面积上的质量，用 g/m^2 表示。用称量已知面积的试件进行测定。

【仪器设备】

天平：精确到 0.01 g。

【试件制作】

正方形或圆形试件，面积 10000±100 mm^2。从试样上沿卷材宽度方向截取试件，试件距卷材边缘 100±10 mm，试件与试件在宽度方向至少间隔 500 mm，最少裁取 3 个试件。如图 7-20 所示。

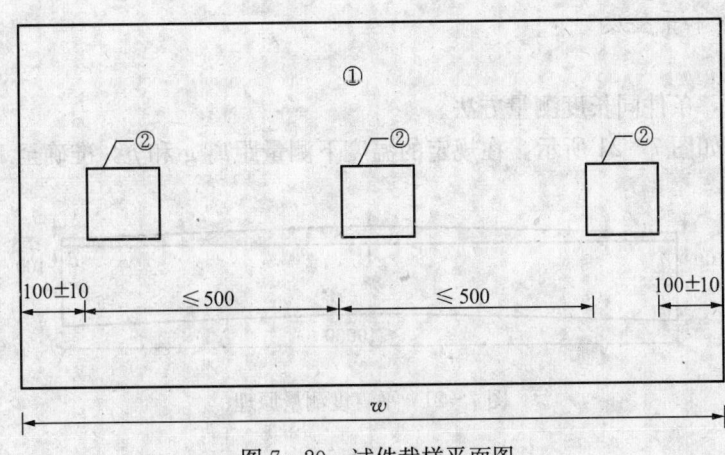

图 7-20　试件裁样平面图
1—试片；2—试件

【试验步骤】

称量前试件在23±2℃和相对湿度50%±5%的条件下放20 h,称量试件准确到0.01 g,计算单位面积质量,单位g/m²。

结果表示:

单位面积的质量取计算平均值,单位g/m²,修约至5 g/m²。

五、长度、宽度、平直度和平整度

高分子防水卷材的长度是纵向的尺寸,宽度是指横向的尺寸,平直度是指卷材纵向与直线的偏离程度,平整度是指卷材展开在平面上,卷材表面最高处与平面偏离的程度。

(一)长度测定

【仪器设备】

平面工作台,至少10 m长,宽度与被测卷材相同,纵向平面两边或一边有标尺,以便测量卷材长度,标尺的分度为1 mm。

【操作步骤】

在卷材端处做好标记,标记与卷材长度方向垂直,标记对卷材的影响应尽可能小。在23±5℃不受张力条件下沿平面展开卷材,在到达平面的另一端后,在卷材的背面用合适方法标记,与已知长度的两端对齐。再从已测量的该位置展开、放平,像前面一样从边缘标记处开始测量,重复这一过程,直到卷材全部展开,测量最终长度。

可选用钢卷尺或机械、光电方法测量长度,精确至5 mm。

(二)宽度测定

【仪器设备】

平面工作台,长度不小于10 m,宽度至少与卷材宽度一样。

【操作步骤】

卷材不受张力的情况下在平面上展开,用卷尺或直尺在23±5℃的条件下每间隔10 m进行测量,并记录。卷材宽度精确到1 mm,保证所有宽度在与卷材纵向垂直的方向上测量。

结果表示:

计算宽度测量的平均值,作为平均宽度,精确到1 mm,并记录宽度的最小值。

(三)平直度和平整度

【仪器设备】

平面工作台,条件同长度测量方法。

测量装置:如图7-21所示,在规定的温度下测量距离g和p,准确至1 mm。

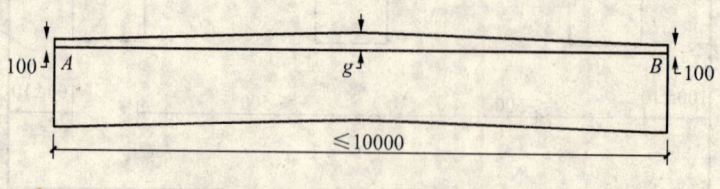

图7-21 平直度测量原理

【操作步骤】

卷材在23±2℃不受张力的情况下,沿平面展开至少第一个10 m,在30±5 min后,在卷材两端 AB（10 m）直线处测量平直度的最大距离 g，单位 mm。

在卷材波浪边的顶点与平面间测量平整度的最大值 p，单位 mm。

结果表示：

根据测量数据，距离（$g-100$ mm）和 p 表示为卷材的平直度和平整度，单位为 mm，修约到 10 mm。

六、拉伸性能

拉伸性能是指高分子防水卷材在受拉力后，抵抗变形的能力。用拉力（单位为 N/50 mm）和拉伸强度（N/mm²）表示，按 GB/T 528 规定进行。

【仪器设备】

拉伸试验机：夹具移动速度 100 ± 10 mm/min 和 500 ± 50 mm/min，夹具宽度不小于 50 mm，拉力量程不小于 2000N。夹具能随试件拉力的增加而保持或增加夹具的夹持力，对厚度不超过 3 mm 的产品能夹住试件使其在夹具中滑移不超过 1 mm，更厚的产品不超过 2 mm。

【试件制备】

拉伸方法有两种。对于方法 A 不适用的材料，如材料没有断裂，可用方法 B 来测试。

试件从距试样边缘 100 ± 10 mm 以上截取，用模板或用裁刀裁取，拉伸试件准备两组，纵向 5 个试件，横向 5 个试件。

方法 A：矩形试件为 50 ± 0.5 mm×200 mm。

方法 B：哑铃形试件为 6 ± 0.4 mm×115 mm。

试件中的网格布、织物层、垫层或增强层在长度和宽度方向应裁成一样的经纬数，避免切断筋。

试件在试验前至少在 23 ± 2 ℃和相对湿度 $50\%\pm5\%$ 的条件下放置 20 h。

试件形状如图 7-22 和图 7-23 所示，试件尺寸列于表 7-33。

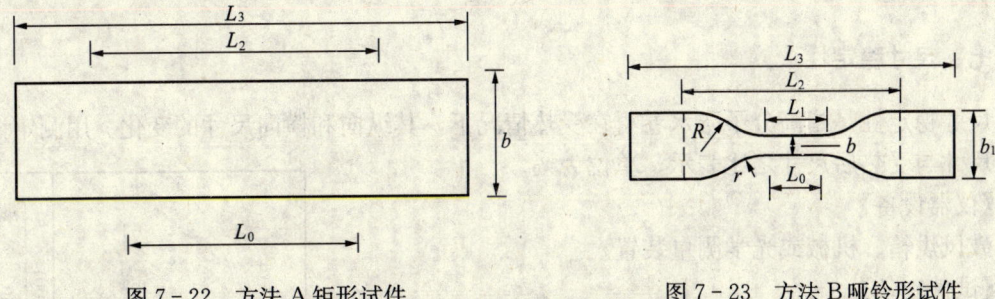

图 7-22　方法 A 矩形试件　　　　图 7-23　方法 B 哑铃形试件

表 7-33　试件尺寸

试件尺寸代号	方法 A（mm）	方法 B（mm）
全长，至少（L_3）	>200	>115
端头宽度（b_1）		25 ± 1
狭窄平行部分长度（L_1）		33 ± 2

试件尺寸代号	方法 A (mm)	方法 B (mm)
宽度 (b)	50±0.5	6±0.4
小半径 (r)		14±1
大半径 (R)		25±2
标记间距离 (L_0)	100±5	25±0.25
夹具间起始间距 (L_2)	120	80±5

【操作步骤】

将试件紧紧地夹在拉伸试验机的夹具中,注意试件长度方向的中线与试验机夹具中心在一条线上。为防止试件产生任何松弛,加载不超过 5 N 的力。

试验在 23±2 ℃条件下进行,夹具移动速度:方法 A 为 100±10 mm/min,方法 B 为 500±50 mm/min。直至试件断裂,记录拉力和拉伸距离。

对于有增强层的卷材,在压力应变图上有两个或更多的峰值,应记录两个最大峰值的拉力、延伸率及断裂延伸率。

结果计算:

去除任何在距夹具 10 mm 以内断裂或在试验机夹具中滑移超过极限值的试件的试验结果,用备用件重测。

分别记录每个方向 5 个试件的值,计算算术平均值和标准偏差。

方法 A 为拉伸力,单位为 N/50 mm;

方法 B 为拉伸强度,单位为 N/mm^2,修约到 5 N,拉伸强度根据有效厚度计算。

延伸率按延伸距离与原始距离之比的百分率计算。

方法 A 的结果精确到 1 N/50 mm,方法 B 的结果精确到 0.1 N/mm^2,延伸率保留两位有效数字。

七、尺寸稳定性

尺寸稳定性是指高分子防水卷材在受热情况下,其纵向和横向尺寸的变化。用测定试件起始尺寸与受热后尺寸之比表示,单位为%。

【仪器设备】

鼓风烘箱、机械或光学测量装置。

【试件制备】

取至少 3 个正方形试件,尺寸为 250 mm×250 mm,在卷材宽度方向均匀裁取,最外一个距卷材边缘 100±10 mm。

如图 7-24 所示,在试件纵向和横向的中间作永久标记。

试验前,试件至少在 23±2 ℃和相对湿度 50%±5%标准条件下放置 20 h。

【试验步骤】

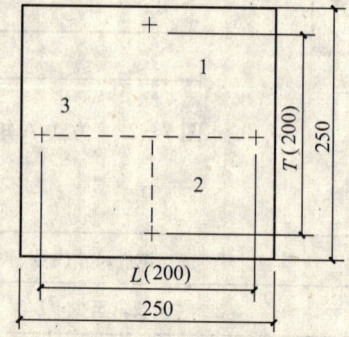

图 7-24 试件尺寸测量
1—永久标记;2—横向中心线;
3—纵向中心线

按图 7-24 测量试件的纵向和横向尺寸 L_0 和 T_0，精确到 0.1 mm。试件放在烘箱的平板上，上表面应朝上。将烘箱温度调节到 80±2 ℃，烘 6 h+15 min 后，从烘箱的平板上取出，在 23±2 ℃、相对湿度 50%±5% 的标准条件下放置至少 60 min，再按图 7-24 测量试件的横向和纵向尺寸（L_1 和 T_1），精确到 0.1 mm。

结果表示：

按下列各式分别计算纵向和横向变化率：

$$\Delta L = \frac{L_1 - L_0}{L_0} \times 100$$

$$\Delta T = \frac{T_1 - T_0}{T_0} \times 100$$

式中　L_0 和 T_0——纵向和横向试件的起始尺寸，mm；
　　　L_1 和 T_1——加热处理后纵向和横向试件的尺寸，mm；
　　　ΔL 和 ΔT——纵向和横向尺寸变化率（+或-），%。

ΔL 和 ΔT 的平均值作为样品的试验结果。

在 GB 18173—1—2000 中规定用加热伸缩量表示，试件在 80±2 ℃烘箱中放置 168 h，再测其尺寸的变化。

八、低温弯折性

低温弯折性是检验高分子防水卷材在低温条件下抵抗外力的能力，用试件在低温条件下进行弯折后有无裂纹来表示，通常在低温条件下，用弯折仪进行试验。

【仪器设备】

弯折装置：金属弯折装置为可调节的金属板。如图 7-25 所示。

环境箱：可调节温度至-45 ℃，精度±2 ℃。

检查工具：6 倍放大镜。

【试件制备】

每个试验温度取 4 个 100 mm×50 mm 的试件，其中两个纵向（L）和两个横向（T）试件。

试验前试件应在 23±2 ℃，相对湿度 50%±5% 标准条件下放置至少 20 h。

【试验步骤】

调节弯折试验机两个平板间的距离为试件全厚度的 3 倍，检查平板间 4 点的距离，如图 7-25 所示。将试件在试验机上固定，将弯折试验机和试件放入规定温度的低温箱中。

放置 1 h 后，1 s 内合上弯折试验机，从超过 90°的垂直位置到水平位置，保持该位置 1 s，整个操作过程在低温箱中进行。

从试验机中取出试件，在 23±5 ℃的室温下放置，用 6 倍放大镜检查试件弯折区域的裂纹或断裂。

如需测定试件的低温弯折温度时，弯折程序每 5 ℃重复一次，直至用 6 倍放大镜检查，试件不出现裂纹或断裂温度为止。

试验温度范围：-40 ℃、-35 ℃、-30 ℃、-25 ℃、-20 ℃等。

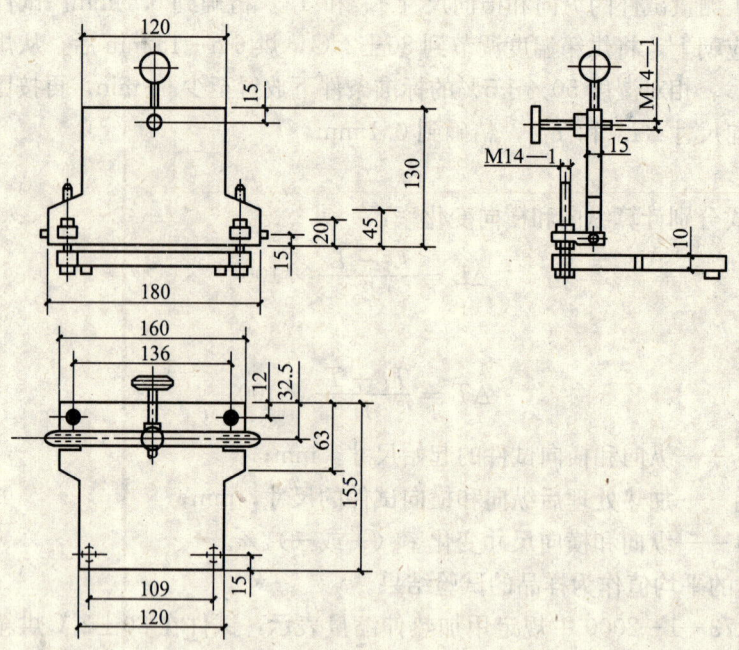

图 7-25 弯折装置示意图

结果表示：

按低温试验程序一次一次地进行试验，卷材的低温弯折温度为任何试件不出现裂缝和断裂，每次试验间隔 5 ℃。

九、撕裂性能

撕裂性能是指高分子防水卷材抗外界撕裂受损时的能力，用预割口试件的最大拉力表示，单位为 N。

试验的原理是测量试件完全撕裂需要的力，是试件已有缺口或割口的延续。

【仪器设备】

拉伸试验机：拉伸速度 100±10 mm/min，夹持宽度不小于 50 mm，有效荷载范围至少 2000 N。对于厚度不超过 3 mm 的产品，试件在夹具中的滑移不超过 1 mm，厚的产品不超过 2 mm。

裁取试件的模板如图 7-26 所示。

【试样制备】

试件形状和尺寸如图 7-27 所示。

α 角的精度为 1°。

卷材的横向和纵向分别用模板裁取 5 个缺口或割口试件，在每个试件的夹持线位置做好记号。

试验前试件应在 23±2 ℃和相对湿度 50%±5%的条件下放置至少 20 h。

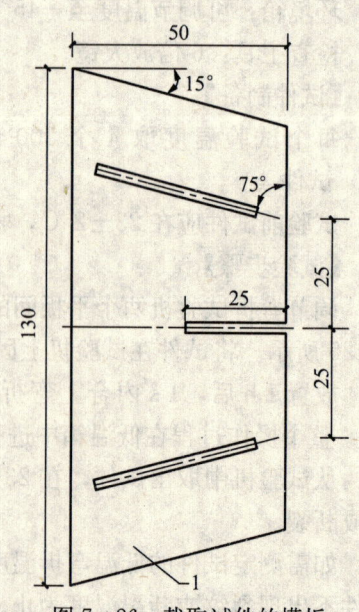

图 7-26 裁取试件的模板
1—试件厚度：2~3 mm

第五节 片材检验方法

【试验步骤】

试件应紧紧地夹在拉伸试验机的夹具中,注意使夹持线沿着夹具的边缘,如图 7-28 所示。

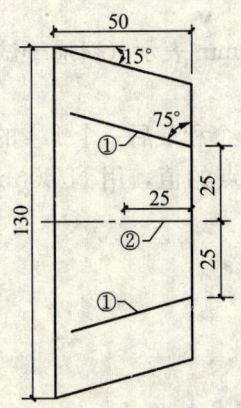

图 7-27 试件形状和尺寸
1—夹持线；2—缺口或割口

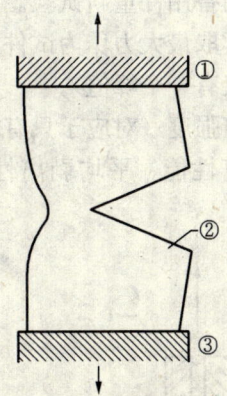

图 7-28 试件在夹具中的放置
1—上夹具；2—试件；3—下夹具

试验温度为 23±2 ℃,拉伸速度为 100±10 mm/min,记录每个试件的最大拉力。每个试件的最大拉力用 N 表示。

舍去试件从拉伸试验机的夹具中滑移超过规定值的结果,用备用件重新试验。

计算每个方向的拉力算术平均值（F_L 和 F_T）,用 N 表示。

十、接缝剥离性能

接缝剥离性能是指高分子防水卷材相互搭接后,抵抗剥离破坏时的能力,用 N/50 mm 表示。用于评价搭接卷材的胶粘能力及相容性的好坏。

【仪器设备】

拉伸试验机：拉伸速度为 100±10 mm/min,夹持宽度不小于 50 mm,有效荷载范围至少 2000 N。

【试件制备】

用于搭接的试件应预先在 23±2 ℃ 和相对湿度 30%～70% 的条件下放置至少 20 h。

卷材的试件按要求进行搭接,搭接后,试片应在 23±2 ℃ 和相对湿度 50%±5% 的条件下放置至少 2 h。

每个搭接试片裁五个矩形试件,宽 50±1 mm,长度应保证试件装入夹具,如图 7-29 和图 7-30 所示。

矩形搭接试件按要求的所有步骤来搭接制备,每组试验 5 个试件。

【试验步骤】

试件应紧紧地夹在拉伸试验机中。使试件的纵向轴线与拉伸试验机及夹具的轴线重合。夹距整个距离为 100±5 mm,不受预荷载。

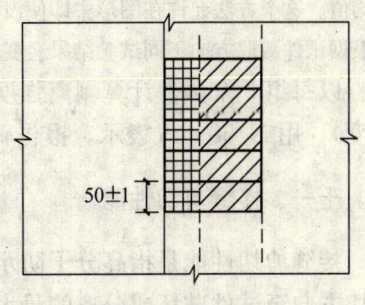

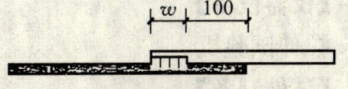

图 7-29 按规定的留边和最终叠合制备试件
w—搭接宽度

试验温度为 23±2 ℃，拉伸速度为 100±10 mm/min。

连续记录试件拉力和伸长，直至试件分离，记录接缝破坏形式。画出应力应变图。

舍去试件距拉伸试验机夹具 10 mm 范围内的破坏及从拉伸试验机夹具中滑移超过规定值的结果，用备用件重新试验。

从图上读取最大力作为试件的最大剥离强度。用 N/50 mm 表示（对应于试件断裂、无剥离发生和仅有一个峰值）。

平均剥离强度（对应于只有剥离发生）计算时去除第一个和最后一个 1/4 的区域，然后计算平均剥离性能。平均剥离性能是计算保留 10 个等分点的值，用 N/50 mm 表示，如图 7-31 所示。

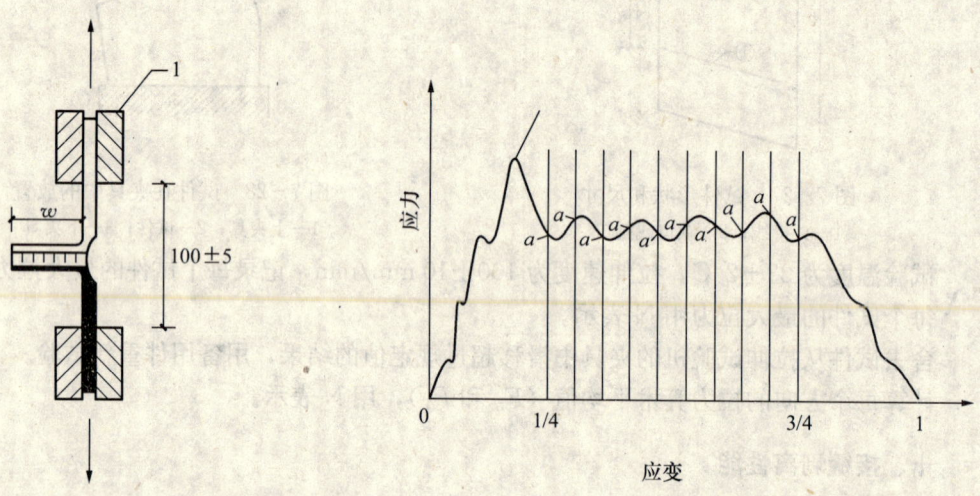

图 7-30　留边和最终叠合的剥离强度试验
1—夹具；w—搭接宽度

图 7-31　计算平均剥离强度图（示例）

a＝点处的估值。

注：这里规定估值方法的目的是计算平均剥离强度，即在试验过程中某些规定时间的作用于试件力的平均值。这个方法允许在图形中即使没有明显峰值时进行估值，在试验某些粘结材料或许会发生。必须注意根据试件裁取方向不同试验结果会变化。

以每组 5 个试件计算剥离强度作为平均值（用每个试件得到的最大剥离强度或平均剥离强度），用 N/50 mm 表示。报告剥离强度精确到 N，以及标准偏差。

十一、接缝剪切性能

接缝剪切性能是指高分子防水卷材搭接后抵抗剪切力的能力。用拉伸搭接好的试件，在剪切方向至试件破坏或分离的最大拉力，用 N/50 mm 表示。主要用来评价其粘合强度。

【仪器设备】
拉伸试验机。

【试件制备】
用于搭接的试片应预先在 23±2 ℃ 和相对湿度 30%～70% 的条件下放置至少 20 h。

卷材的试片按要求进行搭接。包括搭接边、最终搭接缝、产品规定的重叠面。搭接后，试片应在温度 23±2 ℃和相对湿度 50%±5%的条件下放置至少 2 h。每个搭接试片裁 5 个矩形试件，宽度 50±1 mm，与搭接边垂直，其长度应保证两个夹具间初始距离 200±5 mm。如图 7-32 所示。

【试验步骤】

试件应紧紧地夹在拉伸试验机的夹具中，使试件的纵向轴线与拉伸试验机及夹具的轴线重合。每个试件应做记号以确定从夹具中产生的滑移。

试件试验温度为 23±2 ℃，拉伸速度为 100±10 mm/min。连续记录试件的拉力直至试件断裂或剪断，记录接缝的破坏形式。

接缝剪切强度是试验记录的最大拉力。

列出每组 5 个试件的数值，单位为 N，计算接缝剪切力的平均值，精确到 N。计算和说明标准偏差。

舍去试件距拉伸试验机夹具 10 mm 范围内的破坏及从拉伸试验机夹具中滑移超过规定值的结果，用备用试件重新试验。

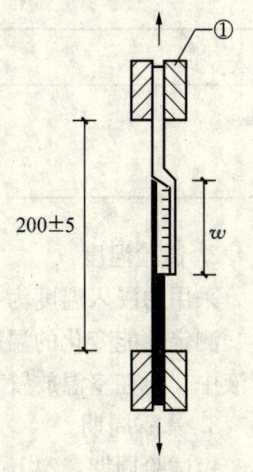

图 7-32 接缝剪切强度试验
1—夹具；w—搭接宽度

十二、不透水性

按沥青防水卷材不透水性试验方法进行。

第六节　特殊性能

高分子防水卷材的特殊性能是指对其特殊要求的性能。例如耐化学液体、抗冲击性能、抗静荷载性能、耐老化性能、粘合性能等。

一、耐化学液体性能

耐化学液体（包括水）是指高分子防水卷材经化学液体浸泡以后，对其性能的影响。以评价其耐化学腐蚀性能和耐水性能。通常是测其试件在浸泡前后的性能变化。其中包括质量变化、尺寸变化、外观变化和物理性能变化。

【仪器设备】

广口瓶及配套的盖子；温度计；称量瓶；天平，精度 0.01 g；厚度计，有平台，精度 0.01 mm；测径规，精确到 0.1 mm；鼓风烘箱。

【试件准备】

试件的形状、尺寸和数量根据性能测试方法选用和制备试件。

试件在试验前，应在 23±2 ℃、相对湿度 50%±5%的条件下放置至少 24 h。

【试验步骤】

1. 试验溶液

根据对试件的性能要求，选择化学物质，配制成水溶液。通常选用的水溶液如表 7-34 所列。

表 7-34 标准水溶液

试验溶液	说明
10%氯化钠溶液（NaCl） 石灰悬浮液［Ca(OH)$_2$］ 5%~6%硫酸（H$_2$SO$_4$）	GB/T 11547 规定 沉淀饱和溶液

2. 试验温度

采用的浸入温度为 23±2 ℃和 50±2 ℃。

测定性能变化的温度为 23±2 ℃。若浸入温度不同，试件从环境温度放入刚配置的试验溶液中，要在室温放置 15~30 min。

3. 暴露周期

短试验周期：24 h；

标准试验周期：1 W；

长试验周期：16 W。

4. 浸泡程序

试验溶液的数量以样品整个表面积计，每平方厘米 8 mL，以防止溶液在试验期间产生吸收浓缩。

放置每组试件在容器中，并完全浸入试验液体中（必要时用重物）。在试验中要搅拌液体，至少每天一次。若试验超过 7 d，用相同数量的原液，每 7 d 更换一次；若液体不稳定，需经常更换液体。如光线对试验液体性能有影响，应在黑暗条件下或规定亮度条件下操作。

在浸水周期结束时，从试验液体中取出试件，选择对试件性能没有影响的液体进行漂洗，用滤纸或棉绒布擦干试件。

5. 质量变化的测定

根据高分子防水卷材质量测定方法，确定试件数量和尺寸大小，分别测定初始试件的质量 M_1。

试验周期达到后立即取出试件进行冲洗和擦干，放入称量瓶，塞上塞子，测定质量 M_2，精确到 0.001 g。

从称量瓶中取出试件，放入鼓风干燥箱中干燥。在规定的温度和规定的时间，通常为 24±1 h 和 50±2 ℃烘至恒重。取出后冷却至室温，测每个试件的质量 M_3。

质量变化百分率用下式表示：

$$A_1 = \frac{M_2 - M_1}{M_1} \times 100$$

$$A_2 = \frac{M_3 - M_1}{M_1} \times 100$$

式中 A_1——潮湿状态质量变化百分率，%；

A_2——干燥状态质量变化百分率，%；

M_1——试验浸泡前试件质量，g；

M_2——试验浸泡后湿试件质量，g；

M_3——试验浸泡后干燥试件质量，g。

单位面积质量变化：

计算每个试件单位面积质量的增加或减少用 mg/cm² 表示。

$$A_3 = \frac{M_2 - M_1}{S}$$

$$A_4 = \frac{M_3 - M_1}{S}$$

式中　A_3——湿试件单位面积质量变化，mg/cm²；

　　　A_4——干试件单位面积质量变化，mg/cm²；

　　　S——试件面积，cm²。

6. 尺寸测量

根据高分子防水卷材尺寸测量规定，确定试件的尺寸和数量，通常为矩形和圆形试件。

测定圆形试件初始值，用测径规测量相互垂直的直径。精确到 0.1 mm，记录平均值 L_1。用测厚计测量试件 4 个不同点的厚度，精确到 0.01 mm，记录平均值 E_1。

测定矩形试件初始值，用测径规测量试件四边的长度，精确到 0.1 mm，记录平均值 L_1。用测厚计测量试件 4 个不同点的厚度，精确到 0.01 mm，记录平均值 E_1。

测点应距试件边缘至少 10 mm。

试件在规定的温度和周期的试验液中浸泡完成后，冲洗、擦干，立即测量湿状态下试件的长度和厚度，方法同上。分别记录平均值 L_2 和 E_2。精确到 0.1 mm 和 0.01 mm。

测量经烘干恒重后的试件长度和厚度，分别记录平均值 L_3 和 E_3。

根据初始值和最终值，计算每个试件尺寸的变化百分率。

$$B_1 = \frac{L_2 - L_1}{L_1} \times 100$$

$$B_2 = \frac{L_3 - L_1}{L_1} \times 100$$

式中　B_1——湿试件长度变化率，%；

　　　B_2——干试件长度变化率，%；

　　　L_1　试件原始长度，mm；

　　　L_2——浸泡后湿状态试件的长度，mm；

　　　L_3——浸泡后干燥状态试件的长度，mm。

$$B_3 = \frac{E_2 - E_1}{E_1} \times 100$$

$$B_4 = \frac{E_3 - E_1}{E_1} \times 100$$

式中　B_3——湿试件厚度变化率，%；

　　　B_4——干试件厚度变化率，%；

　　　E_1——试件原始长度，mm；

E_2——浸泡后湿试件长度,mm;

E_3——浸泡后干试件长度,mm。

这些百分率可能大于、等于或小于100%,等于100%的值表示液体对尺寸变化无影响。

7. 外观变化的测定

按规定制备试件两组,一组供浸入标准试验液用,一组供对比用。浸泡程序同前面所述。浸在规定温度和周期的试液中。检查每个试件,必要时用放大镜观察,与未处理试件进行比较。按表 7-35 使用的符号等级记录外观的任何变化。

(1) 颜色(包括无论是否一致的自然变化)。
(2) 不透明性。
(3) 光泽或失去光泽。
(4) 裂纹或裂缝的产生;
(5) 气泡、凹陷和其他类似影响的产生;
(6) 存在能容易被擦除的物质;
(7) 外观发粘;
(8) 分层、翘曲或其他变形;
(9) 部分分解。

表 7-35 符号等级

符号	外观变化
O	无
F	轻微
M	中等
L	大

按照符号等级表示试验结果,分别报告试件的相关试验结果,浸泡后擦干(潮湿)、在烘箱中干燥和恢复(干燥)等情况。

8. 物理性能变化的测定

物理性能变化主要指用于屋面防水卷材的低温抗折性的变化。若测定其他性能,可参照此进行。

按卷材低温柔性测定方法制备试件,测出初始值,即测定初始低温弯折性温度 V_1,然后浸入标准试验液中,按规定温度和周期进行。

从浸泡液中取出,冲洗和擦干进行低温弯折试验,求出浸泡后低温弯折性温度 V_2;然后再放入烘箱中在规定的温度下进行烘干。再进行干燥试件的低温弯折性温度 V_3。

低温弯折性变化计算如下:

$$C_1 = V_2 - V_1$$
$$C_2 = V_3 - V_1$$

式中 C_1——浸泡后潮湿状态低温弯折性变化,℃;

C_2——浸泡后干燥状态低温弯折性变化,℃;

V_1——试件低温弯折性温度初始值,℃;

V_2——湿状态低湿弯折性温度,℃;

V_3——干燥状态低温弯折性弯折温度,℃。

用5℃的增量表示变化,低温弯折性变化率计算如下:

$$C_3 = \frac{V_2}{V_1} \times 100$$

$$C_4 = \frac{V_3}{V_1} \times 100$$

式中 C_3——试件潮湿状态低温弯折性变化率,%;
C_4——试件干燥状态低温弯折性变化率,%。

二、抗冲击性能

抗冲击性能是指高分子防水卷材遇到意外物体的冲击或人为施加于其上的压力或负荷而不被刺破的能力。抗冲击性能是用落锤从固定高度落下,用试件被刺穿直径来表示,以有无渗漏水的方法进行检查,单位为 mm。

【仪器设备】

落锤试验装置:包括台架、落锤、释放装置、穿刺工具、压环、标准发泡聚苯乙烯板等。

试验装置的落锤导轨如图7-33所示。

落锤安装有穿刺工具,落锤包括穿刺工具的质量为1000±10 g,如图7-34所示。

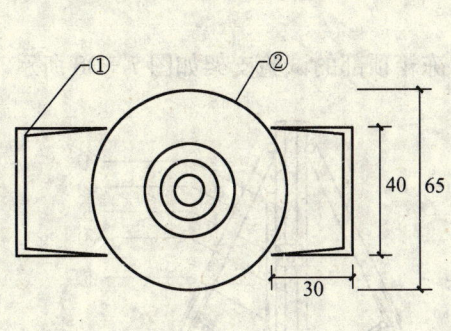

图7-33 导轨
1—导轨;2—落锤

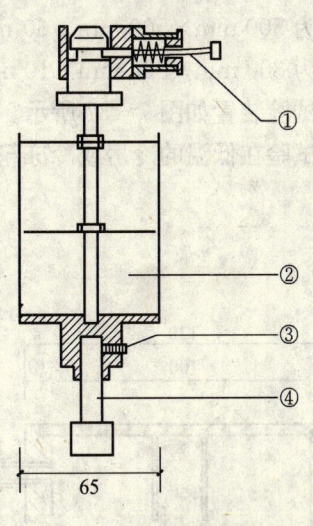

图7-34 落锤释放
1—释放装置;2—落锤;
3—固定螺丝;4—穿刺工具

释放装置用来固定落下高度,落下高度从穿刺工具的底部到试件的上表面,距离为600±5 mm。

穿刺工具为圆柱形,如图7-35所示。

穿刺工具由不锈钢材料制成,硬度50 HRC,轴直径10±0.1 mm,圆柱直径为10 mm、20 mm、30 mm、40 mm,公差±0.1 mm,圆柱边缘半径0.6±0.1 mm。

压环是用不锈钢制作,质量500±50 g,内环直径200±2 mm,如图7-36所示。

标准发泡聚苯乙烯板具有切割表面,密度为20±2 kg/m³,尺寸为300 mm×300 mm×50 mm。

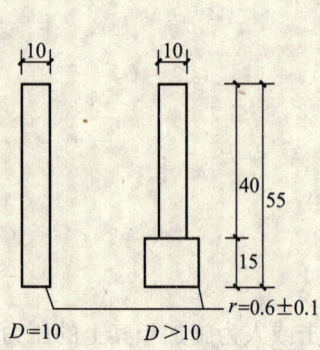

图 7-35 穿刺工具
D—圆柱直径；r—圆边半径

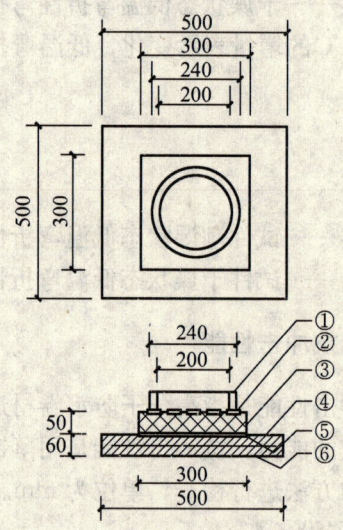

图 7-36 基础和压环
1—压环；2—试件；3—聚苯乙烯；
4—10 mm 表面光滑无标记的不锈钢板；
5—ϕ5 mm 不锈钢网；6—混凝土基础

基础为 500 mm×500 mm×60 mm 的混凝土块，其表面嵌入光滑无标记的不锈钢支撑板，尺寸为 300 mm×300 mm×10 mm。

穿刺试验装置如图 7-37 所示。

冷冻试验在低温的冷房或冷冻箱中进行，其冷冻箱顶部的试验支架如图 7-38 所示。

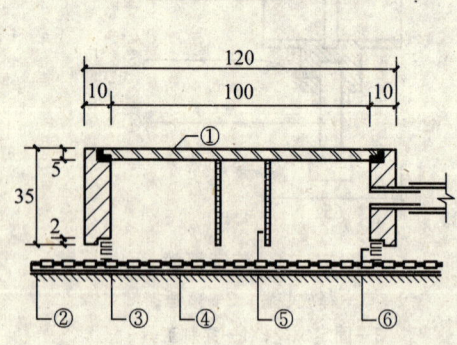

图 7-37 真空装置
1—玻璃板；2—支撑；3—空气透过层；
4—试片；5—透明塑料管；6—垫圈

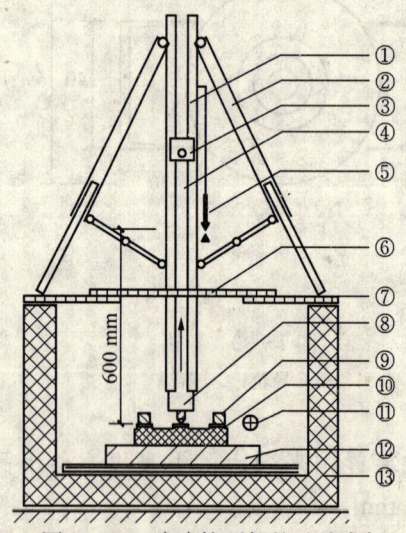

图 7-38 冷冻箱顶部的试验支架
1—导轨；2—可调节支架；3—锁定机械；
4—在上部位置的落锤；5—控制高度位置；
6—可移开透明盖；7—固定盖；
8—落锤和穿刺工具；9—压环；
10—试件；11—在试件水平位置的温度控制；
12—基础；13—冷冻箱

【试件制备】

制备 300 mm×300 mm 的试件 10 个,从卷材宽度方向距边缘 100 mm 外裁取。

试件在规定条件下放置 24 h。

【试验步骤】

试验在 23±2 ℃条件下进行,必要时采用−10±2 ℃的条件。

每次试验采用新的试件和新的聚苯乙烯板。

试件平放在绝热材料上,上表面朝上,并用压环压住,聚苯乙烯板放在基础的不锈钢板上。当释放落锤时,落锤从距试件上表面垂直高度 600±5 mm 的位置自由落下,穿刺工具应冲击压环下的试件中心。

试验开始用 10 mm 直径的穿刺工具进行,当试件被击穿后,用更大直径的,如此一直到 40 mm 直径的穿刺工具。

检验试件是否刺穿,可用肥皂溶液涂抹冲击区域的表面,隔 5~10 min,对冲击区域用真空或加压的方法产生 15 kPa 的压差,上表面在低压力的一面。若 60 s 后未观察到空气气泡,认为试件无渗漏或穿孔。

用抗冲击穿刺工具的直径表示试验结果,防水卷材 5 个试件中至少 4 个试件无渗漏。

三、抗静态荷载

抗静态荷载是指高分子防水卷材抵抗在卷材上的长时间静荷载与短时间动荷载的能力。用穿刺最大荷载表示,单位为 kg。

试验是通过穿刺工具在卷材的表面进行穿刺,以试件被穿刺区域有无渗漏水进行判断。

【仪器设备】

静态荷载试验装置:由导轨、荷载杆、荷载圆片、穿刺工具和支撑组成,如图 7-39 所示。

通过导轨,穿刺工具能在垂直方向移动。

荷载杆的下端有穿刺工具,中间有支撑用的圆片。荷载杆和穿刺工具应校准,包括支撑圆片,质量 2 kg。

荷载圆片由 1 个 3 kg 和 3 个 5 kg 质量的圆片组成一组。

穿刺工具为 10 mm 直径的球,穿刺工具由不锈钢材料制成;硬度 50 HRC;球直径 10±0.05 mm;表面无印记并磨光。

支撑分为软支撑(方法 A)和硬支撑(方法 B)两种。

软支撑为发泡聚苯乙烯,密度 20±

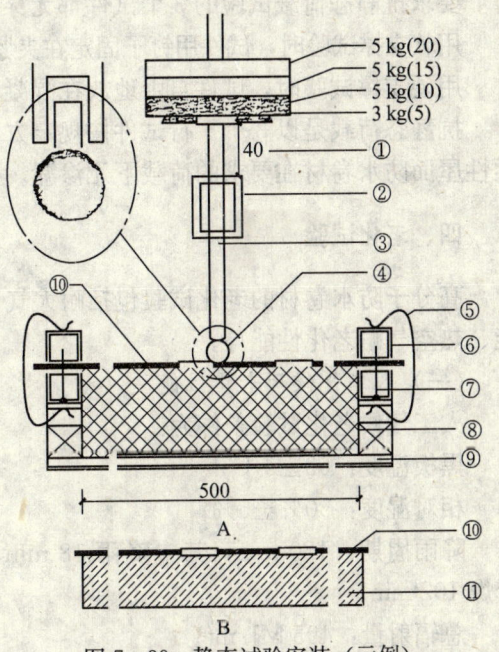

图 7-39 静态试验安装(示例)

1—最大向下位移;2—导轨;
3—荷载杆;4—球状穿刺工具,直径 10 mm;
5—夹具;6—框架剖面;
7—钉子;8—500 mm×500 mm×50 mm 发泡聚苯乙烯;
9—刚性支撑;10—试件;
11—混凝土 300 mm×300 mm×40 mm;
A—软支撑;B—硬支撑

2 kg/m³，厚度 50±1 mm。试件用钉子固定在框架上，直接放在支撑上，框架的内尺寸为 500 mm×500 mm。

硬支撑为混凝土，试件放在混凝土（300 mm×300 mm×40 mm）板上，混凝土应平滑无缺陷。

真空和压力装置是用来检查试件是否穿透的设备。

【试件制备】

方法 A 的试件尺寸为 550 mm×550 mm；方法 B 的试件尺寸为 300 mm×300 mm。在卷材整个宽度距边缘 100 mm 外取样。每个荷载条件下的试件应取 3 个。

试件在规定试验条件下放置 24 h。

【试验步骤】

试验条件：23±2 ℃。

对每个荷载间隔的所有试验应使用新的试件，对软支撑试验应使用新的聚苯乙烯板。试件放在水平支撑上，表面朝上，穿刺工具放在试件的中心位置。

试验从 5 kg 开始，每个荷载间隔用 3 个试件平行试验，荷载每次增加 5 kg，直至穿刺发生，或直到最大荷载 20 kg。

每个荷载间隔试件测试后 7±2 min，用肥皂溶液涂抹被压表面，检查可能的穿孔。对荷载区域用真空或加压方法产生 15 kPa 的压差，上表面在低压力的一面。若 60 s 后未观测到空气气泡，认为试件无穿孔。

要求抗静态荷载试验的 3 个试件都无穿孔。

用软支撑试验时，试件用钉子固定在夹紧的框架上，球从试件表面向下移动最多 40 mm。

用硬支撑试验时，试件自由地放在混凝土板上。

抗静态荷载是以 3 个平行试件按规定方法（方法 A 或方法 B）试验，3 个都通过，表示柔性屋面防水卷材在要求的荷载下无渗漏。

四、老化试验

高分子防水卷材的老化试验包括耐大气老化性能、人工气候耐老化性能、耐臭氧老化性能、热空气耐老化性能等。

（一）人工气候耐老化性能

人工气候老化试验条件为：

黑板温度：63±3 ℃；

相对湿度：50%±5%；

降雨周期：120 min，其中降雨 18 min，间隔干燥 102 min；

总辐射量：495 MJ/m²。

试件经暴露处理后，在标准状态下停放 4 h，进行性能测定，外观检验用 8 倍放大镜检查无裂纹为合格。

高分子防水卷材老化试件按图 7-40 和表 7-36 切取试件。

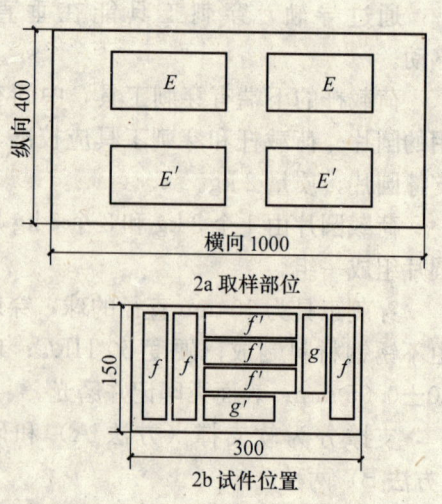

图 7-40　高分子防水卷材取样图

第六节 特殊性能

表 7-36 高分子防水卷材试样尺寸

项目	规格（mm）	数量（个）
老化试样 E	300×150	2
对比试样 E'	300×150	2
拉伸性能试件 f、f'	115×25 哑铃Ⅰ型或 120×25	纵向6、横向6
低温柔度试件 g、g'	100×25	纵向2、横向2

测试3个试件，取中值。其中拉伸强度按下列各式计算，精确度0.1 MPa。

$$TS_b = \frac{F_b}{Wl}$$

式中 TS_b——均质片断裂拉伸强度，MPa；
　　　F_b——试样断裂时，记录的力，N；
　　　W——哑铃试片狭小平行部分宽度，mm；
　　　l——试件长度方向的厚度，mm。

$$TS_b = \frac{F_b}{W}$$

式中 TS_b——复合片布断时拉伸强度，MPa；
　　　F_b——加强布断开时，记录的力，N；
　　　W——哑铃试片狭小部分宽度，mm。

拉断伸长率按下列各式计算。

$$E_b = \frac{L_b - L_0}{L_0} \times 100$$

式中 E_b——常温均质片扯断伸长率，%；
　　　L_b——试样断裂时的标距，mm；
　　　L_0——试样的初始标距，mm。

$$E_b = \frac{L_b}{L_0} \times 100$$

式中 E_b——复合片及低温均质片扯断伸长率，%；
　　　L_b——胶断时夹持器间隔的位移量，mm；
　　　L_0——试样的初始夹持器的位移量，mm。

拉伸试件用Ⅰ型试件；高低温试验如Ⅰ型试件不适用，可用Ⅱ型试件。将试件在规定温度下预热或预冷1h，试样夹持器位移速度：橡胶类为 500 ± 50 mm/min，树脂类为 250 ± 50 mm/min。

复合件的拉伸先以 25 mm/min 的速度拉伸试样至加强层断裂后，再以橡胶类 500 ± 50 mm/min、树脂类为 250 ± 50 mm/min 的拉伸速度继续拉至试件完全断裂。

（二）热空气老化伸长试验

【试验仪器】

老化试验箱。试样夹具应能使试件标线间距离拉伸到100%伸长率。

【试验条件】

试验室温度控制在 23±2 ℃范围内。

【试验程序】

用试样夹具将试件夹紧后，拉伸到伸长率为 100%并固定，停放 24 h。再将试件连同夹具放入老化箱，在 80±2℃的温度下加热 168 h，之后将试件连同夹具一齐取出，在室温下停放 4 h，观察试件有无裂纹。

用 8 倍放大镜观察试样表面，以 3 个试件均无裂纹为合格。

（三）耐臭氧老化性能试验

耐臭氧老化性能可参照沥青防水卷材有关试验方法进行。用 8 倍放大镜检验无裂纹为合格。

第七节　常用高分子防水卷材

常用高分子防水卷材主要有三元乙丙橡胶沥青防水卷材、三元丁橡胶防水卷材、聚氯乙烯防水卷材、氯化聚乙烯防水卷材、氯磺化聚乙烯-橡胶共混防水卷材、氯丁橡胶防水卷材、丁基橡胶防水卷材等。

三元丁橡胶防水卷材、三元乙丙橡胶防水卷材、氯丁橡胶防水卷材、丁基橡胶防水卷材可按高分子防水卷材规定标准和检验方法进行检验。

一、氯化聚乙烯防水卷材

氯化聚乙烯防水卷材是以氯化聚乙烯为主要原料制成的防水卷材，包括无复合层、用纤维单面复合及织物内增强的氯化聚乙烯防水卷材。

（一）分类与标记

1. 分类

产品按有无复合层分类，无复合层的为 N 类、用纤维单面复合的为 L 类、织物内增强的为 W 类。每类产品按理化性能分为Ⅰ型和Ⅱ型。

2. 规格

卷材长度规格为 10 m、15 m、20 m。

厚度规格为 1.2 mm、1.5 mm、2.0 mm。

其他长度、厚度规格可由供需双方商定，厚度规格不得低于 1.2 mm。

3. 标记

按产品名称（代号 CPE 卷材）、外露或非外露使用、类、型、厚度、长×宽和标准顺序标记。

示例：

长度 20 m、宽度 1.2 m、厚度 1.5 mmⅡ型 L 类外露使用氯化聚乙烯防水卷材标记为：CPE 卷材外露　L Ⅱ1.5/20×1.2　GB 12953—2003

（二）技术要求

1. 尺寸偏差

长度、宽度不小于规定值的 99.5%。厚度偏差和最小单值见表 7-37。

表 7-37 厚 度

厚 度 (mm)	允许偏差 (mm)	最小单值 (mm)
1.2	±0.10	1.00
1.5	±0.15	1.30
2.0	±0.20	1.70

2. 外观

卷材的接头不多于一处，其中较短的一段长度不少于 1.5 m，接头应剪切整齐，并加长 150 mm。卷材表面应平整、边缘整齐，无裂纹、孔洞和粘结，不应有明显气泡、疤痕。

3. 理化性能

N 类无复合层的卷材理化性能应符合表 7-38 规定。

表 7-38 N 类卷材理化性能

项 目			Ⅰ型	Ⅱ型
拉伸强度（MPa）		≥	5.0	8.0
断裂伸长率（%）		≥	200	300
热处理尺寸变化率（%）		≤	3.0	纵向2.5 横向1.5
低温弯折性			−20℃无裂纹	−25℃无裂纹
抗穿孔性			不渗水	
不透水性			不透水	
剪切状态下的粘合性（N/mm）		≥	3.0 或卷材破坏	
热老化处理	外观		无起泡、裂纹、粘结与孔洞	
	拉伸强度变化率（%）		+50 −20	±20
	断裂伸长率变化率（%）		+50 −30	±20
	低温弯折性		−15℃无裂纹	−20℃无裂纹
耐化学侵蚀	拉伸强度变化率（%）		±30	±20
	断裂伸长率变化率（%）		±30	±20
	低温弯折性		−15℃无裂纹	−20℃无裂纹
人工气候加速老化	拉伸强度变化率（%）		+50 −20	±20
	断裂伸长率变化率（%）		+50 −30	±20
	低温弯折性		−15℃无裂纹	−20℃无裂纹

注：非外露使用可以不考核人工气候加速老化性能。

L 类纤维单面复合及 W 类织物内增强的卷材应符合表 7-39 的规定。

表 7-39 L 类及 W 类理化性能

项目		I 型	II 型
拉力 (N/cm) ≥		70	120
断裂伸长率 (%) ≥		125	250
热处理尺寸变化率 (%) ≤		1.0	
低温弯折性		−20 ℃ 无裂纹	−25 ℃ 无裂纹
抗穿孔性		不渗水	
不透水性		不透水	
剪切状态下的粘合性 (N/mm) ≥	L 类	3.0 或卷材破坏	
	W 类	6.0 或卷材破坏	
热老化处理	外观	无起泡、裂纹、粘结与孔洞	
	拉力 (N/cm) ≥	55	100
	断裂伸长率 (%) ≥	100	200
	低温弯折性	−15 ℃ 无裂纹	−20 ℃ 无裂纹
耐化学侵蚀	拉力 (N/cm) ≥	55	100
	断裂伸长率 (%) ≥	100	200
	低温弯折性	−15 ℃ 无裂纹	−20 ℃ 无裂纹
人工气候加速老化	拉力 (N/cm) ≥	55	100
	断裂伸长率 (%) ≥	100	200
	低温弯折性	−15 ℃ 无裂纹	−20 ℃ 无裂纹

注：非外露使用可以不考核人工气候加速老化性能。

(三) 试验方法

1. 标准试验条件

温度：23±2 ℃；相对湿度：60%±15%。

2. 试件制备

将被测样品在标准试验条件下放置 24 h，按图 7-41 和表 7-40 裁取所需试件，试件距卷材边缘不小于 100 mm。裁切织物增强卷材时应顺着织物的走向，尽量使工作部位有最多的纤维根数。

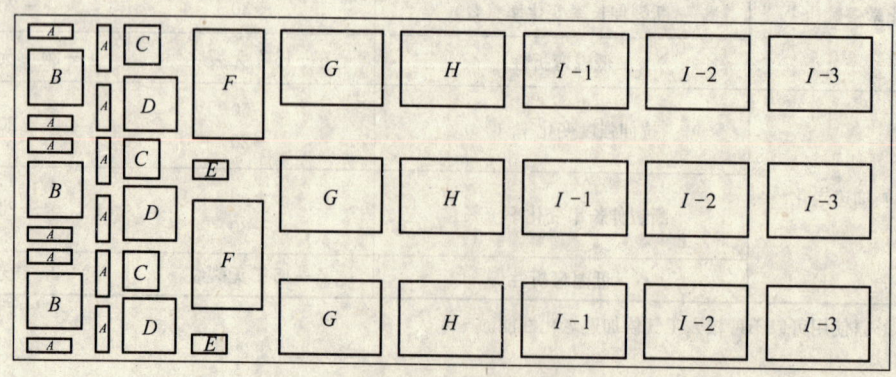

图 7-41 试件裁取图

表 7-40 试件尺寸与数量

项 目	符 号	尺寸（纵向×横向）(mm)	数量（个）
拉伸性能	A、A′	120×25	各6
热处理尺寸变化率	C	100×100	3
抗穿孔性	B	150×150	3
不透水性	D	150×150	3
低温弯折性	E	100×50	2
剪切状态下的粘合性	F	200×300	2
热老化处理	G	300×200	3
耐化学侵蚀	I-1、I-2、I-3	300×200	各3
人工气候加速老化	H	300×200	3

3. 尺寸偏差

用最小分度值为 1 mm 的卷尺分别在卷材两端和中部 3 处测量宽度、长度，以长度的平均值乘以宽度的平均值得到每卷卷材的面积。若有接头，以量出的两段长度之和减去 150 mm 计算。

(1) N 类、W 类卷材厚度

N 类、W 类卷材厚度用分度值为 0.01 mm、压力为 22±5 kPa、接触面直径为 6 mm 的厚度计测量，保持时间为 5 s。在卷材宽度方向测量 5 点，距卷材长度方向边缘 100±15 mm 向内各取一点，在这两点中均分取其余 3 点，以 5 点的平均值作为卷材的厚度，并报告最小单值。

(2) L 类卷材厚度

读数显微镜：最小分度值 0.01 mm。

L 类纤维单面复合卷材按上述的在 5 点处各取一块 50 mm×50 mm 试样，在每块试样上沿宽度方向用薄的锋利刀片，垂直于试样表面切取一条约 50 mm×2 mm 的试条，注意不使试条的切面变形（厚度方向的断面）。将试条的切面向上，置于读数显微镜的试样台上，读取卷材氯化聚乙烯层厚度（不包括纤维层），对于表面压花纹的产品，以花纹最外端切线位置计算厚度。每个试条上测量 4 处，厚度以 5 个试条共 20 处数值的平均值表示，并报告 20 处中的最小单值。

4. 外观

卷材外观用目测方法检查。

5. 拉伸性能

按再生橡胶沥青油毡拉伸性能和延伸率试验方法进行试验，要求拉力试验机的拉力测试值在量程的 20%～80% 之间，精度 1%；拉伸速度为 250±50 mm/min，测量精度 1 mm。

拉伸试件形状尺寸：

(1) N 类卷材裁成哑铃Ⅰ型。

(2) L 类、W 类卷材裁成 120 mm 哑铃型。

N 类卷材夹具间距约 75 mm，标线间距为 25 mm，用厚度计测量标线及中间线 3 点的厚度，取中间值作为试件厚度。

L类、W类卷材夹具间距为50 mm。拉力精确到1 N/cm。

6. 热处理尺寸变化率

按高分子卷材热处理尺寸变化率试验方法进行检验,试件尺寸为100 mm×100 mm,试验条件为80±2℃的鼓风干燥箱中放置24 h,取出后在标准条件放置24 h,再测量纵横方向划线处的长度变化。

7. 低温弯折性

按高分子防水卷材低温弯折性试验方法进行试验,将试件的迎水面朝外,弯曲180°,使50 mm宽的边缘重合、齐平,并固定。将弯折板上下平板距离调节为卷材厚度的3倍。在规定温度的低温冰箱内放置1 h,然后在标准温度25±5℃下将上板在1 s内压下,保持1 s后取出,用6倍放大镜观察试件弯折处有无裂纹。

8. 抗穿孔性试验

抗穿孔性是指氯化聚乙烯防水卷材用于防水层后,遇到意外物件的冲击或人为施加于其上的压力及负荷而不被刺破的能力。

【仪器设备】

穿孔仪:由带刻度的金属导管、活动重锤、锁紧螺栓和半球形钢珠冲头组成。导管刻度为0~500 mm,分度值为10 mm;重锤质量500 g;钢珠直径12.7 mm。铝板:厚度不小于4 mm。玻璃管:内径≥30 mm,长600 mm。

【试验程序】

将切取的3块试件铺在铝板上,然后放在密度25 kg/m²、厚度50 mm的聚苯乙烯垫块上。穿孔仪置于试件表面,将冲头下端的钢球置于试件中心部位,重锤调节到规定的落差高度300 mm并定位。使重锤自由落下,撞击位于试件表面的冲头,将试件取出,检查试件是否穿孔。

试件无明显穿孔时,采用图7-42所示装置对试件进行水密性试验。将圆形玻璃管垂直放在试件冲击试验点的中心,用密封膏密封玻璃管与试样间的缝隙。将试样置于滤纸(150 mm×150 mm)上,滤纸由玻璃板支承。把染色水溶液加入玻璃管中,静置16 h后检查滤纸,如有渗透现象则表明试样已穿孔。

3块试样均无穿孔时评定为不透水。

9. 剪切状态下的粘合性试验

氯化聚乙烯防水卷材相互之间与胶粘剂的粘结力,可用抗剪切力表示,单位为N/mm。

【试验仪具】

电热恒温箱:自动控温范围50~240℃,误差±2℃。

拉力机:测力范围0~1 000 N,分度值为2 N。

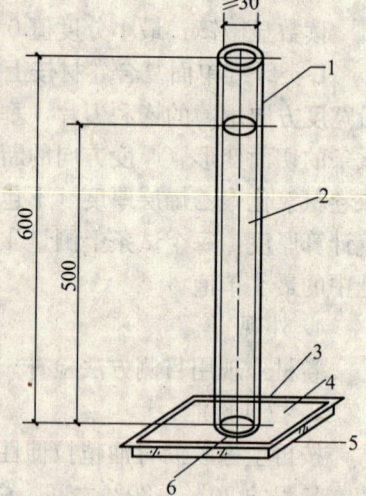

图7-42 水密性试验装置
1—玻璃管;2—染色水;3—滤纸;
4—试样;5—玻璃板;6—密封膏

【试验程序】

试验标准条件:温度23±2℃,相对湿度:45%~55%。

将2块试样平放于60℃恒温箱中15 min,在样片中间部位用橡皮刮刀涂抹宽度为100 mm,厚度适当的胶粘剂。然后将该样片上部未涂胶粘剂的部分(Ⅰ)以及另一块下部未涂胶粘的部分（Ⅱ）裁去，在长度方向剪成宽度 b 为 50 mm 的样条，得到 50 mm×100 mm 的胶粘表面，如图 7-43a 所示。将涂抹胶粘剂的样条相互搭接粘合成试件。两样条长边的边缘必须重合齐平，如图 7-43b 所示。

取 5 块试件在标准环境下放置 24 h，再进行拉力剪切试验。

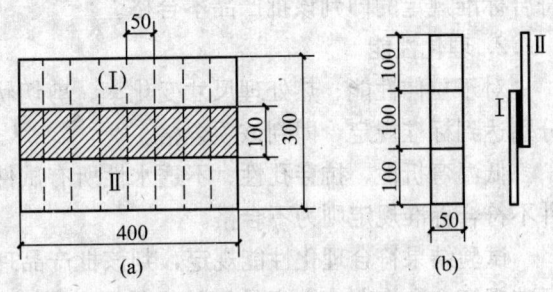

图 7-43 粘合性试件的制作

结果计算：

如果拉伸剪切时，试样在粘结面滑脱，则剪切状态下的粘合性以拉伸剪切强度 σ_w 表示，按下式进行计算：

$$\sigma_w = \frac{P}{b}$$

式中　σ_w——拉伸强度，N/mm；

　　　P——最大拉伸剪切荷载，N；

　　　b——试样粘合面宽度，mm。

结果以 5 块试样的算术平均值表示，精确到 0.1 N/mm。

如果在拉伸剪切时，试样在接缝外断裂，则评定为接缝外断裂。

10. 不透水性

按沥青防水卷材不透水性试验方法进行试验。透水盘的压盖采用金属开缝槽盘。压力为 0.3 MPa，保持 2 h，观察有无渗水现象。

11. 热老化处理

按沥青防水卷材热老化试验方法进行试验。试验温度为 80±2℃，时间为 168 h。处理后的试件在标准条件下放置 24 h，再行检查外观；裁取纵横向哑铃形试件各 2 块，低温弯折性试件纵横向各一块，进行拉伸强度和低温弯折性试验。分别计算处理后试件的拉伸强度、拉力相对变化率、断裂伸长率及相对变化率。

12. 耐化学侵蚀

按沥青防水卷材耐化学介质侵蚀性试验方法进行试验。试验温度为 23±2℃，每块试样上裁取纵横向哑铃（Ⅰ）形试件各 2 块进行试验。试件上面离液面至少 20 mm；密闭容器，保持 28 d。取出后冲洗干净，擦干，在标准条件下放置 24 h。分别进行拉伸性能和低温柔性试验。

对于 W 类卷材处理前应将四周断面用适宜的密封材料封边。

13. 人工气候加速老化试验

按沥青防水卷材人工气候老化试验方法进行试验。照射时间 1 000 h（累计辐射能量 2 000 MJ/m²）。处理后的试样在标准试验条件下放置 24 h，每块试样上裁取纵向、横向哑铃形试件各 2 块，进行低温柔性和拉伸性能检验，测试结果按拉伸性能计算公式进行计算。

（四）判定规则

1. 尺寸偏差、外观

尺寸偏差和外观均符合标准规定时，判其尺寸偏差、外观合格。对不合格的，允许在该批产品中随机另抽 3 卷重新检验，全部达到标准规定即判其尺寸偏差、外观合格，若仍有不符合标准规定的即判该批产品不合格。

2. 理化性能

对于拉伸性能、热处理尺寸变化率、剪切状态下的粘合性以同一方向试件的算术平均值分别达到标准规定,即判该项合格。

低温弯折性、抗穿孔性、不透水性所有试件都符合标准规定,判该项合格,若有一个试件不符合标准规定则为不合格。

试验结果符合理化性能规定,判该批产品理化性能合格。若理化性能中仅有一项不符合标准规定,允许在该批产品中随机另取一卷进行单项复测,合格则判该批产品理化性能合格,否则判该批产品理化性能不合格。

3. 总判定

试样结果符合标准全部技术要求、且标记符合标记规定时判该批产品合格。

二、聚氯乙烯防水卷材

聚氯乙烯防水卷材是以聚氯乙烯为主要原料制成的防水卷材。包括无复合层、用纤维单面复合及织物内增强的聚氯乙烯防水卷材。

(一)分类与标记

1. 分类

产品按有无复合层分类,无复合层的为 N 类、用纤维单面复合的为 L 类、织物内增强的为 W 类。每类产品按理化性能分为Ⅰ型和Ⅱ型。

2. 规格

卷材长度规格为 10 m、15 m、20 m。

厚度规格为:1.2 mm、1.5 mm、2.0 mm。

其他长度、厚度规格可由供需双方商定,厚度规格不得小于 1.2 mm。

3. 标记

按产品名称(代号 PVC 卷材)、外露或非外露使用、类、型、厚度、长×宽和标准顺序标记。

示例:

长度 20 m、宽度 1.2 m、厚度 1.5 mm Ⅱ型 L 类外露使用聚氯乙烯防水卷材标记为:PVC 卷材外露 LⅡ1.5/20×1.2 GB 12952—2003

(二)技术要求

1. 尺寸偏差

长度、宽度不小于规定值的 99.5%。

厚度偏差和最小单值见表 7-41。

表 7-41 厚 度

厚 度(mm)	允许偏差(mm)	最小单值(mm)
1.2	±0.10	1.00
1.5	±0.15	1.30
2.0	±0.20	1.70

2. 外观

卷材的接头不多于一处，其中较短的一段长度不少于 1.5 m，接头应剪切整齐，并加长 150 mm。卷材表面应平整、边缘整齐，无裂纹、孔洞、粘结、气泡和疤痕。

3. 理化性能

N 类无复合层的卷材理化性能应符合表 7-42 规定。

表 7-42 N 类卷材理化性能

项　目			Ⅰ型	Ⅱ型
拉伸强度（MPa）		≥	8.0	12.0
断裂伸长率（%）		≥	200	250
热处理尺寸变化率（%）		≤	3.0	2.0
低温弯折性			-20℃无裂纹	-25℃无裂纹
抗穿孔性			不渗水	
不透水性			不透水	
剪切状态下的粘合性（N/mm）		≥	3.0 或卷材破坏	
热老化处理	外观		无起泡、裂纹、粘结与孔洞	
	拉伸强度变化率（%）		±25	±20
	断裂伸长率变化率（%）			
	低温弯折性		-15℃无裂纹	-20℃无裂纹
耐化学侵蚀	拉伸强度变化率（%）		±25	±20
	断裂伸长率变化率（%）			
	低温弯折性		-15℃无裂纹	-20℃无裂纹
人工气候加速老化	拉伸强度变化率（%）		±25	±20
	断裂伸长率变化率（%）			
	低温弯折性		-15℃无裂纹	-20℃无裂纹

注：非外露使用可以不考核人工气候加速老化性能。

L 类纤维单面复合及 W 类织物内增强的卷材应符合表 7-43 的规定。

表 7-43 L 类及 W 类卷材理化性能

项　目			Ⅰ型	Ⅱ型
拉力（N/cm）		≥	100	160
断裂伸长率（%）		≥	150	200
热处理尺寸变化率（%）		≤	1.5	1.0
低温弯折性			-20℃无裂纹	-25℃无裂纹
抗穿孔性			不渗水	
不透水性			不透水	
剪切状态下的粘合性（N/mm） ≥		L 类	3.0 或卷材破坏	
		W 类	6.0 或卷材破坏	

续表

项　目		Ⅰ型	Ⅱ型
热老化处理	外观	无起泡、裂纹、粘结和孔洞	
	拉力变化率（%）	±25	±20
	断裂伸长率变化率（%）		
	低温弯折性	−15 ℃无裂纹	−20 ℃无裂纹
耐化学侵蚀	拉力变化率（%）	±25	±20
	断裂伸长率变化率（%）		
	低温弯折性	−15 ℃无裂纹	−20 ℃无裂纹
人工气候加速老化	拉力变化率（%）	±25	±20
	断裂伸长率变化率（%）		
	低温弯折性	−15 ℃无裂纹	−20 ℃无裂纹

注：非外露使用可以不考核人工气候加速老化性能。

（三）试验方法

试验方法按照氯化聚乙烯防水卷材试验方法检验。

（四）判定规则

按照氯化聚乙烯防水卷材判定规则进行判定。

三、氯化聚乙烯-橡胶共混防水卷材

氯化聚乙烯-橡胶共混防水卷材是以氯化聚乙烯和橡胶共混物为主基，掺入各种辅助材料，经捏合、混炼、挤出、压延、硫化等工序制成的高分子防水材料。

适用于屋面、地下室、室内防水、排水渠、水库、水池等工程防水。

（一）分类

氯化聚乙烯-橡胶共混防水卷材可分为S型、N型两种类型，其规格尺寸列于表7-44。

表7-44　规格尺寸

厚　度（mm）	宽　度（mm）	长　度（mm）
1.0、1.2、1.5、2.0	1 000、1 100、1 200	20

标记方法

氯化聚乙烯-橡胶共混防水卷材产品按下列顺序标记：产品名称、类型、厚度、标准号。例如：

厚度为1.5 mm S型氯化聚乙烯-橡胶共混防水卷材标记为：

CPBR　S　1.5　JC/T 684

（二）技术要求

1. 外观质量

氯化聚乙烯-橡胶共混防水卷材的表面应平整，边缘应整齐，表面缺陷应不影响防水卷材的使用，并符合表7-45的要求。

表 7-45 外观质量

项 目	外 观 质 量 要 求
折痕	每卷不超过 2 处，总长不大于 20 mm
杂质	不允许有大于 0.5 mm 颗粒
胶块	每卷不超过 6 处，每处面积不大于 4 mm^2
缺胶	每卷不超过 6 处，每处不大于 7 mm^2，深度不超过卷材厚度的 30%
接头	每卷不超过 1 处，短段不得少于 3 000 mm，并应加长 150 mm 备作搭接

2. 尺寸偏差

氯化聚乙烯-橡胶共混防水卷材的尺寸偏差列于表 7-46。

表 7-46 尺寸偏差

厚度允许偏差（%）	宽度与长度允许偏差
+15 -10	不允许出现负值

3. 物理力学性能

氯化聚乙烯-橡胶共混防水卷材的物理力学性能列于表 7-47。

表 7-47 物理力学性能

项 目			指 标	
			S 型	N 型
拉伸强度（MPa）		≥	7.0	5.0
断裂伸长率（%）		≥	400	250
直角形撕裂强度（kN/m）		≥	24.5	20.0
不透水性，30 min			0.3 MPa 不透水	0.2 MPa 不透水
热老化保持率 （80±2℃，168 h）	拉伸强度（%）	≥	80	
	断裂伸长率（%）	≥	70	
脆性温度		≤	-40℃	-20℃
臭氧老化，168 h×40℃，静态			伸长 40% 无裂纹	伸长 20% 无裂纹
粘结剥离强度 （卷材与卷材）	(kN/m)	≥	2.0	
	浸水 168 h，保持率（%）	≥	70	
热处理尺寸变化率（%）		≤	+1 -2	+2 -4

（三）抽样与取样

氯化聚乙烯-橡胶防水卷材应以同规格同类型的 250 卷为一批，不足 250 卷时亦可作为一批，从每批产品中随机抽取 3 卷进行检验。

在规格尺寸、外观质量合格的样品中，任取 1 卷作物理力学性能检验，按图 7-44 和图 7-45、表 7-48 切取试件。

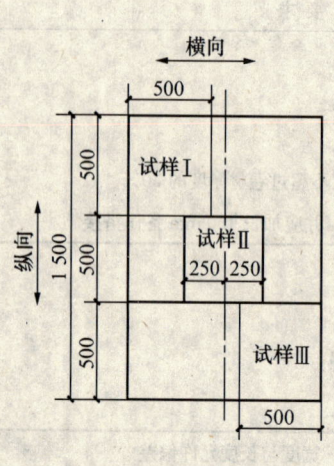

图 7-44 试样裁取部位　　　　图 7-45 试件裁取部位示意图

表 7-48 试件尺寸和数量

试 验 项 目		试件代号	试件尺寸（mm）	试件数量（个）
拉伸强度与断裂伸长率	23±2 ℃	A-1　A′-1	1 型裁刀	6
	热老化保持率	A-2　A′-2		
直角撕裂强度	23±2 ℃	B-1　B′-1	GB/T 529 中规定	3
臭氧老化		D-1　D′-1	1 型裁刀	6
不透水性		E	150×150	3
粘结剥离强度		F-1　F-2	150×25	6
脆性温度		G	GB/T 1682 规定	3
热处理尺寸变化率		C	100×100	3

（四）检验项目

氯化聚乙烯-橡胶共混防水卷材分为出厂检验和型式检验。出厂检验项目包括规格尺寸、外观质量、拉伸强度、断裂伸长率、直角撕裂强度，不透水性。

型式检验包括技术要求中的全部项目。

（五）试验方法

1. 拉伸强度和断裂伸长率

按高分子防水卷材拉伸强度和断裂伸长率进行试验。

2. 撕裂强度

按橡胶止水带直角撕裂强度试验方法进行试验。

3. 不透水性

按高分子防水卷材不透水性试验方法进行试验，透水盘采用金属槽盘。

4. 热空气老化性

按高分子防水卷材热空气老化性试验方法进行试验。

5. 脆性温度

按橡胶止水带脆性温度试验方法进行试验。

6. 臭氧老化性

按沥青防水卷材臭氧老化性试验方法进行试验。

7. 剥离强度

按高分子防水卷材接缝剥离强度进行试验。

8. 热处理尺寸变形率

按高分子防水卷材尺寸稳定性试验方法进行检验。

（六）判定规则

规格尺寸、外观质量全部符合要求时判为合格；若有一项指标未达到要求时，则以同批产品中再任取 3 卷进行检查，全部符合标准要求时，判为合格；若仍有一项指标未达到要求，则判该批产品不合格。

在规格尺寸、外观检验合格的卷材中任取 1 卷做物理力学性能检验。检验结果符合相应类型指标时，则判该类型产品合格；若有一项不符合标准要求时，则在另一卷上重新取样对该项指标进行复检，达到要求时则判该类型产品合格；若仍未达到要求，则判该批产品不合格。

四、三元丁橡胶防水卷材

三元丁橡胶防水卷材是以废旧丁基橡胶为主基，再掺加丁醇、丁酯等辅助材料，经塑炼、混炼、压延而成的防水材料。

适用于工业与民用建筑及构筑物防水，尤其适用于寒冷及温差较大地区的防水工程。

（一）产品分类

三元丁橡胶防水卷材的规格列于表 7-49。

表 7-49 规格尺寸

厚度（mm）	宽度（mm）	长度（m）	厚度（mm）	宽度（mm）	长度（m）
1.2 1.5	1 000	20 10	2.0	1 000	10

按物理力学性能分为一等品（B）和合格品（C）两个等级。

标记按产品名称、厚度、等级、标准编号顺序进行。例如：厚度为 1.2 mm，一等品三元丁橡胶防水卷材标记为：

三元丁卷材　1.2　B　JC/T 645

（二）技术要求

三元丁橡胶防水卷材的产品尺寸允许偏差应符合表 7-50 规定要求。

表 7-50 尺寸允许偏差

项　目	允许偏差	项　目	允许偏差	项　目	允许偏差
厚度（mm）	±0.1	长度（m）	不允许出现负值	宽度（mm）	不允许出现负值

注：1.2 mm 厚规格不允许出现负偏差。

三元丁橡胶防水卷材应卷紧卷整齐，里进外出不得超过10 mm，在环境温度为低温弯折性规定的温度以上时应易于展开。外观表面应平整，不允许有孔洞、缺边、裂口和夹杂物。每卷接头不应超过1个，较短的一段不应少于2 500 mm，接头处应剪切整齐，并加长150 mm。一等品中，有接头的卷材不得超过批量3%。

物理力学性能列于表7-51。

表7-51　物理力学性能

产　品　等　级			一等品	合格品
不透水性	压力（MPa）	不小于	0.3	
	保持时间（min）	不小于	90，不透水	
纵向拉伸强度（MPa）		不小于	2.2	2.0
纵向断裂伸长率（%）		不小于	200	150
低温弯折性（-30℃）			无裂纹	
耐碱性	纵向拉伸强度的保持率（%）	不小于	80	
	纵向断裂伸长的保持率（%）	不小于	80	
热老化处理	纵向拉伸强度保持率（80±2℃，168 h）（%）	不小于	80	
	纵向断裂伸长保持率（80±2℃，168 h）（%）	不小于	70	
热处理尺寸变化率（80±2℃，168 h）（%）		不大于	-4，-2	
人工加速气候老化27周期	外观		无裂纹，无气泡，不粘结	
	纵向拉伸强度的保持率（%）	不小于	80	
	纵向断裂伸长的保持率（%）	不小于	70	
	低温弯折性		-20℃，无裂缝	

（三）检验方法

1. 抽样与制样

以同规格、同等级的三元丁橡胶防水卷材300卷为一批，不足300卷时亦可作为一批，从每批产品中任取3卷进行检验。

按图7-46及表7-52试件尺寸和数量切取试样。

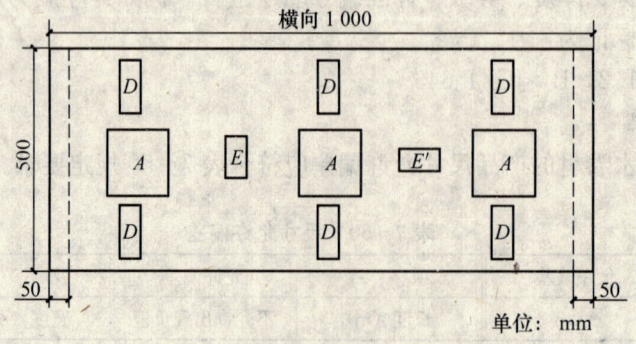

图7-46　试样切取部位示意图

表 7-52 试件尺寸和数量表

试验项目	试件部位	试件尺寸（mm）	数量（个）
不透水性	A	150×150	3
纵向拉伸强度、伸长率	D	1型哑铃裁刀	6
低温弯折性　纵向	E	50×100	1
横向	E'		1
耐碱性		Ⅰ型哑铃形	6
热老化处理		300×200	3
热处理尺寸变化率		100×100	3
人工加速气候老化		300×70	6

2. 规格尺寸和外观检查

按沥青防水卷材规格尺寸及外观检验方法进行外观检验；按高分子防水卷材厚度检验方法进行厚度检测。

3. 不透水性

按高分子防水卷材不透水性试验方法进行试验。

4. 纵向拉伸强度和纵向断裂延伸率

按高分子防水卷材纵向拉伸强度和纵向断裂延伸率试验方法进行。各取 6 个试件试验结果的算术平均值作为测试结果。

5. 低温抗折性和热老化处理

按聚氯乙烯防水卷材低温抗折性和热老化处理试验方法进行检验。

6. 耐碱性和热处理尺寸变化率

按高分子防水卷材耐碱性和热处理尺寸变化率进行试验，耐碱性采用饱和氢氧化钙溶液。

7. 状态调节和标准环境

温度：23±2 ℃；

相对湿度：45%～55%；

试验前卷材应进行状态调节，调节时间不少于 16 h，仲裁检验时不少于 96 h。

（四）判定规则

尺寸规格、外观质量及物理力学性能的判定规则同氯化聚乙烯-橡胶共混防水卷材。

第八节　非织造复合土工膜

非织造复合土工膜是以非织造土工布为基材，以热塑性塑料为膜材，经压延、涂刮、辊压等工艺复合而成的不透水土工材料。

一、非织造复合土工膜

（一）产品分类、规格及代号

1. 产品分类及品种

非织造复合土工膜按基材分为短纤针刺、长丝纺粘针刺等非织造复合土工膜；按膜材分为聚乙烯（PE）、聚氯乙烯（PVC）、氯化聚乙烯（CPE）等复合土工膜；按结构分为一布一膜、二布一膜、一布二膜、二布二膜、多布多膜等复合土工膜等。

产品的品种由生产部门根据市场需求设计。

2. 产品规格

非织造复合土工膜主要规格以成品幅宽、单位面积质量和膜材厚度表示，推荐系列如下：

幅宽（m）：2.0、2.5、3.0、3.5、4.0、4.5、5.0等；

单位面积质量（g/m²）：350、400、500、600、700、800、900、1 000、1 200、1 500等；

膜材厚度（mm）：0.25、0.3、0.35、0.4、0.5、0.6、0.7、0.8、0.9等。

特殊需要可根据要求设计。

3. 产品代号

复合土工膜的代号表示如下：

CG □$_m$ □$_n$ □/□ - □ □
　（1）　（2）　（3）　（4）　（5）　（6）

CG 复合土工膜，在不致混淆时，可以省略；

（1）基材及层数：A—短纤针刺非织造土工布基、B—长丝纺粘针刺非织造土工布基、C—其他；m为基材层数；

（2）膜材及层数：A—PE膜、B—PVC膜、C—CPE膜、D—其他；n为膜材层数；

（3）成品单位面积质量，以克/平方米（g/m²）为单位表示；

（4）膜材总厚度，以毫米（mm）为单位表示；

（5）幅宽，以米（m）为单位表示；

（6）生产部门编号：可表达产品更明确的特点、功能、品种、序列等。

例：CG A_2B_1 800/0.35 - 3 短纤针刺非织造/PVC复合土工膜，二布一膜，成品单位面积质量800 g/m²，膜材厚度0.35 mm，幅宽3 m。

（二）技术要求及品质评定

1. 材料要求

产品使用的聚乙烯土工膜应符合 GB/T 17643 的规定，其他膜材也应符合相应标准的要求。

产品使用的非织造土工布应符合表 7 - 53 和表 7 - 54 的要求。

表 7 - 53　短纤针刺非织造土工布技术要求

指标　　规格① 项目	100	150	200	250	300	350	400	450	500	600	800	备注
单位面积质量②偏差（%）	-8	-8	-8	-8	-7	-7	-7	-7	-6	-6	-6	
厚度（mm）≥	0.9	1.3	1.7	2.1	2.4	2.7	3.0	3.3	3.6	4.1	5.0	
幅宽②偏差（%）	\multicolumn{11}{c}{-0.5}	
断裂强度（kN/m）≥	2.5	4.5	6.5	8.0	9.5	11.0	12.5	14.0	16.0	19.0	25.0	纵横向
断裂伸长率（%）						25~100						

续表

指标\规格[1]	100	150	200	250	300	350	400	450	500	600	800	备注
CBR顶破强度（kN）≥	0.3	0.6	0.9	1.2	1.5	1.8	2.1	2.4	2.7	3.2	4.0	
等效孔径 $O_{90}(O_{95})$ （mm）	0.07~0.2											
垂直渗透系数（cm/s）	$K \times (10^{-1} \sim 10^{-3})$											$K=1.0\sim 9.9$
撕破强度[3]（kN）≥	0.08	0.12	0.16	0.20	0.24	0.28	0.33	0.38	0.42	0.46	0.60	纵横向

注：①规格按单位面积质量。实际规格介于表中相邻规格之间时，按内插法计算相应考核指标；超出表中范围时，考核指标由供需双方协商确定。
②标准值按设计或协议。
③参考指标，作为生产内部控制，用户有要求的按实际设计值考核。

表7-54 长丝纺粘针刺非织造土工布技术要求

指标\规格[1]	100	150	200	250	300	350	400	450	500	600	800	备注
单位面积质量[2]偏差（%）	−6	−6	−6	−5	−5	−5	−5	−5	−4	−4	−4	
厚度（mm）≥	0.8	1.2	1.6	1.9	2.2	2.5	2.8	3.1	3.4	4.2	5.5	
幅宽[2]偏差（%）	−0.5											
断裂强度（kN/m）≥	4.5	7.5	10.0	12.5	15.0	17.5	20.5	22.5	25.0	30.0	40.0	纵横向
断裂伸长率（%）	40~80											
CBR顶破强度（kN）≥	0.8	1.4	1.8	2.2	2.6	3.0	3.5	4.0	4.7	5.5	7.0	
等效孔径 $O_{90}(O_{95})$ （mm）	0.07~0.2											
垂直渗透系数（cm/s）	$K \times (10^{-1} \sim 10^{-3})$											$K=1.0\sim 9.9$
撕破强度[3]（kN）≥	0.14	0.21	0.28	0.35	0.42	0.49	0.56	0.63	0.70	0.82	1.10	纵横向

注：①规格按单位面积质量，实际规格介于表中相邻规格之间时，按内插法计算相应考核指标；超出表中范围时，考核指标由供需双方协商确定。
②标准值按设计或协议。
③参考指标，作为生产内部控制，用户有要求的按实际设计值考核。

2. 内在质量评定

产品的质量以卷（段）为单位评定。内在质量指标分批试验、按批评定。

内在质量分为基本项和选择项。基本项包含的项目都是考核项；选择项包含的项目为可选项，可根据合同需要而定，但一经选定，则也成为考核项，不得随意更改。基本项和选择项中的选定项全部达到要求的，内在质量为合格，否则为不合格。

基本项的要求列于表7-55，其标准值为生产控制性指标，对于合同另有要求的，则以合同规定作为考核指标。

表 7-55 非织造复合土工膜技术要求

项 目	指 标	允差,%	备 注
单位面积质量（g/m²）	按设计或合同规定	-10	
幅宽（cm）	按设计或合同规定	-1.0	
断裂强度① （kN/m）	按设计或合同规定	-5	纵横向
断裂伸长率（%）	30～100	符合设计要求	纵横向
撕破强度① （kN）	按设计或合同规定	-8	纵横向
CBR顶破强度① （kN）	按设计或合同规定	-5	
剥离强度② （N/cm）	6	不低于标准	纵横向
耐静水压（MPa）	按表7-57	不低于标准	
渗透系数（cm/s）	按设计或合同规定	符合设计要求	

注：①常见短纤针刺非织造/聚乙烯复合土工膜强度要求按表7-56
②测定时如试样难以预剥离及未到规定剥离强度基材或膜材断裂，视为符合要求。

常见短纤维针刺非织造/聚乙烯土工复合膜强度列于表7-56，耐静水压值列于表7-57。

表 7-56 常见短纤针刺非织造/聚乙烯复合土工膜强度要求

单位面积质量（g/m²） 膜材厚度（mm） 强度要求	400	500	600	700	800	900	1 000	备 注
	0.25～0.35			0.3～0.5				
断裂强度（kN/m）	5	7.5	10.0	12.0	14.0	16.0	18.0	纵横向
CBR顶破强度（kN）	1.1	1.5	1.9	2.2	2.5	2.8	3.0	
撕破强度（kN）	0.15	0.25	0.32	0.40	0.48	0.56	0.62	纵横向

注：实际规格介于表中相邻规格之间时，按内插法计算相应考核指标；规格超出表中范围以及其他工艺、结构的产品，考核指标按设计或由供需双方协商确定。

表 7-57 耐静水压规定值　　　　　　MPa

膜材厚度（mm）	0.2	0.3	0.4	0.5	0.6	0.7	0.8	备注
一布一膜	0.4	0.5	0.6	0.8	1.0	1.2	1.4	
二布一膜	0.5	0.6	0.8	1.0	1.2	1.4	1.6	

选择项包括动态穿透（mm）、刺破强度（N）、平面内水流量（cm²/s）、摩擦系数、抗紫外线性能、抗酸碱性能、抗氧化性能、蠕变性能、拼接强度等。选择项的标准值由供需合同规定。当需方要求的某些指标不能同时满足时，可由供需双方协商，以满足工程应用中的主要指标为原则，并要兼顾其他指标。

3. 外观质量评定

外观质量逐卷（段）检验，按卷（段）评定。

外观疵点分为轻缺陷和重缺陷，要求见表7-58。

表 7-58　外观疵点的评定

疵点名称	轻缺陷	重缺陷	备　注
分层、折痕	明显	严重	
杂物	软质，粗≤5 mm	硬质；软质，粗>5 mm	
边不良	≤300 cm时，每50 cm计一处	>300 cm	
修补点	≤2 cm	>2 cm，破洞	按最大长度计
其他	参照相似疵点评定		

在一卷复合土工膜上不允许存在重缺陷，轻缺陷每 200 m² 应不超过 5 个，否则外观质量为不合格。

4. 检验规定

一般检验产品正面，疵点延及两面时以严重一面为准。

幅宽超过 4 m 至少 2 人检验。

外观质量检验应在水平检验台或检验机上进行，生产部门可在生产线上检验；检验光线以正常北光为准，采用日光灯照明时照度不低于 400 lx；检验速度不超过 20 m/min。

(三) 检验规则

1. 分批规定

工厂内部检验以同一班次生产的同一规格的产品为一批，批量较小时可累计 100 卷为一批，但一周产量仍不满 100 卷时，则以一周内产量为一批；交付验收的产品应以同一品种、同一规格、同一工艺的一个交货批划分检验批。

2. 取样

内在质量的测定以批为单位，每批产品随机抽取 2‰～3‰，但不少于 2 卷，取样要求：

(1) 取样卷装

取样的卷装数由有关双方商定。

除了试验有关要求外，所选卷装应无破损，卷装呈原封不动状。

(2) 切割样品

全部试验的试样应在同一样品中裁取。

卷装的头两层不应取做样品。

取样时应尽量避免污渍、不规则块、折痕、孔洞或其他损伤部分，否则要加放足够数量。

(3) 样品的标记

在样品上标明下列内容：

商标、生产商、供应商；

型号；

卷装或其他说明，以免同种类型取样卷装数超过一卷时混淆；

取样日期；

要加标记表示样品的卷装长度方向。

当土工布的两面有显著差异时，在样品上加注标记，标明卷装的里面或外面。

(4) 如果暂不切割试样，应将样品保存在干净、干燥、阴凉避光处，并且避开化学物品侵蚀和机械损伤。样品可以卷起，但不能折叠。

3. 检验项目

出厂检验：每批产品出厂前，须经检验，检验合格方能出厂，检验项目包括外观质量和表7-55或表7-56内在质量中的单位面积、幅宽、断裂强度、断裂伸长率等四项。

型式检验：型式检验包括外观质量、内在质量中的基本项和选择项中的选定项。

（四）试验方法

1. 制样和调湿

用于每次试验的试样，应从样品中长度和宽度方向上均匀地割取，但距样品幅边至少10 cm。试样不应包含影响试验结果的任何疵点。对同一项试验，应避免两个及以上的试样处在相同的纵向或横向位置上。试样应沿着卷装长度和宽度方向切割，需要时并标出卷装长度方向。除试验有其他要求，样品上的标志必须标到试样上。样品经调湿后，再切成规定尺寸的试样。在切割结构型土工布时可另制定切割方案。如果切割造成土工布破碎，发生损失，要影响试验结果时，则将所有脱落的碎片放到试样一起，直至进行试验。

调湿和试验时条件：

温度：20±2 ℃

相对湿度：65%±5%

在试验前应对试样调湿24 h，再进行试验。

2. 幅宽的测定

按高分子防水卷材宽度试验方法进行检验。

3. 厚度的测定

复合土工膜的厚度是在承受规定压力下测定，常规厚度是在2kPa压力下测得的，单位为mm。试验时，将试样放在基准板上，用与基准板平行的圆形压脚对试样施加规定压力，两板之间的距离作为复合土工膜的厚度值。

【仪器及用具】

厚度试验仪：由两平行的水平圆形板组成。见图7-47所示。

基准板：其面积要大于2倍的压脚面积。

可更换的压脚：采用表面光滑、面积为25 cm^2的圆形压脚。压脚重5 N，放在试样上时，其自重对试样施加的压力为2±0.01 kPa。

采用砝码或杠杆方法对压脚加压，压力分别为：20±0.1 kPa，200±1 kPa。

百分表（或千分表）：用以量测基准板至压脚间的垂直距离。试样厚度大于0.5 mm时，表的最小分度值为0.01 mm；厚度等于或小于0.5 mm时，最小分度值为0.001 mm。

秒表：最小分度值为0.1 s。

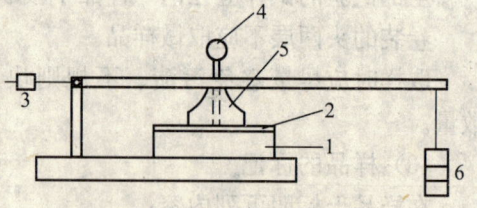

图7-47 厚度试验仪

1—基准板；2—试样；3—平衡锤；4—指示表；5—压脚；6—砝码

【试样制备】

试样数量不得少于10块，对试样进行编号。

试样面积为10 cm×10 cm；

【试验步骤】

(1) 擦净基准板和压脚，检查压脚轴是否灵活，调整百分表至零读数。

(2) 提起压脚，将试样在不受张力情况下放置在基准板与压脚之间。轻轻放下压脚，稳压 30 s 后记录百分表读数。

(3) 土工合成材料的厚度一般指在 2 kPa 压力下的厚度测定值，在需测定厚度随压力的变化时，尚需进行（4）～（5）步骤。

(4) 增加砝码对试样施加 20±0.1 kPa 的压力，稳压 30 s 后读数。

(5) 增加砝码对试样施加 200±1 kPa 的压力，稳压 30 s 后读数。除去压力，取出试样。

(6) 重复本条（2）～（5）的步骤，测试完 10 块试样。

【结果计算】

分别计算每种压力下 6 块试样厚度的算术平均值，以 mm 表示。当试样厚度大于 0.5 mm，要求计算精确至 0.01 mm；当厚度小于或等于 0.5 mm，要求精确至 0.001 mm。计算每种压力下厚度的标准差 σ 及变异系数 C_V。在未明确规定压力时，采用 2 kPa 压力下的试样厚度平均值作为土工合成材料试样的厚度。

4. 单位面积质量测定

【仪器及用具】

一块面积为 10 000 mm²（即 100 mm×100 mm）的划样板或一台面积为 10 000 mm² 的剪切圆刀。

称量天平（感量为 0.001 g）。

钢尺（精度为 0.5 mm）。

【试样准备】

调湿和试验标准大气条件：

温度：20±2 ℃；

相对湿度：65%±5%。

试验前样品应在标准大气条件下调湿 24 h；或试验前样品应在标准大气中，使空气畅通地流过样品，直至每隔 2 h 的样品称重差异不超过 0.25% 为止。

用划样板或剪切圆刀裁取面积为 10 000 mm² 试样 10 块，测量精度为 1%。

注：如果 10 000 mm² 的试样不能代表该种土工布全部结构时，可以使用较大面积的试样。

【操作方法】

称量：将裁剪好的试样按编号顺序逐一在天平上称量，并细心测读和记录，读数应精确到 0.01 g（现场测试可精确到 0.1 g）。

【结果计算】

计算 10 块试样质量的算术平均数，精确到 0.001 g。

按下式算出每平方米质量（g/m²），计算时取小数点后二位，修约后保留小数点后一位：

$$G = \frac{M \times 10^6}{A}$$

式中　G——单位面积质量，g/m²；

　　　M——试样质量的算术平均数，g；

　　　A——试样面积，mm²。

按下式算出变异系数 CV 值：

$$CV(\%) = \frac{\sqrt{\dfrac{\sum_{i=1}^{n}(X_i - \overline{X})^2}{n-1}}}{\overline{X}} \times 100$$

式中　X_i——每块试样质量，g；

$\overline{X}$——试样质量的算术平均数，g；

n——试样总块数。

5. 断裂强度测定

断裂强度是试样受外力拉伸直至断裂时，每单位宽度所产生的最大抗变形力（kN/m）。用拉力试验机进行试验。

【仪器与设备】

拉力试验机：拉伸速率为 20 mm/min。

夹具：具有足够宽度以夹持试样的整个宽度，并能适当限制试样的滑移或损伤。对于大多数材料应使用压缩式夹具，建议使用图 7-48 所示的压缩锯齿楔形块式夹具。对于高强机织土工布，也可采用其他能限制试样在钳口处滑移和破裂的夹具。

蒸馏水：用于湿试样。

非离子中性润湿剂：用于湿试样。

【试样制备】

(1) 试样数

在样品的纵向和横向各剪取至少 5 块试样。

(2) 试样尺寸

剪切每块试样至 200 mm 的最终宽度，试样长度应足够保证夹具隔距 100 mm，其长度方向与待测最大负荷的方向平行。为控制滑移，可在试样的整个宽度与试样长度方向垂直地画两条间隔 100 mm 的标记线，以标示隔距长度。

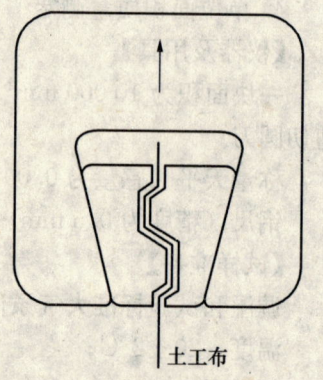

图 7-48　锯齿楔形块夹具

当同时需要湿态最大负荷和干态最大负荷时，则剪取试样长度至少为通常要求的两倍。每个试样加以编号后对折剪切成两块，一块用于测定干态最大负荷，另一块用于测定湿态最大负荷。每一部分试样应标明试样编号。这样使得每一对断裂试验是在含有同样纱线的试样上进行的。

注：对于浸湿后收缩过大的土工布，用于测湿态拉伸性能的试样须比用于测干态拉伸性能的试样稍长，但试样宽度不应作任何变动。

(3) 调湿

调湿和试验标准大气条件：温度 20±2 ℃ 及相对湿度 65%±5%。

将试样在标准大气条件下调湿至少 24 h；或者当试样在相隔至少 2 h 的连续两次称重中质量变化量不超过试样质量的 0.25% 时，可认为试样已经调湿。

注：如果能表明试验结果不受相对湿度的影响，则可不在规定相对湿度条件下进行调湿和试验。

用于进行湿态试验的试样应浸入温度为 20±2 ℃ 的蒸馏水中。浸泡时间应足以使试样完全润湿或者至少 24 h，使其在继续浸泡更长的时间后最大负荷和伸长率无显著差异。为使试样完全润湿，也可以在水中加入不超过 0.05% 的非离子中性润湿剂。

【试验步骤】

(1) 设定拉伸试验机

拉伸前将夹具隔距调节至 100±3 mm。选择负荷量程使拉伸力在满量程负荷的 30%～90% 之间。设定试验机的拉伸速率为 20 mm/min。

(2) 夹持试样

将试样对中地夹持在夹具中。注意分别进行纵向和横向试验的试样长度应与拉伸力方向平行。预先画好的两条间距 100 mm 与试样长度方向垂直的标记线应尽可能与上下夹具钳口边缘重合。调湿试样的试验在规定的大气条件下进行。对于湿态试样，试验在试样从水中取出后 3 min 内进行。

(3) 测量拉伸性能

开动试验机并连续运行直至试样破裂。停机并复原至初始隔距位置。记录最大负荷，精确至三位有效数字，记录伸长率精确至 0.1%。在任定负荷下试样的伸长通过合适的自动记录装置来测量。如果试验过程中试样在夹具中或钳口处滑移，或者试样在距钳口 5 mm 以内的范围中断裂而其结果低于所有其他结果平均值的 50% 时，该试验结果应剔除，而另取一试样进行试验。

注：断裂结果的剔除应在试验过程中观察试样的基础上并根据土工布本身的变异性来决定。不应剔除仅因随机分布的薄弱部位在钳口附近断裂的结果。

如果试样在夹具中滑移或如果多于四分之一的试样断裂在距夹具钳口边 5 mm 范围内，可采取下列措施：①夹具内加衬垫；②对夹在钳口内的试样进行涂层；③改进夹具钳口表面。无论采用了何种修改措施，应在试验报告中说明修改的方法。

【结果计算】

(1) 拉伸强度

拉伸强度由下式直接求得：

$$\alpha_f = \frac{F_f}{W}$$

式中 α_f——拉伸强度，kN/m；
F_f——最大负荷，kN；
W——试样宽度，m。

(2) 最大负荷下伸长率

从负荷-伸长率曲线图中确定最大负荷下伸长率（%）（见图 7-49）。

(3) 割线模量

确定一特定伸长率下的负荷（图中的 B 点），然后用下式计算割线模量：

$$J_{sec} = \frac{F \times 100}{c \times W}$$

式中 J_{sec}——在特定伸长率 c 时的割线模量，kN/m；

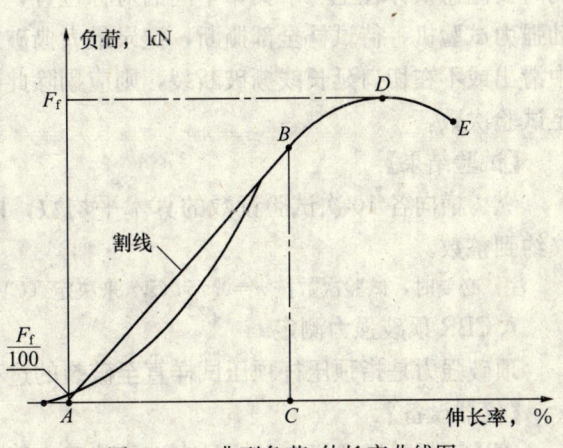

图 7-49 典型负荷-伸长率曲线图

F——在伸长率 c 时的测定负荷，kN；

c——对应的伸长率，%；

W——试样宽度，m。

(4) 平均值和变异系数

分别对纵向和横向两组试样的拉伸强度、最大负荷下伸长率及割线模量计算平均值和变异系数。

6. 撕破强力测定

撕破强力是夹持器内的梯形试样撕破时所需最大的力，用 N 表示。试验时，梯形试样夹持在强力机上下夹钳内，试样在外加负荷不断增大时，试样短边沿切口向长边方向逐渐撕裂，直至全部断裂。

【仪器设备】

等速伸长型（CRE）强力机或等速牵引型（CRT）强力机。

在仲裁试验时采用 CRE 型仪器。

【试件制备】

将样品先在标准大气条件（温度 20±2 ℃，相对湿度 65%±5%）下调湿 24 h，或样品在标准大气中，使样品摊开，直至每隔 2 h 样品的连续称重变化不超过 0.25% 时为止。将已调湿过的样品按规定的要求裁取纵、横向各 10 块试样，尺寸如图 7-50 所示。在试样上不得有影响试验结果的可见疵点。在每一试样片上的梯形短边的正中处剪一条垂直于短边的 15 mm 长的切口。

校正仪器上夹钳和下夹钳的隔距为 25 mm。下夹钳的下降速度为 50±5 mm/min。

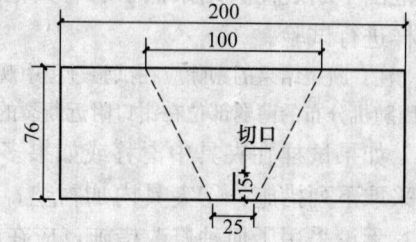

图 7-50　等腰梯形试样图

如采用 CRT 强力机时需选择适当重锤，使撕破强力的试验值落在满刻度值的 20%～80% 的范围内。

【试验步骤】

将试样置于上、下夹钳内，使夹持线与夹钳钳口线相平齐，然后旋紧上、下夹钳螺丝，同时要注意试样在上、下夹钳中间的对称位置，以便梯形试样的短边保持垂直状态，最后启动强力试验机，待试样全部撕断，记录最大撕破强力值，以 N（牛顿）为单位。试样从夹钳中滑出或不在切口延长线撕破断裂，则应剔除此次试验数值，并在原样品上再裁取试样，补足试验次数。

【试验结果】

纵、横向各 10 次试验读数的算术平均数，以 N（牛顿）表示。计算到小数点后一位，修约到整数。

注：必要时，试验次数按 $n=0.154CV^2$ 来决定（CV 为变异系数）。

7. CBR 顶破强力测定

顶破强力是指顶压杆顶压试样直至破裂的过程中测得的最大顶压力，单位为 N。

【仪器设备】

等速型材料试验机，并应具有记录装置，记录误差不超过满量程的 ±1%，顶压杆位移误差不超过 1 mm。试验机速度为 60±5 mm/min，行程大于 100 mm，如图 7-51。

夹持设备如图 7-52 所示，夹持设备底座高度须大于 100 mm，环形夹具内径为 150 mm，其中心必须在顶压杆的轴线上。

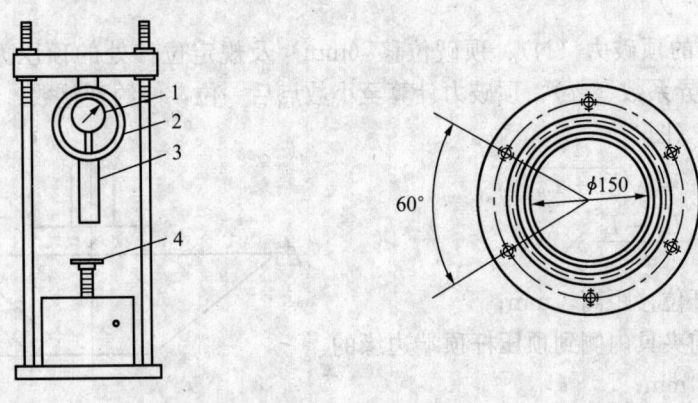

图 7-51 CBR 试验仪　　　　　　　　　图 7-52 夹持设备

1—百分表；2—量力计；3—圆柱顶杆；4—托盘

顶压杆如图 7-53 所示，顶压杆是直径为 50 mm，高度为 100 mm 的圆柱体，顶端边缘倒成 2.5 mm 半径的圆弧。

【试件制备】

样品应先在标准大气条件（温度 20±2 ℃，相对湿度 65%±5%）下调湿 24 h。

将已调湿过的样品按规定的要求裁取 ϕ300 mm 的圆形试样 5 块，在试样上不得有影响试验结果的可见疵点。在每块试样离外圈 5 cm 处均等开 6 条 8 mm 宽的槽（视夹持设备为准），如图 7-54 所示。

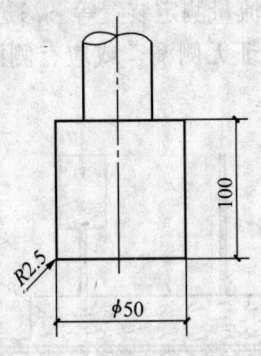 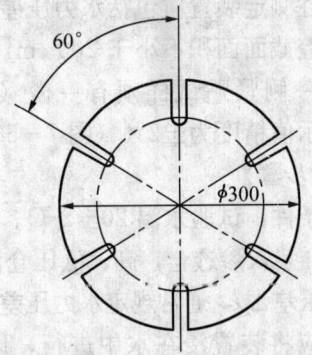

图 7-53 顶压杆　　　　　　　　　图 7-54 试样

校正仪器，顶压杆的下降速度为 60±5 mm/min。

【试验步骤】

将试样放入环形夹具内，使试样在自然状态下拧紧夹具，以免试样在顶压过程中滑动或破损。再将夹持设备放于试验机上，启动试验机，直到试样被完全顶破为止。如土工布在夹具中有明显滑动或破裂则废弃。

【试验记录】

顶破力，即记录的最大力（N）；

顶破位移（mm）；
顶压力与位移的关系曲线（根据需要）；
规定位移处的顶压力（N，根据需要）。
【结果计算】
计算 5 块试样的顶破力（N）、顶破位移（mm）及规定位移处的顶压力（N，根据需要）的平均值和变异系数（%）。顶破力计算至小数点后一位，修约到整数。

变形率的计算（图 7-55）

$$L_1 = \sqrt{h^2 + L_0^2}$$

$$\varepsilon = \frac{L_1 - L_0}{L_0} \times 100$$

式中 h——顶压杆位移距离，mm；
L_0——试验前夹具内侧到顶压杆顶端边缘的距离，mm；
L_1——试验后夹具内侧到顶压杆顶端边缘的距离，mm；
ε——变形率，%。

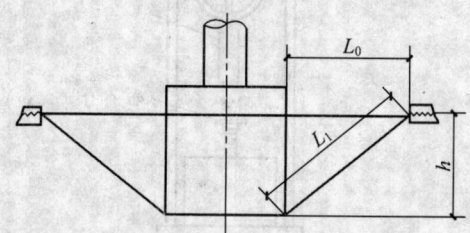

图 7-55 变形率的计算

8. 渗透系数测定

渗透系数是单位水力梯度时的渗透流速（或称表观流速），水力梯度是复合土工膜上下面水位差与土工膜厚度之比。复合土工膜在一定压力水头作用下将产生微小渗流，测定在规定水力压差下一定时间内通过试样的渗流量（即渗流速度）及试样厚度，单位为 cm/s。

【仪器与设备】

渗透性测定装置应包括水力压差施加装置、渗透仓、流量测定装置等。渗透仓一般为圆筒状，内腔截面面积不小于 200 cm²，试样夹持部分应保证无侧漏，或应有侧漏补偿装置，仓内低压一侧紧贴试样须有一微（多）孔板；加压系统示值精度为±2%（图 7-56）。

【试验步骤】

试验条件：试验水温 20±2 ℃。

将试样装入渗透仓，高、低压仓同时充水至规定水力压差 Δp，通常规定水力压差为 100 kPa。这一过程应将装置浸在水中进行，以保渗透仓内为无气泡水。保持试样两侧水力压差 Δp 恒定，使试样充分润湿，直至渗流量稳定。测定一定时间 t 内通过试样法向的渗流量 V，测定时间视具体试样而定，以保证所测渗流量的精确度为原则。

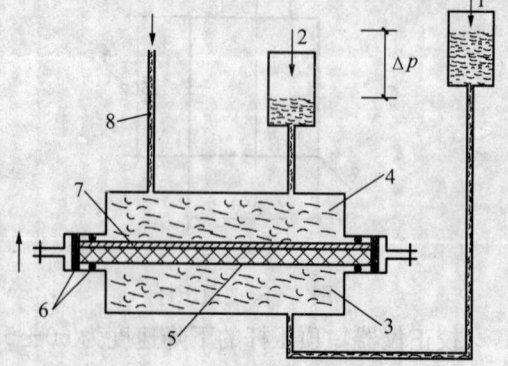

图 7-56 渗透性测定装置
1、2—高、低压充水系统（水压或气压）；
3、4—高、低压渗透仓；5—试样；
6—防渗漏垫；7—微孔板；8—流量管

注：也可测定高压一侧的失水量。

如需测定不同水力压差条件下的渗透系数，可改变压差，重复以上步骤。每个样品至少测定 3 个试样，以平均值作为结果。

【结果计算】

渗透系数和透水率分别按下式计算：
$$k = V \cdot T/(t \cdot A \cdot \Delta p)$$
$$\psi = V/(t \cdot A \cdot \Delta p)$$

式中　k——渗透系数，cm/s；

　　　ψ——透水率，1/s；

　　　V——时间 t 内的渗流量，cm³；

　　　T——试样厚度（试验压力 Δp 下），cm；

　　　t——测定时间，s；

　　　A——试样有效渗流面积，cm²；

　　　Δp——试样两侧水力压差（以水柱高计，按 1 kPa≈10 cm 水柱折算），cm。

注：如实际水温超出 20±2 ℃的规定，参照图 7-57 进行修正。Rt 为 20 ℃水温修正系数。

9. 耐静水压测定

耐静水压是指复合土工膜两侧水力压差增大到试样受破坏时的值，是用渗透性测压装置进行测定的，单位为 MPa。

【仪器与设备】

渗透压力测定装置。

【试验步骤】

(1) 方法 A（使用图 7-57 装置）

按渗透系数测定方法使水力压差达 0.1 MPa，如可估计出样品耐静水压的一般范围，则可直接将水力压差加到该范围下限。保持其压力至少 2 h，观察渗流管水位变化情况，如水位基本稳定（渗流量为 0），则以 0.1～0.2 MPa 为级差逐级增加压力，每级均保持 2 h，直至出现渗流量快速增加现象，表明试样已出现破裂，此前一级压力即作为耐静水压（MPa）。如只需判定样品是否达到某规定耐静水压值，则可直接加压到此压力并保持 2 h，判定其是否符合要求。

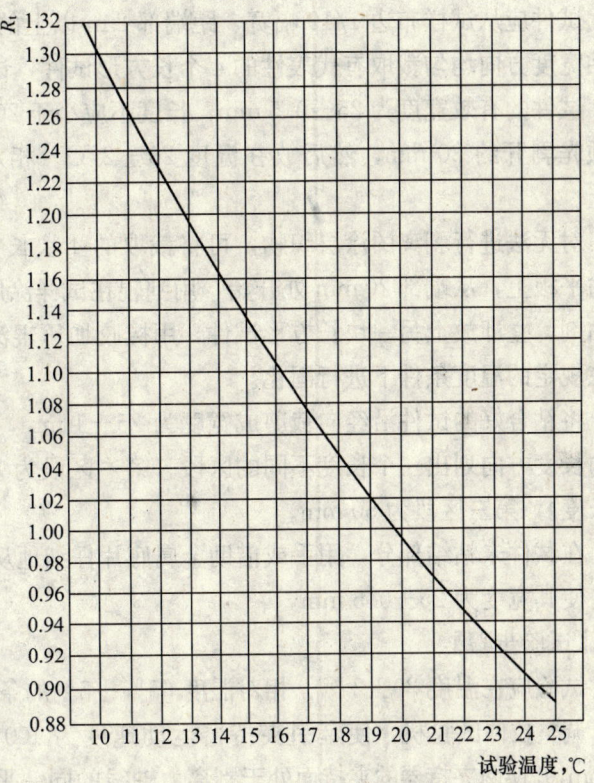

图 7-57　水粘滞性修正系数

每个样品至少测定 3 个试样，以最低值作为样品的耐静水压。

(2) 方法 B

【试验装置】在图 7-57 中，去除低压仓部分及相关部件，即试样一侧为大气，其余相同。要求在 60～70 s 内升压至试验压力。试验程序及要求与方法 A 相同，本方法中也可以通过测定加压端的失水量或直接观察试样渗水来判断试样破坏情况,以确定耐静水压。

10. 剥离强度

剥离强度是指在规定的试验条件下,将织物层与基布剥离时所需的负荷,用 N·cm 表示。

【试验仪器】

等速伸长(CRE)型拉伸试验机,配有自动绘图装置,试验时牵引夹持器的移动速度应基本上保持恒定。

拉伸试验机示值精度应小于最大刻度值的 0.4%,记录误差应不超过示值的 2%。

拉伸试验机的夹持装置应能保持剥离试验时不滑动和不夹坏试样。

平面求积仪:精度 0.1 cm²。

天平:分度值 0.1mg

【试验制备】

试件应从试样布边 1/10 幅宽、距端部 2 m 以上的部位裁取,除另有规定外,一般应在样品宽度方向均匀裁取有代表性的 4 个长方形试件,试件的长度方向应与织物层经向平行。

试件的有效宽度为 25±0.5 mm,长度不应小于 200 mm。沿试件长度方向将织物层与基布预先剥开约 30 mm,然后放在温度 20±2 ℃,相对湿度 65%±5%的条件下调湿 24 h 以上。

对无法进行剥离的涂层织物,可将裁取的 4 块长方形试件(50 mm×200 mm)放在光滑的平板上,从端部 20 mm 处开始,用刮辊在试样涂层面上刮一层均匀的厚度约 0.2 mm 的胶粘剂,立即放上另一块长方形试件,用橡胶加压辊滚压至少 10 次,以保证粘结牢固,然后在规定的温度条件下进行固化。

将粘合好的试件沿经向裁剪成宽度为 25±1 mm,长度 200 mm 的长方形,并在每个样品的长度方向划出三个长度不同的区段。第一区段为 30 mm,第二区段为 100 mm(有效剥离长度),第三区段为 50 mm。

在试件未粘结部分,用手或借助金属底片仔细地从基布上剥离被粘面层,修齐试件的两边,使其宽度为 25±0.5 mm。

【试验步骤】

试验应在温度 20±2 ℃、相对湿度 65%±5%的条件下进行。

调整拉伸试验机,使牵引夹持器运动速度为 100±10 mm/min。调整夹持器的间距至 30 mm,并使两夹持器的夹持面处于剥离力轴线的同一平面上,以保证剥离时试样不发生扭曲现象。选择一适当的量程范围,调整测力计和记录系统的零点,并选用合适的记录纸速度。

把试样被剥开端分别夹持在夹持器中(牵引夹持器夹涂层面,静止夹持器夹基布),使剥开面向着操作者。启动拉伸试验机进行剥离试验,剥离时涂层面应倒向一侧,如发生剥离不完全现象时,可用小刀辅助刮剥,但不能影响试验结果。自剥离开始连续记录试样剥离过程中的剥离力曲线,剥离有效长度应不小于 100 mm。

【结果计算】

用精确到 0.1 cm² 的平面求积仪描绘剥离曲线中部 50%区域内的面积,或剪取其图形,用分度值为 0.1 mg 的天平称量后折算成面积。测量图形底线长度的测量尺，应精确到 0.5 mm。然后按下列公式计算：

$$Q = C \times \frac{S}{L \times b}$$

式中　Q——涂层粘附强度，N/cm；
　　　S——剥离曲线下图形面积的测量值，cm²；
　　　b——试验前的试样宽度，cm；
　　　L——图形底线长度，cm；
　　　C——图形上单位高度所代表的负荷量，N/cm。

计算 4 个试样的算术平均值，修约到小数点后一位。

（五）检验结果判定

检验结果的判定：按技术要求及品质评定的规定进行，质量指标的检验结果以所采取样品的平均值表示。

复验规定：

交付验收、质量鉴定、质量仲裁、质量抽查等检验按复验规定，但双方另有协议的不受此限。

产品交货后，收货方应立即验收，如验收发现问题，应在双方规定的期限内（一般为一个月）向生产厂提出复验，如逾期不验收或没有提出复验要求时，应立即按付货方检验结果收货。

对验收结果有异议时，双方可会同复验或提请双方同意的仲裁检验机验进行检验，复验结果即为最终结果，复验费用由责任方承担。

内在质量的复验，抽取检验批批量的 1%～2% 作为检验样品，但不少于 3 卷。检验结果按内在质量评定规定，如经检验发现问题，可重新在该批产品中抽取相同数量样品，对不合格项进行复验，并以全部抽取样品的检验结果平均值作为复验结果。复验一次为准，复验合格者作全批合格，否则作全批不合格处理。

外观质量的复验，抽取检验批批量的 5%～10% 作为检验样品，但不少于 10 卷，每卷产品的评定按外观质量评定规定进行，所检验产品不合格品率在 10% 以内，作全批合格，但实际查出的不合格品由生产厂负责调换，当不合格品率超过 10% 时，该批产品作不合格或退货处理。

二、聚乙烯土工膜

聚乙烯土工膜是以高密度聚乙烯、低密度聚乙烯共聚树脂为基料，掺入辅助材料配制而成的防渗材料。

适用于建筑、水利、环境保护及民用等工程作防渗层。如水库、堤坝、水池、鱼池、盐池、地铁工程、屋面、尾矿浸渍场、垃圾掩埋场、河渠衬砌、公路、草坪的保水层等。

（一）分类与命名

1. 分类

聚乙烯土工膜分为低密度聚乙烯土工膜，代号为 GL；高中密度聚乙烯土工膜，代号为 GH。

低密度聚乙烯土工膜包括普通低密度聚乙烯土工膜（GL-1）和柔性乙烯-乙酸乙烯共聚物（EVA）土工膜（GL-2）。高（中）密度聚乙烯土工膜包括普通高（中）密度聚乙烯土工膜（GH-1）和环保用高（中）密度聚乙烯土工膜（GH-2）等。

聚乙烯土工膜的规格为：

幅宽（mm）：3000、3500、4000、6000、7000。

厚度（mm）：0.50、0.75、1.00、1.50、2.00。

2. 命名

聚乙烯土工膜命名方法为：

产品命名：

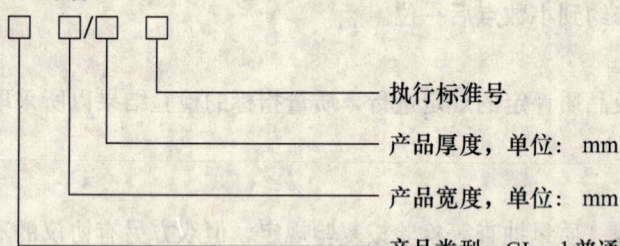

产品命名示例：

3 000 mm 宽，1.00 mm 厚环保用高（中）密度聚乙烯土工膜，可表示为：

GH-2　3 000/1.00　GB/T 17643—1998

（二）技术要求

1. 规格尺寸及偏差

聚乙烯土工膜产品的规格尺寸及偏差应符合表 7-59 和表 7-60 要求，产品单卷的长度偏差为±2%。

表 7-59　厚度及偏差

项　目	指　标				
厚度（mm）	0.50	0.75	1.00	1.50	2.00
极限偏差（mm）	±0.06	±0.09	±0.12	±0.18	±0.24
平均偏差（%）	±6				

表 7-60　宽度及偏差

项　目	指　标			
宽度（mm）	3 000	3 500	4 000	6 000 以上
偏差（mm）	±50	±60	±80	±100

2. 外观质量

聚乙烯土工膜产品的颜色一般为黑色，外观质量应符合表 7-61 中的规定要求。

表 7-61 外观质量

项 目	指 标
切口	平直，无明显锯齿现象
穿孔修复点	每卷不超过 2 个
水纹、云雾和机械划痕	不明显
杂质和僵块	直径 0.6～2.0 mm，每平方米 20 个以内直径 2.0 mm 以上，无
接头和断头	不允许

3. 物理力学性能

物理力学性能列于表 7-62。

表 7-62 物理力学性能

项 目	指 标			
	GL		GH	
	GL-1	GL-2	GH-1	GH-2
拉伸强度（MPa）	≥14	≥14	≥17	≥25
断裂伸长率（%）	≥400	≥400	≥450	≥550
直角撕裂强度（N/mm）	≥50	≥50	≥80	≥110
炭黑含量①（%）	≥2			
耐环境应力开裂 F_{20}（h）	—	—	—	≥1 500
200 ℃时氧化诱导时间（min）	—	—	—	≥20
水蒸气渗透系数 [g·cm/(cm²·s·Pa)]	≤1.0×10⁻¹⁶			
-70 ℃低温冲击脆化性能	通过			
尺寸稳定性（%）	±3			

注：①黑色土工膜要求。

（三）试验方法

聚乙烯土工膜的试验方法分为出厂检验和型式检验。出厂检验项目包括宽度、厚度、外观质量、拉伸强度、断裂伸长率和直角撕裂强度等的检验。型式检验为技术要求的全部项目。

1. 抽样

聚乙烯土工膜产品以批为单位进行验收，同一牌号的原料，同一配方、同一规格的产品 50 t 以下为一批，每批产品随机抽取 3 卷作为样品。

对抽取的样品进行宽度、厚度及外观质量检测。样品的宽度、厚度及外观质量应达到规定的指标要求，其中有一项不合格即为不合格卷，不合格卷不能多于 1 卷。

对于宽度、厚度和外观质量合格的卷样中，从宽度方向上距两端大于 200 mm 处截取检验样品。

2. 外观检验方法

在自然光线下距产品 0.5 m，用肉眼观察，其数值用精度为 0.02 mm 的卡尺测量。
宽度和长度用精度为 0.01 mm 的量具测量。

3. 厚度

按高分子防水卷材厚度测试方法进行测定。

沿样品宽度方向按 250 mm 等间距测量厚度，始末两个测定点应距样品边缘不少于 25 mm，以测得数据的最大值和最小值作为极限厚度值，以测得数据的算术平均值作为产品的平均厚度值，精确到 0.01 mm，计算厚度极限偏差和平均偏差。结果计算见下列各式。

$$\Delta t = t_{max}(或\ t_{min}) - t_0$$

$$\overline{\Delta t} = \frac{\bar{t} - t_0}{t_0} \times 100$$

式中　Δt——厚度极限偏差，mm；
　　　t_{max}——实测最大厚度，mm；
　　　t_{min}——实测最小厚度，mm；
　　　$\overline{\Delta t}$——厚度平均偏差百分数，%；
　　　$\bar{t}$——平均厚度，mm；
　　　t_0——公称厚度，mm。

4. 尺寸稳定性

按高分子防水卷材尺寸稳定性试验方法进行，试验温度为 100 ℃，时间 15 min。

5. 直角撕裂强度

按高分子防水卷材直角撕裂性能试验方法进行。

6. 低温冲击脆化性能

按高分子防水卷材抗冲击性能试验方法进行试验。在 −70 ℃ 下进行试验，30 个试样中的 15 个以上不破坏为通过。

7. 拉伸强度与断裂伸长率

按高分子防水卷材拉伸性能试验方法进行试验。试样形状为 II 型，拉伸速度（空载）为 100 mm/min。

8. 水蒸气渗透系数

按聚合物沥青防水卷材水蒸气透过性能试验方法进行试验。

9. 200 ℃ 时氧化诱导时间

200℃时氧化诱导时间是用来判定聚乙烯土工布热稳定性的试验方法。通过测定试样在高温氧气条件下发生氧化反应的时间,对试样的热稳定性做出评价。

【试验仪器】

试验仪器:能连续记录试样温度的差热分析仪(DTA)、差式扫描量热计(DSC)或其他类似的热分析仪,精度为0.1℃。

分析天平:感量为0.1mg。

氧气和高纯度氮气供气及气体切换装置。

气体流量计。

【试样制备】

在聚乙烯土工膜上切取直径略小于热分析仪样品皿的圆片试样,质量为15 ± 0.5 mg。每组试样数量5个,试样应避免直接暴露在阳光下。

【试验步骤】

将试样放入样品容器中,并使之与样品有良好的接触,然后再放入仪器的加热装置内。接通氧气和氮气,打开气体切换装置分别调节两种气体的流量,使之均达到50 ± 5 cm^3/min,然后切换成氮气。将盛有15 ± 0.5 mg试样的开口铝皿置于热分析仪的样品支持架上。

以20℃/min的速率升温至200 ± 0.1℃,并使该温度恒定。开始记录热曲线(如温度—时间关系曲线)。保持恒温5 min后,迅速切换成氧气。当热曲线上记录到氧化放热达到最大值时终止试验。

在试验记录到的热曲线图上(如图7-58),标出由氮气切换成氧气时的点A_1,给出曲线明显变化时最大斜率的切线,标注此切线与基线延长线的交点A_2,其两点间的时间即为表示试样热稳定性的氧化诱导期(min)。

试验结果取5次试验的算术平均值。

【仪器校正】

试验前,应对试验仪器进行校正,以保证试验数据的准确。

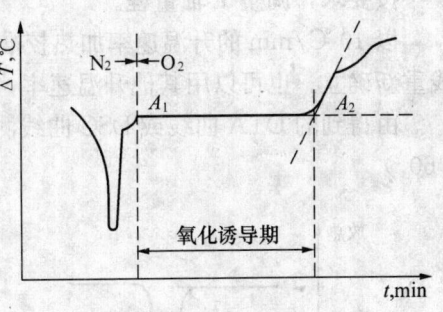

图7-58 试样热曲线图

(1)仪器校准

用表7-63所列物质(纯度大于99.9%)的相转变温度进行仪器校准。

表7-63 校准物质的相转变温度

校准物质	相转变温度	
	℃	K
汞	−38.86	234.29
水	0.00	273.15
二苯醚	26.87	300.02
苯甲酸	122.37	395.52
铟	156.63	429.78
锡	231.97	505.12

续表

校准物质	相转变温度 ℃	K
铋	271.44	544.59
铅	327.50	600.65
锌	419.58	692.73
锑	630.74	903.89
铝	660.37	933.52
银	961.93	1 235.08

(2) 标准步骤

两点校准法：

在表 7-63 中选取两种校准物质。其中，一种物质的相转变温度比被测试样的起始放热温度低，另一种物质的相转变温度比被测试样的终止放热温度高，而且要尽可能接近这两个温度。

测量各校准物质的表观相转变温度。

将质量为 5～15 mg 的校准物质和参比物分别放入样品容器中。

把样品容器放入仪器的加热装置内，用流量为 10～50 mL/min 的氮气或其他惰性气体冲洗测量装置，直到测量结束。

按要求，调整 Y 轴量程。

以 10 ℃/min 的升温速率加热校准物质和参比物，使校准物质通过相转变温度，直至基线重新确立。也可以用其他升温速率，但必须与测量试样时的条件相同。

由得到的 DTA 曲线或 DSC 曲线测量出表观相转变温度（T_e、T_p）（如图 7-59、图 7-60。）

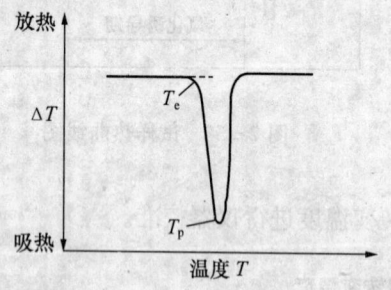

图 7-59　校准物质相转变的 DTA 曲线　　图 7-60　校准物质相转变的 DSC 曲线

差示扫描量热计或试样与温感元件分开的差热分析仪用 T_e 作为表观相转变温度；试样与温感元件紧密接触的某些差热分析仪，用 T_p 作为表观相转变温度。

一点校准法：

如果已按两点校准法测出了表观相转变温度，并计算出斜率值（S），若 S 值与 1.000 的差值在 ±0.01 的范围内（试验温度与校正温度相差 100 ℃ 时），则用一点校准法。

从表 7-63 中选取一种校准物质，使其相转变温度尽量处在被测试样的放热峰内。

按两点校准法的步骤测出校准物质的表观相转变温度。

(3) 计算

假设表观相转变温度（TO）与实际相转变温度（T）之间存在线性关系，那么它们之间存在下面的关系：

$$T = (TO \times S) + I$$

式中 S——斜率（标准值为 1.000）；
　　　I——截距。

两点校准法计算：

用表 7-63 中的校准物质相转变温度和实际测量的表观相转变温度，通过下式计算 S 和 I。

$$S = (TS_1 - TS_2)/(TO_1 - TO_2)$$
$$I = [(TO_1 \times TS_2) - (TS_1 \times TO_2)]/(TO_1 - TO_2)$$

式中 TS_1——取自表 7-63 中的 1 号校准物质的相转变温度；
　　　TS_2——取自表 7-63 中的 2 号校准物质的相转变温度；
　　　TO_1——校准步骤中测出的 1 号校准物质的表观相转变温度；
　　　TO_2——校准步骤中测出的 2 号校准物质的表观相转变温度。

S 要计算到四位有效数字，I 要精确到 0.01 ℃。

一点校准法计算：

如果用两点校准法测出的斜率值（S）与标准值 1.000 之差在 ±0.01 的范围内，那么就用一点校准法，只测出截距。

$$I = TS_1 - TO_1$$

利用测出的斜率值（S）和截距（I）计算出被测试样的实际焓变温度。

(4) 物质热稳定性的热分析试验报告

试验委托单位名称。

试验单位名称和试验负责人。

送样日期和试验日期。

试样和参比物的名称、组成、分子式、重量、状态和纯度等。

仪器型号和样品容器。

气氛的组成和压力、静态或动态、密封程度及动态情况，应注明气体流量。

程序升温速率和试验温度范围。

Y 轴灵敏度和 Y 轴量程。

记录 DTA 曲线或 DSC 曲线的所有过程，注明起始温度、外推起始温度和峰温。

把测定的焓变温度换算成实际的焓变温度。

用实际的焓变温度来评价物质的热稳定性。

10. 炭含量

炭含量是指聚乙烯土工膜（黑色土工膜）中炭质材料所占的质量百分含量，用 % 表示。用一定量的土工膜样品在氮气流中于 550±50 ℃ 热解大约 45 min，并在 900±50 ℃ 煅烧。根据热解和煅烧前后的质量差计算炭含量。

【试剂与设备】

氮气，储存于配有减压阀和流量表的钢瓶中。

石英样品舟：长 50~60 mm。

管式电炉。

除氧装置：串联的两根玻璃管，分别装有活性铜和乙酸锰，配有电热丝和温度控制装置。也可用其他除氧装置。除氧后氮气中氧含量小于 20 ppm。

马弗炉。

能装入样品舟的玻璃干燥器。

【试验步骤】

称量条件：温度为 23±2 ℃。

从聚乙烯土工膜中任取样 3 份，每份约 1 g，准确到 0.000 1 g。

将管式电炉升温至 550±50 ℃。打开氮气钢瓶，使氮气依次通过活性铜（预先加热到 180 ℃）和乙酸锰及流量计，然后进入管式电炉。调节流量计，使氮气通入管式电炉的流速为 200 mL/min，大约 5 min。将装有样品的样品舟推入管式电炉的中心，调节氮气流速为 100 mL/min，于 550±50 ℃的温度下热解 45 min。热解终了时，将样品舟移回至管式炉的低温部分。继续保持通入氮气 10 min。

取出样品舟，置于干燥器中冷却，称量，准确至 0.000 1 g。将样品舟置于马弗炉中煅烧，温度为 900±50 ℃，直至炭黑全部消失为止。再放入干燥器中冷却，称量，准确至 0.0001g。

炭含量 c（％）由下式计算：

$$c = \frac{m_2 - m_3}{m_1} \times 100$$

式中 m_1——试样质量，g；

m_2——样品舟和试样在 550 ℃热解后的质量，g；

m_3——样品舟在 900 ℃煅烧后的质量，g。

取三个试验结果的算术平均值。保留两位有效数字。其中灰分含量 c_1（％）由下式计算：

$$c_1 = \frac{m_3 - m}{m_1} \times 100$$

式中 m——样品舟质量，g；

m_1、m_3——同前。

取 3 个试验结果的算术平均值。保留两位有效数字。

如果灰分含量大于试样质量的 1％，则要报出灰分含量，并注明炭含量超过实际值。

11. 耐环境应力开裂

耐环境应力开裂是聚乙烯土工膜在处理环境条件下，各种应力引起的内部或外部开裂情况。通常用应力开裂破损时间表示，单位为 h。处理环境条件为壬基酚聚氧乙烯醚（TX-10）的体积浓度为 10％的水溶液。

【试验装置】

试样尺寸及试验仪器如图 7-61 所示。

冲模：矩形刀具，能切出切口平整、不带斜棱的试样。

刻痕刀架：见图 7-62，能按照刻痕要求在试样上进行刻痕。刻痕应与试样的长度方向平行并位于表面的中心部位。刀片每正常使用 30 次后应予以检查，刀刃一旦变钝或磨损就应及

第八节 非织造复合土工膜

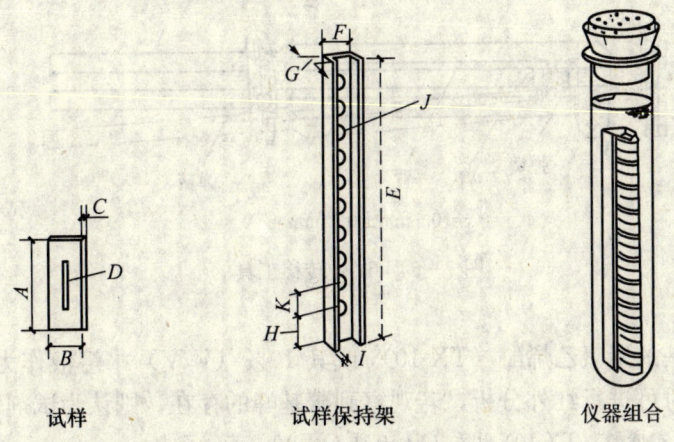

试样　　　　试样保持架　　　仪器组合

图 7-61　试样尺寸及试验仪器

A—试样长度，38 mm±2.5 mm；B—试样宽度，13 mm±0.8 mm；C—试样厚度；D—刻痕深度；
E—试样保持架长度，165 mm；F—试样保持架宽度：内槽宽度，12.00±0.05 mm；外槽宽度，16 mm；
G—试样保持架高度，10 mm；H—15 mm；I—试样保持架壁厚，2 mm；J—孔径，5 mm；
K—相邻孔间圆心距，15 mm

时更换。每把刀片刻痕次数不应超过 100 次。

试样保持架：不锈钢、黄铜或黄铜镀铬长槽，其尺寸见图 7-62。长槽的两侧面应相互平行，并与槽底面成直角。槽内表面应光滑。

试管：硬质玻璃试管并配有塞子，长度大于 200 mm，内径 30～32 mm。

铝箔：厚度 0.08～0.13 mm，用以包缚塞子。

恒温浴槽：能保证恒温浴温度为 50±0.5 ℃及 100±0.5 ℃。

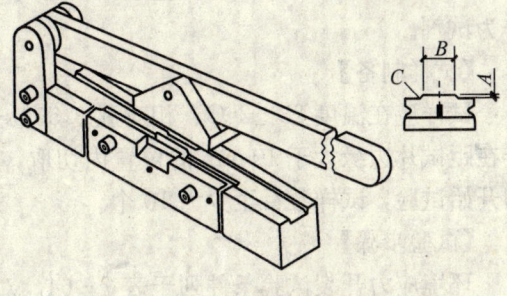

图 7-62　刻痕刀架

A—刀刃高度，3 mm；B—刀刃宽度，18.9～19.2 mm；
C—半径，≤1.5 mm

试管架：放置试管的支架。

试样弯曲装置如图 7-63 所示，试样转移工具如图 7-64 所示。

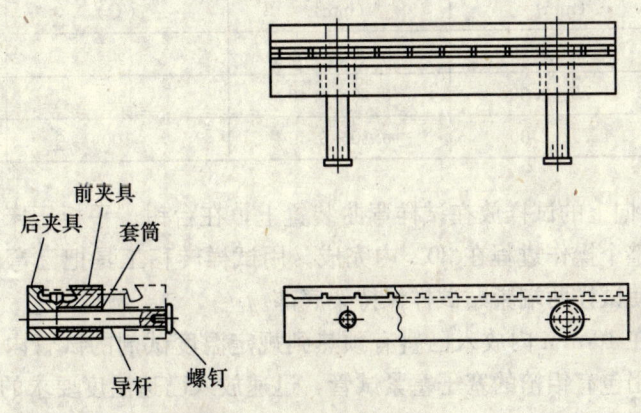

图 7-63　试样弯曲装置

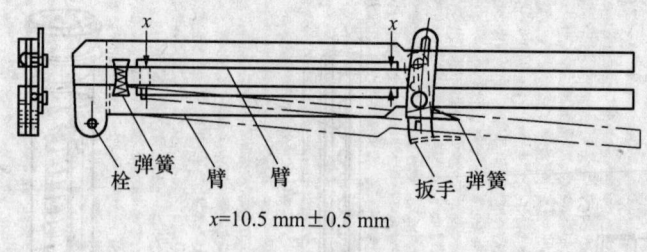

$x = 10.5 \text{ mm} \pm 0.5 \text{ mm}$

图 7-64　试样转移工具

【试剂】

本标准采用壬基酚聚氧乙烯醚（TX-10）①或其 10%（V/V）水溶液作为试剂。TX-10 试剂放置时间较长时可进行红外分析，若观察到羰基峰的存在，则认为试剂已降解。

注①：壬基酚聚氧乙烯醚（TX-10）也称 OP-10 或 Oπ-10，其分子式为：

$C_9H_{19}(C_6H_4)\text{—}[OCH_2CH_2]_n\text{OH}$。

注②：壬基酚聚氧乙烯醚应贮存在密闭的金属或玻璃容器中以避免其吸湿。

配制试剂水溶液时，应将混合液加热到 60 ℃ 左右，连续搅拌 1 h。配制好的试剂水溶液应在一个星期内使用，并只能使用一次，不得重复使用。

如有特殊需要也可采用其他表面活性剂、皂类及任何不使试样发生显著溶胀的有机试剂作为试剂。

【试样制备】

试样应在温度 23±2 ℃、相对湿度 50%±5% 条件状态调节 40 h，最多不超过 96 h。试样在距试片边缘大于 10 mm 的位置内切取，试样如图 7-62 所示。试样刻痕、弯曲后应立即开始试验，试样数目至少为 10 个。

【试验步骤】

环境应力开裂试验条件列于表 7-64。对试样进行刻痕，刻痕深度应符合表 7-64 的要求。密度小于等于 925 kg/m³ 的聚乙烯土工布选择条件 A，密度大于 925 kg/m³ 的选择条件 B。对于部分密度大于 940 kg/m³ 的聚乙烯土工布也可选择条件 C。

表 7-64　环境应力开裂试验条件

条件	试样厚度 (mm)	刻痕深度 (mm)	恒温浴温度 (℃)	试剂浓度 (%)(V/V)
A	3.00～3.30	0.50～0.65	50	10
B	1.75～2.00	0.30～0.40	50	10
C	1.75～2.00	0.30～0.40	100	100

将 10 个刻痕面向上的试样放在试样弯曲装置上，在台钳、平板压床或其他适当的工具上合拢弯曲装置，整个操作过程在 30 s 内完成。用试样转移工具把已弯曲好的试样转移到试样保持架中，并使试样两端紧贴试样保持架底部。

试样保持架需在 10 min 内放入已盛有预热到规定温度试剂的试管内，试剂液面应高于保持架约 10 mm。用包有铝箔的塞子塞紧试管，迅速放入已达温度要求的恒温浴槽中，并开始计时。在操作过程中刻痕不应与试管壁接触。

第八节 非织造复合土工膜

按下列观察时间检查试样并记录试样破损数目及相应的破损时间。

0.1h,0.25h,0.5h,1.0h,1.5h,2h,3h,4h,5h,6h,7h,8h,12h,16h,20h,24h,32h,40h,48h。

48h以后,每24h观察一次。

采用对数-概率坐标作图法确定聚乙烯环境应力开裂时间 F_{50}。作图时,以时间(h)的对数为纵坐标,以试样破损几率 f_x(%)取概率为横坐标。f_x 按下式计算:

$$f_x = \frac{x}{n+1} \times 100$$

式中 f_x——试样破损几率,%;
  n——试样总数;
  x——试样破损数目。

作图步骤

计算每一破损试样的 f_x,也可将上述 f_x 值及对应的破损时间制成表格,实例见表7-65。

表7-65 计算实例

试样破损时间,h \ 试样破损数目,个 \ 试样	1	2	3	4	5	6	7	8	9	10	11	12	13	14	15
例1(3个试样不破损)	24	24	24	24	24	32	48								
例2(10个试样均破损)	4	4	8	16	16	16	16	24	24	32					
例3(丢失一个试样)	0.2	0.5	1	1	1.5	2	2	2	2						
例4(15个试样)	0.1	0.1	0.25	0.25	0.25	0.5	0.5	0.5	0.5	0.5	0.5	0.5	0.5	0.5	1
例4试样破损几率,%	6.2	12.5	18.8	25.0	31.2	37.5	43.8	50.0	56.2	62.5	68.8	75.0	81.2	87.5	93.8

根据上述数据在对数-概率坐标纸上标记点,作图实例见图7-65。每一破损试样都应与图中一点对应。通过上述各点作一条最佳的拟合直线,直线与50%概率线交点所对应的时间。即为环境应力开裂时间 F_{50}。通常10个试样对应图上10个坐标点。偶尔会有个别试样作废,概率坐标间隔可能会发生改变,但作图程序不变。

在使用本标准及作图方法时,偶尔会出现个别反常试样而降低了试验的可靠性,在这种情况下,应进行分析。

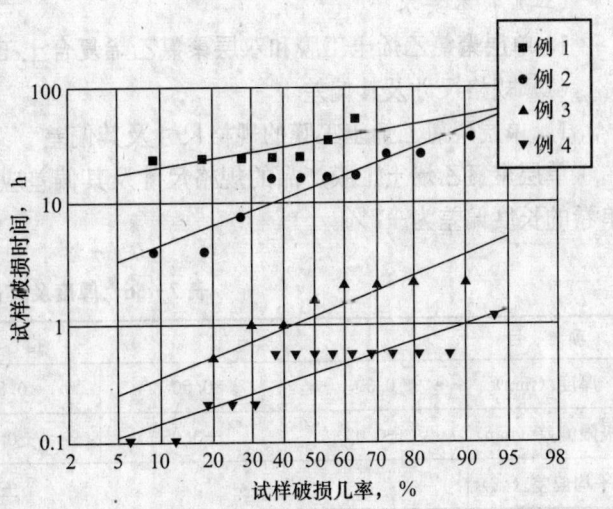

图7-65 对数-概率坐标作图法求 F_{50} 图例

三、聚氯乙烯土工膜

聚氯乙烯土工膜是以聚氯乙烯树脂为原料加入增塑剂等助剂与非织造土工布复合而成的土工材料。

（一）分类与命名

1. 分类

单层聚氯乙烯土工膜，代号为 TGD。

双层聚氯乙烯复合土工膜，由两层聚氯乙烯土工膜复合而成，代号为 TGSF。

夹网聚氯乙烯复合土工膜，由两层聚氯乙烯土工膜与加强网复合而成，代号为 TGWF。

2. 命名

产品命名：

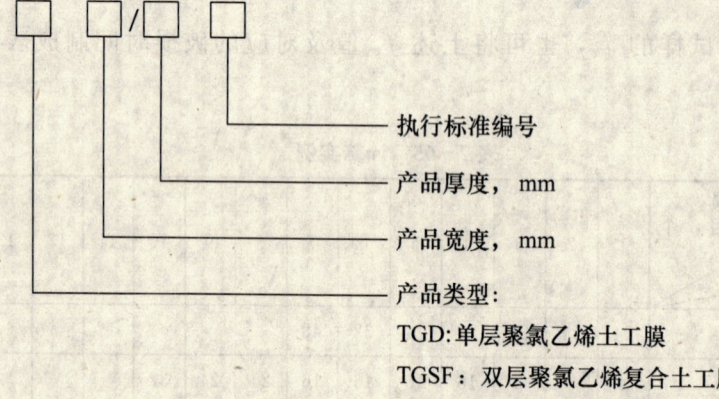

示例：

2 000 mm 宽 1.00 mm 厚的单层聚氯乙烯土工膜，表示为：

TGD 2 000/1.00 GB/T 17688—1999

（二）技术要求

1. 单层聚氯乙烯土工膜和双层聚氯乙烯复合土工膜的技术要求

（1）规格尺寸及其偏差

1）单层聚氯乙烯土工膜的规格尺寸及其偏差

单层聚氯乙烯土工膜产品的规格尺寸及其偏差应符合表 7-66、表 7-67 的要求，产品单卷的长度偏差为 +2%。

表 7-66 厚度及其偏差

项　目	指　标				
厚度（mm）	0.30	0.50	0.80	1.00	1.50
极限偏差（mm）	±0.03	±0.05	±0.08	±0.10	±0.15
平均偏差（%）	±6				

注：其他规格的产品，由供需双方商定。

表 7-67 宽度及偏差

项 目	指 标	
宽度 (mm)	2 000	>2 000
偏差 (mm)	+50	+60

注：其他规格的产品，由供需双方商定。

2) 双层聚氯乙烯复合土工膜的规格尺寸及其偏差

双层聚氯乙烯复合土工膜产品的厚度及其偏差应符合表 7-68 的要求，宽度及其偏差应符合表 7-67 的要求，产品单卷的长度偏差为+2%。

表 7-68 厚度及其偏差

项 目	指 标				
厚度 (mm)	0.60	0.80	1.00	1.50	2.00
极限偏差 (mm)	±0.09	±0.12	±0.15	±0.23	±0.30
平均偏差 (%)	±10				

注：其他规格的产品，由供需双方商定。

(2) 外观质量

单层聚氯乙烯土工膜和双层聚氯乙烯复合土工膜产品颜色一般为黑色，应色泽均匀，其他颜色可由供需双方商定。外观质量应符合表 7-69 的要求。

表 7-69 外观质量

项 目	指 标
切口	平直，无明显锯齿现象
水纹、云雾及机械划痕	不明显
杂质和僵块	直径 0.6~2.0 mm 的杂质和僵块，允许每平方米 20 个以内，直径 2.0 mm 以上的不允许有
断头	单层聚氯乙烯土工膜不允许有断头；双层聚氯乙烯复合土工膜断头不超过 1 个
永久性皱褶	不允许
卷端面错位	≤10 mm

(3) 单层聚氯乙烯土工膜和双层聚氯乙烯复合土工膜的平直度应小于 30 mm。

(4) 每卷产品的长度或质量由供需双方商定。

(5) 物理力学性能

产品的物理力学性能应符合表 7-70 的要求。

表 7-70 物理力学性能

项 目	指 标
密度（g/cm³）	1.25～1.35
拉伸强度（纵/横）（MPa）	≥15/13
断裂伸长率（纵/横）（%）	≥220/200
撕裂强度（纵/横）（N/mm）	≥40
低温弯折性（-20℃）	无裂纹
尺寸变化率（纵/横）（%）	≤5
耐静水压（MPa）	按表 7-71、表 7-72
渗透系数（cm/s）	≤10^{-11}
透气系数，（cm³·cm）/（cm²·s·Pa）	按设计或合同规定
热老化处理 外观	无气泡，不粘结，无孔洞
热老化处理 拉伸强度相对变化率（纵/横）（%）	≤25
热老化处理 断裂伸长率相对变化率（纵/横）（%）	≤25
热老化处理 低温弯折性（-20℃）	无裂纹

表 7-71 单层聚氯乙烯土工膜耐静水压规定值

项 目	指 标				
膜材厚度（mm）	0.30	0.50	0.80	1.00	1.50
耐静水压（MPa）≥	0.50	0.50	0.80	1.00	1.50

表 7-72 双层聚氯乙烯复合土工膜耐静水压规定值

项 目	指 标				
膜材厚度（mm）	0.60	0.80	1.00	1.50	2.00
耐静水压（MPa）≥	0.50	0.80	1.00	1.50	1.50

2. 夹网聚氯乙烯复合土工膜的技术要求

（1）规格尺寸及其偏差

夹网聚氯乙烯复合土工膜产品的厚度及其偏差应符合表 7-73 的要求，宽度及其偏差应符合表 7-67 的要求，产品单卷的长度偏差为+2%。

表 7-73 厚度及其偏差

项 目	指 标				
厚度（mm）	0.50	0.80	1.00	1.50	2.00
极限偏差（mm）	±0.07	±0.12	±0.15	±0.22	±0.30
平均偏差（%）	±10				

注：其他规格的产品，由供需双方商定。

(2) 外观质量

夹网聚氯乙烯复合土工膜产品颜色一般为黑色,应色泽均匀,其他颜色可由供需双方商定。外观质量应符合表 7-69 的要求,每卷复合用的网的接头不允许超过 1 个,断头不允许超过 1 个。

(3) 夹网聚氯乙烯复合土工膜的平直度应小于 30 mm。

(4) 每卷产品的长度或重量由供需双方商定。

(5) 物理力学性能

产品的物理力学性能应符合表 7-74 的要求。

表 7-74 物理力学性能

项 目	指 标
密度 (g/cm^3)	1.20~1.30
断裂强力 (纵/横) (kN/5 cm)	0.5~2.0
低温弯折性 (-20 ℃)	无裂纹
尺寸变化率 (纵/横) (%)	≤5
撕裂负荷 (纵/横) (N)	≥80
耐静水压 (MPa)	按表 7-75
CBR 顶破强力 (kN)	按设计或合同规定
渗透系数 (cm/s)	≤10^{-11}
透气系数 (cm^3·cm) / (cm^2·s·Pa)	按设计或合同规定
热老化处理	外观	无气泡,不粘结,无孔洞
	断裂强力相对变化率 (纵/横) (%)	≤25
	低温弯折性 (-20 ℃)	无裂纹

表 7-75 夹网聚氯乙烯复合土工膜耐静水压规定值

项 目	指 标				
膜材厚度 (mm)	0.50	0.80	1.00	1.50	2.00
耐静水压 (MPa) ≥	0.50	0.80	1.00	1.50	1.50

(三) 试验方法

1. 取样

样本必须从每交付批产品中随机抽取,在被抽取的样本上,从末端面向内舍去 2 m 后,在宽度方向上距离两端 200 mm 处裁取样品,并按图 7-66、图 7-67 裁取试样。

2. 外观

在自然光线下和常温条件下距样本 0.5 m 目测,其数值用精度为 0.02 mm 的卡尺进行测量。

3. 试样状态调节和试验的标准环境

在温度 23±2 ℃进行状态调节,时间不少于 24 h。仲裁时不少于 96 h。

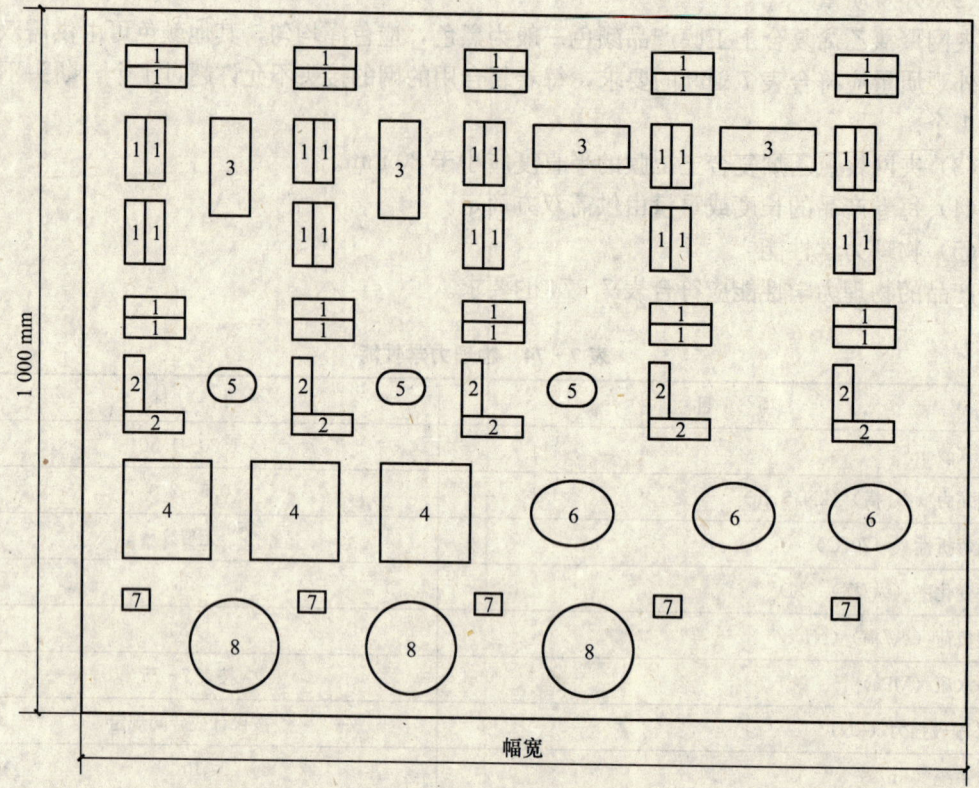

图 7-66 单层聚氯乙烯土工膜和双层聚氯乙烯复合土工膜试样的裁取布置图
1—拉伸强度、断裂伸长率试验试样；2—直角撕裂强度试验试样；
3—低温弯折性试验试样；4—尺寸变化率试验试样；5—耐静水压试验试样；
6—渗透系数试验试样；7—密度试验试样；8—透气系数试验试样

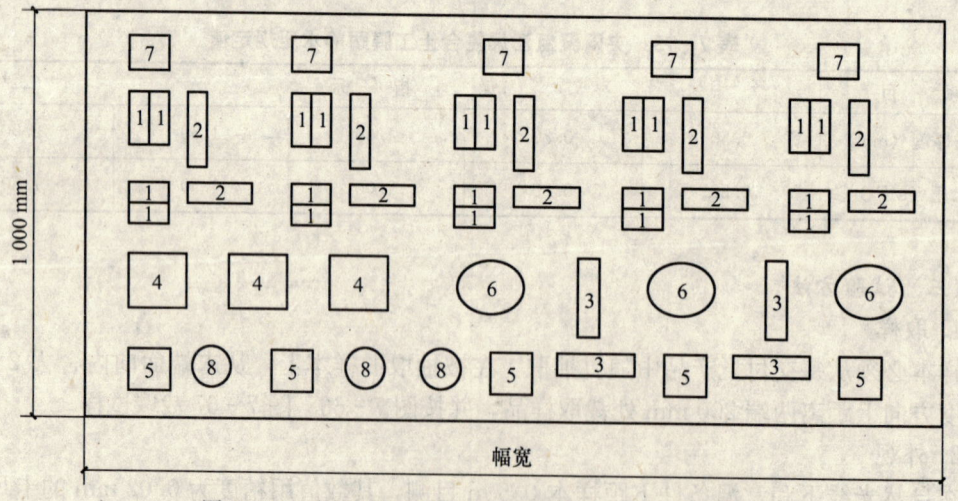

图 7-67 夹网聚氯乙烯复合土工膜试样的裁取布置图
1—断裂强力试验试样；2—撕裂负荷试验试样；3—低温弯折性试验试样；
4—尺寸变化率试验试样；5—CBR 顶破试验试样；6—渗透系数试验试样；
7—密度试验试样；8—透气系数试验试样

4. 平直度的测定

按高分子防水卷材平直度测试方法测定。在平整的基面上将样本展开 10 m，用直尺（分度值为 1 mm）测量样本边缘与 AB 线之间的最大距离 g 作为平直度。

5. 宽度和长度

按高分子防水卷材宽度和长度测试方法进行。用精度 1 mm 的量具进行测量。

6. 厚度

按聚乙烯土工膜厚度测试方法进行。

7. 密度

密度用比重瓶法进行测定。

【仪器与材料】

天平：感量 0.1 mg。

比重瓶：其容积为 50 mL，有侧臂式溢流毛细管，并装有 0～30 ℃、分度为 0.1 ℃ 的温度计。

恒温水浴：温度波动不大于 ±0.1 ℃。

试样为薄膜或片材的碎片，质量约 1～5 g。

浸渍液选用新鲜蒸馏水或其他不与试样作用的液体，必要时可加入几滴湿润剂，以便除去气泡。

【试验步骤】

在标准环境温度下，称量干燥的空比重瓶质量。将试样装入比重瓶中，称其质量。注入浸渍液浸没试样。将比重瓶抽真空，排除试样吸附的全部空气。

消除真空后，将比重瓶放入恒温水浴中，注入浸渍液至比重瓶刻度处。

待比重瓶达到恒温后，再调节浸渍液面至比重瓶刻度处。取出比重瓶擦干，立即称量。

将比重瓶倒空，清洗后装入浸渍液，抽真空排除空气，恒温后，再调节液面至比重瓶刻度处，称其质量。

试样密度按下式计算：

$$\rho_t = \frac{m \cdot \rho_x}{m_1 - m_2}$$

式中 ρ_t——温度 t ℃时试样的密度，g/cm³；

m——试样的质量，g；

m_1——比重瓶内浸渍液的质量，g；

m_2——容纳有试样的比重瓶内浸渍液的质量，g；

ρ_x——浸渍液的密度，g/cm³。

注：若使用的浸渍液不是水，则用比重瓶法测定浸渍液的密度。

密度值以 3 个试样所测结果的算术平均值表示。若有要求时，按下式计算标准偏差。

$$S = \sqrt{\frac{\sum(x - \bar{x})^2}{n - 1}}$$

式中 S——标准偏差；

x——单个测定值；

$\bar{x}$——一组试样的算术平均值；

n——测定个数。

8. 拉伸强度和断裂伸长率

按高分子防水卷材拉伸强度和断裂伸长率试验方法进行，试样形状为Ⅰ型，拉伸速度（空载）为 250 ± 25 mm/min。

9. 断裂强度

按非织物复合土工膜撕裂强度试验方法进行，试样宽度为 5 cm，拉伸速度（空载）为 100 ± 10 mm/min。

10. 直角撕裂强度

按高分子防水卷材直角撕裂强度试验方法进行，采用单片试样试验，计算每组试验结果的算术平均值，保留到整数位。

11. 撕裂负荷

撕裂负荷即裤形撕裂强度，单位为 N。

【试验仪器】

等速伸长（CRE）型拉伸试验机，拉伸速度为 200 mm/min。

【试样制备】

在抽取的样品中任取长度为 0.5 m，在宽度方向的两边各除去 50 mm，然后均匀裁取试样，试样的规格为 150 mm×30 mm，经向、纬向各 3 块。

在试样短边的中央沿平行于长边的方向将试样切开 75 mm。

在温度 23 ± 2 ℃、相对湿度 $65\%\pm5\%$ 条件下，调节试样状态不少于 4 h。

【试验步骤】

将试样切开的两端成相反方向夹于拉力试验机的拉伸夹具上，以 200 mm/min 的拉伸速度进行试验，记录被撕裂的最大负荷。试验结果按经向、纬向各 3 块试样的算术平均值表示，应精确至 1N。

12. 尺寸变化率

按高分子防水卷材尺寸变化率试验方法进行，试验条件：100 ± 2 ℃下保持 15 min。

13. 低温弯折性

按高分子防水卷材低温弯折性试验方法进行试验，要求低温箱可在 -40 ℃～0 ℃之间自动控温，误差为 ±2 ℃。

14. CBR 顶破强度试验

按非织造复合土工膜 CBR 顶破强度试验方法进行。

15. 耐静水压

按非织造复合土工膜耐静水压试验方法进行试验。

16. 渗透系数

按非织造复合土工膜渗透系数试验方法进行。

17. 透气系数

透气系数又称气体透过系数。它是指在恒定温度和单位压力差下，单位时间内透过试样单位厚度、单位面积的气体的体积。以标准温度和压力下的体积值表示，单位为 $cm^3 \cdot cm/(cm^2 \cdot s \cdot Pa)$。

【试验仪器】

测厚仪。

透气仪：透气仪组成如图 7-68 所示。

透气仪包括以下几部分：

(1) 透气室

由上下两部分组成。当装入试样时，上部为高压室，用于存放试验气体。下部为低压室，用于贮存透过的气体并测定透气过程前后压差，以计算试样的气体透过量。上下两部分均装有试验气体的进出管。

低压室由一个中央带空穴的试验台和装在空穴中的穿孔圆盘组成。根据试样透气量的不同，穿孔圆盘下部空穴的体积也不同。试验时应在试样和穿孔圆盘之间嵌入一张滤纸以支撑试样。

(2) 测压装置

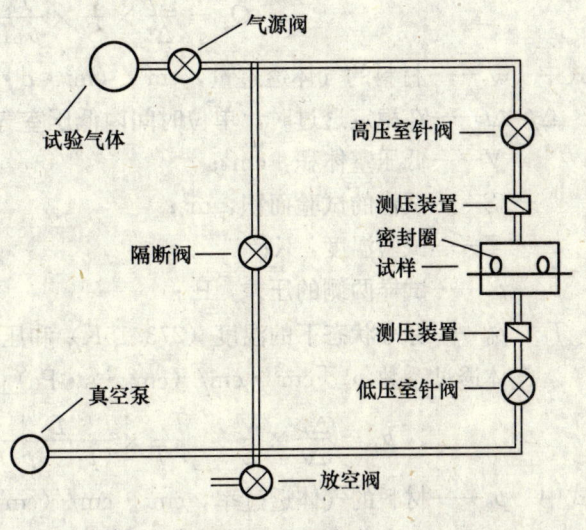

图 7-68 透气仪

高、低压室应分别有一个测压装置，低压室测压装置的准确度应不低于 6 Pa。

(3) 真空泵

应能使低压室中的压力不大于 10 Pa。

【试样制备】

试样应具有代表性，应没有痕迹或可见的缺陷。试样一般为圆形，其直径取决于所使用的仪器，每组试样至少为 3 个。应在 23±2 ℃环境下，将试样放在干燥器中进行 48 h 以上状态调节或按产品标准规定处理。

【试验步骤】

测量试样厚度，至少测量 5 点，取算术平均值。

在试验台上涂一层真空油脂，若油脂涂在空穴中的圆盘上，应仔细擦净；若滤纸边缘有油脂时，应更换滤纸（化学分析用滤纸，厚度 0.2～0.3 mm）。关闭透气室各针阀，开启真空泵。在试验台中的圆盘上放置滤纸后，放上经状态调节的试样。试样应保持平整，不得有皱褶。轻轻按压使试样与试验台上的真空油脂良好接触。开启低压室针阀，试样在真空下应紧密贴合在滤纸上。在上盖的凹槽内放置 O 形圈，盖好上盖并紧固。打开高压室针阀及隔断阀，开始抽真空直至 27 Pa 以下，并继续脱气 3 h 以上，以排除试样所吸附的气体和水蒸气。关闭隔断阀，打开试验气瓶和气源开关向高压室充试验气体，高压室的气体压力应在 $(1.0～1.1)×10^5$ Pa 范围内。压力过高时，应开启隔断阀排出。

对携带运算器的仪器，应首先打开主机电源开关及计算机电源开关，通过键盘分别输入各试验台样品的名称、厚度、低压室体积参数和试验气体名称等，准备试验。关闭高、低压室排气针阀，开始透气试验。为剔除开始试验时的非线性阶段，应进行 10 min 的预透气试验。随后开始正式透气试验，记录低压室的压力变化值 Δp 和试验时间 t。继续试验直到在相同的时间间隔内压差的变化保持恒定，达到稳定透过。至少取 3 个连续时间间隔的压差值，求其算术平均值，以此计算该试样的气体透过量及气体透过率。

【结果计算】

气体透过量 Q_g 按下式进行计算：

$$Q_g = \frac{\Delta p}{\Delta t} \times \frac{V}{S} \times \frac{T_0}{p_0 T} \times \frac{24}{(p_1 - p_2)}$$

式中 Q_g——材料的气体透过量，$cm^3/(m^2 \cdot d \cdot Pa)$；

$\Delta p/\Delta t$——在稳定透过时，单位时间内低压室气体压力变化的算术平均值，Pa/h；

V——低压室体积，cm^3；

S——试样的试验面积，m^2；

T——试验温度，K；

$p_1 - p_2$——试样两侧的压差，Pa；

T_0，p_0——标准状态下的温度（273.15K）和压力（$1.013\,3 \times 10^5$ Pa）。

气体透过系数 p_g [$cm^3 \cdot cm/(cm^2 \cdot s \cdot Pa)$] 按下式进行计算：

$$p_g = \frac{\Delta p}{\Delta t} \times \frac{V}{S} \times \frac{T_0}{p_0 T} \times \frac{D}{(p_1 - p_2)} = 1.157\,4 \times 10^{-9} Q_g \times D$$

式中 p_g——材料的气体透过率，$cm^3 \cdot cm/(cm^2 \cdot s \cdot Pa)$；

$\Delta p/\Delta t$——在稳定透过时，单位时间内低压室气体压力变化的算术平均值，Pa/s；

T——试验温度，K；

D——试样厚度，cm。

对于给定的仪器，低压室体积 V 和试样的试验面积 S 是一常数。

对携带运算器的试验仪器，计算机将直接计算出试样的气体透过量和气体透过系数。

试验结果以每组试样的算术平均值表示。

18. 热老化处理

【试验仪器】

热老化试验箱：自动控温范围为 50~240 ℃，误差为±2 ℃。

【试验程序】

将按图 7-67、图 7-68 裁取的各 5 块试样放置在撒有滑石粉的 300 mm×300 mm×2 mm 的光滑平整的硬纸板上，然后一起放入热老化试验箱中。在 80±2 ℃的温度下保持 7 d。处理后的样片在标准环境下调节 24 h，分别进行外观、拉伸强度和断裂伸长率、撕裂强度、CBR 顶破强度的试验及检验。

【试验结果】

检验 5 块试样外观是否有气泡、粘结及孔洞。

单层聚氯乙烯土工膜和双层聚氯乙烯复合土工膜处理后试样拉伸强度相对变化率按下式计算，精确到 1%。

$$R_\sigma = \left(\frac{\sigma_t'}{\sigma_t} - 1\right) \times 100$$

式中 R_σ——试样处理后拉伸强度相对变化率，%；

σ_t——未经处理时 5 块试样的平均拉伸强度，MPa；

σ_t'——处理后 5 块试样的平均拉伸强度，MPa。

夹网聚氯乙烯复合土工膜处理后试样断裂强度相对变化率按下式计算,精确到1%。

$$R_\sigma = \left(\frac{\sigma_t'}{\sigma_t} - 1\right) \times 100$$

式中 R_σ——试样处理后断裂强度相对变化率,%;
　　σ_t——未经处理时5块试样的平均断裂强度,kN/5 cm;
　　σ_t'——处理后5块试样的平均断裂强度,kN/5 cm。

单层聚氯乙烯土工膜和双层聚氯乙烯复合土工膜处理后试样断裂伸长率相对变化率按下式计算,精确到1%。

$$R_\varepsilon = \left(\frac{\varepsilon_t'}{\varepsilon_t} - 1\right) \times 100$$

式中 R_ε——试样处理后断裂伸长率相对变化率,%;
　　ε_t——未经处理时5块试样的平均断裂伸长率,%;
　　ε_t'——处理后5块试样的平均断裂伸长率,%。

单层聚氯乙烯土工膜、双层聚氯乙烯复合土工膜和夹网聚氯乙烯复合土工膜低温弯折性的结果评定按CBR顶破强度试验方法进行。

(四) 检验规则

1. 组批

产品以批为单位进行验收。同一批号的原料、同一配方、同一工艺条件、同一规格的产品每100 t为一批。不足100 t时,以定货数为一批。

2. 抽样

产品质量的测定以批为单位,每批产品随机抽取3卷作为样品。

3. 检验分类

(1) 出厂检验

1) 单层聚氯乙烯土工膜和双层聚氯乙烯复合土工膜的出厂检验

出厂检验项目为规格尺寸及其偏差、外观质量、平直度、卷长、卷重、密度、拉伸强度、断裂伸长率、撕裂强度、低温弯折性、尺寸变化率、耐静水压等。

2) 夹网聚氯乙烯复合土工膜的出厂检验

出厂检验项目为规格尺寸及其偏差、外观质量、平直度、卷长或卷重、密度、断裂强力、低温弯折性、尺寸变化率、撕裂负荷、耐静水压等。

(2) 型式检验

型式检验为技术要求中的全部项目,正常情况下每年至少进行一次。有下列情况之一时必须进行型式检验:

1) 正常生产时,产品配方、原料或工艺有较大变化,可能影响产品质量时;
2) 产品长期停产(超过6个月)后恢复生产时;
3) 国家质量监督机构提出进行型式检验的要求时;
4) 出厂检验与上次型式检验的相关检验结果有较大差异时。

4. 判定规则

规格尺寸及其偏差、外观质量、平直度、长度或质量中有一项不合格时,则应重新从该批产品中抽取双倍样品,对不合格项目进行复验。复验全部合格时,该批产品合格,复验结果仍有一项不合格,则判该批为不合格。复验结果作最终判定依据。

表 7-76 为几种土工膜基本性能比较。

表 7-76 几种土工膜基本性能比较

材料 性能	氯化聚乙烯 CPE	高密度聚乙烯 HDPE	聚氯乙烯 PVC	氯磺化聚乙烯 CSPE	耐油聚氯乙烯 PVC—OR
顶破强度	好	很好	很好	好	很好
撕裂强度	好	很好	很好	好	很好
延伸率	很好	很好	很好	很好	很好
耐磨性	好	很好	好	好	—
低温柔性	好	好	较差	很好	较差
尺寸稳定性	好	好	很好	差	很好
最低现场施工温度	$-12℃$	$-18℃$	$-10℃$	$5℃$	$5℃$
渗透系数 (m/s)	10^{-14}	—	7×10^{-15}	3.6×10^{-14}	10
极限铺设边坡	1:2	垂直	1:1	1:1	1:1
现场拼接	很好	好	很好	很好	很好
热力性能	差	—	差	好	差
粘结性	好	—	好	好	好
最低现场粘结温度	$-7℃$	$10℃$	$-7℃$	$-7℃$	$5℃$
相对造价	中等	高	低	高	中等

第八章 建筑防水涂料

建筑防水涂料是建筑防水工程中不可缺少的重要防水材料，亦称不定型防水材料。可用于建筑防水工程中不规则的异形表面、小面积及复杂的部位，尤其是厕浴间等。可在建筑物表面形成密实无缝的整体防水层，也可用于防水卷材粘贴时的底层涂料，俗称冷底子油。可与防水卷材复合使用，形成复合防水层，防水性能更好，防水效果更可靠。防水涂料的缺点是防水层一般较薄，且厚薄不均，耐基层开裂性较差。

建筑防水涂料的种类很多，命名方法也不一致，主要包括沥青与聚合物沥青防水涂料、高分子防水涂料、有机与无机复合防水涂料和无机防水涂料等。以聚合物沥青防水涂料应用最多。常用的建筑防水涂料如图8-1所示。

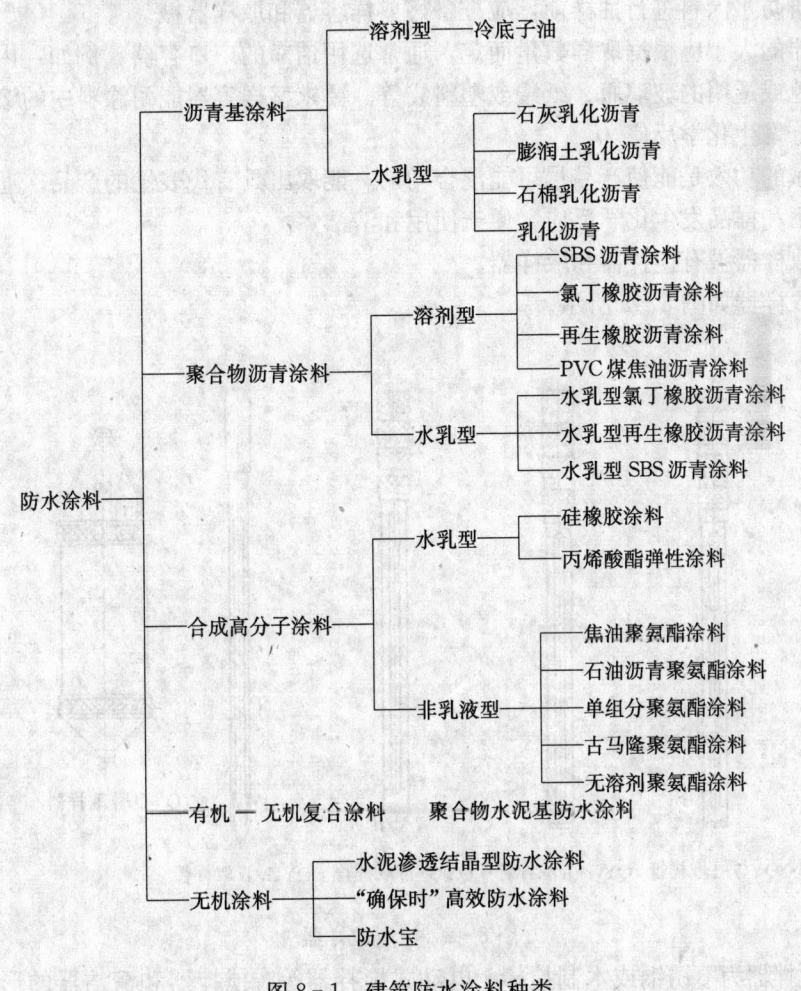

图8-1 建筑防水涂料种类

第八章 建筑防水涂料

第一节 抽样方法

根据 GB 3136—88 涂料产品分为五种类型。
A 型：单一均匀液相流体，如冷底子油。
B 型：两个液相组成的流体，如：水乳型薄质防水涂料。
C 型：一个或两个液相与一个或多个固相一起组成的流体，如含填料的溶剂型防水涂料、水乳型厚质防水涂料。
D 型：粘稠状，由一个或多个固相带有少量液相所组成，如厚浆涂料。
E 型：粉末状，如粉末涂料。
在建筑防水涂料中，以 A、B、C 型防水涂料应用最多。

一、盛样容器与取样器械

在对建筑防水涂料进行抽样前，应准备好盛样容器和取样器械。

盛样容器的大小应根据取样数量而定，通常选用洁净的广口容器。例如：内部不涂漆的金属罐、棕色或透明的玻璃瓶、纸袋或塑料袋等。要求盛样容器能耐涂料中的溶剂腐蚀不与涂料中的成分发生化学反应。

取样器械的功效是能使产品尽可能混合均匀，能取出具有代表性的产品。通常要求取样器械的材质不和样品发生化学反应，便于使用和清洁。

常用的取样器械有搅拌器和取样器。

常用的取样器如图 8-2 所示。

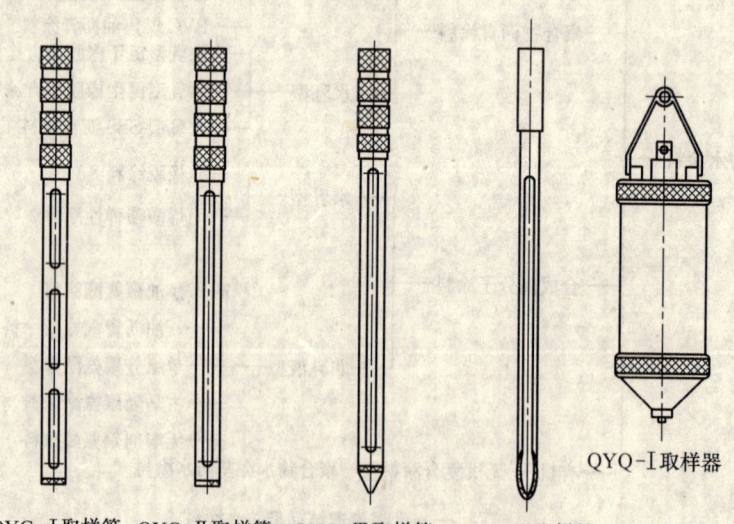

图 8-2 涂料取样器

常用的搅拌器为不锈钢或木制搅棒、电动式搅拌器等。搅拌器和清洁器的形状如图 8-3 所示。

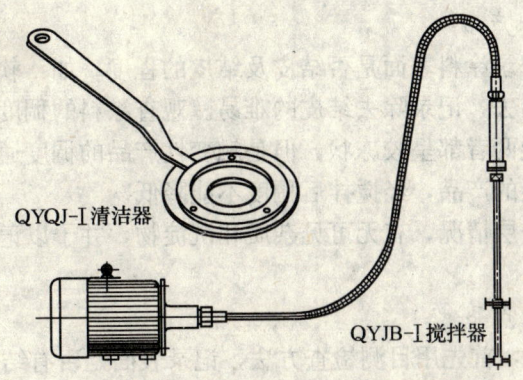

图8-3 搅拌器和清洁器

清洁器主要用于刮除取样器外部的多余涂料。

二、取样数

产品交货时,应记录产品桶数,按随机取样方法对同一生产厂生产相同包装的产品进行取样,取样数应不低于$\sqrt{\dfrac{n}{2}}$(n是交货产品桶数)。

取样数列于表8-1中。

表8-1 取样数

交货产品的桶数	取 样 数
2~10	2
11~20	3
21~35	4
36~50	5
51~70	6
71~90	7
91~125	8
126~160	9
161~200	10

此后每增加50桶取样数增加1

在出厂检验和型式检验时,通常是以同一类型、同一规格A吨为一批,不足A吨亦作为一批(多组分产品按组分配套组批)。A数因不同产品而异。例如聚氨酯防水涂料以15 t为一批,溶剂型橡胶沥青防水涂料以5 t为一批,水性高分子防水涂料以5 t为一批。

三、初检程序

对于待取样产品首先进行桶的外观检查,记录桶的外观缺陷或可见的损漏,如损漏严重应予舍弃。除去桶的外包装及污物,小心地打开桶盖,不要搅拌桶内产品,进行初检程序。

（一）A、B类流体状产品

首先用目测检查，记录涂料表面是否结皮及结皮的程度，如：软、硬、厚、薄，如有结皮，则沿容器内壁分离出去，记录除去结皮的难易。观查涂料的稠度，记录是否有触变性或胶凝现象。触变性和胶凝两者都呈胶冻状，但是触变性产品的稠度通过搅拌或摇动会明显降低，恢复其黏度；而胶凝的产品，经搅拌后稠度不能降低。

用目测检查样品的分层情况，有无可见杂质和沉淀物，并予以记录。充分搅拌，使产品混合均匀。

（二）C、D类流体状产品

同A、B类产品一样，首先用目测检查方法，记录表面是否有结皮，结皮的程度，除去结皮的难易。记录产品是否假稠、触变或胶凝。检查样品有无分层、外来异物和沉淀，并予以记录。记录程度分为：软、硬、干硬。

对于胶凝或有干硬沉淀不能混合均匀的产品不能进行试验。为减少溶剂挥发，操作应尽快进行。如结皮已分散不能除尽，应过筛除去结皮。

对于有沉淀的产品，可采用搅拌机械使样品充分混合均匀，有硬沉淀的产品也可使用搅拌器。对于采取措施仍不能混合均匀的产品，不能用来试验。

（三）E类粉末状产品

对于E类粉末状产品，首先检查颜色、大的或硬的结块和外来异物等不正常现象，并予以记录。

初检报告应包括以下内容：

（1）标志所列的各项内容；
（2）外观；
（3）结皮或除去的方式；
（4）沉淀情况和混合再混合程序；
（5）其他。

四、样品抽取

（一）贮槽或槽车的取样

对于液体类产品，搅拌均匀后，选择适宜的取样器，从容器上部（距液面 $\frac{1}{10}$ 处）、中部（距液面 $\frac{5}{10}$ 处）、下部（距液面 $\frac{9}{10}$ 处）三个不同水平位置取相同数量的样品，进行再混合。经搅拌均匀后，取两份一定数量的样品分别装入样品盛样器中。样品容器应留有约5%的空隙，盖严，并将样品容器外部擦干净，立即作好标志。

（二）生产线取样

应以适当的时间间隔，从放料上取相同数量的样品进行再混合。其方法同（一）。

（三）桶、罐和袋的取样

按表8-1规定的取样数，选择适宜的取样器，从已检查过的桶内不同部位取相同量的样品，混合均匀。方法同（一）。

（四）粉末产品取样

按表8-1规定的取样数，选择适宜的取样器，取出相同数量的样品，用四分法取出试验所需的最低量四倍。分别装于两个样品容器内，盖严，立即作好标志。

涂料的取样数量，以测试要求而定，通常抽取 2 kg 混合均匀的防水涂料试样进行检验。

五、样品的标志和密封

对于抽取的防水涂料样品，应贴上样品标志。通常标志贴在样品容器的颈部或容器体上，应贴牢，并能耐潮湿及样品中溶剂。

标志应包括如下内容：
(1) 制造厂名；
(2) 样品的名称、品种和型号；
(3) 批号、贮槽号、桶号等；
(4) 生产日期和采样日期；
(5) 交货产品总数；
(6) 取样地点和取样者。

样品容器应予密封。

取样者必须熟悉被取产品的特性和安全操作的有关知识及处理方法。必须遵循安全操作规程，必要时应采用防护措施。

六、样品的贮存和使用

样品应按生产厂规定条件进行贮存和使用，样品取出后，应尽快检查。备份样品通常保存半年以上。

七、检验规则

检验分为出厂检验和型式检验，出厂检验是保证产品质量的必检项目，而型式检验为所有性能检验项目。通常在下列情况之一时，应进行型式检验。
(1) 新产品投产或产品定型鉴定时；
(2) 正常生产时，每半年进行一次，有的规定为一年检验一次；
(3) 原材料、工艺等发生较大变化，可能影响产品质量时；
(4) 产品停产一年（或半年）以上，恢复生产时；
(5) 出厂检验结果与上次型式检验结果有较大差异时；
(6) 国家质量监督机构提出型式检验要求时。

检验规则还包括组批、抽样、判定规则等。各种产品规定不尽相同。

八、判定规则

外观经检验符合外观质量规定要求，即判为合格。

各单项检验均符合物理性能技术要求时，则判为该项目符合该等级。若有两项或两项以上指标不符合物理性能技术要求时，则判该产品不合格；若有一项不符合物理性能技术要求时，允许在同批产品中加倍抽样对该项进行复检，若仍不符合要求，则判该批产品不合格。

出厂检验和型式检验结果全部符合标准中某一等级时，判定为相应等级。

第二节　检验方法

建筑防水涂料因品种不同，使用性能不同，其检验方法和检验内容也有区别。最通用的检验项目有固含量、耐热度、粘结性、延伸性、拉伸性、加热伸缩率、低温柔性、不透水性、干燥时间等。

实验室的标准试验条件为：

温度：23 ± 2 ℃；

相对湿度：45%～70%。

一、固体含量

固体含量是指防水涂料中所含成膜物质的多少，是控制涂料质量的一个重要指标。固体含量少，其用量就增加，否则使用同样数量的涂料而难以达到涂膜规定厚度的要求。

固体含量是用成膜物质在涂料中所占的百分率（%）表示。

试验方法

固体含量的测定方法是涂料试样在一定的温度下干燥，使可挥发的物质挥发，残留物质占涂料的百分率（%）。

【仪器设备】

培养皿：直径 75～80 mm，边高 8～10 mm，有的采用马口铁或铝制圆盘；

干燥器：内放变色硅胶或无水氯化钙干燥剂；

天平：感量 0.001 g；

电热鼓风干燥箱：控温精度 ± 2 ℃；

坩埚钳、玻璃棒。

【试验步骤】

A 法：固含量的测定

将清洁的培养皿放在干燥箱内于 105 ± 2 ℃下干燥 30 min，取出放入干燥器中，冷却至室温后称量。

将样品搅匀后称取约 2 g 试样，置于已称量的培养皿中，使试样均匀的流布于培养皿底部，然后放入干燥箱内，按表 8-2 规定的干燥温度干燥 1 h 后取出，放入玻璃干燥器中，冷却至室温后称量。再将培养皿放入干燥箱内，干燥 30 min 后放入干燥器中，冷却至室温后称量，重复上述操作，直至前后两次称量差不大于 0.01 g 为止（全部称量精确至 0.01 g）。

表 8-2　各种涂料干燥温度表

涂料品种	干燥温度（℃）
聚氨酯	120 ± 2
聚丙烯酸酯	105 ± 2
水性沥青基	105 ± 2

B 法：挥发物和不挥发物的测定

将马口铁或铝制圆盘和玻璃棒，放入电烘箱中，于105±2℃条件下干燥30 min，然后放入干燥器内冷却至室温后称量（包括圆盘和玻璃棒）。在圆盘内称入受检涂料样品2 g+0.2 g，精确到1 mg。

把盛玻璃棒和试样的盘，一起放入预热到105±2℃的烘箱内，保持3 h。为缩短干燥时间，将经短时间加热后的盘取出，用玻璃棒搅拌试样，把表面结皮加以破碎，再将棒、盘放回烘箱。

到规定加热时间后，将盘、棒移入干燥器内，冷却至室温再称重，精确到1 mg。

平行测定至少两次。

【结果计算】

A法：

固体含量按下式计算：

$$x = \frac{m_2 - m}{m_1 - m} \times 100$$

式中　x——固体含量，%；
　　　m——培养皿质量，g；
　　　m_1——干燥前试样和培养皿质量，g；
　　　m_2——干燥后试样和培养皿质量，g。

B法：

挥发物和不挥发物按下式进行计算：

$$V = \frac{m_3 - m_4}{m_3} \times 100$$

$$V_n = \frac{m_4}{m_3} \times 100$$

式中　V——挥发物含量，%；
　　　V_n——不挥发物含量，%；
　　　m_3——干燥前试样质量，g；
　　　m_4——干燥后试样质量，g。

试验结果仅取两次试验的平均值，每个试样的试验结果精确到1%。

在建筑防水涂料检验中，A法应用最多。

二、耐热度

耐热性是涂膜长期受热发生流变的性能，反映涂膜耐受高温的能力，是涂膜感温性能指标。在规定的温度和时间内受热后，以外观发生的变化来判定，以耐热温度来表示，单位为℃。

试验方法

【仪器设备】

电热鼓风干燥箱：控温精度，±2℃；

铝板：规格为100 mm×50 mm×2 mm；

金属制试样架：如图8-4所示。

【试验步骤】

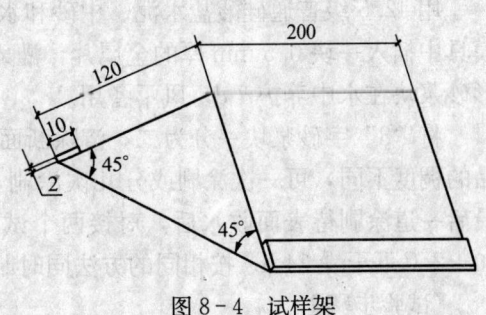

图8-4　试样架

将样品搅拌均匀后,称取厚质涂料40±0.1 g。或薄质涂料12.5±0.1 g,分次满涂在洁净的铝板上,每次涂抹后应将试件水平放置于干燥箱内,于40±2℃下干燥4~6 h,最后一道涂层应在干燥箱中于40±2℃下干燥24~30 h,每一样品制备3个试件。

将试件置于干燥箱内金属试验架上,按产品所需温度恒温5 h后取出。

试验结果评定:

记录试件表面有无鼓泡、流淌和滑动现象。

三、粘结性

粘结性是指涂膜与基层粘结力的大小,表征涂膜防风揭能力的好坏,以防自然风掀起或刮走。涂膜粘结强度一般规定为大于0.2 MPa。

试验方法

粘结性是用粘结两块"8"字水泥砂浆试块的粘结力大小表示的,以单位面积所受的力表示,单位为MPa。

【仪器设备】

电动抗折仪:加荷速度10 N/s;

"8"字形金属模具:如图8-5所示;

粘结基材:"8"字形水泥砂浆试块,如图8-6所示;

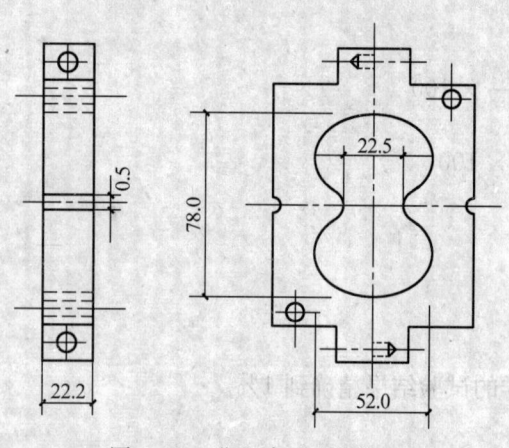

图8-5 "8"字形金属模具

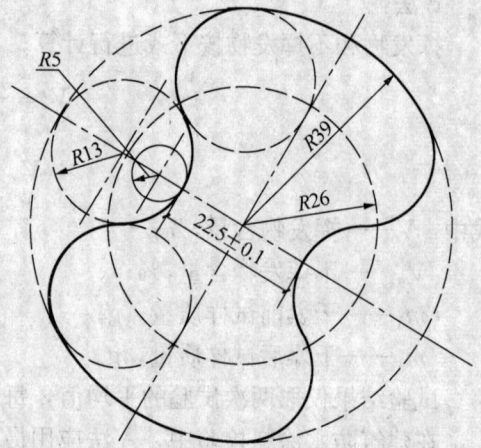

图8-6 水泥砂浆块

电热鼓风干燥箱,釉面砖。

【试件制备】

用42.5级普通硅酸盐水泥、中砂和水按质量比1:2:0.4配成砂浆,在图8-5所示金属模具中插入一块0.5 mm厚的金属片,灌入配好的砂浆捣实抹平,24 h后脱模,将"8"字形砂浆块在水中养护7 d,风干备用。

将"8"字砂浆块一分为二,清除断面上的浮砂,并涂刷厚0.5~0.7 mm试样,根据产品的稠度不同,可一次涂刷或分几次涂刷,每次间隔24 h。涂刷后在40±2℃下烘干1 h,最后一道涂刷待表面收水后,对接两个试块,放在釉面砖上,半小时后移入干燥箱内,于40±2℃下干燥24 h。按相同的方法同时制备5个试件。

【试验步骤】

将试件在标准条件下放置 2 h，试验前先将试验机安装成单杠杆式，并调整零点，然后把试件置于试验机的夹具中，启动试验机至试件拉断为止，记下此时的读数。

试验结果评定：

粘结性以粘结强度表示，试验结果取 3 个试件的算术平均值，精确到 0.01 MPa。

四、延伸性

延伸性是指涂膜受力后，伸长变形的性能，或涂膜经热、紫外线和碱处理后，其伸长变形的性能。以检验涂膜的耐老化性能。

涂膜的延伸性是测定试件的伸长值，用试件延伸值表示，单位为 mm。

试验方法

【仪器设备】

拉伸试验机：测量范围为 0～500 N，拉伸速度 0～500 mm/min，标尺最小分度值为 1 mm；

不锈钢槽板：12 块，如图 8-7 所示：

铝板：24 块，规格为 80 mm × 35 mm × 2 mm；

石棉水泥板：24 块，规格为 80 mm × 35 mm × 4 mm；

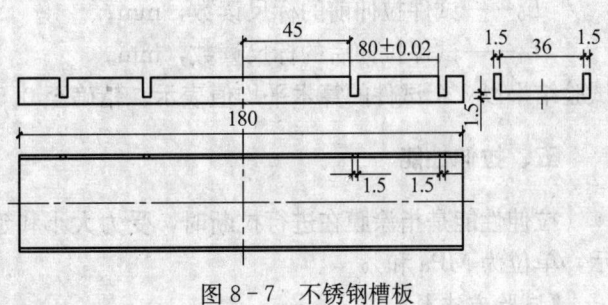

图 8-7 不锈钢槽板

不锈钢隔条：48 条，规格为 45 mm × 8 mm × 1.5 mm；

电热鼓风干燥箱，紫外线老化箱，釉面砖。

【试件制备】

将不锈钢槽板和隔条用隔离剂刷一遍，然后取两块铝板（厚质涂料）或石棉水泥板（薄质涂料）放入槽内，在槽板两侧的小槽中插入不锈钢隔条，使铝板或石棉板固定在槽板中段，两块板之间的缝隙不得大于 0.05 mm。然后取已搅匀的厚质涂料 26±0.1 g 或薄质涂料 8±0.1 g，分次涂抹在试板上，每次涂抹后放在干燥箱中于 40±2 ℃下干燥 4～8 h，最后一道涂抹后应在干燥箱中干燥 24 h，趁热用锋利的小刀割试件四周，使试件与槽板和隔条脱离，每一样品准备 12 个试件。

【试验步骤】

1. 无处理延伸性测定

将试件在标准条件下放置 2 h，然后将试件安装在拉力机夹具中，记录拉力机标尺所示数值（L_0），以一定的拉伸速度拉伸试件至出现裂口或剥离等现象为止，记录此时标尺数值（L_1），读数精确到 0.5 mm。

2. 热处理后的延伸性测定

将试件置于釉面砖上，然后一起放在 70±2 ℃的干燥箱内，试件与干燥箱壁间距不小于 50 mm，试件中心与温度计的水银球应在同一水平位置上，恒温 168 h 后取出，立即观察试件有无流淌、起泡等不良变化，若有变化则应中止试验，若无变化则按无处理延伸性测定方法进行试验。

3. 紫外线处理后的延伸性测定

将试件置于釉面砖上,然后一起放入 500 W 直形高压汞灯紫外线照射箱内,灯管与箱底平行,与试件的距离为 47～50 mm,使距试件表面 50 mm 左右的空间温度为 45±2 ℃,恒温照射 240 h 后,按无处理的延伸性测定方法进行试验。

4. 碱处理后的延伸性测定

将试件用石蜡松香液(石蜡中加入 10％的松香)封边或涂抹试样的面,在标准温度下,把试件浸泡在饱和氢氧化钙溶液中,液面高出试件表面 10 mm 以上,连续浸泡 168 h 后取出,充分用水冲洗,并用布擦干,观察试件表面有无鼓泡、溶胀,剥落等异常变化,若有变化则中止试验,若无变化则按无处理的延伸性测定方法进行试验。

每个试件的延伸值按下式计算:

$$L = L_1 - L_0$$

式中 L——试件延伸值,mm;
　　　L_0——试件拉伸前的标尺读数,mm;
　　　L_1——试件拉伸后的标尺读数,mm。

试验结果以 3 个试件的算术平均值表示,精确至 0.5 mm,并记录试件表面现象。

五、拉伸性能

拉伸性能是指涂膜在进行拉断时,受力大小和延伸的长度,以拉伸强度和断裂延伸率表示,单位为 MPa 和％。

【试验方法】

拉伸试验机;

切片机:哑铃状Ⅰ形裁刀;

厚度计:压重 100±10 g,测量面直径 10±0.1 mm,最小分度值 0.01 mm;

涂膜模具:材料及尺寸如图 8-8 所示;

紫外线老化箱:500 W 直形高压汞灯;

人工加速气候老化箱:光源 4.5～6.5 kW 氙弧灯,样板与光源(中心)距离为 250～400 mm;

釉面砖。

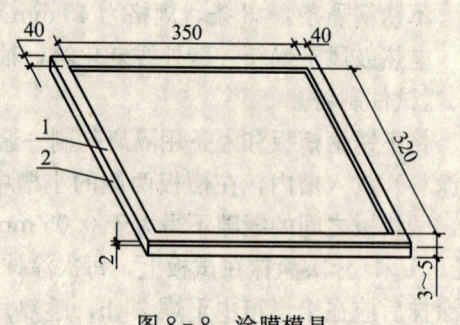

图 8-8　涂膜模具
1—模型不锈钢板　2—普通平板玻璃电热鼓风干燥箱

【试件制备】

在试件制备前,所取样品及所用仪器在标准试验条件下放置 24 h,所取样品质量应保证固化后涂膜厚度为 2.0±0.2 mm。

在标准条件下将静置后的样品搅拌均匀,若样品是双组分涂料,则按产品的配合比称取所需的主剂和固化剂,把两组分混合后充分搅拌 5 min,在不混入气泡的情况下倒入模具中涂覆。为了便于脱模,涂覆前模具表面可用硅油或石蜡进行处理。样品分次涂覆,最后一次将表面刮平,并在标准条件下养护 168 h,固化后涂膜厚度为 2.0±0.2 mm,脱模后用切片机切割涂膜,制得哑铃状Ⅰ形试件。试验中所需试件要求列于表 8-3,其中一个为备用件。

表 8-3 试件数量

试验项目	试 件	试件数量
无处理拉伸试验	符合 GB/T528 规定的哑铃 I 形	6
热处理拉伸试验		6
紫外线处理拉伸试验		6
酸处理拉伸试验		6
碱处理拉伸试验		6
人工老化后拉伸试验		6

【试验步骤】

1. 无处理拉伸性能的测定

将试件在标准条件下放置至少 2 h，然后用直尺在试件上划好两条间距为 25 mm 的平行标线，并用厚度计测出试件标线中间和两端三点的厚度，取其算术平均值作为试样厚度，装在拉伸试验机夹具之间，夹具间距为 70 mm，以 500 mm/min（聚氨酯类）或 200 mm/min（聚丙烯酸类）拉伸速度拉伸试件至断裂，记录试件断裂的最大荷载，并量取此时试件标线间距离（L_1），精确至 0.1 mm。测试 5 个试件，若有试件断裂在标线外，其结果无效，应采用备用件补作。

2. 热处理拉伸性能测定

将划好标线的试件平放在釉面砖上，放入电热鼓风干燥箱内，试件与箱壁间距不得少于 50 mm，试件的中心应与温度计水银球于同一水平位置上，于 80±2 ℃下恒温 168 h 后取出，然后按无处理拉伸性能试验方法进行拉伸试验。

3. 紫外线处理拉伸性能的测定

将划好标线的试件平放于釉面砖上，放入紫外线老化试验箱内。灯管与试件的距离为 470～500 mm，使距试件表面 50 mm 左右的空间温度为 45±2 ℃，恒温照射 250 h 后取出，按无处理拉伸性能测定方法试验。

4. 碱处理拉伸性能的测定

试验温度为 23±2 ℃，在化学纯 0.1% NaOH 溶液中加入氢氧化钙试剂，使之达到饱和状态，在 1000 mL 该溶液中放入 6 个试件，液面应高出试件表面 10 mm 以上，连续浸泡 168 h 后取出，充分用水冲洗，用布擦干，在标准条件下，放置 4 h 以上，然后按无处理拉伸性能检验方法试验。

5. 酸处理拉伸性能的测定

试验温度为 23±2 ℃，在 1000 mL 化学纯 2%（0.2 mol/L）硫酸溶液中，放入 6 个试件，液面应高出试件表面 10 mm 以上，连续浸泡 168 h 后取出，充分用水冲洗，用布擦干，并在标准条件下放置 4 h 以上，再按无处理拉伸性能试验方法试验。

6. 人工加速气候老化处理拉伸性能的测定

将试件的上下端用细绳固定在不锈钢板上，使试件标线位于板的中央位置，然后挂在老化试验箱内的转动试验架上，黑板温度计同样挂在试样架上，温度计正面朝光源，设定黑板温度计温度为 63±2 ℃，喷水压力 0.1 MPa，光照雨淋周期为每光照 120 min，喷水 18 min，每隔 24 h 将试件按顺序转换位置，试验 250 h 后取出，在标准条件下放置 4 h，然后按无处理拉伸性能试验方法试验。

拉伸强度按下式计算：

$$P=\frac{F}{A}$$

式中　P——拉伸强度，MPa；
　　　F——试件最大荷载，N；
　　　A——试件断面面积，mm^2。

$$A=b\cdot d$$

式中　b——试件工作部分宽度，mm；
　　　d——试件实测厚度，mm。

断裂伸长率按下式计算：

$$L=\frac{L_1-25}{25}\times 100$$

式中　L——试件断裂时的伸长率，%；
　　　L_1——试件断裂时标线间的距离，mm；
　　　25——拉伸前标线间的距离，mm。

试验结果取 3 位有效数字，并以 5 个试件的算术平均值表示，计算精确至 1%。

老化处理后的拉伸保持率按下式计算：

$$E=\frac{P_1}{P_0}\times 100$$

式中　E——老化处理后的拉伸强度保持率，%；
　　　P_1——老化处理后的拉伸强度，MPa；
　　　P_0——无处理时的拉伸强度，MPa。

老化处理后的拉伸保持率试验结果取整数。

六、加热伸缩率

加热伸缩率是指涂膜在长期受热后，因其残留溶剂的挥发或轻组分的挥发而产生收缩变形。受热后的收缩性能可用加热收缩率表示。单位为%。

【试验器具】
电热鼓风干燥箱：控温精度±2 ℃；
涂膜模具；
直尺：精度为 0.5 mm；
平板玻璃。

【试件制备】
试件制备方法同拉伸性能试件制备方法相同，脱模后切取 3 块 30 mm×300 mm 的试件，将试件在标准条件下放置 24 h 以上，用直尺量出试件长度，然后将试件平放在撒有滑石粉的平板玻璃上水平放入电热鼓风干燥箱中，于 80±2 ℃条件下恒温 168 h 后取出，在标准条件下放置 4 h 以上，然后再测定试件的长度，精确至 0.5 mm。

加热伸缩率按下式计算：

$$\Delta s=\frac{s_1-s_0}{s_0}\times 100$$

式中　Δs——加热伸缩率，%；
　　　s_0——加热处理前的试件长度，mm；
　　　s_1——加热处理后的试件长度，mm。

试验结果取 2 位有效数字，并以 3 个试件的算术平均值表示。

七、低温柔性

低温柔性是指涂膜在低温条件下受力时的流变性能和受力时抵抗破坏的能力。它是用规定厚度的涂膜在规定直径的圆棒上弯曲时，涂膜无裂纹时的温度表示，单位为℃。

【仪器设备】

低温冰箱：控温精度±2 ℃；

弯折机；

圆棒：直径 10 mm、20 mm；

放大镜：放大倍数 8 倍。

涂膜模具：见图 8-8。

【试验程序】

1. 水性沥青基涂料

将牛皮纸放在釉面砖上，称取厚质涂料 80±0.1 g 或薄质涂料 25±0.1 g 的试样，分次满涂 100 mm×100 mm 的牛皮纸上，每次涂抹后放在干燥烘箱中于 40±2 ℃下干燥 4~6 h，最后一次应在干燥箱中干燥 24 h 以上取出，冷却后切 3 块 80 mm×25 mm 试件。

将试件和圆棒一起放入低温冰箱中，在规定的温度下保持 2 h 后打开冰箱，迅速捏住试件的两端（涂面朝上），在 3~4 s 内绕圆棒弯曲 180 度，并记录此时温度，观察其表面有无裂纹、断裂现象。

记录试件表面弯曲处有无裂纹或开裂现象。

2. 高分子防水涂料

按拉伸性能试验方法制备涂膜，脱模后切取 100 mm×25 mm 的试件 3 块。将试件在标准条件下放置 2 h 后弯曲 180 度，使 25 mm 宽的边缘齐平，用钉书机将边缘处固定，调整弯折机上平板和下平板间的距离为试件厚度的 3 倍，然后将试件放在弯折机的下平板上，试件重叠的一边朝向弯折机轴，距转轴中心约 25 mm，然后放入低温冰箱中，在规定的温度下保持 2 h 后打开冰箱，在 1 s 内将上平板压下，保持 1 s，取出试件并用 8 倍放大镜观察试件。

记录试件表面弯曲处有无裂纹或开裂现象。

八、不透水性

不透水性是指涂膜在受水的压力时渗漏情况，以涂膜在规定温度和压力下不渗水表示。这是模拟建筑防水工程中，使用涂膜防水后，涂膜要承受水的压力而设计的。水的压力是由屋面承受的水压决定的，一般为 0.002 MPa；在地下防水工程中，以涂膜承受水头来决定，一般耐水 0.3 MPa，可承受 30 个水头压力。

【仪器设备】

不透水试验仪：选用防水卷材不透水仪；

钢丝网布：孔径为 0.2 mm；
牛皮纸：70～90 g/m²；
釉面砖。

【试件制备】

1. 水性沥青基涂料

将牛皮纸放在釉面砖上，然后将试样分次满涂 150 mm×150 mm 的牛皮纸上，涂刷量为：厚质涂料 180±0.1 g/mm²，薄质涂料 56±0.1 g/mm²，每一样品准备 3 个试件。

2. 高分子防水涂料

按拉伸性能测定方法规定制备涂膜，脱模后切取 150 mm×150 mm 的试件 3 块。

【试验步骤】

将试件在标准条件下放置 1 h，并在标准条件下将洁净的自来水注入不透水试验仪中至溢满，开启进水阀，接着加水压，使贮水罐的水流出，清除空气。

将试件涂层面迎水置于不透水仪的圆盘上，再在试件上加一块相同尺寸、孔径为 0.2 mm 的铜丝网布压紧，开启进水阀，关闭总水阀，施加压力至规定值，保持该压力 30 min。卸压取下试件，观察有无渗水现象。

记录每个试件有无渗水现象。

九、干燥时间

干燥时间是指防水涂料从流体涂层变为固体涂膜的物理化学过程所需的时间。干燥过程又可分为表面干燥，实际干燥和完全干燥几个阶段。因完全固化干燥时间过长，通常只测表面干燥时间和实际干燥时间，简称表干和实干。

表干时间是指涂料涂刷结束后，在距膜边缘不小于 10 mm 的范围内，以手指轻触涂膜表面，如感觉有些发粘，但不粘于手上时所需要的时间，称表干时间。

从涂刷结束，在标准规定涂膜干燥时间内，用单面保险刀片，切刮涂膜，若底层及涂膜内均无粘着现象，则认为实干。涂膜达到实干所需时间，即为实干时间。

干燥时间的单位为 h。

【仪器设备】

小玻璃球，直径 125～250 mm；
秒表：分度为 0.2 s；
软毛刷；
干燥试验器：如图 8-9 所示，重 200 g，底面积 100 mm²；
铝板：规格为 50 mm×120 mm×1 mm；
单面保险刀片；定性滤纸。

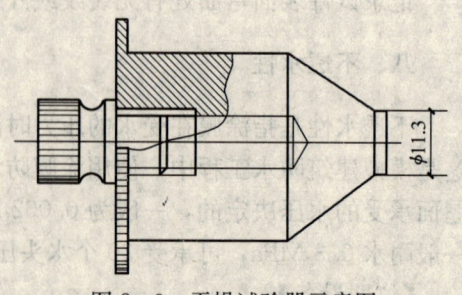

图 8-9 干燥试验器示意图

【试验程序】

1. 表干时间测定

在标准试验条件下将试样搅匀后按产品要求涂刷于铝板上制备涂膜，不允许有空白，记录涂刷结束时间。

A 法

(1) 样板干燥条件

除另有说明外，将样板水平放置无气流、无直射阳光处，在温度为 23±2℃或 25±1℃，相对湿度为 50%±5%或 65%±5%的条件下进行干燥。

(2) 表干状态的评定

每隔若干时间或达到规定时间后，放平样板。从不小于 50 mm，不大于 150 mm 的高度上，将约 0.5 g 的小玻璃球倒在涂膜表面上。

注：为避免小玻璃球过分的分散，可通过内径约 25 mm，适当长度的玻璃管倒下小玻璃球，注意不让玻璃管管口接触涂膜。如果需要，可在同一块样板的其他位置进一步进行试验。

10 s 后，将样板保持与水平面成 20°，用软毛刷轻轻刷涂膜。

用一般直视法检查涂膜表面，若能将全部小玻璃球刷掉而不损伤表面，刷涂层为"表干"。样板边缘部分 5 mm 以内不作考核。

(3) 表干时间的测定

将制备好的样板，在规定条件的环境中干燥，按合适的间隔时间，在涂膜未表干前开始试验，每次试验使用不同的样板，直到试验表面涂膜表干时，记录涂膜刚好达到表干所用时间。

2. 实干时间的测定

在进行表干测定后，在同一涂膜上进行实干时间的测定。从涂刷结束时间记录。

A 法

在表干后的试件涂层上放一张定性滤纸，光滑面接触涂面，滤纸上再轻轻放置干燥试验器，若干时间后移去干燥试验器，将试件翻转，滤纸能自由落下，或在背面用食指轻轻敲几下，滤纸能自由落下，而滤纸纤维不沾在涂膜上则认为涂膜实干，记下涂膜达到实干所用的时间，即为实干时间。

B 法

用单面保险刀片切割涂膜，若底层及膜内均无粘着现象，则认为实干，记下涂膜达到实干所用时间，即为实干时间。

或经过若干时间后，在距膜边缘不小于 10 mm 的范围以手指轻触涂膜表面，如感到有些发粘，但无涂料粘在手上，即为表干，记下时间。

第三节 溶剂型橡胶沥青防水涂料

溶剂型橡胶沥青防水涂料是以橡胶改性沥青为基料，经溶剂溶解配制而成的防水涂料。

一、分类与标记

溶剂型橡胶沥青防水涂料按产品的抗裂性、低温柔性分为一等品（B）和合格品（C）两个等级。

溶剂型橡胶沥青防水涂料按下列顺序标记：产品名称、等级、标准号。标记示例：

溶剂型橡胶沥青防水涂料 CJC/T 852—1999

二、技术要求

1. 外观

溶剂型橡胶沥青防水涂料为黑色、粘稠、细腻、均匀的胶状液体。

2. 物理力学性能

溶剂型橡胶沥青防水涂料的物理力学性能应符合表 8-4 的规定。

表 8-4 物理力学性能

项 目		技 术 指 标	
		一等品	合格品
固体含量（%）≥		48	
抗裂性	基层裂缝（mm）	0.3	0.2
	涂膜状态	无裂纹	
低温柔性，φ10 mm, 2 h		−15 ℃	−10 ℃
		无裂纹	
粘结性（MPa）≥		0.20	
耐热性，80 ℃, 5 h		无流淌、鼓泡、滑动	
不透水性，0.2 MPa, 30 min		不渗水	

三、检验方法

试验室条件：温度为 23±2 ℃。

（一）抽样

以 5 t 产品为一批，不足 5 t 也作为一批，进行出厂检验。按涂料产品取样方法，在批中随机抽取整桶产品，并混合均匀样品 2 kg 进行性能检验。

（二）外观

取样时目测。

（三）抗裂性

抗裂性是指涂膜抵抗基层开裂的能力，在涂膜抗裂性测定仪上进行测定。通常是涂在钢丝网水泥砂浆板上。用顶裂法使涂膜开裂，以涂膜不开裂的基层裂缝长度表示，单位为 mm。

【仪器设备】

涂膜抗裂性测定仪；

放大镜：放大倍数为 8 倍；

抗裂性试件基板：水和砂按 1:3 制成水泥砂浆，中间夹一层钢丝网，制成尺寸为 200 mm×100 mm×10 mm 的钢丝网水泥砂浆板 3 块，在室温下养护 28 d 后备用。

【试件制备】

称取搅拌均匀的试样 30 g，涂抹于抗裂性试件基板上的一面两边，每边涂刷面积为 200 mm×30 mm，将试样置于 40±2 ℃的干燥箱内 24 h 后取出。

【试验步骤】

将试件的试膜面朝上，放在涂膜抗裂性测定仪的位架上，调整底部螺杆使三角刀刃与试件底部成垂直方向接触，然后缓缓转动螺杆的手柄，使试件渐渐产生裂纹，用 8 倍放大镜观察试件裂纹宽度达到规定值时，涂膜是否开裂。

3 个试件的涂膜均不开裂，则抗裂性合格。

四、检验规则

每批产品应进行出厂检验，检验项目包括外观、固体含量、耐热性、低温柔韧性和抗裂性等。

型式检验为技术要求中所有规定项目。

判定规则：

1. 外观质量

外观质量应符合外观质量规定要求。

2. 物理力学性能单项判定

抗裂性、耐热性、低温柔性、粘结性、不透水性项目中各个试件均符合表 8-4 物理力学性能规定要求，则判该项目符合该等级。固体含量的算术平均值符合表 8-4 物理力学性能要求时，则判该项目合格。

3. 复验

在出厂检验和型式检验中，若有两项或两项以上指标不符合技术要求规定时，则判该批产品为不合格产品；若一项不符合规定时，允许在同批样品中加倍抽样对该项目进行复验，若仍不符合要求，则判该批产品为不合格产品。

4. 总判定

出厂检验和型式检验结果全部符合标准规定某一等级时，判为相应等级。

五、常用溶剂型橡胶沥青防水涂料

在建筑防水工程中应用的溶剂型橡胶沥青防水涂料主要有：

（一）溶剂型再生橡胶沥青防水涂料

溶剂型再生橡胶沥青防水涂料是以再生橡胶、沥青和溶剂配制而成的防水涂料。再生橡胶的分子是小的立体网状结构和链状结构，其中链状结构可以溶解。在配制的胶浆中，可溶的部分占少数，多数呈凝胶状态，甚至呈微小颗粒状态，这些不溶部分为较小的立体网状结构。沥青的存在使得整个分散体系稳定，沥青和再生橡胶都是成膜物质，使涂膜具有一定的弹性和抗冲击性，改善了涂膜的耐热性和低温性能。主要用于工业与民用建筑的混凝土屋面、地下室、水池、冷库和地坪的防潮和抗渗等。由于再生橡胶对沥青的改进性能有限，应用范围越来越小。

（二）溶剂型氯丁橡胶沥青防水涂料

溶剂型氯丁橡胶沥青防水涂料是以氯丁橡胶和沥青为基料，经溶剂溶解而制成的防水涂料。因氯丁橡胶对沥青的性能改善明显，涂膜的弹性较大，延伸率和抗拉强度较高，耐候性较好，能适应基层开裂和变形的需要。主要用于工业与民用建筑的防水和防潮，如屋面、地下室、厕浴间、地沟、墙体、水池、涵洞等建筑防水工程的防水层。

（三）溶剂型 SBS 沥青防水涂料

溶剂型 SBS 沥青防水涂料是以 SBS 橡胶和沥青为基料，经溶剂溶解而制成的防水涂料。在配制时不需加入硫化剂，在成膜后有较好的弹性和抗裂性，抗拉强度和断裂延伸率较高，耐老化性能较好。主要用于工业与民用建筑的屋面防水和地下防水。例如厕浴间、水池、冷库和桥梁防水。

（四）溶剂型丁苯橡胶沥青防水涂料

溶剂型丁苯橡胶沥青防水涂料是以丁苯橡胶和沥青为基料，经溶剂溶解而制成的防水涂料。丁苯橡胶价格便宜，产量较大，在涂料中应用较多。涂膜的弹性、耐热性、低温柔性较好，广泛用于工业与民用建筑的屋面与地下防水工程。

此外还有溶剂型丁基橡胶沥青防水涂料、溶剂型氯磺化聚乙烯防水涂料、溶剂型顺丁橡胶沥青防水涂料等。

第四节　溶剂型树脂与塑料沥青防水涂料

溶剂型树脂与塑料沥青防水涂料是以树脂或塑料沥青为基料、经溶剂溶解而制成的防水涂料。除主剂外，还掺有适当的辅助材料。常用的溶剂型树脂与塑料沥青防水涂料有聚氨酯防水涂料、聚氨酯煤焦油沥青防水涂料、聚氨酯石油沥青防水涂料、PVC 煤焦油沥青防水涂料、APP 沥青防水涂料、环氧防水涂料等。

一、聚氨酯防水涂料

聚氨酯防水涂料是以聚氨酯预聚体为基料的防水涂料，属于反应型防水涂料，其成膜机理为反应固化成型。为双组分涂料，聚氨酯预聚体为一组分，固化剂为另一组分，在使用前进行混合。单组分聚氨酯防水涂料是指聚氨酯预聚体为一个组分，而固化剂为空气中的水分，涂刷后吸收空气中的水分而固化，通常称为单组分聚氨酯防水涂料。也有的单组分聚氨酯防水涂料的固化剂潜伏在涂料中，为单组分包装，亦称单组分聚氨酯防水涂料。只靠空气中水分固化的单组分聚氨酯防水涂料的缺点是固化速度慢，成膜时间长，一般涂膜性能比不上双组分聚氨酯防水涂料。

这里要提起注意的是在使用聚氨酯防水涂料时，要加大通风量，减少空气中聚氨酯挥发物的滞留，以防中毒事故发生。

（一）分类与标记

聚氨酯防水涂料可分为单组分（S）和多组分（M）两种，按拉伸性能可分为Ⅰ、Ⅱ两类。

聚氨酯防水涂料可按产品名称、组分、类别和标准号顺序进行标记。示例：

Ⅰ类单组分聚氨酯防水涂料标记为：

PU 防水涂料，S I GB/T 19250—2003

(二) 技术要求

1. 外观

聚氨酯防水涂料为均匀粘稠体，无凝胶、结块。

2. 物理力学性能

单组分聚氨酯防水涂料的物理力学性能应符合表 8-5 的规定要求。

表 8-5　单组分聚氨酯防水涂料物理力学性能

项　目			Ⅰ	Ⅱ
拉伸强度（MPa）		≥	1.9	2.45
断裂伸长率（%）		≥	550	450
撕裂强度（N/mm）		≥	12	14
低温弯折性（℃）		≤	−40	
不透水性 0.3MPa，30min			不透水	
固体含量（%）		≥	80	
表干时间（h）		≤	12	
实干时间（h）		≤	24	
加热伸缩率（%）		≤	1.0	
		≥	−4.0	
潮湿基面粘结强度（MPa）①		≥	0.50	
定伸时老化	加热老化		无裂纹及变形	
	人工气候老化		无裂纹及变形	
热处理	拉伸强度保持率（%）		80～150	
	断裂伸长率（%）	≥	500	400
	低温弯折性（℃）	≤	−35	
碱处理	拉伸强度保持率（%）		60～150	
	断裂伸长率（%）	≥	500	400
	低温弯折性（℃）	≤	−35	
酸处理	拉伸强度保持率（%）		80～150	
	断裂伸长率（%）	≥	500	400
	低温弯折性（℃）	≤	−35	
人工气候老化②	拉伸强度保持率（%）		80～150	
	断裂伸长率（%）	≥	500	400
	低温弯折性（℃）	≤	−35	

注：①仅用于地下工程潮湿基面时要求。
　　②仅用于外露使用的产品。

多组分聚氨酯防水涂料性能应符合表 8-6 的规定要求。

表 8-6 多组分聚氨酯防水涂料物理力学性能

项 目			I	II
拉伸强度（MPa）		≥	1.9	2.45
断裂伸长率（%）		≥	450	450
撕裂强度（N/mm）		≥	12	14
低温弯折性（℃）		≤	−35	
不透水性 0.3 MPa 30 min			不透水	
固体含量（%）		≥	92	
表干时间（h）		≤	8	
实干时间（h）		≤	24	
加热伸缩率（%）		≤	1.0	
		≥	−4.0	
潮湿基面粘结强度（MPa）①		≥	0.50	
定伸时老化	加热老化		无裂纹及变形	
	人工气候老化②		无裂纹及变形	
热处理	拉伸强度保持率（%）		80~150	
	断裂伸长率（%）	≥	400	
	低温弯折性（℃）	≤	−30	
碱处理	拉伸强度保持率（%）		60~150	
	断裂伸长率（%）	≥	400	
	低温弯折性（℃）	≤	−30	
酸处理	拉伸强度保持率（%）		80~150	
	断裂伸长率（%）	≥	400	
	低温弯折性（℃）	≤	−30	
人工气候老化②	拉伸强度保持率（%）		80~150	
	断裂伸长率（%）	≥	400	
	低温弯折性（℃）	≤	−30	

注：①仅用于地下工程潮湿基面时要求。
②仅用于外露使用的产品。

（三）抽样及检验项目

以同一类型、同一规格 15 t 为一批，不足 15 t 亦作为一批（多组分产品按组分配套组批）。

在每批产品中按涂料抽样规则取样，总共取 3 kg 样品（多组分产品按配比取）。放入不与涂料发生反应的干燥密闭容器中密封好。

聚氨酯防水涂料的检验项目分为出厂检验和型式检验。出厂检验项目包括：外观、拉伸强度、断裂伸长率、低温弯折性、不透水性、固体含量、表干时间、实干时间、潮湿基面粘结强度（用于地下潮湿基面时）。

型式检验包括技术要求中所有规定项目。

（四）试验方法

标准试验条件：温度 23±2 ℃，相对湿度 60%±15%。

【试验仪具】

拉力试验机：测量值在量程的 15%～85%之间，示值精度不低于 1%，伸长范围大于 500 mm；

低温冰柜：能达到-40 ℃，精度±2 ℃；

电热鼓风干燥箱：不小于 200 ℃，精度±2 ℃；

冲片机：哑铃Ⅰ型，直角撕裂裁刀；

不透水仪：压力 0～0.4 MPa，三个精度为 2.5 级透水盘，内径 92 mm；

半导体温度计：量程-40～30 ℃，精度±0.5 ℃；

定伸保持器：能使试件标线间距离拉伸 100%以上；

氙弧灯老化试验箱；

游标卡尺：精度±0.02 mm。

【试件制备】

在试件制备前，试验样品及所需试验器具在标准条件下放置 24 h。

在标准试验条件下称取所需的试验样品量应保证最终涂膜厚度 1.5±0.2 mm。

将静置后的样品搅匀，不得加入稀释剂。若样品为多组分涂料，则按产品生产厂要求的配合比混合后充分搅拌 5 min，在不混入气泡的情况下倒入模框中。模框不得翘曲且表面光滑，为便于脱模，涂覆前可用脱模剂处理。样品按生产厂的要求一次或多次涂覆（最多三次，每次间隔不得超过 24 h）。最后一次将表面刮平，在标准试验条件下养护 96 h，然后脱模，涂膜翻过来继续在标准试验条件下养护 72 h。

试件形状及数量列于表 8-7。

表 8-7 试件形状及数量

项 目		试件形状	数量（个）
拉伸性能		哑铃Ⅰ型	5
撕裂强度		无割口直角形	5
低温弯折性		100 mm×25 mm	3
不透水性		150 mm×150 mm	3
加热伸缩率		300 mm×30 mm	3
潮湿基面粘结强度		8 字形砂浆试件	5
定伸时老化	热处理	哑铃Ⅰ型	3
	人工气候老化		3
热处理	拉伸性能	哑铃Ⅰ型	5
	低温弯折性	100 mm×25 mm	3

第八章 建筑防水涂料

续表

项 目		试件形状	数量（个）
碱处理	拉伸性能	哑铃Ⅰ型	5
	低温弯折性	100 mm×25 mm	3
酸处理	拉伸性能	哑铃Ⅰ型	5
	低温弯折性	100 mm×25 mm	3
人工气候老化	拉伸性能	哑铃Ⅰ型	5
	低温弯折性	100 mm×25 mm	3

【试验方法】

1. 外观

涂料搅拌后目测检查。

2. 固体含量

按建筑防水涂料固体含量试验方法进行试验。烘干温度为120±2℃，时间为3 h。试验结果取两次平行试验的平均值，结果计算精确到1%。

3. 表干时间

采用B法，涂膜用量为0.5 kg/m^2。对于表面有组分渗出的样品，以实干时间作为表干时间的试验结果。

4. 实干时间

采用B法，涂膜用量为0.5 kg/m^2。

5. 潮湿基面粘结强度

在制备的"8"字砂浆块中取5对养护好的作为粘结试件，用2号（粒径60目）砂纸清除表面浮浆，将砂浆块浸入23±2℃的水中浸泡24 h。将标准试验条件下已放置24 h的样品按生产厂要求的比例混合后搅拌5 min（单组分防水涂料直接使用）。从水中取出砂浆块用湿毛巾揩去水渍，晾置5 min后，在砂浆块的断面上涂抹准备好的涂料，将两个砂浆块断面对接，压紧，在标准试验条件下放置4 h，然后将制得的试件进行养护，温度20±1℃，相对湿度不少于90%，养护168 h，制备5个试件。

将养护好的试件在标准试验条件下放置2 h，用游标卡尺测量粘结面的长度、宽度，精确到0.02 mm。将试件装在试验机上，以50 mm/min的速度拉伸至试件破坏，记录试件的最大拉力。

潮湿基面粘结强度按下式计算：

$$\sigma = \frac{F}{a \times b}$$

式中　σ——试件潮湿基面粘结强度，MPa；
　　　F——试件的最大拉力，N；
　　　a——试件粘结面的长度，mm；
　　　b——试件粘结面的宽度，mm。

潮湿基面粘结强度以5个试件的算术平均值表示，精确到0.01 MPa。

6. 定伸时老化

定伸时老化包括加热老化、人工气候老化等。

(1) 加热老化

将试件夹在定伸保持器上,并使试件的标线间距离从 25 mm 拉伸至 50 mm,在标准试验条件下放置 24 h。然后将夹有试件的定伸保持器放入烘箱,加热温度为 80±2℃,水平放置 168 h 后取出。再在标准试验条件下放置 4 h,观察定伸保持器上的试件有无变形,并用 8 倍放大镜检查试件有无裂纹。

(2) 人工气候老化

将试件夹持在定伸保持器上,并使试件间距离从 25 mm 拉伸至 37.5 mm,在标准试验条件下放置 24 h。然后将夹有试件的定伸保持器放入氙弧灯老化试验箱中,试验 250 h 后取出。再在标准试验条件下放置 4 h,观察定伸保持器上试件有无变形,并用 8 倍放大镜检查试件有无裂纹。

结果处理:分别记录每个试件有无变形、裂纹。

7. 人工气候老化

人工气候老化的试件放入氙弧灯老化试验箱中,试验累计辐射能量为 1500 MJ/m^2(约 720 h)后取出,再在标准试验条件下放置 4 h 后进行物理性能试验。

拉伸强度、断裂伸长率、撕裂强度、低温弯折性、不透水性、加热伸缩率、定伸时老化、热处理、碱处理、酸处理、人工气候老化等应按建筑防水涂料有关试验方法进行试验。

二、聚氨酯煤焦油沥青防水涂料

聚氨酯煤焦油沥青防水涂料是由聚氨酯预聚体和煤焦油沥青为主基的防水涂料。聚氨酯预聚体为甲组分,固化剂和煤焦油沥青为乙组分,组成双组分聚氨酯防水涂料。主要用于屋面、地下建筑工程作防水层,还可用于卫生间、浴池、游泳池等工程作防水层。

由聚氨酯煤焦油沥青防水涂料和反射性防水涂料组合而成的屋面隔热聚氨酯煤焦油沥青防水涂料,由于反射性防水涂料涂于聚氨酯防水涂膜表面,能反射太阳的辐射能,起隔热作用,主要用于屋面防水工程。

由于煤焦油沥青中挥发物具有毒性,易对环境造成污染,影响人体健康,现已较少使用。

三、聚氨酯石油沥青防水涂料

聚氨酯石油沥青防水涂料是以聚氨酯预聚体和石油沥青为主要成膜物质的防水涂料,有单组分和双组分之分。双组分聚氨酯石油沥青防水涂料的甲组分为聚氨酯预聚体,乙组分为固化剂和石油沥青。单组分聚氨酯石油沥青防水涂料是将聚氨酯预聚体和石油沥青、增容剂混匀在一起而制成的,可利用空气中的水分进行固化,也可采用潜伏性固化剂。靠空气中水分固化的单组分聚氨酯石油沥青防水涂料固化较慢。

聚氨酯石油沥青防水涂料克服了聚氨酯煤焦油沥青防水涂料中的有害挥发分,减少了对环境的污染和对人类居住环境的危害,是建筑防水工程中常用的防水材料。主要用于屋面、地下、卫生间、浴池和游泳池等建筑工程作防水层。

四、APP 沥青防水涂料

APP 沥青防水涂料是以 APP 沥青为主要成膜物质的防水材料，主要由 APP 沥青、溶剂和辅助材料所组成，可用于屋面、地下、卫生间等建筑工程作防水层。其技术性能列于表 8-8。

表 8-8　APP 改性沥青防水涂料的技术性能

项　目	性　能　指　标
外观	黑色均匀粘稠状液体，不应有结块、沉淀分层现象
固体含量（%）	不少于 60
耐热性	90±2℃，2 h，不流淌
低温柔性	−10℃，2 h，绕 ϕ10 mm 圆棒弯曲 180°无裂纹
粘结强度（MPa）	≥0.2
抗裂性（mm）	≥0.4
不透水性	水压 0.1 MPa，30 min，不透水
耐酸性	10% H_2SO_4 溶液中浸泡 30 d 涂膜应无被腐蚀现象
耐碱性	饱和 $Ca(OH)_2$ 溶液中浸泡 30 d 涂膜应无被腐蚀现象

五、环氧防水涂料

环氧防水涂料是以环氧树脂、固化剂、颜填料组成的防水材料。还可掺入煤焦油沥青制成环氧煤焦油沥青防水涂料，掺入石油沥青制成环氧石油沥青防水涂料。通常以环氧树脂为一个组分，固化剂为另一组分，制成双组分环氧防水涂料。也可用潜伏性固化剂制成单组分湿固化型防水涂料，湿固化型防水涂料可用于潮湿基面上作防水层。

常用的环氧防水涂料技术性能列于表 8-9。

表 8-9　环氧防水涂料主要技术性能

技术性能	性能指标
固含量（%）	≥65
干燥时间（h）	25℃，≤12
附着力（MPa）	钢基面＞4.5
冲击强度（N·cm）	＞450
耐水性	室温清水浸泡一年后，无涂层开裂、脱落和明显变化

第五节　水性沥青基防水涂料

水性沥青基防水涂料是以沥青或聚合物沥青为基料，同水乳化而成的一种防水材料，主要由沥青或聚合物沥青、乳化剂和水所组成。根据所用乳化剂的不同，可分为以矿物乳化剂

第五节 水性沥青基防水涂料

制成的水性沥青基防水涂料,称为水性沥青基厚质防水涂料;以化学乳化剂制成的水性沥青基防水涂料,称为水性沥青基薄质防水涂料。

水性沥青基防水涂料是建筑防水工程中常用的建筑防水材料,其国家行业标准为 JC408。

一、水性沥青基防水涂料

(一)分类与标记

水性沥青基防水涂料按乳化剂、成品外观和施工工艺的不同,分为水性沥青基厚质防水涂料和水性沥青基薄质防水涂料两类。

AE-1类:水性沥青基厚质防水涂料,按其矿物乳化剂的不同,又分为:

a. AE-1 A 水性石棉沥青防水涂料;
b. AE-2 B 膨润土沥青乳液;
c. AE-3 C 石灰乳化沥青。

AE-2类:水性沥青基薄质防水涂料,按其采用的乳化剂不同又分为:

a. AE-2 a 氯丁胶乳沥青;
b. AE-2 b 水性再生橡胶沥青涂料;
c. AE-2 c 用化学乳化剂配制的乳化沥青。

水乳性沥青与聚合物沥青防水涂料产品标记顺序为:

产品名称、品种代号、无处理时的延伸性、本标准编号。例如:

水性再生橡胶沥青防水涂料,其无处理时延伸性不小于5.5mm,标记为:

水性沥青基防水涂料 AE-2-b-5.5 JC 408—91。

(二)技术要求

水性沥青基防水涂料按其质量分为一等品和合格品两个等级。

水性沥青基防水涂料的性能应满足表8-10的要求。

表8-10 水性沥青基防水涂料质量指标(JC 408—91)

项目		质量指标			
		AE-1类		AE-2类	
		一等品	合格品	一等品	合格品
外观		搅拌后为黑色或黑灰色均质膏体或粘稠体,搅匀和分散在水溶液中无沥青丝	搅拌后为黑色或黑灰色均质膏体或粘稠体,搅匀和分散在水溶液中无明显沥青丝	搅拌后为黑色或蓝褐色均质液体,搅拌棒上不粘附任何颗粒	搅拌后为黑色或蓝褐色液体,搅拌棒上不粘附明显颗粒
固体含量(%)不小于		50		43	
延伸性(mm)不小于	无处理	5.5	4.0	6.0	4.5
	处理后	4.0	3.0	4.5	3.5
柔韧性		5±1℃	10±1℃	-15±1℃	-10±1℃
		无裂纹、断裂			

续表

项 目	质 量 指 标
耐热性（℃）	无流淌、起泡和滑动
粘结性（MPa）不小于	0.20
不透水性	不渗水
抗冻性	20次无开裂

注：试件参考涂布量与工程施工用量相同：AE-1类为8 kg/m²，AE-2类为2.5 kg/m²。

（三）试验方法

水性沥青基防水涂料试验方法可参阅防水涂料试验方法。

抗冻性试验方法

【试验仪具】

低温试验箱：-20 ± 2 ℃；

电热烘干箱；水溶箱；釉面砖。

【试件制备】

试块：按制作"8"字砂浆块的制作方法制作，制成100 mm×50 mm×10 mm的水泥砂浆板3块，在水中养护7天后，自然风干备用。

AE-1类试件制备：取3块干燥的水泥砂浆板，除去表面浮砂，擦净。在每块板上逐面涂刮7~8道试样，放在釉面砖上，在40±2 ℃烘箱中烘24 h，使涂膜厚3.5~4.0 mm。

AE-2类试件制备：取3块干燥的水泥砂浆板除去表面浮砂，擦净。在每块板上逐面刮4~5道试样，每道试样刮平后，放在釉面砖上，在40±2 ℃烘箱中放置4~6 h，最后一道试样刮平后，应在烘箱中烘24 h，使涂膜厚1 mm左右。

【试验步骤】

将3块试件放在釉面砖上，一起浸入20±10 ℃水箱内，水面应高出试件表面10 mm以上，连续浸泡24 h后取出，立即将试件和釉面砖一起放入−20±2 ℃的冰箱内，冷冻2 h后取出，再立即放入20±10 ℃水浴箱中2 h。这样冷冻、浸入各2 h为一次循环，每次循环结束后，观察试件表面涂膜有否起泡、开裂、剥离等现象，若有一块试件出现上述现象即终止试验，并记录循环次数。

试验结果以循环次数表示。

（四）检验规则

产品检验分为出厂检验和型式检验。出厂检验项目包括外观、固体含量、耐热性、柔韧性、无处理时延伸性。型式检验为技术要求所有项目。

出厂检验以每班生产量为一批进行抽检，每批随机抽取整桶样品，逐桶检查外观质量。然后按涂料抽样方法，取2 kg样品用于质量指标规定的技术性能检验。样品标志和密封按涂料产品抽样密封与标志方法进行。

对检验结果进行判定时，耐热性、柔韧性、不透水性、抗冻性试验，若有一个试件不合格时，应双倍抽样重检，重检合格则判为合格，重检时仍有一个试件不合格、则该项技术要求判为不合格。产品抽样结果全部符合技术要求规定者判为合格，若有一项技术不符合要求时判为不合格。

二、皂液乳化沥青

皂液乳化沥青属于阴离子型乳化沥青,它是以沥青为基料,以阴离子乳化剂为表面活性剂和水所组成的防水材料。常用的阴离子乳化剂有肥皂、松香皂、洗衣粉、十二烷基苯磺酸钠、烷基苯磺酸钠等。

皂液乳化沥青外观质量要求:常温时为褐色或黑褐色液体,应无肉眼可见的沥青颗粒、硬的聚块。各项物理性能应符合表 8-11 要求。

表 8-11 皂液乳化沥青物理性能

指标名称		指标
固体含量:(%)	不小于	50.0
粘度:沥青标准粘度计,25 ℃,孔径 5 mm(s)	不小于	6
分水率:经 3 500 r/min,15 min 后分离出水相体积占试样体积的百分数(%)	不大于	25
粒度:沥青微滴粒平均直径(μm)	不大于	15
耐热性:80±2 ℃,5 h,45°坡度(铝板基层)		无气泡,不滑动,不流淌
粘结力:20 ℃(MPa)	不低于	0.30

(一)抽样

皂液乳化沥青以生产厂每班的产量为一批,不足 1 t 亦可作一批。每批产品中任意选取 4 桶,在每桶中任选不同部位(表面膜除外)取样 500 mL,混合后达 2 000 mL 试样,供作各项物理性能和外观试验用。

所取样品在试验前应密封存放,并保持在试验室温度范围内。

(二)检验方法

1. 外观质量

将玻璃棒插入已除去表皮层的皂液乳化沥青中搅动,观察有无硬块,是否均匀一致;拔出玻璃棒后检查其色泽,然后放入盛有 1‰合成洗涤剂水溶液的透明容器中,充分搅拌,用肉眼观察是否有沥青颗粒。

2. 粘度

【仪器及材料】

沥青标准粘度计:流孔直径为 5 mm;

秒表;

量筒:100 mL,两个;

蒸发皿或瓷杯:400 mL,2 个;

温度计:0~100 ℃(精确度为±0.5 ℃),2 支;

有机溶剂:洁净的苯或汽油。

【试验步骤】

皂液乳化沥青试样取 200 mL。

将沥青标准粘度计的盛样铜管、球塞杆及球塞,用苯或汽油洗净,在空气中干燥。然后用球塞将流孔盖住,并将流样容器放入规定位置,在粘度计流孔下放一蒸发皿或瓷杯,以接受不慎流出的试样。保温水槽内注入比试验温度 25±0.5 ℃高 1~2 ℃的水，如室温高于试验温度时，则注入比 25±0.5 ℃低 1~2 ℃的水，槽内水用搅拌器搅匀。

取约 200 mL 皂液乳化沥青试样盛于瓷杯或蒸发皿中，将比试验温度高 2~3 ℃的试样（如试验温度低于室温时，试样需冷却至比试验温度低 2~3 ℃）注入盛样铜管内，注入深度以液面到达球塞垂直时棒上标记钉为止。此后，用温度计搅拌铜管内的试样，当符合试验温度 25±0.5 ℃时，将流孔下蒸发皿移去，改置 100 mL 量筒，使量筒的中心对准流孔，试样保持规定温度 1~5 min 后取出温度计，并调整试样液面至球塞的标记钉处。然后提起球塞待试样流入量筒达到 25 mL 时，立即开始计时，待流至 75 mL 时停止计时，记下所用时间。

此项须做两次平行试验，以两次时间的平均值作为粘度试验结果，两次平行试验的值与平均值的误差不得大于±5%。

3. 分水率

【仪器及材料】

离心机：转速为 3 500 r/min；

刻度试管：5 mL，4 只；

秒表（或定时钟）：1 个。

【试验步骤】

取皂液乳化沥青 50 mL，先将皂液乳化沥青仔细注入 4 只容量为 5 mL 的试管内，将试管管壁清除干净，然后记录装入量（V）。

将装有样品的试管 4 只放入离心机内，开动离心机，调节转数到达 3500 r/min，开始记，15 min 后停机，取出试管并记录分出水的体积（V_1）。

分水率按下式计算，取整数值。

$$C = \frac{V_1}{V} \times 100$$

式中 C——分水率，%；

V_1——分出水的体积，mL；

V——皂液乳化沥青装入量，mL。

结果评定：每 4 只试管测定一项，以两次试验的平均值作为试验结果，平行试验的误差不大于 1%。

4. 粒度

【仪器及材料】

放大 500 倍显微镜及测微尺；

配制浓度为 1%的合格洗涤剂水溶液；

烧杯：100 mL，1 个；

玻璃片：6 片。

【试样制备】

皂液乳化沥青 20 mL。

取 20 mL 浓度为 1%的合成洗涤剂水溶液放在 100 mL 烧杯中，用玻璃棒沾 1~2 滴皂液乳化沥青试样置于合成洗涤剂水溶液中充分搅拌，得到稀释的乳化沥青液，再用玻璃棒沾

1~2滴稀释的沥青乳化液于玻璃片上，然后加盖玻璃片。

【试验步骤】

先将物镜标准尺放于物镜内，另将刻度镜片装于目镜内，观测目镜与物镜刻度进行比较，求出物镜换算目镜刻度系数。

将准备好的试样放在物镜下进行观测，用目镜刻度测量皂液乳化沥青颗料直径。

每个试样的粒度按下式计算：

$$D = d \cdot K$$

式中　D——测得皂液乳化沥青颗粒直径，μm；

　　　d——测得皂液乳化沥青目镜刻度读数；

　　　K——标准测微尺与目镜刻度换算系数。

试验结果平均值按下式计算：

$$\overline{D} = \frac{D_1 + D_2 + D_3}{3}$$

式中　$\overline{D}$——颗粒平均直径，μm；

　　　D_1——第一次测得的乳化沥青颗粒直径，μm；

　　　D_2——第二次测得的乳化沥青颗粒直径，μm；

　　　D_3——第三次测得的乳化沥青颗粒直径，μm。

以三次测量值的平均数作为试验结果。

固体含量、耐热性、粘结力等试验可根据建筑防水涂料有关试验方法进行。

（三）检验规则

以生产厂每班的产量为一批，不足 1 t 者可作一批计。每批产品中任意选取 4 桶，在每桶中任选不同部位（表面膜除外）取样 500 mL，混合后达 2000 mL 试样，供作各项物理性能和外观试验用。所取样品在试验前应密封存放，并保持在试验室温度范围内。

试验用的各种仪器及度量工具在使用前应予校正。

试验结果符合各项性能指标时，该批产品即为合格品；若有一项不符合指标时，应在该批产品中加倍取样进行单项复验，复验合格亦为合格品，复验不合格则该批产品为不合格品。

（四）阴离子乳化沥青防水涂料

在阴离子乳化沥青中掺入阴离子聚合物乳液，可制成水乳型聚合物乳化沥青防水涂料。例如：丁苯胶乳沥青防水涂料，羧基丁苯胶乳沥青防水涂料，水乳型丁腈橡胶沥青防水涂料等。

阴离子乳化沥青防水涂料的优点是原材料易于购买，制作容易，施工方便。缺点是施工前要看天气变化，在涂膜未干燥之前易被雨水冲走，它是靠水分蒸发成膜。

三、非离子乳化沥青

非离子乳化沥青是以非离子表面活性物质为乳化剂的沥青悬浮液，主要由沥青、水和非离子乳化剂所组成。常用的非离子乳化剂主要有辛基酚聚氧乙烯醚，壬基酚聚氧乙烯醚，脂肪聚氧乙烯醚等。

在非离子乳化沥青中加入非离子聚合物胶乳，可制成非离子聚合物沥青乳液，或称水性非离子乳化聚合物沥青防水涂料。例如非离子氯丁胶乳乳化沥青、非离子丁苯胶乳乳化沥青等。

常用非离子乳化沥青的性能列于表 8-12。

表 8-12 乳化沥青技术指标

指 标 名 称	指 标
外 观	红棕色液体（硬化层成黑色）
特 征	无毒、无味、不燃，可任意用水稀释或掺入外加剂和填料
比 重	1.034
粘 度	涂料 4 号粘度计 20 s 左右
含 胶 量	50%
分 散 度	粒径 2～4 μm
干燥时间	成膜：室温半小时左右，日光下 3 min 左右；硬化：8～24 h
耐 热 度	80 ℃合格，加 5%～10%氯丁胶乳 120～135 ℃合格
柔 韧 性	18 ℃φ1 mm 合格；－27 ℃φ20～40 mm 合格
粘 结 力	50 mm×20 mm 搭接面（与砂浆）30～50 kg
延伸性（抗裂性）	与玻璃纤维毡片结合，比油毡大 1～2 倍
抗 冻 性	－25.5 ℃冻结、室温融解：50 次循环合格
抗 渗 性	不透水台模，透水砂浆，涂三道，24 小时水面大于 10 个大气压
耐 久 性	与玻璃纤维毡片结合，优于沥青油毡

非离子乳化沥青的优点是在水中不电离，可防静电反应，能用水稀释和加入填料，施工机具易于清洗。

四、阳离子乳化沥青

阳离子乳化沥青是以沥青为分散相，以水为分散介质，以阳离子表面活性物质为表面活性剂的沥青乳状液。在建筑防水材料中，多以阳离子乳化沥青作冷底子油使用，或在阳离子乳化沥青中掺入阳离子合成胶乳，制成阳离子聚合物乳化沥青防水涂料。例如水性阳离子氯丁橡胶沥青防水涂料、水性阳离子 SBS 沥青防水涂料。

在阳离子乳化沥青中选用的石油沥青多为 100# 和 90# 石油沥青，选用的乳化剂多为季铵盐型表面活性剂。例如十六烷三甲基溴化铵、十八烷三甲基氯化铵等。

在公路系统，多用阳离子乳化沥青进行铺路，根据施工的需要和对性能要求，可分为快裂，中裂和慢裂三种类型。我国乳化沥青的分类及代号列于表 8-13，道路用乳化沥青技术指标列于表 8-14。

表 8-13 乳化沥青的分类及代号

种 类		代 号	用 途
阳离子型乳化沥青	洒布、贯入用	PC-1	用于洒贯入及表面处治用
		PC-2	用于透层油及水泥稳定土养护
		PC-3	用于粘层油
	拌和用	BC-1	拌和粗级配合料及黑色碎石
		BC-2	拌和中级配混合料
		BC-3	拌制稀浆封层太砂石土

续表

种类		代号	用途
阴离子型乳化沥青	洒布、贯入用	PA-1	用于洒贯入及表面处治用
		PA-2	用于透层油及水泥稳定土养护
		PA-3	用于粘层油
	拌和用	PC-1	用于洒贯入及表面处治用
		PC-2	用于透层油及水泥稳定土养护
		PC-3	用于粘层油

注：P-喷洒；B-拌和；C-阳离子型；A-阴离子型。

表 8-14 道路用乳化沥青技术指标

项目		种类	PC-1 PA-1	PC-2 PA-2	PC-3 PA-3	BC-1 BA-1	BC-2 BA-2	BC-3 BA-3
筛上剩余量不大于（%）			0.3					
电荷			阳离子带正电（+）、阴离子带负电（-）					
破乳速度试验			快裂	慢裂	快裂	中或慢裂		慢裂
粘度	沥青标准粘度计 $C_{25.3}$（s） 恩格拉度 E_{25}		12~45 3~15	8~20 1~6		12~100 3~40		40~100 15~40
蒸发残留物含量不小于（%）			60	50		55		60
蒸发残留物性质	针入度（100 g，25 ℃，5 s）（0.1 mm）		80~200	80~300	60~160	60~200	60~300	80~100
	残留延度比（25 ℃）不小于（%）		80					
	溶解度（三氯乙烯）不小于（%）		97.5					
贮存稳定性（%）不大于	5 d 1 d		5 1					
与矿料的粘附性，裹复面积不小于			2/3					
粗粒式集料拌和试验						均匀		
细粒式集料拌和试验								均匀
水泥拌和试验，1.18 mm 筛上剩余量不大于（%）			无粗颗粒或结块					5
低温贮存稳定度（-5 ℃）								
用途			表面处治及贯入式洒布用	透层油用	粘层油用	拌制粗粒式沥青混合料	拌制中粒式及细粒式沥青混合料	拌制砂料式沥青混合料及稀浆封层

注：①乳液粘度可选沥青标准粘度计或恩格拉粘度计的一种测定。$C_{25.3}$ 表示测试温度 25 ℃，粘度计孔径 3 mm；E_{25} 表示在 25 ℃时测定；
②贮存稳定性一般用 5 天的。如时间紧迫，也可用 1 天的稳定性；
③PC、PA、BC、BA 分别表示洒布型阳离子、洒布型阴离子、拌和型阳离子、拌和型阴离子乳化沥青。

阳离子乳化沥青防水涂料的优点是干燥快，施工后易被底层或增强材料吸附，离析出水，施工后不易被雨水冲走；缺点是粘附施工机具，尤其是刷涂用的刷子。

五、水乳型厚质沥青防水涂料

水乳型厚质沥青防水涂料是以无机矿物胶体为乳化分散剂的防水涂料，常用的有石灰乳化沥青、膨润土乳化沥青、石棉乳化沥青、以及聚合物改性的厚质乳化沥青等。

石灰乳化沥青是以石灰膏为乳化分散剂的沥青悬浮液，又称作"捷罗克"和"飞利"沥青。它是1956年从罗马尼亚引进的防水技术。捷罗克和飞利沥青的区别在于飞利沥青中不含石棉绒，而捷罗克沥青中掺有石棉绒，以防涂膜开裂。

黏土乳化沥青是以活性黏土为乳化分散剂的沥青悬浮液，最常用的有膨润土乳化沥青。如果在黏土乳化沥青中加入聚合物乳液，则可制成水乳型厚质聚合物沥青防水涂料。也可以活性黏土为乳化分散剂，将聚合物沥青乳化成水性厚质聚合物乳化沥青。例如水性厚质SBS沥青防水涂料、水乳性厚质PVC煤焦油沥青防水涂料等。

石棉乳化沥青是以石棉为乳化分散剂制成的沥青悬浮液。在石棉乳化沥青中掺入聚合物乳液，则可制成石棉乳化聚合物沥青防水涂料。例如在石棉乳化沥青中加入丁苯胶乳，则可制石棉丁苯橡胶沥青防水涂料。

水性厚质聚合物沥青防水涂料的低温、高温和抗基层开裂性能大大提高，在建筑防水工程中应用较多。

第六节　水乳性高分子防水涂料

水乳性高分子防水涂料是以聚合物乳液为基料，再掺入各种辅助材料而制成的防水材料。辅助材料包括交联剂、增塑剂、颜料、填料、增溶剂等。主要有聚合物乳液建筑防水涂料、聚合物水泥防水涂料。

一、聚合物乳液建筑防水涂料

聚合物乳液建筑防水涂料是以聚合物乳液为基料，加入各种添加剂而制得的单组分水乳型防水涂料。主要用于屋面、墙面、室内等长期浸水环境下的建筑防水工程。

（一）分类与标记

按物理力学性能的不同，聚合物乳液建筑防水涂料可分为Ⅰ类和Ⅱ类两种类型。

标记方法：产品按下列顺序标记：产品代号、类型、标准号。例如：Ⅰ类聚合物乳液建筑防水涂料标记为：

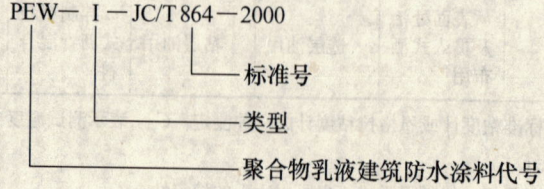

第六节 水乳性高分子防水涂料

(二) 技术要求

外观：聚合物乳液建筑防水涂料经搅拌后无结块，呈均匀状态。产品物理力学性能应符合表 8-15 要求。

表 8-15 物理力学性能

试验项目			指标	
			Ⅰ类	Ⅱ类
拉伸强度（MPa）		≥	1.0	1.5
断裂延伸率（%）		≥	300	300
低温柔性绕 φ10 mm 棒			−10 ℃，无裂纹	−20 ℃，无裂纹
不透水性（0.3 MPa, 0.5 h）			不透水	
固体含量（%）		≥	65	
干燥时间（h）	表干时间	≤	4	
	实干时间	≤	8	
老化处理后的拉伸强度保持率（%）	加热处理	≥	80	
	紫外线处理	≥	80	
	碱处理	≥	60	
	酸处理	≥	40	
老化处理后的断裂延伸率（%）	加热处理	≥	200	
	紫外线处理	≥	200	
	碱处理	≥	200	
	酸处理	≥	200	
加热伸缩率（%）	伸长	≤	1.0	
	缩短	≤	1.0	

(三) 抽样与检验项目

聚合物乳液建筑防水涂料分为出厂检验和型式检验。出厂检验项目有外观、拉伸强度、断裂延伸率、低温柔性、不透水性、固体含量、干燥时间。型式检验项包括标准中规定全部项目。

在抽样时，出厂检验以 5 t 为一批量，不足 5 t 也按一批进行检验，按涂料抽样方法进行抽样。出厂检验和型式检验产品取样时，总共取 2 kg 样品用于检验。

(四) 标准试验条件与试验准备

标准试验条件：温度：23±2 ℃。

相对湿度：45%～70%。

试验准备：试验前，所取样品及所用仪器在标准条件下放置 24 h。

(五) 试样制备

【试验仪器】

涂膜模具：可用平板玻璃或塑料制作，涂膜模具如图 8-8 所示。

【试样制备】

将静置后的样品搅拌均匀，在不混入气泡的情况下倒入（图 8-8）规定的模具中涂覆。为方便脱模，在涂覆前模具表面可用硅油或液体蜡进行处理。试样制备时至少分三次涂覆，后道涂覆应在前道涂层成膜后进行，在 72 h 以内使涂膜厚度达到 2.0±0.2 mm。制备好的试样在标准条件下养护 168 h，脱膜后，再经 50±2 ℃干燥箱中烘 24 h，取出后在标准条件下放置 4 h 以上。

检查涂膜外观，试样表面应光滑平整，无明显气泡。然后按表 8-16 的要求裁取试验所需试件。

表 8-16 试件形状、尺寸及数量

试验项目		试件形状（mm）	数量（个）
拉伸强度和断裂延伸率	无处理	哑铃形Ⅰ型形状	6
	加热处理		6
	紫外线处理		6
	碱处理	120×25	6
	酸处理		6
低温柔性试验		100×25	3
不透水性试验		150×150	
加热伸缩试验		300×30	3

（六）试验方法

外观检验：打开容器用搅拌棒轻轻搅拌，允许在容器底部有沉淀，经搅拌易于混合均匀时，可评为"搅拌后无结块，呈均匀状态"。

其检验项目，按防水涂料检验方法进行。

（七）判定规则

外观不符合外观质量要求时，则判该批产品不合格。低温柔性、不透水性试验项目，每个试验结果均符合物理力学性能规定指标要求时，则判该批产品符合相应类型。

外观、物理力学性能试验结果均符合技术要求时，则判该批产品符合相应类型。在出厂检验和型式检验中，若有两项或两项以上指标达不到物理力学性能规定指标时，则该批产品为不合格产品；若有一项达不到规定时，允许在该批产品中重抽相同数量样品进行单项复验，如该项仍达不到规定，则该批产品判为不合格。

二、聚合物水泥防水涂料

聚合物水泥防水涂料是以丙烯酸等聚合物乳液为基料，掺入水泥和其他助剂材料配制而成的双组分水乳性建筑防水涂料。主要用于非长期浸水环境下的建筑防水工程（Ⅰ型产品），Ⅱ型产品适用于长期浸水环境下的建筑防水工程。

（一）分类与标记

聚合物水泥防水涂料产品分为Ⅰ型和Ⅱ型两种。Ⅰ型是以聚合物为主的防水涂料；Ⅱ型是以水泥为主的防水涂料。

产品按下列顺序标记：名称、类型、标准号。标记示例：

Ⅰ型聚合物水泥防水涂料标记为：

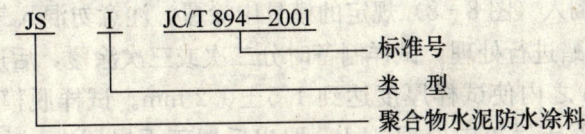

（二）技术要求

外观要求：产品的两组分经分别搅拌后，其液体组分为无杂质、无凝胶的均匀乳液；固体组分应为无杂质、无结块的粉末。

物理力学性能应符合表8-17的要求。

表8-17 物理力学性能

试验项目			技术指标	
			Ⅰ型	Ⅱ型
固体含量（%）		≥	65	
干燥时间	表干时间（h）	≤	4	
	实干时间（h）	≤	8	
拉伸强度	无处理（%）	≥	1.2	1.8
	加热处理后保持率（%）	≥	80	80
	碱处理后保持率（%）	≥	70	80
	紫外线处理后保持率（%）	≥	80	80
断裂伸长率	无处理（%）	≥	200	80
	加热处理（%）	≥	150	65
	碱处理（%）	≥	140	65
	紫外线处理（%）	≥	150	65
低温柔性，ϕ10 mm棒			-10℃无裂纹	—
不透水性，0.3 MPa，30 min			不透水	不透水[1]
潮湿基面粘结强度（MPa）		≥	0.5	1.0
抗渗性（背水面）[2]（MPa）		≥	—	0.6

注：[1]如产品用于地下工程，该项目可不测试。
[2]如产品用于地下防水工程，该项目必须测试。

（三）检验项目与抽样

聚合物水泥防水涂料的检验分为出厂检验和型式检验。出厂检验项目为外观、固体含量、干燥时间、无处理拉伸强度、无处理断裂延伸率、低温柔性、不透水性或抗渗性。型式检验项目为技术要求规定的所有项目。

抽样时，以同一类型的10 t产品为一批，不足10 t也作一批。抽样方法按防水涂料抽样方法进行，两份共抽5 kg样品。

（四）试样制作

标准试验条件为：温度23±2℃，相对湿度45%～70%。

【试验准备】试验前样品及所用器具应在标准条件下至少放置 24 h。

【试样制备】

将在标准条件下放置后的样品按生产厂指定比例分别称取适量的液体和固体组分，混合后机械搅拌 5 min，倒入（图 8-8）规定的模具中涂覆，注意勿混入气泡。为方便脱模，模具表面可用硅油或石蜡进行处理。试样制备时分二次或三次涂覆，后道涂覆前应在前道涂层实干后进行，在 72 h 之内使试样厚度达到 1.5±0.2 mm。试样脱模后在标准条件下放置 168 h，然后在 50±2 ℃干燥箱中处理 24 h，取出后置于干燥器中，在标准条件下至少放置 2 h。用切片机将试样冲切成试件。拉伸试件所需试件数量和形状见表 8-18。

表 8-18 拉伸试验试件数量

试验项目		试件形状	试件数量（个）
拉伸强度和断裂伸长率	无处理	Ⅰ型哑铃形试件	6
	加热处理		6
	紫外线处理		6
	碱处理	120 mm×25 mm	6

注：每组试件试验 5 个，1 个备用。

(五) 试验方法

1. 外观检查

用玻璃棒将液体组分和固体组分分别搅拌后目测。

2. 干燥时间的测定

将在标准条件下放置后的样品按生产厂指定的比例分别称取适量液体和固体组分，混合后机械搅拌 5 min，按防水涂料有关试验方法进行制备试件和试验，涂料用量 8±1 g。

3. 拉伸性能的测定

拉伸性能试验按照防水涂料有关试验方法进行，拉伸速度为 200 mm/min。

(1) 热处理拉伸性能试件，热处理温度 80±2 ℃，时间 168 h。取出后冷却至室温，再行拉伸测定。

(2) 碱处理后拉伸性能测定

浸碱 168 h 后，取出用水充分冲洗，擦干后放入 50±2 ℃的干燥箱中烘 6 h，取出后冷却至室温，用切片机冲切成哑铃试件，再行测定。

4. 潮湿基面粘结强度的测定

【试验器具】

拉力试验机：量程 0～1000 N，拉伸速度 0～500 mm/min；

水泥标准养护箱（室）：控温范围 20±1 ℃，相对湿度不小于 90%；

游标卡尺：精度 0.1 mm。

【试件制备】

清除"8"字形水泥砂浆块断面上的浮浆，将砂浆块在 23±2 ℃的水中浸泡 24 h。将在标准条件下放置后的样品按生产厂指定的比例分别称取适量液体和固体组分，混合后机械搅拌 5 min。从水中取出砂浆块，晾置 5 min 后，在砂浆块的断面上均匀涂抹混合好的试样，将两个砂浆块的断面小心对接，在标准条件下放置 4 h。将制得的试件在水泥标准养护箱中放置 168 h，养护条件为：温度 20±1 ℃，相对湿度不小于 90%。

每组样品制备 5 个试件。

【试验步骤】

将养护后的试件在标准条件下放置 2 h，用卡尺测量试件粘结面的长度和宽度（mm）。将试件装在拉力试验机的夹具上，以 50 mm/min 的速度拉伸试件，记录试件破坏时的拉力值（N）。

结果计算按照聚氨酯潮湿基面粘结强度计算公式进行计算和处理。

5. 固体含量

将样品按生产厂指定的比例混合均匀后，按建筑防水涂料固体含量试验方法试验，干燥温度为 105±2 ℃。

6. 低温柔性

按拉伸性能试验方法制备试件，脱模后切取 100 mm×25 mm 的试件 3 块。然后按建筑防水涂料试验方法进行试验，圆棒直径为 10 mm。

7. 不透水性

按拉伸性能试验方法制作试件，脱模后切取 150 mm×150 mm 的试件 3 块。按建筑防水涂料不透水性试验方法试验，试验压力 0.3 MPa，保持压力 30 min。

8. 抗渗性

【试验器具】

砂浆渗透仪：SS_{15} 型；

水泥标准养护箱（室）：控温范围 20±1 ℃，相对湿度不小于 90%；

金属试模：截锥带底圆模，上口直径 70 mm，下口直径 80 mm，高 30 mm；

捣棒：直径 10 mm，长 350 mm，端部磨圆；

抹刀。

【试件制备】

（1）砂浆试件制备

砂浆试件材料用量：水泥 540 g，标准砂 1350 g，水量按预订水灰比计算。一般硅酸盐水泥，普通硅酸盐水泥、矿渣水泥为 0.44，水 238 mL；火山灰水泥、粉煤灰水泥为 0.46，水 248 mL。以试件在 0.3～0.4 MPa 压力下透水为准，确定水灰比。每组试验制备 3 个试件，脱模后放入 20±2 ℃ 的水中养护 7 d。取出待表面干燥后，用密封材料密封后装入渗透仪中进行砂浆试件的抗渗试验。水压从 0.2 MPa 开始，恒压 2 h 后增至 0.3 MPa，以后每隔 1 h 增加 0.1 MPa，直至 3 个试件全部透水。

（2）涂膜抗渗试件的制备

从渗透仪上取下已透水的砂浆试件，擦干试件上表面的水渍，将待测涂料样品按生产厂指定的比例分别称取适量液体和固体组分，混合后机械搅拌 5 min。在 3 个试件的上表面（背水面）均匀涂抹混合好的试样，第一道 0.5～0.6 mm 厚。待涂膜表面干燥后再涂第二道，使涂膜总厚度为 1.0～1.2 mm。待第二道涂膜表干后，将制备好的抗渗试件放入标准养护箱（室）中放置 168 h，养护条件为：

温度：20±1 ℃；

相对湿度：不小于 90%。

【试验步骤】

将抗渗试件从养护箱中取出,在标准条件下放置,待表面干燥后装入渗透仪。按砂浆制备加压程序进行涂膜抗渗试件的抗渗试验。当3个抗渗试件中有两个试件上表面出现透水现象时,即可停止该组试验,记录当时水压(MPa)。当抗渗试件加压至1.5 MPa,恒压1 h还未透水,应停止试验。

涂膜抗渗试验结果应报告3个试件中2个未出现透水时的最大水压力(MPa)。

（六）判定规则

外观不符合外观技术要求规定的产品为不合格产品。

低温柔性、不透水性试验每个试件均符合物理力学规定要求,则判该项目合格。其余项目试验结果的算术平均值符合物理力学性能规定要求时,判该项目合格。

在出厂检验和型式检验中所有项目均符合技术要求规定时,判该批产品合格；若有2项或2项以上指标不符合标准时,判该批产品为不合格；若有一项指标不符合标准时,允许在同样产品中加倍抽样进行单项复验,若该项仍不符合标准,则判该批产品为不合格。

第七节　无溶剂型建筑防水涂料

无溶剂型建筑防水涂料亦称热熔型建筑防水涂料。其特点是不含有机溶剂或水,可减少有机溶剂对环境的污染,成膜速度快；缺点是施工时需加热,进行热熔施工,施工不便,存在安全隐患。在建筑防水工程中应用最多的为聚氯乙烯弹性防水涂料、聚烯烃沥青防水涂料、EPM—EVA沥青防水涂料、SBR—APP沥青防水涂料等,其中应用最多的为PVC防水涂料。

一、聚氯乙烯弹性防水涂料

聚氯乙烯弹性防水涂料简称PVC防水涂料,它是以聚氯乙烯为基料,加入改性材料和其他助剂配制而成的热熔型防水涂料,主剂为PVC煤焦油。

（一）分类与标记

PVC防水涂料按施工方式分为热塑型（J型）和热熔型（G型）两种类型。

PVC防水涂料按耐热和低温性能分为801和802两个型号。80代表耐热度为80℃,"1"、"2"代表低温柔性温度为−10℃、−20℃。

产品按下列顺序标记：名称、类型、型号、标准号。例如：

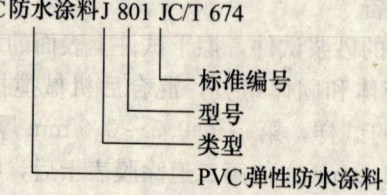

（二）技术要求

外观：J型防水涂料应为黑色均匀粘稠状,无结块,无杂质；G型防水涂料为黑色块状物,无焦渣等杂物,无流淌现象。

PVC防水涂料的物理力学性能应符合表8-19规定。

第七节 无溶剂型建筑防水涂料

表 8-19　PVC 弹性防水材料物理力学性能标准

项　目		技术指标	
		801	802
密度（g/cm³）		规定值±0.1	
耐热性 80 ℃，5 h		无流淌、起泡和滑动	
低温柔性（℃）ϕ20 mm		−10	−20
		无裂纹	
断裂延伸率（%）不小于	无处理	350	
	加热处理	280	
	紫外线处理	280	
	碱处理	280	
恢复率（%）不小于		70	
不透水性 0.1 MPa，30 min		不渗水	
粘结强度（MPa）不小于		0.20	
外观	J 型	应为黑色均匀粘稠状物，无结块、无杂质	
	G 型	应为黑色块状物，无焦渣等杂物，无流淌现象	

注：规定值系指企业标准或产品说明所规定的密度值。

（三）检验项目与抽样

根据 JC/T 674—1997 规定，PVC 防水涂料分为型式检验和出厂检验。出厂检验包括外观、耐热性、低温柔性和无处理时断裂延伸率。型式检验为标准中规定全部检验项目。

抽样时，以同一类型、同一型号 20 t 产品为一批，不足 20 t 也作一批。在批中随机抽取整桶（袋）产品，再按抽样方法取混合样品 2 kg 进行物理力学性能检验。

（四）试件制备

试验室条件为温度 20±2 ℃，相对湿度 45%～60%。

试样：试样需经塑化或熔化后制备试件。J 型试样塑化时，边搅拌，边加热，温度至 135±5 ℃时，保持 5 min，降温至 120±5 ℃时注模。G 型试样加热温度为 120±5 ℃，熔化均匀后立即注模。冬季温度较低时，注模前可将涂好隔离剂的玻璃底板放在 60 ℃左右烘箱内预热 30 min 后趁热注模。

耐热性试件：底板用尺寸为 130 mm×80 mm×2 mm 的铝板，居中放置内部尺寸为 100 mm×50 mm×3 mm 的金属模框，同时制备 3 个。

低温柔性试件：底板用涂有甘油滑石粉（配比为 1:3 或 1:4）隔离剂的釉面砖，金属模框内部尺寸为 80 mm×25 mm×3 mm，同时制备 3 个。

无处理、加热处理、紫外线处理、碱处理的断裂延伸率和恢复率试件，应分片浇注成型，每片尺寸不小于 180 mm×120 mm×3 mm。将模框居中放置在涂有隔离剂的玻璃底板上，用透明胶带固定。拆模后将试片平放在撒有滑石粉的软木板上。按哑铃形 I 型裁取至少 5 片哑铃形试件，平放于撒有滑石粉的釉面砖上，每次裁样时裁刀上应沾有滑石粉。

不透水性试件，将油毡原纸放在玻璃底板上，居中放置内部尺寸为 150 mm×150 mm×

3 mm 的金属模框，同时制备 3 个。

粘结强度试件：将制备好的"8"字形砂浆试块清除浮砂，擦净，分别蘸取少量已塑化或熔化好的涂料，稍加摩擦后对接两个半块，使粘结层厚度为 0.5～0.7 mm，然后放在釉面砖上。

所有制备好的试件，必须在室温条件下放置 24 h，标准试验条件下放置 2 h 后拆模。

（五）试验方法

1. 外观

取样时目测。

2. 恢复率

涂膜恢复率是表征涂膜在除去引起变形的外力作用后能恢复原状的性质或弹性恢复能力。用一定厚度的涂膜试件的拉伸长度和恢复弹性后的长度之差与拉伸长度与原始长度之差的百分率表示。单位为％。

【试验步骤】

试验前以浅色广告画颜料标记间距 25 mm 的两条平行标线（L_0），并用精度为 0.02 mm 的游标卡尺测量间距值。试验拉伸速度为 50 mm/min，试件两端垫油毡原纸，以防污染试验机夹具。

在拉伸试验时，把试件拉伸至延伸率 100％（L_1）时，保持 5 min，然后取下试件，平移至撒有滑石粉的釉面砖上，在标准试验条件下停放 1 h，用精度为 0.02 mm 的游标卡尺测量两标线间的距离（L_2）。按下式计算恢复率：

$$S = \frac{L_1 - L_2}{L_1 - L_0} \times 100$$

式中　S——恢复率，％；

　　　L_1——100％延伸率时的标线距离，mm；

　　　L_2——100％延伸率恢复后的标线距离，mm；

　　　L_0——拉伸前标线间距离，mm。

试验结果取 5 个试件的算术平均值，精确至 0.1％。

3. 低温柔性

按建筑防水涂料低温柔性试验方法试验，用 ϕ20 mm 圆棒进行弯曲。

4. 断裂延伸率

按建筑防水涂料拉伸性能试验方法进行。试验前以浅色广告画颜料标记间距 25 mm 的两条平行线（L_0），并用精度 0.02 mm 的游标卡尺测量间距值；试验拉伸速度为 50 mm/min。试件两端垫油毡原纸，以防污染试验机夹具。

按下式计算断裂伸长率：

$$E = \frac{L - L_0}{L_0} \times 100$$

式中　E——断裂延伸率，％；

　　　L_0——拉伸前标线间距离，mm；

　　　L——断裂时标线间距离，mm。

试验结果取 5 个有效数据的算术平均值，精确至 1％。

5. 不透水性

按建筑防水涂料不透水性试验方法进行试验，铜丝网孔径为 0.2 mm。

6. 粘结强度

按建筑防水涂料粘结强度试验方法试验，采用可调速拉伸试验机试验，拉伸速度为 50 mm/min。试验结果取 5 个算术平均值，精确至 0.01 MPa。

7. 耐热性、密度

按建筑防水涂料耐热度、密度试验方法试验。

（六）判定规则

外观质量不符合外观质量技术要求时，即判为不合格产品。

耐热性、低温柔性、不透水性每个试件均符合规定，则判该项目合格。其余各项每组试件的算术平均值符合规定，则判该项目合格。

在出厂检验和型式检验中，若有两项或两项以上指标不符合规定时，则该批产品为不合格产品；若有一项不符合规定时，允许在同批样品中加倍抽样对该项进行复检；若仍不符合要求，则判该批产品为不合格产品。

二、无溶剂型聚合物沥青防水涂料

无溶剂型聚合物沥青防水涂料的主要成膜物质为聚合物沥青。其中应用最多的聚合物沥青为热熔型聚合物沥青，主要由热熔型聚合物沥青、填料及助剂材料所组成。需硫化或固化的聚合物沥青较少采用。

聚烯烃沥青防水涂料是以聚烯烃沥青为主要成膜物质的无溶剂型防水涂料。例如，由石油沥青、无规聚丙烯（APP）、聚异丁烯、填料等组成的无溶剂型防水涂料，具有较高的耐热性、弹性和低温性能，其特点是成膜速度快，防水性能好，但要求施工基层必须干燥。

无溶剂型 CSM—PE 沥青防水涂料是以氯磺化聚乙烯橡胶、聚乙烯与沥青组成、沥青为主要成膜物质的热熔型涂料。该涂料中的氯磺化聚乙烯和聚乙烯具有饱和结构，没有双键，耐热、耐寒、耐候性好。

无溶剂 EPM—EVA 沥青防水涂料以乙烯—丙烯共聚物、乙烯—醋酸乙烯共聚物和沥青组成，沥青为主要成膜物质。施工时只需加热熔化即可施工。涂膜的耐热性、弹塑性、尤其是低温性能较好。

第八节　专用沥青防水涂料

专用沥青防水涂料是指具有专门用途的防水涂料。如用于铺贴沥青防水卷材用的冷底子涂料，铺贴桥梁沥青防水卷材专用的桥梁专用底层涂料和用于桥梁防水的桥梁防水涂料等。

一、沥青冷底子油

底层涂料是用于沥青油毡、聚合物沥青防水卷材、高分子防水卷材、建筑防水密封材料、建筑防水胶粘剂等与基层粘结的基层涂刷材料。

底层涂料的特点是渗透力强，可冷施工。可以渗透到基层表面的细小孔洞和缝隙中达

1～3 mm，有的可达 3～5 mm 深。能增加卷材、密封材料、胶粘剂对基层的粘结力。

底层涂料通常粘度较小，稀释剂或溶剂含量较大，固含量较低，浸润能力强，渗透力较大。

按照底层涂料的组成和用途的不同，可分为许多种。常用的有沥青冷底子油。建筑防水涂料、建筑防水密封材料、建筑防水胶粘剂等是在此基料的基础加入相应的溶剂和稀释剂制成。

沥青冷底子油是由 10 号、30 号或 60 号建筑石油沥青或软化点为 50～70 ℃ 的焦油沥青加入溶剂（轻柴油、蒽油、煤油、汽油或苯等，在焦油沥青中只使用蒽油或苯）制成的溶液，在采用易挥发溶剂时，应用 30 号建筑石油沥青或软化点低的焦油沥青。

（一）成分与性能

在沥青冷底子油中，因溶剂沸点的不同、挥发速度快慢不同，可分为快挥发性冷底子油和慢挥发性冷底子油两种。快挥发性溶剂为汽油、苯；慢挥发性溶剂为煤油、轻柴油等。也可将快挥发性溶剂和慢挥发性溶剂混合使用。溶剂的含量一般在 60%～70%，固体含量在 30%±5%。常用的底层涂料配比列于表 8-20。

表 8-20　常用的底层沥青涂料

序号	石油沥青		溶剂		主要用途
	标号	用量（%）	名称	用量（%）	
1	10	30	汽油	70	屋面防水卷材的底层粘结
2	30	30	汽油	70	屋面防水卷材的底层粘结
3	60	30	汽油	70	道路及沥青混凝土防渗墙底层粘结
4	10	40	煤油	60	屋面防水卷材、油膏的底层粘结
5	30	40	轻柴油	60	屋面防水卷材、沥青油膏的底层粘结
6	60	40	轻柴油	60	道路及沥青混凝土底层粘结

常用的焦油沥青冷底子油配比为：

焦油沥青　　　　45
苯　　　　　　　55

（二）调制方法

石油沥青、焦油沥青或沥青熔合物熔化脱水至不再起沫为止。

先将熬好的沥青倒入料桶中，再加入溶剂。如加入慢挥发性溶剂，则沥青的温度不得超过 140 ℃。如加入快挥发性溶剂，则沥青的温度不得超过 110 ℃。溶剂应分批加入，开始每次 2～3 L，以后每次 5 L。也可将熔化的沥青成细流地加入溶剂中。加入时，应不停的搅拌至沥青全部溶化为止。溶剂可按质量比或体积比配合。

（三）主要性能

干燥时间：

在水泥基层上涂刷的慢挥发性冷底子油——12～18 h。

在水泥基层上涂刷的快挥发性冷底子油——5～10 h。

（四）试验方法

干燥时间的测定

将冷底子油以 200 g/m² 计刷成均匀的薄层，刷好后，平放在温度为 18±2 ℃ 不受日光直射的地方。用手指轻轻按在冷底子油层上，将涂刷时间和不留指痕的时间记录下来，其间隔即为干燥时间。

二、桥面用聚合物沥青冷底子油

桥面用冷底子油要求耐热度较高，渗透力强，干燥快，与基层结合牢固，多选用聚合物沥青冷底子油，一般由聚合物沥青和溶剂配制而成，其主要技术性能列于表 8-21。

表 8-21 桥面用聚合物沥青冷底子油技术性能

项　　目	技 术 指 标
固体含量（%）	30
干燥时间（h）≤	2
耐热性，80 ℃，5 h	无流淌，鼓泡，滑动
低温柔性，ϕ10 mm 棒	-5 ℃，无裂纹

三、桥面专用防水涂料

桥面专用防水涂料是用于公路桥梁桥面防水的专用防水材料。该涂料的特点是耐热度较高，低温柔性要好，同沥青材料粘结性好。其耐热度要求高达 150 ℃ 左右。这是因为用于桥面的沥青混合料摊铺温度在 140 ℃ 左右，要求能耐受摊铺温度。再者公路的交通量较大，来往车辆较多，冬夏四季不停，尤其是冬天，要求涂料的低温柔性要好，耐疲劳性要强，要经受车辆频繁碾压的考验。

桥面专用防水涂料的技术标准正在制定中，其主要技术指标列于表 8-22。

表 8-22 桥面专用防水涂料主要技术指标

项　　目		指　　标	
		一等品	合格品
耐热性，45°斜坡，5 h，无流淌和滑动		≥170 ℃	≥160 ℃
低温柔韧性，沿 ϕ10 mm 试棒弯曲，无裂纹、断裂		-15 ℃	-10 ℃
粘结性 20 ℃ 8 字模法（MPa）		≥0.3	≥0.2
延伸率（%）		≥500	≥350
不透水性　不渗水		0.3 MPa，2 h	0.2 MPa，1 h
固体含量（%）		≥47	≥45
离心稳定性 3 500 r/min，15 min（%）		<20	<25
耐酸性　H_2SO_4　2%　15 d		无变化	无变化
耐碱性　$Ca(OH)_2$ 饱和溶液　15 d		无变化	无变化
耐盐性　NaCl　5%　15 d		无变化	无变化
抗剪强度（MPa）	25 ℃	≥2.0	≥1.5
	35 ℃	≥1.5	≥1.0
	50 ℃	≥1.0	≥0.5

说明：1—7 项指标为出厂检验指标，8—11 为型式检验指标。

第九章 密封材料和胶粘剂

建筑防水密封材料是指建筑上各种接缝或裂缝中嵌填的保持水密性和气密性，并具有一定强度或连接构件的定型或非定型防水材料。

建筑防水胶粘剂是指建筑上使用的粘结各类防水卷材或饰面材料，使之有一定防水功能和粘结强度的胶粘材料。

建筑防水密封材料与建筑防水胶粘剂二者的主要区别在于：建筑防水密封材料是以密封、防水为主要功能，嵌填在接缝或裂缝中，弹塑性较大，能适应接缝或裂缝的拉伸和压缩等位移变形而不剥离或断裂，耐热性和耐寒性较好，且具有水密和气密性能。建筑防水胶粘剂是以粘结和防水功能为主，具有较大的粘结强度、抗剥离强度、耐热性和防水性能较好。

建筑防水密封材料主要用于建筑物的接缝或裂缝，防止水分、空气和热量通过，从而延长建筑物的使用寿命；而建筑防水胶粘剂主要用于粘贴各种防水卷材、塑料地板、耐酸瓷砖、混凝土板块等饰面材料或防水材料，要求有一定的粘结强度和抗疲劳强度，用于防腐工程时还要求有一定防腐性能。

第一节 密封材料的种类

建筑防水密封材料的种类很多，按有无化学反应，可分为反应型和非反应型密封材料，反应型密封材料多为双组分，非反应型密封材料多为单组分。按照所用材料的不同，可分为沥青基建筑防水密封材料、聚合物沥青基建筑防水密封材料和高分子建筑防水密封材料。按形态的不同，可分为定型建筑防水密封材料、不定型建筑防水密封材料。按照用途的不同，可分为屋面接缝密封材料、墙面接缝密封材料、道路用接缝密封材料等。

图 9-1 列出了常用建筑防水密封材料。

第二节 建筑密封材料试验方法

建筑密封材料的试验方法主要有密度、挤出性、表干时间、流动性、低温柔性、压缩特性、弹性恢复率、质量与体积变化、污染性等。建筑密封材料的试验方法国家标准为 GB/T 13477—2002。

一、试验基材的规定及试验条件

在进行密封材料试验时需要使用试验基材，为获得密封材料试验结果的再现性，对其使用的基材,在 GB/T 13477·1—2002 中做了明确规定。

(一)水泥砂浆基材

基材尺寸:75 mm×25 mm×12 mm。水泥砂浆基材的制备直接受基材几何形状的影响。

原材料:水泥质量强度等级为 42.5 的硅酸盐水泥或普通硅酸盐水泥,砂子采用 ISO 基准砂,水采用蒸馏水。

基材的制备:水泥砂浆基材表面应具有足够的内聚强度,以承受密封材料试验过程中产生的应力。与密封材料粘结的表面应无浮浆,无松动砂浆和脱模剂。

砂浆配合比:水泥:砂:水=1:2:0.4(质量比),采用砂浆搅拌机进行搅拌。先使搅拌机处于待工作状态。然后按以下程序进行操作:

把水加入锅里,再加入水泥,把锅放在固定架上,上升至固定位置。然后立即开动机器,低速搅拌 30 s 后,在第二个 30 s 开始的同时均匀地将砂子加入。当各级砂是分装时,从最粗级开始,依次将所需的每级砂加完,高速搅拌 30 s。

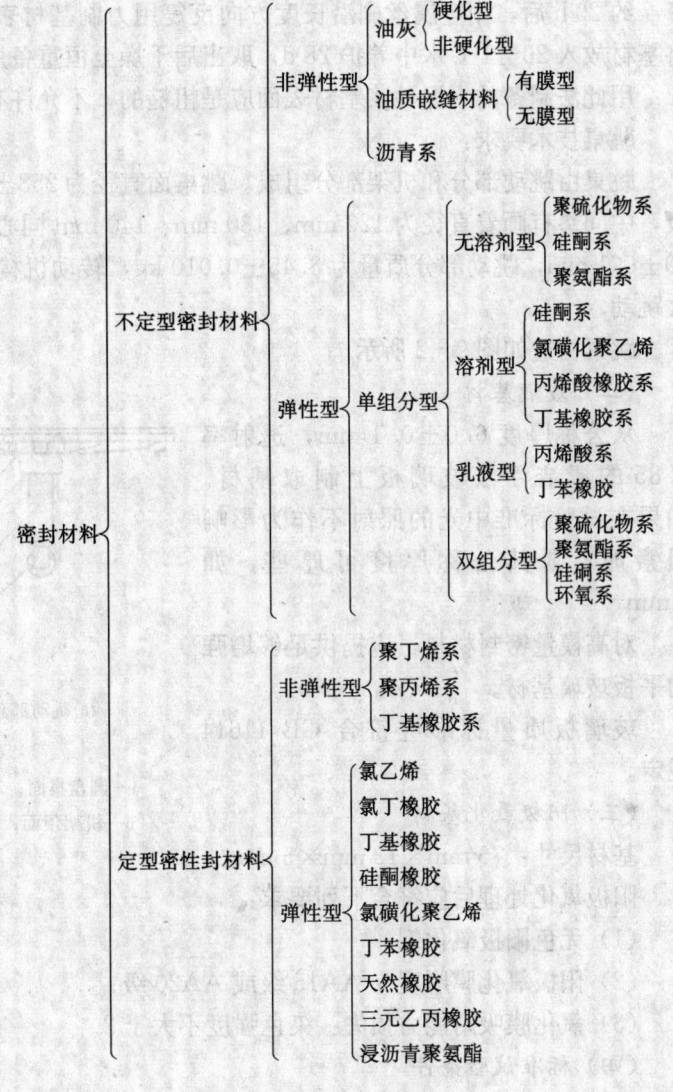

图 9-1 密封材料的分类

停拌 90 s,并用胶皮刮具将叶片和锅壁上的胶砂刮入锅中间,然后高速搅拌 60 s。各搅拌阶段,时间误差应在±1 s 以内。

制备方法 M_1:

将胶砂在 2 min 内分两层填入模具,每层以约 3 kHz 的频率振实,然后用刮刀修平表面。在 20±1 ℃和 90%±5%的相对湿度下养护 20 h 后,再在 20±1 ℃的水中养护 28 d,然后采用湿法磨平基材的表面,或用金刚石锯片注水锯切。取出干燥恒重后备用。

用此法制备的水泥砂浆基材的表面光滑平整,允许有少量小孔。

制备方法 M_2:

将砂浆一次填满模具,并使砂浆少许富余,然后在跳桌上振动砂浆 30 次,在 20±1 ℃和 90%±5%的相对湿度下放置。除去浮浆并用刮刀修平,在 20±1 ℃和 90%±5%的湿度

第九章 密封材料和胶粘剂

下养护。

约 20 h 后,用金属丝刷沿长度方向反复用力刷基材表面,直至砂粒暴露,然后拆模并将基材放入 20±1 ℃水中养护 28 d,取出后干燥至恒重备用。

用此法制备的水泥砂浆基材表面应是粗糙的,不允许有任何孔洞。

跳桌技术要求:

跳桌由跳动部分和机架部分组成。跳桌面直径为 258±1 mm,桌面上铺有同直径的玻璃板,中间垫有画着直径为 120 mm、130 mm、140 mm 同心圆及十字线的薄型料片。落距为 10±0.1 mm,跳动部分质量为 3.45±0.010 kg,转动机构能保证跳桌在 30±1 s 内完成 30 次跳动。

跳桌构造如图 9-2 所示。

（二）玻璃基材

从公称厚度 6.0±0.1 mm,透射率 0.85 的清洁浮法玻璃板上制取基材。如果在试验标准中光的照射不作为影响因素时,则其公称厚度可厚些,如 8 mm。

对高模量密封材料,应提供足够增强的平板玻璃基材。

玻璃板质量标准应符合 GB 11614 规定。

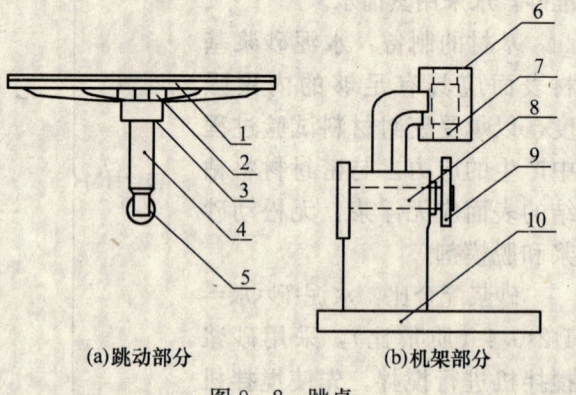

(a)跳动部分　　(b)机架部分

图 9-2　跳桌

1—圆盘桌面；2—筋；3—凸肩；4—推杆；5—托轮；
6—机架顶面；7—推杆轴孔；8—转动轴；9—凸轮；
10—机架底座

（三）阳极氧化基材

基材尺寸：75 mm×12 mm×5 mm。

阳极氧化处理后应符合下列要求:

(1) 无色阳极氧化铝；

(2) 阳极氧化膜厚度为 AA15 级或 AA20 级；

(3) 氧化膜吸附能力损失：染色强度不大于 2。

（四）标准试验条件

试验室的标准试验条件：温度 23±2 ℃,相对湿度 50%±5%。

（五）状态调整

试验前,待测样品及所用器具应在标准条件下放置至少 24 h。

二、密度

密度是指单位体积建筑密封材料的质量,用 g/cm^3 表示。测定密度的目的是为了在施工时,根据嵌填缝隙的体积来计算密封材料的用量。密度越大,相对用量越大。

【试验器具】

金属环：如图 9-3 所示,用黄铜或不锈钢制成。高 12 mm,内径 65 mm,厚约 2 mm。上表面和下表面要平整光滑,与上板和下板密封良好。

上板和下板：用玻璃板。上板有 V 形缺口,上板厚 2 mm,下板厚 3 mm,尺寸均为

85 mm×85 mm。表面平整，与金属环密封良好。

滴定管：容量 50 mL。

天平：称量 500 g，感量 0.1 g。

【试验步骤】

金属环容积的标定：

将环置于下板中部，与下板密切接合，为防止滴定时漏水，可用密封材料等密封下板与环的接缝处，用滴定管往金属环中滴注 20 ℃的水，即将满盈时盖上上板，继续滴注水，直至环内气泡全部消除。从滴定管的读数差求取金属环的容积 V（mL）。

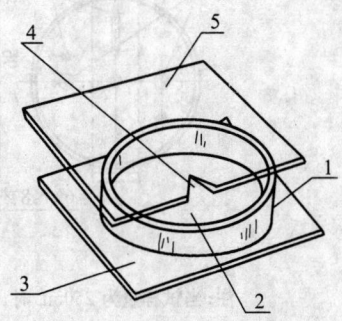

图 9-3　密度试验器具
1—铜环；2—填充试料；3—下板；
4—缺口；5—上板

质量的测定：

把金属环置于下板中部，测定其质量 M_0。在环内填充试料，将试料在环和下板上填嵌密实，不得有空隙，一直填充到金属环的上部，然后用刮刀沿环上部刮平，测定质量 M_1。

试样体积的校正：

对试样表面出现凹陷的试件应采取以下步骤进行体积校正：

将上板小心盖在填有试样的环上，上板的缺口对准试样凹陷处，用滴定管往试样表面的凹陷处滴注水，直至环内气泡全部消除，从滴定管的读数差求取试样表面凹陷处的容积 V_c（mL）。

密度按下式计算，取 3 个试件的平均值：

$$\rho = \frac{M_1 - M_0}{V - V_c}$$

式中　ρ——密度，g/cm³；

V——金属环的容积，cm³；

M_0——下板和金属环的质量，g；

M_1——下板、金属环及试料的质量，g；

V_c——试样凹陷处的容积，cm³ 或 mL。

密度的精确度至 0.01 g/cm³。

三、挤出性和适用期

挤出性是指建筑密封材料施工时的挤注性能，用挤出率表示，单位为 g/min。挤出率是以建筑密封材料在单位时间内挤注的体积（容积）。适用期是指密封材料打开或混合之后，到稠度增加至不适宜施工和修整的时间，单位为"h"。

对于单组分密封材料，以单位时间内挤出的密封材料体积表示其挤出性；对多组分密封材料，以绘图的方法表示其适用期。

【试验器具】

挤出器：挤出器的试验体积约为 250 mL 或 400 mL，挤出器及零件如图 9-4、表 9-1 和图 9-5 所示。

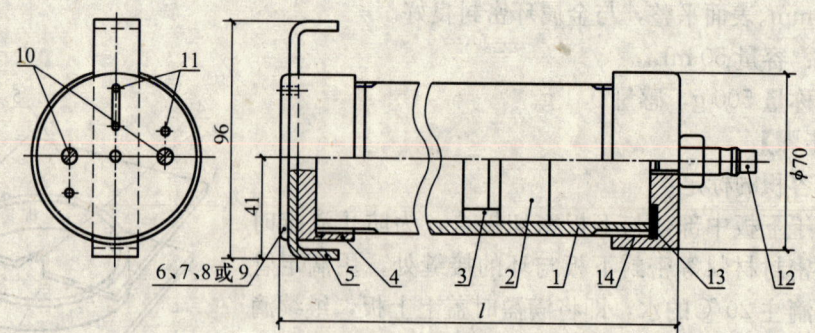

注:当试样量为250mL时,$l=182$;当试样量为400mL时,$l=262$。

图 9-4　标准挤出器

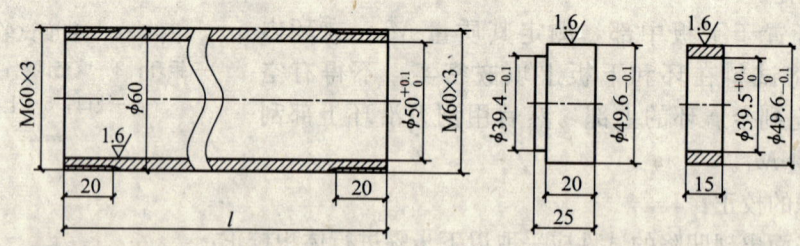

注:当试样量为250mL时,$l=160$mm
当试样量为400mL时,$l=240$mm

1. 圆筒　　　　　　　　　　2. 活塞　　　3. 活塞环

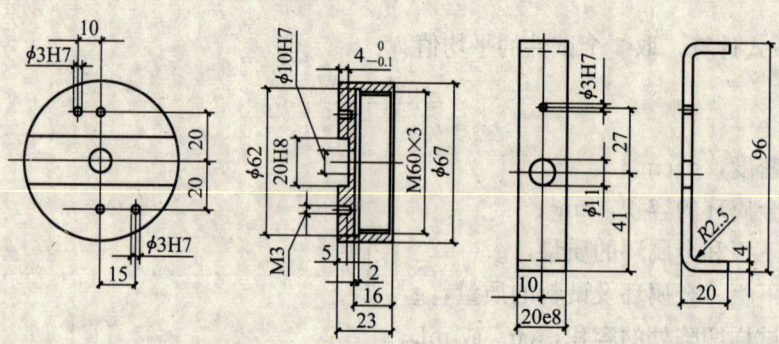

4. 前盖　　　　　　　　　　5. 滑板

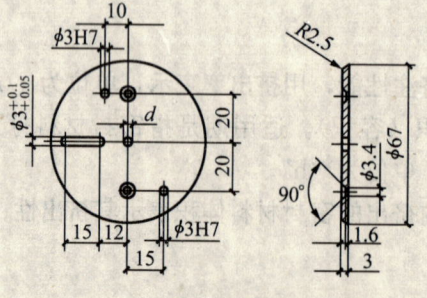

6、7、8、9 孔板　　　　　14. 后盖

图 9-5　标准挤出器零件

表 9-1 标准挤出器零件

零件序号	零件名称	数量	备注
1	挤出筒	1	
2	活塞	1	
3	活塞环	1	
4	前盖	1	
5	滑板	1	
6	孔板	1	$d=2$
7	孔板	1	$d=4$
8	孔板	1	$d=6$
9	孔板	1	$d=10$
10	螺钉	2	GB 68 精度 4.8 级
11	销	3	GB 119.1
12	插入式管接头	1	GB/T 7307 G 3/8
13	垫圈	1	$\phi 60/\phi 35$ 材料：氯丁橡胶
14	后盖	1	

挤出孔直径为 2 mm、4 mm、6 mm 或 10 mm，采用气动进行操作。

空气压缩机：配有阀门和压力表，压缩空气的压力保持在 200±2.5 kPa；配有与挤出器适当的连接装置。

恒温箱：温度可调；

玻璃量筒：容积为 1 000 mL；

秒表：精度为 0.1 s；

天平：感量 0.1 g。

【试验步骤】

根据相关产品标准的规定选择挤出筒的体积和挤出孔的直径，待测试样和所用器具在标准条件下至少放置 8 h，试验在标准条件下进行。

1. 单组分密封材料挤出性的测定

将活塞和活塞环装在一起，放入挤出筒中，活塞环的一侧朝向挤出孔。将试样填入挤出筒中，注意勿混入空气。将填满的试样表面修平，然后将前盖、滑板、孔板及后盖装在挤出筒上。使滑板处于关闭状态，将组装好的挤出器与空压机相连接，使挤出器置于 200±2.5 kPa 的空气压力之下，在整个试验过程中保持压力稳定。

测试之前先挤出 2~3 cm 长的试样，使试样充满挤出器的挤出孔。以 200±2.5 kPa 的压缩空气一次挤完挤出器中的试样，同时用秒表记录所需时间。根据挤出筒的体积和所用挤出时间计算试样的挤出率（mL/min），精确至 1 mL/min。

2. 多组分密封材料挤出性的测定

将试样各组分按生产厂的要求混合均匀后立即填入挤出筒，并按单组分密封材料挤出性测定方法组装挤出。

A 法

将蒸馏水倒入带有刻度的量筒中，读出水的体积，以 200±2.5 kPa 的压缩空气从挤出筒中往盛有水的量筒中挤入大约 50 mL 试样，记下所用时间，同时读出量筒内水的增量，记作试样第一次挤出体积（mL）。第一次挤出应在各组分开始混合后 15 min 进行。

上述操作至少应重复三次，即每隔适当时间挤出大约 50 mL 试样。记录每次挤出时间和挤出试样的体积，计算各次挤出率（mL/min），描绘出混合各次挤出时间间隔与挤出率的关系曲线，读取产品标准规定或各方商定的挤出率所需对应的时间，即为适用期（h）。

B 法

以 200±2.5 kPa 的压缩空气从挤出筒中挤出试样至天平上，挤出 50～100 g，记录挤出时间。称取挤出试样的质量，精确至 0.1 g。然后每隔适当时间重复一次，第一次挤出应在各组分开始混合后 15 min 时进行。

上述操作至少应重复三次，计算各次挤出率（mL/min）。按 A 法规定求出适用期（h）。

3. 原包装单组分密封材料挤出性的测定

对用于建筑接缝直接施工的原包装的单组分密封材料挤出性的测定方法，采用压缩空气将密封材料从生产厂使用的包装中挤出至水中，以规定时间内挤出的体积表示，单位为 mL/min。

试验选用的气动挤枪建议采用施工现场的挤枪。挤出喷嘴：直径 5±0.3 mm，用于不带喷嘴的包装。试验前，将待测包装在 25±2 ℃ 和 5±2 ℃ 恒温箱中处理至少 24 h。每个温度各处理三个包装。

【包装的准备】

带固定喷嘴的硬筒包装：喷嘴的口径应切成 5±0.3 mm，并将喷嘴内与筒之间的内膜完全刺破。

不带固定喷嘴的硬筒包装：包装筒所配螺旋喷嘴的一端的口径应切成不少于 6 mm，然后安装到包装筒上。

薄膜包装：把薄膜包装安装喷嘴的一端切开，使试样自由流动到喷嘴。将包装、喷嘴和挤枪装配在一起。

【试验器具】

气动挤枪：密封材料生产厂建议的用于施工现场的挤枪；

稳压气源：带有调节阀和压力表，压力保持在 250±10 kPa，与气动挤枪连接；

玻璃量筒：容积 1 000 mL；

恒温箱：温度可调节；

秒表：精度 0.1 s；

挤出喷嘴：直径 5±0.3 mm 用于不带喷嘴的包装。

【试验步骤】

试验在 18～23 ℃ 的条件下进行。

将包装从恒温箱中取出，插入气动挤枪，升压至 250±10 kPa，先挤出 2～3 cm 长的试样，以充满喷嘴，排出空气，然后关闭气阀。将 600 mL 蒸馏水或去离子水倒入玻璃量筒，并将带有包装的挤枪垂直放在量筒的上方，喷嘴尖浸入水中约 12 mm。在确认空气压力为 250±10 kPa 后，先在几秒钟内挤出少量试样，以确保试样在水中自由流动，然后第一次读取玻璃量筒中的水位。挤出试样于量筒中，使水位至少变化 200 mL，记下所用的时间（s）。第二次读取玻璃量筒的水位。两次读数之差，即为密封材料的挤出体积。

根据密封材料的挤出体积和所用挤出的时间计算每个包装的挤出率（mL/min）。计算每个处理温度下三个包装的平均挤出率。

四、表干时间

建筑密封材料用以建筑防水工程以后，其表面失去粘性的时间，称为表干时间，用 min 或 h 表示。测定表干时间的目的是确定密封材料对位移的适应能力和位移对干燥性能的影响，尤其是对双组分建筑密封材料的影响。通常以试样表面放置薄膜或接触的方法测量其干燥的程度，以薄膜或手指上无粘附试样所需的时间为表干时间。

【试验器具】

黄铜板：尺寸 19 mm×38 mm，厚度约 6.4 mm。

模框：矩形，用钢或铜制成，内部尺寸 25 mm×95 mm，外形尺寸 50 mm×120 mm，厚度 3 mm。

玻璃板：尺寸 80 mm×130 mm，厚度 5 mm。

聚乙烯薄膜：2 张，尺寸 25 mm×130 mm，厚度约 0.1 mm。

刮刀。

【试件制备】

用丙酮等溶剂清洗模框和玻璃板。将模框居中放置在玻璃板上，用在标准条件下至少放置过 5 h 的试料小心填满模框，勿留气孔。用刮刀刮平试料，使之厚度均匀（3 mm）。同时制备两个试件。

【试验步骤】

A 法：

将制备好的试件在标准条件下静置一定的时间，然后在试料表面纵向 1/2 处放置聚乙烯薄膜，薄膜上中心位置加放黄铜板。30 s 后移去黄铜板，将薄膜以 90°角从试料表面在 15 s 内匀速揭下，相隔适当时间重复上述操作，直至无试料粘附在聚乙烯条上为止。记录试件成型后至试料不再粘附在聚乙烯条上所经历的时间。

B 法：

将制备好的试件在标准条件下静置一定的时间，然后用无水乙醇擦净手指端部，轻轻接触试件上三个不同部位，相隔适当的时间，重复上述操作，直至无试样粘附在手指上为止。记录试件成型后至试样不粘附在手指上所经历的时间。

表干时间的数值修约方法如下：

(1) 表干时间少于 30 min 时，精确至 5 min；

(2) 表干时间在 30 min 至 1 h 之间，精确至 10 min；

(3) 表干时间在 1 h 至 3 h 之间时，精确至 30 min；

(4) 表干时间超过 3 h 时，精确至 1 h。

样品表干时间用 min 或 h 表示。

五、流动性

建筑密封材料的流动性是指非下垂型密封材料的下垂度和自流平型密封材料的流平性，反映密封材料在一定温度下的流动程度，也是密封材料受热后的流变性或密封材料耐热度的表示方法。非下垂型密封材料，用规定温度和时间内的下垂值或流出距离表示，单位为 mm。自流平型密封材料，是在规定尺寸的模具中，以水平位置在规定时间流平表面，以试件表面是否光滑平整表示。

【试验器具】

下垂度模具：无气孔且光滑的槽形模具。宜用阳极氧化或非极氧化铝合金制成。长度 150±0.2 mm，两端开口，其中一端底面延伸 50±0.5 mm，槽的横截面内部尺寸如下：

a 型：宽 10±0.2 mm，深 10±0.2 mm；
b 型：宽 20±0.2 mm，深 10±0.2 mm。

下垂度模具如图 9-6 所示。

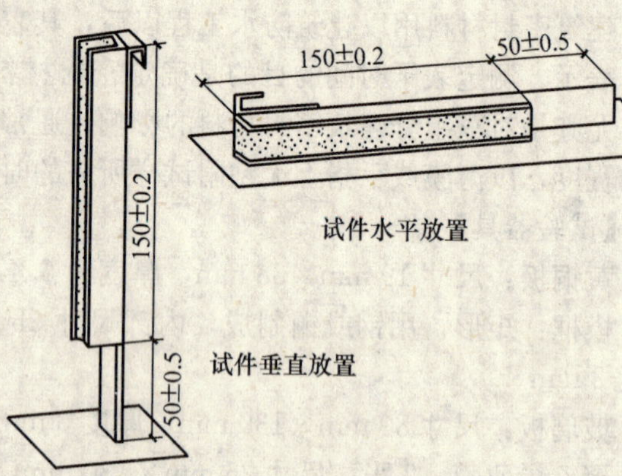

流平性模具：两端封闭的槽形模具，用 1 mm 厚耐腐金属制成。槽的内部尺寸为 150 mm×20 mm×15 mm。其形状如图 9-7 所示。

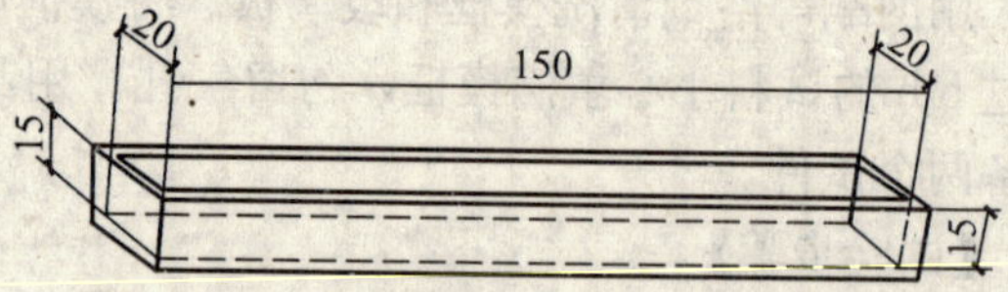

鼓风干燥箱：温度能控制在 50±2 ℃、70±2 ℃。

低温恒温箱：温度能控制在 5±2 ℃。

钢板尺，单位为 0.5 mm。

聚乙烯薄膜，厚度不大于 0.5 mm，宽度能遮盖下垂度模具槽内侧底面的边缘。在试验条件下，长度变化不大于 1 mm。

图 9-6 下垂度模具

图 9-7 流平性试验模具示意图

（一）下垂度的测定

【试件制备】

将模具用丙酮或二甲苯擦净并干燥之，把聚乙烯薄膜衬在底部，使其盖住模具上部边缘，并固定在外侧，然后把已在标准条件下放置 24 h 的密封材料用刮刀填入模具内，使之与模具上表面齐平，注意勿留气孔。每组制备 3 个试件。

【试验步骤】

将制备好的试件垂直悬挂或水平放置在已调节至 70±2 ℃、50±2 ℃或 5±2 ℃的恒温箱内，恒温 24 h。然后从恒温箱中取出试件。垂直悬挂的试件是测量试料从模具的上端到下端点的长度（mm）。水平放置的试件是测量试料从模具的上边沿流出的最大距离（mm）。两种放置方法可同时采用，也可选其中一种。

如果试验失败，允许重复一次试验，但只能重复一次。当试样从槽形模具中滑脱时，模具内表面可按生产方的建议进行处理，然后重复进行试验。

下垂度试验每一试件的下垂值，精确至 1 mm。

（二）流平性的测定

将流平性模具用丙酮溶剂清洗干净并干燥之，然后将试样和模具在 23±2 ℃下放置至少 24 h。每组制备一个试件。

将试样和模具在 5±2 ℃的低温箱中处理 16～24 h，然后水平放置模具，并从模具的一端到另一端注入约 100 g 试样，在此温度下放置 4 h，观察试样表面是否光滑平整。

多组分试样在低温处理后取出，按规定配比将各组分混合 5 min，然后放入低温箱内静置 30 min，再按上述方法试验。

六、低温柔性

低温柔性是指建筑密封材料在低温条件下的柔韧性能，反映了密封材料在低温下的流变性能、适应接缝位移的能力及耐寒性能。低温柔性越好，在低温条件下适应接缝变形能力越强。

低温柔性是将粘附在基板上的密封材料，经高温和低温循环处理后，在规定的低温条件下弯曲试样。以密封材料开裂或粘结破坏时的温度和圆棒直径表示。单位为℃和 mm。

【试验器具】

铝片：尺寸 130 mm×76 mm，厚 0.3 mm。

刮刀：钢制，具薄刃。

模框：矩形，用钢或铜制成，内部尺寸 25 mm×95 mm，外形尺寸 50 mm×120 mm，厚 3 mm。

鼓风式干燥箱：温度可调至 70±2 ℃。

低温箱：温度可调至 −10±3 ℃、−20±3 ℃或 −30±3 ℃。

圆棒：直径 6 mm 或 25 mm，配有合适支架。

【试件制备】

用丙酮等溶剂彻底清洗模框和铝片，将模框置于铝片中部，然后把在标准条件下至少放置 5 h 的密封材料填入模框内，防止出现气孔，将试料表面刮平，使其厚度均匀达 3 mm。沿试料外缘用薄刀片切割一周，垂直提起模框，使成型的密封材料粘牢在铝片上，同时制备 3 个试件。

【试验步骤】

将试件在标准条件下至少放置 24 h。其他类型密封材料试件在标准试验条件下放置的时间应与固化时间相当。

试件按下面的温度周期处理三个循环：

a. 于 70±2 ℃养护 16 h；

b. 于 −20±2 ℃、−30±2 ℃或 −40±2 ℃养护 8 h。

在第三个循环养护周期结束时，使冰箱里的试件和圆棒同时处于规定的低温试验温度下，用手将试件绕规定直径的圆棒弯曲 180°，弯曲时试件粘有试料的一面朝外，弯曲操作在 1～2 s 内完成。弯曲之后立即检查试料开裂、剥离及粘结损坏情况。微小的表面裂纹、毛细裂纹或边缘裂纹可忽略不计。

七、质量与体积变化

建筑密封材料用于建筑防水工程以后，要受到光和热的作用，部分组分因热而挥发，造成质量损失和体积减小，用质量减少百分率和体积减少百分率表示，单位为%。将密封材料试件，经室温和升温处理后，测试其处理前后质量和体积的变化。

【试验器具】

耐腐蚀的金属环：外径 34 mm，内径 30 mm，高 10 mm。每个环上设有吊钩或弹簧，以便称量时用丝线悬挂。

防粘材料：成型试件用，如潮湿的纸。

养护箱：能控制温度 23±2 ℃，相对湿度 50%±5%。

鼓风式干燥箱：温度能控制在 70±2 ℃。

天平：精度 0.01 g。

比重天平：精度 0.01 g。

试验液体：温度 23±2 ℃，由水和外加不多于 0.25%（质量比）的低泡沫表面活性剂组成。对于水敏感性密封材料，采用沸点 99 ℃，密度 0.7 g/mL 的异辛烷（2,2,4—三甲基戊烷）。

容器：用于在试验液体中浸泡试件。

【试件制备】

每组试验准备三个金属环试件，用天平称量每个金属环质量（m_1）。对于体积测定，应在试验液体中用比重天平称量质量（m_2）。把金属环放在防粘材料上，然后将已在 23±2 ℃ 和相对湿度 50%±5% 条件下放置 24 h 的被测密封材料试样填满金属环。嵌填时必须注意避免形成气泡，压实，使密封材料表面与金属环的上缘齐平。从防粘材料上立即移去试件并称量（m_3、m_4）。

【试验步骤】

将已称量的试件悬挂在下述条件养护：

(1) 在养护箱内于 23±2 ℃ 和相对湿度 50%±5% 条件下放置 28 d。

(2) 在 70±2 ℃ 干燥箱中放置 7 d。

(3) 在 23±2 ℃ 和相对湿度 50%±5% 条件下放置 1 d。

然后立即称量试件（m_5、m_6）。

每个试件的质量变化率 Δm 按下式计算：

$$\Delta m = \frac{m_5 - m_3}{m_3 - m_1} \times 100$$

式中　Δm——质量变化率，%；

m_1——填充密封材料前金属环在试验液体中的质量，g；

m_3——试件制备后立即在空气中称量的质量，g；

m_5——试件处理后立即在空气中称量的质量，g。

试验结果以 3 个试件质量变化率的算术平均值表示。

每个试件的体积变化率 ΔV 按下式计算：

$$\Delta V = \frac{(m_5 - m_6) - (m_3 - m_4)}{(m_3 - m_4) - (m_1 - m_2)} \times 100$$

式中 ΔV——体积变化率，%；

m_2——填充密封材料前金属环在试验液体中的质量，g；

m_4——试件制备后立即在试验液体中称量的质量，g；

m_6——试件处理后立即在试验液体中称量的质量，g。

试验结果以 3 个试件体积变化率的算术平均值表示。

八、污染性

建筑密封材料对基材的污染影响建筑装饰效果，尤其是单组分溶剂型密封材料的渗出或扩散，对多孔基材的污染，应尽量避免发生。污染性可用密封材料在滤纸上的渗透幅度和渗透张数来表示，以二者之和（即渗出指数）作为试验结果。还可将密封材料填入两个多孔基材之间，用压缩固定试件，经热或紫外光处理，通过观察评价基材表面产生的变化及污染深度和宽度。

【试验器具】

鼓风干燥箱：温度可调至 70±2 ℃和 105±2 ℃。

黄铜环：内径 20 mm，高 20 mm，下端的环壁斜削至内径。

快速定性滤纸：10 张，直径 90 mm。

铝箔：边长 35 mm 的正方形。

砝码：300 g，直径约 35 mm。

刮刀。

玻璃板：100 mm×100 mm。

干燥器：带有干燥剂。

紫外线箱：紫外灯功率 300 W，灯管与箱底平行，并且距离可调节，温度可调至 50±2 ℃。

夹具：可使试件保持压缩状态。

防粘垫块。

遮蔽带。

（一）试验方法 A

适用于单组分溶剂型密封材料组分渗出及扩散程度的测定。

【试件制备】

应从未打开过的容器中取样，使用之前必须搅拌均匀。将装在密封容器中的试样于标准试验条件下至少处理 24 h。

从干燥器中取出 10 张经 105±2 ℃烘干 5～8 h 的滤纸，钉在一起放在玻璃板上。将黄铜环的斜边朝下放在滤纸中央，然后把在标准条件下至少放置 5 h 的试料填入环内，使之与环的上端齐平。注意勿留气孔，在黄铜上放置一张铝箔，铝箔上再放 300 g 的砝码。同时制备 2 个试件。

【试验步骤】

将制备好的试件在标准条件下放置 72 h。用刮刀轻轻插入黄铜环的底部，取下黄铜环和试料，将上面第一张滤纸连同玻璃板放到亮处，用铅笔标出析出的最大和最小直径，精确到 0.5 mm，从这两个直径的平均值中减去环的直径，再除以 2，即为测得的渗出幅度（mm）。

将10张滤纸放到亮光下，分别检查其渗出张数。凡有污染痕迹的滤纸都作渗出张数。以渗出幅度与渗出张数之和记为渗出指数。

（二）试验方法B

适用于在加速试验条件下弹性密封材料对多孔基材（如大理石、石灰石、砂石、花岗石等）污染性的测定。无法预测由于其他原因或因长期使用多孔基材污染、变色的可能性。

【试件制备】

试验选用实际工程用白色及浅色基材，尺寸75 mm×25 mm×20～25 mm，每组共需24块基材，制备12块试件。当生产方推荐使用底层涂料时，应在每个试件的一块基材的被粘面上涂覆底层涂料，另一块不涂，以作对比。

将未开封的密封材料于标准条件下放置24 h，然后取不少于250 g的试样（多组分密封材料应将基胶与适量的固化剂混合搅拌5 min），按图9-8所示，在平行于基材25 mm×75 mm的面间嵌填，制成12 mm×12 mm×50 mm的密封胶层。嵌填试样前，应在试件上表面粘结遮蔽带，以保护上表面的清洁。嵌填、修整后立即除去遮蔽带。

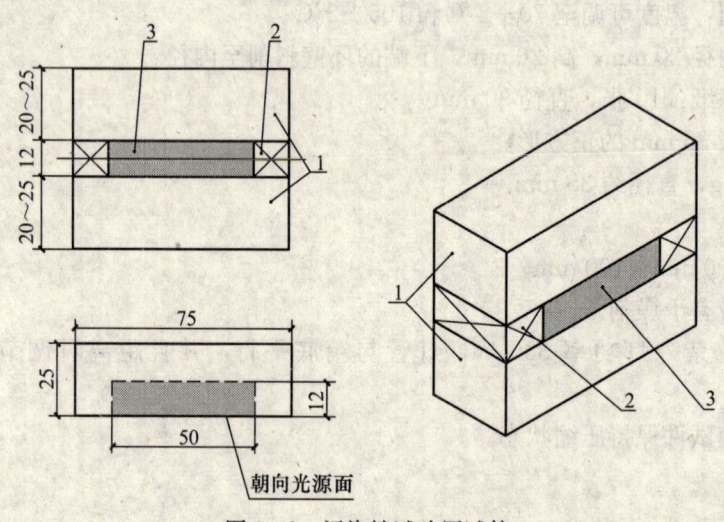

图9-8 污染性试验用试件
1—基材；2—防粘垫块；3—密封材料

将制备好的试件在标准条件下放置21 d，在此期间，应尽早除去防粘垫块，但不得使密封材料受损。

【试验步骤】

用夹具将所有试件压缩并固定夹紧，压缩幅度应与密封材料生产厂指明的位移能力相同。将4个压缩试件放置在标准条件下，14 d时取出2个试件，28 d时再取出2个试件。再将4个压缩试件放置在70±2 ℃的干燥箱中，14 d时取出2个试件，28 d时再取出2个试件。

将4个压缩试件放置在紫外线箱中，试件的表面朝向光源，调节灯管与试件间的距离，以2 000～3 000 μW/cm² 的照射强度连续照射试件。照射期间，紫外线箱内温度保持50±2 ℃，紫外线照射强度每7 d测一次。14 d时取出2个试件，28 d时再取出2个试件。

将所有取出的试件在标准条件下放置24 h，检查试件每块基材上表面，记录表面的任何变化。测量至少3点的污染宽度（mm），记录其平均值，精确至0.5 mm。若用底层涂料，则应记录每个试件有底层涂料和无底层涂料的基材污染宽度值。

将基材从 25 mm 宽度方向中间敲成两块（最后的基材尺寸约为 40 mm×25 mm×25 mm），若表面有污染，则从最大污染处敲开基材，测量最少 3 点的污染深度（mm），记录其平均值，精确到 0.5 mm。若使用底层涂料，则应分别记录每个试件有底涂和无底涂基材的污染深度值（mm）。

第三节　密封材料粘结性能试验方法

密封材料粘结性能是指拉伸粘结性，浸水后拉伸粘结性，定伸粘结性，浸水后定伸粘结性，同一温度下拉伸—压缩循环后粘结性，冷拉—热压后粘结性，浸水及拉伸—压缩循环后粘结性，经过热透过玻璃的人工光源和水暴露后粘结性，剥离粘结性，压缩特性和弹性恢复率等。国家标准 GB/T 13477。

一、拉伸粘结性

拉伸粘结性反映密封材料在给定基材上的粘结性能，以拉伸强度、断裂伸长率及与基材的粘结状况表示的。拉伸强度是指试件拉伸至断裂过程中所承受的最大单位面积应力，单位为 MPa。断裂伸长率是指试件在拉断时的伸长率，用伸长增量与原长度之比的百分率表示，单位为%。粘结状态是指拉伸破坏时，试件断裂的情况，断裂发生在密封材料之中为内聚破坏，断裂发生在密封材料与基材之间为粘结破坏。粘结破坏表明密封材料与基材粘结力较差；断裂发生在密封材料之中，说明密封材料与基材粘结力较好。还可用绘制应力—应变曲线的方法表示密封材料的拉伸性能。

【试验器具】

粘结基材：可用水泥砂浆板、玻璃板或铝板制备试件（每个试件用两个基材），基材的形状及尺寸如图 9-9 所示。

也可选用其他材质和尺寸的基材，但密封材料试样粘结尺寸和面积应与图 9-9 所示相同。

隔离垫块：表面应防粘，用于制备密封材料截面为 12 mm×12 mm 的试件。如隔离垫块的材质与密封材料相粘结，其表面需进行防粘处理，如薄涂蜡层。

防粘材料：防粘薄膜或防粘纸，如聚乙烯薄膜等，宜按密封材料生产厂的建议选用，用于制备试件。

拉力试验机：配有记录装置，拉伸速度可调为 5～6 mm/min。

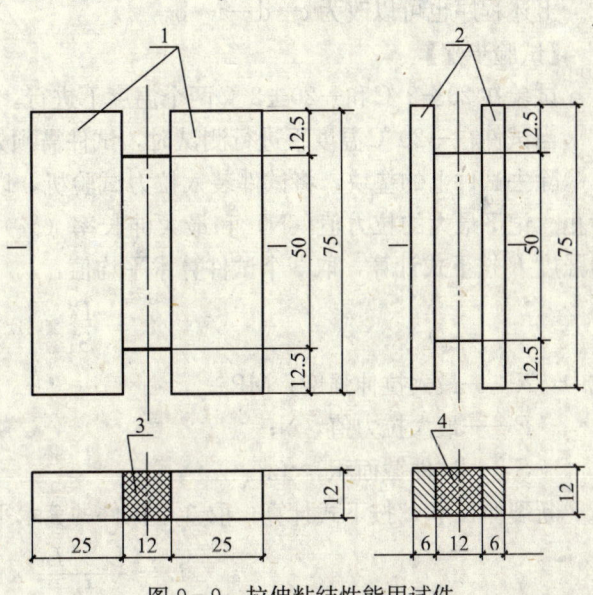

图 9-9　拉伸粘结性能用试件
1—水泥砂浆板；2—铝板或玻璃板；3—试料；4—试料

制冷箱：容积能容纳拉力试验机拉伸装置，温度可调至-20 ± 2 ℃。

鼓风干燥箱：温度可调至70 ± 2 ℃。

容器：用于浸泡处理试件。

【试件制备】

用脱脂纱布清除水泥砂浆板表面浮尘，用丙酮溶剂清洗铝板和玻璃板，并干燥之。按密封材料生产厂方的要求制备试件，例如是否使用底涂料及多组分密封材料的混合程序。每种基材同时制备3个试件。

按图9-9所示，在防粘材料上将两块粘结基材与两块隔离垫块组装成空腔。然后将23 ± 2 ℃下处理过24 h的密封材料样品嵌填在空腔内，制成试件。嵌填试样时必须注意避免形成气泡；将试样挤压在基材的粘结面上，粘结密实；修整试件表面，使之与基材和垫块的上表面齐平。

将试件侧放，尽早去除防粘材料，以使试样充分固化。在固化期内，应使隔离垫块保持原位。

【试件处理】

试件可选用A法或B法处理，处理后的试件在测试之前，应于标准试验条件下放置至少24 h。

A法：将制备好的试件于标准条件下放置28 d。

B法：先按照A法处理试件，接着再将试件按下述程序处理3个循环：

a. 70 ± 2 ℃干燥箱内存放3 d；

b. 23 ± 2 ℃蒸馏水中存放1 d；

c. 70 ± 2 ℃干燥箱内存放2 d；

d. 23 ± 2 ℃蒸馏水中存放1 d。

上述程序也可以改为c—d—a—b。

【试验步骤】

试验在23 ± 2 ℃和-20 ± 2 ℃两个温度下进行。每个测试温度测3个试件。

当试件在-20 ℃温度下进行测试时，试件需预先在-20 ± 2 ℃至少放置4 h。

除去试件上的垫块，将试件装入拉力试验机，以5~6 mm/min的速度拉伸至试件破裂为止。记下最大的拉力值（N）和最大伸长率（%），记录应力—应变曲线，破坏形式。拉伸强度R按下式计算，取3个试件算术平均值：

$$R = \frac{P}{S} \times 10^{-2}$$

式中 R——最大拉伸强度，MPa；

P——最大拉力值，N；

S——试件截面积，cm^2。

断裂伸长率L按下式计算，取3个试件的算术平均值：

$$L = \frac{L_2 - L_1}{L_1} \times 100$$

式中 L——断裂伸长率，%；

L_1——原始宽度，mm；

L_2——破坏时拉伸宽度，mm。

二、定伸粘结性

定伸粘结性是指密封材料在给定拉伸伸长情况下与基材的粘结性能，用试件粘结或内聚破坏情况来判断。

粘结破坏是指密封材料与粘结基材界面发生破裂的现象。内聚破坏是指密封材料承受拉应力产生形变时，其内部分子之间保持聚集状态的性能，反映密封材料的塑性变形能力。

【试验器具】

试验器具与拉伸粘结性试验方法相同，增加定位垫块。

定位垫块：用于控制拉伸的宽度，使试件保持绝对伸长率为25%、60%或100%，见表9-2。

表9-2 试件拉伸后的接缝宽度

拉伸宽度与初始宽度之比（%）	最终缝宽（mm）
25	15.0
60	19.2
100	24.0

量具：精度为0.5 mm。

【试件制备】

试件制备和试件处理与拉伸粘结强度试验方法相同。

【试验步骤】

分别在23±2℃和-20±2℃温度下进行定伸试验。每一温度条件下测试3个试件。在-20℃测量时，试件事先要在-20±2℃温度条件下放置4 h。

将试件除去隔离垫块，置入拉力机夹具内，以5～6 mm/min的拉伸速度将试件拉伸至原宽度的25%、60%或100%，记录应力—应变曲线。然后用相应尺寸的定位垫块插入已拉伸至规定宽度的试件中并在相应温度下保持24 h。

检查试件粘结或内聚破坏情况，并用精度为0.5 mm的量具测量粘结或内聚破坏的深度（mm）和部位。

在-20℃试验时，应将试件从制冷箱中取出并待其融化后方能检查，测量其粘结或内聚破坏情况。

表9-2给出了初始宽度（L_0）为12 mm的试件拉伸后的接缝宽度（L_1，mm）。

三、浸水后拉伸粘结性

为了判定密封材料浸水后，对其拉伸强度、断裂伸长率及与基材粘结状况的影响，将制作好的拉伸粘结试件在水中浸泡一定时间后，再测其拉伸强度、断裂伸长率及与基材粘结状况。再与未浸水试件的拉伸强度、断裂伸长率及与基材粘结状况作一比较，从而可以判断出水对密封材料粘结性的影响。

试验器具、试件制备、试件处理、拉伸试验、试验结果计算与拉伸粘结试验方法相同。所不同的是试件在进行拉伸试验之前,需将处理后的试件放入 23±2 ℃蒸馏水中浸泡 4 d,接着将试件于标准条件下放置 1 d 后再行拉伸试验。记录应力—应变曲线及破坏形式。

四、浸水后定伸粘结性

浸水后定伸粘结性是指密封材料浸水后对其定伸粘结性的影响。将试验试件在规定条件下浸水后,将试验试件和参比试件拉伸至规定宽度,保持拉伸状态至规定时间后,测量并记录试件粘结或内聚破坏情况。

试验器具、试件制备、试件处理、试验步骤与定伸粘结试验方法相同。

五、同一温度下拉伸—压缩循环后粘结性

在同一温度下,对具有明显塑性特点的建筑密封材料经反复拉伸—压缩循环后,检查其粘结和内聚破坏的状况,以判断对其拉伸—压缩疲劳后的粘结性能。

标准试验条件、试验器具、试件制备、试件处理同拉伸粘结性试验方法。

【试验步骤】

试验在 23±2 ℃温度下进行。将试件放在拉伸—压缩试验机内,以 1±0.2 mm/min 的速度拉伸压缩试件 100 次,拉伸—压缩幅度应为±12.5%或±7.5%。初始宽度为 12 mm 的试件拉伸—压缩幅度和相对应的最终拉伸—压缩宽度列于表 9-3。

表 9-3　试件的拉伸—压缩幅度和宽度

拉伸—压缩幅度（%）	拉伸后宽度（mm）	压缩后宽度（mm）
±12.5	13.5	10.5
±7.5	12.9	11.1

试验结束后,将试件放置 1 h,用精度为 0.5 mm 的量具测量每个试件粘结或内聚破坏的深度与部位并记录。

六、冷拉—热压后粘结性

冷拉—热压后的粘结性是指具有显著弹性特点的建筑密封材料经反复冷却拉伸—加热压缩后的粘结疲劳性能。用其粘结和内聚破坏情况来判断。

标准试验条件、试验器具、试件制备、试件处理与拉伸强度试验方法相同。

【试验步骤】

试验用的拉伸和压缩速度为 5～6 mm/min,拉伸压缩幅度为±12.5%、±20%或±25%,试件冷拉—热压的拉伸压缩幅度和宽度列于表 9-4。

表 9-4　试件冷拉—热压的拉伸幅度和宽度

拉伸—压缩幅度（%）	拉伸时宽度（mm）	压缩时宽度（mm）
±25	15.0	9.0
±20	14.4	9.6
±12.5	13.5	10.5

注：初始宽度为 12 mm。

除去试件的隔离块，按选定的拉伸压缩幅度对试件进行下述试验：

第一周：

第1天：将试件放入—20±2℃的低温箱内，3h后在试验机上于相同温度下拉伸试件至所要求的宽度，并在—20±2℃下保持拉伸状态21h。

第2天：解除拉伸，将拉伸试件放入70±2℃的干燥箱内，3h后在试验机上于相同的温度下压缩试件至所要求的宽度，并在70±2℃保持压缩状态21h。

第3天：解除压缩，重复第1天步骤。

第4天：同第2天步骤。

第5天~第7天：解除压缩，将试件以不受力状态于标准条件下放置。

第二周：重复第一周步骤。

试验结束后，用精度为0.5mm的量具测量每个试件粘结或内聚破坏深度和部位并记录。

七、浸水及拉伸—压缩循环后粘结性

浸水及拉伸—压缩循环后粘结性是指建筑密封材料在使用条件下，耐受不同等级浸水对位移性能的影响。反映密封材料浸水及拉伸—压缩疲劳试验后，对试件粘结性的影响。用密封材料粘结在两个平行基材制成的试件，在规定条件下，于水中浸泡试件，然后反复拉伸—压缩试件，按密封材料所评定的位移能力的50%确定拉伸—压缩幅度。此程序重复一定的次数或直至一个或更多试件破坏。浸水后拉伸—压缩的循环次数与实际应用时预期的耐水性相关。

浸水在环境温度23℃下进行，也可以在较高温度（40℃或50℃）下进行。

标准试验条件、试验器具、试件制备、试件处理与拉伸粘结的试验方法相同。

【试验步骤】

浸水：除去试件上的隔离垫块，将试件在盛有23℃、40℃或50℃蒸馏水的恒温水浴内放置21d，然后取出试件，在标准条件下放置1h。

拉伸—压缩循环试验：密封材料的位移能力根据同一温度下拉伸—压缩循环后粘结性能测定方法和冷拉—热压后粘结性测定方法确定。拉伸—压缩循环试验的幅度应在密封材料分级所确定的位移能力50%，可以是其原始宽度的±6.25%或±12.5%，也可以是各方商定值。

在标准条件下，将试件安装在试验机上，以5~6mm/min的速度拉伸或压缩试件。拉伸—压缩循环试验的程序为：

(1) 拉伸试件至规定宽度，插入相应宽度的定位垫块，保持拉伸状态24h；

(2) 松弛拉伸，将试件压缩至宽度，使用夹具使之保持压缩状态24h；

(3) 重复上述程序两次。

第三个循环结束时，松弛压缩并使试件在23±2℃中恢复1h。

外观检查：检查每个试件粘结或内聚破坏情况，并用精度为0.5mm的量具测量破坏的深度（mm）。

重复试验：若5个试件均无破坏，或仅有1个试件粘结或内聚破坏深度不超过2mm，所有试件将返回至第一次浸水时相同温度的蒸馏水中放置，按上述试验步骤重复拉伸—压缩

循环，并报告外观检查结果。

此过程经用户同意可多次重复，或直至浸水和循环运动过程后有两个或更多个试件的粘结或内聚破坏深度超过 2 mm 时为止。

记录浸水温度，拉伸—压缩幅度，浸水拉伸—压缩循环次数，每次循环结束时所有试件外观检查结果；若发生破坏，其破坏的类型（粘结或内聚）、破坏深度和部位。

八、弹性恢复率

弹性恢复率是指密封材料释去所施加引起变形的外力后，恢复原来形状和尺寸的能力，用弹性恢复率表示，单位为%。

弹性恢复率是用密封材料粘结两个平行基材制成的试件，拉伸至一定宽度，在规定时间内保持拉伸状态，然后释放。以试件在拉伸前后宽度的变化，以伸长的百分比表示，单位为%。

标准试验条件、试验器具、试件制备、试件处理与拉伸粘结性试验方法相同。

【试验步骤】

在标准条件下进行弹性恢复率试验。除去隔离块，用游标卡尺量出每一试件的初始宽度 L_0。然后将试件装入拉伸试验机上，以 5～6 mm/min 的速度拉伸试件至初始宽度的 25%、60%、100%，或各方商定的其他百分比。用 L_1 表示试件拉伸后的宽度。

表 9-5 给出了初始宽度为 12 mm 的试件拉伸百分比，以及对应的拉伸宽度（mm）。

表 9-5 试件的拉伸宽度

伸长百分率（%）	拉伸后宽度（mm）
25	15.0
60	19.2
100	24.0

利用合适的定位垫块使试件保持拉伸状态 24 h，然后去掉定位垫块，将试件以长轴向垂直放置在撒滑石粉的玻璃板上，静置 1 h。在每一试块两端同一位置测量弹性恢复后的宽度 L_2，精确至 0.1 mm。

分别计算在试件测得的 L_0、L_1、L_2 的算术平均值。

恢复率 R' 按下式计算：

$$R' = \frac{L_1 - L_2}{L_1 - L_0} \times 100$$

式中　R'——恢复率，%；

　　　L_0——试件的原始宽度，mm；

　　　L_1——试件拉伸后的宽度，mm；

　　　L_2——试件弹性恢复后的宽度，mm。

记录每个试件的值和三个试件的算术平均值并精确到 1%。

记录基材种类，试件处理方法，伸长率，每一试件弹性恢复率，每组试件的平均弹性恢复率（%）。

九、压缩特性

压缩特性是指密封材料抵抗压缩的能力，它是将密封材料粘结的两个平行基材试件，在规定条件下压缩至规定厚度时的压力和应力，单位为 N 和 N/mm^2。

试验器具、试件制备、试件处理与拉伸粘结强度试验方法相同。区别在于压缩特性试验方法中所用粘结基材为铝基材。

【试验步骤】

试验在 23±2 ℃温度下进行。去除垫块，用试验机压缩试件至初始宽度的 75% 或 80%，速度为 5～6 mm/min。表 9-6 给出了试件压缩后的接缝宽度 L_1（mm），试件初始宽度 L_0 为 12 mm。

表 9-6　压缩后接缝宽度

比例 L/L_0（%）	最终接缝宽度 L_1（mm）
75	9.0
80	9.6

记录试件达到规定压缩率时的压力（N）。

测量出试件的基材粘结面积，再计算应力（N/mm^2）。

十、剥离粘结性

剥离粘结性是指密封材料在剥离条件下，与给定基材的粘结性能，以最大的剥离强度和破坏状况表示，单位为 N/mm。反映密封材料在受力时粘结情况和粘结力大小。

剥离粘结性是用密封材料粘结布条制成试件，于规定条件下养护至规定时间，然后使用拉伸试验机将埋放的布条沿 180°方向从粘结基材上剥下，测定剥下布条时的拉力值及密封材料与粘结基材剥离时受的力和破坏状况。通常利用剥离粘结试验确定密封材料与底涂料在特殊或专用粘结基材上的粘结性能。

试验室标准试验条件：温度 23±2 ℃，相对湿度 50%±5%。

【试验器具】

拉力试验机：配有拉伸夹具和记录装置，拉伸速度可调至 50 mm/min。

铝合金板：150 mm×75 mm×5 mm。

水泥砂浆板：150 mm×75 mm×10 mm，具有粗糙表面。

玻璃板：150 mm×75 mm×5 mm。

还可用砖、大理石、石灰石、花岗石、不锈钢、塑料、石片和其他粘结基材，但密封材料的厚度应符合规定要求。

垫板：4 根，用硬木、金属或玻璃制成。其中 2 根尺寸为 150 mm×75 mm×5 mm，用于在铝板或玻璃板上制备试件，另 2 根尺寸为 150 mm×75 mm×10 mm，用于在水泥砂浆板上制备试件。

玻璃棒：直径 12 mm，长 300mm。

黄铜棒：直径1.5 mm，长300 mm，也可用不锈钢棒。

遮蔽条：成卷纸条，条宽25 mm。

布条：脱水处理的帆布，尺寸为180 mm×75 mm，厚约0.8 mm，或用30目（孔径约1.5 mm）厚度0.5 mm的金属丝网。

刮刀。

锋利小刀。

紫外线照射箱：灯管功率300 W，灯管与箱底平行，并且距离可调节，箱内温度可调至65±3 ℃。

【试件制备】

将被测密封材料置于标准条件下处理24 h，样品数量不少于250 g。如果是多组分密封材料，还要处理相应的固化剂。

用刷子清理砂浆板表面，用丙酮或二甲苯擦洗玻璃和铝基材，干燥后使用。根据需要分别在基材上涂刷底涂料。每种基材准备两块板，并在每块基材上制备2个试件。

在粘结基材上横向放置一条25 mm宽的遮蔽条，条的下边距基材的下边至少75 mm。然后取250 g已在标准条件下放置24 h的试料，涂抹面积为100 mm×75 mm（包括遮蔽条）涂抹厚度约2 mm。

用刮刀将试料涂刮在布条一端，面积为100 mm×75 mm，布条两面均涂试料，直到试料渗透布条为止。

将涂好试料的布条放在已涂试料的基材上，基材两侧各放置一块厚度合适的垫板。在每块垫板上纵向放置一根黄铜棒。从有遮蔽条的一端开始，用玻璃棒沿黄铜棒滚动，挤压下面的布条和试料，直至试料的厚度均匀达到1.5 mm，除去多余的试料。

将制得的试件在标准条件下养护28 d。多组分试件养护14 d。养护7 d后应在布（金属丝网）上涂一层1.5 mm厚的试样。

养护结束后，用锋利的刀片沿试件纵向切割4条线，每次都要切透试料和布条，至基材表面。留下2条25 mm宽的、埋有布条（金属丝网）的试料带，两条带的间距为10 mm，除去其余部分。

如剥离粘结性试件是玻璃基材，则在上述步骤完成后，应将试件放入紫外线辐射箱，调节灯管与试件间的距离，使紫外线辐射强度为2 000～3 000 μW/cm²，温度为65±3 ℃。试件的试料表面应背朝光源，透过玻璃进行紫外线暴露试验。在无水条件下紫外线暴露200 h，然后将试件在蒸馏水中浸泡7 d。水泥砂浆试块应与玻璃、铝试件分别浸泡。

【试验步骤】

从水中取出试件后，立即擦干。将试料与遮蔽条分开，从下边切开12 mm试料，仅在基材上留下63 mm长的试料带。

将试件装入拉力试验机，以50 mm/min的速度于180°方向拉伸布条，使试料从基材上剥离。剥离时间约1 min。记录剥离时拉力峰值的平均值（N），若发现从试料上剥干净，应舍弃记录的数据，用刀片沿试片与基材的粘结面上切开一个缝口，继续进行试验。

对每种基材，应测试2块试件上的4条试料带。

计算并记录每种基材上4条试料带的剥离强度及其平均值（N/mm）和每条试料带粘结或内聚破坏面积的百分率（%），布条的破坏情况。

十一、经过热透过玻璃的人工光源和水暴露后粘结性

经过热透过玻璃的人工光源和水循环暴露后粘结性反映了建筑密封材料的老化性能。用密封材料粘在两个平行玻璃板的表面之间制成试件,在规定温度下使试件经过人工光源照射、水的喷淋和浸泡之后,将试件拉伸至规定宽度,保持拉伸状态至规定时间后,检查试件的粘结、内聚破坏情况及破坏深度(mm)。

试验方法

【试验器具】

玻璃基材:用于制备试件,厚度为6mm。每一试件由两块玻璃板组成,截面尺寸如图9-10所示。其他尺寸的试验基材也可采用,但密封材料粘结面积应与图9-10相同。

带有人工光源的试验箱:能使试件在规定温度(即黑标准温度计测定的温度)的干燥条件下进行光源暴露,试验箱应充分通风,光线直接照射在玻璃基材的一个表面上(见图9-10)。

带有合适过滤器的人工光源,其中波长为290~800 nm的光源在试件表面照射幅度为550±75 W/m²。

定位垫块:使试件保持绝对伸长率为60%或100%,见表9-7。

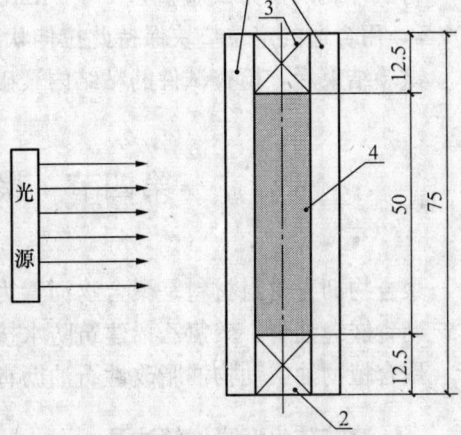

图9-10 经过热透过玻璃的人工光源和水暴露后粘结性能用试件
1—玻璃板;2、3—隔离垫块;4—试样

表9-7 试件拉伸后的宽度(试件初始宽度12mm)

伸长率(%)	试件拉伸后的实际宽度(mm)
60	19.2
100	24.0

【试件制备及处理】

试件制备和试件处理与拉伸粘结测定方法相同。

【试验步骤】

试件处理之后,除去隔离垫块,按自动程序或人工程序进行人工气候循环暴露试验。

1. 自动循环暴露试验

将3个试件放入试验箱内,按下述规定的试验条件进行循环暴露试验。暴露时间共500 h,250次循环,每次循环120 min,其中:

(1)干燥期102 min:在此期间试件受光线照射且处加热状态。从干燥期开始,使温度上升,直至达到稳定温度65±3℃,用黑标准温度计检测;

(2)湿态期18 min:可采用喷淋或在水中浸泡,水温25±3℃。湿态期内可关闭光源。

2. 人工循环暴露试验

在干燥试验箱和湿态试验箱之间人工转移试件,此时湿态期应采用浸水。标记试件任一表面以保证始终是同一表面进行暴露。

规定的试验条件:暴露时间共 504 h,三次循环,每次循环 7 d。其中:

(1) 循环处理 5 d:每天浸入 25±3 ℃水中 5 h,然后在光照和 65±3 ℃下暴露 19 h;
(2) 干态暴露 2 d:在光照和 65±3 ℃下暴露。

3. 拉伸试验

人工气候循环暴露试验之后,将试件在标准试验条件下放置 24 h。

将试件装入拉力试验机以 5~6 mm/min 的拉伸速度,拉伸幅度为初始宽度的 60% 或 100%,用合适的定位垫块保持此拉伸状态 24 h。

试验结束后,检查试件的粘结内聚破坏情况,用精度 0.5 mm 的量具测量其破坏深度。

第四节 聚合物沥青密封材料

聚合物沥青密封材料是聚合物沥青为主,掺入辅助材料配制而成的密封材料。主要包括建筑沥青嵌缝油膏、聚氯乙烯建筑防水接缝材料、聚氨酯煤焦油密封膏、苯乙烯煤焦油密封膏、聚合植物油或动物油脂改性石油沥青密封膏等。

一、建筑防水沥青嵌缝油膏

建筑防水沥青嵌缝油膏是以石油沥青为基料,加入改性材料、稀释剂、填料等辅助材料配制而成的黑色膏状嵌缝材料,简称油膏。国家行业标准为 JC/T 207。主要包括:再生橡胶沥青防水嵌缝油膏、桐油改性沥青嵌缝油膏、SBS 沥青嵌缝油膏、APP 沥青嵌缝油膏等。主要指冷施工型建筑防水沥青嵌缝油膏。

(一) 分类

油膏按耐热性和低温柔性分为 702 和 801 两个标号。

(二) 技术要求

1. 外观

油膏应为黑色均匀膏状,无结块和未浸透的填料。

2. 物理力学性能

油膏的各项物理力学性能应符合表 9-8 的规定。

表 9-8 建筑防水沥青嵌缝油膏物理力学性能

项 目			技术指标	
			702	801
密度 (g/cm³)			规定值±0.1	
施工度 (mm)		≥	22.0	20.0
耐热性	温度 (℃)		70	80
	下垂值 (mm)	≤	4.0	

第四节 聚合物沥青密封材料

续表

项目		技术指标	
		702	801
低温柔性	温度（℃）	−20	−10
	粘结状况	无裂纹和剥离现象	
拉伸粘结性（%）	≥	125	
浸水后拉伸粘结性（%）	≥	125	
渗出性	渗出幅度（mm） ≤	5	
	渗出张数（张） ≤	4	
挥发性（%）	≤	2.8	

注：规定值由厂方提供或供需双方商定。

（三）抽样

建筑防水沥青嵌缝油膏的批量和抽样方法是以同一标号的产品20 t为一批，不足20 t也按一批计，每批随机抽取3件产品，离表皮大约50 mm处各取样1 kg，装于密封容器内，一份作试验用，另两份留作备查。

（四）检验分类

建筑防水沥青嵌缝油膏的检验分为出厂检验和型式检验。

出厂检验项目为外观、施工度、下垂度、低温柔性、拉伸粘结性。

型式检验项为技术要求中的全部检验项目。

（五）试验室条件

试验室标准试验条件为25±2 ℃，相对湿度50%±5%。试验前试样应在此条件下放置24 h。

（六）试验方法

1. 外观

打开容器，取中部油膏目测。

2. 施工度

施工度是指建筑防水沥青嵌缝油膏施工时的难易程度，用金属落锥沉入密封材料中的量表示，单位是0.1 mm。主要用于冷施工型建筑防水沥青嵌缝油膏的性能测试。

【试验仪器】

装有金属落锥的针入度仪：锥和杆的总重为156 g。其金属罐和金属落锥的构造尺寸如图9-11和图9-12所示。

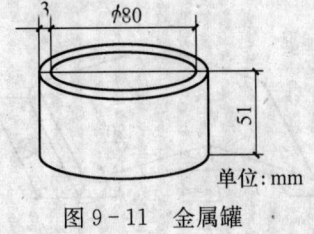

图9-11 金属罐

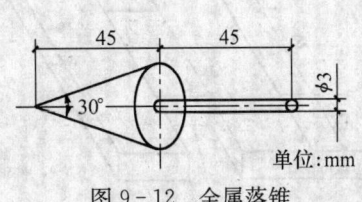

图9-12 金属落锥

秒表。

恒温水浴：温度调节为 25±1 ℃。

【试验步骤】

将油膏填入金属罐，装满压实刮平。然后浸入 25±1 ℃水中 45 min，用装有金属落锥的针入度仪，测定 5 s 时的沉入量 (mm)，每测一次，需用浸汽油或煤油的棉纱及干软布将落锥擦拭干净。共测 3 点，各点均匀分布在距离金属罐边缘约 20 mm 处。试验结果取 3 个数据的算术平均值。若 3 个数据中有与平均值相差大于 2 mm 者，允许重测一次。若仍有与平均值相差大于 2 mm 者，则应重新制样进行检测。

3. 耐热度

耐热度是指建筑防水沥青嵌缝油膏受热后的流变程度，用下垂度表示，单位为 mm。

【试验仪器】

金属槽和金属支架：金属槽、金属支架的构造尺寸如图 9-13 所示。

电热烘箱：调节温度为 70±2 ℃或 80±2 ℃。

刮刀。

【试验步骤】

将金属槽用丙酮擦洗干净，用刮刀将油膏仔细密实地嵌入槽内，刮平表面及两端。同时制备 3 个试件，随即将试件放于 45°支架上，按产品标号置于 70±2 ℃或 80±2 ℃烘箱中恒温 5 h，然后取出试件，分别测量每个试件从金属槽下端到油膏下垂端点的长度，精确至 0.1 mm。

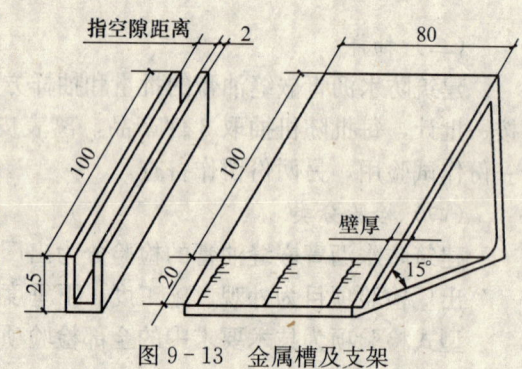

图 9-13 金属槽及支架

4. 低温柔性

低温柔性测试用的基材为水泥砂浆块，试件经过低温处理后，以在金属试验品（坡度板）上弯曲时试件表面粘结状况来判定。

【试验仪器】

水泥砂浆粘结基材：基材尺寸为 75 mm×15 mm×12 mm。

隔离垫块：22.5 mm×15 mm×12 mm。

隔离纸。

瓷砖。

试件：试件尺寸如图 9-14 所示。

金属试台如图 9-15 所示。

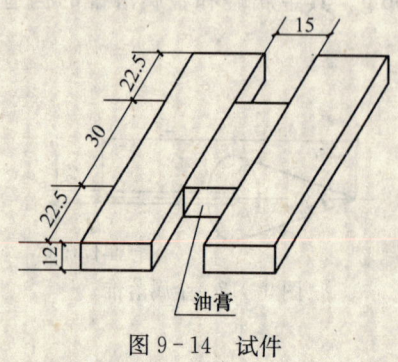

图 9-14 试件　　　图 9-15 金属试台

第四节 聚合物沥青密封材料

【试验步骤】

用水泥砂浆块、隔离垫块制备 3 个试件。成型时底部用条格纸隔离。试件尺寸为 30 mm×15 mm×12mm,成型后将试件除去隔离块平放于瓷砖上,按标号置于−10±2 ℃ 或−20±2 ℃冰箱内恒温 2 h,迅速在金属台上弯曲,在 2 s 内完成,检查每个试件表面的粘结状态。

（七）判定规则

外观不符合标准规定要求的判为不合格。

耐热性、低温柔性、渗出性试验每个试件均符合规定,则判该项目合格。密度、施工度、拉伸粘结性、浸水后拉伸粘结性、挥发性每组试件的平均值符合规定,则判该项目合格。

在出厂检验和型式检验中,若有两项或两项以上指标不符合规定时,则该批产品为不合格品；若有一项不符合规定时,可用备用样品复验。若仍有一项不符合要求,则该批产品为不合格。

二、聚氯乙烯建筑防水接缝材料

聚氯乙烯建筑防水接缝材料是以聚氯乙烯为基料,加入改性材料及其他助剂配制而成的密封材料,简称 PVC 接缝材料。主要包括聚氯乙烯胶泥和塑料油膏。

聚氯乙烯胶泥与塑料油膏的主要区别在于 PVC 胶泥未经塑化,需在使用时塑化,用多少塑化多少,趁热施工,冷却变硬不易进行二次加热熔化；而 PVC 油膏是已塑化好的材料,因在组分中加入稀释剂,可二次加热熔化,施工较为方便,用不完的还可二次加热使用。

（一）分类、型号与标记

PVC 接缝材料按施工工艺分为两种类型：

J 型：是指用热塑法施工的产品,俗称聚氯乙烯胶泥。

G 型：是指用热熔法施工的产品,俗称塑料油膏。

PVC 接缝材料按耐热性 80 ℃和低温柔性−10 ℃为 801、耐热性 80 ℃和低温柔性−20 ℃为 802 两个型号。

产品按下列顺序标记：名称、类型、型号、标准号。

标记示例

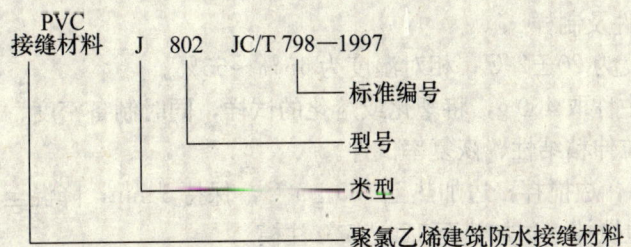

（二）技术要求

1. 外观

J 型 PVC 接缝材料为均匀粘稠状物,无结块,无杂质。

G 型 PVC 接缝材料为黑色块状物,无焦渣等杂物,无流淌现象。

2. 物理力学性能

产品物理力学性能符合表 9-9 的规定。

表 9-9 PVC 接缝材料物理力学性能

项 目		技 术 要 求	
		801	802
密度（g/cm³）①		规定值±0.1①	
下垂度（mm）80 ℃	不大于	4	
低温柔性	温度（℃）	−10	−20
	柔性	无裂缝	
拉伸粘结性	最大抗拉强度（MPa）	0.02~0.15	
	最大延伸率（%）不小于	300	
浸水拉伸性	最大抗拉强度（MPa）	0.02~0.15	
	最大延伸率（%）不小于	250	
恢复率（%）	不小于	80	
挥发率（%）	不大于	3	

注：① 规定值是指企业标准或产品说明书所规定的密度值；
② 挥发率仅限于 G 型 PVC 接缝材料。

（三）抽样

PVC 接缝材料以同一类型、同一型号 20 t 产品为一批，不足 20 t 也作为一批进行出厂检验。

抽样按建筑防水涂料取样方法进行。抽样时，取 3 个试样（每个试样 1 kg），其中两个试样备用。

（四）检验分类

检验包括出厂检验和型式检验。

出厂检验项目包括外观、下垂度、低温柔性、拉伸粘结性及浸水拉伸粘结性。

型式检验须按技术要求全部项目逐项进行检验。

（五）试验方法

1. 标准试验条件及制样

试验室标准温度为 20±2 ℃；相对湿度为 45%~55%。

以抽取的试样中称取 400 g，将塑化或熔化的试样，同时制备密度、下垂度、低温柔性、拉伸粘结性、浸水拉伸粘结性、恢复率试件。

J 型试样塑化时，边搅拌，边加热至 135±5 ℃，保持 3 min，降温至 120±5 ℃注模。在 G 型试样熔化时，边搅拌，边加热至 120±5 ℃注模。

试样注模后，在室温下放置 24 h，再在标准试验室条件下放置 2 h 后脱模。

2. 下垂度测定

按建筑密封材料下垂度试验方法制备试件和试验。模具采用 b 型规定，45°坡度支架，恒温时间 5 h。

3. 低温柔性

按建筑密封材料低温柔性试验方法制备试件和试验。不同之处在于试件处理不经70℃高温处理,而是直接进入低温试验箱进行冷冻。试件尺寸为 95 mm×25 mm×3 mm,圆棒直径 25 mm,弯曲 180°,1~2 s 内完成。

其余检验项目,按照建筑密封材料有关试验方法进行。

(六)判定规则

外观质量符合外观技术要求规定的产品,判为外观合格。

单项判定:密度、下垂度、低温柔性以3个试件全部符合标准为合格;拉伸粘结性、浸水拉伸粘结性、恢复率以5个试件中,3个相近数据的算术平均值符合标准为合格。

综合判定:在出厂检验和型式检验中,产品有2项指标不符合标准,则该产品为不合格产品;产品有1项指标不符合标准时,可在备用试样中进行该项复验;如仍不符合标准,则该批产品为不合格产品。

第五节 高分子密封材料

高分子密封材料是以合成树脂或合成橡胶等高分子材料为基材,掺入相关辅助材料配制而成的密封材料。常用的有聚氨酯建筑密封膏、聚硫建筑密封膏、丙烯酸建筑密封膏、硅酮建筑密封膏等。

一、聚氨酯建筑密封膏

聚氨酯建筑密封膏是以氨基甲酸酯为主要基料的非定型密封材料,属于常温反应固化型弹性密封材料。按组成组分可分为双组分聚氨酯密封材料和单组分聚氨酯密封材料。目前以双组分聚氨酯密封材料为主。

双组分聚氨酯密封材料以聚氨酯预聚体为一组分,以固化剂及辅助材料为另一组分,是目前建筑防水工程中应用较多的密封材料。

(一)分类与标记

1. 品种

聚氨酯建筑密封胶产品按包装形式分为单组分(Ⅰ)和多组分(Ⅱ)两个品种。

2. 类型

产品按流动性分为非下垂型(N)和自流平型(L)两个类型。

3. 级别

产品按位移能力分为 25 和 20 两个级别,见表 9-10。

表 9-10 密封胶级别

级 别	试验拉压幅度(%)	位移能力(%)
25	±25	25
20	±20	20

4. 次级别

产品按拉伸模量分为高模量（HM）和低模量（LM）两个次级别。

5. 产品标记

产品按下列顺序标记：名称、品种、类型、级别、次级别、标准号。

示例：25 级低模量单组分非下垂型聚氨酯建筑密封胶的标记为：

聚氨酯建筑密封胶 IN　25LM　JC/T 482—2003

（二）技术要求

1. 外观

产品应为细腻、均匀膏状物或粘稠液，不应有气泡。

产品的颜色与供需双方商定的样品相比，不得有明显差异。多组分产品各组分的颜色间应有明显差异。

2. 物理力学性能

聚氨酯建筑密封胶的物理力学性能应符合表 9-11 的规定。

表 9-11　物理力学性能

试验项目		技术指标		
		20HM	25LM	20LM
密度（g/cm³）		规定值±0.1		
流动性	下垂度（N 型）(mm)	≤3		
	流平性（L 型）	光滑平整		
表干时间（h）		≤24		
挤出性①（mL/min）		≥80		
适用期②（h）		≥1		
弹性恢复率（%）		≥70		
拉伸模量（MPa）	23 ℃	>0.4 或		≤0.4 和
	-20 ℃	>0.6		≤0.6
定伸粘结性		无破坏		
浸水后定伸粘结性		无破坏		
冷拉—热压后的粘结性		无破坏		
质量损失率（%）		≤7		

注：① 此项仅适用于单组分产品。
　　② 此项仅适用于多组分产品，允许采用供需双方商定的其他指标值。

（三）抽样

聚氨酯密封材料以同一品种、同一类型的产品每 5 t 为一批进行检验，不足 5 t 也作为一批。

抽样时，单组分支装产品由该批产品中随机抽取 3 件包装箱，从每件包装箱中随机抽取 2~3 支样品，共取 6~9 支。多组分桶装产品抽样方法及数量，按建筑防水涂料抽样方法对每批产品进行抽样，样品总量为 4 kg，取样后应立即密封包装。

（四）检验项目

检验项目分为出厂检验和型式检验。

生产厂应对每批密封胶产品进行出厂检验，检验项目为：外观、下垂度（N型）、流平性（L型）、表干时间、挤出性（单组分）、适用期（多组分）、拉伸模量、定伸粘结性等。

型式检验应对技术要求所有项目逐项检验。

（五）检验方法

试验室标准试验条件、试验基材（水泥砂浆或铝合金）和尺寸应符合建筑密封材料试验方法的要求。

制备前，样品应在标准试验条件下放置 24 h 以上。

制备时，单组分试样应用挤枪从包装筒（膜）中直接挤出注模，使试样充满模具内腔，勿带入气泡。挤注与修整的动作要快，防止试样在成型完毕前结膜。

多组分试样应按生产厂标明的比例混合均匀，避免混入气泡。若事先无特殊要求，混合后应在 30 min 内注模完毕。

粘结试件的数量见表 9-12。

表 9-12 粘结试件数量和处理条件

项　目		试件数量（个）		处理条件
		试验组	备用组	
弹性恢复率		3	—	
拉伸模量	23 ℃	3	—	
	−20 ℃	3	—	制备的试件于标准试验条件下放置 28 d
定伸粘结性		3	3	
浸水后定伸粘结性		3	3	
冷拉—热压粘结性		3	3	

注：多组分试件可放置 14 d。

1. 外观

从包装中取出试样，刮平后目测。

2. 密度

按建筑密封材料密度试验方法进行。

3. 流动性

下垂度和流平性按建筑密封材料下垂度和流平性试验方法进行。下垂度试件在 50±2 ℃ 恒温箱中垂直放置 4 h。

4. 表干时间

按建筑密封材料表干时间试验方法进行。型式检验采用 A 法试验，出厂检验可采用 B 法试验。

5. 挤出性

按建筑密封材料挤出性试验方法试验。挤出孔直径为 6 mm，样品预处理温度 23±2 ℃。

6. 适用期

按建筑密封材料挤出性试验方法的 A 法或 B 法试验。挤出孔直径为 6 mm。样品预处理温度为 23±2 ℃。

每个试样挤出 3 次，每隔适当时间挤出一次。描绘出试样混合后各次挤出时间间隔与挤出率的关系曲线，读取挤出率为 50 mL/min 时对应的时间，即为适用期。精确至 0.5 h，取 3 个试样的平均值。

7. 弹性恢复率

按建筑密封材料弹性恢复率试验方法进行试验。试验伸长率列于表 9-13。

表 9-13 试验伸长率

项 目	试验伸长率（%）		
	20HM	25LM	20LM
弹性恢复率	60	100	60
拉伸模量	60	100	60
定伸粘结性	60	100	60
浸水后定伸粘结性	60	100	60

8. 拉伸模量

拉伸模量以相应伸长率时的应力表示，按建筑密封材料拉伸粘结性试验方法试验。测定并计算试件拉伸至表 9-13 规定的相应伸长率时的应力（MPa），其平均值修约至一位小数。

9. 定伸粘结性

在标准条件下按建筑密封材料定伸粘结试验方法试验。试验伸长率见表 9-13。试验结束后，用精度为 0.5 mm 的量具测量每个试件粘结和内聚破坏深度（试件端部 2 mm×12 mm×12 mm 体积内的破坏不计（见图 9-16A 区），记录试件最大破坏深度（mm）。

试验后，3 个试件中有两个破坏，则试验评定为"破坏"。若只有一块试件破坏，则另取备用的一组试件进行复验。若仍有一块试件破坏，则试验评定为"破坏"。

试件"破坏"的评定

在密封胶表面任何位置，如果粘结或内聚破坏深度超过 2 mm，则试件为"破坏"（见图 9-16），即：

A 区：在 2 mm×12 mm×12 mm 体积内允许破坏，且不报告。

B 区：允许破坏深度不大于 2 mm，报告为"无破坏"，并记录试验结果。

C 区：破坏从密封胶表面延伸到此区域，报

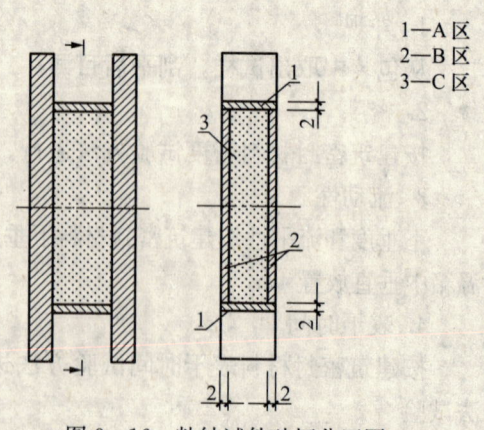

1—A 区
2—B 区
3—C 区

图 9-16 粘结试件破坏分区图

告为"破坏"。

10. 浸水后定伸粘结性

按建筑密封材料浸水后定伸粘结性试验方法试验，试验伸长率见表9-13。试验结束后检查每个试件，若有一块试件破坏，则另取备用的一组试件复验。试件的检查方法同定伸粘结性试验方法。

11. 冷拉—热压后粘结性

按建筑密封材料冷拉—热压后粘结性试验方法试验。试件的拉伸—压缩率和相应幅度见表9-14。

表9-14 拉伸压缩幅度

级 别	20HM	25LM	20LM
拉伸压缩率（%）	±20	±25	±20
拉伸时宽度（mm）	14.4	15.0	14.4
压缩时宽度（mm）	9.6	9.0	9.6

第一周期试验结束后，检查每个试件粘结和内聚破坏情况。无破坏的试件继续进行第二周期试验；若有两个或两个以上试件破坏，应停止试验。第二周期试验结束后，若只有一块试件破坏，则取备用的一组试件复验。试件的检查方法同定伸粘结性试验。

12. 质量损失率

按建筑密封材料质量和体积变化的试验方法试验。

（六）判定规则

1. 单项判定

下垂度、流平性、表干时间、定伸粘结性、浸水后定伸粘结性、冷拉—热压后粘结性试验，每个试件均符合规定，则判该项合格。

挤出性、适用期试验每个试样均符合规定，则判该项合格。

密度、弹性恢复率、质量损失率试验每组试件的平均值符合规定，则判该项合格。

高模量产品在23℃和-20℃的拉伸模量有一项符合表9-11中高模量（HM）指标规定时，则判该项合格（以修约值判定）。

低模量产品在23℃和-20℃时的拉伸模量均符合表9-11中低模量（LM）指标规定时，则判该项合格（以修约值判定）。

2. 综合判定

检验结果符合技术全部要求时，则判该批产品合格。

外观质量不符合外观规定时，则判该批产品不合格。

有两项或两项以上指标不符合规定时，则判该批产品为不合格；若有一项指标不符合规定时，在同批产品中再次抽取相同数量的样品进行单项复验，如该项仍不合格，则判该批产品为不合格。

二、聚硫建筑密封膏

聚硫建筑密封膏是以液态聚硫橡胶为基料的常温固化型双组分建筑密封材料。对金属、混凝土、玻璃、木材等有良好粘结力,是建筑防水工程中常用的密封材料。

(一)类型及标记

按伸长率和模量分为 A 类和 B 类:

A 类:指高模量低伸长率的聚硫密封膏。

B 类:指高伸长率低模量的聚硫密封膏。

按流变性分为 N 型和 L 型:

N 型:指用于立缝或斜缝而不塌落的非下垂型。

L 型:指用于水平接缝能自动流平形成光滑平整表面的自流平型。

按试验温度及拉伸压缩百分率分为 9030、8020、7010 三个级别。

产品按下列顺序标记:名称、拉伸—压缩循环性能级别、类别、型别、本标准号。

标记示例

非下垂型 B 类 8020 级聚硫建筑密封膏标记为:

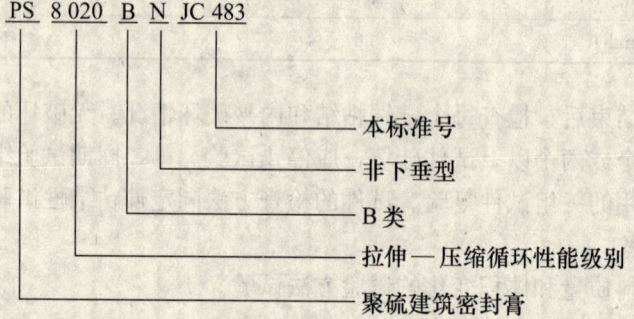

(二)技术要求

1. 外观质量

外观应为均匀膏状物,无结皮结块,无不易分散的析出物,两物分应有明显色差。密封膏颜色与供需双方商定的颜色不得有明显差异。

2. 理化性能

聚硫建筑密封膏理化性能必须符合表 9-15 中规定的技术指标要求。

表 9-15 聚硫建筑密封膏理化性能

试验项目		A 类		B 类		
		一等品	合格品	优等品	一等品	合格品
密度(g/cm³)		规定值±0.1				
适用期(h)		2~6				
表干时间(h) 不大于		24				
渗出性指数 不大于		4				
流变性	下垂度(N型)(mm) 不大于	3				
	流平性(L型)	光滑平整				
低温柔性(℃)		-30		-40		30

续表

试验项目			A 类		B 类		
			一等品	合格品	优等品	一等品	合格品
拉伸粘结性	最大拉伸强度（MPa）	不小于	1.2	0.8	0.2		
	最大伸长率（%）	不小于	100		400	300	200
恢复率（%）		不小于	90		80		
拉伸—压缩循环性能	级　别		8 020	7 010	9 030	8 020	7010
	粘结破坏面积（%）	不大于	25				
加热失重（%）		不大于	10		6		10

（三）抽样

聚硫建筑密封膏以出厂的同等级同类型产品每 2 t 为一批，进行出厂检验。不足 2 t 也可为一批。

抽样按防水涂料检验抽样方法进行。

（四）检验项目

检验分为出厂检验和型式检验。

出厂检验包括适用期、表干时间、下垂度或流平性。

型式检验为技术要求中规定的全部项目。

（五）试验方法

1. 试验基本要求

标准试验条件：试验温度 23±2 ℃，相对湿度 45%～55%。

聚硫建筑密封膏的混合：基膏与硫化膏按生产厂标明的比例混合均匀，避免带入气泡。

硫化条件：将制备好的试件在标准条件下放置 14 d。

在出厂检验时，允许采用加速硫化条件，即 80 ℃、8 h。但在型式检验或仲裁检验时不得使用加速硫化条件。

2. 适用期的测定

适用期的测定按照聚氨酯建筑密封膏适用期的试验方法进行。料筒选用 177 mL 聚乙烯筒，喷嘴口径为 6 mm，按 B 法进行检验。

3. 流变性的测定

流变性按建筑密封材料流动性试验方法进行检验。

下垂度的测定：A 类产品用 a 型模具；B 类产品用 b 型模具。试验温度选用 50±2 ℃，试件垂直放置。

流平性的测定：将待测的基膏和硫化膏在 5±2 ℃ 条件下放置 8 h，模具也在同样条件下放置 1 h，然后从 5±2 ℃ 低温箱中取出，混合均匀，再放回低温箱中放置 30 min，然后沿模具的一端到另一端注入约 20 mL 试料，在同样温度下水平静置 1 h，观察试料表面是否光滑平整。

4. 加热失重的测定

加热失重是指聚硫建筑密封膏在受热的条件下其质量损失的程度，用质量减少百分率表示,单位为%。

【试验器具】

培养皿:$\phi 75$ mm。

鼓风干燥箱:可调80 ± 2 ℃。

天平:称量200 g,感量0.001 g。

干燥器:$\phi 250$ mm。

油灰刀:小号。

【试件制备】

将培养皿清洗干净,在100 ℃干燥箱中烘至恒重。

按配比称取适量基膏与硫化膏,混合均匀。用油灰刀在恒重的培养皿中涂上直径约60 mm,厚约2 mm混合均匀的试料,将另一块培养皿盖在涂有试料的培养皿上,称其质量,然后在标准条件下放置14 d。每组制备3个试件。

【试验步骤】

将硫化好的试件放入80 ± 2 ℃的鼓风干燥箱中加热168 h,然后取出在干燥器中放置2 h,称重。

加热失重按下式计算:

$$L = \frac{M_2 - M_3}{M_2 - M_1} \times 100$$

式中 L——加热失重,%;

M_1——培养皿重,g;

M_2——加热前培养皿与试料重,g;

M_3——加热后培养皿与试料重,g。

5. 低温柔性的测定

按建筑密封材料低温柔性试验方法进行检验,试验选用直径6 mm的圆棒。

6. 恢复率的测定

按建筑密封材料弹性恢复率试验方法进行检验。

A类产品的测定伸长率选用160%;

B类产品的测定伸长率选用200%。

7. 拉伸—压缩循环性能的测定

按建筑密封材料拉伸—压缩循环性能测定方法进行检验。

试验报告应写明每组试件粘结破坏面积的百分比,精确至1%

8. 拉伸粘结性的测定

按建筑密封材料拉伸粘结性试验方法进行检验。试件按A法处理,试验温度为23 ± 2 ℃。

密度、表干时间按建筑密封材料相关试验方法进行试验。

(六)判定规则

在产品检验项目中,若有三项以上指标不合格时,即该批为不合格产品。若有两项以下不合格时,可再从该批产品中抽取双倍样品进行单项复验,仍有一项不合格时该批产品判定为不合格产品。

三、丙烯酸建筑密封膏

丙烯酸建筑密封膏是以丙烯酸乳液为基料制成的水乳型密封材料,是建筑防水工程中常用的建筑密封防水材料。

(一) 产品标记

产品按下列顺序标记:名称、拉伸—压缩循环性能级别、本标准号。

标记示例

拉伸—压缩循环性能级别为 7 010 的丙烯酸酯建筑密封膏标记为:

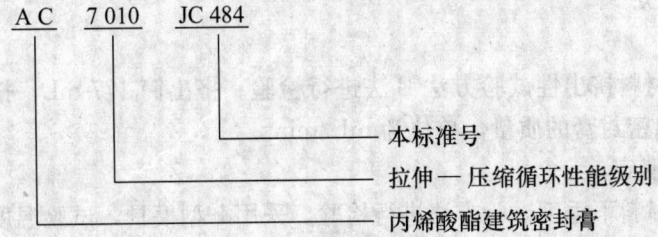

(二) 技术要求

1. 外观质量

外观应为无结块、无离析的均匀细腻的膏状体。产品颜色与供需双方商定的色标,应无明显差别。

2. 理化性能

产品理化性能应符合表 9-16 的要求。

表 9-16 丙烯酸建筑密封膏理化性能

项目			技术要求		
			优等品	一等品	合格品
密度 (g/cm³)			规定值±0.1		
挤出性 (mL/min)		不小于	100		
表干时间 (h)		不大于	24		
渗出性指数		不大于	3		
下垂度 (mm)		不大于	3		
初期耐水性			未见浑浊液		
低温贮存稳定性			未见凝固、离析现象		
收缩率 (%)		不大于	30		
低温柔性 (℃)			-20	-30	-40
拉伸粘结性	最大拉伸强度 (MPa)		0.02~0.15		
	最大伸长率 (%)	不小于	400	250	150
恢复率 (%)		不小于	75	70	65
拉伸—压缩循环性能	级别		7 020	7 010	7 005
	平均破坏面积 (%)	不大于	25		

第九章　密封材料和胶粘剂

(三) 抽样

丙烯酸建筑密封膏以同一等级 5 t 产品为一批,不足 5 t 也可作为一批进行出厂检验。抽样按涂料抽样方法进行,试样混合均匀后,取两份,每份为 0.5~1.0 kg. 一份密封贮存备用,另一份用作检验。

(四) 检验项目

检验分为出厂检验和型式检验。

出厂检验项目包括:挤出性、表干时间、渗出性、下垂度。

型式检验包括技术指标要求的全部检验项目。

(五) 试验方法

1. 挤出性

按建筑密封材料挤出性试验方法 B 法进行检验。挤出筒 177 mL,挤出嘴直径为 4 mm,测得 5~15 s 挤出密封膏的质量,单位为 mL/min。

2. 下垂度的测定

按建筑密封材料下垂度试验方法进行检验。采用 b 型模具,试验温度为 50 ± 2 ℃,试件垂直吊挂。

3. 初期耐水性的测定

初期耐水性是指丙烯酸建筑密封膏表干后耐水浸泡性能。反映水乳性丙烯酸密封膏施工后对水的浸泡性能,用浸泡水是否浑浊来判断。

【试验器具】

500 mL 烧杯 3 个。

【试件制备】

水泥砂浆块的试件尺寸如图 9-17 (a) 所示。制备水泥砂浆块按基材要求制作,24 h 脱模后,在水中养护 6 d,然后在标准条件下放置 14 d。

【试件处理】

将试样如图 9-17 (b) 所示填入砂浆块 10 mm×10 mm 槽内,填充时,避免混入气泡,制作 3 块试件,然后在标准条件下放置 24 h。

【试验步骤】

将养护后的试件竖立在 500 mL 的烧杯中,注入 23 ± 2 ℃清水,如图 9-17 (b) 所示,试件浸入水中约 80 mm,经 24 h 后观察浸渍水是否浑浊。

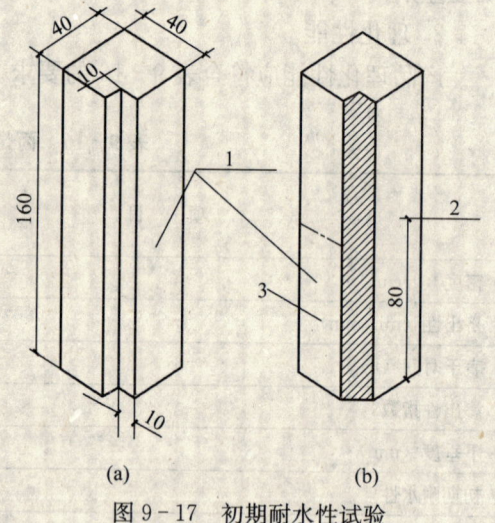

图 9-17　初期耐水性试验
1—砂浆块;2—水面;3—试样

试验报告分别写明 24 h 后 3 个烧杯中浸渍水是否浑浊。

4. 低温贮存稳定性的测定

低温贮存稳定性是指丙烯酸建筑密封膏在低温下存放,不产生结块、沉淀、凝聚的性能,以判定其低温贮存的条件。用是否产生凝固、离析等现象进行判定。

【试验器具】

低温箱：温度可调节为 -5 ± 2 ℃。

容器：容量约 100 mL 带有磨口瓶塞的玻璃容器 3 个。

【试验步骤】

在 3 个容器内分别装入约 50 mL 试样后密封，在 -5 ± 2 ℃的低温箱中保持 18 h 后取出容器，在标准条件下搁置 6 h，如此反复 3 次后打开容器盖子，用玻璃棒搅拌，观察试样中是否产生了凝固、离析等异常现象。

试验报告

分别写明 3 个循环后的试样，是否产生凝固、离析等现象。

5. 收缩率的测定

收缩率是指水乳型丙烯酸建筑密封膏因物理或化学变化，水的蒸发及挥发分的挥发而引起体积收缩的程度，用体积收缩率表示，单位为 g。

【试验条件及器具】

脱膜纸：不渗透或者不粘附密封膏的涂膜复合纸。

天平：感量 0.01 g。

容量瓶：50 mL 两个。

滴定管：50 mL。

蒸馏水。

【试验步骤】

在两张已称量的脱膜纸下分别挤出 3 条直径为 3 mm，长 50 mm 的密封膏，然后称出每组（3 条为一组）密封膏的质量，精确到 0.01 g。

将条状密封膏试样置于脱膜纸上，在标准条件下养护 28 d。

28 d 养护后，从纸上取下 3 条密封膏，将其置于容量瓶中，然后再用滴定管向装有密封膏的容量瓶的标线滴入蒸馏水。

对另一张脱模纸上的 3 条密封膏试样经 28 d 养护后，从纸上取下 3 条密封膏，将其置于容量瓶中进行体积测定。

体积收缩率按下式计算 ε（%）：

$$\varepsilon = \frac{(A \cdot B) - (50 - C)}{A \cdot B} \times 100$$

式中　A——密封膏的初始质量，g；

　　　B——密封膏单位质量的体积，mL/g；

　　　C——向容量瓶标志线滴入的蒸馏水体积，mL。

试验报告

写明两个体积收缩率测定结果的平均值，取 3 位有效数字。

6. 低温柔性的测定

按建筑密封材料低温柔性试验方法进行试验，采用直径为 25 mm 圆棒进行。

7. 拉伸粘结性的测定

按建筑密封材料拉伸粘结性试验方法进行检验。试件处理按 A 法进行，试验温度为 23 ± 2 ℃。

8. 恢复率的测定

按建筑防水密封材料弹性恢复率的试验方法进行检定。试件拉伸到原始宽度的125%，保持5 min，记录1 h的恢复率。

其余试验项目均按建筑密封材料相关检验项目试验方法进行检验。

（六）判定规则

外观质量不符合技术要求规定的产品为不合格产品。

该批产品的试验结果中若有三项不合格，则为不合格产品；有两项以下不合格，可在该批产品中双倍取样进行单项复试，如仍有一项不合格，则该批为不合格产品。

四、硅酮建筑密封膏

硅酮建筑密封膏是以聚硅氧烷为主要成分的非定型密封材料，属室温固化型建筑密封材料。根据所用硫化剂的不同，可制成高模量（磺酸型和醇型硫化体系）、中模量（醇型硫化体系）、低模量（酰胺型硫化体系）等密封材料。在建筑防水工程中应用最多的为低模量硅酮密封膏。

（一）分类与标记

1. 种类

硅酮建筑密封膏按用途分为两种类别：

F类——建筑接缝用

G类——镶装玻璃用（不适于制造中空玻璃用）

按包装型式分为两个品种：

1——单组分

2——双组分

按流动性分为两种型号：

N型——非下垂型

L型——自流平型

2. 产品标记

硅酮建筑密封膏按下列顺序标记：名称、拉伸—压缩循环性能、类别、品种、型号、标准号。

标记示例

9 030建筑接缝用单组分非下垂型硅酮密封膏标记如下。

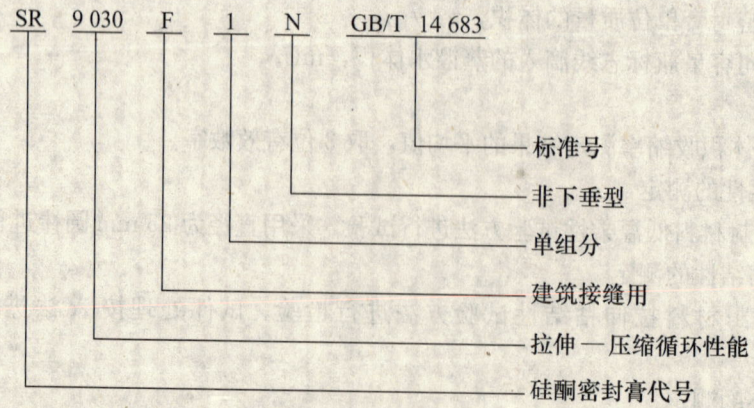

(二)技术要求

1. 外观质量

经目测,产品应为细腻、均匀膏状物或粘稠液体,不应有气泡、结皮和凝胶。产品的颜色与供需双方商定的样品相比,不得有明显差异。

2. 理化性能

硅酮建筑密封膏理化性能应符表 9-17 的规定。

表 9-17　硅酮建筑密封膏理化性能

项　目		技　术　指　标			
		F 类		G 类	
		优等品	合格品	优等品	合格品
密度(g/cm³)		规定值±0.1			
挤出性(mL/min)　不小于①		80			
适用期(h)　不小于②		3			
表干时间(h)　不大于		6			
流动性	下垂度(N 型)(mm)　不大于	3			
	流平性(L 型)	自流平		—	
低温柔性(℃)		−40			
定伸性能③	定伸粘结性	定伸 200%	定伸 160%	定伸 160%	定伸 125%
		粘结和内聚破坏面积不大于 5%			
	热—水循环后定伸粘结性	定伸 200%	定伸 160%	—	
		粘结和内聚破坏面积不大于 5%			
	浸水光照后定伸粘结性	—		定伸 160%	定伸 125%
				粘结和内聚破坏面积不大于 5%	
恢复率(%)　不小于		定伸 200%	定伸 160%	定伸 160%	定伸 125%
		90		90	
拉伸—压缩循环性能③		9030	8020	9030	8020
		粘结和内聚破坏面积不大于 25%			

注:① 仅适用于单组分产品。
② 仅适用于双组分产品。指标也可由供需双方协商确定。
③ 该项试验中,F 类产品选用水泥砂浆和铝合金基材,G 类产品选用玻璃基材。在拉伸—压缩循环性能试验中,G 类产品也可选用铝合金基材。

(三)抽样

单组分产品以同一等级、同一类型的 3 000 支产品为一批,不足 3 000 支也作一批。双组分产品以同一等级、同一类型的 200 桶产品为一批,不足 200 桶也作一批。

按照防水涂料抽样方法进行抽样,正常检查用二次抽样方案抽样,抽样数量见表 9-18。

表 9-18 抽样数量

品　种	批　量	第一次抽样数	第二次抽样数
单组分产品	≤1 200 支	3 支	3 支
	1 201~3 000 支	5 支	5 支
双组分产品	≤200 桶	3 桶	5 桶

双组分产品抽样方法按建筑防水涂料抽样规定进行。每组试验数量为：出厂检验不少于 1.0 kg，型式检验不少于 1.5 kg。

(四) 检验项目

检验项目分为出厂检验和型式检验。

出厂检验应按标准规定，对每批密封膏产品进行出厂检验。检验项目包括外观、挤出性、适用期、表干时间、流动性、定伸粘结性。

型式检验为技术要求的所有检验项目。

(五) 试验方法

1. 试验基本要求

(1) 标准试验条件

试验室标准条件温度为 23±2 ℃，湿度为 65%±5%。

(2) 试件制备

制备前，试样（双组分试样包括基胶和固化剂）应在标准条件下放置 24 h 以上。

制备时，单组分试样应用专用工具从包装筒中直接挤出注模，使试样充满模具内腔，勿带入气泡。挤注与修整的动作要快，防止试样在成型完毕前结膜。

双组分试样应按生产厂标明的比例混合均匀，避免混入气泡。若事先无特殊要求，混合后应在 30 min 内注模完毕。

(3) 固化条件

测试固化后性能的试件应在标准条件下放置 28 d。双组分的试件可放置 14 d。

注：在出厂检验时，允许适当加温以加速固化，但在型式检验或仲裁检验时不得进行加速固化。

2. 挤出性

按建筑密封材料挤出性试验方法试验。挤出器用 177 mL 聚乙烯筒，喷嘴内径为 6 mm。仲裁试验采用 A 法（体积法）试验，型式检验和出厂检验采用 B 法（质量法）试验。

记录 3 个试样的挤出率，并计算其平均值，精确至 1 mL/min。

3. 适用期的测定

试验方法与试验条件同挤出性试验。每个试样挤出 3 次，时间间隔为 1 h（也可适当缩短或延长）。计算各次挤出率（mL/min），描绘出各次挤出时间（h）与挤出率的关系曲线，读取挤出率为 50 mL/min 时对应的时间，即为适用期，精确至 0.5 h。记录 3 个试样的适用期，并计算其平均值。

4. 流动性的测定

(1) 下垂度的测定

按建筑密封材料下垂度试验方法试验。模具选用 b 型，试件在 50 ℃恒温箱中垂直放置 4 h。

(2) 流平性的测定

试验器具按建筑密封材料流平性试验方法准备。

【试验步骤】

将试样和模具在 5±2 ℃的低温恒温箱内静置 30 min。然后从模具的一端到另一端注入约 20 mL 试样,在同样温度下水平静置 1 h,观察试样表面是否平整光滑。

5. 低温柔性的测定

按建筑密封材料低温柔性试验方法试验。选用直径为 6 mm 圆棒。试件固化后不经高、低温周期处理,直接测定。

6. 定伸性能的测定

根据建筑密封材料定伸性能的相关试验方法试验。

(1) 定伸粘结性能的测定

定伸粘结性能所用被粘基材可选用玻璃板、铝合金板或水泥砂浆板中的任一种。可按生产厂的要求涂敷底涂料。试件按 A 法处理。试验温度 23±2 ℃。定伸宽度选用 200%、160%或 125%。

(2) 热—水循环后定伸粘结性能的测定

热—水循环后定伸粘结性试验所用被粘基材选用水泥砂浆板和铝合金板,可按生产厂的要求涂敷底层涂料。试件按 B 法处理,试验温度为 23±2 ℃。定伸宽度选用 200%或 160%。

(3) 浸水光照后定伸性能的测定

浸水光照后定伸性能测定时,定伸宽度选用 160%或 125%。

7. 恢复率的测定

按建筑密封材料弹性恢复率的试验方法试验。被粘铝材可按生产厂的要求涂敷底涂料。F 类产品试件允许用 A 法处理。G 类产品试件用 B 法处理。定伸宽度选用 200%、160%或 125%。取 3 个试件的平均值为检验结果。

8. 拉伸—压缩循环性能的测定

按建筑密封材料拉伸—压缩循环性能的试验。报告应写明每组试件粘结和内聚破坏面积的平均百分比(%),精确至 1%。

(六) 判定规则

外观质量不符合外观技术规定的产品为不合格品。

密度、恢复率试验每组试件的平均值符合规定,则判该项合格。

挤出性、适用期试验每个试样均符合规定,则判该项合格。

表干时间、下垂度、流平性、低温柔性、定伸性能、拉伸—压缩循环性能试验,每个试件均符合规定,则判该项合格。

在出厂检验和型式检验中,产品有 2 项或 2 项以上指标不符合规定时,则该批产品为不合格;产品有 1 项指标不符合规定时,在同批产品中二次抽样进行单项复验,如该项仍不合格,则该批产品为不合格。

第六节 定型建筑防水密封材料

定型建筑防水密封材料是根据建筑防水工程要求制成的带状、条状、垫状等各种形状尺寸的密封材料，通常是用高分子材料制成。在建筑防水工程中应用最多的有塑料止水带、橡胶止水带、自粘性橡胶密封带、遇水膨胀橡胶等。

一、橡胶止水带

橡胶止水带是以橡胶制成的用于建筑物或地下构筑物接缝的定型防水密封材料。主要有橡胶密封止水带、具有钢边的橡胶密封止水带，简称止水带。

橡胶止水带是以天然橡胶或合成橡胶为主剂的止水带，有良好的弹性、耐磨性、抗撕裂性，适应变形能力强。适用于地下构筑物、水坝、贮水池、游泳池、屋面等伸缩缝、变形缝的防水。

钢边橡胶止水带是以可伸缩的橡胶和两边配有镀锌钢带所组成的复合件，又称钢带橡胶止水带。具有高密封性，能适应特大的接缝变形量的需要，广泛用于水利工程、坝堤涵洞、隧道地铁、高层建筑的地下室等设施变形缝中。

（一）分类与标记

止水带按其用途分为以下三类：

(1) 适用于变形缝用止水带，用 B 表示；

(2) 适用于施工缝用止水带，用 S 表示；

(3) 适用于有特殊耐老化要求的接缝用止水带，用 J 表示。

注：具有钢边的止水带，用 G 表示。

产品的永久性标记应按下列顺序标记：

类型、规格（长度×宽度×厚度）。

标记示例

长度为 12 000 mm，宽度为 380 mm，公称厚度为 8 mm 的 B 类具有钢边的止水带标记为 BG-12 000 mm×380 mm×8 mm

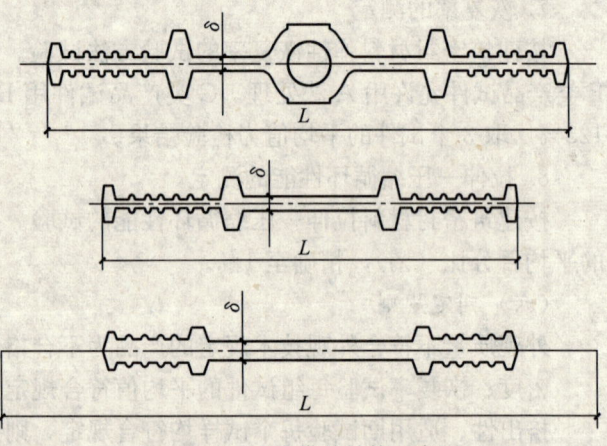

图 9-18 止水带的结构示意图

L—止水带公称宽度；δ—止水带公称厚度

（二）技术要求

1. 尺寸公差

止水带的结构示意图如图 9-18 所示。

尺寸公差列于表 9-19。

表 9-19 尺寸公差

项目	公称厚度 δ (mm)			宽度 L (%)
	4~6	>6~10	>10~20	
极限偏差	+1 0	+1.3 0	+2 0	±3

2. 外观质量

止水带表面不允许有开裂、缺胶、海绵状等影响使用的缺陷，中心孔偏心不允许超过管状断面厚度的 1/3。

止水带表面允许有深度不大于 2 mm、面积不大于 16 mm² 的凹痕、气泡、杂质、明疤等缺陷不超过 4 处；但设计工作面仅允许有深度不大于 1 mm、面积不大于 10 mm² 的缺陷不超过 3 处。

3. 物理性能

止水带的物理性能应符合表 9-20 的规定。

表 9-20 橡胶止水带的物理性能

项　目			指　标		
			B	S	J
硬度（邵尔 A）（度）			60±5	60±5	60±5
拉伸强度（MPa）		≥	15	12	10
扯断伸长率（%）		≥	380	380	300
压缩永久变形	70 ℃×24 h（%）	≤	35	35	35
	23 ℃×168 h（%）	≤	20	20	20
撕裂强度（kN/m）		≥	30	25	25
脆性温度（℃）		≤	−45	−40	−40
热空气老化	70 ℃×168 h	硬度变化（邵尔 A）（度） ≤	+8	+8	—
		拉伸强度（MPa） ≥	12	10	—
		扯断伸长率（%） ≥	300	300	—
	100 ℃×168 h	硬度变化（邵尔 A）（度） ≤	—	—	+8
		拉伸强度（MPa） ≥	—	—	9
		扯断伸长率（%） ≥	—	—	250
臭氧老化 50 pphm；20%，48 h			2 级	2 级	0 级
橡胶与金属粘合			断面在弹性体内		

注：① 橡胶与金属粘合项仅适用于具有钢边的止水带。
② 若有其他特殊需要时，可由供需双方协议适当增加检验项目，如根据用户需求酌情考核霉菌试验，但其防霉性能应等于或高于 2 级。

止水带接头部位的拉伸强度指标不得低于表 9-20 标准性能的 80%（现场施工接头除外）。

（三）组批与抽样

以每月同标记的止水带产量为一批，逐一进行规格尺寸和外观质量检验；并在上述检验合格的样品中随机抽取足够的试样，进行物理性能检验。

（四）检验项目

检验项目分为出厂检验和型式检验。

出厂检验应逐批对止水带的尺寸公差、外观质量、拉伸强度、扯断伸长率、撕裂强度进行检验。

型式检验项目为全部技术指标。

(五) 试验方法

1. 规格尺寸

用量具测量，厚度精确到 0.05 mm，宽度精确到 1 mm；其中厚度测量取制品上的任意 1 m 作为样品（但必须包括一个接头），然后自其两端起在制品的设计工作面的对称部位取 4 点进行测量，取其平均值。

2. 外观质量

用目测及量具检查。

3. 物理性能的测定

从规格尺寸检验合格的制品上截取试验所需的足够长度试样。按硫化橡胶或热塑性橡胶制备样品和试样的规定裁取试样，裁刀的刃口角度为 30°～35°，刀口斜度为 0.3～0.5 mm。制备试样的厚度：

1±0.1 mm，2±0.2 mm，4±0.2 mm，6.3±0.3 mm，12.5±0.5 mm。

试样裁好后应在标准条件（温度 23±2 ℃，相对湿度 50%±5%）下静止 24 h，然后按表 9-20 的物理要求性能进行试验。

(1) 硬度试验方法

按照第五章橡胶硬度检验方法进行 (GB/T 531)。

(2) 拉伸强度和扯断伸长率的测定

按第七章高分子防水卷材（片材）拉伸强度和扯断伸长率试验方法进行。用 Ⅱ 型试样，接头部位应保证使其位于两条标线之内 (GB/T 528)。

(3) 压缩永久变形试验

止水带在受压状态时，必然会产生变形，当压力消失后，这些变形不会完全恢复到原来的状态，于是就产生了压缩永久变形。压缩永久变形的大小取决于压缩状态的温度和时间，以及恢复时温度和时间。橡胶止水带的试验温度选择室温，采用 B 型试件，压缩率为 25%。

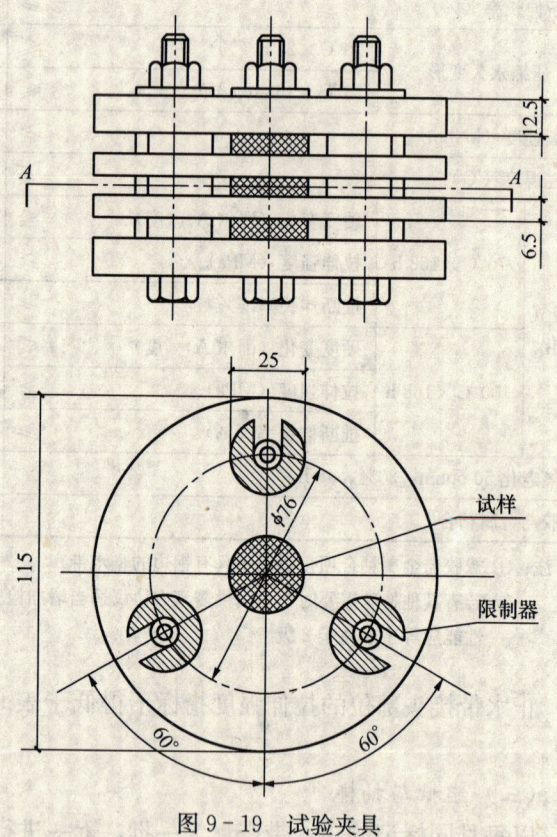

图 9-19 试验夹具

【试验装置】

试验夹具：包括压缩板、限制器和紧固件。如图 9-19 所示。

压缩板由 2 块或 2 块以上不锈钢板或镀铬钢板组成。压缩板应具有足够的刚度，受压时，压缩板的弯曲不应超过 0.01 mm。

钢板直径约 115 mm，厚度为 6.5 mm 和 12.5 mm。

不锈钢限制器是用来控制试样压缩的高度，在确定限制器尺寸时，应保证限制器不与试样接触，建议用环状的限制器，限制器高度规定列于表9-21。

表9-21 限制器高度　　　　　　　　　　　　　　　　　　　mm

试样类型	压缩率为25%时	压缩率为15%时	压缩率为10%时
A型	9.3~9.4	10.6~10.7	11.25~11.3
B型	4.7~4.8	5.3~5.4	5.65~5.7

注：进行结晶化研究时，为了能使压缩后试样高度在允许的误差范围内，保证压缩达到一定的精确度。A型试样应备有三套限制器满足精确度的要求，分别为9.12 mm、9.38 mm、9.62 mm；B型试样应备有四套限制器，分别为4.56 mm、4.67 mm、4.78 mm、4.89 mm。

如果没有一系列的限制器时，可使用垫块来获得正确的压缩高度，但试样压缩状态时，压缩板之间是平行的。

选用B型限制器、压缩率为20%。

压紧装置：在标准试验温度条件时，一个简单的螺杆装置即可满足压缩试样的要求。

厚度计。

计时装置。

【试样制备】

试样尺寸：选用B型，试样直径为29±0.5 mm，高12.5±0.5 mm的圆柱体。

用裁刀制备试样，每组试样3个。

试样需在温度23±2℃，相对湿度50%±5%的标准条件下调节至少3 h。

试验温度为23±2℃。

【试验步骤】

在压缩夹具的压缩板表面上涂一层润滑剂（滑石粉、甲基硅油），使试件不粘夹具。

调整厚度计指针为零，测量试件中心部的高度（h_0）。3个试样高度差不超过0.01 mm。

将试件、限制器置于夹具中，均匀地压缩到规定的高度（h_0），压缩时试样、限制器不能互相接触。把已装有试样的压缩夹具放入后，即开始计算时间。

常温试验结束后，松开紧固件，把试件放置于木板上，在标准温度环境下放置30±3 min，然后用厚度计测量试件恢复高度（h_1），精确到0.01 mm。

也可以让整个压缩夹具在室温下保持30~120 min，再从压缩夹具中取出试样，停放30 min，测量试样高度。但应在报告中注明停留时间。

压缩永久变形C（%）按下式计算：

$$C = \frac{h_0 - h_1}{h_0 - h_s} \times 100$$

式中　C——压缩永久变形，%；

　　　h_0——试样原高度，mm；

　　　h_s——限制器高度，mm；

　　　h_1——试样恢复后的高度，mm。

每个试验结果与中值的差不大于2%或与算术平均值的差不大于±10%，否则再取3个试样试验。结果取所有试验数据中值，并在报告中注明试样的个数。

通常只计算恢复 30 s 和 30 min 时的压缩永久变形。

(4) 撕裂强度试验

撕裂强度是将试件拉伸,使割口扩展至断裂时所需要的最大作用力与试样厚度之比,单位为 kN/m。

【试验器具】

拉力试验机:拉伸速度为 500±50 mm/min。

试样:割口的直角形试样凹边中心处,深度为 1.0±0.2 mm。试样割口时,只能切割一次,不能重复切割。

【试验步骤】

试验温度 23±2 ℃,相对湿度 50%±5%。

测量试样撕裂区的厚度不得少于三点,取中位值,厚度值不得偏离所取数值的 2%。如果对多组试样进行比较,则每一组试样平均厚度必须在各组试样平均厚度的 7.5% 范围内。

将试样置于拉力试验夹持器上,按规定的拉伸速度对试样进行拉伸,直至试样断裂,记录其拉力值。

撕裂强度按下式计算:

$$T_s = \frac{F}{d}$$

式中 T_s——撕裂强度,kN/m;
 F——试样撕裂时所需要的力的最大值,N;
 d——试样的厚度,mm。

试验结果以每个方向试样的中位数和标准偏差表示,数值精确到整数位。

(5) 脆性温度试验

脆性温度是指橡胶止水带在规定条件下经受冲击时破坏的最低温度,或不产生破坏的最低温度。采用 GB/T 15256 试验方法进行试验。

【仪器和材料】

试样夹持器和冲击头,其形状如图 9-20 所示。

电磁线圈低温冲击试验机:由固定球架、冲击头、测温装置和电磁线圈驱动装置所组成。仪器基本尺寸如下:

冲击头半径为 1.6±0.1 mm;冲击时,冲击头和试样夹持器之间间隙为 6.4±0.3 mm;冲击头的中心线与试样夹持器之间的距离为 8±0.3 mm。

冲击头沿着垂直于试样上面的方向运动,并以 2.0±0.2 m/s 的速度冲击试样,冲击后移动速度至少在 6 mm 范围内保持不变。

温度显示器:直径为 0.2~0.5 mm 的康铜丝构成的热电偶,试验温度范围内可精确到±0.5 ℃。

传热介质:传热介质采用在试验温度下

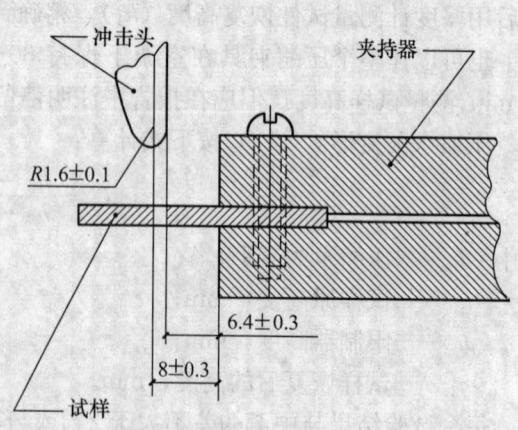

图 9-20 试样夹持器和冲击头

能保持为流体并对试验材料无影响的液体或气体。

可以使用以下流体：

温度下降-60 ℃：可使用在室温下具有 5 mm²/s 运动粘度的聚硅酮类流体，其化学性质接近于橡胶，不易燃，无毒。

温度下降-70 ℃：可用甲醇或乙醇。

温度下降-120 ℃：用液氮冷却的甲基环己烷液体。

【试样制备】

试样可用适宜的裁刀从胶片上冲切下来，试样应为下列两种类型之一。

A 型：长 25~40 mm，宽 6±1 mm，厚 2.0±0.2 mm 的条形试样。

B 型：试样厚度为 2.0±0.2 mm，形状和尺寸如图 9-21 所示。

通常采用 B 型试件。

【试验步骤】

用液体传热介质进行试验时，在试验开始前应准备好低温槽，并将液体介质调节到试样的起始温度。在低温槽中放入足够量的液体，以保证试样浸没深度约为 25 mm。

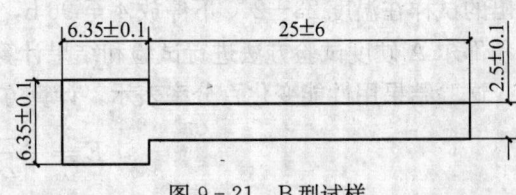

图 9-21　B 型试样

把试样固定在试样装置上，并在试验温度下浸泡 5 min，试样自由长度应大于 19 mm。

每次冲击可用 4 个 A 型试样或 10 个 B 型试样。正确地紧固夹持器极为重要，夹持器紧固应使每个试件所受压力大致相同。

在试验温度下，经规定时间浸泡后，记录温度并对试样进行一次冲击。检查每个试件，确定是否破坏。将试验时出现的肉眼可见的裂纹、裂缝或小孔，或完全分离成两片，以及更多碎片定义为破坏。当试样未完全断裂时，将试样沿冲击时所形成的弯曲方向弯曲 90°角，然后在弯曲处检查试样裂纹。

在确定试样无破坏最低温度时，建议将试样在低于预计的无破坏的最低温度下开始试验，并每隔 10 ℃做一组试验，直到获得无破坏为止。然后将低温槽的温度降到已观察到破坏的最高温度，并逐渐升温进行试验，升温幅度建议为 2 ℃。在每个温度下进行试验，直到在某一温度下获得破坏时为止。记录该温度为脆性的极限温度。

每次冲击都使用新试件。制冷剂可选用固体二氧化碳或液氮。

如果一组试件中没有任何一个试件破坏，则视为合格。反之一组试件中有任何一个试件发生破坏，则视为不合格。

还可采用气体传热介质进行试验。

(6) 热空气老化试验

止水带热空气老化试验按 GB/T 3512 规定进行。

【试验装置】

采用热空气老化试验箱进行老化试验，老化箱应符合下列要求：

具有连续鼓风装置以及进气孔和排气孔；箱内有能转动的试验架；必须装有温度控制装置；以老化箱内工作室内中央的温度作为试验温度，温度分布均匀；老化箱的空气置换率为 3~10 次/h。

【试样制备】

按拉伸试验和邵尔 A 硬度试验方法裁取试样,每种哑铃状试样数量不得少于 10 个。其中 5 个测定老化前的拉伸及断裂伸长率试验,5 个在用于老化后的性能测试。

【试验条件】

老化试验温度:70 ℃和 100 ℃。

老化试验时间:168 h。

【试验步骤】

在老化试验前测定试样厚度。将老化箱调至所需温度,稳定后把试样呈自由状态悬挂在老化箱中进行老化试验。每两个试样之间的距离不得小于 5 mm,试样与箱壁间的距离不得小于 70 mm。当试验区域的温度分布不符合规定时,可缩小试验区域,直到符合规定为止。

试样放入恒温的老化箱内,即开始计算老化时间,达到规定的老化时间时,立即取出。取出的试样在温度 23±2 ℃下停放 4 至 96 h,并在这期间印上标线,按拉伸强度、断裂伸长率和邵尔 A 硬度试验方法进行试验和结果计算。

试验结果用性能变化百分率表示,计算方法按下式进行。

$$E = \frac{A-B}{B} \times 100$$

式中 E——试样性能变化百分率,%;

A——试样老化后的测定值;

B——试样老化前的测定值。

性能变化百分率的取值精确到整数位,硬度的变化用 A−B 之差来表示。

(7) 耐臭氧老化性

耐臭氧老化性试验是模拟大气中的臭氧条件对橡胶试样进行试验,观察外观和性能变化,从而评价橡胶止水带耐臭氧性能,判断其使用寿命。

耐臭氧老化试验可按沥青防水卷材相关试验方法进行。

(8) 橡胶与金属粘合试验

橡胶与金属的粘合可采用任何适用的剪切或剥离试验方法,试样断裂部分应在弹性体之间。

(9) 防霉性试验

按 GB/T 2423·16 的规定进行,也可参照第六章油毡的防霉性试验进行。

(六) 判定规则

尺寸公差、外观质量及物理性能各项指标全部符合技术要求,则为合格品,若物理性能有一项指标不符合技术要求,应另取双倍试样进行该项复试,复试结果如仍不合格,则该批产品为不合格。

二、遇水膨胀橡胶

遇水膨胀橡胶是以水溶性聚氨酯预聚体、丙烯酸钠高分子吸水性树脂与天然橡胶或氯丁橡胶等合成橡胶制得的防水材料。其具有橡胶制品的特性,又有遇水自行膨胀的功能。

主要用于隧道、顶管、人防等地下防水工程接缝的防水密封。

(一) 分类与标记

产品按工艺可分为制品型(PZ)和腻子型(PN)。

产品按其在静态蒸馏水中的体积膨胀倍率（%）可分别分为制品型：≥150%~<250%，≥250%~<400%，≥400%~<600%，≥600%等几类；腻子型：≥150%，≥220%，≥300%等几类。

产品应按下列顺序标记：类型、体积膨胀倍率、规格（宽度×厚度）；复合型膨胀橡胶止水带因其主体为"止水带"，故其标记方法应按遇水膨胀橡胶的标记方法标记。例如：

宽度为 30 mm、厚度为 20 mm 的制品型膨胀橡胶，体积膨胀倍率≥400%，标记为：

PZ-400 型 30 mm×20 mm

长轴 30 mm、短轴 20 mm 的椭圆形膨胀橡胶，体积膨胀倍率≥250%，标记为：

PZ-250 型 R15 mm×R10 mm

复合型膨胀橡胶

宽度为 200 mm，厚度为 6mm 施工缝（S）用止水带，复合两条体积膨胀倍率为≥400%的制品型膨胀橡胶，标记为：

S-200 mm×6 mm/PZ-400×2 型

（二）技术要求

1. 制品型尺寸公差

膨胀橡胶的断面结构示意图如图 9-22 所示；制品型尺寸公差应符合表 9-22 规定。

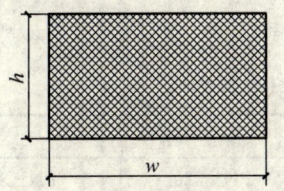 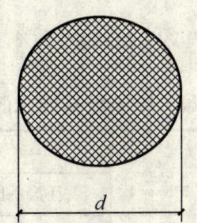 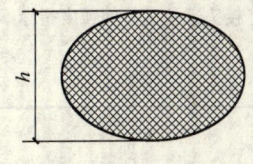

图 9-22 断面结构示意图

表 9-22 尺寸公差

项目	厚度 h（mm）			直径 d（mm）			椭圆（以短径 h 为主）（mm）			宽度 ω（mm）		
	≤10	>10~30	>30	≤30	>30~60	>60	<20	20~30	>30	≤50	>50~100	>100
极限偏差	±1.0	+1.5 −1.0	+2 −1	±1	±1.5	±2	±1	±1.5	±2	+2 −1	+3 −1	+4 −1

注：其他规格及异型制品尺寸公差由供需双方商定，异型制品的厚度为其最大工作面厚度。

2. 制品型外观质量

膨胀橡胶表面不允许有开裂、缺胶等影响使用的缺陷。

每米膨胀橡胶表面不允许有深度大于 2 mm、面积大于 16 mm² 的凹痕、气泡、杂质、明疤等缺陷超过 4 处。

有特殊要求者，由供需双方商定。

3. 物理性能

膨胀橡胶的物理性能如表9-23及表9-24所示,如有体积膨胀倍率大于600%要求者,由供需双方商定。

表9-23 制品型膨胀橡胶胶料物理性能

项目			指 标			
			PZ-150	PZ-250	PZ-400	PZ-600
硬度(邵尔A)(度)			42±7	42±7	45±7	48±7
拉伸强度(MPa)		≥	3.5	3.5	3	3
扯断伸长率(%)		≥	450	450	350	350
体积膨胀倍率(%)		≥	150	250	400	600
反复浸水试验	拉伸强度(MPa)	≥	3	3	2	2
	扯断伸长率(%)	≥	350	350	250	250
	体积膨胀倍率(%)	≥	150	250	300	500
低温弯折(−20℃×2h)			无裂纹			

注:① 硬度为推荐项目。
② 成品切片测试应达到本标准的80%。
③ 接头部位的拉伸强度指标不得低于表2标准性能的50%。

表9-24 腻子型膨胀橡胶物理性能

项目		指 标		
		PN-150	PN-220	PN-300
体积膨胀倍率①(%)	≥	150	220	300
高温流淌性(80℃×5h)		无流淌	无流淌	无流淌
低温试验(−20℃×2h)		无脆裂	无脆裂	无脆裂

注:检验结果应注明试验方法。

(三)组批与抽样

以每月同标记的膨胀橡胶产量为一批,每批抽取两根进行外观质量检验,并在每根产品的任意1m处随机取3点进行规格尺寸检验(腻子型除外);在上述检验合格的样品中随机抽取足够的试样,进行物理性能检验。

(四)检验项目

检验项目分为出厂检验和型式检验。

出厂检验项目有膨胀橡胶的尺寸公差、外观质量、拉伸强度、扯断伸长率、体积膨胀倍率。

型式检验为技术要求所有项目。在正常情况下,全部项目每半年进行一次检验。

(五)试验方法

1. 外观质量

产品规格尺寸用精确为0.1mm的量具测量,取任意3点进行测量,均应符合表9-22

的规定。

外观质量用目测及量具检查。

2. 样品制备

样品的制备：制品型试样应采用与制品相当的硫化条件，沿压延方向制取标准试样，成品测试从经规格尺寸检验合格的制品上裁取试验所需的足够长度，按橡胶止水带的规定制备试样，经70±2℃恒温3h后，在标准状态下停放4h，按表9-23的要求进行试验；腻子型试样直接取自产品，按试验方法规定尺寸制备。

3. 体积膨胀倍率

体积膨胀倍率是浸泡后的试样质量与浸泡前试样质量的比率，用％表示。以判断遇水膨胀橡胶的防水性能。

试验方法Ⅰ

【试验准备】

试验室标准试验条件：温度23±2℃，相对湿度50％±5％。

天平：精度0.001g。

试样尺寸：长、宽各为20.0±0.2mm，厚度2.0±0.2mm，数量为3个。用成品制试样时，应尽可能去掉表层。

【试验步骤】

将制做好的试样先用0.001g精度的天平称出在空气中的质量，然后再称出试样悬挂在蒸馏水中的质量。

将试样浸泡在23±5℃的300mL蒸馏水中，试验过程中，应避免试样重叠及水分的蒸发。

试样浸泡72h后，先用0.003g精度的天平称出其在蒸馏水中的质量，然后用滤纸轻轻吸干试样表面的水分，称出试样在空气中的质量。

计算公式

$$\Delta V = \frac{m_3 - m_4 + m_5}{m_1 - m_2 + m_5} \times 100\%$$

式中　ΔV——体积膨胀倍率，％；

　　　m_1——浸泡前试样在空气中的质量，g；

　　　m_2——浸泡前试样在蒸馏水中的质量，g；

　　　m_3——浸泡后试样在空气中的质量，g；

　　　m_4——浸泡后试样在蒸馏水中的质量，g；

　　　m_5——坠子在蒸馏水中的质量，g（如无坠子用发丝等特轻细丝悬挂可忽略不计）。

计算方法

体积膨胀倍率取3个试样的平均值。

试验方法Ⅱ

试样浸泡后不能用称量法检测的试样用试验方法Ⅱ进行检验。

【试验准备】

试验室标准条件：温度23±2℃，相对湿度50％±5％；试验仪器为0.001g精度的天平和 50 mL 的量筒。

取试样质量为 2.5 g，制成直径约为 12 mm，高度约为 12 mm 的圆柱体，数量为 3 个。

【试验步骤】

将制做好的试样先用 0.001 g 精度的天平称出其在空气中的质量，然后再称出试样悬挂在蒸馏水中的质量（必须用发丝等特轻细丝悬挂试样）。

先在量筒中注入 20 mL 左右的 23±5 ℃的蒸馏水，放入试样后，加蒸馏水至 50 mL。然后，在标准试验条件下放置 120 h（试样表面和蒸馏水必须充分接触）。

读出量筒中试样占水体积的毫升数（即试样的高度），把毫升数换算为 g（水的体积是 1 mL 时，质量为 1 g）。

计算公式

$$\Delta V = \frac{m_3}{m_1 - m_2} \times 100\%$$

式中　ΔV——体积膨胀倍率，%；

m_1——浸泡前试样在空气中的质量，g；

m_2——浸泡前试样在蒸馏水中的质量，g；

m_3——试样占水体积的毫升数，换算为质量，g；。

计算方法

体积膨胀倍率取 3 个试样的平均值。

4. 低温弯折试验

按高分子防水卷材低温弯折试验方法进行试验。试验室温度为 23±2 ℃，试件尺寸为 20 mm×100 mm×2 mm，低温弯折温度为−20 ℃，2 h。

5. 反复浸水试验

将试样在 23±5 ℃蒸馏水中浸泡 16 h，取出后在 70 ℃下烘干 8 h，再放到水中浸泡 16 h，再烘干 8 h，如此反复浸水、烘干 4 个循环周期之后，测其硬度、拉伸强度和伸长率，并按体积膨胀率试验方法测试其体积膨胀率。

6. 硬度试验

按橡胶止水带邵尔 A 硬度试验方法试验。

7. 拉伸强度试验

按橡胶止水带拉伸强度试验方法进行，用 Ⅱ 型试样。

8. 腻子型试样的低温试验

腻子型试样低温试验时，将 50 mm×100 mm×2 mm 的试样在−20±2 ℃低温箱中停放 2 h，取出后立即在 ϕ10 mm 的棒上缠绕 1 圈，观察其是否脆裂。

9. 高温流淌性试验

高温流淌性是将 3 个 20 mm×20 mm×4 mm 的试样分别置于 75°倾角的带凹槽木架上，使试样厚度的 2 mm 在槽内，2 mm 在槽外；一并放入 80±2 ℃的干燥箱内，5 h 后取出，观察试样有无明显流淌，以不超过凹槽边线 1 mm 为无流淌。

（六）判定规则

尺寸公差、外观质量及物理性能各项指标全部符合技术要求，则为合格品，若有一项指标不符合技术要求，应另取双倍试样进行该项复试，复试结果如仍不合格，则该批产品为不合格。

三、膨润土遇水膨胀止水条

膨润土遇水膨胀止水条是以膨润土为主要原料，添加橡胶及其他助剂加工而成。主要用于各种建筑物、构筑物、隧道及水利工程的缝隙止水防渗。国家标准 JG/T 141。

(一) 分类、型号及标记

1. 分类

膨润土橡胶遇水膨胀止水条根据产品特性可分为普通型及缓膨型。

2. 型号代号

(1) 名称代号

膨润土　　　B（Bentonite）
止水　　　　W（Waterstops）

(2) 特性代号

普通型　　　C（Common）
缓膨型　　　S（Slow-swelling）

(3) 主参数代号

以吸水膨胀倍率达 200%～250%时所需不同时间为主参数，见表 9-25。

表 9-25　吸水膨胀率达 200%～250%时所需时间

主参数代号	4	24	48	72	96	120	144
吸水膨胀倍率达200%～250%时所需时间(h)	4	24	48	72	96	120	144

3. 标记方法

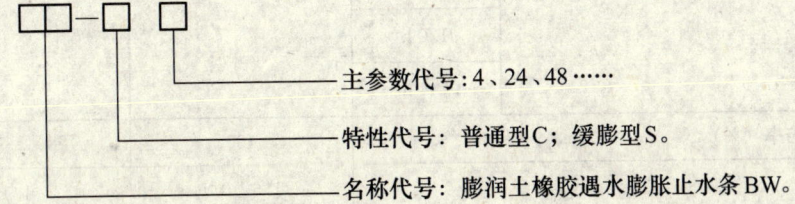

标记示例

普通型膨润土橡胶遇水膨胀止水条，吸水膨胀倍率达 200%～250%时所需时间为 4 h。

标记为：BW-C4

缓膨型膨润土橡胶遇水膨胀止水条，吸水膨胀倍率达 200%～250%时所需时间为 120 h。

标记为：BW-S120

(二) 技术要求

1. 外观

为柔软有一定弹性匀质的条状物，色泽均匀，无明显凹凸等缺陷。

2. 规格尺寸

常用规格尺寸见表 9-26。

表 9-26 规格尺寸

长度（mm）	宽度（mm）	厚度（mm）
10 000	20	10
10 000	30	10
5 000	30	20

规格尺寸偏差：长度为规定值的±1%；宽度及厚度为规定值的±10%。

其他特殊规格尺寸由供需双方商定。

3. 技术指标

产品应符合表 9-27 规定的技术指标。

表 9-27 膨润土橡胶遇水膨胀止水条技术指标

项 目		技 术 指 标	
		普通型 C	缓膨型 S
抗水压力（MPa） ≥		1.5	2.5
规定时间吸水膨胀倍率（%）	4 h	200～250	—
	24 h		
	48 h		
	72 h	—	200～250
	96 h		
	120 h		
	144 h		
最大吸水膨胀倍率（%） ≥		400	300
密度（g/cm³）		1.6±0.1	1.4±0.1
耐热性	80 ℃、2 h		无流淌
低温柔性	−20 ℃、2 h 绕 ϕ20 mm 圆棒		无裂纹
耐水性	浸泡 24 h	不呈泥浆状	—
	浸泡 240 h	—	整体膨胀无碎块

（三）抽样

抽样时，每同一型号产品 5 000 m 为一批，如不足 5 000 m 皆认为一批。每批任选 3 箱，每箱任取一盘，检测外观及规格尺寸后，在距端部 0.1 m 外任一部位各截取长度约 1 m 试样一条。

（四）试验方法

1. 试验环境

试验室：温度 23±2 ℃，相对湿度 50%±5%；吸水膨胀倍率测定水温必须保持 23±2 ℃。

2. 外观

在自然光源下进行目测检验。

3. 规格尺寸

用精度为 0.1 mm 的钢直尺及 10 m 钢卷尺进行检测。

4. 抗水压力

【试验装置】

抗水压力试验在抗水压力机进行。抗水压力机的装置如图 9-23 所示。

【试验步骤】

将抗水压力机启动，检查水流是否畅通，关机；擦干试样槽及盖板水渍，然后将试样装填满试样槽；压实后用刀片刮平；装上垫片，用紧固螺栓将盖板与试模主体连接紧固。

启动水泵，向试模中注入自来水，记录开始时间，缓缓升压，每间隔 5 min 加压一次，使试样与水始终充分接触，当水压达 0.10 MPa，可每间隔 10 min 加压一次，当水压达 0.50 MPa 以上，每间隔 2 h 加压一次，直到规定压力。全过程 C 型不超过 24 h，S 型不超过 240 h。

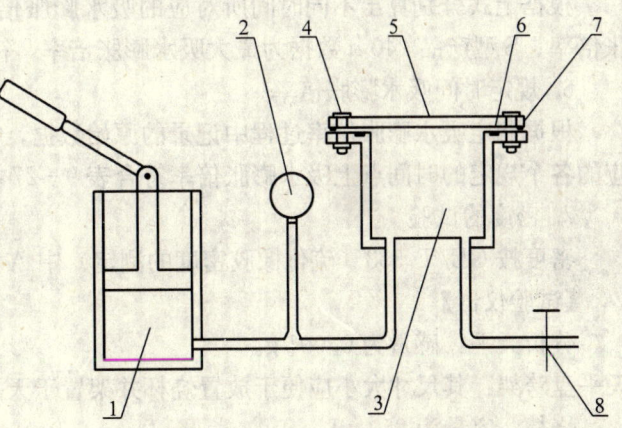

图 9-23 抗水压力机示意图
1—水泵；2—压力表；3—试模主体；4—紧固螺栓；
5—试模盖板；6—试样槽：尺寸为宽度 20 mm，高度 10 mm；
7—垫片：厚度为 0.3～0.4 mm；8—泄水阀

注意事项：

装填试样方向必须一致，并保证试样装填的密实程度和表面平整、无缺陷。

试验过程中加压时应规律、平稳地施加水压，不宜突然施加冲击性水压。

试验结果：

每组 3 个试样均能在规定压力作用下保压 30 min 无渗水现象为合格。

5. 吸水膨胀率试验

【试验准备】

用锋利小刀裁切约 30 mm×10 mm×10 mm 试样各 3 块，每块重约 4 g，将桥形托架架在天平称盘上，用于测试。

【试验步骤】

根据硫化橡胶耐液体试验方法（GB/T 1690）中规定的试验步骤。首先在空气中称量每个试样的质量 M_1（精确到 1 mg）和试样浸入水中的质量 m_1。然后将试样浸泡在水中。C 型每间隔 2 h 测定一次试样在空气中的质量 M_2 和试样在水中的质量 m_2。S 型每间隔 12 h 测定一次试样在空气中的质量 M_2 和试样在水中的质量 m_2，并记录。测定至吸水膨胀倍率基本不再增加为止。C 型产品按 24 h 计，S 型产品按 240 h 计。

在水中称量时，应注意排除试样表面气泡。试验液体的体积不得小于试样总体积的 15 倍，每片试样之间和试样与装置壁之间不得接触，试验用液体只限用一次。

每组 3 个试样，取其算术平均值作为吸水膨胀倍率，结果按下式进行计算：

$$\Delta V = \frac{M_2 - m_2}{M_1 - m_1} \times 100$$

式中　ΔV——吸水膨胀倍率，%；
　　　M_1——浸泡前试样在空气中的质量，g；
　　　M_2——浸泡后试样在空气中的质量，g；
　　　m_1——吸水膨胀前试样在水中的质量，g；
　　　m_2——吸水膨胀后试样在水中的质量，g。

根据上式分别算出不同时间所对应的吸水膨胀倍率，C 型产品 24 h 数据为最大吸水膨胀倍率、S 型产品 240 h 数据为最大吸水膨胀倍率，符合表 9-27 指标规定为合格。

6. 规定时间吸水膨胀倍率

根据测定吸水膨胀倍率过程中记录的原始数据，按上式计算的结果，再根据不同型号对应的各个规定的时间点上吸水膨胀倍率符合表 9-27 指标规定为合格。

7. 密度的试验

密度按 GB/T 533（硫化橡胶密度的测定）中 A 法进行测定。

【试验仪器】

分析天平：感量为 0.001 g。

天平盘跨架：其尺寸大小应便于放置烧杯并架置于天平盘和吊钩的空当中。

烧杯：容量为 250 mL。

【试样制备】

试样为片状，其质量不小于 2.5 g。试样不应有气泡、裂缝、杂质，表面光滑。

【试验步骤】

称量在空气中试样的质量 M_1 精确到 0.001 g。把跨架放置在天平盘和吊钩的空当中，彼此不应有任何接触，将盛有蒸馏水的烧杯放置在跨架上。将适当长度的细丝一端系成吊环挂在天平吊钩上，另一端系住试样，浸入水中，试样的底部与烧杯底部的距离约 25 mm。称量试样在水中的质量 m_1。水的温度应接近试验室温度。

每组 3 个试样，取其算术平均值作为密度，结果按下式计算：

$$\rho = \frac{M_1}{M_1 - m_1} \times \rho_0$$

式中　ρ——密度，g/cm³；
　　　ρ_0——水的密度，g/cm³；
　　　M_1——浸水前试样在空气中的质量，g；
　　　m_1——吸水膨胀前试样在水中的质量，g。

符合表 9-27 指标规定为合格。

8. 耐热性试验

将试样裁切成长度为 100 mm 3 块，用金属丝穿过，悬挂于已加热至规定温度（80℃）

的烘箱，恒温 2 h。观察经加热后的试样 3 块均无流淌现象为合格。

9. 低温柔性试验

将试样裁切成长度为 150 mm 3 块，平放于已达规定温度（-20℃）的冰箱中，同时将 ϕ20 mm 金属棒也置于冰箱中，保持温度恒定，试验时间为 2 h。开启冰箱门，在 3 s 之内迅速将冷冻过的试样置于金属棒表面绕 180°取出，用 5 倍放大镜观察，3 块试样表面均无裂纹现象为合格。

10. 耐水性试验

试样裁切成长度为 30 mm 各 3 块，在标准水温下浸泡于盛满蒸馏水的烧杯中。C 型试样浸泡 24 h，S 型试样浸泡 240 h。

C 型试样浸泡后呈龟裂或散成碎块均为合格，如呈泥浆状为不合格。

S 型试样浸泡后呈整体膨胀或整体膨胀后有裂纹均为合格，如散成碎块为不合格。

（五）检验项目

产品检验分出厂检验和型式检验两种。

产品须经检验合格并附产品合格证后方能出厂。

出厂检验应在型式检验合格有效期内进行。

出厂检验项目包括：外观、规格尺寸、抗水压力、规定时间吸水膨胀倍率，最大吸水膨胀倍率、耐水性。

型式检验为技术要求全部项目。

（六）判定规则

经检验，全部检验项目符合本标准规定的技术指标，则判定该产品为合格品。当其中一项不合格时，对同一批产品的不合格项目按双倍抽样进行复检，复检合格判该产品为合格，复检仍不合格，则判定该产品为不合格。

四、塑料止水带

塑料止水带是以聚氯乙烯树脂为主剂，添加增塑剂、稳定剂和填料经塑炼挤压加工而成的定型密封材料。主要用于建筑地下防水工程、隧道、涵洞、坝体的变形缝密封防水。

塑料止水带目前还无国家统一标准。现将常用塑料止水带技术性能列于表 9-28。

表 9-28 塑料止水带物理力学性能

项 目	指 标	项 目		指 标
抗拉强度（MPa）	≥12	耐寒（℃）		-45
定伸强度（MPa）	≥4.5	热老化系数 (70℃×360 h)	抗拉强度 变化系数	0.95
相对伸长率（%）	≥300			
扯断永久变形（%）	≤50		相对伸长率 变化系数	0.95
硬度（邵氏 A）	70±5			

检验方法按照橡胶止水带试验方法试验。

塑料止水带的形状规格及用途列于表 9-29。

表 9-29 塑料止水带的形状规格、用途、特点

形 状	型号	宽度 (mm)	厚度 (mm)	参考重量 (kg/m)	用 途	特 点
(内径17 外径27，16,28,28,50,18,280)	651	280±10	7±1.5	3.5±0.3	用于工业与民用建筑的地下防水工程、隧道、涵洞、坝体、溢洪道、沟渠等水工构筑物的变形缝防水	原料充足、成本低廉（仅为天然橡胶品的40%~50%），耐久性好，生产效率高，物理力学性能能满足使用要求，可节约橡胶及紫铜片
(内径17 外径25，16,45,52,26,280)	652	280±10	7±1.5	3.4±0.3		
(10,45,120,230)	653	230±10	6±1.5	1.7±0.2		
(内径10 外径15，40,32,32,42,29,350)	654	350±10	6±1.5	4.0±0.4		

五、金属止水带

金属止水带是用镀锌铁皮、钢板或皱纹铜片经裁剪压型而成。其特点是取材较易，施工方便。缺点是适应变形性能差，当采用埋入式时，两侧混凝土产生变形，金属与混凝土的粘结易破坏，常导致渗漏水，故金属止水带目前应用较少。

金属止水带的规格及用料列于表 9-30。

表 9-30 金属止水带的规格及用料

形状与规格（mm）	制 作 材 料
（50, R=25, 115, 50, 115, 280）	1. 可卸式止水带： 可采用 26 号镀锌铁皮，2~3 mm 厚钢板或厚 0.2~0.3 mm 的皱纹铜片
（100°, R=15, 50, 45°, 200, 30, 200, 430）	2. 预埋式止水带： 可采用厚 2 mm 镀锌钢板或紫铜片

注：金属止水带的形状与规格均可根据具体设计要求加工。

六、复合止水带

复合止水带是利用特殊工艺将一种高粘特性的橡胶材料贴附在止水带的止水区域，增强了止水带与构筑物的结合紧密度，提高了止水和防水能力。

图 9-24 为 KHW 型复合止水带结构示意图

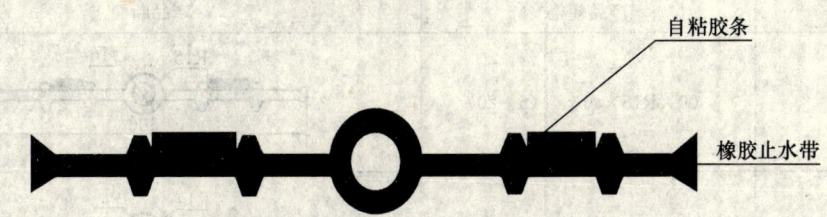

图 9-24 KHW 型复合止水带结构示意图

表 9-31 列出了 KHW 型复合止水带的技术参数。

表 9-32 列出了 KHW 型复合止水带规格。

表 9-31　KHW 型复合止水带的技术参数

项　目			指　标		
			B	S	J
硬度（邵尔）（度）			60±5	60±5	60±5
拉伸强度（MPa）		≥	15	12	10
扯断伸长率（%）		≥	380	380	300
压缩永久变形	70℃×24h（%）	≤	35	35	35
	23℃×168h（%）	≤	20	20	20
撕裂强度（kN/m）		≥	30	25	25
脆性温度（℃）		≤	−45	−40	−40
热空气老化	70℃×168h 硬度变化率（度）	≤	+8	+8	—
	70℃×168h 拉伸强度（MPa）	≥	12	10	—
	70℃×168h 扯断伸长率（%）	≥	300	300	—
	100℃×168h 硬度变化率（度）	≤			+8
	100℃×168h 拉伸强度（MPa）	≥			9
	100℃×168h 扯断伸长率（%）	≥			250
臭氧老化 50 pphm；20%，48 h			2 级	2 级	0 级
橡胶与金属粘合			断面在弹性体内		
自粘胶的性能	粘接强度	≥	0.10 MPa		
	剪切强度	≥	0.06 MPa		
	耐高温 150℃，5 h		不流淌，不塌落		
	耐低温（−20℃，2 h）		不发脆		

注：① 适用于变形缝用止水带，用 B 表示。
② 适用于施工缝用止水带，用 S 表示。
③ 适用于有特殊耐老化要求的接缝用止水带，用 J 表示。

表 9-32　KHW型复合止水带规格系列

产品代号	产品规格	产品断面
KHW-1	300×R15×ϕ16×(6-20)	
KHW-2	280×R14×ϕ14×(6-10)	
KHW-3	470×R16×ϕ16×(10-20)	
KHW-4	350×R18×ϕ20×(10-20)	
KHW-5	400×R20×ϕ20×(10-20)	
KHW-6	322×R20×ϕ20×6	
KHW-7	290×R25×ϕ25×10	
KHW-8	350×R20	
KHW-9	350×R21×ϕ13×(6-20)	
KHW-10	370×R32×ϕ32×(8-20)	
KHW-11	350型	

第七节 建筑防水胶粘材料

建筑防水胶粘材料是指粘贴沥青防水卷材、高分子防水卷材和防水工程中的饰面材料或块板材料用的胶粘剂。

一、沥青玛琋脂

沥青玛琋脂是 mastic 的音译名称，它是指在沥青中加入粉状或纤维状矿质材料所配制而成的粘贴沥青油毡的胶粘材料。该胶粘剂的特点是固化块，粘结强度高。缺点是施工时需进行加热、劳动强度大，易产生火险和烫伤事故。属于无溶剂热熔型胶粘剂，一般是现场配制，现场使用。

在选用沥青玛琋脂时，应根据使用条件（例如气候条件、被粘结的基层状况、胶粘剂的耐热性、柔韧性和粘结力）来设计配方组成。通常在北方地区选用耐热度为 70℃，在南方地区选择耐热度为 80℃，采用两种不同标号的沥青进行配制。

（一）沥青玛琋脂质量要求

沥青玛琋脂的质量要求列于表 9-33。

表 9-33 沥青玛琋脂的质量要求

指标名称＼标号	S—60	S—65	S—70	S—75	S—80	S—85
耐热度	用 2mm 厚的沥青玛琋脂粘合两张沥青油纸，于不低于下列温度（℃）中，在 1:1 坡度上停放 5h 的沥青玛琋脂不应流淌，油纸不应滑动					
	60	65	70	75	80	85
柔韧性	涂在沥青油纸上的 2mm 厚的沥青玛琋脂层，在 18±2℃时，围绕下列直径（mm）的圆棒，用 2s 的时间以均衡速度弯成半周，沥青玛琋脂不应有裂纹					
	10	15	15	20	25	30
粘结力	用手将两张粘贴在一起的油纸慢慢地一次撕开，从油纸和沥青玛琋脂粘贴面的任何一面的撕开部分，应不大于粘贴面积的 1/2					

（二）沥青玛琋脂标号与选用

沥青玛琋脂的标号与选用列于表 9-34。

表 9-34 沥青玛琋脂选用标号

材料名称	屋面坡度	历年极端最高气温	沥青玛琋脂标号
沥青玛琋脂	1%～3%	<38℃ 38～41℃ 41～45℃	S—60 S—65 S—70

续表

材料名称	屋面坡度	历年极端最高气温	沥青玛琋脂标号
沥青玛琋脂	3%～15%	<38 ℃ 38～41 ℃ 41～45 ℃	S—65 S—70 S—75
	15%～25%	<38 ℃ 38～41 ℃ 41～45 ℃	S—75 S—80 S—85

注：① 卷材层上有块体保护层或整体刚性保护层，沥青玛琋脂标号可按表 9-34 降低 5 号。
② 屋面受其他热源影响（如高温车间等）或屋面坡度超过 25%时，应将沥青玛琋脂的符号适当提高。

（三）沥青玛琋脂的配制
1. 配合成分

配制沥青玛琋脂用的沥青，可采用 10 号、30 号的建筑石油沥青和 60 号甲、60 号乙的道路石油沥青或其熔合物。

选择沥青玛琋脂的配合成分时，应先选配具有所需软化点的一种沥青或两种沥青的熔合物。当采用两种沥青时，每种沥青的配合量，宜按下列公式计算：

$$石油沥青熔合物\ B_g = \left(\frac{t-t_2}{t_1-t_2}\right) \times 100$$

$$B_d = 100 - B_g$$

式中　B_g——熔合物中高软化点石油沥青含量，%；
　　　B_d——熔合物中低软化点石油沥青含量，%；
　　　t——沥青玛琋脂熔合物所需的软化点，℃；
　　　t_1——高软化点石油沥青的软化点，℃；
　　　t_2——低软化点石油沥青的软化点，℃。

在配制沥青玛琋脂的石油沥青中，可掺入 10%～25%的粉状填充料或掺入 5%～10%的纤维填充料。填充料宜采用滑石粉、板岩粉、云母粉、石棉粉。填充料的含水率不宜大于 3%。粉状填充料应全部通过 0.21 mm（900 孔/cm²）孔径的筛子，其中大于 0.085 mm（4 900 孔/cm²）的颗粒不应超过 15%。

2. 调制方法

将沥青放入锅中熔化，应使其脱水并不再起沫为止。

当采用熔化的沥青配料时，可采用体积比；当采用块状沥青配料时，应采用质量比。

当采用体积比配料时，熔化的沥青应用量勺配料，石油沥青的密度，可按 1.00 计。

调制沥青玛琋脂时，应在沥青完全熔化和脱水后，再慢慢地加入填充料，同时不停地搅拌至均匀为止。填充料在掺入沥青前，应干燥并宜加热。

（四）试验方法
1. 耐热度试验
【仪器与设备】
烘箱：200 ℃，灵敏度±2 ℃。
温度计：100～150 ℃。

坡度板：可以用木板制成，坡度 1:1。

【试验步骤】

将已干燥的 110 mm×50 mm 的 350 号石油沥青油纸，由干燥器中取出，放在瓷板或金属板上。

将熔化的沥青胶结材料均匀涂布在油纸上，厚度为 2 mm，并不得有气泡，但在油纸的一端应留出 10 mm×50 mm 的空白面积以备固定。立即以另一块 100 mm×50 mm 的油纸平行地置于其上，将两块油纸的三边对齐，同时用热刀将边上多余的沥青胶结材料刮下。试件置放于 15～25 ℃的空气中，上置一木制薄板，并将 2 kg 重的金属块放在木板中心，使均匀加压 1 h。

然后卸掉试件上的负荷，将试件平置于预先已加热的电烘箱中（电烘箱的温度低于沥青胶结材料软化点 30 ℃）停放 30 min，再将油纸未涂沥青胶结材料的一端向上，固定在 45°角的坡度板上，然后在电烘箱中继续停放 5 h。然后取出试件，并仔细察看有无沥青胶结材料流淌和油纸下滑现象。

如果未发生沥青胶结材料流淌或油纸下滑，则认为沥青胶结材料的耐热度在该温度下合格，然后将电烘箱温度提高 5 ℃，另取一试件重复以上步骤，直至出现沥青胶结材料流淌或油纸下滑时为止，此时可认为在该温度下沥青胶结材料的耐热度不合格。

沥青胶结材料耐热度的测定至少 3 个试件，试验结果均须合格。

2. 柔韧性试验

【仪器与设备】

温度计。

水槽或烧杯。

瓷板或金属板。

圆棒：直径 10 mm、15 mm、20 mm、25 mm、30 mm、35 mm。

【试验步骤】

在 100 mm×10 mm 的 350 号沥青油纸上，均匀地涂布一层厚约 2 mm 的沥青胶结材料（每一试件用 10 g 沥青胶结材料），静置 2 h 以上且冷却至温度为 18±2 ℃后，将试件和规定直径的圆棒放在温度为 18±2 ℃的水中 15 min。

然后取出并用 2 s 时间以均衡速度弯曲成半圆。此时沥青胶结材料层上不应出现裂纹。

试验结果至少 3 个试件，其中若有一个试件不合格，则柔性为不合格。

3. 粘结力试验

【仪器与设备】

金属块 2 kg 重。

温度计。

干燥器。

【试验步骤】

将已干燥的 100 mm×50 mm 的 350 号石油沥青油纸由干燥器中取出，放在成型板上，将熔化的沥青胶结材料均匀涂布在油纸上，厚度约为 2 mm，面积为 80 mm×50 mm，并不得有气泡，但在油纸的一端应留出 20 mm×50 mm 的空白面积，立即以另一块 100 mm×50 mm 的沥青油纸平行的置于其上，将两块油纸的四边对齐，同时用热刀把边上多余的沥青胶结材料刮下。

试件置于15～25℃的空气中,上置木制薄板,并将2kg重的金属块放在木板中心,使均匀加压1h,然后除掉试件上的负荷,再将试件置于18±2℃的电烘箱中,30 min取出,用两手的拇指与食指捏住试件未涂沥青胶结材料的部分,一次慢慢地揭开,若油纸的任何一面被撕开的面积不超过原粘贴面积的1/2时,则认为合格,否则为不合格。

沥青胶结材料粘结力试验至少取3个试件,其中若有一个试件不合格即评为粘结力不合格。

(五) 沥青玛琋脂用料参考配比

石油沥青玛琋脂的用料参考配比列于表9-35。

表9-35 石油沥青热玛琋脂的用料参考配合比(质量%)

耐热度 (℃)	石油沥青		填充料			
	30号或180～60号与30号混合	60号	六级石棉	泥炭渣或木粉	混合石棉或七级石棉	粉状物(如滑石粉、白云石粉等)
65	—	85	15	—	—	—
	—	87	—	13	—	—
	—	70	—	—	30	—
	—	55	—	—	—	45
75	—	82	—	18	—	—
	—	78	22	—	—	—
	—	65	—	—	35	—
	90	—	—	10	—	—
	87	—	13	—	—	—
	80	—	—	—	20	—
	70	—	—	—	—	30
85	85	—	—	15	—	—
	82	—	18	—	—	—
	65	—	—	—	35	—
	45	—	—	—	—	55
90	78	—	22	—	—	—
	82	—	—	18	—	—
	60	—	—	—	40	—

煤沥青玛琋脂的用料参考配比列于表9-36。

表9-36 煤沥青热玛琋脂的用料参考配合比(质量%)

耐热度 (℃)	煤焦沥青	煤焦油	填充料		添加剂		
			矿粉	石棉粉	硬脂酸	蒽油	桐油
50	50	45	—	—	—	—	5
	38	20	38	—	4	—	—
	40	20	—	35	—	—	5
60	47	15	35	—	3	—	—
	40	20	36	—	—	4	—
	50	20	24	6	—	—	—

续表

耐热度(℃)	煤焦沥青	煤焦油	填充料		添加剂		
			矿粉	石棉粉	硬脂酸	蒽油	桐油
70	45	15	35	—	—	—	5
	55	15	—	25	—	—	5
	60	20	12	—	4	4	—

注：如无桐油可用蒽油代替。

二、冷沥青玛琋脂

冷沥青玛琋脂是在沥青玛琋脂中掺入具有溶解和稀释作用的有机溶剂配制而成的冷沥青胶粘材料，主要用于粘贴沥青油毡，属于液态胶粘材料。

冷沥青玛琋脂同热熔型沥青胶粘剂相比，热熔型沥青胶粘剂是靠热熔后粘结，冷却后很快形成粘结强度，具有固化速度快，粘结强度高的优点。而冷沥青玛琋脂是靠溶剂在油毡表面的难熔沥青中扩散而形成粘结强度，扩散速度慢，早期强度低，但施工时不需加热，浸润性较好，沥青用量少，施工周期短，可用于嵌缝补漏及作防水层用。

（一）物理性能

冷玛琋脂物理性能列于表9-37。

表9-37 冷玛琋脂物理性能

性能名称	试验方法	指标
耐热度	85℃，2h，坡度1:1	无流动滑坡
柔度	-5℃，2h，绕φ20mm圆棒	无裂纹
粘结力	按揭开面积	<1/3

冷玛琋脂的固体含量一般要求≥70%，粘接强度≥0.2MPa。每平方米用量在0.8~1kg。一般涂刷后3~4h后才开始粘结卷材，并要求被粘卷材面为细砂面，带有塑料薄膜覆面材料的卷材不宜采用冷粘法施工。

（二）配比及配制方法

石油沥青冷玛琋脂的用料参考配比列于表9-38。

表9-38 石油沥青冷玛琋脂的用料参考配合比（质量%）

按质量组成（%）					
10号建筑沥青	蒽油	轻柴油或煤油	熟石灰粉	6~7级石棉	清油
50	24	—	15	10	1
50	—	25~27	14~15	7~10	1
55	24	—	20		1
50	24	—	25		1

在配制时，先将石油沥青（或煤焦油沥青）熔化，冷却至130~140℃时加入稀释剂（如轻柴油），进一步冷却至70~80℃后再加入填料搅拌即成。

使用前不必加热,但在低温时(低于5℃)则须加热至50~60℃,方可使用。加热时不能用明火直接加热,以防溶剂挥发而引起燃烧。

冷沥青玛琦脂检验方法可参照热沥青玛琦脂试验方法进行。

三、聚合物沥青胶粘剂

聚合物沥青胶粘剂亦称聚合物沥青玛琦脂,它是以聚合物沥青为主剂的胶粘材料。常用的聚合物沥青主要有橡胶沥青和塑料沥青。

聚合物沥青胶粘剂的特点是耐热度高,抗基层开裂性能好,低温柔韧性好,可用于聚合物沥青防水卷材的粘结。常用的有再生橡胶沥青胶粘剂、SBS沥青胶粘剂、APP沥青胶粘剂及冷粘聚合物沥青胶粘剂等。

聚合物沥青胶粘剂的选择和试验方法目前仍按照沥青玛琦脂的试验方法进行。低温柔性要求温度更低,多在0℃以下,耐热度在90℃以上,粘结强度≥0.2MPa。例如橡胶沥青冷胶粘剂低温柔性可达-15℃或更低。其技术性能列于表9-39。

表9-39 橡胶沥青冷胶粘剂技术性能

项 目		I	II
不挥发物含量(%)	≥	60	
耐热度		85℃,2h,无流淌、鼓泡、滑动	
低温柔度,ϕ10mm棒		-5℃无裂纹	-15℃无裂纹
拉伸剪切强度(N/mm)	≥	2.0	
剥离强度(N/mm)	≥	0.8	

深层厚度为0.5~1mm,用量为1kg/m²。

四、高分子防水卷材胶粘剂

高分子防水卷材胶粘剂是指以合成弹性体为基料,用于冷粘高分子防水卷材的胶粘材料。根据JC 863国家建材行业标准分述如下:

(一)分类、品种及标记

按高分子防水卷材胶粘剂的固化机理可分为单组分(I)和双组分(II)两个类型。

按高分子防水卷材胶粘剂的施工部位可分为基底胶(J)、搭接胶(D)和通用胶(T)三个品种。基底胶是指用于卷材与防水基层粘结的胶粘剂;搭接胶指用于卷材与卷材粘结的胶粘剂;通用胶指兼有基底胶和搭接胶功能的胶粘剂。

高分子防水卷材产品按下列顺序标记:名称、类型、品种、标准号、名称中应包含配套的卷材名称。标记示例:

氯化聚乙烯防水卷材用单组分基底胶粘剂标记为:

氯化聚乙烯防水卷材胶粘剂 I J JC 863—2000

(二)技术要求

1. 外观

胶粘剂经搅拌应为均匀液体,无杂质,无分散颗粒或凝胶。

2. 物理力学性能

高分子防水卷材胶粘剂的物理力学性能应符合表 9-40 的规定。

表 9-40 物理力学性能

项 目				技术指标		
				基底胶 J	搭接胶 D	通用胶 T
粘度（Pa·s）					规定值[①]±20%	
不挥发物含量（%）					规定值±2	
适用期[②]（min）			≥		180	
剪切状态下的粘合性	卷材—卷材	标准试验条件（N/mm）	≥	—	2.0	2.0
		热处理后保持率（%）80℃，168 h	≥	—	70	70
		碱处理后保持率（%）10%Ca(OH)$_2$，168 h	≥	—	70	70
	卷材—基底	标准试验条件（N/mm）	≥	1.8	—	1.8
		热处理后保持率（%）80℃，168 h	≥	70	—	70
		碱处理后保持率（%）10%Ca(OH)$_2$，168 h	≥	70	—	70
剥离强度[③]		标准试验条件（N/mm）	≥	—	1.5	1.5
		浸水后保持率（%）168 h	≥	—	70	70

注：① 规定值是指企业标准、产品说明书或供需双方商定的指标量值。
② 仅适用于双组分产品，指标也可由供需双方协商确定。
③ 剥离强度为强制性指标。

（三）检验项目

高分子防水卷材胶粘剂检验分为出厂检验和型式检验。

出厂检验项目为外观、粘度、不挥发物含量、适用期、剪切状态下的粘合性（标准试验条件）、剥离强度（标准试验条件）。

型式检验项目为技术要求规定的所有项目。

（四）抽样

在抽样时，以同一类型、同一品种的 5 t 产品为一批，不足 5 t 也作为一批。

根据不同的批量，从批中随机抽取表 9-41 规定的容器个数。用适当的取样器，从每个容器内（预先搅匀）取约等量的试样。混合试样总量约 1.0 L，并经充分混匀，用于各项试验。

表 9-41 从批中随机抽样个数

批量大小（容器个数）	抽取个数（最小值）
2～8	2
9～27	3
28～64	4
65～125	5
126～216	6
217～343	7
344～512	8
513～729	9
730～1 000	10

试样和试验材料使用前，在试验条件下放置时间应不少于 12 h。

（五）试验方法

1. 标准试验条件

试验室标准试验条件：温度 23±2 ℃，相对湿度 45%～65%。

2. 试验设备

拉力试验机：测量范围 0～500 N，分度值不大于 2 N，示值精度±1%，配有记录装置。恒温干燥箱：温度可调至 80±2 ℃。

3. 试件制备

被粘材料表面处理和胶粘剂的使用方法均按生产厂产品说明书的要求进行。试样粘合时应用手辊反复压实，排除气泡。

（1）水泥砂浆试板的制备

用强度等级 32.5 或 42.5 硅酸盐水泥和标准砂按 1:1.5 比例、水灰比 0.4～0.5 配制水泥砂浆，倒入内腔尺寸 150 mm×60 mm×10 mm 的模具中，表面抹平。将成型的试块在试验室条件下养护 24 h 后拆模，放入约 20 ℃的水中继续养护至少 7 天，取出将表面清洗干净，并在自然条件下干燥 3 天以上备用。

注：出厂检验时允许采用厚度约 5 mm、尺寸为 150 mm×60 mm 石棉水泥试板。

（2）剪切状态下的粘合性试样的制备

A. 卷材与卷材试样的制备

将与胶粘剂配套的卷材沿纵向裁取 300 mm×200 mm 的试片 6 块，用毛刷在每块试片上涂刷搭接胶（或通用胶）样品，涂胶面积 100 mm×300 mm，按图 9-25 所示进行粘合。在 3 块粘合的试片上各裁取 5 块 300 mm×50 mm 的试样，共 15 块。对碱处理试验用的增强型卷材应先裁成 200 mm×50 mm 的小片，封边处理后再粘合成试样。

B. 卷材—基底试样的制备

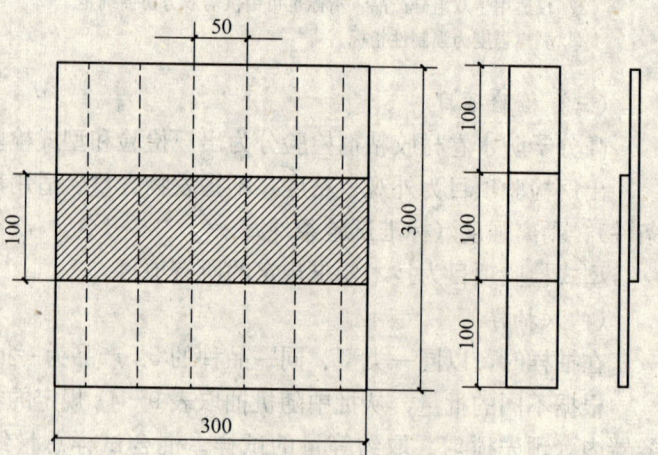

图 9-25 卷材与卷材粘合性试样

将与胶粘剂配套的卷材沿纵向裁取 150 mm×50 mm 的试片 9 片，用毛刷在每个试片和水泥砂浆试板上分别涂刷基底胶（或通用胶）样品，按图 9-26 所示粘合成试样。每组制备 9 个试样。对碱处理试验用的增强型卷材裁成小片，封边处理后再粘合成试样。

(3) 剥离强度试样的制备

将与胶粘剂配套的卷材沿纵向裁取 200 mm×150 mm 试片 4 块，用搭接胶（或通用胶）样品粘合成 200 mm×25 mm 的试样 10 块。见图 9-27 所示。

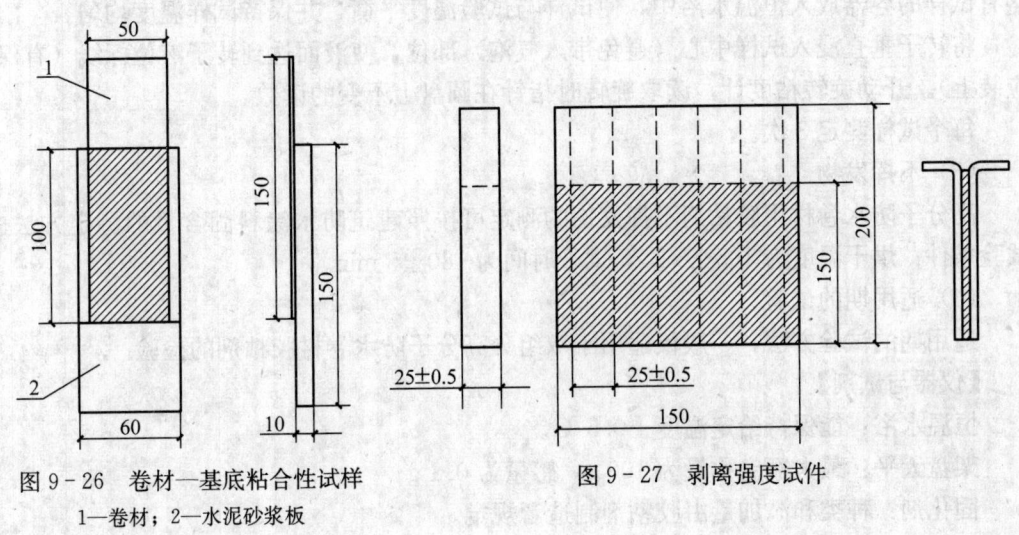

图 9-26　卷材—基底粘合性试样
1—卷材；2—水泥砂浆板

图 9-27　剥离强度试件

4. 试件养护和处理

将制备好的试样在标准试验条件下放置 168 h。然后进行热处理、碱处理和浸水处理。

(1) 热处理

取经过标准试验条件养护的剪切状态下的粘合性试样制备的 5 块卷材—卷材试样和 2 块卷材—基底试样，在 80 ℃ 的热空气老化试验箱中处理 168 h，取出后在标准试验条件下放置 4 h。

(2) 碱处理

取经过标准试验条件养护的剪切状态下的粘合性试样制备的 5 块卷材—卷材试样和 3 块卷材—基底试样，在室温条件下，放入 10% $Ca(OH)_2$ 溶液中，浸泡 168 h。取出后用清水冲洗，在标准试验条件下放置 4 h。

(3) 浸水处理

取经过标准试验条件下养护的剪切状态下的粘合性试样制备的 5 块剥离强度试样，在 23±2 ℃ 的水中放置 168 h，取出后在标准条件下放置 4 h。

5. 试验

(1) 外观

将胶粘剂样品充分搅拌后，倒入 ϕ70 mm 表面皿中，用玻璃棒搅动，目测。

(2) 粘度

【仪器与设备】

旋转粘度计：测量误差小于±0.5%。

超级恒温水浴：能保持 23±0.5 ℃。

温度计：分度为 0.1 ℃。

容器：直径不小于 60 mm，高度不低于 110 mm。

【试样】

试样应均匀无气泡，数量应能满足旋转粘度计的需要。

【试验步骤】

视试样粘度大小，选用适宜的转子和转速，使读数在刻度盘的 20%～80% 范围内。将盛有试样的容器放入恒温水浴中，使试样与试验温度平衡，并保持试样温度均匀。

将转子垂直浸入试样中心（避免带入气泡）部位，使液面达到转子液位标线（有保护架应装上）。开动旋转粘度计，读取旋转时指针在圆盘上不变的读数。

每个试样测定 3 次。

(3) 不挥发物

高分子防水卷材用胶粘剂不挥发物的测定可按照建筑防水涂料固含量的测定方法进行。试验条件：烘干温度为 105±5 ℃，烘干时间为 180±5 min。

(4) 适用期的试验

适用期的试验方法，一般仅适用于双组分高分子防水卷材胶粘剂的检验。

【仪器与试剂】

恒温水浴：能保持给定温度±0.5 ℃。

架盘天平：最大额定称量为 100 g，感量为 0.1 g。

固化剂：种类和添加量由胶粘剂制造者规定。

【操作步骤】

将适量试样倒入 100 mL 烧杯，加入规定量固化剂，制成 50 g 混合物。以加入固化剂的时间作为起始时间，随后把烧杯置于给定温度±0.5 ℃的恒温水浴中，并使试样表面位于液面以下约 2 cm。

不断观察试样，读取试样产生异状的时间，从起始时间到产生异状的时间即适用期。试样发生异状，指明显出现粘度上升、凝胶化、沉淀、分离、变色等有碍于胶粘剂使用的现象。

计算

同一试样测定两次，求其平均值，以 min 表示。

(5) 剪切状态下的粘结性试验

【试验程序】

在标准试验条件下，将经过养护、热处理和碱处理的试样分别装在拉力试验机上，拉伸速度为 250±50 mm/min，夹具间距 150～200 mm，进行拉伸剪切试验。在测试卷材—基底试样时，卷材一端应加适当的垫块，使卷材在拉伸过程中保持垂直。记录试件最大拉力 P。

拉伸剪切时，试件若有一个或一个以上的在粘结面滑脱，则粘结状态下的粘结性以拉伸剪切强度表示。按下式计算，精确到 0.1 N/min：

$$\sigma_i = P/b$$

式中 σ_i——热或碱处理后的拉伸剪切强度，N/mm；

P——最大拉伸剪切力，N；

b——试件粘合面宽度，mm。

卷材热或碱处理后的剪切状态下的粘结性拉伸剪切强度以 5 个试件的算术平均值表示。

热处理和碱处理后剪切状态下的粘结性保持率按下式进行计算：

$$k_\mathrm{i} = \frac{\sigma_\mathrm{i}}{\sigma} \times 100$$

式中　k_i——处理后粘结性保持率，%；

　　　σ_i——处理后粘结性拉伸剪切强度，N/mm；

　　　σ——处理前粘结性拉伸剪切强度，N/mm。

(6) 剥离强度试验

【试验程序】

在标准试验条件下，将经过标准条件养护和按浸水处理的试件分别装在拉力试验机的夹持器中，夹持部位不能滑移，以保证所施加的拉力均匀地分布在试样宽度上，开动拉力试验机，夹持器以 100 ± 10 mm/min 的拉伸速度进行剥离试验。记录试件最大剥离强度（N/mm），用 10 个试件的算术平均值表示。并注意破坏形式，即粘附破坏、内聚破坏或被粘物破坏。

(六) 判定规则

在出厂检验和型式检验中，所测项目符合技术要求的产品为合格品。

外观不符合外观技术要求规定的产品为不合格产品。

在出厂检验和型式检验中，产品有 2 项或 2 项以上指标不符合规定时，则该批产品为不合格；产品有一项指标不符合规定时，允许在同批产品中加倍抽样进行单项复检；如该项仍不合格，则该批产品为不合格。

第十章 防水混凝土

防水混凝土亦称抗渗混凝土，它是以水泥、集料和水为主要材料配制而成的抗渗等级等于或大于 S_6 的高强度无延伸性的混凝土，也是一种不附加任何防水层和防水措施而只靠混凝土本身的密实性达到防水抗渗目的的一种刚性防水材料。

防水混凝土不得起建筑工程的承重作用或围护作用，而承担着防水层的作用。混凝土有一定的抗渗能力，在长期地下水或压力水的作用下使结构不发生丝毫渗漏水的现象，保证工程的正常使用。所以，对防水混凝土除强度要求外，抗渗要求就比较高，通常抗渗压力在 0.6 MPa 以上。

第一节 防水混凝土的特性

一、抗渗等级

根据防水混凝土的抗渗强度可分为 S_4、S_6、S_8、S_{12}、S_{16}、S_{20} 六个等级。S 代表抗渗等级，角码代表抗渗压力值，单位为 MPa。抗渗等级与抗渗压力值之间的关系列于表10-1。

表 10-1 P 与 MPa 之间的关系

抗渗等级 S	S_4	S_6	S_8	S_{12}	S_{16}	S_{20}
抗渗压力（MPa）	0.4	0.6	0.8	1.2	1.6	2.0

防水混凝土抗渗等级可分为设计等级、试验等级和检验等级三种。

设计等级是根据地下工程的埋深程度、地下水的压力和混凝土厚度决定的。其埋置深度与设计抗渗等级的关系列于表 10-2。

表 10-2 防水混凝土设计抗渗等级

工程埋置深度（m）	设计抗渗等级	工程埋置深度（m）	设计抗渗等级
<10	S_6	20～30	S_{10}
10～20	S_8	30～40	S_{12}

注：① 本表适用于Ⅳ、Ⅴ级围岩（土层及软弱围岩）。
② 山岭隧道防水混凝土的抗渗等级可按铁道部门的有关规范执行。

防水混凝土的抗渗等级与防水混凝土壁厚之间的关系列于表 10-3。

表 10-3　防水混凝土等级的选用

最大水头与防水混凝土壁厚之比（H/h）	防水混凝土抗渗等级（MPa）
5	S_4（0.4）
5~10	S_6（0.6）
10~15	S_8（0.8）
15~25	S_{12}（1.2）
25~35	S_{18}（1.8）
35 以上	S_{20}（2.0）

一般的情况下，浅埋地下工程在承受地下水压时设计抗渗等级不得低于 S_6；重要工程的防水混凝土抗渗标号宜定为 S_8~S_{20}。深埋地下工程根据水头压力和混凝土厚度计算，要有足够的安全系数。

试验抗渗等级是确定防水混凝土施工配合比时所用的抗渗等级。在选定配合比时，应比设计要求的抗渗等级提高 0.2 MPa。

二、水力梯度

防水混凝土的抗渗等级与防水混凝土壁厚之间的关系可用水力梯度表示，其关系式为：

$$水力梯度 = \frac{最大水头（H）}{建筑物最小壁厚（h）}$$

三、不同等级防水混凝土适用范围

地下防水工程等级标准及不同防水等级的防水混凝土适用范围列于表 10-4 和表 10-5。

表 10-4　地下工程防水等级标准

防水等级	标　　准
一级	不允许渗水，结构表面无湿渍
二级	不允许漏水，结构表面可有少量湿渍 工业与民用建筑：总湿渍面积不应大于总防水面积（包括顶板、墙面、地面）的 1/1 000；任意 100 m² 防水面积上的湿渍不超过 1 处，单个湿渍的最大面积不大于 0.1 m² 其他地下工程：总湿渍面积不应大于总防水面积的 6/1 000；任意 100 m² 防水面积上的湿渍不超过 4 处，单个湿渍的最大面积不大于 0.2 m²
三级	有少量漏水点，不得有线流和漏泥砂 任意 100 m² 防水面积上的漏水点数不超过 7 处，单个漏水点的最大漏水量不大于 2.5 L/d，单个湿渍的最大面积不大于 0.3 m²
四级	有漏水点，不得有线流和漏泥砂 整个工程平均漏水量不大于 2 L/（m²·d）；任意 100 m² 防水面积的平均漏水量不大于 4 L/（m²·d）

第十章 防水混凝土

表 10-5 不同防水等级的适用范围

防水等级	适用范围
一级	人员长期停留的场所；因有少量湿渍会使物品变质、失效的贮物场所及严重影响设备正常运转和危及工程安全运营的部位；极重要的战备工程
二级	人员经常活动的场所；在有少量湿渍的情况下不会使物品变质、失效的贮物场所及基本不影响设备正常运转和工程安全运营的部位；重要的战备工程
三级	人员临时活动的场所；一般战备工程
四级	对渗漏水无严格要求的工程

四、防水混凝土标号与强度等级换算

混凝土的强度等级是根据立方体抗压强度标准值来确定的。强度等级表示方法是用符号"C"和立方体抗压强度"标准值"两项内容表示的。例如 C_{30} 即表示混凝土立方体抗压强度标准值 $f_{cu \cdot k}=30\ \text{MPa}$。混凝土共划分为 C7.5、C10、C15、C20、C25、C30、C40、C45、C50、C55 和 C60 11 个强度等级。

防水混凝土通常用标号表示。防水混凝土的标号与防水混凝土的强度等级换算关系列于表 10-6。

表 10-6 防水混凝土标号与强度等级换算

标号	100	150	200	250	300	400	500	600
强度等级	C8	C13	C18	C23	C28	C38	C48	C58

五、防水混凝土技术要求

防水混凝土的技术要求列于表 10-7。

表 10-7 防水混凝土的技术要求

项目		技术要求
抗渗标号		$\geqslant S_{0.6}$（按设计要求）
含气量（%）		3～5
坍落度（mm）	厚度≥250 mm 的结构	20～30
	厚度＜250 mm 或钢筋稠密的结构	30～50
	厚度大的少筋结构	＜30
	大体积混凝土或立墙	沿高度逐渐减小坍落度
单位水泥用量（kg/m³）		＞320（含矿物掺合料）
砂率（%）		35～45
灰砂比		1:2～1:2.5
石子拨开系数		1.85～2.3

续表

<table>
<tr><td rowspan="4">最大水灰比</td><td>项　目</td><td colspan="2">技术要求</td></tr>
<tr><td rowspan="2">抗渗标号</td><td colspan="2">混凝土强度等级</td></tr>
<tr><td>C20~C30</td><td>C30 以上</td></tr>
<tr><td>S_6
S_8~S_{12}
S_{12} 以上</td><td>0.60
0.55
0.50</td><td>0.55
0.50
0.45</td></tr>
</table>

第二节　集料与水泥

防水混凝土中所用的集料是岩石经天然风化而成的砾石（卵石）和砂，或岩石经人工破碎而成的各种粒径的碎石。集料又分为粗集料和细集料。

一、粗集料

粗集料是指粒径大于5 mm的砾石或碎石。在防水混凝土中所用的粗集料技术指标应符合表10-8的规定要求。

表10-8　粗集料指标要求

指标按质量计不大于（%）	混凝土强度等级和所处的环境条件				试验方法
	C50~C40	≥C30	C35	C30	
石料压碎指标值	12	—	16	—	T0315-94
针片状颗粒含量	—	15	—	25	T0311-94
含泥量（<0.08 按质量计）	—	1.1	—	2.0	T0310-94
泥块含量（按质量计）	—	0.5	—	0.7	T0310-94
小于 2.5 mm 颗粒含量	5	5	5	5	T0310-94
坚固性指标质量损失	在寒冷地区室外使用，并经常处于潮湿或干湿交替状态下的混凝土 8 在其他条件下使用的混凝土 12				T0314-94
硫化物及硫酸盐含量折算成 SO_3 按质量计	1				T0341-94
卵石中有机质含量	颜色不深于标准色；如深于标准色，应配制混凝土进行强度试验，抗压强度应不低于95%				T0313-94

注：① 混凝土强度为 C60 及以上时，必要时，应进行岩石抗压强度检验，岩石的抗压强度与混凝土强度等级之比，不应小于 1.5，且火成岩强度不宜低于 80 MPa；变质岩强度不宜低于 60 MPa；沉积岩强度不宜低于 30 MPa；
② 混凝土强度等于及小于 C10 级的，其针片状颗粒含量可放宽到 40%；
③ 表中寒冷地区系指最冷月份的月平均温度低于 -5 ℃ 的地区；
④ 对有抗疲劳、耐磨、抗冲击等要求的集料或混凝土强度大于 C40 时，其集料的质量损失率应不大于 8%；
⑤ 如含有颗粒硫酸盐或硫化物，则要进行混凝土耐久性试验，确认能满足要求时方能采用。

在表 10-8 中含泥量是指泥块颗粒小于 0.08 mm 的含量;泥块含量是指颗粒大于 5 mm,经水洗、手捏后可破碎成小于 2.5 mm 的含量。集料中的片状颗粒是指颗粒厚度小于平均粒径 2.4 倍的片状颗粒。针状颗粒是指颗粒长度大于平均粒径 0.4 倍的颗粒。

粗集料的大小尺寸应有个合理级配。粗集料的颗粒级配范围列于表 10-9。

表 10-9 碎石或卵石的颗粒级配范围

级配情况	公称粒级 (mm)	累计筛余,按重量计(%)									
		筛孔尺寸(圆孔筛)(mm)									
		2.50	5.00	10.0	16.0	20.0	25.0	31.5	40.0	50.0	63.0	80.0	100
连续粒级	5~10	95~100	80~100	0~15	0	—	—	—	—	—	—	—	—
	5~16	95~100	90~100	30~60	0~10	0	—	—	—	—	—	—	—
	5~20	95~100	90~100	40~70	—	0~10	—	0	—	—	—	—	—
	5~25	95~100	90~100	—	30~70	—	0~5	0	—	—	—	—	—
	5~31.5	95~100	90~100	70~90	—	15~45	—	0~5	0	—	—	—	—
	5~40	—	95~100	75~90	—	30~65	—	—	0~5	0	—	—	—
单位级	10~20	—	95~100	85~100	—	0~15	0	—	—	—	—	—	—
	16~31.5	—	95~100	—	85~100	—	—	0~10	0	—	—	—	—
	20~40	—	—	95~100	—	80~100	—	—	0~10	0	—	—	—
	31.5~63	—	—	—	95~100	—	—	75~100	45~75	—	0~10	0	—
	40~80	—	—	—	—	95~100	—	—	70~100	—	30~60	0~10	0

注:公称粒级的上限为该粒级的最大粒径。

单粒级宜用于组合成具有要求级配的连续粒级,也可与连续粒级混合使用,以改善其级配或配成较大粒度的连续粒级。不宜用单一的单粒级配制混凝土。如必须单独使用,则应做技术经济分析,并应通过试验证明不会发生离析或影响混凝土的质量。

粗集料的颗粒级配还可用筛分曲线表示,如图 10-1 所示。

图 10-1 是以筛分累计筛余百分率为纵坐标,筛孔尺寸为横坐标而绘制的。从筛分曲线上可以判断出集料的粗细程度分布是否达到要求,如不在规定区域需做级配调整。

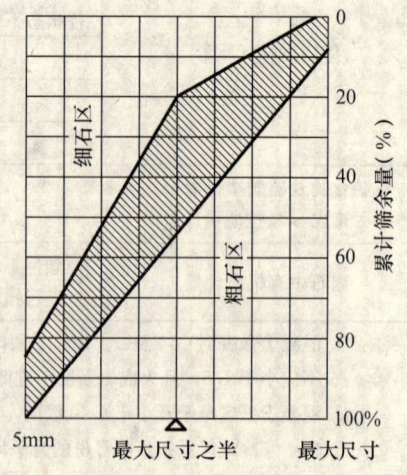

图 10-1 粗集料筛分曲线

二、细集料

在防水混凝土中所用的细集料是指粒径小于 5 mm 的岩石颗粒,通称为砂。按砂的产源不同,可分为河砂、海砂和山砂。砂的技术指标应符合表 10-10 的规定要求。

表 10-10 细集料指标要求

指标 按质量计不大于,%	混凝土强度等级和所处环境		试验方法
	≥C 30	<C 30	
含泥量	≤3	≤5	T0333-94
泥块含量	≤1.0	≤2.0	
坚固性指标	在寒冷地区室外使用,并经常处于潮湿或干湿交替状态下,≤8		J0340-94
	在其他条件下,≤12		
有机物含量 （用比色法试验）	颜色不深于标准色。如深于标准色,则应用已经洗除有机质的和未经洗除有机质的砂样分别以相同配比配制水泥砂浆,进行强度对比试验,相对抗压强度不应低于95%		J0336-94
云母含量	2		T0337-94
轻物质含量	1		T0338-94
硫化物及硫酸盐含量折算成 SO_3	1		T0341-94

注：① 对有抗冻抗渗其他特殊要求的混凝土用砂,总含泥量应不大于3%,其中泥块含量不大于1.0%；
② 对于 C 10 及以下的混凝土用砂,根据水泥标号,其泥量及泥块含量指标可予以放宽；
③ 有抗冻、抗渗要求的混凝土,砂中云母含量不应大于1%；
④ 砂中如含有颗粒状的硫酸盐或硫化物,则要进行混凝土耐久性试验,满足要求时方能使用；
⑤ 寒冷地区系指最寒冷月份的月平均温度低于-5℃的地区。
⑥ 当同一产源的砂,在类似的气候条件下使用已有可靠经验时,可不做坚固性检验；
⑦ 对于有抗疲劳、耐磨、抗冲击要求的混凝土用砂；或有腐蚀的介质作用或经常处于水位变化区的地下结构混凝土用砂,其坚固性质量损失率应小于8%。

砂的粗细程度用细度模数来表示,符号为 M_x。砂的细度模数可通过下式进行计算。是根据筛分试验确定的各级颗粒分布情况,用筛余百分率（%）表示。筛余百分率是指在某号筛上的筛余质量占总质量的百分率；通过百分率是指通过某筛的质量占试样总质量的百分率（%）；累计筛余百分率是指某号筛的分计筛余百分率和大于某号筛的各筛余百分率之总和。

$$M_x = \frac{(A_2 + A_3 + A_4 + A_5 + A_6) - 5A_1}{100 - A_1}$$

式中　　　　　　　　　　M_x——砂的细度模数；

　　A_1、A_2、A_3、A_4、A_5、A_6——分别为 5 mm、2.5 mm、1.25 mm、0.63 mm、0.315 mm、0.16 mm 各筛上的累计筛余百分率。

筛余百分率亦即 100 与累计筛余百分率之差。
按砂的细度模数可分为粗、中、细三级,其范围应符合以下规定：
粗砂：$M_x = 3.7 \sim 3.1$
中砂：$M_x = 3.0 \sim 2.3$
细砂：$M_x = 2.2 \sim 1.6$

按砂的 0.630 mm 筛孔的累计筛余量（以质量百分率计），分成三个级配区。砂的颗粒级配应符合表 10-11 中的任何一个区之内。

表 10-11　砂颗粒级配区

筛孔尺寸 \ 累计筛余 % \ 级配区	Ⅰ区	Ⅱ区	Ⅲ区
10.0	0	0	0
5.00	10～0	10～0	10～0
2.50	35～5	25～0	15～0
1.25	65～35	50～10	25～0
0.630	85～71	70～41	40～16
0.315	95～80	92～70	85～55
0.160	100～90	100～90	100～90

砂的级配还可用级配曲线表示，图 10-2 为砂的级配曲线。

图 10-2 是根据筛分析的筛余百分率为纵坐标，筛孔尺寸为横坐标绘制的筛分曲线，从筛分曲线可以看出砂子的粗细程度。根据计算出的细度模数可以判断出属于哪种类型的砂子，如果筛分析结果不属于所要求的级配区，需进行级配调整。

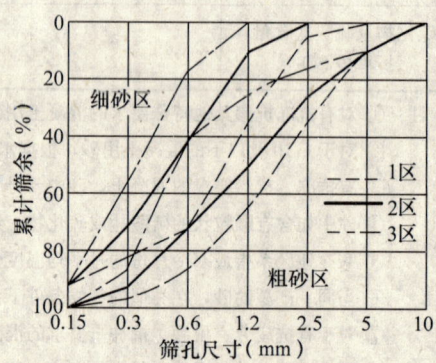

图 10-2　砂子 1、2、3 级配区曲线

三、水泥

在防水混凝土中使用的水泥为硅酸盐水泥或普通硅酸盐水泥。

（一）硅酸盐水泥

硅酸盐水泥的强度等级是按规定龄期的抗压强度和抗折强度来划分，其强度等级分为 42.5、42.5R、52.5、52.5R、62.5、62.5R 六个等级；各强度等级水泥的各龄期强度不得低于表 10-12 中规定的数值。

表 10-12　硅酸盐水泥的强度指标

强度等级	抗压强度（MPa）		抗折强度（MPa）	
	3 d	28 d	3 d	28 d
42.5	17.0	42.5	3.5	6.5
42.5R	22.0	42.5	4.0	6.5
52.5	23.0	52.5	4.0	7.0
52.5R	27.0	52.5	5.0	7.0
62.5	28.0	62.5	5.0	8.0
62.5R	32.0	62.5	5.5	8.0

硅酸盐水泥的技术标准列于表 10-13。

表 10-13 硅酸盐水泥的技术标准

技术性能	细度比表面积 (m^2/kg)	凝结时间 (min)		安定性沸煮法	抗压强度 (MPa)	不溶物 (%)		水泥中 MgO (%)	水泥中 SO_3 (%)	烧失量 (%)		水泥中碱含量按 $Na_2O+0.658K_2O$ 计 (%)
		初凝	终凝			Ⅰ型	Ⅱ型			Ⅰ型	Ⅱ型	
指标	>300	≥45	≤390	必须合格	见表10-12	≤0.75	≤1.50	≤5.0	≤3.5	≤3.0	≤3.5	0.60
试验方法	GB8074	GB1346		GB750	GB177	GB176						

注：① 如果水泥经压蒸安定性试验合格，则水泥中 MgO 含量允许放宽到 5%。
② 水泥中碱含量按 $Na_2O+0.658K_2O$ 计算值来表示，若使用活性集料，用户要求低碱水泥时，水泥中碱含量不得大于 0.60% 或由供需双方商定。

(二) 普通硅酸盐水泥

普通硅酸盐水泥是硅酸盐水泥熟料、6%～15%混合材料、适量石膏磨细制成的水硬性材料，简称普通水泥。

普通硅酸盐水泥分为 32.5、32.5R、42.5、42.5R、52.5、52.5R 六个等级。其强度等级的抗压强度和抗折强度不得低于表 10-14 规定的数值。

表 10-14 普通硅酸盐水泥强度指标

强度等级	抗压强度 (Mpa)		抗折强度 (MPa)	
	3 d	28 d	3 d	28 d
32.5	11.0	32.5	2.5	5.5
32.5R	16.0	32.5	3.5	5.5
42.5	16.0	42.5	3.5	6.5
42.5R	21.0	42.5	4.0	6.5
52.5	22.0	52.5	4.0	7.0
52.5R	26.0	52.5	5.0	7.0

普通硅酸盐水泥的技术质量指标应符合表 10-15 的规定要求。

表 10-15 普通硅酸盐水泥的技术指标

技术性能	细度 80μm 方孔筛筛余量 (%)	凝结时间		安定性 (沸煮法)	强度 (MPa)	水泥中 MgO (%)	水泥中 SO_3 (%)	烧失量 (%)	水泥中碱含量按 $Na_2O+0.658K_2O$ 计 (%)
		初凝 (min)	终凝 (h)						
指标	<10	≥45	≤10	必须合格	见表10-14	≤5.0	≤3.5	≤5.0	0.6
试验方法	GB1345	GB1346		GB1346 GB750	GB177	GB176			

四、粗集料试验方法

（一）取样与缩分

购货单位应按同产地同规格分批验收。用大型工具（如火车、货船或汽车等）运输的，以 400 m³ 或 600 t 为一验收批；用小型工具（如马车等）运输的，以 200 m³ 或 300 t 为一验收批；不足上述数量者以一验收批论。

1. 取样

每验收批的取样应按下列规定进行：

在料堆上取样时，取样部位应均匀分布。取样前先将取样部位表面铲除，然后由各部位抽取大致相等的石子15份（在料堆的顶部、中部和底部各由均匀分布的五个不同部位取得）组成一组样品；

从皮带运输机上取样时，应在皮带运输机机尾的出料处用接料器定时抽取8份石子，组成一组样品；

从火车、汽车、货船上取样时，应从不同部位和深度抽取大致相同的石子16份，组成一组样品。

若检验不合格，应重新取样，对不合格项进行加倍复验，若仍有一个试样不能满足标准要求，应按不合格品处理。如经观察，认为各节车皮间（车辆间、船只间）材料质量相差甚为悬殊时，应对质量有疑点的每节车皮（车辆、船只）分别取样和验收。

每组样品的取样数量，对每单项试验，应不小于表10－16所规定的最少取样量。需做几项试验时，如确能保证样品经一项试验后不致影响另一项试验的结果，也可用同一组样品进行几项不同的试验。

表 10-16 每一试验项目所需碎石或卵石的最少取样数量（kg）

试 验 项 目	最 大 粒 径 (mm)							
	10	16	20	25	31.5	40	63	80
筛分析	10	15	20	20	30	40	60	80
表观密度	8	8	8	8	12	16	24	24
含水率	2	2	2	2	3	3	4	6
吸水率	8	8	16	16	16	24	24	32
堆积密度、紧密密度	40	40	40	40	80	80	120	120
含泥量	8	8	24	24	40	40	80	80
泥块含量	8	8	24	24	40	40	80	80
针、片状含量	1.2	4	8	8	20	40	—	—
硫化物、硫酸盐	1.0							

注：有机物含量、坚固性、压碎指标值及碱集料反应检验，应按试验要求的粒级及数量取样。

每组样品应妥善包装，以避免细料散失及遭受污染。并应附有卡片标明样品名称、编号、取样的时间、产地、规格、样品所代表的验收批的质量或体积数、要求检验的项目及取样方法等。

2. 样品的缩分

将每组样品置于平板上，在自然状态下拌混均匀，并堆成锥体，然后沿互相垂直的两条直径把锥体分成大致相等的四份，取其对角的两份重新拌匀，再堆成锥体，重复上述过程，直至缩分后的材料量略多于进行试验所必需的量为止。

碎石或卵石的含水率、堆积密度、紧密密度检验所用的试样，不经缩分，拌匀后直接进行试验。

（二）筛分析试验

对砾石或碎石需进行筛分析，以确定其颗粒级配。

【仪器与设备】

筛分析试验应采用下列仪器设备：

试验筛：孔径为 100、80.0、63.0、50.0、40.0、31.5、25.0、20.0、16.0、10.0、5.0 和 2.50（mm）的圆孔筛，以及筛的底盘和盖各一只，其规格和质量要求应符合《试验筛》的规定（筛框内径均为 300 mm）。

天平或案秤：精确至试样量的 0.1% 左右。

烘箱：能使温度控制在 105 ± 5 ℃。

浅盘。

【试样制备】

试验前，用四分法将样品缩分至略重于表 10-17 所规定的试样所需量，烘干或风干后备用。

表 10-17 筛分析所需试样的最小质量

最大公称粒径（mm）	10.0	16.0	20.0	25.0	31.5	40.0	63.0	80.0
试样质量不少于（kg）	2.0	3.2	4.0	5.0	6.3	8.0	12.6	16.0

【试验步骤】

将试样按筛孔大小顺序过筛，当每号筛上筛余层的厚度大于试样的量大粒径值时，应将该号筛上的筛余分成两份，再次进行筛分，直至各筛每分钟的通过量不超过试样总量的 0.1%；当筛余颗粒的粒径大于 20 mm 时，在筛分过程中，允许用手指拨动颗料。

称取各筛筛余的质量，精确至试样总质量的 0.1%。在筛上的所有分计筛余量和筛底剩余的总和与筛分前测定的试样总量相比，其相差不得超过 1%。

筛分析试验结果应按下列步骤计算：

由各筛上的筛余量除以试样总质量，计算得出该号筛的分计筛余百分率（精确至 0.1%）；每号筛计算得出的分计筛余百分率与大于该筛筛号各筛的分计筛余百分率相加，计算得出其累计筛余百分率（精确至 1%）；

根据各筛的累计筛余百分率，评定该试样的颗粒级配。

（三）表观密度（标准方法）

表观密度是集料颗粒单位体（包括内部封闭空隙）的质量，单位为 kg/m^3。

【仪器设备】

天平：称量 5 kg，感量 1 g，其型号及尺寸应能允许在臂上悬挂盛试样的吊篮，并在水中称重图 10-3。

吊篮：直径和高度均为 150 mm，由孔径为 1~2 mm 的筛网或钻有 2~3 mm 孔洞的耐锈蚀金属板制成。

盛水容器：有溢流孔。

烘箱：能使温度控制在 105±5 ℃。

试验筛：孔径为 5 mm。

温度计：0~100 ℃。

带盖容器、浅盘、刷子和毛巾等。

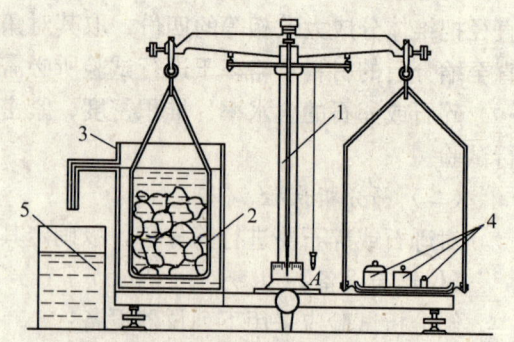

图 10-3 液体静力天平
1—工业天平；2—称量杯；
3—带有溢流孔的金属容器；4—砝码；
5—容器

【试样制备】

试验前，将样品筛去 5 mm 以下的颗粒，并缩分至略重于表 10-18 所规定的数量，刷洗干净后分成两份备用。

表 10-18 表观密度试验所需的试样最少质量

最大粒径（mm）	10.0	16.0	20.0	31.5	40.0	63.0	80.0
试样最少质量（kg）	2	2	2	3	4	6	6

【试验步骤】

取试样一份装入吊篮，并浸入盛水的容器中，水面至少高出试样 50 mm。浸水 24 h，移放到称量用的盛水容器中，并用上下升降吊篮的方法排除气泡（试样不得露出水面）。吊篮每升降一次约为 1 s，升降高度为 30~50 mm。

测定水温后（此时吊篮应全浸在水中），用天平称取吊篮及试样在水中的质量（m_2），称量时盛水容器中水面的高度由容器的溢流孔控制。提起吊篮，将试样置于浅盘中，放入 105±5 ℃ 的烘箱中烘干至恒重。取出来放在带盖的容器中冷却至室温后，称重（m_0）。

恒重系指相邻两次称量间隔时间大于 3 h 的情况下，其前后两次称量之差小于该项试验所要求的称量精度。

称取吊篮在同样温度的水中质量（m_1），称量时盛水容器的水面高度仍应由溢流口控制。

试验的各项称重可以在 15~25 ℃ 的温度范围内进行，但从试样加水静置的最后 2 h 起直至试验结束，其温度相差不应超过 2 ℃。

表观密度 ρ 应按下式计算（精确至 10 kg/m³）：

$$\rho = \left(\frac{m_0}{m_0 + m_1 - m_2} - a_t \right) \times 1\,000$$

式中　ρ——表观密度，kg/m³；

m_0——试样的烘干质量，g；

m_1——吊篮在水中的质量，g；

m_2——吊篮及试样在水中的质量，g；

a_t——考虑称量时的水温对表观密度影响的修正系数,见表10-19。

表10-19 不同水温下碎石或卵石的表观密度温度修正系数

水温(℃)	15	16	17	18	19	20	21	22	23	24	25
a_t	0.002	0.003	0.003	0.004	0.004	0.005	0.005	0.006	0.006	0.007	0.008

以两次试验结果的算术平均值作为测定值。如两次结果之差值大于20 kg/m³时,应重新取样进行试验。对颗粒材质不均匀的试样,如两次试验结果之差超过规定时,可取四次测定结果的算术平均值作为测定值。

(四)堆积密度和紧密密度

堆积密度是集料在自然堆积状态下单位体积的质量,单位为kg/m³。

紧密密度是集料按规定方法颠实后单位体积的质量,单位为kg/m³。

【仪器设备】

案秤:称量50 kg,感量50 g,及称量100 kg,感量100 g各一台。

容量筒:金属制,其规格见表10-20。

表10-20 容量筒的规格要求

碎石或卵石的最大粒径(mm)	容量筒容积(L)	容量筒规格(mm)		筒壁厚度(mm)
		内径	净高	
10.0;16.0;20.0;25.0	10	208	294	2
31.5;40.0	20	294	294	3
63.0;80.0	30	360	294	4

注:测定紧密密度时,对最大粒径为31.5 mm、40.0 mm的集料,可采用10 L的容量筒,对最大粒径为63.0 mm、80.0 mm的集料,可采用20 L的容量筒。

平头铁锹。

烘箱:能使温度控制在105±5 ℃。

【试样制备】

试验前,取质量约等于表10-16所规定的试样放入浅盘,在105±5 ℃的烘箱中烘干,也可以摊在清洁的地面上风干,拌匀后分成两份备用。

【试验步骤】

堆积密度:取试样一份,置于平整干净的地板(或铁板)上,用平头铁锹铲起试样,使石子自由落入容量筒内。此时,从铁锹的齐口至容量筒上口的距离应保持为50 mm左右。装满容量筒并除去凸出筒口表面的颗粒,并以合适的颗粒填入凹陷部分,使表面稍凸起部分和凹陷部分的体积大致相等,称取试样和容量筒共重(m_2)。

紧密密度:取试样一份,分三层装入容量筒。装完一层后,在筒底垫放一根直径为25 mm的钢筋,将筒按住并左右交替颠击地面各25下,然后装入第二层。第二层装满后,用同样方法颠实(但筒底所垫钢筋的方向应与第一层放置方向垂直),然后再装入第三层,如法颠实。待三层试样装填完毕后,加料直到试样超出容量筒筒口,用钢筋沿筒口边缘滚转,刮下高出筒口的颗粒,用合适的颗粒填平凹处,使表面稍凸起部分和凹陷部分的体积大致相等。称取试样和容量筒共重（m_2）。

堆积密度、紧密密度及空隙率应按以下规定进行计算：

堆积密度（ρ_l）或紧密密度（ρ_c）按下式计算（精确至 10 kg/m³）：

$$\rho_l(\rho_c) = \frac{m_2 - m_1}{V} \times 1\,000$$

式中　m_1——容量筒的质量，kg；

　　　m_2——容量筒和试样共重，kg；

　　　V——容量筒的容积，L。

以两次试验结果的算术平均值作为测定值；

空隙率（v_l、v_c）按下列各式计算（精确至 1%）

$$v_l = \left(1 - \frac{\rho_l}{\rho}\right) \times 100$$

$$v_c = \left(1 - \frac{\rho_c}{\rho}\right) \times 100$$

式中　ρ_l——碎石或卵石的堆积密度，kg/m³；

　　　ρ_c——碎石或卵石的紧密密度，kg/m³；

　　　ρ——碎石或卵石的表观密度，kg/m³。

容量筒容积的校正应以 20±2 ℃的饮用水装满容量筒，用玻璃板沿筒口滑移，使其紧贴水面，擦干筒外壁水分后称重。用下式计算筒的容积（V）：

$$V = m'_2 - m'_1$$

式中　m'_1——容量筒和玻璃板质量，kg；

　　　m'_2——容量筒、玻璃板和水总量，kg。

（五）含水率

含水率是指集料中所含水分与其质量之比，以百分率表示，单位为%。

【仪器设备】

烘箱：能使温度控制在 105±5 ℃。

天平：称量 5 kg，感量 5 g。

容器：如浅盘等。

【试验步骤】

按规定称取所要求的试样，分成两份备用；将试样置于干净的容器中，称取试样和容器的共重（m_1），并在 105±5 ℃的烘箱中烘干至恒重。

取出试样，冷却后称取试样与容器的共重（m_2）。

含水率 w_{wc} 应按下式计算（精确至 0.1%）：

$$w_{wc} = \frac{m_1 - m_2}{m_2 - m_3} \times 100$$

式中　m_1——烘干前试样与容器共重，g；

　　　m_2——烘干后试样与容器共重，g；

　　　m_3——容器质量，g。

以两次试验结果的算术平均值作为测定值。

注：碎石或卵石含水率简易测定法可采用"炒干法"。

(六) 含泥量试验方法

粗集料的含泥量是指颗粒小于 0.08 mm 的尘屑颗粒质量与总质量之比，用百分率表示，单位为%。

【仪器设备】

案秤：称量 10 kg，感量 10 g。对最大粒径小于 15 mm 的碎石和卵石应用称量为 5 kg，感量为 5 g 的天平。

烘箱：能使温度控制在 105±5 ℃。

试验筛：孔径为 1.25 mm 及 0.080 mm 筛各一个。

容器：容积约 10 L 的瓷盘或金属盒。

浅盘。

【试样制备】

试验前，将来样用四分法缩分至表 10-21 所规定的量（注意防止细粉丢失），并置于温度为 105±5 ℃的烘箱内烘干至恒重，冷却至室温后分成两份备用。

表 10-21　含泥量试验所需的试样最小质量

最大粒径（mm）	10.0	16.0	20.0	25.0	31.5	40.0	63.0	80.0
试样量不少于（kg）	2	2	6	6	10	10	20	20

【试验步骤】

称取试样一份（m_0），装入容器中摊平，并注入饮用水，使水面高出石子表面 150 mm；用手在水中淘洗颗粒，使尘屑、淤泥和黏土与较粗颗粒分离，并使之悬浮或溶解于水。缓缓地将浑浊液倒入 1.25 mm 及 0.080 mm 的套筛（1.25 mm 筛放置上面）上，滤去小于 0.080 mm 的颗粒。试验前筛子的两面应先用水湿润。在整个试验过程中应注意避免大于 0.080 mm 的颗粒丢失。再次加水于容器中，重复上述过程，直到洗出的水清澈为止。

用水冲洗剩留在筛上的细粒，并将 0.080 mm 筛放在水中（使水面略高出筛内颗粒）来回摇动，以充分洗涤小于 0.080 mm 的颗粒。然后，将两只筛上剩留的颗粒和筒中已洗净的试样一并装入浅盘，置于温度为 105±5 ℃的烘箱中烘干至恒重。取出冷却至室温后，称取试样的质量（m_1）。

碎石或卵石的含泥量 ω_c 应按下式计算（精确至 0.1%）

$$\omega_c = \frac{m_0 - m_1}{m_0} \times 100$$

式中　m_0——试验前烘干试样的质量，g；

m_1——试验后烘干试样的质量，g。

以两个试样试验结果的算术平均值作为测定值。如两次结果的差值超过 0.2%，应重新取样进行试验。

(七) 泥块含量试验方法

泥块含量是粗集料中颗粒大于 5 mm，经水洗、手捏后可破碎成小于 2.5 mm 的颗粒占总质量之比，用百分率表示，单位为%。

【仪器设备】

案秤：称量 20 kg、感量 20 g；称量 10 kg、感量 10 g。

天平：称量 5 kg、感量 5 g。

试验筛：孔径 2.50 mm 及 5.00 mm 筛各一个。

洗石用水筒及烘干用的浅盘等。

【试样制备】

试验前，将样品用四分法缩分至略大于表 10-16 所示的量，缩分应注意防止所含黏土块被压碎。缩分后的试样在 105±5 ℃烘箱内烘干至恒重，冷却至室温后分成两份备用。

【试验步骤】

筛去 5 mm 以下颗粒，称重（m_1）；将试样在容器中摊平，加入饮用水使水面高出试样表面，24 h 后把水放出，用手碾压泥块，然后把试样放在 2.5 mm 筛上摇动淘洗，直至洗出的水清澈为止。将筛上的试样小心地从筛里取出，置于温度为 105±5 ℃烘箱中烘干至恒重。取出冷却至室温后称重（m_2）。

泥块含量 $\omega_{c,l}$ 应按下式计算（精确至 0.1%）：

$$\omega_{c,l} = \frac{m_1 - m_2}{m_1} \times 100$$

式中　m_1——5.00 mm 筛筛余量，g；

m_2——试验后烘干试样的量，g。

以上两个试样试验结果的算术平均值作为测定值。如两次结果的差值超过 0.2%，应重新取样进行试验。

五、细集料试验方法

（一）取样与缩分

购货单位应按同产地同规格分批验收。用大型工具（如火车、货船、汽车等）运输的，以 400 m³ 或 600 t 为一验收批；用小型工具（如马车等）运输的，以 200 m³ 或 300 t 为一验收批；不足上述数量者以一批论。

1. 取样

在料堆上取样时，取样部分应均匀分布。取样前先将取样部位表层铲除，然后由各部位抽取大致相等的砂共 8 份，组成一组样品。从皮带运输机上取样时，应在皮带运输机机尾的出料处用接料器定时抽取砂 4 份组成一组样品。从火车、汽车、货船上取样时，从不同部位和深度抽取大致相等的砂 8 份，组成一组样品。

若检验不合格时，应重新取样。对不合格项，进行加倍复验，若仍有一个试样不能满足标准要求，应按不合格品处理。如经观察，认为各节车皮间（汽车、货船间）所载的砂质量相差甚为悬殊时，应对质量有疑点的每节车皮（汽车、货船）分别取样和验收。

每组样品的取样数量。对每一单项试验，应不小于表 10-22 所规定的最少取样数量；需做几项试验时，如确能保证样品经一项试验后不致影响另一项试验的结果，可用同组样品进行几项不同的试验。

表 10-22　每一试验项目所需砂的最少取样数量

试 验 项 目	最少取样数量（g）
筛分析	4 400
表观密度	2 600
吸水率	4 000
紧密密度和堆积密度	5 000
含水率	1 000
含泥量	4 400
泥块含量	10 000
有机质含量	2 000
云母含量	600
轻物质含量	3 200
坚固性	分成 5.00～2.50；2.50～1.25；1.25～0.630；0.630～0.315（mm）四个粒级，各需 100 g。
硫化物及硫酸盐含量	50
氯离子含量	2 000
碱活性	7 500

每组样品应妥善包装，避免细料散失及防止污染。并附样品卡片，标明样品的编号、取样时间、代表数量、产地、样品量、要求检验项目及取样方式等。

2. 样品的缩分

样品的缩分可选择下列两种方法之一：

用分料器：将样品在潮湿状态下拌和均匀，然后使样品通过分料器。留下接料斗中的其中一份。用另一份再次通过分料器，重复上述过程，直至把样品缩分到试验所需量为止。

人工四分法缩分：将所取每组样品置于平板上，在潮湿状态下拌和均匀，并堆成厚度约为 20 mm 的"圆饼"。然后沿互相垂直的两条直径把"圆饼"分成大致相等的四份，取其对角的两份重新拌匀，再堆成"圆饼"。重复上述过程，直至缩分后的材料量略多于进行试验所必需的量为止。

对较少的砂样品（如做单项试验时），可采用较干的原砂样，但应经仔细拌匀后缩分。

砂的堆积密度和紧密密度及含水率检验所用的试样可不经缩分，在拌匀后直接进行试验。

（二）筛分析试验

【仪器设备】

试验筛：孔径为 10.0 mm、5.00 mm、2.50 mm 的圆孔筛和孔径为 1.25 mm、0.630 mm、0.315 mm、0.160 mm 的方孔筛，以及筛的底盘和盖各一只，筛框为 300 mm 或 200 mm。其产品质量要求应符合现行的国家标准《试验筛》的规定。

天平：称量 1000 g，感量 1 g。

摇筛机。

烘箱：能使温度控制在 105±5 ℃。

浅盘和硬、软毛刷等。

【试样制备】

样品经缩分后，颗粒粒径不应大于 10 mm。试验前应先将来样通过 10 mm 筛，并算出筛余百分率。然后称取每份不少于 550 g 的试样两份，分别倒入两个浅盘中，在 105±5 ℃ 的温度下烘干到恒重。冷却至室温备用。

【试验步骤】

准确称取烘干试样 500 g，置于按筛孔大小（大孔在上、小孔在下）顺序排列的套筛的最上一只筛（即 5 mm 筛孔筛）上；将套筛装入摇筛机内固紧，筛分时间为 10 min 左右；然后取出套筛，再按筛孔大小顺序，在清洁的浅盘上逐个进行手筛，直至每分钟的筛出量不超过试样总量的 0.1% 时为止，通过的颗粒并入下一个筛，并和下一个筛中试样一起过筛，按这样顺序进行，直至每个筛全部筛完为止；

注：① 试样为特细砂时，在筛分时增加 0.080 的方孔筛一只。
② 如试样含泥量超过 5%，则应先用水洗，然后烘干至恒重，再进行筛分。
③ 无摇筛机时，可改用手筛。

仲裁时，试样在各号筛上的筛余量均不得超过下式的量：

$$m_r = \frac{A\sqrt{d}}{300}$$

生产控制检验时不得超过下式的量：

$$m_r = \frac{A\sqrt{d}}{200}$$

式中　m_r——在一个筛上的剩留量，g；

　　　d——筛孔尺寸，mm；

　　　A——筛的面积，mm^2。

否则应将该筛余试样分成两份，再次进行筛分，并以其筛余量之和作为筛余量。

称取各筛筛余试样的质量（精确至 1 g），所有各筛的分计筛余量和底盘中剩余量的总和与筛分前的试样总量相比，其相差不得超过 1%。

筛分析试验结果应按下列步骤计算：

计算分析筛余百分率（各筛上的筛余量除以试样总量的百分率），精确至 0.1%；

计算累计筛余百分率（该筛上的分计筛余百分率与大于该筛的各筛上的分计筛余百分率之总和），精确至 1%；

根据各筛的累计筛余百分率评定该试样的颗粒级配分布情况。

按下式计算砂的细度模数 μ_f（精确至 0.01）：

$$\mu_f = \frac{(\beta_2 + \beta_3 + \beta_4 + \beta_5 + \beta_6) - 5\beta_1}{100 - \beta_1}$$

式中　β_1、β_2、β_3、β_4、β_5、β_6 分别为 5.00、2.50、1.25、0.630、0.315、0.160 (mm) 各筛上的累计筛余百分率。

筛分试验应采用两个试样平行试验。细度模数以两次试验结果的算术平均值为测定值（精确至 0.1）。如两次试验所得的细度模数之差大于 0.20 时，应重新取试样进行试验。

(三) 表观密度（标准方法）

【仪器设备】

天平：称量 1 000 g，感量 1 g。

容量瓶：500 mL。

干燥器、浅盘、铝制料勺、温度计等。

烘箱：能使温度控制在 105±5 ℃。

烧杯：500 mL。

【试样制备】

将缩分至 650 g 左右的试样在温度为 105±5 ℃ 的烘箱中烘干至恒重，并在干燥器内冷却至室温。

【试验步骤】

称取烘干的试样 300 g（m_0），装入盛有半瓶冷开水的容量瓶中；摇转容量瓶，使试样在水中充分搅动以排除气泡，塞紧瓶塞，静置 24 h 左右。然后用滴管添水，使水面与瓶颈刻度线平齐，再塞紧瓶塞，擦干瓶外水分，称其质量（m_1）；倒出瓶中的水和试样，将瓶的内外表面洗净，再向瓶内注入冷开水至瓶颈刻度线。塞紧瓶塞，擦干瓶外水分，称其重量（m_2）。

注：在砂的表观密度试验过程中应测量并控制水的温度，试验的各项称量可以在 15～25 ℃ 的温度范围内进行。从试样加水静置的最后 2 h 起直至试验结束，其温度相差不应超过 2 ℃。

表观密度 ρ 应按下式计算（精确至 10 kg/m³）：

$$\rho = \left(\frac{m_0}{m_0 + m_2 - m_1} - a_t\right) \times 1\,000$$

式中 m_0——试样的烘干质量，g；

m_1——试样、水及容量瓶总重，g；

m_2——水及容量瓶总重，g；

a_t——考虑称量时的水温对水相对密度影响的修正系数，见表 10-23。

表 10-23 不同水温下砂的表观密度温度修正系数

水温（℃）	15	16	17	18	19	20
a_t	0.002	0.003	0.003	0.004	0.004	0.005
水温（℃）	21	22	23	24	25	
a_t	0.005	0.006	0.006	0.007	0.008	

以上两次试验结果的算术平均值作为测定值，如两次结果之差大于 20 kg/m³ 时，应重新取样进行试验。

(四) 含水率

含水率试验方法与粗集料含水率试验方法相同。取 500 g 试样两份，在 105±5 ℃ 的烘箱中烘干至恒重。

(五) 细集料含泥量

细集料含泥量是指粒径小于 75 μm 的颗粒含量占总质量的百分率，单位为％。

【仪器设备】

鼓风烘箱：能使温度控制在 105±5 ℃。

天平：称量 1 000 g，感量 0.1 g。

方孔筛：孔径为 75 μm 及 1.18 mm 的筛各一只。

容器：要求淘洗试样时，保持试样不溅出（深度大于 250 mm）。

搪瓷盘、毛刷等。

【试验步骤】

按规定取样，并将试样缩分至约 1 100 g，放在烘箱中于 105±5 ℃下烘干至恒重，待冷却至室温后，分为大致相等的两份备用。

称取试样 500 g，精确至 0.1 g。将试样倒入淘洗容器中，注入清水，使水面高于试样面约 150 mm，充分搅拌均匀后，浸泡 2 h，然后用手在水中淘洗试样，使尘屑、淤泥和黏土与砂粒分离，把浑水缓缓倒入 1.18 mm 及 75 μm 的套筛上（1.18 mm 筛放在 75 μm 筛上面），滤去小于 75 μm 的颗粒。试验前筛子的两面应先用水润湿，在整个过程中应小心防止砂粒流失。

再向容器中注入清水，重复上述操作，直至容器内的水目测清澈为止。

用水淋剩余在筛上的细粒，并将 75 μm 筛放在水中（使水面略高出筛中砂粒的上表面）来回摇动，以充分洗掉小于 75 μm 的颗粒，然后将两只筛的筛余颗粒和清洗容器中已经洗净的试样一并倒入搪瓷盘，放在烘箱中于 105±5 ℃下烘干至恒重，待冷却至室温后，称出其质量，精确至 0.1 g。

【结果计算】

含泥量按下式计算，精确至 0.1%：

$$Q_a = \frac{G_0 - G_1}{G_0} \times 100$$

式中 Q_a——含泥量，%；

G_0——试验前烘干试样的质量，g；

G_1——试验后烘干试样的质量，g。

含泥量取两个试样的试验结果算术平均值作为测定值。

第三节 防水混凝土分类

防水混凝土因密实方法的不同，可分为集料级配防水混凝土、普通防水混凝土和掺外加剂或掺合料的防水混凝土。

一、集料级配防水混凝土

集料级配防水混凝土亦称密级配防水混凝土。它是用人工将两种或两种以上的砂、石相互混合搭配，满足最大密实度要求的防水混凝土。也是以最小空隙率和最大密实度的砂、石连续级配为理论依据而配制出的密实度最大、抗渗性能最高的防水混凝土。

防水混凝土的集料级配是通过理论研究而得出最理想的级配曲线。图 10-4 为防水混凝土砂、石混合集料级配曲线。

根据标准级配曲线所用砾石或碎石的尺寸大小，可组成密级配混合料，可配制出密实度极高的防水性能较好的防水混凝土。

密级配防水混凝土所用集料的粒径以不超过 50 mm 为宜。砂子采用中砂（平均粒径为 0.37~0.4 mm），砂率约为 35%~45%。水泥用量一般不低于 300 kg/m³，最大水灰比不大于 0.60。坍落度用振动器捣实时为 0~40 mm，人工捣实时为 30~50 mm。

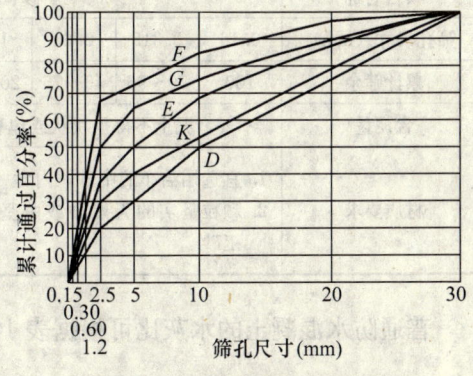

图 10-4 标准集料级配曲线
F、E、D 曲线为砾石防水混凝土；
G、K 曲线为碎石防水混凝土

密级配防水混凝土有许多缺点，如在配制时为达到理想级配曲线要求，必须弃掉部分砂石，从而耗费大量劳动力，施工繁琐，影响工程进度，延长工期。经长期研究，提出了普通防水混凝土。

二、普通防水混凝土

普通防水混凝土是在普通混凝土的基础上演变而成的。它是采用普通混凝土的集料自然级配，以控制水灰比、砂率、灰砂比和水泥用量来提高自身密实度和抗渗性。

在普通防水混凝土中，水泥砂浆在粗集料周围形成具有一定浓度的良好砂浆包裹层，将粗集料充分分开，使之保持一定的距离，从而切断混凝土内沿石子表面的毛细渗水通路，提高了混凝土的密实度和抗渗性。

在普通防水混凝土中，水泥和矿物掺合料总量不宜小于 320 kg/m³。含砂率以 35%~40% 为宜，具体可根据表 10-24 选择。砂石材质应符合表 10-25 的规定要求。

表 10-24 普通防水混凝土砂率的选择

砂子细度模数	砂 率 （%）				
	石 子 空 隙 率 （%）				
	30	35	40	45	50
0.70	35	35	35	35	35
1.18	35	35	35	35	36
1.62	35	35	35	36	37
2.16	35	35	36	37	38
2.71	35	36	37	38	39
3.25	36	37	38	39	40

注：① 石子空隙率 =（1-石子堆积密度/石子表观密度）×100%。
② 本表是按石子粒径为 5~30 mm 计算的，若采用 5~20 mm 石子时，砂率可增加 2%

第十章 防水混凝土

表 10-25 防水混凝土砂、石材质要求

项目名称	砂						石			
筛孔尺寸（mm）	0.16	0.315	0.63	1.25	2.5	5	5	0.5	D_{max}	$D_{max} \not> 40$ mm
累计筛余	100	70～95	45～75	20～55	10～35	0～5	95～100	30～65		0～5
含泥量	$\not> 3\%$，泥土不得呈块状或包裹砂子表面						$\not> 1\%$，且不得呈块状或包裹石子表面			
材质要求	1. 宜选用洁净的中砂，内含一定的粉细料； 2. 颗粒坚实的天然砂或由坚硬的岩石粉碎制成人工砂						1. 坚硬的卵石、碎石（包括矿渣碎石）均可； 2. 石子粒径宜为 5～40 mm			

普通防水混凝土的水灰比可根据表 10-26 进行选择。

表 10-26 普通防水混凝土的水灰比选择

抗渗等级	最 大 水 灰 比	
	C20～C30 混凝土	C30 以上混凝土
S_6	0.60	0.55
$S_8 \sim S_{12}$	0.55	0.50
$>S_{12}$	0.50	0.45

普通防水混凝土坍落度可根据表 10-27 进行选择。

表 10-27 普通防水混凝土坍落度的选择

结 构 种 类	坍落度（mm）
厚度≥25 cm 结构	20～30
厚度<25 cm 或钢筋稠密的结构	30～50
厚度大的少筋结构	<30
大体积混凝土或立墙	沿高度逐渐减小坍落度

普通防水混凝土的灰砂比以 1:2～2.5 为宜。

试配时，宜采用水灰比最大的配合比做抗渗试验，其试验结果应符合下式要求：

$$P_t \geqslant \frac{P}{10} + 0.2$$

式中 P_t——6 个试件中 4 个未出现渗水时的最大水压值，MPa；
P——设计要求的抗渗等级值。

三、掺外加剂的防水混凝土

为了提高混凝土的防水和抗渗性能，在混凝土中常常掺入一定数量的外加剂，于是产生了掺外加剂的防水混凝土。这是建筑防水工程中应用最多的防水混凝土。

在混凝土中掺入的外加剂主要有防水剂、引气剂、减水剂、引气减水剂、微膨胀剂等。在混凝土中掺入矿质掺合料，同样可制成防水混凝土，常用的矿质掺合料有粉煤灰、硅灰粉、磨细矿渣粉等。

第三节 防水混凝土分类

引气剂防水混凝土是在混凝土中掺入微量引气剂配制而成的防水混凝土，引气剂是一种具有憎水作用的表面活性物质，能显著降低混凝土拌和水的表面张力，经搅拌可在拌和物中产生大量密闭、稳定和均匀的微小气泡，从而使毛细管变得细小、曲折、分散，减少渗水通道，提高混凝土的抗渗性。

在混凝土中掺入微膨胀剂，微膨胀剂在混凝土中拌水后生成大量的微膨胀剂结晶水化物，使混凝土产生适度膨胀，在钢筋界的约束下产生的微膨胀能转变为压应力。这一压应力可大致抵消混凝土干缩时产生的拉应力，从而防止或减少混凝土收缩开裂，并使混凝土致密化，起到防水作用。

在掺引气剂的防水混凝土中，含气量宜控制在 3%～6%。在防水混凝土中掺入粉煤灰时，粉煤灰的级别不低于二级，掺量不宜大于 20%，硅灰粉掺量不宜大于 3%。

减水剂在混凝土中具有强烈的分散作用，借助于极性吸附作用，大大降低了水泥颗粒之间的吸引力，有效地阻碍和破坏了水泥颗粒之间的凝絮作用，并释放出凝絮体中的水，从而提高了混凝土的和易性。在满足和易性的条件下，可大大降低拌和用水量，使硬化后的混凝土内部孔结构的分散情况得以改善。孔径和孔隙率明显减少，大大提高了混凝土的防水和抗渗性能。

常用于防水混凝土中的引气剂、减水剂列于表 10-28 和表 10-29。

表 10-28　常用防水混凝土引气剂

名　称	主要成分	一般掺量	主要性能、用途
PC-2 引气剂	松香热聚物	0.6/万（占水泥重、下同）	具有引气、减水作用。适用于有防冻、防渗的港工及水工混凝土工程，含气量 3%～8%，强度降低
CON—A 引气减水剂	松香皂、三乙醇胺等	0.5～1.0/万	具有引气、减水、增强作用。适用于防冻、防渗、耐碱要求的混凝土工程，含气量 8%
烷基苯磺酸钠引气剂	烷基苯磺酸钠等	0.5～1.0/万	改善混凝土的和易性，提高抗冻性。用于有抗冻、抗渗要求的混凝土工程，含气量 3.7%～4.4%
OP 乳化剂	烷基酚环氧乙烷缩聚物	5.0～6.0/万	改善混凝土的和易性，提高抗冻性。适用于防水工程混凝土。含气量 4%，减水 7%
801 引气剂	高级脂肪醇衍生物	1.0～3.0/万	具有引气、减水作用，有良好的抗渗性，适用于防水工程。含气量 5%～6%，减水 7% 左右
烷基磺酸钠（AS）	烷基磺酸钠等	0.8～1.0/万	具有引气作用，适用于有防冻、防渗要求的水工混凝土工程，含气量 4% 左右

表 10-29　用于防水混凝土的几种减水剂

种　类	优　点	缺　点	适用范围
木质素磺酸钙 M	1. 有增塑及引气作用，提高抗渗性能最为显著 2. 有缓凝作用，可推迟水化热峰出现 3. 可减水 10%～15% 或增强 10%～20% 4. 价格低廉，货源充足	1. 分散作用不及 NNO、MF、JN 等高效减水剂 2. 温度较低时，强度发展缓慢，需与早强剂复合作用	一般防水工程均可使用，更适用于大坝、大型设备基础等大体积混凝土工程和夏季施工

续表

种类		优点	缺点	适用范围
多环芳香族磺酸钠	NNO	1. 均为高效减水剂，减水12%～20%，增强15%～20% 2. 可显著改善和易性，提高抗渗性 3. MF、JN有引气作用，抗冻性、抗渗性较NNO好 4. JN减水剂在同类减水剂中价格最低，仅为NNO的40%左右	货源少价格较贵	防水混凝土工程均可使用，冬季气温低时，使用更为适宜
	MF		生成气泡较大，需要高频振捣器排除气泡以保证混凝土质量	
	JN FDN UNF			
糖蜜		1. 分散作用及其他性能均同木质素磺酸钙 2. 掺量少，经济效果显著 3. 有缓凝作用	由于可从中提取酒精、丙酮等副产品，因而货源日趋减少	宜于就地取材，配制防水混凝土

防水混凝土的适用范围列于表10－30。

表10－30 防水混凝土的适用范围

种类		最高抗渗压力（MPa）	特点	适用范围
普通防水混凝土		＞3.0	施工简便，材料来源广泛	适用于一般工业、民用建筑及公共建筑的地下防水工程
外加剂防水混凝土	引气剂防水混凝土	＞2.2	抗冻性好	适用于北方高寒地区，抗冻性要求较高的防水工程及一般防水工程，不适于抗压强度＞20MPa或耐磨性要求较高的防水工程
	减水剂防水混凝土	＞2.2	拌和物流动性好	适用于钢筋密集或捣固困难的薄壁型防水构筑物，也适用于对混凝土凝结时间（促凝或缓凝）和流动性有特殊要求的防水工程（如泵送混凝土工程）
	三乙醇胺防水混凝土	＞3.8	早期强度高、抗渗标号高	适用于工期紧迫，要求早强及抗渗性较高的防水工程及一般防水工程
	氯化铁防水混凝土	＞3.8		适用于水中结构的无筋少筋厚大防水混凝土工程及一般地下防水工程，砂浆修补抹面工程 在接触直流电源或预应力混凝土及重要的薄壁结构上不宜使用
膨胀混凝土		3.6	密实性好、抗裂性好	适用于地下工程和地上防水构筑物、山洞、非金属油罐和主要工程的后浇缝

第四节 防水混凝土拌和物

防水混凝土拌和物是指以水泥、砂子、石集料和水等材料经搅拌后而未硬化的混合料。其拌和物的性能主要包括坍落度、密度、含气量、凝结时间等。

第四节 防水混凝土拌和物

一、试验室拌和方法

在拌和防水混凝土时,拌和场所温度宜保持在20±5℃,对所拌制的防水混凝土拌和物应避免阳光直射和风吹,用以拌和防水混凝土的各种材料温度应与拌和场所的温度相同。砂、石集料均以饱和面干为准,若含水分,应做饱和面干含水率测定。

【试验设备】

搅拌机:容积为50～100 L,转速为18～22 r/min,多选用60 L自落式混凝土搅拌机。

案秤:称量100 kg,感量50 g。

托盘天平:称量1 000 g,感量0.5 g。

托盘天平:称量5 000 g,感量1 g。

拌和钢板:尺寸不宜小于1.5 m×2 m;厚不小于3 mm。

其他:钢抹子、铁铣、搪瓷量杯1 000 mL、坍落度筒、盛器、刮尺和钢板尺等。

【试验步骤】

在用机械搅拌防水混凝土时,应预先搅拌少量的防水混凝土进行挂浆(与正式配比相同),避免在正式搅拌时水泥浆的损失,挂浆所多余的防水混凝土倒在钢板上,使钢板也粘有一层砂浆。

将称好的石子、水泥、砂按顺序倒入机内先搅拌几转,然后将需用的水倒入机内搅拌2～3 min。将机内拌好的物料倒在钢板上,用人工翻拌2～3次,使之均匀。

采用机械搅拌时,一次搅拌量不宜少于搅拌机容量的20%。选用60 L自落式混凝土搅拌机时,一次投入物料量不少于16 L,不大于45 L,温度应保持在20+3 ℃。

二、坍落度

坍落度是用来评价防水混凝土拌和物的流动性及和易性。主要用于集料最大粒径不大于40 mm,坍落度不小于10 mm的新型混凝土拌和物。

防水混凝土坍落度是用坍落度筒高与坍落后的混凝土试体最高点之间的高度差表示的,单位为mm。

【仪器设备】

坍落度筒:由厚度为1.5 mm的薄钢板制成的圆锥形筒,其内壁应光滑,无凹凸部位。底面及顶面应互相平行,并与锥体轴线相垂直。其外形尺寸如图10-5所示。

捣棒:$\phi 15$ mm,长600 mm。

小铲、钢尺、喂料斗等。

【试验步骤】

湿润坍落度筒及底板,在坍落度筒内壁和底板上应无明水。底板应放置在坚实水平面上,并把筒放在底板中心,然后用脚踩住两边的脚踏板,坍落度筒在装料时应保持固定的位置。

把按要求取得的混凝土试样用小铲分三层均匀

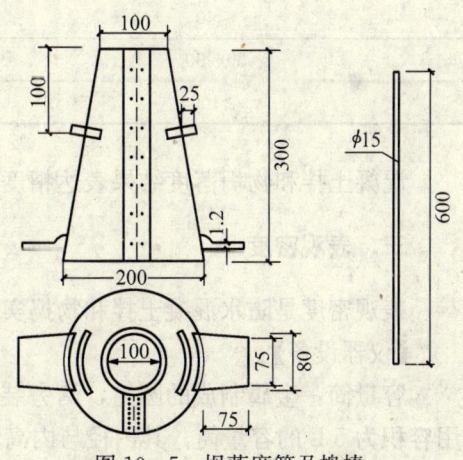

图10-5 坍落度筒及捣棒

地装入筒内,使捣实后每层高度为筒高的三分之一左右。每层用捣棒插捣 25 次。插捣应沿螺旋方向由外向中心进行,各次插捣应在截面上均匀分布。插捣筒边混凝土时,捣棒可以稍稍倾斜。插捣底层时,捣棒应贯穿整个深度,插捣第二层和顶层时,捣棒应插透本层至下一层的表面;浇灌顶层时,混凝土应灌到高出筒口。插捣过程中,如混凝土沉落到低于筒口,则应随时添加。顶层插捣完后,刮去多余的混凝土,并用抹刀抹平。

清除筒边底板上的混凝土后,垂直平稳地提起坍落度筒。坍落度筒的提离过程应在 5~10 s 内完成;从开始装料到提坍落度筒的整个过程应不间断地进行,并应在 150 s 内完成。

提起坍落度筒后,测量筒高与坍落后混凝土试体最高点之间的高度差,即为该混凝土拌和物的坍落度值;坍落度筒提离后,如混凝土发生崩坍或一边剪坏现象,则应重新取样另行测定;如第二次试验仍出现上述现象,则表示该混凝土和易性不好,应予记录备查。

观察坍落后的混凝土试体的粘聚性及保水性。粘聚性的检查方法是用捣棒在已坍落的混凝土锥体侧面轻轻敲打,此时如果锥体逐渐下沉,则表示粘聚性良好,如果锥体倒塌、部分崩裂或出现离析现象,则表示粘聚性不好。保水性以混凝土拌和物稀浆析出的程度来评定,坍落度筒提起后如有较多的稀浆从底部析出,锥体部分的混凝土也因失浆而集料外露,则表明此混凝土拌和物的保水性能不好;如坍落度筒提起后无稀浆或仅有少量稀浆自底部析出,则表示此混凝土拌和物保水性良好。

当混凝土拌和物的坍落度大于 220 mm 时,用钢尺测量混凝土扩展后最终的最大直径和最小直径,在这两个直径之差小于 50 mm 的条件下,用其算术平均值作为坍落扩展度值;否则,此次试验无效。

如果发现粗集料在中央集堆或边缘有水泥浆析出,表示此混凝土拌和物抗离析性不好,应予记录。

混凝土拌和物坍落度和坍落扩展度值以毫米为单位,测量精确至 1 mm,结果表达修约至 5 mm。

防水混凝土实测的坍落度与要求坍落度之间的偏差应符合表 10 - 31 的规定。

表 10 - 31 防水混凝土坍落度允许偏差

要求坍落度(mm)	允许偏差(mm)
≤40	±10
50~90	±15
≥100	±20

混凝土拌和物坍落度结果表达精度至 5 mm。

三、表观密度

表观密度是防水混凝土拌和物捣实后的单位体积质量,单位为 kg/m^3。

【仪器设备】

容量筒:金属制成的圆筒,两旁装有提手。对集料最大粒径不大于 40 mm 的拌和物采用容积为 5 L 的容量筒,其内径与内高均为 186±2 mm,筒壁厚为 3 mm;集料最大粒径大于 40 mm 时,容量筒的内径与内高均应大于集料最大粒径的 4 倍。容量筒上缘及内壁应光滑平整，顶面与底面应平行并与圆柱体的轴垂直。

台秤：称量 50 kg，感量 50 g。

振动台：频率应为 50±3 Hz，空载时的振幅应为 0.5±0.1 mm。

捣棒：直径 16 mm、长 600 mm 的钢棒，端部磨圆。

小铲、抹刀、刮尺等。

【试验步骤】

用湿布把容量筒内外擦干净，称出容量筒质量，精确至 50 g。

混凝土的装料及捣实方法应根据拌和物的稠度而定。坍落度不大于 70 mm 的混凝土，用振动台振实为宜；大于 70 mm 的用捣棒捣实为宜。采用捣棒捣实时，应根据容量筒的大小决定分层与插捣次数：用 5 L 容量筒时，混凝土拌和物应分两层装入，每层的插捣次数应为 25 次；用大于 5 L 的容量筒时，每层混凝土的高度不应大于 100 mm，每层插捣次数应按每 10 000 mm² 截面不少于 12 次计算。各次插捣应由边缘向中心均匀地插捣，插捣底层时捣棒应贯穿整个深度，插捣第二层时，捣棒应插透本层至下一层的表面；每一层捣完后用橡皮锤轻轻沿容器外壁敲打 5~10 次，进行振实，直至拌和物表面插捣孔消失并不见大气泡为止。

采用振动台振实时，应一次将混凝土拌和物灌到高出容量筒口。装料时可用捣棒稍加插捣，振动过程中如混凝土低于筒口，应随时添加混凝土，振动直至表面出浆为止。

用刮尺将筒口多余的混凝土拌和物刮去，表面如有凹陷应填平；将容量筒外壁擦净，称出混凝土试样与容量筒总质量，精确至 50 g。

防水混凝土拌和物表观密度按下式进行计算：

$$\gamma_h = \frac{W_2 - W_1}{V} \times 1\,000$$

式中　γ_h——表观密度，kg/m^3；

　　　W_1——容量筒质量，kg；

　　　W_2——容量筒和试样总质量，kg；

　　　V——容量筒容积，L。

试验结果的计算精确至 10 kg/m^3。

容量筒标定方法：

容量筒容积标定方法可采用一块能覆盖住容量筒顶面的玻璃板，先称出玻璃板和空桶的质量，然后向容量筒中灌入清水，当水接近上口时，一边不断加水，一边把玻璃板沿筒口徐徐推入盖严，应注意使玻璃板下不带入任何气泡；然后擦净玻璃板面及筒壁外的水分，将容量筒连同玻璃板放在台称上称其质量；两次质量之差（kg）即为容量筒的容积 L。

四、凝结时间

防水混凝土拌和物凝固时间可按照普通混凝土拌和物试验方法（GB/T5 0 080—2002）试验方法进行。其凝固时间分为初凝时间和终凝时间，以贯入阻力仪贯入混凝土拌和物阻力达 3.5 MPa（初凝时间）和 28 MPa（终凝时间）时的时间表示，单位是 h。

【仪器设备】

贯入阻力仪：贯入阻力仪是由加荷装置、测针、砂浆试样筒和标准筛组成，可以是手动的,也可以是自动的。图 10-6 为手动式贯入阻力仪的构造示意图。

贯入阻力仪应符合下列要求:

加荷装置:最大测量值应不小于 1 000 N,精度为±10 N;

测针:长为 100 mm,承压面积为 100 mm², 50 mm² 和 20 mm² 三种测针;在距贯入端 25 mm 处刻有一圈标记;

砂浆试样筒:上口径为 160 mm,下口径为 150 mm,净高为 150 mm 刚性不透水的金属圆筒,并配有盖子;

标准筛:筛孔为 5 mm 的金属圆孔筛。

振动台或捣棒、吸液管、温度计、钟表等。

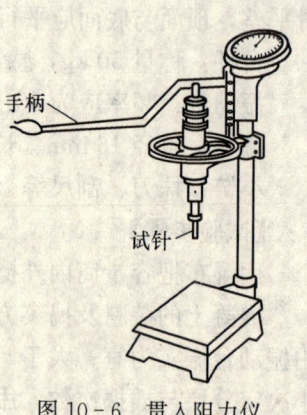

图 10-6 贯入阻力仪

【试验步骤】

从混凝土拌和物试样中,用 5 mm 标准筛筛出砂浆,每次应筛净,然后将其拌和均匀。将砂浆一次分别装入三个试样筒中,做三个试验。取样混凝土坍落度不大于 70 mm 的宜用振动台振实砂浆;取样混凝土坍落度大于 70 mm 的宜用捣棒人工捣实。用振动台振实砂浆时,振动应持续到表面出浆为止,不得过振;用捣棒人工捣实时,应沿螺旋方向由外向中心均匀插捣 25 次,然后用橡皮锤轻轻敲打筒壁,直至插捣孔消失为止。振实或插捣后,砂浆表面应低于砂浆试样筒口约 10 mm;砂浆试样筒应立即加盖。

砂浆试样制备完毕,编号后应置于温度为 20±2 ℃的环境中或现场同条件下待试,并在以后的整个测试过程中,环境温度应始终保持在 20±2 ℃。现场同条件测试中,应与现场条件保持一致。在整个测试过程中,除在吸取泌水或进行贯入试验外,试样筒应始终加盖。

凝结时间测定从水泥与水接触瞬间开始计时。根据混凝土拌和物的性能,确定测针试验时间,以后每隔 0.5 h 测试一次,在临近初、终凝时可增加测定次数。

在每次测试前 2 min,将一片 20 mm 厚的垫块垫入筒底一侧使其倾斜,用吸管吸去表面的泌水,吸水后平稳地复原。

测试时将砂浆试样筒置于贯入阻力仪上,测针端部与砂浆表面接触,然后在 10±2 s 内均匀地使测针贯入砂浆 25±2 mm 深度,记录贯入压力,精确至 10 N;记录测试时间,精确至 1 min;记录环境温度,精确至 0.5 ℃。

各测点的间距应大于测针直径的两倍且不小于 15 mm,测点与试样筒壁的距离应不小于 25 mm。

贯入阻力测试在 0.2~28 MPa 之间应至少进行 6 次,直至贯入阻力大于 28 MPa 为止。

在测试过程中应根据砂浆凝结状况,适时更换测针,更换测针宜按表 10-32 选用。

表 10-32 测针选用规定表

贯入阻力（MPa）	0.2~3.5	3.5~20	20~28
测针面积（mm²）	100	50	20

贯入阻力的结果计算以及初凝时间和终凝时间的确定应按下述方法进行:

贯入阻力应按下式计算:

$$f_{PR} = \frac{P}{A}$$

的，也可以是自动的。图10-6为手动式贯入阻力仪的构造示意图。

贯入阻力仪应符合下列要求：

加荷装置：最大测量值应不小于1 000 N，精度为±10 N；

测针：长为100 mm，承压面积为100 mm²、50 mm²和20 mm²三种测针；在距贯入端25 mm处刻有一圈标记；

砂浆试样筒：上口径为160 mm，下口径为150 mm，净高为150 mm刚性不透水的金属圆筒，并配有盖子；

标准筛：筛孔为5 mm的金属圆孔筛。

振动台或捣棒、吸液管、温度计、钟表等。

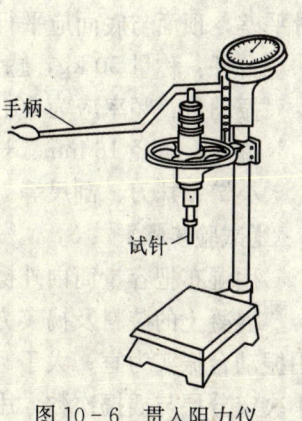

图10-6 贯入阻力仪

【试验步骤】

从混凝土拌和物试样中，用5 mm标准筛筛出砂浆，每次应筛净，然后将其拌和均匀。将砂浆一次分别装入三个试样筒中，做三个试验。取样混凝土坍落度不大于70 mm的宜用振动台振实砂浆；取样混凝土坍落度大于70 mm的宜用捣棒人工捣实。用振动台振实砂浆时，振动应持续到表面出浆为止，不得过振；用捣棒人工捣实时，应沿螺旋方向由外向中心均匀插捣25次，然后用橡皮锤轻轻敲打筒壁，直至插捣孔消失为止。振实或插捣后，砂浆表面应低于砂浆试样筒口约10 mm；砂浆试样筒应立即加盖。

砂浆试样制备完毕，编号后应置于温度为20±2 ℃的环境中或现场同条件下待试，并在以后的整个测试过程中，环境温度应始终保持在20±2 ℃。现场同条件测试中，应与现场条件保持一致。在整个测试过程中，除在吸取泌水或进行贯入试验外，试样筒应始终加盖。

凝结时间测定从水泥与水接触瞬间开始计时。根据混凝土拌和物的性能，确定测针试验时间，以后每隔0.5 h测试一次，在临近初、终凝时可增加测定次数。

在每次测试前2 min，将一片20 mm厚的垫块垫入筒底一侧使其倾斜，用吸管吸去表面的泌水，吸水后平稳地复原。

测试时将砂浆试样筒置于贯入阻力仪上，测针端部与砂浆表面接触，然后在10±2 s内均匀地使测针贯入砂浆25±2 mm深度，记录贯入压力，精确至10 N；记录测试时间，精确至1 min；记录环境温度，精确至0.5 ℃。

各测点的间距应大于测针直径的两倍且不小于15 mm，测点与试样筒壁的距离应不小于25 mm。

贯入阻力测试在0.2~28 MPa之间应至少进行6次，直至贯入阻力大于28 MPa为止。在测试过程中应根据砂浆凝结状况，适时更换测针，更换测针宜按表10-32选用。

表10-32 测针选用规定表

贯入阻力（MPa）	0.2~3.5	3.5~20	20~28
测针面积（mm²）	100	50	20

贯入阻力的结果计算以及初凝时间和终凝时间的确定应按下述方法进行：

贯入阻力应按下式计算

$$f_{PR} = \frac{P}{A}$$

滑平整，顶面与底面应平行并与圆柱体的轴垂直。

台秤：称量 50 kg，感量 50 g。

振动台：频率应为 50±3 Hz，空载时的振幅应为 0.5±0.1 mm。

捣棒：直径 16 mm、长 600 mm 的钢棒，端部磨圆。

小铲、抹刀、刮尺等。

【试验步骤】

用湿布把容量筒内外擦干净，称出容量筒质量，精确至 50 g。

混凝土的装料及捣实方法应根据拌和物的稠度而定。坍落度不大于 70 mm 的混凝土，用振动台振实为宜；大于 70 mm 的用捣棒捣实为宜。采用捣棒捣实时，应根据容量筒的大小决定分层与插捣次数：用 5 L 容量筒时，混凝土拌和物应分两层装入，每层的插捣次数应为 25 次；用大于 5 L 的容量筒时，每层混凝土的高度不应大于 100 mm，每层插捣次数应按每 10 000 mm² 截面不少于 12 次计算。各次插捣应由边缘向中心均匀地插捣，插捣底层时捣棒应贯穿整个深度，插捣第二层时，捣棒应插透本层至下一层的表面；每一层捣完后用橡皮锤轻轻沿容器外壁敲打 5～10 次，进行振实，直至拌和物表面插捣孔消失并不见大气泡为止。

采用振动台振实时，应一次将混凝土拌和物灌到高出容量筒口。装料时可用捣棒稍加插捣，振动过程中如混凝土低于筒口，应随时添加混凝土，振动直至表面出浆为止。

用刮尺将筒口多余的混凝土拌和物刮去，表面如有凹陷应填平；将容量筒外壁擦净，称出混凝土试样与容量筒总质量，精确至 50 g。

防水混凝土拌和物表观密度按下式进行计算：

$$\gamma_h = \frac{W_2 - W_1}{V} \times 1\,000$$

式中 γ_h——表观密度，kg/m^3；

W_1——容量筒质量，kg；

W_2——容量筒和试样总质量，kg；

V——容量筒容积，L。

试验结果的计算精确至 10 kg/m^3。

容量筒标定方法：

容量筒容积标定方法可采用一块能覆盖住容量筒顶面的玻璃板，先称出玻璃板和空桶的质量，然后向容量筒中灌入清水，当水接近上口时，一边不断加水，一边把玻璃板沿筒口徐徐推入盖严，应注意使玻璃板下不带入任何气泡；然后擦净玻璃板面及筒壁外的水分，将容量筒连同玻璃板放在台称上称其质量；两次质量之差（kg）即为容量筒的容积 L。

四、凝结时间

防水混凝土拌和物凝固时间可按照普通混凝土拌和物试验方法（GB/T5 0 080—2002）试验方法进行。其凝固时间分为初凝时间和终凝时间，以贯入阻力仪贯入混凝土拌和物阻力达 3.5 MPa（初凝时间）和 28 MPa（终凝时间）时的时间表示，单位是 h。

【仪器设备】

贯入阻力仪：贯入阻力仪是由加荷装置、测针、砂浆试样筒和标准筛组成，可以是手动

式中 f_{PR}——贯入阻力，MPa；
  P——贯入压力，N；
  A——测针面积，mm²。

计算应精确至 0.1 MPa。

凝结时间也可用绘图拟合方法确定，是以贯入阻力为纵坐标，经过的时间为横坐标（精确至 1 min），绘制出贯入阻力与时间之间的关系曲线，以 3.5 MPa 和 28 MPa 划两条平行于横坐标的直线，分别与曲线相交的两个交点的横坐标即为混凝土拌和物的初凝和终凝时间。

用三个试验结果的初凝和终凝时间的算术平均值作为此次试验的初凝和终凝时间。如果三个测值的最大值或最小值中有一个与中间值之差超过中间值的 10%，则以中间值为试验结果；如果最大值和最小值与中间值之差均超过中间值的 10% 时，则此次试验无效。

凝结时间用 h:min 表示，并修约至 5 min。

五、含气量

测定防水混凝土拌和物中含气量的目的是用以控制防水混凝土内空气含量范围与质量要求。本法适用于集料最大粒径不大于 40 mm 的混凝土拌和物含气量的测定。

【试验仪器】

含气量测定仪：由容器和盖体两部分组成。如图 10-7 所示。

容器应由硬质、不易被水泥浆腐蚀的金属制成，其内表面粗糙度不应大于 3.2 μm，内径应与深度相等，容积为 7 L。盖体应用与容器相同材料制成。盖体部分包括有气室、水找平室、加水阀、排水阀、操作阀、进气阀、排气阀及压力表。压力表的量程为 0~0.25 MPa，精度为 0.01 MPa。容器与盖体之间应设置密封垫圈，用螺栓连接，连接处不得有空气存留，并保证密封。

捣棒：φ16 mm，长 600 mm，端部磨圆。

振动台：频率应为 50±3 Hz，空载时的振幅应为 0.5±0.1 mm。

台秤：称量 50 kg，感量 50 g。

橡皮锤：带有质量约 250 g 的橡皮锤头。

小铲、抹刀、刮尺等。

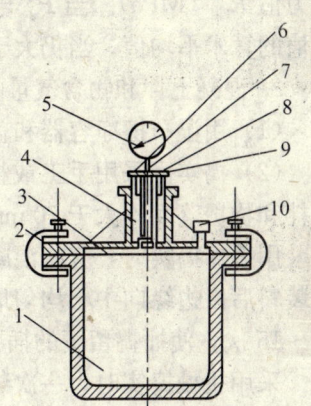

图 10-7 含气量测定仪
1—容器；2—盖体；3—水找平室；
4—气室；5—压力表；6—排气阀；
7—操作阀；8—排水阀；
9—进气阀；10—加水阀

【试验步骤】

1. 集料含气量的测定

(1) 在进行拌和物含气量测定之前，应按下式计算每个试样中粗、细集料的质量：

$$m_g = \frac{V}{1\,000} \times m'_g$$

$$m_s = \frac{V}{1\,000} \times m'_s$$

式中 m_g、m_s——分别为每个试样中的粗、细集料质量，kg；

m'_g、m'_s——分别为每立方米混凝土拌和物中粗、细集料质量，kg；

V——含气量测定仪容器容积，L。

(2) 在容器中先注入 1/3 高度的水，然后把通过 40 mm 网筛的质量为 m_g、m_s 的粗、细集料称好、拌匀，慢慢倒入容器。水面每升高 25 mm 左右，轻轻插捣 10 次，并略予搅动，以排除夹杂进去的空气，加料过程中应始终保持水面高出集料的顶面；集料全部加入后，应浸泡约 5 min，再用橡皮锤轻敲容器外壁，排净气泡，除去水面泡沫，加水至满，擦净容器上口边缘；装好密封圈，加盖拧紧螺栓。

(3) 关闭操作阀和排气阀，打开排水阀和加水阀，通过加水阀，向容器内注入水；当排水阀流出的水流不含气泡时，在注水的状态下，同时关闭加水阀和排水阀。

(4) 开启进气阀，用气泵向气室内注入空气，使气室内的压力略大于 0.1 MPa，待压力表显示值稳定；微开排气阀，调整压力至 0.1 MPa，然后关紧排气阀。

(5) 开启操作阀，使气室里的压缩空气进入容器，待压力表显示值稳定后记录示值 P_{g1}，然后开启排气阀，压力仪表示值应回零。

(6) 重复以上操作对容器内的试样再检测一次记录表值 P_{g2}。

(7) 若 P_{g1} 和 P_{g2} 的相对误差小于 0.2% 时，则取 P_{g1} 和 P_{g2} 的算术平均值，按压力与含气量关系曲线查得集料的含气量（精确至 0.1%）；若不满足，则应进行第三次试验。测得压力值 P_{g3}（MPa）。当 P_{g3} 与 P_{g1}、P_{g2} 中较接近一个值的相对误差不大于 0.2% 时，则取此二值的算术平均值。当仍大于 0.2% 时，则此次试验无效，应重做。

2. 混凝土拌和物含气量的测定

(1) 用湿布擦净容器和盖的内表面，装入混凝土拌和物试样。

(2) 捣实可采用手工或机械方法。当拌和物坍落度大于 70 mm 时，宜采用手工插捣，当拌和物坍落度不大于 70 mm 时，宜采用机械振捣，如振动台或插入式振捣器等。

用捣棒捣实时，应将混凝土拌和物分 3 层装入，每层捣实后高度约为 1/3 容器高度；每层装料后由边缘向中心均匀地插捣 25 次，捣棒应插透本层高度，再用木锤沿容器外壁重击 10～15 次，使插捣留下的插孔填满。最后一层装料应避免过满。

采用机械捣实时，一次装入捣实后体积为容器容量的混凝土拌和物，装料时可用捣棒稍加插捣，振实过程中如拌和物低于容器口，应随时添加；振动至混凝土表面平整、表面出浆即止，不得过度振捣。

若使用插入式振动器捣实，应避免振动器触及容器内壁和底面。

(3) 捣实完毕后立即用刮尺刮平，表面如有凹陷应予填平抹光。然后在正对操作阀孔的混凝土拌合物表面贴一小片塑料薄膜，擦净容器上口边缘，装好密封垫圈，加盖并拧紧螺栓。

(4) 关闭操作阀和排气阀，打开排水阀和加水阀，通过加水阀，向容器内注入水；当排水阀流出的水流不含气泡时，在注水的状态下，同时关闭加水阀和排水阀。

(5) 然后开启进气阀，用气泵注入空气至气室内压力略大于 0.1 MPa，待压力示值仪表示值稳定后，微微开启排气阀，调整压力至 0.1 MPa，关闭排气阀。

(6) 开启操作阀，待压力示值仪稳定后，测得压力值 P_{01}（MPa）。

(7) 开启排气阀，压力仪示值回零；重复上述 (5) 至 (6) 的步骤，对容器内试样再测一次压力值 P_{02}（MPa）。

(8) 若 P_{01} 和 P_{02} 的相对误差小于 0.2% 时，则取 P_{01}、P_{02} 的算术平均值，按压力与含气

量关系曲线查得含气量 A_0（精确至 0.1%）；若不满足，则应进行第三次试验，测得压力值 P_{03}（MPa）。当 P_{03} 与 P_{01}、P_{02} 中较接近一个值的相对误差不大于 0.2% 时，则取此二值的算术平均值查得 A_0；当仍大于 0.2%，此次试验无效。

混凝土拌和物含气量应按下式计算：

$$A = A_0 - A_g$$

式中　A——混凝土拌和物含气量，%；
　　　A_0——两次含气量测定的平均值，%；
　　　A_g——集料含气量，%。

计算精确至 0.1%。

3. 含气量测定仪容器容积的标定及率定

(1) 容器容积的标定按下列步骤进行：

1) 擦净容器，并将含气量仪全部安装好，测定含气量仪的总质量，测量精确至 50 g；

2) 往容器内注水至上缘，然后将盖体安装好，关闭操作阀和排气阀，打开排水阀和加水阀，通过加水阀，向容器内注入水；当排水阀流出的水流不含气泡时，在注水的状态下，同时关闭加水阀和排水阀，再测定其总质量，测量精确至 50 g；

3) 容器的容积应按下式计算：

$$V = \frac{m_2 - m_1}{\rho_w} \times 1\,000$$

式中　V——含气量仪的容积，L；
　　　m_1——干燥含气量仪的总质量，kg；
　　　m_2——水、含气量仪的总质量，kg；
　　　ρ_w——容器内水的密度，kg/m³。

计算应精确至 0.01 L。

(2) 含气量测定仪的率定按下列步骤进行：

1) 按混凝土拌和物含气量测定方法第（5）条至第（8）条的操作步骤测得含气量为 0 时的压力值；

2) 开启排气阀，压力示值器示值回零；关闭操作阀和排气阀，打开排水阀，在排水阀口用量筒接水；用气泵缓缓地向气室内打气，当排出的水恰好是含气量仪体积的 1% 时。按上述步骤测得含气量为 1% 时的压力值；

3) 如此继续测取含气量分别为 2%、3%、4%、5%、6%、7%、8% 时的压力值；

4) 以上试验均应进行两次，各次所测压力值均应精确至 0.01 MPa；

5) 对以上的各次试验均应进行检验，其相对误差均应小于 0.2%；否则应重新率定；

6) 据此检验以上含气量 0、1%、…8% 共 9 次的测量结果，绘制含气量与气体压力之间的关系曲线。

六、泌水性

泌水性能是防水混凝土拌和物在施工中的重要性能之一。防水混凝土施工过程中泌水过多，会使防水混凝土丧失流动性，从而影响防水混凝土的可泵性和工作性，会给工程质量造成严重后果。泌水性可用泌水量和泌水率表示。泌水率为防水混凝土总泌水量与用水量之比,单位为%。泌水量为一定量的防水混凝土拌和物单位面积的泌水,单位为 mL/mm²。

1. 泌水性试验方法

【仪器设备】

试样筒:容积为 5 L 的容量筒并配有盖子,见表观密度试验方法。

台秤:称量为 50 kg,感量为 50 g。

量筒:容量为 10 mL、50 mL、100 mL 的量筒及吸管。

振动台、捣棒:见表观密度试验方法规定要求。

【试验步骤】

(1) 应用湿布湿润试样筒内壁后立即称量,记录试样筒的质量。再将混凝土试样装入试样筒,混凝土的装料及捣实方法有两种:

方法 A:用振动台振实。将试样一次装入试样筒内,开启振动台,振动应持续到表面出浆为止,且应避免过振;并使混凝土拌和物表面低于试样筒筒口 30±3 mm,用抹刀抹平。抹平后立即计时并称量,记录试样筒与试样的总质量。

方法 B:用捣棒捣实。采用捣棒捣实时,混凝土拌和物应分两层装入,每层的插捣次数应为 25 次;捣棒由边缘向中心均匀地插捣,插捣底层时捣棒应贯穿整个深度,插捣第二层时,捣棒应插透本层至下一层的表面;每一层捣完后用橡皮锤轻轻沿试样筒外壁敲打 5~10 次,进行振实,直至拌和物表面插捣孔消失并不见大气泡为止;并使混凝土拌和物表面低于试样筒筒口 30±3 mm,用抹刀抹平。抹平后立即计时并称量,记录试样筒与试样的总质量。

(2) 在以下吸取混凝土拌和物表面泌水的整个过程中,应使试样筒保持水平、不受振动;除了吸水操作外,应始终盖好盖子;室温应保持在 20±2 ℃。

(3) 从计时开始后 60 min 内,每隔 10 min 吸取 1 次试样表面渗出的水。60 min 后,每隔 30 min 吸 1 次水,直至认为不再泌水为止。为了便于吸水,每次吸水前 2 min,将一片 35 mm 厚的垫块垫入筒底一侧使其倾斜,吸水后平稳地复原。吸出的水放入量筒中,记录每次吸水的水量并计算累计水量,精确至 1 mL。

(4) 泌水量应按下式计算:

$$B_a = \frac{V}{A}$$

式中 B_a——泌水量,mL/mm²;

V——最后一次吸水后累计的泌水量,mL;

A——试样外露的表面面积,mm²。

计算应精确至 0.01 mL/mm²。泌水量取三个试样测值的平均值。三个测值中的最大值或最小值,如果有一个与中间值之差超过中间值的 15%,则以中间值为试验结果;如果最大值和最小值与中间值之差均超过中间值的 15% 时,则此次试验无效。

(5) 泌水率应按下式计算:

$$B = \frac{V_W}{(W/G)G_W} \times 100$$

$$G_W = G_1 - C_0$$

式中 B——泌水率，%；

V_W——泌水总量，mL；

G_W——试样质量，g；

W——混凝土拌和物总用水量，mL；

G——混凝土拌和物总质量，g；

G_1——试样筒及试样总质量，g；

G_0——试样筒质量，g。

计算应精确至 1%。泌水率取三个试样测值的平均值。三个测值中的最大值或最小值，如果有一个与中间值之差超过中间值的 15%，则以中间值为试验结果；如果最大值和最小值与中间值之差均超过中间值的 15% 时，则此次试验无效。

本试验方法适用于集料最大粒径不大于 40 mm 的防水混凝土拌和物泌水性测定。

2. 压力泌水试验方法

【仪器设备】

压力泌水仪：其主要部件包括压力表、缸体、工作活塞、筛网等（图 10-8）。压力表最大量程 6 MPa，最小分度值不大于 0.1 MPa；缸体内径 125±0.02 mm，内高 200±0.2 mm；工作活塞压强为 3.2 MPa，公称直径为 125 mm；筛网孔径为 0.315 mm。

捣棒。

量筒：200 mL 量筒。

【试验步骤】

（1）混凝土拌和物应分两层装入压力泌水仪的缸体容器内，每层的插捣次数应为 20 次。捣棒由边缘向中心均匀地插捣，插捣底层时捣棒应贯穿整个深度，插捣第二层时，捣棒应插透本层至下一层的表面；每一层捣完后用橡皮锤轻轻沿容器外壁敲打 5～10 次，进行振实，直至拌和物表面插捣孔消失并不见大气泡为止；并使拌和物表面低于容器口以下约 30 mm 处，用抹刀将表面抹平。

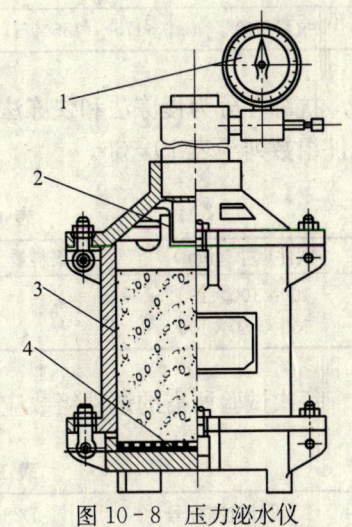

图 10-8 压力泌水仪
1—压力表；2—工作活塞；
3—缸体；4—筛网

（2）将容器外表擦干净，压力泌水仪按规定安装完毕后应立即给混凝土试样施加压力至 3.2 MPa，并打开泌水阀门同时开始计时，保持恒压，泌出的水接入 200 mL 量筒里；加压至 10 s 时读取泌水量 V_{10}，加压至 140 s 时读取泌水量 V_{140}。

（3）压力泌水率应按下式计算：

$$B_V = \frac{V_{10}}{V_{140}} \times 100$$

式中 B_V——压力泌水率，(%)；

V_{10}——加压至 10 s 时的泌水量，mL；

V_{140}——加压至 140 s 的泌水量，mL。

压力泌水率的计算应精确至 1%。

第五节　防水混凝土物理力学性能

防水混凝土的物理力学性能是指拌和物硬化以后的性能。其中包括抗压强度、抗渗性能、收缩性能和抗冻性能等。

一、试件制作

防水混凝土物理力学性能试件的规格及数量列于表 10-33。

表 10-33　试件制作规格及数量

试验项目	试件规格（mm）	与标准试件比值	制作试件数量组（块）	集料最大粒径（mm）
立方体抗压强度试验	150×150×150	1	1（3）	40
	100×100×100	0.95	1（3）	30
	200×200×200	1.05	1（3）	60
抗渗试验	$\phi 175 \sim \phi 185 \times H150$	1	6	40

抗冻性分为慢冻法和快冻法。慢冻法所用试件尺寸列于表 10-34，慢冻法试验所需的试件组数列于表 10-35。

表 10-34　慢冻法所用试件尺寸选用表

试件尺寸（mm）	集料最大粒径（mm）	试件尺寸（mm）	集料最大粒径（mm）
100×100×100	30	200×200×200	60
150×150×150	40		

每次试验所需的试件组数应符合表 10-35 的规定，每组试件应为 3 块。

表 10-35　慢冻法试验所需的试件组数

设计抗冻标号	D25	D50	D100	D150	D200	D250	D300
检查强度时的冻融循环次数	25	50	50 及 100	100 及 150	150 及 200	200 及 250	250 及 300
鉴定 28 d 强度所需试件组数	1	1	1	1	1	1	1
冻融试件组数	1	1	2	2	2	2	2
对比试件组数	1	1	2	2	2	2	2
总计试件组数	3	3	5	5	5	5	5

快冻法所用试件规格为 100 mm×100 mm×400 mm 的棱柱体试件，混凝土试件每组 3 块，在试验过程中可连续使用。该法特别适用于抗冻性要求较高的混凝土。

【试验设备】

试模：由铸铁或钢制成，应具有足够的刚度并便于拆装。试模内表面应刨光，其不平度应不大于试件边长的 0.05%。组装后各相邻面的不垂直度应不超过±0.5°。

振动台：试验用振动台的频率应为 50±3 Hz，空载时振幅应约为 0.5 mm。

钢制捣棒：直径 16 mm，长 600 mm，一端为弹头形。

混凝土标准养护室：温度 20±3 ℃，相对湿度为 90% 以上。

【试验步骤】

(1) 在制作试件前，检查试模，拧紧螺栓并清刷干净。在其内壁涂上一层矿物油或其他不与混凝土发生反应的脱模剂。

(2) 在试验室拌制混凝土时，其材料用量应以质量计，称量的精度：水泥、掺和料、水和外加剂为±0.5%；集料为±1%。

(3) 取样或试验室拌制的混凝土应在拌制后尽短的时间内成型，一般不宜超过 15 min。

(4) 根据混凝土拌和物的稠度确定混凝土成型方法，坍落度不大于 70 mm 的混凝土宜用振动振实；大于 70 mm 的宜用捣棒人工捣实；检验现浇混凝土或预制构件的混凝土，试件成型方法宜与实际采用的方法相同。

(5) 混凝土试件制作应按下列步骤进行：

取样或拌制好的混凝土拌和物应至少用铁锨再来回拌和三次。

1) 用振动台振实制作试件应按下述方法进行：

a. 将混凝土拌和物一次装入试模，装料时应用抹刀沿各试模壁插捣，并使混凝土拌和物高出试模口；

b. 试模应附着或固定在振动台上，振动时试模不得有任何跳动，振动应持续到表面出浆为止，不得过振。

2) 用人工插捣制作试件应按下述方法进行：

a. 混凝土拌和物应分两层装入模内，每层的装料厚度大致相等；

b. 插捣应按螺旋方向从边缘向中心均匀进行。在插捣底层混凝土时，捣棒应达到试模底部；插捣上层时，捣棒应贯穿上层后插入下层 20~30 mm；插捣时捣棒应保持垂直，不得倾斜。然后应用抹刀沿试模内壁插拔数次；

c. 每层插捣次数按在 10 000 mm² 截面积内不得少于 12 次；

d. 插捣后应用橡皮锤轻轻敲击试模四周，直至插捣棒留下的空洞消失为止。

3) 用插入式振捣棒振实制作试件应按下述方法进行：

a. 将混凝土拌和物一次装入试模，装料时应用抹刀沿各试模壁插捣，并使混凝土拌和物高出试模口；

b. 宜用直径为 $\phi25$ mm 的插入式振捣棒，插入试模振捣时，振捣棒距试模底板 10~20 mm 且不得触及试模底板，振动应持续到表面出浆为止，且应避免过振，以防止混凝土离析；一般振捣时间为 20 s。振捣棒拔出时要缓慢，拔出后不得留有孔洞。

刮除试模上口多余的混凝土，待混凝土临近初凝时，用抹刀抹平。

(6) 混凝土试件应按下列方法养护：

试件成型后应立即用不透水的薄膜覆盖表面。

采用标准养护的试件，应在温度为 20±5 ℃ 的环境中静置一昼夜至二昼夜，然后编号、拆模。拆模后应立即放入温度为 20±2 ℃，相对湿度为 95% 以上的标准养护室中养护，或在温度为 20±2 ℃ 的不流动的 $Ca(OH)_2$ 饱和溶液中养护。标准养护室内的试件应放在支架上，彼此间隔 10~20 mm，试件表面应保持潮湿，但不得被水直接冲淋。

同条件养护试件的拆模时间可与实际构件的拆模时间相同，拆模后，试件仍需保持同条件养护。

标准养护龄期为 28 d（从搅拌加水开始计时）。

二、抗压强度

防水混凝土的抗压强度是试块单位面积所能承受破坏时的压力，单位为 MPa。用以检验防水混凝土的材料质量，确定和校核防水混凝土配合比，为控制施工质量提供依据。

【试验设备】

压力试验机：精度（示值的相对误差）至少应为±2%，其量程应能使试件的预期破坏荷载值不小于全量程的 20%，也不大于全量程的 80%。

试验机上、下压板应有足够的刚度，其中的一块压板（最好是上压板）应带有球形支座，使压板与试件接触均衡。

在试验机上、下压板及试件之间可各垫以钢垫板，钢垫板两承压面均应平整。

与试件接触的压板或垫板的尺寸应大于试件的承压面，其不平度要求应为每 100 mm 不超过 0.02 mm（即为 0.02%）。

钢尺：量程 300 mm，最小刻度 1 mm。

【试验步骤】

(1) 试件从养护地点取出后应及时进行试验，将试件表面与上、下承压板面擦干净。

(2) 将试件安放在试验机的下压板或垫板上，试件的承压面应与成型时的顶面垂直。试件的中心应与试验机下压板中心对准，开动试验机，当上压板与试件或钢垫板接近时，调整球座，使接触均衡。

(3) 在试验过程中应连续均匀地加荷，混凝土强度等级<C30 时，加荷速度取每秒钟 0.3~0.5 MPa；混凝土强度等级≥C30 且<C60 时，取每秒钟 0.5~0.8 MPa；混凝土强度等级≥C60 时，取每秒钟 0.8~1.0 MPa。

(4) 当试件接近破坏开始急剧变形时，应停止调整试验机油门，直至破坏。然后记录破坏荷载。

(5) 混凝土立方体抗压强度应按下式计算：

$$f_{cc} = \frac{F}{A}$$

式中　f_{cc}——混凝土立方体试件抗压强度，MPa；
　　　F——试件破坏荷载，N；
　　　A——试件承压面积，mm^2。

混凝土立方体抗压强度计算应精确至 0.1 MPa。

(6) 强度值的确定应符合下列规定：

1) 三个试件测值的算术平均值作为该组试件的强度值（精确至 0.1 MPa）；

2) 三个测值中的最大值或最小值中如有一个与中间值的差值超过中间值的 15% 时，则把最大值及最小值一并舍除，取中间值作为该组试件的抗压强度值；

3) 如最大值和最小值与中间值的差值均超过中间值的 15%，则该组试件的试验结果无效。

(7) 混凝土强度等级<C60 时，用非标准试件测得的强度值均应乘以尺寸换算系数，其值

对 200 mm×200 mm×200 mm 试件为 1.05；对 100 mm×100 mm×100 mm 试件为 0.95。当混凝土强度等级≥C60 时，宜采用标准试件；使用非标准试件时，尺寸换算系数应由试验确定。

三、抗渗性能

防水混凝土的抗渗性能是指拌和物硬化以后的抗渗标号，用抗水渗透压力表示，单位为 MPa。抗渗等级用 S_x 表示。例如水压力加至 1.2 MPa 经 8 h，渗水仍不超过 2 个时，防水混凝土的抗渗标号应等于或大于 S_{12}。

【试验设备】

混凝土抗渗仪：它能使水压按规定制度稳定地作用在试件上的渗透装置，其构造如图 10-9 所示。

螺旋加压器、压力机或其他加压装置。

钢丝刷、电炉、铁槽、开刀等。

密封材料：石蜡、火漆、松香或其他可靠的密封材料。

【试件制备】

采用顶面直径为 175 mm、底面直径为 185 mm、高为 150 mm 的圆台体试件。抗渗试件以 6 个为一组。

试件成型后 24 h 拆模，用钢丝刷刷去两端面水泥浆膜，然后送入标准养护室养护。

试件一般养护至 28 d 龄期进行试验。如有特殊要求，可在其他龄期进行。

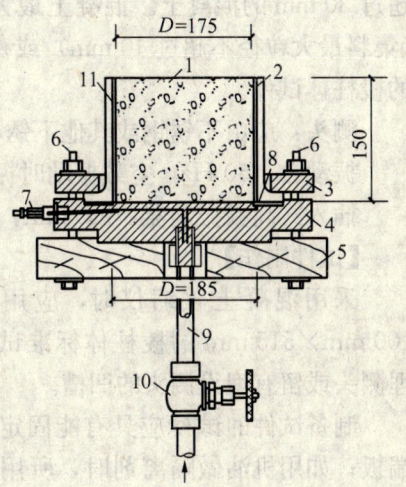

图 10-9 混凝土渗透仪装置图
1—试件；2—套模；3—上法兰；
4—固定法兰；5—底板；6—固定螺栓；
7—排气阀；8—橡皮垫；9—分压水管；
10—阀门；11—填充物

【试验步骤】

试件养护至试验前 1 d 取出，将表面晾干并擦拭干净。然后将所用的密封材料（石蜡与火漆的质量比约 4∶1，石蜡与松香比约为 5∶1，也可用沥青等材料）放在平底小铁盘内进行加热熔化，待完全熔化后将试件侧面放在熔化后的铁盘内进行均匀滚涂一层。

用螺旋加压器或压力机将涂有密封材料的试件压入预热的抗渗试件套内（预热温度约 50 ℃），要求试件与试件套的底面压平为止，待试件套稍冷却后即可解除压力。

排除渗透仪管路系统中的空气，并将密封好的试件安装在渗透仪上。

试压从水压为 0.1 MPa 开始，以后每隔 8 h 增加水压 0.1 MPa，并随时注意观察试件端面渗水情况。

当 6 个试件中有 3 个试件端面呈有渗水现象时，即可停止试验，记下当时的水压。

如果达到规定压力，在 8 h 内 6 个试件中表面渗水的试件不超过 2 个时，或加压到 1.2 MPa，并经过 8 h 特压，渗水试件仍不超过 2 个，也应停止试验。记录下此时的水压力。

在试验过程中，如发现水从试件周边渗出，则应重新密封。

混凝土的抗渗标号以每组 6 个试件中 4 个未出现渗水时最大水压力表示。其计算式为：

$$S_x = 10H - 1$$

式中　S_x——抗渗标号；

H——6个试件中第三个渗水时的水压力，MPa。

四、收缩性

防水混凝土收缩性是指防水混凝土拌和物硬化并自然干燥后的收缩值，以每米长试件收缩值毫米表示，单位为 mm/m。

【仪器设备】

混凝土收缩仪：测量标距为 540 mm，装有精度为 0.01 mm 的百分表或测微器。

试模：100 mm×100 mm×515 mm 的棱柱体试件为标准试件。适用于集料最大粒径不超过 30 mm 的混凝土。混凝土最大粒径大于 30 mm 时可采用截面积为 150 mm×150 mm（集料最大粒径不超过 40 mm）或截面为 200 mm×200 mm（集料最大粒径不超过 60 mm）的棱柱体试件。

测头：应由不锈钢或其他不锈材料制成，其构造形式如图 10-10 所示。

振动台：50 Hz，空载振动时振幅为 0.5 mm。

插入式高频振动器：ϕ25 mm，14 000 次/min。

【试件制作】

采用混凝土收缩仪时，应用外形为 100 mm×100 mm×515 mm 的棱柱体标准试件，试件两端应预埋测头或留有埋设测头的凹槽。

制备试件的试模应具有能固定测头或预留凹槽的端板；如用机油做隔离剂时，所用的机油粘度不应过大，以免阻碍试件的湿度交换，影响测值。

试件用振动台成型时，振动 15~20 s；用插入式高频振捣器时，插捣 8~12 s。

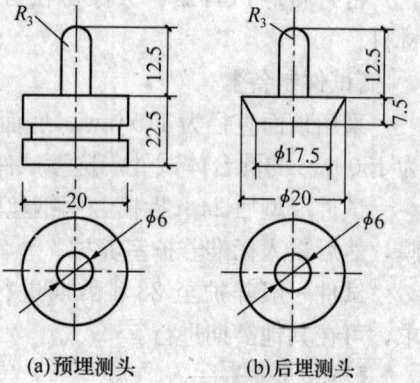

图 10-10　收缩测头

成型后的试件应带试模在标准养护条件下养护 1~2 d，编号拆模，再置于标准条件（温度 20±3 ℃，相对湿度≥90%）下养护。

【试验步骤】

试件应在 3 d 龄期（从搅拌混凝土加水算起）从标准养护室取出，立即移入恒温恒湿室（20±3 ℃，相对湿度 55%~65%）测定其初期长度，此后至少应按以下规定时间间隔测量其变形读数：

1 d、3 d、7 d、14 d、28 d、45 d、60 d、90 d、120 d、150 d、180 d。

测量前应先用标准杆校正仪表的零点，并应在半天的测定过程中至少再重复 1~2 次（其中一次在全部试件测读成功后）。如复核时发现零点与原值的偏差超±0.1 mm，测零后应重新测定。

试件每次在收缩仪上放置的位置、方向均应保持一致，为此试件应标明记号，试件在放置和取出时应轻、稳、仔细，勿碰撞表架及表杆，如发生碰撞，应取下试件，重新与标准杆复核零点。

试件在恒温恒湿室内，应放置在不吸水的榍架上，底面架空，其总支承面积不应大于 100 乘试件截面边长（mm），每个试件之间应至少留有 30 mm 的间隙。

【结果计算】

混凝土收缩值应按下式计算：

$$\varepsilon = \frac{L_0 - L_t}{L_b}$$

式中　ε——试验期为 7 d 的混凝土收缩值，t 从测定初始长度算起，mm/m；
　　　L_b——试件的测量标距，用混凝土收缩仪测定时，应等于两测头内侧距离，即等于混凝土试件的长度（不计测头凸出部分）减去测头埋入深度，mm；
　　　L_0——试件长度的初始读数，mm；
　　　L_t——试件在试验期为 t 时，测得的长度读数，mm。

每批混凝土拌和物取一个试样，以 3 个试样收缩率的算术平均值表示，计算精确到 1×10^{-6}。

五、抗冻性

1. 慢冻法

【仪器设备】

冷冻箱（室）　装有试件后能使箱（室）内温度保持在 $-15\sim20\ ℃$ 的范围以内。

融解水槽　装有试件后能使水温保持在 $15\sim20\ ℃$ 的范围以内。

框　　篮　用钢筋焊成，其尺寸应与所装的试件相适应。

案　　秤　称量 10 kg，感量 5 g。

压力试验机　精度至少为 ±2%，其量程应能使试件的预期破坏荷载值不小于全量程的 20%，也不大于全量程的 80%。

试验机上、下压板及试件之间可各垫以钢垫板，钢垫板两承压面均应机械加工。

与试件接触的压板或垫板的尺寸应大于试件承压面，其不平度应为每 100 mm 不超过 0.02 mm。

【试验步骤】

如无特殊要求，试件应在 28 d 龄期时进行冻融试验。试验前 4 d 应把冻融试件从养护地点取出，进行外观检查，随后放在 $15\sim20\ ℃$ 水中浸泡，浸泡时水面至少应高出试件顶面 20 mm，冻融试件浸泡 4 d 后进行冻融试验。对比试件则应保留在标准养护室内，直到完成冻融循环后，与抗冻试件同时试压。

浸泡完毕后，取出试件，用湿布擦除表面水分，称重，按编号置入框篮后即可放入冷冻箱（室）开始冻融试验。在箱（室）内，框篮应架空，试件与框篮接触处应垫以垫条，并保证至少留有 20 mm 的空隙，框篮中各试件之间至少保持 50 mm 的空隙。

抗冻试验冻结时温度应保持在 $-15\sim-20\ ℃$。试件在箱内温度到达 $-20\ ℃$ 时放入，装完试件如温度有较大升高，则以温度重新降至 $-15\ ℃$ 时起算冻结时间，每次从装完试件到重新降至 $-15\ ℃$ 所需的时间不应超过 2 h。冷冻箱（室）内温度均以其中心处温度为准。

每次循环中试件的冻结时间应按其尺寸而定，对 100 mm×100 mm×100 mm 及 150 mm×150 mm×150 mm 试件的冻结时间不应小于 4 h，对 200 mm×200 mm×200 mm 试件不应小于 6 h。

如果在冷冻箱（室）内同时进行不同规格尺寸试件的冻结试验，其冻结时间应按最大尺寸试件计。

冻结试验结束后，试件即可取出并应立即放入能使水温保持在 $15\sim20\ ℃$ 的水槽中进行融化。此时，槽中水面应至少高出试件表面 20 mm，试件在水中融化的时间不应小于 4 h。

融化完毕即为该次冻融循环结束，取出试件送入冷冻箱（室）进行下一次循环试验。

应经常对冻融试件进行外观检查。发现有严重破坏时应进行称重，如试件的平均失重率超过 5%，即可停止其冻融循环试验。

混凝土试件达到规定的冻融循环次数后，即应进行抗压强度试验。

抗压试验前应称重并进行外观检查，详细记录试件表面破损、裂缝及边角缺损情况。

如果试件表面破损严重，则应用石膏找平后再进行试压。

在冻融过程中，如因故需中断试验，为避免失水和影响强度，应将冻融试件移入标准养护室保存，直至恢复冻融试验为止。此时应将故障原因及暂停时间在试验结果中注明。

混凝土冻融试验后应按下式计算其强度损失率：

$$\Delta f_c = \frac{f_{co} - f_{cn}}{f_{co}} \times 100$$

式中　Δf_c——N 次冻融循环后的混凝土强度损失率，以 3 个试件的平均值计算，%；

　　　f_{co}——对比试件的抗压强度平均值，MPa；

　　　c_{cn}——经 N 次冻融循环后的 3 个试件抗压强度平均值，MPa。

混凝土试件冻融后的质量损失率可按下式计算：

$$\Delta W_n = \frac{G_0 - G_n}{G_0} \times 100$$

式中　ΔW_n——N 次冻融循环后的质量损失率，以 3 个试件的平均值计算，%；

　　　G_0——冻融循环试验前的试件质量，kg；

　　　G_n——N 次冻融循环后的试件质量，kg。

混凝土的抗冻标号，以同时满足强度损失率不超过 25%，质量损失率不超过 5% 时的最大循环次数来表示。

2. 快冻法

快冻法抗冻性能的指标可用能经受快速冻融循环的次数或耐久性系数来表示。

【仪器设备】

快速冻融装置：能使试件静置在水中不动，依靠热交换液体的温度变化而连续、自动地进行冻融。满载运转时冻融箱内各点温度的极差不得超过 2 ℃。

试件盒：由 1～2 mm 厚的钢板制成。其净截面尺寸应为 110 mm×110 mm，高度应比试件高出 50～100 mm。试件底部垫起后盒内水面应至少能高出试件顶面 5 mm。

案秤：称量 10 kg，感量 5 g，或称量 20 kg，感量 10 g。

动弹性模量测定仪：共振法或敲击法动弹性模量测定仪。

热电偶、电位差计：能在 20～−20 ℃ 范围内测定试件中心温度。测量精度不低于 ±0.5 ℃。

【试验步骤】

(1) 如无特殊规定，试件应在 28 d 龄期时开始冻融试验。冻融试验前 4 d 应把试件从养护地点取出，进行外观检查，然后在温度为 15～20 ℃ 的水中浸泡（包括测温试件）。浸泡时水面至少应高出试件顶面 20 mm，试件浸泡 4 d 后进行冻融试验。

(2) 浸泡完毕后，取出试件，用湿布擦除表面水分，称重，并按本标准第四章的规定测定其横向基频的初始值。

(3) 将试件放入试件盒内,为了使试件受温均衡,并消除试件周围水分结冰引起的附加压力,试件的侧面与底部应垫放适当宽度与厚度的橡胶板,在整个试验过程中,盒内水位高度应始终保持高出试件顶面 5 mm 左右。

(4) 把试件盒放入冻融箱内。其中装有测温试件的试件盒应放在冻融箱的中心位置。此时即可开始冻融循环。

(5) 冻融循环过程应符合下列要求:

1) 每次冻融循环应在 2~4 h 内完成,其中用于融化的时间不得小于整个冻融时间的 1/4。

2) 在冻结和融化终了时,试件中心温度应分别控制在 -17 ± 2 ℃ 和 8 ± 2 ℃。

3) 每块试件从 6 ℃ 降至 -15 ℃ 所用的时间不得少于冻结时间的 1/2。每块试件从 -15 ℃ 升至 6 ℃ 所用的时间也不得少于整个融化时间的 1/2,试件内外的温差不宜超过 28 ℃。

4) 冻和融之间的转换时间不宜超过 10 min。

(6) 试件一般应每隔 25 次循环做一次横向基频测量,测量前应将试件表面浮渣清洗干净,擦去表面积水,并检查其外部损伤及重量损失。横向基频的测量方法及步骤应按本标准第四章的规定执行。测完后,应即把试件掉一个头重新装入试件盒内。试件的测量、称量及外观检查应尽量迅速,以免水分损失。

(7) 为保证试件在冷液中冻结时温度稳定均衡,当有一部分试件停冻取出时,应另用试件填充空位。

如冻融循环因故中断,试件应保持在冻结状态下,并最好能将试件保存在原容器内用冰块围住。如无这一可能,则应将试件在潮湿状态下用防水材料包裹,加以密封,并存放在 -17 ± 2 ℃ 的冷冻室或冰箱中。

试件处在融解状态下的时间不宜超过两个循环。特殊情况下,超过两个循环周期的次数,在整个试验过程中只允许 1~2 次。

(8) 冻融到达以下 3 种情况之一即可停止试验:

1) 已达到 300 次循环;

2) 相对动弹性模量下降到 60% 以下;

3) 重量损失率达 5%。

(9) 混凝土试件的相对动弹性模量可按下式计算:

$$P = \frac{f_n^2}{f_0^2} \times 100$$

式中 P——经 N 次冻融循环后试件的相对动弹性模量,以 3 个试件的平均值计算,%;

f_n——N 次冻融循环后试件的横向基频,Hz;

f_0——冻融循环试验前测得的试件横向基频初始值,Hz。

(10) 混凝土试件冻融后的质量损失率应按下式计算:

$$\Delta W_n = \frac{G_0 - G_n}{G_0} \times 100$$

式中 ΔW_n——N 次冻融循环后试件的质量损失率,以 3 个试件的平均值计算,%;

G_0——冻融循环试验前的试件质量,kg;

G_n——N 次冻融循环后的试件质量,kg。

混凝土耐快速冻融循环次数应以同时满足相对动弹性模量值不小于 60% 和质量损失率

不超过5％时的最大循环次数来表示。

(11) 混凝土耐久性系数应按下式计算：

$$K_n = P \times N/300$$

式中 K_n——混凝土耐久性系数；

N——达到的冻融循环次数；

P——经 N 次冻融循环后试件的相对动弹性模量。

第六节 防水砂浆分类

防水砂浆用于防水层，它是由水泥、砂子经水调制而成的具有防水抗渗功能的高强度无延伸的建筑防水材料。

防水砂浆与水泥砂浆是有区别的。一般水泥砂浆多用于抹灰饰面工程，要求抹面之后表面光滑，平整美观，彩色一致，坚实好看。而防水砂浆多用于防水层，要求质地密实，与基层粘结牢固，并形成一体，砂浆各层毛细孔应切断，不宜有缝隙，整体性强，防水抗渗能力高等。

在建筑防水工程中使用的防水砂浆主要有普通防水砂浆（亦称刚性多层抹面防水砂浆）、掺外加剂或掺和料防水砂浆、聚合物水泥砂浆等。

一、普通防水砂浆

普通防水砂浆是由水泥、砂和水经调制而成的抗渗等级为 P_6 的水泥砂浆。它是利用不同配比的水泥砂浆分层多次施工，相互交替抹面压实，充分切断各层次毛细孔网，构成了一个多层防线的整体防水层。

普通防水砂浆所用的水泥强度等级不能低于32.5级，砂宜采用中砂（平均粒径为0.35～0.5mm）。普通防水砂浆配合比列于表10-36。

表10-36 普通防水砂浆配合比

名称	配合比		水灰比	适用范围
	水泥	砂		
水泥浆	1		0.55～0.60	水泥砂浆防水层第二层
水泥浆	1		0.37～0.46	水泥砂浆防水层第三、五层
水泥砂浆	1	1.5～2.0	0.40～0.50	水泥砂浆防水层第二、四层

水泥砂浆五层防水做法列于表10-37。

表10-37 五层抹面防水层做法

分层做法	厚度（mm）	操作要点
第一层素水泥浆层（水灰比0.40～0.55）	2	分两次抹压，头遍厚1mm结合层，用铁抹子反复用力抹压5～6遍，使素灰填实找平层孔隙，再均匀抹1mm厚素水泥浆找平，用毛刷轻轻将灰面拉成毛纹

续表

分层做法	厚度（mm）	操 作 要 点
第二层 1:1.5～2.5 水泥砂浆层（水灰比 0.40～0.50）	4～5	第一层素水泥浆层初凝后，手指能按人 1/2 深时抹，在水泥砂浆初凝前用扫帚顺一方向扫出横向纹路，避免来回扫，以防砂浆脱落
第三层素水泥浆层（水灰比 0.37～0.40）	2	隔 24 h 抹，基层稍洒水湿润，操作同第一层，但按垂直方向刮抹素水泥浆，并上下往返刮抹 4～5 次
第四层 1:2.5 水泥砂浆层（水灰比 0.4～0.45）	4～5	在第三层素水泥浆层凝结前进行，抹后在砂浆初凝前用铁抹子分两次抹压 4～5 遍以增加密实度
第五层素灰层（水灰比 0.55～0.60）	1	用毛刷依次均匀涂刷素水泥浆一遍，稍干，提浆，同第四层抹实压光

注：①水泥用不低于 32.5 级的普通水泥、矿渣水泥；砂用中砂。
②多层抹面总厚度为 15～20 mm。四层做法：将第四层压光 5～6 遍即成；五层做法：将第五层压光 5～6 遍即成。

二、聚合物防水砂浆

聚合物防水砂浆是在水泥砂浆中掺入一定量的聚合物乳液而配制成的刚性防水材料。

聚合物在水泥砂浆中逐步完成交联过程，使聚合物、集料和水泥三者相互形成一个整体网络结构，聚合物颗粒可以封闭孔隙，堵塞水泥砂浆的内部毛细孔，增加密实性，提高抗渗性，防止水分渗入，吸水率大大减少，从而起到防水抗渗作用。聚合物在水泥砂浆中掺量较小，不会改变水泥砂浆的刚性，仍属于刚性防水材料。

在聚合物防水砂浆中所用的聚合物乳液主要有氯丁胶乳、丁苯胶乳、乙烯-醋酸乙烯乳液、丙烯酸乳液和有机硅防水剂等，如图 10-11 所示。

聚合物防水砂浆的主要性能列于表 10-38。

表 10-38 聚合物水泥砂浆主要性能

项 目	技术性能
粘结强度（MPa）	≥1.0
抗渗性（MPa）	≥1.2
抗折强度（MPa）	≥7.0
干缩率（%）	≤1.5
吸水率（%）	≤4
冻融循环（次）	>D50
耐水性（%）	≥80
耐碱性	10% NaOH 溶液浸泡 14 d，无变化

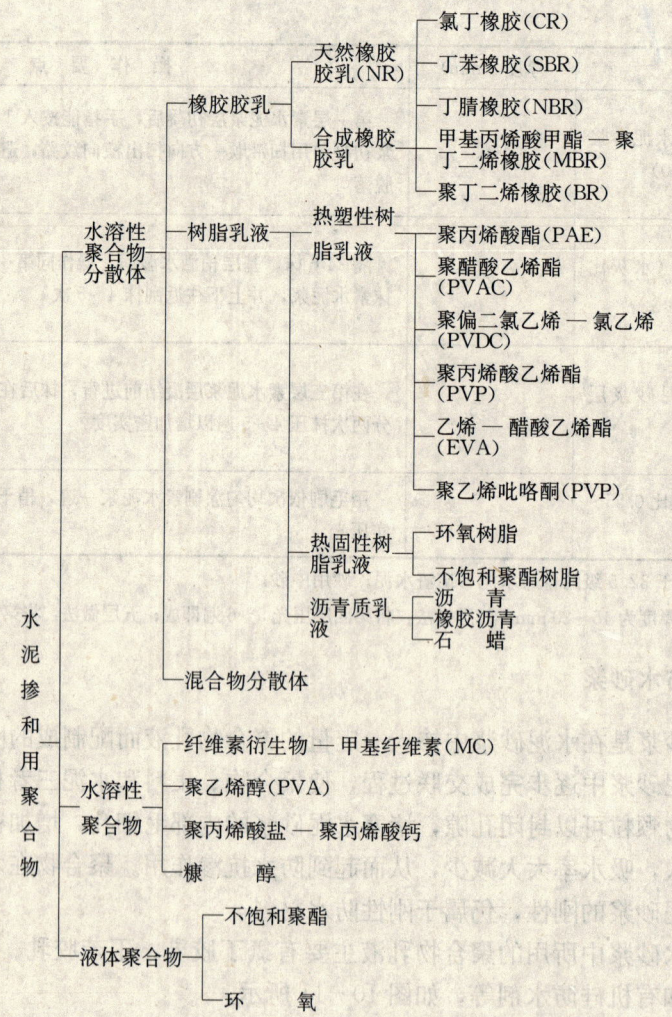

图 10-11 用于聚合物砂浆的聚合物

常用聚合物水泥砂浆配合比宜按表 10-39 确定。

表 10-39 聚合物水泥砂浆配合比（质量比）

项 目	氯丁砂浆	氯丁水泥浆	丙乳砂浆	丙乳水泥浆
水泥	100	100～200	100	100～200
砂子	100～200	—	100～200	—
氯丁胶乳	30～40	30～40		
聚丙烯酸酯乳液	—	—	25～38	50～100
稳定剂	0.6～1.0	0.6～2.0		
消泡剂	0.3～0.6	0.3～1.2		
pH 值调节剂	适量	适量		
水	适量	适量	适量	适量

注：① 表中聚丙烯酸酯乳液的固体含量按 40% 计，在乳液中应含有消泡剂、稳定剂，凡不符合以上条件时，应按实际情况调整；
② 氯丁胶乳的固体含量按 50% 计，当采用其他含量的氯丁胶乳时，可按含量比例换算。

在拌和氯丁砂浆时,除氯丁胶乳外,需加入稳定剂、消泡剂及 pH 调节剂,并补充适量水分,充分搅拌均匀后,倒入预先拌和均匀的水泥、砂子混合物中,搅拌均匀。

对发现有凝胶、结块现象的聚合物水泥砂浆不得使用。

三、掺外加剂的防水砂浆

掺外加剂的防水砂浆是在防水砂浆中掺入一定质量的外加剂或掺和料。这些外加剂在砂浆凝结硬化过程中产生不溶性物质,填充砂浆中的微小空隙和堵塞毛细孔道,切断和减少渗水渠道,增加砂浆的密实性,使砂浆具有防水性能。

常用的外加剂有减水剂、引气剂、引气减水剂、微膨胀剂等,常用的掺和料有粉煤灰、硅质粉和磨细矿渣粉等。

掺入外加剂的防水砂浆主要性能列于表 10-40。

表 10-40 掺外加剂的防水砂浆性能

项目	技术性能
粘结强度(MPa)	≥0.5
抗渗性(MPa)	≥0.6
抗折强度(MPa)	同一般砂浆
干缩率(%)	同一般砂浆
吸水率(%)	≤3
冻融循环(次)	>D50

例如,常用的无机铝盐防水砂浆的主要技术指标及配合比列于表 10-41、表 10-42。

表 10-41 无机铝盐防水砂浆主要技术指标

项目	指标
密度(20 ℃)	不小于 1.30
砂浆不透水性	≥1.2 MPa
混凝土抗渗性	≥1.2 MPa
砂浆抗压强度	28 d,≥25 MPa
砂浆耐腐蚀性	合格
pH4~7 酸液	
pH7~13 碱液	
≤2%MgSO$_4$ 液	
砂浆凝结时间	终凝不大于 4 h
混凝土收缩性	90 d 与普通混凝土无差异

表 10-42　无机铝盐防水砂浆配合比

原料 项目	水泥	中砂	无机铝盐防水剂	水	厚度（mm）
水泥素浆	1	—	—	2~2.5	1
防水素浆	1	—	0.05~0.06	1~1.5	1
防水砂浆（底层）	1	3~2.5	0.06~0.08	0.3~0.5	10
防水砂浆（面层）	1	2.5~2.0	0.08~0.10	0.4~0.6	10

第七节　普通防水砂浆拌和物

普通水泥砂浆拌和物是由水泥、砂子和水经搅拌而成，其拌和物的主要性质包括密度、凝结时间、泌水性等。

一、一般规定

拌制防水砂浆时，室温宜保持在 20±5 ℃，相对湿度不小于 50%，并应避免使砂浆拌和物受到阳光直射和风吹，拌和物所用的材料，应提前放入室内，在拌和前，材料的温度应保持与室温相同。

拌制前应将搅拌机、拌和铁板、铁铲、抹刀等工具表面用水润湿，注意拌和铁板上不得有积水。试验完毕后用水洗干净，不得留有砂浆残渣等。

机械拌和时，应先拌适量水泥砂浆，使搅拌机内壁粘附一层防水砂浆，以使正式拌和时的防水砂浆配合比成分准确。预拌防水砂浆的配比，应与正式拌和防水砂浆配比相同。

材料用量以质量计，称量精度：集料为±0.5%，水、水泥和掺和料为±0.3%。

【仪器设备】

砂浆拌和机。

铁板：约 1.5 m×2 m，厚度约 3 mm。

磅秤：称量 50 kg，感量 50 g。

台秤：称量 10 kg，感量 5 g。

铁铲、抹刀和盛器等。

【操作步骤】

按所需数量称出各种材料。先将水和水泥加入砂浆搅拌机内，可用自动控制程序或手动程序，搅拌量不少于搅拌机容量的 20%。用自动控制程序搅拌时间为：低速 30 s，再低速 30 s，然后加入砂子，高速搅拌 30 s，停 90 s，再高速搅拌 60 s。然后根据试验项目进行浇模、成型、养护或进行其他性能试验。

二、密度

防水砂浆的密度是指水泥砂浆拌和物捣实后的单位体积质量，用 kg/m³ 表示。以确定每立方米砂浆拌和物中各组成材料的实际用量。

【试验仪器】

容量筒　金属制成，内径 108 mm，净高 109 mm，筒壁厚 2 mm，容积为 1 L。
托盘天平　称量 5 kg，感量 5 g。
钢制捣棒　直径 10 mm，长 350 mm，端部磨圆。
砂浆稠度仪。
水泥胶砂振动台　振幅 0.85±0.05 mm，频率 50±3 Hz。
秒表。
砂浆密度测定仪：如图 10-12 所示。

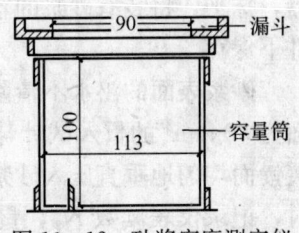

图 10-12　砂浆密度测定仪

【试验步骤】

首先将拌和好的防水砂浆装入圆筒内，当砂浆稠度大于 50 mm 时，应采用插捣法；当砂浆稠度不大于 50 mm 时，宜采用振动法。

试验前称出容量筒重，精确至 5 g。然后将容量筒的漏斗套上，将砂浆拌和物装满容量筒并略有富余，根据稠度选择试验方法。

采用插捣法时，将砂浆拌和物一次装满容量筒，使稍有富余，用捣棒均匀插捣 25 次，插捣过程中如砂浆沉落到低于筒口，则应随时添加砂浆，再敲击 5～6 下。

采用振动法时，将砂浆拌和物一次装满容量筒连同漏斗在振动台上振 10 s，振动过程中如砂浆沉入到低于筒口，则应随时添加砂浆；

捣实或振动后将筒口多余的砂浆拌和物刮去，使表面平整，然后将容量筒外壁擦净，称出砂浆与容量筒总重，精确至 5 g。

砂浆拌合物的质量密度 ρ（以 kg/cm³ 计）按下列公式计算：

$$\rho = \frac{m_2 - m_1}{V} \times 1\,000$$

式中　m_1——容量筒质量，kg；
　　　m_2——容量筒及试样质量，kg；
　　　V——容量筒容积，L。

质量密度由二次试验结果的算术平均值确定，计算精确至 10 kg/cm³。

注：容量筒容积的校正，可采用一块能覆盖住容量筒顶面的玻璃板，先称出玻璃板和容量筒重，然后向容量筒中灌入温度为 20±5 ℃的饮用水，灌到接近上口时，一边不断加水，一边把玻璃板沿筒口徐徐推入盖严。应注意使玻璃板下不带入任何气泡。然后擦净玻璃板面及筒壁外的水分，将容量筒和水连同玻璃板称重（精确至 5 g）。后者与前者称量之差（以 kg 计）即为容量筒的容积（L）。

三、凝结时间

防水砂浆凝结时间是指防水砂浆拌和物硬化的时间，用贯入阻力达 0.5 MPa 所需时间表示，单位为 min。

【试验仪器】

砂浆凝结时间测定仪：由试针、容器、台秤和支座四部分组成，如图 10-13 所示。

试针由不锈钢制成，截面面积为 30 mm²；盛砂浆容器由钢制成，内径为 140 mm，高为 75 mm；台秤的称量精度为 0.5 N，支座分底座、支架及操作杆三部分，由铸铁或钢制成。

定时钟。

【试验步骤】

将制备好的砂浆（控制砂浆稠度为 100±10 mm）装入砂浆容器内，低于容器上口 10 mm，轻轻敲击容器，抹平，将装有砂浆的容器放在 20±2 ℃的室温条件下保存。

砂浆表面的泌水不清除，测定贯入阻力值，用截面为 30 mm² 的贯入试针与砂浆表面接触，在 10 s 内缓慢而均匀地垂直压入砂浆内部 25 mm 深，每次贯入时，记录仪表读数 N_p，贯入杆至少离开容器边缘或其他贯入点 12 mm。

在 20±2 ℃条件下，实际的贯入阻力值在成型后 2 h 开始测定（从搅拌加水时起算），然后每隔半小时测定一次，至贯入阻力达到 0.3 MPa 后，改为每 15 min 测定一次，直至贯入阻力达到 0.7 MPa 为止。

防水砂浆贯入阻力按下式计算：

$$f_p = \frac{N_p}{A_p}$$

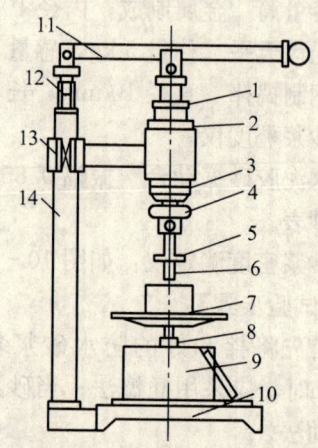

图 10-13　砂浆凝结时间测定仪
1—调节套；2—调节螺母；3—调节螺母；
4—夹头；5—垫片；6—试针；7—试模；
8—调整螺母；9—压力表座；10—底座；
11—操作杆；12—调节杆；
13—立架；14—立柱

式中　f_p——贯入阻力值，MPa；

N_p——贯入深度至 25 mm 时的静压力，N；

A_p——贯入度试针截面面积，即 30 mm²。

贯入阻力值计算精确至 0.01 MPa。

由测得的贯入阻力值，可按下列方法确定防水砂浆的凝结时间：

分别记录时间和相应的贯入阻力值，根据试验所得各阶段的贯入阻力与时间关系绘图，由图求出贯入阻力达到 0.5 MPa 时所需的时间 t_s（min），此 t_s 值即为防水砂浆的凝结时间测定值；

防水砂浆凝结时间测定，应取两个试样，以两个试验结果的平均值作为该砂浆的凝结时间值，两次试验结果的误差不应大于 30 min，否则应重新测定。

四、泌水性

泌水性又称析水性。常用水泥砂浆泌水前后体积之差占泌水前原体积的百分数表示，单位为%。

【仪器设备】

圆筒：直径 137 mm，高 137 mm，容积为 2 L 的金属带盖圆筒。

带盖量筒：容积 100 mL，精确至 1 mL。

钢制捣棒：直径 10 mm，长 350 mm，一端为弹头形。

台秤：称量 10 kg，感量 5 g。

振动台：与砂浆容重试验中的振动台相同。

吸液管等。

【试验步骤】

先将附着于圆筒上的砂浆残渣清除干净,将圆筒内壁用湿布润湿,注意勿使圆筒内壁积水,然后称圆筒质量 G_1。

人工捣插法:先将拌和均匀的防水砂浆分两次装入圆筒内,每层高度大致相等。每装一层后,用捣棒在防水砂浆全部面积上,沿螺旋由边缘向中心插捣 25 下,第一次插捣到距离底 10 mm 左右处,第二次捣至下层表面 20~30 mm 深处。如有空坑,轻轻填平。

机械捣实法:当防水砂浆稠度大于 60 mm 时不宜用此法。将均匀拌和的防水砂浆一次装入圆筒内,将圆筒固定在振动台上振实。振动时间以 15~30 s 为宜,应振至砂浆表面呈现乳状水泥浆时为止。

防水砂浆拌和物全部捣实(或振捣)完毕后,用抹刀将砂浆表面轻轻抹平,不得用力挤压试样。试样表面比筒口低 20 mm 左右。将筒外面及边缘擦净,称出圆筒及试件总重 G_2。然后将圆筒置于平地上,并加盖,防止水分蒸发。

自抹面完毕开始计算泌水时间。开始时,每隔 15 min 测一次泌水量。0.5 h 后,每隔 30 min 测一次,直到砂浆表面无泌水时为止。每次吸取泌水时,提前 2 min 用 15 mm 左右高的垫块垫于筒底一侧,使泌水集中,然后用吸液管将水吸出,注入带盖量筒内,记录每次泌水量,精确至 1 mL。每次吸出泌水后,应将圆筒轻轻放平,并立即盖上筒盖。整个试验过程中,圆筒应轻拿轻放,不得使砂浆受到振动。

泌水率以全部泌出水的质量,对防水砂浆中所含水质量的百分率表示。

计算公式:

$$P_t = \frac{V_w}{W_m} \times 100$$

式中 P_t——抹面完毕后 t 小时泌水率,%;

V_w——该时刻相应的累计泌水总量,mL;

W_m——砂浆中水量,mL。

防水砂浆中水量按下式计算:

$$W_m = (G_2 - G_1) \frac{W/C}{1 + S/C + W/C}$$

式中 G_2——圆筒加试样总重,g;

G_1——圆筒重,g;

W/C——水灰比;

S/C——砂灰比。

以两个试样试验结果的算术平均值作为测定值。

绘制时间 t 与相应泌水量 P_t 的关系曲线,计算出最后总泌水率 P。

第八节 防水砂浆物理力学性能

普通防水砂浆的物理力学性能是指防水砂浆拌和物硬化后的性能。主要包括抗压强度、抗渗性能、收缩性能等。

一、抗压强度

防水砂浆的抗压强度是指立方体试块单位面积所承受破坏时的压力大小。单位为 MPa。

【试验仪器】

试模为 70.7 mm×70.7 mm×70.7 mm 立方体,由铸铁或钢制成,应具有足够的刚度并拆装方便。试模的内表面应机械加工,其不平度应为每 100 mm 不超过 0.05 mm。组装后各相邻面的垂直度不应超过±0.5°。

捣棒:直径 100 mm,长 350 mm 的钢棒,端部应磨圆。

压力试验机:采用精度(示值的相对误差)不大于±2%的试验机,其量程应能使试件的预期破坏荷载值不小于全量程的 20%,也不大于全量程的 80%。

垫板:试验机上、下压板及试件之间可垫以钢垫板,垫板的尺寸应大于试件的承压面,其不平度应为每 100 mm 不超过 0.02 mm。

【试件制作】

将有底试模内壁事先清理干净,并涂刷薄层机油或脱模剂,再将拌和好的砂浆向试模内一次注满,用捣棒均匀由外向里按螺旋方向插捣 25 次,为了防止低稠度砂浆插捣后可能留下孔洞,允许用油灰刀沿模壁插数次,使砂浆高出试模顶面 6~8 mm。当防水砂浆表面开始出现麻斑状态时(约 15~30 min),将高出部分的砂浆沿试模顶面削去抹平。

试件制作后应在 20±5 ℃温度环境下停置 24±2 h,当气温较低时,可适当延长时间,但不应超过两昼夜,然后对试件进行编号并拆模。试件拆模后,应在标准养护条件下,继续养护至 28 d,然后进行试压。

标准养护条件:

温度:20±3 ℃;相对湿度:90%以上。

养护期间试件间隔不少于 10 mm。如在养护池中养护,养护池水温应控制在 20±1 ℃。

【试验步骤】

试件从养护地点取出后,应尽快进行试验,以免试件内部的温湿度发生显著变化。试验前先将试件擦拭干净,测量尺寸,并检查其外观。试件尺寸测量精确至 1 mm,并据此计算试件的承压面积。如实测尺寸与公称尺寸之差不超过 1 mm,可按公称尺寸进行计算。

将试件安放在试验机的下压板上(或下垫板上),试件的承压面应与成型时的顶面垂直,试件中心应与试验机下压板(或下垫板)中心对准。开动试验机,当上压板与试件(或上垫板)接近时,调整球座,使接触面均匀受压。承压试验应连续而均匀地加荷,加荷速度应为每秒钟 0.5~1.5 kN(砂浆强度 5 MPa 及 5 MPa 以下时,取下限为宜,砂浆强度 5 MPa 以上时,取上限为宜),当试件接近破坏而开始迅速变形时,停止调整试验机油门,直至试件破坏,然后记录破坏荷载。

防水砂浆立方体抗压强度应按下式进行计算:

$$f_{m,cu} = \frac{N_u}{A}$$

式中 $f_{m,cu}$——防水砂浆立方体抗压强度,MPa;

N_u——立方体破坏压力,N;

A——试件承压面积,mm^2。

防水砂浆立方体抗压强度计算应精确至 0.1 MPa。

以 6 个试件测值的算术平均值作为该组试件的抗压强度值，平均值计算精确至 0.1 MPa，当 6 个试件最大值或最小值与平均值的差超过 20% 时，以中间 4 个试件的平均值作为该组试件的抗压强度值。

二、抗渗性

抗渗性是指防水砂浆拌和物硬化后的抗渗能力，用抗水渗透压力表示，单位为 MPa。抗渗等级用 S_x 表示，x 表示抗渗压力。

【试验设备】

砂浆渗透试验仪（SS_{15} 型）。

截头圆锥金属试模（上口直径 70 mm，下口直径 80 mm，高 30 mm）。

捣棒（直径 10 mm，长 350 mm，一端为弹头形）。

抹刀等。

【试验步骤】

将试模放置于厚玻璃板上。将拌好的砂浆一次装满试模，用捣棒轻轻插捣以除去气泡。1~2 h 后，刮去多余的砂浆，抹平表面。经两昼夜脱模。每组试件为 3 个。

脱模后的试件均保持在养护室同条件下养护到规定龄期，取出并待表面干燥后，用密封材料封装入渗透仪中，进行透水试验。

水压从 0.2 MPa 开始，保持 2 h，增至 0.3 MPa。以后每隔 1 h 增加水压 0.1 MPa，直至所有试件顶面渗水为止。记录每个试件的最大水压力和保持最大水压的时间 t（以小时计）。如果水压增至 1.5 MPa，而试件仍未透水，则不再升压，持荷 6 h 后，停止试验。

防水砂浆的抗渗标号以每组 6 个试件中 4 个未出现渗水时的最大水压力表示。其计算公式按下式进行。

$$S_x = 10H - 1$$

式中　S_x——抗渗标号；

　　　H——6 个试件中第三个渗水时的水压力，MPa。

如压力为 0.8 MPa，经过 8 h，渗水仍不超过 2 个时，砂浆抗渗标号应等于或大于 S_8。

三、收缩性

收缩性是指防水砂浆拌和物硬化并经自然干燥后的收缩值与初始长度之比，用 % 表示。

【试验设备】

立式砂浆收缩仪：标准杆长度 176±1 mm，测量精度为 0.01 mm。如图 10-14 所示。

收缩头：黄铜或不锈钢加工而成，如图 10-15 所示。

试模：尺寸为 40 mm×40 mm×160 mm 棱柱体，且在试模的两个端面中心，各开一个 $\phi 6.5$ mm 的孔洞。

【试验步骤】

将收缩头固定在试模两端面的孔洞中，使收缩头露出试样端面 8±1 mm；

将达到所需稠度的防水砂浆装入试模中，振动密实，置于 20±5 ℃ 的预养室中，隔 4 h

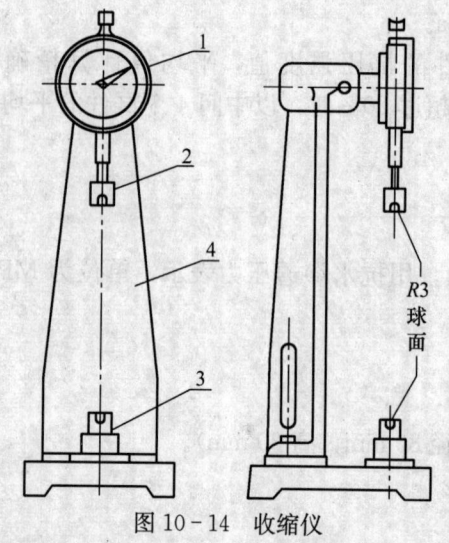

图 10-14 收缩仪
1—百分表；2—上顶头；3—可调下底座；4—支架

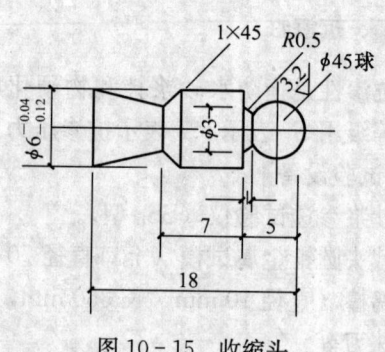

图 10-15 收缩头

之后将砂浆表面抹平，砂浆带模在标准养护条件（温度为 20±3 ℃，相对湿度为 90% 以上）下养护，7 d 后拆模，编号，标明测试方向。

将试件移入温度 20±2 ℃，相对湿度 60%±5% 的测试室中预置 4 h，测定试件的初始长度，测定前，用标准杆调整收缩仪的百分表的原点，然后按标明的测试方向立即测定试件的初始长度。

测定砂浆试件初始长度后，置于温度 20±2 ℃，相对湿度为 60%±5% 的室内，到第 7 d、14 d、21 d、28 d、42 d、56 d 测定试件的长度，即为自然干燥后长度。

砂浆自然干燥收缩值应按下列公式计算：

$$\varepsilon_{st} = \frac{L_0 - L_t}{L - L_d}$$

式中 ε_{st}——相应为 t（7、14、21、28、42、56 d）时的自然干燥收缩值；

L_0——试件成型后 7 天的长度即初始长度，mm；

L——试件的长度 160 mm；

L_d——两个收缩头埋入砂浆中长度之和，即 20±2 mm。

试验结果评定：

干燥收缩值按 3 个试件测值的算术平均值来确定，如个别值与平均值偏差大于 20%，应剔除，但一组至少有二个数据计算平均值。

每块试件的干燥收缩值取二位有效数字，精确到 10×10^{-6}。

第九节 聚合物防水砂浆

聚合物防水砂浆是指掺有聚合物乳液，抗渗等级达 S_6 的水泥砂浆。

一、原材料

在水泥砂浆中可掺入的聚合物乳液很多，其中应用最多的为氯丁胶乳和丙烯酸酯乳液，其质量指标列于表 10-43。

表 10-43　胶乳和乳液的质量指标

项　目	阳离子氯丁胶乳	聚丙烯酸酯乳液
外　观	乳白色无沉淀的均匀乳液	
粘度	10~55（MPa·s）	11.5~12.5（s）
总固体含量（%）	≥47	39~41
密度（g/cm³）	≥1.080	≥1.056
储存稳定性	5~40℃，三个月无明显沉淀	

采用阳离子氯丁胶乳配制聚合物水泥砂浆时，应加入稳定剂、消泡剂、pH 调节剂等助剂材料，不应使聚合物水泥砂浆在拌制时出现胶乳破乳现象。

采用 42.5 级或 52.5 级的硅酸盐水泥或普通硅酸盐水泥拌制氯丁胶乳水泥砂浆。

细集料宜采用石英砂或河砂，其质量和颗粒级配应符合表 10-44 和表 10-45 中的规定。

表 10-44　细集料的质量

项目	含泥量（%）	云母含量（%）	硫化物含量（%）	有机物含量
指标	≤3	≤1	≤1	浅于标准色（如深于标准色，应配成砂浆进行强度对比试验，抗压强度比不应低于 0.95）

表 10-45　细集料的颗粒级配

筛孔（mm）	5.0	2.5	1.25	0.63	0.315	0.16
筛余量（%）	0	0~25	10~50	41~70	70~92	90~100

注：细集料的最大粒径不应超过砂浆层厚度的 1/3

二、技术性能

聚合物水泥砂浆的主要技术性能列于表 10-46。

表 10-46　聚合物水泥砂浆的质量要求

试验种类	试验项目	规　定　值
分散体试验	外观总固体成分	应无粗颗粒、异物和凝固物 35% 以上，误差在±0.1 以内
聚合物水泥砂浆试验	抗弯强度	≥4 MPa
	抗压强度	≥10 MPa
	粘结强度	≥1.0 MPa
	吸水率	<15%
	透水量	<30%
	长度变化率	0~0.15%，<0.15%

三、配合比

聚合物水泥砂浆的参考配合比列于表 10-47。

表 10-47 聚合物水泥砂浆参考配合比

用 途	参考配合比（重量比）			涂层厚度（mm）
	水泥	砂	聚合物	
防水层材料	1	2~3	0.3~0.5	5~20
新旧混凝土或砂浆接缝材料	1	0~1	>0.2	—
修补裂缝材料	1	0~3	>0.2	—

四、试验方法

聚合物水泥砂浆的性能试验方法可按照水泥防水砂浆、防水剂、水泥基渗透结晶型防水材料等有关试验方法检验。

第十节 无机防水堵漏材料

无机防水堵漏材料是以水泥及添加剂经一定工艺加工而制成的粉状防水堵漏材料。例如堵漏灵、堵漏宝等。

无机防水堵漏材料的凝固时间一般在 2 min 以上，如果凝固时间在 2 min 以下的，为快凝堵漏材料。

一、分类

无机防水堵漏材料可分为缓凝型（Ⅰ型）和速凝型（Ⅱ型）两种类别。缓凝型主要用于潮湿和微渗基层上做防水抗渗工程；速凝型主要用于渗漏或涌水基体上做防水堵漏工程。

产品按下列顺序标记：名称、类别、标准号。例如：缓凝型无机防水堵漏材料标记为：

F D Ⅰ JC 900-2002

二、技术要求

（一）外观

无机防水堵漏材料产品外观为均匀、无杂质、无结块的粉末。

（二）物理力学性能

无机防水堵漏材料产品的物理力学性能应符合表 10-48 的要求。

表 10-48 物理力学性能

项 目			缓凝型	速凝型
			Ⅰ型	Ⅱ型
凝结时间	初凝（min）	≥	≥10	≥2~<10
	终凝（min）	≤	360	15
抗压强度（MPa）	1 h	≥	—	4.5
	3 d	≥	13.0	15.0

续表

项　目			缓凝型 Ⅰ型	速凝型 Ⅱ型
抗折强度（MPa）	1 h	≥	—	1.5
	3 d	≥	3.0	4.0
抗渗压力差值（MPa）7 d,	≥	涂层	0.4	—
抗渗压力（MPa）7 d,	≥	试件	1.5	1.5
粘结强度（MPa）7 d,	≥		1.4	1.2
耐热性，100 ℃，5 h			无开裂、起皮、脱落	
冻融循环（−15～＋20 ℃），20 次			无开裂、起皮、脱落	

三、检验规则

无机防水堵漏材料的检验分为出厂检验和型式检验。出厂检验项目包括：外观、凝结时间、抗渗压力、粘结强度。型式检验项目包括技术要求中规定的全部项目。

在抽样时，同一类别产品每 10 t 按一批计，不足 10 t 也按一批计。

在每批产品中随机抽取样品，采用 25 kg 袋（桶）装或 5 kg 袋（桶）装的样品 3 袋（桶），每袋（桶）中取 2 kg；如果采用 1 kg 包装的随机抽取 6 袋（桶），样品总质量为 6 kg。

外观检验合格后，将所取样品充分混合均匀，进行物理力学性能检验。

四、试验方法

（一）标准试验条件

试体成型试验室的温度应保持在 20±2 ℃，相对湿度应不低于 50%。

试体带模养护的养护箱或雾室温度保持在 20±1 ℃，相对湿度不低于 90%。

试体养护池水温度应在 20±1 ℃ 范围内。

试验室空气温度和相对湿度及养护池水温在工作期间每天至少记录一次。

养护箱或雾室的温度与相对湿度至少每 4 h 记录一次，在自动控制的情况下记录次数可以酌减至一天记录二次。在温度给定范围内，控制所设定的温度应为此范围中值。

（二）试验前样品处置及所用器具

试验前试验用样品及器具应在标准试验条件下放置 24 h。

（三）外观

用目测法检查。

（四）凝结时间

无机防水堵漏材料的凝结时间是按照《水泥标准稠度用水量、凝结时间、安定性检验方法》GB 1346 中规定的凝结时间进行检验。速凝材料搅拌时间为 20 s，缓凝型材料搅拌时间为 3 min。

【仪器设备】

水泥净浆搅拌机。

标准维卡仪：其构造形式如图 10-16 所示。

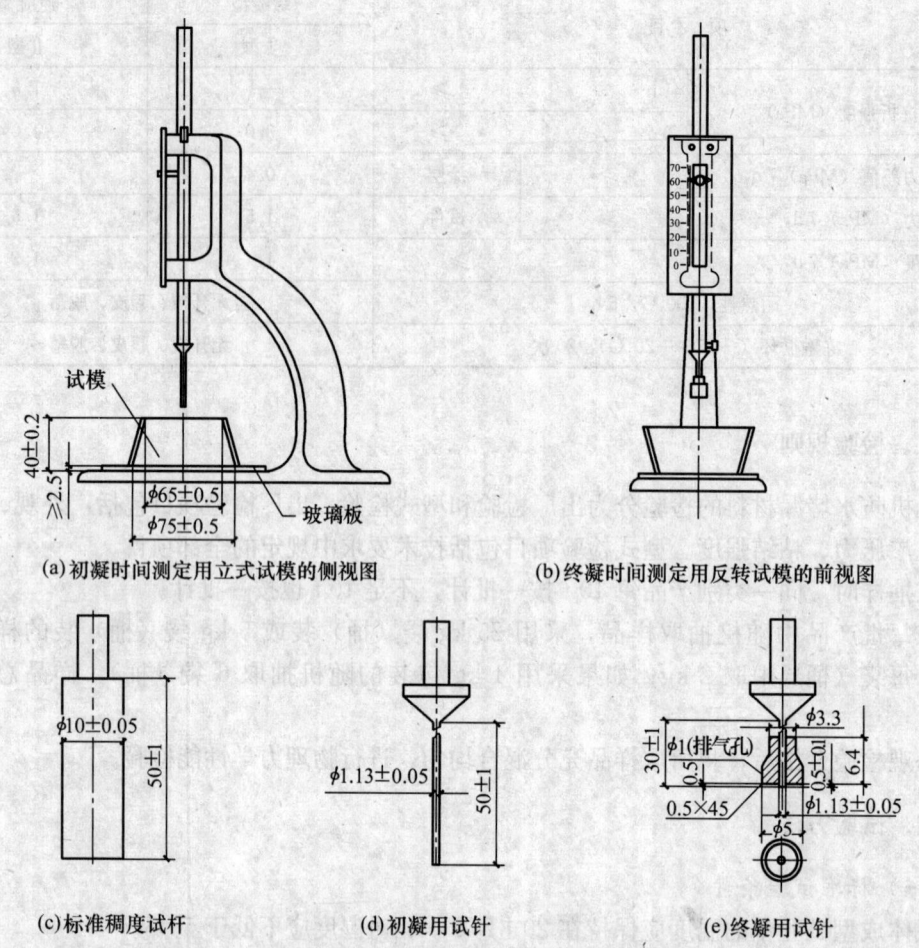

图 10-16　测定水泥标准稠度和凝结时间用的维卡仪

试针由钢制成，其有效长度：初凝针为 50 ± 1 mm，终凝针为 30 ± 1 mm；直径 1.13 ± 0.05 mm。滑动部分的总质量为 300 ± 1 g。与试针连接的滑动杆表面应光滑，能靠重力自由下落，不得有紧涩和旷动现象。

盛装水泥净浆的试模应由耐腐蚀的、有足够硬度的金属制成。试模为深 40 ± 0.2 mm，顶内径 $\phi65\pm0.5$ mm，底内径 $\phi75\pm0.5$ mm 的截顶圆锥体。每只试模应配备一块厚度 $\geqslant2.5$ mm 的玻璃板。

量水器：最小刻度为 0.1 mL，精度 1%。

天平：最大称量不小于 1 000 g，分度值不大于 1 g。

秒表、温度计。

振实台：振动幅率 50 Hz，空载时振幅为 0.5 mm。

【试件制备】

用水泥净浆搅拌机搅拌时，搅拌锅和搅拌叶先用湿布擦过。将拌和水倒入搅拌锅内（搅拌水为纯净的饮用水，加水量由厂家提供），然后在 5～10 s 内将称好的 500 g 无机防水堵漏材料加入水中，防止水和无机防水堵漏材料溅出。搅拌时，将锅放在搅拌机上，升至搅拌位置，启动搅拌机，缓凝型搅拌 3 min，速凝型搅拌 20 s。

将搅拌好的无机防水堵漏材料立即装入试模内，振动 20 s，刮平，立即放入养护箱中或养护池中进行养护，并记录无机防水堵漏材料全部加入水中的时间作为凝结时间的起点。

【试验步骤】

测定前应调整好维卡仪的零点。

试件在湿气养护箱中养护 80 min 时进行第一次测定。测定时，从湿气养护箱中取出试模放到试针下，降低试针与无机防水堵漏材料试件表面接触。拧紧螺丝 1~2 s 后，突然放松，试针垂直自由地沉入试件中。观察试针停止下沉或释放试针 30 s 时指针的读数。当试针沉至距底板 4±1 mm 时，为无机防水堵漏材料达到初凝状态，由无机防水堵漏材料全部加入水中至初凝状态时间为无机防水堵漏材料的初凝时间，用"min"表示。

在完成初凝时间测定后，立即将试模连同无机防水堵漏材料浆体以平移的方式从玻璃板取下，翻转 180°，直径大端向上，小端向下放在玻璃板上，再放入湿气养护箱中继续养护。然后在终凝针上安装一个环形附件，用终凝针测试。

临近终凝时间每隔 15 min 测定一次，当试针沉入试体 0.5 mm 时，即环形附件开始不能在试件上留下痕迹时，为无机防水堵漏材料达到终凝状态，由无机防水堵漏材料全部加入水中至终凝状态的时间为无机防水堵漏材料的终凝时间，用"min"表示。

在整个测试过程中试针沉入的位置至少要距试模内壁 10 mm，临近初凝时，每隔 5 min 测定一次，临近终凝时每隔 15 min 测定一次，到达初凝或终凝时应立即重复测一次，当两次结论相同时才能定为初凝状态或终凝状态。每次测定不能让试针落入原孔内，每次测试完毕须将试针擦净并将试模放湿气养护箱内，整个测试过程要防止试模受振。

（五）抗压与抗折强度

【仪器与设备】

水泥净浆搅拌机。

试模：试模由三个水平的模槽组成。如图 10-17 所示。

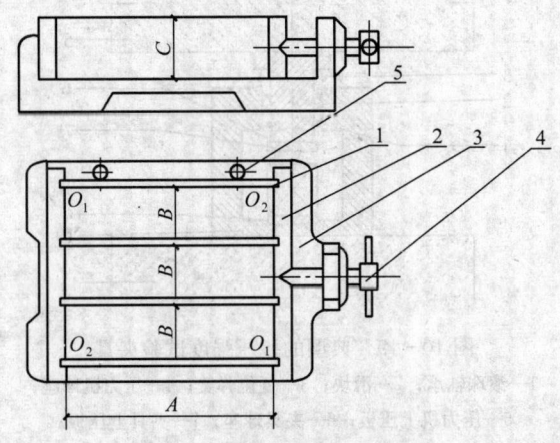

图 10-17 胶砂试模基本结构

1—隔板；2—端板；3—底座；4—紧固装置；5—定位销

可同时成型三条 40 mm×40 mm×160 mm 的棱形试体。

振实台：振动频率为 50 Hz，空载时振幅约为 0.5 mm。振实台应安装在高度约400 mm 的混凝土基座上，振实台如图 10-18 所示。

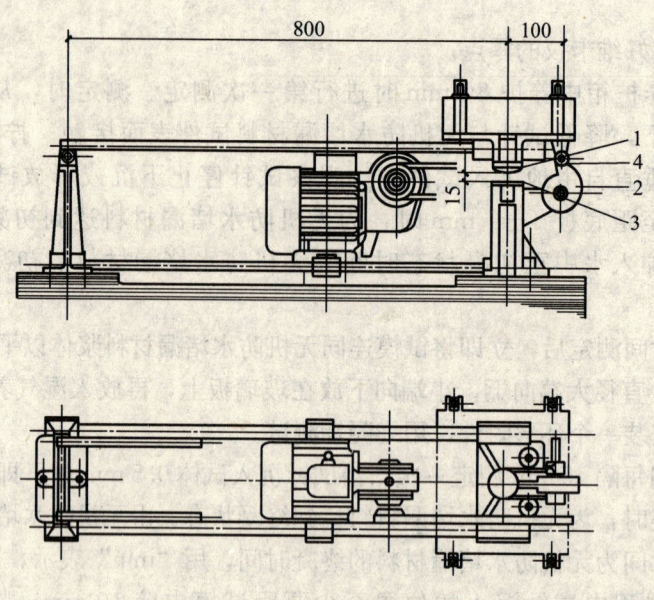

图 10-18 典型的振实台
1—突头；2—凸轮；3—止动器；4—随动轮

抗压强度试验机：在量程范围内使用时，记录的荷载应有±1%精度，并具有按 2 400 N/s 速率的加荷能力。

抗压强度试验机用夹具如图 10-19 所示。

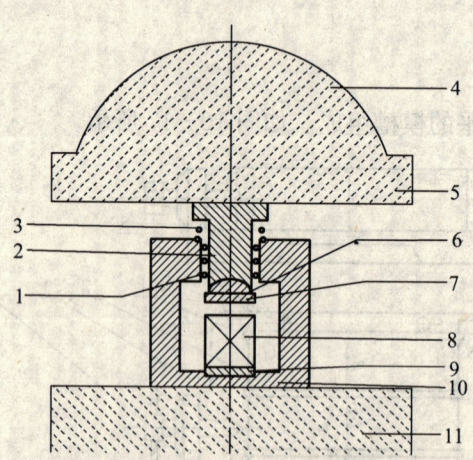

图 10-19 典型的抗压强度试验夹具
1—滚珠轴承；2—滑块；3—复位弹簧；4—压力机球座；
5—压力机上压板；6—夹具球座；7—夹具上压板；
8—试体；9—底板；10—夹具下垫板；11—压力机下压板

播料器和金属刮平尺：如图 10-20 所示。

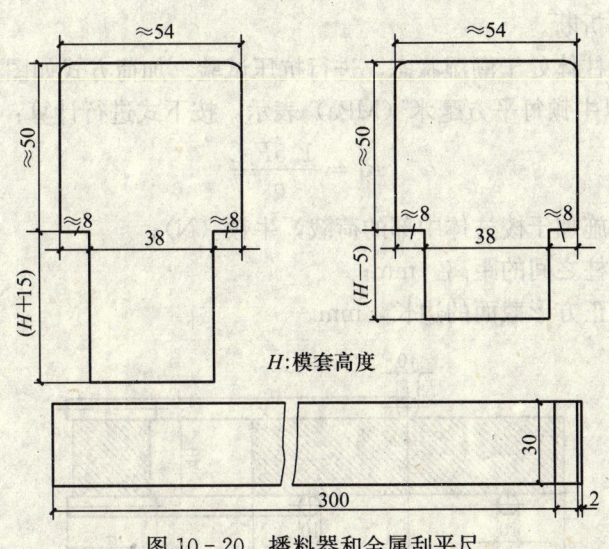

图 10-20 播料器和金属刮平尺

【试件制作】

在制作试件时,缓凝型产品称取样品 2 000 g,按生产厂推荐加水量加水,每次成型 40 mm×40 mm×160 mm 一组试件 3 条。速凝型产品每次称取 1 000 g,按生产推荐的加水量加水,每次成型 40 mm×40 mm×160 mm 两组试件共 6 条。

在成型操作时,应在试模上面加一个壁高 20 mm 的金属模套,当从上往下看时,模套壁与模型内壁应该重叠,超出内壁不会大于 1 mm。并将空试模和套模固定在振动台上。

将搅拌好的浆体从搅拌锅里装入试模内,用大播料器垂直架在模套顶部沿每个试模来回一次,将料层播平,再装入第二层浆体,用小播料器播平。按要求振动(缓凝型 2 min,速凝型 20 s),移走模套,从振实台上取下试模,用一金属直尺以近似 90°的角度架在试模顶的一端,沿试模长度方向将多余浆体刮去,并将试体表面抹平。

在试模上作好标记或标明试件编号和试件相对于振实台的位置。

【试件养护】

将试模放入雾室或湿箱的水平架子上养护,湿空气应能与试模各边接触,养护时不应将试模放在其他试模上。养护到规定的时间取出脱模,并进行编号和标记。

脱模时间:Ⅰ型成型后 24 h 脱模,Ⅱ型成型后脱模时间不大于 1 h。

将做好标记的试件立即水平或竖直放在 20±1 ℃的水中养护,水平放置时刮平面应朝上,试件彼此间保持一定间距,以让水与试件的六个面接触。养护期间试件之间间隔或试件表面上的水深不得小于 5 mm,不允许在养护期间全部换水,随时加水保持适当的恒定水位。

试体龄期是从无机防水堵漏材料和水搅拌开始试验时算起,不同龄期强度试验在下列时间里进行。

24 h±5 min,48 h±30 min,72 h±45 min,7 d±2 h,>28 d±8 h。

【试验步骤】

(1) 抗折强度测定

将试体一个侧面放在试验机的支撑圆柱上,试体长轴垂直于支撑圆柱,以 50 N/s 的速率均匀地加荷,直至折断。

保持两个半截棱柱体处于潮湿状态,进行抗压试验。加荷方式如图 10-21 所示。

抗折强度 R_f,以牛顿每平方毫米（MPa）表示,按下式进行计算:

$$R_f = \frac{1.5F_f L}{b^3}$$

式中 F_f——折断时施加于棱柱体中部的荷载,牛顿（N）；
　　　L——支撑圆柱之间的距离,mm；
　　　b——棱柱体正方形截面的边长,mm。

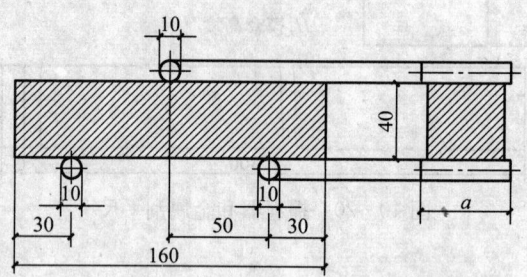

图 10-21 抗折强度测定加荷图

试验结果的确定：

以一组 3 个棱柱体抗折结果的平均值作为试验结果。当 3 个强度值中有超过平均值 ±10% 时,应剔除后再取平均值作为抗折强度试验结果。如果两个测值中与中间值相差均超过 ±10%,此试验结果无效。

各试件的抗折强度记录至 0.1 MPa,按一组 3 个棱柱体抗折结果的平均值作为试验结果。

(2) 抗压强度测定

在折断后的棱柱体上进行抗压试验,受压面是试体成型时的两个侧面,面积为 40 mm×40 mm。

半截棱柱体中心与压力机压板受压中心差应在 ±0.5 mm 内,棱柱体露在压板外的部分约有 10 mm。

在整个加荷过程中以 2 400 N/s 的速率均匀地加荷直至破坏。

抗压强度 R_c 以牛顿每平方毫米（MPa）为单位,按下式进行计算:

$$R_c = \frac{F_c}{A}$$

式中 R_c——抗压强度,MPa；
　　　F_c——破坏时的最大荷载,N；
　　　A——受压部分面积 mm²（40 mm×40 mm=1 600 mm²）。

各个半棱柱体的单个抗压强度结果至 0.1 MPa,按 6 个抗压强度测定结果的算术平均值作为试验结果。

每组取 3 块棱柱体的 6 个抗压强度测定值的算术平均值（精确至 0.1 MPa）作为该组试件的抗压强度值。如 6 个测定值中有一个超出平均值的 ±10%,则删除这个结果,而以剩下的 5 个平均值作为结果。如果 5 个测定值中再有超出它们的平均值 ±10% 时,则此组试验结果无效。

试验筛：网孔尺寸符合表10-49规定。

表10-49 试验筛

系 列	网眼尺寸（mm）
R20	2.0
	1.6
	1.0
	0.50
	0.16
	0.080

【试验材料】

水泥：32.5级普通硅酸盐水泥或铝酸盐水泥。

砂：采用标准砂。颗粒分布符合表10-50中规定要求。砂的湿含量应小于0.2%。

表10-50 ISO基准砂颗粒分布

方孔边长（mm）	累计筛余（%）
2.0	0
1.6	7±5
1.0	33±5
0.5	67±5
0.16	87±5
0.08	99±1

（六）抗渗压力

【仪器与设备】

砂浆透水仪：能使水压按规定的制度稳定地作用在试件装置上。

胶砂振实台：振动频率50 Hz，空载时振幅为0.5 mm。

水泥砂浆搅拌机。

试模：水泥砂浆试模为截头圆锥形抗渗试模。上口直径70 mm，下口直径80 mm，高30 mm。

捣棒：一端为弹头形，直径10 mm，长350 mm。

螺旋加压器：其压力以能把试件压入试件套内为宜。

电烘箱、电炉、刮刀。

天平：精度为±1 g，称量2 000 g。

水：普通饮用水。

1. 涂层抗渗压力值

（1）基准砂浆试件的制备

基准砂浆试件是指不掺防水剂的水泥砂浆。它是由水泥、砂子和水直接配制。按质量比为：

水泥：砂：水＝1:4:1

称取水泥 350 g，标准砂 1 400 g，搅匀后加入水 350 mL。将上述物料在水泥砂浆搅拌机中搅拌 3 min 后装入预先擦净并装配好的水泥砂浆试模内，用小刀沿着模边转圈压实后，再将砂浆装满试模，稍高出模口。将试模固定在振动台上，振动 20 s，5 min 后刮去多余的料浆并抹平，成型 12 块。其中有 6 块基准砂浆试件成型时采用加垫层刮平方法，使试件减少 2 mm，为减厚试件。

在标准养护室中养护 24 h 后脱模，然后置于养护室水中养护至规定龄期 7 d。

（2）基准砂浆试件的抗渗试验

将制备好的试件养护至龄期 7 d，取出 6 块，在室温条件下使表面风干，然后装在砂浆抗渗仪上按防水砂浆抗渗试验方法试验。

当 6 个试件中有 3 个试件端面呈现渗水性时，即可停止试验，记下当时的水压。透水压力为 6 个试件中 4 个未出现渗水的最大压力值 P_0。

（3）涂层＋基准砂浆试件制备

将制备好的 6 块减厚基准砂浆试块在水中浸泡并充分湿润。然后称取无机防水堵漏材料样品 1 000 g，按生产厂推荐的加水量加水，用水泥净浆搅拌机搅拌 3 min，用刮板分别在 3 块试件迎水面上和三块试件背水面上，分两层刮压料浆，刮压每层料浆的操作时间不超过 5 min，刮料时要稍用劲来回几次使其密实，同时注意搭接。第二层需在第一层硬化后（手指轻压不留指纹），再刮第二层。刮涂第二层前，涂层要保持湿润，涂层总厚度约 2 mm，在养护室中保湿养护 24 h，转入水中 20±3 ℃，养护至规定龄期 7 d。

（4）涂层＋基准砂浆试件抗渗试验

将制备的涂层＋基准砂浆试件养护至龄期 7 d 后取出，将涂层冲洗干净，风干表面。然后装在砂浆抗渗仪上进行试验，试验方法同基准砂浆试件抗渗。

测得的压力值即为涂层＋基准试件的抗渗压力值 P_1。如果水压增至 1.5 MPa，试件仍未渗水，停止试验。此时 P_1 值以不大于 1.5 MPa 计。

（5）涂层抗渗压力差计算

涂层抗渗压力差值按下式计算，其计算结果精确至 0.1 MPa。

$$P = P_1 - P_0$$

式中　P——涂层抗渗压力差值，MPa；

　　　P_0——基准砂浆试件的抗渗压力，MPa；

　　　P_1——涂层＋基准砂浆试件的抗渗压力，MPa。

2. 试件抗渗压力值

（1）试件制备

称取无机防水堵漏材料 1 000 g，加入水泥净浆搅拌机的搅拌锅内，按生产厂推荐的加水量加水，搅拌 3 min，然后装入预先擦净的水泥砂浆抗渗模内，固定在振动台上振动，缓凝型振动 2 min，速凝型振动 20 s。刮掉多余的砂浆，抹平。制备试件 6 块。在标准养护室养护 24 h 后脱模，转入水中 20±1 ℃养护至规定龄期 7 d。

（2）试验步骤

试件养护龄期 7 d 取出，每组 6 个试件，表面风干，然后按基准砂浆抗渗试验方法试验。

以每组 6 个试件中 4 个未出现渗水的最大压力值为试件的抗渗压力，MPa。

（七）粘结强度

【仪器与设备】

电动抗折仪：单杠杆，最大 1 000 N，加荷速度 10 N/s。

"8"字形金属模具。

砂浆搅拌机。

水泥净浆搅拌机。

湿气养护箱：温度 20±3 ℃，相对湿度≥90%。

养护水槽或养护水池：水温 20±3 ℃。

【试件制作】

粘结强度基准砂浆"8"字形试件的制备按建筑防水涂料粘结性试件制作方法进行。砂子采用标准砂，水泥采用 42.5 级硅酸盐水泥。比例为：

水泥∶砂∶水＝1∶2∶0.4

将半个"8"字形基准砂浆试块放回"8"字形模具中，称取无机防水堵漏材料 1 000 g，按厂家推荐的加水量加水，用净浆搅拌机搅拌均匀，缓凝型搅拌 3 min，速凝型搅拌 20 s。然后将配好的物料倒入未放基准砂浆试件的另一半"8"字形模具中进行振动。缓凝型振动 2 min，速凝型振动 20 s。压实、抹平。在养护室中养护 24 h 后脱模，转入水中养护至规定期龄 7 d。

【试验步骤】

试件养护 7 d 后从水中取出，用布擦干表面水后，在抗折机上进行抗折试验，记录试件破坏时的荷载。

粘结强度按下式进行计算：

$$P = \frac{F}{S}$$

式中　P——粘结强度，MPa；

　　　F——粘结力，N；

　　　S——粘结面积，500 mm^2。

删除 5 个数据中的最大值和最小值，取余下 3 个计算结果的平均值作为粘结强度。计算结果精确至 0.1 MPa。

（八）耐热性

【仪器与材料】

沸煮箱：有效容积为 410 mm×240 mm×310 mm，箅板的结构应不影响试验结果，箅板与加热器之间的距离不大于 50 mm，箱的内层由不易锈蚀的金属材料制成。能在 30±5 min 内，将箱内的试验用水由室温升至沸腾状态保持 3 h 以上，整个试验过程中不需补充水量。

水泥砂浆搅拌机和水泥净浆搅拌机。

量水器：最小刻度 0.1 mm，精度 1%。

天平：最大称量 1 000 g，分度值不大于 1 g。

试模：试模容积为 40 mm×160 mm×10 mm。

标准砂：ISO 标准砂。

硅酸盐水泥：42.5级。

【试件制备】

用42.5级硅酸盐水泥和标准砂，按质量比

水泥：砂：水＝1：2：0.4配料。

将砂和水泥加入砂浆搅拌机中。拌和均匀后加入水搅拌3 min后装入试模中，成型试件3块。在养护室养护24 h后脱模，再置于养护室中养护至龄期7 d。

将养护至龄期7 d的试件取出。称取无机防水堵漏材料1 000 g，按厂家推荐的加水量加水，用净浆搅拌机搅拌，缓凝型搅拌3 min，速凝型搅拌20 s。用刮板分两层将料浆刮压在试件基面上，刮料时要稍用劲来回几次使其密实，同时注意搭接，第二次刮时第一层要保持湿润，涂层总厚度约2 mm。在养护室保湿养护24 h，转入水中养护至龄期7 d。

【试验步骤】

试件养护至龄期7 d后，取出3块，置于沸煮箱中煮5 h，取出试件，观察3块试件中涂层有无开裂、起皮、脱落等现象。

（九）冻融循环性能

【仪器与材料】

冷冻箱：温度保持在－15～－20℃的范围内，降温时间≤2 h。

融解水槽：能在放入试件后，使水温保持在15～20℃的范围内。

框篮：用钢筋焊成、其尺寸应与所装的试件相适应。

【试件制备】

试件制备与所用材料与无机防水堵漏材料耐热性试验方法相同。

【试验步骤】

将养护至龄期7 d后的试件取出3块，进行外观检查，用湿布擦净表面水分，按编号置入框篮后放入冷冻箱，开始冻融试验。

在箱内框篮应架空，试件与框篮接触处应垫以垫条，并保证至少20 mm的空隙，框篮中各试件之间至少保持50 mm空隙。冻结时温度在－15～－20℃。试件在箱内温度达－20℃时放入，装完试件如温度有较大升高，则重新降至－15℃。每次装完试件到重新降至－15℃所需时间不应超过2 h，冷冻箱内温度均以其中心温度为准。

冻结时间不应小于4 h。

冻结试验结束后，试件即可取出，并立即放入能使水温保持在15～20℃的水槽中进行融化。此时槽中水面应至少高出试件表面20 mm，试件在水中融化时间不应小于4 h。融化完毕即该次冻融循环结束。可取出试件再次送入冷冻箱进行下一次冷冻循环试验。如此循环试验20次。

冻融循环20次后，进行外观检查，试件表面无开裂、起皮、脱落等情况为合格。如有开裂、起皮或脱落为不合格。

五、判定规则

（一）外观检查

分袋（桶）进行检查，全部样品符合外观要求，判为外观合格。其中有一个样品不符合外观要求，允许抽取同样数目样品重复进行外观检验，若全部符合外观要求，则判该批产品

外观合格。复检仍不合格,则判该批产品不合格。

(二)物理力学性能检验

在外观检验合格的基础上,进行物理力学性能试验。若所有试验结果均符合物理力学性能要求,则判该批产品合格。有一项试验结果不符合标准,允许重新取样对该项目复检;若试验结果符合标准,则判定该批为合格品。复验仍不符合标准,则判该批产品为不合格品。

第十一节 灌浆堵漏材料

灌浆堵漏材料是指用一定的材料配制成浆液,用压送设备将其灌入建筑物或构筑物的缝隙内或孔洞中,使其扩散胶凝或固化,以达到防渗堵漏的目的。

在建筑防水工程中常用的灌浆堵漏材料如图 10-22 所示。

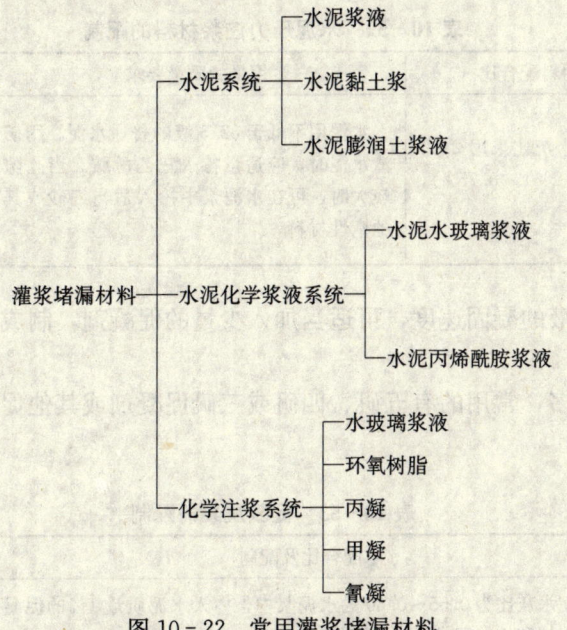

图 10-22 常用灌浆堵漏材料

灌浆堵漏材料也可分为颗粒浆液和化学浆液两种。

颗粒浆液包括水泥浆、水泥砂浆、水泥黏土浆、水泥水玻璃浆液和水泥膨润土浆液等。颗粒浆液可注入较大的孔隙。可灌入渗透系数在 10^{-3} cm/s 的隙缝中,或 $0.2\sim0.3$ mm 的裂缝或孔隙。

化学灌浆材料包括水玻璃、丙凝、甲凝、氰凝、尿醛树脂液、环氧树脂液等。化学浆液的特点是粘度小,有的仅为 1.2×10^{-3} Pa·s,与水接近,渗透系数为 10^{-9} cm/s,可灌入水能渗入的隙缝中。

在建筑防水工程中应用最多的为水泥浆液、水泥水玻璃浆液、丙凝、甲凝和氰凝等,应根据建筑防水工程的技术要求选定。

一、水泥浆液

水泥浆液是由水泥和水拌制而成的灌浆材料。普通水泥因颗粒较粗,其渗入能力受到限制,一般只能灌大于 0.2 mm 的裂缝或孔隙。超细水泥的颗粒直径小于 10 μm,有的可磨细到颗粒直径达 3 μm 的超细水泥,渗透系数达 10^{-3} cm/s。但成本较高。其特点是水泥货源广、价廉、无毒、强度高、可灌性好。

表 10-51 列出了灌浆材料对水泥的细度要求。

表 10-51 灌浆水泥细度

水泥名称	平均粒径($D_{50}\mu m$)	比表面积(cm^2/g)
普通硅酸盐水泥	20~25	3 250
磨细水泥	8	6 300
湿磨细水泥	6	8 200

水泥浆液代表性配方列于表 10-52。

表 10-52 水泥压力注浆材料的配制

注浆材料类别	用料配合比	用量的质量要求	配制方法
水泥浆液	一般水灰比采用 2:1,1.5:1,1:1,0.75:1,0.5:1 等	水泥用不低于 32.5 级的普通水泥。用矿渣水泥时,应适量掺入三乙醇胺。当孔隙较大时,可在水泥浆中掺入适当细砂或其他惰性材料	水泥浆在灌注时,应经常搅拌,并以筛孔为 0.5 mm 以下的筛子筛后始得使用

为了促进水泥浆液的凝固速度,可适当加入少量的促凝剂,制成快凝型水泥浆液或制成速凝灰浆。

促凝剂的种类很多,常用的有五矾、四矾或三矾促凝剂或其他促凝材料。促凝灰浆的配制列于表 10-53。

表 10-53 促凝灰浆的配制

灰浆类别	配合比及配制	备注
促凝水泥浆	在水灰比为 0.55~0.60 的水泥浆中,掺入水泥质量 1% 的促凝剂,拌和均匀即成促凝水泥浆	
快凝水泥胶浆(亦称胶泥)	水泥和促凝剂按下列质量比直接拌和而成 1. 配合比 水泥:促凝剂=1:(0.5~0.6) 2. 配合比 水泥:促凝剂=1:(0.8~0.9)	该胶浆凝固较快,从开始拌和到使用完毕,以 1~2 min 为宜。在水中亦可凝固
快凝水泥砂浆	系以干拌砂子灰(水泥:砂子=1:1 质量比),用促凝剂:水=1:1 的混合液调制而成,水灰比为 0.45~0.50	干拌好的水泥和砂子不得隔夜使用
快燥精拌制的水泥胶浆、水泥砂浆	水泥:快燥精:水:砂(质量比) 1:0.5:0:0 (1 min 内凝固) 1:0.3:0.2:0 (5 min 内凝固) 1:0.15:0.35:0 (30 min 内凝固) 1:0.14:0.56:2 (60 min 内凝固)	

二、水泥水玻璃浆液

在水泥浆液中添加水玻璃,可制成水泥水玻璃浆液。水玻璃对水泥浆液有两个作用,一是作速凝剂使用,掺量较少,约占水泥重的3%~5%;另一是作主材料使用,掺量较多,要根据灌注目的和要求而定。

水泥水玻璃浆液的结石抗压强度可达10~20 MPa,结石率高达95%~98%,凝结时间能准确地控制在几秒至几十分钟范围内。在地下水流速度较大的隙缝中,采用这种混合浆液可达到快凝堵漏的目的。

水泥水玻璃浆液的配比为:

水灰比:(质量比)	0.8∶1~1∶1
水泥浆与水玻璃(体积比)	1∶0.6~1∶0.8
水玻璃模数值	2.4~2.8
水玻璃波美度	30~45
凝结时间	约1~2 min
抗压强度	9~24 MPa

表10-54列出了水泥水玻璃浆液的配方与技术性能。

表10-54 水泥水玻璃的配方

水泥浆浓度 (水∶水泥)	水泥浆与水 玻璃体积比	凝固时间		结石抗压强度(MPa)	
		(min)	(s)	7 d	28 d
0.6∶1	1∶1	1	46	17.6	21.6
	1∶0.8	1	21	19.8	23.8
	1∶0.6	1	0	21.8	23.7
0.75∶1	1∶1	1	58	12.7	16.6
	1∶0.8	1	28	16.0	21.0
	1∶0.6	1	8	17.9	21.8
1∶1	1∶1	2	10	2.2	12.8
	1∶0.8	1	40	9.4	13.0
	1∶0.6	1	15	11.5	16.0

该灌浆材料的特点是无毒、价廉、流动性好、可灌性强,能灌注粒状浆液不能渗入的细裂缝或孔隙,渗透系数达10^{-6}~10^{-8} cm/s。

三、丙凝浆液

丙烯酰胺灌浆材料简称丙凝,是一种丙烯酰胺为主剂的灌浆堵漏材料。其特点为:

(1)浆液属于真溶液,其粘度仅为1.2×10^{-3} Pa·s,与水的粘度接近,能渗入0.1 mm以下的细裂缝中,可在水压和十分潮湿的环境下凝结,是目前可灌性较好的灌浆材料。

(2)浆液从制备到凝结所需时间可以较精确地加以控制,可以在水速大、水量多的情况下迅速凝结,受水或空气干扰很少。

(3) 浆液的粘度在凝结前维持不变,这就能使浆液在灌浆过程中维持同样的渗入能力。

(4) 浆液凝固后,凝胶本身基本上不透水(渗透系数约为 10^{-9} cm/s),耐久性和稳定性都好,可用于永久性工程。

(5) 丙凝浆液能在很低的浓度下凝结,例如目前采用的标准浓度为 10%,其中有 90% 是水,而且浆液凝结后在潮湿条件下不干缩,因此,丙凝浆液的成本是相对较低的。

丙凝的缺点是浆材有一定的毒性,反复和丙烯酰胺粉末接触会影响中枢神经系统,对空气和水也存在环境污染问题。

丙凝构成材料的性能及特征列于表 10-55,施工配合比列于表 10-56。

表 10-55 丙凝构成材料的性能及特征

浆液类别	构成材料名称	作用	相对密度	外观	其他性质
甲液材料	丙烯酰胺	主剂	0.6	水溶性白色或淡黄色鳞状结晶	易吸潮、易聚合于 30 ℃ 以下
	二甲基双丙烯酰胺	交联剂	0.6	水溶性白色粉末	与单体交联
	β-二甲胺基丙腈	还原剂	0.87	无色透明或淡黄色液体	稍有腐蚀
	水				
乙液材料	过硫酸胺	氧化剂	1.98	水溶性白色粉末	易吸潮、易分解

表 10-56 丙凝施工配合比

序号	甲液				乙液		凝结时间(min)
	丙烯酰胺	二甲基双丙烯酰胺	β-二甲胺基丙腈	水	过硫酸胺	水	
1	47	2.5	2.0	220	2.0	220	3
2	47	2.5	2.0	220	1.5	220	5

注:①配制环境温度为 23 ℃,丙凝凝固温度为 45 ℃。
②甲液与乙液混合比例为 1:1。
③丙凝胶抗压强度为 0.01～0.06 MPa,抗拉强度为 0.02～0.04 MPa,抗压极限变形为 30%～50%,抗拉极限变形为 20%～40%。
④配合比的选择与施工温度、凝固时间等因素有关。施工前应先进行试配,以选定适合施工环境温度及需要的凝固时间。
⑤丙凝的参考价格约为 1 700 元/t。

丙凝浆液的配制及其快慢的控制措施列于表 10-57。

表 10-57 丙凝浆液的配制及其凝结快慢的控制措施

项目	说明
浆液配制	甲液系将称好的丙烯酸胺、二甲基双丙烯酰胺,β-二甲胺基丙腈加水搅拌均匀即成 乙液系将称好的过硫酸胺加水搅拌均匀即成
丙凝胶凝结快慢的控制	需要丙凝胶凝结快的措施 1. 加氨水,使水的酸度(pH)值大于 3 2. 用三乙醇胺代替 β-二甲胺基丙腈,但三乙醇胺用量不大于 2.5% 3. 提高水温至 40 ℃ 左右 4. 加大过硫酸胺用量,但不大于 1%

续表

项 目	说 明
丙凝胶凝结快慢的控制	需要丙凝胶凝结慢的措施 1. 加铁氰化钾，掺量 0.05% 以内即可 2. 降低水温 3. β-二甲胺基丙腈用量减小，但不应少于 0.6% 4. 减少过硫酸胺用量，但不应少于 0.5%
注浆机具	灌注设备系统有气动和电动两种。气动机具用空气压缩机，电动机具用电动泵
注意事项	1. 丙凝有一定毒性，配制溶液和灌浆时应穿戴面罩、胶鞋、手套等。如已沾染粉末或溶液，应立即用肥皂洗涤 2. 一般配成浓度为 10% 的丙凝溶液作为标准液浓度，使用时视具体情况可作适当调整，其变化范围为 7%～15%

四、甲凝浆液

甲凝浆液是以甲基丙烯酸甲酯为主剂的灌浆堵漏材料，简称甲凝，又名 MG-646 浆液。其特点：

(1) 粘度低，可灌性好。其粘度为 0.09 Pa·s，比水略低，表面张力为 2.3 Pa，有良好的渗透性，能灌 0.03 mm 的混凝土细裂缝。

(2) 凝结时间可控制在几分钟和数小时内。

(3) 与构件粘结强度高，同时对光和许多化学试剂的稳定性好，耐老化，抗稀酸和碱的浸蚀；

(4) 该材料在混凝土中渗透能力强，扩散半径大。由于它的延伸率大，故能承受混凝土热胀冷缩的变形。材料本身对混凝土中的钢筋无锈蚀作用，并且能与混凝土及钢筋牢固粘结，增进钢筋混凝土的力学强度，延长建筑物的使用年限。

甲凝注浆材料的组成和配比列于表 10-58。

表 10-58　甲凝注浆材料的组成与配合比

材料名称	作用	状态	配合比					
			1	2	3	4	5	6
甲基丙烯酸甲酯	主剂	无色液体	100	100	100	100	100	100
甲基丙烯酸丁酯（或硫酸乙烯）	增塑剂		25 (10～12)	30	25	—	—	—
乙烯乙酸酯	增塑剂		—	—	—	—	15	—
丙烯腈	增塑剂	无色液体	—	—	—	15	—	15
甲基丙烯酸	亲水剂	无色液体	0～20	—	—	3.0	0.5	3.0
过氧化二苯甲酰	引发剂	白色细晶粒	1.0～1.5	1.2	1.0	1.5	1.0	1.54
二甲基苯胺	促凝剂	无色油状液体	0.5～2.0	1.2	0.5～1.0	1.5	0.5	1.0
对甲苯亚磺酸	抗氧剂	白色结晶	1.0	1.2	0.5	0.5	0.5	—
焦性没食子酸	缓凝剂		0～0.1	—	—	—	—	—
水杨酸	解热剂	白色粉末	—	1.0	1.0	—	1.0	1.0
铁氰化钾	抑制剂	赤褐色粉末	—	—	—	0.3	0.03	—

注：①配合比中材料如为固体，以质量（g）计，如为液体，以体积（mL）计。
②促凝剂、抗氧剂、缓凝剂用量可根据需要及季节调整。
③丙烯腈可用邻苯二甲酸二丁酯代替，二甲基苯胺可用二乙基苯胺代替。

甲凝注浆材料技术性能列于表 10-59。

表 10-59 甲凝注浆材料的主要技术性能

项 目		技 术 指 标
抗压强度	(MPa)	63.5～120.0
抗拉强度	(MPa)	21.0～71.0
弯曲强度	(MPa)	80.0～140.0
与混凝土粘结的抗拉强度	(MPa)	7 d 1.0～1.5 28 d 2.0～3.0
灌入湿裂缝中的抗拉强度	(MPa)	3.5
与混凝土粘结的抗剪强度	(MPa)	2.0
灌入湿裂缝中的抗剪强度	(MPa)	3.3
耐化学性		耐酸、耐碱、耐汽油等

五、氰凝注浆材料

氰凝是以多异氰酸酯和聚醚为主剂的灌浆堵漏材料,简称氰凝,其特点有:

(1) 遇水前稳定,可较长时间在密封情况下保存。
(2) 聚合速度快,遇水立即反应,生成不溶于水的凝胶体,固结体有良好的力学性能。
(3) 浆液与水反应时,放出二氧化碳气体,生成聚氨酯泡沫,使浆液体积膨胀,具有二次自动扩散能力,从而产生了较大的渗透半径和凝固体积,以致最终形成容积大,抗压强度高、抗渗性能好、堵水效果显著的凝固体。
(4) 凝胶时间可根据需要进行调配,由几秒到几十分钟内均可。
(5) 采用单液注浆,设备简单,使用方便。
(6) 浆液粘度低,可灌性好,粘结强度和抗渗性能较高,耐久性好,特别适用于较大动水条件下的堵漏。

氰凝预聚体的技术性能列于表 10-60。

表 10-60 氰凝注浆材料预聚体的品种和技术性能

项 目	性 能 指 标				
	TT-1	TT-2	TP-1C	TP-2	TM-1
外 观	浅黄色透明液体	浅黄色透明液体	棕黑色半透明液体	棕褐色半透明液体	棕黑色半透明液体
相对密度	1.057～1.125	1.036～1.086	1.080～1.200	1.040～1.100	1.088～1.125
—NCO（重量%）	26～28	21～24	9～15	8～13	11～14
粘度（Pa·s）	0.4～0.8	0.2～0.5	>1.0	>1.0	<0.4
凝结时间	几秒～几十秒	几秒～几十秒	几秒～几十分	几秒～几十分	几秒～几十分
浆液固结体积比	6～9	6～9	2～6	2～6	2～6
浆液固结体的抗压强度（MPa）	13.0～25.0	14.0～15.0	10.0～18.0	10.0～15.0	14.0～15.0
浆液固结体的抗渗性能（MPa）	>0.9	0.4	>0.9	>0.9	>0.7

氰凝浆液,氰凝—水泥浆液的用量配合比列于表 10-61 和表 10-62。

表 10-61 氰凝浆液的用料配合比

材料名称	规 格	作 用	配合比（质量比） 1	配合比（质量比） 2	加料顺序
预聚体		主剂	100	100	1
硅 油	201~50 号	表面活性剂	1		2
吐 温	80 号	乳化剂	1		3
邻苯二甲酸二丁酯	工业用	增塑剂	10	1~5	4
丙酮	工业用	溶剂	5~20		5
二甲苯	工业用	溶剂		1~5	6
三乙胺	试 剂	催化剂	0.7~3.0	0.3~1.0	7
有机锡		催化剂		0.15~0.5	8

注：①如预聚体混合使用时，可按 TT-1 为 90，TP-1C 为 10 采用。
②有机锡常用二月桂酸二丁基锡。如无三乙胺时，可用二甲基醇代替。
③如浆液凝固太快，可加入少量的对甲苯磺酰氯作为缓凝剂，以使缓凝。
④三乙胺加入量视需胶凝时间而定。用量多，胶凝时间即可缩短。
⑤丙酮加入量视裂缝大小而定的，用量多，可灌性即可提高，但胶浆强度降低。

表 10-62 氰凝—水泥浆液的用料配合比

材料		配合比（质量比）				说 明
		TC-1	TC-2	TPC-1	TPC-2	
预聚体	TT-1	100	100	80	80	氰凝—水泥浆液系以氰凝浆液加上一定量的水泥配制而成。它既具有氰凝浆液的一系列优点，又提高了浆液胶凝体的强度。
	TP-1	0	0	20	20	
增塑剂		10	10	10	10	
稀释剂		10	10	10	10	
乳化剂		1	1	1	1	
水 泥		50	80	50	80	

注：水泥为 32.5 级普通硅酸盐水泥。

水溶性聚氨酯灌浆材料是以聚氨酯预聚体为主剂的灌浆材料。其特点是为单组分注浆材料，施工方便，能在普通水、海水及酸碱较强的水中固化，亲水性强，可灌性好，遇水膨胀，固结体弹性较大，抗渗效果好。

G11 水溶性聚氨酯灌浆材料技术性能列于表 10-63。

表 10-63 G11 水溶性聚氨酯灌浆材料的技术性能

项 目		技 术 指 标
密度	(g/cm^3)	1.05~1.10
粘度	(Pa·s)	0.1~0.4
凝胶时间		几十秒~几十分可调
抗拉强度	(MPa)	>2.0
断裂伸长率	(%)	>250
粘结强度	(MPa)	>1.0
膨胀率	(%)	200~300
浆液稳定性	(月)	>6

六、环氧灌浆材料

环氧灌浆材料是以环氧树脂或改性环氧树脂为主剂的灌浆堵漏材料。其特点是粘结强度高，质量可靠，粘度低，亲水性好，毒性较低，可在低温和水下进行灌浆。可用于各种结构（包括振动、高温、腐蚀性介质作用的结构），修补 0.1mm 以上的裂缝。

常用的 SK-E 环氧浆液配方列于表 10-64。

表 10-64 SE-E 浆液常用配方

材料名称	作用	用量（g）
环氧树脂（6101号）	主剂	100
糠醛	稀释剂	25—80
丙酮	稀释剂	25—80
聚酰胺 600 号	增塑剂	20
DMP—30	促进剂	5—15

SK-E 浆液物理性能列于表 10-65。

表 10-65 SK-E 浆液物理力学性能

粘度（Pa·s）	抗压强度（MPa）	抗拉强度（MPa）	粘结强度（MPa）
$6\times10^{-3}\sim12\times10^{-3}$	60～80	70～80	1.2～2.8

实践证明，环氧灌浆材料对混凝土裂缝灌浆补强及防渗效果良好。

附录 A：《普通混凝土配合比设计规程》JGJ55—2000

1 总则

1.0.1 为统一普通混凝土配合比设计方法，满足设计和施工要求，确保混凝土工程质量且达到经济合理，制定本规程。

1.0.2 本规程适用于工业与民用建筑及一般构筑物所采用的普通混凝土的配合比设计。

1.0.3 普通混凝土的配合比应根据原材料性能及对混凝土的技术要求进行计算，并经试验室试配、调整后确定。

1.0.4 进行普通混凝土配合比设计时，除应遵守本规程的规定外，尚应符合国家现行有关强制性标准的规定。

2 术语、符号

2.1 术语

2.1.1 普通混凝土 ordinary concrete

干密度为 2 000～2 800 kg/m³ 的水泥混凝土。

2.1.2 干硬性混凝土 stiff concrete

混凝土拌和物的坍落度小于 10 mm 且须用维勃稠度（s）表示其稠度的混凝土。

2.1.3 塑性混凝土 plastic concrete

混凝土拌和物坍落度为 10～90 mm 的混凝土。

2.1.4 流动性混凝土 pasty concrete

混凝土拌和物坍落度为 100～150 mm 的混凝土。

2.1.5 大流动性混凝土 flowing concrete

混凝土拌和物坍落度等于或大于 160 mm 的混凝土。

2.1.6 抗渗混凝土 impermeable concrete

抗渗等级等于或大于 P6 级的混凝土。

2.1.7 抗冻混凝土 frost-resistant concrete

抗冻等级等于或大于 F50 级的混凝土。

2.1.8 高强混凝土 high-strength concrete

强度等级为 C60 及其以上的混凝土。

2.1.9 泵送混凝土 pumped concrete

混凝土拌和物的坍落度不低于 100 mm 并用泵送施工的混凝土。

2.1.10 大体积混凝土 mass concrete

混凝土结构物实体最小尺寸等于或大小 1 m，或预计会因水泥水化热引起混凝土内外温差过大而导致裂缝的混凝土。

2.2 符号

$f_{cu,0}$—混凝土配制强度（MPa）；

$f_{cu,k}$—混凝土立方体抗压强度标准值（MPa）；

f_{ce}—水泥 28 d 抗压强度实测值（MPa）；

$f_{ce,g}$——水泥强度等级值（MPa）；

m_{wa}——掺外加剂时每立方米混凝土中的用水量（kg）；

m_{c0}——基准配合比混凝土每立方米的水泥用量（kg）；

m_{g0}——基准配合比混凝土每立方米的粗集料用量（kg）；

m_{s0}——基准配合比混凝土每立方米的细集料用量（kg）；

m_{w0}——基准配合比混凝土每立方米的用水量（kg）；

m_c——每立方米混凝土的水泥用量（kg）；

m_g——每立方米混凝土的粗集料用量（kg）；

m_s——每立方米混凝土的细集料用量（kg）；

m_w——每立方米混凝土的用水量（kg）；

m_{cp}——每立方米混凝土拌和物的假定质量（kg）；

γ_c——水泥强度等级值的富余系数；

β——外加剂的减水率（%）；

β_s——砂率（%）；

ρ_c——水泥密度（kg/m³）；

ρ_g——粗集料的表观密度（kg/m³）；

ρ_s——细集料的表观密度（kg/m³）；

ρ_w——水的密度（kg/m³）；

α——混凝土的含气量百分数；

$\rho_{c,t}$——混凝土表观密度实测值（kg/m³）；

$\rho_{c,c}$——混凝土表观密度计算值（kg/m³）；

δ——混凝土配合比校正系数。

3 混凝土配制强度的确定

3.0.1 混凝土配制强度应按下式计算：

$$f_{cu,0} \geqslant f_{cu,k} + 1.645\sigma$$

式中 $f_{cu,0}$——混凝土配制强度，MPa；

$f_{cu,k}$——混凝土立方体抗压强度标准值，MPa；

σ——混凝土强度标准差，MPa。

3.0.2 遇有下列情况时应提高混凝土配制强度：

（1）现场条件与试验室条件有显著差异时；

（2）C30级及其以上强度等级的混凝土，采用非统计方法评定时。

3.0.3 混凝土强度标准差宜根据同类混凝土统计资料计算确定，并应符合下列规定：

（1）计算时，强度试件组数不应少于25组；

（2）当混凝土强度等级为C20和C25，其强度标准差计算值小于2.5MPa时，计算配制强度用的标准差应取不小于2.5MPa；当混凝土强度等级等于或大于C30，其强度标准差计算值小于3.0MPa时，计算配制强度用的标准差应取不小于3.0MPa；

（3）当无统计资料计算混凝土强度标准差时，其值应按现行国家标准《混凝土结构工程施工及验收规范》（GB50204）的规定取用。

4 混凝土配合比设计中的基本参数

4.0.1 每立方米混凝土用水量的确定,应符合下列规定:
(1) 干硬性和塑性混凝土用水量的确定:
1) 水灰比在 0.40～0.80 范围时,根据粗集料的品种、粒径及施工要求的混凝土拌和物稠度,其用水量可按表 A-1、表 A-2 选取。

表 A-1 干硬性混凝土的用水量 (kg/m³)

拌和物稠度		卵石最大粒径 (mm)			碎石最大粒径 (mm)		
项目	指标	10	20	40	16	20	40
维勃稠度 (s)	16～20	175	160	145	180	170	155
	11～15	180	165	150	185	175	160
	5～10	185	170	155	190	180	165

表 A-2 塑性混凝土的用水量 (kg/m³)

拌和物稠度		卵石最大粒径 (mm)				碎石最大粒径 (mm)			
项目	指标	10	20	31.5	40	16	20	31.5	40
坍落度 (mm)	10～30	190	170	160	150	200	185	175	165
	35～50	200	180	170	160	210	195	185	175
	55～70	210	190	180	170	220	205	195	185
	75～90	215	195	185	175	230	215	205	195

注:① 本表用水量系采用中砂时的平均取值。采用细砂时,每立方米混凝土用水量可增加 5～10 kg;采用粗砂时,则可减少 5～10 kg。
② 掺用各种外加剂或掺和料时,用水量应相应调整。

2) 水灰比小于 0.40 的混凝土以及采用特殊成型工艺的混凝土用水量应通过试验确定。
(2) 流动性和大流动性混凝土的用水量宜按下列步骤计算:
1) 以本规程表 A-2 中坍落度 90 mm 的用水量为基础,按坍落度每增大 20 mm 用水量增加 5 kg,计算出未掺外加剂时的混凝土的用水量;
2) 掺外加剂时的混凝土用水量可按下式计算:
$$m_{wa} = m_{wo}(1-\beta)$$
式中 m_{wa}——掺外加剂混凝土每立方米混凝土的用水量,kg;
m_{wo}——未掺外加剂混凝土每立方米混凝土的用水量,kg;
β——外加剂的减水率,%。
3) 外加剂的减水率应经试验确定。
4.0.2 当无历史资料可参考时,混凝土砂率的确定应符合下列规定:
(1) 坍落度为 10～60 mm 混凝土砂率,可根据粗集料品种、粒径及水灰比按表 A-3 选取。

表 A-3 混凝土的砂率（%）

水灰比（W/C）	卵石最大粒径（mm）			碎石最大粒径（mm）		
	10	20	40	16	20	40
0.40	26～32	25～31	24～30	30～35	29～34	27～32
0.50	30～35	29～34	28～33	33～38	32～37	30～35
0.60	33～38	32～37	31～36	36～41	35～40	33～38
0.70	36～41	35～40	34～39	39～44	38～43	36～41

注：① 本表数值系中砂的选用砂率，对细砂或粗砂，可相应地减少或增大砂率；
② 只用一个单粒级粗集料配制混凝土时，砂率应适当增大；
③ 对薄壁构件，砂率取偏大值；
④ 本表中的砂率系指砂与集料总量的重量比。

（2）坍落度大于 60 mm 的混凝土砂率，可经试验确定，也可在表 4.0.2 的基础上，按坍落度每增大 20 mm，砂率增大 1‰的幅度予以调整。

（3）坍落度小于 10 mm 的混凝土，其砂率应经试验确定。

4.0.3 外加剂和掺和料的掺量应通过试验确定，并应符合国家现行标准《混凝土外加剂应用技术规范》（GBJ119）、《粉煤灰在混凝土和砂浆中应用技术规程》（JGJ28）、《粉煤灰混凝土应用技术规程》（GBJ146）、《用于水泥与混凝土中粒化高炉矿渣粉》（GB/T18046）等的规定。

4.0.4 当进行混凝配合比设计时，混凝土的最大水灰比和最小水泥用量，应符合表 A-4 中的规定。

表 A-4 混凝土的最大水灰比和最小水泥用量

环境条件		结构物类别	最大水灰比			最小水泥用量（kg）		
			素混凝土	钢筋混凝土	预应力混凝土	素混凝土	钢筋混凝土	预应力混凝土
1. 干燥环境		正常的居住或办公用房屋内部件	不作规定	0.65	0.60	200	260	300
2. 潮湿环境	无冻害	高湿度的室内部件，室外部件，在非侵蚀性土和（或）水中的部件	0.70	0.60	0.60	225	280	300
	有冻害	经受冻害的室外部件，在非侵蚀性土和（或）水中且经受冻害的部件，高湿度且经受冻害的室内部件	0.55	0.55	0.55	250	280	300
3. 有冻害和除冰剂的潮湿环境		经受冻害和除冰剂作用的室内和室外部件	0.50	0.50	0.50	300	300	300

4.0.5 长期处于潮湿和严寒环境中的混凝土，应掺用引气剂或引气减水剂。引气剂的掺入量应根据混凝土的含气量并经试验确定，混凝土的最小含气量应符合表A-5的规定；混凝土的含气量亦不宜超过7%。混凝土中的粗集料和细集料应做坚固性试验。

表 A-5 长期处于潮湿和严寒环境中混凝土的最小含气量

粗集料最大粒径（mm）	最小含气量（%）
40	4.5
25	5.0
20	5.5

注：含气量的百分比为体积比。

5 混凝土配合比的计算

5.0.1 进行混凝土配合比计算时，其计算公式和有关参数表格中的数值均系以干燥状态集料为基准。当以饱和面干集料为基准进行计算时，则应做相应的修正。

注：干燥状态集料系指含水率小于0.5%的细集料或含水率小于0.2%的粗集料。

5.0.2 混凝土配合比应按下列步骤进行计算：

(1) 计算配制强度 $f_{cu,0}$ 并求出相应的水灰比；

(2) 选取每立方米混凝土的用水量，并计算出每立方米混凝土的水泥用量；

(3) 选取砂率，计算粗集料和细集料的用量，并提出供试配用的计算配合比。

5.0.3 混凝土强度等级小于C60级时，混凝土水灰比宜按下式计算：

$$W/C = \frac{\alpha_a \cdot f_{ce}}{f_{cu,0} + \alpha_a \cdot \alpha_b \cdot f_{ce}}$$

式中 α_a、α_b——回归系数；

f_{ce}——水泥28d抗压强度实测值，MPa。

1 当无水泥28d抗压强度实测值时，公式A-3中的 f_{ce} 值可按下式确定：

$$f_{ce} = \gamma_c \cdot f_{ce,g}$$

式中 γ_c——水泥强度等级值的富余系数，可按实际统计资料确定；

$f_{ce,g}$——水泥强度等级值，MPa。

2 f_{ce} 值也可根据3d强度或快测强度推定28d强度关系式推定得出。

5.0.4 回归系数 α_a 和 α_b 宜按下列规定确定：

(1) 回归系数 α_a 和 α_b 应根据工程所使用的水泥、集料、通过试验由建立的水灰比与混凝土强度关系式确定；

(2) 当不具备上述试验统计资料时，其回归系数可按表A-6采用。

表 A-6 回归系数 α_a、α_b 选用表

石子品种 系数	碎石	卵石
α_a	0.46	0.48
α_b	0.07	0.33

5.0.5 每立方米混凝土的用水量（m_{w0}）可按本规程第4.0.1条的规定确定。

5.0.6 每立方米混凝土的水泥用量（m_{co}）可按下式计算：

$$m_{co} = \frac{M_{wo}}{W/C}$$

5.0.7 混凝土的砂率可按本规程第4.0.2条的规定选取。

5.0.8 粗集料和细集料用量的确定，应符合下列规定：

（1）当采用重量法时，应按下列公式计算：

$$m_{co} + m_{go} + m_{so} + m_{wo} = m_{cp}$$

$$\beta_s = \frac{m_{so}}{m_{go} + m_{so}} \times 100\%$$

式中 m_{co}——每方立米混凝土的水泥用量，kg；
　　m_{go}——每立方米混凝土的粗集料用量，kg；
　　m_{so}——每立方米混凝土的细集料用量，kg；
　　m_{wo}——每立方米混凝土的用水量，kg；
　　β_s——砂率，%；
　　m_{cp}——每立方米混凝土拌和物的假定质量（kg），其值可取2 350~2 450 kg。

（2）当采用体积法时，应按下列公式计算：

$$\frac{m_{co}}{\rho_c} + \frac{m_{go}}{\rho_g} + \frac{m_{so}}{\rho_s} + \frac{m_{wo}}{\rho_w} + 0.01\alpha = 1$$

$$\beta_s = \frac{m_{so}}{m_{go} + m_{so}} \times 100\%$$

式中 ρ_c——水泥密度，kg/m³，可取2 900~3 100 kg/m³；
　　ρ_g——粗集料的表观密度，kg/m³；
　　ρ_s——细集料的表观密度，kg/m³；
　　ρ_w——水的密度。kg/m³，可取1 000 kg/m³；
　　α——混凝土的含气量百分数，在不使用引气型外加剂时，α可取为1。

（3）粗集料和细集料的表观密度（ρ_g、ρ_s）应按现行行业标准《普通混凝土用碎石或卵石质量标准及检查方法》（JGJ53）和《普通混凝土用砂质量标准及检验方法》（JGJ52）规定的方法测定。

6 混凝土配合比的试配、调整与确定

6.1 试配

6.1.1 进行混凝土配合比试配时应采用工程中实际使用的原材料。混凝土的搅拌方法，宜与生产时使用的方法相同。

6.1.2 混凝土配合比试配时，每盘混凝土的最小搅拌量应符合表A-7的规定；当采用机械搅拌时，其搅拌量不应小于搅拌机额定搅拌量的1/4。

表A-7 混凝土试配的最小搅拌量

集料最大粒径（mm）	拌和物数量（L）
31.5及以下	15
40	25

6.1.3 按计算的配合比进行试配时，首行应进行试拌，以检查拌和物的性能。当试拌得出的拌和物坍落度或维勃稠度不能满足要求，或粘聚性和保水性不好时，应在保证水灰比不变的条件下相应调整用水量或砂率，直到符合要求为止。然后提出供混凝土强度试验用的基准配合比。

6.1.4 混凝土强度试验时至少应采用三个不同的配合比。当采用三个不同的配合比时，其中一个应为本规程第 6.1.3 条确定的基准配合比，另外两个配合比的水灰比，宜较基准配合比分别增加和减少 0.05；用水量应与基准配合比相同，砂率可分别增加和减少 1%。

当不同水灰比的混凝土拌和物坍落度与要求值的差超过允许偏差时，可通过增、减用水量进行调整。

6.1.5 制作混凝土强度试验试件时，应检验混凝土拌和物的坍落度或维勃稠度、粘聚性、保水性及拌和物的表观密度，并以此结果作为代表相应配合比的混凝土拌和物的性能。

6.1.6 进行混凝土强度试验时，每种配合比至少应制作一组（三块）试件，标准养护到 28 d 时试压。

需要时可同时制作几组试件，供快速检验或较早龄期试压，以便提前定出混凝土配合比供施工使用。但应以标准养护 28 d 强度或按现行国家标准《粉煤灰混凝土应用技术规程》（GBJ146）、现行行业标准《粉煤灰在混凝土和砂浆中应用技术规程》（JGJ28）等规定的龄期强度的检验结果为依据调整配合比。

6.2 配合比的调整与确定

6.2.1 根据试验得出的混凝土强度与其相对应的灰水比（C/W）关系，用作图法或计算法求出与混凝土配制强度（$f_{cu,0}$）相对应的灰水化，并应按下列原则确定每立方米混凝土的材料用量；

（1）用水量（m_w）应在基准配合比用水量的基础上，根据制作强度试件时测得的坍落度或维勃稠度进行调整确定；

（2）水泥用量（m_c）应以用水量乘以选定出来的灰水比计算确定；

（3）粗集料和细集料用量（m_g 和 m_s）应在基准配合比的粗集料和细集料用量的基础上，按选定的灰水比进行调整后确定。

6.2.2 经试配确定配合比后，尚应按下列步骤进行校正：

（1）应根据本规程第 6.2.1 条确定的材料用量按下式计算混凝土的表观密度计算值 $\rho c,c$：

$$\rho c,c = m_c + m_g + m_s + m_w$$

（2）应按下式计算混凝土配合比校正系数 δ：

$$\delta = \frac{\rho_{c,t}}{\rho_{c,c}}$$

式中　$\rho_{c,t}$——混凝土表观密度实测值，kg/m³；

　　　$\rho_{c,c}$——混凝土表观密度计算值，kg/m³。

（3）当混凝土表观密度实测值与计算值之差的绝对值不超过计算值 2% 时，按本规程第 6.2.1 条确定的配合比即为确定的设计配合比；当二者之差超过 2% 时，应将配合比中每项材料用量均乘以校正系数 δ，即为确定的设计配合比。

6.2.3 根据本单位常用的材料，可设计出常用的混凝土配合比备用；在使用过程中，应根据原材料情况及混凝土质量检验的结果予以调整。但遇有下列情况之一时，应重新进行配合比设计：

(1) 对混凝土性能指标有特殊要求时；

(2) 水泥、外加剂或矿物掺合料品种、质量有显著变化时；

(3) 该配合比的混凝土生产间断半年以上时。

附录B：《砌筑砂浆配合比设计规程》JGJ98—2000

1 总则

1.0.1 为统一砌筑砂浆的技术条件和配合比设计方法，做到经济合理，确保砌筑砂浆质量，制定本规程。

1.0.2 本规程适用于工业与民用建筑及一般构筑物中所采用的砌筑砂浆的配合比设计。

1.0.3 砂浆配合比设计，应根据原材料的性能和砂浆的技术要求及施工水平进行计算并经试配后确定。

1.0.4 按本规程进行配合比设计时，除遵守本规程的规定外，尚应符合国家现行有关强制性标准的规定。

2 术语、符号

2.1 术语

2.1.1 砂浆 mortar

由胶结料、细集料、掺加料和水配制而成的建筑工程材料，在建筑工程中起粘结、衬垫和传递应力的作用。

2.1.2 砌筑砂浆 masonry mortar

将砖、石、砌块等粘结成为砌体的砂浆。

2.1.3 水泥砂浆 cement mortar

由水泥、细集料和水配制成的砂浆。

2.1.4 水泥混合砂浆 composite mortar

由水泥、细集料、掺加料和水配制成的砂浆。

2.1.5 掺加料 materials mixed in mortar

为改善砂浆和易性而加入的无机材料，例如：石灰膏、电石膏、粉煤灰、黏土膏等。

2.1.6 电石膏 calcium carbide sludge

电石消解后，经过滤后的产物。

2.1.7 外加剂 admixtures

在拌制砂浆过程中掺入，用以改善砂浆性能的物质。

2.2 符号

f_2——砂浆抗压强度平均值。

$f_{m,0}$——砂浆的试配强度。

σ——砂浆现场强度标准差。

$f_{ce,k}$——水泥强度等级对应的强度值。

f_{ce}——水泥的实测强度。

3 材料要求

3.0.1 砌筑砂浆用水泥的强度等级应根据设计要求进行选择。水泥砂浆采用的水泥，其强度等级不宜大于32.5级；水泥混合砂浆采用的水泥，其强度等级不宜大于42.5级。

3.0.2 砌筑砂浆用砂宜选用中砂，其中毛石砌体宜选用粗砂。砂的含泥量不应超过5%。

强度等级为 M2.5 的水泥混合砂浆，砂的含泥量不应超过 10%。

3.0.3 掺加料应符合下列规定：

（1）生石灰熟化成石灰膏时，应用孔径不大于 3 mm×3 mm 的网过滤，熟化时间不得少于 7 d；磨细生石灰粉的熟化时间不得小于 2 d。沉淀池中贮存的石灰膏，应采取防止干燥、冻结和污染的措施。严禁使用脱水硬化的石灰膏。

（2）采用黏土或亚黏土制备黏土膏时，宜用搅拌机加水搅拌，通过孔径不大于 3 mm×3 mm 的网过筛。用比色法鉴定黏土中的有机物含量时应浅于标准色。

（3）制作电石膏的电石渣应用孔径不大于 3 mm×3 mm 的网过滤，检验时应加热至 70 ℃并保持 20 min，没有乙炔气味后，方可使用。

（4）消石灰粉不得直接用于砌筑砂浆中。

3.0.4 石灰膏、黏土膏和电石膏试配时的稠度，应为 120±5 mm。

3.0.5 粉煤灰的品质指标和磨细生石灰的品质指标应符合国家标准《用于水泥和混凝土中的粉煤灰》(GB1596—91) 及行业标准《建筑生石灰粉》(JG/T480—92) 的要求。

3.0.6 配制砂浆用水应符合现行行业标准《混凝土拌和用水标准》JGJ63 的规定。

3.0.7 砌筑砂浆中掺入的砂浆外加剂，应具有法定检测机构出具的该产品砌体强度型式检验报告，并经砂浆性能试验合格后，方可使用。

4 技术条件

4.0.1 砌筑砂浆的强度等级宜采用 M20，M15，M10，M7.5，M5，M2.5。

4.0.2 水泥砂浆拌和物的密度不宜小于 1 900 kg/m³；水泥混合砂浆拌和物的密度不宜小于 1 800 kg/m³。

4.0.3 砌筑砂浆稠度、分层度、试配抗压强度必须同时符合要求。

4.0.4 砌筑砂浆的稠度应按表 B-1 的规定选用。

表 B-1 砌筑砂浆的稠度

砌 体 种 类	砂浆稠度（mm）
烧结普通砖砌体	70~90
轻集料混凝土小型空心砌块砌体	60~90
烧结多孔砖，空心砖砌体	60~80
烧结普通砖平拱式过梁 空斗墙，筒拱 普通混凝土小型空心砌块砌体 加气混凝土砌块砌体	50~70
石砌体	30~50

4.0.5 砌筑砂浆的分层度不得大于 30 mm。

4.0.6 水泥砂浆中水泥用量不应小于 200 kg/m³；水泥混合砂浆中水泥和掺加料总量宜为 300~350 kg/m³。

4.0.7 具有冻融循环次数要求的砌筑砂浆，经冻融试验后，质量损失率不得大于 5%，抗压强度损失率不得大于 25%。

4.0.8 砂浆试配时应采用机械搅拌。搅拌时间，应自投料结束算起，并应符合下列规定：

（1）对水泥砂浆和水泥混合砂浆，不得小于 120 s；

（2）对掺用粉煤灰和外加剂的砂浆，不得小于 180 s。

5 砌筑砂浆配合比计算与确定

5.1 水泥混合砂浆配合比计算

5.1.1 砂浆配合比的确定，应按下列步骤进行：

（1）计算砂浆试配强度 $f_{m,0}$（MPa）；

（2）按本规程公式（5.1.4-1）计算出每立方米砂浆中的水泥用量 Q_c（kg）；

（3）按水泥用量 Q_c 计算每立方米砂浆掺加料用量 Q_D（kg）；

（4）确定每立方米砂浆砂用量 Q_S（kg）；

（5）按砂浆稠度选用每立方米砂浆用水量 Q_W（kg）；

（6）进行砂浆试配；

（7）配合比确定。

5.1.2 砂浆的试配强度应按下式计算：

$$f_{m,0} = f_2 + 0.645\sigma$$

式中 $f_{m,0}$——砂浆的试配强度，精确至 0.1 MPa；

f_2——砂浆抗压强度平均值，精确至 0.1 MPa；

σ——砂浆现场强度标准差，精确至 0.1 MPa。

5.1.3 砌筑砂浆现场强度标准差的确定应符合下列规定：

（1）当有统计资料时，应按下式计算：

$$\sigma = \sqrt{\frac{\sum_{i=1}^{n} f_{m,i}^2 - n\mu_{f_m}^2}{n-1}}$$

式中 $f_{m,i}$——统计周期内同一品种砂浆第 i 组试件的强度，MPa；

μ_{f_m}——统计周期内同一品种砂浆 n 组试件强度的平均值，MPa；

n——统计周期内同一品种砂浆试件的总组数，$n \geq 25$。

（2）当不具有近期统计资料时，砂浆现场强度标准差 σ 可按表 B-2 取用。

表 B-2 砂浆强度标准差 σ 选用值（MPa）

施工水平 \ 砂浆强度等级	M2.5	M5	7.5	M10	M15	M20
优 良	0.50	1.00	1.50	2.00	3.00	4.00
一 般	0.62	1.25	1.88	2.50	3.75	5.00
较 差	0.75	1.50	2.25	3.00	4.50	6.00

5.1.4 水泥用量的计算应符合下列规定：

（1）每立方米砂浆中的水泥用量，应按下式计算：

$$Q_c = \frac{1\,000(f_{m,0} - \beta)}{\alpha \cdot f_{ce}}$$

式中 Q_c——每立方米砂浆的水泥用量，精确至 1 kg；

$f_{m,0}$——砂浆的试配强度，精确至 0.1 MPa；

f_{ce}——水泥的实测强度，精确至 0.1 MPa；

α、β——砂浆的特征系数，其中 α=3.03，β=-15.90。

注：各地区也可用本地区试验资料确定 α、β 值，统计用的试验组数不得少于 30 组。

(2) 在无法取得水泥的实测强度值时，可按下列计算 f_{ce}：

$$f_{ce} = \gamma_c \cdot f_{ce,k}$$

式中 $f_{ce,k}$——水泥强度等级对应的强度值；

γ_c——水泥强度等级值的富余系数，该值应按实际统计资料确定。无统计资料时 γ_c 可取 1.0。

5.1.5 水泥混合砂浆的掺加料用量应按下式计算：

$$Q_D = Q_A - Q_C$$

式中 Q_D——每立方米砂浆的掺加料用量，精确至 1 kg；石灰膏、黏土膏使用时的稠度为 120±5 mm；

Q_C——每立方米砂浆的水泥用量，精确至 1 kg；

Q_A——每立方米砂浆中水泥和掺加料的总量，精确至 1 kg；宜在 300～350 kg 之间。

5.1.6 每立方米砂浆中的砂子用量，应按干燥状态（含水率小于 0.5%）的堆积密度值作为计算值（kg）。

5.1.7 每立方米砂浆中的用水量，根据砂浆稠度等要求可选用 240～310 kg。

注：1. 混合砂浆中的用水量，不包括石灰膏或黏土膏中的水；
2. 当采用细砂或粗砂时，用水量分别取上限或下限；
3. 稠度小于 70 mm 时，用水量可小于下限；
4. 施工现场气候炎热或干燥季节，可酌量增加用水量。

5.2 水泥砂浆配合比选用

5.2.1 水泥砂浆材料用量可按表 B-3 选用。

表 B-3 每立方米水泥砂浆材料用量

强度等级	每立方米砂浆水泥用量（kg）	每立方米砂子用量（kg）	每立方米砂浆用水量（kg）
M2.5～M5	200～230	1 m³ 砂子的堆积密度值	270～330
M7.5～M10	220～280		
M15	280～340		
M20	340～400		

注：① 此表水泥强度等级为 32.5 级，大于 32.5 级水泥用量宜取下限；
② 根据施工水平合理选择水泥用量；
③ 当采用细砂或粗砂时，用水量分别取上限或下限；
④ 稠度小于 70 mm 时，用水量可小于下限；
⑤ 施工现场气候炎热或干燥季节，可酌量增加用水量；
⑥ 试配强度应按本规程 5.1.2 条计算。

5.3 配合比试配、调整与确定

5.3.1 试配时应采用工程中实际使用的材料；搅拌要求应符合本规程 4.0.8 条的规定。

5.3.2 按计算或查表所得配合比进行试拌时，应测定其拌合物的稠度和分层度，当不能满足要求时，应调整材料用量，直到符合要求为止。然后确定为试配时的砂浆基准配合比。

5.3.3 试配时至少应采用三个不同的配合比，其中一个为按本规程5.3.2条的规定得出的基准配合比，其他配合比的水泥用量应按基准配合比分别增加及减小10%。在保证稠度、分层度合格的条件下，可将用水量或掺加料用量作相应调整。

5.3.4 对三个不同的配合比进行调整后，应按现行行业标准《建筑砂浆基本性能试验方法》JGJ70的规定成型试件，测定砂浆强度；并选定符合试配强度要求的且水泥用量最低的配合比作为砂浆配合比。

第十一章 防水混凝土用外加剂

在防水混凝土和防水砂浆中常用的外加剂种类很多，主要有提高防水混凝土和防水砂浆抗渗性能的水泥基渗透结晶型防水材料、防水剂、膨胀剂、减水剂等。

第一节 渗透结晶型防水材料

水泥基渗透结晶型防水材料与水作用后，材料中含有的活性化学物质通过载体向混凝土内部渗透，在混凝土中形成不溶于水的结晶体，堵塞毛细孔道，从而使混凝土致密、防水。分为水泥基渗透结晶型防水涂料和水泥基渗透结晶型防水剂。

水泥基渗透结晶型防水涂料是一种粉状材料，经与水拌和可调配成刷涂或喷涂在水泥混凝土表面的浆料；亦可将其干粉撒覆并压入未完全凝固的水泥混凝土表面。

水泥基渗透结晶型防水剂是一种掺入到混凝土内部的粉状材料。

水泥基渗透结晶型防水材料喷涂于混凝土表面可渗入内部数厘米，与水泥内部的碱类物质形成不溶于水的胶凝体，堵塞孔隙和毛细通道，形成致密的永久防水层，还能增加混凝土硬度，防止建筑物表面风化和破裂，从而延长建筑物的使用寿命。

一、分类

按照使用方法，水泥基渗透结晶型防水材料可分为：
水泥基渗透结晶型防水涂料（C）与水泥基渗透结晶型防水剂（A）。
按物理力学性能，水泥基渗透结晶型防水涂料又可分为Ⅰ型和Ⅱ型两种类型。
水泥基渗透结晶型防水材料按照产品名称、类型、型号、标准号顺序进行标记，例如：
Ⅰ型水泥基渗透结晶型防水涂料标记为：
CCCWC 1　GB 18445—2001

二、技术要求

水泥基渗透结晶型防水材料的匀质性指标应符合表11-1中规定。

表11-1 匀质性指标

试验项目	指标
含水量	应在生产厂控制值相对量的5%之内
总碱量（$Na_2O + 0.65K_2O$）	
氯离子含量	

第一节 渗透结晶型防水材料

续表

试 验 项 目	指 标
细度（0.315mm 筛）	应在生产厂控制值相对量的 10%之内

注：生产厂控制值应在产品说明书中告知用户。

水泥基渗透结晶型防水涂料的物理力学性能列于表 11-2。

表 11-2 受检涂料的物理力学性能

试 验 项 目			性能指标 I	性能指标 II
安定性			合格	
凝结时间	初凝时间（min）	≥	20	
	终凝时间（h）	≤	24	
抗折强度（MPa）	≥	7 d	2.80	
		28 d	3.50	
抗压强度（MPa）	≥	7 d	12.0	
		28 d	18.0	
湿基面粘结强度（MPa）		≥	1.0	
抗渗压力（28 d）（MPa）		≥	0.8	1.2
第二次抗渗压力（56 d）（MPa）		≥	0.6	0.8
渗透压力比（28 d）（%）		≥	200	300

水泥基渗透结晶型防水剂的物理力学性能应符合表 11-3 中规定要求。

表 11-3 掺防水剂混凝土的物理力学性能

试 验 项 目			性 能 指 标
减水率（%）		≥	10
泌水率比（%）		≤	70
抗压强度比	7 d（%）	≥	120
	28 d（%）	≥	120
含气量（%）		≤	4.0
凝结时间差	初凝（min）	>	−90
	终凝（min）		—

续表

试验项目		性能指标
收缩率比（28 d）（%）	≤	125
渗透压力比（28 d）（%）	≥	200
第二次抗渗压力（56 d）（MPa）	≥	0.6
对钢筋的锈蚀作用		对钢筋无锈蚀危害

三、检验规则

水泥基渗透结晶型防水材料是以同一类型、型号的 50 t 为一批量，不足 50 t 的亦可按一批量计，一个批量为一个编号。

取样方法：

可以在产品包装时，按一定的时间间隔，分 10 次随机取样；也可在包装后 10 个不同的部位随机取样。水泥基渗透结晶型防水涂料每次取样 10 kg；水泥基渗透结晶型防水剂每次取样不小于 0.2 t 水泥所需外加剂量。取样后应充分拌和均匀，一分为二，一份按标准进行试验；另一份密封保存一年，以备复验或仲裁用。

检验分为出厂检验和型式检验。出厂检验：

CCCW C：检验表 12 - 2 及表 12 - 3 中抗渗压力。

CCCW A：检验表 12 - 2 及表 12 - 3 中渗透压比。

型式检验包括技术要求中所有项目。

四、匀质性试验

水泥渗透结晶型防水材料匀质性检验项目有含水量、总碱量、氯离子含量和细度。

（一）含水量

【仪器与设备】

分析天平：称量 200 g，分度值 0.1 mg。

鼓风电热恒温干燥箱：0～200 ℃。

带盖称量瓶：25 mm×65 mm。

干燥器：内装变色硅胶。

【试验步骤】

将洁净带盖的称量瓶放入烘箱内，于 100～105 ℃烘 30 min，取出置于干燥器内，冷却 30 min 后称量，重复上述步骤直至恒重，其质量为 m_0。

将被测试样装入已恒重的称量瓶内，盖上盖称出试样及称量瓶的总质量为 m_1。试样称量：

固体产品：1000～2000 g；

液体产品：3000～5000 g；

将盛有试样的称量瓶放入烘箱内，开启瓶盖，升温至 100～105 ℃烘干，盖上盖置于干燥器内冷却 30 min 后称量，重复上述步骤直至恒重，其质量为 m_2。

结果计算：

含水量按下式计算：

$$W = \frac{m_1 - m_2}{m_1 - m_0} \times 100$$

式中 W——含水量，%；

m_0——称量瓶的质量，g；

m_1——称量瓶加试样的质量，g；

m_2——称量瓶加烘干后试样的质量，g。

含水量试验结果取 3 个试样测定数据的平均值，并精确到 0.1 mg。

(二) 碱总量

【试剂与仪器】

水：蒸馏水或同等纯度的水。

试剂：均为分析纯化学试剂。

氧化钾、氧化钠标准溶液：精确称取已在 130～150 ℃烘过 2 h 的氧化钾（光谱纯）0.7920 g，及氧化钠（光谱纯）0.9430 g，置于烧杯中加水溶解后，移入 1000 mL 容量瓶中，用水稀释至标线、摇匀，转移至干燥的带盖的塑料瓶中。此标准溶液每毫升相当于氧化钾及氧化钠 0.5 mg。

盐酸　　(1+1)。

氨水　　(1+1)。

碳酸铵溶液 (10%)：将 10 g 碳酸铵 [$(NH_4)_2CO_3$] 溶于 100 mL 水中。

甲基红指示剂 (0.2%)：将 0.2 g 甲基红溶于 100 mL 95%乙醇中。

火焰光度计。

【工作曲线的绘制】

分别向 100 mL 容量瓶中注入 0.00 mL、1.00 mL、2.00 mL、4.00 mL、8.00 mL、12.00 mL 的氧化钾、氧化钠标准溶液（分别相当于氧化钾、氧化钠各 0.00 mg、0.50 mg、1.00 mg、2.00 mg、4.00 mg、6.00 mg），用水稀释至标线、摇匀，然后分别于火焰光度计上按仪器使用规程进行测定，根据测得的检流计读数与溶液的浓度关系，分别绘制氧化钾、氧化钠的工作曲线。

【分析步骤】

准确称取一定量的试样置于 150 mL 的瓷蒸发皿中，用 80 ℃左右的热水润湿并稀释至 30 mL，置于电热板上加热蒸发，保持微沸 5 min 后取下，冷却；加 1 滴甲基红指示剂，滴加氨水 (1+1)，使溶液呈黄色；加入 10 mL 碳酸铵溶液，搅拌，置于电热板上加热并保持微沸 10 min，用中速滤纸过滤，以热水洗涤，滤液及洗液盛于容量瓶中，冷却至室温，以盐酸 (1+1) 中和至溶液呈红色，然后用水稀释至标线，摇匀，以火焰光度计按仪器使用规程进行测定，称样量及稀释倍数见表 11-4。

表 11-4 称样量及稀释倍数

总碱量 (%)	称样量 (g)	稀释体积 (mL)	稀释倍数 (n)
1.0	0.2	100	1
1.0～5.0	0.1	250	2.5
5.0～10.0	0.05	250 或 500	2.5 或 5.0

续表

总碱量（%）	称样量（g）	稀释体积（mL）	稀释倍数（n）
10.0	0.05	500 或 1 000	5.0 或 10.0

氧化钾百分含量及氧化钠百分含量可分别用下式计算：

$$x_1 = \frac{c_1 \times n}{G \times 1\,000} \times 100$$

$$x_2 = \frac{c_2 \times n}{G \times 1\,000} \times 100$$

式中　x_1——氧化钾百分含量，%；
　　　x_2——氧化钠百分含量，%；
　　　c_1——在工作曲线上查得每 100 mL 被测溶液中氧化钾含量，mg；
　　　c_2——在工作曲线上查得每 100 mL 被测溶液中氧化钠含量，mg；
　　　G——试样质量，g；
　　　n——被测溶液的稀释倍数。

总碱量按下式计算：

$$x = 0.658 \times (x_1 + x_2)$$

式中　x——总碱量，%；
　　　x_1——氧化钾含量，%；
　　　x_2——氧化钠含量，%。

分析结果的允许误差范围列于表 11-5。

表 11-5　分析结果的允许误差范围

总碱量（%）	室内允许误差（%）	室间允许误差（%）
1.0	0.10	0.15
1.0～5.0	0.20	0.30
5.0～10.0	0.30	0.50
大于 10.0	0.50	0.80

（三）氯离子含量

【仪器与设备】

电位测定仪或酸度计，银电极，甘汞电极，电磁搅拌器，滴定管（25 mL），移液管（10 mL）。

【试剂】

称取约 10 g 分析纯氯化钠，盛在称量瓶中于 130～150 ℃烘干 2 h，在干燥器内冷却后精确称取 5.8443 g，用蒸馏水溶解并稀释到 1 L，摇匀。

0.1 N 硝酸银溶液：称取 17 g 分析纯固体 $AgNO_3$，用蒸馏水溶解，放入 1 L 棕色容量瓶中稀释至刻度，摇匀，用 0.1000 N 氯化钠溶液对硝酸银溶液进行标定。

标定 0.1 N 硝酸银溶液。

用移液管吸取 10 mL 0.1000 N 的氯化钠标准溶液于烧杯中，加蒸馏水稀释至 200 mL，加 4 mL 1∶1 硝酸，在电磁搅拌下，用硝酸银溶液以电位滴定法测定终点，过等当点后，在同一溶液中再加入 0.1000 N 氯化钠标准溶液 10 mL，继续用硝酸银溶液滴定至第二个终点，用二次微商法计算出硝酸银消耗的体积 V_{01}，V_{02}。

V_0 为 10 mL 0.1000 N 氯化钠消耗硝酸银的体积，按下式计算：

$$V_0 = V_{02} - V_{01}$$

硝酸银溶液的当量浓度按下式计算：

$$N = \frac{N'V'}{V_0}$$

式中　　N——硝酸银溶液的当量浓度，N；

　　　　N'——氯化钠标准溶液当量浓度，N；

　　　　V'——氯化钠标准溶液体积，mL；

　　　　V_0——消耗硝酸银溶液的体积，mL。

硝酸：分析纯（1∶1）。

饱和硝酸铵溶液：分析纯。

氯化钾：分析纯。

【试验步骤】

准确称取水泥基渗透结晶型防水材料试样 0.5000～5.000 g，放入烧杯中，加 200 mL 蒸馏水和 4 mL（1∶1）硝酸。使溶液呈酸性，搅拌至完全溶解，如不能完全溶解，可用快速定性滤纸过滤，并用蒸馏水洗涤至无氯离子为止。

用移液管加 10 mL 0.1000 N 的氯化钠标准溶液，烧杯内加入电磁搅拌子，将烧杯放在电磁搅拌机上，开动搅拌，插入银电极及甘汞电极或酸度计相连接，用 0.1 N 硝酸银溶液缓慢滴定，记录电势和对应的滴定管读数。

由于接近等当点时，电势增加很快，此时要缓慢加入硝酸银溶液，每次定量加入 0.1 mL，当电势发生突变，表示等当点已过，此时继续滴入硝酸银溶液，直至电势趋向变化平缓。得到第一个终点时硝酸银溶液消耗体积 V_1。

在同一溶液中，用移液管再加入 10 mL 0.1000 N 氯化钠标准溶液（此时溶液电势降低），继续用硝酸银溶液滴定，直至第二个等当点出现，记录电势和对应的 0.1 N 硝酸银溶液消耗的毫升数 V_2。

空白试验　在干净的烧杯中加入 200 mL 蒸馏水和 4 mL（1∶1）硝酸。用移液管加入 10 mL 0.1000 N 氯化钠标准溶液，在不加入试样的情况下，在电磁搅拌下，缓慢滴加硝酸银溶液，记录电势和对应的滴定管读数，直至第一个终点出现。过等当点以后，在同一溶液中，再用移液管加入 0.1000 N 氯化钠标准溶液 10 mL，继续用 0.1 N 硝酸银溶液滴定至第二个终点，用二次微商法计算出硝酸银消耗的体积 V_{01} 及 V_{02}。

结果计算：

用二次微商法计算结果。通过电压对体积的二次导数（即 $\Delta^2 E/\Delta V^2$）变零的办法来求出滴定终点。假如在邻近等当点时，每次加入的硝酸银溶液是相等的，此函数（$\Delta^2 E/\Delta V^2$）必定会在正负两个符号发生变化的体积之间的某一点变成零，对应这一点的体积即为终点体积，可用内插法求得。

水泥基渗透结晶型防水材料中氯离子所消耗的硝酸银体积 V 按下式计算：

$$V = \frac{(V_1 - V_{01})(V_2 - V_{02})}{2}$$

水泥基渗透结晶型氯离子百分含量按下式计算：

$$\mathrm{Cl}^- = \frac{N \cdot V \cdot 35.45}{m \times 1000} \times 100$$

式中 Cl^-——水泥基渗透结晶型防水材料中氯离子的百分含量，%；

N——硝酸银溶液当量浓度，N；

V——水泥基渗透结晶型防水材料中氯离子所消耗硝酸银溶液体积，mL；

m——水泥基渗透结晶型防水材料样品质量，g；

V_{01}——空白试验中 200 mL 蒸馏水，加 4 mL (1:1) 硝酸，加 10 mL 0.1000 N 氯化钠标准溶液所消耗的 0.1 N 硝酸银溶液的体积，mL；

V_{02}——空白试验中 200 mL 蒸馏水，加 4 mL (1:1) 硝酸，加 20 mL 0.1000 N 氯化钠标准溶液所消耗的 0.1 N 硝酸银溶液体积，mL；

V_1——试样溶液加 10 mL 0.1000 N 氯化钠标准溶液所消耗的硝酸银溶液体积，mL；

V_2——试样溶液加 20 mL 0.1000 N 氯化钠标准溶液所消耗的硝酸银溶液体积，mL。

试样数不应少于 3 个，结果取平均值。

（四）细度

【仪器设备】

天平：最大称量不小于 1000 g，分度值不大于 1 g。

试验筛：采用孔径为 0.315 mm 的铜丝网筛布。筛框有效直径 150 mm，高 50 mm，并附有筛盖。

【试验步骤】

水泥基渗透结晶型防水材料试样应充分摇匀，并经 100～105 ℃烘干，称取烘干试样 10 g 倒入筛内，人工筛样，将近筛完时，必须一手执筛往复摇动，一手拍打，摇动速度每分钟约 120 次。其间筛子应向一定方向旋转数次，使试样分散在筛布上，直至每分钟通过不超过 0.05 g 时为止。称量筛余物，精确至 0.1 g。

结果计算：

细度按下式计算：

$$W = \frac{m_1}{m_0} \times 100$$

式中 W——细度，%；

m_1——筛余物质量，g；

m_0——试样质量，g。

五、受检涂料性能

受检水泥基渗透结晶型防水涂料性能的试验项目及所用数量列于表 11-6。

第一节 渗透结晶型防水材料

表 11-6 试验项目及试件数量

试验项目	试验类别	试验所需数量				
		混凝土（砂浆）拌和批数	涂层本体拌和批数	每批取样数目	涂层本体总取样数目	涂层混凝土总取样数目	基准混凝土总取样数目
安定性	涂层本体拌和物	—	1	1次	1次	—	—
凝结时间	涂层本体拌和物	—	1	1次	1次	—	—
抗折/抗压强度	涂层本体硬化物	—	2	3条	6条	—	—
粘结强度	涂层本体硬化物	1	1	6个	6个	—	—
抗渗性能	涂层混凝土硬化物	2	1	6块	—	6块	6块

（一）涂层本体拌和物性能

1. 安定性

【仪器设备】

水泥净浆搅拌机。

沸煮箱：有效容积为 410 mm×240 mm×310 mm，箱的内层由不易锈蚀的金属材料制成，能在 30 min 内将箱内的试验用水由室温升至沸腾状态并保持 3 h 以上，整个试验过程不需补充水量。

玻璃板：质量约 75~85 g，两块。

雷氏夹：由钢质材料制成，其结构如图 11-1 所示：

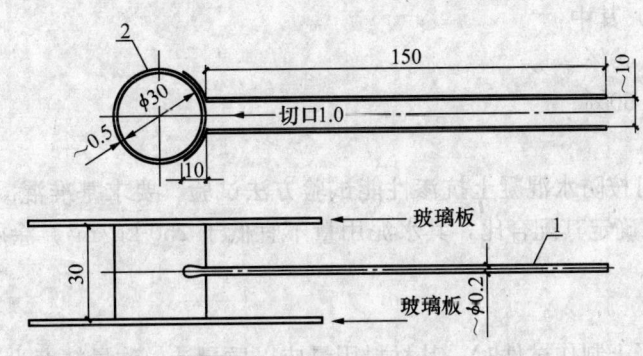

图 11-1 雷氏夹
1—指针； 2—环模

湿气养护箱：温度为 20±1 ℃，相对湿度不低于 90%。

【试验步骤】

每个试样需成型两个试件，玻璃板和雷氏夹内表面都要稍稍涂上一层隔离用的油。

搅拌锅和搅拌叶片先用湿布擦过，将拌和水倒入搅拌锅内，然后在 5~10 s 内小心将称好的水泥基渗透结晶型防水涂料加入水中，防止水和试料溅出。拌和时，先将锅放在搅拌机的锅座上，升至搅拌位置，启动搅拌机。低速搅拌 120 s，停 15 s，同时将叶片和锅壁上的水泥浆刮入锅中间，接着高速搅拌 120 s 停机。

将预先准备好的雷氏夹放在已擦油的玻璃板上，立即将制好的标准稠度净浆一次装满雷氏夹，装浆时一只手轻轻挟持着雷氏夹，另一只手用宽约 10 mm 的小刀插捣数次，然后抹平，盖上稍涂油的玻璃板，接着立即将试件移至湿气养护箱，养护 24 h。

一般搅拌水泥基渗透结晶型防水涂料 500 g，根据厂家提供用水量加水。

调整好煮沸箱内水位，移去玻璃板取下试件，先测量雷氏夹指针尖端间的距离（A），精确至 0.5 mm，接着将试件放入煮沸箱水中的试验架上，指针朝上，然后在 30±5 min 内加热至沸并恒沸 180±5 min。

结果判别：

煮沸结束后，立即放掉煮沸箱的热水，打开箱盖，待箱体冷却至室温，取出试件进行判别。测量雷氏夹指针间端的距离（C），准确至 0.5 mm，当两个试件煮后增加距离（$C-A$）平均值不大于 5.0 mm 时。即认为该水泥基渗透结晶型防水涂料合格。当两个试件的（$C-A$）值相差超过 4.0 mm 时，应用同一样品立即重做一次试验。再如此，则认为该水泥基渗透结晶型防水涂料不合格。

2. 凝结时间

水泥基渗透结晶型防水涂料的凝结时间测定方法与无机防水堵漏材料试验方法相同。只是养护条件略有区别。试件成型后移入标准养护室养护，1 d 后脱模，继续在标准条件（温度为 20±3 ℃，相对湿度大于 90%）下养护，但不能浸水。试验龄期为 7 d、28 d。

（二）受检混凝土性能

1. 混凝土拌和物

混凝土拌和物试验方法可按防水混凝土拌和物试验方法试验。所用水泥为 52.5 级普通硅酸盐水泥或硅酸盐水泥。砂子的粒径小于 5 mm，细度模数 2.6~2.9。粗集料：粒径为 5~20 mm（圆孔筛）其中：

5~10 mm　　　40%
10~20 mm　　　60%

2. 抗渗性能

抗渗性能试验可按防水混凝土抗渗性能试验方法试验。要求基准混凝土以 28 d 抗渗压力为 0.3~0.4 MPa 确定其配合比，其水泥用量不宜低于 250 kg/m³。涂层用量采用生产厂推荐的用量。

【试件制作】

试验室拌制混凝土制作试件时，其材料用量应以质量计，称量精度为：

水、水泥　　　±0.5%
集料　　　　　±1%

拌和好的混凝土拌和物注入试模内，试件的成型方式应按混凝土的稠度而定。坍落度不大于 70 mm 的混凝土，宜用振动台振实；大于 70 mm 的宜用捣棒人工捣实。

用振动台成型时，应将混凝土拌和物一次装入试模，装料时应用抹刀沿试模内壁略加插捣，并应使混凝土拌和物高出试模上口。振动时应防止试模在振动台上自由跳动，振动应持续到混凝土表面出浆为止，刮除多余的混凝土并用抹刀抹平。

人工振捣时，混凝土拌和物应分两层装入试模，每层的装料厚度应大致相等。插捣用的钢制捣棒长 600 mm，直径 16 mm，端部磨圆。插捣按螺旋方向从边缘向中心均匀进行。插捣底层时，捣棒应达到试模底面；插捣上层时，捣棒应穿入下层深度约 20～30 mm。插捣时，捣棒应保持垂直，一般为每 100 cm² 截面不应少于 12 次。插捣完后，刮去多余的混凝土并用抹刀抹平。

成型后的试件应在 20±5 ℃ 的条件下静置 24 h，为防止水分蒸发，应对试件表面进行覆盖。

24 h 后对试件进行编号拆模，用钢丝刷将试件两端面刷毛，清除油污，使表面处于饱和面干状态。按照生产厂推荐的配比拌制浆料，分两层涂刷。一般采用人工搅拌，搅拌均匀后，用刷子涂刷于混凝土试件表面。第一次涂刷后，待涂层手触干时进行第二次涂刷。待第二次涂刷后，移入标准养护室（温度 20±3 ℃，相对湿度 90% 以上）养护 3 d。

养护 3 d 后，涂层混凝土浸在深度为试件高度 3/4 的水中养护（涂层面不浸水），水温为 20±3 ℃，涂层混凝土制作 6 块。

未进行涂层的 6 块基准混凝土拆模后同涂层混凝土同条件养护。养护龄期一般为 28 d。

【试验步骤】

试件养护至 28 d 后取出，将表面晾干，然后在其侧面涂一层密封材料，然后在螺旋加压装置上，将试件压入经烘箱预热过的试件套中，稍冷却后，即可解除压力，连同试件套装在抗渗仪上进行试验。

试验从水压为 0.1 MPa 开始，每隔 8 h 增加水压 0.1 MPa，并且要随时注意观察试件端面渗水情况。当 6 个试件中有 2 个试件端面呈有渗水现象时，即可停止试验，记下当时的水压。在试验过程中，如发现水从试件周边渗出，应立即停止试验，重新密封。

涂层混凝土试验面为混凝土背水面，涂层试件初始压力为 0.4 MPa。

混凝土的最大抗渗压力为每组 6 个试件中 4 个试件未出现渗水时的最大压力，渗透压力比计算如下：

$$s = \frac{s_1}{s_0} \times 100$$

式中　s——渗透压力比，%；

　　　s_1——涂层混凝土最大抗渗压力，MPa；

　　　s_0——基准混凝土最大抗渗压力，MPa。

第二次抗渗压力是将第一次抗渗压力试验 6 个试件进行到全部透水。

基准混凝土和涂层混凝土脱模后继续养护 28 d（在标准养护条件下）。再进行抗渗试验，至第三个试件透水时为止，记录此时压力，减去 0.1 MPa 后即为第二次抗渗压力。

（三）受检砂浆性能

受检砂浆和基准砂浆所用原材料主要有水泥、砂、水和防水剂等。

水泥：42.5 级或 52.5 级硅酸盐水泥或普通硅酸盐水泥。

砂：标准砂，含水量小于 0.5%。

水：可饮用水。

防水剂：按产品说明使用。

一般水泥和砂的比例为1:3，水灰比为0.5。一次试验用材料数量为：

水泥　　　　450±2 g

砂　　　　　1350±5 g

水　　　　　根据各项试验要求确定

防水涂料　　按生产厂推荐最佳用量

受检砂浆与基准砂浆的流动度应控制在140±5 mm，水灰比按规定进行计算。

【仪器设备】

水泥砂浆搅拌机。

振实台：频率（50±3）Hz，空载时振幅0.5 mm。

天平：称量2 kg，精度±1 g。

滴管：精度应达到±1 mm。

抹刀，试模。

【试件制备】

可采用机械或人工搅拌。粉状防水剂掺入水泥中，液体或膏状防水剂掺入拌和水中。先将物料干拌至基本均匀，再加入拌和水拌至均匀。

成型温度为20±3 ℃，在此温度下停24±2 h脱模，如果是缓凝型产品，可适当延长脱模时间。然后在20±3 ℃，相对湿度大于90%的条件下养护至龄期。

捣实采用振动台，振动时间为15 s。

【试验步骤】

1. 粘结强度

水泥基渗透结晶型防水涂料粘结强度试验方法，按无机防水堵漏材料试验方法试验。区别在于成型脱模后在温度为20±3 ℃，相对湿度≥90%标准条件下养护，不能在水中养护，基准砂浆配比按水泥:砂:水=1:2:0.5进行配制。

2. 抗压强度与抗折强度

水泥基渗透结晶型防水涂料的抗压强度和抗折强度的试验方法与无机防水堵漏材料相同。区别在于脱模后不应在水中养护，而在温度为20±3 ℃，相对湿度≥90%的标准条件下养护，试验龄期为7 d、28 d。

六、防水剂的性能

受检的水泥基渗透结晶型防水剂性能的试验项目及所用数量列于表11-7。

表11-7　试验项目及试件数量

试验项目	试验类别	试验所需数量			
		混凝土拌和批数	每批取样数目	掺防水剂混凝土总取样数目	基准混凝土总取样数目
泌水率比	混凝土拌和物	3	1次	3次	3次

续表

试验项目	试验类别	试验所需数量			
		混凝土拌和批数	每批取样数目	掺防水剂混凝土总取样数目	基准混凝土总取样数目
减水率	混凝土拌和物	3	1次	3次	3次
凝结时间差	混凝土拌和物	3	1个	3个	3个
抗压强度比	硬化混凝土	3	6块	18块	18块
渗透压力比	硬化混凝土	3	2块	6块	6块
含气量	混凝土拌和物	3	1个	3个	3个
收缩率比	硬化混凝土	3	1块	3块	3块
钢筋锈蚀	新拌或硬化砂浆	3	1块	3块	3块

(一) 混凝土拌和物性能

水泥基渗透结晶型防水剂混凝土拌和物所用仪器设备、原材料配比、拌和方法、试件制备与水泥基渗透结晶型防水涂料试验方法相同。

1. 减水率

减水率是指水泥基渗透结晶型防水剂混凝土拌和物单位用水量与基准混凝土拌和物单位用水量之差,单位为%,用坍落度试验方法进行试验。

【试验步骤】

(1) 基准混凝土配合比

水泥用量:采用卵石为 310 kg/m³;

采用碎石为 330 kg/m³。

砂率:36%~40%。

水泥基渗透结晶型防水剂:按生产厂推荐用量。

用水量:一般应使混凝土坍落度达 60±10 mm。

(2) 坍落度试验

坍落度试验按防水混凝土试验方法试验。

测定基准混凝土(不掺水泥基渗透结晶型防水剂)拌和物的坍落度。记录达到该坍落度时的单位用水量(W_0)。

在水泥用量相同,水泥、砂、石比例保持不变的条件下,测定掺水泥基渗透结晶型防水剂混凝土拌和物与基准混凝土拌和物相同坍落度时的单位用水量(W_1)。

混凝土减水率按下式计算:

$$W_k = \frac{W_0 - W_1}{W_0} \times 100$$

式中 W_k——减水率,%;

W_0——基准混凝土单位用水量,kg/m³;

W_1——掺水泥基渗透结晶型防水剂的混凝土单位用水量 kg/m³。

减水率以三批试验的算术平均值计,精确到小数点后一位数。若三批试验的最大值和最小值与平均值之差均达到平均值15%时,则把最大值与最小值一并舍去,取中间值作为该组试验的减水率。若有两个测定值与中间值之差超过15%时,则该批试验结果无效,应重新试验。

2. 泌水率比

泌水率比是指掺水泥基渗透结晶型防水剂混凝土的泌水率与基准混凝土泌水率之比,单位为%。

泌水率比试验方法按防水砂浆拌和物泌水性试验方法试验。

【试验步骤】

在测定泌水率时,先用湿布润湿容积为5L的带盖筒(内径为185 mm,高为200 mm),将混凝土拌和物一次装入,在振动台上振动20 s,然后用抹刀轻轻抹平,加盖以防水分蒸发。试样表面应比筒口边低约20 mm。自抹面开始计算时间,在前60 min,每隔10 min用吸液管吸出泌水一次,以后每隔20 min吸水一次,直至连续三次无泌水为止。在每次吸水前5 min,应将筒底一侧垫高约20 mm,使筒倾斜,以便于吸水。吸水后,将筒轻轻放平盖好。将每次吸入的水都注入带塞的量筒,最后计算出总的泌水量,准确至1 g,并按下式计算:

$$B = \frac{V_w}{(W/G)G_w} \times 100$$

$$G_w = G_1 - G_0$$

式中 B——泌水率,%;
V_w——泌水总量,g;
W——混凝土拌和物的用水量,g;
G——混凝土拌和物的总重,g;
G_w——试样总量,g;
G_1——试样及筒重,g;
G_0——筒重,g。

试验时,每批混凝土拌和物取一个试样,泌水率取三个试样的算术平均值,若三个试样的最大值或最小值中有一个与中间值之差大于中间值的15%,则把最大值与最小值一并舍去,取中间值作为该组试验的泌水率;如果最大值或最小值与中间值之差均大于中间值的15%,则应重做。

泌水率比按下式计算:

$$B_k = \frac{B_1}{B_2} \times 100$$

式中 B_k——泌水率比,%;
B_1——掺有水泥基渗透结晶型防水剂混凝土的泌水率;
B_2——基准混凝土的泌水率。

3. 凝结时间差

凝结时间差是指掺水泥基渗透结晶型防水剂混凝土拌和物与基准混凝土初凝和终凝时间

之差，单位为 min。

掺水泥基渗透结晶型防水剂混凝土拌和物凝结时间试验方法与防水混凝土拌和物凝结时间试验方法相同，都采用贯入阻力仪进行测定。所用材料及拌和方法与掺水泥基结晶型防水涂料减水率试验方法相同。

【试验步骤】

在 20±3℃的条件下，基准混凝土在成型后 3~4 h，掺水泥基渗透结晶型防水剂混凝土在成型后 1~2 h 即可开始测定，以后每隔 0.5 h 或 1 h 测定一次。在临近终凝时，可以缩短测定间隔时间，每次测点应避开前一次测孔，其净距为试针直径的 2 倍，但至少不小于 15 mm，试针与容器边缘之间距离不小于 25 mm。测定初凝时间用截面积为 100 mm² 的试针，测定终凝时用 20 mm² 的试针。贯入阻力按下式计算：

$$R = \frac{P}{A}$$

式中　R——贯入阻力值，MPa；
　　　P——贯入深度达 25 mm 时所需的净压力，N；
　　　A——贯入仪试针截面积，mm²。

根据计算结果，以贯入阻力值为纵坐标，测试时间为横坐标，绘制贯入阻力值与时间关系曲线，求出贯入阻力值达 3.5 MPa 时对应的时间作为初凝时间及贯入阻力达 28 MPa 时对应的时间作为终凝时间。

试验时，每批混凝土拌和物取一个试样，凝结时间取三个试样的平均值。若三批试验的最大值或最小值之间与中间值之差超过 30 min 时，则把最大值和最小值舍去，取中间值作为该组试验的凝结时间。若两侧值与中间值之差均超过 30 min 时，该组试验结果无效，应重新进行试验。

凝结时间差按下式计算：

$$\Delta T = T_t - T_e$$

式中　ΔT——凝结时间之差，min；
　　　T_t——掺水泥基渗透结晶型防水剂混凝土初凝或终凝时间，min。
　　　T_e——基准混凝土的初凝或终凝时间，min。

4. 含气量

按照防水混凝土含气量测定方法试验。水泥基渗透结晶型防水剂掺量按生产厂推荐用量试验。

（二）混凝土物理力学性能

掺水泥基渗透结晶型防水剂混凝土的物理力学性能，主要包括抗压强度、收缩率、渗透压力比等。

掺水泥基渗透结晶型防水剂混凝土材料组成、仪器设备、搅拌方法、试件制作等试验方法与水泥基渗透结晶型防水涂料试验方法相同。

1. 抗压强度比试验

抗压强度比是指掺水泥基渗透结晶型防水剂混凝土与基准混凝土同龄期抗压强度之比，用百分率表示，单位为%。

仪器设备、试件制备可按防水混凝土试验方法试验，水泥基渗透结晶型防水剂的掺量按生产厂推荐用量制作。

试件检查与试压,按防水混凝土抗压强度试验方法试验。

2. 收缩率比

收缩率比是指龄期 28 d 掺水泥基渗透结晶型防水剂混凝土与基准混凝土收缩率的比值,用百分率表示,单位为%。

收缩率比试验方法按防水混凝土收缩率试验方法进行。

试件制作所用的水泥基渗透结晶型防水剂按生产厂家推荐使用量进行配制。试件尺寸为 100 mm×100 mm×515 mm 的棱柱体标准试件。

收缩率比按下式进行计算:

$$R_t = \frac{\varepsilon_1}{\varepsilon_2} \times 100$$

式中 R_t——收缩率比,%;

ε_1——掺水泥基渗透结晶型防水剂混凝土的收缩率,%;

ε_2——基准混凝土收缩率,%。

每批混凝土拌和物取一个试样,以三个试样收缩率的算术平均值表示。

3. 渗透压力比

渗透压力比是指掺水泥基渗透结晶型防水剂的混凝土抗渗压力与基准混凝土抗渗压力之比。用百分率表示,单位为%。

渗透压力比试验方法按防水混凝土抗渗性能试验方法进行。水泥基渗透结晶型防水剂掺量按生产厂家推荐用量试验,分为制成掺水泥基渗透结晶型防水剂混凝土和不掺水泥基渗透结晶型防水剂的基准混凝土,再进行抗渗试验。要求抗渗试验的混凝土坍落度为 180±10 mm。

(三) 钢筋锈蚀性试验

1. 钢筋锈蚀快速试验方法(新拌砂浆法)

【仪器设备】

恒电位仪:专用的符合本标准要求的钢筋锈蚀测量仪,或恒电位/恒电流仪,或恒电流仪,或恒电位仪(输出电流范围不小于 0～2 000 μA,可连续变化 0～2 V,精度≤1%)。

甘汞电极。

定时钟。

电线:铜芯塑料线。

绝缘涂料(石蜡:松香=9:1)。

试模:塑料有底活动模(尺寸 40 mm×100 mm×150 mm)。

【试验步骤】

(1) 制作钢筋电极

将Ⅰ级建筑钢筋加工制成直径为 7 mm,长度为 100 mm,表面粗糙度 R_a 的最大允许值为 1.6 μm 的试件,用汽油、乙醇、丙酮依次浸擦除去油脂,并在一端焊上长 130～150 mm 的导线,再用乙醇仔细擦去焊油,钢筋两端浸涂热熔石蜡松香绝缘涂料,使钢筋中间暴露长度为 80 mm,计算其表面积。经过处理后的钢筋放入干燥器内备用,每组试件 3 根。

(2) 拌制新鲜砂浆

第一节 渗透结晶型防水材料

在无特定要求时，采用水灰比 0.5，灰砂比 1∶2 配制砂浆，水为蒸馏水，砂为检验水泥强度用的标准砂，水泥为基准水泥（或按试验要求的配合比配制）。干拌 1 min，湿拌 3 min。检验外加剂时，外加剂按比例随拌和水加入。

（3）砂浆及电极入模

把拌制好的砂浆浇入试模中，先浇一半（厚 20 mm 左右）。将两根处理好经检查无锈痕的钢筋电极平行放在砂浆表面，间距 40 mm，拉出导线，然后灌满砂浆抹平，并轻敲几下侧板，使其密实。

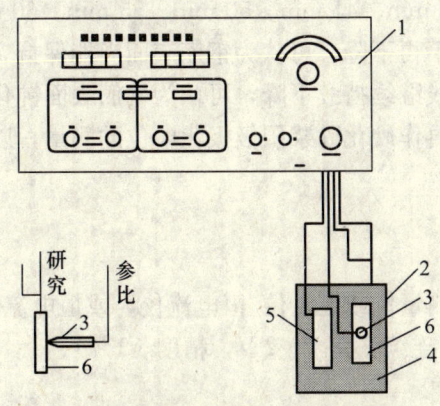

图 11-2　新鲜砂浆极化电位测试装置图
1—钢筋锈蚀测量仪或恒电位/恒电流仪；
2—硬塑料模；3—甘汞电极；4—新拌砂浆；
5—钢筋阴极；6—钢筋阳极

（4）连接试验仪器

按图 11-2 连接试验装置，以一根钢筋作为阳极接仪器的"研究"与"*号"接线孔，另一根钢筋为阴极（即辅助电极）接仪器的"辅助"接线孔，再将甘汞电极的下端与钢筋阳极的正中位置对准，与新鲜砂浆表面接触，并垂直于砂浆表面。甘汞电极的导线接仪器的"参比"接线孔。在一些现代新型钢筋锈蚀测量仪或恒电位/恒电流仪上，电极输入导线通常为集束导线，只须按规定将三个夹子分别接阳极钢筋、阴极钢筋和甘汞电极即可。

（5）测试

1）未通外加电流前，先读出阳极钢筋的自然电位 V（即钢筋阳极与甘汞电极之间的电位差值）。

2）接通外加电流，并按电流密度 50×10^{-2} A/m²，（即 50 μA/cm²）调整 μA 表至需要值。同时，开始计算时间，依次按 2、4、6、8、10、15、20、25、30、60（min），分别记录阳极极化电位值。

【试验结果处理】

（1）以三个试验电极测量结果的平均值，作为钢筋阳极极化电位的测定值，以时间为横坐标，阳极极化电位为纵坐标，绘制电位-时间曲线（如图 11-3）。

（2）根据电位-时间曲线判断砂浆中的水泥、外加剂等对钢筋锈蚀的影响。

1）电极通电后，阳极钢筋电位迅速向正方向上升，并在 1～5 min 内达到析氧电位值，经 30 min 测试，电位值无明显降低，如图 11-3 中的曲线①，则属钝化曲线。表明阳极钢筋表面钝化膜完好无损，所测外加剂对钢筋是无害的。

2）通电后，阳极钢筋电位先向正方向上升，随着又逐渐下降，如图 11-3 中的曲线②，说明

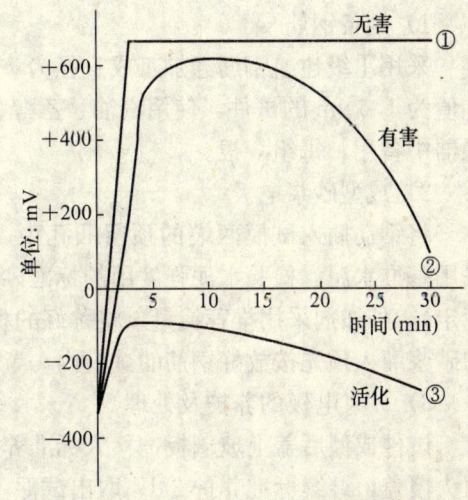

图 11-3　恒电流、电位-时间曲线分析图

钢筋表面钝化膜已部分受损。而图 11-3 中的曲线③属活化曲线，说明钢筋表面钝化膜破坏严重。这两种情况均表明钢筋钝化膜已遭破坏。但这时对试验砂浆中所含的水泥、外加剂对钢筋锈蚀的影响仍不能作出明确的判断，还必须再作硬化砂浆阳极极化电位的测量，以进一步判别外加剂对钢筋有无锈蚀危害。

3) 通电后，阳极钢筋电位随时间的变化有时会出现图 11-3 中曲线①和②之间的中间态情况，即电位先向正方上升至较正电位值（例如 $\geqslant +600$ mV），持续一段稳定时间，然后渐呈下降趋势，如电位值迅速下降，则属第②项情况。如电位值缓降，且变化不多，则试验和记录电位的时间再延长 30 min，继续 35 min、40 min、45 min、50 min、55 min、60 min 分别记录阳极极化电位值，如果电位曲线保持稳定不再下降，可认为钢筋表面尚能保持完好钝化膜，所测外加剂对钢筋是无害的；如果电位曲线继续持续下降，可认为钢筋表面钝化膜已破损而转变为活化状态，对于这种情况，还必须再作硬化砂浆阳极极化电位的测量，以进一步判别外加剂对钢筋有无锈蚀危害。

2. 钢筋锈蚀快速试验方法（硬化砂浆法）

【仪器设备】

恒电位仪：专用的符合本标准要求的钢筋锈蚀测量仪或恒电位/恒电流仪，或恒电流仪，或恒电位仪（输出电流范围不小于 0~2 000 μA，可连续变化 0~2 V，精度$\leqslant$1%）。

不锈钢片电极。

甘汞电极（232 型或 222 型）。

定时钟。

电线：铜芯塑料线（型号 RV1×16/0.15 mm）。

绝缘涂料（石蜡：松香＝9：1）。

搅拌锅、搅拌铲。

试模：长 95 mm，宽和高均为 30 mm 的棱柱体；模板两端中心带有固定钢筋的凹孔，其直径为 7.5 mm，深 2~3 mm，半通孔试模用 8 mm 厚硬聚氯乙烯塑料板制成。

【试验步骤】

(1) 制备埋有钢筋的砂浆电极

1) 制备钢筋

采用Ⅰ级建筑钢筋经加工成直径为 7 mm，长度为 100 mm，表面粗糙度为 R_a 的最大允许值为 1.6 μm 的试件，使用汽油、乙醇、丙酮依次浸擦除去油脂，经检查无锈痕后放入干燥器中备用，每组 3 根。

2) 成型砂浆电极

将钢筋插入试模两端的预留凹孔中，位于正中。按配比拌制砂浆，灰砂比为 1：2.5，采用基准水泥、检验水泥强度用的标准砂、蒸馏水（用水量按砂浆稠度 5~7 cm 时的加水量而定），外加剂采用推荐掺量。将称好的材料放入搅拌锅内干拌 1 min，湿拌 3 min。将拌匀的砂浆灌入预先按放好钢筋的试模内，置检验水泥强度用的振动台上振 5~10 s，然后抹平。

3) 砂浆电极的养护及处理

试件成型后盖上玻璃板，移入标准养护室养护，24 h 后脱模，用水泥净浆将外露的钢筋两头覆盖，继续标准养护 2 d。取出试件，除去端部的封闭净浆，仔细擦净外露钢筋头的锈斑。在钢筋的一端焊上长 130~150 mm 的导线，用乙醇擦去焊油，并在试件两端浸涂热石蜡松香绝缘，使试件中间暴露长度为 80 mm，如图 11-4 所示。

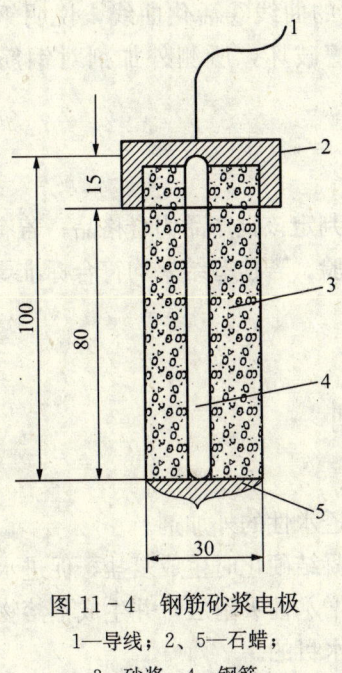

图 11-4　钢筋砂浆电极
1—导线；2、5—石蜡；
3—砂浆；4—钢筋

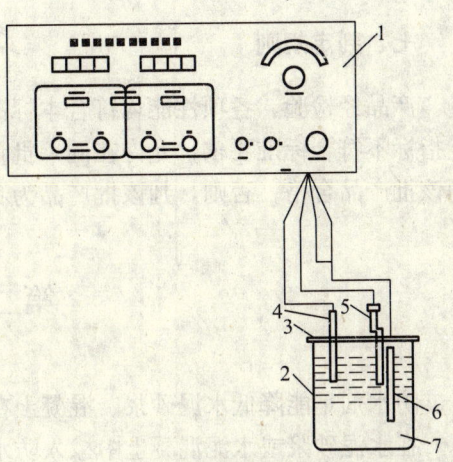

图 11-5　硬化砂浆极化电位测试装置图
1—钢筋锈蚀测量仪或恒电位/恒电流仪；
2—烧杯 1 000 mL；3—有机玻璃盖；
4—不锈钢片（阴极）；5—甘汞电极；
6—硬化砂浆电极（阳极）；
7—饱和氢氧化钙溶液

（2）测试

1）将处理好的硬化砂浆电极置于饱和氢氧化钙溶液中，浸泡数小时，直至浸透试件，其表征为监测硬化砂浆电极在饱和氢氧化钙溶液中的自然电位至电位稳定且接近新拌砂浆中的自然电位，由于存在欧姆电压降可能会使两者之间有一个电位差。试验时应注意不同类型或不同掺量外加剂的试件不得放置在同一容器内浸泡，以防互相干扰。

2）把一个浸泡后的砂浆电极移入盛有饱和氢氧化钙溶液的玻璃缸内，使电极浸入溶液的深度为 8 cm，以它作为阳极，以不锈钢片作为阴极（即辅助电极），以甘汞电极作参比。按图 11-5 要求接好试验线路。

3）未通外加电流前，先读出阳极（埋有钢筋的砂浆电极）的自然电位 V。

4）接通外加电流，并按电流密度 50×10^{-2} A/m^2（即 50 μA/cm^2）调整 μA 表至需要值。同时，开始计算时间，依次按 2、4、6、8、10、15、20、25、30（min），分别记录埋有钢筋的砂浆电极阳极极化电位值。

【试验结果处理】

（1）取一组三个埋有钢筋的硬化砂浆电极极化电位的测量结果的平均值作为测定值，以阳极极化电位为纵坐标，时间为横坐标，绘制阳极极化电位-时间曲线。

（2）根据电位-时间曲线判断砂浆中的水泥、外加剂等对钢筋锈蚀的影响。

1）电极通电后，阳极钢筋电位迅速向正方向上升，并在 1~5 min 内达到析氧电位值，经 30 min 测试，电位值无明显降低，如图 11-3 中的曲线①，则属钝化曲线。表明阳极钢表面钝化膜完好无损，所测外加剂对钢筋是无害的。

2) 通电后，阳极钢筋电位先向正方向上升，随着又逐渐下降，如图 11-3 中的曲线②，说明钢筋表面钝化膜已部分受损。而图 11-3 中的曲线③活化曲线，说明钢筋表面钝化膜破坏严重。这两种情况均表明钢筋钝化膜已遭破坏，所测外加剂对钢筋是有锈蚀危害的。

七、判定规则

产品经检验，各项性能均符合本标准技术要求，则判定该批产品为合格品；若有一项性能指标不符合标准要求，允许在同一批量中重新取样检验。若检验结果均符合标准要求，则判该批产品合格；否则，判该批产品为不合格品。

第二节　防水剂

防水剂是能降低水泥砂浆、混凝土在静水压力下的透水性的外加剂。

在水泥砂浆或水泥混凝土中掺入防水剂以后，可在凝结硬化时生成复盐，促进水泥砂浆或混凝土的密实性、防水性；也可使水泥或集料间形成憎水性吸附层，并生成不溶物质，起填充微小孔隙和堵塞毛细通道作用，从而达到防渗和防水目的。

一、分类

在水泥砂浆或水泥混凝土中常用的防水剂有水泥剂渗透结晶型防水剂、氯化金属盐防水剂、金属皂类防水剂、硅酸钠防水剂、铝盐防水剂、水泥密封剂和混凝土膨胀剂等。

二、技术要求

砂浆、混凝土防水剂匀质性指标应符合表 11-8 的规定。

表 11-8　匀质性指标

试验项目	指　标
含固量	液体防水剂：应在生产厂控制值相对量的 3% 之内
含水量	粉状防水剂：应在生产厂控制值相对量的 5% 之内
总碱量（$Na_2O+0.658 K_2O$）	应在生产厂控制值相对量的 5%
密度	液体防水剂：应在生产厂控制值的 $\pm 0.02 \, g/cm^3$ 之内
氯离子含量	应在生产厂控制值相对量的 5% 之内
细度（0.315 mm 筛）	筛余小于 15%

注：含固量和密度可任选一项检验。

受检砂浆是掺入防水剂的水泥砂浆，其性能指标列于表 11-9。

表 11-9 受检砂浆的性能指标

试验项目			性能指标	
			一等品	合格品
净浆安定性			合格	合格
凝结时间	初凝（min）	不小于	45	45
	终凝（h）	不大于	10	10
抗压强度比（%）	不小于	7 d	100	85
		28 d	90	80
透水压力比（%）		不小于	300	200
48 h 吸水量比（%）		不大于	65	75
28 d 收缩率比（%）		不大于	125	135
对钢筋的锈蚀作用			应说明对钢筋有无锈蚀作用	

注：除凝结时间、安定性为受检净浆的试验结果外，表中所列数据均为受检砂浆与基准砂浆的比值。

受检混凝土是掺有防水剂的混凝土，其性能指标列于表 11-10。

表 11-10 受检混凝土的性能指标

试验项目			性能指标	
			一等品	合格品
净浆安定性			合格	合格
泌水率比（%）	不大于		50	70
凝结时间差（min）不小于		初凝	—90	
		终凝	—	
抗压强度比（%）不小于		3 d	100	90
		7 d	110	100
		28 d	100	90
渗透高度比（%）	不大于		30	40
48 h 吸水量比（%）	不大于		65	75
28 d 收缩率比（%）	不大于		125	135
对钢筋的锈蚀作用			应说明对钢筋有无锈蚀作用	

注：①除净浆安定性为净浆的试验结果外，表中所列数据均为受检混凝土与基准混凝土差值或比值。
②"—"表示提前。

基准砂浆是不掺防水剂的水泥砂浆，基准混凝土是不掺防水剂的水泥混凝土。

三、检验规则

在检验前应对防水剂进行取样和确定检验项目。

（一）取样及编号

试样分点样和混合样。点样是在一次生产的产品中所得的试样，混合样是三个或更多的点样等量均匀混合而取得的试样。

生产厂应根据产量和生产设备条件，将产品分批编号，年产不小于500 t，第一批号为50 t；年产500 t以下，每一批号为30 t，每批不足50 t或30 t的也按一个批量计，同一批号的产品必须混合均匀。

每一批号取样量不少于0.2 t水泥所需用的外加剂量。

（二）试样及留样

每批号取得的试样应充分混匀，分为两等份，一份按本标准表11-8规定的方法与项目进行试验。另一份要密封保存半年，以备有疑问时提交国家指定的检验机构进行复验或仲裁。

（三）检验分类

检验分为出厂检验和型式检验。

出厂检验：每批号防水剂检验项目，按表11-8规定进行检验。

型式检验项目包括均匀性、砂浆及混凝土性能指标。

四、匀质性试验

匀质性试验包括含固量、含水量、总碱量、密度、氯离子含量、细度等。含水量、总碱量、氯离子含量及细度按水泥基渗透结晶型防水材料试验方法试验。

（一）含固量

含固量是指防水剂中的固体含量，用百分率表示，单位为％。

【仪器设备】

分析天平：称量200 g，分度值0.1 mg。

鼓风电热干燥箱：0～200 ℃。

干燥器：内盛变色硅胶吸水剂。

【试验步骤】

将洁净带盖称量瓶放入烘箱内，于100～105 ℃烘30 min，取出置于干燥器内，冷却30 min后称量，重复上述步骤直至恒重，其质量为m_0。

将被测试样装入已经恒重的称量瓶内，盖上盖称出试样及称量瓶的总质量为m_1。

试样称量：固体产品1.0000～2.0000 g，液体产品3.0000～5.0000 g。

将盛有试样的称量瓶放入烘箱内，开启瓶盖，升温至100～105 ℃烘干，盖上盖置于干燥器内冷却30 min后称量，重复上述步骤直至恒重，其质量为m_2。

结果计算

固体物含量按下式计算：

$$固体含量(\%) = \frac{m_2 - m_0}{m_1 - m_0} \times 100$$

式中　m_0——称量瓶的质量，g；

m_1——称量瓶加试样的质量，g；

m_2——称量瓶加烘干后试样的质量，g。

固体含量试验结果取三个试样测定数据的平均值并精确到 0.1 mg。

（二）密度

密度是指单位体防水剂的质量，用 g/cm³ 表示。主要测量在温度 20±1 ℃下的防水剂溶液的密度。

【测试条件】

被测溶液的浓度为 1‰ 或 5‰；

被测溶液必须清澈，如有沉淀应滤去。

【仪器设备】

比重瓶：25 mL 或 50 mL。

分析天平：称量 200 g，分度值 0.1 mg。

干燥器：内盛变色硅胶。

鼓风电热恒温干燥箱：0～200 ℃。

超级恒温器。

【试验步骤】

(1) 比重瓶容积的校正

比重瓶依次用水、乙醇、丙酮和乙醚洗涤并吹干，塞子连瓶一起放入干燥器内，取出称量比重瓶之自重为 m_1，直至恒重。然后将预先煮沸并经冷却的蒸馏水装入瓶中，塞上塞子，使多余的水分从塞子毛细管流出，用吸水纸吸干瓶外的水。注意不能让吸水纸吸出塞子毛细管里的水，水要保持与毛细管上口相平，立即在天平上称出比重瓶装满水后的质量 m_2。

比重瓶在 20 ℃时容积 V 按下式计算：

$$V = \frac{m_2 - m_1}{0.9982}$$

式中　m_1——干燥的比重瓶质量，g；

　　　m_2——比重瓶盛满 20 ℃水的质量，g；

　　0.9982——20 ℃时纯水的密度，g/mL。

注：V 值校正后的比重瓶，在一段时间内使用时，可不必每次都做校正。

(2) 外加剂溶液密度 ρ 的测定

将已校正 V 值的比重瓶洗净、干燥，灌满被测溶液，塞上塞子后浸入 20±1 ℃超级恒温器内，恒温 20 min 后取出，用吸水纸吸干瓶外的水及由毛细管溢出的溶液后，在天平上称出比重瓶装满外加剂溶液后的质量为 m_3。

结果计算

外加剂溶液的密度按下式计算：

$$\rho = \frac{m_3 - m_1}{V} = \frac{m_3 - m_1}{m_2 - m_1} \times 0.9982$$

式中　ρ——20 ℃时防水剂溶液密度，g/mL 或 kg/m³；

　　　V——20 ℃时比重瓶的容积，mL；

　　　m_1——空比重瓶的质量，g；

m_2——比重瓶装满 20 ℃水后的质量，g；

m_3——比重瓶装满 20 ℃外加剂溶液后的质量，g；

0.9982——20 ℃时纯水的密度，g/mL。

试验结果取三个试样测定数据的平均值，精确到 0.0001/mL。

五、受检砂浆试验

在进行受检砂浆试验时，首先确定使用材料，制成试件，然后再根据要求进行试验。

（一）试验室

试验室的要求应符合无机防水堵漏材料标准试验条件。

（二）试验项目及数量

受检砂浆试验项目及数量列于表 11-11。

表 11-11 试验项目及数量

试验项目	试验类别	砂浆（净浆）拌和次数	试验所需试件数量		
			每次取样数	基准砂浆取样数	受检砂浆取样数
安定性	净浆	3	1次	3次	3次
凝结时间	净浆				
抗压强度比	硬化砂浆		6块	18块	18块
透水压力比	硬化砂浆		2块	6块	6块
吸水量比	硬化砂浆		1块	3块	3块
收缩率比	硬化砂浆				
钢筋锈蚀	硬化砂浆			—	

（三）试件成型

防水剂受检砂浆试块成型按水泥基渗透结晶型防水材料试件成型方法试验。

（四）试验方法

1. 抗压强度比

基准砂浆和受检砂浆的用水量应控制在 140±5 mm，水泥：砂=1：3。

试模：有底模；尺寸为 70.7 mm×70.7 mm×70.7 mm。

按无机防水堵漏材料抗压试件成型方法成型、脱模和养护。

试验共进行 3 次，每次用基准试件和受检试件各两组，每组 3 块，两组的试件分别养护至 7 d，28 d，测定抗压强度。

砂浆试件的抗压强度按下式计算：

$$R_d = \frac{P}{A}$$

式中 R_d——砂浆试件的抗压强度，MPa；

P——破坏荷载，N；

A——试件的受压面积，mm^2。

每组取 3 块试验结果的算术平均值（精确至 0.1 MPa）作为该组砂浆的抗压强度值，3

个测值中的最大值或最小值中如有一个与中间值的差值超过中间值的15%，则把最大值及最小值一并舍去，取中间值作为该组试件的抗压强度值；如果两个测值与中间值相差均超过15%，则此组试验结果无效。

抗压强度比按下式计算：

$$R_r = \frac{R_t}{R_c} \times 100$$

式中　R_r——抗压强度比，%；
　　　R_t——受检砂浆的抗压强度，MPa；
　　　R_c——基准砂浆的抗压强度，MPa。

以3次试验的平均值作为抗压强度比值，计算精确至1%。

2. 渗透压力比

基准砂浆和受检砂浆两者保持相同的流动度，并以基准砂浆在0.3~0.4 MPa压力下透水为准确定水灰比。

用上口直径70 mm，下口直径80 mm，高30 mm的截头圆锥带底金属试模成型基准和受检试件，成型后用塑料布将试件盖好静停。脱模后放入20±2 ℃的水中养护至7 d，取出待表面干燥后，用密封材料密封装入渗透仪中进行透水试验。

水压从0.2 MPa开始，恒压2 h，增至0.3 MPa，以后每隔1 h增加水压0.1 MPa。当6个试件中有3个试件端面呈现渗水现象时，即可停止试验，记下当时水压。若加压至1.5 MPa，恒压1 h还未透水，应停止升压。砂浆透水压力为每组6个试件中4个未出现渗水时的最大水压力。

结果计算

透水压力比按下式计算，精确至1%：

$$P_r = \frac{P_t}{P_c} \times 100$$

式中　P_r——透水压力比，%；
　　　P_t——受检砂浆的透水压力，MPa；
　　　P_c——基准砂浆的透水压力，MPa。

3. 吸水量比

【试验仪器】

采用感量1 g，最大称量范围为1 000 g的天平。

【试验步骤】

按抗压强度试件的成型和养护方法，成型基准和受检试件，养护28 d后取出在75~80 ℃温度下烘干48±0.5 h，称量后将试件放入水槽。放时试件的成型面朝下，下部用两根ϕ10 mm的钢筋垫起，试件浸入水中的高度为35 mm。要经常加水，并在水槽上要求的水面高度处开溢水孔，以保持水面恒定。水槽应加盖，放入温度为20±3 ℃，相对湿度80%以上恒温室中，但注意试件表面不得有结露或水滴。然后在48±0.5 h取出，用挤干的湿布擦去表面的水，称量并记录。

结果计算

吸水量按下式计算：

$$W = M_1 - M_0$$

式中 W——吸水量，g；
M_1——吸水后试件质量，g；
M_0——干燥试件质量，g。

结果以三块试件平均值表示，精确至 1 g。

吸水量比按下式计算，精确至 1%：

$$W_r = \frac{W_t}{W_c} \times 100$$

式中 W_r——吸水量比，%；
W_t——受检砂浆的吸水量，g；
W_c——基准砂浆的吸水量，g。

4. 收缩率比

按抗压强度确定的基准砂浆和受检砂浆配比，用防水砂浆规定的试验方法，分别测定基准砂浆和受检砂浆的干燥收缩率，精确至 1%。然后按下式计算防水剂的收缩率之比。

$$S_r = \frac{\varepsilon_1}{\varepsilon_2} \times 100$$

式中 S_r——收缩率之比，%；
ε_1——受检砂浆的收缩率，%；
ε_2——基准砂浆的收缩率，%。

5. 钢筋锈蚀

钢筋锈蚀测定方法按水泥基渗透结晶型防水材料钢筋锈蚀试验方法进行。

6. 凝结时间、安定性

凝结时间、安定性按水泥基渗透结晶型防水材料凝结时间、安定性试验方法进行。

六、受检混凝土

受检混凝土试验项目及数量列于表 11-12。

表 11-12 试验项目及数量

试验项目	试验类别	试验所需试件数量			
		混凝土拌和次数	每次取样数目	受检混凝土取样总数目	基准混凝土取样总数目
安定性	净浆	3			
泌水率比	新拌混凝土		1次	3次	3次
凝结时间差	新拌混凝土				
抗压强度比	硬化混凝土		6块	18块	18块
渗透高度比	硬化混凝土		2块	6块	6块
吸水量比	硬化混凝土				3块
收缩率比	硬化混凝土		1块	3块	—
钢筋锈蚀	硬化砂浆				

（一）试件制作

基准混凝土和受检混凝土的配比、材料及用量、成型方法按水泥基渗透结晶型防水试验方法进行。

（二）混凝土拌和物性能

混凝土拌和物试验包括泌水率比、凝结时间差、体积安定性等。可按水泥基渗透结晶型防水材料泌水率比、体积安定性、凝结时间试验方法进行试验。

（三）硬化混凝土性能

硬化混凝土性能包括抗压强度比、渗透高度比、吸水量比、收缩率比及钢筋锈蚀等。

1. 渗透高度比

渗透高度比试验所用仪器设备、试件成型、试验方法可按水泥基渗透结晶型防水材料抗压强度比的试验方法。

渗透高度比试验的混凝土一律采用坍落度为 180±10 min 的配合比。

抗渗透性能试验的初始压力为 0.4 MPa。若基准混凝土在 1.2 MPa 以下的某个压力透水，则受检混凝土也加到这个压力，并保持相同时间，然后劈开，在底边均匀取 10 点，测定平均渗透高度。若基准混凝土与受检混凝土在 1.2 MPa 时都未透水，则停止升压，劈开，如上所述测定平均渗透高度。

渗透高度比按下式计算，精确至 1%：

$$H_r = \frac{H_t}{H_c} \times 100$$

式中　H_r——渗透高度比，%；
　　　H_t——受检混凝土的渗透高度，mm；
　　　H_c——基准混凝土的渗透高度，mm。

2. 吸水量比

【仪器设备】

天平：称量范围 5 kg，感量 1 g。

【试件成型】

按照水泥基渗透结晶型防水涂料抗压强度试验方法成型试件，养护 28 d。试件取出后放在 75~80 ℃烘箱中，烘 48±0.5 h 后称重。然后将试件成型面朝下放入水槽中，下部用两根 φ10 mm 的钢筋垫起，试件浸入水中的高度为 50 mm。要经常加水，并在水槽上要求的水面高度处开溢水孔，以保持水面恒定。水槽应加盖，并置于温度 20±3 ℃，相对湿度 80%以上的恒温室中，试件表面不得有水滴或结露。在 48±0.5 h 时将试件取出，用挤干的湿布擦去表面的水，称量并记录。

试验结果按防水剂受检砂浆吸水量比计算公式进行计算。

3. 收缩率比

收缩率比按水泥基渗透结晶型防水剂受检砂浆收缩率比试验方法进行。

4. 抗压强度比

抗压强度比按水泥基渗透结晶型防水剂受检砂浆抗压强度比试验方法进行。

七、判定规则

产品经检验，各项性能均符合本标准技术要求，则判定该批号防水剂为相应等级的产品。如不符合上述要求时，则判该批号防水剂不合格。

复验以封存样进行。如果使用单位要求现场取样，应事先在供货合同中规定，并在生产和使用单位人员在场的情况下于现场随机抽取三个以上等量试样混合得到平均样，复验按照型式检验项目检验。

八、几种常用防水剂

在建筑防水工程常用的防水剂主要有防水粉、氯化银防水剂、氯化物金属盐类防水剂、金属皂类防水剂和硅酸钠类防水剂等。

（一）防水粉

防水粉是由氢氧化铝、硫酸亚铁、硫酸铜、硬脂酸钡和氧化钙等材料配制而成的粉状材料，其技术性能列于表 11-13。

表 11-13 防水粉的技术性能

项 目			技术指标		
细度			320 目筛余 5% 以下		
凝结时间			初凝 2 h 40 min，终凝 4 h		
安定性			煮沸试饼合格，汽蒸试饼合格		
标准稠度		（%）	26.75		
受力性能 （试验水泥 32.5 级 加防水粉 10%）	龄期	(d)	3	7	28
	抗拉强度	(MPa)	2.19	2.40	2.32
	抗压强度	(MPa)	29.6	35.2	44.0
抗渗性			合格		

（二）金属皂类防水剂

氯化物金属盐类防水剂和金属皂类防水剂的质量标准列于表 11-14。

表 11-14 防水剂质量标准

项次	指 标 名 称	氯化物金属盐类防水剂	金属皂类防水剂
1	相对密度或细度：20 ℃，相对密度细度通过 4 900 孔筛，筛余百分数	≤1.3	≤1.04（浆状） ≥15%（粉状）
2	凝结时间（防水剂掺量占水泥重 5% 时）： 初凝时间不得早于 终凝时间不得迟于	35 min 6 h	1 h 8.5 h
3	体积安定性：经煮沸及水浸后，应无翘曲龟裂现象	合格	合格

续表

项次	指 标 名 称	氯化物金属盐类防水剂	金属皂类防水剂
4	不透水性： 防水剂掺量占水泥重5%，应比未掺加防水剂提高百分数不得小于	70%	50%
5	抗压强度： 防水剂掺量占水泥重5%时，应比未掺加防水剂者提高或降低百分数	提高时 ≤10%	降低时 ≥15%

（三）硅酸盐类防水剂

硅酸盐类防水剂是指硅酸钠（水玻璃）为主要成分的防水剂，其组成和配比列于表11-15和表11-16。

表 11-15　水玻璃矾类防水剂原材料组成和配合比（质量比）

材料名称	硅酸钠 （水玻璃） $NaSiO_3$	硫酸铝钾 （明矾） $KAl(SO_4)_2$	硫酸铜 （胆矾、蓝矾） $CuSO_4 \cdot 5H_2O$	硫酸亚铁 （绿矾） $FeSO_4 \cdot 7H_2O$	重铬酸钾 （红矾钾） $K_2CrO_7 \cdot 2H_2O$	硫酸铬钾 （铬钾矾、紫矾） $KCr(SO_4)_2 \cdot 12H_2O$	水 H_2O
五矾防水剂	400	1	1	1	1	1	60
四矾防水剂	720	5	5	1	1	—	400
	360	2.5	2.5	1	0.5	—	200
	400	1.25	1.25	1.25	—	1.25	60
	400	1	1	—	1	—	60
	400	1	—	1	1	—	60
三矾防水剂	400	1.66	1.66	1.66	—	—	60
二矾防水剂	400	—	1	—	1	—	60
	442	—	2.87	—	1	—	221
颜色	无色	白色	水蓝色	蓝绿色	橙红色	深紫红色	无色

注：硫酸铜、重铬酸钾均用三级化学试剂，水玻璃相对密度为1.63。

表 11-16　快燥精促凝剂配合比（质量比）

材料名称	硅酸钠	硫酸钠	荧光粉	水（经处理）
快燥精	200	2	0.001	14

注：水处理方法：水380 kg，氨水9 kg，硫酸铝钾（明矾）10 kg，混合搅拌至明矾完全溶解，澄清。

（四）防水浆

防水浆是由氯化钙、氯化铝等配制而成的防水剂。其配制方法列于表11-17。

表 11-17 防水浆的配制

材料	质量配合比（%） I	质量配合比（%） II	质量要求	配制方法
氯化铝	4	4	固体，工业用	首先将水放置在耐腐蚀的木质或陶制容器30～60 min，待水中可能有的氯气挥发后，再将预先打成碎块（直径约30 mm）的氯化钙放入水中用木棒充分搅拌直至氯化钙全部溶解为止（在此过程中，溶液温度将逐渐升高）。待液体冷却到50～52 ℃时再将氯化铝全部加入，继续搅拌到全部溶解，即成防水剂
氯化钙（结晶体）	23	—	工业用，其中 $CaCl_2$ 含量≮70%，结晶体可全部用固体代替	
氯化钙（固体）	23	46	工业用	
水	50	50	自来水或饮用水	

（五）避水浆

避水浆是由几种金属皂配制而成的白色浆状液体，掺入水泥以后能与之生成不溶性物质，提高防水砂浆和防水混凝土的防水性能。其用途和施工规定列于表 11-18。

表 11-18 避水浆的用途、施工规定

配制分类及用量		施工注意事项及规定	用途
防水砂浆	防水混凝土		
按所需用水泥质量的 1.5%～5% 的避水浆掺入水泥砂浆内搅拌。（砂浆配比：水泥：中砂=1：2）	按所需用水泥质量的 0.5%～2% 的避水浆掺入混凝土内搅拌，掺入量的多少，视建筑物与水接触情况及水压大小而定，一般屋面、墙体等用量比水池、水塔、地下室为少。（混凝土配比：水泥：中砂：细石子=1：2：4）	1. 在拌和防水砂浆或防水混凝土时，须将所需重量的避水浆先倒入桶内，再逐渐加入水（洁净的清水或饮用水），边加边搅拌，直至其总量等于所需的水灰比（水：水泥）为止。必须搅拌均匀一致 2. 基层如有裂缝或渗水部分，应先嵌补、堵塞处理 3. 施工前基层应先清除浮松物，光滑处先斩毛，充分浇水，以防铺抹后吸收砂浆中的水分。清理后水泥浆（不加避水浆）薄而均匀地涂刷一度，边刷边铺抹防水砂浆 4. 防水砂浆的抹面层一般厚度为 2～3 cm 5. 防水砂浆在凝结后即需遮盖，并浇水养护 7～14 d 6. 水泥需用 32.5 级或更高标号的普通硅酸盐水泥或矿渣水泥 7. 避水浆容器应密封存放在阴凉处，切勿暴晒	与硅酸盐水泥或矿渣水泥拌和成防水砂浆或防水混凝土用于防水、防潮等工程

第三节 膨胀剂

混凝土膨胀剂是指与水泥、水拌和后，经水化反应生成钙矾石、氢氧化钙或氧化钙，使混凝土产生膨胀的外加剂。

一、分类

混凝土膨胀可分为三类：

硫铝酸钙类混凝土膨胀剂，与水泥、水拌和后经水化反应生成钙矾石。

硫铝酸钙-氧化钙类混凝土膨胀剂,与水泥、水拌和后生成钙矾石和氢氧化钙。
氧化钙类混凝土膨胀剂,与水泥、水拌和后经水化反应生成氢氧化钙。

二、技术要求

混凝土膨胀剂性能指标应符合表 11-19 规定。

表 11-19 混凝土膨胀剂性能指标

	项 目			指标值
化学成分	氧化镁（%）		≤	5.0
	含水率（%）		≤	3.0
	总碱量（%）		≤	0.75
	氯离子（%）		≤	0.05
物理性能	细度	比表面积（m²/kg）	≥	250
		0.08 mm 筛筛余（%）	≤	12
		1.25 mm 筛筛余（%）	≤	0.5
	凝结时间	初凝（min）	≥	45
		终凝（h）	≤	10
	限制膨胀率（%）	水中 7 d	≥	0.025
		水中 28 d	≤	0.10
		空气中 21 d	≥	−0.020
	抗压强度（MPa）≥	7 d		25.0
		28 d		45.0
	抗折强度（MPa）≥	7 d		4.5
		28 d		6.5

注：细度用比表面积和 1.25 mm 筛筛余或 0.08 mm 筛筛余表示，仲裁检验用比表面积和 1.25 mm 筛筛余。

三、检验规则

（一）编号及取样

膨胀剂出厂前按同品种编号和取样。袋装和散装膨胀剂应分别进行编号、取样。每一编号为一取样单位，膨胀剂出厂编号按生产能力规定：

日产量超过 200 t 时，以不超过 200 t 为一编号，不足 200 t 时，应以不超过日产量为一编号。

每一编号为一取样单位，取样方法按 GB/T 12573 进行。取样应具有代表性，可连续取，也可从20个以上不同部位取等量样品，总量不小于10 kg。

（二）试样及留样

每一编号取得的试样应充分混匀，分为两等份：一份由生产厂按本标准第六章规定的方法进行出厂检验，一份从产品出厂之日起密封保存3个月，供作仲裁检验时使用。

（三）检验分类

出厂检验

每一编号混凝土膨胀剂，应检验下列项目：细度、凝结时间、水中7 d的限制膨胀率、抗压强度和抗折强度。

型式检验项目包括表11-19的全部性能指标。

四、试验方法

（一）化学成分

1. 氧化镁含量测定方法

在pH10的溶液中，以三乙醇胺、酒石酸钾钠为掩蔽剂，用酸性铬蓝K-萘酚绿B混合指示剂，以EDTA标准溶液滴定。

【试剂与材料】

三乙醇胺 [N$(CH_2CH_2ON)_3$]：（1+2）。

酒石酸钾钠溶液（100 g/L）：将酒石酸钾钠（$C_4H_4KNaO_6 \cdot 4H_2O$）溶于水中，稀释至1 L。

pH10缓冲溶液：将67.5 g氯化铵（NH_4Cl）溶于水中，加570 mL氨水，加水稀释至1 L，摇匀。

酸性铬蓝K、萘酚绿B混合指示剂：称取1.000 g酸性铬蓝K与2.500 g萘酚绿B和50 g已在105℃烘干过的硝酸钾（KNO_3）混合研细，保存在磨口瓶中。

氢氧化钾溶液（200 g/L）：将200 g氢氧化钾溶于水中，加水稀释至1 L。贮存于塑料瓶中。

碳酸钙基准溶液 [$c(CaCO_3)=0.024$ mol/L]：称取约0.6 g（m_1）已于105～110℃烘过2 h的碳酸钙（$CaCO_3$），精确至0.0001 g，置于400 mL烧杯中，加入约100 mL水，盖上表面皿，沿杯口滴加盐酸（1+1）至碳酸钙全部溶解，加热煮沸数分钟将溶液冷至室温，移入250 mL容量瓶中，用水稀释至标线，摇匀。

CMP指示剂：称取1.000 g钙黄绿素，1.000 g甲基百里香酚蓝，0.200 g酚酞与50 g已在105℃烘干过的硝酸钾（KNO_3）混合研细，保存在磨口瓶中。

EDTA标准滴定溶液 [$c(EDTA)=0.015$ mol/L]：

（1）标准滴定溶液的配制

称取约5.6 g EDTA（乙二胺四乙酸二钠盐）置于烧杯中，加约200 mL水，加热溶解，过滤，用水稀释至1 L。

（2）EDTA标准滴定溶液浓度的标定

吸取25.00 mL碳酸钙基准溶液于400 mL烧杯中，加水稀释至约200 mL，加入适量CMP混合指示剂，在搅拌下加入氢氧化钾溶液到出现绿色荧光后再过量2～3 mL，以EDTA标准滴定溶液滴定至绿色荧光消失并呈现红色。EDTA标准滴定溶液的浓度按下式计算：

$$c(\text{EDTA}) = \frac{m_1 \times 25 \times 1\,000}{250 \times V_4 \times 100.09}$$

式中　c（EDTA）——EDTA 标准滴定溶液的浓度，mol/L；
　　　　V_4——滴定时消耗 EDTA 标准滴定溶液的体积，mL；
　　　　m_1——碳酸钙基准溶液的碳酸钙的质量，g；
　　　　100.09——$CaCO_3$ 的摩尔质量，g/mol。

（3）EDTA 标准滴定溶液对氧化镁滴定度按下式计算：

$$T_{\text{MgO}} = c(\text{EDTA}) \times 40.31$$

式中　　　T_{MgO}——每毫升 EDTA 标准滴定溶液相当于氧化镁的毫克数，mg/mL；
　　　　c(EDTA)——EDTA 标准滴定溶液的浓度，mol/L；
　　　　40.31——MgO 的摩尔质量，g/mol。

【分析试样溶液的制备】

称取约 0.5 g 试样（m_5），精确至 0.000 1 g，置于银坩埚中，加入 6～7 g 氢氧化钠试剂纯，在 650～700 ℃的高温下熔融 30 min。取出冷却，将坩埚放入已盛有 100 mL，近沸腾水的烧杯中，盖上表面皿，于电炉上适当加热。待熔块完全浸出后，取出坩埚，在搅拌下一次加入 25～30 mL 盐酸，再加入 1 mL 硝酸。用热盐酸（1+5）洗净坩埚和盖，将溶液加热至沸。冷却，然后移入 250 mL 容量瓶中，用水稀释至标线，摇匀。

【试验步骤】

从试样溶液中吸取 25.00 mL 溶液放入 40 mL 烧杯中，加水稀释至约 200 mL，加 1 mL 酒石酸钾钠溶液、5 mL 三乙醇胺。在搅拌下，用氨水（1+1）调整溶液 pH 在 9 左右（用精密 pH 试纸检验）。然后加入 25 mLpH10 缓冲溶液及少许酸性铬蓝 K-萘酚绿 B 混合指示剂，用 EDTA 标准滴定溶液滴定，近终点时，应缓慢滴定至纯蓝色。

氧化镁的质量百分数 X_{MgO} 按下式计算：

$$X_{\text{MgO}} = \frac{T_{\text{MgO}} \times (V_{12} - V_{11}) \times 10}{m_5 \times 1\,000} \times 100$$

式中　X_{MgO}——氧化镁的质量百分数，%；
　　　　T_{MgO}——每毫升 EDTA 标准滴定溶液相当于氧化镁的毫克数，mg/mL；
　　　　V_{11}——滴定氧化钙时消耗 EDTA 标准滴定溶液的体积，mL；
　　　　V_{12}——滴定钙、镁总量时消耗 EDTA 标准滴定溶液的体积，mL；
　　　　10——全部试样溶液与所分取试样溶液的体积比；
　　　　m_5——试样溶液中试料的质量，g。

允许差：同一试验室的允许差为 0.20%；不同试验室的允许差为 0.30%。

2. 含水率

含水率按水泥基渗透结晶型防水材料含水率试验方法进行。

3. 氯离子

氯离子按水泥基渗透结晶型防水材料氯离子含量试验方法进行。

4. 碱总量

碱总量按水泥基渗透结晶型防水材料碱总量试验方法进行。

(二) 物理性能

1. 细度（筛析法）

按水泥基渗透结晶型防水材料细度试验方法检验和计算。试验筛采用孔径为 0.08 mm 或 1.25 mm 的铜丝筛网布。

2. 比表面积的测定

混凝土膨胀剂的比表面积是指单位质量的膨胀剂粉末所具有的总表面积，以 m^2/g 表示。根据水泥比表面积测定方法试验。

【仪器设备】

Blaine 透气仪：如图 11-6 和图 11-7 所示，由透气圆筒、压力计、抽气装置三部分组成。

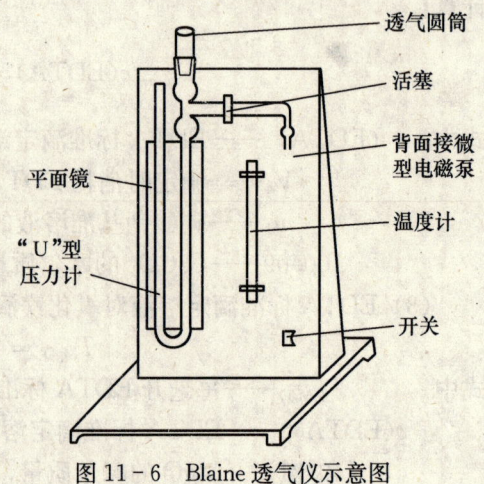

图 11-6 Blaine 透气仪示意图

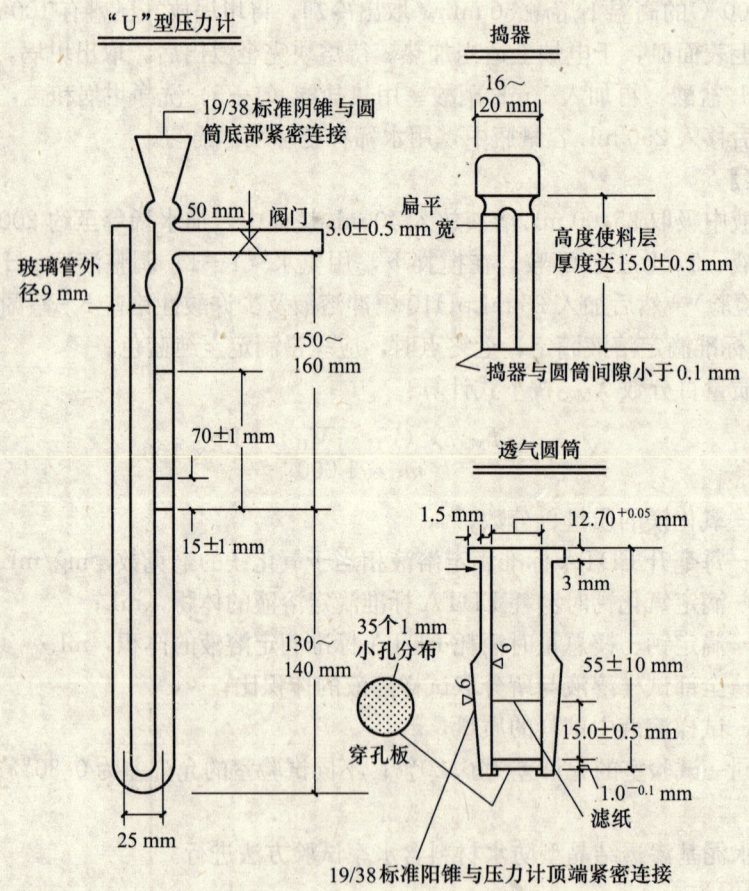

图 11-7 Blaine 透气仪结构及主要尺寸图

透气圆筒：内径为 12.7+0.05 mm，由不锈钢制成。圆筒的上口边应与圆筒主轴垂直，圆筒下部锥度应与压力计上玻璃磨口锥度一致，二者应严密连接。在圆筒内壁，距离圆筒上口边 55±10 mm 处有一突出的宽度为 0.5～1 mm 边缘，以放置金属穿孔板。

穿孔板由不锈钢或其他不受腐蚀的金属制成，厚度为 1.0±0.1 mm。在其面上，等距离地打 35 个直径为 1 mm 的小孔，穿孔板应与圆筒内壁密合。

捣器：用不锈钢制成，插入圆筒时，其间隙不大于 0.1 mm。捣器的底面应与主轴垂直，侧面有一个扁平槽，宽度 3.0±0.3 mm。捣器的顶部有一个支持环，当捣器放入圆筒时，支持环与圆筒上口边接触，这时捣器底面与穿孔圆板之间的距离为 15.0±0.5 mm。

压力计：U 形压力计尺寸如图 11-7 所示，由外径为 9 mm 的，具有标准厚度的玻璃管制成。压力计一个臂的顶端有一锥形磨口与透气圆筒紧密连接，在连接透气圆筒的压力计臂上刻有环形线。从压力计底部往上 280～300 mm 处有一个出口管，管上装有一个阀门，连接抽气装置。

抽气装置：用小型电磁泵，也可用抽气球。

滤纸：采用符合国标的中速定量滤纸。

分析天平：分度值为 1 mg。

计时秒表：精确到 0.5 s。

【需用材料】

压力计液体采用带有颜色的蒸馏水。

基准材料采用中国水泥质量监督中心制备的标准试样

【仪器校准】

(1) 漏气检查

将透气圆筒上口用橡皮塞塞紧，接到压力计上。用抽气装置从压力计一臂中抽出部分气体，然后关闭阀门，观察是否漏气。如发现漏气，用活塞油脂加以密封。

(2) 试料层体积测定

1) 用水银排代法　将二片滤纸沿圆筒壁放入透气圆筒内，用一直径比透气圆筒略小的细长棒往下按，直到滤纸平整放在金属的穿孔板上。然后装满水银，用一小块薄玻璃板轻压水银表面，使水银面与圆筒口平齐，并须保证在玻璃板和水银表面之间没有气泡或空洞存在。从圆筒中倒出水银，称量，精确至 0.05 g。重复几次测定，到数值基本不变为止。然后从圆筒中取出一片滤纸，用约 3.3 g 的水泥倒入圆筒内，轻敲圆筒的边，使水泥层表面平坦，再放入一滤纸，用捣器均匀捣实，直至捣器的支持环紧紧接触顶边并旋转两周，慢慢取出捣器（注：应制备坚实的水泥层：如太松或水泥不能压到要求体积时，应调整水泥的试用量）。再在圆筒上部空间注入水银，用一小块玻璃板轻压水银表面，使水银面与圆筒口平齐，并保证在玻璃板与水银表面之间没有气泡或空洞存在，倒出水银称量，重复几次，直到水银称量相差小于 50 mg 为止。

2) 圆筒内试料层体积 (V) 按下式计算。精确到 0.005 cm³。

$$V = (P_1 - P_2)/\rho_{水银}$$

式中　V——试料层体积，cm³；

P_1——未装水泥时，充满圆筒的水银质量，g；

P_2——装水泥后,充满圆筒的水银质量,g;

$\rho_{水银}$——试验温度水银的密度,g/cm³。

3) 试料层体积的测定,至少应进行二次。每次单独压实,取二次数值相差不超过 0.005 cm³ 的平均值,并记录测定过程中圆筒附近的温度。每隔一季度至半年应重新校正试料层体积。

【试验步骤】

(1) 试样准备

将 110±5 ℃下烘干并在干燥器中冷却到室温的标准试样,倒入 100 ml 的密闭瓶内,用力摇动 2 min,将结块成团的试样振碎,使试样松散。静置 2 min 后,打开瓶盖,轻轻搅拌,使在松散过程中落到表面的细粉,分布到整个试样中。

膨胀剂试样,应先通过 0.9 mm 方孔筛,再在 110±5 ℃下烘干,并在干燥器中冷却至室温。

(2) 确定试样量

校正试验用的标准试样量和被测定膨胀剂的质量,应达到在制备的试料层中空隙率为 0.500±0.005,计算式为:

$$W = \rho V(1-\varepsilon)$$

式中 W——需要的试样量,g;

ρ——试样密度,g/cm³;

V——按测定的试料层体积,cm³;

ε——试料层空隙率。

注:空隙率是指试料层中孔的容积与试料层总的容积之比,一般水泥采用 0.500±0.005。如有些粉料按上式算出的试样量在圆筒的有效体积中容纳不下或经捣实后未能充满圆筒的有效体积,则允许适当地改变空隙率。

(3) 试料层装备

将穿孔板放入透气圆筒的突缘上,用一根直径比圆筒略小的细棒把一片滤纸送到穿孔板上,边缘压紧。称取确定的膨胀剂量,精确到 0.001 g,倒入圆筒。轻敲圆筒的边,使水泥层表面平坦。再放入一片滤纸,用捣器均匀捣实试料直至捣器的支持环紧紧接触圆筒顶边并旋转两周,慢慢取出捣器。

注:穿孔板的滤纸,应是与圆筒内径相同、边缘光滑的圆片,穿孔板上的滤纸如比圆筒内径小时,会有部分试样粘于圆内壁高出圆板上部;当滤纸直径大于圆筒内径时,会引起滤纸片皱起使结果不准。每次测完需用新的滤纸片。

(4) 透气试验

把装有试料层的透气圆筒连接到压力计上,要保证紧密连接不致漏气,并不振动所制备的试料层。

注:为避免漏气。可先在圆筒下锥面涂一薄层活塞油脂,然后把它插入压力计顶端锥形磨口处,旋转二周。

打开微型电磁泵慢慢从压力计一臂中抽出空气,直到压力计内液面上升到扩大部下端时关闭阀门。当压力计内液体的凹月面下降到第一个刻线时开始计时,当液体的凹月面下降到第二刻线时停止计时,记录液面从第一条刻度线到第二条刻度线所需的时间。以秒记录,并记下试验时的温度(℃)。

(5) 计算

当被测物料的密度、试料层中空隙率与标准试样相同，试验时温差≤3℃时，可按下式计算：

$$S = \frac{S_s \sqrt{T}}{\sqrt{T_s}}$$

如试验时温差大于±3℃时，则按下式计算：

$$S = \frac{S_s \sqrt{T} \sqrt{\eta_s}}{\sqrt{T_s} \sqrt{\eta}}$$

式中　S——被测试样的比表面积，cm^2/g；
　　　S_s——标准试样的比表面积，cm^2/g；
　　　T——被测试样试验时，压力计中液面降落测得的时间，s；
　　　T_s——标准试样试验时，压力计中液面降落测得的时间，s；
　　　η——被测试样试验温度下的空气粘度，$Pa \cdot s$；
　　　η_s——标准试样试验温度下的空气粘度，$Pa \cdot s$。

当被测试样的试料层中空隙率与标准试样试料层中空隙率不同，试验时温差≤±3℃时，可按下式计算：

$$S = \frac{S_s \sqrt{T}(1-\varepsilon_s) \sqrt{\varepsilon^3}}{\sqrt{T_s}(1-\varepsilon) \sqrt{\varepsilon_s^3}}$$

如试验时温差大于±3℃时，则按下式计算：

$$S = \frac{S_s \sqrt{T}(1-\varepsilon_s) \sqrt{\varepsilon^3} \sqrt{\eta_s}}{\sqrt{T_s}(1-\varepsilon) \sqrt{\varepsilon_s^3} \sqrt{\eta}}$$

式中　ε——被测试样试料层中的空隙率；
　　　ε_s——标准试样试料层中的空隙率。

当被测试样的密度和空隙率均与标准试样不同，试验时温差≤±3℃时，可按下式计算：

$$S = \frac{S_s \sqrt{T}(1-\varepsilon_s) \sqrt{\varepsilon^3} \rho_s}{\sqrt{T_s}(1-\varepsilon) \sqrt{\varepsilon_s^3} \rho}$$

如试验时温度相差大于±3℃时，则按下式计算：

$$S = \frac{S_s \sqrt{T}(1-\varepsilon_s) \sqrt{\varepsilon^3} \rho_s \sqrt{\eta_s}}{\sqrt{T_s}(1-\varepsilon) \sqrt{\varepsilon_s^3} \rho \sqrt{\eta}}$$

式中　ρ——被测试样的密度，g/cm^3；
　　　ρ_s——标准试样的密度，g/cm^3。

膨胀剂的比表面积应由二次透气试验结果的平均值确定。如二次试验结果相差2%以上时，应重新试验。计算应精确至$10\ cm^2/g$，$10\ cm^2/g$以下的数值按四舍五入计。

以cm^2/g为单位算得的比表面积值换算为m^2/kg单位时，需乘以系数0.1。

不同温度下水银密度、空气粘度列于表11-20，水泥层空隙率值列于表11-21，空气流过时间列于表11-22。

表 11-20 在不同温度下水银密度、空气粘度 η 和 $\sqrt{\eta}$

室温℃	水银密度（g/cm³）	空气粘度 η（Pa·s）	$\sqrt{\eta}$
8	13.58	0.0001749	0.01322
10	13.57	0.0001759	0.01326
12	13.57	0.0001768	0.01330
14	13.56	0.0001778	0.01333
16	13.56	0.0001788	0.01337
18	13.55	0.0001798	0.01341
20	13.55	0.0001808	0.01345
22	13.54	0.0001818	0.01348
24	13.54	0.0001828	0.01352
26	13.53	0.0001837	0.01355
28	13.53	0.0001847	0.01359
30	13.52	0.0001857	0.01363
32	13.52	0.0001867	0.01366
34	13.51	0.0001876	0.01370

表 11-21 水泥层空隙率值

水泥层空隙率 ε	$\sqrt{\varepsilon^3}$	水泥层空隙率 ε	$\sqrt{\varepsilon^3}$
0.495	0.348	0.505	0.359
0.496	0.349	0.506	0.360
0.497	0.350	0.507	0.361
0.498	0.351	0.508	0.362
0.499	0.352	0.509	0.363
0.500	0.354	0.510	0.364
0.501	0.355	0.515	0.369
0.502	0.356	0.520	0.374
0.503	0.357	0.525	0.380
0.504	0.358	0.530	0.386

续表

水泥层空隙率 ε	$\sqrt{\varepsilon^3}$	水泥层空隙率 ε	$\sqrt{\varepsilon^3}$
0.535	0.391	0.565	0.425
0.540	0.397	0.570	0.430
0.545	0.402	0.575	0.436
0.550	0.408	0.580	0.442
0.555	0.413	0.590	0.453
0.560	0.419	0.600	0.465

表 11-22 空气流过时间

(T——空气流过时间（s），$\sqrt{T}$——式中应用的因素）

T	$\sqrt{T}$	T	$\sqrt{T}$	T	$\sqrt{T}$	T	$\sqrt{T}$	T	$\sqrt{T}$	T	$\sqrt{T}$
26	5.10	40	6.32	54	7.35	68	8.25	82	9.06	96	9.80
27	5.20	41	6.40	55	7.42	69	8.31	83	9.11	97	9.85
28	5.29	42	6.48	56	7.48	70	8.37	84	9.17	98	9.90
29	5.39	43	6.56	57	7.55	71	8.43	85	9.22	99	9.95
30	5.48	44	6.63	58	7.62	72	8.49	86	9.27	100	10.00
31	5.57	45	6.71	59	7.68	73	8.54	87	9.33	102	10.10
32	5.66	46	6.78	60	7.75	74	8.60	88	9.38	104	10.20
33	5.74	47	6.86	61	7.81	75	8.66	89	9.43	106	10.30
34	5.83	48	6.93	62	7.87	76	8.72	90	9.49	108	10.39
35	5.92	49	7.00	63	7.94	77	8.77	91	9.54	110	10.49
36	6.00	50	7.07	64	8.00	78	8.83	92	9.59	115	10.72
37	6.08	51	7.14	65	8.06	79	8.89	93	9.64	120	10.95
38	6.16	52	7.21	66	8.12	80	8.94	94	9.70	125	11.18
39	6.24	53	7.28	67	8.19	81	9.00	95	9.75	130	11.40

续表

T	$\sqrt{T}$	T	$\sqrt{T}$	T	$\sqrt{T}$	T	$\sqrt{T}$	T	$\sqrt{T}$	T	$\sqrt{T}$
135	11.62	155	12.45	175	13.23	195	13.96	230	15.17	270	16.43
140	11.83	160	12.65	180	13.42	200	14.14	240	15.49	280	16.73
145	12.04	165	12.85	185	13.60	210	14.49	250	15.81	290	17.03
150	12.25	170	13.04	190	13.78	220	14.83	260	16.12	300	17.32

3. 限制膨胀率试验方法

【仪器设备】

测量仪：由千分表和支架组成，如图 11-8 所示，千分表刻度值最小为 0.001 mm。

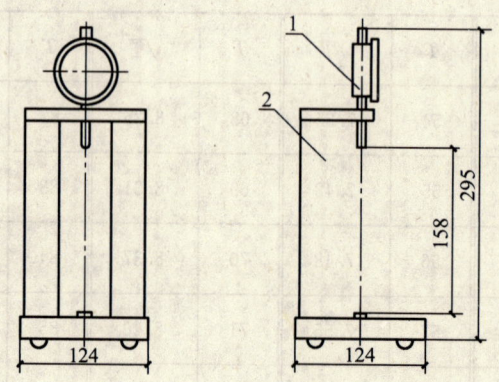

图 11-8　测量仪
1—千分表；2—支架

纵向限制器：由纵向钢丝与钢板焊接而成，如图 11-9 所示。

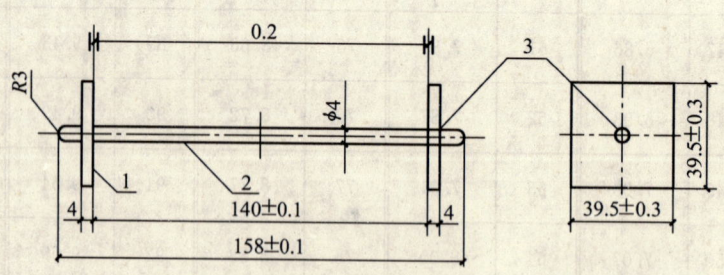

图 11-9　纵向限制器
1—钢板；2—钢丝；3—铜焊处

钢丝采用 GB 4357 规定的 D 级弹簧钢丝，铜焊处拉脱强度不低于 785 MPa；纵向限制器不应变形，生产检验使用次数不应超过 5 次，仲裁检验不应超过 1 次。搅拌机、振动台、试模及下料漏斗。

【试验条件】

标准试验条件:温度 20±5℃,相对湿度≥50%。

恒温恒湿(箱)室温度为 20±2℃,湿度为 60±5%。

每日应检查并记录温度、湿度变化情况。

【试体制作】

试体全长 158 mm,其中胶砂部分尺寸为 40 mm×40 mm×140 mm。

试验材料:水泥:52.5 级硅酸盐水泥;

砂:粒径小于 5 mm 的中砂,细度模数为 2.6~2.9。

水:饮用水。

水泥胶砂配合比:

成型 3 条试体需称量的材料和用量见表 11-23。

表 11-23 限制膨胀率材料用量

材 料	代 号	用 量
水泥(g)	C	457.6
膨胀剂(g)	E	62.4
标准砂(g)	S	1040
拌和水(g)	W	208

注:① $\frac{E}{C+E}=0.12$ $\frac{S}{C+E}=2.0$ $\frac{W}{C+E}=0.40$

② 混凝土膨胀剂检验时的最大掺量为 12%,但允许小于 12%。生产厂在产品说明书中,应对检验限制膨胀率、抗压强度和抗折强度规定统一的掺量。

水泥胶砂搅拌,试体成型:

按无机防水堵漏材料规定的水泥胶砂搅拌、试体成型方法试验。

试体脱模:

脱模时间以抗压强度 10±2 MPa 确定。

【试体测长和养护】

(1) 试体测长

试体脱模后在 1 h 内测量初始长度。

测量完初始长度的试体立即放入水中养护,测量水中第 7 d 的长度(L_1)变化,即水中 7 d 的限制膨胀率。

测量完初始长度的试体立即放入水中养护,测量水中第 28 d 的长度(L_1)变化,即水中 28 d 的限制膨胀率。

测量完水中养护 7 d 试体长度后,放入恒温恒湿(箱)室养护 21 d,测量长度(L_1)变化,即为空气中 21 d 的限制膨胀率。

测量前 3 h,将测量仪、标准杆放在标准试验室内,用标准杆校正测量仪并调整千分表零点。测量前,将试体及测量仪测头擦净。每次测量时,试体记有标志的一面与测量仪的相对位置必须一致,纵向限制器测头与测量仪测头应正确接触,读数应精确至 0.001 mm。不同龄期的试体应在规定时间±1 h 内测量。

(2) 试体养护

养护时,应注意不损伤试体测头。试体之间应保持 15 mm 以上间隔,试体支点距限制钢板两端约 30 mm。

结果计算

限制膨胀率按下式计算:

$$\varepsilon = \frac{L_1 - L}{L_0} \times 100$$

式中 ε——限制膨胀率,%;

L_1——所测龄期的限制试体长度,mm;

L——限制试体初始长度,mm;

L_0——限制试体的基长,140 mm。

取相近的两条试体测量值的平均值作为限制膨胀率测量结果,计算应精确至小数点后第三位。

4. 抗压强度与抗折强度

混凝土膨胀剂的抗压强度与抗折强度的试验方法按无机防水堵漏材料试验方法进行。每成型 3 条试体需称量的材料及用量如表 11-24。

表 11-24 抗压强度与抗折强度材料用量

材料	代 号	用 量
水泥 (g)	C	396
膨胀剂 (g)	E	54
标准砂 (g)	S	1350
拌和水 (g)	W	225

注:① $\frac{E}{C+E}=0.12$ $\frac{S}{C+E}=3.0$ $\frac{W}{C+E}=0.50$

② 混凝土膨胀剂检验时的最大掺量为 12%,但允许小于 12%。生产厂在产品说明书中,应对检验限制膨胀率、抗压强度和抗折强度规定统一的掺量。

5. 凝结时间

凝结时间按无机防水堵漏材料凝结时间测定方法进行。

五、判定规则

经检验,产品各项性能均符合表 11-19 规定指标,判为合格品;若有一项指标不符合本标准要求时,则判为不合格品,不合格品不得出厂。

试验报告

试验报告内容应包括本标准出厂检验与型式检验项目。

生产厂应在产品发出之日起 12 d 内寄发出厂检验报告和型式检验报告；28 d 强度数值，应在产品发出之日起 32 d 内补报。

仲裁检验

若用户对产品质量提出疑问，用生产厂同一编号的封存样交由国家指定的省级以上质量监督检验机构进行仲裁检验。如用户要求现场取样，由用户和生产单位人员协商于现场共同取样。

第四节　混凝土外加剂

混凝土外加剂是在混凝土拌和料中加入的不影响混凝土和易性条件下具有减水及增强作用的外加剂，在混凝土中加入这种外加剂，可制成掺外加剂的防水混凝土。常用的外加剂主要有普通减水剂、高效型减水剂、早强型减水剂、缓凝型减水剂、引气型减水剂、缓凝高效型减水剂等。执行标准为 GB 8076—1997。

一、定义

普通型减水剂是指具有减水及增强作用的减水剂。

高效型减水剂是指具有大幅度减水及增强作用的减水剂。

早强型减水剂是指兼有早强作用的减水剂。

缓凝型减水剂是指兼有缓凝作用的减水剂。

引气型减水剂是指兼有引气作用的减水剂。

缓凝高效型减水剂是指兼有缓凝和大幅度减少拌和用水量的减水剂。

基准砂浆是指不掺外加剂的防水砂浆。

基准混凝土是指不掺外加剂的防水混凝土。

二、技术要求

掺外加剂混凝土性能指标应符合表 11-25 的规定要求。

匀质性指标应符合表 11-26 的要求。

三、检验规则

（一）取样与编号

试样分点样和混合样。点样是在一次生产的产品所得试样，混合样是三个或更多的点样等量均匀混合而取得的试样。

生产厂应根据产量和生产设备条件，将产品分批编号，掺量大于 1%（含 1%）同品种的外加剂每一编号为 100 t，掺量小于 1% 的外加剂每一编号为 50 t，不足 100 t 或 50 t 的也可按一个批量计，同一编号的产品必须混合均匀。

每一编号取样量不少于 0.2 t 水泥所需用的外加剂量。

表 11-25 掺外加剂混凝土性能指标

试验项目		普通减水剂		高效减水剂		早强减水剂		缓凝高效减水剂		缓凝减水剂		引气减水剂		早强剂		缓凝剂		引气剂	
		一等品	合格品	一等品	合格品	一等品	合格品	一等品	合格品	一等品	合格品	一等品	合格品	一等品	合格品	一等品	合格品	一等品	合格品
减水率(%)不小于		8	5	12	10	8	5	12	10	8	—	10	10	—	—	—	—	6	6
泌水率比(%)不大于		95	100	90	95	95	100	100	—	100	—	70	80	100	—	100	110	70	80
含气量(%)		≤3.0	≤4.0	≤3.0	≤4.0	≤3.0	≤4.0	≤4.5	—	<5.5	—	>3.0	—	—	—	—	—	>3.0	—
凝结时间之差(min)	初凝	−90～+120	—	−90～+120	—	−90～+90	—	—	—	—	—	−90～+120	—	−90～+90	—	—	—	−90～+120	—
	终凝	—	—	—	—	—	—	>+90	—	>+90	—	—	—	—	—	>+90	—	—	—
抗压强度比(%)不小于	1d	—	—	—	—	140	130	—	—	—	—	—	—	135	125	—	—	—	—
	3d	115	110	140	130	130	120	125	120	100	—	115	110	130	120	100	90	95	80
	7d	115	110	130	120	115	110	125	115	110	—	110	100	110	105	100	90	95	80
	28d	110	105	125	115	105	100	120	110	100	105	100	—	100	95	100	90	90	80
收缩率比(%)不大于 28d		135	135	135	135	135	135	135		135		135		135		135		135	
相对耐久性指标(%) 200次,不小于		—	—	—	—	—	—	—	—	—	—	80	60	—	—	—	—	80	60
对钢筋锈蚀作用		应说明对钢筋有无锈蚀危害																	

注:
① 除含气量外,表中所列数据均为掺外加剂混凝土与基准混凝土的差值或比值。
② 凝结时间同指标,"—"号表示提前,"+"号表示延缓。
③ 相对耐久性指标一栏中,"200 次≥80 和 60"表示将 28 d 龄期的掺外加剂混凝土试件冻融循环 200 次后,动弹性模量保留值≥80%或≥60%。
④ 对可以用高频振捣排除的、由外加剂所引入的气泡的产品,允许用高频振捣,达到某类型性能指标要求的外加剂,可按本表进行命名和分类,但须在产品说明书和包装上注明"用于高频振捣的××剂"

表 11-26 匀质性指标

试验项目	指标
含固量或含水量	a. 对液体外加剂，应在生产厂所控制值的相对量的3%内； b. 对固体外加剂，应在生产厂控制值的相对量的5%之内
密度	对液体外加剂，应在生产厂所控制值的±0.02 g/cm³ 之内
氯离子含量	应在生产厂所控制值相对量的5%之内
水泥净浆流动度	应不小于生产控制值的95%
细度	0.315 mm 筛筛余应小于15%
pH 值	应在生产厂控制值±1之内
表面张力	应在生产厂控制值±1.5之内
还原糖	应在生产厂控制值±3%
总碱量（$Na_2O+0.658 K_2O$）	应在生产厂控制值的相对量的5%之内
硫酸钠	应在生产厂控制值的相对量的5%之内
泡沫性能	应在生产厂控制值的相对量的5%之内
砂浆减水率	应在生产厂控制值±1.5%之内

（二）试样及留样

每一编号取得的试样应充分混匀，分为两等份，一份按表 11-26 中规定部分项目进行试验，另一份要密封保存半年，以备有疑问时提交国家指定的检验机关进行复验或仲裁。

（三）检验分类

出厂检验：每编号外加剂检验项目，根据其品种不同按表 11-27 项目进行检验。

表 11-27 外加剂测定项目

测定项目	外加剂品种									备 注
	普通减水剂	高效减水剂	早强减水剂	缓凝高效减水剂	缓凝减水剂	引气减水剂	早强剂	缓凝剂	引气剂	
固体含量	√	√	√	√	√	√	√	√	√	
密度										液体外加剂必测
细度										粉状外加剂必测
pH 值	√	√	√	√	√	√				
表面张力		√		√		√			√	
泡沫性能					√				√	
氯离子含量	√	√	√	√	√	√	√	√	√	

续表

测定项目	普通减水剂	高效减水剂	早强减水剂	缓凝高效减水剂	缓凝减水剂	引气减水剂	早强剂	缓凝剂	引气剂	备注
硫酸钠含量										含有硫酸钠的早强减水剂或早强剂必测
总碱量	√	√	√	√	√	√	√	√	√	每年至少一次
还原糖分	√			√	√		√			木质素磺酸钙减水剂必测
水泥净浆流动度	√	√	√	√	√	√				两种任选一种
水泥砂浆流动度	√	√	√	√	√	√				

型式检验：型式检验项目包括匀质性及新拌及硬化混凝土性能指标。

四、试验方法

（一）材料

基准水泥：52.5 级硅酸盐水泥，品质指标（除满足 52.5 级硅酸盐水泥技术指标外）如下：

铝酸三钙（C_3A）含量 6%～8%。

硅酸三钙（C_3S）含量 50%～55%。

游离氧化钙（f-CaO）含量不得超过 1.2%。

碱（$Na_2O+0.658K_2O$）含量不得超过 1.0%。

水泥比表面积（320±20）m^2/kg。

基准水泥必须经中国水泥质量监督中心确认具备生产条件的工厂供给。在因故得不到基准水泥时，允许采用 C_3A 含量 6%～8%，总碱量（$Na_2O+0.658K_2O$）不大于 1% 的熟料和二水石膏、矿渣共同磨制的标号大于（含）52.5 级普通硅酸盐水泥。但仲裁仍需用基准水泥。

石子：粒径为 5～20 mm（圆孔筛），采用二级配，其中 5～10 mm 占 40%，10～20 mm 占 60%。如有争议，以卵石试验结果为准。

水：可饮用水。

外加剂：需检测的外加剂。

（二）配合比

基准混凝土配合比设计应符合以下规定：

水泥用量：采用卵石时，310±5 kg/m^3；采用碎石时，330±5 kg/m^3。

砂率：基准混凝土和掺外加剂混凝土的砂率均为 36%～40%，但掺引气减水剂和引气剂的混凝土砂率应比基准混凝土低 1%～3%。

外加剂掺量：按科研单位或生产厂推荐的掺量。

用水量：应使混凝土坍落度达 80±10 mm。

试件用振动台振动 15~20 s，用插入式高频振捣器（ϕ25 mm，14000 次/min）振捣时间为 8~12 s。试件预养温度为 20±3 ℃。

（三）混凝土搅拌

按防水混凝土试验方法进行，采用 60 L 自落式混凝土搅拌机，搅拌 3 min。

（四）试件制作及试验所需试件数量

按防水混凝土试验方法进行，但混凝土预养温度为 20±3 ℃。

试验项目及所需数量列于表 11-28。

表 11-28 试验项目及所需数量

试验项目	外加剂类别	试验类别	试验所需数量			
			混凝土拌和批数	每批取样数目	掺外加剂混凝土总取样数目	基准混凝土总取样数目
减水率	除早强剂、缓凝剂外各种外加剂	混凝土拌和物	3	1次	3次	3次
泌水率比	各种外加剂	混凝土拌和物	3	1个	3个	3个
含气量			3	1个	3个	3个
凝结时间差			3	1个	3个	3个
抗压强度比		硬化混凝土	3	9 或 12 块	27 或 36 块	27 或 36 块
收缩比率			3	1块	3块	3块
相对耐久性指标	引气剂、引气减水剂	硬化混凝土	3	1块	3块	3块
钢筋锈蚀	各种外加剂	新拌或硬化砂浆	3	1块	3块	3块

注：①试验时，检验一种外加剂的三批混凝土要在同一天内完成。
②试验龄期参考表 11-2 的试验项目。

（五）混凝土拌和物

1. 减水率与减水率比的测定

按照防水剂减水率与减水率比试验方法进行试验。

2. 凝结时间差测定

按照防水剂凝结时间差试验方法试验。

3. 含气量测定

按照普通防水混凝土含气量试验方法试验。

（六）硬化混凝土

1. 抗压强度比测定

按照防水剂抗压强度比试验方法试验。

2. 收缩率比测定

按照防水剂收缩率比试验方法测定。

3. 相对耐久性试验

按照防水混凝土抗冻性试验方法试验。

将试件养护 28 d 后进行冻融循环试验。每批混凝土拌和物取一个试样，冻融循环次数以 3 个试件动弹性模量的算术平均值表示。

相对耐久性指标是以掺外加剂混凝土冻融 200 次后的动弹性模量降至 80% 或 60% 以上评定外加剂质量。

4. 钢筋锈蚀试验

按防水剂钢筋锈蚀试验方法进行。

（七）外加剂匀质性

1. 外加剂匀质性试验

按防水剂试验方法中含固量、含水量、总碱量（$Na_2O+0.658K_2O$）、密度、氯离子含量、细度等试验。

2. 外加剂表面张力试验

按膨胀剂表面张力试验方法进行试验。

3. 外加剂减水率

按水泥基渗透结晶型防水材料减水率试验方法进行试验。

4. pH 值试验方法

【仪器】

酸度计，甘汞电极，玻璃电极。

【试验步骤】

(1) 溶液配制

配制 1%、5% 浓度的外加剂溶液。

(2) 电极安装

先把电极夹子夹在电极杆上，然后将已在蒸馏水中浸泡 24 h 的玻璃电极和甘汞电极夹在电极夹上，并适当地调整两支电极的高度和距离，将两支电极的插头引出线分别正确地全部插入插孔，以便紧固在接线柱上。

(3) 校正

将适量的标准缓冲溶液注入试杯，将两支电极浸入溶液。

将温度补偿器调至在被测缓冲液的实际温度位置上。

按下读数开关，调节读数校正器，使电表指针指在标准溶液的 pH 值位置。

复按读数开关，使其处在开放位置，电表指针应退回到 pH=7 处。

校正至此结束，以蒸馏水冲洗电极，校正后切勿再旋转校正调节器，否则必须重新校正。

(4) 测量

手执滤纸片的一端用另一端轻轻地将附于电极上的剩余溶液吸干，或用被测溶液洗涤电极，然后将电极浸入被测溶液中轻轻摇动试杯，使溶液均匀。

温度器拨在被测溶液的温度 20±3 ℃位置，按下读数开关，电表指针所指示的值即为溶液的 pH 值。

测量完毕后，复按读数开关，使电表指针退回 pH＝7 位置，用蒸馏水冲洗电极，以待下次测量。

（5）测试结果

测试结果取 3 个试样测定数据的平均值，精确至 0.1。

5. 泡沫性能试验方法

泡沫性能试验方法分为改进罗氏泡沫仪法和机控法，都可用于测定混凝土外加剂溶液因外力作用形成泡沫的特性及泡沫稳定性。

（1）改进罗氏泡沫仪法

【仪器设备】

秒表。

改进罗氏泡沫仪：构造示意见图 11-10。直径 40.00±0.05 mm。高度 900.0±0.1 mm；刻度额定值 1 mm 相适于 12.56 mL；管子必须笔直。

【试验步骤】

在 20±3 ℃的室内把泡沫仪安装在坚固稳定的支架上，使泡沫仪保持垂直。配制 1000 mL 外加剂溶液，浓度为 0.5%，1.0%，将配好的溶液放在恒温室内使之达到室温。沿泡沫仪的管壁缓缓加入 50 mL 已恒温的外加剂溶液（注意不要引起泡沫），使溶液流满下刻度线。在泡沫移液管中，吸入已恒温的被测溶液 200 mL（至上刻度线处），关闭塞子，下端插在泡沫仪上端插口处。开启 P 的塞子，使液体自由落下与下端的溶液相冲而引起泡沫，至全部 200 mL 溶液流完后，立即开启秒表计时。

【读数与记录】

记录液体刚流尽时，产生泡沫的最大体积；

记录 T 分钟剩余泡沫的体积（一般为 3 min）；

记录泡沫全部降至刚露出液面时的时间。

【结果表示】

起泡力：产生泡沫的能力，用最大泡沫体积表示，mL。

消泡时间：泡沫从最大体积降至刚露出液面的时间，以 min 或 s 表示。

剩余泡沫百分率。

剩余泡沫百分率按下式计算

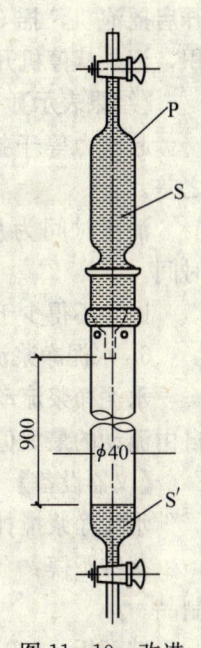

图 11-10 改进罗氏泡沫仪
P—泡沫移液管；
S—试液（200 mL）；
S′—试液（50 mL）

$$A = \frac{V_1}{V} \times 100$$

式中　A——剩余泡沫率，%；

　　　V——泡沫最大体积，mL；

　　　V_1——T 分钟后，剩余泡沫的体积，mL（时间 T 由外加剂品种决定，一般为 3 min）。

起泡力低消泡时间短的外加剂溶液，无法计算 A（%），以消泡时间表示泡沫稳定性。试样不应少于 3 个，结果取平均值，测量误差允许±2 mL。

(2) 机摇法

【仪器设备】

摇泡机：构造示意见图 11-11。

具塞量筒：100 mL。

容量瓶：500 mL。

移液管：20 mL。

秒表。

【试验步骤】

配制 500 mL 外加剂溶液，浓度为 0.5%，1.0%。将配好的溶液放在恒温室内使之达到室温。在具塞量筒中，沿壁装入一定浓度的外加剂溶液 20 mL，将具塞量筒固定于摇泡机的样品座上。开启摇泡机，摇 30 s（84 次）静置，立即迅速量出泡沫最大体积，记录从停机开始到泡沫消退至刚露出液面所需的时间。

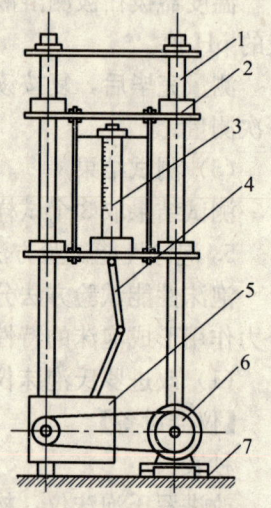

图 11-11　摇泡机示意图
1—主架；2—升降架；
3—具塞量筒；4—曲臂；
5—减速箱；6—电动机；
7—底座

【结果表示】

起泡力等于摇 30 s 后泡沫最大体积与起始体积（20 mL）之差。

消泡时间为从停机开始到泡沫消退至刚露出液面所需的时间。

试验不得少于 3 次，结果取平均值。

6. 水泥净浆流动度

水泥净浆流动度是衡量外加剂对水泥浆体扩散能力的大小，用水泥净浆在玻璃板平面上自由流动的最大值表示，单位为 mm。

【仪器设备】

水泥净浆搅拌机。

截锥圆模：上口直径 36 mm，下口直径 60 mm，高度为 60 mm，内壁光滑无接缝的金属制品。

玻璃板：400 mm×400 mm，厚 5 mm。

秒表，钢直尺，刮刀。

药物天平，（称量 100 g，分度值 0.1 g）；药物天平，（称量 1000 g，分度值 1 g）。

【试验步骤】

将玻璃板放置在水平位置，用湿布将玻璃板，截锥圆模，搅拌器及搅拌锅均匀擦过，使其表面湿而不带水渍。将截锥圆模放在玻璃板的中央，并用湿布覆盖待用。称取水泥 300 g，倒入搅拌锅内。

加入推荐掺量的外加剂及 87 g 或 105 g 水，搅拌 3 min。将拌好的净浆迅速注入截锥圆模内，用刮刀刮平，将截锥圆模按垂直方向提起，同时开启秒表计时，任水泥净浆在玻璃板上流动，至 30 s，用直尺量取流淌部分互相垂直的两个方向的最大直径，取平均值作为水泥净浆流动度。

【结果表达】

表达净浆流动度时，需注明用水量，所用水泥的标号、名称、型号及生产厂和外加剂掺量。

试样数量不应少于3个,结果取平均值,误差为±5 mm。

7. 硫酸钠含量

在混凝土外加剂中,尤其蒽系和萘系减水剂中硫酸钠含量要控制,否则将影响外加剂的防水效果。外加剂中硫酸钠的含量以百分含量表示,单位为%。

硫酸钠含量的测定方法有两种:质量法和离子交换法。

(1) 质量法

【仪器设备】

电阻高温炉:最高温度900～1000 ℃。

分析天平:称量200 g,分度值0.1 mg。

瓷坩埚:18～30 mL。

烧杯:400 mL。

慢速定量滤纸,快速定性滤纸,长颈漏斗。

【试剂】

5%氯化铵溶液,

10%氯化钡溶液,

0.1%硝酸银溶液,

1:1盐酸。

【试验步骤】

称取试样0.5000 g,于400 mL烧杯中,加入200 mL蒸馏水搅拌溶解,再加入5%氯化铵溶液50 mL,加热煮沸后,用快速定性滤纸过滤,用蒸馏水洗涤数次后,将滤液浓缩至200 mL左右,滴加1:1盐酸至浓缩滤液显示酸性,再多加5～10滴盐酸,煮沸后在不断搅拌下趁热滴加10%氯化钡溶液10 mL,继续煮沸15 min,取下烧杯,置于加热板上,保持50～60 ℃静置2～4 h或常温静置8 h。

用两张慢速定量滤纸过滤,烧杯中的沉淀用70 ℃蒸馏水洗净,使沉淀全部转移到滤纸上,用温热蒸馏水洗涤沉淀至无氯根为止(用0.1%硝酸银溶液检验)。将沉淀与滤纸移入预先灼烧恒重的坩埚中,小火烘干、灰化。在800 ℃电阻高温炉中灼烧半小时,然后在干燥器里冷却到室温(约30 min),取出称量,再将坩埚放回高温炉中,灼烧20 min,取出冷却至室温称量,如此反复直至恒重(两次称量误差小于±0.0002 g)。

【结果计算】

外加剂中硫酸钠含量按下式计算:

$$Na_2SO_2(\%) = \frac{(m_2 - m_1) \times 0.6086}{m} \times 100$$

式中　　m——试样重,g;

　　　　m_1——空坩埚重,g;

　　　　m_2——灼烧后滤渣加坩埚重,g;

　　　　0.6086——硫酸钡换算成硫酸钠的系数。

试样数量不应少于三个,结果取平均值,精确至±0.001。

(2) 离子交换法

试样加入氯化铵溶液沉淀处理时，如发现絮凝物而不易过滤时，改用离子交换法。

【仪器与试剂】

仪器与试剂同质量法。

预先经活化处理过的 717-OH 型阴离子交换树脂。

【试验步骤】

准确称取外加剂样品 0.2000～0.5000 g，于盛有 6 g 717-OH 型阴离子交换树脂的 100 mL 烧杯中，加入 60 mL 水和电磁搅拌棒，在电磁电热式搅拌器上加热至 60～65 ℃，搅拌 10 min，进行离子交换。

将烧杯取下，用快速定性滤纸于三角漏斗上过滤，弃去滤液。然后用 50～60 ℃ 5% 氯化铵溶液洗涤树脂五次，再用温水洗涤五次，将洗液收集于另一干净的 300 mL 烧杯中，滴加 1∶1 盐酸至溶液显示酸性，再多加 5～10 滴盐酸，煮沸后在不断搅拌下趁热滴加 10% 氯化钡溶液 10 mL，继续煮沸 15 min，取下烧杯，置于加热板上保持 50～60 ℃，静置 2～4 h 或常温静置 8 h。

以下操作和结果计算与质量法相同。

8. 还原糖含量试验方法

还原糖含量试验方法是利用乙酸铅试液脱色，与斐林溶液混合生成氢氧化铜，氢氧化铜与酒石酸钾钠作用生成溶解状态复盐，此复盐具氧化性。当有还原糖存在时，或有葡萄糖溶液滴定时，该复盐中的二价铜被还原为一价铜，葡萄糖氧化为葡萄糖酸，以次甲基蓝为指示剂，在氧化剂中呈蓝色，在还原剂中呈无色。

本方法适用于测定本质素磺酸盐外加剂还原糖含量，不适用于羟基含量测定。

【仪器与试剂】

磨口具塞量筒（50 mL），三角烧瓶（100 mL），移液管（5 mL、10 mL），滴定管（25 mL）。

20% 的乙酸铅溶液：称量中性 $(CH_3COO)_2Pb \cdot 3H_2O$ 20 g，溶于水，稀释至 100 mL。

10% 草酸钾、磷酸氢二钠混合液：称取 $K_2C_2O_4 \cdot H_2O$ 3 g，$Na_2HPO_4 \cdot 12H_2O$ 7 g 溶于水稀释至 100 mL。

斐林溶液 A：称取 34.6 g 硫酸铜（$CuSO_4 \cdot 5H_2O$）溶于 400 mL 水中，煮沸放置一天，然后再煮沸、过滤，稀释至 1000 mL。

斐林溶液 B：称取酒石酸钾钠（$KNaC_4H_4O_6 \cdot 6H_2O$）173 g，氢氧化钠 50 g，溶于水中并稀释至 1000 mL。

0.25% 葡萄糖溶液：称取 2.75～2.76 g 葡萄糖于 1 L 容量瓶中，加盐酸（1.19 比重）1 mL，加水稀释至刻度。

1% 次甲基蓝指示剂：称取 1 g 次甲基蓝，在玛瑙研钵中加少量水研溶后，用水稀释至 100 mL。

【试验步骤】

液体试样时，可直接用移液管吸取 20±2 ℃ 的试液 5.0 mL，置于 50 mL 具塞量筒中。若是固体干粉试样，称取 5.0000 g，溶于 100 mL 容量瓶中，用移液管吸取 5 mL 置于 50 mL 具塞量筒中。

在 50 mL 具塞量筒中加入 7.5 mL 20% 乙酸铅溶液，摇动量筒使之与试液混合，然后加入 10 mL 10％草酸钾、磷酸氢二钠溶液放置片刻，加水稀释至刻度，将量筒颠倒数次，使之混匀后，放置澄清，取上层清液作为试样。

用移液管分别吸取 5 mL 斐林溶液 A 及 B 于 100 mL 三角烧瓶中，混合均匀后加水 20 mL，然后用移液管吸取试样 10 mL，置于三角烧瓶中，并加适量的 0.25％葡萄糖溶液，混合均匀后在电炉上加热，待沸腾后加一滴次甲基蓝指示剂，再沸腾 2 min，继续用 0.25％葡萄糖溶液滴定，并不断摇动，保持沸腾状态，直到最后一滴使次甲基蓝退色为止。

用同样方法做空白试验，所消耗的 0.25％葡萄糖溶液的体积为 V_0。

【结果计算】

还原糖含量按下式计算：

$$还原糖(\%) = 5(V_0 - V) \times 100$$

式中　V_0——空白试验所消耗 0.25％葡萄糖溶液的体积，mL；
　　　V——试样消耗的 0.25％葡萄糖溶液的体积，mL。

试样数量不少于 3 个，结果取平均值。

注意事项

试样加乙酸铅溶液脱色是为了使还原物等有色物质与铅生成沉淀物。

加草酸钾、磷酸氢二钠溶液是为了除去溶液中的铅，其用量以保证溶液中无过剩铅为准，若过量也会影响脱色。

滴定时必须先加适量葡萄糖溶液，使沸腾后滴定消耗量在 0.5 mL 以内，否则终点不明显。

五、判定规则

产品经检验，匀质性符合表 11-26 的要求，各种类型的减水剂的减水率、缓凝型外加剂的凝结时间差、引气型外加剂的含气量及硬化混凝土的各项性能符合表 11-25 要求，则判定该编号外加剂为相应等级的产品，如不符合上述要求时，则判该编号外加剂不合格。其余项目作为参考指标。

复验以封存样进行，如使用单位要求现场取样，应事先在供货合同中规定，并在生产和使用单位人员在场的情况下于现场取平均样，复验按照型式检验项目检验。

第十二章 瓦类防水材料

瓦类防水材料是建筑上用于覆盖屋面的人造防水材料,是人类应用较早的人造防水材料。中国有"秦砖汉瓦"之说,可见瓦用于建筑防水年代之久远。

在瓦类防水材料中,应用较早的是黏土瓦、玻璃瓦。根据不同用途,可制成不同形状或式样,使瓦类成为一个较完善的屋面防水材料。

随着水泥的发明,产生了混凝土瓦、水泥瓦等。近年来又出现了金属瓦、玻璃钢瓦、塑料瓦等。为了适应屋面保温的需要,又出现金属面聚苯乙烯泡沫夹芯瓦,既防水又保温,还可涂上五颜六色、缤纷艳丽的装饰保护层。

第一节 烧结瓦

烧结瓦是指用黏土、页岩等原料,经成型、干燥、焙烧而成的瓦状防水材料,主要用于屋面覆盖及装饰。

一、分类

(一) 品种

根据其形状分为平瓦、脊瓦、三曲瓦、双筒瓦、鱼鳞瓦、牛舌瓦、板瓦、筒瓦、滴水瓦、沟头瓦、J形瓦、S形瓦和其他异形瓦及其配件。

根据其表面状态可分为有釉和无釉两类。

(二) 规格

产品规格及结构尺寸由供需双方协定,规格以长和宽的外形尺寸表示。通常瓦形如图12-1~图12-12所示。

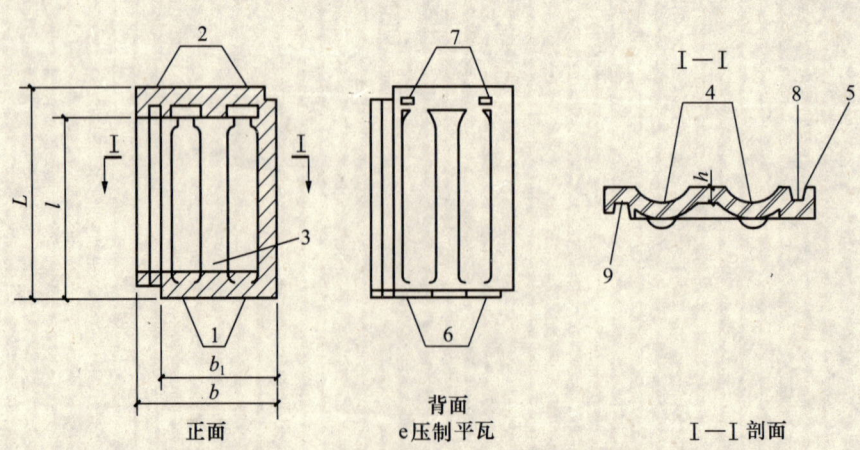

e 压制平瓦

第一节 烧结瓦

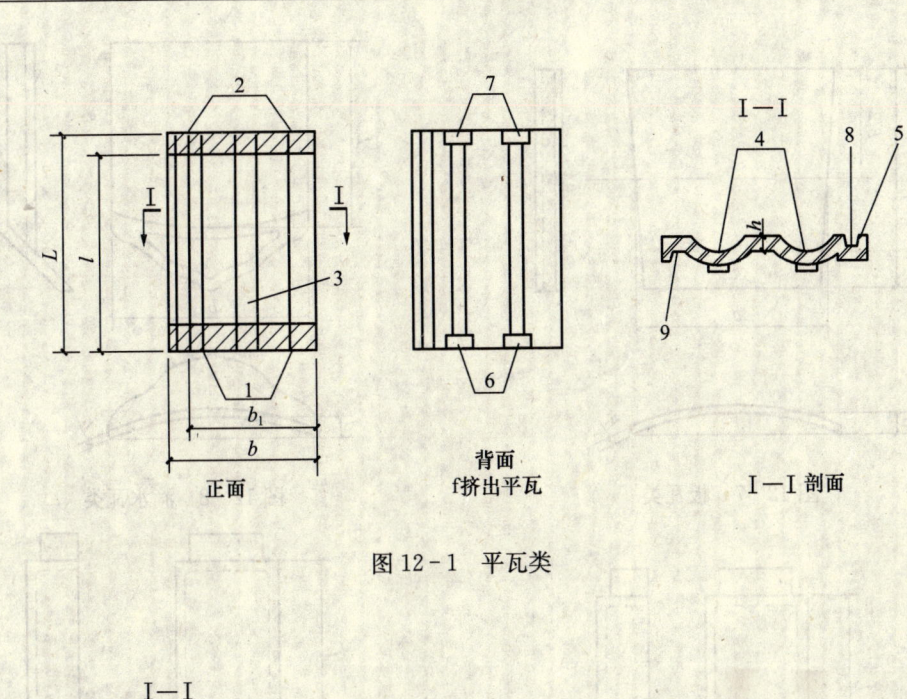

正面　　背面　　I—I 剖面
　　　　f挤出平瓦

图 12-1　平瓦类

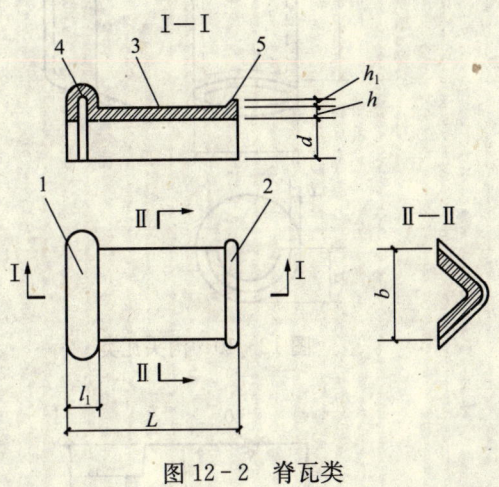

图 12-2　脊瓦类

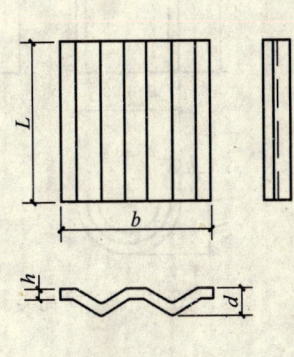

图 12-3　三曲瓦类

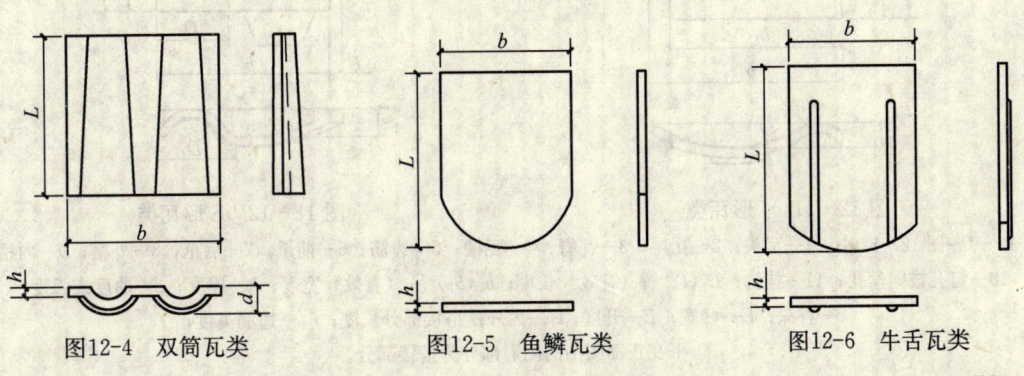

图12-4　双筒瓦类　　图12-5　鱼鳞瓦类　　图12-6　牛舌瓦类

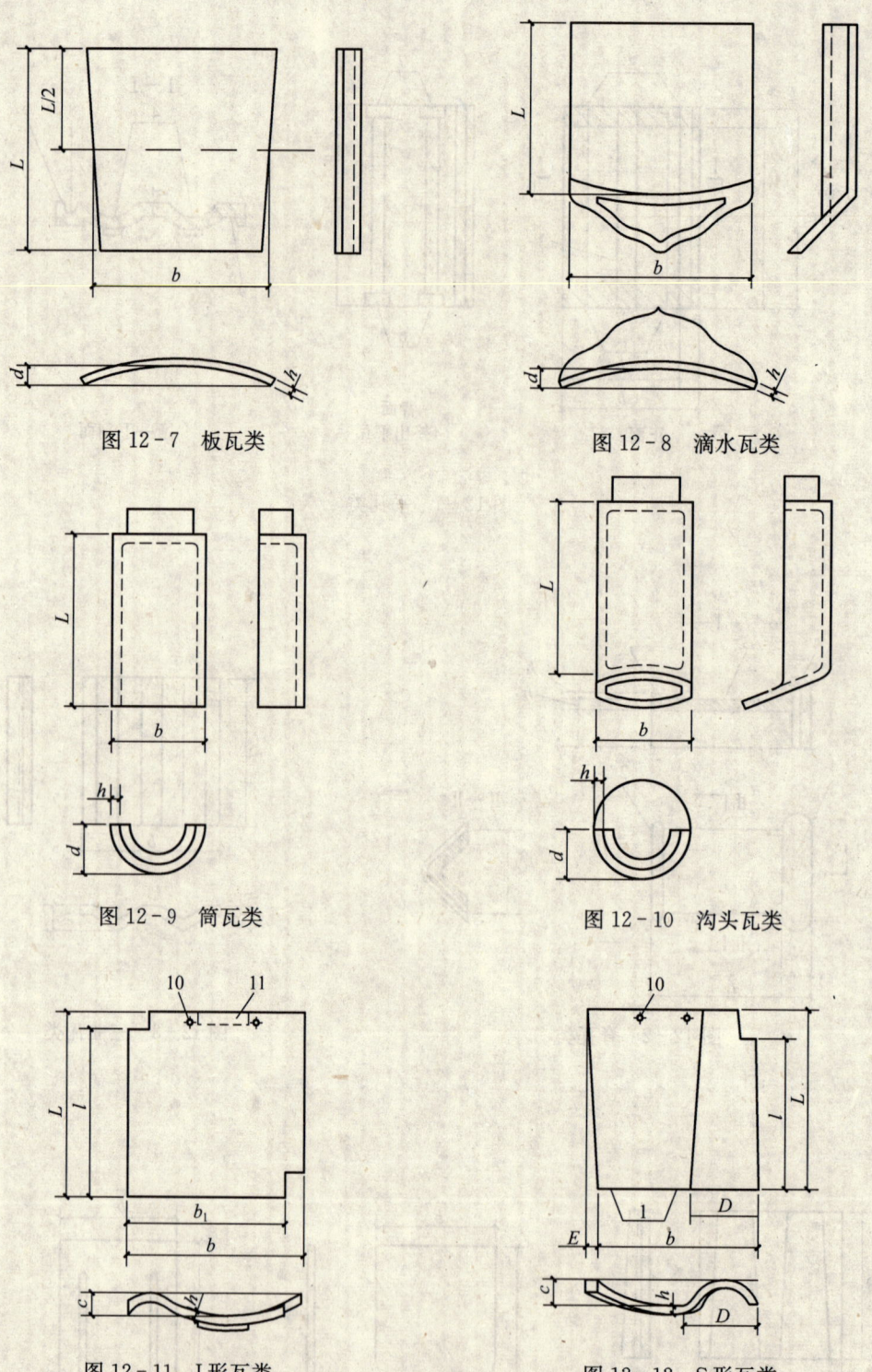

图 12-7　板瓦类　　　　　　　图 12-8　滴水瓦类

图 12-9　筒瓦类　　　　　　　图 12-10　沟头瓦类

图 12-11　J形瓦类　　　　　　图 12-12　S形瓦类

图 12-1～图 12-12 中：1—瓦头；2—瓦尾；3—瓦脊；4—瓦槽；5—边筋；6—前爪；7—后爪；8—外槽；9—内槽；10—钉孔或钢丝孔；11—挂钩；$L(l)$—（有效）长度；$b(b_1)$—（有效）宽度；h—厚度；d—曲度或弧度；c—谷深；D—峰宽；E—开度；l_1—内外槽搭接部分长度；h_1—边筋高度；

平瓦正面图中的阴影部分为搭接部分。

第一节 烧结瓦

瓦的通常规格及主要结构尺寸列于表 12-1。

表 12-1 瓦的通常规格及主要结构尺寸　　　mm

产品类型	规格	基本尺寸							
		厚度	瓦槽深度	边筋高度	搭接部分长度		瓦爪		后爪有效高度
					头尾	内外槽	压制瓦	挤出瓦	
平瓦	400×240 ~ 360×220	10~20	≥10	≥3	50~70	25~40	具有四个瓦爪	保证两个后爪	≥5
脊瓦	L≥300 b≥180	h 10~20	l_1 25~35				d >b/4		h_1 ≥5
三曲瓦、双筒瓦、鱼鳞瓦、牛舌瓦	300×200 ~ 150×150	8~12	同一品种、规格瓦的曲度或弧度应保持基本一致						
板瓦、筒瓦、滴水瓦、沟头瓦	430×350 ~ 110×50	8~16							
J形瓦、S形瓦	320×320 ~ 250×250	12~20	谷深 c≥35，头尾搭接部分长度 50~70，左右搭接部分长度 30~50						

瓦之间及和配件搭配使用时，必须保证搭接合适。对以拉挂为主铺设的瓦，应有 1~2 孔，能有效拉挂的孔为 1 个以上，钉孔或钢丝网孔铺设后不能漏水。瓦的正面或背面有以加固、挡水为目的的加强筋、凹凸纹等。需要粘结的部位不得附着大量釉以致妨碍粘接。

（三）等级

物理性能合格的产品，根据尺寸偏差和外观质量分为优等品（A）、一等品（B）和合格品（C）三个等级。

（四）产品标记

瓦的产品标记按产品品种、规格、等级和标准编号顺序编写。

例：外形尺寸 305 mm×205 mm、一等品、有釉平瓦的标记为：

釉平瓦　305×205　B　JC 709

二、技术要求

（一）尺寸允许偏差

瓦的尺寸允许偏差应符合表 12-2 的规定。

表 12-2 瓦的尺寸允许偏差　　　mm

外形尺寸范围	优等品	一等品	合格品
L (b) ≥350	±5	±6	±8
250≤L (b) <350	±4	±5	±7
200≤L (b) <250	±3	±4	±5
L (b) <200	±2	±3	±4

(二) 外观质量
1. 表面质量
瓦的表面质量应符合表12-3中相应等级的规定。

表 12-3 瓦的表面质量

缺陷项目		优等品	一等品	合格品
有釉类瓦	无釉类瓦			
缺釉、斑点、落脏、棕眼、熔洞、图案缺陷、烟熏、釉缕、釉泡、釉裂	斑点、起包、熔洞、麻面、图案缺陷、烟熏	距1m处目测不明显	距2m处目测不明显	距3m处目测不明显
色差、光泽差	色差	距3m处目测不明显		

2. 变形
瓦的最大允许变形应符合表12-4的规定。

表 12-4 瓦的最大允许变形 mm

产品类别			优等品	一等品	合格品
平瓦		≤	3	4	5
三曲瓦、双筒瓦、鱼鳞瓦、牛舌瓦		≤	2	3	4
脊瓦、板瓦、筒瓦、滴水瓦、沟头瓦、J形瓦、S形瓦 ≤	最大外形尺寸	$L(b) \geq 350$	6	8	10
		$250 < L(b) < 350$	5	7	9
		$L(b) \leq 250$	4	6	8

3. 裂纹
瓦的裂纹长度允许范围应符合表12-5的规定。

表 12-5 瓦的裂纹长度允许范围 mm

产品类别	裂纹分类	优等品	一等品	合格品
平瓦	未搭接部分的贯穿裂纹	不允许		
	边筋断裂	不允许		
	搭接部分的贯穿裂纹	不允许		不得延伸至搭接部分的1/2处
	非贯穿裂纹	不允许	≤30	≤50
脊瓦	未搭接部分的贯穿裂纹	不允许		
	搭接部分的贯穿裂纹	不允许		不得延伸至搭接部分的1/2处
	非贯穿裂纹	不允许	≤30	≤50
三曲瓦、双筒瓦、鱼鳞瓦、牛舌瓦	贯穿裂纹	不允许		≤5
	非贯穿裂纹	不允许		不得超过对应边长的6%
板瓦、筒瓦、滴水瓦、沟头瓦、J形瓦、S形瓦	未搭接部分的贯穿裂纹	不允许		
	搭接部分的贯穿裂纹	不允许		≤15
	非贯穿裂纹	不允许	≤30	≤50

第一节　烧结瓦

4. 磕碰、釉粘

瓦的磕碰、釉粘的允许范围应符合表12-6的规定。

表12-6　瓦的磕碰、釉粘的允许范围　　　　　mm

产品类别	破坏部位	优等品	一等品	合格品
平瓦、脊瓦、板瓦、筒瓦、滴水瓦、沟头瓦、J形瓦、S形瓦	可见面	不允许	破坏尺寸不得同时大于10×10	破坏尺寸不得同时大于15×15
	隐蔽面	破坏尺寸不得同时大于12×12	破坏尺寸不得同时大于18×18	破坏尺寸不得同时大于24×24
三曲瓦、双筒瓦、鱼鳞瓦、牛舌瓦	正面	不允许		
	背面	破坏尺寸不得同时大于5×5	破坏尺寸不得同时大于10×10	破坏尺寸不得同时大于15×15
平瓦	边筋	不允许		残留高度不小于2
	后爪	不允许		残留高度不小于3

5. 石灰爆裂

瓦的石灰爆裂允许范围应符合表12-7的规定。

表12-7　瓦的石灰爆裂允许范围　　　　　mm

缺陷项目	优等品	一等品	合格品
石灰爆裂	不允许	破坏尺寸不大于5	破坏尺寸不大于8

6. 欠火、分层

各等级瓦均不允许有欠火、分层缺陷存在。

（三）物理性能

1. 抗弯曲性能

平瓦、脊瓦类的弯曲破坏荷重不小于1 020 N；板瓦、筒瓦、滴水瓦、沟头瓦类的弯曲破坏荷重不小于1 170 N，其中青瓦类的弯曲破坏荷重不小于850 N；J形瓦、S形瓦类的弯曲破坏荷重不小于1 600 N；三曲瓦、双筒瓦、鱼鳞瓦、牛舌瓦类的弯曲强度不小于8.0 MPa。

2. 抗冻性能

经15次冻融循环不出现剥落、掉角、掉棱及裂纹增加现象。

3. 耐急冷急热性

经3次急冷急热循环不出现炸裂、剥落及裂纹延长现象。

此项要求只适用于有釉类瓦。

4. 吸水率

有釉类瓦的吸水率不大于21.0%，无釉类瓦的吸水率不大于21.%。

5. 抗渗性能

经3 h瓦背面无水滴产生。

此项要求只适用于无釉类瓦。若其吸水率符合有釉类瓦的吸水率规定，（不大于12.0%）时，取消抗渗性能要求，否则必须进行抗渗试验并符合本条规定。

三、检验规则

产品检验分为出厂检验和型式检验。

产品出厂必须进行出厂检验。出厂检验项目包括尺寸偏差、外观质量、抗弯曲性能、吸水率。产品经出厂检验合格后方可出厂。

型式检验项目包括本标准技术要求的全部项目。

在抽样时,以同类别、同规格、同等级的瓦,每 10 000～35 000 件为一检验批。不足该数量时,也按一批计。

单项检验的样品按规定的样本大小直接在检验批中抽取。出厂检验和型式检验物理性能的样品,从尺寸偏差和外观质量检查后的样品中抽取。非破坏性试验项目的试样,可用于其他项目检验。

根据 JC 709—1999 规定要求,烧结瓦还可采用陶瓷砖(GB/T 3810—1999)抽样方法进行抽样。该抽样方法为烧结瓦提供了一套两次抽样检验系统,一部分用于计数(单个值)检验方法;一部分用于计量(平均值)检验方法。可同时从现场每一部分抽取一个或多个具有代表性的试样,也可从检验批中随机抽取。抽取两个样本,第二个样本不一定要检验。每组试样应分别包装和加封,并做好标记。

四、试验方法

(一)尺寸偏差及外观质量检验

量具:钢直尺,精度为 1 mm。

1. 尺寸偏差

在瓦正面的中间处分别测量长度(L)和宽度(b),其中 S 形瓦在瓦头处测量宽度(b)。当被测处有磕碰、釉粘或凸出时,可在其旁边测量。

测量结果以每件试样测量的长度、宽度与其规格长度、宽度的偏差值表示。

2. 表面质量

将试样按长度方向五件、宽度方向四件整齐排列在平坦的地面上,在自然光照下目测检验。检查距离从检验者脚尖至瓦底边计算,检验者身体不应倾斜。检查需两人进行,铺放试样者不参与检验。

试验结果以每件试样在不同检查距离下表面质量缺陷的明显程度表示。

3. 变形

将瓦的基准平面放置在平板上,用直尺测量瓦边、角翘离平板的最大距离。平瓦、三曲瓦、双筒瓦、鱼鳞瓦、牛舌瓦类还要检查瓦侧宽度方向的弯曲。测量时,将直尺的边与瓦侧长度方向的两端点平齐,用另一直尺测量瓦侧与直尺边之间的最大弯曲距离。测量结果以每件试样的变形最大值表示。

4. 裂纹

测量裂纹两端点之间最大直线距离。贯穿裂纹长度测量时,应包括连续的非贯穿部分裂纹长度。测量结果以每件试样的最大裂纹长度表示。

5. 磕碰、釉粘

测量磕碰、釉粘处对瓦相应棱边的长、宽投影尺寸。如果破坏处从一个面延伸至其他面上时,则累计其延伸的投影尺寸。边缘部分的破坏处分别测量其在可见面和隐蔽面或正面和背面上的投影尺寸。平瓦边筋和后爪的破坏处,其残留高度分别从瓦槽和瓦背面的基准平面底部量起。

测量结果以每件试样最大破坏处的尺寸表示。

6. 石灰爆裂

测量石灰爆裂处的最大直径尺寸。

测量结果以每件试样最大破坏处的尺寸表示。

7. 欠火、分层

人工敲击试样,依声音差异来辨别,或观察试样侧面进行检验。试验结果以每件试样欠火、分层缺陷的明显程度表示。

8. 测量精度

测量尺寸精确至 1 mm,不足 1 mm 者按 1 mm 计。

(二)物理性能试验

1. 抗弯曲性能

【仪器设备】

弯曲强度试验机:试验机的相对误差不大于±1%,能够均匀加荷。支座由放置后互相平行、直径为 25 mm 的金属棒及下面的支承架构成。其中一根可以绕中心轻微上下摆动,另一根可以绕它的轴心稍作旋转,支承架高度约 50 mm,并能使上面的金属棒间距可调。压头是一直径为 25 mm 的金属棒,也可以绕中心上下轻微摆动。支座金属棒和压头与试样接触部分均包上厚度为 5 mm、硬度为邵尔 A45~60 度的普通橡胶板。

钢直尺,精度为 1 mm。

秒表,精度为 0.1 s。

【试样准备】

以自然干燥状态下的整件瓦作为试样,试样数量为 5 件。

【试验步骤】

将试样放在支座上,调整支座金属棒间距,并使压头位于支座金属棒的正中,如图 12-13~图 12-18 所示。对于按图示跨距要求搭接不足的瓦,调整间距使支座金属棒中心以外瓦的长度为(15±2)mm。

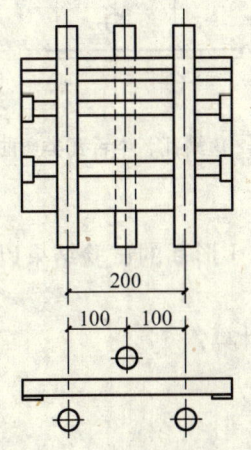

图 12-13 平瓦类弯曲试验装置

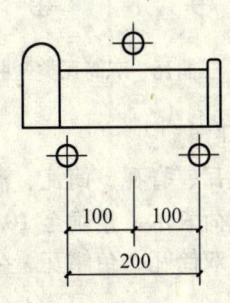

图 12-14 脊瓦、筒瓦、沟头瓦类弯曲试验装置

试验前先校正试验机零点，启动试验机，压头接触试样时不得冲击，以 50～100 N/s 的速度均匀加荷，直至断裂，记录断裂时的最大载荷 P。

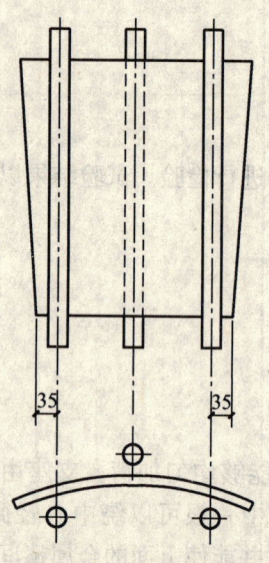

图 12-15　板瓦、滴水瓦类弯曲试验装置

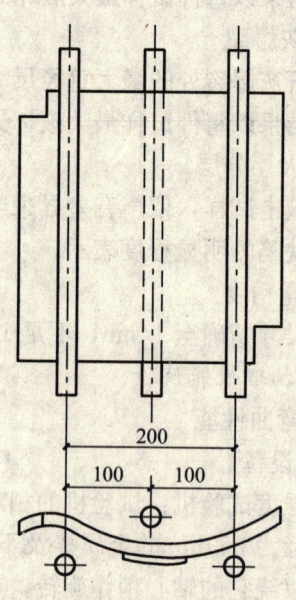

图 12-16　J 形瓦、S 形瓦类弯曲试验装置

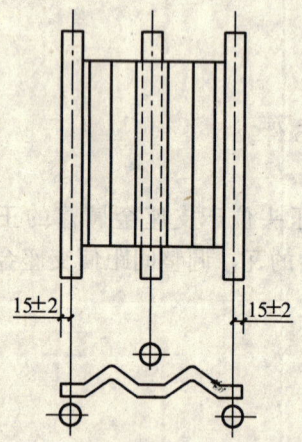

图 12-17　三曲瓦、双筒瓦类弯曲试验装置

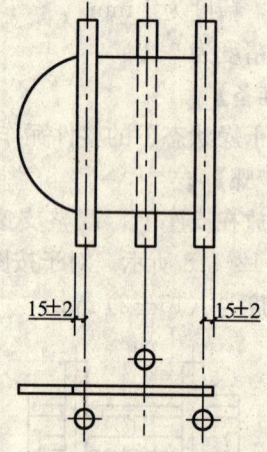

图 12-18　鱼鳞瓦、牛舌瓦类弯曲试验装置

【结果计算与评定】

平瓦、板瓦、脊瓦、筒瓦、滴水瓦、沟头瓦、S 形瓦、J 形瓦的试验结果以每件试样断裂时的最大载荷表示，精确至 10 N。

三曲瓦、双筒瓦、鱼鳞瓦、牛舌瓦的弯曲强度按下式计算：

$$R=\frac{3PL}{2bh^2}$$

式中　R——试样的弯曲强度，MPa；

P——试样断裂时的最大载荷,N;

L——跨距,mm;

b——试样的宽度,mm;

h——试样断裂面上的最小厚度,mm。

三曲瓦、双筒瓦、鱼鳞瓦、牛舌瓦的试验结果以每件试样的弯曲强度表示,精确至 0.1 MPa。

2. 抗冻性能

【仪器设备】

低温箱或冷冻室:放入试样后箱(室)内温度可调至-20 ℃或-20 ℃以下。

水槽;试样架。

【试样准备】

以自然干燥状态下的整件瓦作为试样,试样数量为 5 件。

【试验步骤】

检查外观,将磕碰、釉粘、缺釉和裂纹处作标记,并记录其情况。

将试样浸入 15~25 ℃的水中,24 h 后取出,放入预先降温至-20±3 ℃的冷冻箱中的试样架上。试样之间、试样与箱壁之间应有不小于 20 mm 的间距。关上冷冻箱门。当箱内温度再次降至-20±3 ℃时,开始计时,在此温度下保持 3 h。打开冷冻箱门,取出试样,放入 15~25 ℃的水中融化 3 h。如此为一次冻融循环。15 次冻融循环结束后,检查并记录每件试样冻融过程出现的破坏情况,如剥落、掉角、掉棱及裂纹增加的破坏处数和破坏尺寸。试验结果以每件试样的外观破坏程度表示。

3. 耐急冷急热性

【仪器设备】

烘箱:能升温至 200 ℃。

试样架,能通过流动冷水的水槽,温度计。

【试样准备】

以自然干燥状态下的整件瓦作为试样,试样数量为 5 件。

【试验步骤】

测量冷水温度,保持 15±5 ℃为宜。检查外观,将裂纹、磕碰、釉粘和缺釉处作标记,并记录其缺陷情况。将试样放入预先加热到温度比冷水高 130±2 ℃的烘箱中的试样架上。试样之间、试样与箱壁之间应有不小于 20 mm 的间距。关上烘箱门。在 5 min 内使烘箱重新达到预先加热的温度,开始计时。在此温度下保持 45 min。打开烘箱门,取出试样立即浸没于装有流动冷水的水槽中,急冷 5 min。如此为一次急冷急热循环。

3 次急冷急热循环结束后,检查并记录每件试样急冷急热循环过程出现的破坏情况,如炸裂、剥落及裂纹延长的破坏处数和破坏尺寸。

试验结果以每件试样的外观程度表示。

4. 吸水率

【仪器设备】

鼓风干燥箱,台秤:精度为 5 g,水槽。

【试样准备】

以自然干燥状态下的整件瓦或抗弯曲性能试验后的每件样品的一半作为试样，试样数量为 5 件（块）。

【试验步骤】

将试样擦拭干净后放入烘箱，使温度保持在 110 ℃，24 h 后关闭温控装置，打开烘箱门，冷却至略高于室温时取出，称量其质量作为干燥时质量 m_0。将试样置于温度为 15～25 ℃的清水中，浸泡 24 h，试验过程中应保持水面高出试样 50 mm。取出试样，用湿毛巾拭去表面水分，立即称量，所得质量作为吸水后质量 m_1。

【结果计算与评定】

吸水率按下式计算：

$$w = \frac{m_1 - m_0}{m_0} \times 100$$

式中　w——吸水率，%；

　　　m_0——干燥时质量，g；

　　　m_1——吸水后质量，g。

试验结果以每件（块）试样的吸水率表示，精确至 0.1%。

5. 抗渗性能

【设备和材料】

试样架；水泥砂浆或沥青与砂子的混合剂；70%石蜡与 30%松香的熔化剂；油灰刀。

【试样准备】

以自然干燥状态下的整体瓦作为试样，试样数量为 3 件。

【试验步骤】

将试样擦拭干净，用水泥砂浆或沥青与砂子的混合料在瓦的正面四周筑起一圈高度为 25 mm 的密封挡，作为围水框；或在瓦头、瓦尾处筑密封挡，与两瓦边形成围水槽。再用 70%石蜡和 30%松香的熔化剂密封接缝处，须保证密封挡不漏水。形成的围水面积，应接近于瓦的实用面积。

将制作好的试样放置在便于观察的试样架上，并使其保持水平。待平稳后，缓慢地向围水框注入清洁的水，水位高度距瓦面最浅处不小于 15 mm。保持此状态 3 h。观察并记录瓦背面有无水滴产生。试验结果以每件试样的渗水程度表示。

五、判定规则

1. 单件试样质量等级的判定

以该件试样测量或试验结果和相应检测项目的技术要求来判定。

2. 单项检验质量等级的判定

按表 12-8 判定。

3. 型式检验质量等级的判定

抗弯曲性能、抗冻性能、耐急冷急热性能、吸水率、抗渗性能合格，按尺寸偏差、外观质量检验的最低质量等级判定等级。其中有一项不合格则判为不合格。

4. 出厂检验质量等级的判定

按出厂检验项目和在时效范围内最近一次型式检验中其他检验项目的检验结果进行

综合判定。

表 12-8 抽样与判定　　　　　　　　　　　　　　　　单位：件

检验项目	样本大小 n		第一次抽样		第一次抽样与第二次抽样和	
	第一次 n_1	第二次 n_2	合格判定数 Ac_1	不合格判定数 Re_1	合格判定数 Ac_2	不合格判定数 Re_2
尺寸偏差	20	20	2	4	4	5
外观质量	20	20	2	4	4	5
抗弯曲性能	5	5	0	2	1	2
抗冻性能	5	—	0	1	—	—
耐急冷急热性	5	5	0	2	1	2
吸水率（块）	5	5	0	2	1	2
抗渗性能	3	—	0	1	—	—

第二节　古建筑用瓦

古建筑使用的瓦类防水材料品种繁多，规格多样。其中应用最多的为琉璃瓦、青瓦、小青瓦等。

一、琉璃瓦

琉璃瓦是在陶质的瓦坯上，以铝硝为助燃剂烧成一层薄而细密光亮的彩色釉。常用的有黄、绿、蓝等色，色彩美观、坚固耐久，防水性能好。

琉璃瓦在我国已有悠久的使用历史，公元 4 至 5 世纪的北魏建筑中已经使用琉璃瓦兽件，公元 14 世纪以后，整座屋顶全部使用琉璃瓦的建筑增多。

琉璃瓦屋面所使用的各种琉璃瓦件种类繁多，名称复杂。瓦件的品种更是五花八门，难以准确分类，大致分为瓦件、各种屋脊部件和屋脊装饰件三大类。分为二样、三样、四样、五样、六样、七样、八样、九样八种。一般常用者为五样、六样和七样三种型号。表 12-9 为琉璃瓦的名称、型号及说明。表 12-10 为三至九样琉璃瓦的标定尺寸。

二、青瓦

青瓦古称"黑活"，是由黏土烧制而成。因青瓦色黑，故称黑活，多用于古式建筑。青瓦的种类也很多，有青筒瓦、板瓦、勾头，滴水、花边、瓦条和狮、马、吻兽等。表 12-11 列出了清代"官窑"生产的"黑活"屋顶瓦件名称及规格，表 12-12 列出了古建筑"黑活"屋顶常用主要瓦件的名称、规格及说明。

表 12-9　古建琉璃瓦屋面常用主要瓦件的产品名称、型号及说明　　　单位：件

名　称		规格型号	说明及用途
瓦件	板瓦（又名琉璃板瓦）	二至九样，见表 12-10（古建琉璃瓦件，规格尺寸以二样至九样不等。常用规格为五至七样，以黄、绿二色使用最多。所谓样数，即型号，源自《清式营造则例》）	板瓦为古建屋面主要瓦件，瓦形微弯。用时使凹面向上，顺屋面坡度逐块铺于屋面，并使上一块压着下一块（压七露三）以利排水、防漏
	筒瓦（又名琉璃筒瓦）		筒瓦形似半圆筒，用以在大式屋顶中覆盖每两行板瓦之间缝隙之用
	沟头（又名瓦当、琉璃沟头、琉璃瓦当、勾子、琉璃勾子）		檐口处最下一块筒瓦。该瓦与一般筒瓦不同处系瓦端有一圆头，上有图案、花纹，一则可起顶端封口作用，二则水流至瓦头，可顺此圆头滴下。勾头瓦面上有一钉孔，上覆钉帽一个（勾头、钉帽各一个称为一份）
	滴水（又名滴子、琉璃滴水、琉璃滴子）		檐口处板瓦端头瓦件。该瓦与一般板瓦不同处系瓦端曲下成如意形，上有图案、花纹，不仅可起顶端封口作用，而且雨水流至此处，可顺此如意瓦头滴下
	花边瓦		小式屋顶，每行板瓦之间不用筒瓦盖缝而用板瓦盖缝。檐口处板瓦端头瓦件与一般板瓦不同，瓦头微微卷下，名为花边瓦，用途与大式屋顶中勾头、滴水相同
各种屋脊部件	正脊筒瓦（又名正脊筒子、琉璃正脊筒瓦、琉璃正脊筒子）	二至九样，见表 12-10 其他同上	古建屋面正脊的构造系在扶脊木两旁安当沟，当沟上放几层线砖（押带条、群色条、连砖等），上面放通脊，通脊上覆盖一陇筒瓦。此瓦名为正脊筒瓦，是构成正脊线条的主要部件
	垂脊筒瓦（又名垂脊筒子、琉璃垂脊筒瓦、琉璃垂脊筒子）		系构成垂脊及铃铛排山脊线条的主要部件（筒瓦下有垂脊（砖））
	岔脊筒瓦（又名岔脊筒子、琉璃岔脊筒瓦、琉璃岔脊筒子）		系构成岔脊及庑殿脊兽后部分线条的主要部件
	围脊筒瓦（围脊筒子、琉璃围脊筒瓦、琉璃围脊筒子）		系构成围脊线条的主要部件，用于重檐大殿
	博脊连砖（又名承风博脊连砖、承缝连砖）		系构成博脊线条的主要部件（歇山屋面中，山花板与山面坡瓦相接缝处用博脊），用于歇山屋面。博脊两端与垂脊相交处，承缝连砖做成尖形，隐入博缝上勾、滴之下，名为"挂尖"
	群色条		系构成正脊、围脊的线条部件，置于脊筒瓦之下（见"正脊筒瓦"一栏说明）。二至四样用大群色，五样以下用小群色
	三连砖		系构成岔脊与庑殿脊兽前部分线条的主要部件

续表

名　称		规格型号	说明及用途
各种屋脊部件	扒头	二至九样，见表12-10其他同上	系垂脊或戗脊下端"仙人"瓦下最低层之花砖
	撺头（又名窜头）		系屋角垂脊端上仙人的座砖之一。撺头置于扒头之上
	方眼勾头		用于岔脊及庑殿脊的前端，放在撺头之上，仙人之下
	正当沟（又名正挡沟）		正脊、围脊、博脊之下，瓦陇之间的瓦件（见"正脊筒瓦"一栏说明）。也用于铃铛排山脊的外侧瓦陇间
	斜当沟（又名斜挡沟）		岔脊、庑殿脊之下、瓦陇之间的瓦件，分反正两种
	押带条（又名压带条、压当条）		系构成正脊或垂脊线条部件之一（见"正脊筒瓦"一栏说明），覆于当沟、斜当沟瓦件之上
	平口条		用于垂脊、铃铛排山脊的内侧哑巴垄上。主要起垫平作用。有时也用于正脊
屋脊装饰件	正吻（又名大吻、吞脊兽）	二至九样，见表12-10其他同上	系正脊两端的装饰兽。形似龙头，张开大口将正脊咬着，故又名吞脊兽。附件有吻座、吻下当沟、剑把（扇形，在吻背上）、背兽（在正吻背后）各一个，兽角、背兽角各一对。有时正吻还有吻钩、吻索、吻锔、索钉等零件
	垂兽（又名角兽）		系垂脊或角脊下端部的装饰兽。亦称角兽。附件有兽座、兽角、托泥当沟等
	岔兽（又名戗兽、截兽）		系岔脊与庑殿脊的装饰兽，兽前安置仙人走兽。附件有兽座和兽角一对
	合角吻或合角兽		系围脊端部的装饰兽。每两个为一份，每份附两个剑把（无兽角）。合角兽有兽角
	套兽		系岔脊、庑殿脊端部的装饰兽。套在殿角仔角梁的最前端
	仙人、走兽		系岔脊、庑殿脊殿角部位的装饰件。仙人领头，走兽随后。走兽数量须成单数（有时也有例外，如太和殿走兽便用十件）。走兽行列有一定次序，由仙人数起为龙、凤、狮子、天马、海马、狻猊、押鱼、獬豸、斗牛、行什。亦有海马在前，天马在后者。走兽用量的多寡，以屋面坡身大小和建筑物柱子的高矮而定，一般每柱高二尺（清营造尺）用走兽一件。走兽用量少于十件者，则按上述次序之先后用其前者

表12-10 二至九样琉璃瓦的标定尺寸

瓦件名称	尺寸	二样 高	二样 长	二样 宽	三样 高	三样 长	三样 宽	四样 高	四样 长	四样 宽	五样 高	五样 长	五样 宽	六样 高	六样 长	六样 宽	七样 高	七样 长	七样 宽	八样 高	八样 长	八样 宽	九样 高	九样 长	九样 宽
正吻	尺(清营造尺)	10.5	9.1	1.6	9.2	7.3	2.18	8 / 7	6.8	1.9	5.5	3.7	1.06	4.5 / 3.8	2.9	0.85	3.4	1.85 / 2.7	0.65	2.2	1.66	0.5	2.2 / 1.9	1.66	0.5
正吻	cm	336	291.2	51.2	294.4	233.6	69.76	256 / 224	217.6	60.8	176	118.4	33.92	144 / 121.6	92.8	27.2	108.8	59.2 / 86.4	20.8	70.4	53.12	16	70.4 / 60.8	53.12	16
剑把	尺(清营造尺)	3.25		2.1	2.5 / 2.7		1.6	1.9 / 2.4			1.6		0.98	1.2 / 1.5	0.7		0.95						0.65		
剑把	cm	104		67.2	80 / 86.4		51.2	60.8 / 76.8			51.2		31.36	38.4 / 48	22.4		30.4						20.8		
脊兽	尺(清营造尺)	0.65		0.65	0.6	0.6	0.6	0.55	0.55	0.5	0.5	0.5	0.5	0.45	0.45	0.45	0.4	0.4	0.4	0.25	0.25	0.25	0.25	0.25	0.25
脊兽	cm	20.8		20.8	19.2	19.2	19.2	17.6	17.6	16	16	16	16	14.4	14.4	14.4	12.8	12.8	12.8	8	8	8	8	8	8
吻座	尺(清营造尺)	1.55	1	1.25	1	1	1.45	0.9	0.5 / 0.6	1.2	0.8 / 0.55	1.05 / 0.55	1	0.7	0.65 / 0.5	0.65 / 0.95	0.85	0.6	0.9	0.6			0.6		
吻座	cm	49.6	32	40	32	32	46.4	28.8	16 / 19.2	38.4	25.6 / 17.6	33.6 / 17.6	32	22.4	20.8 / 16	20.8 / 30.4	27.2	19.2	28.8	19.2			19.2		
垂兽或兽头	尺(清营造尺)	2.1		1.9	1.9			1.6 / 1.8	1.5		1.5		0.46	1.2	1.2	0.5	1	1	0.45	0.6				0.9	
垂兽或兽头	cm	67.2		60.8	60.8			51.2 / 57.6	48		48		14.72	38.4	38.4	16	32	32	14.4	19.2				28.8	
莲座	尺(清营造尺)	3.7			2.8			2.7			2.2			2.1	2.1	0.67	1.3			0.9	0.9	0.35		0.85	0.3
莲座	cm	118.4			89.6			86.4			> 0.4			67.2	67.2	21.44	41.6			28.8	28.8	11.2		27.2	9.6
勾头	尺(清营造尺)	1.35		0.65	1.25		0.6	1.15		0.55	1.1		0.5	1.0	1.0	0.45	0.95	0.95	0.4	0.9	0.9	0.35	0.85	0.85	0.6
勾头	cm	43.2		20.8	40.0		19.2	36.8		17.6	35.2		16.0	32	32	14.4	30.4	30.4	12.8	28.8	28.8	11.2	27.2	27.2	19.2
滴水	尺(清营造尺)	1.35		1.1	1.3		1.0	1.25		0.95	1.2		0.85	1.1	1.1	0.75	1.0	1.0	0.7	0.95	0.95	0.65	0.9	0.9	0.6
滴水	cm	43.2		35.2	41.6		32.0	40		30.4	38.4		27.2	35.2	35.2	24	32.0	32.0	22.4	30.4	30.4	20.8	28.8	28.8	19.2
筒瓦	尺(清营造尺)	1.25		0.65	1.15		0.6	1.1		0.55	1.05		0.5	0.95	0.95	0.45	0.9	0.9	0.4	0.85	0.85	0.35	0.8	0.8	0.3
筒瓦	cm	40		20.8	36.8		19.2	35.2		17.6	33.6		16.0	30.4	30.4	14.4	28.8	28.8	12.8	27.2	27.2	11.2	25.6	25.6	9.6

第二节 古建筑用瓦

续表

瓦件名称	尺寸	二样 高	二样 长	二样 宽	三样 高	三样 长	三样 宽	四样 高	四样 长	四样 宽	五样 高	五样 长	五样 宽	六样 高	六样 长	六样 宽	七样 高	七样 长	七样 宽	八样 高	八样 长	八样 宽	九样 高	九样 长	九样 宽
板瓦	尺(清营造尺)		1.35	1.1		1.25	1.0		1.2	0.95		1.15	0.85		1.05	0.75		1.0	0.7		0.95	0.6		0.9	0.6
	cm		43.2	35.2		40.0	32.0		38.4	30.4		36.8	27.2		33.6	24.0		32.0	22.4		30.4	19.2		28.8	19.2
正当沟	尺(清营造尺)	0.6	1.2		0.5	1.05		0.6	1.0		0.55	0.9		0.4	0.8		0.5	0.7		0.3	0.65		0.3	0.6	
	cm	19.2	38.4		16.0	33.6		19.2	32.0		17.6	28.8		12.8	25.6		16.0	22.4		9.6	20.8		9.6	19.2	
斜当沟	尺(清营造尺)		1.75			1.6			1.5		0.6	1.35		1.2			1.0			0.9			0.9		
	cm		56			51.2			48.0		19.2	43.2		38.4			32.0			28.8			28.8		
仙人	尺(清营造尺)	1.35	1.35	0.65	1.25	1.25	0.6	1.25	1.15	0.5	1.05	1.1	0.55	1.0	1.0	0.45	0.6	0.95	0.4	0.4	0.9	0.35	0.4	0.85	0.35
	cm	43.2	43.2	20.8	40	40	19.2	40	36.8	16.0	33.6	35.2	17.6	32	32	14.4	19.2	30.4	12.8	12.8	28.8	11.2	12.8	27.2	11.2
走兽	尺(清营造尺)	1.35	1.35	1.35	1.2	1.2	1.2	1.05	1.05	1.05	0.9	0.9	0.9	0.6	0.6	0.6	0.55	0.55	0.55	0.35	0.35	0.35	0.35	0.35	0.35
	cm	43.2	43.2	43.2	38.4	38.4	38.4	33.6	33.6	33.6	28.8	28.8	28.8	19.2	19.2	19.2	17.6	17.6	17.6	11.2	11.2	11.2	11.2	11.2	11.2
赤脚通脊	尺(清营造尺)	1.95	2.4	1.6	1.75	2.4	1.4	1.55	2.4	1.2	1.15	2.2	0.9	0.85	2.2	0.85	0.69	2.2	0.55	0.55	1.5	0.55	0.55	1.5	0.55
	cm	62.4	76.8	51.2	56.0	76.8	44.8	49.6	76.8	38.4	36.8	70.4	28.8	27.2	70.4	27.2	22.08	70.4	17.6	17.6	48	17.6	17.6	48	17.6
黄道	尺(清营造尺)	0.65	2.4		0.55	2.4		0.55	2.4																
	cm	20.8	76.8		17.6	76.8		17.6	76.8																
大群色	尺(清营造尺)	0.65	2.4	1.65	0.45	1.55		0.4			0.35				五样以下不用黄道										
	cm	20.8	76.8	52.8	14.4	49.6		12.8			11.2			0.25											
						2.4	76.8							8											
垂脊	尺(清营造尺)	1.35	2	1.2		1.8	1.5	0.85	1.8		0.75	1.5	0.75	0.67	1.6	0.67	0.21	1.4	0.65						
		1.65	2.4								0.65			0.55	1.4										
	cm	43.2	64	38.4	48	57.6		27.2	57.6		24.0	48	24	21.44	51.2	21.44	6.72	44.8	20.8						
		52.8	76.8								20.8			17.6	44.8										
满面绿	尺(清营造尺)		1			1			1																
满面黄		厚 0.15			厚 0.15																				
	cm	4.8	32	32	4.8	32	32		32																

续表

瓦件名称	尺寸		二样			三样			四样			五样			六样			七样			八样			九样		
			高	长	宽	高	长	宽	高	长	宽	高	长	宽	高	长	宽	高	长	宽	高	长	宽	高	长	宽
合角吻	尺(清营造尺)		3	2.1		2.5	2.1		2.8	2.1																
	cm		3.4 108.8	2.7 86.4		2.8 80 89.6	67.2		89.6	67.2																
合角剑把	尺(清营造尺)		0.8 0.95	0.65		0.75 0.95			0.75																	
	cm		25.6 30.4	20.8		24 30.4			24																	
群色条	尺(清营造尺)		0.4	1.3		0.4	1.3		0.35	1.3		0.3	1.3		0.25	1.3		0.22	1.3			1.3			1.3	
	cm		12.8	41.6		12.8	41.6		11.2	41.6		9.6	41.6		8	41.6		7.04	41.6			41.6			41.6	
角兽	尺(清营造尺)					比垂兽小一号																				
	cm																									
角兽座	尺(清营造尺)															1	0.7		1.3							
	cm															9.6	32	22.4		41.6						
挡头	尺(清营造尺)		1.55	0.85		1.55		0.75	1.55		0.85	1.4		0.85	1.4		0.28	1.4		0.25	1.4		0.25	1.4	
	cm		49.6	27.2		49.6	14.4		49.6	12.16		44.8	27.2		8.96	44.8		8	44.8		8	44.8		8	44.8	
扎头	尺(清营造尺)		0.85 1.55	0.95		1.05 1.5	0.35		0.25	1.4		0.25	1.14		0.28	1.4		0.25	1.4		0.25	1.4				
	cm		27.2 49.6	30.4		33.6 48	11.2		8	44.8		8	36.48		8.96	44.8		8	44.8		8	44.8				
三连砖	尺(清营造尺)		1.3	1.05		1.3	0.33		1.45	1.3		0.3	1.25		0.3	1.2										
	cm		41.6	33.6		41.6	10.56		46.4	41.6		9.6	40		9.6	38.4										
套兽	尺(清营造尺)		0.95	0.95		0.95	0.75		0.75	0.75		0.65	0.65				0.7										
	cm		30.4	30.4		30.4	24		24	24		20.8	20.8				22.4										
吻下沟当	尺(清营造尺)		1.5			1.05			1.05			0.65															
	cm		48			33.6			33.6			20.8															

第二节　古建筑用瓦

续表

瓦件名称	尺寸	二样 高	二样 长	二样 宽	三样 高	三样 长	三样 宽	四样 高	四样 长	四样 宽	五样 高	五样 长	五样 宽	六样 高	六样 长	六样 宽	七样 高	七样 长	七样 宽	八样 高	八样 长	八样 宽	九样 高	九样 长	九样 宽
博脊	尺（清营造尺）	0.85	2.2		0.85	2.2		0.65/0.75		2.2															
	cm	27.2	70.4		27.2	70.4		20.8/24		70.4															
压带条	尺（清营造尺）	0.5	1.1		0.35	1		0.2	1		0.09	0.9	0.35	0.05	0.75		0.05	0.7		0.05	0.65			0.6	
	cm	16	35.2		11.2	32		6.4	32		2.88	28.8	11.2	1.6	24		1.6	22.4		1.6	20.8			19.2	
平口条	尺（清营造尺）	0.5	1.1		0.35	1		0.2	1		0.09	0.9	0.35	0.05	0.75		0.05	0.7		0.05	0.65			0.6	
	cm	16	35.2		11.2	32		6.4	32		2.88	28.8	11.2	1.6	24		1.6	22.4		1.6	20.8			19.2	
托泥当沟	尺（清营造尺）										0.8	1.2		0.65	1.2		0.6	1							
	cm										25.6	38.4		20.8	38.4		19.2	32							
博缝	尺（清营造尺）																1.3	1.6							
	cm																41.6	51.2							
随山半砖（混）	尺（清营造尺）													0.45	1.2	0.6	0.45	1.3	0.6	0.15	1	0.55			
	cm													14.4	38.4	19.2	14.4	41.6	19.2	4.8	32	17.6			
承风连砖二面	尺（清营造尺）													0.25	1.2		0.22	1.2	0.65						
	cm													8	38.4		7.04	38.4	20.8						
博脊连砖一面	尺（清营造尺）													0.7	1.2		0.65	1.2							
	cm													22.4	38.4		20.8	38.4							
博脊瓦	尺（清营造尺）										0.8	1.22													
	cm										25.6	39.04													

注：清营造尺1尺=0.32 m＝320 mm。

表 12-11 清代"官窑"生产的"黑活"屋顶瓦件的名称及规格

名　称	尺寸（尺）（清营造尺）			尺寸（mm）			清营造尺一丈面阔内的垄数（垄）
	长	宽	厚（高）	长	宽	厚（高）	
头号布筒瓦	1.1	0.45		352	144		11.1
二号布筒瓦	0.95	0.38		304	121.6		12.5
三号布筒瓦	0.75	0.32		240	102.4		14.2
十号布筒瓦	0.45	0.25		144	80		22
头号布板瓦	0.9	0.8		288	256		11.1
二号布板瓦	0.8	0.7		256	224		12.5
三号布板瓦	0.7	0.6		224	192		14.2
十号布板瓦	0.43	0.38		137.6	121.6		22
头号勾（沟）沿							
二号勾（沟）沿							
三号勾（沟）沿							
十号勾（沟）沿							
二号罗锅瓦							
二号折腰瓦							
三号罗锅瓦							
头号兽头			高 1.8~3.5			高 576~1 120	
二号兽头			高 1.4~1.6			高 448~512	
三号兽头			高 1.2			高 384	
四号兽头			高 0.6~0.8			高 192~256	
头号狮子							
二号狮子							
三号狮子							
四号狮子							
头号大板瓦	0.6	0.6	0.04	192	192	12.8	
头号大花边瓦	0.6	0.6	0.04	192	192	12.8	
头号大板罗折	0.6	0.6	0.04	192	192	12.8	
头号大滴子	0.6	0.6	0.04	192	192	12.8	
头号大猫头	0.6	0.4	0.05	192	128	16.0	
头号大筒瓦	0.6	0.4	0.05	192	128	16.0	
头号大筒罗锅	0.5	0.4	0.05	160	128	16.0	
二号中板瓦	0.5	0.5	0.04	160	160	12.8	
二号中花边瓦	0.5	0.5	0.03	160	160	9.6	
二号中板罗折	0.5	0.5	0.03	160	160	9.6	
二号中滴子	0.5	0.5	0.03	160	160	9.6	
二号中猫头	0.5	0.38	0.03	160	121	9.6	

续表

名称	尺寸（尺）（清营造尺）			尺寸（mm）			清营造尺一丈面阔内的垄数（垄）
	长	宽	厚（高）	长	宽	厚（高）	
二号中筒瓦	0.5	0.38	0.03	160	121	9.6	
二号中筒罗锅	0.4	0.38	0.04	128	121	12.8	
拾号小板瓦	0.34	0.34	0.025	108.8	108.8	8.0	
拾号小板折腰瓦	0.34	0.34	0.025	108.8	108.8	8.0	
拾号小猫头	0.33	0.33	0.025	105.6	105.6	8.0	
拾号小筒瓦	0.30	0.23	0.025	96.0	105.6	8.0	
拾号小筒罗锅	0.30	0.23	0.025	96.0	105.6	8.0	
吻兽			1.0			320	
吻兽			1.2			384	
吻兽			1.6			512	
吻兽			1.8			576	
吻兽			2.6			832	
吻兽			2.8			896	
吻兽			3.0			960	
吻兽			3.2			1024	
吻兽			3.4			1088	
吻兽			3.6			1152	
素通脊	1.70		0.9	544		288	
素通脊	1.50			480			
花通脊	1.65		0.8	528		256	
花通脊	1.20		0.6	384		192	
素垂脊	1.20		0.6	384		192	
素垂脊	1.15		0.6	368		192	
垂兽	1.0～0.8			320～256			

表12-12 古建"黑活"屋顶常用主要瓦件的产品名称、规格及说明

名称		规格（mm）				说明及用途
		长	宽		厚	
			小头	大头		
板瓦	大型瓦	头号板瓦	200	200	225	15	每米4垄。多用于殿座
		1号板瓦	180	175	195	15	每米4.5垄。多用于殿座
		2号板瓦	180	155	170	12	每米5垄。多用于殿座
	小型瓦	3号板瓦	140	130	145	10	每米6垄。多用于殿座或游廊、垂花门、花墙顶
		10号板瓦	120	110	120	10	每米7垄。多用于游廊、垂花门、花墙顶
		小10号板瓦	100	90	100	10	每米8垄。多用于游廊、垂花门、花墙顶

续表

名　　称			规格（mm）				说明及用途
			长	宽		厚	
				小头	大头		
滴子	大型瓦	头号滴子	200	200	225	15	每米4垄。多用于殿座
		1号滴子	180	175	195	15	每米4.5垄。多用于殿座
		2号滴子	180	155	170	12	每米5垄。多用于殿座
	小型瓦	3号滴子	140	130	145	10	每米6垄。多用于殿座或游廊、垂花门、花墙顶
		10号滴子	120	110	120	10	每米7垄。适用范围同上
		小10号滴子	100	90	100	10	每米8垄。适用范围同上
筒瓦	清水瓦（捉节）	头号筒瓦	305	160		15	近似五样琉璃筒瓦的大小。多用于殿座
		1号筒瓦	250～305	145		15	近似六样琉璃筒瓦的大小。多用于殿座
		2号筒瓦	250	130		12	近似七样琉璃筒瓦的大小。多用于殿座
	混水瓦裹垄 大型瓦	头号筒瓦	170	140		12	裹垄后近似五样琉璃瓦的宽度。多用于殿座
		1号筒瓦	170	125		12	裹垄后近似六样琉璃瓦的宽度。多用于殿座
		2号筒瓦	170	110		12	裹垄后近似七样琉璃瓦的宽度。多用于殿座
	混水瓦裹垄 小型瓦	3号筒瓦	170	90		10	裹垄后近似八样琉璃瓦的宽度。多用于殿座或游廊、垂花门、花墙顶
		10号筒瓦	110	70		10	多用于游廊、垂花门、花墙顶
		小10号筒瓦	110	50		10	多用于游廊、垂花门、花墙顶
勾头	清水瓦（捉节）	头号勾头	225	160		15	同清水筒瓦
		1号勾头	225	145		15	同清水筒瓦
		2号勾头	225	130		12	同清水筒瓦
	混水瓦（裹垄） 大型瓦	头号勾头	170	140		12	同混水筒瓦
		1号勾头	170	125		12	同混水筒瓦
		2号勾头	160	110		12	同混水筒瓦
	混水瓦（裹垄） 小型瓦	3号勾头	160	90		10	同混水筒瓦
		10号勾头	110	70		10	同混水筒瓦
		小10号勾头	110	50		10	同混水筒瓦
（黑活）屋脊附件		正吻	1030～4030				每份包括剑把、脊兽、圭角、天地盘等件。正吻的大小，根据脊高决定
		垂兽	250～300				每份包括兽座、兽角。用于垂脊
		岔兽	250～300				每份包括兽座、兽角。用于岔脊和庑殿脊
		合角吻	900～1 000				每份包括剑把。用于围脊转角处
		套兽	50～150				用于殿角仔角梁的尽端，规格根据仔角梁的宽度而定
		仙人、走兽	150～140				用琉璃活之仙人、走兽

三、小青瓦

小青瓦是用黏土制坯烧成的瓦状防水材料，属于弧形瓦。其中包括土瓦、蝴蝶瓦和小青瓦等。小青瓦的规格列于表12-13。

表12-13 小青瓦的规格

规格（mm）			
长度	大口直径	小口直径	厚度
200	145	130	14
200	180	160	12~15
180	160	150	12~15
170	170	150	12
170	180	160	10
200	155	145	10~13
175	145	140	15

第三节 混凝土瓦

混凝土瓦是由水泥混凝土制成的瓦状屋面防水材料。根据用途的不同分为混凝土屋面瓦、有筋槽屋面瓦、无筋槽屋面瓦、混凝土配件瓦（包括脊瓦、封头瓦、排水沟瓦、檐口瓦和弯角瓦、三角脊顶瓦、四项脊顶瓦等）。

一、分类

1. 类别

混凝土瓦按铺设部位可分为混凝土屋面瓦和混凝土配件瓦。

2. 规格

产品规格以长和宽的外形尺寸（mm）表示。

3. 等级

尺寸偏差和外观质量合格的产品，按物理力学性能分为优等品（A）、一等品（B）、合格品（C）三个等级。

4. 标记

混凝土瓦按分类、规格、标准编号标记。

示例：混凝土屋面瓦、外形尺寸420 mm×330 mm、一等品的标记为：

CRT　420×330B　JC 746—1999

二、技术要求

（一）尺寸偏差

长度：屋面瓦和脊瓦的长度允许偏差±4 mm。

宽度：屋面瓦的宽度允许偏差±3 mm。

遮盖宽度：一块屋面瓦的遮盖宽度 b_1 以及遮盖宽度的正、负允许偏差值，应在生产厂家技术资料中给予说明。当屋面瓦有意设计成不同的遮盖宽度时，无此项要求。

1. 有筋槽屋面瓦

当生产厂家给出瓦片遮盖宽度的允许偏差值时，其遮盖宽度要满足下列要求：

$b_{1d}/10 \leqslant b_1 +$ 所给的遮盖宽度允许偏差值

$b_{1c}/10 \geqslant b_1 -$ 所给的遮盖宽度允许偏差值

当生产厂家没有给出遮盖宽度的允许偏差值，平均遮盖宽度应与生产厂家所给定的遮盖宽度值偏差不超过 ± 5 mm。

2. 无筋槽屋面瓦

屋面瓦的平均遮盖宽度应与厂家所给定的遮盖宽度值偏差不超过 ± 3 mm。

注：其他配件瓦的尺寸偏差由供需双方协定。

屋面瓦吊挂瓦爪（后爪）的有效高度应不小于 10 mm。对于有筋槽的瓦，其边筋高度应不低于 3 mm。若瓦有固定孔，其布置要确保屋面瓦或配件瓦与挂瓦条的连接安全可靠。固定孔的布置和结构应保证不影响混凝土瓦其他正常的使用功能和不造成缺陷。

（二）外观质量

1. 一般要求

屋面瓦和配件瓦及瓦型清楚，瓦面平整，边角整齐，屋面瓦及瓦爪齐全，彩色混凝土瓦应无明显的色泽差别。

2. 方正度

检验时，l_2 与 l_3 之间的差值应小于 4 mm。

注：当瓦片设计成不规则前沿时，无此项要求。

3. 平面性

屋面瓦任何预定的接触点与平参考面的间隙不应大于 3 mm 或 $b_1/100$（精确至 mm，取其大者为准）。

注：对于一些瓦型，无此项要求，例如：

a) 当瓦片与平参考面的设定接触点少于 4 个；

b) 当瓦片的形状设计成不规则时。

4. 外观缺陷

混凝土瓦不允许有裂缝、裂纹（包括龟裂）、孔洞、表面夹杂物；瓦的正表面不允许有高于 5 mm 的突出料渣；瓦的外观缺陷不得超过表 12-14 的规定。

表 12-14 混凝土瓦外形缺陷允许范围

项　目	指　标
a) 掉角　在瓦面上造成的破坏尺寸不得同时大于	10 mm
b) 瓦爪残缺	允许一爪有缺，但不大于爪高的 1/3
c) 边筋残缺：边筋坍塌或外槽外缘边筋断裂	不允许
d) 擦边长度不得超过（在瓦面上造成的破坏宽度小于 5 mm 者不计）	30 mm

(三) 物理力学性能

1. 质量偏差

质量不超过 2 kg 的瓦，质量偏差应在生产厂家给定值的±0.2 kg 以内，质量超过 2 kg 的瓦，一等品和合格品的质量偏差应在生产厂家给定值的±10%以内；优等品应在生产厂家给定值的±5%以内。

2. 承载力

屋面瓦的承载力实测平均值不得小于承载力可验收值（F_{ok}）。承载力可验收值按下式计算：

$$F_{ok} \geqslant F_c + 1.64\sigma$$

屋面瓦的承载力标准值 F_c 应符合表 12-15 的规定。

表 12-15 混凝土屋面瓦的承载力标准值

项目		有筋槽屋面瓦						无筋槽屋面瓦
		波形屋面瓦				平屋面瓦		
瓦脊高度 d（mm）		$d>20$		$20 \geqslant d \geqslant 5$		$d<5$		—
遮盖宽度 b_1（mm）		≥300	≤200	≥300	≤200	≥300	≤200	—
承载力标准值 F_c（N）	优等品	2 000	1 400	1 400	1 000	1200	800	550
	一等品	1 800	1 200	1 200	900			
	合格品	1 500	1 000	1 000	800			

注：对遮盖宽度在 300~300 mm 之间的有筋槽屋面瓦，其承载力标准值应按表中所列的值用线性内插法确定。

3. 吸水率

单块混凝土瓦的吸水率应符合表 12-16 规定。

表 12-16 混凝土瓦的吸水率

项目	优等品	一等品	合格品
吸水率（%）		≤10	≤12

4. 抗渗性

屋面瓦、脊瓦、排水沟瓦经抗渗性能检验，每块瓦的背面不得出现水滴现象。

5. 抗冻性

屋面瓦经冻融循环后，应满足承载力（表 12-5）和抗渗性能（第 4 条）的标准要求。同时，表面涂层不得出现剥落现象。

三、检验规则

(一) 检验分类

产品检验分为出厂检验和型式检验。每批出厂产品都应进行出厂检验。

出厂检验项目包括尺寸偏差、外观质量、承载力、吸水率和抗渗性能。

型式检验项目包括技术规定的全部项目。

（二）抽样

试样应随机抽取，尺寸偏差和外观质量试验的试样在产品成品堆场抽取，承载力检验与抗冻样检验的试样龄期应不少于 28 d。试样数量应符合表 12-17 规定，非破坏性试验项目的试样，可用于其他项目的检验。

表 12-17　试样抽取数量表

检验项目	型式检验	出厂检验批量（块）			
		2 000 至 50 000	50 001 至 100 000	100 001 至 150 000	>150 000
		试样数量			
长度	3	3	5	8	10
宽度	3	3	5	8	10
遮盖宽度	11	11	11	11	11
方正度	3	3	5	8	10
平面性	3	3	5	8	10
外观缺陷	10	10	20	25	30
质量偏差	3	—	—	—	—
承载力	7	7	7	7	10
吸水率	3	3	5	8	10
抗渗性能	3	3	5	8	10
抗冻性	3	—	—	—	—

注：画"—"者为不需要检验。

四、试验方法

（一）尺寸偏差及外观质量

【量具】

钢直尺：最小分度值为 1 mm。

【测量方法】

1. 尺寸偏差

在瓦的两侧边测量瓦的长度，取两者的算术平均值；在瓦的两端测量瓦的宽度，取两者的算术平均值。

测量结果以每件试件测量的长度的算术平均值、宽度的算术平均值与其规格长度、宽度的偏差表示。

2. 遮盖宽度

（1）有筋槽屋面瓦

将预先确定遮盖宽度相同的 11 块屋面瓦，按生产厂家规定的方式使屋面瓦相互之间搭接嵌合挂好或铺好。

展开状态下这些屋面瓦要尽可能展开，边筋内外槽相互之间的嵌合要可靠，展开状态的遮盖宽度 b_{1d} 要测量 10 块屋面瓦（见图 12-19），取整至 mm。紧缩状态下这些屋面瓦要尽可能挤紧靠牢，边筋内外槽相互之间的嵌合要可靠，紧缩状态下的遮盖宽度 b_{1c} 要测量 10 块屋面瓦（见图 12-19），取整至 mm。

计算：展开状态下的算术平均值（$b_{1c}/10$）和紧缩状态下的算术平均值（$b_{1c}/10$），或平均遮盖宽度（$b_{1d}+b_{1c}$）/20。计算结果修约至 1 mm。

（2）无筋槽屋面瓦

将预先确定遮盖宽度相同的 10 块屋面瓦，按厂家所给的方式挂在一根挂瓦条上。将屋面瓦挤紧靠牢，测出 10 块屋面瓦的宽度，并计算其算术平均值。修约至 1 mm。

3. 外观质量

外观缺陷用肉眼直观检查，外形缺陷用钢直尺测量。

（1）方正度与吊挂长度

将屋面瓦以 20°～70°之间的角度挂在挂瓦条上（见图 12-20），接着测量屋面瓦两侧边挂瓦条上棱和屋面瓦前沿之间的长度 l_2、l_3（见图 12-20），以两者的差作为检验结果，修约至 1 mm。同时求出屋面瓦的吊挂长度 l_1，以 l_2、l_3 的算术平均值表示，修约至 1 mm。

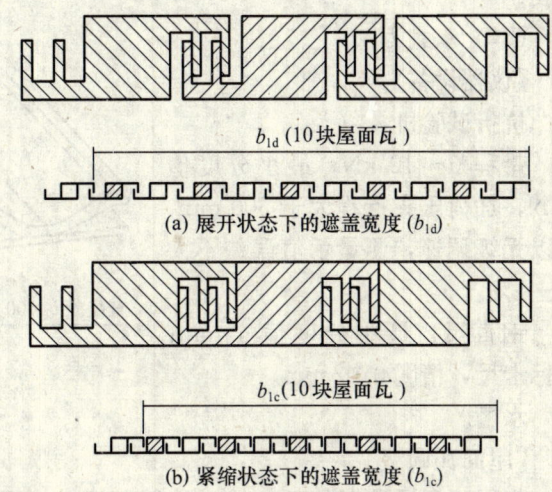

图 12-19 遮盖宽度测量

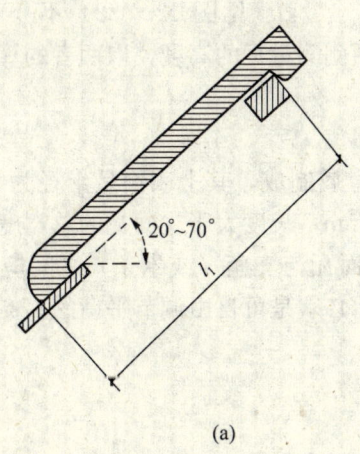

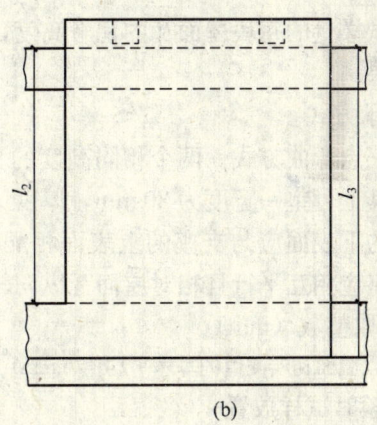

图 12-20 吊挂长度的测量

（2）平面性

将屋面瓦正面朝上放在一个平参考面上，使其处于稳定状态，用一根直径为 3 mm 或 $b_1/100$（取整至 mm）的金属棒——以较大者为准，测量屋面瓦的某个设定接触点与平参考面之间是否存在比允许值大的间隙，应给出所有检验结果（见图 12-21）。

（3）色差

在光线充足条件下，正常视力，距试样 3 m，目测面积约 1 m² 的试样。

（4）外观缺陷

贯穿裂纹是指从瓦正面裂透至背面的裂纹。惊纹（震纹）按贯穿裂纹论处。

掉角测量其在瓦正面上造成破坏面的长度方向和宽度方向的二个投影尺寸。擦边测量在瓦面上造成的破坏宽度及其破坏的边长。

（二）承载力

【仪器设备】

抗折试验机：

量程 0～10 kN，最小分度值 20 N，加荷压头行程大于 500 mm，可以无级调速，测量示值误差不大于±1%。

钢直尺：最小分度值 1 mm；游标卡尺，精度 0.02 mm。

水槽。

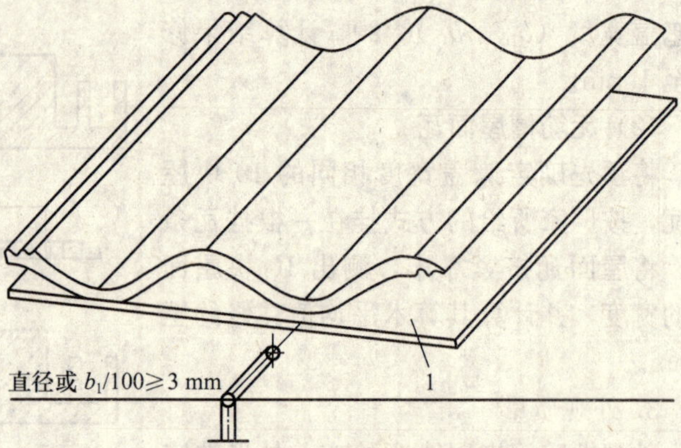

图 12-21 平面性的测量
1—平的参考面

[屋面瓦调湿]

将屋面瓦浸没在温度为 10～25 ℃的清水中不小于 24 h，水面应高出试样 20 mm，于试验前拭干表面水分备用。

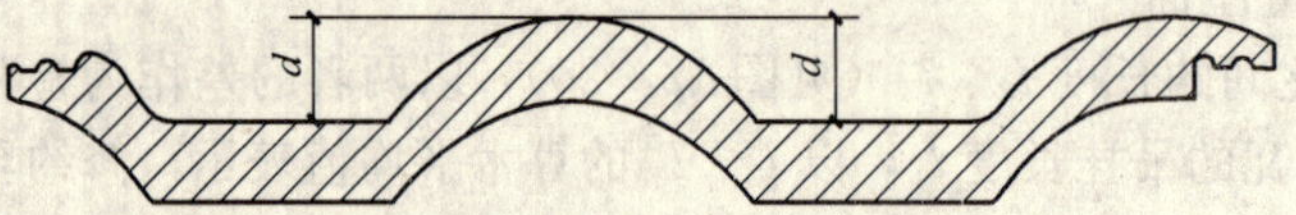

图 12-22 瓦脊高度的测量

【试验步骤】

1. 瓦脊高度的测量

如果生产厂家所给的瓦脊高度 d（见图 12-22）不小于 20 mm，就要测量试样量的每块屋面瓦的瓦脊高度，在瓦脊两侧测量瓦的高度，取两者的算术平均值为测定结果。

2. 支承方式

采用三点弯曲方式。两个相同高度的支座采用金属制成，其上表面呈半径为 10 mm 的圆弧形，其上可垫一宽度为 20 mm，厚度为 20～30 mm，长度大于屋面瓦的总宽度的硬质木条，木条的下表面应与支座的上表面相配合，在屋面瓦与支座（或木条）之间应有弹性垫层。两支座应相互平行且相对屋面瓦纵向轴的垂直面必须是可自由调节平衡的。支座中心距为 $2/3 l_1$，取整数（mm）。

注：l_1 以屋面瓦实测值的算术平均值（mm）计。

3. 试验时试样放置

屋面瓦正面朝上置于支座上（见图 12-23）。此时如屋面瓦还不平衡，例如这时屋面瓦背面的拱肋在支座上，则要将屋面瓦向吊挂瓦爪方向移动一些，以确保其平稳，调整试件至水平。

4. 加荷方式

用于加荷的加荷杆与支座要求

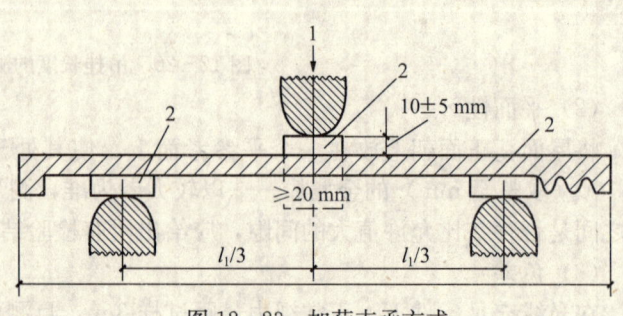

图 12-23 加荷支承方式
1—荷载；2—弹性垫层

材质及尺寸相同,其下表面是呈半径 10 mm 的圆弧形。加荷杆应平行于支座,且相对屋面瓦纵向轴的垂直面可自由调节平衡。加荷杆位于跨距中央。弯曲加荷杆与支座之间的角度不允许大于 10°。为了达到这个目的,必要时,在加荷杆与瓦面之间,填垫一块平衡物(见图 12-24),平衡物不要宽于加荷杆圆弧的直径。

如果是平的屋面瓦,要在加荷杆和屋顶瓦之间放一弹性垫层。(见图 12-24)。

如果是波形的屋面瓦,要在加荷杆和屋面瓦之间放置与瓦上表形状相吻合的平衡物(见图 12-24)。平衡物由木块、金属或石膏或快硬水泥砂浆制成,宽度约为 20 mm。平衡物由硬木或金属制成时,要在平衡物与屋面瓦之间垫以弹性垫层。

注:也可以将加荷杆加工成与平衡物相同形状的加荷杆,其与瓦表面的接触面应是圆弧形的。

弹性垫层长度至少要与屋面瓦的遮盖宽度一样,其宽度不小于 20 mm,厚度 10 ± 5 mm,硬度要为肖氏硬度(50 ± 10)。

屋面瓦放置时,搭接部分的边筋外槽部位(如果有的话)应不受荷载,荷载应只作用于遮盖宽度的中央(见图 12-20)。

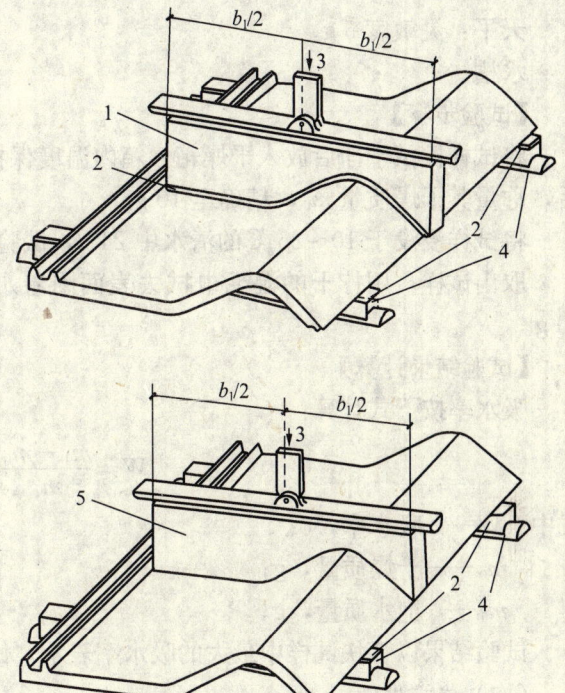

图 12-24 加荷装置示意图
1—硬木或制接触面与瓦上表面形状相吻合的平衡物;2—弹性垫层;3—荷载;4—宽度约为 20 mm,厚度为 20~30 mm,长度大于屋面瓦总宽度的硬质木条;5—石膏或快硬水泥砂浆制接触面与瓦上表面形状相吻合的平衡物

5. 加荷

通过弯曲加荷杆加荷,其作用力应垂直于屋面瓦平面,最高加荷速度为 6 500 N/min,直至试件断裂破坏。

【结果计算与评定】

屋面瓦承载力的试验结果精确至 10 N,如果屋面瓦上面用于平衡的物质的力大于 5 N 的话,在计算总承载力时应将其包括进去。

承载力实测平均值按下式计算,单位:N,修约至 10N。

$$\overline{F}=\frac{F_1+F_2+F_3+\cdots+F_n}{n}$$

式中 n——试样数量。

承载力标准差按下式计算:

$$\sigma=\sqrt{\frac{\sum(F_i-\overline{F})^2}{n-1}}$$

试验结果以承载力实测平均值表示。

(三) 吸水率

【仪器设备】

干燥箱;

天平: 灵敏度 5 g。

水槽。

【试验步骤】

将试样擦拭干净后放入干燥箱, 箱内温度保持 105±5 ℃, 干燥 24 h。取出冷却至室温后, 称量其干燥质量 m_0, 精确至 10 g。

将试样浸没于 10~25 ℃ 的清水中 24 h, 试验过程中应保持水面高出试样 20~30 mm。取出试样, 用拧干的湿毛巾拭去表面附着水, 立即称量试样的饱水质量 m_1, 精确至 10 g。

【试验结果计算】

吸水率按下式计算:

$$W = \frac{m_1 - m_0}{m_1} \times 100$$

式中 W——吸水率, %;

m_0——干燥质量, g;

m_1——饱水质量, g。

试验结果以 3 块试样中最大的吸水率表示, 修约至 0.1%。

(四) 抗渗性能

【仪器设备】

与被检验样品规格相适应的不透水的围框。

【样品的调湿】

将试样在温度为 15~30 ℃, 空气相对湿度不小于 40%, 通风良好的条件下, 存放不少于 24 h。

【试验步骤】

将试样正面向上放置于合适的围框内。使用不透水的密封材料将试样密封好 (见图 12-25)。密封时注意, 边筋外槽搭接部分等于或大于 30 mm 的屋面瓦, 封闭盖住的部分不允许大于搭接宽度的一半; 功能孔 (例如固定用孔) 在试验之前应用不渗水的材料封闭。

试样平面与水平面的偏差角应不大于 10°。将水注入以试样为底并用围框密封的试验容器中, 水面要高出瓦脊 10~15 mm, 或者从瓦槽的上表面量起 50 mm, 这两种方法以深度大者为准, 并保持这一高度。

将此被检验的试样在 15~30 ℃, 空

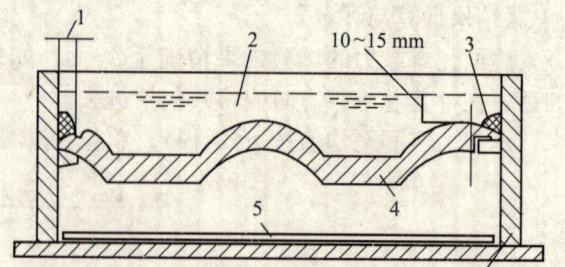

图 12-25 抗渗试验装置示意图
1—密封材料; 2—水; 3—密封; 4—瓦;
5—反光镜; 6—不透水的框

气相对湿度不小于 40% 的条件下，存放 24 h±5 min。

【试验结果与评定】

观察每个被检样品的背面无水滴形成现象，即认为抗渗性能合格。

（五）抗冻性

【仪器设备】

低温箱或冷冻室：放入试样后箱（室）内的温度可降至并保持在 −15～−25 ℃ 范围内。箱（室）内的空气温度宜在 2 h±30 min 内降至 −20±5 ℃。

水槽。

试样架：应使试样之间的间隔不小于 20 mm。试样与低温箱或冷冻室内壁之间的距离不小于 40 mm。

抗折试验机。

用于抗渗性能检验的围水框。

【试样】

将屋面瓦在温度为 20±5 ℃ 的清水中浸泡 48 h，试验前取出并自然滴落屋面瓦表面上附着水。

【试验步骤】

将经过浸水饱和的屋面瓦摆放在试样架上，随即放入预先降温至 −20±5 ℃ 的低温箱或冷冻室内。

待箱（室）内温度再次降至 −20±5 ℃ 时，开始计时。在此温度下保持 3 h。然后，取出试件立即放入 15～25 ℃ 的水中融化 1 h。如此为一个冻融循环。

冻融循环的间断只能在融化阶段，直到试验继续时瓦要浸泡在水中，中断时间不要大于 96 h，中断 24 h 以上的要给予说明。

如此进行 25 次冻融循环后，要将试样在空气温度 15～30 ℃，空气相对湿度不小于 40% 的条件下放置 7 d，接着按抗渗性能检验方法检验。

在抗渗性能检验后，接着将屋面瓦按承载力检验方法检验。

【结果评定】

以冻融后试件的抗渗性能和承载力检验的结果是否同时达到抗渗性和承载力相应的标准要求，同时检查外观质量是否有表面剥落现象。

五、判定规则

当所抽取的样品都满足本标准相应的等级要求时，判定其为相应的等级。

在所抽取的试样中，尺寸偏差和外观质量检验不合格试件的总数不超过 3 块，或物理力学性能检验不合格试件的总数不超过一块时，允许进行复验。复验只针对不合格项目进行。复验只允许一次。

注：承载力或抗冻性不合格时，不进行复验。

复验时从同一批次中抽取与前次该项目检验相同数量的样品进行第二次检验。若复验后检验结果达到要求，则判该批次产品为相应等级；若仍有不合格试样，则判该批次产品为不合格。

六、钢丝网水泥波形瓦

钢丝网水泥波形瓦是用普通硅酸盐水泥和砂子，按一定配比，中间加低碳冷拔钢丝网一层加工而成,适用于工厂散热车间、仓库、或临时性的屋面及围护结构等处。

钢丝网水泥波形瓦规格列于表12-18。

表12-18 钢丝网水泥波形瓦的产品规格、质量

产品名称	规 格 (mm)			参考质量 (kg/块)	质量要求		一般适用坡度
	长×宽×厚	波高	波长		初裂荷载 (kg/块)	抗渗性	
钢丝网水泥大波形瓦	1700×830×14	80	260	50±5	220	100 mm 静水压,24 h 后瓦背无严重印水现象	$\frac{1}{3}$、$\frac{1}{4}$
钢丝网石棉水泥中波形瓦	1800×745×8.5						
钢丝网石棉水泥小波形瓦	1800×720×8.5						
钢丝网短石棉水泥中波瓦	1800×745×(7~8)						
钢丝网石棉水泥小波形瓦脊瓦	850×(180×2)×6						

七、其他水泥瓦

水泥瓦的品种很多,除上述水泥瓦外,常用的其他水泥瓦列于表12-19中。

表12-19 其他瓦类

产品名称	规 格 (mm)(长×宽×厚)	抗折强度 (kg/片)	重 量 (kg/片)	吸水率 (%)
水泥平瓦	387×238×25			
	385×235×15	65~75	3.5	
	385×245×12	≥65		
	400×240×15		3.5	
	387×238×15	65	3.45	不大于13
	385×235			
水泥脊瓦	460×190×15	80~85	5	
	465×175×15	65	3.6	不大于13
	400×240×15	—	3.5	—
水泥瓦	390×230×13			
	—			
镁质小波瓦(菱苦土)	1800×720			
	1700×500			

续表

产品名称	规格(mm)(长×宽×厚)	抗折强度(kg/片)	重量(kg/片)	吸水率(%)
水泥煤渣瓦	400×240	70	3.0	
水泥煤渣瓦	400×240×14			
水泥煤渣脊瓦	420×200×14			
机制煤矸石平瓦	375×225	100	2~2.1	
煤矸石硬塑挤出瓦	360×220×12	130	2.5	
煤矸石机制脊瓦	305×240×20	100	—	
水泥木屑波形瓦	1400×820			
纤维丝水泥瓦	1500×720			
	1200×640			
纤维丝菱苦土瓦	1800×720			
	1500×720			
菱镁玻纤瓦	1800×700			
菱镁玻纤脊瓦	100×4			
菱镁石棉玻纤瓦	1800×720			
玻璃丝菱苦土瓦	—			

第四节 石棉水泥波瓦及其脊瓦

石棉水泥波瓦及其脊瓦是用温石棉和水泥为基本原料制成的瓦状防水材料。

一、分级、规格及标志

（一）分级

石棉水泥大、中、小波瓦根据其抗折力、吸水率与外观质量分为三个等级：优等品、一等品和合格品。

（二）规格

石棉水泥大、中、小波瓦的横断面形状分别见图12-26、图12-27、图12-28 规格尺寸及允许公差应符合表12-20规定。

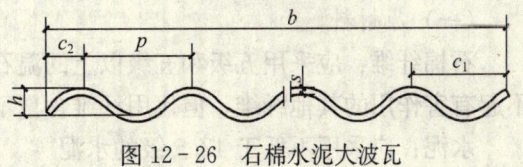

图12-26 石棉水泥大波瓦

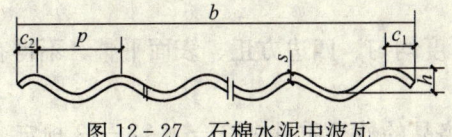

图12-27 石棉水泥中波瓦

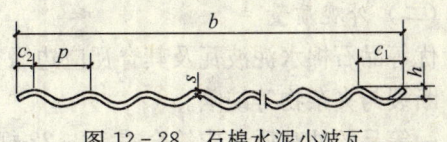

图12-28 石棉水泥小波瓦

表 12-20　石棉瓦规格尺寸及允许公差

品种	规格尺寸及允许公差（mm）								参考质量 m (kg)
	长 l	宽 b	厚 s	波距 p	波高 h	波数 n（个）	边距		
							c_1	c_2	
大波瓦	2 800±10	994±10	7.5±0.5	167±3	≥48	6	95±5	64±5	45
中波瓦	2 400±10	745±10	$6.5^{+0.5}_{-0.3}$	131±3	≥31	5.7	45±5	45±5	22
	1 800±10		$6.0^{+0.5}_{-0.3}$						15
小波瓦	1 800±10	720±5	$6.0^{+0.5}_{-0.3}$	63.5±2	≥16	11.5	58±3	27±3	15
			$5.0^{+0.5}_{-0.2}$						13

石棉水泥脊瓦的形状见图 12-29，规格尺寸及允许公差应符合表 12-21 规定。

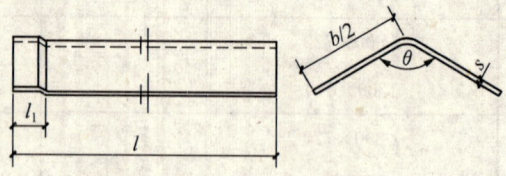

图 12-29　"人"字形石棉水泥脊瓦

表 12-21　石棉水泥脊瓦规格尺寸及允许公差

规格尺寸及允许公差（mm）					参考质量 m (kg)
长 度		宽度 b	厚度 s	角度 θ (°)	
搭接长 l_1	总长 l				
70±10	850±10	(230×2)±10	$6.0^{+0.5}_{-0.3}$	125±5	4
		(180×2)±10			3

（三）标记

标记方法：标记顺序为产品名称类别、长度、宽度、厚度、等级和标准号。

标记示例：石棉水泥小波瓦，优等品，长度 1 800 mm，宽度 720 mm，厚度 6 mm：
S 1 800×720×6A GB/T 9772

二、技术要求

（一）原材料

石棉纤维：应采用五级和五级以上的温石棉纤维。亦可掺加适量耐久性好、对制品性能不起有害作用的其他纤维，但代用纤维含量不得超过纤维总用量的 30%。

水泥：应采用不低于 42.5 级的水泥。

注：不得使用掺有煤、炭粉作助磨剂及页岩、煤矸石作混合材的普通硅酸盐水泥。

水：应采用淡水或循环系统的水。淡水中不应含有油、盐、酸类或有机物。

（二）外观质量

优等品石棉水泥波瓦及其脊瓦应边缘整齐、厚度均匀、四边方正、表面平整，不得有起层、断裂与夹杂物等缺陷。

一等品的外观质量应符合表 12-22 规定。合格品的外观质量应符合表 12-23 规定。

表 12-22 石棉水泥波瓦及其脊瓦一等品的外观质量　　　　　　　　　mm

外观质量指标	允许范围			
	大波瓦	中波瓦	小波瓦	脊瓦
掉角	沿瓦边长不得超过100，宽度方向不得超过50	沿瓦边长不得超过50，宽度方向不得超过35	沿瓦边长不得超过50，宽度方向不得超过20	沿瓦边长和宽度方向均不得超过20
	一张瓦的掉角不得多于1个			
掉边	宽不得超过15	宽不得超过10	宽不得超过10	不允许
裂纹	不得有因成型造成的下列之一裂纹： 正表面：a. 宽度超过1.2； 　　　　b. 长度超过75； 背　面：a. 宽度超过1.5； 　　　　b. 长度超过150			
方正度	≤6			—
端部厚度	不得超过实测瓦厚的25%			—

表 12-23 石棉水泥波瓦及其脊瓦合格品的外观质量　　　　　　　　　mm

外观质量指标	允许范围			
	大波瓦	中波瓦	小波瓦	脊瓦
掉角	沿瓦边长不得超过150，宽度方向不得超过70	沿瓦边长不得超过100，宽度方向不得超过45	沿瓦边长不得超过100，宽度方向不得超过30	沿瓦边长和宽度方向均不得超过20
	一张瓦的掉角不得多于2个			
掉边	宽不得超过20	宽不得超过15	宽不得超过15	不允许
裂纹	不得有因成型造成的下列之一裂纹： 正表面：a. 宽度超过1.5； 　　　　b. 长度超过100； 背　面：a. 宽度超过2； 　　　　b. 长度超过300			

（三）物理力学性能

各种级别的石棉水泥波瓦及其脊瓦的物理力学性能应符合表 12-24 的规定。

表 12-24 石棉水泥波瓦及其脊瓦的物理力学性能

检验项目			大波瓦			中波瓦			小波瓦		
			优等品	一等品	合格品	优等品	一等品	合格品	优等品	一等品	合格品
抗折力	横向	N/m	3 800	3 300	2 900	3 800	3 400	3 000	3 000	2 700	2 400
	纵向	N	470	450	430	320	310	300	390	340	290
吸水率，% ≤			26	28	28	26	28	28	25	26	26
抗冻性			25 次冻融循环后不得有起层等破坏现象								
不透水性			浸水后瓦体背面允许出现洇斑，但不允许出现水滴								
抗冲击性			在相距 60 cm 处进行观察，冲击一次后的被击处背面不得出现龟裂、剥落、贯通孔及裂纹								

注：大波瓦横向抗折力支距 1 300 mm，中、小波瓦横向抗折力支距 800 mm。

石棉水泥大、中、小脊瓦的破坏荷载不得低于 590 N，抗冻性经 25 次冻融循环后不得有起层等破坏现象。

三、检验规则

（一）检验项目

出厂检验：波瓦的外观质量、规格尺寸、抗折力、吸水率和抗冻性，脊瓦的外观质量、规格尺寸和破坏荷载。

型式检验：包括出厂检验的全部检验项目和波瓦的不透水性、抗冲击性，脊瓦的抗冻性。

（二）抽样与判定

1. 出厂检验

每批石棉水泥波瓦或脊瓦应为同一品种、同一等级、同一规格的产品，每批量最多和最少的数量按表 12-25 的规定。验收地点应在生产厂内进行。

表 12-25　抽样批量数量范围

品种	批量数量范围（张）
波瓦	501～3 200
脊瓦	151～500

用户可从每一受检批次中抽取样品，样品数量列于表 12-26 第 2 栏和第 7 栏。

表 12-26　抽取样品数量

批量数量 N	品质检验——二次抽样					变量检验——单一抽样		备注
	样品数量① n	第一次样品		第一次+第二次样品		样品数量 n	可接收系数 K	
		合格判定数 A_{c1}	不合格判定数 R_{e1}	合格判定数 A_{c2}	不合格判定数 R_{e2}			
1	2	3	4	5	6	7	8	9
≤150	3	0	1	不适用	不适用	3	0.502	$AL = L + K \cdot R$ 式中： AL——可验收极限； L——标准低限； K——可接收系数； R——样品中最大值与最小值之差
151～280	8	0	2	1	2	3	0.502	
281～500	8	0	2	1	2	4	0.450	
501～1 200	8	0	2	1	2	5	0.431	
1 201～3 200	8	0	2	1	2	7	0.405	

注：①第二次样品数量与第一次样品数量相同。

外观质量与规格尺寸验收规则按品质检验程序进行（表 12-26 第 2～6 栏），即不合格品数未超过表 12-26 第 3、5 栏时，则该受检批量应予验收；若不合格品数等于或大于表 12-26 第 4、6 栏时，则该批量可予拒收；若第一次样品中的不合格品数超过 A_{c1} 但小于

R_{e1},则应抽取并检验与第一次样品相同数量的第二次样品。批量拒收后可进行逐张检查处理。

按变量检验程序(表 12-26 第 7~9 栏)对抗折力试验进行验收。若样品的平均值($\overline{X}$)大于或等于可验收极限,即 $\overline{X} \geqslant AL$,则该批量可以验收;若 $\overline{X} < AL$,则该批量拒收。

瓦的吸水率、抗冻性、不透水性和抗冲击性试验,脊瓦的抗冻性试验,应在同一批量中任意抽取 2 张试样(也可从同样的抽样单位中切取),试验结果如有不合格品时,取加倍数量进行复检,复检后仍有一张不合格,则该批产品不得验收。

2. 型式检验

型式检验项目、抽样与验收按出厂检验规定进行。

四、外观质量检验方法

(一)规格尺寸的检验

【测量工具】

游标卡尺:量程 125 mm,分度值 0.02 mm。

深度游标卡尺:量程 200 mm,分度值 0.02 mm。

钢直尺:量程 1 000 mm 与 150 mm 各 1 把,分度值 1 mm。

钢卷尺:量程 2 000 mm 或 3 000 mm,分度值 1 mm。

金属弧谷定位轴(滚筒):数量每种规格 2 个,如图 12-30 所示。

万用角度规:量程 320°,分度值 2″。

壁厚千分尺:量程 25 mm,分度值 0.01 mm。

【测量方法】

1. 长度

在大、中波瓦的 2 波顶和 5 波顶,小波瓦的 3 波顶和 9 波顶处测量,取 2 次测量结果的算术平均值为试样的长度。

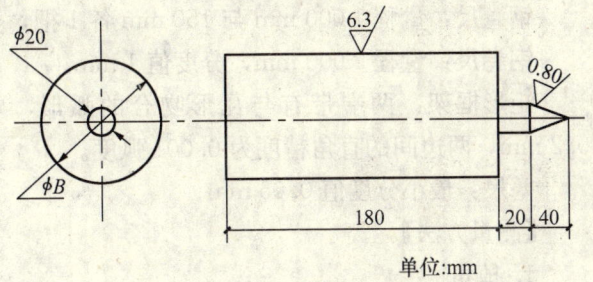

图 12-30 金属弧谷定位轴

注:ΦB 分别为 Φ37 mm 和 Φ65 mm;锥顶必须在轴线上。

2. 宽度

波瓦在离端部 150~300 mm 之间测量,脊瓦在中部测量,取 2 次测量结果的算术平均值。

3. 厚度

用壁厚千分尺在大、中波瓦 2 波顶和 5 波顶,小波瓦 3 波顶和 9 波顶或脊瓦每边中部离端部至少 10 mm 处测量,取 2 次测量结果的算术平均值。在相同部位用游标卡尺测量波瓦端部厚度,取 2 次测量结果的算术平均值。

4. 波高

大、中波瓦的波高在波瓦离端部 150~300 mm 的 2 波和 3 波间及 4 波和 5 波间测量,小波瓦的波高在波瓦后端离端部 150~300 mm 的 3 波和 4 波间及 8 波和 9 波间测量,取其 2 次测量的算术平均值,如图 12-31 所示。

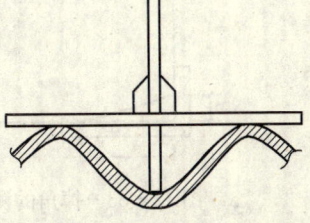

图 12-31 波高的测量方法

5. 波距

在波瓦相邻波谷（与测量波高的波谷相同）中放置滚筒，让滚筒锥形端伸出瓦端，用钢直尺测量相邻两锥顶的距离，取 2 个测量值的算术平均值，如图 12-32 所示。

6. 边距

将钢滚筒放置在波瓦反面边波波谷内，用钢板尺测出滚筒顶端至边线的距离，取 2 个测量值的算术平均值。

7. 角度

把角度规一边紧靠脊瓦外边一面，调整角度规使之与脊瓦另一面紧密接触，读取角度规读数。

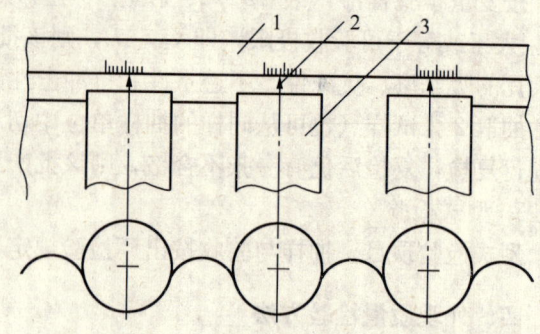

图 12-32　波距的测量方法
1—金属刻度尺；2—锥顶点；3—滚筒

8. 测量误差

厚度测量，读数至小数点后两位，修约至 0.1 mm；其他规格尺寸测量结果修约至 1 mm，角度修约至 1°，读数至小数点后一位。

（二）外观质量的检验

【测量工具】

宽度直角尺：量程 160 mm，精度一级。

钢直尺：量程 1 000 mm 与 150 mm 各 1 把，分度值 1 mm。

钢卷尺：量程 2 000 mm，分度值 1 mm。

矩形框架：两端带有与瓦形吻合的弧形，要求框架每边与直尺的偏差每米不超过 0.2 mm，两边间的直角精度为 0.001 弧度。

塞尺：最小分度值 0.05 mm。

【测量方法】

1. 掉角

将角尺贴至石棉水泥波瓦或脊瓦的缺角部位（见图 12-33），然后用钢直尺测量两个方向的缺角长度。

2. 掉边

将钢直尺一边紧靠在缺边处，用钢直尺测出缺边至尺边的最大距离，如图 12-34 所示。

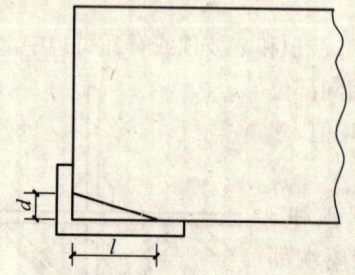

图 12-33　掉角的测量方法
l—沿瓦长方向最大值　d—沿瓦宽方向最大值

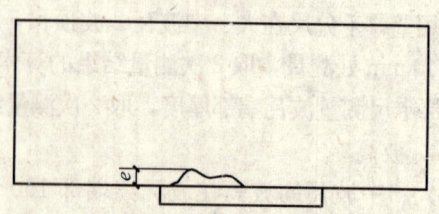

图 12-34　掉边的测量方法
e—掉边的最大宽度

3. 裂纹

用塞尺测量宽度,用钢直尺测量长度。

4. 方正度

将框架的一边与石棉水泥波瓦的一边对齐(见图12-35),用钢直尺测出框架一端与石棉水泥波瓦一端波顶的最大间隙(δ)。

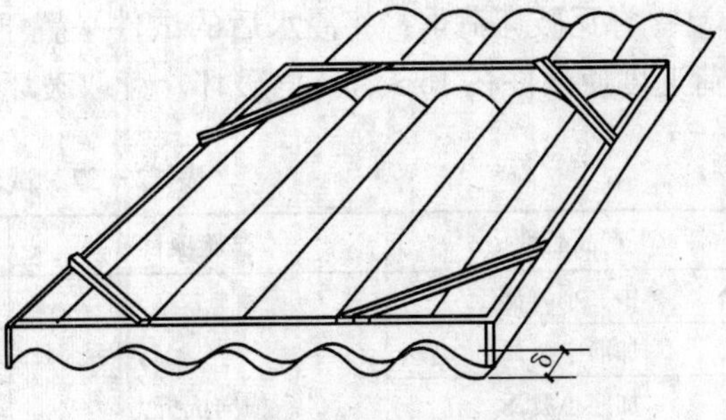

5. 表面平整

目测瓦表面是否有凹凸不平、面层剥落及其他夹杂物,分类登记。

6. 测量精度

裂纹宽度修约至 0.1 mm,其他测量结果修约至 1 mm。

图 12-35 波瓦边缘方正度的测量

五、物理力学性能试验方法

(一) 抗折试验

【仪器设备】

试验机要求荷载示值误差不大于±1%,量程不大于 6 000 N。波瓦横向抗折试验装置见图 12-36,纵向抗折试验装置见图 12-37,脊瓦加荷装置见图 12-38。毛毡厚度 10 mm 且必须粘贴平整,不带倒角。

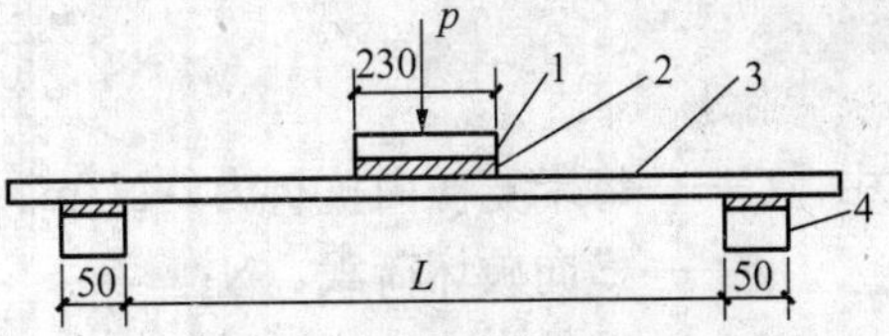

【试件制备】

试件尺寸,支距见表 12-27。波瓦横抗试件取整张瓦,纵抗试件在作完横向抗折试验的试件上割取;平板试件在距板边不小于 25 mm 的中间部分对称位置割取。

图 12-36 波瓦横向抗折试验装置
1—刚性平板;2—毛毡(厚 10 mm);
3—试件;4—支座

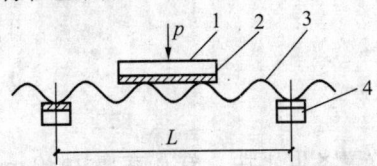

图 12-37 波瓦纵向抗折试验装置
1—刚性平板;2—毛毡;3—试件;4—支座

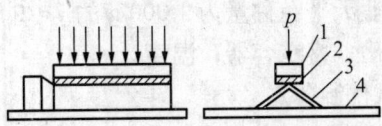

图 12-38 脊瓦抗折试验加荷装置
1—压块;2—毛毡;3—试件;4—钢板

【试验步骤】

1. 试验准备

试验前将试件置于 5~30 ℃ 的洁净水中浸泡 24 h,试件间距不小于 5 mm,水面高于试件 20 mm 以上。试件取出后用湿毛巾揩干后立即进行试验。

2. 波瓦横向抗折

试件正面朝上平置于预先调整好的支座上,以每秒 60~100 N 的速度加荷直至断裂,记录破坏荷载,精确至 10 N。

3. 波瓦纵向抗折

试件正面朝上,使试件波谷落在支座上,控制加荷速度使试件在 15~30 s 内断裂,记录破坏荷载,精确至 5 N。

4. 脊瓦破坏荷重：将浸水后的试件平置于钢板上，使脊瓦轴线与压板轴线重合，控制加荷速度使试件在15～30 s内破坏，读取破坏荷载。

表12-27　试件尺寸及支距

产品品种	试验项目	支距（mm）	试件尺寸 mm
中、小波瓦	横向抗折力	800	整张瓦
加筋中波瓦		1 450	
加筋小波瓦		800	
大波瓦		1 300	
半波板		1 100	
小波瓦	纵向抗折力	8个波距	瓦宽×500
中波瓦		4个波距	瓦宽×500
大波瓦		4个波距	瓦宽×500
平板与平板配件	抗折强度	215	250×250
脊瓦	破坏荷重	平置	整瓦

注：波瓦横抗采用净支距，其余采用支座中心距。

【试验结果计算】

波瓦横向抗折力按下式计算：

$$C=\frac{p}{b}$$

式中　C——每米宽横向抗折力，N/m，精确至1 N/m；

　　　p——横向破坏荷载，N；

　　　b——试件宽度，m。

（二）吸水率

【仪器设备】

电热恒温干燥箱。

工业天平：称量为1 000 g的7～9级工业天平。

水槽；盛水容器；温度计。

【试件制备】

取样：波瓦在后端离端部100 mm处的中部对称位置各取1块，脊瓦在离边30 mm以上的中部对称位置取样。

试件应无肉眼可见裂纹，表面无灰尘及细碎颗粒，边缘平整。

试件的尺寸及数量列于表12-28。

表12-28　试件的尺寸及数量

种类	大波瓦	中波瓦	小波瓦	脊瓦
长度（mm）	100	100	100	80
宽度（mm）	167（1个波）	131（1个波）	127（2个波）	80
数量（个）	2	2	2	2

【试验步骤】

将试件放在室内自然通风条件下放置 7 d 以上,称量每个试件的质量。再将试件放在温度为 100～105 ℃ 的干燥箱内干燥至恒质或干燥 24 h,取出置于干燥器中冷却至室温,称量每个试件的质量。

将试件放入 10 ℃ 以上的水中 24 h,然后将试件从水中取出,用湿毛巾小心地擦去试件表面附着水后立即称量。

【结果表示】

吸水率按下式计算:

$$A(\%) = \frac{m_0 - m_1}{m_1} \times 100$$

式中 A——试件吸水率,%;
m_0——饱水试件在空气中的质量,g;
m_1——干燥试件的质量,g。

试件称量精确至 0.01 g,修约至小数点后 1 位。

(三) 抗冻性试验

【仪器设备】

低温冷冻箱,试件架,水池和温度计。

【试件的制备】

从波瓦上按表 12-29 尺寸在离端部 200 mm 处的对称位置切割 2 块试件。

表 12-29 波瓦试件尺寸

种 类	大波瓦	中波瓦	小波瓦	脊 瓦
长度	300	300	300	100
宽度	167	196	190	150

【试验步骤】

已切割好的试件放入不低于 5 ℃ 的清水中浸泡 24 h,取出检查不得有因切割而引起的缺陷。

浸泡后的波瓦试件侧立在试件架上,间距不小于 15 mm,然后将其放入预先降温至 -20 ± 2 ℃ 的低温冷冻箱中,冷冻 90 min(管子 2 h),取出放入 20 ± 5 ℃ 的清水中融化 30 min,为一次循环。

【试验结果评定】

冷冻时间以放入冷冻设备后温度重新降至 -20 ± 2 ℃ 时开始计时。反复冻融 25 次,每次浸水后放入低温冷冻箱以前,均需擦干检查试件有无起层和龟裂等破坏现象。

(四) 不透水性试验

【仪器设备】

围水框架,其长度为 1 000 mm,高度为 40 mm 加波高,宽度分别为小波瓦 6 个波数,中波瓦 4 个波数,大波瓦 3 个波数,两端板须做成与波形相吻合的形状。

试验支架;干湿球温度计。

【试件的准备】

采用长度不小于 1 200 mm 的整张波瓦,试件置于温度高于 5 ℃ 的环境中至少 5 d。

【试验步骤】

试验在温度为 23±2 ℃,相对湿度大于 50% 的室内进行。框架与试件的接触处要完全密封,确保不渗水,水温不低于 5 ℃。将水注入框架,使水面高出波顶 20 mm(玻璃管内注水高度为 250 mm)。

【试验结果评定】

在 24 h 后检查试件底面是否有水滴形成。

(五) 抗冲击性试验

【仪器设备】

钢卷尺或钢直尺,分度值为 1 mm。

游标卡尺,分度值 0.02 mm。

水槽。

落锤式冲击试验机:落锤为淬火茄形锤,质量 1 000±10 g,硬度 HRC40~50,外形尺寸如图 12-39。宽 50 mm 的钢支座二根,其上垫木厚度为 10 mm 支座,可在滑轨上固定。其他主要部件有落锤固定及释放装置,调节落锤高度装置,调节支座距离的装置,固定试件及调整落点装置。

框式水平仪:规格 250 mm × 250 mm,分度值 0.025 mm。

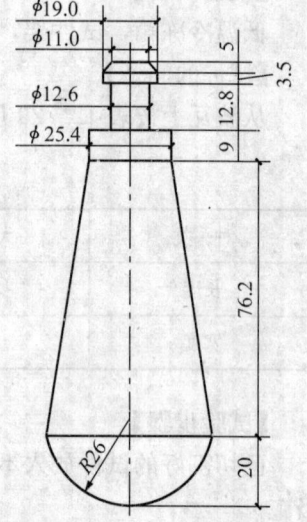

图 12-39 茄形锤示意图

【试验步骤】

1. 试件处理

把试件置于 5 ℃ 以上洁净水中浸泡 24 h,试件间距不小于 5 mm,水面高于试件约 20 mm。试件取出后用湿毛巾揩干后应立即进行试验。

2. 波瓦支距为净支距 800 mm,落锤底面至冲击点的落差为 1 200 mm。

3. 试验方法

用框式水平仪调整台面,使两支座处于同一水平面。将饱水后的试件正面朝上平置于调整好支距的支座上,放上垫木,旋紧固定螺栓将瓦固定在支座上。调整波瓦中部的波顶在落锤的垂直线上,调整落锤高度,释放落锤,记录冲击次数及试件正反面两面裂纹、剥落、龟裂等情况。

六、其他水泥石棉瓦

石棉水泥半波瓦截面呈半波形,受拉区断面大于受压区,抗弯强度高于石棉水泥波形瓦。

钢丝网石棉水泥波瓦是用抄取法制得的石棉水泥料坯,在两层料坯中间夹入一层钢丝网片,经合坯、加压而成。此种波瓦可以全部用短石棉与部分石棉代用纤维生产。其抗裂、抗冲击性比石棉水泥波瓦有较大的提高,不会产生脆裂,可用于有振动的工业建筑屋面。

第五节 玻璃纤维增强聚酯波纹板

玻璃纤维增强聚酯波纹板亦称玻璃钢波形瓦,是以无捻玻璃纤维粗纱及其制品和不饱和聚酯树脂为主要原材料,具有近似正弦波形截面的波纹板。

玻璃纤维增强聚酯波纹板一般作屋面材料或装饰材料使用,厚度在1mm以下的波形瓦,只能用于凉棚、遮阳等临时性建筑上。

一、产品分类

1. 产品类型

按成型方法可分为手糊型和机制型;按性能可分为普通型、透光型和阻燃型,透光型按透光性能分为3级,阻燃型按阻燃性能分为2级;按波形尺寸可分为63型和75型。波纹板截面形状如图12-40。

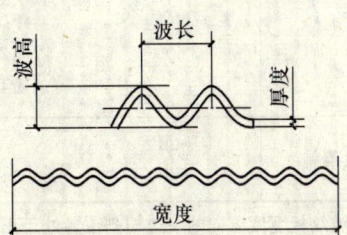

图12-40 波纹板截面形状

2. 产品标记

产品代号见表12-30。

表12-30 产品代号

类型	成型方法		性 能			波形尺寸	
	机制	手糊	普通型	透光型	阻燃型	波长63mm	波长75mm
代号	J	S	P	T_1 T_2 T_3	Z_1 Z_2	63	75

标记示例

机制2级透光型、波长75mm、厚1.0mm波纹板标记如下:

波纹板 $JT_2 75-1.0$ GB/T 14206

二、技术要求

(一) 原材料

增强材料采用无捻玻璃纤维粗纱及其短切毡和布。玻璃纤维原丝不得采用石蜡型浸润剂。

基体树脂采用不饱和聚酯树脂,其技术要求应符合GB 8237相应的规定。

(二) 尺寸及极限偏差

波纹板尺寸及极限偏差见表12-31。

表 12-31 波纹板尺寸极限偏差

类型	长度（mm）	宽度（mm）	厚度（mm）	波高（mm）	波长（mm）
63	1 800 3 600	740 800 1 000 1 200 1 400	0.8 1.0 1.2 1.6 2.0	16	63
75	1 800 3 600	740 800 1 000 1 200 1 400	0.8 1.0 1.2 1.6 2.0	20	75
极限偏差	+20 -5	+25 -5	+0.2 -0.1	±2	±2

注：波纹板宽度方向的一边切割位置处于正弦波零点。

（三）外观

波形圆滑，无明显皱纹。色泽基本均匀。板边齐、直。不得有直径大于 4 mm 的气泡、穿透性针孔、露丝、断裂、分层等缺陷。

（四）树脂含量

波纹板的树脂含量应不低于表 12-32 的规定。

表 12-32 波纹板的树脂含量

类型	树脂含量（%）
J	60
S	48

（五）固化度

波纹板的固化度应不低于 82%。

（六）弯曲挠度

波纹板的挠度值应不大于表 12-33 的规定。

表 12-33 波纹板允许挠度

公称厚度（mm）	允许挠度（mm）	
	J	S
0.8	36	24
1.0	30	20
1.2	24	16
1.6	18	12
2.0	15	10

(七) 冲击强度

波纹板经冲击强度试验后,不应有断裂或贯穿的孔穴。

(八) 透光率

透光型波纹板可见光透光率应不低于表 12-34 的规定。

表 12-34 透光型波纹板各等级透光率

等 级	透光率(%)
T_1	85
T_2	80
T_3	75

(九) 阻燃性

阻燃型波纹板氧指数应不低于表 12-35 的规定。

表 12-35 阻燃型波纹板各等级氧指数

等 级	氧指数(%)
Z_1	30
Z_2	26

三、检验规则

(一) 出厂检验

1. 检验项目

每批产品必须进行外观、形状尺寸和弯曲挠度的检验,对透光型和阻燃型波纹板还需分别进行透光率和阻燃性的检验。

2. 抽样、组批及判定规则

(1) 批量

同一类型波纹板以 200 张为一批。在此批产品中进行随机抽样不足 200 张时,由供需双方协商确定。

(2) 外观、形状尺寸

抽样方案,采用一次抽样法,样本数为 6;

判定规则,所抽样本全部合格或仅有一张不符合要求时则判该批为合格。否则该批产品应逐张检验。

(3) 弯曲挠度

抽样方案,采用二次抽样法,样本数各为 6;

判定规则,在第一次所抽样本中全部符合要求则判定该批为合格。如有 2 张或 2 张以上不符合要求则判该批为不合格。如有 1 张不符合要求时则进行第二次抽样,如两次抽样不符合要求的波纹板总数为 1 时则判该批合格。否则判为不合格。

(4) 透光率和阻燃性

抽样方案，采用一次抽样法，样本数为 3；

判定规则，所抽样本全部符合要求时则判该批合格，否则判为不合格。

（二）型式检验

型式检验除出厂检验所规定项目外，还需进行冲击强度、固化度和树脂含量的检验。

（三）检验后的处置

对已判为合格的批，使用方应整批接收，对于检验时抽取波纹板中的不合格品应予以剔除和替换。对已判为不合格的批，未经使用方同意，生产方不应在未作任何处理的情况下，整批或部分的、或与其他新的批混合后再次重新提交检验。

按照产品的订货合同等文件的具体规定，可以将不合格批进行筛选、修复后协商处理。

在已判断合格的批中，如再发现不合格品，不影响已作出的判断。这些不合格品的处理应由生产方与使用方协商解决。

型式检验不合格时，应认真调查原因，及时排除造成不合格的因素后，方可恢复生产。

四、试验方法

（一）外观

按技术要求中外观的要求以肉眼观察及用精度为 0.5 mm 的尺检验。

（二）形状、尺寸

1. 长度测量

用精度为 1 mm 的尺，在波纹板第二、五、八波波峰处测量长度，取算术平均值。

2. 宽度测量

用精度为 1 mm 的尺，在距离波纹板两端大于 100 mm 任意三处测量宽度，取算术平均值。

3. 厚度测量

用精度不低于 0.05 mm 的游标卡尺在离波纹板两端 10 mm 处的第二、五、八波波峰处测量厚度，取算术平均值。

4. 波长测量

用精度为 1 mm 的尺，分别测量波纹板两端的第一个波峰到最后一个波峰的距离，取算术平均值，再除以此距离间的波数。

5. 波高测量

用精度不低于 0.05 mm 的三用游标卡尺在波纹板两端的第二、五、八波波峰处测量波高，取算术平均值。

（三）树脂含量

树脂含量是指聚酯树脂在玻璃纤维增强聚酯波纹板中所占的质量，用%表示，采用燃烧法进行检验，适用于树脂基体能燃尽的波纹板。

【仪器与设备】

分析天平：感量 0.1 mg。

马弗炉：在 450~650 ℃之间控温精度为±20 ℃。

瓷坩埚：不小于 30 mL。

干燥器。

【试验步骤】

试样质量为 2～5 g，其最大尺寸为 25 mm×25mm×5 mm。试样数量，每组至少 3 个。

试样用蘸有溶剂（对试样不起腐蚀作用）的软布擦净，并按下列方式之一或按产品要求进行预处理。

在干燥器内至少放置 24 h；

在 80 ℃下干燥 2 h 后放入干燥器内冷却至室温。

在 625±20 ℃的马弗炉内加热坩埚 10～20 min，然后放在干燥器中，冷却至室温，称量，精确至 0.1 mg。如此重复操作直至连续两次称量结果相差不超过 1 mg。把经预处理的试样置于坩埚内，称量，精确到 0.1 mg。将盛有试样的坩埚放入马弗炉中，升温至 350～400 ℃；恒温 30 min，再升至 625±20 ℃或所选择的温度，恒温，直到全部碳消失为止。把带有残余物的坩埚从马弗炉中取出，放入干燥器中，冷却至室温，称量，精确到 0.1 mg。

重复灼烧、恒温、冷却、称量，直到连续两次称量结果相差不超过 1 mg 为止。

树脂含量按下式计算：

$$W_r = \frac{m_2 - m_3}{m_2 - m_1} \times 100$$

式中　W_r——树脂含量，%；

　　　m_1——坩埚质量，g；

　　　m_2——坩埚和试样总质量，g；

　　　m_3——灼烧后坩埚和残余物总质量，g。

注：上式计算的树脂含量中有增强材料的浸润剂及小部分可烧掉的低分子物质。如有必要可用空白试验校正。

（四）固化度

玻璃纤维增强聚酯树脂波纹板的固化度又称树脂不可溶分含量，用不可溶树脂在波纹板中的质量之比，用%表示。

【仪器与试剂】

索氏萃取器：规格 250 mL，或其他具有相同功能的合适仪器。

电热恒温水浴：温度范围 37～100 ℃，控温精度±2 ℃。

鼓风干燥烘箱：应具有适当的可控温度范围，偏差范围为±2 ℃。

分析天平：感量 0.1 mg。

锉刀或其他合适的粉碎工具：如粉碎机等。

定量滤纸：ϕ15 cm 或其他合适尺寸。

标准筛：0.4 mm。

适当大小的称量瓶。

丙酮试剂：化学纯或工业级。

【试样制备】

试样选取取样要靠近测定树脂含量的部位。

试样用蘸有溶剂（对试样无腐蚀作用）的软布擦净。

用锉刀或其他合适工具将试样加工成粉末，注意不可引起树脂过热。

将粉碎后试样用 0.4 mm 标准筛过筛，筛上剩余物再行粉碎，直至全部过筛搅匀后备用。对于固化度太低,粉碎时感到粘滞或粉碎后纤维呈棉绒状的样品,可不必过筛。

【试样预处理】

试样可按下列方式之一或按产品要求进行预处理。

(1) 玻璃纤维增强塑料

在干燥器中至少放置 24 h;

80±2 ℃烘箱中干燥 2 h,放入干燥器,冷却至室温。

(2) 碳纤维及芳纶增强塑料

干燥器中至少放置 48 h;

80±2 ℃烘箱中干燥 3 h,放入干燥器中,冷却至室温。

对于常温固化产品,试样预处理不能采用上述方式中 (2)。

取 3 份试样为一组,每份试样为 1±0.2 g。

【试验步骤】

用干燥的称量瓶在分析天平上称量滤纸筒(包括脱脂棉)或滤纸,精确至 0.1 mg。将粉末试样放入称量瓶中滤纸筒(试样上面覆盖薄层脱脂棉)或滤纸包内,称量,精确至 0.1 mg。将装有试样和脱脂棉的滤纸筒或滤纸包放入萃取器内,滤纸筒要稍高于萃取器虹吸管。装上冷凝器、萃取器、烧瓶。注入烧瓶中 150 mL 丙酮。在 80±2 ℃恒温水浴上连续萃取 3 h。萃取液在虹吸管中每小时回流次数为 6~10 次。如果需要,可在一个萃取器内同时萃取几份试样,但萃取时间可适当延长(2 份试样萃取 4 h;3 份试样萃取 6 h)。

注:以酚醛树脂为基体的纤维增强塑料可采用乙醇。

取出萃取过的滤纸筒或滤纸包,沥干片该放入温度已恒至 105±2 ℃烘箱中。同时放入适当大小,能容纳滤纸筒的空称量瓶一同干燥至恒重。

a. 玻璃纤维增强塑料一般选用 105±2 ℃干燥 2 h。

b. 碳纤维和芳纶增强塑料一般选用 105±2 ℃干燥 3 h。

将干燥至恒重的滤纸筒迅速放入称量瓶中盖好,从烘箱中取出放入干燥器内,冷却至室温,称量,精确至 0.1 mg。取出瓶中滤纸筒,再称称量瓶质量,其与干燥至恒重的滤纸筒及称量瓶称量结果之差,即为萃取后滤纸与剩余物总质量。

按上述同样条件做一空白试验,计算时用以校正装样滤纸筒。按照波纹板树脂含量试验方法。

测定树脂含量。

【结果计算】

(1) 空白滤纸质量损失率按下式计算:

$$C_0 = \frac{m_4 - m_5}{m_4} \times 100$$

式中 C_0——空白滤纸质量损失率,%;

m_4——空白滤纸萃取前(包括脱脂棉)质量,g;

m_5——空白滤纸萃取后(包括脱脂棉)质量,g。

(2) 萃取后试样质量按下式计算:

$$m_2 = m_3 - m(1 - C_0)$$

式中 m_2——萃取后试样质量,g;

m_3——萃取后滤纸筒与剩余物总质量,g;

m——萃取前装样滤纸筒(包括脱脂棉)质量,g;
C_0——同前式。

(3) 纤维增强塑料树脂不可溶分含量按下式计算:

$$C_r = \left(1 - \frac{m_1 - m_2}{m_1 \cdot W_r}\right) \times 100$$

式中 C_r——纤维增强塑料树脂不可溶分含量,%;
m_1——萃取前试样质量,g;
W_r——纤维增强塑料树脂含量,%;
m_2——同前式。

计算每组试样的算术平均值,取三位有效数字。

(五) 弯曲挠度

1. 试样

以原张波纹板作为试样,长度超过 4 000 mm 可由供需双方协商确定。

2. 试验环境条件

一般在室温条件下进行。仲裁试验时,试验室温度为 23±2 ℃,相对湿度为 45%～55%。

3. 试验程序

波纹板宽度为 740 mm 时,按表 12-36 规定的跨距和载荷,采用三点加载方法测量其挠度,载荷分三级均匀施加(在初始载荷不大于最大载荷的 5% 时调整百分表的零点),测其最大挠度。加载装置见图 12-41。

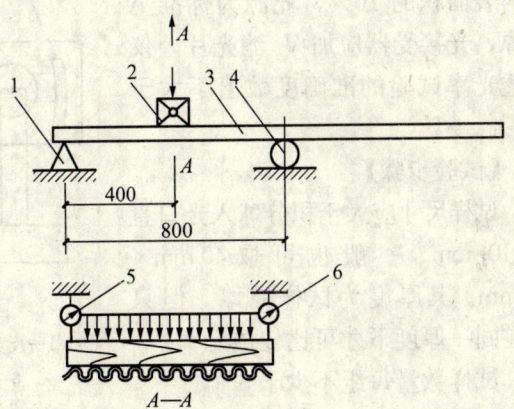

图 12-41 波形瓦弯曲试验装置
1、4—支座;2—加载木块(75 mm×75 mm×750 mm);
3—试件;5、6—百分表

表 12-36 试验条件

跨 距 mm	载 荷(N)	
	J	S
800	392	588

波纹板宽度在 740 mm 以上时,试验载荷按下式计算:

$$P = W \cdot b / 740$$

式中 P——试验载荷,N;
W——表 12-36 中规定的载荷,N;
b——波纹板宽度,mm。

(六) 冲击强度

1. 试样及试验环境条件

试样长度为 1 000 mm,宽度为 740 mm。试验环境条件为:试验室温度 23±2 ℃,相对湿度 45%～55%。

2. 试验程序

按弯曲试验的支承法，在试样的中上方用质量为 1 kg 的钢球，距波峰顶点 1 500 mm 的高度自由落下。

（七）透光率

玻璃纤维增强聚酯波纹板的透光率是指透过试样的光通量与垂直入射到试样上的光通量之比，用%表示。

【试验仪器】

积分球式透光率测试仪。其仪器原理如图 12-42 所示。

积分球总开口面积不得超过整球内表面积的 10%，光源为标准 A 光源，光接受器应加 V_λ 滤光片，仪器透光率试验的准确度数值不大于 ±2%。

【试验步骤】

试样尺寸应大于积分球入光口直径 10 mm。一般也可取 40 mm× 40 mm。其厚度为试样原厚。但只有在同一厚度下才可比较透光率。

试样数量每组不少于 3 个。

试样在试验前应进行清洁处理，

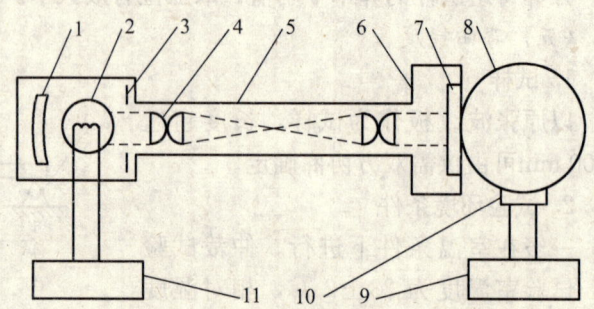

图 12-42　积分球式透光率测试仪原理图
1—反光镜；2—光源；3—光栅；4—透镜；5—平行光管；
6—试样室；7—试样；8—积分球；9—显示仪器；
10—光接受器（附 V_λ 滤光片）；11—稳压电源

但不得损伤试样表面状态，然后在温度 23±2 ℃，相对湿度 45%～55% 的标准环境条件下至少放置 24 h。

接通电源，使仪器稳定 10 min 以上。在积分球无光照的条件下，调节显示仪表零点。使光线无阻挡地射入积分球内，调节显示仪表，使指示值为 100。再重复此操作步骤，使仪器稳定。

将试样固定在试样架上，放入光路，并使试样紧贴积分球的入光孔壁，读取仪表的指示值，即为试样的透光率。

每个试样测试不少于 3 次。

【测试结果】

每一试样 3 次测试数据的算术平均值，即为该试样的透光率。

测试结果以一组试样的算术平均值表示。

当每组试样数量大于 5 个时，应计算标准差。

（八）阻燃性

玻璃纤维增强聚酯波纹板的阻燃性用氧指数表示，氧指数简称 OI，是在规定条件下，试样在氧、氮混合气流中，维持平稳燃烧所需的最低的氧气浓度，以氧所占体积百分数表示，单位为%。它是评价波纹板在空气中与火焰接触时燃烧的难易程度或着火的危险性。

【试验设备】

氧指数测定仪：其结构形式如图 12-43 所示。

氧指数测定仪主要部件：

燃烧筒：内径为 75^{+3}_{0} mm，高度为 450 ± 5 mm 的耐热玻璃管。在底部填装直径为 4 ± 1 mm 的玻璃珠，高度为 100 ± 5 mm。在玻璃珠上方放置一个金属网，以承接试样燃烧的滴落物。圆筒内混合气体的流速为 4 ± 1 cm/s。

试样夹：安装在燃烧筒轴心位置，保持试样处于垂直状态。

气体供应系统：由氧气瓶、氮气瓶、压力表、压力调节阀，阀和软管构成。

测定系统和控制系统：由氧气流量计、氮气流量计（流量计最小刻度 0.1 L/min）、气体混合器、压力表、稳压阀、调节阀、清洁器及管路组成。另外，各流量计一年必须校正一次。

点火器：尖端内径为 1～3 mm 的喷嘴。火焰长度可以随意控制，并能进入燃烧筒上方点燃试样。热源为液化石油气、天然气、煤气等（有争议时，以丁烷气为准）。

通风橱：试验在设有观察窗的通风橱内进行。

秒表：精度为 0.1 s。

游标卡尺：精度为 0.02 mm。

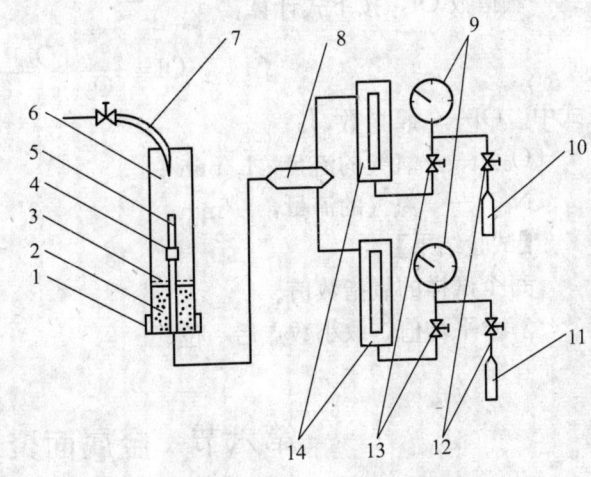

图 12-43 氧指数测定仪示意图
1—底座；2—玻璃珠；3—金属网；4—试样夹；5—试样；
6—燃烧筒；7—点火器；8—气体混合器；9—压力表；
10—氧气瓶；11—氮气瓶；12—稳压器；
13—调节阀；14—转子流量计

【试件制备】

试件尺寸：长度为 70～150 mm，宽度为 6.5 ± 0.5 mm，厚度为 3 ± 0.5 mm，每组试件不少于 5 个。

试件需在温度 23 ± 2 ℃，相对湿度 45%～55% 的标准环境条件下至少放置 24 h。

【试验步骤】

测量试样厚度 d，准确至 0.05 mm。试验前，转动阀门，检查连接处是否漏气。将试样垂直地装在试样夹上。试样的上端至筒顶的距离不小于 100 mm。

根据经验或试样在空气中燃烧情况，选择试样的初始氧浓度。如在空气中迅速燃烧，则为 18% 以下；如在空气中不着火，则为 25% 以上。

点火器的火焰长度为 15～25 mm。

调节流量阀门，使流入燃烧筒的氧、氮混合气体达到要求的氧浓度，并保证燃烧筒中气体的流动速度为 4 ± 1 cm/s。让燃烧筒通过 30 s 的气体后，在试样上端点火，当试样上端确实点燃后，撤走火源，并马上开始记录时间和观察燃烧情况（包括炭化、熔融、弯曲、滴落、阴燃、火焰及烟雾大小、颜色、燃烧后分层及火焰分布均匀否）。

反复进行下面 a 条和 b 条的操作，测得 3 次试样燃烧时间为 3 min 以上的最低氧浓度，即 a 条的氧浓度值，但 a 条和 b 条所得氧浓度之差应小于 0.5%。在燃烧过程中流量不能改变,也不能打开通风系统。

a. 试样燃烧时间大于 3 min,则降低氧浓度。

b. 试样燃烧时间小于 3 min,则增加氧浓度。

氧指数 OI,按下式计算:

$$OI = \frac{[O_2]}{[O_2] + [N_2]} \times 100$$

式中 OI——氧指数,%;

〔O_2〕——氧气的流量,L/min;

〔N_2〕——氮气的流量,L/min。

【试验结果】

每个试样的氧指数值。

算术平均值,取小数点后一位。

第六节 金属面聚苯乙烯夹心板

金属面聚苯乙烯夹心板是以阻燃型聚苯乙烯泡沫塑料作芯材,以彩色涂层钢板为面材,用粘合剂复合而成的金属夹心板,或称金属压型夹心板,简称夹心板。

金属面聚苯乙烯夹心板用于屋面防水层,不仅具有防水作用,还具有保温作用,而且结构轻巧、彩色艳丽。除用做屋面防水层外,还用于墙面作围护结构层。是近年来发展较快的一种瓦类材料,主要用于工业厂房的屋面和墙面。

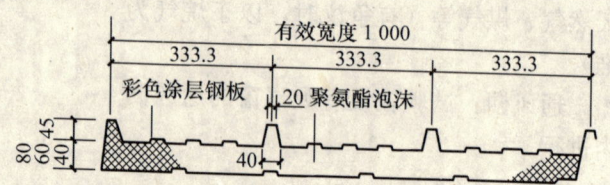

图 12-44 金属面聚苯乙烯夹心板剖面

一、规格与标记

(一)规格

金属面聚苯乙烯夹心板的剖面尺寸如图 12-44 所示。

产品规格性能应符合表 12-37 规定。

表 12-37 金属压型夹心板规格性能

项 目	规 格 性 能					
屋面板宽度(mm)	100					
屋面板每块长度(m)	≤12					
屋面板厚度(mm)	40		60		80	
钢板厚度(mm)	0.5	0.6	0.5	0.6	0.5	0.6
传热系数 K [W/(m²·K)]	0.582		0.407		0.302	
平均隔声量(dB)	25		38		50	

续表

项 目	规 格 性 能					
适用温度范围（℃）	-50～120					
耐火极限（h）	0.6					
重量（kg/m²）	12	14	13	15	14	16
屋角板、泛水板屋脊板厚度（mm）	0.6～0.7					

金属压型夹心板连接件及密封材料见表12-38的要求。

表12-38 连接件及密封材料的材料要求

材料名称	材料要求	材料名称	材料要求
自攻螺栓	6.3mm、45号钢镀锌、塑料帽	密封垫圈	乙丙橡胶垫圈
拉铆钉	铝质抽芯拉铆钉	密封膏	丙烯酸、硅酮密封膏
压盖	不锈钢		

（二）产品标记

产品标记由产品代号（JJB）、规格尺寸、标准编号三部分组成。

标记示例：长度为3 000 mm、宽度为1 200 mm、厚度为75 mm的夹芯板，标记为：

JJB　3 000×1 200×75　JC 689

二、技术要求

（一）外观质量

外观质量应符合表12-39的规定

表12-39 外观质量

项 目	质量要求
板面	板面平整、色泽均匀、无明显凹凸、翘曲、变形
表面	表面清洁、无胶痕与油污
缺陷	除卷边与切割边外，其余板面无明显划痕、磕碰、伤痕等
切口	切口平直、板边缘无明显翘角、脱胶与波浪形，面板宜向内弯包
芯板	芯板切面应整齐，无大块剥落，块与块之间接缝无明显间隙

（二）尺寸允许偏差

尺寸允许偏差应符合表12-40的规定：

表12-40 尺寸允许偏差　　mm

项 目	长度		宽度	厚度	对角线差	
	≤3 000	>3 000			≤6 000	>6 000
允许偏差	±3	±5	±2	±2	≤4	≤6

(三) 物理力学性能

1. 面密度应符合表 12-41 的规定。

表 12-41 面密度允许值

面材厚度 (mm)	面密度 kg/m² ≥					
	厚度 50 (mm)	厚度 75 (mm)	厚度 100 (mm)	厚度 150 (mm)	厚度 200 (mm)	厚度 250 (mm)
0.5	9.0	9.5	10.0	10.5	11.5	12.5
0.6	10.5	11.0	11.5	12.0	13.0	14.0

2. 粘结性能

粘结强度应大于 0.1 MPa。

剥离性能：剥离试验时，粘结在面材上的聚苯乙烯泡沫塑料粒子应均匀分布，每个剥离面的粘结面积应不小于 85%。

3. 结构性能

抗弯承载力

当抗弯承载力为 0.5 kN/m² 时：

$$a \leqslant [a] = \frac{L_0}{250}$$

式中　a——实测挠度值，mm；

　　　$[a]$——标准规定允许挠度值，mm；

　　　L_0——支座间的距离，mm。

夹芯板作为承重构件使用时，应符合有关结构设计规范的规定。

4. 原材料要求

金属面材：彩色涂层钢板应符合 GB/T 12754 的规定，基板必须热镀锌，锌层双面质量不得小于 180 g/m²。其他金属面材应符合相关标准的规定。

芯材：聚苯乙烯泡沫塑料板应符合 GB 10801 的规定，体积密度不小于 18 kg/m³，导热系数不大于 0.041 W/(m·K)，阻燃型 (ZR)，氧指数不小于 30%。

粘结剂：粘结强度应大于 0.1 MPa，剥离强度试验剥离面积应不小于 85%。

三、检验分类

(一) 检验项目

产品分为出厂检验和型式检验。

产品出厂时必须进行出厂检验，检验项目包括外观、尺寸偏差、面密度、剥离性能。

型式检验项目包括技术要求中的全部项目。

(二) 组批与抽样

以同一原材料、同一生产工艺、同一规格，稳定连续生产的产品为一个检验批。

1. 外观与尺寸偏差按表 12-42 抽样。

表 12-42　外观与尺寸偏差抽样方案

批量 N（块）	样本（次）	样本大小 第一次	样本大小 第二次	合格判定数 Ac_1	合格判定数 Ac_2	不合格判定数 Re_1	不合格判定数 Re_2
151～280	1	8		0		2	
	2		8		1		2
281～500	1	13		0		3	
	2		13		3		4
501～1 200	1	20		1		3	
	2		20		4		5

2. 物理力学性能从外观与尺寸偏差检验合格的试件中分别抽取 3 块进行测试。

四、试验方法

（一）外观质量

外观质量目测。

（二）尺寸偏差

1. 规格尺寸偏差

按图 12-45 所示在距板边 100 mm 处及其板宽度（长度）方向中间处用精度 1 mm 的钢卷尺测量其长度、宽度，取 3 个测量值的算术平均值为测定结果，计算精确至 1 mm。

按图 12-46 所示在距板边 100 mm 处的 4 个点及板长度方向中间处距板边 100 mm 的 2 个点，用精度为 0.5 mm 的钢直尺和外卡钳配合或用游标卡尺测量其厚度，取 6 个测量值的算术平均值为测定结果，计算精确至 1 mm。

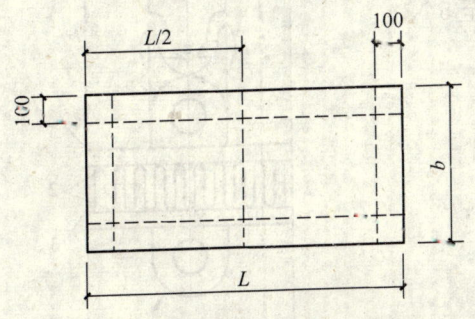

图 12-45　长度和宽度测量位置

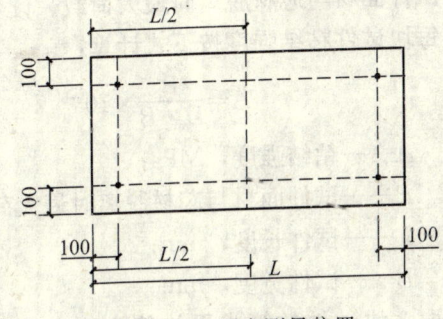

图 12-46　厚度测量位置

测定结果与公称尺寸之差，即为规格尺寸偏差。

2. 对角线差

用精度为 1 mm 钢卷尺测量两条对角线长度，取其差值为测定结果，计算精确至 1 mm。

（三）物理力学性能

1. 面密度

【仪器设备】

磅秤：量程 0～200 kg，精度 0.1 kg。

钢卷尺：精度 1 mm。

【试验步骤】

取 3 块试件，分别称量每块试件的质量，并按尺寸偏差试验方法测量其长度、宽度。

【试验结果计算】

每块试件的面密度按下式计算：

$$e = \frac{m}{L \cdot B}$$

式中　e——面密度，kg/m^2；

　　　m——试件质量，kg；

　　　L——试件长度，m；

　　　B——试件宽度，m。

取 3 块试件试验结果的算术平均值为测定结果，计算精确至 $0.1\ kg/m^2$。

2. 粘结强度

【仪器设备】

试验机：量程 0～10 kN；测量精度≤1%；加荷速度 0～850 mm/min。

【试件制作】

从面密度所取的板材上，分别切取试件 3 块。每块试件规格为：长×宽：200 mm×300 mm，厚度大于 50 mm。

【试验步骤】

按图 12-47 所示装置把平钢板粘结到试件两面的面材上（此处粘结力必须大于芯材与面材的粘结力），并使试件中心轴和固定金属块的中心轴线重合，把试验装置放到拉伸试验机上。

开动试验机，使其以 0.5～1.5 mm/min 的速度拉伸，记录试件面材与芯材脱离时最大荷载。读数精确至 5 N。

每块试件粘结强度按下式计算：

$$A = \frac{P}{L \cdot B} \times 10^{-6}$$

式中　A——粘结强度，MPa；

　　　P——试件面材与芯材脱离时最大荷载，N；

　　　L——试件长度，mm；

　　　B——试件宽度，mm。

取 3 块试件的算术平均值为测定结果，计算精确至 0.01 MPa。

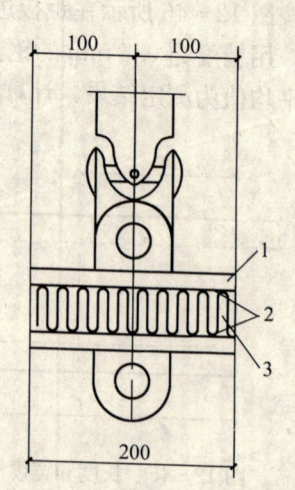

图 12-47　粘结强度测定装置示意图

1—平钢板；2—粘结剂结合处；3—试件

3. 剥离强度

【仪器设备】

试验机：量程 0～10 kN，加荷速度 0～850 mm/min。

【试件制作】

取板材 3 块，分别切割成长度为 200 mm、宽度为板材宽度的试件 3 块。

【试验步骤】

切取试件 1 h 后进行剥离试验。将试件面材与芯材用力撕开。共试验 3 块试件，剥离 6 个面。用精度为 1 mm 的钢直尺测量未粘结部分的尺寸，测量该部分两个方向的最大尺寸，相乘求出每一块未粘结的面积（F_i）。最大尺寸小于 5 mm 未粘结部分的面积不进行测量。

【试验结果】

每个剥离面的粘结面积与剥离面积的比值按下式计算：

$$S = \frac{F - \sum_{i=1}^{n} F_i}{F} \times 100$$

式中 S——粘结面积与剥离面积的比值，%；

F——每个剥离面的面积，mm^2；

F_i——每一块未粘结的面积，mm^2；

$\sum_{i=1}^{n} F_i$——未粘结面积之和，mm^2；

计算精确至 1%。

4. 结构性能

抗弯承载力

【仪器设备】

试验机：量程 0～10 kN，0～850 mm/min。

【试件制作】

取 3 块试件，每块试件尺寸为：3 700 mm×1 200 mm×50 mm。

【试验步骤】

将试件简支在两个平行支座上（图 12-48）。其一为固定铰支座；另一为滚动铰支座。支座中心距板两端为 100 mm。先空载 2 min，然后将 0.5 kN/m² 荷载分五级均布加载，每级加试验荷载的 20%。加载后静置 10 min，一直加至该荷载。此时计算的挠度为抗弯承载力下挠度的实测值 a。超过该荷载后，每级荷载取该荷载的 10%；然后继续加载直至挠度达到 $L_0/250$ 时，记录此时的抗弯承载力，然后，继续加载。当接近极限承载力时，每级荷载取该荷载的 5%；一直加至板面受压中心区出现折皱时，记录加载总和即为极限承载力，取 3 块试件的算术平均值作为测定结果，计算精确至 10 N。

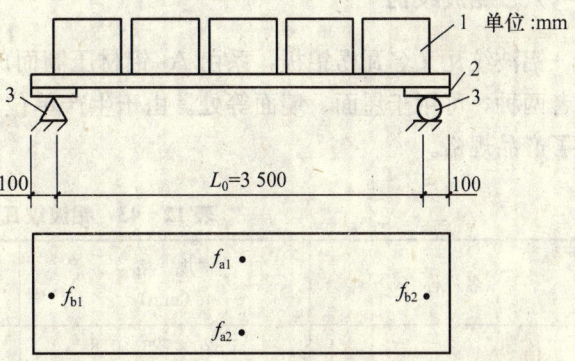

图 12-48 均布承载力法测定试件抗弯承载力示意图
1—加载砝码；2—承压板（宽 100 mm，厚 6～15 mm 钢板）；
3—支座

加荷同时，用精度为 0.02 mm 的百分表测量板中间、支座的位移量，并进行记录，直至试件中心出现折皱。

每块试件挠度按下式计算：

$$a = f_a - f_b$$

式中　a——试件的挠度，mm；

f_a——抗弯承载力时，试件跨中的平均位移量，$f_a=\dfrac{f_{a1}+f_{a2}}{2}$，mm；

f_{a1}，f_{a2}——抗弯承载力时，试件中间两点的位移量，mm；

f_b——抗弯承载力时，支座的平均下沉量，$f_b=\dfrac{f_{b1}+f_{b2}}{2}$，mm；

f_{b1}，f_{b2}——抗弯承载力时，两个支座的下沉量，mm；

五、判定规则

1. 外观与尺寸偏差

若检验结果，外观质量与尺寸偏差均符合规定，则判定该试件合格；若有一项不符合标准，则判定该试件不合格。

若一个检验批的样式中，不合格试件数不超过 A_{c_1}，则判该批产品外观与尺寸偏差合格；如不合格试件数等于大于 R_{e_1}，则判该批产品外观与尺寸偏差不合格。

若样本中不合格试件数大于 A_{c_1}，小于 R_{e_1}，则抽取二次样本，重新检验。若检验结果中，两次样本中不合格试件数小于、等于 A_{c_2}、则判该批产品外观与尺寸偏差合格；若等于大于 R_{e_2}，则判该批产品外观与尺寸偏差不合格。

2. 物理力学性能

均应符合规定，若有一项不合格，则应二次抽样，对该项目进行复验。若符合规定，则判为合格。若该项目仍不符合标准，则判为不合格。

3. 总判定

若检验结果均符合表 12-39、表 12-40、表 12-41 各项指标规定与外观尺寸偏差、物理力学性能判定规则时，判该批产品合格。

六、铝波纹瓦

铝波纹瓦又名瓦楞铝板，系由 A_2 铝材压制而成。轻质高强，经久不锈。有氧化及不氧化者两种，可用于屋面、墙面等处。由于生产单位不多，产品规格尚不统一，表 12-43 列出了产品规格。

表 12-43　铝波纹瓦产品规格

名　称	规　格 (mm)	示　意　图
波纹瓦	1 820×725×0.8	
	1 400×725×0.8	
	1 050×725×0.8	
檐　瓦	300×725×0.8	
脊　瓦	300×1 130×0.8	
瓦　垫	φ30×φ6×2	

第十三章 防水沥青混凝土

在建筑工程中使用的防水沥青混凝土称为建筑沥青混凝土，以示同道路上用的道路沥青混凝土和水工建筑上用的水工沥青混凝土的区别。

在建筑上使用的沥青混凝土应具有良好的防水、抗渗、防腐性能，广泛用于防水和防腐建筑物的基础，以使建筑物的基础不受水和浸蚀介质的腐蚀。为了使建筑物的地面（包括楼地面）不受水和酸碱溶液的腐蚀，需铺设防水防腐的沥青混凝土地面。对于有防水和防爆要求的应铺设不发火沥青混凝土地面。

由于沥青混凝土防水性好，耐稀酸和抗渗性能突出，开裂后自愈能力较强，且价格低廉，施工后也不需要采取措施进行养护，施工后整体无缝，是其他材料不能相媲美的防水防腐材料。

第一节 分 类

沥青混凝土是由碎石或砾石、砂、矿粉、纤维与沥青组成的混合料，经压实硬化所得的材料。未压实前称为沥青混合料。沥青混凝土的种类很多，其命名方法也不一致，主要根据沥青混凝土的混合料进行分类。

一、按结合材料的品种分类

沥青混凝土中的结合材料是沥青，在沥青混凝土中所用的沥青材料主要有石油沥青、煤焦油沥青。由石油沥青为结合材料的沥青混凝土称为石油沥青混凝土，由煤焦油沥青为结合材料的沥青混凝土称为煤焦油沥青混凝土。在建筑上应用最多为石油沥青混凝土，在未注明的情况下，通常是指石油沥青混凝土，一般称沥青混凝土。

二、按拌和与摊铺温度分类

按沥青混凝土混合料的拌和与摊铺温度可分为热拌热铺沥青混凝土、冷拌冷铺沥青混凝土、热拌冷铺沥青混凝土和温沥青混凝土。

热拌热铺沥青混凝土又称热沥青混凝土，它是将粗细集料加热，与热沥青和矿粉在专用的设备中热态拌和，并趁热运至现场进行摊铺和压实，拌和温度为160~180℃。摊铺温度为120~160℃。可采用粘稠度较高的沥青，制成的沥青混凝土具有较好的热稳定性和耐久性。

热拌冷铺沥青混凝土又称冷沥青混凝土，它是将粗细集料和沥青在加热状态下拌和，在冷状态下摊铺和压实，一般是在60~90℃下拌和，在环境温度下摊铺，但不得低于5℃，通常采用液体沥青或粘稠度较低的沥青。

冷拌冷铺沥青混凝土是在不加热的情况下冷态拌和和摊铺，采用稠度较低凝固较慢的液体沥青或乳化沥青为结合料。

温沥青混凝土是指介于热拌和冷拌、热摊铺和冷摊铺温度之间沥青混合料，拌和温度为 90～130 ℃，摊铺温度为 40～80℃，多采用液体沥青。

在建筑防水和防腐工程中多采用热拌热铺沥青混凝土。

三、按矿质集料最大粒径分类

按矿质集料最大粒径可分为粗粒式沥青混凝土、中粒式沥青混凝土、细粒式沥青混凝土和砂粒式沥青混凝土。

粗粒式沥青混凝土是矿质集料最大粒径为 35 mm 或 30 mm 的沥青混凝土。这种混凝土结构空隙率较大（6%～10%），沥青用量少（4%～5.5%），主要用于地面的基层，一般厚度为 50～100 mm。

中粒式沥青混凝土是矿质集料最大粒径为 25 mm 或 20 mm 的沥青混凝土。这种沥青混凝土结构空隙率较小（3%～6%），沥青用量较多（5%～6.5%），主要用于地面的中层。

细粒式沥青混凝土是矿质集料粒径为 15 mm 或 10 mm 的沥青混凝土。这种沥青混凝土结构为密实型，空隙率较小（2%～6%），沥青用量多，多用于地面的面层。

砂粒式沥青混凝土在建筑上称为沥青砂浆。最大集料粒径为 5 mm，属于密实型结构，空隙率较小（2%～5%），沥青用量较大（7%～9%），多用于地面的面层。

四、按矿质集料的级配类型分类

按矿质集料的级配可分为连续级配、间断级配、开级配和密级配等沥青混凝土。

连续级配的沥青混凝土矿质集料的颗粒尺寸从某一最大粒级到最小粒级逐级都有，其级配具有连续不断的性质，且按比例相互搭配。

间断级配的沥青混凝土矿质集料中剔除其中一个分级或几个分级，形成一种不连续的矿质混合料，掺配一定比例的沥青，则配制成为间断级配的沥青混凝土。

开级配沥青混凝土为多孔性沥青混凝土，是相对于密级配沥青混凝土而言。属于空隙率大于 15% 的沥青混凝土。在矿物组成中含有较多的粗集料、较少的细集料和粉料，与沥青拌和的混合料经压实后密度较小，仍有较大的空隙率，多用于地面的底层。

密级配沥青混凝土是矿质集料空隙率小于 5% 的一种沥青混凝土，相对于开级配沥青混凝土而言，具有较高的密实度，含有较少的粗集料、较多的细集料和粉料。

半开级配沥青混凝土的矿质集料的空隙率介于密级配和开级配之间（5%～15%）的一种沥青混凝土，实属于开级配沥青混凝土，多用于地面的底层。

此外，还可按密实度、用途、压实或浇筑方式分类，例如道路沥青混凝土、水工沥青混凝土和建筑上使用的防水防腐地面沥青混凝土、防水防爆地面沥青混凝土等。

第二节　材料组成

沥青混凝土是以沥青为胶结材料，掺以集料和矿质粉料组成的沥青混合材料。

一、沥青材料

沥青是沥青混凝土的胶结材料。它直接决定着沥青混凝土的性能，要求沥青具有一定的弹性、塑性和刚性，以及对变形的适应性和感温性，因使用的环境不同对沥青的技术要求也不相同。

沥青的性能常用粘性、塑性和温度稳定性来衡量沥青的性能，可用针入度、延度和软化点等性能指标来表示。在建筑上沥青混凝土中所用的沥青材料技术性能要求列于表13-1。通常选用沥青材料的软化点为50～60℃，但不得大于70℃。如地面受热温度超过50℃时，应适当提高沥青的软化点。

表13-1 道路、建筑石油沥青的质量

项 目	道路石油沥青		建筑石油沥青		
	60号甲	60号乙	40号	30号	10号
针入度（25℃，100g，5s）（1/10 mm）	51～80	41～80	36～50	26～35	10～25
延度（25℃，5 cm/min）（cm）	≥70	≥40	≥3.5	≥2.5	≥1.5
软化点（环球法）（℃）	45～55	45～55	≥60	≥75	≥95

注：针入度中的"5 s"和延度中的"5 cm/min"是指建筑石油沥青。

在建筑上使用的沥青混凝土中，多使用稠度较高的60号道路石油沥青和30号或40号建筑石油沥青；在水工沥青混凝土中多选用60号道路石油沥青；在道路沥青混凝土中多使用100号道路石油沥青、70号或90号重交通石油沥青。

单一沥青往往满足不了沥青混凝土对沥青材料的性能要求，考虑到沥青混凝土耐高温性能及耐低温性能，就需要采用软化点或针入度不同的石油沥青进行调配，配制出调配沥青。

对防水防腐地面或基础垫层使用的沥青混凝土或灌注沥青混凝土必须具有较好的防腐蚀性能。其沥青的耐腐蚀性能应达到表13-2中的规定要求。

表13-2 沥青及沥青类材料的耐腐蚀性能

介质类别	介质名称	浓度（%）	耐腐蚀性能
酸类	硫酸	＜50	耐
	盐酸	＜20	耐
	硝酸	＜10	耐
	磷酸	＜55	耐
	醋酸	稀溶液	耐
	铬酸	—	不耐
	硼酸	任何浓度	耐
	脂肪酸	稀溶液	尚耐
	氢氟酸	＜5	耐
	氟硅酸	＜10	耐
碱	氢氧化钠	＜20	耐（用耐碱填料时）

续表

介质类别	介质名称	浓度（%）	耐腐蚀性能
盐类	硫酸氢钠	<20	耐
	硫酸铵	任何浓度	耐
	硫酸铜	<10	耐
	硫酸钠	任何浓度	耐
	硝酸铵	任何浓度	耐
	磷酸铵	任何浓度	耐
	氯化钠	任何浓度	耐
	次氯酸钠	—	耐
其他	苯	—	不耐
	气油	—	不耐
	二硫化碳	—	不耐

为了提高沥青混凝土的弹性、力学性能，还可选用聚合物沥青。聚合物沥青混凝土已用于高速公路的修筑，但材料成本较高，常用的聚合物沥青有 SBS 沥青、EVA 沥青。

沥青材料性能的试验方法，可按照第四章沥青材料相关的试验方法进行。

二、集料

集料是组成沥青混凝土的骨架材料，对沥青混凝土的物理力学性能起很大的作用。良好级配的集料可使单位体积混凝土的质量大，空隙率小，不但可以节省沥青，还可获得较高的强度。因此，认真选择集料级配和品种是很重要的。

在沥青混凝土中选择的集料多为质地坚硬的碱性或酸性石料。例如：石灰岩、白云岩、玄武岩、辉绿岩、石英石等砾石或碎石。按集料的粒径大小，可分为粗集料和细集料。

（一）粗集料

在建筑上使用的沥青混凝土中，粗集料的最大粒径为 25 mm。其主要技术性能列于表 13-3，规格列于表 13-4。

表 13-3 粗集料主要技术性能

指标名称		技术性能
视密度 （t/m³） 不小于		2.45
吸水率 （%） 不大于		3.0
含泥量 （%） 不大于		1
空隙率 （%） 不大于		45
耐酸地面	耐酸度不小于（%）	95
	浸水安定性	合格
不发火（防爆）地面		不发火

表 13-4 沥青混合料用粗集料规格（方孔筛）

规格	公称粒径(mm)	通过下列筛孔（方孔筛，mm）的质量百分率（%）											
		106	75	63	53	37.5	31.5	26.5	19.0	13.2	9.5	4.75	2.36	0.6
S1	40~75	100	90~100	—	—	0~15	—	0~5						
S2	40~60		100	90~100	—	0~15	—	0~5						
S3	30~60		100	90~100	—	—	0~15	—	0~5					
S4	25~50			100	90~100	—	—	0~15	—	0~5				
S5	20~40				100	90~100	—	—	0~15	—	0~5			
S6	15~30					100	90~100	—	—	0~15	—	0~5		
S7	10~30					100	90~100	—	—	—	0~15	0~5		
S8	15~25						100	95~100	—	0~15	—	0~5		
S9	10~20							100	95~100	—	0~15	0~5		
S10	10~15								100	95~100	0~15	0~5		
S11	5~15									100	95~100	40~70	0~15	0~5
S12	5~10										100	95~100	0~10	0~5
S13	3~10										100	95~100	40~70	0~15	0~5
S14	3~5											100	85~100	0~25	0~5

耐酸沥青混凝土地面多选用石英石、辉绿岩、安山岩、重晶石等耐酸集料。

耐碱沥青混凝土地面多选用石灰石、滑石等耐碱集料。

不发火沥青混凝土地面或称防爆沥青混凝土地面，使用的集料需经不发火试验检验，不发火的砾石或碎石才可选用。

（二）细集料

细集是指通过 2.5 mm，停留在 0.070 mm 筛孔上的矿质细料。包括海砂、山砂、河砂和人工砂等。例如由石灰岩、白云岩、大理石岩、石英石等石料破碎而成的人工砂。

砂子的级配对沥青混凝土的质量具有特别重要的意义，在沥青砂浆中，其强度在很大程度上取决于细集料的级配。细集料的最大颗粒不超过 5.0 mm，其颗粒级配列于表 13-5。

表 13-5 细集料颗粒级配

筛孔（mm）	5.0	1.25	0.315	0.16
累计筛余量（%）	0~10	35~65	80~95	90~100

细集料的技术要求列于表 13-6。

表 13-6 细集料的技术要求

指标名称			技术指标
	视密度	（t/m³）不小于	2.45
	含泥量	（%）不大于	1
耐酸地面	耐酸度	（%）不小于	95

在选用细集料时还应考虑细集料与沥青材料的粘结性能。通常碱性细集料与石油沥青粘结性较好，与亲水性好的花岗岩砂、石英砂等粘结性较差。

（三）取样方法

集料应从每批中的不同点（不少于5处）取样，各取砂子5 kg，石子20～30 kg。然后以四分法取样，砂子5 kg，石子20～35 kg。

（四）耐酸度

耐酸度亦称耐酸率。它是表示集料经一定浓度的酸腐蚀规定时间后，其质量变化的情况，用集料浸酸前后的质量百分比表示，单位为%。

【仪器设备】

锥形瓶：300 mm。

回流冷凝器。

电热烘箱：能自动控温。

分析天平：精确度0.1 mg。

硫酸溶液：10%浓度。

盐酸溶液：10%浓度。

硝酸溶液：10%浓度。

无水乙醇。

【试样制备】

将抽取的集料试样粉碎，取粒径0.25～0.5 mm的颗粒约200 g作为耐酸度试样，用蒸馏水清洗试样表面的附着粉尘后，再用无水乙醇洗净，放在110±5 ℃的电热烘箱中烘干至恒重，保存于干燥器中备用。

【试验步骤】

称取干燥试样10 g，精确至0.1 mg。将试样放入300 mL恒重的锥形瓶中，向锥形瓶中加入百分比均为10%的硫酸、盐酸和硝酸（1∶1∶1）混合液100 mL，轻轻摇匀，接上回流凝器，在90±1 ℃的水浴锅中加热5 h。在加热至2.5 h时，将锥形瓶摇晃一次。

取出锥形瓶，静置冷却15 min，倾出锥形瓶上层清液，用蒸馏水以倾析法反复洗涤至完全没有酸性反应为止，再用无水乙醇将残余试样洗净，置于110±5 ℃温度下烘干至恒重，准确称量残余试样质量，精确至0.1 mg。

耐酸度按下式进行计算，精确至小数点后2位。

$$R_A = \frac{m_2}{m_1} \times 100$$

式中 R_A——耐酸度，%；

m_1——腐蚀前试样质量，g；

m_2——腐蚀后试样质量，g。

同一试样应作平行试验，两个结果相差不超过0.04%时，以平均值作为试验结果，否则重新试验。

（五）浸酸安定性

浸酸安定性是指集料在规定酸性介质中浸泡一定时间后，集料表面有无裂纹、剥落和膨胀等现象。若集料完整，表面无显著变色为浸酸安定性好。浸酸安定性用以判断集料的耐酸性能。

1. 碎石浸酸安定性

【仪器设备】

带盖玻璃槽。

化学纯硫酸。95%～98%。

【试样制备】

随机抽取最大粒径集料，数量不少于20颗，用放大镜仔细检查无裂纹者方可选用。

【试验步骤】

将碎石在20±5℃时放入盛有95%～98%的化学纯硫酸的带盖容器中，酸液应高出试样表面。浸泡5d后，取出试样，检查外观和酸液的变化。

试样无裂纹、剥落和破碎等现象，试样表面和浸泡的酸液亦无显著变色，则为合格。

2. 卵石的浸酸安定性

【仪器设备】

带盖玻璃槽。

化学纯硫酸。

【试样制备】

将不少于25 kg的集料试样洗净，晾干，称量，然后仔细挑选出不耐酸的可疑颗粒，进行浸酸安定性试验。

【试验步骤】

将不耐酸可疑颗粒在20±5℃时称量后放入盛有95%～98%化学纯硫酸的带盖容器中。试样浸泡1个月后取出，仔细检查表面有无开裂、剥落、膨胀的颗粒。将上述不耐酸颗粒去掉，把剩余的试样洗净擦干并称量。

卵石不耐酸颗粒含量应按下式计算：

$$\text{不耐酸颗粒含量}(\%) = \frac{m_1 - m_2}{m} \times 100$$

式中　m_1——不耐酸可疑颗粒的质量，kg；

　　　m_2——浸泡后，试样中耐酸颗粒的质量，kg；

　　　m——试样的质量，kg。

（六）不发火性

不发火性是指集料与金属或石块等坚硬物体发生摩擦、冲击等机械作用时不发生火花（或火星），避免易燃物引起火灾或爆炸的危险。

1. 试验前的准备

集料的不发火鉴定，可用砂轮来进行试验。试验的房间应完全黑暗，以便在试验时易于看见火花。

试验用的砂轮直径为150 mm，试验时其转速为600～1000 r/min，并在暗室内检查其分离火花的能力。检查砂轮是否合格，可在砂轮旋转时用工具钢、石英岩或含有石英岩的混凝土等能发生火花的试件进行摩擦，摩擦时应加10～20 N的压力，如果发生清晰的火花，则该砂轮即认为合格。

2. 粗集料试验

从不少于50个试件中选出做不发火试验的试件10个。被选出的试件应是不同表面、不同颜色、不同结晶体、不同硬度的。每个试件重 50~250 g，准确度应达到 1 g。

试验时应在完全黑暗的房间内进行。每个试件在砂轮上摩擦时，应加 10~20 N 的压力，将试件任意部分接触砂轮后，仔细观察试件与砂轮摩擦的地方有无火花发生。

必须在每个试件上磨掉不少于 20 g 后，方能结束试验。

试验中如没有发现任何瞬时的火花，该材料即为合格。

三、粉料

在沥青混凝土使用的矿质粉料主要由小于 0.08 mm 的颗粒组成，它与沥青共同组成沥青掺粉胶结材料，并把矿物颗粒粘结成整体。粉料可增加矿物集料的密实度，提高沥青混凝土的力学强度和温度稳定性。

在矿质粉料中细颗粒的含量越多，则其表面积越大，而吸附的沥青量也越大。沥青与矿物粉料混合后，即被矿物粉料吸附，形成沥青薄膜，与纯沥青相比，能提高粘结力、耐热性和稳定性。但矿质粉料掺量过多，又会降低沥青材料的塑性和粘结能力。如果矿质粉料中含有大量的过细颗粒时，易使沥青砂浆在润湿时发生膨胀，还会造成沥青用量过大。因此在沥青混凝土中，应控制好矿质粉料的粗细颗粒含量。

在沥青混凝土中所用矿物粉料主要有石灰石粉、白云石粉、地沥青岩石粉等。在耐酸沥青混凝土中可加入耐酸粉料，例如石英石粉、辉绿岩粉等。耐碱工程可用滑石粉、石灰石粉、白云石粉。耐氢氟酸工程用硫酸钡粉、石墨粉。通常选用与细集料相同的磨细石料粉。矿质粉料的技术性能列于表 13-7。

表 13-7 矿质粉料的技术性能

指标名称			技术性能
颗粒细度	0.15 mm 筛余量	（%）不大于	5
	0.088 mm 筛余量	（%）应为	10~30
	空隙率（用振动法）	（%）不大于	45
	亲水系数	不大于	1.1
	含泥量	（%）不大于	3
耐酸地面	耐酸度	（%）不小于	95

在沥青混凝土中所用的矿粉性能列于表 13-8。

表 13-8 常用粉料的性能比较表

项 目	辉绿岩粉	石英粉	瓷粉	石墨粉	硫酸钡	石灰石粉
吸水性	低	较高	较高	低	低	低
收缩性	小	大	一般	小	小	一般
耐酸性	好	一般	好	好	好	不耐
耐碱性	耐	不耐	不耐	耐	耐	耐

续表

项 目	辉绿岩粉	石英粉	瓷粉	石墨粉	硫酸钡	石灰石粉
耐氢氟酸性	不耐	不耐	不耐	耐	耐	不耐
耐磨性	好	一般	一般	较差	—	一般
耐热性	高	一般	一般	高	一般	一般
导热性	一般	一般	一般	好	—	一般
成本	一般	低	较高	较高	高	低

1. 取样方法

粉料应从每批中的不同点（不少于5处）共取5kg，经拌匀后取1kg。

2. 粉料试验方法

可按照第五章填料相关试验方法进行检验。

3. 粉料的耐酸性

可按集料的检验方法进行。

4. 粉料的不发火性

可选用粉料制造原材料或将这些粉料与沥青制成块状材料，按集料不发火性试验方法进行检验。

四、纤维填料

在沥青混凝土中加入纤维填料，可增加其抗剪强度和热稳定性。石棉是管状结构，可将沥青混凝土中过多的沥青吸附在毛细管内而存放起来，有类似沥青仓库的作用，可防止沥青混凝土中过多的沥青分离而浮向表面，使流动性加大。

在沥青混凝土中用的石棉材料多为温石棉和角闪石石棉。一般选五级石棉，在防水防腐沥青混凝土中多选6~7级石棉，纤维长度在1.5mm左右。其耐腐蚀技术性能列于表13-9和表13-10。

表13-9 温石类石棉的耐腐蚀性能

介质名称	浓度（%）	耐腐蚀性能
盐酸	—	不耐
硝酸	—	不耐
磷酸	稀溶液	尚耐
氟硅酸	—	不耐
氢氧化钠	—	耐

表13-10 角闪石类石棉的耐腐蚀性能

介质名称	浓度（%）	耐腐蚀性能
硫酸	95	耐
盐酸	38	尚耐
硝酸	65	耐

续表

介质名称	浓度（%）	耐腐蚀性能
磷酸	稀溶液	尚耐
氟硅酸	—	不耐
氢氧化钠	—	耐

温石棉含二氧化硅低，耐酸性差，而耐碱性较好；角闪石石棉含二氧化硅高，耐酸和耐碱性能均好。在我国因角闪石石棉产量较少，多采用温石棉。

在沥青混凝土中还可选用天然纤维、合成纤维和玻璃纤维等。例如腈纶纤维和纤维素纤维。

第三节　配比设计

沥青混凝土的配比设计是保证沥青混凝土质量的关键，合理的集料级配，最佳沥青用量，都是通过配比设计而得到的，决定着沥青混凝土的性能。

一、理论依据

（一）集料级配

沥青混合料的配比设计主要根据集料的组成，以"最大密度曲线"理论为基础而确定最优级配比例，使其具有较好的热稳定性、水稳定性、抗渗性和耐久性。

"最大密度曲线"的理论认为，假若密度最大，其稳定性也最大。在沥青混凝土中应用最多的为美国富勒（Fuller）提出的最大密度曲线公式：

$$p=100\sqrt{\frac{d}{D}}$$

式中　p——通过筛孔为 d 的集料质量，%；

　　　d——筛孔尺寸，mm；

　　　D——最大粒径，mm。

泰尔普特（A·N. Talbot）提出的最大密度曲线公式为：

$$p=100\left(\frac{d}{D}\right)^n$$

式中　n——实验指数。

试验证明，$n=0.3\sim0.6$ 之间时，具有较好的密实度。粒径按比值为 2 的顺序递减。

当 $n=0.5$ 时，即为富勒曲线。

此法的关键在于确定 n 值，故简称为 n 法。

用粒径对数作横坐标，通过筛孔百分率作纵坐标，则可绘制出泰尔普特级配曲线范围图。

为了计算方便，可将泰尔普特公式改为对数方程：

$$\log p = \log 100 + n \log d - n \log D$$

$$=2-n\log D+n\log d$$

例如：最大粒径 $D=40$ mm，$n=0.3$ 或 0.5

则各级粒料的通过百分率为：

$$\log p=(2-0.3\log 40)+0.3\log d$$
$$\log p=(2-0.5\log 40)+0.5\log d$$

	通过百分率（%） ($n=0.3$)	通过百分率（%） ($n=0.5$)
当 $d_1=40$ (D)	100	100
$d_2=20$ $(\frac{D}{2})$	81.23	70.69
$d_3=10$ $(\frac{D}{4})$	65.98	49.49
$d_4=5$ $(\frac{D}{8})$	53.59	35.35
$d_5=2.5$ $(\frac{D}{16})$	43.53	25.00
$d_6=1.25$ $(\frac{D}{32})$	34.93	17.32
$d_7=0.63$ $(\frac{D}{64})$	28.37	12.25
$d_8=0.315$ $(\frac{D}{128})$	23.04	8.66
$d_9=0.16$ $(\frac{D}{256})$	18.71	6.12
$d_{10}=0.08$ $(\frac{D}{512})$	15.20	4.30
通过百分率递减系数	$k=0.8$	$k=0.7$

由理论法计算的矿料级配很难直接用于规范，一方面计算得到级配范围很难适用于所有的筛孔，使用上有困难；另一方面在实际使用时还需根据使用要求不同，对级配作不同的调整，在选择 n 值上发生困难，现已较少采用。多采用经验法。

（二）沥青用量的计算

沥青混凝土中的沥青用量同矿物集料的密度有关，矿物集料的空隙率大，沥青混凝土所用的沥青就越多。

填充矿物混合料中全部空隙所需的沥青量 G 为：

$$G=\frac{n_0}{y_0}$$

式中　n_0——压实后矿物混合料的空隙率。（体积百分率），%；

y_0——压实后矿物混合料的密度，kg/m³；

G——沥青用量，kg。

沥青最佳用量和矿料的最佳级配还要通过马歇尔稳定度试验，反复对矿物集料或沥青用量进行调整，才能得出最佳矿料级配和最佳沥青用量。

(三) 粉料用量

在沥青混凝土中，矿物混合料的总表面积很大。例如：1 kg 合理选配的沥青混凝土中，全部颗粒的总表面积为 100~200 m²。在这么大的总表面积中，碎石部分约为 1%，砂占 2%~20%，而矿质粉料占 70%~95%。因此吸附沥青最多的是矿粉，沥青和矿粉必须有个最佳配比。

矿粉用量，一般以与沥青用量之比取 1~1.2 为宜。

(四) 纤维填料

纤维填料也是矿物粉料的一种代用材料，在沥青混凝土中，尤其是在细粒式沥青混凝土中需掺入适量的短纤维石棉、石棉粉（石棉的含水率不应超过 7%），借以改善沥青混凝土的技术性能，主要是提高沥青混凝土的热稳定性和抗裂性。

掺入沥青混凝土中的石棉纤维长度为 1~1.5 mm，掺量在 0.5%~3%。

二、建筑沥青混合料配比

在配制建筑沥青混合料时，通常不去进行复杂的理论计算，而是采用经验法。以在工程中实践过的、证明可行的粉料与集料混合物的颗粒级配表进行配制的，该颗粒级配表是以密级配理论进行计算和反复试验验证为根据的。

表 13-11 为工程上使用的粉料和集料混合物的颗粒级配。

表 13-11　粉料和集料混合物的颗粒级配

种类	混合物累计筛余量（%）								
	25	15	5	2.5	1.25	0.63	0.315	0.16	0.08
沥青砂浆			0	20~38	33~57	45~71	55~80	63~86	70~90
细粒式沥青混凝土		0	22~37	37~60	47~70	55~78	65~88	70~88	75~90
中粒式沥青混凝土	0	10~20	30~50	43~67	52~75	60~82	68~87	72~92	77~92

在建筑沥青混合料中，沥青的用量占粉料和集料混合物质量百分率（%）为：

沥青砂浆　　　　　　　　11~14
细粒式沥青混凝土　　　　8~10
中粒式沥青混凝土　　　　7~9

涂抹立面的沥青砂浆，沥青用量可高达 25%。

当采用平板振动器或热滚筒压实时，沥青标号宜采用 30 号石油沥青；当采用碾压机械压实时，宜采用 60 号石油沥青。

对建筑物的基础，为提高其防水防腐性能，一般是在地基基础上先施工碎石灌沥青垫层。

在施工碎石灌沥青垫层时，通常是在基础地面上先铺一层 30~60 mm 粒径的碎石，夯实后再分层铺设粒径 10~30 mm 的碎石，找平，拍实，每层厚度不宜超过 120 mm，随后浇灌热沥青。如果要求平整时，在浇灌热沥青后随即撒布一层粒径 5~10 mm 的细石找平，而后再浇上一层热沥青。浇灌的热沥青软化点不能低于 90 ℃，每立方米碎石一般需用沥青 270~350 kg。

在屋面上，为提高找平层的防水质量，有时采用沥青砂浆找平层。其沥青砂浆的配

比为:
  沥青∶砂和粉料＝1∶8～10
  拌制温度为160～180℃,摊铺温度为110～130℃。虚铺厚度为压实厚度的1.30～1.40倍。

三、填料混合料空隙率

测定填料混合料的空隙率,可作为沥青混凝土设计时的依据之一,填料即矿质粉料。

【仪器设备】

金属圆筒：容积1 000 mL。

振动台：全波振幅0.75±0.02 mm,频率为2 800～3 000次/min。

【试验步骤】

应将填料混合料充分拌和均匀后,装入金属量筒内,然后放置在振动台上,振动至体积不变为止。

填料混合料的空隙率应按下式计算：

$$空隙率（\%）=\frac{\rho-\rho'}{\rho}\times 100$$

$$\rho=\frac{\rho_1 n_1+\rho_2 n_2+\rho_3 n_3}{100}$$

式中 ρ——混合料的混合密度, kg/m^3；

    ρ'——混合料振实后的密度, kg/m^3；

ρ_1、ρ_2、ρ_3——石、砂、粉的密度, kg/m^3；

n_1、n_2、n_3——石、砂、粉分别占混合集料的百分数。

第四节 建筑沥青混凝土性能

在建筑工程上应用沥青混凝土的地方主要是防水防腐地面和防水防爆地面或防水地面,主要要求抗压强度和饱和吸水率两项指标。对耐酸地面还要求耐酸性能,防爆地面还要求不发火性。

一、技术性能

在建筑上使用的沥青混凝土技术性能列于表13-12。

表13-12 建筑沥青混凝土性能

项目名称		技术性能
抗压强度（MPa）	（20℃）不小于	3
	（50℃）不小于	1
饱和吸水率（体积计）（%）不大于		1.5

  沥青混凝土的耐水性好坏可用水稳定性系数表示,水稳定性系数是20℃饱水和20℃不饱水时抗压强度的比值（$R_{20}饱水/R_{20}$）,一般要求水稳定性系数大于0.9。

沥青混凝土的热稳定性好坏取决于热稳定系数,热稳定系数是指 20 ℃和 50 ℃抗压强度的比值（R_{20}/R_{50}），一般要求热稳定性系数不大于 3.5（也有的规定为不大于 3）。

对于低温的稳定性主要用 0 ℃时的抗压强度不超过 12 MPa 来控制的。为了使沥青混合料形成密实的结构,以提高强度,通常控制空隙率在 2.5%～4.5%范围。

对于耐酸沥青混凝土地面,要求浸酸安定性合格。通常将制好的耐酸沥青混凝土试块浸泡在化学纯硫酸（95%～98%）溶液中,浸泡时间为 2 h。经酸浸泡后沥青混凝土表面不允许有裂纹、掉角、起鼓和酥松等现象。

对于防爆沥青混凝土地面,必须进行不发火性试验。以防因与金属或石块等坚硬物体摩擦或冲击产生火花现象而引起易燃物的爆炸,尤其是兵工厂的火工车间地面。

沥青混凝土的抗渗性是由其组成沥青混合料的级配所决定的。不透水性是由空隙率控制的,当空隙率达到 2%～4%范围时,其渗透系数则可达到 $k=10^{-7}\sim10^{-10}$ cm/s。如果沥青混凝土没有一定的空隙率,当温度升高时,沥青体积增大,会引起沥青混凝土的松动,影响沥青混凝土的使用性能。为了提高沥青混凝土的抗渗能力,在其表面还需摊铺一层掺有石棉纤维的沥青砂浆。所以,沥青混凝土的不透水性是通过测定其密度和空隙率来控制的。

体积膨胀率是以试块在真空下吸水饱和后体积的增长与试块原体积的比值的百分率表示,单位为%,用以判断矿质材料的抗水性,并在一定程度上判断矿料与沥青的粘结力。一般要求水饱和后体积膨胀率不大于 1%。

二、试件制作

沥青混合料的制备和试件成型是按照设计的配合比,在试验室内用搅拌机按规定的拌制温度下制备的,然后将这些混合料在规定的成型温度下,在模具内进行成型,供物理与力学性能的测试。

（一）仪器设备

试验室用沥青混合料搅拌机:要求搅拌机的容量不少于 10 L,搅拌叶自转速度为 70～80 r/min 公转速度为 40～50 r/min。其构造如图 13-1 所示。

沥青混合料搅拌机同水泥混凝土搅拌机的区别在于能自动加热和控温,一般加热温度为室温～250 ℃。搅拌时间可设定。

试模:沥青砂浆应用直径和高度均为 50.5 mm 的圆柱形试模;沥青混凝土应用直径和高度均为 71.4 mm 的圆柱形试模。试模系由中空圆柱体及一对承压轴组成。其组成如图 13-2 所示。

脱模器:电动或手动,可无损地推出圆柱体试件。

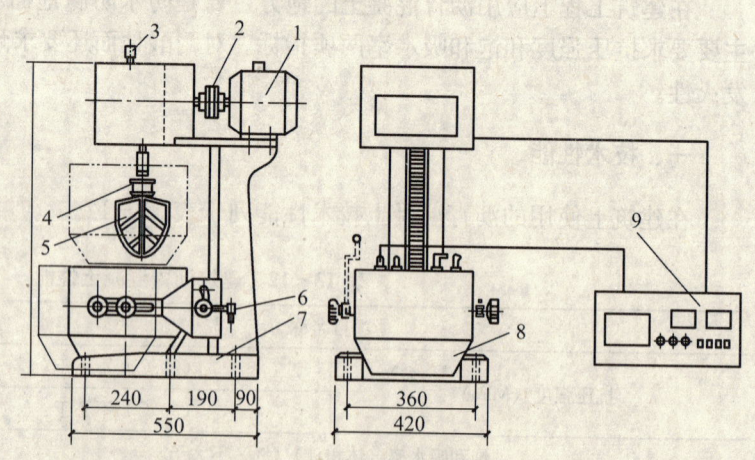

图 13-1 沥青混合料搅拌机

1—电机；2—联轴器；3—变速箱；4—弹簧；5—拌和叶片；6—升降手柄；7—底座；8—加热拌和锅；9—温度时间控制仪

并备有要求尺寸的推出环,如图13-3所示。

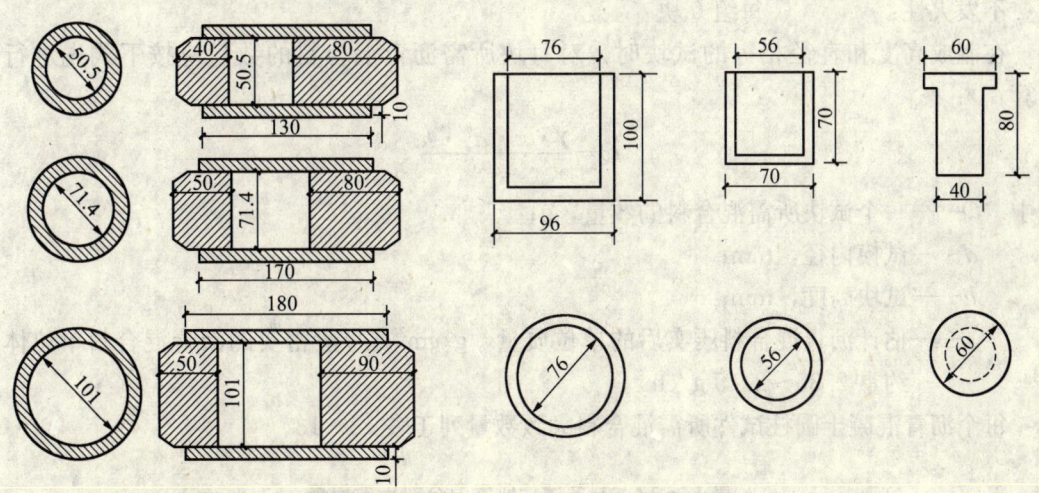

图13-2 沥青混凝土试模　　　　　图13-3 试件脱模器

压力机或万能材料试验机:300 kN。

电热烘箱:200 ℃,装有自动调温器。

温度计:分度值不大于1 ℃。

(二) 沥青混合料拌制

将各种规格的矿物集料在105±5 ℃的烘箱中烘干至恒重(一般不少于4～6 h)。再将烘干分级的粗细集料按每个试件的设计配比要求称其质量,在一个金属盘上混合均匀。然后送入烘箱中预热至140 ℃左右,矿粉另外加热。

将沥青试样用电热套或恒温烘箱熔化并加热到200～230 ℃备用。

将沥青混合料搅拌机预热至拌和温度(180～210 ℃),再将预热的粗细集料置于搅拌机中,用小铲适当混合后加入需要数量的已加热至拌和温度的沥青。开动搅拌机,搅拌1～1.5 min,然后暂停拌和。加入单独加热(120～140 ℃)的矿粉,继续拌和均匀为止。沥青混合料保持在要求的拌和温度范围(180～210 ℃),标准的总拌和时间为3 min,达到全部粉料和集料被沥青覆盖为止。

在无拌和机械时,可采用手工拌制。拌和用的金属锅直径250～300 mm,平底。先将预热至140 ℃左右的干粉和集料混合均匀,随即将200～300 ℃的沥青逐渐加入,不断翻拌,至粉料和集料被沥青覆盖为止,拌制温度为180～210 ℃。

(三) 试件成型

应将拌制好的沥青砂浆或沥青混凝土装满试模,每组3块,用热刮刀均匀插捣10次,然后加上成型压力恒压3 min。当施工采用平板振动器压实时,沥青砂浆的成型压力应为0.25 MPa,沥青混凝土的成型压力应为5 MPa。恒压后即可脱模。

试块应完整、平滑、无缺角,高差不大于1 mm,上下两面应平行。

成型试件数量:

抗压强度:　　　　　每组6块

饱和吸水率:　　　　每组3块

浸酸安定性： 每组6块
不发火性： 每组6块

在制成高度和直径相等的试块时，对每块所需沥青混合料的数量应按下式先进行预计算：

$$Q=\frac{\gamma \cdot \pi \cdot d^2 \cdot h}{4}$$

式中 Q——一个试块所需混合料的数量，g；
　　　d——试模内径，mm；
　　　h——试块高度，mm；
　　　γ——估计沥青混合料压实后的单位质量，g/cm³；一般密实的沥青混合料单位体织约重 2.35～2.45 g/cm³。

每个沥青混凝土圆柱试件所需混合料大致数量列于表 13-13。

表 13-13 制备试件所需混合料大致用量

模子内径（mm）	试件高度（mm）	混合物质量（g）
50.5	50	200
71.4	70	610
101.0	100	1 760

沥青混合料中矿物粒料最大粒径 $D\leqslant 5$ mm 的选用直径为 50.5 mm 的试模，粒料中最大粒径在 10 mm$\leqslant D\leqslant$15 mm 范围的选用直径为 71.4 mm 的试模，粒料最大粒径在 20 mm$\leqslant D\leqslant$25 mm 范围的选用直径为 101.0 mm 的试模。在建筑上沥青砂浆选用直径为 50.5 mm 的试模，沥青混凝土选用直径为 71.4 mm 的试模，直径为 101.0 mm 的试模较少采用。

三、抗压强度

沥青混合料试件在规定的条件下，单轴加荷时的破坏应力称之为抗压强度，单位为 MPa。

【仪器设备】

万能试验机或压力机：300 kN。

恒温水浴：能自动控温。

【试验步骤】

试块在室温下养护 1 d 后，应放入规定温度的水中 2 h，测定 20 ℃的抗压强度时，水的温度应为 20 ℃；测定 50 ℃的抗压强度时，水的温度应为 50 ℃。取出试块后应用布擦干，并在试块的上下两面各垫一张纸，然后进行试压。试压时，压力机活塞上升的速度应为每分钟 3 cm，极限荷载由测力计在指针不再转动时读出。

抗压强度应按下式计算：

$$R=\frac{P}{F}$$

式中 R——抗压强度，MPa；

P——极限荷载，N；

F——试块的受压面积，mm^2。

应取 3 块试块的平均值为最后结果。每块测定的偏差，当 R_{20} 时不得大于 10%，当 R_{50} 时不得大于 5%。

四、饱和吸水率

沥青混凝土的饱和吸水率为标准压实试样在真空饱水条件下，进入剩余空隙率的水占试样原始体积的百分率，单位为%，用以表示其剩余空隙率和判断混合料中沥青用量是过多还是不足。

【仪器设备】

真空干燥器：配有真空抽气设备。

静水力学天平：精确度至 0.01 g。

分析天平：精确至 0.01 g。

【试验步骤】

在制备抗压强度试块的同时，应制备供测定饱和吸水率用的试块，每组 3 块。试块脱模后，应在常温下养护 1 d，并用纱布擦拭干净。

试块在空气中称重后，再置于水中称重，精确至 0.01 g。称重后，把试块放入盛水的容器中，试块应全部被水淹没，水温为 22±2 ℃。然后将容器连同试块放入真空干燥器或真空罩内，进行抽真空剩余压力为 10～15 mm 水银柱，保持 1 h 以上。恢复正常气压后，试块仍在水中保持 1 h。然后取出试块，用纱布擦去表面的水分，在空气中称重，精确至 0.01g。

饱和吸水率应按下式计算：

$$饱和吸水率（\%）=\frac{m_3-m_1}{m_1-m_2}\times 100$$

式中 m_1——抽真空前，试块在空气中的质量，g；

m_2——抽真空前，试块在水中的质量，g；

m_3——抽真空后，试块在空气中的质量，g。

取 3 块试块平行试验的平均值为最后结果。平行试验的误差不应大于 0.2%。

五、浸酸安定性

用于耐酸性地面的沥青混凝土需做耐酸安定性试验，以检验其耐酸性能。

【仪器设备】

带盖玻璃槽。

硫酸：化学纯。

【试验步骤】

在制备抗压强度试块的同时，应制备浸酸用的试块，每组为 6 块。试块脱模后，应在常温下养护 2 h，并用纱布擦拭干净。

将试块浸入盛有 55%硫酸的带盖容器中，试块底面应架空，侧面应隔开，酸液应高出试块的表面。浸泡 30 d 后，应取出试块，用水冲洗，然后用纱布擦拭干净，并应检查试块有无裂纹、掉角、起鼓和酥松等现象，若试块完整，试块表面和浸泡酸液亦无显著变色，则为合格。

六、不发火性

用于防水防爆的沥青混凝土地面需进行不发火性能检验。

不发火性能检验方法同集料不发火性试验方法。在试验时沥青混凝土或沥青砂浆可能因摩擦发热而粘在砂轮上，不能再分离火花，故试验时应注意经常检验砂轮，如果有被沥青粘住之处，应刮净后再进行试验。

在试验时，如没有发现任何一个很小的火花，才可确认是不发火的。

第五节 水工沥青混凝土

在水利工程建设中应用的沥青混凝土称为水工沥青混凝土，主要用于水库大坝的防渗。世界上第一次将沥青混凝土应用到水利工程中始于 1934 年德国的高达 12 m 的阿德基（Amecker）坝。1936 年阿尔及利亚高达 72 m 埃尔·格里布（EI·Ghrib）沥青混凝土防渗斜墙大坝的问世，在世界各地才广为推广。目前世界上已建成沥青混凝土防渗墙的土石坝达 400 余座，最高达 125 mm。

我国用沥青混凝土筑坝始于 20 世纪 70 年代，山西省绛县里册峪水库，采用了沥青混凝土防渗斜墙。该水库坝高 57 m，集水面积 73 km²，库容 627 万 m³，防渗面积 12 000 m²，于 1976 年 4 月建成蓄水，经 30 年的蓄水使用，运行情况良好，未发现有大的渗漏水隐患。水库利用河道山势形如石门的特点，采用定向爆破新技术进行筑坝，筑坝快，成本低，只需在平整后的迎水面铺筑一层约 300 mm 左右厚的沥青混凝土防渗斜墙便可蓄水。目前，在我国沥青混凝土用于土石坝的防渗工程达 40 余项。

一、工程性能要求

水工沥青混凝土的工程性能主要表现在以下几个方面：

1. 良好的抗渗性

只要沥青混凝土的级配选择的适当，使沥青混凝土的密实度达到一定的标准，则可满足对抗渗性能的要求。一般孔隙率控制在 2%～4% 范围之内，渗透系数可小至 $k=10^{-7}\sim 10^{-10}$ cm/s。通过实验证实，在表面积为 100 000～150 000 m² 的沥青混凝土防渗面上，曾得水量损失小于 0.3 L/s 的试验结果。

2. 对水工变形适应性好

由于沥青混凝土有一定的可塑性，能适应工程变形而不致产生裂缝。这种适应性能随着工程沉陷到沉陷区直径的 1/10 深度而不致折裂。即使因变形而产生裂缝，在自重和水压力下自愈能力强。

3. 沥青混凝土的强度

沥青混凝土的抗拉强度是水泥混凝土的 2 倍左右，有的高达 5～8 MPa。一般用于水工建筑防渗墙的沥青混凝土允许弯曲应力，从安全考虑通常不低于 2.5 MPa，刚度模数（或称弹性系数）随沥青混凝土的配合比和压实程度而定。

4. 沥青混凝土稳定性

沥青混凝土的稳定性可用抗拉变形能力描述,即可用内摩擦角(ϕ)、初始阻力(τ)以及粘滞度(η)表示,内摩擦角(ϕ)的大小取决于集料各颗粒之间的相互压力。对于一定级配的集料是一个比较稳定的数值。沥青的温度与硬度对内摩擦角都无多大影响。实验证明,密级配的沥青混凝土的内摩擦角大于85°,而在沥青胶结料的含量超过填满孔隙所需量时,则其值为10°或小于此值。

初始阻力是一个复杂的数值,其值取决于带角集料的联锁阻力,邻近集料颗粒接触点处沥青薄膜的抗剪强度。

沥青混凝土的初始粘滞度取决于沥青的粘滞度、温度、填料与沥青的混合比例以及带角物质的含量。一般在10～40 ℃的温度下,沥青混凝土的粘滞度为 $0.1\ \text{kg}\cdot\text{s}/\text{m}^2$。

5. 具有较好的耐久性

沥青混凝土开敞式的沥青底层易受日晒氧化与机械损害而表面风化,采用加保护层的沥青混凝土具有良好的耐久性。试验证明,普通水泥混凝土护板做成100 mm厚的护面,在100 m水头作用下,每隔100年仅位移0.5 mm。

二、水工与道路用沥青混凝土区别

水工沥青混凝土和道路沥青混凝土虽然同是沥青混凝土,但防渗墙所用沥青混凝土首先要求的是不透水,而道路沥青混凝土铺筑路面时,其目的是保证道路不致在来往车辆及气候影响下受到破坏,做到行车舒服。这样就派生出水工沥青混凝土和道路沥青混凝土的区别,同建筑上使用的建筑沥青混凝土也有区别。

水工沥青混凝土和建筑沥青混凝土主要用于水库大坝或地面的防水抗渗,沥青的用量较大;而道路沥青混凝土中沥青用量较少。通常在水工沥青混凝土和建筑沥青混凝土中沥青占8%～10%;而在道路沥青混凝土沥青占5%～7%,沥青用量大,易造成道路表面渗油而发生粘胎现象。

在水工沥青混凝土所用集料粒径较小;道路沥青混凝土中集料的粒径较大。例如,水工沥青混凝土中细集料粒度为 $FM=1.8\sim2.4$;而道路沥青混凝土中的细集料粒度 $FM=2.4\sim2.8$(FM 为砂的细度模数)。

矿质粉料的用量在水工和建筑沥青混凝土中用量较大,其目的是增加抗渗性能;而道路沥青混凝土中用量较少。通常在水工或建筑沥青混凝土中矿质粉料占10%～15%;而道路沥青混凝土中仅占4%～8%。

在水工或建筑沥青混凝土中通常要掺入纤维状填料,以增加其抗裂性和热稳定性,掺加量在1%～1.5%;而道路沥青混凝土中则较少掺入纤维填料。

为提高水工和建筑沥青混凝土的热稳定性所选用的石油沥青软化点都比较高;而道路沥青混凝土所用沥青软化点较低。通常水工沥青混凝土所用沥青标号为60号道路石油沥青,建筑沥青混凝土所用沥青标号为30号和10号建筑石油沥青;而道路沥青混凝土所用沥青多为100号道路石油沥青、70号或90号重交通石油沥青。

因为所用沥青的软化点不同,其沥青混合料出料温度也不相同。水工沥青混凝土拌和料出料温度为170～190 ℃;建筑沥青混凝土拌和料出料温度为180～210 ℃;而道路沥青混凝土拌和料出料温度通常为130～160 ℃。

三、原材料及要求

水工沥青混凝土由沥青、集料和粉料所组成。为了提高其抗裂性、塑性和弹性，有的还加入纤维状填料和高分子聚合物。

（一）沥青材料

沥青材料是沥青混凝土的胶结材料，决定着水工沥青混凝土的防渗性能。要求沥青在高温下不流淌，低温下不脆裂。因各地方气温不同，耐热温度也不相同。例如水库堆石坝沥青混凝工防渗心墙所用沥青材料技术要求列于表13-14。

表13-14 沥青心墙沥青质量技术要求

项 目	质量要求	项 目	质量要求
针入度（25℃）（1/10 mm）	70~90	闪点℃	>230
软化点（℃）	47~54	薄膜烘箱试验	
延度（15℃）（cm）	>150	质量损失（%）	<0.8
密度（g/cm^3）	1	针入度比（%）	>65
含蜡量（%）	<3	延度（15℃）（cm）	>60
脆点（℃）	<-10	脆点℃	<-8
含水量（%）	<0.2	软化点升高℃	<5
溶解度（%）	>99.0		

（二）集料

在水工沥青混凝土中所用的集料分为粗集料和细集料。粗集料多为石灰岩、白云岩等碱性材料，较少选用酸性集料。要求粗集料的最大粒径：

防渗层	不小于	13 mm
整平胶结层	小于	20 mm
排水层	小于	20 mm

通常防渗层选用粗集料粒径应小于铺层厚度的1/3，整平胶结层或排水层最大粒径可放宽到铺层厚度的1/2。粗集料与沥青的粘结力达4级以上。

细集料可选用河砂、山砂和人工砂等。人工砂是由碱性材料加工而成，与沥青有良好的粘附性。要求细集料质地坚硬，不因加热引起性质变化，不含杂质或有机质，泥含量小于2%，水稳定等级不小于4级。

（三）矿质粉料

矿质粉料又称填料，是指粒径小于0.074 mm的矿质材料。填料与沥青共同组成沥青胶结料，将集料粘结成整体，并填充到集料的孔隙，从而提高了沥青混凝土的强度和抗惨能力。要求填料的亲水系数不大于1，含水率小于0.5%，不含泥土和杂质。细度要求：

<0.6 mm	通过率		100%
<0.15 mm	通过率	大于	90%
<0.074 mm	通过率	大于	80%

（四）其他材料

为了提高抗裂性和热稳定性，可加入纤维状石棉、SBS热塑性橡胶、EVA热塑性树脂和废橡胶粉等。

四、防渗墙构造

水工沥青混凝土在水工建筑中主要用于水库大坝的防渗心墙和斜墙,如图 13-4 和图 13-5 所示。

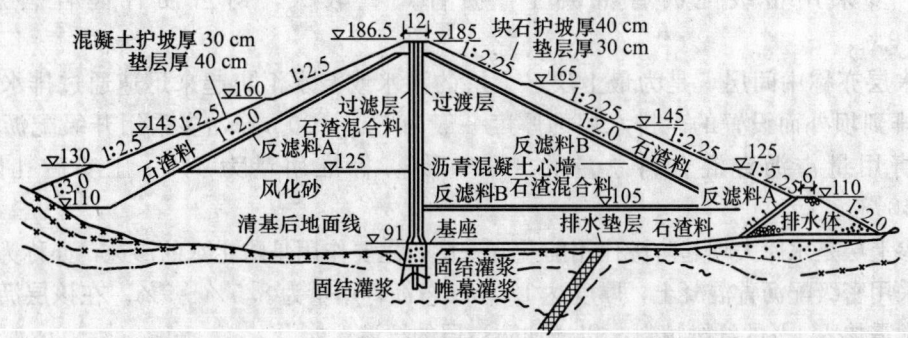

图 13-4 大坝沥青混凝土防渗心墙构造示意图

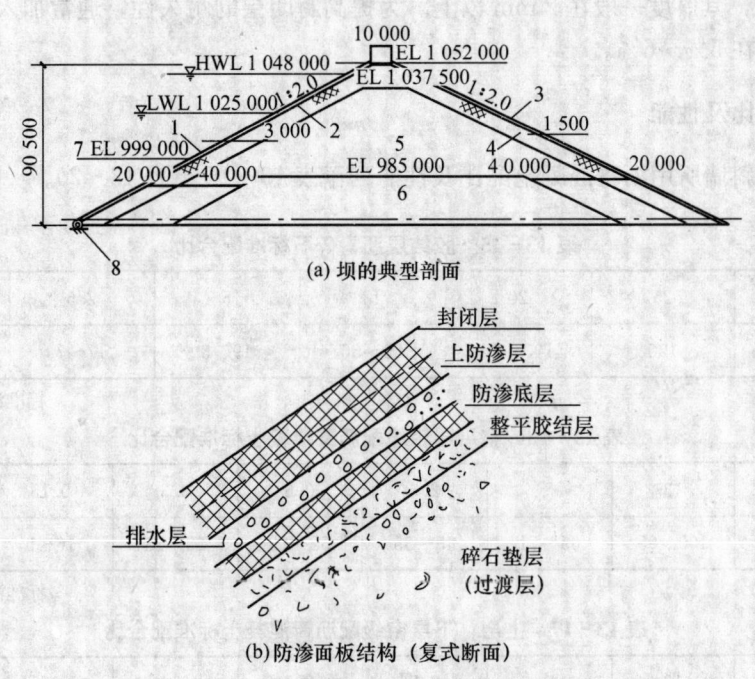

图 13-5 水库堆石坝沥青混凝土防渗斜墙构造示意图
1—防渗面板;2—过渡层;3—抛石护坡;4—R_3 区;5—R_2 区;
6—R_1 区;7—原有的泥沙淤积面;8—防渗齿墙

从图 13-4 和图 13-5 中可以看出,大坝沥青混凝土防渗斜墙主要分为碎石层、整平胶结层、防渗下层、排水层、防渗上层和封闭层。

碎石层与防渗墙垫层的过滤层相咬合,使防渗墙与坝或地基结合成整体的必要层,有的称为接合层。通常用 40 mm 粒径的粗粒式沥青混凝土,沥青的标准用量为 3%。

整平胶结层是为沥青混凝土防渗墙与垫层很好地结合,为施工创造一个平坦的面层而设置的,该层的厚度一般为 50~100 mm,多采用 60 mm,为粗粒式沥青混凝土或开级配沥青混凝土,沥青用量占沥青混合料的 4%~6%,标准用量为 5.5%。

防渗下层是在上层、最上层破坏时,为了阻止水向坝体或地基渗流而设置的,由于有了这一层,来自上层、最上层的渗水或漏水可通过排水层安全排出,其厚度一般为 40 mm,多采用密级配沥青混凝土,沥青用量较大,约占沥青混合料总量的 8.5%~9%。

排水层亦称中间层,是为最上层、上层的渗水或漏水汇集起来迅速通过排水廊道或排水沟排到坝外而设置的。排水层的厚度一般为 70~120 mm,多采用开级配沥青混凝土,沥青用量占沥青混合料总量的 3%~5%,标准用量为 4%,压实后孔隙率达 30%~40%。

防渗上层是水库大坝起防渗作用的重要一层,主要作用是防止水的渗透,亦称为不透水层,多采用密级配沥青混凝土,厚度达 120 mm,沥青用量为 8.5%~9%。在该层沥青混合料中通常需掺入 1% 的纤维填料,以增加防渗层的抗渗性能。

封闭层是为封闭沥青混凝土防渗层表面的缺陷,提高防渗性而设置的,多采用沥青砂浆或沥青玛𤦌脂,其厚度一般在 2 mm 以上。为提高封闭层的耐久性,通常加入一定数量的纤维填料,用量在 5%~6%。

五、配合比及性能

水库防渗斜墙所用沥青混凝土配比及性能列于表 13-15 至表 13-20。

表 13-15 胶结层沥青碎石标准配合比

筛孔 (mm)	25	20	13	5	2.5	0.074
通过质量分数 (%)	100	100~80	50~36	19~8	17~7	5~1

标准沥青含量:3%

表 13-16 整平层粗级配沥青混凝土标准配合比

筛孔 (mm)	13	5	2.5	0.6	0.3	0.15	0.074
通过质量分数 (%)	100~95	65~51	45~35	32~22	23~13	16~6	9~5

标准沥青含量:6%

表 13-17 上层,下层密级配沥青混凝土标准配合比

筛孔 (mm)	13	5	2.5	0.6	0.6	0.15	0.074
通过质量分数 (%)	100~95	83~69	70~60	50~40	36~26	24~14	14.5~10.5

标准沥青含量:8.5%

表 13-18 排水层开级配沥青混凝土标准配合比

筛孔 (mm)	20	13	5	2.5	0.6	0.3	0.15	0.074
通过质量分数 (%)	100~95	64~50	31~17	23~13	18~8	14~4	11~2	6~2

标准沥青含量:4%

表 13-19 防渗层沥青混凝土性能

沥青混凝土性能		矿料级配	
技术指标	技术性能	粒径（筛孔）/mm	过筛率/%
B80 沥青含量（混合料）(%)	6.8	16.0	100
密度（g/cm³）	2.439		
容重（g/cm³）	2.387	11.2	99.4
孔隙率（%）	2.1		
马歇尔稳定度（40℃）(kN)	13.0	8	86.3
马歇尔流值（1/100 mm）	69		
真空吸水率（%）	0.7	5	71.6
渗透性	不漏	2	51.7
斜坡流淌值（mm）			
1:2 70℃	1.0	0.71	32.2
1:2 60℃	0.7	0.25	19.4
柔性（%）		0.09	15.0
25℃	16.3		
20℃	15.3		
5℃	5.7		

表 13-20 整平胶层沥青混凝土性能

沥青混凝土性能		矿料级配	
技术指标	技术性能	粒径（筛孔）/mm	过筛率/%
B80 沥青含量（混合料）(%)	4.3	22.4	100
密度（g/cm³）	2.542	16.0	98.3
容重（g/cm³）	2.215	11.2	66.3
孔隙率（%）	12.8	8	51.5
马歇尔稳定度（60℃）(kN)	5.7	5	38.6
马歇尔流值（1/100 cm）	40	2	26.1
渗透系数（cm/s）	0.05	0.71	15.7
斜坡流淌值（mm）		0.25	8.9
1:2 70℃	1.0	0.09	6.7
1:2 60℃	0.5		

六、性能检验

水工沥青混凝土性能检验方法可参照建筑沥青混凝土相关试验方法进行检验。这里主要介绍马歇尔稳定度试验和三轴压缩试验。

（一）马歇尔稳定度试验

沥青混合料马歇尔稳定度试验是对沥青混合料配合比可行性的一种检验方法，以确定沥青混合料最佳配比，保证沥青混凝土的施工质量。

【试验仪器】

沥青混合料马歇尔试验仪：用计算机或 $X-Y$ 记录仪记录荷载—位移曲线，并具有自动测定荷载与试件垂直变形的传感器、位移计，能自动显示或打印试验结果。对 $\phi63.5$ mm 的标准马歇尔试件，试验仪最大荷载不小于 25 kN，读数准确度 100 N，加载速率应能保持 50 ± 5 mm/min。钢球直径 16 mm，上下压头曲率半径为 50.8 mm。当采用 $\phi152.4$ mm 大型马歇尔试件时，试验仪最大荷载不得小于 50 kN，读数准确度为 100 N。上下压头的曲率内径为 152.4 ± 0.2 mm，上下压头间距 19.05 ± 0.1 mm。

大型马歇尔试件的压头尺寸如图 13-6 所示。

标准击实仪：由击实锤、$\phi98.5$ mm 平圆形压实头及带手柄的导向棒组成。用人工或机械将压实锤举起，从 453.2 ± 21.5 mm 高度沿导向棒自由落下击实，标准击实锤质量 $4\,536\pm9$ g。

大型击实仪：由击实锤、$\phi149.5$ mm 平圆形压实头及带手柄的导向棒（直径 15.9 mm）组成。用机械将压实锤举起，从 453.2 ± 2.5 mm 高度沿导向棒自由落下击实，大型击实锤质量 $10\,210\pm10$ g。

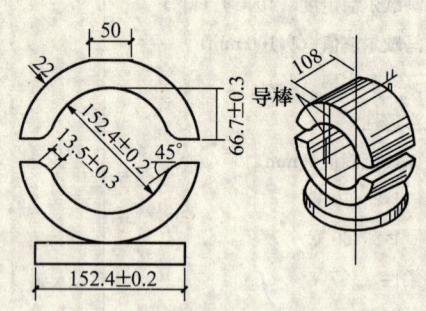

图 13-6 大型马歇尔试验的压头

标准击实台：用以固定试模，在 200 mm×200 mm×457 mm 的硬木墩上面有一块 350 mm×305 mm×25 mm 的钢板，木墩用 4 根型钢固定在下面的水泥混凝土板上。木墩采用青冈栎、松或其他干密度为 $0.67\sim0.77$ g/cm³ 的硬木制成。人工击实或机械击实均必须有此标准击实台。

自动击实仪是将标准击实锤及标准击实台安装一体并用电力驱动使击实锤连续击实试件且可自动记数的设备，击实速度为 60 ± 5 次/min。大型击实法电动击实的功率不小于 250 W。

试验室用沥青混合料拌和机：能保证拌和温度并充分拌和均匀，可控制拌和时间，容量不小于 10 L。搅拌叶自转速度 $70\sim80$ r/min，公转速度 $40\sim50$ r/min。

脱模器：电动或手动，可无破损地推出圆柱体试件，备有标准圆柱体试件及大型圆柱体试件尺寸的推出环。

试模：由高碳钢或工具钢制成，每组包括内径 101.6 ± 0.2 mm，高 87 mm 的圆柱形金属筒、底座（直径约 120.6 mm）和套筒（内径 101.6 mm、高 70 mm）各 1 个。

大型圆柱体试件的试模与套筒如图 13-7 所示。套筒外径 165.1 mm，内径 155.6 ± 0.3 mm，总高 83 mm。试模内径 152.4 ± 0.2 mm，总高 115 mm，底座板厚 12.7 mm，直径 172 mm。

烘箱：大、中型各一台，装有温度调节器。

天平或电子秤：用于称量矿料的，感量不大于 0.5 g；用于称量沥青的，感量不大于 0.1 g。

抽气机或真空泵，插刀或大螺丝刀。

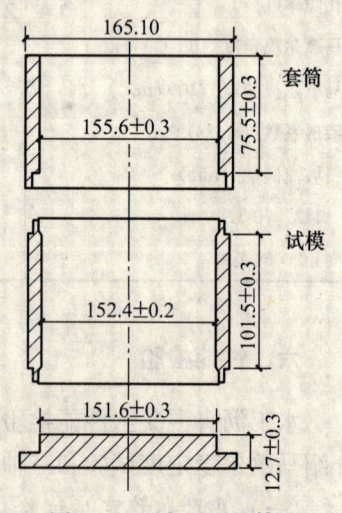

图 13-7 大型圆柱体试件的试模与套筒

温度计：分度为 1 ℃。宜采用有金属插杆的热电偶沥青温度计，金属插杆的长度不小于 300 mm，量程 0～300 ℃，数字显示或度盘指针的分度 0.1 ℃，且有留置读数功能。

其他：电炉或煤气炉、沥青熔化锅、拌和铲、标准筛、滤纸（或普通纸）、胶布、卡尺、秒表、粉笔、棉纱等。

【试样准备】

试件的拌和与压实温度可按表 13－21 选用，并根据沥青品质和标号作适当调整。针入度小、稠度大的沥青取高限，针入度大、稠度小的沥青取低限，一般取中值。

表 13－21　沥青混合料拌和及压实温度参考表

沥青结合料种类	拌和温度（℃）	压实温度（℃）
石油沥青	130～160	120～150
煤沥青	90～120	80～110
改性沥青	160～175	140～170

对改性沥青，应根据改性剂的品种和用量，适当提高混合料的拌和和压实温度，对大部分聚合物改性沥青，需要在基质沥青的基础上提高 15～30 ℃左右，掺加纤维时，尚需再提高 10 ℃左右。

将各种规格的矿料置 105±5 ℃的烘箱中烘干至恒重（一般不少于 4～6 h）。根据需要，粗集料可先用水冲洗干净后烘干，也可将粗细集料过筛后用水冲洗再烘干备用。

将烘干分级的粗细集料，按每个试件设计级配要求称其质量，在一金属盘中混合均匀，矿粉单独加热，置烘箱中预热至沥青拌和温度以上约 15 ℃（采用石油沥青时通常为 163 ℃；采用改性沥青时通常需 180 ℃）备用。一般按一组试件（每组 4～6 个）备料，但进行配合比设计时宜对每个试件分别备料。当采用替代法时，对粗集料中粒径大于 26.5 mm 的部分，以 13.2～26.5 mm 粗集料等量代替。常温沥青混合料的矿料不应加热。

将沥青试样，用恒温烘箱或油浴、电热套熔化加热至规定的沥青混合料拌和温度备用，但不得超过 175 ℃。当不得已采用燃气炉或电炉直接加热进行脱水时，必须使用石棉垫隔开。

用沾有少许黄油的棉纱擦净试模、套筒及击实座等置 100 ℃左右烘箱中加热 1 h 备用。常温沥青混合料用试模不加热。

将沥青混合料拌和机预热至拌和温度以上 10 ℃左右备用（对试验室试验研究、配合比设计及采用机械拌和施工的工程，严禁用人工炒拌法热拌沥青混合料）。

将每个试件预热的粗细集料置于拌和机中，用小铲子适当混合，然后再加入需要数量的已加热至拌和温度的沥青（如沥青已称量在一专用容器内时，可在倒掉沥青后用一部分热矿粉将沾在容器壁上的沥青擦拭一起倒入拌和锅中），开动拌和机一边搅拌一边将拌和叶片插入混合料中拌和 1～1.5 min，然后暂停拌和，加入单独加热的矿粉，继续拌和至均匀为止，并使沥青混合料保持在要求的拌和温度范围内。标准的总拌和时间为 3 min。

【成型方法】

马歇尔标准击实法的成型步骤如下：

(1) 将拌好的沥青混合料，均匀称取一个试件所需的用量（标准马歇尔试件约 1 200 g，大型马歇尔试件约 4 050 g)。当已知沥青混合料的密度时,可根据试件的标准尺寸计算并乘以 1.03 得到要求的混合料数量。当一次拌和几个试件时,宜将其倒入经预热的金属盘中,用小铲适当拌和均匀分成几份,分别取用。在试件制作过程中,为防止混合料温度下降,应连盘放在烘箱中保温。

(2) 从烘箱中取出预热的试模及套筒,用沾有少许黄油的棉纱擦拭套筒、底座及击实锤底面,将试模装在底座上,垫一张圆形的吸油性小的纸,按四分法从四个方向用小铲将混合料铲入试模中,用插刀或大螺丝刀沿周边插捣 15 次,中间 10 次。插捣后将沥青混合料表面整平成凸圆弧面。对大型马歇尔试件,混合料分两次加入,每次插捣次数同上。

(3) 插入温度计,至混合料中心附近,检查混合料温度。

(4) 待混合料温度符合要求的压实温度后,将试模连同底座一起放在击实台上固定,在装好的混合料上面垫一张吸油性小的圆纸,再将装有击实锤及导向棒的压实头插入试模中,然后开启电动机或人工将击实锤从 457 mm 的高度自由落下击实规定的次数(75、50 或 35 次)。对大型马歇尔试件,击实次数为 75 次(相应于标准击实 50 次的情况)或 112 次(相应于标准击实 75 次的情况)。

(5) 试件击实一面后,取下套筒,将试模掉头,装上套筒,然后以同样的方法和次数击实另一面。

乳化沥青混合料试件在两面击实后,将一组试件在室温下横向放置 24 h;另一组试件置温度为 105±5 ℃ 的烘箱中养护 24 h。将养护试件取出后再立即两面锤击各 25 次。

(6) 试件击实结束后,立即用镊子取掉上下面的纸,用卡尺量取试件离试模上口的高度并由此计算试件高度,如高度不符合要求时,试件应作废,并按下式调整试件的混合料质量,以保证高度符合 63.5±1.3 mm (标准试件)或 95.3±2.5 mm (大型试件)的要求。

$$调整后混合料质量 = \frac{要求试件高度 \times 原用混合料质量}{所得试件的高度}$$

卸去套筒和底座,将装有试件的试模横向放置冷却至室温后(不少于 12 h),置脱模机上脱出试件。用于本规程 T0709 作现场马歇尔指标检验的试件,在施工质量检验过程中如急需试验,允许采用电风扇吹冷 1 h 或浸水冷却 3 min 以上的方法脱模,但浸水脱模法不能用于测量密度、空隙率等各项物理指标。

将试件仔细置于干燥洁净的平面上,供试验用。

【试验步骤】

1. 标准马歇尔试验方法

将试件置于已达规定温度的恒温水槽中保温,保温时间对标准马歇尔试件需 30~40 min,对大型马歇尔试件需 45~60 min。试件之间应有间隔,底下应垫起,离容器底部不小于 5 cm。

将马歇尔试验仪的上下压头放入水槽或烘箱中达到同样温度。将上下压头从水槽或烘箱中取出擦拭干净内面。为使上下压头滑动自如,可在下压头的导棒上涂少量黄油。再将试件取出置于下压头上,盖上上压头,然后装在加载设备上。在上压头的球座上放妥钢球,并对准荷载测定装置的压头。

当采用自动马歇尔试验仪时,将自动马歇尔试验仪的压力传感器、位移传感器与计算机或 $X-Y$ 记录仪正确连接,调整好适宜的放大比例。调整好计算机程序或将 $X-Y$ 记录仪的记录笔对准原点。

当采用压力环和流值计时，将流值计安装在导棒上，使导向套管轻轻地压住上压头，同时将流值计读数调零。调整压力环中百分表，对零。

启动加载设备，使试件承受荷载，加载速度为 50±5 mm/min。计算机或 $X-Y$ 记录仪自动记录传感器压力和试件变形曲线并将数据自动存入计算机。

当试验荷载达到最大值的瞬间，取下流值计，同时读取压力环中百分表读数及流值计的流值读数。

从恒温水槽中取出试件至测出最大荷载值的时间，不得超过 30 s。

2. 浸水马歇尔试验方法

浸水马歇尔试验方法与标准马歇尔试验方法的不同之处在于，试件在已达规定温度恒温水槽中的保温时间为 48 h，其余均与标准马歇尔试验方法相同。

3. 真空饱水马歇尔试验方法

试件先放入真空干燥器中，关闭进水胶管，开动真空泵，使干燥器的真空度达到 98.3 kPa（730 mmHg）以上，维持 15 min，然后打开进水胶管，靠负压进入冷水流使试件全部浸入水中，浸水 15 min 后恢复常压，取出试件再放入已达规定温度的恒温水槽中保温 48 h，其余均与标准马歇尔试验方法相同。

计算

试件的稳定度及流值

当采用自动马歇尔试验仪时，将计算机采集的数据绘制成压力和试件变形曲线，或由 $X-Y$ 记录仪自动记录的荷载～变形曲线，按图 13-8 所示的方法在切线方向延长曲线与横坐标相交于 O_1，将 O_1 作为修正原点，从 O_1 起量取相应于荷载最大值时的变形作为流值（FL），以 mm 计，准确至 0.1 mm。最大荷载即为稳定度（MS），以 kN 计，准确至 0.01 kN。

采用压力环和流值计测定时，根据压力环标定曲线，将压力环中百分表的读数换算为荷载值，或者由荷载测定装置读取的最大值即为试样的稳定度（MS），以 kN 计，准确至 0.01 kN。由流值计及位移传感器测定装置读取的试件垂直变形，即为试件的流值（FL），以 mm 计，准确至 0.1 mm。

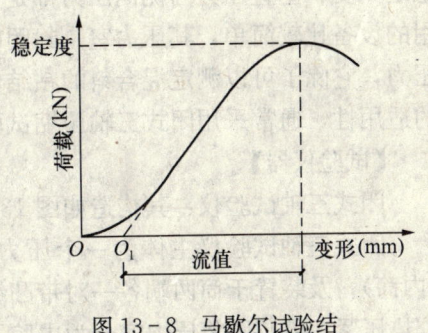

图 13-8 马歇尔试验结果的修正方法

试件的马歇尔模数按下式计算：

$$T=\frac{MS}{FL}$$

式中　T——试件的马歇尔模数，kN/mm；
　　　MS——试件的稳定度，kN；
　　　FL——试件的流值，mm。

试件的浸水残留稳定度按下式计算：

$$MS_0=\frac{MS_1}{MS}\times 100$$

式中 MS_0——试件的浸水残留稳定度,%;
  MS_1——试件浸水 48 h 后的稳定度,kN。
试件的真空饱水残留稳定度按下式计算：

$$MS'_0 = \frac{MS_2}{MS} \times 100$$

式中 MS'_0——试件的真空饱水残留稳定度,%;
  MS_2——试件真空饱水后浸水 48 h 后的稳定度,kN。

当一组测定值中某个测定值与平均值之差大于标准差的 k 倍时,该测定值应予舍弃,并以其余测定值的平均值作为试验结果。当试件数目 n 为 3、4、5、6 个时,k 值分别为 1.15、1.46、1.67、1.82。

采用自动马歇尔试验时,试验结果应附上荷载～变形曲线原件或自动打印结果,并报告马歇尔稳定度、流值、马歇尔模数,以及试件尺寸、试件的密度、空隙率、沥青用量、沥青体积百分率、沥青饱和度、矿料间隙率等各项物理指标。

（二）三轴压缩试验

沥青混合料的三轴压缩试验（也称史密斯三轴试验）是检验混合料高温稳定性能方法的一种。沥青混合料闭式三轴压缩试验是试件置于一密闭的压力室中,根据其承受不同垂直应力作用下产生相应侧压力的关系,确定沥青混合料的粘结力和内摩擦角,分别以 MPa 和度表示。

三轴压缩试验分为开式及闭式两种。开式三轴试验的压力室与外界连通,其侧压力保持稳定不变,垂直压力与侧向压力都是主动施加于试件的,故仪器比较复杂。闭式三轴试验采用的设备比较简单,其压力室是封闭的,在垂直荷载作用下,试件变形产生一个被动的侧向压力,它除了可以测定混合料的粘结力和内摩擦角等剪切数据外,还可稳定检验沥青混合料的适用性,通常采用闭式三轴压缩试验法。

【试验仪器】

闭式三轴试验仪：其构造如图 13-9 所示。

闭式三轴试验仪主体为一个压力室,它由内径 140 mm、高 260 mm 的有机玻璃圆筒（内筒）,及装置于筒两端各一对带凸缘的钢质法兰盘构成。乳胶膜套在上下凸缘座上,用橡胶垫压紧,乳胶膜将压力室分为内腔及外腔两部分。内腔供放置试件,外腔（即乳胶膜与有机玻璃内筒壁之间）通过进水阀门、带精密压力表的出水阀门与超级恒温水槽相连。在筒的外围有一个内径为 240 mm 的有机玻璃外筒,在内外筒之间成为一个保温室,并通过另一组进水开关及出水开关与超级恒温水槽相连。

压力机或带压力表的千斤顶：不小于 300 kN。

试验室用沥青混合料拌和机：能保证拌和温度并充分拌和均匀,可控制拌和时间,拌和机的容量为 10 L（小型）或 30 L（大型）。

脱模器：电动或手动,可无破损地推出圆柱体试件,备有要求尺寸的推出环。

各种试模：包括压头,每种至少 3 组,由高碳钢或工具钢制成,试模尺寸应保证成型后应符合试件直径不小于公称最大集料粒径的 4 倍,试件厚度不小于公称最大集料粒径的 1～1.5 倍的规定要求；

抗压试验圆柱体试模：采用 ϕ100 mm×100 mm 的试件尺寸时,试模内径与试件直径相同，试模高 180 mm，上下压头直径 100 mm，下压头高 50 mm，上压头高 90 mm。

三轴试验圆柱体试模：采用 φ100 mm×200 mm 的试件尺寸时，内径与试件直径相同，试模高 300 mm，上下压头直径 100 mm，上压头高 50 mm，下压头高 90 mm，试模也可由一个分成两半的内套和一个圆柱形外套组成。

烘箱：大、中型各一台，装有温度调节器。

台秤、天平或电子秤：称量 5 kg 以上的感量不大于 1 g；称量 5 kg 以下时，用于称量矿料的感量不大于 0.5 g，用于称量沥青的感量不大于 0.1 g。

插刀或大螺丝刀。

垫块。

温度计：分度为 1 ℃。宜采用有金属插杆的热电偶沥青温度计，金属插杆的长度应不小于 300 mm，量程 0~300 ℃，数字显示或度盘指针的分度 0.1 ℃，且有留置读数功能。

精密压力表：量程 1.6 MPa，分度 0.01 MPa。

空心压头：高 175 mm，底面承压面直径 100 mm。

超级恒温水槽：可保温 60±0.5 ℃，有两对进出水管。

千分表及表架。

乳胶套：直径 100 mm，长 400 mm。

其他：温度计、秒表、天平、滤纸、滑石粉、电炉或煤气炉、沥青熔化锅、拌和铲、标准筛、（或普通纸）、胶布、卡尺、粉笔、棉纱等。

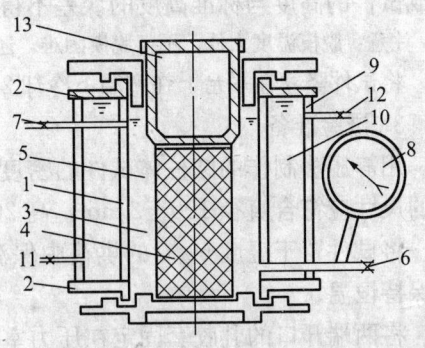

图 13-9 闭式三轴压力室构造示意图（单位：mm）

1—内筒；2—法兰盘（上、下）；3—乳胶套；4—内腔；5—外腔；6—进水阀门；7—出水阀门；8—压力表；9—外筒；10—保温室；11—进水开关；12—出水开关；13—加荷压头

【试件制备】

1. 准备工作

按马歇尔稳定度试验方法规定，在配制沥青混合料时，矿料和沥青要进行加热备用。金属试模及压头等置 100 ℃左右烘箱中加热 1 h 后备用。

拌制沥青混合料的数量要多于试件质量需要，插入温度计检测温度，待温度符合成型需要时装模，通常装模温度为 125±5 ℃。

2. 成型方法

按试件要求尺寸，准确称取混合料数量，应为 1 个试件的体积与马歇尔标准击实密度的乘积。

将试模钢筒和承压头从烘箱中取出，立即在钢筒内部和承压头底面涂以很少量的润滑油，并将下承压头置于钢筒中。为使承压头突出钢筒底口 2~3 cm，下承压头应加垫圈或垫块，并在下承压头上放置一张圆形薄纸。

用小铲将符合成型温度要求的混合料分 2 次（高为 100 mm 的试件）或 3 次（高为 200 mm 的试件）仔细铲入钢筒中，随之用插刀沿钢筒周边插捣 15 次，中间 10 次。然后，用热铲平整混合料表面。

插入温度计至混合料中心附近，待温度符合要求的压实温度时，垫上一层薄纸及盖好上承压头（上下承压头伸进试模的高度应大体相同）。

将装有混合料的试模及垫圈（块）一并置于压力机或千斤顶的平台上，加载至 1 MPa（对 ϕ100 mm 的试件约为 7.85 kN）后撤去下面的垫圈（块），再逐渐均匀加载至要求的试件高度（约 2～30 MPa 左右），并保持 3 min 后卸荷，记录加载荷重。

从试模中取出上、下承压头后，稍事降温，在未完全冷却时趁热置脱模器上推出试件。制成试件的高度与标准高度的误差不得大于±2.0 mm，否则应予废弃。

注意：脱模温度太低，不仅脱模困难，还可能损伤试件。

将试件竖立在平台上在室温下冷却 24 h，测定试件密度、空隙率，不符要求的应予废弃。

3. 试验准备

用静压法制作的圆柱体试件的密度应符合马歇尔标准击实密度 100%±2%的要求，试件的尺寸应符合直径 100±2 mm，高 200±1.5 mm 的要求。

将试件置于温度 60 ℃的烘箱中保温 4～5 h。将超级恒温水槽中的水加热至 60±5 ℃，并保持恒温。

将两端开口的乳胶套固定在压力室两端的凸缘法兰盘中，拧紧上下螺丝。

【试验步骤】

将预热后的试件从烘箱中取出，在试件表面铺一层滑石粉，并在两端各衬一张圆形滤纸，将其装于一端密封的乳胶套中，然后将试件连同乳胶套一起放进压力室中心座上。为使试件易于装入压力室的乳胶套中，使用抽气机将压力室心座与乳胶套之间的空气及水排出，使乳胶套紧贴于心座内壁上，将空心压头置于试件上。

将保温室连通超级恒温水槽，使水槽的水进入保温室形成循环。

将压力室的进水阀门及出水阀门与超级恒温水槽接通，打开进出口阀门，待保温套中的空气及残留的冷水驱除后，继续循环 10 min，使试件保温达到试验温度，然后关闭出水阀门，进水阀门继续连通超级恒温水槽，逐渐增加水压，当侧压表的侧压力达到 0.02 MPa 时，关闭进水阀门。

将三轴压力仪置于压力机平台的中心，加上球座压头，启动压力机，在试件上预加初始压强 0.02 MPa（荷载 160 N）。

在压头两侧各垂直安装一千分表，以供测试试件的垂直变形。千分表与压头接触，并使千分表位于较大的量程，读记千分表的初始读数。

启动压力机，以 4.0～4.5 mm/min 加载速度开始施加垂直荷载，每相邻两级垂直荷载之差为 0.15 MPa，在每级垂直荷载达到形变速度小于 0.025 mm/min 后持续稳定 3 min，读取垂直荷载、侧压力及千分表的读数并记录时间，直至施加的荷载使各级侧压力的变化大致与垂直压力的变化成正比例时为止，通常需达到 1 MPa 左右。

卸除垂直荷载，开启进、出口阀门，待压力表回零后拆除压力室与恒温水槽水管，排出保温套积水，取出试件。

计算

在方格纸上以垂直压力为纵坐标，侧压力为横坐标，根据实测数据绘制垂直压力（σ_V）和侧向压力（σ_L）的关系曲线图 13-10。

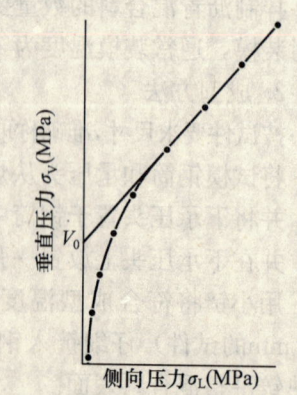

图 13-10　垂直压力与侧向压力关系曲线

将 σ_V-σ_L 关系曲线的直线部分延长与纵坐标交于 V_0 点,即得截距 I（MPa）,并按下式计算直线部分的斜率 S：

$$S = \frac{\sigma_{V_0} - I}{\sigma_{L_0}}$$

式中　S——斜率；
　　　σ_{V_0}——位于直线上某一点的垂直压力,MPa；
　　　σ_{L_0}——相应于垂直压力 σ_{V_0} 时的侧压力,MPa；
　　　I——σ_V—σ_L 曲线的直线部分延长在纵坐标上的截距,MPa。

亦可根据 σ_V-σ_L 曲线取直线部分各点用最小二乘法按下列各式计算斜率 S 及截距 I：

$$S = \frac{\sum \sigma_V \times \sum \sigma_L - n \sum (\sigma_V \times \sigma_L)}{(\sum \sigma_L)^2 - n \sum \sigma_L^2}$$

$$I = \frac{\sum \sigma_L \times \sum (\sigma_V \sigma_L) - \sum \sigma_V \sum \sigma_L^2}{(\sum \sigma_L)^2 - n \sum \sigma_L^2}$$

式中　n——实测 σ_V-σ_L 曲线上所取直线部分点的个数。

由截距 S 及斜率 I 按下列各式计算粘结力 c 及内摩擦角 φ：

$$c = \frac{I}{2\sqrt{S}}$$

$$\varphi = 2(\operatorname{arctg}\sqrt{S} - 45°)$$

式中　c——试件的粘结力,MPa；
　　　φ——内摩擦角,°。

同一混合料至少要有 3 个试件做平行试验,取其平均值作为试验结果。

第六节　道路沥青混凝土配合比

一、沥青混合料矿料级配及沥青用量范围

在建筑沥青混凝土和水工沥青混凝土的配合比设计中常采用道路沥青混凝土配合比设计方法进行设计。表 13-22 和表 13-23 列出的矿物集料范围和沥青用量同样是建筑沥青混凝土和水工沥青混凝土配合比设计的重要参考依据。该表是依据密级配理论为计算基础,再经反复试验和实践证明是可行的沥青混凝土配合比表,简便而实用。

二、道路沥青混凝土有关符号及代号

道路沥青混凝土的有关符号和代号列于表 13-24。

第十三章 防水沥青混凝土

表13-22 沥青混合料矿料级配及沥青用量范围(方孔筛)

级配类型		通过下列筛孔(方孔筛 mm)的质量百分率(%)																沥青用量(%)
		53.0	37.5	31.5	26.5	19.0	16.0	13.2	9.5	4.75	2.36	1.18	0.6	0.3	0.15	0.075		
沥青混凝土	粗粒	AC—30—I	100	90~100	79~92	66~82	59~77	52~72	43~63	32~52	25~42	18~32	13~25	8~18	5~13	3~7	4.0~6.0
		II		100	90~100	65~85	52~70	45~65	38~58	30~50	18~38	12~28	8~20	4~14	3~11	2~7	1~5	3.0~5.0
		AC—25I			100	95~100	75~90	62~80	53~73	43~63	32~52	25~42	18~32	13~25	8~18	5~13	3~7	4.0~6.0
	中粒	AC—20I				100	90~100	75~90	52~72	42~62	32~52	20~40	13~30	20~34	6~16	4~12	3~8	2~7	3.0~5.0
		II				100	95~100	75~90	62~80	52~72	38~58	28~46	20~34	15~27	10~20	6~14	4~8	4.0~6.0
		AC—16I					100	90~100	75~90	65~85	52~72	40~60	26~45	16~33	11~25	7~18	4~13	3~9	2~5	3.5~5.5
		II					100	95~100	65~85	58~78	50~70	32~50	22~37	16~28	11~21	7~15	4~8	4.0~6.0
	细粒	AC—13I						100	90~100	70~88	48~68	36~53	24~41	18~30	12~22	8~16	4~8	2~5	3.5~5.5
		II						100	90~100	60~80	34~52	22~38	14~28	8~20	5~14	3~10	2~6	4.5~6.5
		AC—10I							100	95~100	55~75	35~58	24~43	17~33	12~28	8~16	6~16	4~9	4.0~6.0
		II							100	95~100	55~75	40~60	24~42	15~30	9~22	6~16	4~10	2~6	5.0~7.0
	砂粒	AC—5I								100	90~100	55~75	35~55	20~40	12~28	7~18	4~10	5~10	4.5~6.5
沥青碎石	特粗	AM—40	100	90~100	50~80	40~65	30~54	25~30	20~45	13~38	5~25	2~15	0~10	0~8	0~6	0~5	0~4	6.0~8.0 2.5~4.0
	粗粒	AM—30		100	90~100	50~80	38~65	32~57	25~50	17~42	8~30	2~20	0~15	0~10	0~8	0~5	0~4	2.5~4.0
	中粒	AM—25			100	90~100	50~80	43~73	38~65	25~55	10~32	2~20	0~14	0~10	0~8	0~6	0~5	3.0~4.5
		AM—20				100	65~85	60~85	50~75	40~65	15~40	5~22	2~16	0~12	0~10	0~8	0~5	3.0~4.5
	细粒	AM—16					100	90~100	60~85	45~68	18~42	6~25	3~18	1~14	0~10	0~8	0~5	3.0~4.5
		AM—13						100	90~100	50~80	20~45	8~28	4~20	2~15	0~10	0~8	0~5	3.0~4.5
		AM—10							100	85~100	35~65	10~35	5~22	3~18	2~16	0~12	0~9	0~6	3.0~4.5
抗滑表层		AK—13A					100	90~100	60~80	45~70	30~53	20~40	15~30	10~23	7~18	5~12	4~8	3.5~4.5
		AK—13B						100	85~100	50~70	18~40	10~30	8~22	5~15	3~12	3~9	2~6	3.5~5.5
		AK—16					100	90~100	60~82	45~70	25~45	15~35	10~25	8~18	6~13	4~10	3~7	3.5~5.5

第六节 道路沥青混凝土配合比

表13-23 沥青混合料矿料级配及沥青用量范围（圆孔筛）

级配类型			通过下列筛孔(圆孔筛,mm)的质量百分率(%)														沥青用量(%)
			50	40	35	30	25	20	15	10	5	2.5	1.2	0.6	0.3	0.15	0.074	
沥青混凝土	粗粒	LH~40Ⅰ	100	90~100	84~94	77~89	68~85	58~78	48~69	41~61	30~50	25~41	18~32	13~25	8~18	5~13	3~7	3.5~5.5
		LH~40Ⅱ	100	90~100	85~100	78~93	60~78	43~64	36~56	28~48	18~38	12~28	8~20	4~14	3~11	2~7	1~5	3.0~5.0
		LH~35Ⅰ		100	90~100	82~95	70~88	59~79	50~70	41~60	30~50	25~41	18~32	13~25	8~18	5~13	3~7	4.0~6.0
		LH~35Ⅱ		100	90~100	78~93	60~78	43~64	36~56	28~48	18~38	12~28	8~20	4~14	3~11	2~7	1~5	3.0~5.0
		LH~30Ⅰ			100	95~100	75~90	60~80	52~72	41~60	30~50	25~42	18~32	13~25	8~18	5~13	3~7	4.0~6.0
		LH~30Ⅱ			100	90~100	65~85	50~70	50~70	30~50	18~40	13~30	9~23	6~16	4~12	3~8	2~5	3.0~5.0
	中粒	LH~25Ⅰ				100	95~100	75~90	60~80	50~70	36~56	28~46	20~34	15~27	10~20	6~14	4~8	4.0~6.0
		LH~25Ⅱ				100	90~100	65~85	50~70	38~58	24~45	16~33	11~25	7~18	4~13	3~9	2~5	3.5~5.5
		LH~20Ⅰ					100	95~100	75~90	56~76	40~60	30~50	22~38	16~29	11~21	7~15	4~8	4.0~6.0
		LH~20Ⅱ					100	90~100	65~85	50~70	28~50	18~35	12~26	7~19	4~14	3~9	2~5	3.5~5.5
	细粒	LH~15Ⅰ						100	95~100	70~88	48~68	36~53	24~41	18~30	12~22	8~16	4~8	4.5~6.5
		LH~15Ⅱ						100	90~100	60~80	34~54	22~38	14~28	8~20	5~14	3~10	2~6	4.0~6.0
		LH~10Ⅰ							100	95~100	55~75	38~58	26~43	17~33	10~24	6~16	4~9	5.0~7.0
	砂粒	LH~10Ⅱ							100	90~100	60~80	24~42	15~30	9~22	6~15	4~10	2~6	4.5~6.5
		LH~5Ⅰ								100	95~100	55~75	35~55	20~40	12~28	7~18	5~10	6.0~8.0
沥青碎石	特粗	LS~50	90~100	50~80	45~73	39~65	31~59	25~50	18~40	13~32	5~23	2~16	0~12	0~8	0~6	0~5	0~4	2.5~4.0
	粗粒	LS~40	100	90~100	70~88	50~78	40~70	40~70	32~60	20~48	15~40	7~30	0~14	0~10	0~8	0~5	0~4	2.5~4.0
		LS~35		100	90~100	70~90	48~75	38~65	28~51	20~42	8~31	7~20	0~14	0~10	0~8	0~6	0~5	2.5~4.5
	中粒	LS~30		100	100	90~100	55~80	45~69	35~55	25~45	10~32	5~22	2~16	0~12	0~8	0~5	0~5	3.0~4.5
		LS~25				100	90~100	55~85	40~70	28~55	12~36	6~26	3~18	1~14	0~10	0~8	0~6	3.0~4.5
	细粒	LS~20					100	90~100	55~80	36~62	18~42	8~28	4~20	2~15	0~10	0~8	0~5	3.0~4.5
		LS~15						100	90~100	40~65	20~45	10~35	5~22	2~16	0~12	0~9	0~6	3.0~4.5
		LS~10							100	85~100	40~65							
抗滑表层		LK~15A						100	90~100	55~75	30~55	20~40	15~30	10~23	7~18	5~12	4~8	3.5~5.5
		LK~15B						100	90~100	45~65	18~40	10~30	8~22	5~15	4~12	3~9	2~6	3.5~5.5
		LK~20					100	90~100	55~80	40~68	25~45	15~34	10~26	8~18	6~13	4~10	3~7	3.5~5.5

第十三章 防水沥青混凝土

表 13-24 道路沥青混凝土有关符号及代号

编号	符号或代号	意 义
1	A	道路石油沥青
2	T	道路煤沥青
3	PC	喷洒型阳离子乳化沥青
4	BC	拌和型阳离子乳化沥青
5	PA	喷洒型阴离子乳化沥青
6	BA	拌和型阴离子乳化沥青
7	AL(R)	快凝液体石油沥青
8	AL(M)	中凝液体石油沥青
9	AL(S)	慢凝液体石油沥青
10	HMA	热拌沥青混合料,Hot Mix Asphalt 之略语
11	AC	密级配沥青混凝土混合料,分为粗型和细型两类
12	SMA	沥青玛琦脂碎石混合料,Stone Matrix Asphalt(或 Stone Mastic Asphalt)之略语
13	OGFC	大孔隙开级配排水式沥青磨耗层,如欧洲的 PFC(Porous Friction Course),PEM(Porous European Mixes),美国、日本的 OGFC(Open-graded Friction Courses)等之略语
14	ATB	密级配沥青稳定碎石混合料
15	ATPB	铺筑在沥青层底部的排水式沥青稳定碎石混合料
16	AM	半开级配沥青稳定碎石混合料
17	ES	乳化沥青稀释封层沥青混合料
18	OAC	沥青混合料的最佳沥青用量,Optimum Asphalt Content 之略语
19	MS	马歇尔稳定度
20	FL	马歇尔试验的流值
21	γ_{se}	沥青混合料中合成矿料的有效相对密度
22	γ_{sb}	沥青混合料中矿料的合成毛体积相对密度
23	γ_{sa}	沥青混合料中矿料的合成表观相对密度
24	P_a	沥青混合料的油石比
25	P_b	沥青混合料中的沥青含量
26	P_{be}	沥青混合料中的有效沥青用量
27	C	集料的沥青吸收系数
28	γ_b	沥青的相对密度
29	γ_t	沥青混合料的最大相对密度
30	DP	沥青混合料的粉胶比(0.075 mm 通过率与有效沥青含量的比值)
31	VV	压实沥青混合料的空隙率,即矿料及沥青以外的空隙(不包括矿料自身内部的孔隙)的体积占试件总体积的百分率,Volume of Air Voids 之略语
32	VMA	压实沥青混合料的矿料间隙率,即试件全部矿料部分以外的体积占试件总体积的百分率,Voids in Mineral Aggregate 之略语
33	VFA	压实沥青混合料中的沥青饱和度,即试件矿料间隙中扣除被集料吸收的沥青以外的有效沥青结合料部分的体积在 VMA 中所占的百分率,Voids Filled with Asphalt 之略语

第六节 道路沥青混凝土配合比

续表

编号	符号或代号	意义
34	VCA	粗集料骨架间隙率，Percent Air Voids in Coarse Aggregate 之略语
35	VCA_{mix}	压实沥青混合料的粗集料骨架间隙率，即试件的粗集料骨架部分以外的体积占试件总体积的百分率，Voids in Coarse Aggregate of Asphalt Mix 之略语
36	VCA_{DRC}	捣实状态下的粗集料松装间隙率，Voids in Coarse Aggregate 之略语
37	DS	沥青混合料车辙试验的动稳定度，Dynamic Stability 之略语
38	EVT	等粘度温度，Equi-Viscous Temperature 之略语
39	COC	沥青的克利夫兰杯开式闪点，Cleaveland Open-Cup Method 之略语
40	TOC	沥青的泰格杯开式闪点，Tag Open-Cup Method 之略语
41	PSV	石料磨光值，Polished Stone Valve 之略语
42	FB（BPN）	用摆式仪测定的路面摩擦系数摆值，其单位 BPN 是 British Pendulum（Tester）Number 之略语
43	TFOT	沥青的薄膜加热试验，Thin Film Oven Test 之略语
44	RTFOT	沥青的旋转薄膜加热试验，Rolling Thin Film Oven Test 之略语
45	PI	沥青的针入度指数，Penetration Index 之略语
46	CL	动态质量管理图上质量指标的平均值
47	UCL	动态质量管理图上质量控制的上限值
48	LCL	动态质量管理图上质量控制的下限值
49	QC/QA	质量控制和质量保证，施工质量管理体系
50	PMB（或 PMA）	聚合物改性沥青，Polymer Modified Bitumen（或 Asphalt）的略语
51	CR	聚氯丁二烯（氯丁橡胶），Polychloroprene 之略语
52	EVA	乙烯—醋酸乙烯共聚物，Ethyl-Vinyl-Acetate 之略语
53	PE	聚乙烯，Polyethylene 之略语
54	LDPE	低密度聚乙烯，Low Density Polyethylene 之略语
55	SBR	苯乙烯—丁二烯橡胶（丁苯橡胶），Styrene-Butadiene-Rubber 之略语
56	SBS	苯乙烯—丁二烯—苯乙烯嵌段共聚物，Styrene-Butadiene-Styrene Block Copolymer 之略语
57	Superpave	美国 SHRP（Stratebic Highway Reseach Program）沥青混合料配合比设计体系的注册名称，Superior Performing Asphalt Pavements 之略语
58	PG	美国沥青路用性能分级规格，Performance Graded 之略语
59	SGC	沥青混合料搓揉压实试验机，Superpave Gyratory Compactor 之略语
60	GTM	美国工程兵旋转压实剪切实验机，用于沥青混合料的配合比设计，Gyratory Testing Machine 之略语

附 录

一、化学元素周期表

注：原子量录自1971年国际原子量表，以 $O^{12}=12$ 为基准。原子量末位数印正常字体的准至 ±1，印小号字的准至 ±3。

族周期	IA	IIA	IIIB	IVB	VB	VIB	VIIB		VIII		IB	IIB	IIIA	IVA	VA	VIA	VIIA	O	电子层	电子数
1	H 1 氢 1.00797																	He 2 氦 4.00260	K	2
2	Li 3 锂 6.941	Be 4 铍 9.01218											B 5 硼 10.81	C 6 碳 12.01115	N 7 氮 14.0067	O 8 氧 15.9994	F 9 氟 18.99840	Ne 10 氖 20.179	L K	8 2
3	Na 11 钠 22.98977	Mg 12 镁 24.305											Al 13 铝 26.98154	Si 14 硅 28.086	P 15 磷 30.97376	S 16 硫 32.06	Cl 17 氯 35.453	Ar 18 氩 39.948	M L K	8 8 2
4	K 19 钾 39.098	Ca 20 钙 40.08	Sc 21 钪 44.9559	Ti 22 钛 47.90	V 23 钒 50.9414	Cr 24 铬 51.996	Mn 25 锰 54.9380	Fe 26 铁 55.847	Co 27 钴 58.9332	Ni 28 镍 58.71	Cu 29 铜 63.546	Zn 30 锌 65.38	Ga 31 镓 69.72	Ge 32 锗 72.59	As 33 砷 74.9216	Se 34 硒 78.96	Br 35 溴 79.904	Kr 36 氪 83.80	N M L K	8 18 8 2
5	Rb 37 铷 85.4678	Sr 38 锶 87.62	Y 39 钇 88.9059	Zr 40 锆 91.22	Nb 41 铌 92.9064	Mo 42 钼 95.94	Tc 43 锝 98.9062	Ru 44 钌 101.07	Rh 45 铑 102.9055	Pd 46 钯 106.4	Ag 47 银 107.868	Cd 48 镉 112.40	In 49 铟 114.82	Sn 50 锡 118.69	Sb 51 锑 121.75	Te 52 碲 127.60	I 53 碘 126.9045	Xe 54 氙 131.30	O N M L K	8 18 18 8 2
6	Cs 55 铯 132.9054	Ba 56 钡 137.34	57~71 La~Lu 镧系	Hf 72 铪 178.49	Ta 73 钽 180.9479	W 74 钨 183.85	Re 75 铼 186.2	Os 76 锇 190.2	Ir 77 铱 192.22	Pt 78 铂 195.09	Au 79 金 196.9665	Hg 80 汞 200.59	Tl 81 铊 204.37	Pb 82 铅 207.2	Bi 83 铋 208.9804	Po 84 钋	At 85 砹	Rn 86 氡	P O N M L K	8 18 32 18 8 2
7	Fr 87 钫	Ra 88 镭 226.0254	89~103 Ac~Lw 锕系	104	105															

57~71 镧系元素	La 57 镧 138.9055	Ce 58 铈 140.12	Pr 59 镨 140.9077	Nd 60 钕 144.24	Pm 61 钷	Sm 62 钐 150.4	Eu 63 铕 151.96	Gd 64 钆 157.26	Tb 65 铽 158.9254	Dy 66 镝 162.50	Ho 67 钬 164.9304	Er 68 铒 167.26	Tm 69 铥 168.9342	Yb 70 镱 173.04	Lu 71 镥 174.97
89~103 锕系元素	Ac 89 锕	Th 90 钍 232.0381	Pa 91 镤 231.0359	U 92 铀 238.029	Np 93 镎 237.0482	Pu 94 钚	Am 95 镅	Cm 96 锔	Bk 97 锫	Cf 98 锎	Es 99 锿	Fm 100 镄	Md 101 钔	No 102 锘	Lw 103 铹

二、建筑防水材料及橡胶和塑料常用术语

(一) 防水沥青及性能 (GB/T 18378)

001 沥青　bitumen
由高分子碳氢化合物及其衍生物组成的、黑色或深褐色、不溶于水而几乎全溶于二硫化碳,且符合规定标准的非晶态有机材料。分地沥青和焦油沥青两大类。

002 地沥青　asphalt
天然沥青和石油沥青的总称。

003 天然沥青　natural asphalt
由地表或岩石中直接采集、提炼加工后得到的沥青。

004 石油沥青　petroleum asphalt
由提炼石油的残留物制得的沥青,其中包含石油中所有的重组分。

005 直馏渣油　straight-run residuum
以蒸馏方式将石油中较低沸点的组分馏出后所残留的重组分。

006 直馏沥青;残留沥青　straight-run asphalt
符合沥青标准的直馏渣油。

007 汽提沥青;蒸馏沥青　steam refined asphalt
在渣油或直馏沥青中通入过热蒸汽进行汽提,以改善其技术性能而制得的沥青。

008 丙烷脱沥青　propane deasphalted asphalt
用丙烷作溶剂从石油渣油中脱除蜡等油分而得到的沥青。

009 湖沥青　lake asphalt
由地表天然形成的沥青湖中取得的沥青。属天然沥青。

010 岩沥青　rock asphalt
由含沥青的多孔性岩石中取得的沥青。属天然沥青。

011 沥青矿　asphaltite
由地下开采得到的一种天然沥青。

012 裂化渣油　cracked residuum
直馏渣油经裂化工艺提取轻质组分后所残留的重组分。

013 裂化沥青　cracked asphalt
符合沥青标准的裂化渣油。

014 酸渣沥青;酸洗沥青　acid-sludge asphalt
石油产品经酸洗精制后所剩余的、带酸渣的沥青。

015 焦油　tar
由煤、油页岩、木材等有机物干馏过程中挥发的组分冷凝后得到的粘稠液体状混合物。

016 焦油沥青　pitch
焦油分馏后的残留物。其芳香烃含量多于地沥青,常温下呈固态或半固态。俗称柏油。

017 煤沥青　coal pitch
由煤焦油蒸馏后的残留物制取的、符合相应标准的沥青。

018 页岩沥青　shale pitch
由页岩焦油蒸馏后的残留物制取的、符合相应标准的沥青。

019 调配沥青　blended asphalt
以改善技术性能为目的，将不同的石油馏分与沥青混合后调制的沥青。

020 混合沥青　pitch-asphalt
石油沥青与煤焦油或煤沥青掺配制得的沥青。

021 氧化沥青　oxidized asphalt
在加热的直馏沥青或渣油中鼓入空气，使其氧化缩聚而制得的、符合相应标准的沥青。

022 催化氧化沥青　catalytic oxidized asphalt
在氧化沥青制作过程中加入催化剂并改变一定的工艺参数而制得的沥青。

023 道路石油沥青；道路沥青　asphalt for traffic road pavement; bitumen for road
主要用于铺设及修补道路的、符合相应标准的沥青。

024 建筑石油沥青；建筑沥青　asphalt used in roofing; bitumen for building
主要用于建筑物的屋面及防水工程的、符合相应标准的沥青。

025 石蜡基沥青　paraffinic base asphalt
由石蜡基原油分馏出的、含蜡量大于5%的石油沥青。

026 环烷基沥青　naphthenic base asphalt
由环烷基原油分馏出的、含蜡量小于3%的沥青。

027 混合基沥青　mixed base asphalt
含蜡量3%~5%的沥青。

028 改性沥青　modified asphalt
在沥青中均匀混入橡胶、合成树脂等分子量大于沥青本身分子量的有机高分子聚合物而制得的混合物。

029 粘稠沥青　asphalt cement
常温下为固态或半固态的沥青，又称低标号沥青。

030 稀释沥青　cutback asphalt
以稀释剂降低沥青粘度而制得的液态沥青。又称轻制沥青。

031 乳化沥青　emulsified asphalt
利用乳化剂使沥青微滴均匀分散在水中而形成的水包油型（O/W）乳液。

032 乳化剂　emulsifier
能降低沥青与水的界面张力，从而使沥青可均匀分散在水中形成乳液的表面活性剂。

033 阳离子乳化剂　cationic emulsifier
能在水中电离，生成憎水性阳离子基团的表面活性剂。

034 阴离子乳化剂　anionic emulsifier
能在水中电离，生成憎水性阴离子基团的表面活性剂。

035 阳离子乳化沥青　cationic emulsified asphalt
用阳离子型乳化剂为助剂制作的乳化沥青。

036 阴离子乳化沥青 anionic emulsified asphalt
用阴离子型乳化剂为助剂制作的乳化沥青。

037 矿物乳化沥青 mineral powder asphalt emulsion
以石棉、凹凸棒土、膨润土等矿物粉料为乳化剂制作的乳化沥青。

038 沥青基防水涂料 asphaltic base waterproof paint
以沥青为主要成分配制而成的水乳型或溶剂型防水涂料。

039 聚合物乳液防水涂料 emulsified polymer waterproof paint
以水为连续相，将聚合物成膜物质分散在水中的、水包油型（O/W）防水涂料。

040 热塑性弹性体 thermoplastic elastomers
具有热塑性的，又在常温下呈硫化橡胶弹性性质的高分子聚合物。

041 弹性体改性沥青 elastomer modified asphalt
沥青与橡胶类弹性体混溶而得到的混合物。

042 塑性体改性沥青 plastic modified asphalt
沥青与塑料类非弹性材料混溶而得到的混合物。

043 丁苯橡胶改性沥青 SBR modified asphalt
以丁苯橡胶为外掺材料制作的改性沥青。

044 SBS改性沥青 SBS modified asphalt
以热塑性苯乙烯-丁二烯-苯乙烯嵌段聚合物为外掺材料制作的改性沥青。

045 APP（APAO）改性沥青 APP（APAO）modified asphalt
以无规聚丙烯（或无规聚烯烃）为外掺材料制作的改性沥青。

046 聚乙烯改性沥青 PE modified asphalt
以聚乙烯为外掺材料制作的改性沥青。

047 再生橡胶改性沥青 reclaimed rubber modified asphalt
以再生橡胶为外掺材料制作的改性沥青。

048 沥青玛琋脂 asphalt mastic
一种以细粉或细纤维为填料的热熔型沥青胶粘剂。

049 组分分析法 component analysis
用选择性溶剂及吸附法对沥青的化学成分分类分析的方法，又称组成分析法。

050 沥青质 asphaltene
沥青中分子量最大，能溶于苯、二硫化碳，不熔于低沸点烷烃（如正庚烷）的组分。

051 树脂质 resin of asphalt
沥青中能熔于低沸点烷烃，吸附于活性氧化铝上，可为苯-乙醇解吸附的组分。又称胶质。

052 芳香分 aromatics of asphalt
沥青中可溶于低沸点烷烃，吸附于活性氧化铝上，可为甲苯解吸附的含大量芳香烃的组分。

053 饱和分 saturants of asphalt
沥青中溶于低沸点烷烃，吸附于活性氧化铝上，又为低沸点烷烃解吸附，含大量直链烷烃的组分。

二、建筑防水材料及橡胶和塑料常用术语

054 可溶质　maltene; petrolene
沥青中溶于低沸点烷烃的组分。又称软沥青质。

055 沥青酸　asphaltic acids
沥青中游离的有机酸。

056 沥青酸酐　asphaltic anhydrides
沥青中固有的游离酸酐。

057 似碳质　carboids
沥青或焦油中不溶于溶剂的组分。其中大部分为碳。

058 恩氏粘度　Engler viscosity
一定体积的液体在某温度下从规定直径的孔中流出的时间，与 20 ℃时同体积的水流出的时间之比。

059 沥青标准粘度计　bituminous viscometer
计量某温度下一定体积的沥青从规定直径的孔中流过的时间，以此方式测沥青粘度的仪器。

060 闪点　flash point
液面气体与空气混合物在规定火焰掠过时瞬闪蓝光但不燃的最低温度。以开口杯法测定。

061 燃点　fire point
按闪点试验法，液面气体与空气混合物与火焰接触后可以稳定燃烧 5 秒钟的最低温度。

062 弗拉斯脆点　Fraas bursting point
以弗拉斯脆点仪器测定的沥青由粘弹性体转变为脆性体的温度点。

063 软化点　softening point
温度升高时，固态或半固态沥青变为粘流态的温度。可用环球法测定。

064 针入度　penetration
在规定条件下，用标准针垂直刺入沥青的深度。以 1/10 mm 表示。

065 针入度指数　penetration index (PI)
衡量沥青感温性的指标。以针入度及软化点组成的函数表示。

066 硬化点　hardening point
沥青针入度 1～2 时的温度。

067 软化区间　softening range
沥青的软化点与硬化点之间的温度区间。

068 延度　ductility
沥青在一定试验条件下可被拉伸的最大长度，以 cm 表示。

069 酸值　acid content
中和单位重量沥青中的沥青酸及沥青酸酐所用氢氧化钾的量，以 mg(KOH)/g 表示。

070 液化点　liquidizing point
沥青由半固态转化为液体，从液化点仪测出的温度。

071 加热损失　heating loss
以测定沥青加热后重量损失率表示的老化指标。

072 氙灯老化　Xenon lamp aging
沥青在氙灯老化仪中按要求周期进行的人工加速老化。

073 紫外线老化　ultraviolet ray aging
沥青在紫外线老化仪中按要求周期进行的人工加速老化。

074 薄膜烘箱　thin film oven (TFO)
检测沥青加热损失和热老化的仪器。

075 热老化试验　heating aging test
在规定条件下比较加热前和加热后沥青主要性能指标变化的老化试验法。

076 蜡组分　wax composition
沥青或渣油在冷冻时可结晶析出的、熔点在 25 ℃以上的烃类。

077 沥青溶解度　solubility of asphalt
沥青在指定有机溶剂内完全溶解的部分与其初始质量之比的百分数。

078 断裂延伸率　elongation at break
防水材料受拉伸至断裂时伸长增量与原长之比的百分数。

079 疲劳试验　fatigue test
防水材料在外力作用下反复变形至破坏的试验。

080 改性沥青相溶性　compatibility of modified asphalt
沥青与改性材料的共混体在易施工粘度的温度下可以稳定存在的性能。

081 等粘温度　equal viscosity temperature (E. V. T)
热熔沥青材料具有最佳涂布、施工粘度状态时的温度区间。

082 使用寿命　service life
无机械外力条件下防水材料保持其使用功能的期限。

083 粘度　viscosity
流体流动时内摩擦力的量度，粘度值随温度的升高而降低。

084 牛顿流体　Newtonian fluid
粘度与剪切速率无关的流体。

085 表观粘度　apparent viscosity
表示非牛顿流体流动时内摩擦特征的术语。

086 动力粘度　dynamic viscosity
表示液体在一定剪切应力下流动时内摩擦力的量度，其值为所加于流动液体的剪切应力和剪切速率之比，在国际单位制（SI）中以 Pa·s 表示。

087 运动粘度　kinematic viscosity
表示液体在重力作用下流动对内摩擦力的量度，其值为相同温度下液体的动力粘度与其密度之比，在国际单位制中以 m^2/s 表示。

088 四组分法　four groups analysis (SARA)
渣油或沥青，在规定条件下测得的饱和分、芳香分、胶质和沥青质四种组分的含量，以质量百分数表示。

089 胶质（极性芳香分）　resins, polar aromatics
可溶质在规定条件下，用液固色谱分离出饱和分、芳香分后，再用甲苯-乙醇冲洗所得的组分。

090 蜡含量 wax content
在规定条件下，沥青试样经裂解蒸馏所得馏出油脱出的蜡量，以质量百分数表示。

091 沥青混凝土 asphalt concrete
用沥青作粘结材料，与矿质集料和矿粉按一定比例经加热、拌和、压实而成。主要用于修筑路面。

092 沥青结合料 Asphalt binder
在沥青混合料中，把集料粘合在一起的胶结料，包括各类沥青和改性沥青。

093 改性沥青混合料 modified asphalt mixture
由改性沥青（或由改性剂、基质沥青）与矿料按一定比例拌和而成的混合料的总称。

094 沥青混合料 Bituminous mixtures
由矿料与沥青结合料拌和而成的混合料的总称。按材料组成及结构分为连续级配、间断级配混合料。按矿料级配组成及空隙率大小分为密级配、半开级配、开级配混合料。按公称最大粒径的大小可分为特粗式（公称最大粒径等于或大于 31.5 mm）、粗粒式（公称最大粒径 26.5 mm）、中粒式（公称最大粒径 16 mm 或 19 mm）、细粒式（公称最大粒径 9.5 mm 或 13.2 mm）、砂粒式（公称最大粒径小于 9.5 mm）沥青混合料。按制造工艺分为热拌沥青混合料、冷拌沥青混合料、再生沥青混合料等。

095 密级配沥青混合料 Dense-graded bituminous mixtures
按密实级配原理设计组成的各种粒径颗粒的矿料与沥青结合料拌和而成，设计空隙率较小（对不同交通及气候情况、层位可作适当调整）的密实式沥青混凝土混合料（以 AC 表示）和密实式沥青稳定碎石混合料（以 ATB 表示）。按关键性筛孔通过率的不同又可分为细型、粗型密级配沥青混合料等。粗集料嵌挤作用较好的也称嵌挤密实型沥青混合料。

096 开级配沥青混合料 Open-graded bituminous paving mixtures
矿料级配主要由粗集料嵌挤组成，细集料及填料较少，设计空隙率为 18% 的混合料。

097 半开级配沥青碎石混合料 Half(semi)-open-graded bituminous paving mixtures
由适当比例的粗集料、细集料及少量填料（或不加填料）与沥青结合料拌和而成，经马歇尔标准击实成型试件的剩余空隙率在 6%～12% 的半开式沥青碎石混合料（以 AM 表示）。

098 间断级配沥青混合料 Gap-graded bituminous paving mixtures
矿料级配组成中缺少 1 个或几个粒径档次（或用量很少）而形成的沥青混合料。

099 沥青稳定碎石混合料（简称沥青碎石） Bituminous stabilization aggregate paving mixtures
由矿料和沥青组成具有一定级配要求的混合料，按空隙率、集料最大粒径、添加矿粉数量的多少，分为密级配沥青碎石（ATB）、开级配沥青碎石（OGFC 表面层及 AT-PB 基层）、半开级配沥青碎石（AM）。

100 沥青玛蹄脂碎石混合料 Stone mastic asphalt
由沥青结合料与少量的纤维稳定剂、细集料以及较多量的填料（矿粉）组成的沥青玛蹄脂填充于间断级配的粗集料骨架的间隙，组成一体的沥青混合料，简称 SMA。

(二) 防水卷材 (GB/T 18378)

001 防水卷材 waterproof sheet; roll
可卷曲成卷状的柔性防水材料。

002 沥青防水卷材；油毡 bituminous membrane; felt
以沥青为主要浸涂材料所制成的卷材。分有胎卷材和无胎卷材大两类。

003 胎基材料；增强材料 base materials; reinforcement materials
用于沥青防水卷材中间部位，作为增强层的材料。

004 有胎沥青防水卷材 reinforced asphalt membrane
以原纸、纤维毡、纤维布、金属箔、塑料膜等材料中的一种或数种复合为胎基，浸涂沥青、改性沥青或改性焦油，并用隔离材料覆盖其表面所制成的防水卷材。即含有增强材料的油毡。

005 无胎沥青防水卷材 non-reinforced asphalt membrane
以橡胶或树脂、沥青、各种配合剂和填料为原料，经热熔混合后成型而制成的防水卷材。即不含有增强材料的油毡。

006 石油沥青纸胎油毡 paper base asphalt felt
用低软化点石油沥青浸渍原纸，然后用高软化点石油沥青涂盖油纸两面，再涂刷或撒布隔离材料所制成的纸胎沥青防水卷材。

007 煤沥青油毡 coal pitch felt
用低软化点煤沥青浸渍原纸，然后用高软化点煤沥青涂盖油纸两面，再涂刷或撒布隔离材料所制成的一种纸胎沥青防水卷材。

008 改性沥青防水卷材 modified asphalt membrane
用改性沥青作浸涂材料制成的沥青防水卷材。

009 塑性体改性沥青防水卷材；APP 改性沥青防水卷材 atactic polypropylene (APP) modified asphalt membrane; atactic polypropylene (APP) modified asphalt membrane
用无规聚丙烯、无规聚烯烃（APP、APAO）类改性沥青作浸涂材料制成的沥青防水卷材。

010 弹性体改性沥青防水卷材；SBS 改性沥青防水卷材 styrene butadiene styrene (SBS) modified asphalt membrane; styrene butadiene styrene (SBS) modified asphalt membrane
用热塑性弹性体（SBS）改性沥青作浸涂材料制成的沥青防水卷材。

011 聚酯纤维防水卷材 polyester fiber asphalt membrane
采用聚酯纤维毡为胎基制成的沥青防水卷材。

012 玻璃纤维防水卷材 glass fiber asphalt membrane
采用玻璃纤维毡为胎基制成的沥青防水卷材。

013 石棉纸油毡 asbestos fiber asphalt felt
采用石棉纸为胎基所制成的沥青防水卷材。

014 麻布油毡 jute fiber asphalt felt
采用黄麻布为胎基所制成的沥青防水卷材。

015 矿棉纸油毡　mineral wool paper asphalt felt
采用矿棉纸为胎基所制成的沥青防水卷材。

016 金属箔防水卷材　metal foil surfaced asphalt membrane
表面贴有金属箔的、或以金属箔为胎基所制成的沥青防水卷材。

017 砂面防水卷材　sand surfaced asphalt membrane
以砂为隔离材料的沥青防水卷材。

018 片毡　flake surfaced asphalt felt
以片状矿物材料为隔离材料的沥青防水卷材。

019 粉毡　powder surfaced asphalt felt
以粉状矿质材料为隔离材料的沥青防水卷材。

020 带楞油毡　corrugated asphalt felt
毡面做成带楞形状的沥青防水卷材。

021 带孔油毡　perforated asphalt felt
毡面按照规定的孔径和孔距打孔的沥青防水卷材。此类油毡用于点粘法施工的中间层。

022 画线油毡　line marked asphalt felt
毡面按规定的距离画有线条的沥青防水卷材。

023 自粘结防水卷材　self-adhesive asphalt membrane
具有压敏粘结性能的改性沥青防水卷材。

024 阻燃防水卷材　fire-retardant asphalt membrane
不着火或延迟着火的防水卷材。

025 复合油毡　composite malthoid
由二种或二种以上不同种类的油毡叠合成的防水卷材层。

026 热熔防水卷材　torch-applied asphalt membrane
总厚度不小于 4 mm，用热熔法施工的沥青防水卷材。

027 单层屋面防水卷材　single ply roofing asphalt membrane
用在屋面上，作为单层防水层的沥青防水卷材。

028 叠层屋面防水卷材　build up roofing asphalt membrane
用在屋面上，以组成多层防水层的沥青防水卷材。

029 沥青瓦　bituminous tile
以沥青为粘结料和涂盖料，以纤维类材料为增强层制作的、用于屋面防水的片材。

030 沥青油毡瓦　asphalt roofing shingle
将玻纤胎基单面撒布矿物粒料的厚质防水卷材按标准切成片状，应用于斜屋面防水的片材。

031 油毡原纸　paper felt base
以有机纤维为原材料制成的、符合相应标准的油毡胎基用纸。

032 石棉纸　asbestos felt base
将长度为 4～6 mm 的石棉纤维 70% 以上，棉纤维 30% 以下抄取制成的油毡胎基用纸。

033 玻璃纤维薄毡　glass fiber felt base

将玻璃纤维铺压、并用胶粘剂粘结而制成的、做油毡胎基用的一种无纺织物。

034 合成纤维胎基 synthetic fiber base
以合成纤维为原材料制成的作油毡胎基用的布或毡。

035 无机纤维胎基 mineral fiber base
以无机纤维为原材料制成的作油毡胎基用的布或毡。

036 玻纤网格复合胎基 felt base with glass fiber net reinforcement
以玻纤网格布对拉力达不到要求的胎基进行增强而组成的一种复合胎基材料。

037 石油沥青油纸 asphalt saturated felt
采用低软化点石油沥青浸渍原纸所制成的一种无涂盖层的纸胎防潮材料。

038 浸渍材料 impregnating
油毡生产过程中浸胎基用的沥青或改性沥青的总称。

039 涂盖材料 coating
油毡生产过程中涂盖工序用的、加入填充料的沥青或改性沥青的总称。

040 覆面材料 surfacing
防止油毡在贮运过程中,相互粘结而覆盖在油毡表面的材料,又称隔离材料。

041 隔离纸 release paper
为防止自粘结油毡在成卷和贮运时相互粘结而在表面贴的、有隔离作用的纸或薄膜。

042 高分子防水卷材 high polymer waterproof sheet
以合成橡胶、合成树脂或两者共混为基料,加入适量助剂和填料,经混炼压延或挤出等工序加工而成的防水卷材,可制成加筋或不加筋的。

043 塑料防水卷材 plastic waterproof sheet
以合成树脂为基料,加入增塑剂、稳定剂、填料等添加剂,用压延或挤出成型方法加工而成的防水卷材。

044 橡胶防水卷材 rubber waterproof sheet
以橡胶或热塑性弹性体为基料,加入增塑剂、防老剂、硫化剂、填料等添加剂,用压延成型方法加工而成的防水卷材。

045 橡塑防水卷材 rubber plastic waterproof sheet
以橡胶、合成树脂为基料,加入填料、增塑剂、硫化剂、防老剂、稳定剂等添加剂,用压延或挤出成型方法加工而成的防水卷材。

046 撕裂强度 tear strength
在一定温度下,侧面有直角形切口的、规定尺寸的防水卷材试件被拉断所需的力。

047 拉力 tensile strength
在一定温度下,规定尺寸的防水卷材试件被拉断所需的力。

048 低温柔度 low temperature flexibility
防水卷材或片状沥青试样在指定低温条件下经受弯曲时的柔韧性能。以℃表示。

049 耐热度 heat resistance
在规定的时间内防水卷材经受持续规定高温不发生变化的能力。以℃表示。

050 吸水性 water absorption
油毡的吸水能力。以在规定的试验条件下防水材料浸泡在水中时吸水重量的百分率表示。

051 可溶物含量；浸涂材料含量　dissoluble composite of membrane; impregnated and coated asphalt amount
单位面积沥青防水卷材中可被四氯化碳等溶剂溶出的材料的重量。以 g/m^2 表示。

052 不透水性　water impermeability
防水材料在一定动水压下抵抗水渗透的能力。以试验时的水压和持续时间表示。

053 防水层　waterproof layer
具有防水功能的材料层。

054 屋面材料　roofing materials
屋顶上表面的非结构材料。

055 冷底子油　cold primer oil
涂刷于屋面找平层上，以改善该层与卷材粘结性的溶剂型沥青涂料。

056 冷胶粘剂　cold adhesives
常温下涂刷施工的、具有粘结功能的材料。

057 热熔胶粘剂　heat-melting adhesives
需加热熔化施工的、冷却后仍具有粘结功能的材料。

058 倒置式屋面　surface insulating roof
保温材料铺盖在防水层之上的屋面。

059 剥离区　peel off area
屋面接缝处，柔性防水层应变量最大，最易剥离和断裂的区域。

060 满粘法　complete adhesion method
卷材与基层的全部面积粘结的施工法。

061 条粘法　stripy adhesion method
卷材与基层仅做条带状粘结的施工法。

062 点粘法　point adhesion method
卷材与基层做有规律点状粘结的施工法。

063 空铺法　periphery adhesion method
卷材与基层仅在四周边缘处粘结的施工法。

064 热熔法　torch applied method
将防水卷材底层加热熔化后与基层或卷材之间粘结的施工方法。

065 冷粘法　cold adhesion method
以冷胶粘剂将卷材粘于基层上的施工方法。

066 热粘法　hot adhesion method
以热熔胶粘剂将卷材与基层相粘的施工方法。

067 热风焊接法　hot blast weld method
用热空气焊枪进行防水卷材粘合搭接的方法。

068 自粘法　self-adhesion method
将具有压敏粘结功能的卷材直接压粘到基层上的施工方法。

069 油毡长边　long edge of felt

与油毡卷取方向平行的油毡边缘，即纵边。

070 油毡短边 short edge of felt
与油毡卷取方向垂直的油毡边缘，即横边。

071 直接混溶法 direct blending method
用加热和高剪切力搅拌的方法将改性材料与沥青混合的改性沥青加工工艺。

072 溶剂混溶法 solvent mixing method
用溶剂将改性材料溶化或溶胀后与沥青混合的改性沥青加工工艺。

073 改性沥青研磨机 modified asphalt mill
利用静磨头与动磨头之间的高剪切力，以直接混溶法将改性材料均匀分散在沥青中的密闭型混合设备，又称胶体磨。

074 防水层合理使用年限 life of waterproof layer
屋面防水层能满足正常使用要求的年限。

075 一道防水设防 a separate waterproof barroer
具有单独防水能力的一道防水层。

076 分格缝 dividing joint
在屋面找平层、刚性防水层、刚性保护层上预先留设的缝。

077 架空屋面 elevated overhead roof
在屋面防水层上采用薄型制品架设一定高度的空间，起到隔热作用的屋面。

078 蓄水屋面 impounded roof
在屋面防水层上蓄一定高度的水，起到隔热作用的屋面。

079 种植屋面 plantied roof
在屋面防水层上铺以种植介质，并种植植物的屋面。

080 土工布 geotextile
用于岩土工程和土木工程的、可渗透的聚合物材料。它可以是机织的、针织的或非织造的。

081 机织土工布 woven geotextile; geowoven
由两组或两组以上纱线、条带或其他成分，通常垂直相交织成的土工布。

082 针织土工布 knitted geotextile; geoknitted
由一根或多根纱线或其他成分弯曲成圈，并相互穿套形成的土工布。

083 非织造土工布 nonwoven geotextile; geononwoven
由定向的或随机取向的纤维通过摩擦和（或）抱合和（或）粘合形成的薄片状、纤网状或絮垫状土工布。

084 土工布有关产品 geotextile-related product
用于岩土工程和土木工程的、可渗透的聚合物工程材料。它可以是片状或条状的。

085 土工格栅 geogrid
用于岩土工程和土木工程的平面结构聚合物，它由呈整体规则网格状的抗拉材料构成。

086 土工网 geonet
用于岩土工程和土木工程的平面结构聚合物，其网孔比实体大得多，且网目由结扣连接。

087　土工复合物　geocomposite
用于岩土工程和土木工程的组合材料，其中至少包括一种土工布或土工布有关产品。

088　抗拉强度　tensile strength
单位宽度的土工合成材料试样在外力作用下拉伸时所能承受的最大拉力。

089　延伸率　extensity
对应于最大拉力时的应变量。

090　握持强度　grab tensile strength
土工合成材料试样在握持拉伸过程中所能承受的最大拉力。

091　握持延伸率　grab extensity
对应于握持强度时的应变量。

092　撕裂强度　tearing strength
土工合成材料试样在撕裂过程中抵抗扩大破损裂口的最大拉力。

093　圆球顶破强度　ball burst strength
以规定直径圆球顶杆匀速垂直顶压于土工合成材料平面时，土工合成材料所能承受的最大顶压力。

094　CBR顶破强度　CBR burst strength
以CBR仪的圆柱形顶杆匀速垂直顶压于土工合成材料平面时，土工合成材料所能承受的最大顶压。

095　刺破强度　puncturing strength
一刚性顶杆以规定速率垂直顶向土工合成材料平面将试样刺破时的最大力。

096　穿透孔径　amount of cone penetration
规定尺寸的落锥在土工合成材料上方500 mm高度处自由落下时，穿透土工合成材料的孔洞直径。

097　平均线收缩系数　average coeffient of contraction
规定尺寸的土工合成材料试样在规定温度区内，以规定速率降温时，每降低1℃的收缩变形与试样原长度的比值。

098　似摩擦系数　apparent cofficient of friction
在土工合成材料与土的接触界面上有法向力作用时，界面上的摩擦剪切强度与法向力的比值即为似摩擦系数。

099　等效孔径 O_{95}　equivalent opening size
等效孔径用来表示土工合成材料孔隙的大小，等效孔径 O_{95} 表示土工合成材料中有95%的孔径低于该值。

100　当量孔径 D_e　equivalent diameter
当量孔径用来表示土工网材孔径的大小，当量孔径是指将某种形状的土工网材孔径换算为等面积圆的直径。

101　垂直渗透系数　permeability (transverse)
与土工织物平面垂直方向的渗流的水力梯度等于1时的渗透流速。

102　水平渗透系数　permeability (longitudinal or in plane)
在土工织物内部沿平面方向的渗流的水力梯度等于1时的渗透流速。

103 透水率　permittivity
水位差等于1时垂直于土工织物平面方向的渗透流速。

104 导水率　transmissivity
水力梯度等于1时沿土工织物平面单位宽度内输导的水流量。

105 梯度比　gradient ratio
土工织物试样及其上方25 mm土样的水力梯度i_1与织物上方从25 mm至75 mm之间土样的水力梯度i_2的比值。

（三）密封材料（GB/T 14682）

001 密封材料　sealing material
能承受接缝位移以达到气密、水密目的而嵌入建筑接缝中的定形和非定形的材料。

002 定形密封材料　preformed sealing material
具有一定形状和尺寸的密封材料。

003 非定形密封材料（密封膏）　sealant
又称密封胶、剂，是溶剂型、乳液型、化学反应型等粘稠状的密封材料。

004 弹性密封材料　elastic sealant
嵌入接缝后，呈现明显弹性，当接缝位移时，在密封材料中引起的残余应力几乎与应变量成正比的密封材料。

005 塑性密封材料　plastic sealant
嵌入接缝后，呈现明显塑性，当接缝位移时，在密封材料中引起的残余应力迅速消失的密封材料。

006 单组分密封材料　one component sealant
施工时不需要与其他组分相混合而直接使用的密封材料。

007 多组分密封材料　multi-component sealant
施工时，需将两种或两种以上组分在现场混合均匀才能使用的密封材料。

008 溶剂型密封材料　solvent sealant
通过溶剂挥发而固化的密封材料。

009 乳液型密封材料　latex sealant
以水为分散介质，通过水蒸发而固化的密封材料。

010 化学反应型密封材料　chemically curing sealant
通过化学反应而固化的密封材料。

011 自流平型密封材料　self-leveling sealant
填嵌水平面接缝时，表面可自然流平的密封材料。

012 非下垂型密封材料　non-sag sealant
填嵌垂直面接缝时，不产生下垂、塌落，能保持一定形状的密封材料。

013 结构型密封材料　structural sealant
在受力（包括静态或动态负荷）构件接缝中起结构粘结作用的密封材料。

014 非结构型密封材料　non-stractural sealing material
在非受力构件接缝中不起结构粘结作用的密封材料。

015　硅酮密封膏　silicone sealant
以聚硅氧烷为主要成分的非定形密封材料。

016　聚硫密封膏　polysulphide sealant
以液态聚硫橡胶为主要成分的非定形密封材料。

017　聚氨酯密封膏　polyurethane sealant
以聚氨基甲酸酯为主要成分的非定形密封材料。

018　丙烯酸酯密封膏　acrylic sealant
以丙烯酸酯类聚合物为主要成分的非定形密封材料。

019　丁基橡胶密封膏　butyl rubber sealant
以丁基橡胶为主要成分的非定形密封材料。

020　氯丁橡胶密封膏　chloroprene rubber sealant
以氯丁橡胶为主要成分的非定形密封材料。

021　丁苯橡胶密封膏　butadiene styrene rubber sealant
以丁苯橡胶为主要成分的非定形密封材料。

022　氯磺化聚乙烯密封膏　hypalon sealant
以氯磺化聚乙烯为主要成分的非定形密封材料。

023　聚氯乙烯接缝材料　polyvinyl chloride sealant
以聚氯乙烯为基料,加入改性材料和其他助剂配制而成的密封材料。

024　沥青类嵌缝膏　asphalt caulk
以石油沥青为基料,加入改性材料、稀释剂、填料等配制而成的黑色膏状嵌缝材料。

025　蓖麻油油膏　castor oil caulk
蓖麻油在催化剂作用下加热聚合,并加入适量稳定剂和填料配制而成的棕黄色膏状嵌缝材料。

026　油灰　putty
又称玻璃腻子。以少量的粘结剂（桐油等）和大量体质填料经充分混合而成的粘稠材料。用于钢、木门窗的玻璃镶嵌。

027　止水带　water tape
以橡胶或塑料制成的定形密封材料。用于地下工程变形缝的密封防水。

028　建筑密封垫　building gasket
又称密封条、带。是以塑料或橡胶制成的,具有异形断面的条、带状弹性密封材料。用于密封建筑构件接缝或镶嵌玻璃等。

029　实心密封垫　solid gasket
具有密实断面的密封垫。

030　空心密封垫　hollow gasket
具有中空断面的密封垫。

031　锁条式密封垫　lock-strip gasket
一种将锁条嵌入密封垫的锁槽内而产生压紧密封效果的密封垫。常用于大型玻璃幕墙的玻璃镶装。

032　H形锁条式密封垫　H lock-strip gasket

断面呈 H 形的锁条式密封垫。密封垫有两个凹槽，用于将玻璃镶嵌在带凸缘的构件上。

033 键型锁条式密封垫　reglet lock-strip gasket
又名平嵌型锁条式密封垫。密封垫有凸键和凹槽，用于将玻璃镶嵌在带凹槽的构件上。

034 泡沫密封垫　foam gasket
以合成橡胶或树脂为原料，经挤出发泡成型的弹性密封垫。

035 外观质量　appearance quality
用目测或简单工具能判别的产品外表特征和状态。

036 密度　density
单位体积材料的质量。

037 挤出性　extrudability
反映密封材料挤注的施工性能。以密封材料在单位时间内挤注的体积（容量）表示。

038 适用期　application life
单组分密封材料在容器打开之后或多组分密封材料混合之后，到稠度增加至不适宜施工和修整的时间。

039 施工度　workability consistency
嵌缝材料施工的难易程度。以金属落锥沉入量（1/10 mm）表示。

040 表干时间　tack-free time
密封材料表面失去粘性的时间。

041 挥发性　volatility
密封材料受热挥发的重量损失程度。

042 渗出性　bleeding
密封材料与规定物质接触后，保持材料组分不渗出的能力。

043 渗出指数　bleeding index
经渗出性测定后，渗出幅度与渗出滤纸张数之和。

044 低温贮存稳定性　storage stability at low temperature
乳液类密封材料在低温下存放不产生沉淀、结块、凝聚的性能。

045 初期耐水性　initial water-resistance
乳液类密封材料表干后耐水浸泡的性能。

046 下垂度　slump
密封材料在一定温度下的流动程度。

047 低温柔性　low-temperature flexibility
密封材料在低温条件下的柔韧性能。

048 拉伸粘结性　tensile properties
反映密封材料在给定基材上的粘结性能。以拉伸强度（MPa）和断裂伸长率（%）表示。

049 拉伸强度　tensile strength
密封材料在拉伸至断裂过程中承受的最大应力。

050 断裂伸长率　elongation at break

密封材料在拉断时的伸长率。其值用伸长增量与原长之比的百分数表示。

051　定伸粘结性　tensile properties at maintained extension
　　密封材料在给定拉伸伸长率的情况下，与基材的粘结性能。

052　剥离粘结性　peel properties
　　反映密封材料在剥离条件下，与给定基材的粘结性能。以最大剥离强度（N/mm）和破坏状况表示。

053　恢复率　elastic recovery
　　密封材料在释去所施加引起变形的外力后，恢复原来形状和尺寸的能力。

054　拉伸-压缩循环性　extension-compresion cycle
　　反映密封材料在使用过程中，因温度变化引起接缝位移而经受周期性拉压循环后，保持密封的能力。测定时，将经水—热—低温处理后的试件反复拉压至规定次数，以试件的破坏状况表示。并以处理温度和拉压位移量划分耐久性等级。

055　硬度　hardness
　　弹性密封材料抵抗外力压入的能力。

056　污染性　staining
　　密封材料与水泥等碱性物质反应而变色，使基材污染的现象。

057　体积收缩率　shrinkage of volume
　　密封材料因物理或化学变化产生的体积缩小程度。

058　使用寿命　service life
　　密封材料发挥其有效功能的期限。

059　贮存期　storage life
　　密封材料贮存于规定条件下保持其有效性能的期限。

060　耐候性　weather resistance
　　密封材料抵抗日光、温度、风雨等气候条件的能力。

061　油灰附着力　putty adhesive force
　　油灰与玻璃、窗框的初始粘结强度。

062　油灰结膜时间　putty film-forming time
　　油灰在紫外线照射下，表面固化的时间。

063　油灰龟裂试验　putty map cracking test
　　测定油分迁移时，油灰收缩开裂程度的试验。

064　油灰操作性　putty finishability
　　用刮刀施工时，油灰表面修平操作的难易程度。

065　压缩永久变形　compression set
　　橡胶密封垫在压缩方向产生的不可复原的变形程度。

066　压缩强度　compression strength
　　泡沫密封垫压缩变形至规定值时所承受的压缩应力值。

067　压缩力　compression force
　　泡沫密封垫在标准接缝中所承受的压缩力以及接缝位移时压缩力的变化值。

068　固化　cure

密封材料从液态或粘稠态转变成弹性体或弹塑体状态的不可逆过程。

069　硫化　vulcanization
　　橡胶类密封材料通过化学结构的改变，使其具有弹性的过程。

070　硬化　hardening
　　密封材料通过物理化学过程而变硬的现象。

071　干燥　dry
　　通过蒸发、吸收使分散介质减少，以改变密封材料物理状态的过程。

072　试样　sample
　　从一定批量产品中抽取出来并代表该产品批的某一部分或个体的定量样品，用于制备试件。

073　试件　test piece
　　由试样按一定形状和尺寸制备而成，用于性能测定。

074　基材　substrate
　　表面填嵌密封材料的基层材料。

075　粘结破坏　adhesion failure
　　密封材料与粘结基材界面发生的破裂现象。

076　内聚性　cohesion
　　密封材料承受拉力产生应变时，其内部分子之间保持集聚状态的性能。

077　内聚破坏　cohesion failure
　　密封材料内部发生的破裂。

078　相容性　compatibility
　　密封材料与基材的接触面互相不产生有害的物理化学反应的性能。

079　触变性　thixotropy
　　密封材料在外力作用下，流动性暂时增加，除去外力后，具有缓慢可逆的性能。

080　固含量　solid content
　　密封材料中非挥发性物质的质量百分数。

081　表面处理　surface treatment
　　对基材表面进行的化学或物理处理，使密封材料牢固地粘接于基材表面。

082　裂纹　craze
　　密封材料浅层的细微缝隙。

083　龟裂　map cracking
　　密封材料表面产生的网状裂纹。

084　裂缝　crack
　　由密封材料表面深入内部的缝隙。

085　结皮　skin
　　密封材料表面形成的硬化层。

086　析出　segregation
　　密封材料内部某些部分的分离析出现象。

　　　　　　 seal

将密封材料嵌入由相同或不同材料组成的构件、装置之间的接缝，以阻止水或空气通过。

088 底涂料 primer
在填嵌密封材料之前涂敷于基材表面、以改进密封材料与基材粘结性能的涂料。

089 底涂料的晾置时间 open time of the primer
指底涂料涂敷后到能够填嵌密封材料时，暴露在空气中的时间。

090 隔离材料 bond breaker
防止建筑结构中在指定接触面上粘结的材料。一般放在接缝的底部，密封材料只与侧面基材形成二面粘结。

091 背衬材料 back-up material
用于限制密封材料密封深度和确定密封材料背面形状的材料。在某些情况下也可作为隔离材料。

092 防污带（条） masking tape
防止接缝边缘被密封材料污染、保证接缝规整而粘贴的压敏胶带。

093 锁条 lock-strip
嵌入锁条式密封垫的锁槽内，起锁紧作用的橡胶条。

094 定位块 setting block
又称玻璃垫。使用锁条式密封垫镶嵌玻璃时，放在密封垫的玻璃承插槽内支撑玻璃的块状弹性材料。

095 隔片 spacer
镶嵌玻璃时，使玻璃与支撑框之间保持一定间隙的弹性片材。

096 修整 tooling
密封材料嵌入建筑接缝后，进行强制压实和改善外观的操作过程。

097 修整时间 tooling time
密封材料填嵌后，表面可以进行修整操作的时间。

098 接缝位移 joint movemet
在建筑结构中，因温度、外力引起的接缝间隙的变化。

099 位移能力 movement capability
接缝发生位移时，密封材料保持有效密封的能力。

100 密封深度 depth of the sealant
密封材料表面与背衬材料之间的最小距离。

101 接缝 joint
在建筑结构中，两个或更多相邻表面之间预留或装配形成的间隙。

102 沉降缝 settlement joint
避免因不同层高建筑物不均匀沉陷产生裂缝而设计的接缝。

103 伸缩缝 expansion joint
避免因建筑物受温度影响产生裂缝而设计的竖向接缝。

104 施工缝 construction joint
装配式墙板与四周相邻墙板之间的接缝或现浇混凝土施工中因间断作业而预留的接缝。

105 遇水膨胀止水条　water swelling strip
具有遇水膨胀性能的遇水膨胀腻子条和遇水膨胀橡胶条的统称。

106 加强带　strengthening band
在原留设伸缩缝或后浇带的部位，留出一定宽度，采用膨胀率大的混凝土与相邻混凝土同时浇筑的部位。

107 诱导缝　inducing joint
通过适当减少钢筋对混凝土的约束等方法在混凝土结构中设置的易开裂的部位。

108 预注浆　pre-grouting
工程开挖前使浆液预先充填围岩裂隙，达到堵塞水流、加固围岩目的所进行的注浆。可分为工作面预注浆，即超前预注浆；地面预注浆，包括竖井地面预注浆和平巷地面预注浆。

109 高压喷射注浆法　high-pressurized jet grouting
将带有特殊喷嘴的注浆管置入土层的预定深度后，以 20MPa 以上的高压喷射流，使浆液与土搅拌混合，硬化后在土中形成防渗帷幕的一种注浆方法。

110 衬砌前围岩注浆　surrounding ground grouting before lining
工程开挖后，在衬砌前对毛洞的围岩加固和止水所进行的注浆。

111 回填注浆　back-fill grouting
在工程衬砌完成后，为充填衬砌和围岩间空隙所进行的注浆。

112 衬砌后围岩注浆　surrounding ground grouting after lining
在回填注浆后需要增强防水能力时，对围岩进行的注浆。

113 凝胶时间　gel time
浆液自配制时起至不流动时止这段时间。

114 衬砌内注浆　lining grouting
由于衬砌缺陷引起渗漏水时，在衬砌内进行的注浆。

115 复合管片　composite segment
钢板与混凝土复合制成的管片。

116 密封垫沟槽　gasket groove
为使密封垫正确就位、牢固固定、并使垫片被压缩的体积得以储存，而在管片混凝土环、纵面预设的沟槽。

117 密封垫　gasket
由工厂加工预制，在现场粘贴于管片密封垫沟槽内，用于管片接缝防水的垫片。分为以弹性压密止水的具有特殊形状断面的弹性橡胶密封垫和以遇水膨胀止水的遇水膨胀橡胶密封垫两类。

118 螺孔密封圈　bolt hole sealing washer
为防止管片螺栓孔渗漏水而设置的密封垫圈。通常将它套在螺杆上，利用螺母、垫片压密，从而堵塞混凝土孔壁与螺栓间的孔隙，满足防水要求。

（四）橡胶

001 总硫量　total sulphur
在硫化橡胶或橡胶配合剂中的全部硫磺含量。

密封材料从液态或粘稠态转变成弹性体或弹塑体状态的不可逆过程。

069 硫化 vulcanization
橡胶类密封材料通过化学结构的改变，使其具有弹性的过程。

070 硬化 hardening
密封材料通过物理化学过程而变硬的现象。

071 干燥 dry
通过蒸发、吸收使分散介质减少，以改变密封材料物理状态的过程。

072 试样 sample
从一定批量产品中抽取出来并代表该产品批的某一部分或个体的定量样品，用于制备试件。

073 试件 test piece
由试样按一定形状和尺寸制备而成，用于性能测定。

074 基材 substrate
表面填嵌密封材料的基层材料。

075 粘结破坏 adhesion failure
密封材料与粘结基材界面发生的破裂现象。

076 内聚性 cohesion
密封材料承受拉力产生应变时，其内部分子之间保持集聚状态的性能。

077 内聚破坏 cohesion failure
密封材料内部发生的破裂。

078 相容性 compatibility
密封材料与基材的接触面互相不产生有害的物理化学反应的性能。

079 触变性 thixotropy
密封材料在外力作用下，流动性暂时增加，除去外力后，具有缓慢可逆的性能。

080 固含量 solid content
密封材料中非挥发性物质的质量百分数。

081 表面处理 surface treatment
对基材表面进行的化学或物理处理，使密封材料牢固地粘接于基材表面。

082 裂纹 craze
密封材料浅层的细微缝隙。

083 龟裂 map cracking
密封材料表面产生的网状裂纹。

084 裂缝 crack
由密封材料表面深入内部的缝隙。

085 结皮 skin
密封材料表面形成的硬化层。

086 离析 segregation
密封材料内部某些部分的分离析出现象。

087 密封 to seal

密封材料在拉断时的伸长率。其值用伸长增量与原长之比的百分数表示。

051 定伸粘结性 tensile properties at maintained extension
密封材料在给定拉伸伸长率的情况下，与基材的粘结性能。

052 剥离粘结性 peel properties
反映密封材料在剥离条件下，与给定基材的粘结性能。以最大剥离强度（N/mm）和破坏状况表示。

053 恢复率 elastic recovery
密封材料在释去所施加引起变形的外力后，恢复原来形状和尺寸的能力。

054 拉伸-压缩循环性 extension-compresion cycle
反映密封材料在使用过程中，因温度变化引起接缝位移而经受周期性拉压循环后，保持密封的能力。测定时，将经水—热—低温处理后的试件反复拉压至规定次数，以试件的破坏状况表示。并以处理温度和拉压位移量划分耐久性等级。

055 硬度 hardness
弹性密封材料抵抗外力压入的能力。

056 污染性 staining
密封材料与水泥等碱性物质反应而变色，使基材污染的现象。

057 体积收缩率 shrinkage of volume
密封材料因物理或化学变化产生的体积缩小程度。

058 使用寿命 service life
密封材料发挥其有效功能的期限。

059 贮存期 storage life
密封材料贮存于规定条件下保持其有效性能的期限。

060 耐候性 weather resistance
密封材料抵抗日光、温度、风雨等气候条件的能力。

061 油灰附着力 putty adhesive force
油灰与玻璃、窗框的初始粘结强度。

062 油灰结膜时间 putty film-forming time
油灰在紫外线照射下，表面固化的时间。

063 油灰龟裂试验 putty map cracking test
测定油分迁移时，油灰收缩开裂程度的试验。

064 油灰操作性 putty finishability
用刮刀施工时，油灰表面修平操作的难易程度。

065 压缩永久变形 compression set
橡胶密封垫在压缩方向产生的不可复原的变形程度。

066 压缩强度 compression strength
泡沫密封垫压缩变形至规定值时所承受的压缩应力值。

067 压缩力 compression force
泡沫密封垫在标准接缝中所承受的压缩力以及接缝位移时压缩力的变化值。

068 固化 cure

002 游离硫 free sulphur
在硫化橡胶中以无素形式存在的硫磺。

003 标记 bench marks
用于测定应变而按一定间距在试样上所做的记号。

004 标距 gauge length
标记间的距离。

005 环境调节 conditioning, environmental
在规定的环境条件（如温度、湿度等）及规定时间内，试样的存放过程。

006 机械调节 conditioning, mechanical
试验前试样形变的预定程序。

007 密度 density
一定温度下单位体积物质的质量。

008 松密度 density, bulk
含有开放式孔隙及闭合式孔隙的材料，在规定条件下所测量的单位体积的质量。

009 塑性 plastisity
形变应力去掉后，用残余变形所表征的生胶或混炼胶料的特性。

010 门尼粘度 Mooney viscosity
用门尼粘度计测得的生胶或混炼胶料的粘度。一般表示为：$ML_{t_1+t_2}^T$ $MS_{t_1+t_2}^T$。其中 M 表示门尼粘度；L 表示大转子；S 表示小转子；t_1 为预热时间，t_2 为试验时间，单位都是分（min）；T 为试验温度，单位℃。
例如：ML_{1+4}^{100} 就表示试验温度 100 ℃时，预热 1 min，试验 4 min 的门尼粘度。

011 门尼焦烧 Mooney scorch
用门尼粘度计测得的（用时间表示的）混炼胶料的初期硫化特性度量。

012 应力 stress
通过物体内某点的平面上所作用的内力或其分量的大小，单位是帕（Pa）。

013 应变 strain
由于力的作用而产生的材料的尺寸变化与原始尺寸之比。

014 抽出力 drawing force
按规定方法将与橡胶结合的线状材料拔出所需的力。

015 拉伸应力 tensile stress
试样在拉伸时产生的应力，其值为所施加的力与试样的原始横截面积之比。

016 拉伸强度 tensile strength
试样拉伸至断裂过程的最大拉伸应力。

017 定伸应力 tensile stress at a given elongation
拉伸试样时，其标距达到给定伸长时的拉伸应力。

018 撕裂强度 tear strength
在与试样主轴平行的方向上，拉伸试样直至开裂时的最大力。

019 伸长率 elongation, per cent
试样由于拉伸应力而引起形变，其值用伸长增量与原长之比的百分数表示。

020 扯断伸长率　elongation at break
试样在拉断时的伸长率。

021 定应力伸长率　elongation at a given tensile stress
试样在给定拉伸应力下的伸长率。

022 永久变形　set
在完全去掉引起试样形变的力后所剩余的变形。

023 拉伸永久变形　tensile set
拉伸试样并按规定的方法使其回缩后所剩余的变形。其值为试样标距的伸长增量与原标距之比的百分数。

024 扯断永久变形　set after break
试样拉伸至断裂后的永久变形。

025 压缩永久变形　compresion set
在完全去掉引起压缩形变的力后所剩余的变形。

026 硬度　hardness
硫化橡胶抗压入的性能。

027 橡胶国际硬度　international rubber hardness degrees (IRHD)
橡胶硬度的一种量度。在一定条件下，用特定的压入器首先用较小的初始压力，然后用较大的最终压力压入试样，在规定时间内测出这两个压力下的压入深度之差即可得到试样的国际硬度。国际硬度的 0 度表示材料的弹性模量为 0。
100 度表示材料的弹性模量无穷大。

028 邵尔 A 型硬度　Shore A hardness degrees
橡胶硬度的一种量度。在一定条件下，用特定的压入器压入试样的初始压入深度，即为试样的邵尔 A 型硬度。

029 抗冲击性　impact resistance
在冲击力的作用下，材料的抗断裂性能。

030 颈缩　necking
在拉伸应力的作用下，试样局部发生的横截面减小的现象。

031 磨耗　abrasion
由于摩擦力的作用，引起材料表面损失的现象。

032 磨耗量　abrasion loss
在规定的条件下，试样被磨损的体积。

033 耐磨指数　abrasion resistance index
在同一条件下，标准胶料的磨耗量与试验胶料的磨耗量之比，用百分数表示。

034 耐磨性　abrasion resistance
材料的耐磨损性能，用磨耗量或耐磨指数表示。

035 动态疲劳　dynamic fatigue
在周期性应力作用和周期性应变下，材料的力学性能永久性下降的现象。

036 疲劳寿命　(N)　fatigue life
在一定的静态和周期性动态负荷作用下，材料产生破坏或断裂所需的转动次数。

037 屈挠寿命 （N） flex life
在屈挠变形下，试样达到规定破坏程度所需要的转动次数。

038 屈挠龟裂 flex cracks
在屈挠变形下，试样表面产生裂口的现象。

039 伸张疲劳 tension fatigue
在反复拉伸变形下，试样产生裂口以至裂口扩展而断裂的现象。

040 压缩疲劳 compression fatigue
在反复压缩变形下，引起试样损坏的现象。

041 预应力 pre-stress
试验中试样所受到的恒定静态应力。

042 预应变 pre-strain
试验中试样上被预加的恒定静态应变。

043 周期性应力振幅 （σ_a 或 τ_a） cyclic stress amplitude
在预应变或预应力上叠加的周期性作用力幅值与试样原始尺寸之比。

044 周期性应变振幅 （ε_a 或 γ_a） cyclic strain amplitude
在预应变或预应力上叠加的周期性形变幅值与试样原始尺寸之比。

045 温升 temperature rise
试样温度的增高。

046 疲劳破坏 fatigue breakdown
在连续应力作用和一定温度下，试样的化学和（或）物理结构和组分的变化。

047 疲劳变形 fatigue deformability
与一定的疲劳寿命对应的周期性应变振幅。

048 疲劳应力 fatigue stress
与一定的疲劳寿命对应的周期性应力振幅。

049 极限疲劳变形 limiting fatigue deformability
当疲劳寿命曲线变得与 $\log N$ 轴基本平行时相应的周期性应变振幅。

050 极限疲劳应力 （σ_∞ 或 τ_∞） limiting fatigue stress
当疲劳寿命曲线变得与 $\log N$ 轴基本平行时相应的周期性应力振幅。

051 蠕变 creep
在恒定应力下，试样应变随时间而变化的现象。

052 应力松弛 stress relaxation
试样在保持恒定应变时，应力随时间衰减的现象。

053 压缩应力松弛 compression stress relaxation
在恒定的压缩应变下，试样上压缩作用力随时间不断减小的现象。该值表达为压缩作用力与初始作用力之比的百分数。

054 拉伸应力松弛 tension stress relaxation
在恒定的拉伸应变下，试样上拉伸作用力随时间不断减小的现象，该值表达为拉伸作用力与初始作用力之比的百分数。

055 滞后 hysteresis

粘弹材料在变形时应变落后于应力的现象。

056 滞后损失 hysteresis loss
由于滞后而产生的机械能损耗现象。

057 回弹性 resilience
形变试样在快速而充分地回复时，输出能与输入能的比值。

058 应力振幅 stress amplitude
从平均作用力测出的最大作用力与试样的原始尺寸之比（在时间坐标轴的一边，应力从零到峰值的量计为最大作用力）。

059 均方根应力 root-mean-square stress
在一个完整的变形周期内，平均应力的均方根值。

060 应变振幅 strain amplitude
从平均变形测出的最大变形与试样的原始尺寸之比（在时间坐标轴的一边，应变从零到峰值的量计为最大变形）。

061 均方根应变 root-mean-square strain
在一个完整的变形周期内，平均应变的均方根值。

062 复数剪切模量 (G^*) complex shear modulus
剪切应力与剪切应变的比值为复数的剪切模量。

063 复数杨氏模量 (E^*) complex Young's modulus
法向应力与法向应变的比值为复数的杨氏模量。

064 阻尼常数 (C) damping constant
超前变形相位 90°的作用力分量与变形速度之比。

065 弹性剪切模量 (G') elastic shear modulus
同相位的剪切应力分量与剪切应变之比。

066 弹性杨氏模量 (E') elastic Young's modulus
同相位的法向应力分量与法向应变之比。

067 损耗剪切模量 (G'') loss shear modulus
超前剪切应变相位 90°的剪切应力分量与剪切应变之比。

068 损耗杨氏模量 (E'') loss Young's modulus
超前法向应变相位 90°的法向应力分量与剪切应变之比。

069 弹簧常数 (K) spring constant
与变形同相位的作用力分量与形变之比。

070 损耗因子 (tgδ) loss factor
同一复数模量内的损耗模量与弹性模量之比值。对剪切应力而言，损耗因子 tgδ=G''/G'；对法向应力而言损耗因子 tgδ=E''/E'。

071 损耗角 (δ) loss angle
应力与应变间的相位差角（其单位是弧度）。该角的正切值即为损耗因子。

072 对数衰减率 (λ) logarithmic decrement
阻尼振动中，同侧两个相邻的振幅衰减比的自然对数。

073 阻尼比 (μ) damping ratio

实际阻尼值与临界阻尼值之比。而临界阻尼值为振与未振临界状态下物体所具有的阻尼。阻尼比是对数衰减率的函数,它们关系式为:

$$\mu = \frac{A/2\pi}{1+(A/2\pi)^2} = \sin[\operatorname{arctg}(A/2\pi)]$$

当 A 很小时,$\mu = A/2\pi$。

074 动态性能　dynamic properties
应力和应变都随时间呈周期性变化的条件下,弹性体的形变性能。

075 加速老化　accelerated ageing test
根据橡胶老化的主要原因,设计严酷条件的试验以提高老化速度,在短时间内取得自然老化的同样效果。

076 (箱式)热空气老化　ageing (air oven)
置于封闭系统循环空气中的试样,在一定温度、常压及无光照条件下产生的老化。

077 臭氧龟裂　cracks, ozone
将应变状态下的硫化胶试样置于含有臭氧的环境中,其表面产生裂纹的现象。

078 热降解　thermal degradation
由于外界作用或内部生热导致橡胶温度升高而造成的分子降解现象。

079 粉化　chalking
橡胶表层由于分子降解而粉状化的现象。

080 接触污染　stain, contact (by rubber)
直接与橡胶接触的物体表面被污染的现象。

081 抽提污染　stain, extraction (by rubber)
与含有橡胶析出物的液体接触时,物体表面被污染的现象。

082 迁移污染　stain, migration (by rubber)
不直接与橡胶接触时,物体表面被污染的现象。

083 穿透污染　stain, penetration (by rubber)
与橡胶接触的物体,其接触面的相对面被污染的现象。

084 颜色污染　stain, colour (of thread and foam backed fabric)
橡胶制品被染上了不应有的颜色的现象。

085 老化性能变化率　percentage change in ageing property
试样老化前后的性能差值与老化前性能之比的百分数。

086 结晶　cryctallization
高聚物的长链分子或链段的重排或取向形成几何对称的重复型式。

087 一级转变　transition, first order
聚合物的结晶和熔融状态之间的转化,这种转化通常是可逆的。

088 玻璃化转变　transition, glass
材料由粘流态或高弹态转向玻璃态的可逆物理变化。

089 二级转变　transition, second order
(该术语不适于橡胶,应代之比 2.88 玻璃化转变)。

090 脆性温度　temperature limit of brittleness

试样在规定的低温条件下受冲击，不产生破坏的最低温度。

091 温度-回缩试验（TR 试验） TR-test
低温下拉伸试样时，测定其变形随温度升高而回缩的特性的试验方法。

092 溶胀 swelling
浸入液体中或置于蒸汽中的试样，其体积增加的现象。

093 橡胶的透气率 permeability of rubber to gases
在标准温度和标准压力的稳定状态下，气体在橡胶中的透过率。其值由单位压差和一定温度下，通过单位立方体硫化橡胶两相对面气流的体积速率来测定。

094 粘合强度 adhesion strength
将粘附在一起的各组件的界面分离所需要的力。

095 耐燃性 fire resistance
在标准的耐燃试验中，组合部件的每个单元在规定时间内保持材料所需要的稳定性、完整性和（或）绝热性的能力。

096 溶剂抽出物 solvent extract
在一定条件下，用溶剂从被抽出物中抽取出的物质。

097 丙酮抽出物 acetone extract
在一定条件下，用丙酮从被抽出物中抽取出的物质。

098 氯仿抽出物 chlorform extract
抽取丙酮抽出物后，再用氯仿在一定条件下从被抽出物中抽取出的物质。

099 水抽出物 water extract
在一定条件下，用水从橡胶或橡胶制品中抽取出的物质。

100 烟 smoke
因不完全燃烧而产生的悬浮在空气中的可见固态和（或）液态微粒。

101 闪点 flash point
在规定条件下，橡胶制品释放出的气体能被火焰或火花点着的温度。

102 点着温度 ignition temperature
在规定条件下，从橡胶制品中分解放出的可燃气体与热体接触产生燃烧时的最低温度。

103 火焰蔓延速度 rate of spread of flame
指火焰沿橡胶制品表面的蔓延速率。

104 放热率 rate of heat release
燃烧中的橡胶制品在单位时间内所释放的热量。

105 氧指数 oxygen index
在规定条件下，橡胶制品在氧和氮的混合气体中能维持燃烧时所需的最低氧浓度，以氧所占的体积百分数表示。

106 橡胶 rubber
在很宽的温度范围内具有高弹性及伸缩性的高分子材料，包括天然橡胶与合成橡胶。代表性品种有 SBR、CR、EPDM 等。

107 热塑性橡胶 thermo plastic elastomer（TPE）
又称热塑性弹性体，兼具橡胶和热塑性塑料特征，在常温下显示橡胶弹性，受热时呈可塑性的高分子材料。可按交联性质分成化学交联型和物理交联型，也可按结构特点分为嵌段共聚物和接枝共聚物等。代表性品种有 SBS、SB、SIS 等。

（五）塑料（GB 2035）

001 氨基树脂　amino resin
　　由含有氨基的化合物如脲或三聚氰胺与醛类或可生成醛的物质缩聚制得的聚合物。

002 氨基塑料　aminoplastics
　　以氨基树脂为基材的塑料。

003 暗泡　bubble
　　塑料成型时，由于残留的空气或其他气体而在制品内部形成的气泡缺陷。

004 板材　plate
　　一般指厚度在 2mm 以上的软质平面材料和厚度在 0.5mm 以上的硬质平面材料。

005 瓣合式模具　split mould
　　由两个或多个元件组成模腔并用模套箍紧的一种压制模具。

006 半透明性　translucence
　　物体只能透过一部分可见光，但不能通过它清晰地观察其他物体的性质。

007 半溢料式模具　semi-flash mould
　　压缩模塑中只允许有限物料在闭模时溢出的模具。

008 半硬质塑料　semirigid plastics
　　按 GB 1040—79《塑料拉伸试验方法》测定，拉伸弹性模量在 $700\sim7\,000$ kg/cm^2 约 $70\sim700\times10^6$ Pa 之间的塑料。标准环境按照 GB 1039—79《塑料力学性能试验方法总则》的要求选取。

009 包封　encapsulation
　　用涂刷、浸涂、喷涂等方法将热塑性或热固性树脂施加在制件上，并使其外表面全部被包覆而作为保护涂层或绝缘涂层的一种作业。

010 薄膜　film
　　一般指厚度在 0.25mm 以下的平整而柔软的塑料制品。

011 爆破强度　bursting strength
　　塑料容器、管材、薄膜等在爆破试验时所能承受液体或空气对其连续施加的最大压力。

012 刨纹　sheeter lines，刨痕　sheeter mark
　　切削操作过程中，在塑料片材料上所产生的大面积平行刮痕或沟纹状的缺陷。

013 保压时间　hold up time
　　（1）注射成型时，指在塑料充满模腔后对模内塑料保持规定压力实行补料的一段时间；
　　（2）压缩模塑时，指将物料压入模腔放气后压力升到预定值至开始解除压力的时间。

014 苯胺甲醛树脂　aniline formaldehyde resin
　　由苯胺与甲醛缩聚制得的一种氨基树脂。

015 本体聚合（作用）　bulk polymerization, mass polymerization
　　除加催化剂或引发剂外，不加任何其他介质（如稀释剂或溶剂）而使单体（通常为液体）进行的聚合。

016 苯乙烯类树脂 styrene resin
由苯乙烯或其衍生物聚合或以苯乙烯为主与其他不饱和化合物共聚所制得的聚合物。

017 闭孔泡沫塑料 closed-cell foamed plastics
所含泡孔绝大多数都互不连通的泡沫塑料。

018 比例极限 proportional limit
材料在不偏离应力与应变正比关系（虎克定律）条件下所能承受的最大应力。

019 比密粘度 viscosity/density ratio, kinematic viscosity
流体的绝对粘度与流体的密度之比值为比密粘度。

$$\nu = \frac{\eta}{\rho}$$

式中　ν——比密粘度；
　　　η——绝对粘度；
　　　ρ——流体的密度。

厘米、克、秒制单位为泡（Stokes）；米、公斤、秒制单位为米^2/秒（$=10^4$ 泡）。

020 闭模时间 closing time
模塑时从开始合模到模具完全闭合的时间。

021 比强度 specific strength
材料在断裂点的强度（通用拉伸强度）与其密度之比，用厘米表示。

022 变色 discoloration
因光、热、室外暴露、化学试剂等作用而引起的塑料制品颜色的变化。

023 表观密度 apparentdensity
单位体积的试验材料（包括空隙在内）的质量。

024 标距 gauge length
在所测定的应变或长度变化范围内，标出的试样原始长度。

025 表面处理剂 surface treating agent
为了提高粘结性能，用作处理塑料、填料、颜料或粘结载体等表面的物质。

026 表面电阻率 surface resistivity
平行于通过材料表面上电流方向的电位梯度与表面单位宽度上的电流之比，用欧姆表示。
注：如果电流是稳定的，表面电阻率在数值上即等于正方形材料两边的两个电极间的表面电阻，且与该正方形大小无关。

027 瘪泡（泡沫塑料中） collapse (in foamed plastics)
泡沫塑料在制造过程中，由于泡孔结构受到破坏所造成的局部密度增大的缺陷。

028 丙-阶段 C-stage
某些热固性树脂在熟化反应中的最后阶段。该阶段中，树脂既不溶解也不熔融。

029 丙烯腈-丁二烯-苯乙烯树脂 acrylonitrile-butadiene-styrene resin
　　ABS树脂 ABS resin
丙烯腈-丁二烯和苯乙烯或其衍生物的三元共聚物或丙烯腈-丁二烯的共聚物与丁二烯-苯乙烯的共聚物的掺混物。

030 丙烯腈-丁二烯-苯乙烯塑料 acrylonitrile-butadiene-styrene plastics

ABS塑料　ABS plastics
以丙烯腈-丁二烯-苯乙烯树脂为基材的塑料。

031　丙烯酸类塑料　acrylic plastics
以丙烯酸类树脂为基材的塑料。

032　丙烯酸类树脂　acrylic resin
以丙烯酸或丙烯酸的衍生物为单体聚合或以它们为主而与其他不饱和化合物共聚合所制得的聚合物。

033　丙烯类树脂　propylene resin
以丙烯聚合或以丙烯为主而与一种或多种其他不饱和化合物共聚所制得的聚合物。

034　泊松比　Poisson's ratio
在材料的比例极限内，由均匀分布的纵向应力所引起的横向应变与相应的纵向应变之比的绝对值。
注：超过比例极限时，泊松比随应力变化而变化，实际上已不是泊松比。此时若记录泊松比，应指出所测应力值。对于各向异性材料，泊松比随施加应力的方向变化。

035　波纹　waviness
出现在塑料制品表面上的波状凹凸不平缺陷。

036　不饱和聚酯　unsaturated polyester
主链上含有不饱和键的聚酯。

037　不溢式模具　positive mould
压缩模塑中一种没有模塑料溢出的模具。

038　层压　laminating
用或不用粘结剂，借加热、加压把相同或不相同材料的两层或多层结合为整体的方法。

039　层压机　multi-daylight press
动压板和定压板之间装有浮动压板的一种压机，即指带有三个或三个以上热压板的压机。

040　层压模制品　laminated moulding
把裁成一定形状并经树脂浸渍的纤维织物叠合成所需厚度，放入模具中热压成的模塑制品。

041　层压制品　laminates
两层或多层浸有树脂的纤维织物经迭合、热压结合而成的整体塑料制品。

042　差热分析（DTA）　differential thermal analysis
一种分析物质的方法。试样与参比物质受同一程序温度控制时，记录试样与参比物质间的温差随时间或温度变化的分析方法。

043　掺混料　polyblends
两种或两种以上聚合物形成的均匀混合料。

044　长径比　L/D ratio (length/diameter ratio)
螺杆有效长度（L）和螺杆直径（D）之比。

045　常用基本单元　conventional base unit
与立体异构无关的聚合物的基本单元。

046　超声波焊接　ultrasonic welding

热塑性塑料在超声波振动作用下，由于表面分子间摩擦生热而使两块塑料熔接在一起的焊接方法。

047 成孔销 core-pin
嵌在模腔中的硬钢销，其作用是在制品上形成孔或螺纹孔。

048 冲击强度 impact strength
(1) 材料承受冲击负荷的最大能力。
(2) 在冲击负荷下，材料破坏时所消耗的功与试样的横截面积之比，用公斤·厘米/厘米^2〔牛顿·米/米^2〕表示。

049 冲制 punching
塑料成型加工方法的一种，系用冲头和精密模具将塑料板材冲制成制品的过程。

050 储存期 storage life, shelf life
性能可变化的物料（单体、树脂、涂料、粘结剂等）在一定条件下存放时，仍保持其可用性的最长时间。

051 储料器 accumulator
在中空吹塑中，用于迅速供料和（或）提高加工能力的辅助柱塞式挤出器。

052 储压器 accumulator
塑料成型设备的液压或气动系统中用来增速的储能装置。

053 传递模塑 transfer moulding
热固性塑料的一种成型方法，模塑时先将模塑料在加热室加热软化，然后压入已被加热的模腔内熟化成型。

054 传递模塑模具 transfer mould
在传递模塑中使用的模具。

055 传压垫 pressure pad
模具闭合时，为了降低模具合模面上的压力而设计的一种附件。
注：传压垫通常由硬质钢块构成，以承受合模面的部分压力。
不推荐：承压垫

056 （型坯）垂伸 draw-down
中空吹塑过程中，挤出的型坯由于重力作用而下垂，以致直径和壁厚变得不均的现象。

057 吹塑薄膜法 inflation film process
成型热塑性薄膜的一种方法。系用挤出法先将塑料挤成管，而后借助向管内吹入的空气使其连续膨胀到一定尺寸的管式膜。

058 吹塑压力 blow pressure
中空吹塑时，吹入型坯中的空气压力。

059 吹胀比 blow-up ratio
(1) 中空吹塑中，吹塑模腔横向最大值径和管状型坯外径之比；
(2) 吹塑薄膜时，吹胀管膜直径和口模直径之比。

060 吹胀速度 blowing speed
用压缩空气使型坯吹胀时，中空制品内部压力达到规定值的时间。

061 促进剂 accelerator, promoter

与催化剂或固化剂并用时，可以提高反应速率的一种用量较少的物质。

062 乙酸纤维素　cellulose acetate
以乙酸和乙酸酐的混合物与 α-纤维素反应制得的一种纤维素酯。
注：通常用做制造塑料的乙酸纤维素是含有 52%～56% 乙酰基的部分乙酰化的产物。

063 脆化温度　brittle temperature
塑料低温力学行为的一种量度。以具有一定能量的冲锤冲击试样时，当试样开裂几率达到 50% 时的温度称脆化温度。

064 袋压成型　bag moulding
等压成型（在加工聚四氟乙烯等材料时）　isotactic moulding
借助弹性袋（或其他弹性隔膜）接受流体压力而使介于刚性膜和弹性袋之间的增强塑料均匀受压而成为制件的一种方法。按造成流体压力的方法不同，一般可分为加压袋成型、真空袋压成型和热压釜成型等。

065 单模腔模具　single cavity mould
只有一个模腔的模具。

066 单体　monomer
能自身聚合或与其他类似的化合物共聚而生成聚合物的简单化合物。

067 导热系数　thermal conductivity
在稳定条件下，垂直于单位面积方向的每单位温度梯度通过单位面积上的热传导速率。单位为卡/厘米·秒·度［瓦/米·开］。

068 等规聚合物　isotactic polymer
有规聚合物的一种，主链链节上的不对称原子（通常指碳原子）有相同构型的聚合物。
注：如果将主链拉伸，使主链的碳原子排列在主平面内，则同种取代基排列在主平面的同一侧。参见图 1：

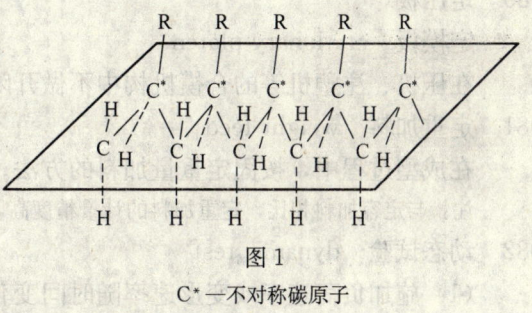

图 1
C*—不对称碳原子

069 低聚物　oligomer
由少数链节组成的聚合物。如二聚体、三聚体、四聚体……或这些低聚物的混合物。
注：也可以指分子量在几千以下的聚合物。

070 低温柔曲性　low temperature flexibility
热塑性塑料在低温保持柔软的特性。随着温度降低，塑料的柔曲性亦逐渐降低，最后在某一温度变脆。该特性通常在宽广的温度范围内用扭力试验中计算出来的表现弹性模量表示。

071 低压成型　low pressure moulding
使用压力等于或低于 14 kg/cm^2，约 1.4×10^6 Pa 的模压或层压方法。

072 叠装时间　closed assembly time
涂胶表面叠合后到加压之间的时间。

073 顶出杆　ejector pin
启模时能将模塑件从模腔中顶出的可移动的杆。

074 定容加料　volumetric feed
在成型过程中，按固定容积加料的方法。

075 定位销　dowel
在由两部分或更多部分构成的模具中，使模具相邻两部分准确定位而设计的销。
不推荐：导向柱。

076 定位销孔　dowel hole
使模具相邻两部分准确定位而设计的插入定位销的孔，亦称导柱。
不推荐：导柱孔

077 定位销套　dowel bush
使定位销孔增强的硬质钢嵌套。
不推荐：导套

078 定向聚合（作用）　stereospecific polymerization
生成有规聚合物的聚合（参见515有规聚合物）。
注：某些能发生定向聚合的单体，在定向聚合催化剂（如齐格勒纳塔催化剂）存在下，进行聚合生成有规聚合物。

079 定型装置　sizing system
挤出过程中，当挤出物尚未完全冷却时用做进一步调整挤出制品形状和尺寸并使之冷却定型的一种装置。

080 定压板
定模板　stationary platen
在压机、注塑机等的合模机构中不做开闭运动的载模板。在注塑机中安装定模的模板。

081 定重加料　weight feed
在成型过程中，按固定重量加料的方法。
注：与定容加料相比，定重加料的计量精度高，但加料器构造较复杂。

082 动态试验　dynamic test
（1）施加负荷速率或变形速率随时间变化的破坏性试验，如疲劳试验、冲击试验、制品动态模拟试验等；
（2）用周期应力或变形研究材料性能的非破坏性试验。

083 动压板
动模板　movable platen
在压机、注塑机的合模机构中，做开闭运动的载模板，该板随液压活塞或连杆机构的移动而带动模具运动。

084 对数粘数　logarithmic viscosity number

$$对数粘数 = \frac{\ln(\eta/\eta_0)}{C}$$

式中　η——聚合物溶液粘度；
　　　η_0——纯溶剂粘度；

二、建筑防水材料及橡胶和塑料常用术语

　　　　C——聚合物溶液浓度，g/mm。
　　不推荐：特性粘度（inherent viscosity）。

085　多浇口　multi-gating
　　在注射或传递模塑模具中，一个模腔带有多于一个的浇口。

086　多模腔模具　multi-cavity mould，composite mould
　　带有两个或多个模腔的模具。

087　饿料
　　贫料　starving
　　在挤出时，因加料斗内物料壅塞等使物料不能充分供应而引起的缺料现象。

088　二次成型　forming
　　塑料成型加工的一种。以塑料型材为原料而使其通过加热和加压成为所需形状的制品的一种方法。
　　（参见 413 塑料成型加工）

089　二次加工　fabricating
　　成型后的塑料制品或型材，按需要进行的再加工，例如，机械加工、焊接、修饰等。

090　发泡　foaming
　　使塑料产生微孔结构的过程。

091　发泡剂　foaming agent
　　泡沫塑料的制造中，使塑料产生微孔结构的物质。

092　放气　breathing
　　在模塑初期阶段，借模具瞬间的启闭以便使受热模塑料中的水分、空气和（或）熟化时产生的水分或其他低分子挥发物放出的操作。

093　非破坏性试验　non-destructive test
　　在不破坏材料的情况下进行的试验，如 X 光分析、超声波探伤、光弹检测取向和内应力等。

094　分层
　　脱层　delamination
　　层压材料的层间分离现象。

095　苯酚-甲醛树脂　phenol formaldehyde resin
　　以苯酚和甲醛缩聚制得的一种酚醛树脂。

096　分流道　runner
　　在注射或传递模塑的多模腔模具中，连接主流道和浇口之间的一段流道。

097　分流梭　spreader
　　鱼雷头　torpedo
　　位于挤出机或注塑机的机筒或口模内的一个流线形金属块。其作用是迫使流过的熔融料分散成薄层而加强传热效果，借以提高塑化能力。此术语有时尚指螺杆的平滑混炼头。

098　酚醛树脂　phenolic resin
　　由酚类与醛类（或酮类）缩聚制得的聚合物。
　　注：常用的酚醛树脂有苯酚甲醛树脂、甲酚甲醛树脂、二甲酚甲醛树脂和苯酚糠醛树脂等。

099　酚醛塑料　phenolic plastics

以酚醛树脂为基材的塑料。

100 **分散聚合（作用）** dispersion polymerization
在分散体系中进行的一种聚合。
注：单体的分散是借较高浓度的分散剂和机械搅拌进行的。聚合完毕的分散体系有时直接用做粘合剂、涂料等。

101 **分散体** dispersion
一种或几种细微分散物质均匀分布在另一种物质中所形成的稳定多相物系。

102 **分子量** molecular weight
分子中各原子量的总和。
注：聚合物是不同分子量同系物的混合物，其分子量需以统计平均分子量表示。

103 **分子量分布** molecular weight distribution
组成聚合物中不同分子量聚合物的相对量。
注：此相对量按一定的概率函数分布，通常以分子量分布曲线表示。

104 **浮动压板，中间压板** floating platen
在层压机的动压板和定压板间，设置的一块或数块从动板。

105 **复合材料** composite
由两个或多个不同物理相组成的一种固体材料。

106 **呋喃树脂** furan resin
主链以呋喃环为主的聚合物。

107 **呋喃塑料** furan plastics
以呋喃树脂为基材的塑料。

108 **辐射聚合（作用）** radiation polymerization
用辐射线（如γ-射线、β-射线、α-射线等）引发单体进行的一种聚合。

109 **氟塑料** fluoroplastics
由带有氟原子的单体自聚合或与其他不含氟的不饱和单体共聚，制得的聚合物为基材的塑料。

110 **改性树脂** modified resin
为了改变树脂的加工性或物理性能等而加有改性剂的合成树脂。

111 **干斑** dry spot
增强塑料的一种缺陷，指增强材料局部区域未被树脂浸渍而引起表面膜层不完整的斑痕。

112 **干混** dry-blending
在低于树脂软化温度下，不加溶剂而只借助搅拌制造树脂（通常为聚氯乙烯）与增塑剂等添加剂的松散干燥混合物的过程。

113 **干混料** dry blend
不经熔化或不添加溶剂制得的一种松散混合物。

114 **高分子** high molecule
大分子 macromolecule
由一种或几种链节重复构成而且分子量很大的分子（分子量一般从几千到几百万）。高分子有天然高分子和合成高分子两种。

115 高频焊接　high frequency welding
塑料制件在高频电磁场作用下引起介电损耗而加热，从而使接合面熔合粘接的一种焊接法。

116 高压成型　high-pressure moulding
使用压力大于 14 kg/cm²，约 1.4×10^6 [Pa] 的模压或层压方法。

117 共聚合（作用）　copolymerization
两种或两种以上的单体或单体与聚合物间进行的聚合。

118 共聚物　copolymer
由共聚合生成的聚合物。分嵌段共聚物、接枝共聚物、无规共聚物、有规共聚物等。

119 功率因数　power factor
电容器中电介质电功率损耗的量度，即有效功率与视在功率之比。用下面四种方式表示：
(1) 电容器中电介质消耗的功率（以瓦表示）与有效功率之比；
(2) 电流与电压矢量间相角 φ 的余弦；
(3) 损耗角 δ（即相角的余角＝90°－φ）的正弦；
(4) 当损耗角 δ 足够小时，tan δ≈sin δ，此时可用损耗角 δ 的正切值表示。

120 官能度　functionality
单体能进行聚合反应的官能团数目。
注：不饱和双键的官能度为 2。

121 光稳定性　light stability
塑料材料在日光或紫外线照射下，抵抗褪色、变黑或降解等的能力。

122 光学畸变　optical distortion
当透过材料或由材料表面反射观察物体时，所见物体几何形状的改变。

123 光泽　gloss
物体受光照射时表面反射光的能力，以试样在正反射方向相对于标准表面反射光量的百分率（光泽度）表示。

124 辊隙存料　bank
开炼、压延等过程中，两辊间堆积着的物料。

125 过熟化　overcure
在热固性树脂或塑料熟化过程中，由于时间过长和（或）温度过高等原因而引起性能下降的现象。

126 过滤网　screen pack
挤出机料筒前由筛板支撑的不同网目的金属丝网组。其作用是过滤熔融料流和增加料流阻力，借以滤去机械杂质和提高混炼或塑化的效果。

127 焊接　welding
采用加热和加压或其他方法，使热塑性塑料制品的两个或多个表面熔合成为一个整体的方法。

128 合模力
锁模力　(mould) clamping force, (mould) locking frorce

模塑过程中为了保持模具闭合而施加到模具上的力。
注：液压时合模力与锁模力相同，加轴杆时两者不同，轴杆顶模的力叫锁模力，液压力是合模力。该词塑料机械有区分，工艺上则不分。

129 后成型　post forming
不完全熟化的热固性塑料在加热加压下的后定型。

130 后熟化　postcure
热固性树脂成型后，通过放置或加热使之充分熟化的一种处理过程。

131 后压制　coining
成型尺寸精度要求高的聚四氟乙烯等制品的一种方法，其过程是将刚烧结好的模塑件放在定型模中于保压情况下冷至常温。
不推荐：定型

132 糊料挤出　paste extrusion
将加有添加剂的聚四氟乙烯配成糊料，而后由柱塞挤出（推压）并经干燥、烧结成为所需制品的方法。此法常用于制造被覆电线，小直径的管材、棒材和带等。

133 化学发泡塑料　chemically foamed plastics
由特加的化学发泡剂的热分解或化学反应产生的气体使塑料熔体充满泡孔所形成的泡沫塑料。

134 环氧树脂　epoxy resin
含有两个或两个以上环氧基团的能交联的一类树脂。

135 环氧塑料　epoxy plastics
以环氧树脂为基材的塑料。

136 黄色指数　yellowness index
在标准光源下以氧化镁标准白板作基准，从试样对红、绿、蓝三色光的反射率（或透射率）计算所得的表示黄色深浅的一种量度。

137 回程杆　return pin
合模时强制脱模部件作返回动作的杆。

138 回程活塞　pull-back ram
使液压机的主活塞返回到初始位置或使脱模装置复位的一种辅助液压装置。

139 灰分　ash
材料经灼烧后剩余的无机残渣，用百分含量表示。

140 火焰处理　flame treatment
用强氧化焰使塑料表面氧化的过程。
注：主要用于提高聚烯烃塑料的印刷特性和胶接特性等。

141 火焰喷涂　flame spray coating
将流态化树脂粉末通过喷枪口的锥形火焰使之熔化而实行喷涂的一种方法。

142 混合机　blender, mixer
使树脂和其他添加剂均匀混合的机械。

143 混合料　compound
一种或多种聚合物与其他组分如填料、增塑剂、催化剂和着色剂等的混合物。

144 基本单元　base unit
聚合物分子链可能有的最小重复单元。
注：聚合物的基本单元与链节有相同的也有不相同的，如聚乙烯的基本单元为 —CH_2— 而链节则为 —CH_2—CH_2— 。

145 挤出　extrusion
在挤出机中通过加热、加压而使物料以流动状态连续通过口模成型的方法。

146 挤出产量　extrusion output
单位时间内由挤出机挤出的最大物料量，常用公斤/小时表示。

147 挤出机　extruder
挤出成型用的机械。由挤出装置、传动机构和加热冷却系统等主要部分组成。

148 挤出速率　extrusion rate
单位时间内由挤出机口模挤出的挤出物质量（公斤/小时）或长度（米/分）。

149 击穿电压　(dielectric) breakdown voltage
在一定条件下，引起绝缘材料绝缘破坏时所需的电压。

150 挤拉成型　pultrusion
把浸有树脂的连续纤维经口模挤拉并使其熟化成型为增强塑料制品的方法。

151 机头　(extrusion) head
机头是挤出机的成型部分，主要包括机颈、筛板、过滤网、分流梭、口模等。

152 机械发泡塑料　mechanically foamed plastics
借机械搅拌方法使气体混入混合料形成泡孔的泡沫塑料。

153 甲-阶段　A-stage
某些热固性树脂制备的早期阶段。该阶段中，树脂能熔融，并可溶于某些溶剂（如乙醇、丙酮等）中。

154 加聚（作用）　addition polymerization
由单体生成聚合物的一种化学反应，反应中没有水或其他低分子副产物的释出，而且所生成的聚合物的元素成分与原用单体的成分相同（参见 196 聚合（作用））。

155 加聚物　addition polymer
由加成聚合制得的聚合物（参见 154 加聚（作用））。

156 加料　feed
指把物料加入成型设备的适当部位（料斗、加料室或模腔）的操作。

157 加料盘　loading tray
以多模腔模具压制时所用的一种多槽定容加料装置。该装置由一个带活底的多格盘构成。抽动活底时，模塑料可同时分别落入各模腔。

158 加料系统（在模具中）　feed system (in mould)
由注塑机喷咀或传递模塑模具加料室到模具浇口之间的通路。
不推荐：进料系统

159 间规聚合物　syndiotactic polymer
有规聚合物的一种。其主链链节上不对称原子（通常指碳原子）的两种构型是按交替方式排列的。

注：如果将主链拉伸，使主链的碳原子排列在主平面内，则同种取代基交替排列在主平面的两侧。参见图 2：

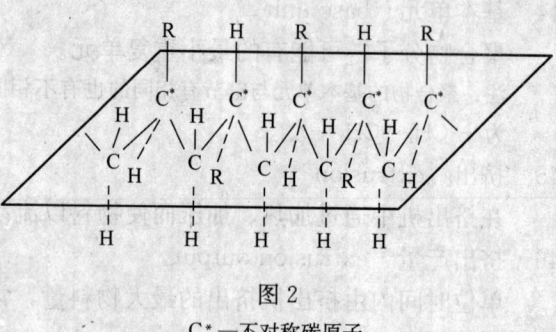

图 2
C*—不对称碳原子

160 剪切强度 shear strength
材料在剪切应力作用下断裂时的最大应力，用公斤/厘米² [帕] 表示。

161 剪切应力 shear stress
作用于给定平面切向的应力或应力的分力。

162 降解 degradation
由气候、热、光、氧、射线等作用引起的大分子链断裂或化学结构发生有害变化的反应。

163 降速闭膜 inching
在模具即将闭合时降低合模速度的操作。

164 胶接 adhesive bonding
用粘合剂使相同或不同的固体表面结合为牢固整体的方法。

165 浇口（注射和传递模具中） gate (in injection and transfer mould)
在注射与传递模塑模具中，熔融物料由分流道注入模腔时所经过的狭窄通道。

166 交联 crosslinking
线型聚合物分子主链间的化学键结合。

167 交联剂 crosslinking agent
能使聚合物在分子主链间生成化学键的物质。

168 交联聚合物 crosslinking polymer
由交联生成的聚合物。

169 交向层压板 crosswise laminate
按纹理或最大拉力方向使层与层之间均作垂直交叉排列的层压板。

170 浇铸 casting
在不加压或稍加压的情况下，将液态单体、树脂或其混合物注入模内并使其成为制品的方法。

171 浇铸树脂 casting resin
能在无压或稍加压力的情况下，倾注于模具中并能硬化为一定形状制品的液态树脂。

172 接触成型 contact moulding
在不加压或稍加压（通常小于 $0.7\ kg/cm^2$，约 $70 \times 10^3\ Pa$）的情况下制造增强塑料制品的方法。

173 （相对）介电常数 (relative) dielectric constant
以绝缘材料为介质与以真空为介质制成同尺寸电容器的电容量之比。
注：标准大气压下，空气的相对介电常数等于 1.00053。因此，实际上以空气为介电质的电容器能用做测定相对介电常数的基准，并能达到足够的精确度。

174 介电强度 dielectric strength

材料抵抗电击穿能力的量度。以试样击穿电压值与试样厚度之比表示，单位为千伏/毫米［伏/米］。

175 介电损耗　dielectric loss
置于交流电场中的电介质以内部发热（温度升高）形式表现出来的能量损耗。（参见418 损耗指数）。

176 介电损耗角正切　dielectric loss (angle) tangent
对电介质施以正弦波电压时，外施电压与相同频率的电流之间的相角的余角 δ 的正切值 $\tan\delta$。

177 结拱　bridging
加料时由于料的壅塞、缠结或熔粘等而构成妨碍顺利下料的拱形物的现象。

178 界面聚合（作用）　interfacial polymerization
单体在两相界面处发生的聚合。

179 界面缩聚（作用）　interfacial polycondensation
两种单体分别在互不相溶的液相（通常为水相和有机相）界面处进行的缩聚。

180 接枝共聚物　graft copolymer
聚合物主链的某些原子上接有与主链化学结构不同的聚合物链段的侧链的一种共聚物。见图3。

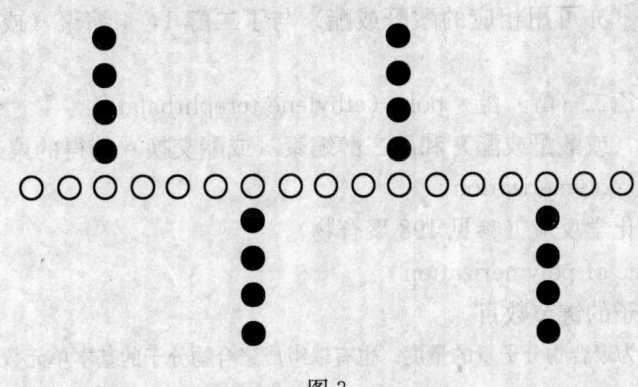

图3

181 浸渍　impregnation
使树脂渗入多孔材料（如纺织品、纸张、木材等）内部的方法。
注：涂布和被覆与浸渍不同，前两者除形成外保护层外，仅有少量或没有树脂渗入材料的内部。

182 颈缩　necking
在拉伸应力下，材料可能发生的局部截面缩减的现象。

183 静态试验　static test
负荷或变形速率随时间变化缓慢的试验，如拉伸试验、弯曲试验、压缩试验等。

184 聚氨酯　polyurethane
主链链节含有氨基甲酸酯基的聚合物。
注：通常是由二元胺或二元醇类与二（或多）异氰酸酯加聚制得的聚合物。

185 聚苯乙烯　polystyrene
以苯乙烯为单体制得的聚合物。

186 聚苯乙烯塑料　polystyrene plastics
　　以聚苯乙烯为基材的塑料。

187 聚丙烯　polypropylene
　　以丙烯为单体制得的聚合物。

188 聚丙烯塑料　polypropylene plastics
　　以聚丙烯为基材的塑料。

189 聚丙烯酸酯类塑料　polyacrylate plastics
　　以丙烯酸酯类树脂为基材的塑料。

190 聚丙烯酸酯类树脂　polyacrylate resin
　　以丙烯酸酯类为单体聚合或以其为主与其他不饱和化合物共聚制得的聚合物。

191 聚乙酸乙烯酯　poly（vinyl acetate）
　　以乙酸乙烯酯（醋酸乙烯酯）为单体制得的聚合物。

192 聚丁烯　polybutene, polybutylene
　　以丁烯-1，丁烯-2，或异丁烯为单体或其混合物为单体聚合或共聚合制得的聚合物。

193 聚丁烯塑料　polybutylene plastics
　　以聚丁烯为基材的塑料。

194 聚对苯二甲酸丁二（醇）酯　poly（butylene terephthalate）
　　以对苯二甲酸（亦可用相应的酸酐或酯）与丁二醇1，4缩聚（或酯交换）制得的聚合物。

195 聚对苯二甲酸乙二（醇）酯　poly（ethylene terephthalate）
　　由对苯二甲酸（或酸酐或酯）和乙二醇缩聚（或酯交换）制得的聚合物。

196 聚合（作用）　polymerization
　　生成聚合物的化学反应（参见198 聚合物）。

197 聚合度　degree of polymerization
　　组成聚合物分子的链节数目。
　　注：聚合度可作为聚合物分子量的量度。也有以组成聚合物分子的基本单元数目为聚合度的。

198 聚合物　polymer
　　由聚合生成的具有重复链节的化合物。

199 聚甲基丙烯酸甲酯　poly（methyl methacrylate）
　　以甲基丙烯酸甲酯为单体制得的聚合物。

200 聚甲基丙烯酸甲酯塑料　poly（methyl methacrylate）plastics
　　以聚甲基丙烯酸甲酯为基材的塑料。

201 聚甲醛　polyformaldehyde, polyoxymethylene
　　主链链节是氧甲撑（—CH$_2$O—）的聚合物。
　　注：从结构上说，聚甲醛应该是聚醚类的最简单的一种。通常所说的聚甲醛有均聚物和共聚物两种。由甲醛单独聚合或由三聚甲醛开环聚合制得的是均聚甲醛。由三聚甲醛为主与少量环氧乙烷等环醚共聚制得的是共聚甲醛。

202 聚甲醛塑料　polyformaldehyde plastics, polyoxymethylene plastics
　　以聚甲醛为基材的塑料。

203 聚氯乙烯　poly（vinyl chloride）
　　以氯乙烯为单体制得的聚合物。

204 聚氯乙烯塑料　poly（vinyl chloride）plastics
　　以聚氯乙烯为基材的塑料。

205 聚醚　polyether
　　主链除含有碳—碳键以外尚含有醚键的聚合物。
　　注：聚醚通常为含有端羟基的聚合物。

206 橘皮纹　orange peel
　　塑料制品表面出现如橘皮般凹凸不平的外观缺陷。

207 聚偏二氯乙烯　poly（vinylidene chloride）
　　以偏二氯乙烯（1,1 二氯乙烯）为单体聚合制得的聚合物。

208 聚四氟乙烯　polytetrafluoroethylene
　　以四氟乙烯为单体聚合制得的聚合物。

209 聚四氟乙烯塑料　polytetrafluoroethylene plastics
　　以聚四氟乙烯为基材的塑料。

210 聚碳酸酯　polycarbonate
　　主链链节含碳酸酯基的聚合物。
　　注：通常是由双酚A或其衍生物与光气直接缩聚或与光气的衍生物进行酯交换反应制得的聚合物。

211 聚碳酸酯塑料　polycarbonate plastics
　　以聚碳酸酯为基材的塑料。

212 聚烯烃　polyolefin
　　以一种或几种烯烃聚合或共聚制得的聚合物。

213 聚烯烃塑料　polyolefin plastics
　　以聚烯烃为基材的塑料。

214 聚酰胺　polyamide　尼龙　nylon
　　主链链节含有酰胺基（—CONH—）的聚合物。
　　注：由二元酸与二元胺缩聚、内酰胺开环聚合或氨基酸缩聚等方法制得。

215 聚酰胺塑料　polyamide plastics
　　以聚酰胺为基材的塑料。

216 聚乙烯　polyethylene
　　以乙烯为单体聚合制得的聚合物。

217 聚乙烯醇　poly（vinyl alcohol）
　　由聚乙烯酯类（通常均为聚乙酸乙烯酯）部分或完全水解制得的聚合物。

218 聚乙烯醇缩丁醛　poly（vinyl butyral）
　　聚乙烯醇的羟基与丁醛缩合制得的聚合物。

219 聚乙烯醇缩甲醛　poly（vinyl formal）
　　聚乙烯醇的羟基与甲醛缩合制得的一种聚乙烯醇缩醛。

220 聚乙烯醇缩醛　poly（vinyl acetal）
　　（1）聚乙烯醇的羟基与醛类缩合制得的聚合物；

(2) 一般指聚乙烯醇与乙醛反应制得的聚乙烯醇缩醛。

221 聚乙烯塑料 polyethylene plastics
以聚乙烯为基材的塑料。

222 聚酯 polyester
主链链节含有酯基的聚合物。可分为饱和聚酯和不饱和聚酯两大类。
注：通常是由一种或多种多元酸（酸酐）与一种或多种多元醇缩合制得的聚合物。

223 聚酯塑料 polyester plastics
以聚酯为基材的塑料。

224 卷取装置，卷取机 take-up
收卷由挤出或压延等方法制成的成品（如薄膜、带、单丝、软管、被覆电线等）的装置。

225 卷制层压管 rolled laminated tube
浸有树脂的增强材料，在拉力作用下，绕在两个热压辊间的芯模上，经固化抽出芯模后所制得的管状制品。

226 绝热挤出 adiabatic extrusion
与外界没有热交换的一种挤出方法。

227 绝缘电阻 insulation resistance
指绝缘材料的电阻。
注：将被测材料置于标准电极中，在给定时间后，电极两端所加电压值与两电极间总电流之比为绝缘电阻。

228 均聚合（作用） homopolymerization
生成均聚物的聚合反应（参见 229 均聚物）。

229 均聚物 homopolymer
由一种链节重复构成的聚合物。

230 开孔泡沫塑料 open-cell foamed plastics
所含泡孔绝大多数都是互相连通的泡沫塑料。

231 开裂 crack
制品受内应力、外部冲击或环境条件等的影响而在其表面或内部所产生的裂纹。

232 开模力 mould opening force
为了脱出制品，成型机在开启模具时所需的力。

233 抗静电剂 antistatic agent
能防止或消除塑料表面静电的物质。
不推荐：防静电剂

234 抗霉性 fungus resistance, funginertness
塑料对霉菌的抵抗能力。

235 抗粘连剂
开口剂 antiblocking agent
能防止塑料薄膜间粘连的一种物质。

236 糠醛树脂 furfural resin

以糠醛为主与其他化合物制得的一种呋喃树脂。

237 抗氧剂　antioxidant
能防止聚合物材料因氧化引起变质的物质。
不推荐：氧化防止剂

238 可换模腔模具　interchangable cavity mould
通过更换一部分成型部件能生产不同形状制品的模具。

239 空隙（泡沫塑料中）　void (in foamed plastics)
在泡沫塑料中形成的比固有泡孔大得多的空洞缺陷。

240 （注塑机）空循环时间　dry-cycle time
在不加料的情况下，注塑机空转一个周期所需最少的操作时间。

241 口模（在挤出中）　die (in extrusion)
挤出机中使挤出物形成规定横截面形状的部件。

242 口模内压力　internal die pressure
挤出过程中，熔融物料在口模内表面产生的压力。

243 拉伸强度　tensile strength
在拉伸试验中，试样直至断裂为止所受的最大拉伸应力。其结果以公斤/厘米^2〔帕〕表示，计算时采用的面积是断裂处试样的原始截面积。
不推荐：抗张强度
　　　　抗拉强度

244 老化　aging
塑料暴露于自然或人工环境条件下性能随时间变坏的现象。

245 冷辊式挤出　chill-roll extrusion
将挤出薄膜引至冷却辊而使其冷却和改善光泽的制膜方法。

246 冷流道模具　cold-runner mould
参见 457 无流道（料）模具（2）

247 冷却定型模　cooling jig
为了控制特殊制件的尺寸和形状，在冷却时用的一种夹具。
不推荐：防缩模（shrinkage block）或防缩夹具（shrinkage jig）。

248 冷热骤变试验　thermal shock test
考察由急热骤冷引起材料性能变化的试验。

249 冷压模塑　cold moulding
是压缩模塑的一种。和普通压缩模塑不同的是在常温下使物料加压模塑。脱模后的模塑品可再行加热或借助化学作用使其熟化。

250 粒料　pellet
一种预制的密实的球形、圆柱形或其他形状的颗粒状模塑料。

251 离模膨胀　die swelling
在挤出过程中，挤出物离开模后，其横截面尺寸因弹性回复而大于口模尺寸的现象。
不推荐：巴勒斯（Barus）效应。

252 立体重复链节　stereorepeating unit

在聚合物分子主链中所有立体异构的位置上都具有固定构型的构型重复链节。

注：在有规聚丙烯中，可能的最简单的立体重复链节是：

253 离心浇铸 centrifugal casting
利用离心力成型管状或空心筒状制品的方法。将定量的液态树脂或树脂分散体放在旋转的容器（即模具）中，使其绕单轴高速旋转。此时放入的物料即被离心力迫使而分布在模具的近壁部位。在旋转的同时，放入的物料又通过加热等方法而发生熟化，随后视需要经过冷却或不冷却即能取得制品。在成型增强塑料制品时还可同时加入增强性的填料。

注：该法不应混同于旋转铸塑，旋转铸塑是借助于物料重力而分布在模壁上的。

254 离子型聚合（作用） ionic polymerization
一般在离子引发剂作用下，按离子型反应历程进行的聚合。根据离子电荷的不同分有阳离子聚合和阴离子聚合两种（参见 255 离子引发剂）。

255 离子引发剂 ionic initiator
能引发单体分子生成正离子基团或负离子基团进行聚合反应的物质。

256 料斗 hopper
安装在成型机上供料用的漏斗形容器。

257 链长 chain length
聚合物分子主链的实长。

注：链长是沿聚合物分子链的原子距的总长度，而不是分子两端的直线距离。

258 连杆式合（锁）模装置，肘节式合模装置 toggle type mould clamping system
成型机中用来完成开、闭模动作的和对模具施加压力的一种机械装置。该装置是由肘式接合连杆构成的，一般均由油压驱动。

259 链节 monomeric unit, mer
聚合物分子链上，含与真实单体或假想单体相同原子种类和原子数目的重复单元。

260 亮点 window
有色或不透明的热塑性塑料片材、薄膜或模制品上所含没有完全塑化的粒点，当其在对光观察时呈现为无色的透明斑点。

261 流延 (flow) casting
制取薄膜的一种方法。制造时，先将液态树脂、树脂溶液或分散体流布在运行的载体（一般为金属带）上，随后用适当方法将其熟化，最后即可从载体上剥取薄膜。

262 流延薄膜 cast film
用流延法制得的薄膜。

263 螺杆 screw
指装在挤出机或注塑机机筒内可以转动且带有螺槽的金属杆。它与机筒共同组成挤压部件。其主要功能是：完成对物料的压缩、输送、混炼及塑化等。

264 螺杆挤出 screw extrusion

借助于螺杆旋转对物料产生的压力将其挤出口模的挤出方法。

265 卤代烃类塑料　halohydrocarbon plastics
以卤代烯烃单体聚合或与其他单体共聚制得的聚合物为基材的塑料。

266 氯化聚氯乙烯　chlorinated poly (vinyl chloride)
由聚氯乙烯氯化制得的改性聚氯乙烯。
注：用做塑料的氯化聚氯乙烯，其含氯量一般为64%～67%。

267 露丝　fiber show
增强塑料的一种缺陷，指制品表面未被树脂覆盖的纤维。

268 氯乙烯类树脂　vinyl chloride resin
以氯乙烯聚合或氯乙烯为主与一种或多种其他不饱和化合物共聚制得的聚合物。

269 麻点　pit
塑料制品表面上出现的小陷坑，其深度与宽度通常大致相同。

270 马丁耐热试验　Marten's test
评价材料高温变形趋势的一种试验方法。在加热炉内，使试样承受一定的弯曲应力并按一定速率升温。试样受热自由端产生规定偏斜量的温度称为马丁温度。

271 脉冲焊接　impulse sealing
把要焊接的塑料板或薄膜压在两个加热元件间，通入强电流，使发热体在极短时间内产生强热能的脉冲，随之再给以冷却，此时焊接面即在加热加压下熔合。

272 模板痕　plate mark
压制的塑料片材或板材表面所带与原用平板模表面伤痕相应的痕迹。

273 摩擦焊接　friction welding
把要对接的两个热塑性塑料制品的待接表面相互接触旋转，而使其相继发生摩擦生热，接合面受热熔化，以致在压力下结为整体的一种焊接法。

274 磨耗　abrasion
两个彼此接触的固体因摩擦作用而使材料表面造成的损耗。
注：磨耗可分为滑动磨耗、滚动磨耗和冲击磨耗等几类。

275 模具　mould
成型中赋予塑料形状所用部件的组合体。

276 模具痕　mould mark
由于模腔表面的伤痕，致使制品表面带有与其相应的痕迹。

277 模腔　cavity (of a mould)
模具中成型塑料制品的空间。

278 模塑　moulding
塑料成型加工的一种。在压力下（一般还同时加热），借助模具或口模使塑料材料成型的过程（参见413塑料成型加工）。

279 模塑料　moulding compound, moulding material
供模塑用的树脂或混合料（参见143混合料）。

280 模塑时间　moulding time
（1）热固性塑料成型时，指从模具完全闭合的瞬间到解除压力的瞬间所经过的时间。

有时也指材料熟化所需的时间；

（2）在注射成型中指将熔融物料注入模具后到保压完了的时间。

281 模塑温度　moulding temperature

成型时，使热塑性塑料塑化或使热固性塑料熟化所规定的温度。

282 模塑压力　moulding pressure

迫使模塑料完全充满模腔所施加的必要压力。用加料室（传递模塑）或料筒内（注塑）的模塑料单位截面所受的力，或者用模塑件在垂直于压力方向的单位截面（压制）上所受的力（公斤/厘米^2［帕］）表示。

283 模塑周期　moulding cycle

完成一次成型所需的全部操作（包括加料、加热、硬化或熟化、脱模等）。有时也指这些操作所需时间的总和。

284 模套　chase

用于箍紧阴模或阳模的模具结构部件。

注：在设计模套、阴模或阳模时，应考虑能适用于各种阴模和阳模的标准模套。

不推荐：模箍。

285 模制品，模塑件　moulding (product)

用模具成型的塑料制件。

286 模座　die base

挤出用机头中承托型芯和口模的部件。

287 木质素树脂　lignin resin

以木质素或由木质素为主与其他化合物或树脂反应制得的树脂。

288 木质素塑料　lignin plastics

以木质素树脂为基材的塑料。

289 耐电弧性　arc resistance

塑料材料抵抗由高压电弧作用引起变质的能力，通常用电弧焰在材料表面引起炭化至表面导电所需的时间表示。

290 耐候性　weatherability

塑料暴露在日光、冷热、风雨等气候条件下的耐久性（参见292耐久性）。

291 耐化学性　chemical resistance

塑料耐酸、碱、盐、溶剂和其他化学物质的能力。

292 耐久性　permanence

在使用条件下，塑料保持其性能的能力。

293 耐燃性　flame resistance

材料接触火焰时，抵制燃烧或离开火焰时阻碍继续燃烧的能力。

294 耐溶剂性　solvent resistance

塑料抵抗溶剂引起的溶胀、溶解、龟裂或形变的能力。

295 内应力　internal stress

在没有外力存在下，材料内部由于加工成型不当、温度变化、溶剂作用等原因所产生的应力。

296 耐油性 oil resistance
塑料抵抗油类引起的溶解、溶胀、开裂、变形或物理性能降低的能力。

297 粘度 viscosity，动态粘度 dynamic viscosity，绝对粘度 absolute viscosity，粘度系数 viscosity coefficient
流体内部抵抗流动的阻力，用对流体的剪切应力与剪切速率之比表示，单位为泊[帕·秒]。

注：对于牛顿流体，剪切应力与剪切速率之比为常数，称为牛顿粘度；对于非牛顿流体，剪切应力与剪切速率之比随剪切应力而变化，所得粘度称在相应剪切应力下的"表观粘度"。塑料属于后一种情况。

298 粘度比 viscosity ratio
在相同温度下，规定浓度的聚合物溶液粘度与纯溶剂粘度之比：

$$\frac{\eta}{\eta_0}$$

式中 η——聚合物溶液粘度；
η_0——纯溶剂粘度。

不推荐：相对粘度 (relative viscosity)。

299 粘度相对增量 viscosity relative increment
粘度相对增量等于粘度比减1：

$$\text{粘度相对增量} = \frac{\eta}{\eta_0} - 1 = \frac{\eta - \eta_0}{\eta_0}$$

不推荐：增比粘度 (specific viscosity，η_{sp})。

300 粘合剂
胶粘剂 adhesive
因表面键合和内力（粘附力和内聚力等）的作用，能使一固体表面与另一固体表面结合在一起的非金属材料的总称。

301 粘合强度 adhesive strength
粘合的两个表面间的结合强度，可用均匀扯离强度，剪切强度和剥离强度等表示。

302 粘结剂 binder
增强塑料中，把填料粘结在一起的材料。

303 粘结强度 bonding strength
使层压制品层间或层内分离所需要的应力，用公斤/厘米^2[帕]表示。

304 粘数 viscosity number
用粘度相对增量（增比粘度）对聚合物溶液浓度 C 之比表示：$\frac{\eta - \eta_0}{\eta_0 \cdot C}$。

不推荐：比浓粘度 (reduced viscosity)。

305 粘弹性 viscoelasticity
塑料对应力的响应兼有弹性固体和粘性流体的双重特性称粘弹性。

注：粘弹性使塑料同时具有类似固体的特性，如弹性、强度、因次稳定性，和类似液体的特性，如随时间、温度、负荷大小和速率而变化的流动特性。

306 脲甲醛树脂 urea formaldehyde resin

由脲（尿素）与甲醛缩聚制得的一种氨基树脂。

307 尿素塑料　urea plastics
由尿素与醛类缩聚制得的树脂为基材的塑料。

308 捏合机　kneader
由一对互相配合和旋转的叶片（通常呈 Z 形）所产生强烈剪切作用，而使半干状态或橡胶状粘稠塑料材料获得均匀混合的机械。

309 凝胶（体）　gel
(1) 胶体分散体系通过凝聚作用形成的失去流动性的冻状物（参见 312 凝聚（作用））。
(2) 液态物质熟化或固态物质溶解过程中出现的胶状固相物。
不推荐：冻胶。

310 凝胶点　gel point
开始形成凝胶的阶段。
注：该阶段可由粘度-时间曲线的转折点测得。

311 凝胶时间　gel time
在一定条件下，液态物质形成凝胶所需的时间。

312 凝聚（作用）
凝结（作用）　coagulation
通过加电解质或加热、冷却等方法，使胶体溶液形成凝胶或使胶体粒子集聚沉淀的现象。

313 偶联剂　coupling agent
增强塑料中，能提高树脂和增强材料界面结合力的化学物质。

314 排气　deaeration, venting
排出物料中的水分、空气及其他低分子挥发物的过程，如：
(1) 生产乙烯基塑料溶胶时，将该溶胶置于高真空中除去空气，以免制品生成气泡；
(2) 用手糊或喷射成型增强塑料制品时，指用适当方法排除层间的空气；
(3) 在排气挤出中，指用真空除去物料中的空气、水分等挥发性物质。

315 排气式挤出机　vent-type extruder
料筒中部设有排气口以便被加工塑料中的空气和挥发物得以排除的挤出机。

316 泡孔条纹　cellular striation
泡沫塑料的一种缺陷，指在泡沫塑料中与其固有泡孔结构区别很大的泡孔层。
不推荐：泡沫塑料条纹。

317 泡沫塑料　foamed plastics
微孔塑料　cellular plastics
整体内含有无数微孔的塑料。

318 配料　compounding
按需要把树脂与填料、增塑剂、稳定剂和着色剂等助剂混合成适于成型用料的过程。在塑料工业的某些领域中，此术语还包括由聚合物或以其为主的混合物制为粒料的过程。在塑料溶胶工业中，配料则指制造分散体的过程。

319 喷射成型　spray up method

（1）成型增强塑料制品时，指用喷枪将短切纤维和树脂等同时喷在模具上积层并熟化为制品的方法；

（2）成型泡沫塑料时，指把快速反应的聚氨酯或环氧树脂和熟化剂由喷枪喷在模具上使其发泡熟化的方法。

320 皮层（泡沫塑料中） skin (in foamed plastics)
为增加泡沫塑料表面强度，而在其表面上特意形成的密度较大的致密层。

321 疲劳 fatigue
材料承受交变循环应力或应变时所引起的局部结构变化和内部缺陷发展的过程。它使材料的力学性能下降并最终导致龟裂或完全断裂。

322 疲劳极限 fatigue limit
在疲劳试验中，应力交变循环大至无限次而试样仍不破损时的最大应力叫疲劳极限。
注：很多塑料事实上并不存在疲劳极限，为此，特用在循环次数达至 $10^7 \sim 10^8$ 次而试样尚有 50% 不破损情况下的应力表示疲劳极限。

323 疲劳寿命 fatigue life
试样在交变循环应力或应变作用下直至发生破坏前所经受应力或应变的循环次数。

324 片材 sheet, sheeting
一般指厚度在 0.25～2 mm 之间的软质平面材料和厚度在约 0.5 mm 以下的硬质平面材料。

325 玻璃化温度 glass transition temperature
无定形或半结晶聚合物从粘流态或高弹态（橡胶态）向玻璃态转变（或相反的转变）称玻璃化转变。发生玻璃化转变的较窄温度范围的近似中点称玻璃化温度。

326 破碎（成粒）机 granulator
用来使固体材料破碎成粒料的机械。

327 铺层 lay up
叠合浸有或未浸树脂的纤维性增强材料的操作，这一操作是制造增强塑料前的一种准备工作。

328 起垩 chalking
塑料制品表面出现类似干白垩的外观或白色粉末状物质的缺陷。

329 （气）候（老）化 weathering
塑料在户外暴露中，性能随时间变坏的现象。

330 起晶 frosting
塑料制品表面出现许多类似微细晶点，而使投射的光线发生散射以致制品表面失去光泽的缺陷。

331 起泡（凸起的） blister
塑料制品表面带有轮廓明显且又凸起的气泡的缺陷。

332 起霜 bloom
添加剂从塑料制品内部外移到制品表面并形成云雾状或白色粉末状物质的缺陷。

333 气压热成型 pressure thermoforming
一种二次成型方法，是利用压缩空气或蒸汽压力迫使加热的片材紧贴模具表面而完成的成型。

334 嵌段共聚物

镶嵌共聚物　block copolymer

由化学结构不同和较短的聚合物链段交替结成的线型共聚物，交替结合的链段有有规交替和无规交替两种。图示如下：

······AAAABBBAAAABBBAAAABBB······有规交替

······AAAABBBAAABBBBAAAA······无规交替

335 欠熟化　undercure

在热固性树脂或塑料熟化过程中，由于熟化时间和（或）温度不足等原因未能达到必需的交联度，而引起制品性能不良的一种现象。

336 嵌件　insert

嵌入塑料制品并成为其组成部分的金属等物件。

337 嵌件销　insert pin

成型时使嵌件定位所用的销。

338 迁移　migration

塑料的某些组分转移到与其接触的材料上的现象。

339 牵引装置　take-off

从挤出机、压延机或涂布机等引出制品（挤出物、压延材料、涂布物等）的装置。

340 嵌铸　potting；embedding

将被嵌物件置于模具中，注入单体，预聚物或聚合物等液体，然后使其聚合或熟化（硬化），脱模。这是将物件包封在聚合物中的一种方法。

341 翘曲　warpage

塑料制品在模塑或加工后因次上发生歪曲的现象。

342 切口　pinch off

中空吹塑模具中合模面上模腔周围的凸缘，用作合模时使型坯密封并切掉多余的坯料。

343 切粒机　pelleter

一般指将条状或片状物切成粒子的机械。

344 切条机　slitter

将连续的、较宽的薄膜或片材，在纵向上切成数条宽度较窄的条（或带）的装置。

345 清机　purging

在挤出或注射成型过程中遇有需要更换用料时，以随后要用的材料或另一种可以混溶的清机物料纳入机中以清除机筒内残留旧料的操作。

346 屈服点　yield point

在应力—应变试验中，应力—应变曲线上应力不随应变增加的第一个点。在屈服点处，受力的试样开始产生永久形变。试样所受应力可为拉伸、压缩或剪切应力中任何一种。

347 屈服应力　yield stress

在应力—应变曲线上屈服点处的应力。

348 全液压合（锁）模装置

直压式合模装置　straight hydraulic mould clamping system

二、建筑防水材料及橡胶和塑料常用术语

成型机中不借助于其机械结构而全部由液压操纵开模、闭模和锁模的装置。因合模油缸与动模板直接相连以及油缸压力直接作用在模具上。

349 缺口敏感性　notch sensitivity
由于表面不均匀性如缺口、截面的突变、裂纹和刮痕的存在而增加材料受破坏的敏感程度。
注：一般说来塑性材料的缺口敏感性低，脆性材料的缺口敏感性高。

350 缺口效应　notch effect
对带有孔眼、缺口等塑料制品施加外力使其容易产生应力集中和破坏的现象。

351 燃烧鉴别试验　combustion test
简单鉴别塑料的试验方法，是将塑料靠近火焰而从其有无软化、火焰的性状、火焰的颜色、燃烧难易，有无自熄性、臭味、石蕊试纸反应等来判别其属类。

352 热变形温度　heat deflection temperature under load
塑料耐热性的一种量度，是将塑料试样浸在一种等速升温的适宜传热介质中，在简支梁式的静弯曲负荷作用下，测出试样弯曲变形达到规定值时的温度。该温度即称为热变形温度。

353 热发泡塑料　thermally foamed plastics
由加热使发泡组分挥发成为气体而形成泡孔的一种泡沫塑料。

354 热固性树脂　thermosetting resin
因受热而能熟化成不熔不溶性物质的树脂。

355 热固性塑料　thermosetting plastics
因受热或其他条件能熟化成为不熔不溶性物料的塑料。

356 热聚合（作用）　thermal polymerization
只借热引发进行的一种游离基聚合。

357 热扩散系数　thermal diffusivity
物料的导热系数对其密度与定压比热的积之比，单位为厘米^2/秒［米^2/秒］。

358 热流道模具　hot-runner mould
见457无流道（料）模具（2）。

359 热膨胀　thermal expansion
物体受热时，线性尺寸或体积增大的现象。

360 热气焊接　hot gas welding
利用焊炬把热空气喷射到热塑性塑料不同制品的接合面和焊条上而使其熔合成为一体的一种焊接方法。

361 热塑性塑料　thermoplastics
在特定温度范围内能反复加热软化和冷却硬化的塑料。

362 热弹性　thermoelasticity
硬质塑料由于温度增高而表现出一种类似橡胶的弹性。

363 热压釜成型　autoclave moulding
在热压釜中利用蒸汽或其他介质加热、加压熟化的一种袋压成型方法。

364 热重法（TG）　thermogravimetry
在程序温度控制的条件下，测定物料质量与时间或温度的函数关系的一种方法。

附 录

365 人工（气）候（老）化　artificial weathering
塑料暴露于人工模拟气候条件下性能随时间变坏的现象。
注：一般由实验设备提供的暴露条件比实际户外条件强烈得多，以便获得加速老化的效果。该术语不包括暴露于诸如臭氧、盐雾喷淋、工业气体等特殊条件。

366 熔合纹　weld line, flow line
熔接痕　weld mark
模塑件的一种线状痕迹，系由注射或挤出中两股料流相遇时在其界面处未完全熔合而造成的。

367 溶剂粘接　solvent welding; solvent bonding
用溶剂使待粘接的塑料制件表面溶化并通过加压而使其连接在一起的方法。

368 溶剂抛光　solvent polishing
热塑性塑料制品通过合适溶剂的沉浸或喷射，以溶去其表面上的毛刺而达到改进表面光洁度的方法。

369 熔体指数　melt index
热塑性树脂在一定温度和负荷下，其熔体在10分钟内通过标准毛细管的质量值，以克/10分表示。
不推荐：熔融指数。

370 熔体粘度　melt viscosity
塑料或树脂熔体的粘度。

371 熔体破裂　melt fracture
挤出物表面出现凹凸不平或外形发生畸变以致支离或断裂的总称。其起因在于挤出时所用的剪应力过高。以致熔体各点所表现的弹性应变不一致，从而使挤出物在弹性恢复过程中出现畸变，以致断裂的现象。

372 溶液聚合（作用）　solution polymerization
使单体溶于溶剂中进行的一种聚合。

373 溶胀　swelling
固体在液体或蒸汽中，由于单纯的吸收作用，而使其尺寸增大的现象。

374 蠕变　creep
在恒定应力下，材料应变随时间而变化的现象。
注：不包括瞬间应变。

375 蠕变复原　creep recovery
试样除去负荷后，其变形随时间而减少的部分。

376 蠕变瞬间复原　instantaneous recovery in creep
在蠕变试验中，试样刚一除去负荷至蠕变回复开始之前产生的变形减少。
注：因为在除去负荷的瞬间读出变形值几乎是不可能的，所以记录的变形值都是在除去负荷后规定时间间隔内的再现值。

377 蠕变瞬间应变　instantaneous strain in creep
蠕变试验中，试样刚一承受负荷，在发生蠕变前一瞬间所产生的应变。

378 乳液　emulsion

两种互不相溶的液体混在一起的两相混合物，其中一种液体是以微珠形式分散在另一种液体中的。但在塑料和其他工业中，规定并不如此严格，分散相也可以是固体，不过必须是胶态分散。

379　乳液聚合（作用）　emulsion polymerization
在乳液体系中进行的一种聚合。
注：单体借乳化剂及适当搅拌在水中进行乳化。聚合物需用凝聚、沉析等方法析出，也可直接使用。

380　乳浊液　emulsion
参见 378 乳液。

381　软化点　softening point
在塑料试样上以一定形式施以一定负荷并按规定升温速率加热至试样变形达到规定值的温度。

382　软质泡沫塑料　flexible foamed plastics
富有柔韧性，压缩硬度很小，应力解除后能恢复原状，残余变形较小的泡沫塑料。

383　软质塑料　nonrigid plastics
按 GB 1040—79《塑料的拉伸试验方法》测定，拉伸弹性模量小于 700 kg/cm²，约 70×10^6 Pa 的塑料。标准环境按照 GB 1039—79《塑料力学性能试验方法总则》的要求选取。

384　润滑剂　lubricant
能减少物体表面间摩擦和磨损的物质。
注：塑料成型中，能增加物料流动性或提高模塑件脱模作用的材料亦称润滑剂。与树脂相容性差，在加工机械表面和树脂间起润滑层作用的称外润滑剂。与树脂相容性好，能降低树脂的熔体粘度，提高流动性的称内润滑剂。

385　筛板　breaker plate
安装在机头后端的多孔板。其主要作用是使物料由旋转运动变为直线运动，增加反压、支撑过滤网等。如不加过滤网时，它亦有过滤较大粒状杂质的作用。

386　三板式模具　three plate mould
注射成型用的一种模具。分定模板、中间板和动模板三部分。加料系统在定模板与中间板之间，模腔在中间板与动模板之间。

387　三聚氰胺甲醛树脂　melamine formaldehyde resin
由三聚氰胺与甲醛缩聚制得的一种氨基树脂。

388　三聚氰胺塑料　密胺塑料　melamine plastics
以三聚氰胺与醛类缩聚制得的树脂为基材的塑料。

389　三元共聚物　terpolymer
由三种不同单体共聚合制得的一种共聚物。
注：三元共聚物可由三种单体同时聚合，也可由两种单体先聚合成共聚物，然后再与第三种单体接枝共聚。

390　色牢度　colorfastness
着色塑料在与酸、碱、热、光、大气等接触时抵抗褪色的能力。大多数情况下都指耐光的能力。

391　上金　metallizing

用电镀、真空淀积、喷涂等方法在塑料表面上加盖薄层金属的操作。

392 上压式压机 upstroke press
主活塞位于可动板的下面，靠主活塞由下向上运动施加压力的压机。

393 烧结 sintering
将粉状塑料冷压成的半制品用加热方法使之熔结成整体的操作。但就其整体而言并未熔融。

394 伸长率 elongation
试样在拉力作用下长度的增加，通用原长的百分率表示。

395 试样 specimen
供试验用的样品个体或样品的一部分。
注：某些试验要求试样具有一定的尺寸和形状。

396 适用期 pot life; working life
已配好的粘合剂或具有活性的树脂，在规定条件下维持其合用性能的最长时间。

397 熟化，固化 cure
通过热、光、辐照或化学添加剂等的作用使热固性树脂或塑料交联的过程。

398 熟化剂，固化剂 hardener, curing agent
促进或调节树脂熟化反应并使之得到硬产品的物质。

399 熟化时间 curing time
使热固性树脂（或塑料）熟化时，从加热、辐照或加入熟化剂、引发剂、促进剂等开始直至达到规定熟化程度的一段时间。
不推荐：固化时间。

400 手糊成型 hand lay up method
一种制造增强塑料制品的方法。该法是在涂好脱模剂的模具上，用手工一边铺放增强材料一边涂刷树脂，直到所需厚度为止，然后通过熟化和脱模而取得制品。

401 收缩（泡沫塑料中） shrinkage (in foamed plastics)
在泡孔结构无破坏的情况下，泡沫塑料出现尺寸减小的现象。

402 收缩包装 shrink packaging
使物件包封在一个保护封皮内的一种包装方法。该法是将物件先置于预拉伸薄膜袋内，然后通过加热使薄膜围绕物件产生紧密收缩而达到包封的目的。

403 收缩裕量 contraction allowance
在模具设计时，为了补偿制品冷却时的收缩所特加的尺寸余量。

404 树脂 resin
受热时通常有软化或熔融范围，软化时，在外边作用下有流动倾向，常温下是固态、半固态或假固态等的聚合物。有时也可以是液态聚合物。在塑料工业中，广义地讲指作为塑料基材的任何聚合物。

405 树脂淤积 resin pocket
增强塑料的一种缺陷，指增强塑料制品中局部区域存在明显过剩树脂的堆积现象。

406 双联模板 duplicate plate
在压制或传递模塑模具中，两块形状完全相同并组装有阳模或阴模的活动板。两板在成型过程中交替使用，借以提高效率。

407 双轴拉伸　biaxial stretching
为使热塑性薄膜或板材等的分子重新定向，特在玻璃化温度以上所作的双向拉伸过程。

408 水分　water content
物质中所含的水分，但不包括结晶水和缔合水。通常用试样原重量或试样失水后重量百分率表示。

409 水冷套　water collar
围绕模具的套环，以便冷却水能在其中的通道内循环。

410 撕裂强度　tear strength
有切痕或特殊形状的试样被撕裂时的最大负荷除以试样原厚度，用公斤/厘米〔牛顿/米〕表示。

411 塑炼　plasticate
借热和（或）机械功使热塑性塑料软化为具有可塑性的均匀熔体的过程。

412 塑料　plastics
以树脂（有时用单体在加工过程中直接聚合）为主要成分，一般含有添加剂，在加工过程中能流动成型的材料。
注：目前塑料一词尚无确切定义。一般不包括弹性体、纤维、涂料、粘合剂。

413 塑料成型加工　plastic processing
塑料成型加工是一门工程技术专业的总称。所涉及的内容是将塑料材料转变为塑料制品的各种工艺和工程。将塑料材料转变为塑料制品也就是增添其使用价值。在转变的工艺过程中常会发生以下一种或几种情况：化学变化、流动以及物理性能的改变。

414 塑料单丝　plastic monofilament
无限定长度的单根长丝。

415 塑料管　plastic tubing；plastic pipe
由塑料制成一定长度的空心圆筒形制品，其厚度与直径之比一般很小。

416 塑性　plasticity
材料在应力作用下发生永久变形的性质（参见514永久变形）。

417 酸值　acid value
树脂、增塑剂、溶剂中游离酸含量的量度。用中和1克物质中的游离酸所需氢氧化钾（或钠）的毫克数表示。

418 损耗指数　loss index
介电材料的损耗指数等于介电损耗角正切（$\tan\delta$）与（相对）介电常数之积。

419 缩痕　shrink mark；sink mark
塑料制件在模具中因发生收缩而造成的局部表面下陷的缺陷。

420 缩聚（作用）　condensation polymerization
生成聚合物时有水或其他简单分子放出的一种聚合（参见196聚合（作用））。

421 缩聚物　condensation polymer
由缩聚制得的聚合物（参见420缩聚（作用））。

422 锁模圈　locking ring

注射或传递模塑模具中用以锁紧瓣合模具或活动芯模的部件。其作用是防止物料压力对模具活动部件所能引起的移位。

不推荐：锁模楔
　　　　锁紧楔

423　缩醛塑料　acetal plastics
用主链是缩醛或缩醛为主的聚合物为基材的塑料。

424　弹性　elasticity
除去导至变形的负荷后，材料迅速回复其原尺寸或形状的能力。
注：当变形与所加负荷成正比时，该材料被认为是虎克弹性体或理想弹性体。

425　弹性极限　elastic limit
在应力除去后不遗留任何永久变形的条件下，材料能承受的最大应力，用公斤/厘米²〔帕〕表示。
注：在实际测量应变时，往往采用小负荷而不用零负荷作为最终或最初的参考负荷。

426　弹性模量　modulus of elasticity
在比例极限内，材料所受应力（如拉伸、压缩、弯曲、扭曲、剪切等）与材料产生的相应应变之比，用公斤/厘米²〔帕〕表示。

427　弹性体　elastomer
室温下能反复拉伸至原有长度二倍以上，且当应力解除后能迅速回复到接近其原长度或形状的材料。

428　弹性变形　elastic deformation
受力物体的全部变形中在除去应力后能迅速回复的那部分变形。

429　搪塑　slush moulding
是模塑中空制品的一种方法。模塑时将塑料糊倒入开口的中空模内，直至达到规定的容量。模具在装料前或装料后应进行加热，以便使物料在模具内壁变成凝胶。当凝胶达到预定厚度时，倒出过量的液体物料，并再行加热使之熔融，冷却后即可自模内剥出制品。

430　特性粘数　limiting viscosity number
聚合物溶液的粘数在无限稀释情况下的极限值，用〔η〕表示：

$$[\eta] = \lim_{C \to 0} \frac{\eta - \eta_0}{\eta_0 C}$$

亦可用无限稀释时对数粘数的极限值表示：

$$[\eta] = \lim_{C \to 0} \frac{\ln(\eta/\eta_0)}{C}$$

不推荐：特性粘度（intrinsic viscosity）。

431　体积电阻率　volume resistivity
平行材料中电流方向的电位梯度与电流密度之比，用欧姆·厘米〔欧姆·米〕表示。

432　体积系数　bulk factor
一定量模塑料的体积与它成型为模塑制品后的体积之比。亦等于模塑制品的材料密度与成型前的模塑料表观密度之比。

433 梯形聚合物　ladder polymer，双股聚合物　double stranded polymer
由双股主链构成梯形结构的一种聚合物。

434 填料　filler
为了降低成本或改善性能等在塑料中所加入的惰性物质。

435 填料斑　filler specks
制品中木粉或石棉等填料的存在所造成的明显斑痕。

436 调节聚合（作用）　telomerization
单体在调聚剂存在下进行的一种聚合（参见 437 调聚剂）。

437 调聚剂　telogen
能控制聚合物分子量的物质。
注：由调聚剂分子生成游离基的链转移作用，而使聚合物的分子量得到调节。

438 调聚物　telomer
由调节聚合生成的聚合物。其分子量较低，一般只有二个到十个链节，分子的两端是与调聚剂分子分裂部分结合的（参见 436 调节聚合（作用））。

439 条纹　streak
塑料制品表面或内部存在的线状条纹缺陷。

440 烃类塑料　hydrocarbon plastics
以只含碳和氢的聚合物为基材的塑料。

441 停压　dwelling
压制过程中为了使模塑料中的气体逸出，在模具行将完全闭合之前暂停对模具加压的操作。

442 透光率　light transmittance
透过透明或半透明体的光通量与其入射光通量的百分率。

443 透明性　transparency
物体透过可见光并散射较少的性质。

444 涂布　coating
为了防腐、绝缘、装饰等目的，以液体或粉末形式在织物、纸张、金属箔或板等物体表面上涂盖塑料薄层（例如 0.3 mm 以下）的方法。
注：划分衬里、被覆、涂布的原则是皮膜厚度依次变薄。

445 涂布机　spreader
在材料表面上定量涂布粘合剂或涂料等液体（或熔体）高分子材料的机械。

446 涂层　coating
为了防护、绝缘、装饰等目的，涂布于金属、织物、塑料等基体上的塑料薄层（参见 444 涂布）。

447 退火　annealing
为了消除塑料制品的内应力或控制结晶过程，将制品加热到适当的温度并保持一定时间，而后慢慢冷却的操作。

448 脱胶（复合玻璃中）　let-go (composite glass)
复合玻璃的一种缺陷，指夹层与玻璃之间某一部分已发生分离的现象。

449 脱模　ejection

从模腔中顶出或脱出制品的操作。

450 脱模剂 release agent
能使塑料制品易于脱模的物质。
注：脱模剂既可加入模塑料中，亦可覆于模具表面。前者称内脱模剂、后者称外脱模剂。

451 弯曲强度 flexural strength
材料在弯曲负荷作用下破裂或达到规定挠度时能承受的最大应力，用公斤/厘米^2［帕］表示。

452 网状聚合物 network polymer
由线型高分子链间通过化学键合所构成三维结构的聚合物。

453 维卡软化点试验 Vicat softening point test
评价热塑性塑料高温变形趋势的一种试验方法。该法是在等速升温条件下，用一根带有规定负荷、截面积为 1 毫米^2 的平顶针放在试样上，当平顶针刺入试样 1 毫米时的温度即为该试样所测的维卡软化温度。

454 稳定剂 stabilizer
能阻缓材料变质的物质。

455 雾度 haze
透明或半透明塑料的内部或表面由光散射造成的云雾状或混浊的外观。以向前散射的光通量与透过光通量的百分率表示。

456 无规聚合物 atactic polymer
主链链节上不对称原子（通常指碳原子）所连两个侧基在主链上所具有的主平面上下两方呈无规则空间排列的聚合物。

457 无流道（料）模具 runner less mould
（1）用于注射成型的一种模具。模具中不设置分流道而由注塑机延伸式喷嘴直接将熔融料分注到各个模腔中成型；
（2）分流道与模腔彼此间用绝热材料隔离的一种注塑模具。成型时，各分流道温度均维持在塑料软化温度以上（热塑性塑料所用的热流道模具），或都维持在塑料熟化温度以下（热固性塑料所用的冷流道模具）。

458 烯丙基树脂 allyl resin
用含有烯丙基的单体制得的树脂。

459 烯丙基塑料 allyl plastics
以烯丙基树脂为基材的塑料。

460 稀释容限 solvent tolerance
在不发生沉淀或混浊的情况下，用特定溶剂对树脂的浓溶液进行稀释的限度。通常以刚出现混浊时溶液中树脂的百分含量表示。

461 吸水率 water absorption
物质吸水性的量度。指在一定温度下把物质在水中浸泡一定时间所增加的重量百分率。

462 下压式压机 downstroke press
主活塞位于可动板的上面，靠主活塞向下运动施加压力的压机，是常用压机的一种主要类型。

463 线膨胀系数　coefficient of linear thermal expansion
温度每变化1度材料长度变化的百分率。

464 纤维缠绕法　filament winding method
制造增强塑料制品的一种方法。该法是将浸过粘结剂的连续纤维按一定方式缠绕在芯模上，然后熟化成型为一定形状的增强塑料制品。

465 纤维素塑料　cellulosic plastics
以纤维素衍生物为基材的塑料。

466 线型酚醛树脂　novolak
在酸性催化剂存在下，由过量苯酚与甲醛缩聚制得的一种热塑性酚醛树脂。
注：这种树脂只有加入能提供次甲基的化合物，例如六次甲基四胺或多甲醛加热后才能熟化为热固性材料。

467 香豆酮树脂　coumarone resin
以香豆酮和茚或其同系物聚合或共聚制得的聚合物。

468 相容性　compatibility
两种或两种以上物质混合时，不产生相斥分离现象的能力。

469 硝酸纤维素　cellulose nitrate
以硫酸和硝酸的混合物与α-纤维素反应制得的一种纤维素酯。
注：用于制造塑料的硝酸纤维素酯其含氮量一般为 10.8%～11.1%。

470 （脱模）斜度　draft
为使制品容易脱模在模具侧壁上所开设的斜度。

471 斜向机头　angle head
是机头的一种。其出料方向与挤出机机筒的中心线成一定角度。若成直角时就称为直角机头。

472 新料　virgin material
除在原来合成与配制的过程经过加工外，没有在成型加工中使用过的一种塑料或树脂。

473 芯模　mandrel
（1）缠绕成型增强塑料时用的芯型。
（2）在其他成型中尚指模具或口模的中心部件。
不推荐：模芯。

474 型坯　parison
用于吹塑成型或其他加工过程的半制品性质的有形塑料体，一般为管状形式。

475 修饰　finishing
去除制品浇口余料、飞边和改善塑料制品外观的操作。

476 悬浮聚合（作用）　suspension polymerization
珠状聚合（作用）　pearl polymerization
在悬浮体系中进行的一种聚合（参见477悬浮体）。

477 悬浮体
悬浊液　suspension
固体微粒在液体介质中的分散体系。

478 旋转成型
  滚塑 rotational moulding
  类似于旋转铸塑的一种成型方法，不同的是其所用的物料不是液体，而是烧结性干粉料。其过程是把粉料装入模具中而使它绕两个互相垂直的轴旋转、受热并均匀地在模具内壁上熔结成为一体，而后再经冷却就能从模具中取得空心制品。

479 旋转铸塑 rotational casting
  用液态物料成型中空制品的一种方法。该法是将液态物料装在密闭的模具中而使它以较低速度绕单轴或多轴旋转，这样，物料即能借重力而分布在模具的内壁上，在通过加热或冷却达到熟化或硬化后，即可从模具中取得制品。绕单轴旋转的用于生产圆筒形制品，绕双轴或靠振动运动的则用于生产密闭制品。

480 压板开档
  压板开距 daylight
  动压板和定压板开启时的最大间距，在层压机中指相邻的两块压板间开启时的最大间距。

481 砑光机 calender
  由两个或多个辊组成的一种机械，主要用于平整或压光塑料薄膜和片基等。

482 压机 press
  利用压板对塑料在成型中进行加压的机械的通称。

483 压裂 pressure break
  层压塑料的一种缺陷。指透过表面覆盖的树脂层可以看见的层压塑料中较外面一层或几层增强材料所具有的明显裂纹。

484 压缩比 compression ratio
  螺杆加料段第一个螺槽构成的容积（V_2）和计量段最后一个螺槽构成的容积（V_1）之比（V_2/V_1）。

485 压缩模塑
  模压 compression moulding
  模塑料在闭合模腔内借助加压（一般尚需加热）的成型方法。

486 压缩强度 compression strength
  在压缩试验中，试样直至破裂（脆性材料）或产生屈服（非脆性材料）时所受的最大压缩应力，其结果以公斤/厘米^2［帕］表示。计算时采用的面积是试样的原始横截面积。

487 压延 calendering
  将热塑性塑料通过一系列加热的压辊，而使其连续成型为薄膜或片材的一种成型方法。

488 压延辊 bowl
  压延机的一套冷铸辊，它是构成这类机器的主要部件。

489 压延机 calender
  用于压延成型的机械。通常具有三个或多个压辊。

490 压制模具 compression mould
  用于压缩模塑的模具。

491 阳模 forcer
  模具中带有凸出部分的那一半，一般是形成制品内表面的。

492 样品 sample
用来代表材料或制品整体的一小部分材料或制品。

493 杨氏模量 Youn's modulus
在拉力作用下的弹性模量，即在比例极限内，拉伸应力与相应的应变之比，用公斤/厘米^2〔帕〕表示。

494 引发剂 initiator
促使单体分子活化成游离基的物质。常用的引发剂为有机过氧化物及有机重氮化合物等。

495 乙-阶段 B-stage
某些热固性树脂反应的中间阶段。该阶段中，树脂与某些溶剂（如乙醇、丙酮等）接触时能溶胀但不能溶解，加热时可以软化但不能完全熔化。

496 溢料，飞边 flash
模塑过程中溢入模具合模面缝隙间并留存在模塑件上的剩余料。
注：溢料通常用抛光、研磨、桶磨、球珠冲击等法除去。

497 溢料槽 flash groove
压制模具中，为使过剩塑料溢出而在模具上特意开设的浅沟槽。

498 溢料脊 flash ridge，合模口 cut-off
溢料式模具合模面上沿模腔周边设计的凸起平台。闭模时多余物料由此溢出。

499 溢料式模具 flash mould
在压缩模塑时，允许过量物料在闭模时溢出的模具。

500 异氰酸酯塑料 isocyanate plastics
用二或多异氰酸酯与二元醇、多元醇或含多个活泼氢的有机化合物制得的含有游离异氰酸酯的聚合物为基材的塑料。

501 乙烯类树脂 ethylene resin
以乙烯聚合或乙烯为主与一种或多种其他不饱和化合物共聚制得的聚合物。

502 因次稳定性
尺寸稳定性 dimensional stability
在环境条件变化的情况下，塑料制品保持形状或尺寸的能力。

503 阴模 cavity block
模具中带有凹形部分的那一半，一般是形成制品外表面的。

504 泅色 bleeding
着色剂由塑料制品内部扩散到表面并转移到与之接触的材料的表面上所造成的变色污染缺陷。

505 银纹 crazing
由于材料本身强度承受不起内在或外加的应力，塑料制品表面或内部所出现的如霜一般的细纹。
注：细纹处密度低于周围材料的密度。

506 应变 strain
物体在应力作用下产生的尺寸变化与原始尺寸之比，是无因次量。

507 硬度 hardness

塑料材料对压印、刮痕的抵抗能力。

注：根据试验方法不同，有巴氏（Barcol）硬度、布氏（Brinell）硬度、洛氏（Rockwell）硬度、邵氏（Shore）硬度、莫氏（Mohs）硬度、刮痕（Scratch）硬度和维氏（Vickers）硬度等。

508 应力 stress

作用于物体单位面积上的力，用公斤/厘米^2［帕］表示。

注：若单位面积按原始截面积计算，则所得应力为工程应力；若单位面积按变形瞬间的截面积计算，则所得应力为真应力。应力有剪应力、拉伸应力和压应力等区别。

509 应力开裂 stress cracks

长时间或反复施加低于塑料力学性能的应力而引起塑料外部或内部产生裂纹的现象。

注：引起开裂的应力可以是内部应力或外部应力，也可以是这些应力的合力。应力开裂的速度随塑料所处的环境而变化。

510 应力松弛 stress-relaxation

试样在保持恒定应变时应力随时间衰减的现象。

511 应力—应变曲线 stress-strain curve

在材料试验中，以纵坐标表示应力，横坐标表示应变，所作的应力—应变曲线。

512 硬质泡沫塑料 rigid foamed plastics

无柔韧性、压缩硬度大、应力达到一定值方产生变形，解除应力后不能恢复原状的泡沫塑料。

513 硬质塑料 rigid plastics

按 GB 1040—79《塑料拉伸试验方法》测定，拉伸弹性模量大于 7 000 kg/cm^2 约 700×10^6［Pa］的塑料。标准环境按照 GB 1039—79《塑料力学性能试验方法总则》的要求选取。

514 永久变形 permanent set

材料在除去使其产生变形的应力之后剩余的固定变形。

515 有规聚合物 tactic polymer

主链链节的不对称原子（通常指碳原子）所连接的两种侧基，在主链平面的上下方呈有序空间排列的聚合物。分等规聚合物和间规聚合物。

516 有机硅树脂 silicone resin

主链由硅氧原子交替组成而硅原子上带有有机基团的聚合物。

517 有机硅塑料 silicone plastics

以有机硅树脂为基材的塑料。

518 游离基

自由基 free radical

化合物分子在外界条件（如光、热等）的影响下，于共价键处分裂成带不成对电子的原子或原子团。

注：游离基不能稳定存在，易自行结合成稳定分子或与其他物质起反应生成新的游离基。

519 游离基聚合（作用），自由基聚合（作用） free radical polymerization

借引发剂及光、热、辐射能等的引发而使单体分子活化生成游离基并按连锁反应历程进行的聚合（参见 518 游离基）。

二、建筑防水材料及橡胶和塑料常用术语

520 预成型　preforming
把模塑料预先加工成为便于加入模腔的一定形状的锭料，或将短切纤维用中间粘结剂制成形状近似于最终产品的毡状物的操作过程。

521 预混料　premix
增强塑料中，成型前预先配制的含有短切纤维的混合料。

522 预浸料　prepreg
增强塑料中，用粘合剂均匀浸渍并经适当干燥的织物、毡、片或连续纤维。

523 预聚物　prepolymer
聚合度介于单体与最终聚合物之间的一种分子量较低的聚合物。通常指制备最终聚合物前一阶段的聚合物。
注：这种聚合物在成型过程中能进一步聚合。

524 预热　preheating
为了改善模塑料的加工性能和缩短成型周期等的需要，把模塑料在成型前先行加热的操作。

525 预压（料）锭　preform
在压缩模塑中，为了改善制品质量和提高模塑效率等的需要而将粉料、粒料或纤维状模塑料预先压成一定形状的坯料。

526 鱼眼　fish eye
透明或半透明塑料薄膜或片材中明显可见的鱼眼状缺陷，即树脂在成型过程中没有得到充分塑化的粒点。

527 再生料　reworked material
塑料成型加工中的边角料或其他来源的废塑料，经过适当处理而使其能再用于制造质量较低的制品的物料。

528 再生塑料　reworked plastics
以再生料为基材的塑料。

529 造粒机　pelletizer
带有热切粒装置的挤出机。

530 增量剂　extender
为了降低成本所添加到塑料中的一类惰性物质。

531 增强材料　rcinforcement；reinforcing material
加入塑料中能使塑料制品的力学性能显著地提高的填料。一般为纤维性物质或织物。

532 增强塑料　reinforced plastics
含有增强材料而某些力学性能比原塑料有显著提高的一种塑料。
注：采用的增强材料通常为玻璃纤维、纺织物、石棉、纸、碳纤维等。

533 增塑（作用）　plasticization
通过添加增塑剂或对聚合物进行化学改性，而使塑料材料变得柔软和（或）便于加工的一种过程。

534 增塑剂　plasticizer
为改善塑料塑性和提高柔性而加入塑料中的一种低挥发性物质。

注：加入增塑剂后能降低所用树脂的软化温度、熔融温度和弹性模量。

535 轧花 embossing
在塑料薄膜或片材的成型过程中，使其趁热通过刻花辊筒而在其表面形成压纹的过程。

536 早冷料 cold slug
注射成型中，由喷咀最初进入注射模具而被加料系统急剧冷却的一段熔融物料。

537 针孔 pinhole
塑料片材或薄膜中存在的针眼大小的透孔缺陷。

538 真空成型 vacuum forming
一种二次成型方法，采用真空使受热软化的片材紧贴模具表面进行的成型。

539 真应力 true stress
参见 508 应力。

540 支化聚合物 branched polymer
单体在聚合过程中由于支化反应而生成的带有支链的聚合物。

541 直角机头 cross head
参见 471 斜向机头。

542 中空吹塑 blow moulding
借流体压力使闭合在模具中的热型坯或片材吹胀成为中空制品的一种方法。

543 重力闭合 gravity closing
下压式压机仅靠活塞及其附件的重力完成闭模的方法。

544 皱裂面 pulled surface
层压塑料表面发生碎裂和明显分层的一种缺陷。

545 周期产额 lift（in moulding）
压机在一个模塑周期中所生产的成套制品数。
注：生产率可以用每小时周期产额的总数表示。

546 皱折 wrinkle
增强塑料中，增强材料的一层或多层出现折痕或皱纹的外观缺陷。

547 主流道 sprue
在注射或传递模塑模具中，从模具进料口起到单模腔模具的浇口或多模腔模具的分流道为止的一段流道。

548 柱塞挤出 ram extrusion
靠柱塞压力使物料由机筒通过口模的挤出方法。

549 注射成型
注塑 injection moulding
使热塑性或热固性模塑料先在加热机筒中均匀塑化，而后由柱塞或移动螺杆推挤到闭合模具的模腔中成型的一种方法。

550 注射-吹塑 injection blow mulding
一种中空吹塑方法，系用注射成型法先将塑料制成有底型坯，接着再将型坯移到吹塑模中吹制成中空制品。

551 注射（成型）机

二、建筑防水材料及橡胶和塑料常用术语

注塑机　injection moulding machine
注射成型用的机械。由塑化装置、注射装置、合模装置和传动机构等组成。

552　注射量　shot
一个注射成型周期中注入模具中的塑料重量。

553　注射模具
注塑模具　injection mould
用做注射成型的模具。

554　注射能力　shot capacity
一台注塑机每个周期注入模内塑料的最大量。在柱塞式注塑机中以重量计，而在螺杆式注塑机中往往以体积计。

555　注射速率　injection rate
注射机单位时间内的最大注射量，指柱塞或螺杆的横截面积及其前进速度的积，以厘米^3/秒［米^3/秒］表示。

556　注射压力　injection pressure
在注射成型和传递模塑中，模塑料注入模腔时加在柱塞作用面的压力，以公斤/厘米^2［帕］表示。

557　状态调节　conditioning
为了使材料在随后的加工和试验中结果稳定和再现性好，把材料在规定的标准环境中保持一定时间的措施。

558　着色剂　colorant
使塑料着色的染料或颜料及其助剂的总称。

559　自燃温度　self-ignition temperature
在没有外部火焰情况下，使塑料温度缓慢而均匀地上升时，塑料开始自然的最低温度。
注：自燃温度与试样大小、热量损失条件、水分等因素有关。

560　自热挤出　autothermal extrusion
一种仅由螺杆驱动能量所生的摩擦热来加热塑料的挤出方法。

561　自熄性　self-extinguishing
撤除火焰后材料自行停止燃烧的能力。

562　阻聚剂　inhibitor
能阻止聚合反应的物质。

563　阻燃剂　fire rettardant
能阻止燃烧，降低燃烧速度或（和）提高着火点的一种物质。

564　阻滞剂　retarder
能减缓聚合反应的物质。

565　转鼓抛光　tumble polishing
将小型模塑件和抛光剂、磨料等疏松地装在转鼓中转动，借以除去模塑件中的浇口余料、飞边、脊缝等，并对模塑件表面进行抛光的一种修饰加工方法。

（六）水泥与混凝土

001　水泥　cement

加水拌和成塑性浆体，能胶结砂、石等适当材料并能在空气和水中硬化的粉状水硬性胶凝材料。

002 硅酸盐水泥 portland cement
由硅酸盐水泥熟料、0～5％石灰石或粒化高炉矿渣、适量石膏磨细制成的水硬性胶凝材料，即国外通称的波特兰水泥。

003 普通硅酸盐水泥 ordinary portland cement
由硅酸盐水泥熟料、6％～15％混合材料、适量石膏磨细制成的水硬性胶凝材料。

004 矿渣硅酸盐水泥 portland blastfurnace-slag cement
由硅酸盐水泥熟料、粒化高炉矿渣和适量石膏磨细制成的水硬性胶凝材料。

005 火山灰质硅酸盐水泥 portland-pozzolana cement
由硅酸盐水泥熟料、火山灰质混合材料和适量石膏磨细制成的水硬性胶凝材料。

006 粉煤灰硅酸盐水泥 portland fly ash cement
由硅酸盐水泥熟料、粉煤灰和适量石膏磨细制成的水泥。

007 复合硅酸盐水泥 composite portland cement
由硅酸盐水泥熟料、两种或两种以上规定的混合材料和适量石膏磨细制成的水泥。

008 中热硅酸盐水泥 moderate heat portland cement
以适当成分的硅酸盐水泥的熟料，加入适量石膏磨细制成的具有中等水化热的水硬性胶凝材料。

009 低热矿渣硅酸盐水泥 low heat portland slag cement
以适当成分的硅酸盐水泥塑料，加入矿渣、适量石膏磨细制成的具有低水化热的水硬性胶凝材料。

010 性硬硅酸盐水泥 rapid hardening portland cement
由硅酸盐水泥熟料加入适量石膏，磨细制成早期强度高的以 3 d 抗压强度表示标号的水泥。

011 抗硫酸盐硅酸盐水泥 sulphate resisting portland cement
由硅酸盐水泥熟料加入适量石膏，磨细制成的抗硫酸盐腐蚀性能良好的水泥。

012 白色硅酸盐水泥 white portland cement
由氧化铁含量少的硅酸盐水泥熟料加入适量石膏，磨细制成的白色水泥。

013 砌筑水泥 masonry cement
由活性混合材料，加入适量硅酸盐水泥熟料和石膏，磨细制成主要用于配制砌筑砂浆的低标号水泥。

014 油井水泥 oil well cement
由适当矿物组成的硅酸盐水泥熟料、适量石膏和混合材料等磨细制成的适用于一定井温条件下油、气井固井工程的水泥。

015 石膏矿渣水泥 supersulphated cement
以粒化高炉矿渣为主要组分材料，加入适量石膏、硅酸盐水泥熟料或石灰磨细制成的水泥。

016 细度 fineness
粉状物料的粗细程度。通常以标准筛的筛余百分数或比表面积或粒度分布表示。

二、建筑防水材料及橡胶和塑料常用术语

017 **试验筛** Test sieve
测定粉状物料细度时所用的具有标准规格的筛子。测定水泥细度用试验筛是孔边为 0.080 mm 的方孔筛。

018 **筛余** residue on sieve
粉状物料细度的表示方法。一定质量的粉状物料在试验筛上筛分后所残留于筛上部分的质量百分数。

019 **比表面积** specific surface area
单位质量的物料所具有的表面积。单位是 m^2/kg。通常用透气法比表面积仪测定水泥的比表面积。

020 **粒度分布** particle size distribution
不同尺寸颗粒在粉状物料中分布的质量百分比。

021 **水泥净浆标准稠度** normal consistency of cement paste
为测定水泥的凝结时间、体积安定性等性能,使其具有准确的可比性,水泥净浆以标准方法测试所达到统一规定的浆体可塑性程度。

022 **水泥净浆标准稠度需水量** water requirement for normal consistency of cement paste
拌制水泥净浆时为达到标准稠度所需的加水量。

023 **凝结时间** setting time
水泥从加水拌和开始到失去流动性,即从可塑状态发展到固体状态所需要的时间。水泥凝结时间分初凝时间和终凝时间。

024 **水泥体积安定性** soundnes of cement
水泥浆体硬化后体积变化的稳定性。

025 **试饼法** pat test
检验水泥熟料中游离氧化钙影响水泥体积安定性的常用方法。用标准稠度需水量拌制的水泥净浆试饼,经养护及沸煮一定时间后,检查试饼有无裂缝或弯曲。

026 **雷氏夹法** Le chatelier soundness test
检验水泥中游离氧化钙含量影响水泥体积安定性的方法。用标准稠度需水量拌制的水泥净浆填满雷氏夹的圆柱环中,经养护及沸煮一定时间后,检查雷氏夹两根指针针尖距离的变化,以判断水泥体积安全定性是否合格。

027 **压蒸法** autoclave expansion test
检验水泥中主要因方镁石水化可能造成的水泥体积不均匀变化的快速方法。用标准稠度需水量拌制的水泥净浆试件经养护及沸蒸一定时间后,在饱和水蒸气条件下提高温度和压力使水泥中的方镁石在较短时间内绝大部分水化,用试件的形变来判断水泥浆体积安定性是否合格。

028 **标准砂** standard sand
检验水泥强度专用的细集料。由高纯度的天然石英砂经筛洗加工制成。对二氧化硅含量和粒度组成有规定质量要求。

029 **水泥胶砂** cement mortat
以水泥、标准砂和水按特定配合比所拌制的水泥砂浆,用于标准试验方法中测试各种水泥的物理力学性能。

030　水泥胶砂流动度　flow of cement mortat
表示水泥胶砂流动性的一种量度。在一定加水量下，流动度取决于水泥的需水性。流动度以水泥胶砂在流动桌上扩展的平均直径（mm）表示。

031　水泥胶砂强度　stregth of cement mortat
表示水泥力学性能的一种量度。按水泥强度检验标准规定所配制的水泥胶砂试件，经一定龄期的标准养护后所测得的强度。

032　水泥胶砂需水量　water requirement of cement mortar
使水泥胶砂达到一定流动度时所需要的加水量。

033　水灰比　watercement ratio
水泥浆、水泥胶砂、混凝土混合料中拌和水与水泥的质量比值。

034　水泥胶砂需水量比　water requirement ration of cement mortar
两种水泥胶砂达到规定的同一流动度范围时的加水量之比。

035　养护　curing
在测定水泥物量力学性能时，水泥试件需在规定温、湿度的空气中和水中放置一定时间，以使水泥较好水化的过程。

036　龄期　age
测定水泥浆、水泥胶砂和混凝土的物理力学性能时，从水泥加水拌和时起至性能实测时为止的养护时间。

037　水泥标号　strength grade of cement
根据水泥强度的高低划分水泥产品质量的等级。

038　水化热　heat of hydration
水泥和水之后化学反应放出的热量，通常以 kJ/kg 表示。

039　耐蚀系数　coefficient of chemical resistance
水泥耐蚀性能的一种指标。以同一龄期下水泥试体在侵蚀性溶液中的强度与在淡水中养护强度之比表示。

040　集料（骨料）　aggregate
在混合料中起骨架和填充作用的粒料，包括碎石、砾石、石屑、砂等。

041　粗集料　coarse aggregate
在沥青混合料中，粗集料是指粒径大于 2.36 mm 的碎石、被碎砾石、筛选砾石和矿渣等；在水泥混凝土中，粗集料是指粒径大于 5 mm 的碎石、砾石和破碎砾石。

042　细集料　fine aggregate
在沥青混合料中，细集料是指粒径小于 2.36 mm 的天然砂、人工砂及石屑；在水泥混凝土中，细集料是指粒径小于 5 mm 的天然砂、人工砂。

043　矿粉　mineral filler
加入沥青混合料中起到填料作用的符合规格要求的矿物质粉末。填料可为磨细石粉、消石灰粉、水泥、粉煤灰等。

044　堆积密度　accumulated density
单位体积（含物质颗粒固体及其闭合、开口孔隙体积及颗粒间空隙体积）物质颗粒的质量。有干堆积密度及湿堆积密度之分。

045 表观密度（视密度） apparent density
单位体积（含材料的实体矿物成分及闭口孔隙体积）物质颗粒的干质量。

046 表观相对密度（视比重） apparent specific gravity
表观密度与同温度水的密度之比值。

047 表干密度（饱和面干毛体积密度） saturated surface-dry density
单位体积（含材料的实体矿物成分及其闭口孔隙、开口孔隙等颗粒表面轮廓线所包围的全部毛体积）物质颗粒的饱和面干质量。

048 表干相对密度（饱和面干毛体积相对密度） saturated surface-dry bulk specific gravity
表干密度与同温度水的密度之比值。

049 毛体积密度 bulk density
单位体积（含材料的实体矿物成分及其闭口孔隙、开口孔隙等颗粒表面轮廓线所包围的毛体积）物质颗粒的干质量。

050 毛体积相对密度 bulk specific gravity
毛体积密度与同温度水的密度之比值。

051 细度模数 fineness modulus
表征砂子粒径的粗细程度，以砂在规定各筛孔的累计筛余百分率之和除以100求得。

052 石料磨光值 polished stone value
按规定试验方法测得的石料抵抗轮胎磨光作用的能力，即石料被磨光后用摆式仪测得的摩擦系数。

053 石料冲击值 lashed stone value
按规定方法测得的石料抵抗冲击荷载的能力，冲击试验后，小于规定粒径的石料的质量百分率。

054 石料磨耗值 weared stone value
按规定方法测得的石料抵抗磨耗作用的能力，其测定方法分别有道瑞法、洛杉矶法和狄法尔法。

055 石料压碎值 crushed stone value
按规定方法测得的石料抵抗压碎的能力，以压碎试验后小于规定粒径的石料质量百分率表示。

056 集料空隙率（间隙率） percentage of voids in aggregate
集料的颗粒之间空隙体积占集料总体积的百分比。

057 孔隙比 void ratio
集料孔隙（含开口孔隙、粒间空隙）体积与颗粒所占体积（含颗粒固体、闭口孔隙）的比值，用小数表示。

058 碱集料反应 alkali-aggregate reaction
水泥混凝土中因水泥和外加剂中超量的碱与某些活性集料发生不良反应而损坏水泥混凝土的现象。

059 砂率 sand percentage
水泥混凝土混合料中砂的质量与砂、石总质量之比，以百分率表示。

060 针片状颗粒 flat and elongated particles in coarse aggregate

指粗集料中细长的针状颗粒与扁平的片状颗粒。当颗粒形状的诸方向中的最小厚度（或直径）与最大长度（或宽度）的尺寸之比小于规定比例时，属于针片状颗粒。

061 标准筛 standard test sieves

对颗粒性材料进行筛分试验用的符合标准形状和尺寸规格要求的系列样品筛。

沥青路面及各类基层集料的粒径均以方孔标准筛为准，标准筛筛孔尺寸依次为75 mm、63 mm、53 mm、37.5 mm、31.5 mm、26.5 mm、19 mm、16 mm、13.2 mm、9.5 mm、4.75 mm、2.36 mm、1.18 mm、0.6 mm、0.3 mm、0.15 mm、0.075 mm。水泥混凝土集料的粒径大于和等于2.5 mm的，以圆孔标准筛为准；小于2.5 mm的，以方孔筛为准。标准筛筛孔尺寸依次为 100 mm、80 mm、63 mm、50 mm、40 mm、31.5 mm、25 mm、20 mm、16 mm、10 mm、5 mm、2.5 mm、1.25 mm、0.63 mm、0.315 mm、0.16 mm、0.075 mm。但当缺乏 63 mm、31.5 mm、16 mm 圆孔筛时，容许以 60 mm、30 mm、15 mm 圆孔筛代替；缺乏 0.63 mm、0.315 mm、0.16 mm 方孔筛时，容许以 0.6 mm、0.3 mm、0.15 mm 方孔筛代替。

062 集料最大粒径 maximum size of aggregate

指集料的 100% 都要求通过的最小的标准筛筛孔尺寸。

063 集料的公称最大粒径 nominal maximum size of aggregate

指集料可能全部通过或允许有少量不通过（一般容许筛余不超过10%）的最小标准筛筛孔尺寸。通常比集料最大粒径小一个粒级。

064 普通混凝土 ordinary concrete

干密度为 2 000~2 800 kg/m³ 的水泥混凝土。

065 干硬性混凝土 stiff concrete

混凝土拌和物的坍落度小于 10 mm 且须用维勃稠度（s）表示其稠度的混凝土。

066 塑性混凝土 plastic concrete

混凝土拌和物坍落度为 10~90 mm 的混凝土。

067 流动性混凝土 pasty concrete

混凝土拌和物坍落度为 100~150 mm 的混凝土。

068 大流动性混凝土 flowing concrete

混凝土拌和物坍落度等于或大于 160 mm 的混凝土。

069 抗渗混凝土 impermeable concrete

抗渗等级等于或大于 P6 级的混凝土。

070 抗冻混凝土 frost-resistant concrete

抗冻等级等于或大于 F50 级的混凝土。

071 高强混凝土 high-strength concrete

强度等级为 C60 及其以上的混凝土。

072 泵送混凝土 pumped concrete

混凝土拌和物的坍落度不低于 100 mm 并用泵送施工的混凝土。

073 大体积混凝土 mass concrete

混凝土结构物实体最小尺寸等于或大于 1 m，或预计会因水泥水化热引起混凝土内外温差过大而导致裂缝的混凝土。

074 **砂浆** mortar

由胶结料、细集料、掺加料和水配制而成的建筑工程材料,在建筑工程中起粘结和传递应力的作用。

075 **砌筑砂浆** masonry mortar

将砖、石、砌块等粘结成为砌体的砂浆。

076 **水泥砂浆** cement mortar

由水泥、细集料和水配制成的砂浆。

077 **水泥混合砂浆** composite mortar

由水泥、细集料、掺加料和水配制成的砂浆。

078 **掺加料** materials mixed in mortar

为改善砂浆和易性而加入的无机材料,例如:石灰膏、电石膏、粉煤灰、黏土膏等。

079 **电石膏** calcium carbide sludge

电石消解后,经过滤后的产物。

080 **外加剂** admixtures

在拌制砂浆过程中掺入,用以改善砂浆性能的物质。

081 **地下防水工程** underground waterproof engineering

指对工业与民用建筑地下工程、防护工程、隧道及地下铁道等建(构)筑物,进行防水设计、防水施工和维护管理等各项技术工作的工程实体。

082 **防水等级** grade of waterproof

根据地下工程的重要性和使用中对防水的要求,所确定结构允许渗漏水量的等级标准。

083 **刚性防水层** rigid waterproof layer

采用较高强度和无延伸能力的防水材料,如防水砂浆、防水混凝土所构成的防水层。

084 **柔性防水层** flexible waterproof layer

采用具有一定柔韧性和较大延伸率的防水材料,如防水卷材、有机防水涂料构成的防水层。

085 **初期支护** primary linning

用矿山法进行暗挖法施工后,在岩体上喷射或浇筑防水混凝土所构成的第一次衬砌。

086 **盾构法隧道** shield tunnelling method

采用盾构掘进机进行开挖,钢筋混凝土管片作为衬砌支护的隧道暗挖施工法。

(七)试验方法精确度

001 **准确度** accuracy

试样的测定均值与真值之间的一致程度。

注:① 此真值可为认定的参照值或标准值;

② 参照值或标准值可用理论来确定,或参照一个认定的标准,另一个试验方法或者在某种情况下将试验方法应用于一批材料的全部试样所得到数(量)值的平均值来确定;

③ 准确度越高,一致程度就越大。

002 **偏差** bias

试验结果平均值与认定的参照值之差。

附 录

注：高准确度意味着偏差很小或可忽略不计。当存在偏差时增加试验次数并不提高准确度，而只是增加对偏差程度的了解。

003 精密度 precision

在确定条件下，将试验步骤实施多次所得结果之间的一致程度。

注：① 一致程度通常与标准差相反，高精密度相当于低（小）的标准差；

② 高精密度与大的偏差或低的准确度有可能同时存在。

004 测定 determination

将试验步骤实施于一个试样，产生一个数值（试验）测定值，用来形成平均值或中值。

005 试验结果 test result

规定数量测定值的平均值或中值。它是一项试验的报告数值。

006 水平 level

本标准指试样的等级。

007 单元 cell

本标准指一个实验室与一个水平的任一组合。

008 重复性，r repeatability，r

指一个数值。在同一实验室由同一操作者，用同一试验方法与设备，对相同试样得到两次试验结果之差的绝对值以某个指定概率的容许差。本标准的概率取 95%。

009 再现性，R reproducibility，R

指一个数值。在不同实验室、不同操作者、不同设备和在一个规定的时间内，用同一试验方法对相同试样得到两次试验结果之差的绝对值以某个指定概率的容许差。本标准的概率取 95%。

010 短期重复性，r_{ST} short-term repeatability，r_{ST}

在较短的时间周期内（如以分钟、小时或天计）所获得的重复性。

注：对每项试验方法标准都需要加以规定。

011 长期重复性，r_{LT} long-term repeatability，r_{LT}

经过长的时间周期（如以天、周或月计）所获得的重复性。

注：① 对每项试验方法标准都需要加以规定。

② 影响长期重复性的因素有不同的操作者，不同的环境因素（如季节变化引起温度、湿度不同）和设备的重新校验或调节。

012 短期再现性，R_{ST} short-term reprodubility，R_{ST}

在较短的时间周期内（以分钟、小时或天计）所获得的再现性。

013 长期再现性，R_{LT} long-term reproducibility，R_{LT}

经过长的时间周期（如以天、周或月计）所获得的再现性。

注：影响长期再现性的因素有不同操作者、不同的环境因素（如季节变化引起温度、湿度不同）和设备的重新校验或调节。

014 相对重复性，(r) 和相对再现性，(R) relative repeatability (r) amd relative reproducibility (R)

重复性 r、再现性 R 与相应水平的平均值的百分比，这相当于变异系数。

r_{ST} 或 r_{LT} 表示相对短期重复性或相对长期重复性。

(R_{ST}) 或 (R_{LT}) 表示相对短期再现性或相对长期再现性。

015 两次测定值容许差，AD_2 acceptance difference (duplicate determinations)
指一个数值。在实验室内两个测定值之差应该以规定的概率低于这个数值。
注：① 两个测定值是使用相同的试样、操作者和设备在没有其他说明的情况下，于同一时间获得的，概率为95%。
② 如果计算的差低于容许差，则两个测定值可以用来平均，平均值作为试验结果写入报告。如果计算的差超过容许差，则要再进行测定以得到合格的测定值。
如果再进行测定，原来的测定值要作废，只使用新的测定值作为判断。

016 X次测定值容许差，AD_x acceptance difference (X determinations)
指一个数值。在实验室内以规定次数测定值的最大极差应该以规定的概率低于这个数值。
注：① 规定次数测定值是使用相同的试样、操作者和设备在没有其他说明的情况下，于同一时间获得的，概率为95%。
② 如果计算的最大极差低于容许差，则全部测定值均可用来平均或取中值，而该平均值或中值作为试验结果写入试验报告。如果最大极差超过容许差则要进行测定，以得到合格的测定值。
如果再进行测定，原来的测定值要作废，只使用新的测定值作为判断。

三、常用建筑材料物理性能参数

序号	材料名称	表观密度 ρ_0 (kg/m³)	导热系数 λ (W/m·K)	比热 C (kJ/kg·K)	蓄热系数 S (Z=24h) (W/m²·K)	蒸汽渗透系数 $\mu(\times 10^{-6}$g/ m·s·Pa)
1	混凝土					
	碎石或卵石混凝土①	2 200	1.28	0.837	13.026	0.012
	碎砖混凝土	1 800	0.872	0.837	9.769	0.018
	无砂大空混凝土	1 900	0.989	0.837	10.641	0.055
	无砂大空混凝土	1 600	0.698	0.837	8.20	0.06
	石渣混凝土	1 500	0.698	0.795	7.734	0.024
	石渣混凝土	1 000	0.407	0.754	4.710	0.036
	蒸养和非蒸养泡沫混凝土	800	0.291	0.837	3.745	0.049
	蒸养和非蒸养泡沫混凝土	400	0.151	0.837	1.919	0.065
	地沥青混凝土	2 100	0.105	1.674	16.282	0.002
	钢筋混凝土	2 400	1.512	0.837	14.945	0.008
2	石棉制品					
	石棉毡	420	0.116	0.837	0.174	0.0134
	石棉水泥块和板	1 900	0.349	0.837	6.338	0.007
	石棉水泥隔热板	500	0.128	0.837	1.965	0.104
	石棉水泥隔热板	300	0.093	0.837	1.303	0.104
	石棉水泥隔热板混凝土	250	0.07	0.837	0.965	0.104
3	土壤制品、填充材料					
	夯实草泥或黏土墙	2 000	0.93	0.837	10.583	0.026
	草泥	1 000	0.349	1.047	5.117	0.05
	土坯墙	1 600	0.698	1.047	9.188	0.046
	黏土-砂	1 800	0.698	0.837	8.723	0.026
	黏土-矿渣	1 300	0.523	0.795	6.28	0.04
	黏土-稻草浆	1 000	0.349	1.047	5.117	0.05
	建筑物下的腐殖土	1 800	1.163	0.837	11.281	—
	用干砂填充	1 600	0.582	0.837	7.501	0.044
	用非透水性砂填充	1 500	0.349	0.837	5.641	0.04
	用硅藻土填充	600	0.174	0.837	3.386	0.08
	硅藻土砖	1 000	0.326	—	—	
	用陶土填充（有孔黏土）	900	0.407	0.879	4.826	0.056
	用陶土填充	500	0.209	0.879	2.559	0.08
	干土填料	700	0.256	—	—	

三、常用建筑材料物理性能参数

续表

序号	材料名称	表观密度 ρ_0 (kg/m³)	导热系数 λ (W/m·K)	比热 C (kJ/kg·K)	蓄热系数 S (Z=24h) (W/m²·K)	蒸汽渗透系数 μ(×10⁻⁶g/ m·s·Pa)
4	石材					
	大理石、花岗石、玄武石	2 800	3.489	0.921	25.47	0.003
	砂岩与石英岩	2 400	2.035	0.921	18.027	0.01
	形状整齐的石砌体（石块 ρ_0=2 800）	2 680	3.198	0.921	23.958	0.0056
	形状整齐的石砌体（石块 ρ_0=2 000）	1 960	1.128	0.921	12.095	0.0172
	形状整齐的石砌体（石块 ρ_0=1 200）	1 260	0.512	0.921	6.571	0.035
	形状整齐的石砌体②（石块 ρ_0=2 800）	2 420	2.57	0.921	20.353	0.011
	形状整齐的石砌体②（石块 ρ_0=2 000）	1 900	1.058	0.921	11.572	0.0196
	形状整齐的石砌体②（石块 ρ_0=1 200）	1 380	0.605	0.921	7.443	0.034
5	木料及木材					
	软木板	250	0.07	2.093	1.628	0.01
	软木屑板	150	0.058	1.884	1.093	0.012
	松和云杉垂直木纹	550	0.174	2.512	4.187	0.0164
	松和云杉平行木纹	550	0.349	2.512	5.873	0.068
	橡木垂直木纹	800	0.233	2.512	5.815	0.015
	橡木平行木纹	800	0.407	2.512	7.676	0.08
	干木板③	250	0.058	2.512	1.628	
	密实的刨花	300	0.116	2.512	2.50	0.12
	木锯末	250	0.093	2.512	2.035	0.07
	白灰锯末	300	0.128	2.303	2.50	0.07
	木丝板	250	0.076	2.512	1.861	0.07
	树脂木屑板	300	0.116	1.884	2.210	0.066
	菱苦土刨花板及硅酸盐水泥刨花板④	600	0.233	2.303	4.826	0.028
	菱苦土刨花板及硅酸盐水泥刨花板④	400	0.163	2.303	3.291	0.028
	菱苦土刨花板及硅酸盐水泥刨花板④	250	0.116	2.303	2.198	0.028
	无水泥的木质纤维板	600	0.163	2.512	4.187	0.03
	无水泥的木质纤维板	250	0.076	2.512	1.861	0.064
	无水泥的木质纤维板	150	0.058	2.512	1.279	0.09
	胶合板	600	0.174	2.512	4.361	0.006
	硬性木质纤维板（干燥的有机粉刷）	700	0.233	1.465	4.129	0.02
	甘蔗板	360	0.047	2.512	1.803	0.054
6	砖					
	重砂浆黏土砖砌体	1 800	0.814	0.879	9.653	0.028
	轻砂浆（ρ_0=1 400）黏土砖砌体	1 700	0.756	0.879	9.013	0.032
	重砂浆硅酸盐砖砌体	1 900	0.872	0.837	10.00	0.028
	轻砂浆（ρ_0=1 400）多孔砖（ρ_0=1 300）砌体	1 350	0.582	0.879	7.036	0.04
	重砂浆空心砖（105孔）砌体	1 300	0.523	0.879	6.571	—
	重砂浆空心砖（60孔）砌体	1 300	0.582	0.879	6.978	—
	重砂浆空心砖（31孔）砌体硅藻	1 360	0.64	0.879	7.443	—
	土砖（ρ_0=1 000）砌体	1 100	0.465	0.837	5.582	0.05

续表

序号	材 料 名 称	表观密度 ρ_0 (kg/m³)	导热系数 λ (W/m·K)	比热 C (kJ/kg·K)	蓄热系数 S ($Z=24h$) (W/m²·K)	蒸汽渗透系数 $\mu(\times 10^{-6}$g/ m·s·Pa)
7	卷材					
	厚纸板（层厚1 mm）	1 000	0.233	1.465	4.943	
	油毡、油纸、油毡纸	600	0.174	1.465	3.315	
	建筑用毛毡	150	0.058	1.884	1.093	0.09
	麻毡（亚麻屑面板）	150	0.052	1.675	0.989	0.18
	矿物油制的毛毡	250	0.076	0.754	0.989	0.12
	矿物油制的毛毡	150	0.064	0.754	0.721	0.13
	铺地用的漆布	1 100	0.816	1.884	8.292	0.0004
8	玻璃及玻璃制品					
	玻璃砖	2 500	0.814	0.837	11.083	
	普通玻璃	2 500	0.756	0.837	10.70	
	玻璃棉	200	0.058	0.837	8.374	0.13
	玻璃棉	100	0.052	0.837	0.558	0.13
	加气玻璃、泡沫玻璃	500	0.163	0.837	2.21	0.006
	加气玻璃、泡沫玻璃	300	0.116	0.837	1.454	0.006
9	砂浆及粉刷					
	水泥砂浆	1 800	0.93	8.37	10.06	0.024
	石灰砂浆	1 600	0.814	0.837	8.897	0.032
	轻矿渣砂浆	1 400	0.64	0.754	6.978	0.03
	轻矿渣砂浆	1 200	0.523	0.754	5.873	0.036
	石灰砂浆内表面抹灰	1 600	0.697	0.837	8.199	0.036
	石灰砂浆内表面板条抹灰	1 400	0.523	1.047	7.443	0.032
10	农业副产品					
	稻壳	250	0.209	1.876	8.385	0.12
	稻草	320	0.093	1.507	1.803	0.12
	稻草板	300	0.105	1.465	1.861	0.12
	芦苇板（杂草板）	400	0.14	1.465	2.431	0.12
	芦苇板	360	0.105	1.507	2.024	0.12
	切碎稻草填充物	120	0.047	1.507	0.756	0.12
	砻糠（稻壳）	155	0.084	1.875	1.326	—
11	炉渣及矿渣制品					
	锅炉炉渣	1 000	0.291	0.754	3.954	0.052
	锅炉炉渣	700	0.221	0.754	2.908	0.058
	矿渣砖	1 400	0.582	0.754	6.687	—
	矿渣砖	1 100	0.419	0.754	5.013	
	高炉溶渣（粒状）	800	0.256	0.754	3.536	0.054
	高炉溶渣	500	0.163	0.754	3.276	0.06
	白灰焦渣	1 000	0.291	0.754	3.954	0.052

三、常用建筑材料物理性能参数

续表

序号	材料名称	表观密度 ρ_0 (kg/m³)	导热系数 λ (W/m·K)	比热 C (kJ/kg·K)	蓄热系数 S ($Z=24h$) (W/m²·K)	蒸汽渗透系数 $\mu(\times 10^{-6}$g/m·s·Pa)
12	菱苦土					
	地板中的菱苦土上层	1 800	0.814	1.675	13.316	0.024
	地板中的菱苦土下层	1 000	0.349	2.093	7.269	0.034
	菱苦土木花板	450	0.174	—	—	—
	菱苦土木花板	550	0.233	—	—	—
13	砖					
	耐火砖（1 000 ℃[5]）	1 700	0.698	—	—	—
	耐火砖（1 000 ℃[5]）	1 900	1.279	—	—	—
	空心砖	1 500	0.64	0.921	9.026	—
	空心砖	1 200	0.523	0.921	6.466	—
	空心砖	1 000	0.465	0.921	5.559	—
14	石膏制品					
	纯石膏和石膏板	1 250	0.465	0.837	5.931	0.028
	纯石膏和石膏板	1 100	0.407	0.837	5.175	0.028
	石膏板（干抹灰）	1 000	0.233	1.005	4.071	0.018
15	金属					
	建筑钢	7 850	58.15	0.481	126.07	
	铸铁零件	7 200	50.01	0481	112.11	
16	其他					
	橡皮	2 200	0.041	1.507	0.032	0.15
	多微孔磁砖	2 090	1.093	—	—	—
	在自然干燥下的土壤	1 800	1.163	0.837	11.281	—
	蛭石	120	0.07	1.382	0.942	—
	蛭石	150	0.093	1.34	1.877	—
	沥青蛭石板	380	0.087	1.34	1.128	—
	硬泡沫	20	0.041	1.507	0.302	0.15
	油膏（二毡三油）	600	0.174	1.465	3.315	0.001
	沥青	1 800	0.756	1.675	12.851	0.002
	水磨石	1 400	1.74	0.837	12.153	—
	矿棉	176	0.056	0.754	0.733	0.13
	矿棉	200	0.07	0.754	0.872	0.13
	浮石	1 000	0.372	1.256	5.815	0.1
	浮石填料（每块大小约10～20 mm）	300	0.14	1.256	1.954	0.1

注：① μ 值指中等密实的混凝土。较密实的混凝土的 μ 值要小些，可用试验测定。
② 形状不整齐的石砌体砂浆体积一般砌体的35%，当砂浆与石块有不同体积比例时，砌体应分别计算确定。
③ 木制面板和壁板，当缝的面积为板面积的1%时 $\mu=0.018(\times 10^{-6}$g/m·s·Pa)；
  木制面板和壁板，当缝的面积为板面积的3%时 $\mu=0.024(\times 10^{-6}$g/m·s·Pa)；
  木制面板和壁板，当缝的面积为板面积的5%时 $\mu=0.03(\times 10^{-6}$g/m·s·Pa)。
④ 普通水泥纤维板与表中硅酸盐纤维板相同，仅蒸汽渗透系数 $\mu=0.08(\times 10^{-6}$g/m·s·Pa)。
⑤ 耐火砖导热系数亦可按 $\lambda=0.8+0.6\times 10^{-3}\times$（烟囱内平均温度）求得。

四、常用建筑材料质量参数

名　称	重　量（kg/m³）	备　注
木丝板	400～500	
软木板	250	
刨花板	600	
胶合三夹板（杨木）	1.9(kg/m²)	
胶合三夹板（椴木）	2.2(kg/m²)	
胶合三夹板（水曲柳）	2.8(kg/m²)	
胶合五夹板（杨木）	3.0(kg/m²)	
胶合五夹板（水曲柳）	3.9(kg/m²)	
甘蔗板，按1.0cm厚计	3.0(kg/m²)	常用规格为1.3、1.5、1.9、2.5 cm
隔声板，按1.0cm厚计	3.0(kg/m²)	常用规格为1.3、2.0 cm
木屑板，按1.0cm厚计	12.0(kg/m²)	常用规格为0.6、1.0 cm
锯末	200～250	重量随含水率而不同
铝	2 700	
铝合金	2 800	
石棉	1 000	压实
石棉	400	松散，含水量不大于15%
石膏	1 300～1 450	粗块堆放 $\varphi=30°$，细块堆放 $\varphi=40°$
石膏粉	900	
腐殖土	1 500～1 600	干，$\varphi=40°$，湿，$\varphi=35°$，很湿，$\varphi=25°$
浮石	600～800	
浮石填充料	400～600	
页岩	2 800	
页岩	1 480	片石堆置
花岗岩、大理石	2 800	
花岗石	1 540	片石堆置
白云石	1 600	片石堆置，$\varphi=48°$
多孔黏土	500～800	作填充料 $\varphi=35°$
硅藻土填充料	400～600	
辉绿岩板	2 950	
普通砖	1 800	240×115×53，684块/m³
普通砖	1 900	机砖
缸砖	2 100～2 150	230×110×65，684块/m³
红缸砖	2 040	

四、常用建筑材料质量参数

续表

名　称	重　量（kg/m³）	备　注
耐火砖	1 900～2 150	230×110×65，609 块/m³
耐酸瓷砖	2 300～2 500	230×110×65，590 块/m³
灰砂砖	1 800	砂∶白灰＝92∶8
煤渣砖	1 200～1 400	
矿渣砖	1 850	硬矿渣∶粉煤灰∶石灰＝75∶15∶10
焦渣砖	1 200～1 400	
粉煤灰砖	1 400～1 500	炉渣∶电石渣∶粉煤灰＝30∶40∶30
锯末砖	900	
焦渣空心砖	1 000	290×290×140，85 块/m³
水泥空心砖	980	290×290×140，85 块/m³
水泥空心砖	1 030	300×250×110，121 块/m³
黏土空心砖	1 100～1 450	承重砖
黏土空心砖	900～1 100	非承重砖
水泥花砖	1 980	200×200×24，1042 块/m³
水泥砂浆	2 000	
水泥蛭石砂浆	500～800	
石棉水泥浆	1 900	
膨胀珍珠岩砂浆	700～1 500	
石膏砂浆	1 200	
碎砖混凝土	1 850	
素混凝土	2 200～2 400	振捣或不振捣
矿渣混凝土	2 000	
焦渣混凝土	1 600～1 700	承重用
焦渣混凝土	1 000～1 400	填充用
铁屑混凝土	2 800～6 500	
浮石混凝土	900～1 400	
沥青混凝土	2 000	
无砂大孔混凝土	1 600～1 900	
泡沫混凝土	1 600～1 900	
加气混凝土	550～750	单块
钢筋混凝土	2 400～2 500	
钢丝网水泥	2 500	用于承重结构
水玻璃耐酸混凝土	200～2 350	
粉煤灰陶粒混凝土	1 950	
泡沫玻璃	300～500	

附 录

续表

名 称	重 量（kg/m³）	备 注
玻璃棉	50～100	作绝缘层填充料用
沥青玻璃棉毡	80～100	导热系数 0.035～0.047 W/(m·K)
玻璃棉板、管套	100～150	导热系数 0.047～0.070 W/(m·K)
矿渣棉	120～150	松散，导热系数 0.031～0.044 W/(m·K)
矿渣棉板、管套、砖	350～400	导热系数 0.047～0.070 W/(m·K)
沥青矿渣棉毡	120～160	导热系数 0.041～0.070 W/(m·K)
岩棉板	80～200	导热系数 0.041～0.052 W/(m·K)
岩棉管套	80～150	
岩棉沥青毡	100～120	
岩棉保温带	100	
膨胀珍珠岩粉料	80～200	干，松散，导热系数 0.035～0.047 W/(m·K)
膨胀珍珠岩制品	350～400	强度 0.8～1 MPa
膨胀蛭石	80～200	导热系数 0.052～0.07 W/(m·K)
沥青蛭石板、管壳	350～400	导热系数 0.081～0.105 W/(m·K)
水泥蛭石板、管壳	400～500	导热系数 0.093～0.14 W/(m·K)
聚苯乙烯泡沫塑料板	45～50	导热系数 0.035～0.043 W/(m·K)
脲醛泡沫塑料	7～10	导热系数 0.41 W/(m·K)
聚乙烯泡沫塑料	40～50	导热系数 0.042～0.046 W/(m·K)
微孔硅酸钙	100～250	导热系数 0.035～0.056 W/(m·K)
石棉板	1 300	含水率水大于 3%
聚氯乙烯板、管	1 350～1 600	
乳化沥青	980～1 050	

续表

名　称	重　量（kg/m³）	备　注
玻璃棉	50～100	作绝缘层填充料用
沥青玻璃棉毡	80～100	导热系数 0.035～0.047 W/（m·K）
玻璃棉板、管套	100～150	导热系数 0.047～0.070 W/（m·K）
矿渣棉	120～150	松散，导热系数 0.031～0.044 W/（m·K）
矿渣棉板、管套、砖	350～400	导热系数 0.047～0.070 W/（m·K）
沥青矿渣棉毡	120～160	导热系数 0.041～0.070 W/（m·K）
岩棉板	80～200	导热系数 0.041～0.052 W/（m·K）
岩棉管套	80～150	
岩棉沥青毡	100～120	
岩棉保温带	100	
膨胀珍珠岩粉料	80～200	干，松散，导热系数 0.035～0.047 W/（m·K）
膨胀珍珠岩制品	350～400	强度 0.8～1 MPa
膨胀蛭石	80～200	导热系数 0.052～0.07 W/（m·K）
沥青蛭石板、管壳	350～400	导热系数 0.081～0.105 W/（m·K）
水泥蛭石板、管壳	400～500	导热系数 0.093～0.14 W/（m·K）
聚苯乙烯泡沫塑料板	45～50	导热系数 0.035～0.043 W/（m·K）
脲醛泡沫塑料	7～10	导热系数 0.41 W/（m·K）
聚乙烯泡沫塑料	40～50	导热系数 0.042～0.046 W/（m·K）
微孔硅酸钙	100～250	导热系数 0.035～0.056 W/（m·K）
石棉板	1 300	含水率水大于 3%
聚氯乙烯板、管	1 350～1 600	
乳化沥青	980～1 050	

四、常用建筑材料质量参数

续表

名　称	重　量（kg/m³）	备　注
耐火砖	1 900～2 150	230×110×65，609 块/m³
耐酸瓷砖	2 300～2 500	230×110×65，590 块/m³
灰砂砖	1 800	砂：白灰＝92：8
煤渣砖	1 200～1 400	
矿渣砖	1 850	硬矿渣：粉煤灰：石灰＝75：15：10
焦渣砖	1 200～1 400	
粉煤灰砖	1 400～1 500	炉渣：电石渣：粉煤灰＝30：40：30
锯末砖	900	
焦渣空心砖	1 000	290×290×140，85 块/m³
水泥空心砖	980	290×290×140，85 块/m³
水泥空心砖	1 030	300×250×110，121 块/m³
黏土空心砖	1 100～1 450	承重砖
黏土空心砖	900～1 100	非承重砖
水泥花砖	1 980	200×200×24，1042 块/m³
水泥砂浆	2 000	
水泥蛭石砂浆	500～800	
石棉水泥浆	1 900	
膨胀珍珠岩砂浆	700～1 500	
石膏砂浆	1 200	
碎砖混凝土	1 850	
素混凝土	2 200～2 400	振捣或不振捣
矿渣混凝土	2 000	
焦渣混凝土	1 600～1 700	承重用
焦渣混凝土	1 000～1 400	填充用
铁屑混凝土	2 800～6 500	
浮石混凝土	900～1 400	
沥青混凝土	2 000	
无砂大孔混凝土	1 600～1 900	
泡沫混凝土	1 600～1 900	
加气混凝土	550～750	单块
钢筋混凝土	2 400～2 500	
钢丝网水泥	2 500	用于承重结构
水玻璃耐酸混凝土	200～2 350	
粉煤灰陶粒混凝土	1 950	
泡沫玻璃	300～500	

续表

序号	地名	室外计算(干球)温度(℃) 采暖	室外计算(干球)温度(℃) 冬季通风	室外计算(干球)温度(℃) 夏季通风	大气压力(毫米汞柱) 冬季	大气压力(毫米汞柱) 夏季	日平均温度≤+5℃的天数	日平均温度≤+5℃期间内的平均温度(℃)	冬季日照率(%)	年平均温度(℃)	极端最低温度(℃)	极端最高温度(℃)	最大冻土深度(cm)
1	2	3	4	5	6	7	8	9	10	11	12	13	14
31	榆林	−16	−10	28	676	667	148	−4.4	73	7.9	−32.7	38.6	147
32	延安	−12	−7	28	685	675	135	−2.4	65	9.2	−25.4	39.7	79
33	西安	−5	−1	31	734	719	99	0.5	48	13.3	−20.6	41.7	45
34	略阳	−2	2	28	698	688	81	2.4	35	13.4	−9.8	36.4	11
35	汉中	−1	2	29	723	711	77	2.8	38	14.3	−10.1	38.0	—
	宁夏回族自治区												
36	银川	−15	−9	27	672	662	141	−4.5	75	8.5	−30.6	39.3	103
37	盐池	−16	−9	27	652	645	152	−5.0	73	7.5	−29.6	38.1	128
	清海省												
38	西宁	−13	−9	22	531	580	156	−4.1	73	5.6	−26.6	32.4	134
39	共和	−15	−11	19	540	542	187	−4.4	78	3.1	−28.9	31.1	133
40	格尔木	−17	−12	22	543	543	183	−5.7	72	3.6	−33.6	33.1	88
41	玛多	−22	−17	11	452	458	290	−6.7	70	−4.2	−41.8	22.9	—
	甘肃省												
42	敦煌	−14	−9	30	670	660	137	−4.4	70	9.3	−27.6	43.6	144
43	酒泉	−17	−10	26	642	635	154	−5.1	75	6.9	−31.6	38.4	132
44	山丹	−18	−12	26	619	614	165	−5.6	74	5.7	−33.3	36.7	141
45	兰州	−11	−7	27	638	632	136	−2.9	67	8.9	−21.7	39.1	103
46	平凉	−10	−5	25	652	645	141	−1.4	63	8.5	−22.5	35.0	62
47	天水	−7	−3	27	669	661	120	−0.2	50	10.5	−19.2	37.2	61

续表

序号	地名	室外计算温度(干球)(℃) 采暖	室外计算温度(干球)(℃) 冬季通风	室外计算温度(干球)(℃) 夏季通风	大气压力(毫米汞柱) 冬季	大气压力(毫米汞柱) 夏季	日平均温度≤+5℃的天数	日平均温度≤+5℃期间内的平均温度(℃)	冬季日照率(%)	年平均温度(℃)	极端最低温度(℃)	极端最高温度(℃)	最大冻土深度(cm)
1	2	3	4	5	6	7	8	9	10	11	12	13	14
48	武都	0	3	28	673	664	65	3.4	48	14.5	-6.3	39.9	11
	新疆维吾尔自治区												
49	伊宁	-19	-10	27	710	700	136	-5.2	55	8.6	-40.4	37.4	62
50	乌鲁木齐	-23	-15	29	714	701	154	-8.2	55	7.3	-41.5	40.9	162
51	吐鲁番	-15	-9	36	771	748	122	-3.9	66	14.1	-28.0	47.6	74
52	哈密	-19	-10	31	705	691	139	-5.2	75	9.9	-32.0	43.9	112
53	喀什	-11	-6	29	657	649	117	-3.4	55	11.7	-24.4	40.1	90
54	和田	-10	-5	29	651	643	113	-2.4	60	12.1	-21.6	40.5	67
	山东省												
55	济南	-7	-1	31	765	749	99	0.0	65	14.2	-19.7	42.5	44
56	潍坊	-9	-4	30	764	749	114	-1.1	66	12.3	-21.4	40.5	43
57	青岛	-7	-3	28	768	753	111	-0.5	64	11.9	-20.5	36.9	42
58	菏泽	-7	-2	32	765	749	102	-0.3	59	13.6	-20.4	42.0	35
	江苏省												
59	徐州	-6	0	32	767	750	92	0.9	57	14.2	-22.6	40.1	24
60	南京	-3	2	32	769	753	71	2.2	51	15.4	-14.0	40.7	—
	安徽省												
61	宿县	-6	0	33	766	750	89	1.1	57	14.6	-20.6	42.1	16
62	蚌埠	-5	1	33	768	752	77	1.7	50	15.3	-19.4	41.3	15
63	合肥	-3	2	33	767	751	65	2.2	52	15.8	-20.6	41.0	11

五、室外气象参数

序号	地名	室外计算(干球)温度(℃) 采暖	室外计算(干球)温度(℃) 冬季通风	室外计算(干球)温度(℃) 夏季通风	大气压力(毫米汞柱) 冬季	大气压力(毫米汞柱) 夏季	日平均温度≤+5℃的天数	日平均温度≤+5℃期间内的平均温度(℃)	冬季日照率(%)	年平均温度(℃)	极端最低温度(℃)	极端最高温度(℃)	最大冻土深度(cm)
1	2	3	4	5	6	7	8	9	10	11	12	13	14
1	北京市	−9	−5	30	767	751	124	−1.3	68	11.6	−27.4	40.6	85
2	上海市	−2	3	32	769	754	59	3.1	45	15.7	−9.4	38.9	8
3	天津市	−9	−4	30	771	754	122	−1.2	63	12.3	−22.9	39.6	69
	黑龙江省												
4	海拉尔	−35	−27	25	711	701	208	−16.8	67	−2.05	−48.5	36.7	241
5	嫩江	−33	−25	25	745	734	197	−14.9	53	−0.4	−47.3	37.4	226
6	博克图	−28	−21	23	697	691	209	−11.4	68	−1.0	−37.5	35.6	250
7	海伦	−29	−23	25	743	733	189	−12.6	64	1.2	−38.4	37.0	231
8	齐齐哈尔	−25	−19	27	753	741	178	−10.0	69	3.2	−39.5	39.9	225
9	哈尔滨	−26	−20	26	751	739	176	−9.6	59	3.5	−38.1	36.4	197
10	牡丹江	−24	−19	26	744	734	177	−9.2	64	3.3	−38.3	36.5	189
	吉林省												
11	长春	−23	−17	27	745	733	175	−9.8	65	4.9	−36.5	33.0	169
12	通辽	−20	−15	28	752	738	158	−8.4	76	6.0	−30.2	39.2	151
13	四平	−23	−15	28	753	740	163	−8.7	73	5.9	−34.6	36.5	145
14	延吉	−20	−14	26	750	740	179	−8.4	61	4.9	−32.2	37.1	200
15	辽宁省												

续表

序号	地名	室外计算温度(干球)(℃)			大气压力(毫米汞柱)		日平均温度≤+5℃的天数	日平均温度≤+5℃期间内的平均温度(℃)	冬季日照率(%)	年平均温度(℃)	极端最低温度(℃)	极端最高温度(℃)	最大冻土深度(cm)
		采暖	冬季通风	夏季通风	冬季	夏季							
1	2	3	4	5	6	7	8	9	10	11	12	13	14
16	赤峰	-18	-12	28	716	705	159	-6.7	73	6.9	-31.4	42.5	197
17	沈阳	-20	-13	28	765	750	151	-6.1	60	7.8	-30.6	38.3	139
18	本溪	-20	-12	27	754	740	162	-6.9	63	8.0	-32.3	37.3	115
19	锦州	-15	-9	28	763	748	142	-3.7	69	9.0	-24.7	37.3	113
20	营口	-16	-10	28	770	754	142	-4.0	71	9.0	-27.3	35.3	111
21	丹东	-15	-9	27	767	754	144	-3.4	66	8.6	-28.0	34.3	87
	大连	-12	-5	26	760	746	128	-1.7	68	10.1	-21.1	34.4	93
	河北省												
22	承德	-14	-9	28	735	722	142	-4.8	70	9.0	-23.3	41.5	126
23	唐山	-11	-6	29	768	752	128	-2.5	63	11.1	-21.0	38.9	73
24	保定	-9	-4	31	769	752	121	-1.7	64	12.2	-23.7	43.3	55
25	石家庄	-8	-3	31	763	747	110	-0.7	62	12.7	-26.5	42.7	53
	山西省												
26	太原	-12	-7	28	700	689	135	-3.3	64	9.4	-25.5	30.4	77
27	运城	-7	-2	32	737	722	104	-0.8	52	13.4	-18.5	42.7	43
	内蒙古自治区												
28	锡林浩特	-28	-20	26	679	672	188	-11.0	67	1.8	-42.4	38.3	289
29	呼和浩特	-20	-14	26	676	667	165	-7.4	70	5.7	-32.8	37.3	120
30	磴口	-17	-11	28	677	669	157	-5.7	78	7.5	-32.4	38.2	108
	陕西省												

五、室外气象参数

续表

序号	地名	室外计算(干球)温度(℃)			大气压力(毫米汞柱)		日平均温度≤+5℃的天数	日平均温度≤+5℃期间内的平均温度(℃)	冬季日照率(%)	年平均温度(℃)	极端最低温度(℃)	极端最高温度(℃)	最大冻土深度(cm)
		采暖	冬季通风	夏季通风	冬季	夏季							
1	2	3	4	5	6	7	8	9	10	11	12	13	14
64	安庆	-2	4	33	765	750	53	2.5	44	16.5	-12.5	40.2	10
	浙江省												
65	杭州	-1	4	33	769	754	55	3.2	43	16.2	-9.6	39.7	—
66	定海	0	5	31	766	752	38	4.0	44	16.4	-6.1	39.1	—
67	衢县	0	5	34	763	49	39	4.0	42	17.4	-10.4	40.5	—
68	温州	3	7	31	768	754	20	—	40	17.9	-4.5	39.3	—
	江西省												
69	景德镇	-1	5	34	764	749	46	4.0	40	17.1	-10.9	41.8	—
70	南昌	-1	5	34	764	749	38	3.8	33	17.7	-7.7	40.6	—
71	吉安	1	6	35	761	747	28	—	29	18.5	-7.1	40.2	—
72	赣州	2	8	34	756	743	18	—	34	19.5	-6.0	41.2	—
	福建省												
73	福州	5	10	33	760	748	2	—	36	19.6	-1.2	39.3	—
74	永安	3	9	34	748	737	13	—	34	19.0	-7.6	40.5	—
	河南省												
75	郑州	-5	0	32	760	744	93	1.1	56	14.3	-17.9	43.0	18
76	卢氏	-6	-1	31	719	706	102	0.4	53	12.7	-19.1	42.1	27
77	驻马店	-4	1	32	763	746	81	1.7	51	14.8	-17.4	41.9	16
78	信阳	-4	2	32	763	747	74	2.1	50	15.2	-20.0	40.9	7
	湖北省												

续表

序号	地名	室外计算（干球）温度（℃）			大气压力（毫米水柱）		日平均温度≤+5℃的天数	日平均温度≤+5℃期间内的平均温度（℃）	冬季日照率（%）	年平均温度（℃）	极端最低温度（℃）	极端最高温度（℃）	最大冻土深度（cm）
		采暖	冬季通风	夏季通风	冬季	夏季							
1	2	3	4	5	6	7	8	9	10	11	12	13	14
79	光化	−3	2	32	761	745	71	2.4	43	15.3	−15.7	41.0	—
80	宜昌	0	5	33	763	747	38	2.8	32	16.9	−8.9	41.4	—
81	武汉	−2	3	33	768	751	59	2.0	43	16.2	−17.3	39.4	—
82	恩施	2	5	32	729	717	37	3.0	19	16.3	−5.2	41.2	—
	湖南省												
83	常德	−1	5	32	766	750	40	3.9	31	16.8	−11.2	39.8	2
84	长沙	−1	5	34	763	748	38	2.6	26	17.3	−9.5	46.6	4
85	芷江	0	5	32	745	731	40	4.0	19	16.5	−7.7	39.9	—
86	零陵	0	6	33	753	739	32	4.0	24	17.8	−7.0	43.7	—
	广西壮族自治区												
87	桂林	2	8	32	752	739	15	—	26	18.8	−4.9	39.4	—
88	百色	9	13	33	749	737	0	—	31	22.1	−2.0	42.5	—
89	梧州	5	12	33	755	744	0	—	35	21.0	−3.0	39.2	—
90	南宁	7	13	32	759	747	0	—	29	21.6	−2.1	40.4	—
	广东省												
91	韶关	4	10	33	761	749	7	—	37	20.4	−4.3	42.0	—
92	汕头	9	13	31	765	754	0	—	46	21.2	0.4	37.9	—
93	广州	7	13	32	765	754	0	—	39	21.8	0.0	38.7	—
94	阳江	9	14	31	762	752	0	—	42	22.2	−1.4	37.0	—
95	海口	12	17	32	762	752	0	—	40	23.6	2.8	38.9	—

续表

序号	地名	室外计算温度(干球)(℃) 采暖	室外计算温度(干球)(℃) 冬季通风	室外计算温度(干球)(℃) 夏季通风	大气压力(毫米汞柱) 冬季	大气压力(毫米汞柱) 夏季	日平均温度≤+5℃的天数	日平均温度≤+5℃期间内的平均温度(℃)	冬季日照率(%)	年平均温度(℃)	极端最低温度(℃)	极端最高温度(℃)	最大冻土深度(cm)
1	2	3	4	5	6	7	8	9	10	11	12	13	14
	四川省												
96	甘孜	−9	−5	19	503	506	165	—	68	5.4	−28.7	31.7	95
97	南充	3	7	32	740	727	14	−1.8	19	17.5	−2.2	41.3	—
98	成都	2	6	29	722	711	25	—	23	16.1	−4.6	37.3	—
99	重庆	4	8	33	744	730	9	—	13	18.3	−1.8	42.2	—
100	宜宾	4	8	30	737	724	8	—	16	17.8	−3.0	39.4	—
101	西昌	4	9	27	629	626	7	—	69	16.9	−3.4	36.5	—
	贵州省												
102	遵义	−1	4	29	693	684	48	3.7	12	15.3	−6.5	38.7	—
103	毕节	−2	2	26	638	633	76	3.0	21	12.7	−8.2	33.8	—
104	贵阳	−1	5	28	673	666	43	4.0	18	15.2	−7.8	37.5	—
105	兴仁	0	6	26	647	643	35	4.1	28	15.1	−7.8	34.6	—
	云南省												
106	昆明	3	8	24	609	606	12	—	72	14.5	−5.4	31.5	—
107	蒙自	6	12	27	653	648	2	—	63	18.6	−4.4	36.0	—
	西藏自治区												
108	昌都	−6	−3	22	510	511	148	0.0	58	7.4	−19.3	32.7	71
109	拉萨	−6	−2	19	488	489	146	0.0	78	7.1	−16.5	29.4	26
110	林芝	−3	0	20	529	529	124	1.8	56	8.4	−15.3	30.2	14
111	日喀则	−8	−4	19	477	479	161	−1.0	83	6.0	−25.1	27.5	67
	台湾省(暂缺)												

六、标准筛的网号、目数与粒度

1. 常用标准筛对照

国际标准 ISO 标准筛名	美国筛制 替代筛名[①]	美国筛制 筛孔大小（mm）	美国筛制 经线直径（mm）	中国药典筛标准
11.2 mm	7/16 in	11.2	2.45	
8.00 mm	5/16 in	8.00	2.07	
5.60 mm	No. 3.5	5.60	1.87	
4.75 mm	No. 4	4.76	1.54	
4.00 mm	No. 5	4.00	1.37	
3.35 mm	No. 6	3.36	1.23	
2.80 mm	No. 7	2.83	1.10	
2.38 mm	No. 8	2.38	1.00	
2.00 mm	No. 10	2.00	0.900	一号筛
1.40 mm	No. 14	1.41	0.725	
1.00 mm	No. 18	1.00	0.580	
841 μm	No. 20	0.841	0.510	二号筛
700 μm	No. 25	0.707	0.450	
595 μm	No. 30	0.595	0.390	
500 μm	No. 35	0.500	0.340	
425 μm	No. 40	0.420	0.290	
355 μm	No. 45	0.354	0.247	三号筛
300 μm	No. 50	0.297	0.215	
250 μm	No. 60	0.250	0.180	四号筛
210 μm	No. 70	0.210	0.152	
180 μm	No. 80	0.177	0.131	五号筛
(154 μm)				六号筛
150 μm	No. 100	0.149	0.110	七号筛
125 μm	No. 120	0.125	0.091	
106 μm	No. 140	0.105	0.076	
(100 μm)				八号筛
90 μm	No. 170	0.088	0.064	
75 μm	No. 200	0.074	0.053	
(71 μm)				九号筛
63 μm	No. 230	0.063	0.044	
53 μm	No. 270	0.053	0.037	
44 μm	No. 325	0.044	0.030	
37 μm	No. 400	0.037	0.025	

① 1in(即英寸)=0.0254 m；No.100 即 100 目。

六、标准筛的网号、目数与粒度

2. 标准筛常用网号、目数对照表

网号（号）	目数（目）	网号（号）	目数（目）
2.5	8	0.25	65
2.0	10	0.224	70
1.6	12	0.20	75
1.25	16	0.18	80
1.0	18	0.16	90
0.9	20	0.154	100
0.8	24	0.14	110
0.7	26	0.125	120
0.63	28	0.122	130
0.56	32	0.10	150
0.5	35	0.09	160
0.45	40	0.08	190
0.4	45	0.071	200
0.355	50	0.063	240
0.315	55	0.056	260
0.28	60	0.05	300
0.045	320		
0.04	360		

网号系指筛网的公称尺寸。例如：1.0 号筛网，即指正方形网孔每边长 1.0 mm。目数系数 1 in 长度上的孔眼数目。例如：1 in（25.4 mm）长度上有 20 个孔眼，就叫 20 目。

3. 筛目与粒径对应关系

目 数	粒 径（μm）
20	833
80	175
100	147
150	104
200	74
325	43
400	38
625	20
1 250	10
2 500	5

注：目数是指分级筛，1 in 长度上的孔眼数目（1 in＝25.4 mm 英寸筛目）。

4. 各式筛子的规格
(A) 德国标准筛规格 (DIN1171)

筛 号	每平方厘米筛孔数	筛孔尺寸（mm）	金属丝直径（mm）
1	1	6	3.4
2	4	3	2.0
3	9	2	1.5
4	16	1.5	1.00
5	25	1.2	0.80
6	36	1.02	0.65
8	64	0.75	0.50
10	100	0.60	0.40
11	121	0.54	0.37
12	144	0.49	0.34
14	196	0.43	0.28
16	256	0.385	0.24
20	400	0.30	0.20
24	576	0.25	0.17
30	900	0.20	0.13
40	1 600	0.15	0.10
50	2 500	0.12	0.08
60	3 600	0.102	0.065
70	4 900	0.088	0.055
80	6 400	0.075	0.050
90	8 100	0.066	0.045
100	10 000	0.06	0.040

(B) 俄罗斯筛规格

筛号	公称筛孔（净空）宽度（mm）	金属网丝直径（mm）		每平方厘米筛网筛孔数目		筛网的有效面积（%）	
		标准密度	大密度	标准密度的金丝网	大密度的金丝网	标准密度的金丝网	大密度的金丝网
5	5	1.1	1.6	2.7	2.3	67	57.5
4	4	1	1.6	4	3.2	64	51
3.3	3.3	0.9	1.4	5.8	4.4	62	49
2.8	2.8	0.8	1.2	7.8	6.2	60.5	49
2.3	2.3	0.7	1.1	11	8.4	59	45.5
2	2	0.7	1	13.8	11	55	44.5
1.7	1.7	0.6	0.9	19.4	14.1	55	42.5
1.4	1.4	0.55	0.8	26	20	51.5	40.5

六、标准筛的网号、目数与粒度

续表

筛 号	公称筛孔（净空）宽度（mm）	金属网丝直径（mm）		每平方厘米筛网筛孔数目		筛网的有效面积（%）	
		标准密度	大密度	标准密度的金丝网	大密度的金丝网	标准密度的金丝网	大密度的金丝网
1.2	1.2	0.5	0.7	35	28	49.5	40
1	1	0.45	0.65	48	40	47.5	39
0.85	0.85	0.4	0.5	64	50	46.2	36.7
0.7	0.7	0.35	0.45	90	76	44.5	37.2
0.6	0.6	0.3	0.4	124	100	44.5	36
0.5	0.5	0.25	0.35	177	140	44.7	34.7
0.42	0.42	0.22	0.3	244	194	43	34
0.35	0.35	0.20	0.28	325	250	41	31.2
0.3	0.3	0.16	0.22	476	372	42.4	33.4
0.25	0.25	0.14	0.18	660	540	41	33.8
0.21	0.21	0.12	0.16	920	735	40.5	32.2
0.18	0.18	0.11	0.14	1 190	990	38.6	31.8
0.15	0.15	0.095	0.12	1 670	1 870	37.5	30.8
0.125	0.125	0.08	0.1	2 400	1 980	37.2	30.6
0.105	0.105	0.07	0.09	3 270	2 640	36	29
0.085	0.085	0.055	0.07	5 100	4 170	37	30
0.075	0.075	0.045	0.06	6 970	5 500	39	30.7
0.063	0.063	0.04	0.055	9 400	7 200	37.5	28.6
0.053	0.053	0.035	0.045	12 900	10 200	36.4	24.2
0.042	0.042	0.03	0.035	19 300	16 900	33.9	29.8

(C) 美国筛规格

标准局筛			泰伊列尔筛			
筛目每一直线时的筛孔数	筛孔尺寸（mm）	每平方厘米近似筛孔数	筛目每一直线时的筛孔数	筛孔尺寸（mm）	金属丝直径（mm）	每平方厘米的近似筛孔数
2.5	8.00	1	—	26.67	3.76	0.11
3	6.72	1.4	—	22.43	3.43	0.15
3.5	5.66	2.0	—	18.85	3.43	0.2
4	4.76	2.9	—	15.85	3.05	0.3
5	4.00	4	—	13.33	2.67	0.4
6	3.36	5.3	—	11.20	2.67	0.5
7	2.83	7.3	—	9.423	2.34	0.7

续表

标准局筛			泰伊列尔筛			
筛目每一直线时的筛孔数	筛孔尺寸 (mm)	每平方厘米近似筛孔数	筛目每一直线时的筛孔数	筛孔尺寸 (mm)	金属丝直径 (mm)	每平方厘米的近似筛孔数
8	2.38	9	2.5	7.925	2.24	1
10	2.00	12.25	3	6.680	1.78	1.4
12	1.68	16	3.5	5.613	1.65	1.9
14	1.41	25	4	4.699	1.65	2.5
16	1.19	36	5	3.962	1.12	4
18	1.00	40	6	3.327	0.92	6
20	0.84	64	7	2.794	0.84	8
25	0.71	81	8	2.362	0.84	10
30	0.59	121	9	1.981	0.84	13
35	0.50	169	10	1.651	0.76	17
40	0.42	220	12	1.397	0.70	23
45	0.35	324	14	1.168	0.64	31
50	0.297	400	16	0.991	0.61	39
60	0.250	576	20	0.833	0.43	63
70	0.210	841	24	0.701	0.36	89
80	0.177	1 156	28	0.589	0.33	118
100	0.149	1 600	32	0.495	0.29	162
120	0.125	2 209	35	0.417	0.29	214
140	0.105	3 136	42	0.351	0.25	277
170	0.088	4 356	48	0.295	0.23	363
200	0.074	6 241	60	0.246	0.187	533
230	0.062	8 649	65	0.208	0.187	641
270	0.053	11 236	80	0.175	0.140	1 008
325	0.044	15 625	100	0.147	0.105	1 575
—	—	—	115	0.127	0.088	2 225
—	—	—	150	0.104	0.063	3 586
—	—	—	170	0.080	0.060	4 565
—	—	—	200	0.074	0.063	6 200
—	—	—	250	0.061	0.0406	9 687
—	—	—	325	0.043	0.0351	16 394

(D) 英国筛规格

筛 目 每一直线时 的筛孔数	筛孔尺寸 (mm)	每平方厘 米筛孔数	筛 目 每一直线时 的筛孔数	筛孔尺寸 (mm)	每平方厘 米筛孔数
5	2.54	3.9	60	0.21	567
8	1.57	10	70	0.18	772
10	1.27	16	80	0.16	977
12	1.06	22	90	0.14	1 275
16	0.79	40	100	0.13	1 479
20	0.64	61	120	0.11	2 066
30	0.42	142	150	0.08	3 906
40	0.32	200	200	0.06	6 944
50	0.25	400	—	—	—

5. 圆孔筛与方孔筛的对应关系

圆孔筛孔径 (mm)	对应的方孔筛孔径 (mm)	圆孔筛孔径 (mm)	对应的方孔筛孔径 (mm)
100	75	10	9.5
80	63	5	4.75
63 (或60)	53	2.5	2.36
50	37.5	1.25	1.18
40	31.5	0.63	0.6
31.5 (或30)	26.5	0.315	0.3
25	19	0.16	0.15
20	16	0.075	0.075
16	13.2		

注：圆孔筛系列中小于1.25 mm的本来就是方孔筛。

6. 筛目数与筛孔数近似换算表

筛 目 数	75	100	125	140	150	175	200	250
筛孔数/cm²	900	1 600	2 500	3 200	3 600	4 900	6 400	10 000

七、水的特性参数

1. 蒸汽压力与温度对照表

MPa	kgf/cm²	摄氏℃	华氏℉	MPa	kgf/cm²	摄氏℃	华氏℉
0	0.000	100	212	0.138	1.406	125	258
0.035	0.352	109	227	0.152	1.547	127	261
0.069	0.703	115	239	0.165	1.687	129	265
0.103	1.055	121	250	0.179	1.828	131	268

续表

MPa	kgf/cm²	摄氏℃	华氏°F	MPa	kgf/cm²	摄氏℃	华氏°F
0.193	1.968	133	271	0.414	4.218	153	307
0.207	2.109	134	274	0.427	4.359	154	309
0.221	2.250	136	277	0.441	4.499	155	311
0.234	2.390	138	280	0.455	4.640	156	312
0.248	2.531	139	282	0.469	4.780	157	314
0.262	2.671	140	285	0.483	4.921	158	316
0.276	2.812	141	287	0.517	5.273	160	320
0.290	2.953	143	290	0.552	5.624	162	324
0.303	3.093	144	292	0.585	5.976	164	327
0.317	3.234	145	294	0.620	6.327	166	330
0.331	3.374	147	296	0.655	6.679	168	334
0.345	3.515	148	298	0.689	7.029	170	337
0.359	3.656	149	300	0.724	7.382	172	340
0.372	3.796	150	302	0.758	7.733	173	344
0.386	3.937	151	304	0.793	8.085	175	347
0.393	4.077	152	305	0.827	8.436	177	350

摄氏温度与华氏温度的换算公式：

摄氏=(华氏-32)×$\frac{5}{9}$ 华氏=摄氏×$\frac{9}{5}$+32

2. 水的饱和蒸汽压（-20～100（℃））

t(℃)	P(毫米汞柱)	t(℃)	P(毫米汞柱)	t(℃)	P(毫米汞柱)	t(℃)	P(毫米汞柱)
-20	0.772	-4	3.276	12	10.52	28	28.35
-19	0.850	-3	3.566	13	11.23	29	30.04
-18	0.935	-2	3.876	14	11.99	30	31.82
-17	1.027	-1	4.216	15	12.79	31	33.70
-16	1.128	0	4.579	16	13.63	32	35.66
-15	1.238	1	4.93	17	14.53	33	37.73
-14	1.357	2	5.29	18	15.48	34	39.90
-13	1.486	3	5.69	19	16.48	35	42.18
-12	1.627	4	6.10	20	17.54	36	44.56
-11	1.780	5	6.54	21	18.65	37	47.07
-10	1.946	6	7.01	22	19.85	38	49.65
-9	2.125	7	6.51	23	21.07	39	52.44
-8	2.321	8	8.05	24	22.38	40	55.32
-7	2.532	9	8.61	25	23.76	41	58.34
-6	2.761	10	9.21	26	25.21	42	61.50
-5	3.008	11	9.84	27	26.74	43	64.80

续表

$t(°C)$	P(毫米汞柱)	$t(°C)$	P(毫米汞柱)	$t(°C)$	P(毫米汞柱)	$t(°C)$	P(毫米汞柱)
44	68.26	59	142.6	74	277.2	89	506.1
45	71.88	60	149.4	75	289.1	90	525.8
46	75.65	61	156.4	76	301.4	91	546.1
47	79.60	62	163.8	77	314.1	92	567.0
48	83.71	63	171.4	78	327.3	93	588.6
49	88.02	64	179.3	79	341.0	94	610.9
50	92.51	65	187.5	80	355.1	95	633.9
51	97.20	66	196.1	81	369.7	96	657.6
52	102.1	67	205.0	82	384.9	97	682.1
53	107.2	68	214.2	83	400.6	98	707.3
54	112.5	69	223.7	84	416.8	99	733.2
55	118.0	70	233.7	85	433.6	100	760.0
56	123.8	71	243.9	86	450.9		
57	129.8	72	254.6	87	466.7		
58	136.1	73	265.7	88	487.1		

3. 水在不同温度下的粘度

温度（°C）	粘度（厘泊）	温度（°C）	粘度（厘泊）
0	1.7921	21	0.9810
1	1.7313	22	0.9579
2	1.6728	23	0.9358
3	1.6191	24	0.9142
4	1.5674	25	0.8937
5	1.5188	26	0.8737
6	1.4728	27	0.8545
7	1.4284	28	0.8360
8	1.3860	29	0.8180
9	1.3462	30	0.8007
10	1.3077	31	0.7840
11	1.2713	32	0.7679
12	1.2363	33	0.7523
13	1.2028	34	0.7371
14	1.1709	35	0.7225
15	1.1404	36	0.7085
16	1.1111	37	0.6947
17	1.0828	38	0.6814
18	1.0559	39	0.6685
19	1.0299	40	0.6560
20	1.0050	41	0.6439
20.2	1.0000	42	0.6321

续表

温度（℃）	粘度（厘泊）	温度（℃）	粘度（厘泊）
43	0.620 7	72	0.395 2
44	0.609 7	73	0.390 0
45	0.598 8	74	0.384 9
46	0.588 3	75	0.379 9
47	0.578 2	76	0.375 0
48	0.568 3	77	0.370 2
49	0.558 8	78	0.365 5
50	0.549 4	79	0.361 0
51	0.540 4	80	0.356 5
52	0.531 5	81	0.352 1
53	0.522 9	82	0.347 8
54	0.514 6	83	0.343 6
55	0.506 4	84	0.339 5
56	0.498 5	85	0.335 5
57	0.490 7	86	0.331 5
58	0.483 2	87	0.327 6
59	0.475 9	88	0.323 9
60	0.468 8	89	0.320 2
61	0.461 8	90	0.316 5
62	0.455 0	91	0.313 0
63	0.448 3	92	0.309 5
64	0.441 8	93	0.306 0
65	0.435 5	94	0.302 7
66	0.429 3	95	0.299 4
67	0.423 3	96	0.296 2
68	0.417 4	97	0.293 0
69	0.411 7	98	0.289 9
70	0.406 1	99	0.286 8
71	0.400 6	100	0.283 8

八、常见固体、流体和气体的燃点

1. 固体燃料和液体燃料的燃点

燃料名称	燃点（℃）	燃料名称	燃点（℃）
木　材	约370	集　炭	约500～700
泥　煤	约225	木　炭	约350
褐　煤	约370～450	石　油	约360～400
烟　煤	约400～500	煤焦油	约500～650

2. 某些气体及液体的自燃点

化合物	分子式	自燃点,℃		化合物	分子式	自燃点,℃	
		空气中	氧气中			空气中	氧气中
氢	H_2	572	560	丙烯	C_3H_6	458	—
一氧化碳	CO	609	588	丁烯	C_4H_8	443	—
氨	NH_3	651	—	戊烯	C_5H_{10}	273	—
二硫化碳	CS_2	120	107	乙炔	C_2H_2	305	296
硫化氢	H_2S	292	220	苯	C_6H_6	580	566
氢氰酸	NCN	538	—	环丙烷	C_3H_6	498	454
甲烷	CH_4	632	556	环己烷	C_6H_{12}	—	296
乙烷	C_2H_6	472	—	甲醇	CH_4O	470	461
丙烷	C_3H_8	493	468	乙醇	C_2H_6O	392	—
丁烷	C_4H_{10}	408	283	乙醛	C_2H_4O	275	159
戊烷	C_5H_{12}	290	258	乙醚	$C_4H_{10}O$	193	182
己烷	C_6H_{14}	248	—	丙酮	C_3H_6O	561	485
庚烷	C_7H_{16}	230	214	醋酸	$C_2H_4O_2$	550	490
辛烷	C_8H_{18}	218	208	二甲醚	C_2H_6O	350	352
壬烷	C_9H_{20}	285	—	二乙醇胺	$C_4H_{11}NO_2$	662	—
癸烷(正)	$C_{10}H_{22}$	250	—	甘油	$C_3H_8O_3$	—	320
乙烯	C_2H_4	490	485	石脑油	—	277	—

九、建筑防水材料检验室主要仪器设备

中国建筑防水材料协会公布的沥青基防水卷材检验室和高分子防水材料检验室的仪器设备及技术要求列于表中。

1. 沥青基防水卷材检验室主要仪器设备技术要求、检定(校验)周期一览表

序号	仪器设备	量程及精度要求	检定周期(年)	备注
1	台秤	最小分度值 0.2 kg	1	
2	厚度计	接触面直径 10 mm,单位面积压力 0.02 MPa,分度值 0.01 mm	1	
3	钢直尺	150 mm,最小刻度 1 mm	1	
4	钢卷尺	0~20 m,0~3 m,最小刻度 1 mm	1	
5	天平	感量 0.001 g	1	
6	不透水仪	压力 0~0.6 MPa,精度 2.5 级三个透水盘,内径 92 mm	0.5	压力表
7	电热鼓风干燥箱	不小于 200 ℃,精度 ±2 ℃	1	

附　录

续表

序号	仪器设备	量程及精度要求	检定周期(年)	备注
8	拉力试验机	测力范围 0～2 000 N，最小分度值不大于 5 N，伸长范围能使夹具间距（180 mm）伸长 1 倍	1	
9	半导体温度计	量程 30～－40 ℃，精度 0.5 ℃	1	
10	沥青软化点仪	0～180 ℃最小刻度 0.5 ℃	1	
11	沥青针入度仪	0～620 1/10 mm 最小刻度 1/10 mm	1	
12	沥青延度测定器	最小刻度 1 mm	1	
13	真空吸水装置，真空表	0～0.1MPa（760 mm 汞柱），精度 0.4 级	1	油毡用
14	秒表	精度 0.1 s	1	
15	温度计	0～50 ℃，刻度 0.5 ℃	1	
16	温度计	0～150 ℃，刻度 0.5 ℃	1	
17	温度计	0～200 ℃，刻度 2 ℃	1	
18	千分尺	精度 0.01 mm	1	
19	低温冰柜	0～－30 ℃，控温精度±2 ℃	1	
20	弯板	半径 10、12.5、15、25、35 mm（选择）	1	
21	标准筛	7、16、30、40、50、120、140、200 目	使用 3 个月或测 150 个样品	
22	索氏萃取器	250～500 mL		
23	酸度计	精度 0.02 pH	1	
24	恒温水浴或电热鼓风干燥箱	能保温在 50±2℃		
25	霉菌试验箱	温度调节范围 20～35 ℃，相对湿度 90%～100%	1	自检
26	天平	感量 0.000 1 g，最大称量 200 g	1	
27	电热真空干燥器	真空度 0.099 7 MPa	1	
28	消毒器	医用蒸煮或高压消毒器（压力大于 0.1 MPa）		
29	天平	感量不大于 0.01 g，最大称量 200 g	1	
30	沥青闪点测定器	0～360 ℃最小刻度 0.5 ℃	1	
31	氙弧灯老化仪	符合 GB/T 18244—2000 要求的氙弧灯老化仪	1	自检

注：① 表中 1～18 为通用计量器具，送有关计量检定机构定期计量检定。
　　② 表中 19～20 为自校验器具，按周期自校。
　　③ 表中 21～22 为一般检验仪器设备，使用中维护和保养。
　　④ 表中 23～31 为企业需要时购置。

九、建筑防水材料检验室主要仪器设备

2. 高分子防水卷材检验室主要仪器设备技术要求、检定（校验）周期一览表

序号	仪器设备	量程及精度要求	检定周期(年)	备注
1	钢直尺	150 mm，最小刻度 1 mm	1	
2	钢卷尺	0～20 m，0～3 m，最小刻度 1 mm	1	
3	厚度计	接触面直径 6 mm，单位面积压力 0.02 MPa，分度值 0.01 mm	1	
4	拉力试验机	测力范围 0～1 000 N，最小分度值不大于 2 N，示值精度 1%，伸长范围大于 500 mm	1	
5	不透水仪	压力 0～0.6 MPa，精度 2.5 级三个透水盘，内径 92 mm	0.5	压力表
6	电热鼓风干燥箱	50～240 ℃，精度±2 ℃	1	
7	直尺	0～150 mm，分度值 0.5 mm	1	
8	温度计	0～200 ℃，刻度 2 ℃	1	
9	天平	感量 0.001 g，最大称量 200 g	1	
10	读数显微镜	0.01 mm	1	
11	远红外温度计	－50～400 ℃	1	
12	电子秤	精度 0.01 g，2 kg	1	
13	橡胶硬度仪	精度 1	1	
14	冰柜	0～－40 ℃，精度±2 ℃	1	
15	熔体流动速率仪	±0.2 ℃		
16	橡胶门尼粘度仪	0～200 门尼值，分度值 0.1		
17	橡胶平板硫化仪			
18	试验用炼胶机			
19	橡胶冲片机			
20	弯折仪		1	
21	穿孔仪	导管刻度 0～500 mm，分度值 10 mm，重锤 500 g，半球钢珠直径 12.7 mm	1	自检
22	标准筛	16、40、120、140、200 目	使用 3 个月或测 150 个样品	
23	热老化试验箱	200 ℃，精度±2 ℃	1	
24	臭氧老化仪	容积不小于 100 L，控温精度±2 ℃，转速 20～25 mm/s，臭氧浓度 100～500 pphm	1	自检
25	氙弧灯老化仪	符合 GB/T 18244—2000 要求的氙弧灯老化仪	1	自检
26	夹持器	能使标线距离（120 mm）拉伸至 140 mm	1	自检
27	高低温试验箱	与拉力试验机配套，－20 ℃～60 ℃，控温精度 2 ℃	1	自检

注：① 表中 1～13 为通用计量器具，送有关计量检定机构定期计量检定。
② 表中 14～22 为自校验器具，按周期自校。
③ 表中 23～27 为企业需要时购置。
④ 表中 11、16～18 为硫化橡胶产品用，15 为塑料产品用，10 为单面或双面复合高分子防水卷材用。

参考文献

[1] 刘尚乐编著. 聚合物沥青及其建筑防水材料. 北京:中国建材工业出版社,2003
[2] 刘尚乐编著. 石油沥青及其在建筑中应用. 北京:中国建筑工业出版社,1987
[3] 徐昭东,严家侃,西家智,苏肇允,刘尚乐编著. 沥青防水卷材性能与检验. 北京:中国建筑工业出版社,1987
[4] 张德勤主编. 石油沥青的生产与应用. 北京:中国石油出版社,2001
[5] 建筑材料工业技术监督研究中心等编. 建筑材料标准汇编(建筑防水材料 2003). 北京:中国标准出版社,2004
[6] 建筑材料工业技术监督研究中心等编. 建筑材料标准汇编. 北京:中国标准出版社,2004
[7] 夏玉宇主编. 化学实验室手册. 北京:化学工业出版社,2004
[8] 张铁垣主编. 化验工作实用手册. 北京:化学工业出版社,2003
[9] 邓钫印. 建筑工程防水材料手册. 北京:中国建筑工业出版社,2001
[10] 陕西省建筑设计院编. 建筑材料手册. 北京:中国建筑工业出版社,1984
[11] 骆巨新主编. 分析实验室装配手册. 北京:化学工业出版社,2003
[12] 钟穗生,刘旭光编著. 实验数据的计算机处理. 北京:海洋出版社,1994
[13] 孙忠义,王建华编著. 公路工程试验工程师手册. 北京:人民交通出版社,2004